André M.

W0412666

EUROPA LEHRMITTEL

EUROPA-FACHBUCHREIHE
für Kraftfahrzeugtechnik

Tabellenbuch Kraftfahrzeugtechnik

Tabellen | Formeln | Übersichten | Normen

- **Mathematik** • **Betriebsführung** • **Grundkenntnisse** • **Werkstoffkunde**
- **Zeichnen** • **Fachkenntnisse Kraftfahrzeugtechnik** • **Elektrische Anlage**
- **Vorschriften**

16. Auflage

Lektorat: Rolf Gscheidle, Studiendirektor

VERLAG EUROPA-LEHRMITTEL · Nourney, Vollmer GmbH & Co. KG
Düsselberger Straße 23 · 42781 Haan-Gruiten

Europa-Nr.: 20566 ohne Formelsammlung
Europa-Nr.: 2056X mit Formelsammlung

Autoren des Tabellenbuches Kraftfahrzeugtechnik:

Fischer, Richard	Studiendirektor	München
Gscheidle, Rolf	Studiendirektor	Winnenden-Stuttgart
Heider, Uwe	Kfz-Elektriker-Meister, Trainer Audi AG	Neckarsulm-Stuttgart
Hohmann, Berthold	Studiendirektor	Eversberg
Keil, Wolfgang	Oberstudiendirektor	München
Mann, Jochen	Dipl.-Gwl. Studiendirektor	Schorndorf-Stuttgart
Schlögl, Bernd	Dipl.-Gwl. Studiendirektor	Rastatt-Gaggenau
Steidle, Bernhard	Studiendirektor	Neckarsulm-Stuttgart
Wimmer, Alois	Oberstudienrat	Stuttgart
Wormer, Günter	Dipl.-Ingenieur	Karlsruhe

Lektorat und Leitung des Arbeitskreises:

Rolf Gscheidle, Studiendirektor

Bildbearbeitung:

Zeichenbüro des Verlages Europa-Lehrmittel, Leinfelden-Echterdingen

16. Auflage 2008

Druck 6

Alle Drucke dieser Auflage sind im Unterricht nebeneinander einsetzbar, da sie bis auf die korrigierten Druckfehler und kleine Normänderungen unverändert sind.

ISBN 978-3-8089-2126-7 ohne Formelsammlung

ISBN 978-3-8085-2136-6 mit Formelsammlung

Alle Rechte vorbehalten. Das Werk ist urheberrechtlich geschützt. Jede Verwertung außerhalb der gesetzlich geregelten Fälle muss vom Verlag schriftlich genehmigt werden.

© 2008 by Verlag Europa-Lehrmittel, Nourney, Vollmer GmbH & Co. KG, 42781 Haan-Gruiten
http://www.europa-lehrmittel.de

Satz: RK Text, 42799 Leichlingen, www.rktypo.com

Druck: Media Print Informationstechnologie, 33100 Paderborn

Vorwort

Die überarbeitete 16. Auflage des Tabellenbuches Kraftfahrzeugtechnik ist auf die anderen Bücher der Fachbuchreihe Kraftfahrzeugtechnik des Verlages Europa-Lehrmittel abgestimmt. Bilder und Tabellen sind nach methodischen und didaktischen Gesichtspunkten gestaltet.

Zielgruppen

Auszubildende, Facharbeiter, Techniker, Meister und Studierende des Bereiches Kraftfahrzeugtechnik.

Hinweise für den Benutzer

Inhaltsverzeichnis. Zum schnellen Aufsuchen von Sachverhalten ist den verschiedenen Kapiteln ein ausführliches Inhaltsverzeichnis auf den Seiten 5, 95, 115, 157, 201, 219, 389 und 447 vorangestellt.

Sachwortverzeichnis. Es ermöglicht ein rasches Auffinden von Inhalten und Begriffen. Neu aufgenommen wurde die englische Übersetzung von wichtigen Fachbegriffen.

Griffleiste. Um ein schnelles Auffinden der 8 Sachgebiete zu ermöglichen, ist jedem Abschnitt eine Griffmulde zugeordnet.

Inhalt

Mathematik. Das Kapitel ist gegliedert in allgemeine Grundlagen und fachspezifische Berechnungen am Kraftfahrzeug. Neu eingefügt Pulsweitenmodulation.

Bei den Formeln werden zwei Gleichungsarten unterschieden:
Größengleichungen nach DIN 1313 (ocker umrahmt)
Zahlenwertgleichungen (**blau** umrahmt).

Hinweis: Bei Zahlenwertgleichungen müssen die Größen in den angegebenen Einheiten eingesetzt werden.

Betriebsführung. In diesem Kapitel werden Grundlagen, Auftragsabwicklung, Qualitätssicherung und Kostenrechnen behandelt.

Grundkenntnisse. In diesem Kapitel sind Grundkenntnisse der Physik, Chemie, Informationstechnik sowie des Steuerns und Regelns tabellarisch dargestellt. Ebenso sind metalltechnische Grundlagen, Fügetechniken, Normteile und die Grundlagen der Zerspantechnik übersichtlich zusammengestellt.

Werkstoffkunde. Aufbau, Herstellung und Arten von Kraftstoffen sowie weitere Betriebs- und Hilfsstoffe sind nach neuester Norm zusammengestellt. Wichtige Werkstoffprüfungsarten und die neuesten Bezeichnungssysteme für Eisen-, Nichteisen- und Nichtmetalle wurden aufgenommen.

Zeichnen. Hier sind geometrische Grundkonstruktionen, grafische Darstellungen und alle notwendigen Normen, Grenzabmaße und Passungen zum Technischen Zeichnen aufgeführt.

Fachkenntnisse. Dieses Kapitel umfasst wichtige kraftfahrzeugtechnische Inhalte, dargestellt in tabellarischer Form. Vorangestellt sind Tabellen mit Fahrzeugdaten von Pkw, Krafträder, Nkw und Traktoren.

In den Unterkapiteln **Motor, Antriebsstrang, Fahrwerk** und **Fahrzeugbau** sind technische Neuerungen und Ergänzungen eingearbeitet.

Elektrische Anlage. Hier sind alle wichtigen elektrischen Geräte, Einrichtungen und Systeme behandelt. Neu aufgenommen sind folgende Themen: Neue Bus- und Komfortsysteme, Fehlerbilder, Fehlersuchpläne, Fahrerassistenzsysteme.

Vorschriften. In diesem Kapitel sind wichtige kraftfahrzeugtechnische Vorschriften sowie Vorschriften zur Unfallverhütung nach den neuesten technischen und gesetzlichen Bestimmungen zusammengestellt. In dieser Druckquote wurden das **GHS-System** (Globally Harmonized System) zur Einstufung und Kennzeichnung von Gefahrstoffen und **neue Verordnungen zur Abgastechnik** aufgenommen.

Sommer 2015 — Die Autoren des Arbeitskreises Kfz-Technik

Firmenverzeichnis

Die nachfolgend aufgeführten Firmen haben die Autoren durch fachliche Beratung, durch Infomations- und Bildmaterial unterstützt. Es wird ihnen hierfür herzlich gedankt.

Alcan Aluminiumwerke GmbH
Werk Nürnberg

ARAL AG, Bochum

Audatex Deutschland
Minden

Audi AG
Ingoldstadt, Neckarsulm

Behr GmbH & Co
Stuttgart

Beissbarth GmbH
Automobil Servicegeräte
München

Beru
Ludwigsburg

BMW
Bayrische Motoren-Werke AG
München

Continental Teves AG & Co, OHG
Frankfurt

ROBERT BOSCH GMBH
Stuttgart

Case-Steyr
Landmaschinentechnik GmbH
St.Valentin Österreich

Citroen Deutschland AG
Köln

DaimlerChrysler AG
Stuttgart

Dataliner Richtsysteme
Ahlerstedt

DEKRA AG, Stuttgart

Deutsche BP AG, Hamburg

Deutz Fahr Agrarsysteme GmbH
Lauingen

Ducati Motor Deutschland
Köln

DUNLOP GmbH
Hanau/Main

J. Eberspächer, Esslingen

ESSO AG, Essen

FAG Kugelfischer
Georg Schäfer AG
Schweinfurt

Fendt Agro
Marktoberdorf

Ferrari Deutschland GmbH
Wiesbaden

Ford-Werke AG, Köln

Getrag
Getriebe- und Zahnradfabrik GmbH
Ludwigsburg

Gewerbeaufsichtsamt
München-Land

GKN Löbro GmbH
Offenbach/Main

Glasurit GmbH
Münster, Westfalen

Graubremse GmbH
Heidelberg

Hella KG
Hueck & Co
Lippstadt

HONDA DEUTSCHLAND GMBH
Offenbach/Main

IVECO-Magirus AG, Ulm

John Deere, Bruchsal

MSI Motorservice
International GmbH
Kolbenschmidt
Pierburg / Neckarsulm

Knorr-Bremse GmbH
München

KTM Sportmotorcycles AG,
Mattighofen/Österreich

LuK GmbH
Bühl / Baden

MAHLE GmbH
Stuttgart

MAN Maschinenfabrik
Augsburg-Nürnberg AG, München

Mann und Hummel, Filterwerke
Ludwigsburg

Mazda Motors Deutschland GmbH
Leverkusen

MCC – Micro Compact Car GmbH
Böblingen

Messer-Griesheim GmbH
Frankfurt/Main

Metzeler Reifen GmbH
München

Michelin Reifenwerke KGaA
Karlsruhe

NGK, Ratingen

OMV AG, Wien

Adam Opel AG
Rüsselsheim

Piaggio Gilera Deutschland GmbH
Dieburg

Pirelli AG
Höchst/Odenwald

Dr .Ing. h.c. F. Porsche AG
Stuttgart

Renault Nissan Deutschland AG
Brühl

SCANIA Deutschland GmbH
Koblenz

Siemes Deutschland
München

SKF Kugellagerfabriken GmbH
Schweinfurt

Spicer Gelenkwellenbau GmbH
Essen

Subaru Deutschland GmbH
Friedberg/Hessen

Sun Electric Deutschland GmbH
Mettmann

Technolit GmbH
Großlüder

Temic Elektronik
Nürnberg

Toyota Deutschland GmbH
Köln

TÜV, München

Volkswagen AG
Wolfsburg

Wabco Westinghouse GmbH
Hannover

ZF Friedrichshafen AG
Freidrichshafen

ZF Getriebe GmbH
Saarbrücken

ZF Sachs AG
Schweinfurt

Grundlagen

Mechanik · Hydraulik · Pneumatik · Wärmetechnik · Antriebe

Berechnungen Motor

Berechnungen Antriebsstrang (Kraftübertragung)

Berechnungen Fahrwerk

Berechnungen Elektrotechnik

M

SI-Basiseinheiten

Die Einheiten im Messwesen sind im internationalen Einheitensystem (SI = **S**ystèm **I**nternational d'Unités) festgelegt. Das SI-System baut auf 7 Basiseinheiten (Grundeinheiten) auf, von denen weitere Einheiten abgeleitet sind. Dezimale Vielfache und dezimale Teile von Einheiten können nach DIN 1301 bezeichnet werden, z. B. Kilometer mit km oder Millimeter mit mm.

Das SI-System fördert die internationale Vereinheitlichung im Messwesen; es wurde für die Bundesrepublik Deutschland durch das „Gesetz über Einheiten im Messwesen" rechtsverbindlich.

Basisgröße	Länge	Masse	Zeit	Elektrische Stromstärke	Thermodynamische Temperatur	Stoffmenge	Lichtstärke
Basiseinheit	Meter	Kilogramm	Sekunde	Ampere	Kelvin	Mol	Candela
Kurzzeichen	m	kg	s	A	K	mol	cd

Größen

Größe	Formelzeichen	Einheit Name	Einheit Zeichen
Länge	l	**Meter**	**m**
Breite	b		
Höhe, Tiefe	h		
Radius, Halbmesser	r		
Durchmesser	d		
Strecke	s		
Dicke	δ, d		

Umrechnung, Erklärung:

	m	dm	cm	mm
1 km	1000	10 000	100 000	1 000 000
1 m	1	10	100	1 000
1 dm	0,1	1	10	100
1 cm	0,01	0,1	1	10
1 mm	0,001	0,01	0,1	1
1 µm	0,000 001	0,000 01	0,000 1	0,001

Größe	Formelzeichen	Einheit Name	Einheit Zeichen
Fläche	A, S	Quadratmeter	m^2
Querschnittsfläche	S, q		
		Ar	a
		Hektar	ha

	m^2	dm^2	cm^2	mm^2
1 m^2	1	100	10 000	1 000 000
1 dm^2	0,01	1	100	10 000
1 cm^2	0,000 1	0,01	1	100
1 km^2	1 000 000			

1 ha = 100 a = 10 000 m^2 = 0,01 km^2

Größe	Formelzeichen	Einheit Name	Einheit Zeichen
Volumen	V	Kubikmeter	m^3
Rauminhalt			
		Liter	l, L

	m^3	dm^3 (l)	cm^3 (ml)	mm^3
1 m^3	1	1 000	1 000 000	
1 dm^3 (l)	0,001	1	1 000	1 000 000
1 cm^3 (ml)	0,000 001	0,001	1	1 000
1 mm^3		0,000 001	0,001	1

1 l = 1 dm^3 = 1 000 cm^3

Größe	Formelzeichen	Einheit Name	Einheit Zeichen
Zeit	t	**Sekunde**	**s**
Zeitspanne			
Dauer		Minute	min
		Stunde	h
		Tag	d
		Jahr	a

	d	h	min	s
1 s		0,000 278	0,01667	1
1 min	0,000 69	0,016 67	1	60
1 h	0,041 67	1	60	3 600
1 d	1	24	1 440	86 400
1 a	~365	~8 760	~525 600	~31536 000

Zeitspanne: 3 h = 3 Stunden
Zeitpunkt: 3^h = 3:00 Uhr

Größe	Formelzeichen	Einheit Name	Einheit Zeichen	Umrechnung, Erklärung
Winkel z.B. Phasenwinkel	α, β, γ … φ	**Radiant**	**rad**	1 rad ist gleich dem Winkel, der als Zentriwinkel aus einem Kreis mit R = 1 m einen Kreisbogen von 1 m Länge ausschneidet. $1\ \text{rad} = \frac{1\ \text{m (Bogen)}}{1\ \text{m (Radius)}}$ 1 rad ≈ 57,3°
		Vollwinkel		1 Vollwinkel = $2 \cdot \pi$ rad
		Grad	°	$1° = \frac{\pi}{180}$ rad
		Minute	′	$1' = \left(\frac{1}{60}\right)^{\circ} = \frac{\pi}{10\,800}$ rad
		Sekunde	″	$1'' = \left(\frac{1}{60}\right)' = \left(\frac{1}{360}\right)^{\circ} = \frac{\pi}{648\,000}$ rad
		Gon	gon	$1\ \text{gon} = \frac{\pi}{200}$ rad

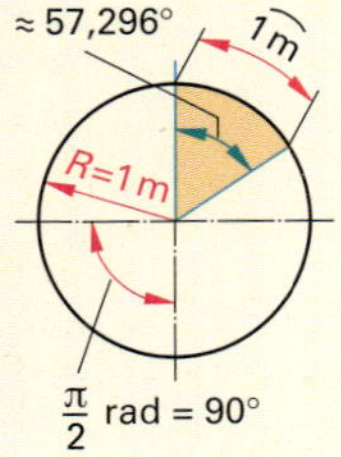

Größen

Größe	Formelzeichen	Einheit Name	Einheit Zeichen	Umrechnung, Erklärung				
Geschwindigkeit	v	Meter/Sekunde	m/s		m/s	m/min	km/h	
Umfangsgeschwindigkeit	v	Kilometer/Stunde	km/h	1 km/h	0,2778	16,667	1	
				1 m/min	0,016 67	1	0,06	
Lichtgeschwindigkeit	c			1 m/s	1	60	3,6	
Winkelgeschwindigkeit	ω	Radiant/ Sekunde	rad/s	1 cm/s	0,01	0,6	0,036	
Frequenz	f, ν	Hertz	Hz	Anzahl periodischer Vorgänge pro Sekunde				
		reziproke Sekunde	1/s	1 Hz = 1/s = s^{-1}				
Drehzahl	n	reziproke Minute	1/min	1/s = 60/min				
Kreisfrequenz	ω	reziproke Sekunde	1/s	$\omega = 2 \cdot \pi \cdot f$				
Periodendauer	T	Sekunde	s					
Beschleunigung	a	Meter/Sekunde hoch zwei	m/s^2	Wirkungsrichtung: Beliebig				
örtliche Fallbeschleunigung	g			Wirkungsrichtung: Zum Erdmittelpunkt $g = 9{,}80665\ m/s^2 \approx 9{,}81\ m/s^2$ wird meist als Normfallbeschleunigung angegeben.				
Winkelbeschleunigung	α	Radiant/ Sekunde hoch zwei	rad/s^2					
Masse	m	**Kilogramm**	**kg**		g	kg	Mg (t)	
Gewicht als Wägeergebnis		Gramm	g	1 kg	1 000	1	0,001	
		Tonne	t	1 g	1	0,001	0,000 001	
				1 Mg (t)	1 000 000	1 000	1	
Dichte	ϱ	Kilogramm/ Kubikmeter	kg/m^3		g/cm^3	kg/dm^3	kg/m^3	
				1 kg/m^3	0,001	0,001	1	
		Kilogramm/ Kubikdezimeter	kg/dm^3	1 kg/dm^3	1	1	1 000	
				1 g/cm^3	1	1	1 000	
		Gramm/ Kubikzentimeter	g/cm^3	1 kg/l	1	1	1 000	
				1 g/l	0,001	0,001	1	
spezifisches Volumen	ν	Kubikmeter/ Kilogramm	m^3/kg	**1 m^3/kg = 1 000 dm^3/kg = 1 dm^3/g**				
längenbezogene Masse	m'	Kilogramm/Meter	kg/m	$m = l \cdot m'$ m' wird z.B. zur Berechnung der Masse von Profilen, Stäben und Rohren benutzt.				
flächenbezogene Masse	m''	Kilogramm/ Quadratmeter	kg/m^2	$m = A \cdot m''$ m'' wird z.B. zur Berechnung der Masse von Blechen und Platten verwendet.				
Stoffmenge	n	**Mol**	**mol**	Teilchenmenge = $6{,}022 \cdot 10^{23}$ Teilchen				
Kraft	F	Newton	N		mN	N	daN	kN
Gewichtskraft	F_G, G			1 mN	1	0,001	0,000 1	0,000 001
				1 N	1 000	1	0,1	0,001
				1 kN	1 000 000	1 000	100	1
				1 MN	10^9	1 000 000	100 000	1 000
				1 N = 1 kg · 1 m/s^2 = 1 kg m/s^2				
Drehmoment	M	Newtonmeter	Nm		Ncm	Nm	kNm	
				1 Ncm	1	0,01	0,000 01	
				1 Nm	100	1	0,001	
				1 kNm	100 000	1 000	1	

Größen

Größe	Formelzeichen	Einheit Name	Einheit Zeichen	Umrechnung, Erklärung
Temperatur	*T* *t*	**Kelvin** Celsius	**K** °C	0 Kelvin = 0 K = – 273 °C 0 °Celsius = 0 °C = 273 K
Arbeit **Energie** **Wärmemenge**	*W* *E, W* *Q*	Joule	J	siehe Tabelle Arbeit
Leistung	*P*	Watt	W	siehe Tabelle Leistung
Druck	*p*	Pascal	Pa	siehe Tabelle Druck
Mechanische Spannung	*σ, τ*	Newton/ Quadratmeter	N/m^2	siehe Tabelle Mechanische Spannung
Elektrische Stromstärke	*I*	Ampere	A	siehe Tabelle Stromstärke
Elektrische Spannung	*U*	Volt	V	siehe Tabelle Spannung
Elektrischer Widerstand	*R*	Ohm	Ω	siehe Tabelle Widerstand

	kWh	J	kJ	MJ
1 kWh	1	3 600 000	3 600	3,6
1 J		1	0,001	0,000 001
1 kJ	0,000 277 8	1 000	1	0,001
1 MJ	0,277 8	1 000 000	1 000	1

1 J = 1 Nm = 1 Ws = 1 kg m^2/s^2

	mW	W	kW	MW
1 mW	1	0,001	0,000 001	10^{-9}
1 W	1 000	1	0,001	0,000 001
1 kW	1 000 000	1 000	1	0,001
1 MW	10^9	1 000 000	1 000	1

1 W = 1 J/s = 1 Nm/s

	Pa	mbar, hPa	bar	N/cm^2
1 Pa	1	0,01	0,000 01	0,000 1
1 mbar, hPa	100	1	0,001	0,01
1 bar	100 000	1 000	1	10
1 N/cm^2	10 000	100	0,1	1

1 Pa = 1 N/m^2; 1 bar = 10 N/cm^2; 1 mbar = 1 hPa

	N/m^2	N/cm^2	daN/cm^2	N/mm^2
1 N/m^2	1	0,000 1	0,000 01	0,000 001
1 N/cm^2	10 000	1	0,1	0,01
1 daN/cm^2	100 000	10	1	0,1
1 N/mm^2	1 000 000	100	10	1

1 N/m^2 = 1 Pa

	mA	A	kA
1 mA	1	0,001	0,000 001
1 A	1 000	1	0,001
1 kA	1 000 000	1 000	1

	mV	V	kV
1 mV	1	0,001	0,000 001
1 V	1 000	1	0,001
1 kV	1 000 000	1 000	1

	mΩ	Ω	kΩ	MΩ
1 mΩ	1	0,001	0,000 001	10^{-9}
1 Ω	1000	1	0,001	0,000 001
1 kΩ	1 000 000	1 000	1	0,001
1 MΩ	10^9	1 000 000	1 000	1

Vorsätze für Zehnerpotenzen (Auswahl)

Vorsatzzeichen	Faktor	Beispiel	Vorsatzzeichen	Faktor	Beispiel
da (Deka)	10^1	130 Meter = 13 · 10^1 m = 13 dam	d (Dezi)	10^{-1}	0,1 Meter = 1 · 10^{-1} m = 1 dm
h (Hekto)	10^2	300 Liter = 3 · 10^2 l = 3 hl	c (Centi)	10^{-2}	0,25 Meter = 25 · 10^{-2} m = 25 cm
k (Kilo)	10^3	1500 Gramm = 1,5 · 10^3 g = 1,5 kg	m (Milli)	10^{-3}	0,004 Meter = 4 · 10^{-3} m = 4 mm
M (Mega)	10^6	1 200 000 Watt = 1,2 · 10^6 W = 1,2 MW	µ (Mikro)	10^{-6}	0,000 015 Meter = 15 · 10^{-6} m = 15 µm
G (Giga)	10^9	20 500 000 000 Watt = 20,5 · 10^9 W = 20,5 GW	n (Nano)	10^{-9}	0,000 000 105 Meter = 105 · 10^{-9} m = 105 nm

Griechisches Alphabet (Auswahl)

Α	*α*	a	Alpha	*Ε*	*ε*	e	Epsilon	*Λ*	*λ*	l	Lambda	*Ρ*	*ϱ*	r	Rho	*Φ*	*φ*	f(ph)	Phi
Β	*β*	b	Beta	*Η*	*η*	e	Eta	*Μ*	*μ*	m	Mü	Σ	*σ*	s	Sigma	*Χ*	*χ*	ch	Chi
Γ	*γ*	g	Gamma	*Θ*	*ϑ*	th	Theta	*Ν*	*ν*	n	Nü	*Τ*	*τ*	t	Tau	*Ψ*	*ψ*	ps	Psi
Δ	*δ*	d	Delta	*Κ*	*ϰ*	k	Kappa	*Π*	π	p	Pi	*Υ*	*υ*	ü	Ypsilon	Ω	*ω*	o	Omega

Römische Ziffern

I = 1	II = 2	III = 3	IV = 4	V = 5	VI = 6	VII = 7	VIII = 8	IX = 9
X = 10	XX = 20	XXX = 30	XL = 40	L = 50	LX = 60	LXX = 70	LXXX = 80	XC = 90
C = 100	CC = 200	CCC = 300	CD = 400	D = 500	DC = 600	DCC = 700	DCCC = 800	CM = 900
M = 1000	MM = 2000							

Beispiele: 98 = XCVIII 439 = CDXXXIX 1994 = MCMXCIV 2004 = MMIV

Mathematische Zeichen (Auswahl)

Zeichen	Erklärung	Zeichen	Erklärung	Zeichen	Erklärung
…	bis, und so weiter bis	−	minus, weniger	Δ	Delta, Zeichen f. Differenz
=	gleich	$\sqrt{a}$	Quadratwurzel aus a	≅	kongruent
≠	nicht gleich, ungleich	· ×	mal (der Punkt steht auf halber Zeilenhöhe)	~	ähnlich
~	proportional			∢	Winkel
≈	annähernd, nahezu gleich, rund, etwa	: / —	durch, geteilt durch, dividiert durch	$\overline{AB}$	Strecke AB
				$\overset{\frown}{AB}$	Bogen AB
≙	entspricht	%	Prozent, vom Hundert	Σ	Summe
<	kleiner als	‰	Promille, vom Tausend	e	Eulersche Zahl e = 2,718 281 828…
>	größer als	( ) [ ] { }	runde, eckige, geschweifte Klammer auf und zu	π	Pi = 3,14159…
≥	größer oder gleich, mindestens gleich	∥	parallel	∞	unendlich
≤	kleiner oder gleich, höchstens gleich	∦	nicht parallel	log	Logarithmus (allgmein)
		⊥	rechtwinklig zu, normal auf, senkrecht auf	lg	Zehnerlogarithmus
+	plus, mehr, und			ln	natürlicher Logarithmus

Anglo-amerikanische Einheiten

Länge

		mm	m
inch (Zoll)	1 in	25,4	0,025
foot	1 ft	304,8	0,305
yard	1 yd	914,4	0,914
statute mile	1 mile	–	1609,34
nautical mile	1 n mile	–	1852

1 mile = 1760 yd; 1 yd = 3 ft; 1 ft = 12 in

Fläche

		cm^2	m^2
square inch	1 in^2	6,452	–
square foot	1 ft^2	929	0,0931
square yard	1 yd^2	8361	0,836
acre	1 acre	–	4047 m^2
square mile	1 $mile^2$	–	2,59 km^2

Volumen

		cm^3	dm^3 (l)
cubic inch	1 in^3	16,387	0,0164
cubic foot	1 ft^3	28 317	28,317
cubic yard	1 yd^3	–	764,555
US-gallon	1 gal	3 785	3,785
engl. gallon	1 gal	4 546	4,546
barrel	1 barrel	–	158,99

Masse

		g	kg
grain	1 gr	0,0648	–
dram	1 dram	1,772	–
ounce	1 oz	28,35	0,028
pound (libre)	1 lb	453,59	0,454
hundredweight	1 cwt	50 802	50,802
amer. ton	1 tn	–	1016

1 tn = 20 hw; 1 cwt = 112 lb; 1 lb = 16 oz

Geschwindigkeit

		m/s	km/h
foot per second	1 ftps	0,3048	1,096
statute mile per hour	1 mph	0,4470	1,609
nautic mile per hour	1 kn	0,5147	1,852

Druck

		N/cm^2	bar
pound per square inch	1 psi = 1 lb/in^2	0,704	0,0704

Temperatur

Temperatur in Grad Fahrenheit = 1,8 · Temperatur in Grad Celsius + 32

Temperatur in Grad Celsius = $^1/_{1,8}$ · (Temperatur in Grad Fahrenheit – 32)

Umrechnung von früheren Einheiten und SI-Einheiten

Druck	Energie, Arbeit	Leistung
1 at = 1 kp/cm^2 = 981 mbar 1 mm WS = 1 kp/m^2 = 0,098 mbar 1 mm Hg = 1 Torr = 1,333 mbar	1 kcal = 4186,8 J ≈ 4,2 J = = 1,16 · 10^{-3} kWh 1 kpm = 9,81 J = 9,81 Nm	1 PS = 735 W = 0,735 kW = = 735 Nm/s 1 kW = 1,36 PS

M

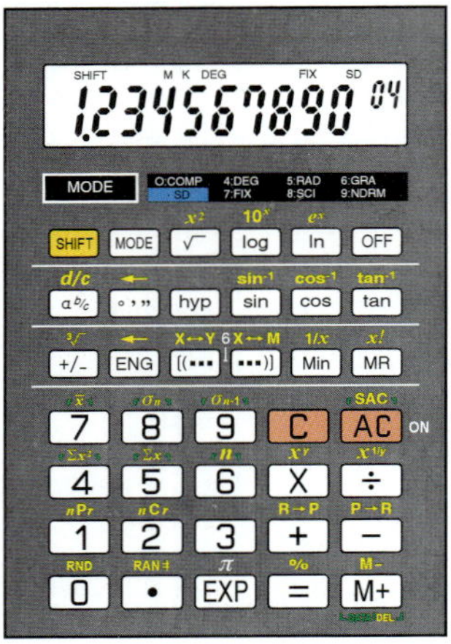

*)

*) 1.234567890^{04} = 12345.67890
Exponent ^{04}: Kommastelle vier Stellen nach rechts verschieben

1.234567890^{-04} = 0.0001234567890
Exponent $^{-04}$: Kommastelle vier Stellen nach links verschieben

Anzeigenfeld (Display)	Anmerkungen
Zahlenwertangabe	acht- oder zehnstellig
Exponenten	– 99 bis + 99
Sonderfunktionen	M = Speicher E = Überlauffunktion z.B. x/0 = unendlich

Bedienfeld	Abkürzungen
Ein-, Ausschaltfunktion	ON – OFF
Zifferntasten	0 – 9
Punkttaste für das Dezimalzeichen	.
Löschtasten	C; CE; AC
Speichertasten	M; STO; M+; M–; Min
Speicherlöschtaste	MC
Speicherrückruftaste	MR; MRC; RCL
Rechentasten	+; –; ×; ÷
Ausführungstaste	=
Funktionstasten	%; +/–; x^2; 1/x; x^n; [(...)]; sin; cos; tan; x^3; $\sqrt{x}$; $\sqrt[3]{x}$; π; ...
Umschalttaste	SHIFT / INV / 2nd aktiviert die Zweitbelegung der Tasten oberhalb der Funktionstasten

Werteingabe/ Rechnungsart	Aufgabe	Tastenfolge	Wert-ausgabe	Anmerkungen
Zifferneingabe	25,33	2 5 **.** 3 3	25.33	Mit der Punkttaste wird das Dezimalzeichen gesetzt.
Addition/ Subtraktion	32,2 + 27,9 – 15,7 = ?	32.2 **+** 27.9 **–** 15.7 **=**	44.4	Das Ergebnis wird durch Betätigen der =-Taste ausgegeben.
Prozent-rechnung	15 % von 3000 = ?	3000 **×** 15 **SHIFT** **%**	450	Die Prozenttaste bewirkt die Rechenoperation 1/100.
Klammer-rechnung	$\frac{12 \times [2-(1-6)]}{20 \cdot 5} = ?$	12 **×** **[** 2 **–** **(** 1 **–** 6 **)** **]** **÷** 20 **÷** 5 **=**	0,84	Am Ende jeder Klammerrechnung die Klammertaste **)** **]** so oft drücken, wie Klammern geöffnet wurden.
Quadrieren/ Potenzieren	$\frac{\pi \times 14^2}{4} = ?$ $3{,}7^2 = ?$ $2^5 = ?$	**π** **×** 14 **SHIFT** **x²** **÷** 4 **=** 3.7 **SHIFT** **x²** 2 **SHIFT** **xʸ** 5 **=**	153.93804 13.69 32	Wegen der Genauigkeit Sonderfunktionstaste **π** verwenden. Das Ergebnis wird ohne Betätigen der =-Taste ausgegeben. Zur Ausführung der Rechenoperation muss die =-Taste betätigt werden.
Wurzelziehen	$\sqrt{625} = ?$ $\sqrt[3]{125} = ?$	625 **√** 125 **SHIFT** **∛** 5	25 5	Zuerst Radikant x eingeben und dann Wurzeltaste drücken.
Kehrwert	20 = ?	20 **SHIFT** **1/x**	0.05	Die Funktion 1/x errechnet, wie oft die betreffende Zahl in 1 enthalten ist.
Speicher-rechnung	254 + 157 – 23 + 88 = ?	254 **Min** 157 **M+** 23 **SHIFT** **M+** 28 **M+** **MR**	476	**M+** bewirkt Addition im Speicher **M–** bewirkt Subtraktion im Speicher **MR** Speicherwert wird ausgegeben **Min** Festwert wird in Speicher eingetragen **Speicherwertlöschung:** Eingabe von 0 in Min oder drücken von MC

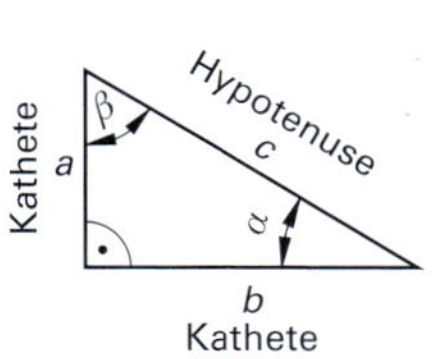

- Die den rechten Winkel bildenden Seiten *a* und *b* heißen Katheten
- die dem rechten Winkel gegenüberliegende Seite *c* heißt Hypotenuse
- die dem spitzen Winkel α bzw. β anliegende Seite *b* bzw. *a* heißt Ankathete
- die dem spitzen Winkel α bzw. β gegenüberliegende Seite *a* bzw. *b* heißt Gegenkathete

Die Seitenverhältnisse im rechtwinkligen Dreieck werden Winkelfunktionen bzw. trigonometrische Funktionen genannt.

$$\text{Sinus} = \frac{\text{Gegenkathete}}{\text{Hypotenuse}}$$

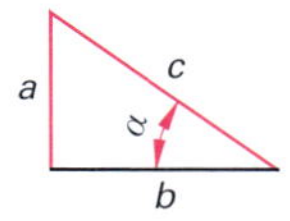

$$\sin\alpha = \frac{a}{c} \qquad a = c \cdot \sin\alpha \qquad c = \frac{a}{\sin\alpha}$$

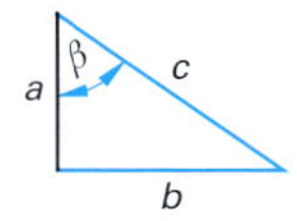

$$\sin\beta = \frac{b}{c} \qquad b = c \cdot \sin\beta \qquad c = \frac{b}{\sin\beta}$$

$$\text{Cosinus} = \frac{\text{Ankathete}}{\text{Hypotenuse}}$$

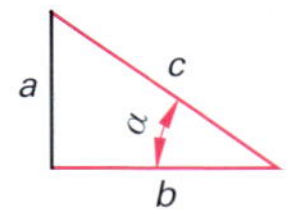

$$\cos\alpha = \frac{b}{c} \qquad b = c \cdot \cos\alpha \qquad c = \frac{b}{\cos\alpha}$$

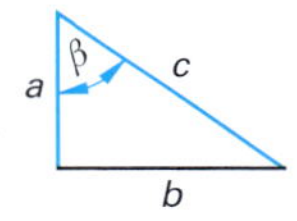

$$\cos\beta = \frac{a}{c} \qquad a = c \cdot \cos\beta \qquad c = \frac{a}{\cos\beta}$$

$$\text{Tangens} = \frac{\text{Gegenkathete}}{\text{Ankathete}}$$

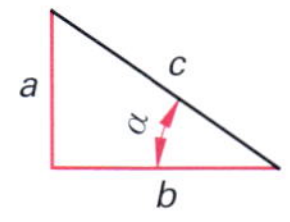

$$\tan\alpha = \frac{a}{b} \qquad a = b \cdot \tan\alpha \qquad b = \frac{a}{\tan\alpha}$$

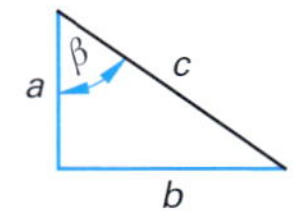

$$\tan\beta = \frac{b}{a} \qquad b = a \cdot \tan\beta \qquad a = \frac{b}{\tan\beta}$$

$$\text{Cotangens} = \frac{\text{Ankathete}}{\text{Gegenkathete}}$$

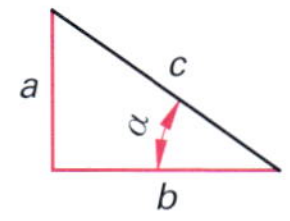

$$\cot\alpha = \frac{b}{a} \qquad b = a \cdot \cot\alpha \qquad a = \frac{b}{\cot\alpha}$$

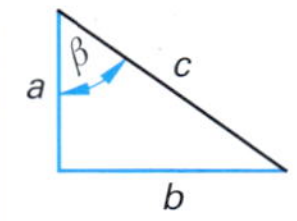

$$\cot\beta = \frac{a}{b} \qquad a = b \cdot \cot\beta \qquad b = \frac{a}{\cot\beta}$$

Berechnung von Winkelfunktionen mit dem Taschenrechner (Beispiele)

Beispiel 1: *a* = 10 cm; *c* = 50 cm; α = ?   *Lösung:* $\sin\alpha = a : c$ = 10 cm : 50 cm = **0,2**

10 ÷ 50 = 0,2 INV SIN ⇒ 11,536 96° INV ° ′ ″ ⇒ **11° 32′ 12″**

Winkelfunktionen am Einheitskreis

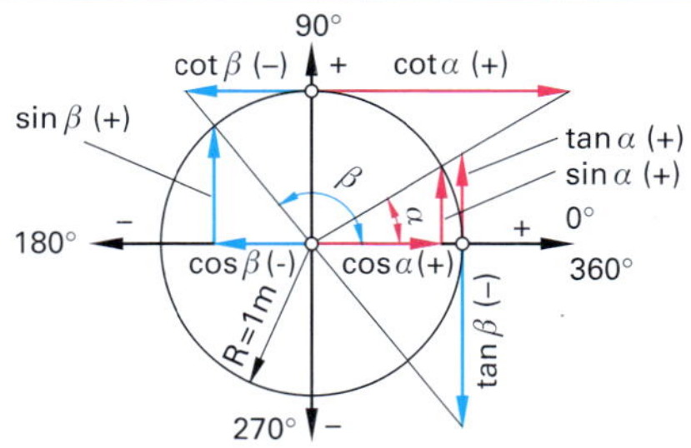

Besondere Winkelfunktionswerte

Funktion \ Winkel α	0°	30°	45°	60°	90°
Sinus α	0	$\frac{1}{2}$	$\frac{1}{2}\sqrt{2}$	$\frac{1}{2}\sqrt{3}$	1
Cosinus α	1	$\frac{1}{2}\sqrt{3}$	$\frac{1}{2}\sqrt{2}$	$\frac{1}{2}$	0
Tangens α	0	$\frac{1}{3}\sqrt{3}$	1	$\sqrt{3}$	∞
Cotangens α	∞	$\sqrt{3}$	1	$\frac{1}{3}\sqrt{3}$	0

Winkelfunktionen im schiefwinkligen Dreieck

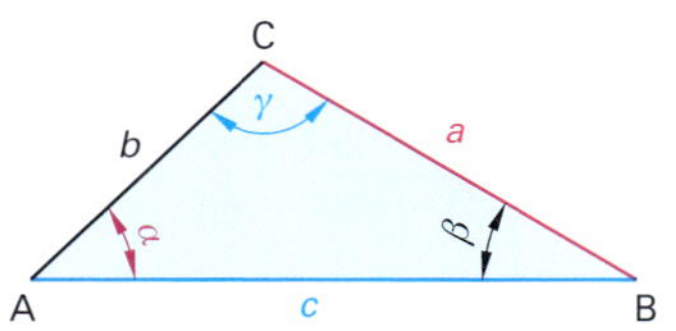

a, *b*, c Seitenlängen (mm)
α, β, γ Winkel, die jeweils den Seiten *a*, *b*, *c* gegenüber liegen(°)

Sinussatz

$$\frac{a}{\sin\alpha} = \frac{b}{\sin\beta} = \frac{c}{\sin\gamma}$$

Kosinussatz

$$a^2 = b^2 + c^2 - 2 \cdot b \cdot c \cdot \cos\alpha$$
$$b^2 = a^2 + c^2 - 2 \cdot a \cdot c \cdot \cos\beta$$
$$c^2 = a^2 + b^2 - 2 \cdot a \cdot b \cdot \cos\gamma$$

M

Grad	Sinus 0° … 45° Minuten 0′	10′	20′	30′	40′	50′	60′	
0	0,0000	0,0029	0,0058	0,0087	0,0116	0,0145	0,0175	89
1	0,0175	0,0204	0,0233	0,0262	0,0291	0,0320	0,0349	88
2	0,0349	0,0378	0,0407	0,0436	0,0465	0,0494	0,0523	87
3	0,0523	0,0552	0,0581	0,0610	0,0640	0,0669	0,0698	86
4	0,0698	0,0727	0,0756	0,0785	0,0814	0,0843	0,0872	85
5	0,0872	0,0901	0,0929	0,0958	0,0987	0,1016	0,1045	84
6	0,1045	0,1074	0,1103	0,1132	0,1161	0,1190	0,1219	83
7	0,1219	0,1248	0,1276	0,1305	0,1334	0,1363	0,1392	82
8	0,1392	0,1421	0,1449	0,1478	0,1507	0,1536	0,1564	81
9	0,1564	0,1593	0,1622	0,1650	0,1679	0,1708	0,1736	80
10	0,1736	0,1765	0,1794	0,1822	0,1851	0,1880	0,1908	79
11	0,1908	0,1937	0,1965	0,1994	0,2022	0,2051	0,2079	78
12	0,2079	0,2108	0,2136	0,2164	0,2193	0,2221	0,2250	77
13	0,2250	0,2278	0,2306	0,2334	0,2363	0,2391	0,2419	76
14	0,2419	0,2447	0,2476	0,2504	0,2532	0,2560	0,2588	75
15	0,2588	0,2616	0,2644	0,2672	0,2700	0,2728	0,2756	74
16	0,2756	0,2784	0,2812	0,2840	0,2868	0,2896	0,2924	73
17	0,2924	0,2952	0,2979	0,3007	0,3035	0,3062	0,3090	72
18	0,3090	0,3118	0,3145	0,3173	0,3201	0,3228	0,3256	71
19	0,3256	0,3283	0,3311	0,3338	0,3365	0,3393	0,3420	70
20	0,3420	0,3448	0,3475	0,3502	0,3529	0,3557	0,3584	69
21	0,3584	0,3611	0,3638	0,3665	0,3692	0,3719	0,3746	68
22	0,3746	0,3773	0,3800	0,3827	0,3854	0,3881	0,3907	67
23	0,3907	0,3934	0,3961	0,3987	0,4014	0,4041	0,4067	66
24	0,4067	0,4094	0,4120	0,4147	0,4173	0,4200	0,4226	65
25	0,4226	0,4253	0,4279	0,4305	0,4331	0,4358	0,4384	64
26	0,4384	0,4410	0,4436	0,4462	0,4488	0,4514	0,4540	63
27	0,4540	0,4566	0,4592	0,4617	0,4843	0,4669	0,4695	62
28	0,4695	0,4720	0,4746	0,4772	0,4797	0,4823	0,4848	61
29	0,4848	0,4874	0,4899	0,4924	0,4950	0,4975	0,5000	60
30	0,5000	0,5025	0,5050	0,5075	0,5100	0,5125	0,5150	59
31	0,5150	0,5175	0,5200	0,5225	0,5250	0,5275	0,5299	58
32	0,5299	0,5324	0,5348	0,5373	0,5398	0,5422	0,5446	57
33	0,5446	0,5471	0,5495	0,5519	0,5544	0,5568	0,5592	56
34	0,5592	0,5616	0,5640	0,5664	0,5688	0,5712	0,5736	55
35	0,5736	0,5760	0,5783	0,5807	0,5831	0,5854	0,5878	54
36	0,5878	0,5901	0,5925	0,5948	0,5972	0,5995	0,6018	53
37	0,6018	0,6041	0,6065	0,6088	0,6111	0,6134	0,6157	52
38	0,6157	0,6180	0,6202	0,6225	0,6248	0,6271	0,6293	51
39	0,6293	0,6316	0,6338	0,6361	0,6383	0,6406	0,6428	50
40	0,6428	0,6450	0,6472	0,6494	0,6517	0,6539	0,6561	49
41	0,6561	0,6583	0,6604	0,6626	0,6848	0,6670	0,6691	48
42	0,6691	0,6713	0,6734	0,6756	0,6777	0,6799	0,6820	47
43	0,6820	0,6841	0,6862	0,6884	0,6905	0,6926	0,6947	46
44	0,6947	0,6967	0,6988	0,7009	0,7030	0,7050	0,7071	45
	60′	50′	40′	30′	20′	10′	0′ Minuten Cosinus 45° … 90°	Grad

Grad	Sinus 45° … 90° Minuten 0′	10′	20′	30′	40′	50′	60′	
45	0,7071	0,7092	0,7112	0,7133	0,7153	0,7173	0,7193	44
46	0,7193	0,7214	0,7234	0,7254	0,7274	0,7294	0,7314	43
47	0,7314	0,7333	0,7353	0,7373	0,7392	0,7412	0,7431	42
48	0,7431	0,7451	0,7470	0,7490	0,7509	0,7528	0,7547	41
49	0,7547	0,7566	0,7585	0,7604	0,7623	0,7642	0,7660	40
50	0,7660	0,7679	0,7698	0,7716	0,7735	0,7753	0,7771	39
51	0,7771	0,7790	0,7808	0,7826	0,7844	0,7862	0,7880	38
52	0,7880	0,7898	0,7916	0,7934	0,7951	0,7969	0,7986	37
53	0,7986	0,8004	0,8021	0,8039	0,8056	0,8073	0,8090	36
54	0,8090	0,8107	0,8124	0,8141	0,8158	0,8175	0,8192	35
55	0,8192	0,8208	0,8225	0,8241	0,8258	0,8274	0,8290	34
56	0,8290	0,8307	0,8323	0,8339	0,8355	0,8371	0,8387	33
57	0,8387	0,8403	0,8418	0,8434	0,8450	0,8465	0,8480	32
58	0,8480	0,8496	0,8511	0,8526	0,8542	0,8557	0,8572	31
59	0,8572	0,8587	0,8601	0,8616	0,8631	0,8646	0,8660	30
60	0,8660	0,8675	0,8689	0,8704	0,8718	0,8732	0,8746	29
61	0,8746	0,8760	0,8774	0,8788	0,8802	0,8816	0,8829	28
62	0,8829	0,8843	0,8857	0,8870	0,8884	0,8897	0,8910	27
63	0,8910	0,8923	0,8936	0,8949	0,8962	0,8975	0,8988	26
64	0,8988	0,9001	0,9013	0,9026	0,9038	0,9051	0,9063	25
65	0,9063	0,9075	0,9088	0,9100	0,9112	0,9124	0,9135	24
66	0,9135	0,9147	0,9159	0,9171	0,9182	0,9194	0,9205	23
67	0,9205	0,9216	0,9228	0,9239	0,9250	0,9261	0,9272	22
68	0,9272	0,9283	0,9293	0,9304	0,9315	0,9325	0,9336	21
69	0,9336	0,9346	0,9356	0,9367	0,9377	0,9387	0,9397	20
70	0,9397	0,9407	0,9417	0,9426	0,9436	0,9446	0,9455	19
71	0,9455	0,9465	0,9474	0,9483	0,9492	0,9502	0,9511	18
72	0,9511	0,9520	0,9528	0,9537	0,9546	0,9555	0,9563	17
73	0,9563	0,9572	0,9580	0,9588	0,9596	0,9605	0,9613	16
74	0,9613	0,9621	0,9628	0,9636	0,9644	0,9652	0,9659	15
75	0,9659	0,9667	0,9674	0,9681	0,9689	0,9696	0,9703	14
76	0,9703	0,9710	0,9717	0,9724	0,9730	0,9737	0,9744	13
77	0,9744	0,9750	0,9757	0,9763	0,9769	0,9775	0,9781	12
78	0,9781	0,9787	0,9793	0,9799	0,9805	0,9811	0,9816	11
79	0,9816	0,9822	0,9827	0,9833	0,9838	0,9843	0,9848	10
80	0,9848	0,9853	0,9858	0,9863	0,9868	0,9872	0,9877	9
81	0,9877	0,9881	0,9886	0,9890	0,9894	0,9899	0,9903	8
82	0,9903	0,9907	0,9911	0,9914	0,9918	0,9922	0,9925	7
83	0,9925	0,9929	0,9932	0,9936	0,9939	0,9942	0,9945	6
84	0,9945	0,9948	0,9951	0,9954	0,9957	0,9959	0,9962	5
85	0,9962	0,9964	0,9967	0,9969	0,9971	0,9974	0,9976	4
86	0,9976	0,9978	0,9980	0,9981	0,9983	0,9985	0,9986	3
87	0,9986	0,9988	0,9989	0,9990	0,9992	0,9993	0,9994	2
88	0,9994	0,9995	0,9996	0,9997	0,9997	0,9998	0,99985	1
89	0,99985	0,99989	0,99993	0,99996	0,99998	0,99999	1,0000	0
	60′	50′	40′	30′	20′	10′	0′ Minuten Cosinus 0° … 45°	Grad

Tangens 0° … 45° (Grad ↓, Minuten →) — **Cotangens 45° … 90°** (Grad ↑, Minuten ←)

Grad	0′	10′	20′	30′	40′	50′	60′	
0	0,0000	0,0029	0,0058	0,0087	0,0116	0,0145	0,0175	89
1	0,0175	0,0204	0,0233	0,0262	0,0291	0,0320	0,0349	88
2	0,0349	0,0378	0,0407	0,0437	0,0466	0,0495	0,0524	87
3	0,0524	0,0553	0,0582	0,0612	0,0641	0,0670	0,0699	86
4	0,0699	0,0729	0,0758	0,0787	0,0816	0,0846	0,0875	85
5	0,0875	0,0904	0,0934	0,0963	0,0992	0,1022	0,1051	84
6	0,1051	0,1080	0,1110	0,1139	0,1169	0,1198	0,1228	83
7	0,1228	0,1257	0,1287	0,1317	0,1346	0,1376	0,1405	82
8	0,1405	0,1435	0,1465	0,1495	0,1524	0,1554	0,1584	81
9	0,1584	0,1614	0,1644	0,1673	0,1703	0,1733	0,1763	80
10	0,1763	0,1793	0,1823	0,1853	0,1883	0,1914	0,1944	79
11	0,1944	0,1974	0,2004	0,2035	0,2065	0,2095	0,2126	78
12	0,2126	0,2156	0,2186	0,2217	0,2247	0,2278	0,2309	77
13	0,2309	0,2339	0,2370	0,2401	0,2432	0,2462	0,2493	76
14	0,2493	0,2524	0,2555	0,2586	0,2617	0,2648	0,2679	75
15	0,2679	0,2711	0,2742	0,2773	0,2805	0,2836	0,2867	74
16	0,2867	0,2899	0,2931	0,2962	0,2994	0,3026	0,3057	73
17	0,3057	0,3089	0,3121	0,3153	0,3185	0,3217	0,3249	72
18	0,3249	0,3281	0,3314	0,3346	0,3378	0,3411	0,3443	71
19	0,3443	0,3476	0,3508	0,3541	0,3574	0,3607	0,3640	70
20	0,3640	0,3673	0,3706	0,3739	0,3772	0,3805	0,3839	69
21	0,3839	0,3872	0,3906	0,3939	0,3973	0,4006	0,4040	68
22	0,4040	0,4074	0,4108	0,4142	0,4176	0,4210	0,4245	67
23	0,4245	0,4279	0,4314	0,4348	0,4383	0,4417	0,4452	66
24	0,4452	0,4487	0,4522	0,4557	0,4592	0,4628	0,4663	65
25	0,4663	0,4699	0,4734	0,4770	0,4806	0,4811	0,4877	64
26	0,4877	0,4913	0,4950	0,4986	0,5022	0,5059	0,5095	63
27	0,5095	0,5132	0,5169	0,5206	0,5243	0,5280	0,5317	62
28	0,5317	0,5354	0,5392	0,5430	0,5467	0,5505	0,5543	61
29	0,5543	0,5581	0,5619	0,5658	0,5696	0,5735	0,5774	60
30	0,5774	0,5812	0,5851	0,5890	0,5939	0,5969	0,6009	59
31	0,6009	0,6048	0,6088	0,6128	0,6168	0,6208	0,6249	58
32	0,6249	0,6289	0,6330	0,6371	0,6412	0,6453	0,6494	57
33	0,6494	0,6536	0,6577	0,6619	0,6661	0,6703	0,6745	56
34	0,6745	0,6787	0,6833	0,6873	0,6916	0,6959	0,7002	55
35	0,7002	0,7046	0,7089	0,7133	0,7177	0,7221	0,7265	54
36	0,7265	0,7310	0,7355	0,7400	0,7445	0,7490	0,7536	53
37	0,7536	0,7581	0,7627	0,7673	0,7720	0,7766	0,7813	52
38	0,7813	0,7860	0,7907	0,7954	0,8002	0,8050	0,8098	51
39	0,8098	0,8146	0,8195	0,8243	0,8292	0,8342	0,8391	50
40	0,8391	0,8441	0,8491	0,8541	0,8591	0,8642	0,8693	49
41	0,8693	0,8744	0,8796	0,8847	0,8899	0,8952	0,9004	48
42	0,9004	0,9057	0,9110	0,9163	0,9217	0,9271	0,9325	47
43	0,9325	0,9380	0,9435	0,9490	0,9545	0,9601	0,9657	46
44	0,9657	0,9713	0,9770	0,9827	0,9884	0,9942	1,0000	45
	60′	50′	40′	30′	20′	10′	0′	Grad

Tangens 45° … 90° (Grad ↓, Minuten →) — **Cotangens 0° … 45°** (Grad ↑, Minuten ←)

Grad	0′	10′	20′	30′	40′	50′	60′	
45	1,0000	1,0058	1,0117	1,0176	1,0235	1,0295	1,0355	44
46	1,0355	1,0416	1,0477	1,0538	1,0599	1,0661	1,0724	43
47	1,0724	1,0786	1,0850	1,0913	1,0977	1,1041	1,1106	42
48	1,1106	1,1171	1,1237	1,1303	1,1369	1,1436	1,1504	41
49	1,1504	1,1571	1,1640	1,1708	1,1778	1,1847	1,1918	40
50	1,1918	1,1988	1,2059	1,2131	1,2203	1,2276	1,2349	39
51	1,2349	1,2423	1,2497	1,2572	1,2647	1,2723	1,2799	38
52	1,2799	1,2876	1,2954	1,3032	1,3111	1,3190	1,3270	37
53	1,3270	1,3351	1,3432	1,3154	1,3597	1,3680	1,3764	36
54	1,3764	1,3848	1,3934	1,4019	1,4106	1,4193	1,4281	35
55	1,4281	1,4370	1,4460	1,4550	1,4641	1,4733	1,4826	34
56	1,4826	1,4919	1,5013	1,5108	1,5204	1,5301	1,5399	33
57	1,5399	1,5497	1,5597	1,5697	1,5798	1,5900	1,6003	32
58	1,6003	1,6107	1,6213	1,6318	1,6426	1,6534	1,6643	31
59	1,6643	1,6753	1,6864	1,6977	1,7090	1,7205	1,7321	30
60	1,7321	1,7438	1,7556	1,7675	1,7796	1,7917	1,8041	29
61	1,8041	1,8165	1,8291	1,8418	1,8546	1,8676	1,8807	28
62	1,8807	1,8940	1,9074	1,9210	1,9347	1,9486	1,9626	27
63	1,9626	1,9768	1,9912	2,0057	2,0204	2,0353	2,0503	26
64	2,0503	2,0655	2,0809	2,0965	2,1123	2,1283	2,1445	25
65	2,1445	2,1609	2,1775	2,1943	2,2113	2,2286	2,2460	24
66	2,2460	2,2637	2,2817	2,2998	2,3183	2,3369	2,3559	23
67	2,3559	2,3750	2,3945	2,4142	2,4342	2,4545	2,4751	22
68	2,4751	2,4960	2,5172	2,5387	2,5605	2,5826	2,6051	21
69	2,6051	2,6279	2,6511	2,6746	2,6985	2,7228	2,7475	20
70	2,7475	2,7725	2,7980	2,8239	2,8502	2,8770	2,9042	19
71	2,9042	2,9319	2,9600	2,9887	3,0178	3,0475	3,0777	18
72	3,0777	3,1084	3,1397	3,1716	3,2041	3,2371	3,2709	17
73	3,2709	3,3052	3,3402	3,3759	3,4124	3,4495	3,4874	16
74	3,4874	3,5261	3,5656	3,6059	3,6470	3,6891	3,7321	15
75	3,7321	3,7760	3,8208	3,8667	3,9136	3,9617	4,0108	14
76	4,0108	4,0611	4,1126	4,1653	4,2193	4,2747	4,3315	13
77	4,3315	4,3897	4,4494	4,5107	4,5736	4,6383	4,7046	12
78	4,7046	4,7729	4,8430	4,9152	4,9894	5,0658	5,1446	11
79	5,1446	5,2257	5,3093	5,3955	5,4845	5,5764	5,6713	10
80	5,6713	5,7694	5,8708	5,8758	6,0844	6,1970	6,3138	9
81	6,3138	6,4348	6,5605	6,6912	6,8269	6,9682	7,1154	8
82	7,1154	7,2687	7,4287	7,5958	7,7704	7,9530	8,1444	7
83	8,1444	8,3450	8,5556	8,7769	9,0098	9,2553	9,5144	6
84	9,5144	9,7882	10,0780	10,3854	10,7119	11,0594	11,4301	5
85	11,4301	11,8262	12,2505	12,7062	13,1969	13,7267	14,3007	4
86	14,3007	14,9244	15,6048	16,3499	17,1693	18,0750	19,0811	3
87	19,0811	20,2056	21,4704	22,9038	24,5418	26,4316	28,6363	2
88	28,6363	31,2416	34,3678	38,1885	42,9641	49,1039	57,2900	1
89	57,2900	68,7501	85,9398	114,5887	171,8854	343,7737	∞	0
	60′	50′	40′	30′	20′	10′	0′	Grad

M

Prozentrechnen

Beispiel 1: Rohteil 3,36 kg; Fertigteil 2,8 kg; Verschnitt = ? %

Lösung: Spanabfall = 3,36 kg – 2,8 kg = = 0,56 kg

$$\boldsymbol{p} = \frac{100 \cdot P}{G} = \frac{100 \cdot 0{,}56}{2{,}8}\,\% = \mathbf{20\,\%}$$

Beispiel 2: Verkaufspreis (Endwert) 3600,00 €; Gewinn 20 %; Einkaufspreis (Grundwert) = ? €

Lösung:
$$\boldsymbol{G} = \frac{100 \cdot E_{max}}{100 + p} = \frac{100 \cdot 3600}{100 + 20}\,€ = \mathbf{3000{,}00\,€}$$

p Prozentsatz in %
Er gibt an, wie viel Hundertstel vom Grundwert zu nehmen sind.

G Grundwert
Er ist der Wert auf den man sich beim Prozentrechnen bezieht.

P Prozentwert
Er ist der Teil des Grundwertes, der dem Prozentsatz entspricht. Er hat dieselbe Einheit wie der Grundwert.

E_{max} Endwert (vermehrter Wert) (Grundwert + Prozentwert)

E_{min} Endwert (verminderter Wert) (Grundwert – Prozentwert)

$$p = \frac{100 \cdot P}{G}$$

$$G = \frac{100 \cdot P}{p}$$

$$P = \frac{G \cdot p}{100}$$

$$G = \frac{100 \cdot E_{max}}{100 + p}$$

$$G = \frac{100 \cdot E_{min}}{100 - p}$$

Zinsrechnen

Beispiel 1: Ein Kapital von 2000,00 € wird für ein halbes Jahr zu 3 % verzinst. Wie hoch sind die Zinsen?

Lösung:
$$\boldsymbol{z} = \frac{k \cdot p \cdot t}{100} = \frac{2000 \cdot 3 \cdot 0{,}5}{100}\,€ = \mathbf{30{,}00\,€}$$

Beispiel 2: p = 7,5 %; t = 90 Tage; z = 281,25 €; k = ? €

Lösung:
$$\boldsymbol{k} = \frac{100 \cdot 360 \cdot z}{p \cdot t} = \frac{100 \cdot 360 \cdot 281{,}25}{7{,}5 \cdot 90}\,€ = \mathbf{15\,000{,}00\,€}$$

z Zinsen in €
p Zinssatz in %
k Kapital in €
t Zeit in Jahren oder Zeit in Tagen

1 Zinsjahr ≙ 360 Tage
1 Zinsmonat ≙ 30 Tage

Jahreszins

$$z = \frac{k \cdot p \cdot t}{100}$$

$$k = \frac{100 \cdot z}{p \cdot t}$$

$$p = \frac{100 \cdot z}{k \cdot t}$$

$$t = \frac{100 \cdot z}{k \cdot p}$$

Tageszins

$$z = \frac{k \cdot p \cdot t}{100 \cdot 360}$$

Verhältnisrechnen

Beispiele:

Steigung, z. B. 1 : 50

Gefälle, z. B. 1 : 20

Übersetzungsverhältnis, z. B. 3,8 : 1 = 3,8

Verdichtung, z. B. 21 : 1 = 21

Der Quotient zweier Zahlen wird auch **Verhältnis** genannt.

Verhältnisgleichung (Proportion): Haben zwei Verhältnisse den gleichen Wert, so können sie durch Gleichheitszeichen verbunden werden. Man erhält eine Verhältnisgleichung mit 4 Gliedern.

$$a : b = \frac{a}{b}$$

$$a : b = c : d$$

$$\frac{a}{b} = \frac{c}{d}$$

Mischungsrechnen

Beispiel: 27,5 l Kühlflüssigkeit sollen im Verhältnis 4 : 7 (Gefrierschutzmittel zu Wasser) gemischt werden.

Gefrierschutzmittelmenge = ? l

Wassermenge = ? l

Lösung:
$$\boldsymbol{m_1} = \frac{m \cdot x_1}{x} = \frac{27{,}5\ \text{l} \cdot 4}{11} = \mathbf{10\ l}$$

$$\boldsymbol{m_2} = m - m_1 = 27{,}5\ \text{l} - 10\ \text{l} = \mathbf{17{,}5\ l}$$

oder
$$\boldsymbol{m_2} = \frac{m \cdot x_2}{x} = \frac{27{,}5\ \text{l} \cdot 7}{11} = \mathbf{17{,}5\ l}$$

m Gesamtmenge
m_1 Teilmenge 1
m_2 Teilmenge 2
x Summe der Anteile
x_1 Anteil der Teilmenge 1
x_2 Anteil der Teilmenge 2

$$m = m_1 + m_2 + \ldots$$
$$x = x_1 + x_2 + \ldots$$

$$\frac{m}{m_1} = \frac{x}{x_1}$$

$$m_1 = \frac{m \cdot x_1}{x}$$

$$x_1 = \frac{m_1 \cdot x}{m}$$

$$m = \frac{m_1 \cdot x}{x_1}$$

$$x = \frac{m \cdot x_1}{m_1}$$

Maßstäbe

Vergrößerung	2 : 1	5 : 1	10 : 1	20 : 1
Natürliche Größe	1 : 1 Zeichnungslänge = Wirkliche Länge			
Verkleinerung	1 : 2	1 : 5	1 : 10	1 : 20

l_z Länge auf der Zeichnung; Bildgröße (vergrößerte, verkleinerte oder wirkliche Länge)
l_w Wirkliche Länge
M Maßstab (Verhältniszahl)

$$l_z = l_w \cdot M$$

$$l_w = \frac{l_z}{M} \qquad M = \frac{l_z}{l_w}$$

Längenteilungen

	Teilung p Lochabstand	Teilungszahl n Lochzahl	Teilungslänge l
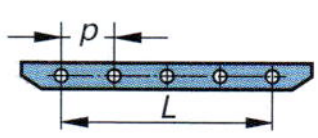	$p = \frac{L}{n-1}$	$n = \frac{L}{p} + 1$	$L = p \cdot (n-1)$
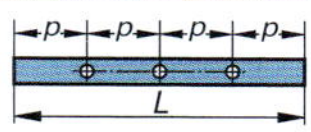	$p = \frac{L}{n+1}$	$n = \frac{L}{p} - 1$	$L = p \cdot (n+1)$
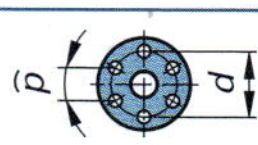	$p = \frac{\pi \cdot d}{n}$	$n = \frac{\pi \cdot d}{p}$	$L = U = n \cdot p$ $L = U = \pi \cdot d$

Kettenlänge

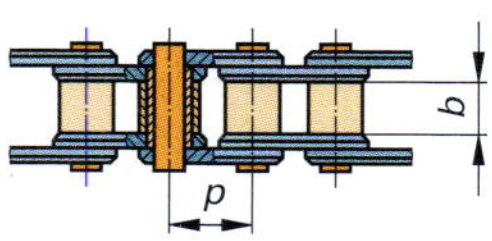

L Kettenlänge
p Teilung
b Gliederbreite (Innenglied)
X Gliederzahl

$$L = p \cdot X$$

$$p = \frac{L}{X} \qquad X = \frac{L}{p}$$

Gebogene Längen

Kreisumfang

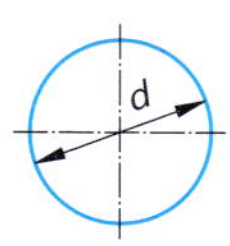

U Umfang
d Durchmesser

$$U = \pi \cdot d$$

$$d = \frac{U}{\pi}$$

Kreisbogenlänge

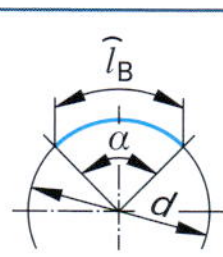

l_B Bogenlänge
d Durchmesser
α Mittelpunktswinkel in °

$$l_B = \frac{\pi \cdot d \cdot \alpha}{360°}$$

$$\alpha = \frac{360° \cdot l_B}{\pi \cdot d} \qquad d = \frac{360° \cdot l_B}{\pi \cdot \alpha}$$

Ellipsenumfang

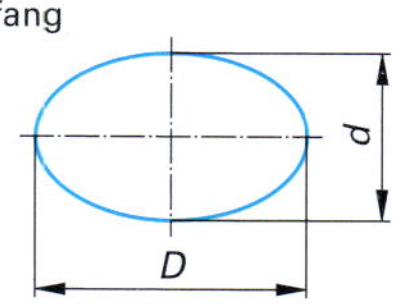

U Umfang
D Durchmesser
d Durchmesser
R Radius
r Radius

$$U \approx \pi \cdot \frac{D+d}{2}$$

$$D \approx \frac{2 \cdot U}{\pi} - d \qquad d \approx \frac{2 \cdot U}{\pi} - D$$

genauer:

$$U \approx \pi \cdot \sqrt{2 \cdot (R^2 + r^2)}$$

Gestreckte Länge

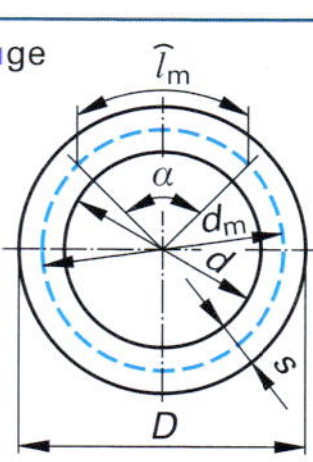

l_m gestreckte Länge, Länge der neutralen Faser
d_m mittlerer Durchmesser
D Außendurchmesser
d Innendurchmesser
α Mittelpunktswinkel in °
s Werkstoffdicke
U_m mittlerer Umfang

$$l_m = \frac{\pi \cdot d_m \cdot \alpha}{360°}$$

$$U_m = \pi \cdot d_m$$

$$d_m = \frac{D+d}{2}$$

$$d_m = D - s$$

$$d_m = d + s$$

M

Lehrsatz des Pythagoras

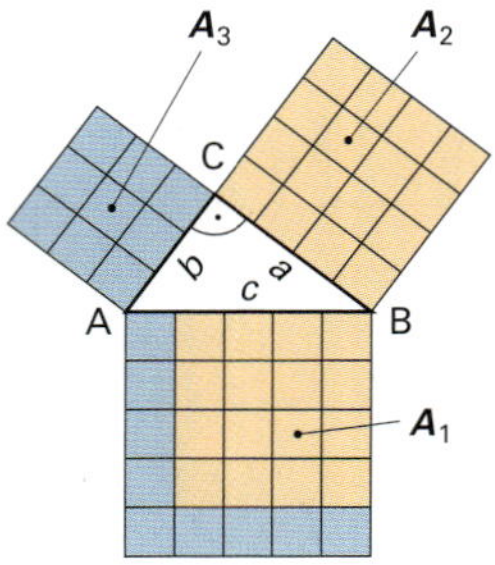

Beim rechtwinkigen Dreieck ist die Fläche des Hypotenusenquadrates gleich der Summe der Flächen der beiden Kathetenquadrate.

c	Hypotenuse – die dem rechten Winkel gegenüberliegende Seite
a, b	Katheten – die den rechten Winkel bildenden Seiten
A_1, A_2, A_3	Flächen

Beispiel: a = 4 m; b = 6 m; c = ? m

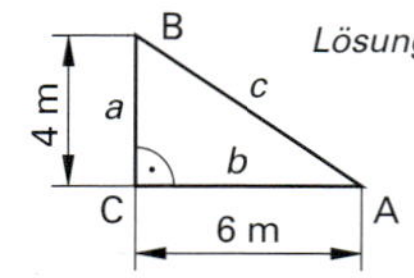

Lösung: $\mathbf{c} = \sqrt{a^2 + b^2} =$

$= \sqrt{(4\ \text{m})^2 + (6\ \text{m})^2} =$

$= \sqrt{16\ \text{m}^2 + 36\ \text{m}^2} =$

$= \sqrt{52\ \text{m}^2} = \mathbf{7{,}21\ m}$

$$A_1 = A_2 + A_3$$

$$c^2 = a^2 + b^2$$

$$c = \sqrt{a^2 + b^2}$$

$$a = \sqrt{c^2 - b^2}$$

$$b = \sqrt{c^2 - a^2}$$

Regelmäßige Vielecke

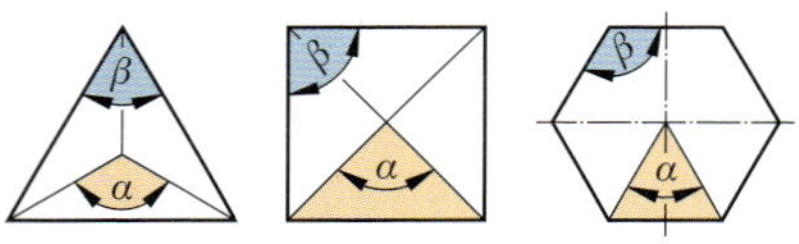

Für regelmäßige Vielecke gilt:

Innenwinkel $\alpha = \dfrac{360°}{n}$

Außenwinkel $\beta = \dfrac{(n-2) \cdot 180°}{n}$ $\beta = 180° - \alpha$

n **Anzahl der Ecken**

Regelmäßiges Vieleck *n* **Anzahl der Ecken**	**Umkreis-∅** *D* **Eckenmaß** *e*	**Innenkreis-∅** *d* **Schlüsselweite** *SW*	**Seitenlänge** *l* **Umfang** *U*	**Gesamtfläche** *A*
Dreieck $n = 3$ 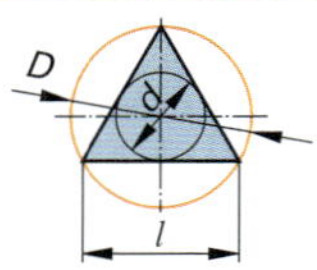	$D = 1{,}154 \cdot l$ $D = 2 \cdot d$	$d = 0{,}578 \cdot l$ $d = 0{,}5 \cdot D$	$l = 0{,}866 \cdot D$ $l = 1{,}730 \cdot d$ $\mathbf{U = l \cdot n}$	$A = 0{,}325 \cdot D^2$ $A = 1{,}299 \cdot d^2$ $A = 0{,}433 \cdot l^2$
Quadrat $n = 4$ 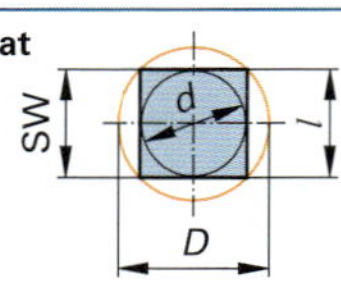	$D = 1{,}414 \cdot l$ $D = 1{,}414 \cdot d$ $\mathbf{D = e}$	$d = l$ $d = 0{,}707 \cdot D$ $\mathbf{d = SW}$	$l = 0{,}707 \cdot D$ $l = d$ $\mathbf{U = l \cdot n}$	$A = 0{,}5 \cdot D^2$ $A = d^2$ $A = l^2$
Sechseck $n = 6$ 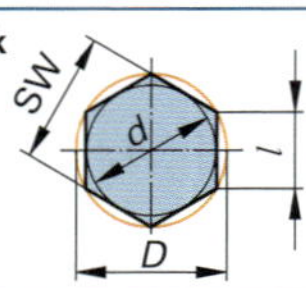	$D = 2 \cdot l$ $D = 1{,}155 \cdot d$ $\mathbf{D = e}$	$d = 1{,}732 \cdot l$ $d = 0{,}866 \cdot D$ $\mathbf{d = SW}$	$l = 0{,}5 \cdot D$ $l = 0{,}577 \cdot d$ $\mathbf{U = l \cdot n}$	$A = 0{,}649 \cdot D^2$ $A = 0{,}866 \cdot d^2$ $A = 2{,}598 \cdot l^2$
Achteck $n = 8$ 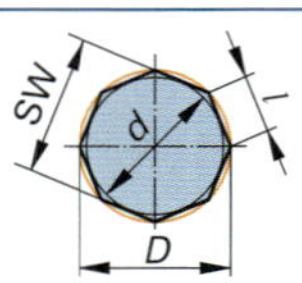	$D = 2{,}614 \cdot l$ $D = 1{,}082 \cdot d$ $\mathbf{D = e}$	$d = 2{,}414 \cdot l$ $d = 0{,}924 \cdot D$ $\mathbf{d = SW}$	$l = 0{,}383 \cdot D$ $l = 0{,}414 \cdot d$ $\mathbf{U = l \cdot n}$	$A = 0{,}707 \cdot D^2$ $A = 0{,}829 \cdot d^2$ $A = 4{,}828 \cdot l^2$
Zwölfeck $n = 12$ 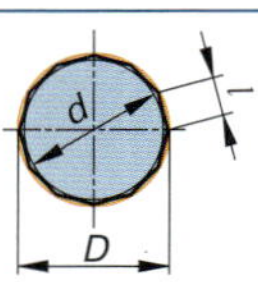	$D = 3{,}864 \cdot l$ $D = 1{,}035 \cdot d$ $\mathbf{D = e}$	$d = 3{,}732 \cdot l$ $d = 0{,}966 \cdot D$ $\mathbf{d = SW}$	$l = 0{,}259 \cdot D$ $l = 0{,}268 \cdot d$ $\mathbf{U = l \cdot n}$	$A = 0{,}750 \cdot D^2$ $A = 0{,}804 \cdot d^2$ $A = 11{,}196 \cdot l^2$

Quadrat
$b = l$

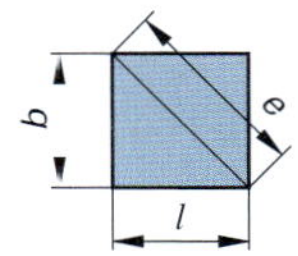

$l = \sqrt{A}$ $\quad b = l$

$e = \sqrt{2 \cdot l^2} = 1{,}414 \cdot l$

$l = \dfrac{e}{1{,}414} = 0{,}707 \cdot e$ $\quad U = 4 \cdot l$

$$A = l^2$$

Rhombus (Raute)

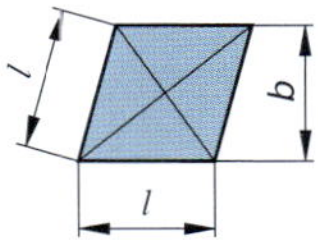

$l = \dfrac{A}{b}$

$b = \dfrac{A}{l}$

$U = 4 \cdot l$

$$A = l \cdot b$$

Rechteck

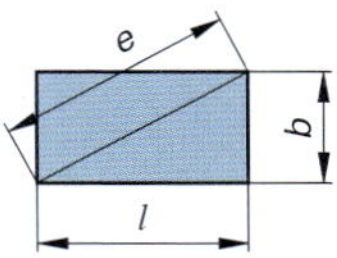

$b = \dfrac{A}{l}$ $\quad l = \dfrac{A}{b}$ $\quad l = \dfrac{U - 2 \cdot b}{2}$

$e = \sqrt{l^2 + b^2}$ $\quad b = \dfrac{U - 2 \cdot l}{2}$

$U = 2 \cdot l + 2 \cdot b$

$$A = l \cdot b$$

Rhomboid (Parallelogramm)

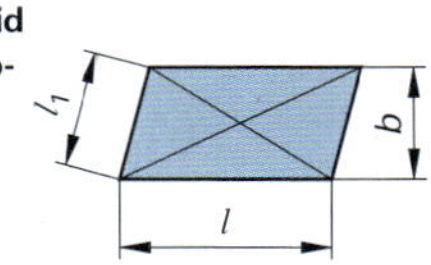

$l = \dfrac{A}{b}$ $\quad l = \dfrac{U - 2 \cdot l_1}{2}$

$b = \dfrac{A}{l}$ $\quad l_1 = \dfrac{U - 2 \cdot l}{2}$

$U = 2 \cdot l + 2 \cdot l_1$

$$A = l \cdot b$$

Dreieck

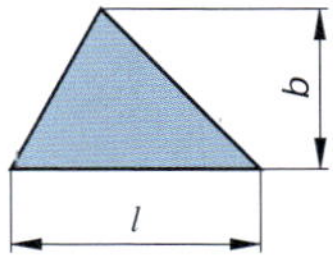

$l = \dfrac{2 \cdot A}{b}$

$b = \dfrac{2 \cdot A}{l}$

U = Summe aller Seiten

$$A = \frac{l \cdot b}{2}$$

Trapez

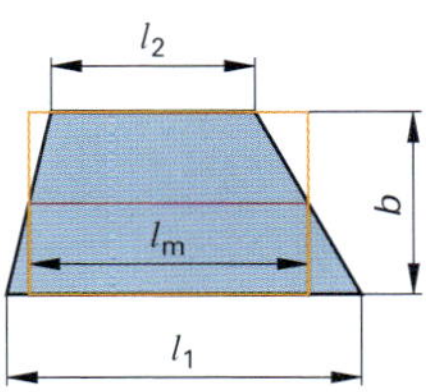

$l_1 = \dfrac{2 \cdot A}{b} - l_2$ $\quad b = \dfrac{2 \cdot A}{l_1 + l_2}$

$l_2 = \dfrac{2 \cdot A}{b} - l_1$ $\quad l_m = \dfrac{l_1 + l_2}{2}$

$l_1 = 2 \cdot l_m - l_2$ $\quad l_2 = 2 \cdot l_m - l_1$

U = Summe aller Seiten

$$A = \frac{l_1 + l_2}{2} \cdot b$$

$A = l_m \cdot b$

Vieleck
(regelmäßig)

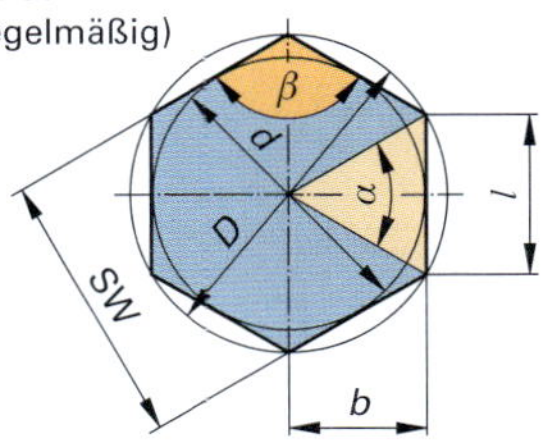

α Innenwinkel
β Außenwinkel
SW Schlüsselweite
D Umkreisdurchmesser
d Inkreisdurchmesser

$\alpha = \dfrac{360°}{n}$

$\beta = \dfrac{(n-2) \cdot 180°}{n}$

$\beta = 180° - \alpha$

$l = D \cdot \sin\left(\dfrac{180°}{n}\right)$

$l = D \cdot \sin \dfrac{\alpha}{2}$

$d = \sqrt{D^2 - l^2}$

$b = \dfrac{SW}{2} = \dfrac{d}{2}$ $\quad U = l \cdot n$

$$A = \frac{l \cdot b}{2} \cdot n$$

$A = \dfrac{n \cdot l \cdot d}{4}$

A Gesamtfläche
d Inkreisdurchmesser
n Anzahl der Ecken
l Seitenlänge
b Breite

A Fläche $\quad l$ Länge $\quad l_m$ mittlere Länge $\quad b$ Breite $\quad U$ Umfang $\quad e$ Eckmaß

Kreis 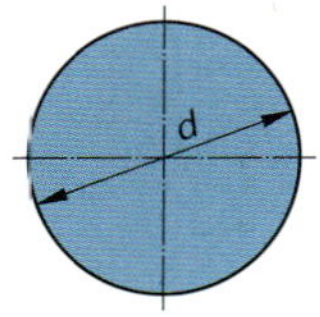	$d = \sqrt{\frac{4 \cdot A}{\pi}} = \sqrt{\frac{A}{0{,}785}}$ $r = \sqrt{\frac{A}{\pi}}$ $U = \pi \cdot d$	$A = \frac{\pi \cdot d^2}{4}$ $A = 0{,}785 \cdot d^2$ $A = \pi \cdot r^2$
Kreisring 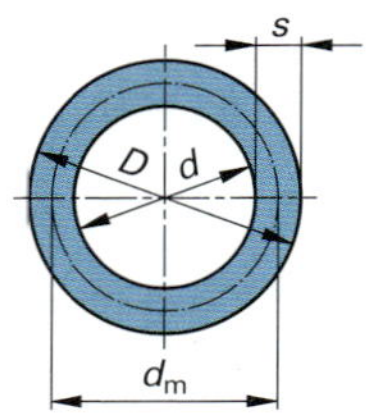	$D = \sqrt{d^2 + \frac{4 \cdot A}{\pi}}$ $d = \sqrt{D^2 - \frac{4 \cdot A}{\pi}}$ $A_1 = \frac{\pi \cdot d^2}{4}$ $A_2 = \frac{\pi \cdot D^2}{4}$	$A = \frac{\pi}{4} \cdot (D^2 - d^2)$ $A = \pi \cdot d_m \cdot s$ $A = A_2 - A_1$
Kreisausschnitt (Sektor) 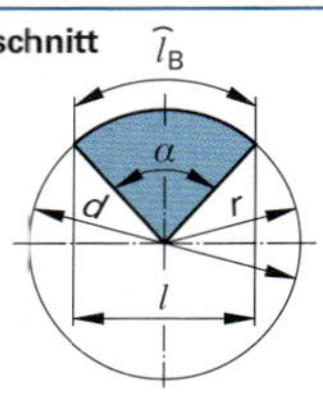	$l = 2 \cdot r \cdot \sin\frac{\alpha}{2}$ $l_B = \frac{\pi \cdot d \cdot \alpha}{360°}$ $U = l_B + 2 \cdot r$ l_B Bogenlänge α Mittelpunktswinkel	$A = \frac{l_B \cdot r}{2}$ $A = \frac{\pi \cdot d^2}{4} \cdot \frac{\alpha}{360°}$
Kreisabschnitt (Segment) 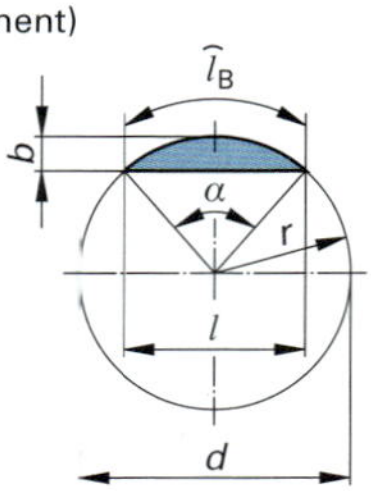	$l_B = \frac{\pi \cdot d \cdot \alpha}{360°}$ $b = r - \sqrt{r^2 - l^2/4}$ $b = \frac{l}{2} \cdot \tan\frac{\alpha}{4}$ $l = 2 \cdot \sqrt{2 \cdot b \cdot r - b^2}$ $l = 2 \cdot r \cdot \sin\frac{\alpha}{2}$ $r = \frac{b}{2} + \frac{l^2}{8 \cdot b}$ $r = \frac{2 \cdot A - b \cdot l}{l_B - l}$ l Länge (Sehne) b Breite (Bogenhöhe) $U = l + l_B$	$A = \frac{l_B \cdot r - l \cdot (r - b)}{2}$ $A = \frac{\pi \cdot d^2}{4} \cdot \frac{\alpha}{360°} - \frac{l \cdot (r - b)}{2}$ $A \approx \frac{2 \cdot l \cdot b}{3}$
Ellipse 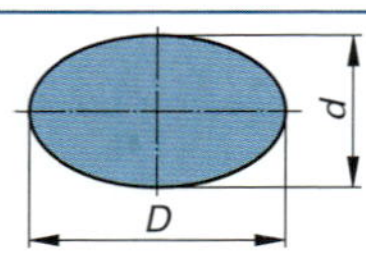 D große Achse d kleine Achse	$D = \frac{4 \cdot A}{\pi \cdot d}$ $d = \frac{4 \cdot A}{\pi \cdot D}$ $U \approx \pi \cdot \frac{D + d}{2}$ genauer: $U \approx \pi \cdot \sqrt{2 \cdot (R^2 + r^2)}$	$A = \frac{\pi \cdot D \cdot d}{4}$
Zusammengesetzte Flächen		
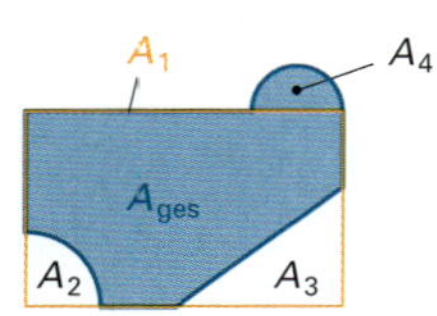	Zusammengesetzte Flächen werden zur Berechnung ihrer Gesamtfläche in Teilflächen zerlegt. Durch Addition und Subtraktion der Teilflächen erhält man die Gesamtfläche.	$A_{ges} = A_1 - A_2 - A_3 + A_4$ Allgemein gilt: $A_{ges} = A_1 \pm A_2 \pm A_3 \pm \ldots$

A Fläche, U Umfang, D, d Durchmesser, R, r Radius, l_B Bogenlänge, l Länge (Sehne), b Breite (Bogenhöhe), b Breite, α Mittelpunktswinkel, d_m mittlerer Durchmesser

M

Gleichdicke Körper

$V = A \cdot h$

Würfel

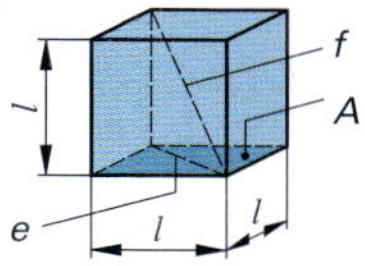

$l = \sqrt[3]{V}$

$e = 1{,}414 \cdot l$

$f = 1{,}732 \cdot l$

$l_{ges} = 12 \cdot l$

$A_M = 4 \cdot A = 4 \cdot l^2$

$A_O = 6 \cdot A = 6 \cdot l^2$

$V = l \cdot l \cdot l$

$V = l^3$

Prisma

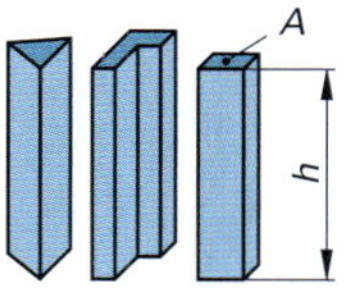

$A = \frac{V}{h}$

$h = \frac{V}{A}$

$V = A \cdot h$

Zylinder

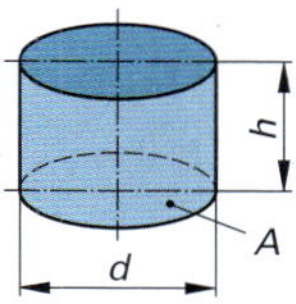

$d = \sqrt{\frac{4 \cdot V}{\pi \cdot h}}$

$h = \frac{4 \cdot V}{\pi \cdot d^2}$

$A = \frac{V}{h}$

$h = \frac{V}{A}$

$A_M = \pi \cdot d \cdot h$

$A_O = \pi \cdot d \cdot h + 2 \cdot \frac{\pi \cdot d^2}{4}$

$V = \frac{\pi \cdot d^2}{4} \cdot h$

$V = A \cdot h$

Hohlzylinder

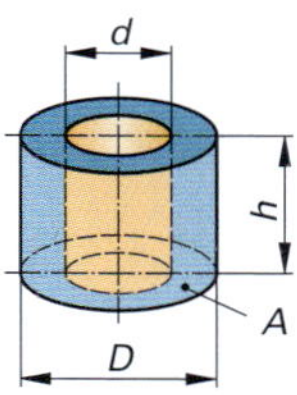

$h = \frac{4 \cdot V}{\pi \cdot (D^2 - d^2)}$

$D = \sqrt{d^2 + \frac{4 \cdot V}{\pi \cdot h}}$

$d = \sqrt{D^2 - \frac{4 \cdot V}{\pi \cdot h}}$

$A_2 = \frac{\pi \cdot D^2}{4}$

$A_1 = \frac{\pi \cdot d^2}{4}$

$A_O = \pi \cdot h \cdot (D + d) + 2 \cdot \frac{\pi \cdot (D^2 - d^2)}{4}$

$V = \frac{\pi}{4} \cdot (D^2 - d^2) \cdot h$

$V = (A_2 - A_1) \cdot h$

$V = V_2 - V_1$

Spitze Körper

$V = A \cdot h/3$

Pyramide

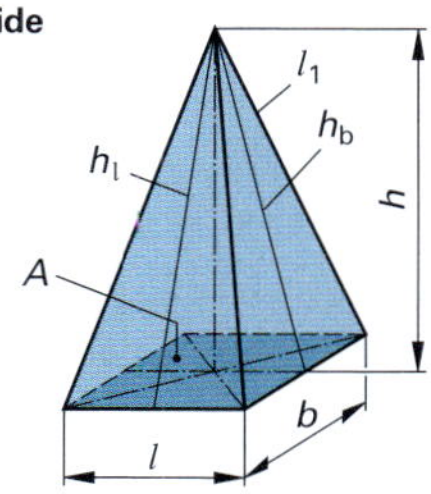

$h = \frac{3 \cdot V}{l \cdot b}$

$b = \frac{3 \cdot V}{l \cdot h}$

$l = \frac{3 \cdot V}{b \cdot h}$

$A = \frac{3 \cdot V}{h}$

$h = \frac{3 \cdot V}{A}$

$h_l = \sqrt{h^2 + b^2/4}$

$h_b = \sqrt{h^2 + l^2/4}$

$l_1 = \sqrt{h_b^2 + b^2/4}$

$l_1 = \sqrt{h_l^2 + l^2/4}$

$A_M = h_l \cdot l + h_b \cdot b$

$A_O = A_M + A$

$V = \frac{l \cdot b \cdot h}{3}$

$V = \frac{A \cdot h}{3}$

Kegel

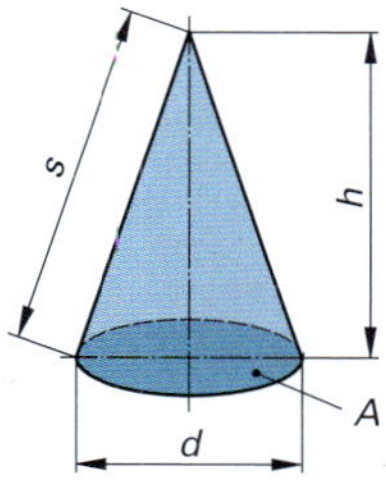

$d = \sqrt{\frac{12 \cdot V}{\pi \cdot h}}$

$h = \frac{12 \cdot V}{\pi \cdot d^2}$

$A = \frac{3 \cdot V}{h}$

$h = \frac{3 \cdot V}{A}$

$A_M = \pi \cdot r \cdot \sqrt{h^2 + r^2}$

$A_M = \frac{\pi \cdot d \cdot s}{2}$

$A_M = \pi \cdot r \cdot s$

$s = \sqrt{h^2 + r^2}$

$A_O = A_M + A$

$V = \frac{1}{3} \cdot \frac{\pi \cdot d^2}{4} \cdot h$

$V = \frac{\pi \cdot d^2 \cdot h}{12}$

$V = \frac{A \cdot h}{3}$

V Volumen	l Länge	h_l Mantelhöhe über l	r Radius	e Eckenmaß (Flächendiagonale)
A Fläche	b Breite	h_b Mantelhöhe über b	A_M Mantelfläche	f Raumdiagonale
h Höhe	D, d Durchmesser	s Mantelhöhe	A_O Oberfläche	

M

Abgestumpfte Körper

Pyramidenstumpf 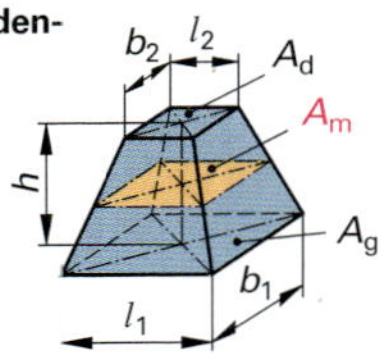	$A_m = \frac{A_g + A_d}{2}$	$V = \frac{h \cdot (A_g + A_d + \sqrt{A_g \cdot A_d})}{3}$ $V \approx A_m \cdot h$
Kegelstumpf 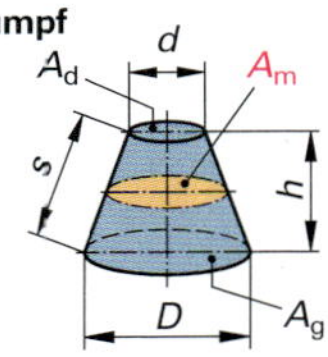	$A_m = \frac{A_g + A_d}{2}$ $A_M = \frac{\pi \cdot (D + d) \cdot s}{2}$ $s = \sqrt{h^2 + \left(\frac{D - d}{2}\right)^2}$	$V = \frac{\pi \cdot h \cdot (D^2 + d^2 + D \cdot d)}{12}$ $V \approx A_m \cdot h$ $A_o = A_d + A_M + A_g$

Kugel

Vollkugel 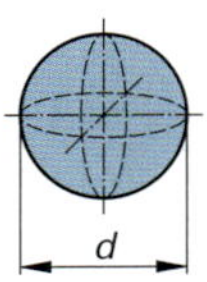	$d = \sqrt[3]{\frac{6 \cdot V}{\pi}} = \sqrt[3]{\frac{V}{0{,}524}}$ $d \approx 1{,}24 \cdot \sqrt[3]{V}$ $A_O = \pi \cdot d^2$ $\quad d = \sqrt{\frac{A_O}{\pi}}$	$V = \frac{\pi \cdot d^3}{6}$ $v = 0{,}524 \cdot d^3$
Kugelabschnitt (Kugelsegment) 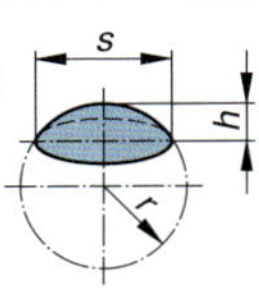	$A_M = \pi \cdot d \cdot h$ $A_M = \frac{\pi \cdot (s^2 + 4 \cdot h^2)}{4}$ $A_O = \pi \cdot h \cdot (4 \cdot r - h)$	$V = \pi \cdot h^2 \cdot \left(r - \frac{h}{3}\right)$ $v = \pi \cdot h \cdot \left(\frac{s^2}{8} + \frac{h^2}{6}\right)$
Kugelausschnitt (Kugelsektor) 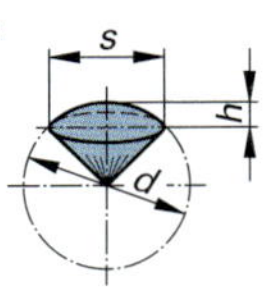	$A_M = A_O$ $A_O = \frac{\pi \cdot d \cdot (4 \cdot h + s)}{4}$ $d = \sqrt{\frac{6 \cdot V}{\pi \cdot h}}$; $\quad h = \frac{6 \cdot V}{\pi \cdot d^2}$	$V = \frac{\pi \cdot d^2 \cdot h}{6}$
Kugelschicht (Kugelzone) 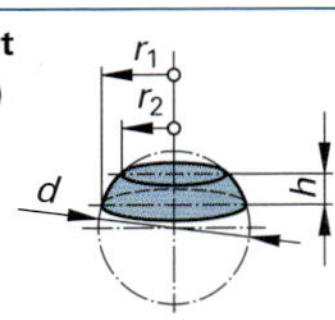	$A_M = \pi \cdot d \cdot h$ $A_O = \pi \cdot (d \cdot h + r_1{}^2 + r_2{}^2)$	$V = \frac{\pi \cdot h \cdot (3 \cdot r_1{}^2 + 3 \cdot r_2{}^2 + h^2)}{6}$

Zusammengesetzte Körper

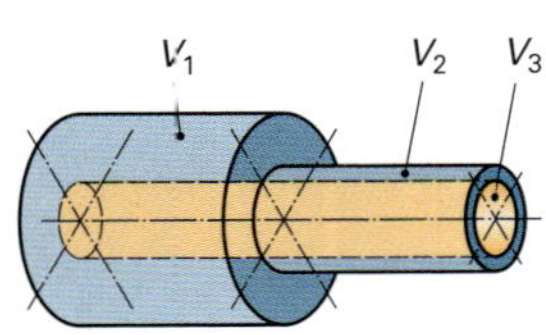	Zusammengesetzte Körper werden zur Berechnung ihres Gesamtvolumens in Teilkörper zerlegt. Durch Addition und Subtraktion der Teilkörper erhält man das Gesamtvolumen.	$V_{ges} = V_1 + V_2 - V_3$ Allgemein gilt: $V_{ges} = V_1 \pm V_2 \pm V_3 \pm \ldots$

V Volumen	A_O Oberfläche	A Fläche	b Breite	d_m mittlerer Durchmesser
A_m Mittelfläche	A_d Deckfläche	h Höhe	r Halbmesser	d Durchmesser
A_g Grundfläche	A_M Mantelfläche	l Länge	D, d Durchmesser	s Mantelhöhe, Länge

Dichte, Masse

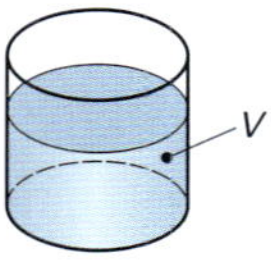

ϱ Dichte in $\frac{g}{cm^3}$ bzw. $\frac{kg}{dm^3}$ bzw. $\frac{t}{m^3}$

m Masse in g bzw. kg bzw. t

V Volumen in cm^3 bzw. dm^3 bzw. m^3

$1\ g/l = 1\ g/dm^3 = 1\ kg/m^3$
$1\ g/cm^3 = 1\ kg/dm^3 = 1\ t/m^3$

Die Dichte von Gasen ist abhängig von Druck und Temperatur. Sie wird deshalb für Normalbedingungen (1013 hPa, 1,013 bar, 0 °C) in kg/m^3 angegeben.

Masse von Flüssigkeiten

Beispiel: Behälter mit Benzin $\varrho = 0{,}74\ kg/dm^3$; $V = 32{,}45\ dm^3$; $m = ?\ kg$

Lösung: $\mathbf{m} = V \cdot \varrho = 32{,}45\ dm^3 \cdot 0{,}74\ kg/dm^3 = \mathbf{24\ kg}$

$$\varrho = \frac{m}{V}$$

$$m = V \cdot \varrho$$

$$V = \frac{m}{\varrho}$$

Längenbezogene Masse

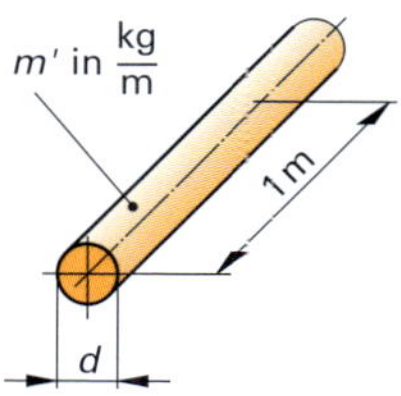

m Masse in kg
l Länge in m
m' längenbezogene Masse in kg/m

Beispiel: Rundstahl $m' = 1{,}35\ kg/m$; $l = 465\ cm$; $m = ?\ kg$

Lösung: $\mathbf{m} = m' \cdot l = 1{,}35\ kg/m \cdot 4{,}65\ m = \mathbf{6{,}28\ kg}$

$$m = m' \cdot l$$

Flächenbezogene Masse

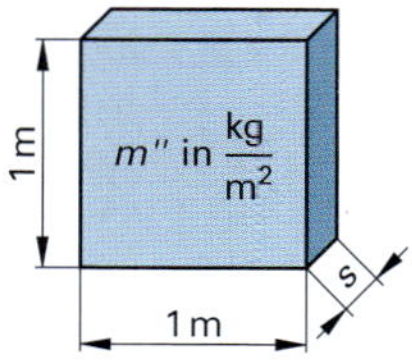

m Masse in kg
A Fläche in m^2
m'' flächenbezogene Masse in kg/m^2
δ Dicke des Körpers, z. B. Blechdicke in m
ϱ Dichte in kg/dm^3

Beispiel: Karosserieblech $m'' = 6{,}908\ kg/m^2$; $l \times b = 45\ cm \times 68\ cm$; $m = ?\ kg$

Lösung: $\mathbf{m} = m'' \cdot A = 6{,}908\ kg/m^2 \cdot 0{,}45\ m \cdot 0{,}68\ m = \mathbf{2{,}11\ kg}$

$$m = m'' \cdot A$$

$$m = m'' \cdot \delta \cdot \varrho$$

Kraft

Kraftrichtung: beliebig

$1\ N = 1\ kg \cdot 1\ m/s^2 = 1\ \frac{kg \cdot m}{s^2}$

F Kraft in N
m Masse in kg
a Beschleunigung in m/s^2
Verzögerung in m/s^2

Beispiel: $m = 750\ kg$; $a = 2{,}2\ m/s^2$; $F = ?\ N$

Lösung: $\mathbf{F} = m \cdot a = 750\ kg \cdot 2{,}2\ m/s^2 = 1650\ kg \cdot m/s^2 = \mathbf{1650\ N}$

$$F = m \cdot a$$

$$m = \frac{F}{a}$$

$$a = \frac{F}{m}$$

Gewichtskraft

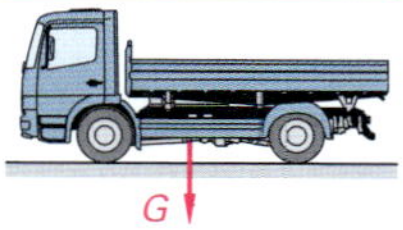

Kraftrichtung: Richtung Erdmittelpunkt

G, F_G Gewichtskraft in N
m Masse in kg
g Fallbeschleunigung in m/s^2

Beispiel: $m = 5000\ kg$; $G = ?\ kN$

Lösung: $\mathbf{G} = m \cdot g = 5000\ kg \cdot 9{,}81\ m/s^2 = 49\,050\ kg \cdot m/s^2 = 49\,050\ N = \mathbf{49{,}05\ kN}$

$$G = m \cdot g$$

$$m = \frac{G}{g}$$

M

Darstellung einer Kraft

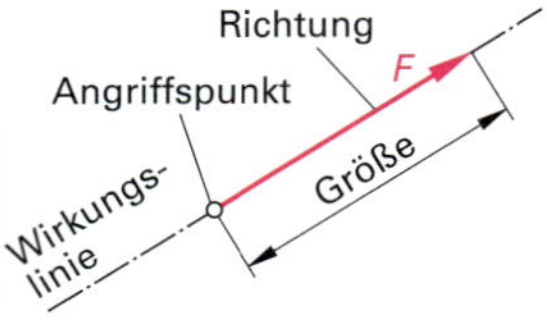

KM: 1 mm ≙ 100 N

Eine Kraft ist eindeutig bestimmt, wenn bekannt ist:

1. Angriffspunkt
2. Größe
3. Richtung
4. Wirkungslinie

Zeichnerisch kann man eine Kraft durch eine Pfeilstrecke mit Hilfe des Kräftemaßstabes KM darstellen und auf der Wirkungslinie verschieben.

Beispiel: KM: 1 mm ≙ 100 N
F = 2 kN; Länge des Kraftpfeiles = ? mm

Lösung: Länge des Kraftpfeiles = = 2000 N : 100 N/mm = = **20 mm**

Zusammensetzung von Kräften

Gleiche Richtung und gleiche Wirkungslinie

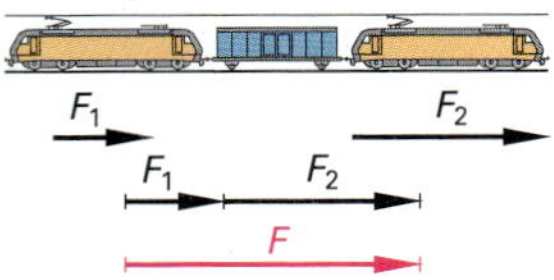

KM: 1 mm ≙ 1 kN

$$F = F_1 + F_2 + \dots$$

Die Ersatzkraft (Resultierende) wird durch Addition mehrerer Teilkräfte ermittelt.

Beispiel:
F_1 = 6,5 kN; F_2 = 13 kN; F = ? kN

Lösung:
$F = F_1 + F_2$ = 6,5 kN + 13 kN =
= **19,5 kN**

Entgegengesetzte Richtung, aber gleiche Wirkungslinie

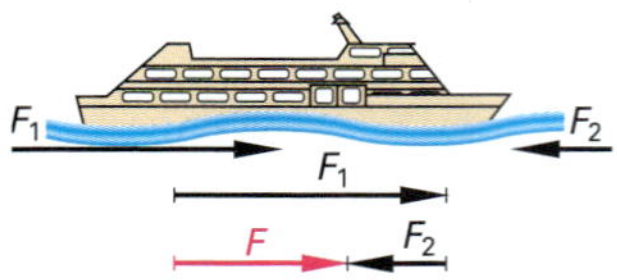

KM: 1 mm ≙ 1000 N

$$F = F_1 - F_2 - \dots$$

Die Ersatzkraft wird durch Abziehen mehrerer Teilkräfte ermittelt.

Beispiel:
F_1 = 18 000 N; F_2 = 6500 N; F = ? N

Lösung:
$F = F_1 - F_2$ = 18 000 N – 6 500 N =
= **11 500 N**

Gleicher Angriffspunkt aber nicht gleiche Richtung und Wirkungslinie

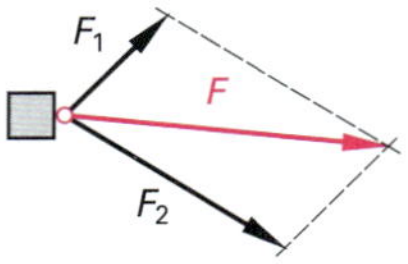

KM: 1 mm ≙ 50 N

F Ersatzkraft in N
F_1, F_2 Teilkräfte in N

Die Ersatzkraft wird zeichnerisch mit Hilfe des Kräfteparallelogramms ermittelt.

Beispiel:
F_1 = 475 N; F_2 = 850 N; F = ? N

Lösung:
Aus Zeichnung F = 21,5 mm
F = 21,5 mm · 50 N/mm = **1075 N**

Zerlegen von Kräften

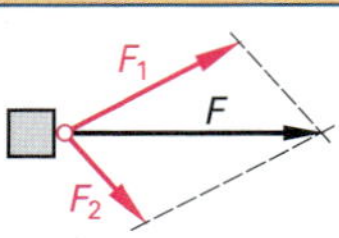

KM: 1 mm ≙ 100 N

Die Teilkräfte F_1, F_2 werden mit Hilfe des Kräfteparallelogramms ermittelt, bei bekannten Wirkungslinien der Teilkräfte.

Beispiel: F = 1700 N ist in F_1 und F_2 zu zerlegen.

Lösung: Aus Zeichnung
F_1 = 13 mm; F_2 = 8 mm
F_1 = 13 mm · 100 N/mm = **1300 N**
F_2 = 8 mm · 100 N/mm = **800 N**

Kräfte am Hang

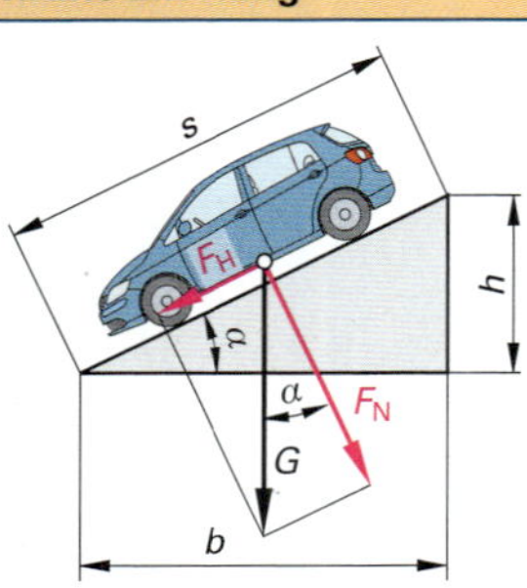

KM: 1 mm ≙ 500 N
Aus der Zeichnung: F_H = 8 mm
F_H = 8 mm · 500 N/mm = **4000 N**

G Gewichtskraft in N
F_N Normalkraft in N
m Masse (Gewicht) in kg
F_H Hangabtriebskraft in N
s Länge der schiefen Ebene in m
b horizontale Länge in m
h Höhenunterschied in m
α Steigungswinkel in °
g Fallbeschleunigung in m/s²

Beispiel: h = 72 m; s = 166 m;
g = 9000 N; F_H = ? N

Lösung:

$$F_H = \frac{G \cdot h}{s} = \frac{9000\,\text{N} \cdot 72\,\text{m}}{166\,\text{m}} =$$
= **3904 N**

$$F_N = \frac{G \cdot b}{s}$$

$$G = m \cdot g$$

$$F_N = \frac{m \cdot g \cdot b}{s}$$

$$F_N = G \cdot \cos \alpha$$

$$F_H = \frac{G \cdot h}{s}$$

$$F_H = G \cdot \sin \alpha$$

M

Fliehkraft (Zentrifugalkraft)

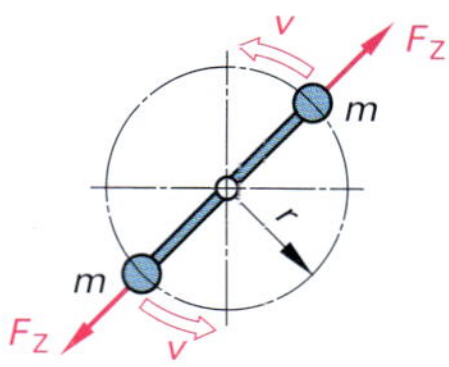

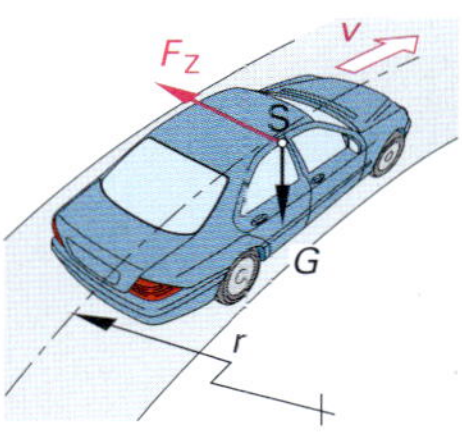

Schleuderbeginn bei Überschreiten der maximalen Kurvengeschwindigkeit v_{max}

$F_{Zmax} \leq F_R$

$F_{Zmax} \leq m \cdot g \cdot \mu_H$

$r_{min} \geq \dfrac{v^2}{12{,}96 \cdot g \cdot \mu_H}$

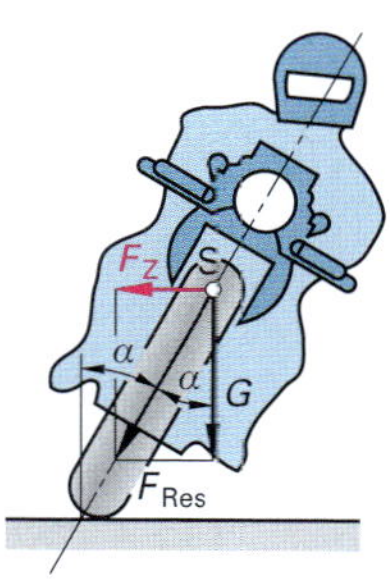

F_Z	Fliehkraft in N
m	Masse (Fahrzeuggewicht) in kg
v	Geschwindigkeit in m/s
v_{max}	maximale Fahrgeschwindigkeit in m/s
r	Radius (Kurvenradius) in m
r_{min}	kleinster Kurvenradius in m
g	Fallbeschleunigung in m/s²
G	Gesamtgewichtskraft in N
μ_H	Haftreibungszahl
F_H	Haftreibungskraft in N
F_R	Reibungskraft in N
F_{Zmax}	größte wirksame Fliehkraft in N
α	Neigungswinkel in Grad zur Senkrechten

Beispiel: Fliehkraftregler m = 280 g; r = 30 mm; v = 12,5 m/s; F_Z = ? N

Lösung: $\mathbf{F_Z} = \dfrac{m \cdot v^2}{r} = \dfrac{0{,}280\ \text{kg} \cdot (12{,}5\ \text{m/s})^2}{0{,}03\ \text{m}} = 1458\ \dfrac{\text{kg} \cdot \text{m}}{\text{s}^2} = \mathbf{1458\ N}$

Beispiel: Kurvenfahrt Motorrad m = 295 kg; v = 90 km/h; r = 70 m; μ_H = 0,8; F_Z = ? N; F_H = ? N

Lösung: $G = m \cdot g = 295\ \text{kg} \cdot 9{,}81\ \dfrac{\text{m}}{\text{s}^2} = 2894\ \text{N}$

$\mathbf{F_Z} = \dfrac{m \cdot v^2}{12{,}96 \cdot r} = \dfrac{295 \cdot 90^2}{12{,}96 \cdot 70} = \mathbf{2634\ N}$

$\mathbf{F_H} = G \cdot \mu_H = 2894\ \text{N} \cdot 0{,}8 = \mathbf{2315\ N}$

$\mathbf{F_Z > F_H}$ Haftgrenze überschritten, Motorrad rutscht aus der Kurve.

Zustand	Kräfte	
Haften	$F_Z < F_H$	$F_Z < G \cdot \mu_H$
Grenzbereich	$F_Z = F_H$	$F_Z = G \cdot \mu_H$
Rutschen/Schleudern	$F_Z > F_H$	$F_Z > G \cdot \mu_H$

$$F_Z = \frac{m \cdot v^2}{r}$$

$$v = \sqrt{\frac{F_Z \cdot r}{m}}$$

$$r = m \cdot \frac{v^2}{F_Z}$$

$$v_{max} = \sqrt{g \cdot r \cdot \mu_H}$$

v in km/h:

$$F_Z = \frac{m \cdot v^2}{12{,}96 \cdot r}$$

$$v = 3{,}6 \cdot \sqrt{\frac{F_Z \cdot r}{m}}$$

$$G = m \cdot g$$

$$\tan \alpha = \frac{F_Z}{G}$$

$$F_Z = G \cdot \tan \alpha$$

$$\tan \alpha = \frac{v^2}{g \cdot r}$$

$$v = \sqrt{g \cdot r \cdot \tan \alpha}$$

v in km/h:

$$\tan \alpha = \frac{v^2}{12{,}96 \cdot g \cdot r}$$

$$v = 3{,}6 \cdot \sqrt{g \cdot r \cdot \tan \alpha}$$

Fliehkraft bei überhöhter Kurve

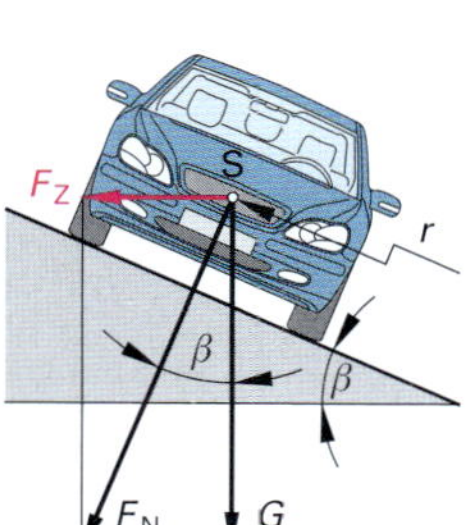

F_Z	Fliehkraft in N
G	Gewichtskraft in N
m	Fahrzeugmasse in kg
r	Kurvenradius in m
v	Geschwindigkeit in m/s
β	Kurvenüberhöhung in Grad (Neigungswinkel der Fahrbahn)

Beispiel: v = 30 m/s; r = 130 m; β = ? Grad

Lösung: $\tan \beta = \dfrac{v^2}{g \cdot r} = \dfrac{(30\ \text{m/s})^2}{9{,}81\ \dfrac{\text{m}}{\text{s}^2} \cdot 130\ \text{m}} = 0{,}7$

$\boldsymbol{\beta} = \mathbf{35{,}2\ °}$

$$\tan \beta = \frac{v^2}{g \cdot r}$$

$$\tan \beta = \frac{F_Z}{G}$$

$$F_Z = G \cdot \tan \beta$$

Optimaler Neigungswinkel, wenn F_N senkrecht auf die Fahrbahn wirkt.

M

Gleichförmige Geschwindigkeit, Durchschnittsgeschwindigkeit

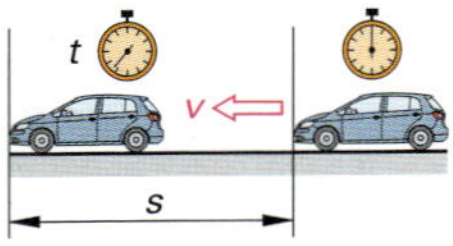

$1\,\frac{\text{m}}{\text{s}} = 3{,}6\,\frac{\text{km}}{\text{h}}$

v Geschwindigkeit in m/s, km/h
s Weg in m, km
t Zeit in s, h

Beispiel: $s = 2000$ m; $t = 307$ s;
$v = ?$ m/s und ? km/h

Lösung: $\mathbf{v} = \frac{s}{t} = \frac{2000}{307\,\text{s}} = \mathbf{6{,}5\,\frac{m}{s}}$

$\mathbf{v} = 6{,}5\,\frac{\text{m}}{\text{s}} \cdot 3{,}6\,\frac{\text{km/h}}{\text{m/s}} = \mathbf{23{,}4\,\frac{km}{h}}$

$$v = \frac{s}{t}$$

$$t = \frac{s}{v}$$

$$s = v \cdot t$$

Durchschnittsgeschwindigkeit aus Einzelgeschwindigkeiten

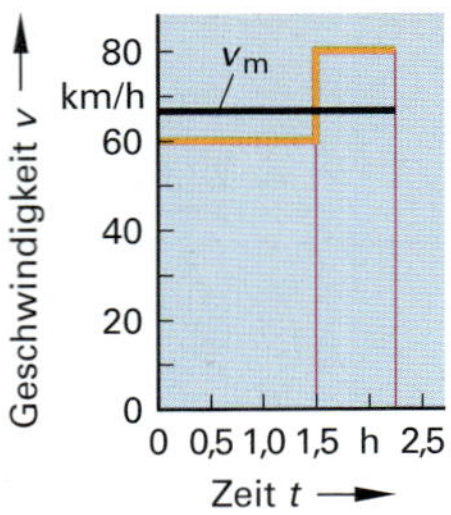

v_m Durchschnittsgeschwindigkeit in km/h
$v_1, v_2, \ldots$ Einzelgeschwindigkeiten in km/h
$t_1, t_2, \ldots$ Einzelfahrzeiten in h

Beispiel: $v_1 = 60$ km/h; $t_1 = 1{,}5$ h; $v_2 = 80$ km/h;
$t_2 = 0{,}75$ h; $v_m = ?$ km/h

Lösung: $\mathbf{v_m} = \frac{v_1 \cdot t_1 + v_2 \cdot t_2}{t_1 + t_2} =$

$= \frac{60\text{ km/h} \cdot 1{,}5\text{ h} + 80\text{ km/h} \cdot 0{,}75\text{ h}}{1{,}5\text{ h} + 0{,}75\text{ h}} =$

$=$ **66,7 km/h**

$$v_m = \frac{v_1 \cdot t_1 + v_2 \cdot t_2 + \ldots}{t_1 + t_2 + \ldots}$$

bei $t_1 = t_2$ gilt:

$$v_m = \frac{v_1 + v_2}{2}$$

Umfangsgeschwindigkeit

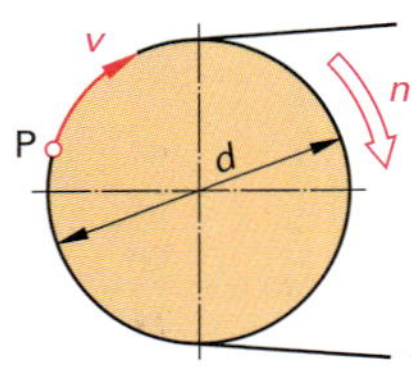

v Umfangsgeschwindigkeit in m/s
d Kreisdurchmesser in m
n Drehzahl in 1/min

Beispiel: $d = 0{,}3$ m; $n = 2880$ 1/min;
$v = ?$ m/s

Lösung: $\mathbf{v} = \frac{\pi \cdot d \cdot n}{60} = \frac{\pi \cdot 0{,}3 \cdot 2880}{60}\,\frac{\text{m}}{\text{s}} =$

$=$ **45,2 m/s**

$$v = \frac{\pi \cdot d \cdot n}{60}$$

$$d = \frac{60 \cdot v}{\pi \cdot n}$$

$$n = \frac{60 \cdot v}{\pi \cdot d}$$

Schnittgeschwindigkeit

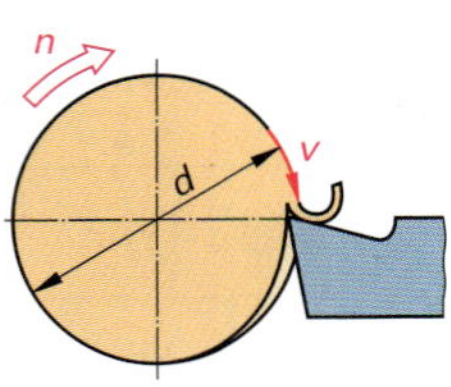

v Schnittgeschwindigkeit in m/min
d Werkstückdurchmesser bzw. Werkzeugdurchmesser in mm
n Drehzahl der Arbeitsspindel bzw. der Werkzeugspindel in 1/min

Beispiel: $d = 12$ mm; $n = 800$ 1/min; $v = ?$ m/min

Lösung: $\mathbf{v} = \frac{\pi \cdot d \cdot n}{1000} = \frac{\pi \cdot 12 \cdot 800}{1000}\,\frac{\text{m}}{\text{min}} =$

$=$ **30,2 m/min**

$$v = \frac{\pi \cdot d \cdot n}{1000}$$

$$d = \frac{1000 \cdot v}{\pi \cdot n}$$

$$n = \frac{1000 \cdot v}{\pi \cdot d}$$

Winkelgeschwindigkeit

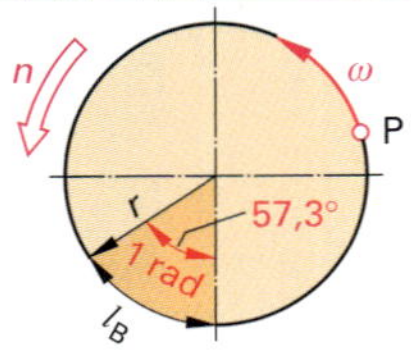

$1\text{ rad} = \frac{1\text{ m (Bogen)}}{1\text{ m (Radius)}} \approx 57{,}3°$

ω Winkelgeschwindigkeit in 1/s oder rad/s
$2 \cdot \pi$ Vollwinkel in rad
n Drehzahl in 1/s
r Radius, Halbmesser in m
v Umfangsgeschwindigkeit in m/s

Beispiel: $n = 50$ 1/s; $\omega = ?$ 1/s

Lösung: $\boldsymbol{\omega} = 2 \cdot \pi \cdot n = 2 \cdot \pi \cdot 50\,\frac{1}{\text{s}} =$

$=$ **314 1/s**

$$\omega = 2 \cdot \pi \cdot n$$

$$n = \frac{\omega}{2 \cdot \pi}$$

$$v = \omega \cdot r$$

M

Beschleunigung aus dem Stand, Verzögerung (Bremsung) bis zum Stand

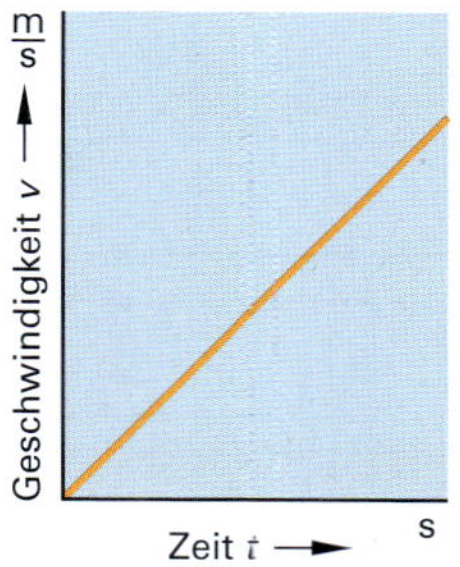

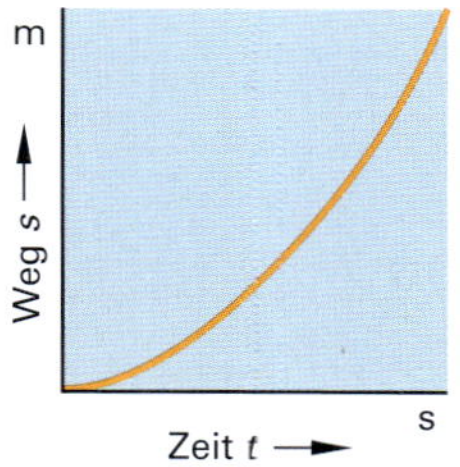

a Beschleunigung bzw. Verzögerung in m/s²
s Beschleunigungsweg bzw. Verzögerungsweg (Bremsweg) in m
t Beschleunigungszeit bzw. Verzögerungszeit (Bremszeit) in s
v Endgeschwindigkeit bei der Beschleunigung bzw. Anfangsgeschwindigkeit bei der Verzögerung in m/s
g Fallbeschleunigung in m/s²
μ_H Haftreibungszahl

Beispiel 1: $v = 80\ \text{km/h}$; $\frac{80}{3{,}6}\ \frac{\text{m}}{\text{s}} = 22{,}2\ \frac{\text{m}}{\text{s}}$
$t = 14{,}8\ \text{s}$; $a = ?\ \text{m/s}^2$; $s = ?\ \text{m}$

Lösung: $\boldsymbol{a} = \frac{v}{t} = \frac{22{,}2\ \text{m/s}}{14{,}8\ \text{s}} = \mathbf{1{,}5\ m/s^2}$

$\boldsymbol{s} = \frac{v \cdot t}{2} = \frac{22{,}2\ \text{m/s} \cdot 14{,}8\ \text{s}}{2} = \mathbf{164\ m}$

Beispiel 2: $a = 3{,}5\ \text{m/s}^2$; $s = 28\ \text{m}$;
$t = ?\ \text{s}$; $v = ?\ \text{km/h}$

Lösung: $\boldsymbol{t} = \frac{2 \cdot s}{a} = \frac{2 \cdot 28\ \text{m}}{3{,}5\ \text{m/s}^2} = \mathbf{4\ s}$

$\boldsymbol{v} = \sqrt{2 \cdot s \cdot a}$
$= \sqrt{2 \cdot 28\ \text{m} \cdot 3{,}5\ \text{m/s}^2} =$
$= 14\ \frac{\text{m}}{\text{s}} = 14\ \frac{\text{m}}{\text{s}} \cdot 3{,}6\ \frac{\text{km/h}}{\text{m/s}} = \mathbf{50{,}4\ \frac{km}{h}}$

$$a = \frac{v}{t}$$

$v = a \cdot t$ $\qquad$ $t = \frac{v}{a}$

$$s = \frac{a \cdot t^2}{2}$$

$a = \frac{2 \cdot s}{t^2}$ $\qquad$ $t = \sqrt{\frac{2 \cdot s}{a}}$

$$a = \frac{v^2}{2 \cdot s}$$

$s = \frac{v^2}{2 \cdot a}$ $\qquad$ $v = \sqrt{2 \cdot s \cdot a}$

$$s = \frac{v \cdot t}{2}$$

$v = \frac{2 \cdot s}{t}$ $\qquad$ $t = \frac{2 \cdot s}{v}$

$$a_{max} = g \cdot \mu_H$$

Anhalteweg, Reaktionsweg, Bremsweg

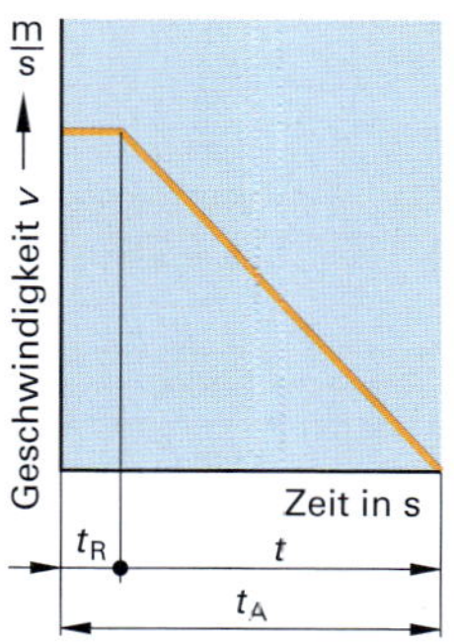

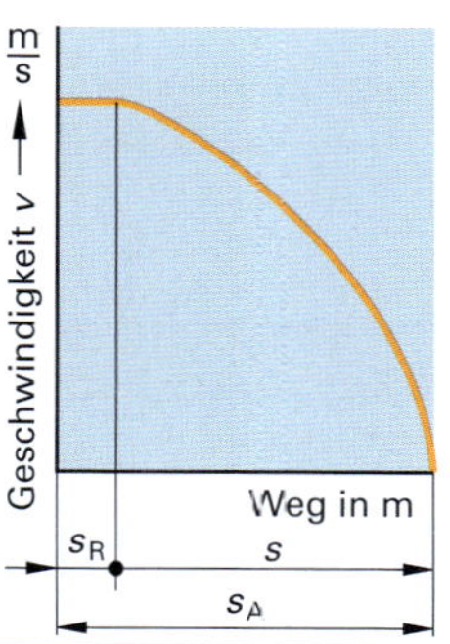

a Bremsverzögerung in m/s²
s Bremsweg in m
s_A Anhalteweg in m
s_R Reaktionsweg in m
t Bremszeit in s
t_A Anhaltezeit in s
t_R Reaktionszeit in s
v Fahrgeschwindigkeit in m/s

Beispiel: $v = 72\ \text{km/h}$; $\frac{72}{3{,}6}\ \frac{\text{m}}{\text{s}} = 20\ \frac{\text{m}}{\text{s}}$
$t_R = 1{,}2\ \text{s}$; $a = 4{,}5\ \text{m/s}^2$
$s = ?\ \text{m}$; $s_A = ?\ \text{m}$; $t_A = ?\ \text{s}$

Lösung: $\boldsymbol{s} = \frac{v^2}{2 \cdot a} = \frac{(20\ \text{m/s})^2}{2 \cdot 4{,}5\ \text{m/s}^2} = \mathbf{44{,}4\ m}$

$\boldsymbol{s_A} = v \cdot t_R + \frac{v^2}{2 \cdot a} =$
$= 20\ \frac{\text{m}}{\text{s}} \cdot 1{,}2\ \text{s} + \frac{(20\ \text{m/s})^2}{2 \cdot 4{,}5\ \text{m/s}^2} =$
$= 24\ \text{m} + 44{,}4\ \text{m} = \mathbf{68{,}4\ m}$

$\boldsymbol{t_A} = t_R + \frac{2 \cdot s}{v} =$
$= 1{,}2\ \text{s} + \frac{2 \cdot 44{,}4\ \text{m}}{20\ \text{m/s}} =$
$= 1{,}2\ \text{s} + 4{,}4\ \text{s} = \mathbf{5{,}6\ s}$

$$s_A = s_R + s$$

$s = s_A - s_R$ $\qquad$ $s_R = s_A - s$

$$s = \frac{v^2}{2 \cdot a} \qquad s = \frac{v \cdot t}{2}$$

$$s_R = v \cdot t_R$$

$$s_A = v \cdot t_R + \frac{v^2}{2 \cdot a}$$

$$s_A = v \cdot \left(t_R + \frac{t}{2}\right)$$

$$t_A = t_R + t \qquad t_A = t_R + \frac{v}{a}$$

$$t_A = t_R + \frac{2 \cdot s}{v}$$

M

Näherungsformeln für Anhalteweg, Reaktionsweg, Bremsweg

Die Näherungsformeln eignen sich zur überschlägigen Berechnung von Reaktionsweg, Bremsweg und Anhalteweg. Genaue Werte ergeben sich wenn die mittlere Bremsverzögerung 3,85 m/s² und die Reaktionszeit 1,08 s betragen.

Beispiel: v = 60 km/h; s_R = ? m; s_A = ? m

Lösung:

$$\mathbf{s_R} = 3 \cdot \frac{v}{10} = 3 \cdot \frac{60\ \text{m}}{10} = \mathbf{18\ m}$$

$$\mathbf{s_A} = 3 \cdot \frac{v}{10} + \left(\frac{v}{10}\right)^2 = 3 \cdot \frac{60\ \text{m}}{10} + \left(\frac{60}{10}\right)^2\ \text{m} =$$

$$= 18\ \text{m} + 36\ \text{m} = \mathbf{54\ m}$$

s_A Anhalteweg in m
s_R Reaktionsweg in m
s Bremsweg in m
v Geschwindigkeit in km/h

$$s_R \approx 3 \cdot \frac{v}{10}$$

$$s \approx \left(\frac{v}{10}\right)^2$$

$$s_A \approx 3 \cdot \frac{v}{10} + \left(\frac{v}{10}\right)^2$$

Beschleunigung in der Bewegung, Verzögerung in der Bewegung

Beim gleichförmigen Beschleunigen von v_1 auf v_2 erhöht sich die Geschwindigkeit in gleichen Zeitabschnitten um den gleichen Betrag.

Im v-t-Diagramm ergibt sich für die Dauer der Beschleunigung eine ansteigende, und für die Dauer der Verzögerung eine abfallende Gerade.

a Beschleunigung bzw. Verzögerung in m/s²
s Beschleunigungsweg bzw. Verzögerungsweg (Bremsweg) in m
t Beschleunigungszeit bzw. Verzögerungszeit (Bremszeit) in s
v_1 Kleinere Geschwindigkeit in m/s
v_2 Größere Geschwindigkeit in m/s

$$a = \frac{v_2 - v_1}{t}$$

$$a = \frac{v_2^2 - v_1^2}{2 \cdot s}$$

$$t = \frac{2 \cdot s}{v_1 + v_2}$$

$$t = \frac{v_2 - v_1}{a}$$

$$s = \frac{v_1 + v_2}{2} \cdot t$$

$$s = \frac{v_2^2 - v_1^2}{2 \cdot a}$$

$$s = v_1 \cdot t + \frac{a \cdot t^2}{2}$$

$$s = v_2 \cdot t - \frac{a \cdot t^2}{2}$$

$$v_1 = v_2 - a \cdot t$$

$$v_1 = \frac{2 \cdot s}{t} - v_2$$

$$v_2 = v_1 + a \cdot t$$

$$v_2 = \frac{2 \cdot s}{t} - v_1$$

Beschleunigung

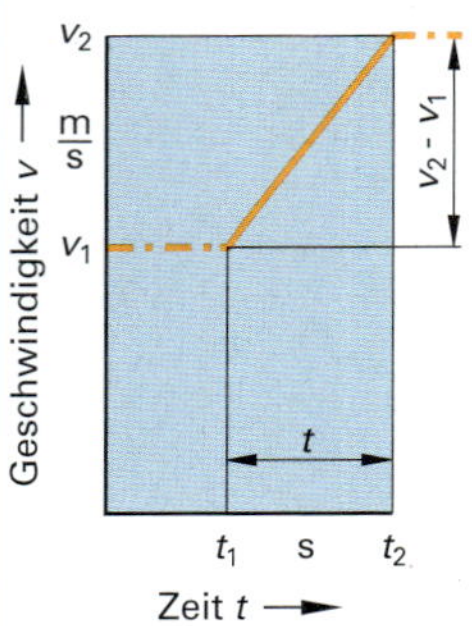

Beispiel 1: v_1 = 60 km/h (16,7 m/s); t = 10 s; a = 1,2 m/s²; v_2 = ? km/h; s = ? m

Lösung:

$$\mathbf{v_2} = v_1 + a \cdot t =$$

$$= 16{,}7\ \frac{\text{m}}{\text{s}} + 1{,}2\ \frac{\text{m}}{\text{s}^2} \cdot 10\ \text{s} = 28{,}7\ \frac{\text{m}}{\text{s}}$$

$$= 28{,}7\ \frac{\text{m}}{\text{s}} \cdot 3{,}6\ \frac{\text{km/h}}{\text{m/s}} = \mathbf{103\ \frac{km}{h}}$$

$$\mathbf{s} = v_1 \cdot t + \frac{a \cdot t^2}{2} =$$

$$= 16{,}7\ \frac{\text{m}}{\text{s}} \cdot 10\ \text{s} + \frac{1{,}2\ \text{m/s}^2 \cdot 10^2\ \text{s}^2}{2} =$$

$$= \mathbf{227\ m}$$

Verzögerung

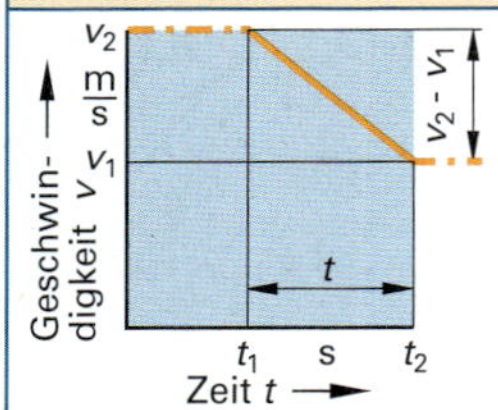

Beispiel 2: v_1 = 20 km/h (5,6 m/s); s = 75 m; v_2 = 105 km/h (29,2 m/s); a = ? m/s²

Lösung:

$$\mathbf{a} = \frac{v_2^2 - v_1^2}{2 \cdot s} =$$

$$= \frac{(29{,}2\ \text{m/s})^2 - (5{,}6\ \text{m/s})^2}{2 \cdot 75\ \text{m}} =$$

$$= \mathbf{5{,}5\ m/s^2}$$

Beschleunigungswerte (Beispiele)

Erdbeschleunigung (Fallbeschleunigung)	9,81 m/s²
Maximale Kolbenbeschleunigung bis	17 000 m/s²
Ventilbeschleunigung bis	3000 m/s²
Anfahrbeschleunigung VW Golf 55 kW	1,8 m/s²
Anfahrbeschleunigung Porsche 911, 256 kW	5,8 m/s²

Verzögerungswerte (Beispiele)

Durchschnittliche Bremsverzögerung bei Serienfahrzeugen bis	10 m/s²
Maximale Bremsverzögerung beim Anbremsen in der Formel 1 bis	40 m/s²
Frontalzusammenstoß bis	1000 m/s²

Beschleunigung aus dem Stand oder Verzögerung (Bremsung) bis zum Stand

Beschleunigung *a* in m/s² **Verzögerung**	$a = \frac{v}{t}$	$a = \frac{v^2}{2 \cdot s}$	$a = \frac{2 \cdot s}{t^2}$
Endgeschwindigkeit *v* in m/s **Anfangsgeschwindigkeit**	$v = a \cdot t$	$v = \frac{2 \cdot s}{t}$	$v = \sqrt{2 \cdot a \cdot s}$
Beschleunigungszeit *t* in s **Verzögerungszeit (Bremszeit)**	$t = \frac{v}{a}$	$t = \frac{2 \cdot s}{v}$	$t = \sqrt{\frac{2 \cdot s}{a}}$
Beschleunigungsweg *s* in m **Verzögerungsweg (Bremsweg)**	$s = \frac{v \cdot t}{2}$	$s = \frac{v^2}{2 \cdot a}$	$s = \frac{a \cdot t^2}{2}$

Anhalteweg, Reaktionsweg, Bremsweg (Geschwindigkeit *v* in m/s einsetzen)

Anhalteweg s_A in m	$s_A = s_R + s$	$s_A = v \cdot t_R + \frac{v^2}{2 \cdot a}$	$s_A = v \cdot t_R + \frac{a \cdot t^2}{2}$	$s_A = v \cdot \left(t_R + \frac{t}{2}\right)$
Reaktionsweg s_R in m	$s_R = s_A - s$	$s_R = v \cdot t_R$	$s_R = v \cdot (t_A - t)$	$s_R = v \cdot t_A - 2 \cdot s$
Bremsweg *s* in m	$s = s_A - s_R$	$s = \frac{v^2}{2 \cdot a}$	$s = \frac{a \cdot t^2}{2}$	$s = \frac{v \cdot t}{2}$
Anhaltezeit t_A in s	$t_A = t_R + t$	$t_A = t_R + \frac{v}{a}$	$t_A = t_R + \sqrt{\frac{2 \cdot s}{a}}$	$t_A = t_R + \frac{2 \cdot s}{v}$
Reaktionszeit t_R in s	$t_R = t_A - t$	$t_R = \frac{s_R}{v}$	$t_R = t_A - \sqrt{\frac{2 \cdot s}{a}}$	$t_R = t_A - \frac{2 \cdot s}{v}$
Bremszeit *t* in s	$t = t_A - t_R$	$t = \frac{v}{a}$	$t = \sqrt{\frac{2 \cdot s}{a}}$	$t = \frac{2 \cdot s}{v}$

Beschleunigung in der Bewegung oder Verzögerung in der Bewegung

Beschleunigung *a* in m/s² **Verzögerung**	$a = \frac{v_2 - v_1}{t}$	$a = \frac{{v_2}^2 - {v_1}^2}{2 \cdot s}$	$a = \frac{2 \cdot s - 2 \cdot v_1 \cdot t}{t^2}$	$a = \frac{2 \cdot v_2 \cdot t - 2 \cdot s}{t^2}$
Kleinere Geschwindigkeit v_1 in m/s	$v_1 = v_2 - a \cdot t$	$v_1 = \frac{2 \cdot s}{t} - v_2$	$v_1 = \frac{s}{t} - \frac{a \cdot t}{2}$	$v_1 = \sqrt{{v_2}^2 - 2 \cdot a \cdot s}$
Größere Geschwindigkeit v_2 in m/s	$v_2 = v_1 + a \cdot t$	$v_2 = \frac{2 \cdot s}{t} - v_1$	$v_2 = \frac{s}{t} + \frac{a \cdot t}{2}$	$v_2 = \sqrt{{v_1}^2 + 2 \cdot a \cdot s}$
Beschleunigungszeit *t* in s **Verzögerungszeit (Bremszeit)**	$t = \frac{v_2 - v_1}{a}$	$t = \frac{2 \cdot s}{v_1 + v_2}$	$t = \frac{\sqrt{{v_1}^2 + 2 \cdot a \cdot s} - v_1}{a}$	$t = \frac{v_2 - \sqrt{{v_2}^2 - 2 \cdot a \cdot s}}{a}$
Beschleunigungsweg *s* in m **Verzögerungsweg (Bremsweg)**	$s = \frac{(v_1 + v_2)}{2} \cdot t$	$s = \frac{{v_2}^2 - {v_1}^2}{2 \cdot a}$	$s = v_1 \cdot t + \frac{a \cdot t^2}{2}$	$s = v_2 \cdot t - \frac{a \cdot t^2}{2}$

M

Überholen mit gleichbleibender Geschwindigkeit

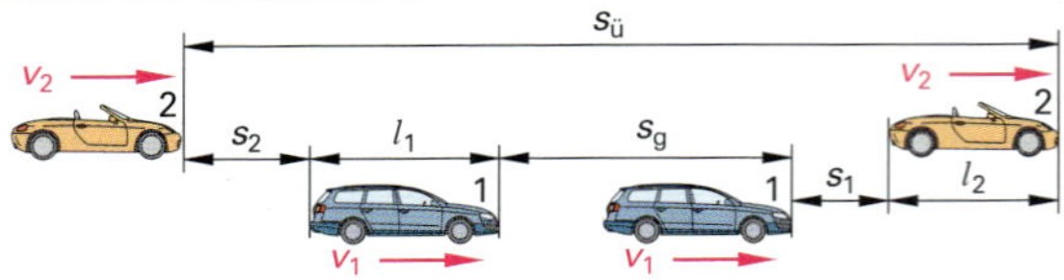

Das überholende Kfz 2 hat eine größere Geschwindigkeit als das zu überholende Kfz 1. Beide Fahrzeuge ändern ihre Geschwindigkeit während des Überholvorganges nicht.

l_1, l_2 Fahrzeuglängen in m

Sicherheitsabstände Kfz 1 und Kfz 2 s_1 in m; s_2 in m	$s_1 = \frac{\lvert v_1 \rvert}{2}$	$s_2 = \frac{\lvert v_2 \rvert}{2}$	Der Sicherheitsabstand entspricht in m dem halben Zahlenwert der Tachoanzeige.	
Grundweg Kfz 1 s_g in m	$s_g = v_1 \cdot t_ü$	$s_g = s_ü - s_a$	$s_g = v_2 \cdot t_ü - s_a$	$s_g = \frac{s_a \cdot v_1}{v_2 - v_1}$
Aufholweg Kfz 2 s_a in m	$s_a = l_1 + l_2 + s_1 + s_2$	$s_a = s_ü - s_g$	$s_a = (v_2 - v_1) \cdot t_ü$	$s_a = \frac{(v_2 - v_1)}{v_2} \cdot s_ü$
Überholweg Kfz 2 $s_ü$ in m	$s_ü = s_g + s_a$	$s_ü = v_2 \cdot t_ü$	$s_ü = s_g \cdot \frac{v_2}{v_1}$	$s_ü = \frac{s_a \cdot v_2}{v_2 - v_1}$
Überholzeit Kfz 2 $t_ü$ in s	$t_ü = \frac{s_ü}{v_2}$	$t_ü = \frac{s_g}{v_1}$	$t_ü = \frac{s_a}{v_2 - v_1}$	$t_ü = \frac{s_ü - s_a}{v_1}$
Geschwindigkeit Kfz 1 v_1 in m/s	$v_1 = \frac{s_g}{t_ü}$	$v_1 = v_2 - \frac{s_a}{t_ü}$	$v_1 = \frac{s_ü - s_a}{t_ü}$	$v_1 = v_2 - \frac{s_a \cdot v_2}{s_ü}$
Geschwindigkeit Kfz 2 v_2 in m/s	$v_2 = \frac{s_ü}{t_ü}$	$v_2 = v_1 + \frac{s_a}{t_ü}$	$v_2 = \frac{s_g + s_a}{t_ü}$	$v_2 = \frac{s_a \cdot v_1}{s_g} + v_1$

Überholen mit gleichbleibender Beschleunigung

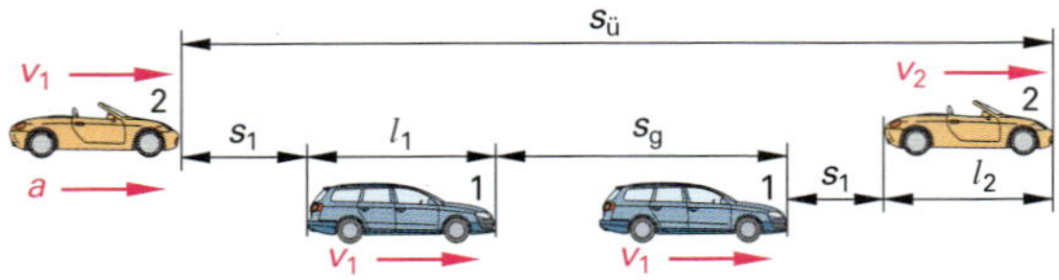

Die Geschwindigkeit des zu überholenden Kfz 1 beträgt gleichbleibend v_1; das überholende Kfz 2 beschleunigt während des Überholvorganges gleichmäßig von v_1 auf v_2.

l_1, l_2 Fahrzeuglängen in m

Sicherheitsabstände Kfz 1 und Kfz 2 s_1 in m; s_2 in m	$s_1 = \frac{\lvert v_1 \rvert}{2}$		Der Sicherheitsabstand entspricht in m dem halben Zahlenwert der Tachoanzeige.	
Grundweg Kfz 1 s_g in m	$s_g = v_1 \cdot t_ü$	$s_g = s_ü - s_a$	$s_g = s_ü - \frac{a \cdot t_ü^2}{2}$	$s_g = \frac{v_1}{a} \cdot (v_2 - v_1)$
Aufholweg Kfz 2 s_a in m	$s_a = l_1 + l_2 + s_1 + s_2$	$s_a = s_ü - s_g$	$s_a = \frac{a \cdot t_ü^2}{2}$	$s_a = \frac{v_2 - v_1}{2} \cdot t_ü$
Überholweg Kfz 2 $s_ü$ in m	$s_ü = s_g + s_a$	$s_ü = v_1 \cdot t_ü + s_a$	$s_ü = v_1 \cdot t_ü + \frac{a \cdot t_ü^2}{2}$	$s_ü = \frac{v_1 + v_2}{2} \cdot t_ü$
Überholzeit Kfz 2 $t_ü$ in s	$t_ü = \frac{s_g}{v_1}$	$t_ü = \sqrt{\frac{2 \cdot s_a}{a}}$	$t_ü = \frac{v_2 - v_1}{a}$	$t_ü = \frac{2 \cdot s_a}{v_2 - v_1}$
Geschwindigkeit Kfz 1 v_1 in m/s	$v_1 = \frac{s_g}{t_ü}$	$v_1 = v_2 - a \cdot t_ü$	$v_1 = \frac{2 \cdot s_ü}{t_ü} - v_2$	$v_1 = v_2 - \frac{2 \cdot s_a}{t_ü}$
Endgeschwindigkeit Kfz 2 v_2 in m/s	$v_2 = v_1 + a \cdot t_ü$	$v_2 = \frac{2 \cdot s_a}{t_ü} + v_1$	$v_2 = \frac{2 \cdot s_ü}{t_ü} - v_1$	$v_2 = \frac{s_ü}{t_ü} + \frac{a \cdot t_ü}{2}$

Arbeit

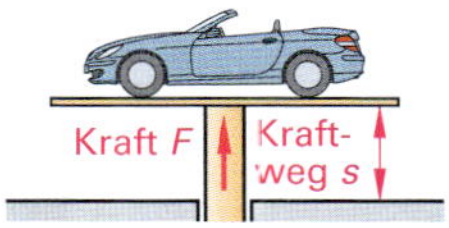

$1\ \text{Nm} = 1\ \text{J} = 1\ \text{Ws} = 1\ \text{kg} \cdot \text{m}^2/\text{s}^2$

Arbeit wird verrichtet, wenn eine Kraft längs eines Weges wirkt.

W Arbeit in Nm, J, Ws
F Kraft in N
s Kraftweg in m

Beispiel: $F = 1000$ N; $s = 1000$ m; $W = ?$ Nm

Lösung: $\mathbf{W} = F \cdot s = 1000\ \text{N} \cdot 1000\ \text{m} = \mathbf{1\,000\,000\ Nm}$

$$W = F \cdot s$$

$$F = \frac{W}{s} \qquad s = \frac{W}{F}$$

Energie

Potenzielle Energie, Energie der Ruhe

Lageenergie

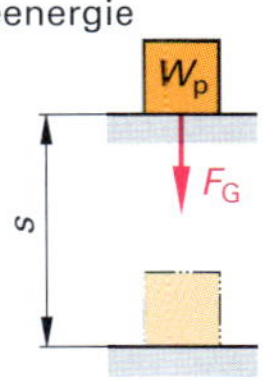

W_p Lageenergie in Nm, J, Ws
G Gewichtskraft in N
h Hubhöhe in m

Beispiel: $G = 5000$ N; $h = 2$ m; $W_p = ?$ Ws

Lösung: $\mathbf{W_p} = G \cdot h = 5000\ \text{N} \cdot 2\ \text{m} = 10\,000\ \text{Nm} = \mathbf{10\,000\ Ws}$

$$W_p = G \cdot h$$

$$G = \frac{W_p}{h} \qquad h = \frac{W_p}{G}$$

Spannenergie

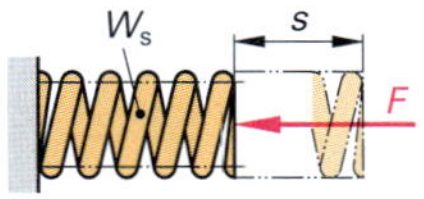

W_s Spannenergie in Nm, J, Ws
s Federweg in m
F Federspannkraft in N

Beispiel: $F = 1000$ N; $s = 0{,}2$ m; $W_p = ?$ Nm

Lösung: $\mathbf{W_s} = \frac{F \cdot s}{2} = \frac{1000\ \text{N} \cdot 0{,}2\ \text{m}}{2} = \mathbf{100\ Nm}$

$$W_s = \frac{F \cdot s}{2}$$

$$F = \frac{2 \cdot W_s}{s} \qquad s = \frac{2 \cdot W_s}{F}$$

Kinetische Energie, Bewegungsenergie

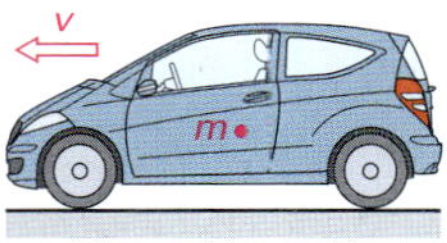

W_k kinetische Energie in Nm, J, Ws
m Masse in kg
v Geschwindigkeit in m/s

Beispiel: $m = 1340$ kg; $v = 20$ m/s; $W_k = ?$ Nm

Lösung: $\mathbf{W_k} = \frac{m \cdot v^2}{2} = \frac{1340 \cdot 20^2}{2} = \mathbf{268\,000\ Nm}$

$$W_k = \frac{m \cdot v^2}{2}$$

$$m = \frac{2 \cdot W_k}{v^2} \qquad v = \sqrt{\frac{2 \cdot W_k}{m}}$$

Goldene Regel der Mechanik: Aufgewendete Arbeit = gewonnene Arbeit **W1 = W2**

Schiefe Ebene

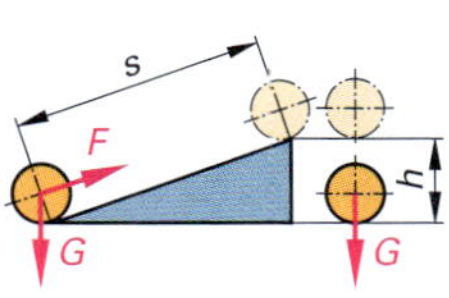

F Kraft in N
s Kraftweg in m
G Gewichtskraft in N
h Weg der Gewichtskraft in m
W_1 aufgewendete Arbeit in Nm
W_2 abgegebene Arbeit in Nm

$$F \cdot s = G \cdot h$$

$$G = \frac{F \cdot s}{h} \qquad s = \frac{G \cdot h}{F}$$

$$W_1 = W_2$$

Montagevorspannkraft

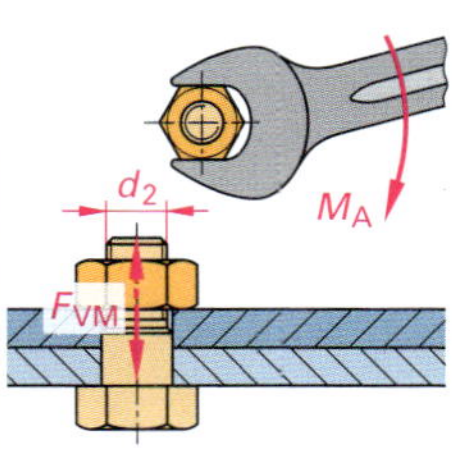

M_A Anzugdrehmoment in Nm
F_{VM} Montagevorspannkraft in N
d_2 Flankendurchmesser in m

Beispiel: Radbolzen M12; $M_A = 110$ Nm;
$d_2 = 10{,}86\ \text{mm} = 0{,}01086\ \text{m}$;
$F_{VM} = ?$ N

Lösung: $\mathbf{F_{VM}} \approx \frac{M_A}{0{,}2 \cdot d_2} = \frac{120\ \text{Nm}}{0{,}2 \cdot 0{,}01086\ \text{m}} = \mathbf{55\,248{,}6\ N}$

$$F_{VM} \approx \frac{M_A}{0{,}2 \cdot d_2}$$

$$M_A \approx 0{,}2 \cdot F_{VM} \cdot d_2$$

Näherungsformel gilt für metrische Regelgewinde (nicht geschmiert).
(Durch unterschiedliche Reibverhältnisse können sich Abweichungen ergeben.)

M

Leistung

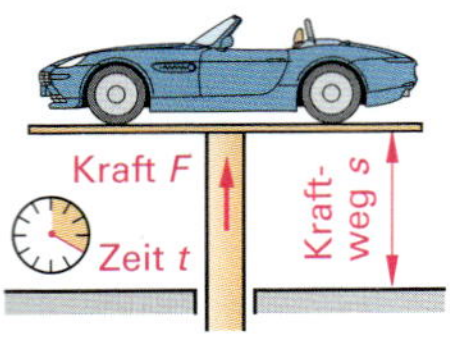

$1\,\mathbf{W} = 1\,\frac{\mathbf{Nm}}{\mathbf{s}} = 1\,\frac{\mathbf{J}}{\mathbf{s}}$

1 kW = 1000 W

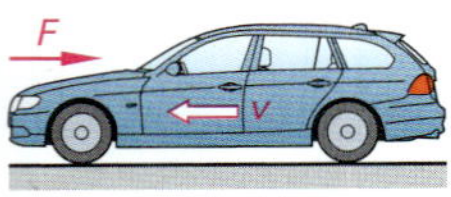

P Leistung in W, Nm/s, J/s
W Arbeit in Ws, Nm, J
t Zeit in s
F Kraft in N
s Kraftweg in m
v Geschwindigkeit in m/s

Beispiel 1: $W = 1600\ \text{Nm};\quad t = 8\ \text{s};\quad P = ?\ \text{W}$

Lösung: $\mathbf{P} = \frac{W}{t} = \frac{1600\ \text{Nm}}{8\ \text{s}} = 200\ \frac{\text{Nm}}{\text{s}} = \mathbf{200\ W}$

Beispiel 2: $F = 900\ \text{N};\quad s = 5\ \text{m};\quad t = 30\ \text{s};\quad P = ?\ \text{W}$

Lösung: $\mathbf{P} = \frac{F \cdot s}{t} = \frac{900\ \text{N} \cdot 5\ \text{m}}{30\ \text{s}} = \mathbf{150\ W}$

Beispiel 3: $v = 20\ \text{m/s};\quad F = 400\ \text{N};\quad P = ?\ \text{W}$

Lösung: $\mathbf{P} = F \cdot v = 400\ \text{N} \cdot 20\ \text{m/s} = \mathbf{8000\ W}$

$$P = \frac{W}{t}$$

$$W = P \cdot t \qquad t = \frac{W}{P}$$

$$P = \frac{F \cdot s}{t}$$

$$F = \frac{P \cdot t}{s} \qquad s = \frac{P \cdot t}{F}$$

$$t = \frac{F \cdot s}{P}$$

$$P = F \cdot v$$

$$F = \frac{P}{v} \qquad v = \frac{P}{F}$$

Motor mit Schwungrad

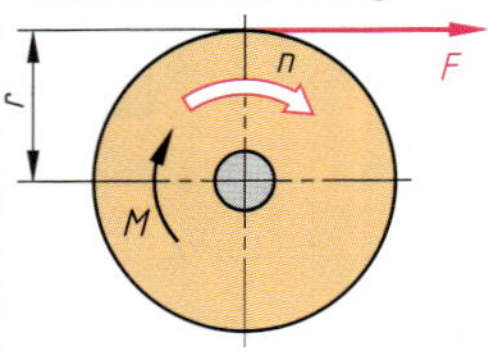

P Leistung in kW
M Drehmoment in Nm
n Drehzahl in 1/min

Beispiel: $M = 75\ \text{Nm};\quad n = 4000\ 1/\text{min};\quad P = ?\ \text{kW}$

Lösung: $\mathbf{P} = \frac{M \cdot n}{9550} = \frac{75 \cdot 4000}{9550}\ \text{kW} = \mathbf{31{,}4\ kW}$

$$P = \frac{M \cdot n}{9550}$$

$$M = \frac{9550 \cdot P}{n}$$

$$n = \frac{9550 \cdot P}{M}$$

Wirkungsgrad, Gesamtwirkungsgrad

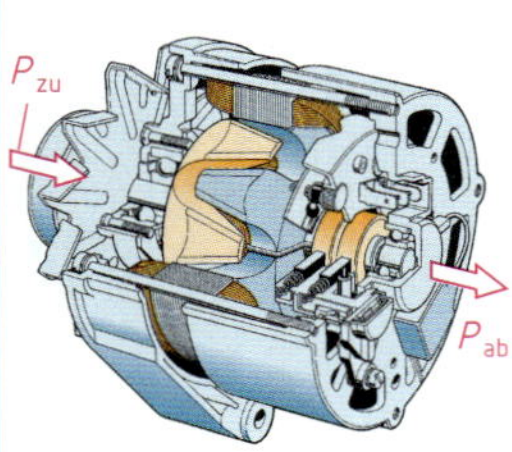

Nutzwirkungsgrade	
Elektromotor	0,85
Otto-Motor	0,32
Diesel-Motor	0,43
Wechselgetriebe	0,95

Der Wirkungsgrad ist stets kleiner als 1 oder weniger als 100 %.

W_v Energieverlust in Nm, Ws
η Wirkungsgrad
η_{ges} Gesamtwirkungsgrad
η_1, η_2, η_3 Einzelwirkungsgrade
W_{ab} abgegebene Arbeit in Nm, Ws
W_{zu} zugeführte Arbeit in Nm, Ws
P_v Verlustleistung in W, kW
P_{ab} abgegebene Leistung in W, kW
P_{zu} zugeführte Leistung in W, kW

Beispiel 1: $P_{zu} = 80\ \text{kW};\quad P_{ab} = 20\ \text{kW};\quad P_v = ?\ \text{kW};\quad \eta = ?$

Lösung: $\mathbf{P_v} = P_{zu} - P_{ab} = 80\ \text{kW} - 20\ \text{kW} = \mathbf{60\ kW}$

$\boldsymbol{\eta} = \frac{P_{ab}}{P_{zu}} = \frac{20\ \text{kW}}{80\ \text{kW}} = \mathbf{0{,}25} = \mathbf{25\ \%}$

Beispiel 2: $\eta_1 = 95\ \%;\quad \eta_2 = 97\ \%;\quad \eta_{ges} = ?$

Lösung: $\boldsymbol{\eta_{ges}} = \eta_1 \cdot \eta_2 = \frac{95}{100} \cdot \frac{97}{100} \cdot 100\ \% = \mathbf{92{,}2\ \%}$

$$W_v = W_{zu} - W_{ab}$$

$$\eta = \frac{W_{ab}}{W_{zu}}$$

$$W_{ab} = \eta \cdot W_{zu}$$

$$W_{zu} = \frac{W_{ab}}{\eta}$$

$$P_v = P_{zu} - P_{ab}$$

$$\eta = \frac{P_{ab}}{P_{zu}}$$

$$P_{ab} = \eta \cdot P_{zu}$$

$$P_{zu} = \frac{P_{ab}}{\eta}$$

$$\eta_{ges} = \eta_1 \cdot \eta_2 \cdot \eta_3 \cdot \ldots$$

M

Drehmoment

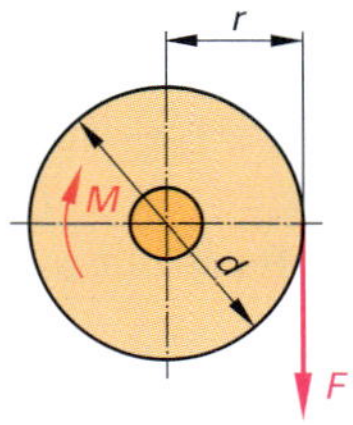

Greift eine Kraft an einem Hebelarm an, so wird ein Drehmoment erzeugt. Der Hebelarm ist der senkrechte Abstand der Wirkungslinie der Kraft vom Drehpunkt.

M Drehmoment in Nm
F Kraft in N
r Hebelarm in m

Beispiel: $F = 3000\ \text{N}$; $r = 2\ \text{m}$; $M = ?\ \text{Nm}$

Lösung: $\boldsymbol{M} = F \cdot r = 3000\ \text{N} \cdot 2\ \text{m} = \mathbf{6000\ Nm}$

$$M = F \cdot r$$

$$F = \frac{M}{r}$$

$$r = \frac{M}{F}$$

Hebelgesetz

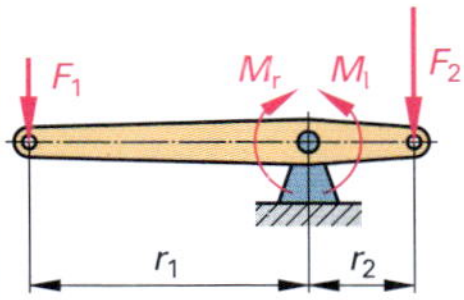

Zweiseitiger Hebel

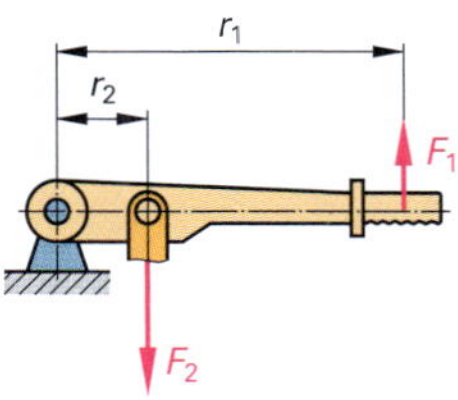

Einseitiger Hebel

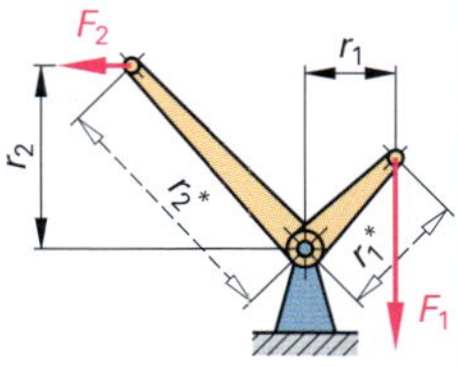

Winkelhebel

Hebelgesetz:
Summe aller linksdrehenden Momente = Summe aller rechtsdrehenden Momente (Momentengleichgewicht).

$\overset{\frown}{M}_l$ linksdrehende Momente in Nm
$\overset{\frown}{M}_r$ rechtsdrehende Momente in Nm
F_1, F_2 Kraft in N
r_1, r_2 wirksamer Hebelarm in m
i_F Kraftübersetzung
i_R Hebelarmübersetzung
r_1^*, r_2^* Bauteillänge in m

Einseitiger Hebel

Beispiel: $F_1 = 30\ \text{N}$; $r_1 = 250\ \text{mm}$; $r_2 = 50\ \text{mm}$; $F_2 = ?\ \text{N}$

Lösung: $\boldsymbol{F_2} = \frac{F_1 \cdot r_1}{r_2} = \frac{30\ \text{N} \cdot 0{,}25\ \text{m}}{0{,}05\ \text{m}} = \mathbf{150\ N}$

Zweiseitiger Hebel

Beispiel: $F_1 = 16\ \text{N}$; $F_2 = 8\ \text{N}$; $r_1 = 0{,}1\ \text{m}$; $r_2 = ?\ \text{m}$

Lösung: $\boldsymbol{r_2} = \frac{F_1 \cdot r_1}{F_2} = \frac{16\ \text{N} \cdot 0{,}1\ \text{m}}{8\ \text{N}} = \mathbf{0{,}2\ m}$

Winkelhebel

Beispiel: $r_1 = 150\ \text{mm}$; $r_2 = 300\ \text{mm}$; $F_2 = 20\ \text{N}$; $F_1 = ?\ \text{N}$

Lösung: $\boldsymbol{F_1} = \frac{F_2 \cdot r_2}{r_1} = \frac{20\ \text{N} \cdot 300\ \text{mm}}{150\ \text{mm}} = \mathbf{40\ N}$

$$\Sigma \overset{\frown}{M}_l = \Sigma \overset{\frown}{M}_r$$

$$F_1 \cdot r_1 = F_2 \cdot r_2$$

$$\frac{F_1}{F_2} = \frac{r_2}{r_1}$$

$$F_1 = \frac{F_2 \cdot r_2}{r_1}$$

$$r_1 = \frac{F_2 \cdot r_2}{F_1}$$

$$F_2 = \frac{F_1 \cdot r_1}{r_2}$$

$$r_2 = \frac{F_1 \cdot r_1}{F_2}$$

$$i_F = \frac{F_1}{F_2}$$

$$i_r = \frac{r_2}{r_1}$$

Flaschenzug

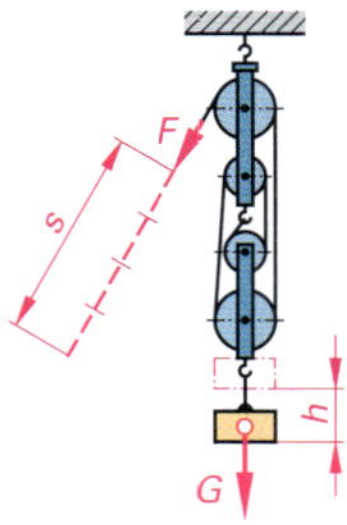

F Kraft in N
G Gewichtskraft in N
z Anzahl der Rollen
s Kraftweg in m
h Hubhöhe in m

Beispiel: $G = 2400\ \text{N}$; $z = 4$; $h = 6\ \text{m}$; $F = ?\ \text{N}$; $s = ?\ \text{m}$

Lösung: $\boldsymbol{F} = \frac{G}{z} = \frac{2400\ \text{N}}{4} = \mathbf{600\ N}$

$\boldsymbol{s} = z \cdot h = 4 \cdot 6\ \text{m} = \mathbf{24\ m}$

$$F = \frac{G}{z}$$

$$G = z \cdot F \qquad z = \frac{G}{F}$$

$$s = z \cdot h$$

$$h = \frac{s}{z} \qquad z = \frac{s}{h}$$

M

Reibung besteht zwischen zwei sich berührenden Körpern. Den Widerstand gegen das Verschieben eines Körpers auf einem anderen nennt man Reibungskraft. Die Reibung ist abhängig von:

1. Der Kraft, mit der ein Körper senkrecht auf eine Unterlage drückt (Normalkraft F_N)
2. den sich berührenden Werkstoffen (Werkstoffpaarung)
3. der Oberflächenbeschaffenheit
4. der Schmierung
5. der Temperatur der Reibflächen
6. der Reibungsart: Haft-, Gleit- oder Rollreibung.

Die Einflüsse 2...6 werden durch die aus Versuchen ermittelten Reibungszahlen μ erfasst.

Reibungsart	**Haftreibung**	**Gleitreibung**	**Rollreibung**
	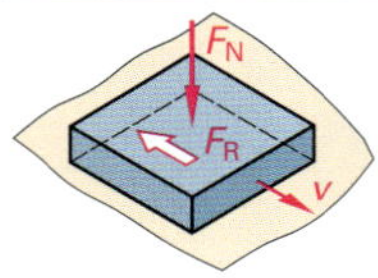	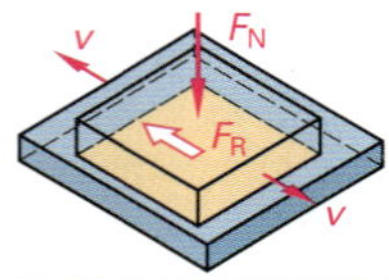	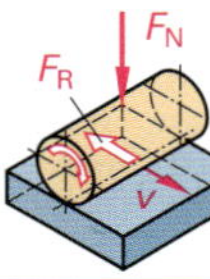
Definitionen	Widerstand, den ein Körper dem Verschieben auf seiner Unterlage entgegensetzt.	Widerstand, den ein gleitender Körper der Bewegung entgegensetzt.	Widerstand, den ein rollender Körper der Bewegung entgegensetzt.
Reibungszahl μ	Haftreibungszahl $\mu_H = \frac{F_R}{F_N}$	Gleitreibungszahl $\mu_G = \frac{F_R}{F_N}$	Rollreibungszahl $\mu_R = \frac{F_R}{F_N}$
Reibungskraft F_R in N	$F_R = F_N \cdot \mu_H$	$F_R = F_N \cdot \mu_G$	$F_R = F_N \cdot \mu_R$
Normalkraft F_N in N	$F_N = \frac{F_R}{\mu_H}$	$F_N = \frac{F_R}{\mu_G}$	$F_N = \frac{F_R}{\mu_R}$
Beispiele	Reifen auf trockener bzw. nasser Straße $\mu_H = 0{,}9$; $F_N = 3\,000$ N *Lösung:* $\boldsymbol{F_R} = F_N \cdot \mu_H$ $= 3000\ \text{N} \cdot 0{,}9 = \mathbf{2\,700\ N}$	$\mu_G = 0{,}6$; $F_N = 3\,000$ N *Lösung:* $\boldsymbol{F_R} = F_N \cdot \mu_G$ $= 3000\ \text{N} \cdot 0{,}6 = \mathbf{1\,800\ N}$	Radlager; $\mu_R = 0{,}001$; $F_N = 3\,000$ N; F_R = ? *Lösung:* $\boldsymbol{F_R} = F_N \cdot \mu_R$ $= 3000\ \text{N} \cdot 0{,}001 = \mathbf{3\ N}$

Reibungsarbeit

1 J = 1 Nm = 1 Ws

3 600 000 Ws = 1 kWh

W_R Reibungsarbeit in Nm = Reibungswärme in J
Q_R Reibungswärme in J
F_R Reibungskraft in N
s Reibungsweg in m

Beispiel: Bremse; $F_R = 5000$ N; Weg $s = 20$ m; Q_R = ? kJ

Lösung: $\boldsymbol{W_R} = Q_R = F_R \cdot s = 5000\ \text{N} \cdot 20\ \text{m} =$
$= 100\,000\ \text{J} = \mathbf{100\ kJ}$

$$W_R = F_R \cdot s$$

$$F_R = \frac{W_R}{s}$$

$$Q_R = W_R$$

Reibungsleistung

$$1\,\frac{\text{Nm}}{\text{s}} = 1\,\frac{\text{J}}{\text{s}} = 1\ \text{W}$$

1000 W = 1 kW

P_R Reibungsleistung in J/s; t Zeit in s
W_R Reibungsarbeit in Nm

Beispiel: Bremsvorgang; $t = 8$ s; $W_R = 200\,000$ Nm;
P_R = ? kW

Lösung: $\boldsymbol{P_R} = \frac{W_R}{t} = \frac{200\,000\ \text{Nm}}{8\ \text{s}} = 25\,000\,\frac{\text{Nm}}{\text{s}} = \mathbf{25\ kW}$

$$P_R = \frac{W_R}{t}$$

$$W_R = P_R \cdot t$$

Reibungszahlen (Erfahrungswerte)

Werkstoffpaarung	Haftreibung μ_H		Gleitreibung μ_G		Rollreibung μ_R
	trocken	geschmiert/nass	trocken	geschmiert/nass	geschmiert/nass
Stahl – Stahl	0,15	0,12	0,12	0,05 ... 0,01	0,003 ... 0,001
Stahl – LgPbSn	0,2	0,1	0,16	0,06 ... 0,03	–
Bremsbelag – Gusseisen	–	–	0,25 ... 0,45	–	–
Asphalt-Reifen	1,0 ... 1,2	0,8 ... 1,1	0,4 ... 0,6	0,08 ... 0,2	–

Zugbeanspruchung

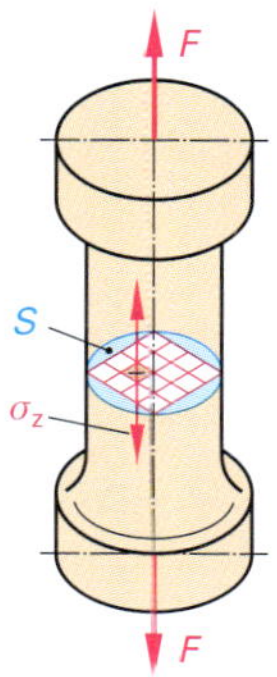

σ_z Zugspannung in N/mm^2
σ_{zul} zulässige Zugspannung in N/mm^2
R_m Zugfestigkeit (Bruchfestigkeit) in N/mm^2
F Zugkraft in N
F_m größte Zugkraft (Bruchkraft) in N
F_{zul} zulässige Zugkraft in N
S Querschnitt in mm^2
ν Sicherheitszahl (Sicherheit)

*) Abhängig vom Werkstoff wird eingesetzt:
- spröder Werkstoff (EN-GJL) Zugfestigkeit R_m
- zäher Werkstoff (St ≤ 600 N/mm^2) Streckgrenze R_e
- zäher Werkstoff (St > 600 N/mm^2, Al, Cu) 0,2 % Dehngrenze $R_{p0,2}$

Beispiel: Zugstab aus St; $\sigma_{zul} = 125\ N/mm^2$; $F_{zul} = 8\ kN$; $S = ?\ mm^2$

Lösung: $\mathbf{S} = \frac{F_{zul}}{\sigma_{zul}} = \frac{8000\ N}{125\ N/mm^2} = \mathbf{64\ mm^2}$

$$\sigma_z = \frac{F}{S}$$

$$R_m = \frac{F_m}{S}$$

$$\sigma_{zul} = \frac{R_m{}^{*)}}{\nu}$$

$$\nu = \frac{R_m}{\sigma_{zul}}$$

$$F_{zul} = \sigma_{zul} \cdot S$$

$$S = \frac{F_{zul}}{\sigma_{zul}} \qquad \sigma_{zul} = \frac{F_{zul}}{S}$$

Druckbeanspruchung

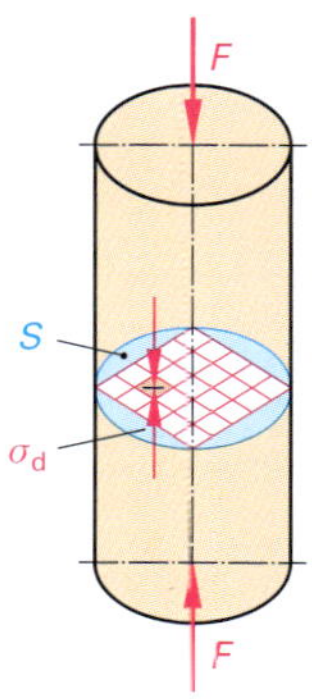

σ_d Druckspannung in N/mm^2
σ_{dB} Bruchfestigkeit in N/mm^2 (Bruchgrenze)
σ_{dzul} zulässige Druckspannung in N/mm^2
F Druckkraft in N
F_B Druckkraft bei Bruch (Bruchkraft) in N
F_{zul} zulässige Druckkraft in N
S Querschnitt in mm^2
ν Sicherheitszahl (Sicherheit)

σ_{dB} für spröde Werkstoffe (Grauguss);
σ_{dF} (Quetschgrenze) für zähe Werkstoffe bzw. $\sigma_{d0,2}$

Beispiel: Druckstange einer Presse; $S = 150\ mm^2$; $\sigma_{dzul} = 200\ N/mm^2$; $F_{zul} = ?\ N$

Lösung: $\mathbf{F_{zul}} = \sigma_{zul} \cdot S = 200\ N/mm^2 \cdot 150\ mm^2 = \mathbf{30\,000\ N}$

$$\sigma_d = \frac{F}{S}$$

$$\sigma_{dB} = \frac{F_B}{S}$$

$$\sigma_{dzul} = \frac{\sigma_{dB}}{\nu}$$

$$\nu = \frac{\sigma_{dB}}{\sigma_{dzul}}$$

$$F_{zul} = \sigma_{dzul} \cdot S$$

Flächenpressung (Lochleibung)

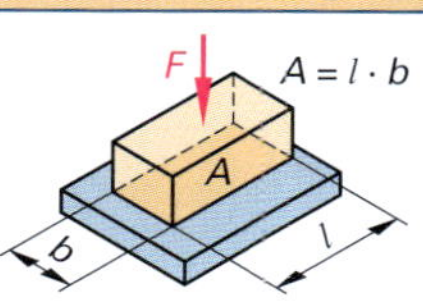

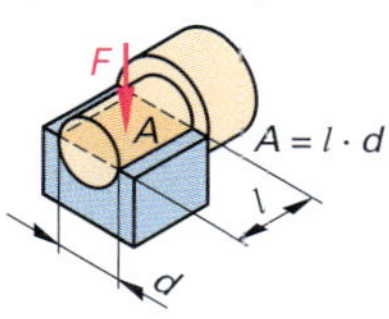

p Flächenpressung in N/mm^2
Lochleibungsdruck bei Nieten und Bolzen
F Druckkraft in N
A rechnerische Berührungsfläche in cm^2; es wird eine Fläche senkrecht zur Kraftrichtung angenommen (Projektionsfläche), z. B. Gleitlager: $A = l \cdot d$; l = Lagerlänge; d = Lagerdurchmesser

Beispiel: Lagerzapfen; $d = 5\ cm$; $l = 4\ cm$; $F = 25\ kN$; $p = ?\ N/cm^2$

Lösung: $\mathbf{p} = \frac{F}{A} = \frac{F}{l \cdot d} = \frac{25\,000\ N}{4\ cm \cdot 5\ cm} = \mathbf{1250\ N/cm^2}$

$$p = \frac{F}{A}$$

$$F = p \cdot A$$

$$A = \frac{F}{p}$$

Zul. Flächenpressung p_{zul} in N/mm^2 für Gleitlager bei ausreichender Schmierung

Belastungsfall	SnSb12-Cu6Pb	PbSn14Sn9-CuAs	G-CuSn-12 Pb2	G-CuSn10P	EN-GJL-250	PA66	Hgw2082
statisch	19 … 30	15 … 25	30 … 50	30 … 50	10 … 20	14 … 19	19 … 30
dynamisch	15	12,5	25	25	5	7	15

M

Biegebeanspruchung

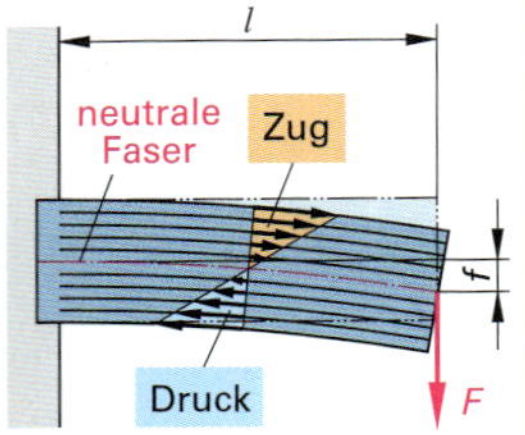

In einem auf Biegung beanspruchten Bauteil treten sowohl Zug- als auch Druckbeanspruchungen auf.

σ_b Biegespannung in N/mm²
M_b Biegemoment in Nm
W_b Widerstandsmoment in cm³ (abhängig von der Querschnittsform, aus Tabelle)
l Länge des Hebelarms in m
f Durchbiegung in mm
F Biegekraft in N

Beispiel: Rundstahl C45; $d = 64$ mm; $l = 200$ mm; $F = 1000$ N; $W_b = 25{,}7$ cm³; $M_b = ?$ Nm; $\sigma_b = ?$ N/mm²

Lösung: $\mathbf{M_b} = F \cdot l = 1000\ \text{N} \cdot 0{,}2\ \text{m} = \mathbf{200\ Nm}$

$$\boldsymbol{\sigma_b} = \frac{M_b}{W_b} = \frac{200\ \text{Nm}}{25{,}7\ \text{cm}^3} = \frac{20\,000\ \text{Ncm}}{25{,}7\ \text{cm}^3} = 778{,}2\ \text{N/cm}^2 = \mathbf{7{,}78\ N/mm^2}$$

$$\sigma_b = \frac{M_b}{W_b}$$

$$W_b = \frac{M_b}{\sigma_b}$$

$$M_b = \sigma_b \cdot W_b$$

$$M_b = F \cdot l$$

Belastung durch eine einzelne Kraft

Träger einseitig eingespannt		Träger auf zwei Stützen		Träger doppelseitig eingespannt	
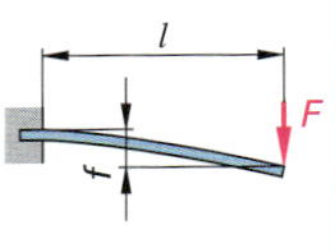	$M_b = F \cdot l$ $f = \frac{F \cdot l^3}{3 \cdot E \cdot I}$	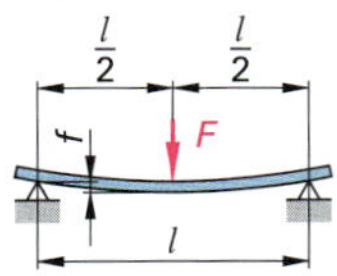	$M_b = \frac{F \cdot l}{4}$ $f = \frac{F \cdot l^3}{48 \cdot E \cdot I}$	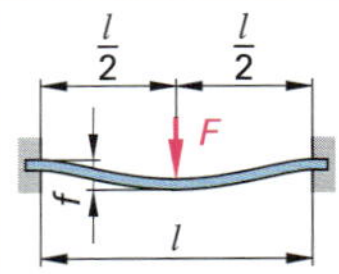	$M_b = \frac{F \cdot l}{8}$ $f = \frac{F \cdot l^3}{192 \cdot E \cdot I}$

Belastung durch gleichmäßig verteilte Kräfte

Träger einseitig eingespannt		Träger auf zwei Stützen		Träger doppelseitig eingespannt	
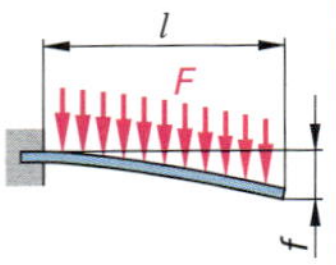	$M_b = \frac{F \cdot l}{2}$ $f = \frac{F \cdot l^3}{8 \cdot E \cdot I}$	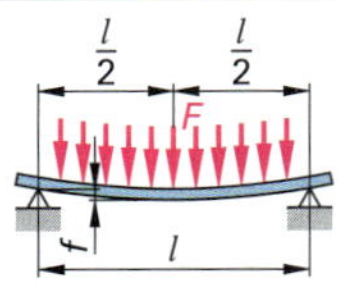	$M_b = \frac{F \cdot l}{8}$ $f = \frac{5 \cdot F \cdot l^3}{384 \cdot E \cdot I}$	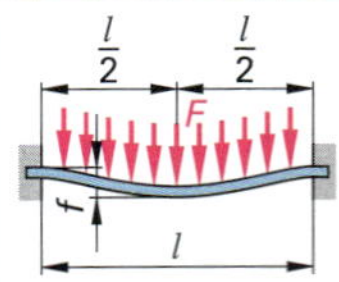	$M_b = \frac{F \cdot l}{12}$ $f = \frac{F \cdot l^3}{384 \cdot E \cdot I}$

Beanspruchung auf Verdrehen (Torsion)

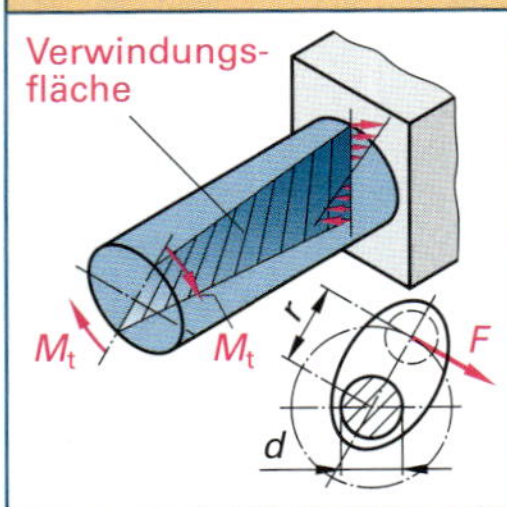

M_t Drehmoment in Nm
W_p polares Widerstandsmoment in mm³
τ_t Torsionsspannung in N/mm²

Beispiel: Kurbelwelle; $F = 4000$ N; $r = 40$ mm; $d = 50$ mm; $\tau_t = ?$ in N/mm²

Lösung: $\mathbf{M_t} = F \cdot r = 4000\ \text{N} \cdot 0{,}04\ \text{m} = 160\ \text{Nm}$; $\mathbf{W_p} = \frac{d^3}{5} = \frac{50^3\ \text{mm}^3}{5} = 25\,000\ \text{mm}^3$

$$\boldsymbol{\tau_t} = \frac{M_t}{W_p} = \frac{160\ \text{Nm}}{25\,000\ \text{mm}^3} = \frac{160\,000\ \text{Nmm}}{25\,000\ \text{mm}^3} = \mathbf{6{,}4\ N/mm^2}$$

$$\tau_t = \frac{M_t}{W_p}$$

$$M_t = F \cdot r \qquad W_p = \frac{M_t}{\tau_t}$$

Flächenmomente, Widerstandsmomente

Form der Querschnitte	Biegung und Knickung		Verdrehung (Torsion)
	Flächenmoment 2. Grades I in cm⁴	Axiales Widerstandsmoment W in cm³	Polares Widerstandsmoment (W_p) in cm³
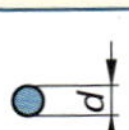	$I = \frac{\pi \cdot d^4}{64}$	$W = \frac{\pi \cdot d^3}{32}$	$W_p = \frac{\pi \cdot d^3}{16} \approx \frac{d^3}{5}$
	$I = \frac{\pi \cdot (D^4 - d^4)}{64}$	$W = \frac{\pi \cdot (D^4 - d^4)}{32 \cdot D}$	$W_p = \frac{\pi \cdot (D^4 - d^4)}{16 \cdot D}$
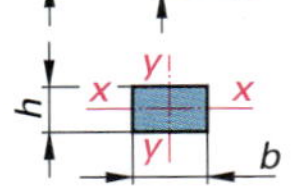	$I_x = \frac{b \cdot h^3}{12}$; $I_y = \frac{h \cdot b^3}{12}$	$W_x = \frac{b \cdot h^2}{6}$; $W_y = \frac{h \cdot b^2}{6}$	–

Scherbeanspruchung

einschnittig zweischnittig

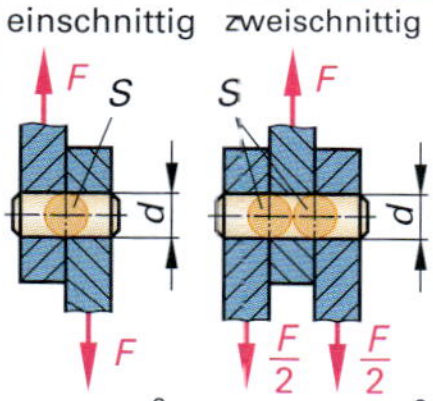

$S = \frac{\pi \cdot d^2}{4}$ $S = 2 \cdot \frac{\pi \cdot d^2}{4}$

Die Scherbeanspruchung kann einschnittig oder mehrschnittig sein. Bei zweischnittiger Beanspruchung ist der Querschnitt zu verdoppeln.

τ_a Scherspannung in N/mm²
$\tau_{a\,zul}$ zulässige Scherspannung in N/mm²
$F_{a\,zul}$ zulässige Scherkraft in N, bei der der Werkstoff nicht getrennt wird
S Querschnitt in mm²
R_e Streckgrenze in N/mm²
F_a Scherkraft in N
ν Sicherheitszahl

Beispiel: Zylinderschraube ISO 4762 – M 10×55 – 10.9 mit einschnittiger Beanspruchung; $\nu = 2$; R_e = 900 N/mm²; d = ? mm; $F_{a\,zul}$ = ? in N

Lösung: $\tau_{a\,zul} = \frac{R_e}{\nu} = \frac{900\ \text{N/mm}^2}{2} = 450\ \text{N/mm}^2$

$S = \frac{\pi \cdot d^2}{4} = \frac{\pi \cdot 8{,}16^2\ \text{mm}^2}{4} = 52{,}3\ \text{mm}^2$

$\mathbf{F_{a\,zul}} = \tau_{a\,zul} \cdot S = 450\ \text{N/mm}^2 \cdot 52{,}3\ \text{mm}^2 =$
$= \mathbf{23\,535\ N}$

$$\tau_a = \frac{F_a}{S}$$

$$F_a = \tau_a \cdot S \qquad S = \frac{F_a}{\tau_a}$$

$$\tau_{a\,zul} = \frac{R_e}{\nu}$$

$$F_{a\,zul} = \tau_{a\,zul} \cdot S$$

Schneiden von Werkstoffen

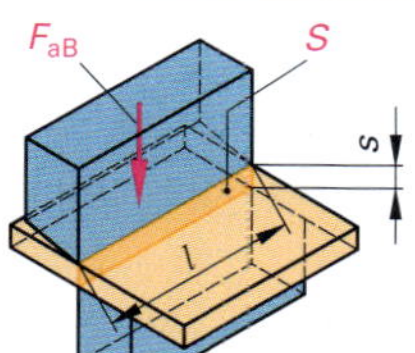

Ist die Abscherfestigkeit τ_{aB} nicht bekannt, so kann dafür 80 % der Zugfestigkeit R_m eingesetzt werden.

F_{aB} Abscherkraft in N, bei der der Werkstoff getrennt wird
τ_{aB} Abscherfestigkeit in N/mm²
R_m Zugfestigkeit in N/mm²
S Scherfläche in mm²

Beispiel: Blech DC04; δ = 0,7 mm; l = 1000 mm; R_m = 300 N/mm²; Abscherkraft F_{aB} = ? in N

Lösung: $S = l \cdot \delta = 0{,}7\ \text{mm} \cdot 1000\ \text{mm} = 700\ \text{mm}^2$

$\tau_{aB} = 0{,}8 \cdot R_m = 0{,}8 \cdot 300\ \text{N/mm}^2 =$
$= 240\ \text{N/mm}^2$

$\mathbf{F_{aB}} = \tau_{aB} \cdot S = 240\ \text{N/mm}^2 \cdot 700\ \text{mm}^2 =$
$= \mathbf{168\,000\ N}$

$$F_{aB} = \tau_{aB} \cdot S$$

$$\tau_{aB} = \frac{F_{aB}}{S}$$

$$\tau_{aB} = 0{,}8 \cdot R_m$$

Beanspruchung auf Knickung

Belastungsfälle I – IV und freie Knicklänge nach Euler

I	II	III	IV

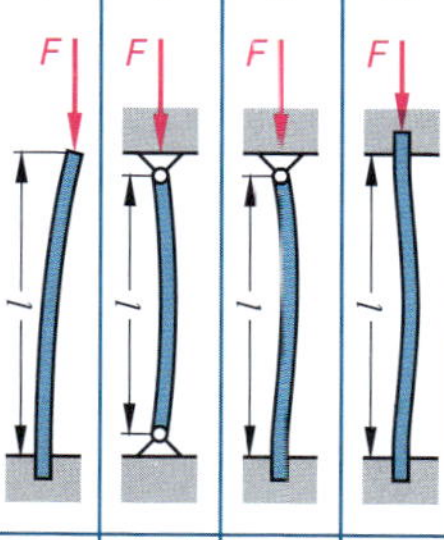

I	II	III	IV
$l_k = 2 \cdot l$	$l_k = l$	$l_k = 0{,}7 \cdot l$	$l_k = 0{,}5 \cdot l$

$F_{k\,zul}$ zulässige Knickkraft in N
E Elastizitätsmodul in kN/mm², N/cm², N/mm²
σ_{lim} Grenzspannung in N/mm²
ε_0 Dehnung im elastischen Bereich in %
l Länge in cm
I Flächenmoment 2. Grades in cm⁴
l_k freie Knicklänge in cm
ν Sicherheitszahl (Sicherheit)

Beispiel: Doppel-T-Profil DIN 1025-I100; Belastungsfall II; E-Modul = 20 · 10⁶ N/cm²; $\nu = 5$; Flächenmoment I (aus Tabelle) = 12,2 cm⁴, l = 120 cm; $F_{k\,zul}$ = ? kN

Lösung: $\mathbf{F_{k\,zul}} = \frac{\pi^2 \cdot E \cdot I}{l_k^2 \cdot \nu} =$

$= \frac{\pi^2 \cdot 20 \cdot 10^6\ \text{N/cm}^2 \cdot 12{,}2\ \text{cm}^4}{120^2\ \text{cm}^2 \cdot 5}$

$= 33\,446{,}9\ \text{N} \approx \mathbf{33{,}5\ kN}$

$$F_{k\,zul} = \frac{\pi^2 \cdot E \cdot I}{l_k^2 \cdot \nu}$$

Hinweis: Die Formel gilt innerhalb des elastischen Bereiches des Werkstoffs für schlanke Bauteile.

Elastizitätsmodul E in kN/mm² bei 20 °C

Stahl	EN-GJL-150	EN-GJL-300	EN-GJS-400	GS-38	EN-GJMW-350-4	CuZn40	Al-Leg.	Ti-Leg.
196 … 216	80 … 90	110 … 140	170 … 185	210	170	80 … 100	60 … 80	112 … 130

Belastungsfälle

Statische Belastung ruhend	Dynamische Belastung schwellend	Dynamische Belastung wechselnd	Dynamische Belastung allgemein schwingend
Belastungsfall I	**Belastungsfall II**	**Belastungsfall III**	**Belastungsfall IV**
Größe und Richtung der Kraft ändern sich nicht.	Die Belastung pendelt zwischen einem Höchst- und Minimalwert ohne Wechsel der Spannungsart.	Die Belastung wechselt zwischen größter Zug- und größter Druckspannung.	Die Belastung schwingt um einen beliebigen Mittelwert im Bereich der Zug- bzw. Druckspannung.

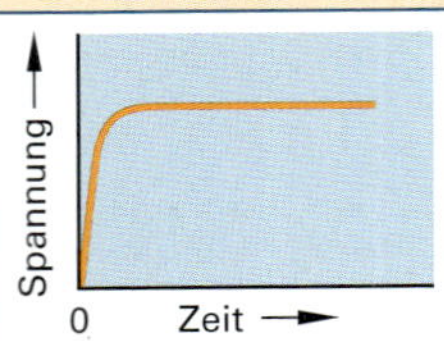

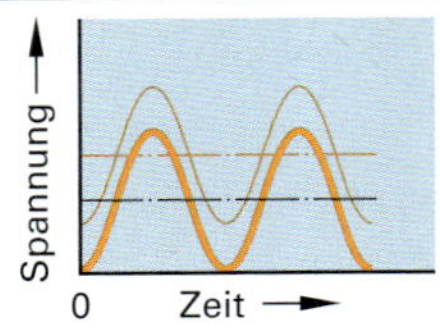

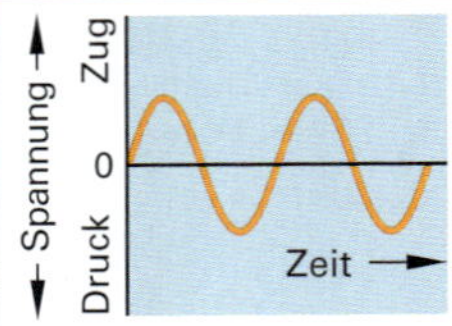

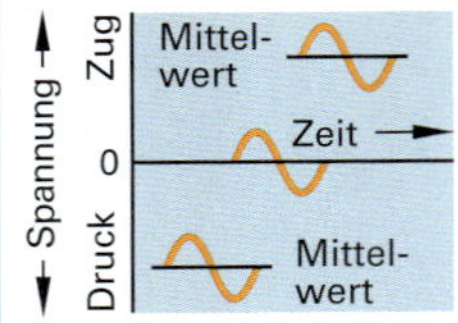

Zulässige Spannung

Bauteile dürfen aus Sicherheitsgründen nur mit einem Teil der zum Bruch oder zu bleibender Verformung führenden Grenzspannung σ_{lim} bzw. τ_{lim} belastet werden.

σ_{lim} Grenzspannung je nach Belastungsfall in N/mm²
σ_{zul} zulässige Spannung in N/mm²
ν Sicherheitszahl (Sicherheit)
τ_{lim} größte Scherspannung in N/mm²
τ_{zul} zulässige Scherspannung in N/mm²

Beispiel: Zylinderschraube mit Innensechskant DIN EN ISO 4762 M10 × 100 – 10.9; statische Belastung; σ_{lim} = 900 N/mm²; ν = 2; σ_{zul} = ? in N/mm²

Lösung: $\boldsymbol{\sigma_{zul}} = \frac{\sigma_{lim}}{\nu} = \frac{900\ \text{N/mm}^2}{2} = \mathbf{450\ N/mm^2}$

$$\sigma_{zul} = \frac{\sigma_{lim}}{\nu}$$

$$\tau_{zul} = \frac{\tau_{lim}}{\nu}$$

$$\nu = \frac{\sigma_{lim}}{\sigma_{zul}}$$

$$\tau_{lim} = \tau_{aB}$$

Sicherheitszahlen für den Fahrzeugbau

Kfz-Bereich	Motor			Fahrwerk			Karosserie		
Belastungsfall	I	II	III	I	II	III	I	II	III
Sicherheit	1,2…1,5	1,5…2,4	3…4	2…4	3…5	5…10	1,2…1,7	1,5…2	1,5…2,2

Grenzspannungswerte für Stahl σ_{lim} und τ_{lim} in N/mm²

Beanspruchungsart	Zug, Druck			Abscherung	Biegung			Verdrehung		
Belastungsfall	I	II	III	I	I	II	III	I	II	III
Grenzspannungsarten	σ_z[1], σ_{dB}	σ_z[1], σ_{dB}	σ_z[1], σ_{dB}	τ_{aB}	σ_b	σ_b	σ_b	τ_t	τ_t	τ_t
S235	235	235	150	235	330	290	170	140	140	120
S275	275	275	180	275	380	350	200	160	160	140
E295	295	295	210	295	410	410	240	170	170	150
E335	335	335	250	335	470	470	280	190	190	160
E360	365	365	300	360	510	510	330	210	210	190
C15	440	440	330	440	610	610	370	250	250	210
16MnCr15	635	635	430	635	890	740	440	360	360	270
17CrNiMo	835	835	550	835	1170	1040	610	470	470	350
C45E	490	490	280	490	700	520	310	350	350	210
41Cr4	800	710	410	720	1120	750	440	560	510	330
30CrNiMo8	1050	870	510	1000	1470	930	550	735	640	375

[1] σ_z entspricht R_m (Bruchfestigkeit in N/mm²) bei Zugbeanspruchung

Druck (allgemein, aus Kraft und Fläche)

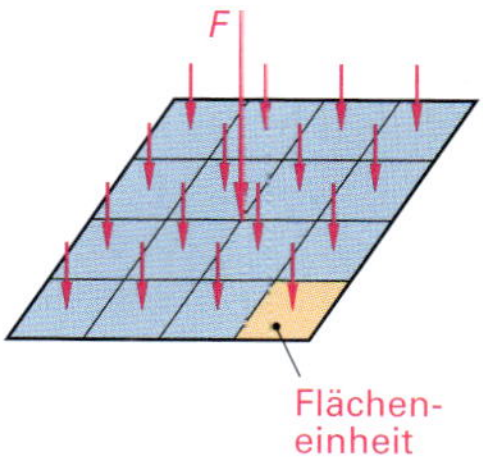

p Druck in N/cm²
F Kraft in N
A Fläche in cm²

Beispiel: p = 45 bar; F = 22,62 kN; Kolbendurchmesser d = ? mm

Lösung: $A = \frac{F}{p} = \frac{22\,620\ \text{N}}{450\ \text{N/cm}^2} = 50{,}27\ \text{cm}^2$

$\boldsymbol{d} = \sqrt{\frac{4 \cdot A}{\pi}} = \sqrt{\frac{4 \cdot 50{,}27\ \text{cm}^2}{\pi}} =$

$= 8{,}0\ \text{cm} = \mathbf{80\ mm}$

$$p = \frac{F}{A}$$

$$F = p \cdot A$$

$$A = \frac{F}{p}$$

$$\mathbf{1\ bar = 10\ \frac{N}{cm^2}}$$

Absoluter Druck, Luftdruck, Überdruck

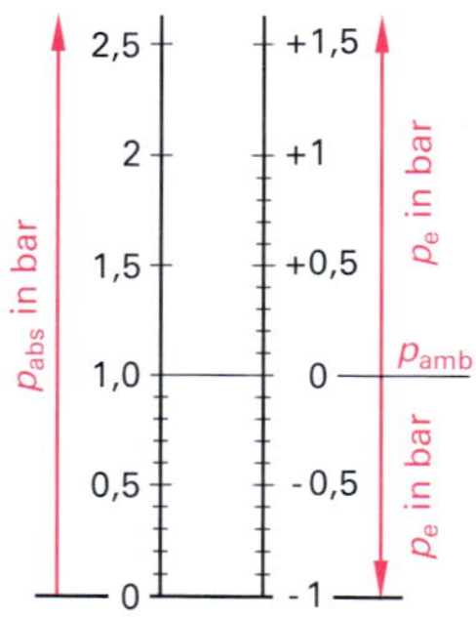

p_{amb} Atmosphärendruck in bar, mbar, hPa
p_{abs} Absoluter Druck in bar, mbar, hPa
p_e Überdruck in bar, mbar, hPa

Überdruck = Abweichung vom Umgebungsdruck
p_e ist positiv, wenn $p_{abs} > p_{amb}$
p_e ist negativ, wenn $p_{abs} < p_{amb}$
Negative Werte des Überdrucks kennzeichnen den früheren Unterdruckbereich.

Beispiel: Bremskraftverstärker p_{abs} = 0,7 bar; Atmosphärendruck 1080 hPa, Überdruck p_e = ? bar

Lösung: $\boldsymbol{p_e} = p_{abs} - p_{amb} = 0{,}7\ \text{bar} - 1{,}08\ \text{bar} =$

$= \mathbf{-\,0{,}38\ bar}$ (bedeutet Unterdruck)

$$p_e = p_{abs} - p_{amb}$$

$$p_{abs} = p_e + p_{amb}$$

1 bar = 1000 mbar
1 bar = 1000 hPa

Hydrostatischer Druck

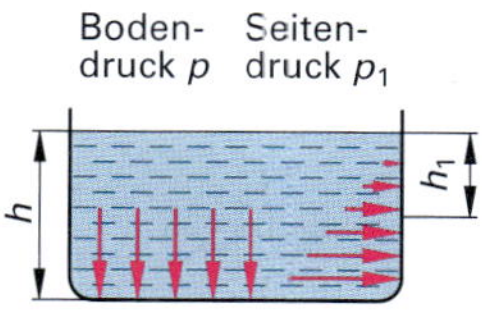

p, p_1 Hydrostatischer Druck in N/m²
h, h_1 Höhe der Flüssigkeitssäule in m
g Fallbeschleunigung in m/s²
ϱ Dichte der Flüssigkeit in kg/dm³

Beispiel: Kraftstoffbehälter; Benzinhöhe h = 15 cm; ϱ = 0,74 kg/dm³; g = 9,81 m/s²; p = ? N/m²

Lösung: $\boldsymbol{p} = \varrho \cdot g \cdot h$

$= 740\ \text{kg/m}^3 \cdot 9{,}81\ \text{m/s}^2 \cdot 0{,}15\ \text{m} =$

$= 1089\ \frac{\text{kg} \cdot \text{m}}{\text{s}^2 \cdot \text{m}^2} = \mathbf{1089\ N/m^2 = 0{,}0109\ bar}$

$$p = \varrho \cdot g \cdot h$$

$$h = \frac{p}{\varrho \cdot g}$$

$$p_1 = \varrho \cdot g \cdot h_1$$

Auftrieb in Flüssigkeiten

Aräometer

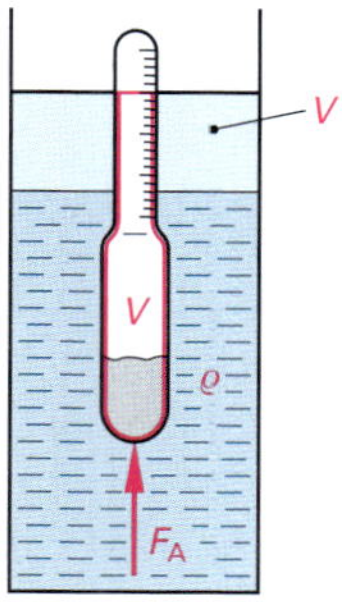

V Verdrängtes Flüssigkeitsvolumen in dm³
F_A Auftriebskraft in N
g Fallbeschleunigung in m/s²
ϱ Dichte der Flüssigkeit in kg/dm³
A Querschnittfläche des Schwimmers in dm²
h Eintauchtiefe des Schwimmers in dm

Beispiel: Schwimmer im Säureprüfer; Eintauchvolumen 8,3 cm³; Gewichtskraft des Schwimmers 0,0981 N; Dichte der verdünnten Schwefelsäure = ? kg/dm³

Lösung: $\boldsymbol{\varrho} = \frac{F_A}{V \cdot g} = \frac{0{,}0981\ \text{N}}{0{,}0083\ \text{dm}^3 \cdot 9{,}81\ \text{m/s}^2} =$

$= \frac{0{,}0981\ \text{kg} \cdot \text{m/s}^2}{0{,}0083\ \text{dm}^3 \cdot 9{,}81\ \text{m/s}^2} = \mathbf{1{,}20\ \frac{kg}{dm^3}}$

$$F_A = V \cdot \varrho \cdot g$$

$$\varrho = \frac{F_A}{V \cdot g}$$

$$V = \frac{F_A}{\varrho \cdot g}$$

Für gleichdicke Körper:

$$h = \frac{F_A}{A \cdot \varrho \cdot g}$$

M

Flüssigkeitsdruck

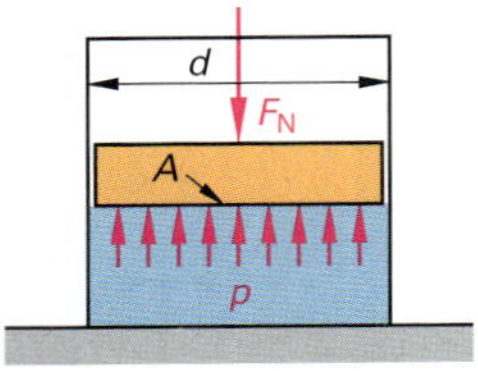

p	Flüssigkeitsdruck in N/cm²
F_N	Normalkraft, Kolbenkraft in N
A	Kolbenfläche in cm²
d	Kolbendurchmesser in cm

Im geschlossenen System ist der Druck an jeder Stelle gleich groß.

$$p = \frac{F_N}{A}$$ $$p = \frac{4 \cdot F_N}{\pi \cdot d^2}$$

$$F_N = p \cdot A$$ $$F_N = p \cdot \frac{\pi \cdot d^2}{4}$$

$$A = \frac{F_N}{p}$$ $$d = \sqrt{\frac{4 \cdot F_N}{\pi \cdot p}}$$

Hydraulische Presse

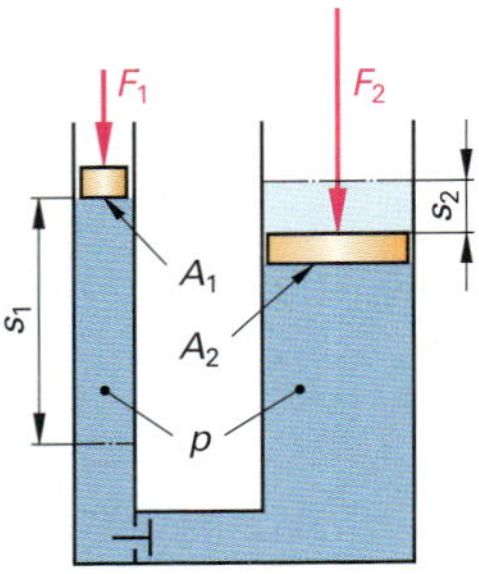

Für p = const. gilt:

$$\frac{F_1}{F_2} = \frac{A_1}{A_2}$$

für v = const. gilt:

$$A_1 \cdot s_1 = A_2 \cdot s_2$$

1 bar = 10 N/cm²

p	Flüssigkeitsdruck in N/cm²
F_1	Kraft am Pumpenkolben in N
F_2	Kraft am Arbeitskolben in N
A_1	Fläche des Pumpenkolbens in cm²
A_2	Fläche des Arbeitskolbens in cm²
d_1	Durchmesser des Pumpenkolbens in cm
d_2	Durchmesser des Arbeitskolbens in cm
s_1	Weg des Pumpenkolbens in cm
s_2	Weg des Arbeitskolbens in cm
i_{hyd}	hydraulische Übersetzung

Beispiel: A_1 = 12 cm²; F_1 = 200 N; A_2 = 960 cm²; p = ? bar; F_2 = ? kN; i_{hyd} = ?

Lösung: $\mathbf{p} = \frac{F_1}{A_1} = \frac{200\ \text{N}}{12\ \text{cm}^2} =$

$= 16{,}7\ \text{N/cm}^2 = \mathbf{1{,}7\ bar}$

$\mathbf{F_2} = p \cdot A_2 =$
$= 16{,}7\ \text{N/cm}^2 \cdot 960\ \text{cm}^2 =$
$= 16\,032\ \text{N} = \mathbf{16\ kN}$

$\mathbf{i_{hyd}} = \frac{F_1}{F_2} = \frac{200\ \text{N}}{16\,032\ \text{N}} =$

$= \mathbf{0{,}0125}$

$$p = \frac{F_1}{A_1}$$ $$p = \frac{F_2}{A_2}$$

$$F_1 = p \cdot A_1$$ $$F_2 = p \cdot A_2$$

$$A_1 = \frac{F_1}{p}$$ $$A_2 = \frac{F_2}{p}$$

$$i_{hyd} = \frac{F_1}{F_2}$$

$$F_1 = i_{hyd} \cdot F_2$$ $$F_2 = \frac{F_1}{i_{hyd}}$$

$$i_{hyd} = \frac{A_1}{A_2}$$

$$A_1 = i_{hyd} \cdot A_2$$ $$A_2 = \frac{A_1}{i_{hyd}}$$

$$i_{hyd} = \frac{d_1^2}{d_2^2}$$

$$d_1 = \sqrt{i_{hyd} \cdot d_2^2}$$ $$d_2 = \sqrt{\frac{d_1^2}{i_{hyd}}}$$

$$i_{hyd} = \frac{s_2}{s_1}$$

$$s_1 = \frac{s_2}{i_{hyd}}$$ $$s_2 = i_{hyd} \cdot s_1$$

Druckübersetzer

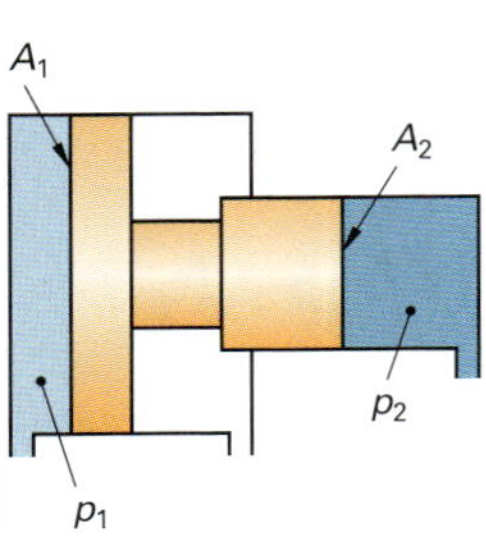

p_1, p_2	Drücke in bar
A_1, A_2	Kolbenflächen in cm²
i_{hyd}	hydraulische Übersetzung

Beispiel: p_1 = 7 bar; A_1 = 153,9 cm²; A_2 = 9,6 cm²; p_2 = ?

Lösung: $\mathbf{p_2} = \frac{A_1 \cdot p_1}{A_2} =$

$= \frac{153{,}9\ \text{cm}^2 \cdot 7\ \text{bar}}{9{,}6\ \text{cm}^2} =$

$= \mathbf{112\ bar}$

$$p_1 \cdot A_1 = p_2 \cdot A_2$$

$$p_1 = \frac{p_2 \cdot A_2}{A_1}$$ $$p_2 = \frac{p_1 \cdot A_1}{A_2}$$

$$A_1 = \frac{p_2 \cdot A_2}{p_1}$$ $$A_2 = \frac{p_1 \cdot A_1}{p_2}$$

$$i_{hyd} = \frac{A_2}{A_1}$$

$$A_1 = \frac{A_2}{i_{hyd}}$$ $$A_2 = A_1 \cdot i_{hyd}$$

M

Kolbenkräfte in Zylindern

Ausfahren

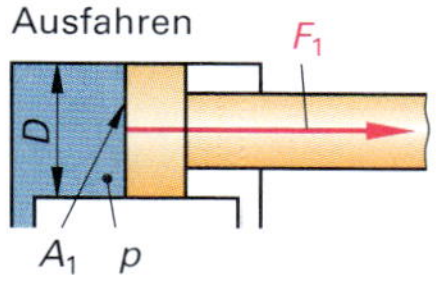

Einfahren

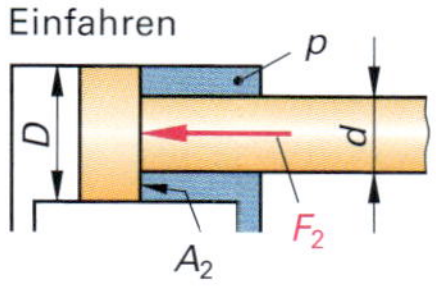

1 bar = 10 N/cm²

p Flüssigkeitsdruck in N/cm²; bar
F_1, F_2 Kolbenkräfte in N
A_1, A_2 wirksame Kolbenflächen in cm²
D Kolbendurchmesser in cm
d Kolbenstangendurchmesser in cm

Beispiel: Hydraulikzylinder; D = 105 mm; d = 75 mm; p = 50 bar; F_1 = ? N; F_2 = ? N

Lösung:

Ausfahren $\mathbf{F_1} = A_1 \cdot p = \frac{\pi \cdot (10{,}5\ \text{cm})^2}{4} \cdot 500\ \text{N/cm}^2 = \mathbf{43\,295\ N}$

Einfahren $\mathbf{F_2} = A_2 \cdot p = \frac{\pi}{4} \cdot (10{,}5^2 - 7{,}5^2)\ \text{cm}^2 \cdot 500\ \text{N/cm}^2 = \mathbf{21\,205\ N}$

Ausfahren

$$F_1 = A_1 \cdot p$$

$$A_1 = \frac{\pi \cdot D^2}{4}$$

Einfahren

$$F_2 = A_2 \cdot p$$

$$A_2 = \frac{\pi}{4} \cdot (D^2 - d^2)$$

Leistung von Hydraulikpumpen

Hydraulikzylinder

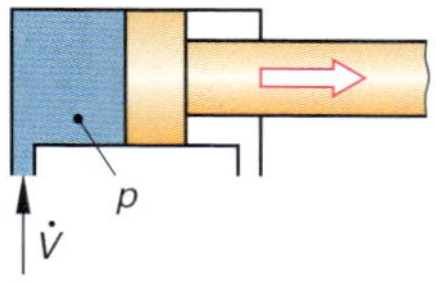

P abgegebene Leistung in kW
p Flüssigkeitsdruck in bar
$\dot{V}$ Volumenstrom in l/min

Beispiel: p = 135 bar; $\dot{V}$ = 40 l/min; P = ? kW

Lösung: $\mathbf{P} = \frac{\dot{V} \cdot p}{600} = \frac{40 \cdot 135}{600}\ \text{kW} = \mathbf{9\ kW}$

$$P = \frac{\dot{V} \cdot p}{600}$$

$$\dot{V} = \frac{600 \cdot P}{p}$$

$$p = \frac{600 \cdot P}{\dot{V}}$$

Saughöhe

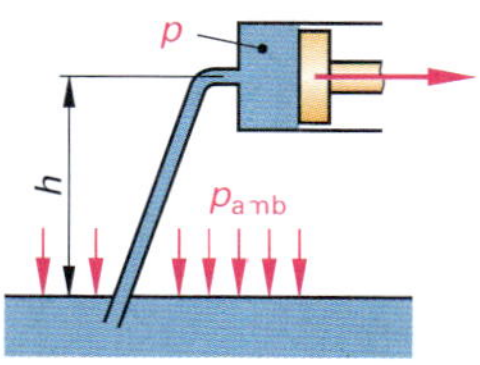

1 N/m² = 1 Pa
100 000 Pa = 1 bar

h Saughöhe in m (negativer Zahlenwert)
p Ausaugdruck in N/m² (negativer Zahlenwert)
ϱ Dichte der Flüssigkeit in kg/m³
g Fallbeschleunigung in m/s²

Beispiel: Kraftstoffpumpe; ϱ = 0,74 kg/dm³; g = 9,81 m/s²; p = – 0,058 bar; h = ? m

Lösung: $\mathbf{h} = \frac{p}{\varrho \cdot g} = \frac{-5800\ \text{N/m}^2}{740\ \text{kg/m}^3 \cdot 9{,}81\ \text{m/s}^2} = \mathbf{-0{,}8\ m}$

$$h = \frac{p}{\varrho \cdot g}$$

$$p = \varrho \cdot g \cdot h$$

Durchflussgeschwindigkeit

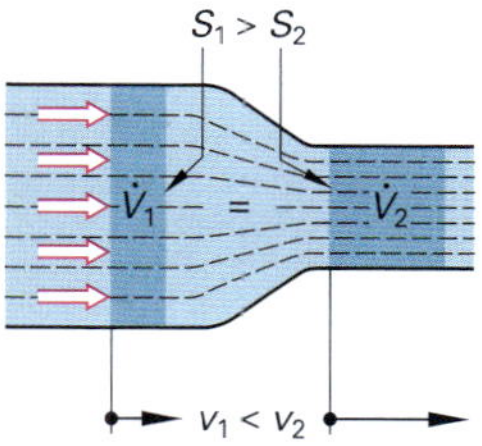

v_1, v_2 Durchflussgeschwindigkeit in cm/s
S_1, S_2 Rohrquerschnitte in cm²
$\dot{V}$ Volumenstrom in cm³/s

Beispiel: $\dot{V}$ = 45 l/min; S_1 = 15,9 cm²; S_2 = 9,6 cm²; v_1 = ? cm/s; v_2 = ? cm/s

Lösung: $\mathbf{v_1} = \frac{\dot{V}}{S_1} = \frac{45\,000\ \text{cm}^3/\text{min}}{15{,}9\ \text{cm}^2} = 2830\ \text{cm/min} = \mathbf{47{,}2\ cm/s}$

$\mathbf{v_2} = \frac{\dot{V}}{S_2} = \frac{45\,000\ \text{cm}^3/\text{min}}{9{,}6\ \text{cm}^2} = 4688\ \text{cm/min} = \mathbf{78{,}1\ cm/s}$

$$v_1 = \frac{\dot{V}}{S_1}$$

$$\dot{V} = S_1 \cdot v_1$$

$$v_2 = \frac{\dot{V}}{S_2}$$

$$\dot{V} = S_2 \cdot v_2$$

M

Druck in bewegten Gasen

Venturirohr

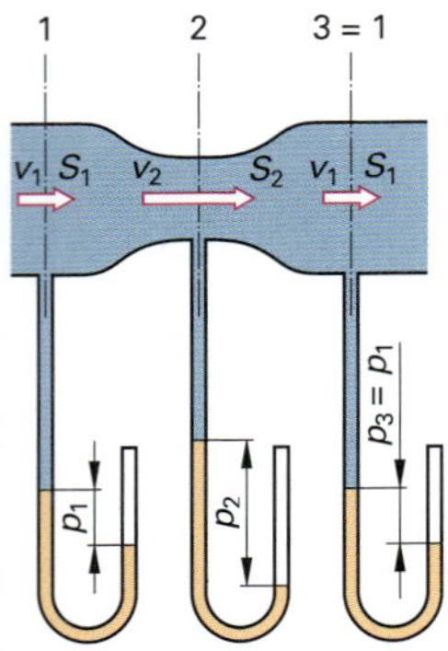

großer Querschnitt	kleiner Querschnitt	großer Querschnitt
kleine Geschw.	große Geschw.	kleine Geschw.
kleiner Unterdruck	großer Unterdruck	kleiner Unterdruck

1 Pa = 1 N/m²

1 bar = 100 000 Pa = 1000 hPa

1 mbar = 1 hPa

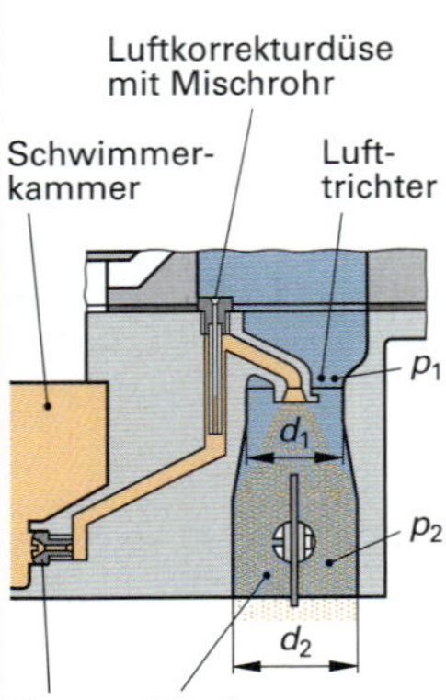

$\dot{V}$ Volumenstrom, Durchflussmenge in m³/s, cm³/s
v_1, v_2 Geschwindigkeiten in m/s, cm/s
S_1, S_2 Querschnittsfläche in m², cm²

Beispiel: Durchflussmenge $\dot{V} = 50$ dm³/s
Rohrdurchmesser $d_1 = 40$ mm
$d_2 = 28{,}2$ mm
Gasgeschwindigkeit $v_1 = ?$ m/s
Gasgeschwindigkeit $v_2 = ?$ m/s

Lösung:
$$S_1 = \frac{\pi \cdot {d_1}^2}{4} = \frac{\pi \cdot 4^2\ \text{cm}^2}{4} = 12{,}57\ \text{cm}^2$$
$$\mathbf{v_1} = \frac{\dot{V}}{S_1} = \frac{0{,}05\ \text{m}^3/\text{s}}{0{,}001257\ \text{m}^2} = \mathbf{40\ \frac{m}{s}}$$
$$S_2 = \frac{\pi \cdot {d_2}^2}{4} = \frac{\pi \cdot 2{,}82^2\ \text{cm}^2}{4} = 6{,}25\ \text{cm}^2$$
$$\mathbf{v_2} = \frac{\dot{V}}{S_2} = \frac{0{,}05\ \text{m}^3/\text{s}}{0{,}000625\ \text{m}^2} = \mathbf{80\ m/s}$$

p_1, p_2 Drücke in Pa
ϱ Dichte des Gases in kg/m³
V_H Gesamthubraum in dm³
n Motordrehzahl in 1/min
λ_L Liefergrad
$\dot{V}$ Luftmenge in l/s, dm³/s

Beispiel: Viertaktmotor, Vergaser
Gesamthubraum $V_H = 1{,}2$ l
Motordrehzahl $n = 3400$ 1/min
Liefergrad $\lambda_L = 0{,}75$
Luftdichte $\varrho = 1{,}3$ kg/m³
Lufttrichter $d_1 = 21{,}5$ mm
$S_1 = 3{,}6$ cm²
Mischkammer $d_2 = 27{,}5$ mm
$S_2 = 5{,}9$ cm²
Druckdifferenz $p_2 - p_1 = ?$ mbar

Lösung: I. Luftmenge $\dot{V}$ in l/s
$$\dot{\mathbf{V}} = \frac{V_H \cdot n \cdot \lambda_L}{120} =$$
$$= \frac{1{,}2 \cdot 3400 \cdot 0{,}75}{120}\ \text{dm}^3/\text{s} = \mathbf{25{,}5\ dm^3/s}$$

II. Luftgeschwindigkeit v_1 und v_2 in m/s
$$\mathbf{v_1} = \frac{\dot{V}}{S_1} = \frac{0{,}0255\ \text{m}^3/\text{s}}{0{,}00036\ \text{m}^2} = \mathbf{70{,}8\ m/s}$$
$$\mathbf{v_2} = \frac{\dot{V}}{S_2} = \frac{0{,}0255\ \text{m}^3/\text{s}}{0{,}00059\ \text{m}^2} = \mathbf{43{,}2\ m/s}$$

III. Druckdifferenz $p_2 - p_1$ in bar
$$\mathbf{p_2 - p_1} = \frac{\varrho}{2}({v_1}^2 - {v_2}^2) =$$
$$= \frac{1{,}3\ \text{kg/m}^3}{2}(70{,}8^2 - 43{,}2^2)\ \frac{\text{m}^2}{\text{s}^2} =$$
$$= 2040\ \frac{\text{kgm/s}^2}{\text{m}^2} = 2040\ \text{N/m}^2 =$$
$$= 2040\ \text{Pa} = \mathbf{20{,}4\ mbar}$$

Volumenstrom

$$\dot{V} = S_1 \cdot v_1 = S_2 \cdot v_2$$
$$v_1 = \frac{\dot{V}}{S_1}$$
$$v_2 = \frac{\dot{V}}{S_2}$$

Kontinuitätsgleichung

$$\frac{v_1}{v_2} = \frac{S_2}{S_1}$$
$$v_1 = \frac{S_2 \cdot v_2}{S_1}$$
$$v_2 = \frac{S_1 \cdot v_1}{S_2}$$
$$S_1 = \frac{S_2 \cdot v_2}{v_1}$$
$$S_2 = \frac{S_1 \cdot v_1}{v_2}$$

Bernoullische Gleichung

$$p_1 + \frac{\varrho \cdot {v_1}^2}{2} = p_2 + \frac{\varrho \cdot {v_2}^2}{2}$$
$$p_2 - p_1 = \frac{\varrho}{2}({v_1}^2 - {v_2}^2)$$
$$p_1 = p_2 - \frac{\varrho}{2}({v_1}^2 - {v_2}^2)$$
$$p_2 = p_1 + \frac{\varrho}{2}({v_1}^2 - {v_2}^2)$$

Für Viertaktmotor:

$$\dot{V} = \frac{V_H \cdot n \cdot \lambda_L}{120}$$
$$\lambda_L = \frac{120 \cdot \dot{V}}{V_H \cdot n}$$

M

Allgemeine Gasgleichung (Druck, Volumen und Temperatur von Gasen)

$p_1 < p_2$
$V_1 > V_2$
$T_1 < T_2$

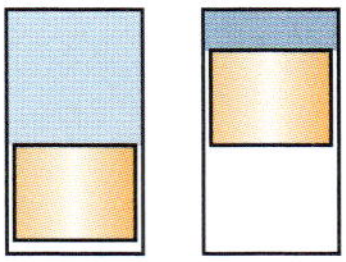

Ausgangszustand	Endzustand
p_1 absoluter Druck in bar	p_2 absoluter Druck in bar
V_1 Volumen in l	V_2 Volumen in l
T_1 Temperatur in K	T_2 Temperatur in K

Beispiel: Zyl.-Hubraum 245 cm³; Verd.-Raum 38 cm³; Ansaugtemp. 90 °C; Verd.-Endtemperatur 460 °C; abs. Druck bei Beginn des Verdichtens 1 bar; Verdichtungsenddruck p_e = ? bar

Lösung: $p_2 = \frac{p_1 \cdot V_1 \cdot T_2}{V_2 \cdot T_1} = \frac{1\ \text{bar} \cdot 0{,}283\ \text{l} \cdot 733\ \text{K}}{0{,}038\ \text{l} \cdot 363\ \text{K}} = 15\ \text{bar}$

$\mathbf{p_e} = p_2 - p_{amb} = 15\ \text{bar} - 1\ \text{bar} = \mathbf{14\ bar}$

$$\frac{p_1 \cdot V_1}{T_1} = \frac{p_2 \cdot V_2}{T_2}$$

$$p_2 = \frac{p_1 \cdot V_1 \cdot T_2}{V_2 \cdot T_1}$$

$$T_2 = \frac{p_2 \cdot V_2 \cdot T_1}{p_1 \cdot V_1}$$

$$V_2 = \frac{p_1 \cdot V_1 \cdot T_2}{p_2 \cdot T_1}$$

Druck und Volumen bei gleichbleibender Temperatur

$T_1 = T_2$
$p_1 < p_2$
$V_1 > V_2$

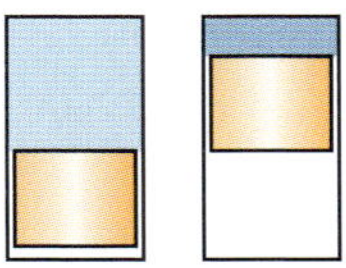

p_1, p_2 absolute Drücke in bar
V_1, V_2 Volumen in l

Beispiel: In einem Luftbehälter von 200 l Inhalt beträgt der Überdruck 15 bar. Wie viel l Luft bei atmosphärischem Druck von 1 bar sind das?

Lösung: $\mathbf{V_1} = \frac{p_2 \cdot V_2}{p_1} = \frac{16\ \text{bar} \cdot 200\ \text{l}}{1\ \text{bar}} = \mathbf{3200\ l}$

$$p_1 \cdot V_1 = p_2 \cdot V_2$$

$$p_2 = \frac{p_1 \cdot V_1}{V_2}$$

$$V_2 = \frac{p_1 \cdot V_1}{p_2}$$

Temperatur und Volumen bei gleichbleibendem Druck

$p_1 = p_2$
$V_1 < V_2$
$T_1 < T_2$

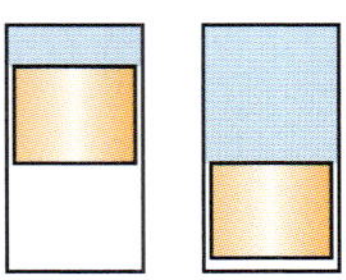

V_1, V_2 Volumen vor bzw. nach Erwärmung in l
T_1, T_2 Temperatur vor bzw. nach Erwärmung in K

Beispiel: 2 l Luft bei 20 °C nehmen nach Wärmezufuhr 6 l ein. Welche Temperatur hat die Luft angenommen?

Lösung: $\mathbf{T_2} = \frac{V_2 \cdot T_1}{V_1} = \frac{6\ \text{l} \cdot 293\ \text{K}}{2\ \text{l}} = 879\ \text{K} = \mathbf{606\ °C}$

$$\frac{V_1}{V_2} = \frac{T_1}{T_2}$$

$$T_2 = \frac{V_2 \cdot T_1}{V_1}$$

$$V_2 = \frac{V_1 \cdot T_2}{T_1}$$

Temperatur und Druck bei gleichbleibendem Volumen

$V_1 = V_2$
$T_1 < T_2$
$p_1 < p_2$

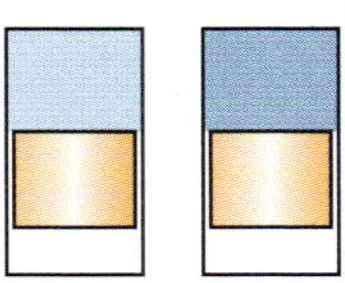

p_1, p_2 Gasdruck vor bzw. nach Erwärmung in bar
T_1, T_2 Temperatur vor bzw. nach Erwärmung in K

Beispiel: Luftbehälter: t_1 = 10 °C; t_2 = 200 °C; p_1 = 4 bar; p_2 = ? bar

Lösung: $\mathbf{p_2} = \frac{p_1 \cdot T_2}{T_1} = \frac{4\ \text{bar} \cdot 473\ \text{K}}{283\ \text{K}} = \mathbf{6{,}7\ bar}$

$$\frac{p_1}{p_2} = \frac{T_1}{T_2}$$

$$p_2 = \frac{p_1 \cdot T_2}{T_1}$$

$$T_2 = \frac{T_1 \cdot p_2}{p_1}$$

Gasentnahme aus Gasflaschen (Näherungsformel)

Voraussetzung: Die Temperatur der Gasflasche bleibt während der Gasentnahme gleich; der Atmosphärendruck beträgt ≈ 1000 hPa.

V Gasentnahme in l
V_{Beh} Behältervolumen in l
Δp Druckabfall in bar

Beispiel: In einer 40-Liter Gasflasche fällt der Flaschendruck von 120 bar auf 112 bar ab. Wie viel l Gas wurden entnommen?

Lösung: $\mathbf{V} = \Delta p \cdot V_{Beh} = 8 \cdot 40 = \mathbf{320\ l}$

$$V = \Delta p \cdot V_{Beh}$$

$$\Delta p = \frac{V}{V_{Beh}}$$

M

Temperatureinheiten

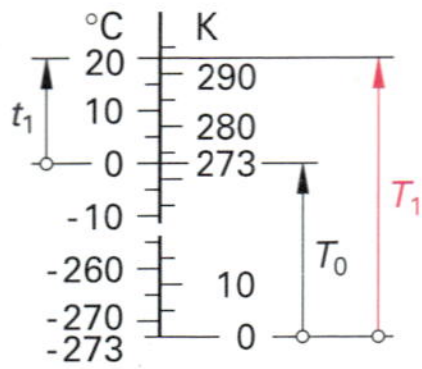

Temperaturdifferenz

$1\ \text{K} = 1\ °\text{C}$

t, t_1, t_2	Temperaturen in °C
T, T_1, T_2	Temperaturen in K
T_0	Schmelztemperatur des Eises = 273 K = 0 °C
Δt	Temperaturdifferenz in °C
ΔT	Temperaturdifferenz in K

Beispiel: $t_1 = 20\ °\text{C}$; $t_2 = 150\ °\text{C}$; $T_1 = ?\ \text{K}$; $\Delta T = ?\ \text{K}$

Lösung: $\mathbf{T_1} = T_0 + t_1 = 273\ \text{K} + 20\ °\text{C} = 273\ \text{K} + 20\ \text{K} = \mathbf{293\ K}$

$\mathbf{\Delta T} = \Delta t = t_2 - t_1 = 150\ °\text{C} - 20\ °\text{C} = 130\ °\text{C} = \mathbf{130\ K}$

$$T = t + T_0$$

$$\Delta t = t_2 - t_1$$

$$\Delta t = \Delta T$$

$$\Delta T = T_2 - T_1$$

Längenausdehnung

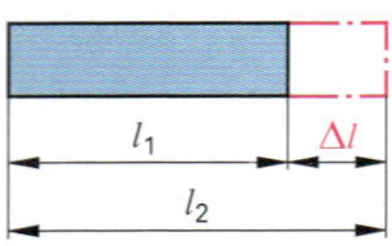

l_1	Länge vor Erwärmung in m
l_2	Länge nach Erwärmung in m
Δl	Längendifferenz in m
ΔT	Temperaturdifferenz in K
α	Längenausdehnungszahl in 1/K

Beispiel: Stahlstab: $l_1 = 0{,}3\ \text{m}$; $t_1 = 20\ °\text{C}$; $t_2 = 400\ °\text{C}$; $\alpha = 0{,}000011\ 1/\text{K}$; $\Delta l = ?\ \text{m}$

Lösung: $\mathbf{\Delta l} = l_1 \cdot \alpha \cdot \Delta T = 0{,}3\ \text{m} \cdot 0{,}000011\ 1/\text{K} \cdot 380\ \text{K} = \mathbf{0{,}0013\ m}$

$$\Delta l = l_1 \cdot \alpha \cdot \Delta T$$

$$\Delta T = \frac{\Delta l}{l_1 \cdot \alpha}$$

$$l_2 = l_1 + \Delta l$$

$$l_2 = l_1 \cdot (1 + \alpha \cdot \Delta T)$$

$$l_1 = \frac{l_2}{1 + \alpha \cdot \Delta T}$$

Raumausdehnung fester und flüssiger Stoffe

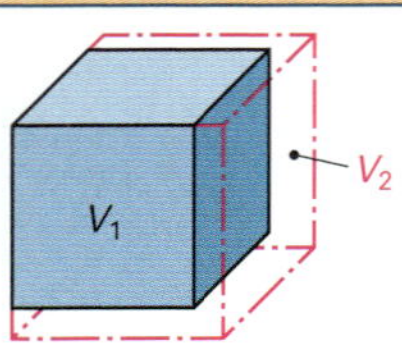

Raumausdehnungszahl für feste Stoffe

$\gamma \approx 3 \cdot \alpha$

V_1	Rauminhalt vor Erwärmung in dm^3
V_2	Rauminhalt nach Erwärmung in dm^3
ΔV	Raumdifferenz in dm^3
ΔT	Temperaturdifferenz in K
γ	Raumausdehnungszahl in 1/K

Beispiel: $1{,}5\ \text{dm}^3$ Wasser werden von 10 °C auf 90 °C erwärmt; $\gamma = 0{,}00018\ 1/\text{K}$; $V_2 = ?\ \text{dm}^3$

Lösung: $\mathbf{V_2} = V_1 \cdot (1 + \gamma \cdot \Delta T) = 1{,}5\ \text{dm}^3 \cdot (1 + 0{,}00018\ 1/\text{K} \cdot 80\ \text{K}) = \mathbf{1{,}5216\ dm^3}$

$$\Delta V = V_1 \cdot \gamma \cdot \Delta T$$

$$\Delta T = \frac{\Delta V}{V_1 \cdot \gamma}$$

$$V_2 = V_1 + \Delta V$$

$$V_2 = V_1 \cdot (1 + \gamma \cdot \Delta T)$$

$$V_1 = \frac{V_2}{1 + \gamma \cdot \Delta T}$$

Raumausdehnung gasförmiger Stoffe

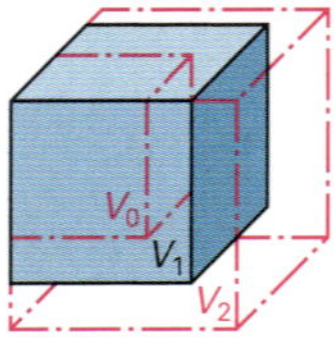

Raumausdehnungszahl für Gase

$\gamma = \frac{1}{273}\ \frac{1}{\text{K}}$

V_0	Rauminhalt bei 0 °C in dm^3
V_1	Rauminhalt vor Erwärmung in dm^3
V_2	Rauminhalt nach Erwärmung in dm^3
ΔT	Temperaturdifferenz in K
γ	Raumausdehnungszahl in 1/K

Beispiel: $2\ \text{dm}^3$ Luft werden von 20 °C auf 100 °C erwärmt; $V_2 = ?\ \text{dm}^3$

Lösung: $V_0 = \frac{V_1}{1 + \gamma \cdot \Delta T_1} = \frac{2\ \text{dm}^3}{1 + 1/273\ 1/\text{K} \cdot 20\ \text{K}} = 1{,}86\ \text{dm}^3$

$\mathbf{V_2} = V_0 \cdot (1 + \gamma \cdot \Delta T_2) = 1{,}86\ \text{dm}^3 \cdot (1 + 1/273\ 1/\text{K} \cdot 100\ \text{K}) = \mathbf{2{,}54\ dm^3}$

$$V_0 = \frac{V_1}{1 + \gamma \cdot \Delta T}$$

$$\Delta T_1 = T_1 - T_0$$

$$T_0 = 0\ °\text{C}$$

$$V_2 = V_0 \cdot (1 + \gamma \cdot \Delta T_2)$$

$$\Delta T_2 = T_2 - T_0$$

$$T_0 = 0\ °\text{C}$$

Verbrennungswärme, spezifischer Heizwert

Flüssige Brennstoffe	H_u MJ/kg
Spiritus	26,8
Benzol	40,5
Benzin	42,7
Diesel	42,5
Heizöl	42,5
Gasförmige Brennstoffe	**H_u MJ/kg**
Erdgas	47,7
Acetylen	48,1
Propan	46,3
Butan	45,6

Unter dem **spezifischen Heizwert H_u** eines Stoffes versteht man die bei der vollständigen Verbrennung von 1 kg des Stoffes frei werdende Wärmemenge.

- Q Verbrennungswärme in kJ
- H_u spezifischer Heizwert in kJ/kg
- m Masse fester und flüssiger Brennstoffe in kg
- V_B Volumen des Brennstoffs in dm³
- ϱ_B Dichte des Brennstoffs in kg/dm³

Beispiel: $V = 2{,}7\ \text{l}$; $\varrho = 0{,}74\ \text{kg/dm}^3$; $H_u = 42\,500\ \text{kJ/kg}$; $Q = ?$

Lösung: $\mathbf{Q} = V \cdot \varrho \cdot H_u =$
$= 2{,}7\ \text{dm}^3 \cdot 0{,}74\ \text{kg/dm}^3 \cdot 42\,500\ \text{kJ/kg} =$
$= \mathbf{84\,915\ kJ = 84{,}9\ MJ}$

$$Q = m \cdot H_u$$

$$m = \frac{Q}{H_u} \qquad H_u = \frac{Q}{m}$$

$$Q = V_B \cdot \varrho_B \cdot H_u$$

$$V_B = \frac{Q}{\varrho_B \cdot H_u} \qquad H_u = \frac{Q}{V_B \cdot \varrho_B}$$

Wärmeaufnahme, Wärmeabgabe bei Temperaturänderung

Beispiel:
$m = 3\ \text{kg}$;
$c = 0{,}48\ \text{kJ/kgK}$;
$\Delta T = 800\ °\text{C}$; $Q = ?$

Lösung:
$\mathbf{Q} = c \cdot m \cdot \Delta T$
$= 0{,}48\ \frac{\text{kJ}}{\text{kgK}} \cdot 3\ \text{kg} \cdot 800\ °\text{C}$
$= \mathbf{1152\ kJ}$

Die **spezifische Wärmekapazität *c*** gibt an, wie viel Wärme nötig ist, um 1 kg eines Stoffes um 1 °C (1 K) zu erwärmen. Bei Abkühlung wird die gleiche Wärmemenge wieder frei.

- c spezifische Wärmemenge in kJ/kgK
- Q Wärmemenge in kJ
- ΔT Temperaturänderung in K
- m Masse in kg
- V Volumen des erwärmten Stoffes in dm³
- ϱ Dichte des erwärmten Stoffes in kg/dm³

$$Q = m \cdot c \cdot \Delta T$$

$$\Delta T = \frac{Q}{m \cdot c}; \quad m = \frac{Q}{c \cdot \Delta T}$$

$$Q = \varrho \cdot V \cdot c \cdot \Delta T$$

Wärmeaufnahme, Wärmeabgabe bei Zustandsänderung

Beispiel:
$m = 5$ kg Eis zu Wasser
$q_S = 333\ \text{kJ/kg}$
$Q_S = ?$

Lösung:
$\mathbf{Q_S} = m \cdot q_S$
$= 5\ \text{kg} \cdot 333\ \text{kJ/kg}$
$= \mathbf{1665\ kJ}$

Die spezifische Schmelzwärme q_s bzw. Verdampfungswärme q_V ist die Wämemenge in kJ, die einem Stoff von 1 kg zugeführt werden muss um ihn vom festen in den flüssigen bzw. vom flüssigen in den dampfförmigen Zustand zu bringen. Bei umgekehrtem Vorgang wird die Wärme wieder frei.

- Q_S Schmelzwärme in kJ
- Q_V Verdampfungwärme in kJ
- q_S spezifische Schmelzwärme in kJ/kg
- q_V spezifische Verdampfungwärme in kJ/kg

$$Q_S = m \cdot q_S$$

$$Q_V = m \cdot q_V$$

Wärmeübertragung

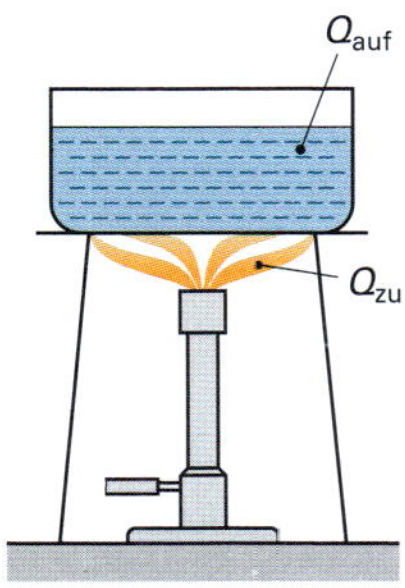

- η_{th} thermischer Wirkungsgrad
- Q_{auf} aufgenommene Wärmeenergie in kJ
- Q_{zu} zugeführte Wärmeenergie in kJ
- m_B Masse des Brennstoffs in kg
- V_B Volumen des Brennstoffs in dm³
- ϱ_B Dichte des Brennstoffs in kg/dm³

Beispiel: 100 g Normalbenzin ($\varrho = 0{,}74\ \text{kg/dm}^3$; $H_u = 42\,500\ \text{kJ/kg}$) werden verbrannt und heizen 6,7 l Wasser auf ($\eta_{th} = 0{,}3$; $c_{Wasser} = 4{,}18\ \text{kJ/kgK}$; $\varrho_{Wasser} = 1\ \text{kg/dm}^3$); $\Delta T = ?$

Lösung: $\mathbf{\Delta T} = \frac{\eta_{th} \cdot m_B \cdot H_u}{c \cdot V \cdot \varrho_{Wasser}} =$

$$= \frac{0{,}3 \cdot 0{,}1\ \text{kg} \cdot 42\,500\ \text{kJ/kg}}{4{,}18\ \text{kJ/kgK} \cdot 6{,}7\ \text{dm}^3 \cdot 1\ \text{kg/dm}^3} = \mathbf{45{,}5\ K}$$

$$\eta_{th} = \frac{Q_{auf}}{Q_{zu}}$$

$$\eta_{th} = \frac{m \cdot c \cdot \Delta T}{m_B \cdot H_u}$$

$$\eta_{th} = \frac{V \cdot \varrho \cdot c \cdot \Delta T}{V_B \cdot \varrho_B \cdot H_u}$$

M

Einfache Übersetzung

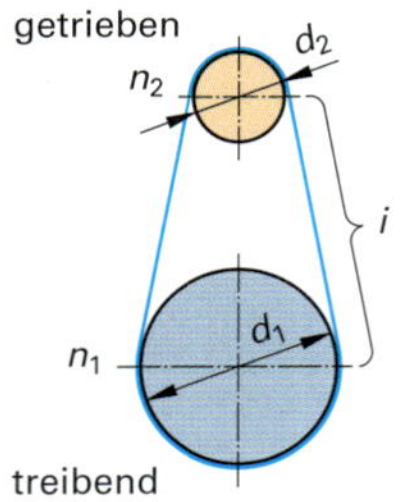

$i > 1$ Übersetzung ins Langsame

$i = 1$ direkte Übersetzung

$i < 1$ Übersetzung ins Schnelle

n_1 Drehzahl der treibenden Scheibe in 1/min
d_1 Durchmesser der treibenden Scheibe in mm
n_2 Drehzahl der getriebenen Scheibe in 1/min
d_2 Durchmesser der getriebenen Scheibe in mm
i Übersetzung
M_1 Drehmoment der treibenden Scheibe in Nm
M_2 Drehmoment der getriebenen Scheibe in Nm

Beispiel 1: $n_1 = 1400\ 1/\text{min}$; $n_2 = 2800\ 1/\text{min}$; $d_1 = 500\ \text{mm}$; $i = ?$; $d_2 = ?\ \text{mm}$

Lösung: $\boldsymbol{i} = \frac{n_1}{n_2} = \frac{1400\ 1/\text{min}}{2800\ 1/\text{min}} = \frac{1}{2} = \mathbf{0{,}5}$

$\boldsymbol{d_2} = i \cdot d_1 = \frac{1}{2} \cdot 500\ \text{mm} = \mathbf{250\ mm}$

Beispiel 2: $M_1 = 400\ \text{Nm}$; $i = 3$; $M_2 = ?\ \text{Nm}$

Lösung: $\boldsymbol{M_2} = i \cdot M_1 = 3 \cdot 400\ \text{Nm} = \mathbf{1200\ Nm}$

Schlupf und Verluste sind nicht berücksichtigt.

$$n_1 \cdot d_1 = n_2 \cdot d_2$$

$n_1 = \frac{n_2 \cdot d_2}{d_1}$; $n_2 = \frac{n_1 \cdot d_1}{d_2}$

$d_1 = \frac{n_2 \cdot d_2}{n_1}$; $d_2 = \frac{n_1 \cdot d_1}{n_2}$

$$i = \frac{n_1}{n_2}$$

$n_1 = i \cdot n_2$; $n_2 = \frac{n_1}{i}$

$$i = \frac{d_2}{d_1}$$

$d_1 = \frac{d_2}{i}$; $d_2 = i \cdot d_1$

$$i = \frac{M_2}{M_1}$$

$M_2 = i \cdot M_1$; $M_1 = \frac{M_2}{i}$

Doppelte Übersetzung, mehrfache Übersetzung

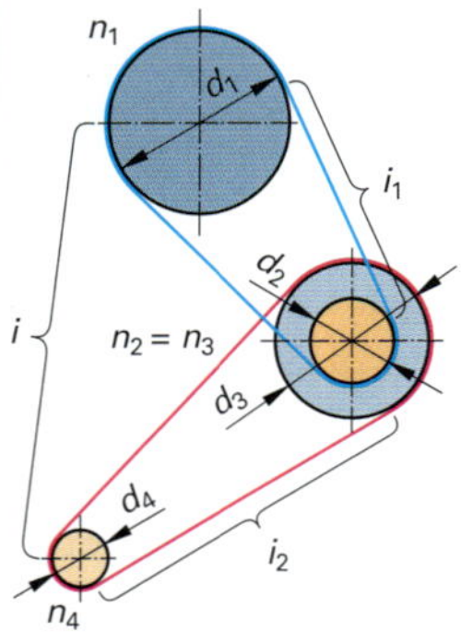

Indizes

1, 3, 5, ... treibend

2, 4, 6, ... getrieben

i_{ges} Gesamtübersetzung
i_1, i_2, i_3 ... Einzelübersetzungen
n_1 Drehzahl der ersten treibenden Scheibe in 1/min
n_4 Drehzahl der letzten getriebenen Scheibe in 1/min
d_1, d_3 Durchmesser der treibenden Scheiben in mm
d_2, d_4 Durchmesser der getriebenen Scheiben in mm

Beispiel: $n_1 = 1400\ 1/\text{min}$; $n_4 = 140\ 1/\text{min}$; $d_1 = 125\ \text{mm}$; $d_3 = 150\ \text{mm}$; $i_2 = 2{,}5$; $i_{ges} = ?$; $i_1 = ?$; $d_2 = ?\ \text{mm}$; $d_4 = ?\ \text{mm}$

Lösung: $\boldsymbol{i_{ges}} = \frac{n_1}{n_4} = \frac{1400\ 1/\text{min}}{140\ 1/\text{min}} = \frac{10}{1} = \mathbf{10}$

$\boldsymbol{i_1} = \frac{i_{ges}}{i_2} = \frac{10}{2{,}5} = \mathbf{4}$

$\boldsymbol{d_2} = i_1 \cdot d_1 = 4 \cdot 125\ \text{mm} = \mathbf{500\ mm}$

$\boldsymbol{d_4} = i_2 \cdot d_3 = 2{,}5 \cdot 150\ \text{mm} = \mathbf{375\ mm}$

$$i_{ges} = \frac{n_1}{n_4}$$

$n_1 = i_{ges} \cdot n_4$; $n_4 = \frac{n_1}{i_{ges}}$

$$i_{ges} = i_1 \cdot i_2$$

$i_1 = \frac{i_{ges}}{i_2}$; $i_2 = \frac{i_{ges}}{i_1}$

$$i_{ges} = \frac{d_2}{d_1} \cdot \frac{d_4}{d_3}$$

$i_1 = \frac{d_2}{d_1}$; $i_2 = \frac{d_4}{d_3}$

$d_1 = \frac{d_2}{i_1}$; $d_2 = i_1 \cdot d_1$

$d_3 = \frac{d_4}{i_2}$; $d_4 = i_2 \cdot d_3$

$$i_{ges} = i_1 \cdot i_2 \cdot i_3 \cdot \ldots$$

M

Einfache Übersetzung

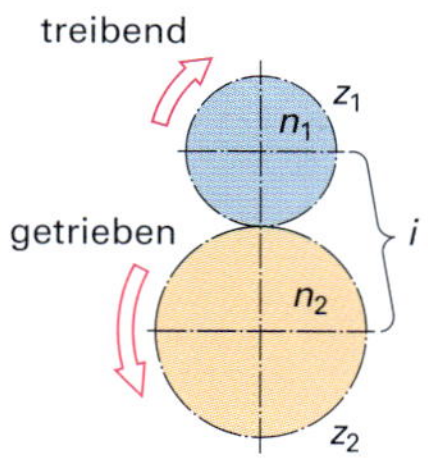

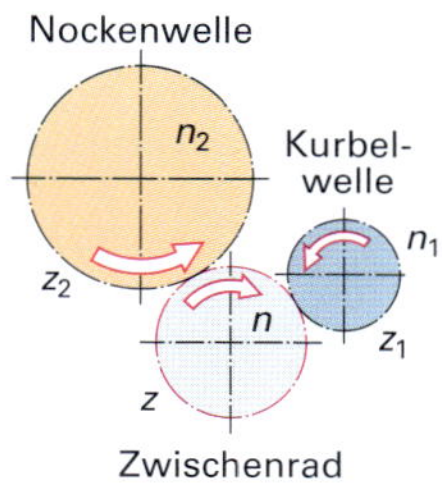

n_1 Drehzahl des treibenden Rades in 1/min
z_1 Zähnezahl des treibenden Rades
n_2 Drehzahl des getriebenen Rades in 1/min
z_2 Zähnezahl des getriebenen Rades
i Übersetzung
M_1 Drehmoment des treibenden Rades in Nm
M_2 Drehmoment des getriebenen Rades in Nm

Beispiel: $n_1 = 3000$ 1/min; $n_2 = 1500$ 1/min; $z_1 = 28$; $M_1 = 200$ Nm; $i = ?$; $z_2 = ?$; $M_2 = ?$ Nm

Lösung: $\mathbf{i} = \frac{n_1}{n_2} = \frac{3000\ 1/\text{min}}{1500\ 1/\text{min}} = \frac{2}{1} = \mathbf{2}$

$\mathbf{z_2} = i \cdot z_1 = 2 \cdot 28 = \mathbf{56}$

$\mathbf{M_2} = i \cdot M_1 = 2 \cdot 200\ \text{Nm} = \mathbf{400\ Nm}$

Zwischenrad. Es hat auf die Übersetzung keinen Einfluss, ändert jedoch den Drehsinn des getriebenen Rades. Es überbrückt Achsabstände.

Schlupf und Verluste sind nicht berücksichtigt.

$$n_1 \cdot z_1 = n_2 \cdot z_2$$

$$n_1 = \frac{n_2 \cdot z_2}{z_1}; \quad n_2 = \frac{n_1 \cdot z_1}{z_2}$$

$$z_1 = \frac{n_2 \cdot z_2}{n_1}; \quad z_2 = \frac{n_1 \cdot z_1}{n_2}$$

$$i = \frac{n_1}{n_2}$$

$$i = \frac{z_2}{z_1}$$

$$i = \frac{M_2}{M_1}$$

Doppelte Übersetzung, mehrfache Übersetzung

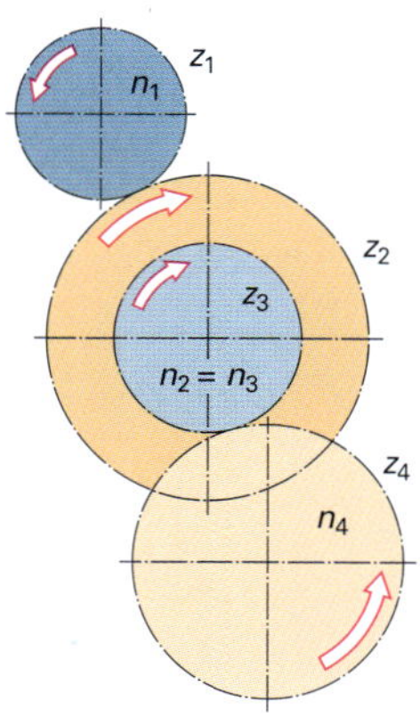

i_{ges} Gesamtübersetzung
$i_1, i_2, i_3 \ldots$ Einzelübersetzungen
n_1 Drehzahl des ersten treibenden Rades in 1/min
n_4 Drehzahl des letzten getriebenen Rades in 1/min
z_1, z_3 Zähnezahlen der treibenden Räder
z_2, z_4 Zähnezahlen der getriebenen Räder

Beispiel: $n_1 = 1200$ 1/min; $z_1 = 25$; $i_2 = 3$; $z_3 = 20$; $n_4 = 200$ 1/min; $i_{ges} = ?$; $i_1 = ?$; $z_2 = ?$; $z_4 = ?$

Lösung: $\mathbf{i_{ges}} = \frac{n_1}{n_4} = \frac{1200\ 1/\text{min}}{200\ 1/\text{min}} = \frac{6}{1} = \mathbf{6}$

$\mathbf{i_1} = \frac{i_{ges}}{i_2} = \frac{6}{3} = \frac{2}{1} = \mathbf{2}$

$\mathbf{z_2} = i_1 \cdot z_1 = 2 \cdot 25 = \mathbf{50}$

$\mathbf{z_4} = i_2 \cdot z_3 = 3 \cdot 20 = \mathbf{60}$

$$i_{ges} = i_1 \cdot i_2$$

$$i_{ges} = \frac{n_1}{n_4}$$

$$i_{ges} = \frac{z_2}{z_1} \cdot \frac{z_4}{z_3}$$

$$i_1 = \frac{z_2}{z_1} \qquad i_2 = \frac{z_4}{z_3}$$

$$z_1 = \frac{z_2}{i_1} \qquad z_3 = \frac{z_4}{i_2}$$

$$z_2 = i_1 \cdot z_1 \qquad z_4 = i_2 \cdot z_3$$

$$i_{ges} = i_1 \cdot i_2 \cdot i_3 \ldots$$

Schneckentrieb

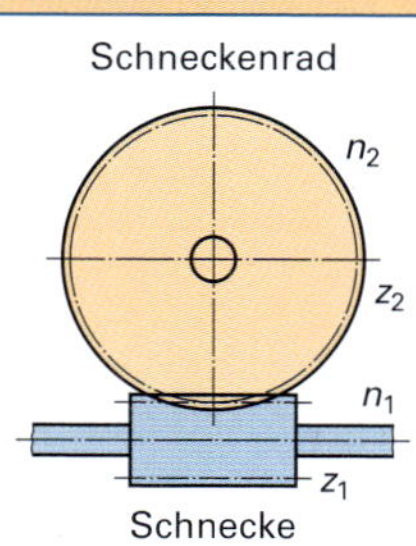

n_1 Drehzahl der Schnecke in 1/min
z_1 Zähnezahl der Schnecke (Gängigkeit)
n_2 Drehzahl des Schneckenrades in 1/min
z_2 Zähnezahl des Schneckenrades
i Übersetzungsverhältnis

Beispiel: $n_1 = 1400$ 1/min; $z_1 = 2$; $n_2 = 50$ 1/min; $i = ?$; $z_2 = ?$

Lösung: $\mathbf{i} = \frac{n_1}{n_2} = \frac{1400\ 1/\text{min}}{50\ 1/\text{min}} = \frac{28}{1} = \mathbf{28}$

$\mathbf{z_2} = i \cdot z_1 = 28 \cdot 2 = \mathbf{56}$

$$n_1 \cdot z_1 = n_2 \cdot z_2$$

$$i = \frac{n_1}{n_2}$$

$$i = \frac{z_2}{z_1}$$

M

Einfaches Planetengetriebe

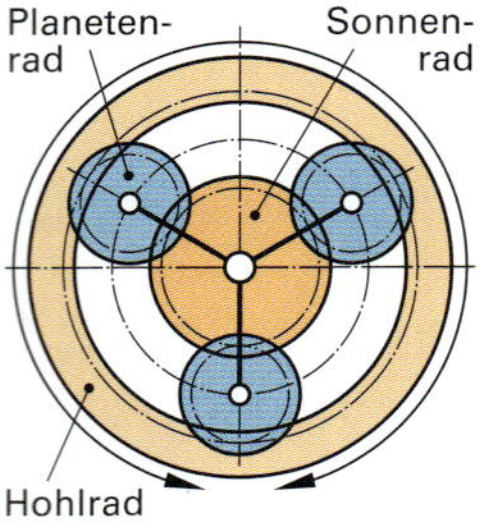

Sind zwei Getriebeteile verblockt, so ist $i = 1,0$

i Übersetzung
z_0 Zähnezahl des feststehenden Rades
z_1 Zähnezahl des treibenden Rades
z_2 Zähnezahl des getriebenen Rades

Beispiel:
Sonnenrad mit 50 Zähnen ist antreibend, der Planetenradträger ist angetrieben, das Hohlrad mit 100 Zähnen ist fest. Wie groß ist die Übersetzung?

Lösung: $\mathbf{i} = \frac{z_1 + z_0}{z_1} = \frac{50 + 100}{50} = \mathbf{3{,}0}$

Planetenradträger treibend:

$$i = \frac{z_2}{z_2 + z_0}$$

Planetenradträger angetrieben:

$$i = \frac{z_1 + z_0}{z_1}$$

Planetenradträger feststehend:

$$i = -\frac{z_2}{z_1}$$

Minus (–) für Drehsinnumkehr

Zahnradberechnungen für Geradzahn-Stirnräder mit Durchmesser-Teilung

Zahnradabmessungen, Achsabstand

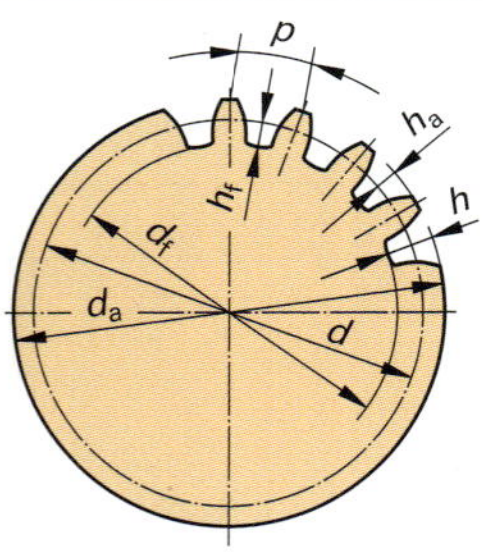

Modulreihe vgl. DIN 780	
m in mm	
0,2	
0,25	2,5
0,3	3
0,4	4
0,5	5
0,6	6
0,7	
0,8	8
0,9	
1	10
1,25	12
1,5	16
2	20

Als Modul bezeichnet man die Zahl, die mit π vervielfacht wird, um die Teilung zu erhalten. Um für die Durchmesser endliche Werte zu erhalten, nimmt man die Teilung als ein Vielfaches von π.

m Modul in mm
p Teilung in mm (gemessen auf dem Teilkreis)
d Teilkreisdurchmesser in mm
d_a Kopfkreisdurchmesser in mm
d_f Fußkreisdurchmesser in mm
h Zahnhöhe in mm
h_a Zahnkopfhöhe in mm
h_f Zahnfußhöhe in mm
b Zahnbreite in mm ($6 \cdot m \ldots 12 \cdot m$)
z Zähnezahl

Beispiel:
Berechnungen der Zahnradabmessungen für $z = 25$; $m = 3$ mm

Lösung:
$\mathbf{p} = m \cdot \pi = 3 \cdot \pi \approx \mathbf{9{,}42\ mm}$
$\mathbf{d} = z \cdot m = 25 \cdot 3 = \mathbf{75\ mm}$
$\mathbf{d_a} = (z + 2) \cdot m = (25 + 2) \cdot 3 = 27 \cdot 3 = \mathbf{81\ mm}$
$\mathbf{d_f} = d - 2{,}334 \cdot m = 75 - 2{,}334 \cdot 3 = \mathbf{67{,}998\ mm}$
$\mathbf{h_a} = m = \mathbf{3\ mm}$
$\mathbf{h_f} = 1{,}167 \cdot m = 1{,}167 \cdot 3 = \mathbf{3{,}501\ mm}$
$\mathbf{h} = h_a + h_f = 3 + 3{,}501 = \mathbf{6{,}501\ mm}$

$$p = \pi \cdot m$$

$$d = z \cdot m$$

$$h = h_a + h_f$$

$$h_a = m \qquad h_f = 1{,}167 \cdot m$$

$$h = 2{,}167 \cdot m$$

$$d_a = (z + 2) \cdot m$$

$$z = \frac{d_a}{m} - 2 \qquad m = \frac{d_a}{z + 2}$$

$$d_f = d - 2{,}334 \cdot m$$

$$a = \frac{d_1 + d_2}{2}$$

$$d_1 = 2 \cdot a - d_2$$

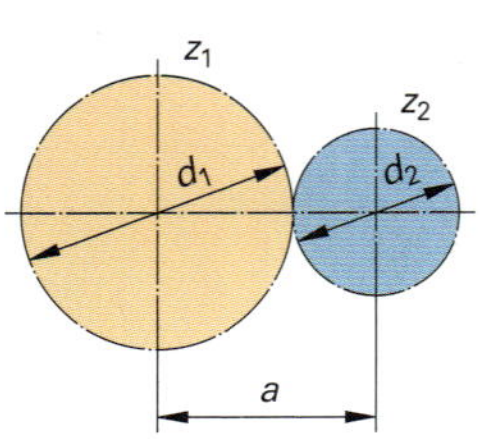

a Achsabstand in mm
d_1, d_2 Teilkreisdurchmesser in mm
z_1, z_2 Zähnezahlen
m Modul in mm
i Übersetzungsverhältnis

Beispiel:
$z_1 = 75$; $z_2 = 50$; $m = 3$ mm; $a = ?$ mm

Lösung:
$\mathbf{a} = \frac{z_1 + z_2}{2} \cdot m = \frac{75 + 50}{2} \cdot 3 = \mathbf{187{,}5\ mm}$

$$a = \frac{z_1 + z_2}{2} \cdot m$$

$$m = \frac{2 \cdot a}{z_1 + z_2}$$

$$z_1 = \frac{2 \cdot a}{m} - z_2$$

Hubraum

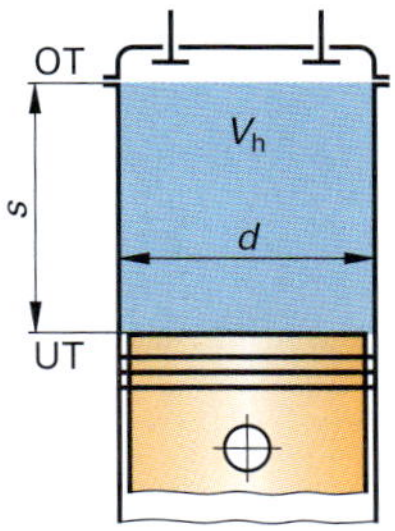

d Zylinderdurchmesser in cm
s Hub in cm
V_h Zylinderhubraum in cm³
z Zylinderanzahl
V_H Gesamthubraum in cm³
A Zylinderquerschnittsfläche in cm²

Beispiel: d = 84 mm; s = 80 mm; V_h = ?

Lösung: $\mathbf{V_h} = \frac{\pi \cdot d^2}{4} \cdot s = \frac{\pi \cdot (8{,}4\ \text{cm})^2}{4} \cdot 8\ \text{cm} =$

$= \mathbf{443{,}3\ cm^3}$

$$V_h = A \cdot s$$

$$V_h = \frac{\pi \cdot d^2}{4} \cdot s$$

$$d = \sqrt{\frac{4 \cdot V_h}{\pi \cdot s}} \qquad s = \frac{4 \cdot V_h}{\pi \cdot d^2}$$

$$V_H = V_h \cdot z$$

$$V_h = \frac{V_H}{z} \qquad z = \frac{V_H}{V_h}$$

Verdichtungsverhältnis

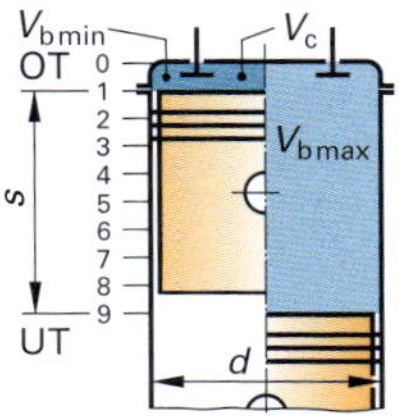

Motorart	ε
Ottomotoren	7 … 12
Dieselmotoren	14 … 25

ε Verdichtungsverhältnis
V_c Verdichtungsraum in cm³
V_h Zylinderhubraum in cm³
V_b Verbrennungsraum in cm³
$V_{b\,max}$ Größtwert des Verbrennungsraumes in cm³ (Kolben in UT)
$V_{b\,min}$ Kleinstwert des Verbrennungsraumes in cm³ (Kolben in OT)

Beispiel: V_h = 320 cm³; V_c = 40 cm³; ε = ?

Lösung: $\boldsymbol{\varepsilon} = \frac{V_h + V_c}{V_c} = \frac{320\ \text{cm}^3 + 40\ \text{cm}^3}{40\ \text{cm}^3} = \mathbf{9}$

$$\varepsilon = \frac{V_{b\,max}}{V_{b\,min}}$$

$$V_{b\,max} = V_h + V_c \qquad V_{b\,min} = V_c$$

$$\varepsilon = \frac{V_h + V_c}{V_c}$$

$$V_h = V_c \cdot (\varepsilon - 1) \qquad V_c = \frac{V_h}{\varepsilon - 1}$$

Verdichtungsänderung

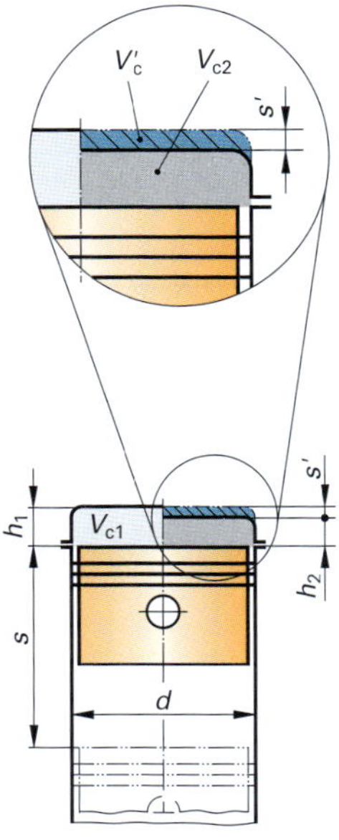

V_{c1} Verdichtungsraum in cm³ vor der Verdichtungsänderung
V_{c2} Verdichtungsraum in cm³ nach der Verdichtungsänderung
ε_1 Verdichtungsverhältnis vor der Änderung
ε_2 Verdichtungsverhältnis nach der Änderung
V_c' Volumenänderung des Verdichtungsraumes in cm³ (Zu- oder Abnahme)
s' Änderung der Höhe des Verdichtungsraumes in cm
s Hub in cm
A Zylinderquerschnittsfläche in cm²

Beispiel: ε_1 = 8,7; ε_2 = 9,3; s = 80 mm; s' = ?

Lösung: $\mathbf{s'} = \frac{s}{\varepsilon_1 - 1} - \frac{s}{\varepsilon_2 - 1} =$

$= \frac{8\ \text{cm}}{8{,}7 - 1} - \frac{8\ \text{cm}}{9{,}3 - 1} =$

$= 0{,}075\ \text{cm} = \mathbf{0{,}75\ mm}$

$$V_c' = A \cdot s'$$

$$\varepsilon_2 = \frac{V_h + V_{c2}}{V_{c2}}$$

Verdichtungserhöhung

$$V_{c2} = V_{c1} - V_c'$$

$$s' = \frac{V_{c1} - V_{c2}}{A}$$

$$s' = \frac{s}{\varepsilon_1 - 1} - \frac{s}{\varepsilon_2 - 1}$$

$$\varepsilon_2 = \frac{s \cdot (\varepsilon_1 - 1)}{s - s' \cdot (\varepsilon_1 - 1)} + 1$$

Verdichtungserniedrigung

$$V_{c2} = V_{c1} + V_c'$$

$$s' = \frac{V_{c2} - V_{c1}}{A}$$

$$s' = \frac{s}{\varepsilon_2 - 1} - \frac{s}{\varepsilon_1 - 1}$$

$$\varepsilon_2 = \frac{s \cdot (\varepsilon_1 - 1)}{s + s' \cdot (\varepsilon_1 - 1)} + 1$$

M

Hubverhältnis

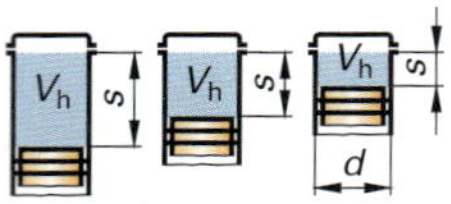

k Hubverhältnis
s Hub in mm
d Zylinderdurchmesser in mm

$$k = \frac{s}{d}$$

$$s = k \cdot d$$

$$d = \frac{s}{k}$$

Motorart	k			
Ottomotoren	0,7...1,2	$s > d$	Langhuber	$k > 1$
Dieselmotoren	0,8...1,3	$s = d$	Quadrathuber	$k = 1$
		$s < d$	Kurzhuber	$k < 1$

Pleuelstangenverhältnis

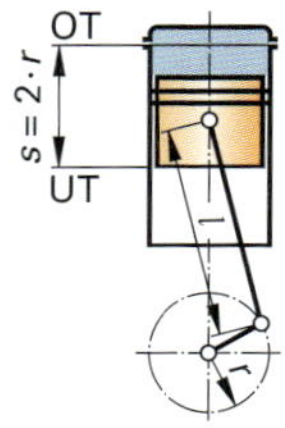

Motorart	λ_{Pl}
Ottomotoren	0,21...0,31
Dieselmotoren	0,22...0,33

λ_{Pl} Pleuelstangenverhältnis
s Hub in mm
l Pleuelstangenlänge in mm
r Kurbelradius in mm

Beispiel: $s = 80$ mm; $l = 125$ mm; $\lambda_{Pl} = ?$

Lösung: $r = \frac{s}{2} = \frac{80\text{ mm}}{2} = 40\text{ mm}$

$\boldsymbol{\lambda_{Pl}} = \frac{r}{l} = \frac{40\text{ mm}}{125\text{ mm}} = \mathbf{0{,}32}$

$$\lambda_{Pl} = \frac{r}{l}$$

$$r = \lambda_{Pl} \cdot l$$

$$l = \frac{r}{\lambda_{Pl}}$$

$$s = 2 \cdot r$$

$$r = \frac{s}{2}$$

Kolbenweg

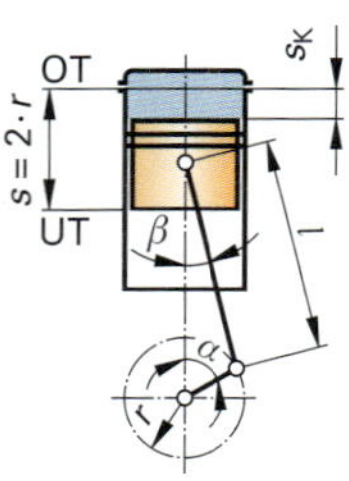

s_K Kolbenweg in mm
l Pleuelstangenlänge in mm
r Kurbelradius in mm
α Kurbelwinkel in °
β Pleuelstangenwinkel in °

Beispiel: $\alpha = 30°$; $\beta = 7{,}5°$; $r = 39$ mm; $l = 150$ mm; $s_K = ?$

Lösung: $\mathbf{s_K} = r \cdot (1 - \cos\alpha) + l \cdot (1 - \cos\beta) =$
$= 39\text{ mm} \cdot (1 - \cos 30°) +$
$+ 150\text{ mm}\ (1 - \cos 7{,}5°) = \mathbf{6{,}5\ mm}$

$$s_K = r \cdot (1 - \cos\alpha) + l \cdot (1 - \cos\beta)$$

Kolbengeschwindigkeit

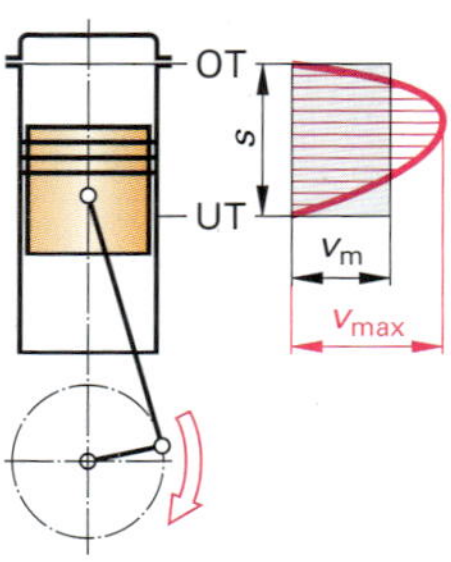

Motorart	v_m in m/s
Ottomotoren	8...16
Dieselmotoren	9...14

Die Geschwindigkeit des Kolbens in OT und UT ist Null. Dazwischen liegt der Höchstwert der Kolbengeschwindigkeit. Er wird erreicht, wenn Pleuelstange und Kurbelwange etwa einen rechten Winkel bilden.

v_m mittlere Kolbengeschwindigkeit in m/s
v_{max} maximale Kolbengeschwindigkeit in m/s
s Hub in m
n Motordrehzahl in 1/min

Beispiel: $s = 80$ mm; $n = 5000$ 1/min; $v_m = ?$; $v_{max} = ?$

Lösung: $\mathbf{v_m} = \frac{s \cdot n}{30} = \frac{0{,}080 \cdot 5000}{30}\frac{\text{m}}{\text{s}} = \mathbf{13{,}3\ m/s}$

$\mathbf{v_{max}} \approx 1{,}6 \cdot v_m = 1{,}6 \cdot 13{,}3\text{ m/s} = \mathbf{21{,}28\ m/s}$

$$v_m = \frac{s \cdot n}{30}$$

$$s = \frac{30 \cdot v_m}{n}$$

$$n = \frac{30 \cdot v_m}{s}$$

$$v_{max} \approx 1{,}6 \cdot v_m$$

$$v_m \approx \frac{v_{max}}{1{,}6}$$

M

Gasdruck und Kolbenkraft

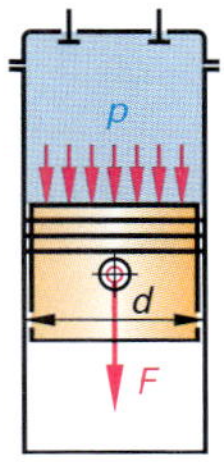

1 bar = 10 N/cm²
1 N/cm² = 0,1 bar

p	Druck in N/cm²
A	Kolbenfläche in cm²
d	Kolbendurchmesser in cm
F	Kolbenkraft in N

Beispiel: $p_{max} = 42\ \text{bar} = 420\ \text{N/cm}^2$; $d = 85\ \text{mm}$; $F_{max} = ?\ \text{N}$

Lösung: $\boldsymbol{A} = \frac{\pi \cdot d^2}{4} = \frac{\pi \cdot (8{,}5\ \text{cm})^2}{4} = \mathbf{56{,}75\ cm^2}$

$\boldsymbol{F_{max}} = A \cdot p_{max} = 56{,}75\ \text{cm}^2 \cdot 420\ \text{N/cm}^2 = \mathbf{23\,835\ N}$

$$p = \frac{F}{A}$$

$$F = p \cdot A \qquad A = \frac{F}{p}$$

$$p = \frac{F \cdot 4}{d^2 \cdot \pi}$$

$$d = \sqrt{\frac{F \cdot 4}{p \cdot \pi}}$$

$$F = \frac{p \cdot d^2 \cdot \pi}{4}$$

Kräfte am Kurbeltrieb

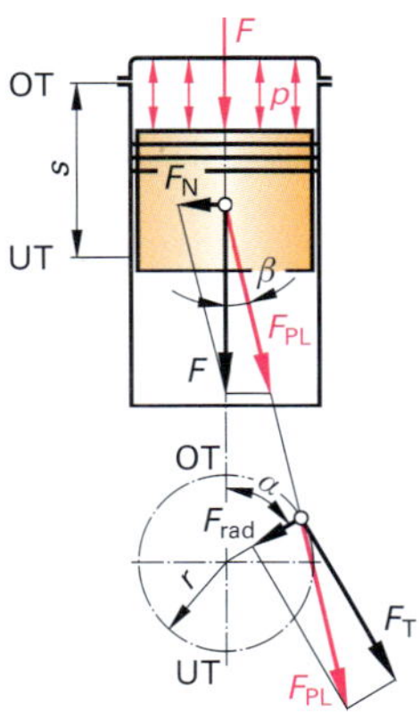

Beispiel:
$A = 50\ \text{cm}^2$
$\alpha = 30°$
$p = 45\ \text{bar} = 450\ \text{N/cm}^2$
$r = 39\ \text{mm} = 0{,}039\ \text{m}$
$l = 150\ \text{mm} = 0{,}15\ \text{m}$

a) $F = ?\ \text{N}$
b) $\beta = ?°$
c) $F_N = ?\ \text{N}$
d) $F_{Pl} = ?\ \text{N}$
e) $F_T = ?\ \text{N}$
f) $F_{rad} = ?\ \text{N}$
g) $M = ?\ \text{Nm}$

1 bar = 10 N/cm²
1 N/cm² = 0,1 bar

A	Kolbenfläche in cm²
p	Gasdruck in N/cm²
F	Kolbenkraft in N
F_N	Normalkraft (Seitenkraft) in N
F_{Pl}	Pleuelstangenkraft in N
F_{rad}	Radialkraft in N
F_T	Tangentialkraft in N
l	Pleuelstangenlänge in m
r	Kurbelradius in m
λ_{Pl}	Pleuelstangenverhältnis ($\lambda_{Pl} = r/l$)
M	Drehmoment in Nm
α	Kurbelwinkel in °
β	Pleuelstangenwinkel in °

Lösung:

a) $\boldsymbol{F} = A \cdot p = 50\ \text{cm}^2 \cdot 450\ \text{N/cm}^2 = \mathbf{22\,500\ N}$

b) $\boldsymbol{\sin\beta} = \frac{r \cdot \sin\alpha}{l} = \frac{0{,}039\ \text{m} \cdot \sin 30°}{0{,}15\ \text{m}} = \frac{0{,}039\ \text{m} \cdot 0{,}5}{0{,}15\ \text{m}} = 0{,}13;\quad \beta = \mathbf{7{,}5\ °}$

c) $\boldsymbol{F_N} = F \cdot \tan\beta = 22\,500\ \text{N} \cdot \tan 7{,}5\ ° = 22\,500\ \text{N} \cdot 0{,}1317 = \mathbf{2963\ N}$

d) $\boldsymbol{F_{Pl}} = \frac{F}{\cos\beta} = \frac{22\,500\ \text{N}}{\cos 7{,}5°} = \frac{22\,500\ \text{N}}{0{,}9914} = \mathbf{22\,695\ N}$

e) $\boldsymbol{F_T} = \frac{F \cdot \sin(\alpha + \beta)}{\cos\beta} = \frac{22\,500\ \text{N} \cdot \sin(30° + 7{,}5°)}{\cos 7{,}5°} = \frac{22\,500\ \text{N} \cdot 0{,}6088}{0{,}9914} = \mathbf{13\,817\ N}$

f) $\boldsymbol{F_{rad}} = \frac{F \cdot \cos(\alpha + \beta)}{\cos\beta} = \frac{22\,500\ \text{N} \cdot \cos(30° + 7{,}5°)}{\cos 7{,}5°} = \frac{22\,500\ \text{N} \cdot 0{,}7933}{0{,}9914} = \mathbf{18\,004\ N}$

g) $\boldsymbol{M} = F_T \cdot r = 13\,817\ \text{N} \cdot 0{,}039\ \text{m} = \mathbf{539\ Nm}$

$$F = A \cdot p$$

$$F_N = F \cdot \tan\beta$$

$$F_{Pl} = \frac{F}{\cos\beta}$$

$$F_T = \frac{F \cdot \sin(\alpha + \beta)}{\cos\beta}$$

$$F_{rad} = \frac{F \cdot \cos(\alpha + \beta)}{\cos\beta}$$

$$M = F_T \cdot r$$

$$\sin\beta = \frac{r \cdot \sin\alpha}{l}$$

$$\sin\beta = \lambda_{Pl} \cdot \sin\alpha$$

M

Steuerwinkel, Steuerzeiten, Ventilöffnungszeit (Viertaktmotor)

Einlassdiagramm

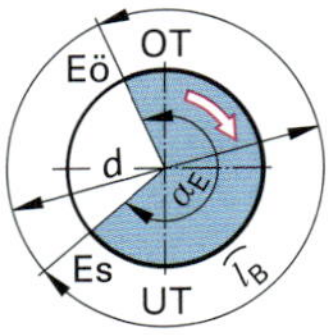

Auslassdiagramm

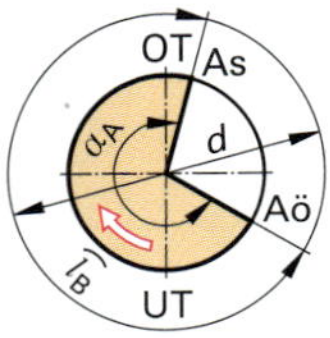

Steuerdiagramm

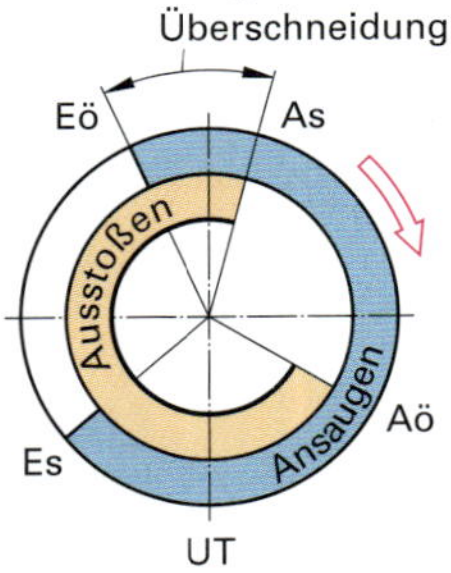

α Winkel in °; z. B. Öffnungswinkel
α_E Öffnungswinkel des Einlassventils in °
α_A Öffnungswinkel des Auslassventils in °
$\alpha_Ü$ Ventilüberschneidung in °
α_Z Zündwinkel in °
l_B Bogenlänge in mm, gemessen auf dem Einstellkreis bzw. auf dem Schwungrad
d Durchmesser des Kreises in mm, auf dem sich die Einstellmarkierung befindet
t Zeit in s; z. B. Ventilöffnungszeit je Arbeitsspiel
t_1 Ventilöffnungszeit je Minute Motorlaufzeit in s/min
n Motordrehzahl in 1/min
Eö Einlassventil öffnet
Es Einlassventil schließt
Aö Auslassventil öffnet
As Auslassventil schließt

Beispiel: Eö = 6° vor OT; Es = 35,5° nach UT; d = 260 mm; n = 3600 1/min; α_E = ?°; l_B = ? mm; t_E = ? s

Lösung: $\boldsymbol{\alpha_E} = \alpha_{Eö} + 180° + \alpha_{Es} =$
$= 6° + 180° + 35{,}5° = \mathbf{221{,}5\,°}$

$$l_B = \frac{\pi \cdot d \cdot \alpha_E}{360°} = \frac{\pi \cdot 260\text{ mm} \cdot 221{,}5°}{360°} = \mathbf{502{,}6\text{ mm}}$$

$$t_E = \frac{\alpha}{6 \cdot n} = \frac{221{,}5}{6 \cdot 3600} = \mathbf{0{,}0103\text{ s}}$$

$$\alpha_E = \alpha_{Eö} + 180° + \alpha_{Es}$$

$$\alpha_A = \alpha_{Aö} + 180° + \alpha_{As}$$

$$\alpha_Ü = \alpha_{Eö} + \alpha_{As}$$

$$l_B = \frac{\pi \cdot d \cdot \alpha}{360°}$$

$$\alpha = \frac{360° \cdot l_B}{\pi \cdot d}$$

$$d = \frac{360° \cdot l_B}{\pi \cdot \alpha}$$

$$t = \frac{\alpha}{6 \cdot n}$$

$$n = \frac{\alpha}{6 \cdot t}$$

$$\alpha = 6 \cdot n \cdot t$$

$$t_1 = t \cdot \frac{n}{2}$$

$$t_1 = \frac{\alpha}{12}$$

Ventilöffnungsfläche, Gasgeschwindigkeit

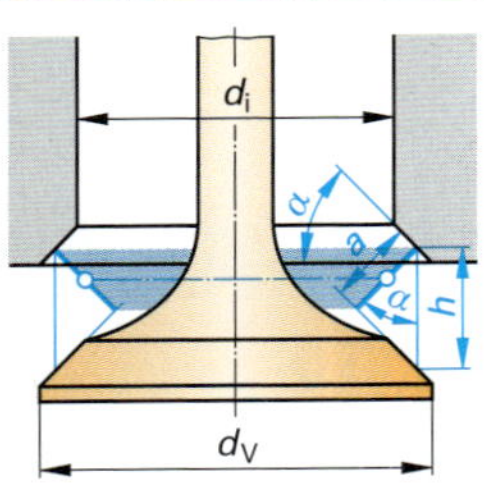

$$\cos \alpha = \frac{a}{h}$$

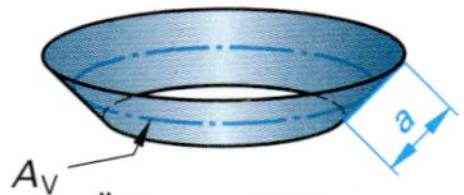

Öffnungsfläche des Ventils A_V

Mittlere Gasgeschwindigkeit v_g in m/s	
Einlassventil	50 ... 110
Auslassventil	70 ... 120
Saugrohr	60 ... 180
Lufttrichter	100 ... 300

d Kolbendurchmesser in cm
A Kolbenfläche in cm^2
A_V Öffnungsfläche des Ventils in cm^2
a Öffnung in cm
d_V Ventiltellerdurchmesser in cm
d_i Kanaldurchmesser in cm
h Ventilhub in cm ($h = 0{,}1 \cdot d_V \ldots 0{,}35 \cdot d_V$)
v_g mittlere Gasgeschwindigkeit in m/s
v_m mittlere Kolbengeschwindigkeit in m/s
α Ventilsitzwinkel in °

Beispiel: d_V = 36 mm; h = 12 mm; α = 45°; v_m = 12,5 m/s; A = 50,27 cm^2; A_V = ? cm^2; v_g = ? m/s

Lösung: $\mathbf{A_V} = \pi \cdot d_V \cdot h \cdot \cos \alpha =$
$= \pi \cdot 3{,}6\text{ cm} \cdot 1{,}2\text{ cm} \cdot \cos 45° =$
$= \pi \cdot 3{,}6\text{ cm} \cdot 1{,}2\text{ cm} \cdot 0{,}707 =$
$= \mathbf{9{,}6\text{ cm}^2}$

$$\mathbf{v_g} = \frac{A \cdot v_m}{A_V} = \frac{50{,}27\text{ cm}^2 \cdot 12{,}5\text{ m/s}}{9{,}6\text{ cm}^2} =$$
$= \mathbf{65{,}5\text{ m/s}}$

$$A_V = \pi \cdot d_V \cdot a$$

$$a = h \cdot \cos \alpha$$

$$A_V = \pi \cdot d_V \cdot h \cdot \cos \alpha$$

$$h = \frac{A_V}{\pi \cdot d_V \cdot \cos \alpha}$$

$$d_V = \frac{A_V}{\pi \cdot h \cdot \cos \alpha}$$

$$v_g = \frac{A \cdot v_m}{A_V}$$

$$A_V = \frac{A \cdot v_m}{v_g}$$

$$A = \frac{A_V \cdot v_g}{v_m}$$

$$v_m = \frac{A_V \cdot v_g}{A}$$

M

Luftverhältnis λ

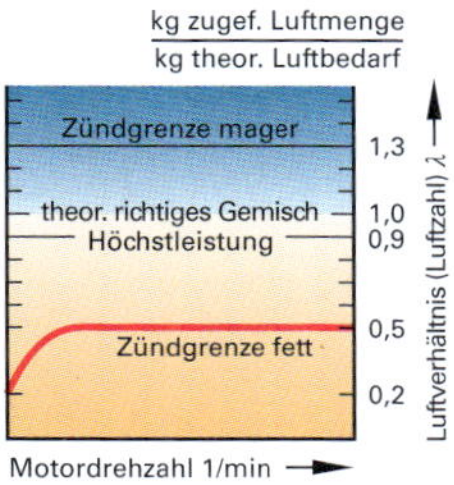

λ	Luftverhältnis (Luftzahl)
L_{zu}	zugeführte Luftmenge in kg/kg (kg Luft/kg Kraftstoff)
L_{th}	theoretischer Luftbedarf in kg/kg (Mindestluftmenge in kg Luft/kg Kraftstoff)
$\dot{m}_L$	Luftverbrauch in kg/h
$\dot{m}_K$	Kraftstoffverbrauch in kg/h

$$\lambda = \frac{L_{zu}}{L_{th}}$$

$$L_{th} = \frac{L_{zu}}{\lambda} \qquad L_{zu} = \lambda \cdot L_{th}$$

$$\lambda = \frac{\dot{m}_L}{L_{th} \cdot \dot{m}_K}$$

Liefergrad (Füllungsgrad)

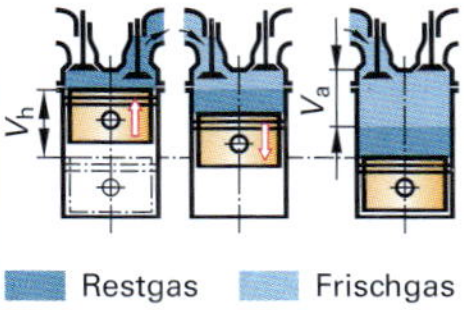

λ_L	Liefergrad (Füllungsgrad)
V_a	Frischladung des Zylinders vor der Zündung in m^3
V_h	Zylinderhubraum in m^3

$$\lambda_L = \frac{V_a}{V_h}$$

Motorart	λ_L
Saugmotor	< 1 (0,6...1,0)
Ladermotor	> 1 (1,2...1,6)

Luftverbrauch, Luftbedarf

Beispiel:

$\dot{m}_K$ = 10,8 kg/h;
λ = 1,1;
L_{th} = 14,7 kg L./kg Kr.

L_{zu} = ? kg L./kg Kr.
$\dot{m}_L$ = ? kg/h

Lösung:

$\mathbf{L_{zu}} = \lambda \cdot L_{th} =$
= 1,1 · 14,7 kg L./kg Kr. =
= **16,17 kg L./kg Kr.**

$\mathbf{\dot{m}_L} = \lambda \cdot L_{th} \cdot \dot{m}_K =$
= 1,1 · 14,7 kg L./kg Kr. · 10,8 kg/h =
= **174, 636 kg L./h**

L_{zu}	zugeführte Luftmenge in kg/kg (kg Luft/kg Kraftstoff)
$L_{zu\,v}$	zugeführte Luftmenge in m^3/kg (m^3 Luft/kg Kraftstoff)
m_L	Luftmasse in kg
m_K	Kraftstoffmasse in kg
$\dot{m}_L$	Luftverbrauch in kg/h
$\dot{m}_K$	Kraftstoffverbrauch in kg/h
λ	Luftverhältnis (Luftzahl)
L_{th}	theoretischer Luftbedarf in kg/kg (Mindestluftmenge in kg Luft/kg Kraftstoff)
V_L	erforderliche Luftmenge in m^3/100 km
k_s	Kraftstoffverbrauch in l/100 km
ϱ	Dichte des Kraftstoffs in kg/l
$\dot{V}_a$	angesaugte Luftmenge in l/h
V_h	Zylinderhubraum in l
z	Zylinderanzahl
n	Motordrehzahl in 1/min
ϱ_L	Dichte der Luft in kg/m^3
$x = 2$	Viertaktmotor
$x = 1$	Zweitaktmotor

$$L_{zu} = \frac{m_L}{m_K}$$

$$L_{zu} = \frac{\dot{m}_L}{\dot{m}_K}$$

$$L_{zu\,v} = \frac{L_{zu}}{\varrho_L}$$

$$L_{zu\,v} = \frac{m_L}{m_K \cdot \varrho_L}$$

$$\dot{m}_L = \lambda \cdot L_{th} \cdot \dot{m}_K$$

$$V_L = k_s \cdot L_{zu\,v} \cdot \varrho$$

$$\dot{V}_a = \frac{60 \cdot V_h \cdot z \cdot n \cdot \lambda_L}{x}$$

CO_2-Emission

6 C Kohlenstoff 12	7 N Stickstoff 14	8 O Sauerstoff 16
14	15	16

m_{CO_2}	erzeugte CO_2-Emission in kg
$m_{CO_2/km}$	spezifische CO_2-Emission in g/km
G_C	Gewichtsanteil des Kohlenstoffs im Kraftstoff in %
s	Strecke in km

$$m_{CO_2} = 3{,}667 \cdot G_C \cdot m_K$$

$$m_{CO_2/km} = \frac{m_{CO_2}}{1000 \cdot s}$$

Molgewichte

Kraftstoff		Benzin	Superbenzin	Diesel	Kerosin
Dichte ϱ	kg/l	0,730	0,765	0,830	0,80
Luftbedarf λ	kg L./kg Kr.	14,8	14,7	14,5	14,5
Gewichtsanteile G_C	C/H %	86 / 14	86 / 14	87 / 13	87 / 13

M

Kraftstoff-Durchschnittsverbrauch (Streckenverbrauch)

Beispiel:

$V_K = 6{,}32$ l; $s = 52$ km
$k_s = ?$ l/100 km

Lösung:

$$\boldsymbol{k_s} = \frac{100 \cdot V_K}{s} = \frac{100 \cdot 6{,}32}{52} \; \frac{\text{l}}{100\text{ km}} = \mathbf{12{,}2\ l/100\ km}$$

k_s Kraftstoff-Durchschnittsverbrauch in l/100 km
V_K Kraftstoffverbrauch in l
s Strecke in km (Fahrbereich)

$$k_s = \frac{100 \cdot V_K}{s}$$

$$s = \frac{100 \cdot V_K}{k_s}$$

$$V_K = \frac{k_s \cdot s}{100}$$

Kraftstoffverbrauch von Kfz nach DIN 70 030-2 (Lkw, Omnibusse, Krafträder)

Messbedingungen:
Trockene, ebene Fahrbahn, windstill,
$s = 10$ km hin und zurück,
¾ der Höchstgeschwindigkeit, jedoch nicht mehr als 110 km/h.

k Kraftstoffverbrauch in l/100 km
V_K Kraftstoffverbrauch in l
s Prüfstrecke in km (hin und zurück)

$$k = \frac{1{,}1 \cdot V_K \cdot 100}{s}$$

$$s = \frac{1{,}1 \cdot V_K \cdot 100}{k}$$

$$V_K = \frac{k \cdot s}{1{,}1 \cdot 100}$$

Verbrauchsangabe von Pkw nach Richtlinie 93/116/EG vom 1.1.1996

Stadtfahrt (EG-Testzyklus) mit Kaltstart ergibt Verbrauch C_S innerorts.
Gewichtungsfaktor
$= 36{,}8\,\% \cdot C_S$
Überlandfahrt (EG-Testzyklus) ergibt Verbrauch C_L außerorts.
Gewichtungsfaktor
$= 63{,}2\,\% \cdot C_L$

C_{EG} Kraftstoffverbrauch nach EG in l/100 km
C_L Kraftstoffverbrauch außerorts in l/100 km
C_S Kraftstoffverbrauch innerorts in l/100 km
C Kraftstoffverbrauch in l/100 km
V_K Kraftstoffverbrauch in l
s Weg in km
m_K Kraftstoffverbrauch in kg ($m_K = V_K \cdot \varrho$)
ϱ Dichte des Kraftstoffs

$$C_{EG} = 0{,}368 \cdot C_s + 0{,}632 \cdot C_L$$

$$C_{S/L} = \frac{100 \cdot V_K}{s}$$

$$C_{S/L} = \frac{100 \cdot m_K}{s \cdot \varrho}$$

Spezifischer Kraftstoffverbrauch

Motorart	Fahrzeug	b_{eff} in g/kWh
Otto	Krad Pkw	> 300 > 250
Diesel	Pkw Nkw	> 190 > 180

b_{eff} spezifischer Kraftstoffverbrauch in g/kWh
$\dot{m}_K$ Kraftstoffverbrauch in kg/h
V_K Kraftstoffvolumen (Messvolumen) in l
t Durchflusszeit des Kraftstoffs in s
ϱ Dichte des Kraftstoffs in g/cm³ (kg/l)
H_u spezifischer Heizwert in kJ/kg
P_{eff} Nutzleistung in kW
η_{eff} Nutzwirkungsgrad

$$b_{eff} = \frac{3\,600\,000 \cdot V_K \cdot \varrho}{t \cdot P_{eff}}$$

$$b_{eff} = \frac{1000 \cdot \dot{m}_K}{P_{eff}}$$

$$b_{eff} = \frac{3\,600\,000}{\eta_{eff} \cdot H_u}$$

Kraftstoffverbrauch

Beispiel:

$b_{eff} = 300$ g/kWh;
$P_{eff} = 45$ kW; $\dot{m}_K = ?$ kg/h

Lösung:

$$\boldsymbol{\dot{m}_K} = \frac{b_{eff} \cdot P_{eff}}{1000} = \frac{300 \cdot 45}{1000} \frac{\text{kg}}{\text{h}} = \mathbf{13{,}5\ kg/h}$$

$\dot{m}_K$ Kraftstoffverbrauch in kg/h
$\dot{V}_K$ Kraftstoffverbrauch in l/h
b_{eff} spezifischer Kraftstoffverbrauch in g/kWh
V_K Kraftstoffverbrauch (Messvolumen) in l
t Durchflusszeit des Kraftstoffs in s
ϱ Dichte des Kraftstoffs in g/cm³ (kg/l)
H_u spezifischer Heizwert in kJ/kg
P_{eff} Nutzleistung in kW
η_{eff} Nutzwirkungsgrad

$$\dot{m}_K = \frac{3600 \cdot V_k \cdot \varrho}{t}$$

$$\dot{m}_K = \frac{b_{eff} \cdot P_{eff}}{1000}$$

$$\dot{m}_K = \frac{3600 \cdot P_{eff}}{H_u \cdot \eta_{eff}}$$

$$\dot{V}_K = \frac{\dot{m}_K}{\varrho}$$

M

Kraftstoff-Einspritzmenge pro Arbeitstakt

Beispiel:
Viertaktdieselmotor;
P_{eff} = 40 kW; n = 2600 1/min;
b_{eff} = 260 g/kWh; z = 4;
ϱ = 0,84 g/cm³; V_E = ? mm³

Lösung:

$$\boldsymbol{V_E} = \frac{1000 \cdot P_{eff} \cdot b_{eff} \cdot x}{60 \cdot n \cdot \varrho \cdot z} = \frac{1000 \cdot 40 \cdot 260 \cdot 2}{60 \cdot 2600 \cdot 0{,}84 \cdot 4}\ \text{mm}^3 = \mathbf{39{,}7\ mm^3}$$

V_E Einspritzmenge pro Arbeitstakt in mm³
b_{eff} spezifischer Kraftstoffverbrauch in g/kWh
P_{eff} Nutzleistung in kW
n Motordrehzahl in 1/min
ϱ Kraftstoffdichte in g/cm³ (kg/l)
z Zylinderanzahl
$\dot{m}_K$ Kraftstoffverbrauch in kg/h
$\dot{V}_K$ Kraftstoffverbrauch in l/h
x = 1 Zweitaktmotor
x = 2 Viertaktmotor

$$V_E = \frac{1000 \cdot P_{eff} \cdot b_{eff} \cdot x}{60 \cdot n \cdot \varrho \cdot z}$$

$$V_E = \frac{1\,000\,000 \cdot \dot{m}_K \cdot x}{60 \cdot n \cdot \varrho \cdot z}$$

$$V_E = \frac{1\,000\,000 \cdot \dot{V}_K \cdot x}{60 \cdot n \cdot z}$$

Schmierölverbrauch (Streckenverbrauch)

Ein Schmierölverbrauch von bis zu 1 l/1000 km wird bei einem Pkw als normal betrachtet und ist für die meisten Hersteller kein Grund für eine Reklamation.

$\dot{V}_S$ Schmierölverbrauch in l/100 km
m_S Schmierölmenge in kg
ϱ_S Dichte des Schmieröls in kg/l (g/cm³)
V Schmierölmenge in l ($V = m/\varrho$)
s Messstrecke in km

$$V_S = \frac{100 \cdot m_S}{\varrho_S \cdot s}$$

$$V_S = \frac{100 \cdot V}{s}$$

Spezifischer Schmierölverbrauch

Motorart	Takt	b_S in g/kWh
Otto	2	bis 5,0
	4	bis 1,5
Diesel	4	bis 2,0

b_S spezifischer Schmierölverbrauch in g/kWh
$\dot{m}_S$ Schmierölverbrauch in kg/h
ϱ_S Dichte des Schmieröls in g/cm³ (kg/l)
V Schmierölmenge in cm³
t Messzeit in s

$$b_S = \frac{1000 \cdot \dot{m}_S}{P_{eff}}$$

$$b_S = \frac{3600 \cdot V \cdot \varrho_S}{P_{eff} \cdot t}$$

Mischungsverhältnis für 2-Takt-Motoren

Beispiel:
Zweitaktmotor; V_M = 12,75 l;
z = 1 : 50;
V = ? l

Lösung:

$$\boldsymbol{V} = \frac{V_M}{1+x} = \frac{12{,}75\ \text{l}}{1+50} = \mathbf{0{,}25\ l}$$

V_M Zweitaktmischung in l
V Schmierölvolumen in l
K Kraftstoffvolumen in l
z Mischungsverhältnis (Schmieröl : Kraftstoff)
x Kraftstoffanteil in der Zweitaktmischung

$$V_M = V + K$$

$$V = \frac{V_M}{1+x}$$

$$V = K \cdot z \qquad K = \frac{V}{z}$$

$$V = \frac{K}{x} \qquad \frac{1}{x} = \frac{V}{K}$$

$$z = \frac{1}{x} \qquad z = \frac{V}{K}$$

Fördermenge der Ölpumpe (Schmieröldurchsatz)

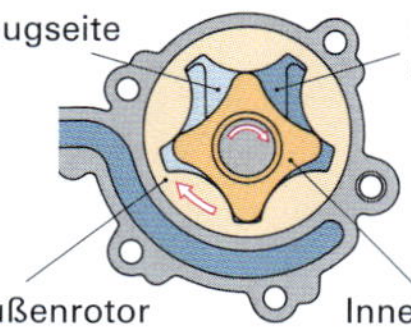

Motorart	$\dot{m}$ in kg/min	$\dot{z}$ in 1/min
Pkw	10 … 50	3 … 8
Nkw	30 … 60	3 … 4

$\dot{m}$ Fördermenge in kg/min (Schmieröldurchsatz)
V Schmierölfüllung des Motors in l
t Zeit für 1 Ölumlauf in s
ϱ Dichte des Schmieröls in kg/l
$\dot{z}$ Anzahl der Ölumläufe in 1/min

Beispiel: V = 4,5 l; ϱ = 0,9 kg/l;
t = 16,8 s; $\dot{m}$ = ? 1/min

Lösung: $$\boldsymbol{\dot{m}} = \frac{60 \cdot \varrho \cdot V}{t} = \frac{60 \cdot 0{,}9 \cdot 4{,}5}{16{,}8}\ \frac{\text{kg}}{\text{min}} = \mathbf{14{,}46\ kg/min}$$

$$\dot{m} = \frac{60 \cdot \varrho \cdot V}{t}$$

$$t = \frac{60 \cdot \varrho \cdot V}{\dot{m}}$$

$$V = \frac{\dot{m} \cdot t}{60 \cdot \varrho}$$

$$\dot{z} = \frac{60}{t} \qquad \dot{z} = \frac{\dot{m}}{V \cdot \varrho}$$

M

Zugeführte Wärmemenge

Beispiel:

H_u = 42 700 kJ/kg;
$\dot{m}_K$ = 9,5 kg/h;
$\dot{Q}_{zu\ Motor}$ = ? kJ/h

Lösung:

$\dot{Q}_{zu\ Motor} = \dot{m}_K \cdot H_u$
$= 9{,}5 \cdot 42\,700$ kJ/h
$=$ **405 650 kJ/h**

$\dot{Q}_{zu\ Motor}$	zugeführte Wärmemenge in kJ/h (Wärmeverbrauch des Motors)
H_u	spezifischer Heizwert in kJ/kg
$\dot{m}_K$	Kraftstoffverbrauch in kg/h
b_{eff}	spez. Kraftstoffverbrauch in g/kWh
P_{eff}	Nutzleistung in kW

$$\dot{Q}_{zu\ Motor} = \dot{m}_K \cdot H_u$$

$$\dot{Q}_{zu\ Motor} = \frac{b_{eff} \cdot P_{eff} \cdot H_u}{1000}$$

$$P_{eff} = \frac{\Phi_{zu} \cdot 1000}{b_{eff} \cdot H_u}$$

Motorkühlung

Beispiel:

b_{eff} = 340 g/kWh;
P_{eff} = 55 kW;
f = 0,3;
H_u = 43 000 kJ/kg;
$\dot{Q}_{ab\ Motor}$ = ? kJ/h

Lösung:

$$\dot{Q}_{ab\ Motor} = \frac{b_{eff} \cdot P_{eff} \cdot H_u \cdot f}{1000} = \frac{340 \cdot 55 \cdot 43\,000 \cdot 0{,}3}{1000} \frac{\text{kJ}}{\text{h}} =$$

= **241 230 kJ/h**

Beispiel:

Pumpenumlaufkühlung;
ΔT_{KF} = 6 °C = 6 °K;
$\dot{Q}_{ab\ Motor}$ = 241 230 kJ/h;
c_{KF} = 4,2 kJ/kgK;
$\dot{m}_{KF}$ = ? kg/h

Lösung:

$$\dot{m}_{KF} = \frac{\dot{Q}_{ab\ Motor}}{\Delta T_{KF} \cdot c_{KF}} = \frac{241\,230 \text{ kJ/h}}{6 \text{ K} \cdot 4{,}2 \text{ kJ/kgK}} =$$

= **9572, 6 kg/h**

Abzuführende Wärmemenge

$\dot{Q}_{ab\ Motor}$	abzuführende Wärmemenge in kJ/h
$\dot{Q}_{zu\ Motor}$	zugeführte Wärmemenge in kJ/h
P_{eff}	Nutzleistung in kW
b_{eff}	spezifischer Kraftstoffverbrauch in g/kWh
H_u	spezifischer Heizwert in kJ/kg
$\dot{m}_K$	Kraftstoffverbrauch in kg/h
$\dot{V}_K$	Kraftstoffverbrauch in l/h
ϱ_K	Dichte des Kraftstoffs in kg/dm³
f	Verhältnis der abzuführenden Wärmmenge zur gesamtanfallenden Wärmemenge

Notwendige Kühlflüssigkeitsmenge

$\dot{Q}_{zu\ Kühlung}$	aufzunehmende Wärmemenge des Kühlmittels in kJ/h
m_{KF}	Kühlflüssigkeitsmenge in kg
$\dot{m}_{KF}$	Durchflussmenge der Kühlflüssigkeit in kg/h
ΔT_{KF}	Temperaturdifferenz in °K
c_{KF}	spezifische Wärmekapazität in kJ/kgK
T_2	Temperatur der Kühlflüssigkeit in °C bei Eintritt in den Kühler
T_1	Temperatur der Kühlflüssigkeit in °C bei Austritt aus dem Kühler
Q_{Umlauf}	Wärmeaufnahme der Kühlflüssigkeit je Umlauf in kJ

Anzahl der Kühlflüssigkeitsumläufe

$\dot{z}$	Kühlflüssigkeitsumläufe in 1/h
t_U	Zeit für 1 Kühlflüssigkeitsumlauf in min

$$\dot{Q}_{ab\ Motor} = \Phi_{zu} \cdot f$$

$$\dot{Q}_{ab\ Motor} = \dot{m}_K \cdot H_u \cdot f$$

$$\dot{Q}_{ab\ Motor} = \frac{b_{eff} \cdot P_{eff} \cdot H_u \cdot f}{1000}$$

$$\dot{Q}_{zu\ Kühlung} = \dot{Q}_{ab\ Motor}$$

$$\dot{m}_{KF} = \frac{\dot{Q}_{zu\ Kühlung}}{\Delta T_{KF} \cdot c_{KF}}$$

$$\Delta T_{KF} = T_2 - T_1$$

$$\dot{Q}_{Umlauf} = m_{KF} \cdot c_{KF} \cdot \Delta T_{KF}$$

$$\dot{z} = \frac{\dot{m}_{KF}}{m_{KF}}$$

$$\dot{z} = \frac{\dot{Q}_{zu\ Kühlung}}{\dot{Q}_{Umlauf}}$$

Gefrierschutzmischung

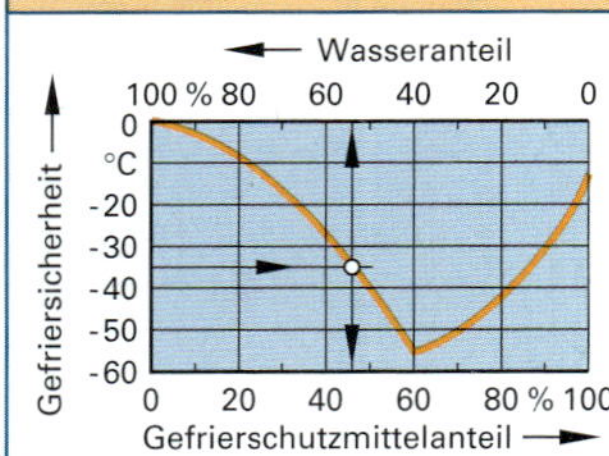

Beispiel:

Kühlsystem mit 10 l Inhalt;
Gefrierschutz bis – 35 °C;
Anteile Wasser?
Anteile Gefrierschutzmittel?

V_{KF}	Kühlflüssigkeitsmenge in l
V_W	Wassermenge in l
V_F	Gefrierschutzmenge in l
p_W	Anteile an Wasser
p_F	Anteile an Gefrierschutzmittel
ϱ_{KF}	Dichte Kühlflüssigkeit in kg/l
ϱ_F	Dichte Gefrierschutzmittel in kg/l
ϱ_W	Dichte Wasser in kg/l

Lösung aus Diagramm:

Wasseranteil	54 %	≙ 5,4 l
Gefrierschutzmittelanteil	46 %	≙ 4,6 l

$$V_{KF} = V_W + V_F$$

$$V_F = \frac{V_{KF} \cdot p_F}{p_W + p_F} \qquad V_W = \frac{V_{KF} \cdot p_W}{p_W + p_F}$$

$$p_F = \frac{p_W \cdot V_F}{V_W} \qquad p_W = \frac{p_F \cdot V_W}{V_F}$$

$$\varrho_{KF} = \frac{V_W \cdot \varrho_W + V_F \cdot \varrho_F}{V_{KF}}$$

$$\varrho_F = \frac{V_{KF} \cdot \varrho_{KF} + V_W \cdot \varrho_W}{V_F}$$

M

Zugeführte Leistung

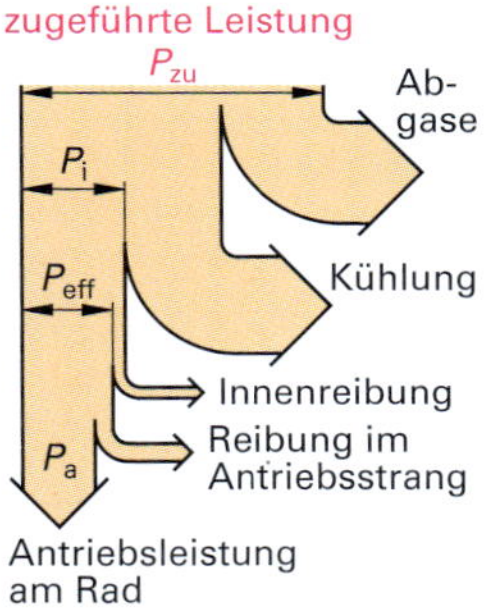

P_{zu} zugeführte Leistung in kW
H_u spezifischer Heizwert in kJ/kg
$\dot{m}_K$ Kraftstoffverbrauch in kg/h
b_{eff} spezifischer Kraftstoffverbrauch in g/kWh
P_{eff} Nutzleistung in kW

Beispiel: $b_{eff} = 300$ g/kWh; $P_{eff} = 45$ kW; $H_u = 43\,000$ kJ/kg; $P_{zu} = ?$ kW

Lösung: $\mathbf{P_{zu}} = \frac{b_{eff} \cdot P_{eff} \cdot H_u}{1000 \cdot 3600} =$

$= \frac{300 \cdot 45 \cdot 43\,000}{1000 \cdot 3600}$ kW =

$=$ **161,25 kW**

$$P_{zu} = \frac{\dot{m}_K \cdot H_u}{3600}$$

$$P_{zu} = \frac{b_{eff} \cdot P_{eff} \cdot H_u}{1000 \cdot 3600}$$

$$P_{eff} = \frac{P_{zu} \cdot 1000 \cdot 3600}{b_{eff} \cdot H_u}$$

Innenleistung des Motors

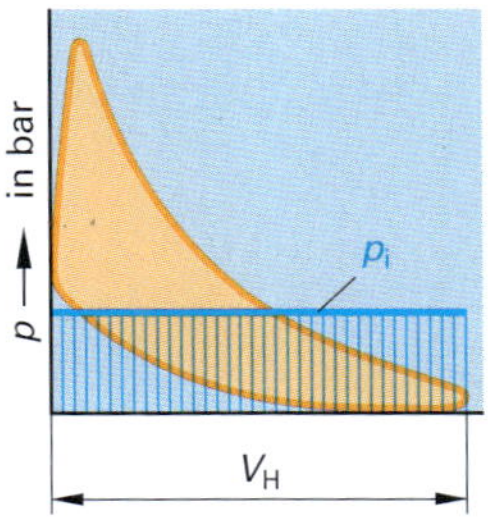

p-V-Diagramm

P_i Innenleistung in kW (indizierte Leistung)
d Kolbendurchmesser in cm
A Kolbenfläche in cm^2
s Hub in m
z Zylinderanzahl
p_i mittlerer indizierter Kolbendruck in bar
n Motordrehzahl in 1/min
V_H Gesamthubraum in l
F_i innere Kolbenkraft in N
v_m mittlere Kolbengeschwindigkeit in m/s

x Kennzahl für Arbeitsverfahren
x = 4 für Viertaktverfahren
x = 2 für Zweitaktverfahren

Beispiel: Viertakt-Ottomotor:
$d = 80$ mm $= 8$ cm; $n = 5000$ 1/min;
$z = 6$; $p_i = 12$ bar;
$s = 80$ mm $= 0{,}08$ m; $P_i = ?$ kW

Lösung: $P_i = \frac{A \cdot s \cdot z \cdot p_i \cdot n}{x \cdot 3000}$

$A = \frac{\pi \cdot d^2}{4} = \frac{\pi \cdot (8\ cm)^2}{4} = 50{,}27\ cm^2$

$\mathbf{P_i} = \frac{50{,}27 \cdot 0{,}08 \cdot 6 \cdot 12 \cdot 5000}{4 \cdot 3000}$ kW =

$=$ **120,6 kW**

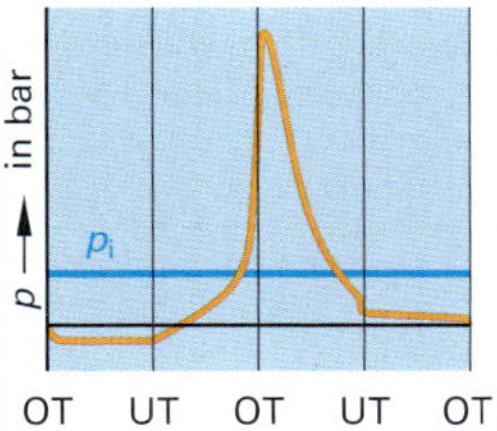

Druck-Weg-Diagramm

Beispiel: Viertakt-Motor: $p_i = 7{,}7$ bar
$n = 6000$ 1/min;
$V_H = 1093\ cm^3 = 1{,}093$ l; $P_i = ?$ kW

Lösung: $\mathbf{P_i} = \frac{V_H \cdot p_i \cdot n}{x \cdot 300} =$

$= \frac{1{,}093 \cdot 7{,}7 \cdot 6000}{4 \cdot 300}$ kW =

$=$ **42 kW**

$$P_i = \frac{A \cdot s \cdot z \cdot p_i \cdot n}{x \cdot 3000}$$

$$A = \frac{x \cdot 3000 \cdot P_i}{s \cdot z \cdot p_i \cdot n}$$

$$p_i = \frac{x \cdot 3000 \cdot P_i}{A \cdot s \cdot z \cdot n}$$

$$s = \frac{x \cdot 3000 \cdot P_i}{A \cdot z \cdot p_i \cdot n}$$

$$n = \frac{x \cdot 3000 \cdot P_i}{A \cdot s \cdot z \cdot p_i}$$

$$z = \frac{x \cdot 3000 \cdot P_i}{A \cdot s \cdot p_i \cdot n}$$

$$P_i = \frac{V_H \cdot p_i \cdot n}{x \cdot 300}$$

$$V_H = \frac{x \cdot 300 \cdot P_i}{p_i \cdot n}$$

$$p_i = \frac{x \cdot 300 \cdot P_i}{V_H \cdot n}$$

$$n = \frac{x \cdot 300 \cdot P_i}{V_H \cdot p_i}$$

$$P_i = \frac{F_i \cdot v_m \cdot z}{x \cdot 1000}$$

$$F_i = \frac{x \cdot 1000 \cdot P_i}{v_m \cdot z}$$

M

Nutzleistung und Innenleistung

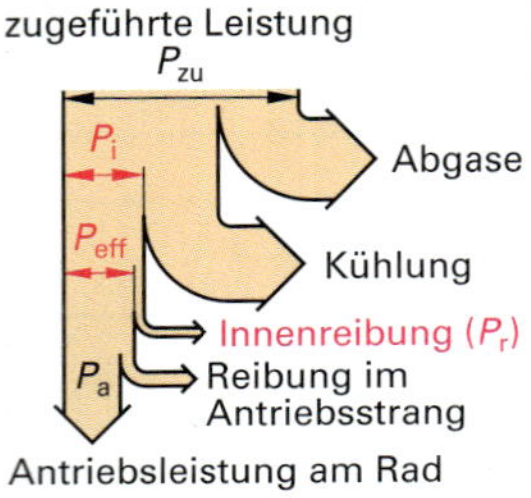

P_{eff} Nutzleistung in kW
P_i Innenleistung in kW (indizierte Leistung)
P_r Reibleistung in kW
η_m mechanischer Wirkungsgrad

Beispiel: $P_i = 42$ kW; $\eta_m = 0{,}88$; $P_{eff} = ?$ kW

Lösung: $\mathbf{P_{eff}} = \eta_m \cdot P_i = 0{,}88 \cdot 42 \text{ kW} = \mathbf{37\ kW}$

$$P_{eff} = P_i - P_r$$

$$P_i = P_{eff} + P_r$$
$$P_r = P_i - P_{eff}$$

$$P_{eff} = \eta_m \cdot P_i$$

$$P_i = \frac{P_{eff}}{\eta_m} \qquad \eta_m = \frac{P_{eff}}{P_i}$$

Nutzleistung und nutzbarer Kolbendruck

Der mittlere nutzbare Kolbendruck kann nur aus der am Prüfstand ermittelten Nutzleistung berechnet werden.

Motorart	Fahrzeug	Takt Art	p_{eff} bar
Otto	Krad	2	5 ... 12
		4	7 ... 11
	Pkw	4	9 ... 25
Diesel	Pkw	4	7 ... 12
	Nkw	4	7 ... 18

P_{eff} Nutzleistung in kW
V_H Gesamthubraum in l
p_{eff} mittlerer nutzbarer Kolbendruck in bar
n Motordrehzahl in 1/min
x Kennzahl für Arbeitsverfahren
$x = 4$ Viertaktverfahren
$x = 2$ Zweitaktverfahren

Beispiel: $P_{eff} = 60$ kW; $V_H = 1800 \text{ cm}^3 = 1{,}8$ l; Viertakt; $n = 4000$ 1/min; $p_{eff} = ?$ bar

Lösung: $\mathbf{p_{eff}} = \frac{x \cdot 300 \cdot P_{eff}}{V_H \cdot n} = \frac{4 \cdot 300 \cdot 60}{1{,}8 \cdot 4000} \text{ bar} = \mathbf{10\ bar}$

$$P_{eff} = \frac{V_H \cdot p_{eff} \cdot n}{x \cdot 300}$$

$$p_{eff} = \frac{x \cdot 300 \cdot P_{eff}}{V_H \cdot n}$$

Nutzleistung und Kraftstoffverbrauch

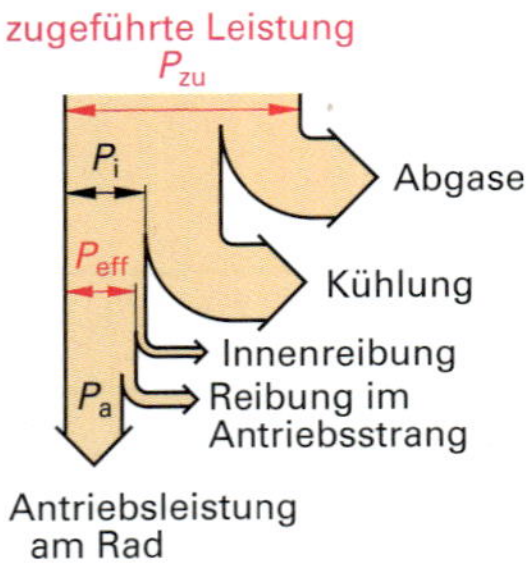

P_{eff} Nutzleistung in kW
$\dot{m}_K$ Kraftstoffverbrauch in kg/h
H_u spezifischer Heizwert in kJ/kg
η_{eff} Nutzwirkungsgrad
ϱ Dichte des Kraftstoffs in kg/l

Beispiel: $\dot{m}_K = 10{,}31$ kg/h; $H_u = 43\,300$ kJ/kg; $\eta_{eff} = 0{,}27$; $P_{eff} = ?$ kW

Lösung: $\mathbf{P_{eff}} = \frac{\dot{m}_K \cdot H_u \cdot \eta_{eff}}{3600} = \frac{10{,}31 \cdot 43\,300 \cdot 0{,}27}{3600} \text{ kW} = \mathbf{33{,}5\ kW}$

$$P_{eff} = \frac{\dot{m}_K \cdot H_u \cdot \eta_{eff}}{3600}$$

$$\dot{m}_K = \frac{3600 \cdot P_{eff}}{H_u \cdot \eta_{eff}}$$

$$\eta_{eff} = \frac{3600 \cdot P_{eff}}{\dot{m}_K \cdot H_u}$$

$$\dot{m}_K = \dot{V} \cdot \varrho$$

Nutzleistung und Drehmoment

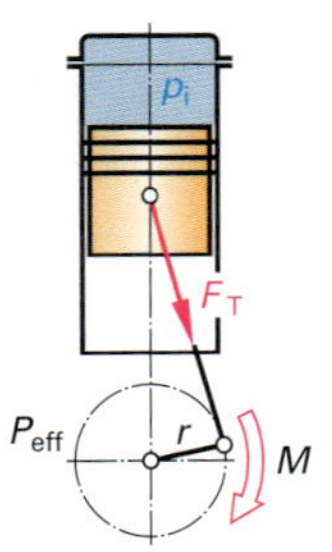

P_{eff} Nutzleistung in kW
M Motordrehmoment in Nm
n Motordrehzahl in 1/min
F_T Tangentialkraft in N
r Hebelarm (Kurbelradius) in m

Beispiel: $M = 89$ Nm; $n = 2000$ 1/min; $P_{eff} = ?$ kW

Lösung: $\mathbf{P_{eff}} = \frac{M \cdot n}{9550} = \frac{89 \cdot 2000}{9550} \text{ kW} = \mathbf{18{,}64\ kW}$

$$P_{eff} = \frac{M \cdot n}{9550}$$

$$M = \frac{9550 \cdot P_{eff}}{n}$$

$$n = \frac{9550 \cdot P_{eff}}{M}$$

$$P_{eff} = \frac{F_T \cdot r \cdot n}{9550}$$

Leistung am Motorprüfstand

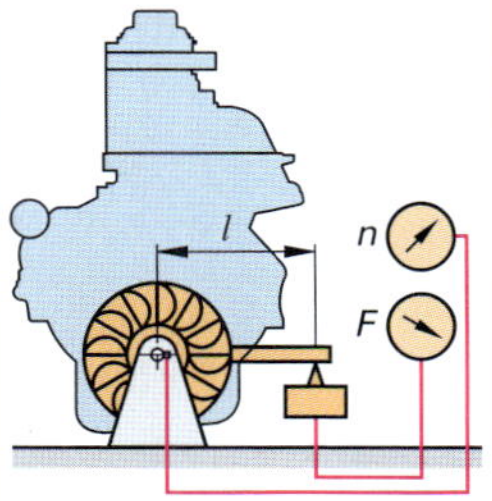

P_{eff} Nutzleistung in kW
M Motordrehmoment in Nm
n Motordrehzahl in 1/min
F Kraft in N
l Hebelarm in m

Beispiel: M = 89 Nm; n = 2000 1/min
P_{eff} = ? kW

Lösung: $\mathbf{P_{eff}} = \frac{M \cdot n}{9550} = \frac{89 \cdot 2000}{9550} = \mathbf{18{,}64\ kW}$

$$P_{eff} = \frac{M \cdot n}{9550}$$

$$M = F \cdot l$$

$$P_{eff} = \frac{F \cdot l \cdot n}{9550}$$

Leistung am Rollenprüfstand

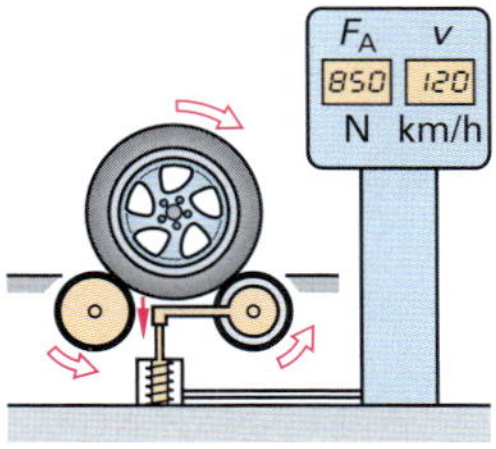

P_{eff} Nutzleistung in kW
P_A Antriebsleistung am Rad in kW
F_A Radantriebskraft in N
v Prüfgeschwindigkeit in km/h
η_A Wirkungsgrad der Kraftübertragung
n Laufrollendrehzahl in 1/min
d Laufrollendurchmesser in m

Beispiel: v = 120 km/h; η_A = 0,82;
F_A = 650 N; P_{eff} = ?

Lösung: $\mathbf{P_{eff}} = \frac{F_A \cdot v}{3600 \cdot \eta_A} = \frac{650 \cdot 120}{3600 \cdot 0{,}82}\ \text{kW} =$

$= \mathbf{26{,}4\ kW}$

$$P_A = \frac{F_A \cdot v}{3600}$$

$$P_{eff} = \frac{F_A \cdot v}{3600 \cdot \eta_A}$$

$$\eta_A = \frac{F_A \cdot v}{3600 \cdot P_{eff}}$$

Vergleichsleistung

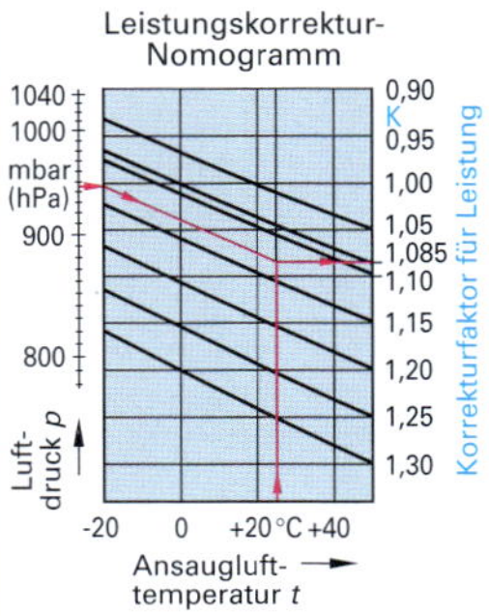

Erfahrungswerte:

Auf je 100 m Höhenzunahme sinkt die Motorleistung um rund 1 %.

Liegt die Temperatur über 20 °C, so sinkt die Motorleistung um etwa 1 % bei Erhöhung der Temperatur um 2 °C.

P_{red} Nutzleistung in kW bei Bezugszustand (1000 mbar, 25 °C)
P_{eff} Nutzleistung in kW (gemessene Leistung am Prüfstand)
p Luftdruck in mbar
t Temperatur in °C (gemessen 150 mm vor dem Luftfilter)
K_{OM} Korrekturfaktor für Ottomotoren ohne Aufladung
K_{DM} Korrekturfaktor für selbstansaugende Dieselmotoren
Für Motoren mit Turboaufladung ist K_{DM} = 1.
A Ausgleichswert für Druck und Temperatur

Beispiel: Ottomotor; P_{eff} = 60 kW; t = 22 °C;
p = 980 mbar; P_{red} = ? kW

Lösung: $P_{red} = P_{eff} \cdot K_{OM}$

$$K_{OM} = \frac{1000}{p} \cdot \sqrt{\frac{273 + t}{298}} =$$

$$= \frac{1000}{980} \cdot \sqrt{\frac{273 + 22}{298}} =$$

$$= 1{,}015$$

$$\mathbf{P_{red}} = 60\ \text{kW} \cdot 1{,}015 = \mathbf{60{,}9\ kW}$$

Ottomotor:

$$P_{red} = P_{eff} \cdot K_{OM}$$

$$K_{OM} = \frac{1000}{p} \cdot \sqrt{\frac{273 + t}{298}}$$

Dieselmotor:

$$P_{red} = P_{eff} \cdot K_{DM}$$

$$K_{DM} = 1 + \frac{A}{100}$$

$$A = 0{,}064 \cdot (1000 - p) + 0{,}17 \cdot (273 + t - 298)$$

Die Berechnung der Vergleichsleistung ist nur zulässig, solange der errechnete Korrekturfaktor zwischen 0,96 und 1,04 liegt.

Innenwirkungsgrad (indizierter Wirkungsgrad)

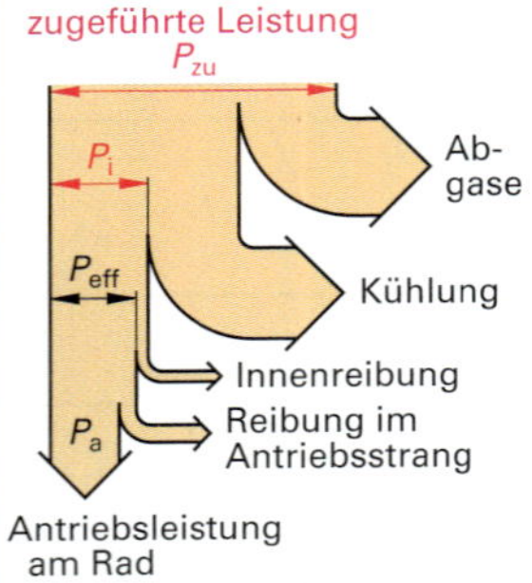

η_i Innenwirkungsgrad
P_i Innenleistung in kW (indizierte Leistung)
P_{zu} zugeführte Leistung in kW
H_u spezifischer Heizwert in kJ/kg
$\dot{m}_K$ Kraftstoffverbrauch in kg/h

Beispiel: P_i = 45 kW; $\dot{m}_K$ = 10,8 kg/h; H_u = 43 000 kJ/kg; η_i = ?

Lösung: $\boldsymbol{\eta_i} = \dfrac{3600 \cdot P_i}{\dot{m}_K \cdot H_u} = \dfrac{3600 \cdot 45}{10{,}8 \cdot 43000} = \mathbf{0{,}35}$

$$\eta_i = \frac{P_i}{P_{zu}}$$

$$\eta_i = \frac{3600 \cdot P_i}{\dot{m}_K \cdot H_u}$$

$$P_i = \frac{\eta_i \cdot \dot{m}_K \cdot H_u}{3600}$$

$$\dot{m}_K = \frac{3600 \cdot P_i}{\eta_i \cdot H_u}$$

$$H_u = \frac{3600 \cdot P_i}{\eta_i \cdot \dot{m}_K}$$

Mechanischer Wirkungsgrad

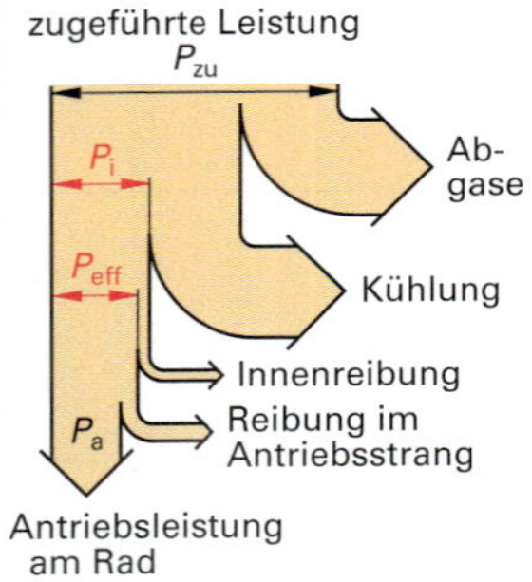

η_m mechanischer Wirkungsgrad
P_{eff} Nutzleistung in kW
P_i Innenleistung in kW (indizierte Leistung)
P_r Reibleistung in kW
P_l Laderleistung in kW
P_{sp} Spülgebläseleistung in kW

Für Saugmotoren ist P_l und P_{sp} gleich Null.

Beispiel: Saugmotor; P_{eff} = 92 kW; P_i = 108 kW; η_m = ?

Lösung: $\boldsymbol{\eta_m} = \dfrac{P_{eff}}{P_i} = \dfrac{92\ \text{kW}}{108\ \text{kW}} = \mathbf{0{,}85}$

$$\eta_m = \frac{P_{eff}}{P_i}$$

$$P_{eff} = \eta_m \cdot P_i$$

$$P_i = \frac{P_{eff}}{\eta_m}$$

$$P_i = P_{eff} + P_r + P_l + P_{sp}$$

Nutzwirkungsgrad (effektiver Wirkungsgrad)

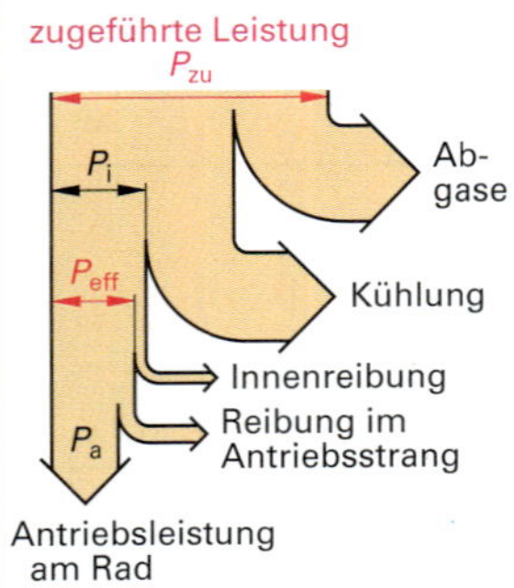

Motorart	Fahrzeug	Takt	η_{eff}
Otto	Krad	2	0,14 ... 0,18
		4	0,25 ... 0,31
	Pkw	4	0,28 ... 0,33
	Nkw	4	... 0,33
Diesel	Pkw	4	0,32 ... 0,45
	Nkw	4	0,32 ... 0,47

η_m mechanischer Wirkungsgrad
η_{eff} Nutzwirkungsgrad (effektiver Wirkungsgrad)
η_i Innenwirkungsgrad
$\dot{m}_K$ Kraftstoffverbrauch in kg/h
$\dot{V}$ Kraftstoffverbrauch in l/h
ϱ_K Dichte des Kraftstoffs in kg/l
H_u spezifischer Heizwert in kJ/kg
b_{eff} spezifischer Kraftstoffverbrauch in g/kWh

Beispiel: P_{eff} = 40 kW; b_{eff} = 290 g/kWh; H_u = 43 000 kJ/kg; $\dot{m}_K$ = ? kg/h; η_{eff} = ?

Lösung: $\boldsymbol{\dot{m}_K} = \dfrac{b_{eff} \cdot P_{eff}}{1000} = \dfrac{290\ \text{g/kWh} \cdot 40\ \text{kW}}{1000} = \mathbf{11{,}6\ kg/h}$

$\boldsymbol{\eta_{eff}} = \dfrac{3600 \cdot P_{eff}}{\dot{m}_K \cdot H_u} = \dfrac{3600 \cdot 40}{11{,}6 \cdot 43000} = \mathbf{0{,}289}$

$$\eta_{eff} = \eta_i \cdot \eta_m$$

$$\eta_{eff} = \frac{3600 \cdot P_{eff}}{\dot{m}_K \cdot H_u}$$

$$P_{eff} = \frac{\dot{m}_K \cdot H_u \cdot \eta_{eff}}{3600}$$

$$\dot{m}_K = \frac{3600 \cdot P_{eff}}{H_u \cdot \eta_{eff}}$$

$$H_u = \frac{3600 \cdot P_{eff}}{\dot{m}_K \cdot \eta_{eff}}$$

$$\dot{m}_K = \frac{b_{eff} \cdot P_{eff}}{1000}$$

$$\dot{m}_K = \dot{V} \cdot \varrho_K$$

$$\eta_{eff} = \frac{3\,600\,000}{b_{eff} \cdot H_u}$$

M

Innere Arbeit

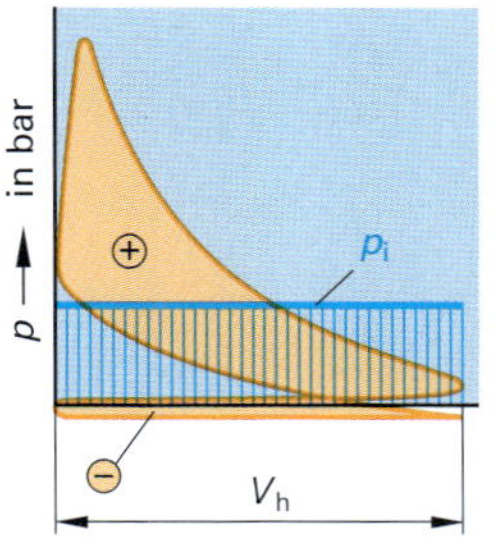

Arbeit = Fläche ⊕ – Fläche ⊖

Bei Umwandlung der Diagrammfläche in ein flächengleiches Rechteck entspricht der mittlere Kolbendruck der Höhe und der Hub der Länge dieses Rechtecks.

1 bar = 10 N/cm²

W_i	innere Arbeit in Nm, J, Ws
F_i	innere Kolbenkraft in N
P_i	Innenleistung in kW (indizierte Leistung)
s	Hub in m
p_i	innerer Kolbendruck in N/cm² = mittlerer Kolbendruck in N/cm²
A	Kolbenfläche in cm²
d	Zylinderdurchmesser in cm
V_h	Zylinderhubraum in cm³
t	Zeit in s

Beispiel: $d = 75\ \text{mm} = 7{,}5\ \text{cm}$; $p_i = 110\ \text{N/cm}^2$; $s = 73\ \text{mm} = 0{,}073\ \text{m}$; $W_i = ?\ \text{Nm}$

Lösung:

$$\boldsymbol{W_i} = \frac{d^2 \cdot \pi \cdot p_i \cdot s}{4} = \frac{(7{,}5\ \text{cm})^2 \cdot \pi \cdot 110\ \text{N/cm}^2 \cdot 0{,}073\ \text{m}}{4} = \mathbf{354{,}6\ Nm}$$

$$W_i = F_i \cdot s$$

$$W_i = A \cdot p_i \cdot s$$

$$W_i = \frac{d^2 \cdot \pi \cdot p_i \cdot s}{4}$$

$$W_i = \frac{V_h \cdot p_i}{100}$$

$$W_i = P_i \cdot t \cdot 1000$$

Nutzarbeit

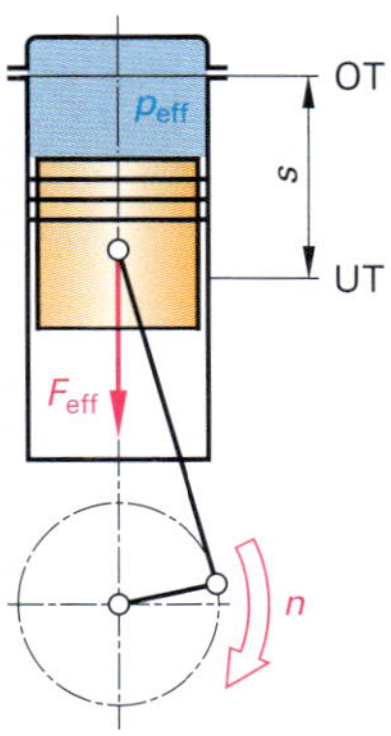

W_{eff}	Nutzarbeit in Nm
F_{eff}	nutzbare Kolbenkraft in N
P_{eff}	Nutzleistung in kW
p_{eff}	mittlerer effektiver Kolbendruck in N/cm²
t	Zeit in s
V_h	Hubraum in cm³
A	Kolbenfläche in cm²
s	Hub in m
t	Zeit in s

Beispiel: $V_h = 498\ \text{cm}^3$; $p_{eff} = 12{,}8\ \text{bar} = 128\ \text{N/cm}^2$; $W_{eff} = ?\ \text{kW}$

Lösung: $$\boldsymbol{W_{eff}} = \frac{V_h \cdot p_{eff}}{100} = \frac{498 \cdot 128}{100}\ \text{kW} = \mathbf{637{,}4\ Nm}$$

$$W_{eff} = F_{eff} \cdot s$$

$$W_{eff} = A \cdot p_{eff} \cdot s$$

$$W_{eff} = \frac{d^2 \cdot \pi \cdot p_{eff} \cdot s}{4}$$

$$W_{eff} = \frac{V_h \cdot p_{eff}}{100}$$

$$W_{eff} = P_{eff} \cdot t \cdot 1000$$

Spezifischer Arbeitspreis, spezifische Kraftstoffkosten

Beispiel:
$\dot{m}_K = 19{,}2\ \text{kg/h}$; $K_K = 1{,}2\ €/\text{l}$; $\varrho = 0{,}75\ \text{kg/l}$; $P_{eff} = 60\ \text{kW}$; $K_W = ?\ €/\text{kWh}$

Lösung:

$$\boldsymbol{K_W} = \frac{\dot{m}_K \cdot K_K}{P_{eff} \cdot \varrho_K} = \frac{19{,}2\ \text{kg/h} \cdot 1{,}2\ €/\text{l}}{60\ \text{kW} \cdot 0{,}75\ \text{kg/l}} = \mathbf{0{,}512\ €/kWh}$$

K_W	Arbeitspreis in €/kWh (Betriebskosten)
K_K	Kraftstoffkosten in €/l
$\dot{m}_K$	Kraftstoffverbrauch in kg/h
ϱ_K	Dichte des Kraftstoffs in kg/l (kg/dm³)
P_{eff}	Motorleistung in kW (Nutzleistung)
b_{eff}	spezifischer Kraftstoffverbrauch in g/kWh

Für die Kraftstoffkosten K_K ist der aktuelle Preis einzusetzen.

$$K_W = \frac{\dot{m}_K \cdot K_K}{P_{eff} \cdot \varrho_K}$$

$$K_W = \frac{b_{eff} \cdot K_K}{1000 \cdot \varrho_K}$$

M

Hubraumleistung

Motorart	Fahrzeug	Hubraumleistung P_H kW/l
Otto	Pkw	bis 130
Otto	Krad	bis 100
Diesel	Pkw	bis 60
Diesel	Lkw	bis 70

P_H Hubraumleistung in kW/l
P_{eff} größte Nutzleistung in kW
V_H Gesamthubraum in l

Beispiel: $P_{eff} = 73\ \text{kW}$; $V_H = 1{,}79\ \text{l}$
$P_H = ?\ \text{kW/l}$

Lösung: $\mathbf{P_H} = \frac{P_{eff}}{V_H} = \frac{73\ \text{kW}}{1{,}79\ \text{l}} = \mathbf{40{,}78\ kW/l}$

$$P_H = \frac{P_{eff}}{V_H}$$

$$P_{eff} = V_H \cdot P_H$$

$$V_H = \frac{P_{eff}}{P_H}$$

Leistungsgewicht des Motors, des Fahrzeugs

Motorart	Fahrzeug	Leistungsgewicht des Motors m_{PM} kg/kW
Otto	Krad	0,5 … 3
Otto	Pkw	1,3 … 5
Diesel	Pkw	1,8 … 5
Diesel	Lkw	2,5 … 8

Motorart	Fahrzeug	Leistungsgewicht des Fahrzeugs m_{PF} kg/kW
Otto	Krad	2 … 9
Otto	Pkw	4 … 22
Diesel	Pkw	12 … 25
Diesel	Lkw	60 … 230 (beladen)

m_{PM} Leistungsgewicht des Motors in kg/kW
m_{PF} Leistungsgewicht des Fahrzeugs in kg/kW
P_{eff} größte Nutzleistung in kW
m_M Gewicht des Motors (trocken) in kg
m_F Leergewicht des Fahrzeugs in kg (bei Pkw)
m_F zulässiges Gesamtgewicht in kg (bei Lkw und Anhänger)

Beispiel: $P_{eff} = 45\ \text{kW}$; $m_M = 112\ \text{kg}$
$m_{PM} = ?\ \text{kg/kW}$

Lösung: $\mathbf{m_{PM}} = \frac{m_M}{P_{eff}} = \frac{112\ \text{kg}}{45\ \text{kW}} = \mathbf{2{,}5\ kg/kW}$

$$m_{PM} = \frac{m_M}{P_{eff}}$$

$$P_{eff} = \frac{m_M}{m_{PM}}$$

$$m_M = P_{eff} \cdot m_{PM}$$

$$m_{PF} = \frac{m_F}{P_{eff}}$$

$$P_{eff} = \frac{m_F}{m_{PF}}$$

$$m_F = P_{eff} \cdot m_{PF}$$

Gewichtsleistung

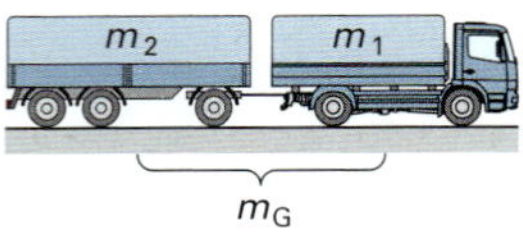

P_m Gewichtsleistung in kW/t
m_G zulässiges Gesamtgewicht in t
P_{eff} Nutzleistung in W

Bei Nutzfahrzeugen und Omnibussen ist eine Motorleistung von mindestens 5,0 kW pro Tonne des zulässigen Gesamtgewichts des Kfz und der jeweiligen Anhängerlast vorgeschrieben.

Beispiel: $P_{eff} = 230\ \text{kW}$;
$m_G = 16\ \text{t} + 22\ \text{t} = 38\ \text{t}$; $P_m = ?\ \text{kW/t}$

Lösung: $\mathbf{P_m} = \frac{P_{eff}}{m_G} = \frac{230\ \text{kW}}{38\ \text{t}} = \mathbf{6\ kW/t}$

$$P_m = \frac{P_{eff}}{m_G}$$

$$P_{eff} = P_m \cdot m_G$$

$$m_G = \frac{P_{eff}}{P_m}$$

Hubraumgewicht

Motorart	Fahrzeug	Hubraumgewicht m_H kg/l
Otto	Krad	60 … 165
Otto	Pkw	40 … 100
Diesel	Pkw	70 … 120
Diesel	Lkw	100 … 180

m_H Hubraumgewicht in kg/l
m_M Gewicht des Motors (trocken) in kg
V_H Gesamthubraum in l

Beispiel: $m_M = 122\ \text{kg}$; $V_H = 1{,}493\ \text{l}$
$m_H = ?\ \text{kg/l}$

Lösung: $\mathbf{m_H} = \frac{m_M}{V_H} = \frac{122\ \text{kg}}{1{,}493\ \text{l}} = \mathbf{82\ kg/l}$

$$m_H = \frac{m_M}{V_H}$$

$$m_M = V_H \cdot m_H$$

$$V_H = \frac{m_M}{m_H}$$

M

Kupplung

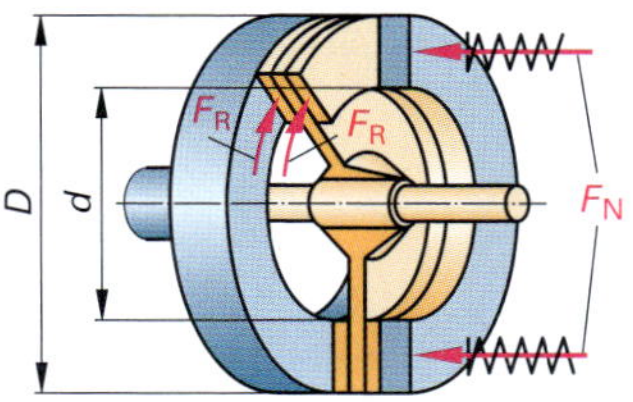

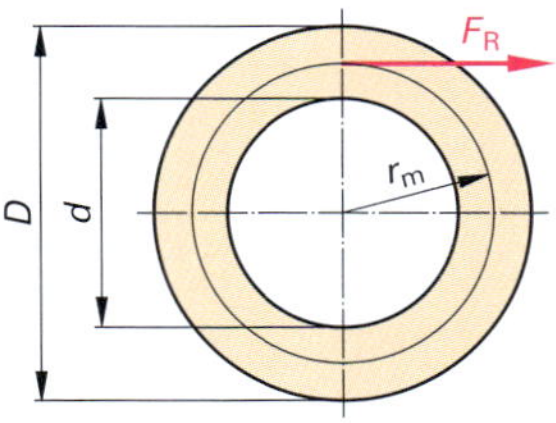

F_K	Drehkraft (Umfangskraft) in N
F_R	Reibungskraft einer Belagseite in N
F_N	Anpresskraft (gesamt) in N
μ_H	Haftreibungszahl
A	Fläche einer Belagseite in cm^2
p	Flächenpressung in N/cm^2
D	Außendurchmesser in cm, m
d	Innendurchmesser in cm, m
z	Anzahl der Kupplungsscheiben
M_K	übertragbares Drehmoment in Ncm, Nm
M_{max}	maximales Motormoment in Ncm, Nm
r_m	mittlerer Drehkrafthalbmesser (Radius) in cm, m
S	Sicherheitszahl ($S \approx 1{,}2 \dots 1{,}5$)

Beispiel 1: Einscheibenkupplung
$D = 180\ mm;\quad d = 125\ mm;\quad p = 20\ N/cm^2;\quad \mu_H = 0{,}3;$
$A = ?;\quad F_N = ?;\quad F_R = ?;\quad r_m = ?;\quad M_K = ?$

Lösung:

$$A = \frac{\pi}{4} \cdot (D^2 - d^2) = \frac{\pi}{4} \cdot (18^2\ cm^2 - 12{,}5^2\ cm^2) = \mathbf{131{,}75\ cm^2}$$

$$F_N = A \cdot p = 131{,}75\ cm^2 \cdot 20\ N/cm^2 = \mathbf{2635\ N}$$

$$F_R = F_N \cdot \mu_H = 2635\ N \cdot 0{,}3 = \mathbf{790{,}5\ N}$$

$$r_m = \frac{D + d}{4} = \frac{18\ cm + 12{,}5\ cm}{4} = \mathbf{7{,}625\ cm}$$

$$M_K = 2 \cdot F_R \cdot r_m \cdot z = 2 \cdot 790{,}5\ N \cdot 7{,}625\ cm \cdot 1 = 12\,055\ Ncm = \mathbf{120{,}55\ Nm}$$

Beispiel 2: Zweischeibenkupplung
$D = 160\ mm;\ d = 110\ mm;\ p = 20\ N/cm^2;\ \mu_H = 0{,}32;$
$F_R = ?;\quad F_K = ?;\quad M_K = ?$

Lösung:

$$F_R = F_N \cdot \mu_H = 2120{,}6\ N \cdot 0{,}32 = \mathbf{678{,}6\ N}$$

$$F_N = \frac{\pi}{4} \cdot (D^2 - d^2) \cdot p = \frac{\pi}{4} \cdot (16^2\ cm^2 - 11^2\ cm^2) \cdot 20\ \frac{N}{cm^2} = \mathbf{2120{,}6\ N}$$

$$F_K = 2 \cdot F_R \cdot z = 2 \cdot 678{,}6\ N \cdot 2 = \mathbf{2714{,}4\ N}$$

$$r_m = \frac{D + d}{4} = \frac{16\ cm + 11\ cm}{4} = \mathbf{6{,}75\ cm}$$

$$M_K = F_K \cdot r_m = 2714{,}4\ N \cdot 6{,}75\ cm = 18\,322\ Ncm = \mathbf{183{,}2\ Nm}$$

Erfahrungswerte

Kupplungsart	Belag	Haftreibungszahl μ_H	Flächenpressung p
Trocken	organisch	0,25 … 0,5	bis 35 N/cm^2
	Sinterbelag mit Keramikanteil	0,30 … 0,6	bis 200 N/cm^2
Nass	Sinter-Metall	0,08 … 0,12	bis 300 N/cm^2
	Papier-Reibbelag	0,06 … 0,10	bis 300 N/cm^2
	Carbon-Reibbelag	0,08 … 0,10	bis 800 N/cm^2

$$F_K = 2 \cdot F_R \cdot z$$

$$F_R = \frac{F_K}{2 \cdot z}$$

$$F_R = F_N \cdot \mu_H$$

$$F_N = \frac{F_R}{\mu_H}$$

$$F_K = 2 \cdot F_N \cdot \mu_H \cdot z$$

$$F_N = \frac{F_K}{2 \cdot \mu_H \cdot z}$$

$$M_K = F_K \cdot r_m$$

$$F_K = \frac{M_K}{r_m}$$

$$r_m = \frac{D + d}{4}$$

$$M_K = 2 \cdot F_R \cdot r_m \cdot z$$

$$F_R = \frac{M_K}{2 \cdot r_m \cdot z}$$

$$M_K = 2 \cdot F_N \cdot \mu_H \cdot r_m \cdot z$$

$$M_K = S \cdot M_{max}$$

$$S = \frac{M_K}{M_{max}} \qquad M_{max} = \frac{M_K}{S}$$

$$F_N = A \cdot p$$

$$p = \frac{F_N}{A} \qquad A = \frac{F_N}{p}$$

$$A = \frac{\pi}{4} \cdot (D^2 - d^2)$$

$$F_N = \frac{\pi}{4} \cdot (D^2 - d^2) \cdot p$$

M

Kupplungsbetätigung

Bei der Berechnung von rein mechanischen Kupplungsbetätigungen setzt man $i_{hyd} = 1$ und $F_{GZ} = F_{NZ}$.

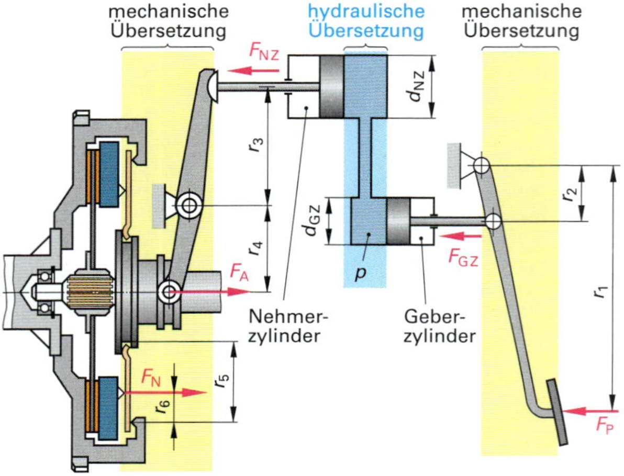

i_1, i_2	mechanische Einzelübersetzungen
i_a	äußere Übersetzung
i_i	innere Übersetzung
i_{mec}	mechanische Übersetzung
i_{hyd}	hydraulische Übersetzung
i	Gesamtübersetzung
r_1, r_2, ...	wirksame Hebellängen in mm
F_P	Fußkraft am Pedal in N
F_A	Ausrückkraft in N
F_N	Gesamtanpresskraft in N
F_{GZ}, F_{NZ}	Kraft am Geber-, Nehmerzylinder in N
A_{GZ}, A_{NZ}	Querschnittsfläche des Geber-, Nehmerzylinders in cm²
d_{GZ}, d_{NZ}	Durchmesser des Geber-, Nehmerzylinders in cm
p	Leitungsdruck in N/cm²
s_D	Druckplattenweg in mm
s_B	Belagfederweg in mm
l	Lüftungsspiel in mm
s_A	Ausrückweg in mm
s	Kupplungsspiel in mm (wenn spielfrei $s = 0$)
s_P	Pedalweg in mm

Beispiel: Einscheibenkupplung, spielfrei, hydraulische Betätigung
$i_i = 0{,}3$; $i_a = 0{,}06$; $A_{GZ} = 3{,}87\ \text{cm}^2$; $A_{NZ} = 5{,}06\ \text{cm}^2$;
$F_P = 300\ \text{N}$; $s_A = 7\ \text{mm}$
$i_{mec} = ?$; $i_{hyd} = ?$; $F_A = ?$; $s_P = ?$

Lösung: $\boldsymbol{i_{mec}} = i_a \cdot i_i = 0{,}06 \cdot 0{,}3 = \mathbf{0{,}018}$

$$\boldsymbol{i_{hyd}} = \frac{A_{GZ}}{A_{NZ}} = \frac{3{,}87\ \text{cm}^2}{5{,}06\ \text{cm}^2} = \mathbf{0{,}76}$$

$$\boldsymbol{F_A} = \frac{F_P}{i_a \cdot i_{hyd}} = \frac{300\ \text{N}}{0{,}06 \cdot 0{,}76} = \mathbf{6579\ N}$$

$$\boldsymbol{s_P} = \frac{s_A + s}{i_a \cdot i_{hyd}} = \frac{7\,\text{mm} + 0}{0{,}06 \cdot 0{,}76} = \mathbf{153{,}5\ mm}$$

Mechanische Übersetzung

$$i_{mec} = i_a \cdot i_i$$

$$i_a = i_1 \cdot i_2 \qquad i_i = \frac{r_6}{r_5}$$

$$i_1 = \frac{r_2}{r_1} \qquad i_2 = \frac{r_4}{r_3}$$

$$i_{mec} = \frac{r_2 \cdot r_4 \cdot r_6}{r_1 \cdot r_3 \cdot r_5}$$

$$F_P = F_N \cdot i_{mec} \qquad F_A = F_N \cdot i_i$$

Hydraulische Übersetzung

$$i_{hyd} = \frac{d_{GZ}^2}{d_{NZ}^2} \qquad i_{hyd} = \frac{F_{GZ}}{F_{NZ}}$$

$$p = \frac{F_{GZ}}{A_{GZ}} \qquad p = \frac{F_{NZ}}{A_{NZ}}$$

$$F_{GZ} = p \cdot A_{GZ} \qquad F_{NZ} = p \cdot A_{NZ}$$

$$A_{GZ} = \frac{\pi \cdot d_{GZ}^2}{4} \qquad A_{NZ} = \frac{\pi \cdot d_{NZ}^2}{4}$$

Gesamtübersetzung

$$i = i_1 \cdot i_{hyd} \cdot i_2 \cdot i_i$$

$$F_{GZ} = \frac{F_P}{i_1} \qquad F_P = i \cdot F_N$$

$$F_A = \frac{F_{NZ}}{i_2} \qquad F_A = \frac{F_P}{i_a \cdot i_{hyd}}$$

$$F_N = \frac{F_A}{i_i} \qquad F_N = \frac{F_P}{i_{mec} \cdot i_{hyd}}$$

Lüftspiel

$$l = s_D - s_B$$

Ausrückweg

$$s_A = \frac{l}{i_i}$$

Pedalweg

$$s_P = \frac{s_A + s}{i_a \cdot i_{hyd}}$$

$$s_A = i_a \cdot i_{hyd} \cdot s_P - s$$

Ungleichachsiges Wechselgetriebe

Die Übersetzungen sämtlicher Gänge werden durch jeweils eine Zahnradpaarung bewirkt.

$z_1, z_3, z_5, \ldots$	Zähnezahlen, treibende Räder
$z_2, z_4, z_6, \ldots$	Zähnezahlen, getriebene Räder
F	Zahnflankenkraft in N
M_M	Motordrehmoment in Nm
M_G	Getriebeausgangsdrehmoment in Nm
η_K	Kupplungswirkungsgrad
η_G	Getriebewirkungsgrad
i_G	Getriebeübersetzung
$i_{G1}, i_{G2}, \ldots$	Getriebeübersetzungen in den einzelnen Gängen
$r_1, r_2,$	Teilkreishalbmesser in mm
n_M	Motordrehzahl in 1/min
n_G	Getriebeausgangsdrehzahl in 1/min

Beispiel: Ungleichachsiges Wechselgetriebe;
3. Gang; $z_5 = 28$; $z_6 = 40$; $\eta_G = 0{,}97$
$n_M = 3500$ 1/min; $M_M = 140$ Nm;
$i_{G3} = ?$; $n_G = ?$; $M_{G3} = ?$

Lösung: $\mathbf{i_{G3}} = \frac{z_6}{z_5} = \frac{40}{28} = \mathbf{1{,}43}$

$$\mathbf{n_{G3}} = \frac{n_M}{i_{G3}} = \frac{3500\ 1/\text{min}}{1{,}43} = \mathbf{2448\ 1/min}$$

$$\mathbf{M_{G3}} = M_M \cdot i_{G3} \cdot \eta_G = 140\ \text{Nm} \cdot 1{,}43 \cdot 0{,}97 =$$
$$= \mathbf{194\ Nm}$$

5-Gang-Wechselgetriebe (3. Gang)

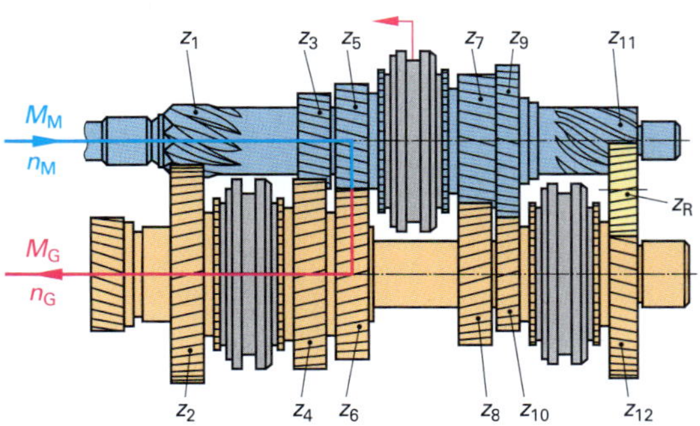

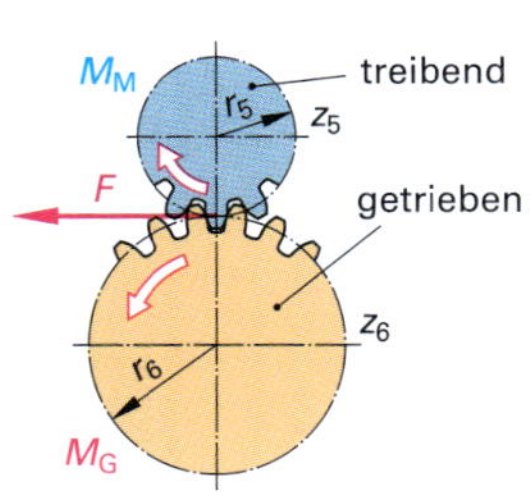

Drehzahlübersetzung

$$i_G = \frac{n_M}{n_G}$$

$$n_G = \frac{n_M}{i_G} \qquad n_M = n_G \cdot i_G$$

Übersetzung der Gänge (5 Gänge)

1. Gang: $i_{G1} = \frac{z_2}{z_1}$

2. Gang: $i_{G2} = \frac{z_4}{z_3}$

3. Gang: $i_{G3} = \frac{z_6}{z_5}$

4. Gang: $i_{G4} = \frac{z_8}{z_7}$

5. Gang: $i_{G5} = \frac{z_{10}}{z_9}$

Rückwärtsgang: $i_{GR} = \frac{z_{12}}{z_{11}}$

Übersetzung der Gänge (6 Gänge)

zusätzlich 6. Gang: $i_{G6} = \frac{z_{12}}{z_{11}}$

R-Gang: $i_{GR} = \frac{z_R}{z_1}$

Drehmomentübersetzung

Verluste unberücksichtigt

$$i_G = \frac{M_G}{M_M}$$

$$M_G = M_M \cdot i_G \qquad M_M = \frac{M_G}{i_G}$$

Verluste berücksichtigt

$$i_G = \frac{M_G}{M_M \cdot \eta_K \cdot \eta_G}$$

$$M_G = M_M \cdot \eta_K \cdot i_G \cdot \eta_G$$

$$M_M = \frac{M_G}{\eta_K \cdot i_G \cdot \eta_G}$$

$\eta_K \approx 0{,}995$ Lüftungsverluste
$\eta_G \approx 0{,}955$ Plansch- und Reibungsverluste

M

Gleichachsiges Wechselgetriebe

Die Übersetzungen der Gänge werden jeweils durch zwei Zahnradpaarungen bewirkt (Ausnahme: 4. Gang).

$z_1, z_3, z_5, \ldots$	Zähnezahlen, treibende Räder
$z_2, z_4, z_6, \ldots$	Zähnezahlen, getriebene Räder
F_I, F_{II}	Zahnflankenkräfte in N
M_M	Motordrehmoment in Nm
M_G	Getriebeausgangsdrehmoment in Nm
η_K	Kupplungswirkungsgrad
η_G	Getriebewirkungsgrad
i_G	Getriebeübersetzung
$i_{G1}, i_{G2}, \ldots$	Getriebeübersetzungen in den einzelnen Gängen
$r_1, r_2, \ldots$	Teilkreishalbmesser
n_M	Motordrehzahl in 1/min
n_G	Getriebeausgangsdrehzahl in 1/min

Beispiel: Wechselgetriebe, 1. Gang; $n_M = 3200$ 1/min; $z_1 = 25$; $z_2 = 40$; $z_3 = 19$; $z_4 = 46$; $M_M = 120$ Nm; $i_{G1} = ?$; $n_{G1} = ?$; $M_{G1} = ?$

Lösung:

$$\mathbf{i_{G1}} = \frac{z_2 \cdot z_4}{z_1 \cdot z_3} = \frac{40 \cdot 46}{25 \cdot 19} = \mathbf{3{,}87}$$

$$\mathbf{n_{G1}} = \frac{n_M}{i_{G1}} = \frac{3200\ 1/\text{min}}{3{,}87} = \mathbf{827\ 1/min}$$

$$\mathbf{M_{G1}} = M_M \cdot i_{G1} = 120\ \text{Nm} \cdot 3{,}87 = \mathbf{464{,}4\ Nm}$$

5-Gang Wechselgetriebe (1.Gang)

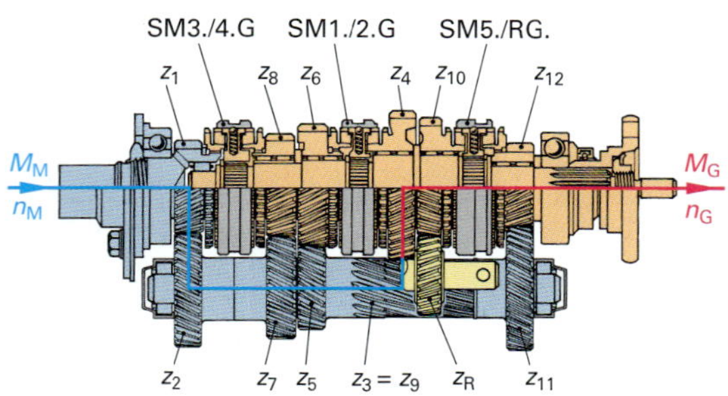

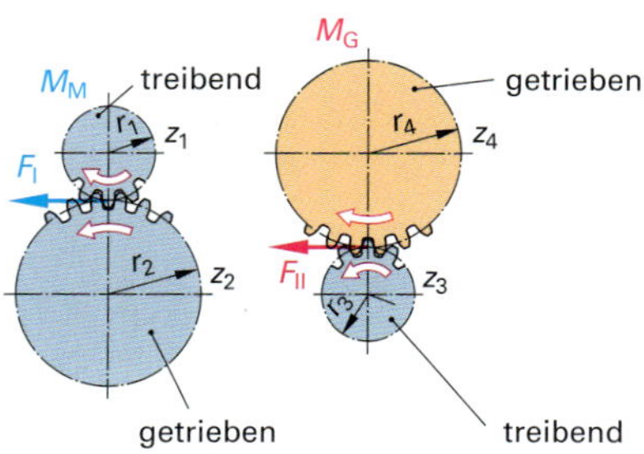

Drehzahlübersetzung

$$i_G = \frac{n_M}{n_G}$$

$$n_G = \frac{n_M}{i_G} \qquad n_M = n_G \cdot i_G$$

Übersetzung der Gänge

1. Gang
$$i_{G1} = \frac{z_2 \cdot z_4}{z_1 \cdot z_3}$$

2. Gang
$$i_{G2} = \frac{z_2 \cdot z_6}{z_1 \cdot z_5}$$

3. Gang
$$i_{G3} = \frac{z_2 \cdot z_8}{z_1 \cdot z_7}$$

4. Gang
$$i_{G4} = 1$$

5. Gang
$$i_{G5} = \frac{z_2 \cdot z_{12}}{z_1 \cdot z_{11}}$$

Rückwärtsgang
$$i_{GR} = \frac{z_2 \cdot z_{10}}{z_1 \cdot z_9}$$

Drehmomentübersetzung

Verluste unberücksichtigt

$$i_G = \frac{M_G}{M_M}$$

$$M_G = M_M \cdot i_G \qquad M_M = \frac{M_G}{i_G}$$

Verluste berücksichtigt

$$i_G = \frac{M_G}{M_M \cdot \eta_K \cdot \eta_G}$$

$$M_G = M_M \cdot \eta_K \cdot i_G \cdot \eta_G$$

$$M_M = \frac{M_G}{\eta_K \cdot i_G \cdot \eta_G}$$

$\eta_K \approx 0{,}995$ Lüftungsverluste

$\eta_G \approx 0{,}955$ Plansch- und Reibungsverluste

Achsgetriebe

Stirnrad-Achsgetriebe

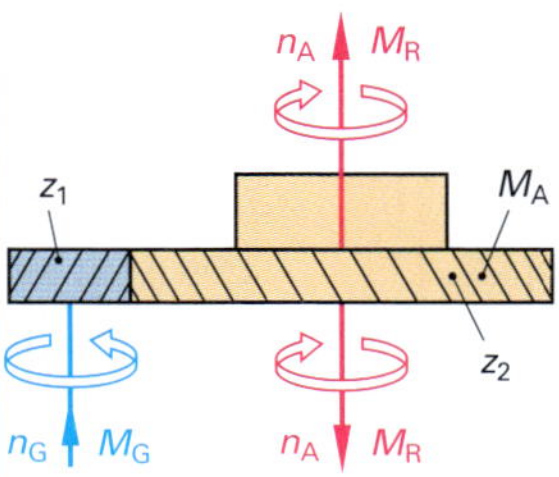

Kegelrad-Achsgetriebe

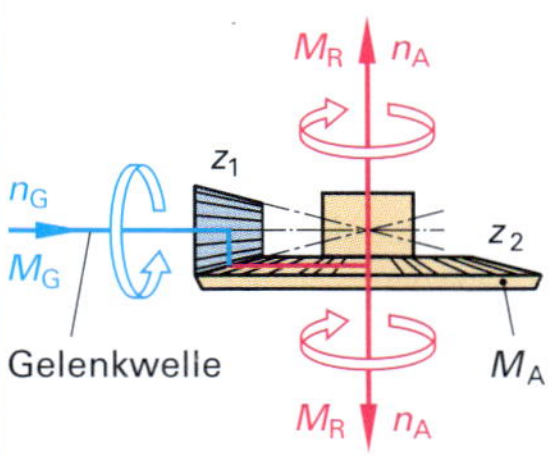

Mit Planeten-Vorgelege

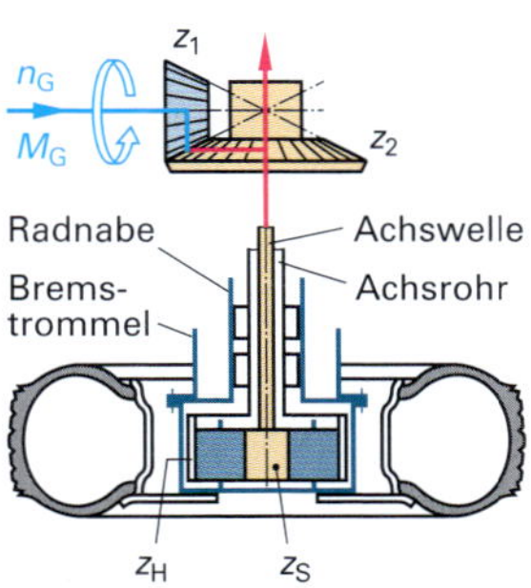

i_A	Übersetzung des Achsgetriebes
i_G	Übersetzung des Wechselgetriebes
i_V	Übersetzung des Vorgelege-Getriebes
i_{AV}	Übersetzung des Achsgetriebes mit Vorgelege-Getriebe
z_1	Zähnezahl des treibenden Stirnrades bzw. Kegelrades
z_2	Zähnezahl des getriebenen Stirnrades bzw. Tellerrades
z_H	Zähnezahl des Hohlrades
z_S	Zähnezahl des Sonnenrades
n_M	Motordrehzahl in 1/min
n_G	Getriebeausgangsdrehzahl in 1/min
n_A	Drehzahl der Antriebsräder in 1/min
M_G	Getriebeausgangsdrehmoment in Nm
M_A	Drehmoment an den Antriebsrädern bzw. am Tellerrand oder getriebenen Stirnrad in Nm
η_A	Wirkungsgrad des Achsgetriebes
M_R	Drehmoment an einem Antriebsrad in Nm
M_{AV}	Drehmoment an den Antriebsrädern beim Achsgetriebe mit Planetenvorgelege in Nm
M_{RV}	Drehmoment an einem Antriebsrad beim Achsgetriebe mit Planeten-Vorgelege in Nm
η_{AV}	Wirkungsgrad des Achsgetriebes mit Vorgelege

$$i_A = \frac{z_2}{z_1} \qquad i_A = \frac{n_G}{n_A}$$

$$n_G = i_A \cdot n_A$$

$$n_A = \frac{n_G}{i_A}$$

$$M_A = M_G \cdot i_A \cdot \eta_A$$

$$M_R = \frac{M_A}{2}$$

$$i_{AV} = i_A \cdot i_V$$

$$i_V = 1 + \frac{z_H}{z_S}$$

$$i_{AV} = \frac{z_T}{z_K} \cdot \left(1 + \frac{z_H}{z_S}\right)$$

$$M_{AV} = M_G \cdot i_{AV} \cdot \eta_{AV}$$

$$M_{RV} = \frac{M_{AV}}{2}$$

Gesamtübersetzung des Antriebsstrangs

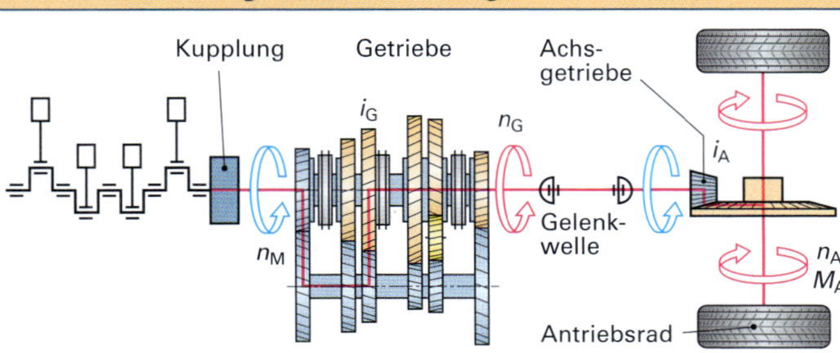

Achsübersetzungen		
	Pkw	$i_A = 2{,}5 \ldots 4{,}5$
	Nkw	$i_A = 3{,}5 \ldots 6{,}5$

i_{Tr}	Übersetzung des Antriebsstrangs
i_G	Übersetzung des Wechselgetriebes
i_A	Übersetzung des Achsgetriebes
η_{TR}	Wirkungsgrad Antriebsstrang

$$i_{Tr} = i_G \cdot i_A$$

$$i_{Tr} = \frac{n_M}{n_A}$$

$$n_A = \frac{n_M}{i_{Tr}}$$

$$M_A = M_M \cdot i_{Tr} \cdot \eta_{Tr}$$

$$n_A = \frac{n_M}{i_G \cdot i_A}$$

$$n_M = n_A \cdot i_G \cdot i_A$$

M

Antriebskraft an den Antriebsrädern

Beispiel: M_M = 108,6 Nm
i_{Tr} = 6,12 (3. Gang)
r_{dyn} = 283 mm; η_{Kr} = 0,9
F_A = ? N

Lösung: $\mathbf{F_A} = \frac{M_M \cdot i_{Tr} \cdot \eta_{Tr}}{r_{dyn}} = \frac{108{,}6\ \text{Nm} \cdot 6{,}12 \cdot 0{,}9}{0{,}283\ \text{m}} = \mathbf{2113{,}7\ N}$

F_A Antriebskraft an den Antriebsrädern in N
M_A Drehmoment an den Antriebsrädern in Nm
M_M Motordrehmoment in Nm
i_{Tr} Übersetzung des Antriebsstrangs
r_{dyn} Dynamischer Reifenhalbmesser in m
U_{dyn} Abrollumfang in m
η_{Tr} Wirkungsgrad des Antriebsstrangs

$$F_A = \frac{M_A}{r_{dyn}}$$

$$F_A = \frac{M_M \cdot i_{Tr} \cdot \eta_{Tr}}{r_{dyn}}$$

$$F_A = \frac{2 \cdot \pi \cdot M_A}{U_{dyn}}$$

Drehmoment und Leistung an den Antriebsrädern

Drehmomentschaubild

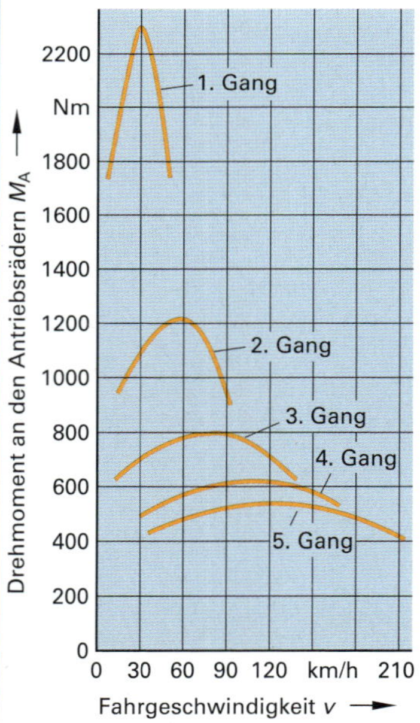

M_A Drehmoment an den Antriebsrädern in Nm
M_M Motordrehmoment in Nm
P_A Leistung an den Antriebsrädern in kW (Fahrleistung)
P_{eff} Motorleistung in kW
n_A Drehzahl der Antriebsräder in 1/min
n_M Motordrehzahl in 1/min
i_{Tr} Gesamtübersetzung des Antriebsstrangs
i_G Übersetzung des Wechselgetriebes
i_A Übersetzung des Achsgetriebes
η_{Tr} Wirkungsgrad des Antriebsstrangs

$$M_A = M_M \cdot i_{Tr} \cdot \eta_{Tr}$$

$$M_M = \frac{M_A}{i_{Tr} \cdot \eta_{Tr}} \qquad i_{Tr} = \frac{M_A}{M_M \cdot \eta_{Tr}}$$

$$M_A = \frac{9550 \cdot P_{eff} \cdot i_{Tr} \cdot \eta_{Tr}}{n_M}$$

$$P_{eff} = \frac{M_A \cdot n_M}{9550 \cdot i_{Tr} \cdot \eta_{Tr}}$$

$$M_A = \frac{9550 \cdot P_{eff} \cdot \eta_{Tr}}{n_A}$$

$$P_{eff} = \frac{M_A \cdot n_A}{9550 \cdot \eta_{Tr}}$$

$$P_A = P_{eff} \cdot \eta_{Tr}$$

$$P_{eff} = \frac{P_A}{\eta_{Tr}}$$

$$i_{Tr} = i_G \cdot i_A$$

Wirkungsgrad des Antriebsstrangs ohne Rad-/Reifenverluste

η_{Tr} Gesamtwirkungsgrad des Antriebsstrangs
Ist ein Einzelwirkungsgrad nicht angegeben, so wird er bei der Berechnung nicht berücksichtigt.

$$\eta_{Tr} = \eta_K \cdot \eta_G \cdot \eta_{GW} \cdot \eta_A \cdot \eta_{La}$$

Wirkungsgrade

Kupplung-Reibungskupplung (trocken)	η_K	≈ **0,995**	Lager (Rollreibung)	η_{La}	≈ **0,995**
Wechselgetriebe	η_G	≈ **0,955**	Räder (Ventilation, Luftverwirbelung)	η_{RV}	≈ **0,990**
Gelenkwelle	η_{GW}	≈ **0,995**	Räder (Walk- und Rollwirkung)	η_{RW}	≈ **0,860**
Achsgetriebe mit Ausgleichsgetriebe	η_A	≈ **0,990**	Reifen (Schlupfwirkung)	η_{RS}	≈ **0,950**

M

Fahrgeschwindigkeit

Das **Getriebediagramm eines Fahrzeugs** zeigt das Zusammenwirken von Motor, Wechselgetriebe und Achsgetriebe beim Fahren in den einzelnen Gängen. Über der Motordrehzahl wird die Fahrgeschwindigkeit aufgetragen.

Getriebediagramm

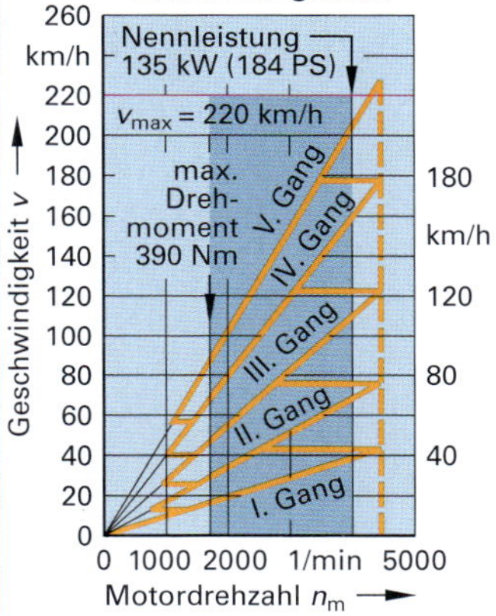

n_A	Drehzahl der Antriebsräder in 1/min
v	Fahrgeschwindigkeit in km/h
r_{dyn}	dynamischer Reifenhalbmesser in mm
U_{dyn}	Abrollumfang in mm
n_M	Motordrehzahl in 1/min
i_G	Übersetzung des Wechselgetriebes
i_A	Übersetzung des Achsgetriebes
i_{Tr}	Gesamtübersetzung des Antriebsstrangs

$$v = \frac{3{,}6 \cdot U_{dyn} \cdot n_A}{60\,000}$$

$$n_A = \frac{60\,000 \cdot v}{3{,}6 \cdot U_{dyn}}$$

$$U_{dyn} = 2 \cdot \pi \cdot r_{dyn}$$

$$n_A = \frac{n_M}{i_{Tr}}$$

$$n_M = n_A \cdot i_{Tr}$$

$$i_{Tr} = i_G \cdot i_A$$

$$n_A = \frac{n_M}{i_G \cdot i_A}$$

$$n_M = n_A \cdot i_G \cdot i_A$$

Gegebene Werte				Errechnete Werte		
Motordrehzahl	Gang	i_G	i_A	i_{Tr}	n_A in 1/min	v in km/h
n_M = 4500 1/min	1.	5,24	2,35	12,31	366	44
Reifen 225/60 R 15	2.	2,91	2,35	6,84	658	78
U_{dyn} = 1985 mm	3.	1,81	2,35	4,25	1059	126
	4.	1,27	2,35	2,98	1510	180
	5.	1	2,35	2,35	1915	228

Beschleunigung

Beschleunigungsbereich	Zeit in s
0 km/h bis 80 km/h	6
0 km/h bis 100 km/h	8,5
0 km/h bis 120 km/h	11,9
0 km/h bis 130 km/h	14,1
0 km/h bis 160 km/h	21,8
0 km/h bis 200 km/h	43,5

Beschleunigungsdiagramm

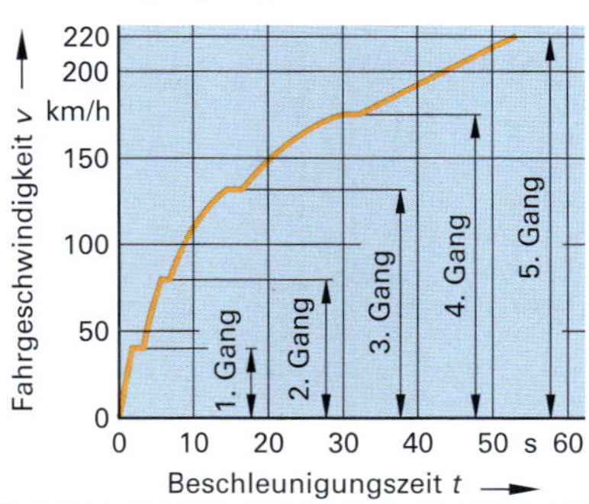

a	Beschleunigung in m/s^2
$v_2 - v_1$	Geschwindigkeitszunahme in m/s
t	Zeit in s

Mittlere Beschleunigung

$$a = \frac{v_2 - v_1}{t}$$

Beispiel 1: $i_G = 0{,}94$; $i_A = 4{,}11$; $U_{dyn} = 1935$ mm; $n_M = 5200$ 1/min; n_A = ?; v = ?

Lösung:

$$\mathbf{n_A} = \frac{n_M}{i_G \cdot i_A} = \frac{5200\ 1/\text{min}}{0{,}94 \cdot 4{,}11} = \mathbf{1346\ 1/min}$$

$$\mathbf{v} = \frac{3{,}6 \cdot U_{dyn} \cdot n_A}{60\,000} = \frac{3{,}6 \cdot 1935 \cdot 1346}{60\,000}\ \text{km/h} =$$

$$= \mathbf{156\ km/h}$$

Beispiel 2: v = 180 km/h; U_{dyn} = 1935 mm; i_G = 0,79; i_A = 4,11; n_A = ?; n_M = ?

Lösung:

$$\mathbf{n_A} = \frac{60\,000 \cdot v}{3{,}6 \cdot U_{dyn}} = \frac{60\,000 \cdot 180}{3{,}6 \cdot 1935}\ 1/\text{min} =$$

$$= \mathbf{1550\ 1/min}$$

$$\mathbf{n_M} = n_A \cdot i_G \cdot i_A = 1550\ 1/\text{min} \cdot 0{,}79 \cdot 4{,}11$$

$$= \mathbf{5033\ 1/min}$$

M

Ausgleichsgetriebe bei Kurvenfahrt

Kurvenfahrt

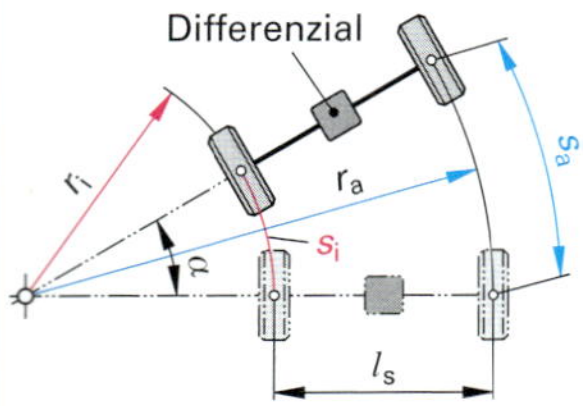

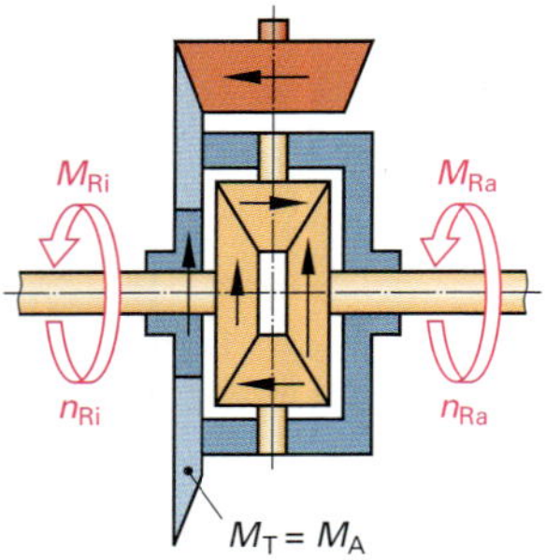

r_i	Spurkreishalbmesser innen in mm
r_a	Spurkreishalbmesser außen in mm
s_i	Radweg kurveninneres Rad in mm
s_a	Radweg kurvenäußeres Rad in mm
α	Kurvenwinkel in °
Δs	Wegdifferenz zwischen kurvenäußerem und kurveninnerem Rad in mm
n_{Ri}	Raddrehzahl kurveninneres Rad
n_{Ra}	Raddrehzahl kurvenäußeres Rad
Δn_r	Differenz der Raddrehzahlen
U_{dyn}	Abrollumfang der Reifen in mm
l_s	Spurweite in mm
M_T	Drehmoment am Tellerrad bzw. am treibenden Stirnrad in Nm
M_A	Drehmoment an beiden Antriebsrädern in Nm
M_R	Drehmoment an einem Antriebsrad in Nm
M_{Ri}	Drehmoment am kurveninneren Rad in Nm
M_{Ra}	Drehmoment am kurvenäußeren Rad in Nm

Radwege

$$s_i = \frac{2 \cdot \pi \cdot r_i \cdot \alpha}{360°}$$

$$s_a = \frac{2 \cdot \pi \cdot r_a \cdot \alpha}{360°}$$

$$\Delta s = s_a - s_i$$

$$\Delta s = \frac{2 \cdot \pi\,(r_a - r_i) \cdot \alpha}{360°}$$

$$\Delta s = \frac{2 \cdot \pi \cdot l_s \cdot \alpha}{360°}$$

Raddrehzahlen

$$n_{Ri} = \frac{s_i}{U_{dyn}} \qquad n_{Ra} = \frac{s_a}{U_{dyn}}$$

$$\Delta n_R = \frac{\Delta s}{U_{dyn}}$$

$$\Delta n_R = \frac{2 \cdot \pi\,(r_a - r_i) \cdot \alpha}{360° \cdot U_{dyn}}$$

$$\Delta n_R = \frac{2 \cdot \pi \cdot l_s \cdot \alpha}{360° \cdot U_{dyn}}$$

Drehmomente

$$M_{Ri} = M_{Ra} = \frac{M_T}{2}$$

$$M_T = 2 \cdot M_R = M_A$$

Beispiel: Pkw; Spurweite vorn 1525 mm; Kurvenwinkel 150°; U_{dyn} = 1940 mm; Wegdifferenz Δs = ? in mm; Differenz der Raddrehzahlen Δn_R = ?

Lösung:

$$\Delta s = \frac{2 \cdot \pi \cdot l_s \cdot \alpha}{360°} = \frac{2 \cdot \pi \cdot 1525\text{ mm} \cdot 250°}{360°} =$$

$$= 3992\text{ mm} = \mathbf{3{,}992\ m}$$

$$\Delta n_R = \frac{\Delta s}{U_{dyn}} = \frac{3992\text{ mm}}{1940\text{ mm}} = \mathbf{2\ Umdreh.}$$

Ausgleichsgetriebe mit Ausgleichssperre

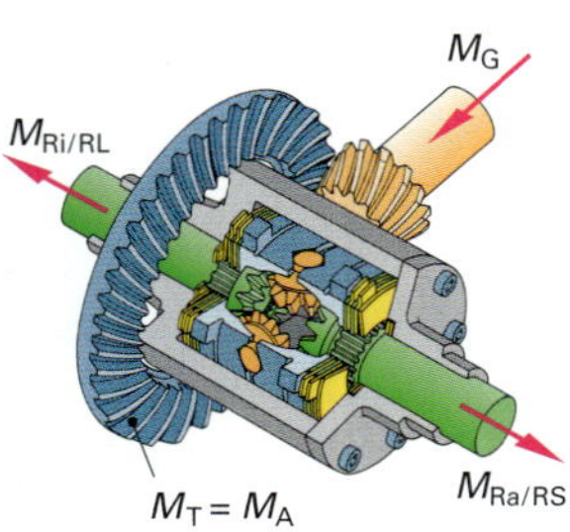

S	Sperrwert in %
ΔM_R	Differenz der Drehmomente an den Antriebsrädern in Nm
ΣM_R	Summe der Drehmomente an den Antriebsrädern in Nm
$M_{Ri/RL}$	Drehmoment am inneren/langsameren Antriebsrad in Nm
$M_{Ra/RS}$	Drehmoment am äußeren/schnelleren Antriebsrad in Nm
M_A	Antriebsdrehmoment in Nm
M_T	Antriebsdrehmoment am Tellerrad in Nm

Der Sperrwert S gibt an, wie viel Drehmomentunterschied in % zwischen zwei Antriebswellen möglich ist.

$$S = \frac{\Delta M_R}{\Sigma M_R} \cdot 100\,\%$$

$$\Delta M_R = M_{Ri/RL} - M_{Ra/RS}$$

$$\Sigma M_R = M_{Ri/RL} + M_{Ra/RS}$$

$$M_{Ri/RL} = \frac{M_A}{2} + \frac{M_A}{2} \cdot \frac{S}{100\,\%}$$

$$M_{Ra/RS} = \frac{M_A}{2} - \frac{M_A}{2} \cdot \frac{S}{100\%}$$

M

Kreuzgelenke

Wirkungsweise eines gebeugten Kreuzgelenkes

Ist zwischen Antriebswelle und Abtriebswelle ein Beugungswinkel β vorhanden, so führt die Abtriebswelle bei gleichförmiger Drehgeschwindigkeit ω_1 der Antriebswelle eine ungleichförmige Drehbewegung mit sinusförmig wechselnder Drehgeschwindigkeit ω_2 aus. Bei einer Umdrehung der Antriebswelle treten an der Abtriebswelle 2 Voreilungen und 2 Nacheilungen auf.

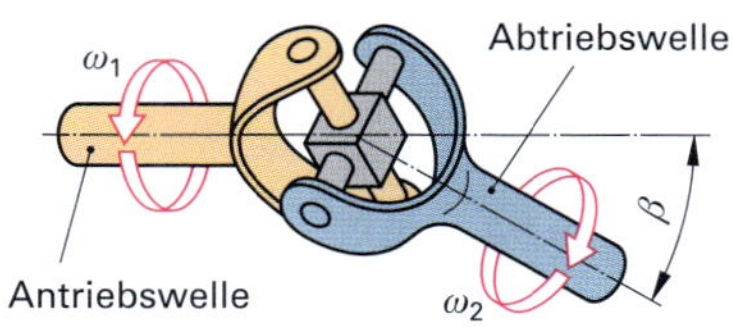

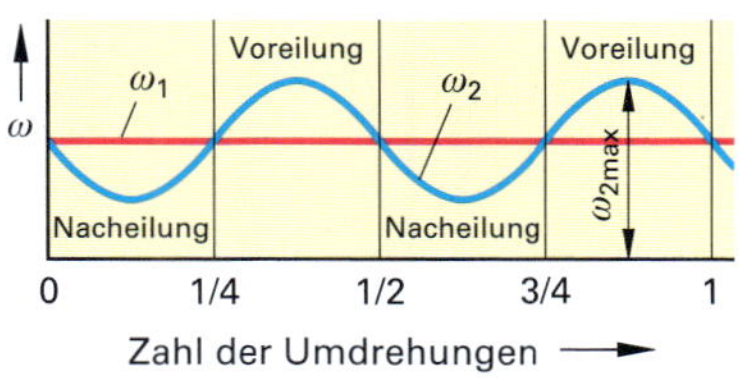

- n_1 Drehzahl der Antriebswelle
- β Beugungswinkel in °
- ω_1 Drehgeschwindigkeit der Antriebswelle in °/s
- ω_2 Drehgeschwindigkeit der Abtriebswelle in °/s
- ω_{2min} kleinste Drehgeschwindigkeit der Abtriebswelle in rad/s
- ω_{2max} größte Drehgeschwindigkeit der Abtriebswelle in rad/s
- δ_u Ungleichförmigkeitsgrad
- M_1 Antriebsdrehmoment in Nm
- M_2 Abtriebsdrehmoment in Nm
- M_{2min} kleinstes Abtriebsdrehmoment in Nm
- M_{2max} größtes Abtriebsdrehmoment in Nm

$$\omega_1 = \frac{\pi \cdot n_1}{30}$$

$$\omega_{2min} = \omega_1 \cdot \cos\beta$$

$$\omega_{2max} = \frac{\omega_1}{\cos\beta}$$

$$\delta_u = \frac{\omega_{2max} - \omega_{2min}}{\omega_1}$$

$$M_{2min} = M_1 \cdot \cos\beta$$

$$M_{2max} = \frac{M_1}{\cos\beta}$$

Zusammenwirken von 2 gebeugten Kreuzgelenken

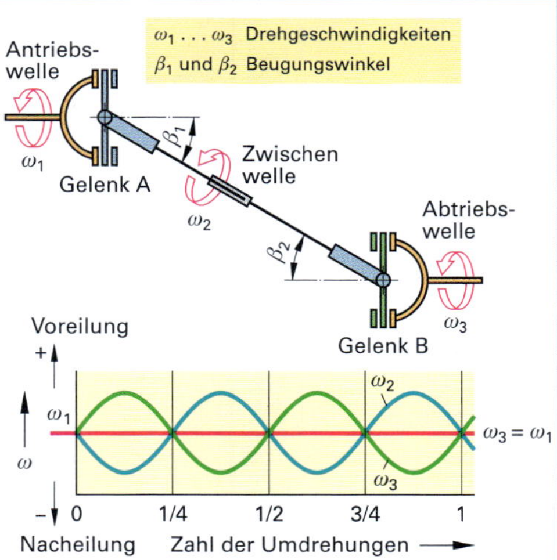

Verbindet man 2 Kreuzgelenke durch eine Zwischenwelle, so treten bei einer Umdrehung die 2 Vor- und Nacheilungen nur an der Zwischenwelle auf. Der Kardanfehler des Kreuzgelenks A wird durch einen gleichgroßen aber entgegengesetzt wirkenden Kardanfehler des Kreuzgelenks B ausgeglichen. Die Abtriebswelle dreht wie die Antriebswelle mit gleichbleibender Drehgeschwindigkeit.

Beispiel: n_1 = 3000 1/min; β = 8°
ω_1 = ?; ω_{2max} = ?; ω_{2min} = ?; δ_U = ?

Lösung:

$$\boldsymbol{\omega_1} = \frac{\pi \cdot n_1}{30} = \frac{\pi \cdot 3000}{30}\ \text{rad/s} = \mathbf{314\ rad/s}$$

$$\boldsymbol{\omega_{2max}} = \frac{\omega_1}{\cos\beta} = \frac{314\ \text{rad/s}}{\cos 8°} = \mathbf{317\ rad/s}$$

$$\boldsymbol{\omega_{2min}} = \omega_1 \cdot \cos\beta = 314\ \text{rad/s} \cdot \cos 8° = \mathbf{311\ rad/s}$$

$$\boldsymbol{\delta_U} = \frac{\omega_{2max} - \omega_{2min}}{\omega_1} = \frac{317 - 311}{314} = \mathbf{0{,}019}$$

Gelenkwellendrehzahl (kritische, zulässige)

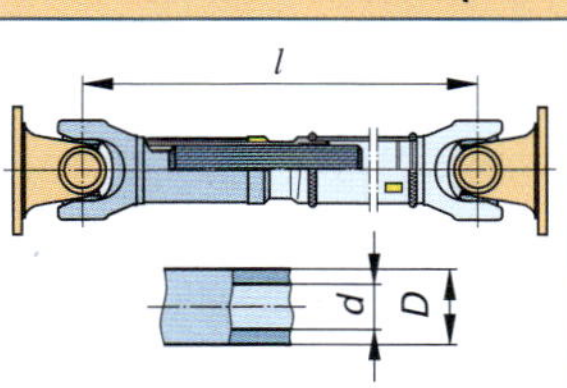

- n_{krit} Kritische Drehzahl in 1/min
- n_{zul} zulässige Drehzahl in 1/min
- l Länge der Gelenkwelle in cm
- D Außendurchmesser in cm
- d Innendurchmesser in cm

Die zulässige Betriebsdrehzahl muss unter der kritischen Drehzahl n_{krit} liegen.

$$n_{krit} = \frac{1{,}22 \cdot 10^7}{l^2} \cdot \sqrt{D^2 + d^2}$$

$$n_{zul} = 0{,}8 \cdot n_{krit}$$

M

Rollwiderstand

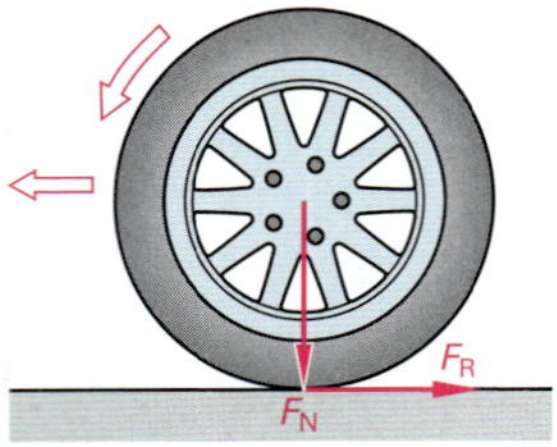

Rollwiderstandszahlen für Pkw-Reifen

Straßenbelag	μR
Asphalt, Beton	0,013
Pflaster	0,015
Schotter, gewalzt	0,020
Teermakadam	0,025
Erdweg	0,050

Rollwiderstandsbeiwert und Reifenluftdruck

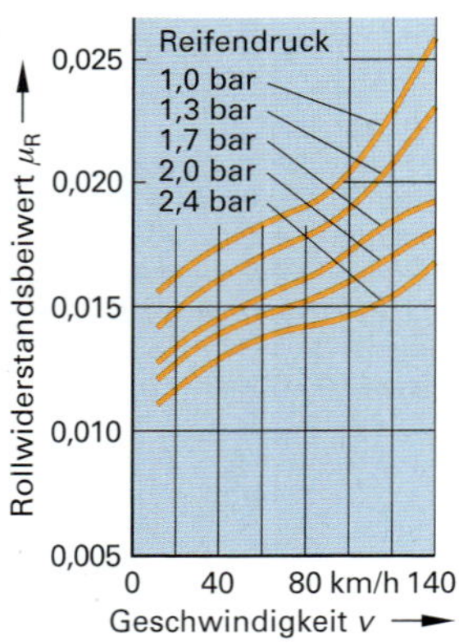

Rollwiderstandsbeiwert und Reifenbauart

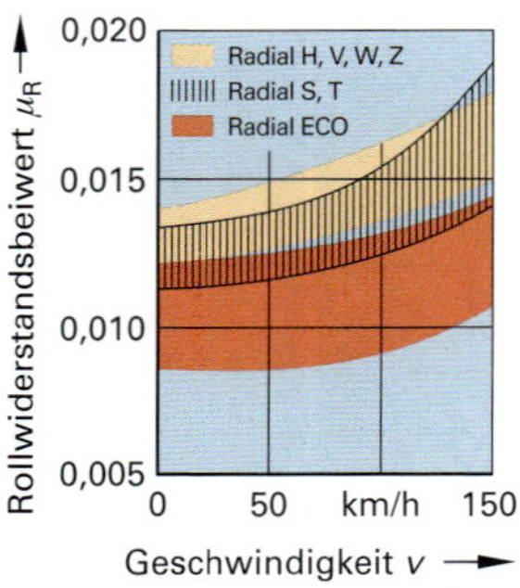

Rollwiderstand

Der Rollwiderstand entsteht durch elastische Verformung der Reifen beim Abrollen auf der Fahrbahn. Er ist abhängig von Reifenbauart, Reifenluftdruck, Fahrzeugbelastung und Fahrbahnbeschaffenheit.

F_R Rollwiderstand in N
F_N Normalkraft in N
μ_R Rollwiderstandsbeiwert
m Fahrzeugmasse in kg (Gesamtgewicht)
g Erdbeschleunigung in m/s²

Beispiel: Pkw; $m = 1160$ kg; $\mu_R = 0{,}015$; 2 Personen je 75 kg; Gepäck = 70 kg; $g = 9{,}81$ m/s²; F_R = ?

Lösung: $m = 1160\text{ kg} + 150\text{ kg} + 70\text{ kg} = 1380\text{ kg}$

$\mathbf{F_R} = m \cdot g \cdot \mu_R = 1380\text{ kg} \cdot 9{,}81\ \frac{\text{m}}{\text{s}^2} \cdot 0{,}015 = \mathbf{203\ N}$

$$F_R = F_N \cdot \mu_R$$

$$F_N = \frac{F_R}{\mu_R} \qquad \mu_R = \frac{F_R}{F_N}$$

$$F_N = m \cdot g$$

$$F_R = m \cdot g \cdot \mu_R$$

Rollwiderstandsarbeit

W_R Rollwiderstandsarbeit in Nm
F_R Rollwiderstand in N
s Weg in m

Beispiel: Pkw: $F_R = 138$ N; $s = 10$ m; W_R = ? Nm

Lösung: $\mathbf{W_R} = F_R \cdot s = 138\text{ N} \cdot 10\text{ m} = \mathbf{1380\ Nm}$

$$W_R = F_R \cdot s$$

$$F_R = \frac{W_R}{s}$$

$$s = \frac{W_R}{F_R}$$

Rollwiderstandsleistung

P_R Rollwiderstandsleistung in kW
F_R Rollwiderstand in N
v Fahrgeschwindigkeit in m/s

Beispiel 1: Pkw: $F_R = 138$ N; $v = 108$ km/h; P_R = ? kW

Lösung: $v = 108\text{ km/h} = 30\text{ m/s}$

$\mathbf{P_R} = \frac{138 \cdot 30}{1000}\text{ kW} = \mathbf{4{,}14\ kW}$

Beispiel 2: Pkw: $m = 1250$ kg; $g = 9{,}81$ m/s²; $\mu_R = 0{,}025$; $v = 90$ km/h; F_R = ?; P_R = ?

Lösung: $v = 90\text{ km/h} = 25\text{ m/s}$

$\mathbf{F_R} = m \cdot g \cdot \mu_R = 1250\text{ kg} \cdot 9{,}81\text{ m/s}^2 \cdot 0{,}025 = \mathbf{307\ N}$

$\mathbf{P_R} = \frac{F_R \cdot v}{1000} = \frac{307 \cdot 25}{1000}\text{ kW} = \mathbf{7{,}7\ kW}$

$$P_R = \frac{F_R \cdot v}{1000}$$

$$F_R = \frac{P_R \cdot 1000}{v}$$

$$v = \frac{P_R \cdot 1000}{F_R}$$

Luftwiderstand

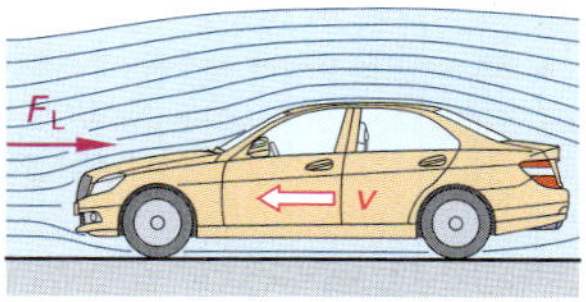

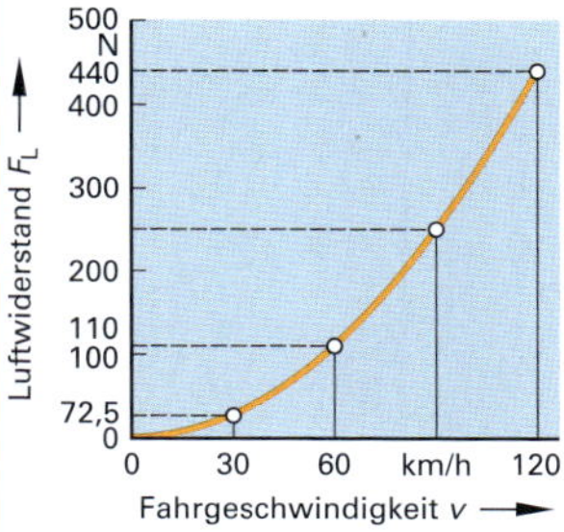

Luftwiderstand

F_L Luftwiderstand in N
ϱ Dichte der Luft in kg/m³
v Fahrgeschwindigkeit in m/s
c_w Luftwiderstandsbeiwert
A Querschnittsfläche in m²
b Fahrzeugbreite in m
h Fahrzeughöhe in m

$0{,}615 = \frac{\varrho}{2}$; halber Durchschnittswert für $\varrho = 1{,}23$ kg/m³

Beispiel:
Pkw; $c_w = 0{,}34$; $A = 1{,}8$ m²;
F_L = ? bei 60 km/h, 120 km/h

Lösung:
v = 60 km/h = 16,67 m/s
v = 120 km/h = 33,33 m/s
$F_L = 0{,}615 \cdot c_w \cdot A \cdot v^2$
$\mathbf{F_{L60}} = 0{,}615 \cdot 0{,}34 \cdot 1{,}8 \cdot 16{,}67^2\ \text{N} =$ = **104,6 N**
$\mathbf{F_{L120}} = 0{,}615 \cdot 0{,}34 \cdot 1{,}8 \cdot 33{,}33^2\ \text{N} =$ = **418,1 N**

$$F_L = \frac{\varrho}{2} \cdot c_w \cdot A \cdot v^2$$

$$F_L = 0{,}615 \cdot c_w \cdot A \cdot v^2$$

$$v = \sqrt{\frac{F_L}{0{,}615 \cdot c_w \cdot A}}$$

$$c_w = \frac{F_L}{0{,}615 \cdot A \cdot v^2}$$

$$A \approx 0{,}8 \cdot b \cdot h$$

Luftwerte

Dichte in kg/m³	Druck in hPa	Temperatur in °C	Höhe in m
1,293	1013	20	0
1,230	963	15	400
1,167	955	12	500
1,112	899	9	1000
1,006	795	2	2000

Luftwiderstandsarbeit

W_L Luftwiderstandsarbeit in Nm
F_L Luftwiderstand in N
s Weg in m

Beispiel: F_L = 460 N; s = 1000 m; W_L = ?

Lösung: $\mathbf{W_L} = F_L \cdot s$ = 460 N · 1000 m = **460 000 Nm**

$$W_L = F_L \cdot s$$

$$F_L = \frac{W_L}{s}$$

$$s = \frac{W_L}{F_L}$$

Luftwiderstandsbeiwerte

	Fahrzeug	c_w
	günstiger Serien-Pkw	0,25...0,35
	Sportwagen	0,25...0,35
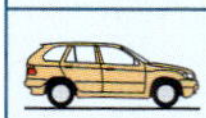	Mehrzweck-Pkw	0,6...0,7
	Motorrad	0,6...0,7
	Kabriolett, offen	0,5...0,7
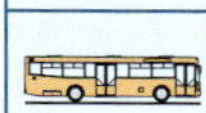	Omnibus	0,6...0,7
	Lastkraftwagen	0,7...1,5

Luftwiderstandsleistung

P_L Luftwiderstandsleistung in kW
F_L Luftwiderstand in N
v Geschwindigkeit in m/s

Beispiel 1: F_L = 460 N; v = 72 km/h; P_L = ?

Lösung: 72 km/h = 20 m/s

$$\mathbf{P_L} = \frac{460 \cdot 20}{1000}\ \text{kW}$$

= **9,2 kW**

Beispiel 2: F_L = 360 N; P_L = 3,4 kW; v = ? km/h

Lösung:

$$\mathbf{v} = \frac{1000 \cdot P_L}{F_L} = \frac{1000 \cdot 3{,}4}{360}\ \text{m/s} =$$

= 9,44 m/s = **34 km/h**

$$P_L = \frac{F_L \cdot v}{1000}$$

$$v = \frac{1000 \cdot P_L}{F_L}$$

$$F_L = \frac{1000 \cdot P_L}{v}$$

Steigung, Steigungswiderstand

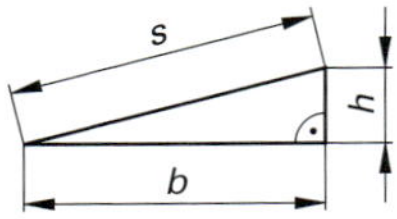

Verkehrszeichen bedeutet:
Auf 100 m horizontale Länge beträgt der Höhenunterschied 11 m

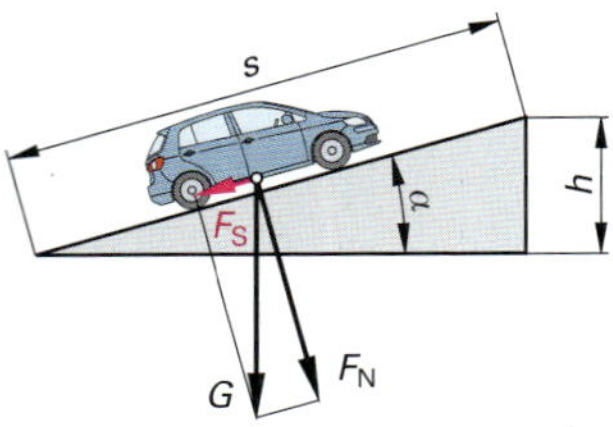

Beispiel:

Pkw; $F_S = 276\ \text{N}$; $v = 36\ \text{km/h}$; $P_S = ?\ \text{kW}$

Lösung:

$$\boldsymbol{P_S} = \frac{F_S \cdot v}{3600} = \frac{276 \cdot 36}{3600}\ \text{kW} = \mathbf{2{,}76\ kW}$$

Steigung

α	Steigungswinkel in °
b	horizontale Länge in m
h	Höhenunterschied in m
s	Steigungslänge in m
p	Steigung in %

$$\tan\alpha = \frac{h}{b} \qquad \sin\alpha = \frac{h}{s}$$

$$p = \frac{100\,\% \cdot h}{b}$$

Steigungswiderstand

F_S	Steigungswiderstand in N
G	Gewichtskraft in N
α	Steigungswinkel in °
m	Fahrzeuggewicht in kg
g	Fallbeschleunigung in m/s²
p	Steigung in %
s	Weglänge in m (Länge der Steigung)
h	Höhenunterschied in m

Für kleine ∢ α ist $p \approx \frac{h}{s} \cdot 100\,\%$

$$F_S = m \cdot g \cdot \sin\alpha$$

$$F_S = m \cdot g \cdot \frac{h}{s}$$

$$F_S \approx m \cdot g \cdot \frac{p}{100\,\%}$$

Steigungswiderstandsarbeit

W_S	Steigungswiderstandsarbeit in Nm
F_S	Steigungswiderstand in N
s	zurückgelegter Weg in m

$$W_S = F_S \cdot s$$

Steigungswiderstandsleistung

P_S	Steigungswiderstandsleistung in kW
F_S	Steigungswiderstand in N
v	Fahrgeschwindigkeit in km/h

$$P_S = \frac{F_S \cdot v}{3600}$$

$$v = \frac{3600 \cdot P_S}{F_S}$$

Gesamtfahrwiderstand

Beispiel: Pkw: $m = 1200\ \text{kg}$; $A = 1{,}8\ \text{m}^2$; $c_W = 0{,}44$; $\mu_R = 0{,}015$; $p = 2\,\%$; $v = 72\ \text{km/h}$; $\varrho_L = 1{,}23\ \text{kg/m}^3$; $F_W = ?\ \text{N}$

Lösung:

$$G = m \cdot g = 1200\ \text{kg} \cdot 10\ \text{m/s}^2 = 12\,000\ \text{kg m/s}^2 = 12\,000\ \text{N}$$

$$\boldsymbol{F_R} = G \cdot \mu_R = 12\,000\ \text{N} \cdot 0{,}015 = \mathbf{180\ N}$$

$$\boldsymbol{F_L} = 0{,}615 \cdot c_W \cdot A \cdot v^2 = 0{,}615 \cdot 0{,}44 \cdot 1{,}8 \cdot 20^2\ \text{N} = \mathbf{195\ N}$$

$$\boldsymbol{F_S} = \frac{G \cdot p}{100\,\%} = \frac{12\,000\ \text{N} \cdot 2\,\%}{100\,\%} = \mathbf{240\ N}$$

$$\boldsymbol{F_W} = F_R + F_L + F_S = 180\ \text{N} + 195\ \text{N} + 240\ \text{N} = \mathbf{615\ N}$$

F_W	Gesamtfahrwiderstand in N
F_R	Rollwiderstand in N
F_L	Luftwiderstand in N
F_S	Steigungswiderstand in N

Bei Steigung

$$F_W = F_R + F_L + F_S$$

Bei Gefälle

$$F_W = F_R + F_L - F_S$$

Gesamtfahrwiderstandsarbeit

W_W	Fahrwiderstandsarbeit in Nm
F_W	Gesamtfahrwiderstand in N
s	zurückgelegter Weg in m

$$W_W = F_W \cdot s$$

Gesamtfahrwiderstandsleistung

P_W	Fahrwiderstandsleistung in kW
v	Fahrgeschwindigkeit in km/h
F_W	Gesamtfahrwiderstand in N

$$P_W = \frac{F_W \cdot v}{3600}$$

$$v = \frac{3600 \cdot P_W}{F_W}$$

Antriebskraft und Antriebsleistung

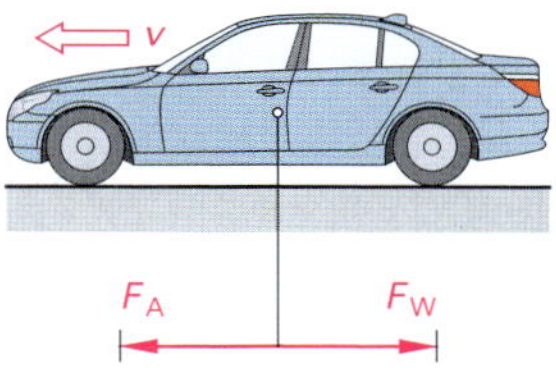

v = konst.

Bei konstanter Fahrgeschwindigkeit (v = konst)

F_A	Antriebskraft an den Antriebsrädern in N
F_W	Gesamtfahrwiderstand in N
$F_{A\,max}$	maximale Antriebskraft in N
P_A	Fahrleistung an den Antriebsrädern in kW
P_W	Fahrwiderstandsleistung in kW
v	Fahrgeschwindigkeit in m/s
m_A	Antriebsachslast in kg
g	Erdbeschleunigung 9,81 m/s²
μ_H	Haftreibungszahl (Reifen/Fahrbahn)

$$F_A = F_W \qquad P_A = P_W$$

$$P_A = P_W = \frac{F_W \cdot v}{1000}$$

$$F_{A\,max} = m_A \cdot g \cdot \mu_H$$

Haftreibungszahlen

Fahrbahn	μ_H
Beton, trocken	0,8 ... 0,9
Beton, nass	0,1 ... 0,6
Asphalt, trocken	0,8 ... 0,9
Asphalt, nass	0,1 ... 0,6
Makadam, trocken	0,5 ... 0,6
Eis (0 °C ... – 4 °C)	0,05 ... 0,2

Bei konstanter Beschleunigung (a = konst)

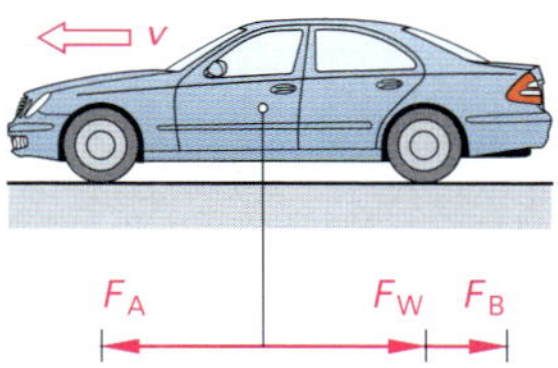

a = konst.

F_A	Antriebskraft an den Antriebsrädern in N
F_W	Gesamtfahrwiderstand in N
F_B	Beschleunigungskraft in N
$F_{A\,max}$	maximale Antriebskraft in N
a	Beschleunigung in m/s²
m	Fahrzeuggewicht in kg
P_A	Fahrleistung an den Antriebsrädern in kW
P_W	Fahrwiderstandsleistung in kW
P_B	Fahrleistung an den Antriebsrädern in kW
m_A	Antriebsachslast in kg
g	Erdbeschleunigung 9,81 m/s²
μ_H	Haftreibungszahl (Reifen/Fahrbahn)

$$F_A = F_W + F_B$$

$$F_B = F_A - F_W$$

$$F_B = m \cdot a$$

$$P_A = P_W + P_B$$

$$F_{A\,max} = m_A \cdot g \cdot \mu_H$$

Fahrschaubild

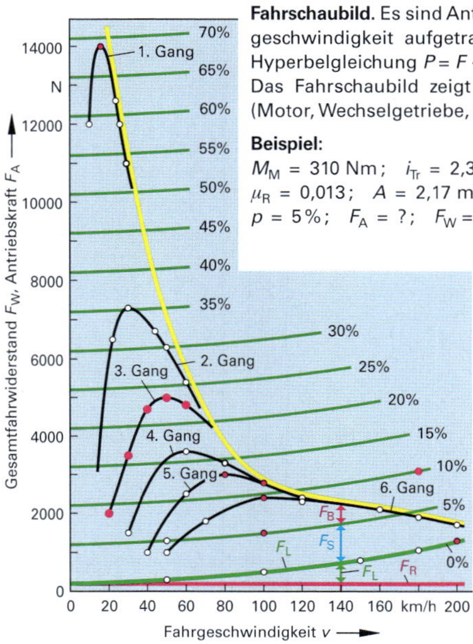

Fahrschaubild. Es sind Antriebskräfte F_A und Fahrwiderstandskräfte F_W über der Fahrgeschwindigkeit aufgetragen. Die eingezeichnete Zugkrafthyperbel wird aus der Hyperbelgleichung $P = F \cdot v$, hier für eine Leistung von P = 85 kW ermittelt.

Das Fahrschaubild zeigt die Anpassung der Antriebsaggregate eines Fahrzeugs (Motor, Wechselgetriebe, Achsgetriebe, Räder) an die Fahrwiderstände.

Beispiel:

M_M = 310 Nm; i_{Tr} = 2,33 (6. Gang); η_{Tr} = 0,9; m = 1510 kg; U_{dyn} = 1910 mm; μ_R = 0,013; A = 2,17 m²; c_W = 0,27; v = 140 km/h; F_R = 193 N; F_S = 741 N; p = 5 %; F_A = ?; F_W = ?; F_B = ?

Lösung:

$M_A = M_M \cdot i_{Tr} \cdot \eta_{Tr} = 310\ \text{Nm} \cdot 2{,}33 \cdot 0{,}9 = 650\ \text{Nm}$

$\mathbf{F_A} = \dfrac{2 \cdot \pi \cdot M_A}{U_{dyn}} = \dfrac{2 \cdot \pi \cdot 650\ \text{Nm}}{1{,}91\ \text{m}} = \mathbf{2138\ N}$

$\mathbf{F_W} = F_R + F_L + F_S = 193\ \text{N} + 548\ \text{N} + 741\ \text{N} = \mathbf{1482\ N}$

$F_L = 0{,}615 \cdot c_W \cdot A \cdot v^2 = 0{,}615 \cdot 0{,}27 \cdot 2{,}17 \cdot 39^2\ \text{N} = 548\ \text{N}$

$\mathbf{F_B} = F_A - F_W = 2138\ \text{N} - 1482\ \text{N} = \mathbf{656\ N}$

F_A	Antriebskraft an den Antriebsrädern in N
F_W	Gesamtfahrwiderstand des Fahrzeugs in N. Er setzt sich aus Rollwiderstand F_R, Luftwiderstand F_L und Steigungswiderstand F_S zusammen.
F_B	Beschleunigungskraft in N. Sie ist die Differenz von Antriebskraft F_A und Gesamtwiderstand F_W.

M

Horizontaler Schwerpunktabstand

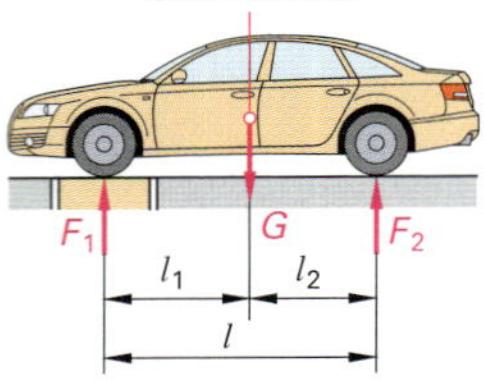

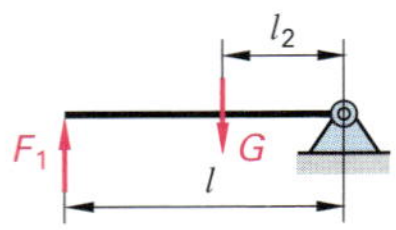

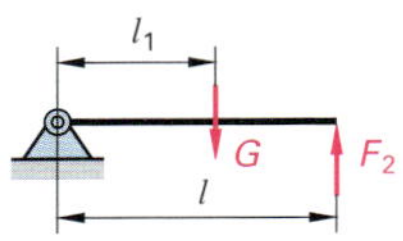

l Radstand in mm
l_1 Abstand in mm (Vorderachse bis Schwerlinie)
l_2 Abstand in mm (Hinterachse bis Schwerlinie)
m Fahrzeuggewicht (Fahrzeugmasse) in kg
G Gewichtskraft des Fahrzeuges in N
g Fallbeschleunigung in m/s^2
F_1 Vorderachskraft in N
F_2 Hinterachskraft in N
S Schwerpunkt

Beispiel:
l = 2400 mm; m = 1200 kg; F_1 = 4905 N;
F_2 = 6867 N; l_1 = ? mm; l_2 = ? mm

Lösung:
$G = m \cdot g = 1200\ \text{kg} \cdot 9{,}81\ \text{m/s}^2 =$
$= 11\,772\ \text{kg m/s}^2 = 11\,772\ \text{N}$

$$l_1 = \frac{F_2 \cdot l}{G} = \frac{6867\ \text{N} \cdot 2400\ \text{mm}}{11\,772\ \text{N}} = \mathbf{1400\ mm}$$

$$l_2 = \frac{F_1 \cdot l}{G} = \frac{4905\ \text{N} \cdot 2400\ \text{mm}}{11\,772\ \text{N}} = \mathbf{1000\ mm}$$

$$G = m \cdot g$$

$$g = 9{,}81\ \text{m/s}^2 \approx 10\ \text{m/s}^2$$

$$G = F_1 + F_2$$

$$l = l_1 + l_2$$

$$l_1 = \frac{F_2 \cdot l}{G}$$

$$l_2 = \frac{F_1 \cdot l}{G}$$

Vertikaler Schwerpunktabstand

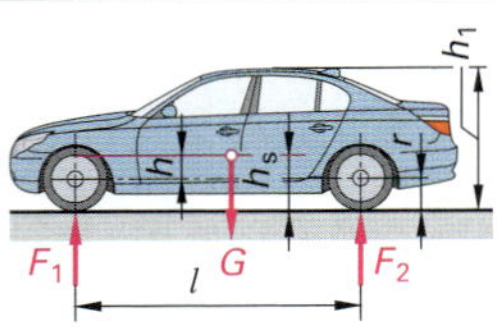

Kfz an der Hinterachse aufgehängt

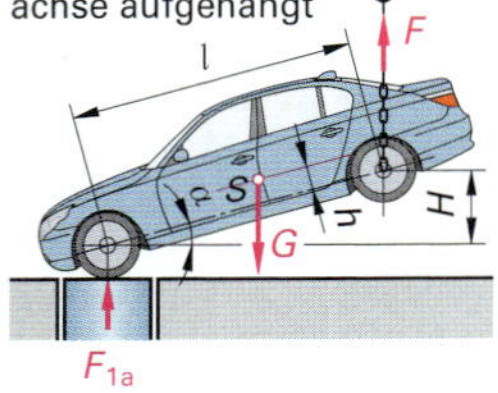

Kfz an der Vorderachse unterstützt

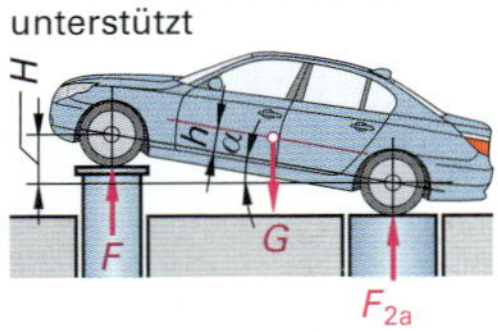

Pkw	Schwerpunkthöhe h_s
4sitzig 5sitzig	$\approx 0{,}38 \cdot h_1 \ldots 0{,}39 \cdot h_1$

l Radstand in mm
m Fahrzeuggewicht (Fahrzeugmasse) in kg
G Gewichtskraft des Fahrzeuges in N
g Fallbeschleunigung in m/s^2
F_1 Vorderachskraft in N
F_2 Hinterachskraft in N
F_{1a} Vorderachskraft in N (Kfz angehoben)
F_{2a} Hinterachskraft in N (Kfz angehoben)
H Anhebung in mm
h Abstand in mm
r Reifenhalbmesser in mm
α Aufhängewinkel in °
h_s Schwerpunktshöhe in mm (über Standebene)
h_1 Fahrzeughöhe (Gesamthöhe) in mm
S Schwerpunkt

Beispiel:
l = 2400 mm; m = 1200 kg; H = 1000 mm;
r = 300 mm; F_1 = 4905 N; F_{1a} = 5690 N;
h = ? mm; h_s = ? mm

Lösung:
$G = m \cdot g = 1200\ \text{kg} \cdot 9{,}81\ \text{m/s}^2 =$
$= 11\,772\ \text{kg m/s}^2 = 11\,772\ \text{N}$

$$\mathbf{h} = \frac{l}{H} \cdot \frac{F_{1a} - F_1}{G} \cdot \sqrt{l^2 - H^2} =$$
$$= \frac{2400}{1000} \cdot \frac{5690 - 4905}{11\,772} \cdot \sqrt{2400^2 - 1000^2}\ \text{mm} =$$
$$\approx \mathbf{350\ mm}$$

$\mathbf{h_s} = h + r = 350\ \text{mm} + 300\ \text{mm} = \mathbf{650\ mm}$

$$G = m \cdot g$$

$$g = 9{,}81\ \text{m/s}^2 \approx 10\ \text{m/s}^2$$

$$\tan\alpha = \frac{H}{\sqrt{l^2 - H^2}}$$

$$h_s = h + r$$

Hinterachse angehoben:

$$h = l \cdot \frac{F_{1a} - F_1}{G \cdot \tan\alpha}$$

$$h = \frac{l}{H} \cdot \frac{F_{1a} - F_1}{G} \cdot \sqrt{l^2 - H^2}$$

Vorderachse angehoben:

$$h = l \cdot \frac{F_{2a} - F_2}{G \cdot \tan\alpha}$$

$$h = \frac{l}{H} \cdot \frac{F_{2a} - F_2}{G} \cdot \sqrt{l^2 - H^2}$$

Schwerpunktbestimmung. Das Fahrzeug muss so an der Achse aufgehängt werden, dass z.B. es frei an einem Seil oder an der Kette hängt. Es kann auch durch eine Hebebühne oder einen Wagenheber angehoben werden. Dabei sind die Bremsen zu lösen, die Räder gegen Abrollen zu sichern und das Getriebe ist auf Leerlauf zu schalten. Die Federn müssen so weit vorgespannt werden, dass sie beim Anheben des Fahrzeugs keine Veränderung erfahren.

Achskräfte, Auflagerkräfte

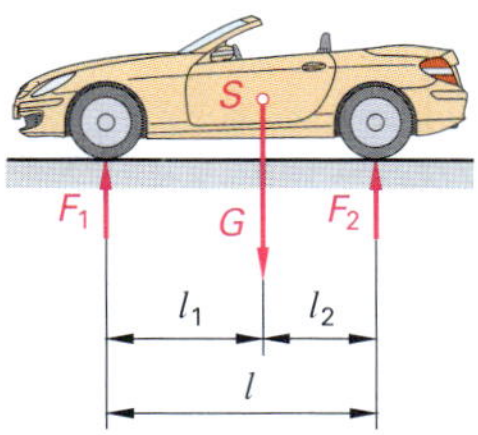

$g = 9{,}81\ \text{m/s}^2 \approx 10\ \text{m/s}^2$

G	Gewichtskraft des Fahrzeuges in N
m	Fahrzeugmasse in kg
g	Fallbeschleunigung in m/s²
l	Radstand
l_1, l_2	Schwerpunktabstand zu der Achse in mm
F_1	Vorderachskraft in N
F_2	Hinterachskraft in N

Beispiel 1:

m = 1529 kg; l = 2500 mm; l_1 = 1000 mm;
l_2 = 1500 mm; F_1 = ? N; F_2 = ? N

Lösung:

$$F_1 = \frac{G \cdot l_2}{l} = \frac{15\,000\ \text{N} \cdot 1500\ \text{mm}}{2500\ \text{mm}} = \mathbf{9000\ N}$$

$$F_2 = G - F_1 = 15\,000\ \text{N} - 900\ \text{N} = \mathbf{6000\ N}$$

$$G = m \cdot g$$

$$F_1 = \frac{G \cdot l_2}{l}$$

$$F_2 = \frac{G \cdot l_1}{l}$$

$G = F_1 + F_2$

$F_1 = G - F_2$; $F_2 = G - F_1$

$l_1 = \frac{F_2 \cdot l}{G}$ $\quad l_2 = \frac{F_1 \cdot l}{G}$

$l = l_1 + l_2$

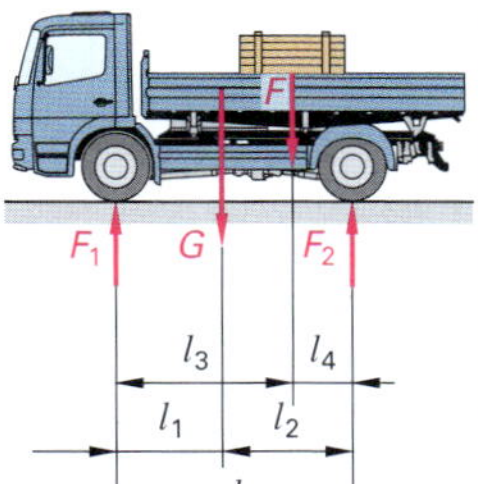

m	Fahrzeugmasse in kg
G	Gewichtskraft des Fahrzeuges in N
m_1	Last (Ladung, Belastung) in kg
F	Gewichtskraft der Last (Zuladung) in N
l	Radstand in mm
l_1, l_2	Schwerpunktabstand zu der Achse in mm
$l_{3,4}$	Abstand in mm
F_1	Vorderachskraft in N
F_2	Hinterachskraft in N

Beispiel 2:

m = 2500 kg; m_1 = 5000 kg; l = 4000 mm;
l_1 = 1800 mm; l_3 = 3000 mm; g = 10 m/s²
F_1 = ? N; F_2 = ? N

Lösung:

$$F_1 = \frac{F \cdot l_4 + G \cdot l_2}{l} =$$

$$= \frac{50\,000\ \text{N} \cdot 1000\ \text{mm} + 25\,000\ \text{N} \cdot 2200\ \text{mm}}{4000\ \text{mm}} =$$

$$= \mathbf{26\,250\ N}$$

$$F_2 = F + G - F_1 = 50\,000\ \text{N} + 25\,000\ \text{N} - 26\,250\ \text{N} =$$

$$= \mathbf{48\,750\ N}$$

$$F_1 = \frac{F \cdot l_4 + G \cdot l_2}{l}$$

$$F_2 = \frac{F \cdot l_3 + G \cdot l_1}{l}$$

$F + G = F_1 + F_2$

$F_1 = F + G - F_2$

$F_2 = F + G - F_1$

$l = l_1 + l_2$

$\ \ = l_3 + l_4$

$G = m \cdot g$

$F = m_1 \cdot g$

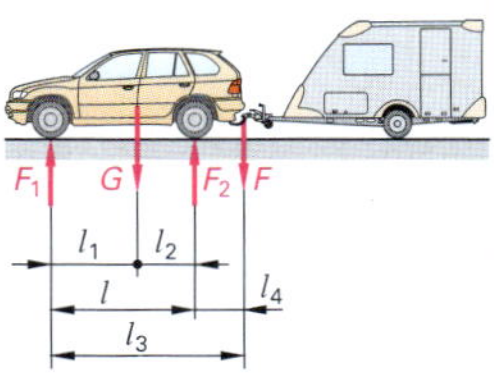

m	Fahrzeugmasse in kg
G	Gewichtskraft des Fahrzeuges in N
m_1	Last (Deichsellast, Beladung, Ladung) in kg
F	Gewichtskraft der Last in N (Stützlast)
l	Radstand in mm
l_1, l_2	Schwerpunktabstand zu der Achse in mm
$l_{3,4}$	Abstand in mm
F_1	Vorderachskraft in N
F_2	Hinterachskraft in N

Beispiel 3:

m = 1800 kg; m_1 = 50 kg; l = 2700 mm;
l_2 = 1200 mm; l_3 = 4100 mm; F_1 = ? N

Lösung:

$$F_1 = \frac{G \cdot l_2 - F \cdot l_4}{l} =$$

$$= \frac{18\,000\ \text{N} \cdot 1200\ \text{mm} - 500\ \text{N} \cdot 1400\ \text{mm}}{2700\ \text{mm}} =$$

$$= \mathbf{7741\ N}$$

$$F_1 = \frac{G \cdot l_2 - F \cdot l_4}{l}$$

$$F_2 = \frac{G \cdot l_1 + F \cdot l_3}{l}$$

$$F = \frac{G \cdot l_2 - F_1 \cdot l}{l_4}$$

$$F = \frac{F_2 \cdot l - G \cdot l_1}{l_3}$$

$F + G = F_1 + F_2$

$F_1 = F + G - F_2$

$F_2 = F + G - F_1$

$F = F_1 + F_2 - G$

$l = l_1 + l_2$

$l_3 = l + l_4$

M

Federberechnung

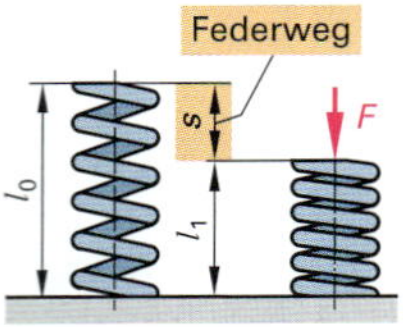

$$l_0 = l_1 + s$$
$$l_1 = l_0 - s$$

Federdiagramm

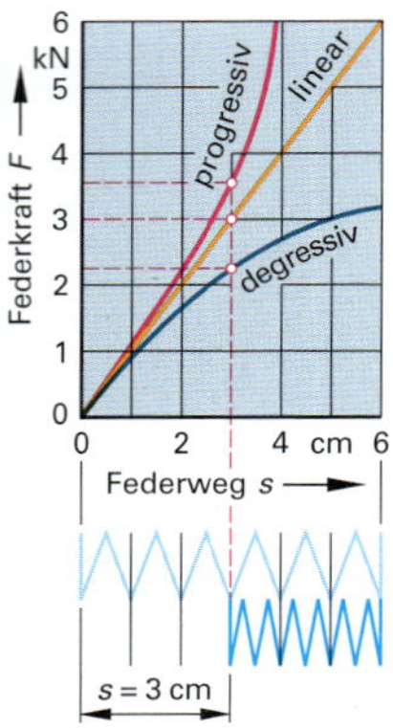

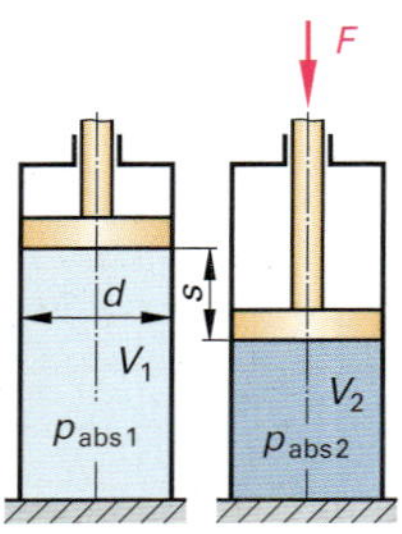

Luftbalg

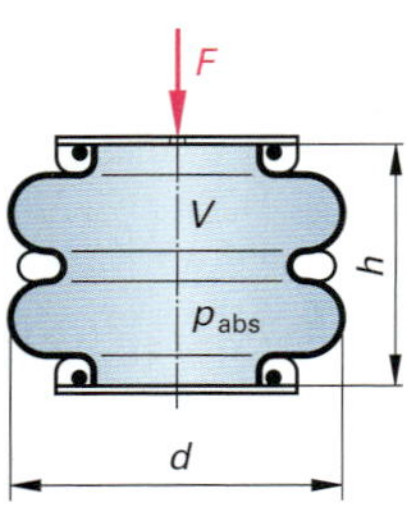

Schraubenfeder

- F Auf die Feder wirkende Kraft in N
- c Federrate (Federkonstante) in N/m
- s Federweg in m
- l_0 Federlänge unbelastet in m
- l_1 Einbaufederlänge in m
- W_p Potenzielle Energie der Feder in Nm (Spannungsenergie)
- m Fahrzeugmasse / Rad in kg
- f Eigenschwingungszahl (Frequenz) in 1/s
- k Karosserieschwingzahl in 1/min
- T Schwingungsdauer in s

Beispiel:
Federweg, Spannungsenergie, Federschwingung

F = 4000 N; c = 30 000 N/m; l_0 = 420 mm;
s = ? mm; l_1 = ? mm; W_p = ? Nm; f = ? 1/s

Lösung:

$$\mathbf{s} = \frac{F}{c} = \frac{4000\ \text{N}}{30\,000\ \text{N/m}} = 0{,}133\ \text{m} = \mathbf{133\ mm}$$

$$\mathbf{l_1} = l_0 - s = 420\ \text{mm} - 133\ \text{mm} = \mathbf{287\ mm}$$

$$\mathbf{W_p} = \frac{c \cdot s^2}{2} = \frac{30\,000\ \text{N/m} \cdot (0{,}133\ \text{m})^2}{2} = \mathbf{265\ Nm}$$

$$\mathbf{f} = \frac{1}{2\,\pi}\sqrt{\frac{c}{m}} = \frac{1}{2\pi}\sqrt{\frac{30\,000\ \text{kg} \cdot \text{m}}{400\ \text{kg} \cdot \text{s}^2 \cdot \text{m}}} = \mathbf{1{,}38\ 1/s}$$

$$c = \frac{F}{s}$$

$$F = c \cdot s \qquad s = \frac{F}{c}$$

$$W_p = \frac{c \cdot s^2}{2} = \frac{F \cdot s}{2}$$

$$f = \frac{1}{2\,\pi}\sqrt{\frac{c}{m}}$$

$$c = \left(\frac{\pi \cdot k}{30}\right)^2 \cdot m$$

$$k = 60 \cdot f$$

$$T = \frac{1}{f}$$

Gasfeder

- F Federkraft, Kolbenkraft in N
- d Kolben- oder Luftbalgdurchmesser in cm
- A Kolbenfläche oder Luftbalgfläche in cm²
- s Federweg, Kolbenweg in cm
- h Luftbalghöhe in cm
- V_1 Gasfedervolumen ohne Zuladung in cm³
- V_2 Gasfedervolumen mit Zuladung in cm³
- p_{amb} Atmosphärendruck in bar
- p_e Arbeitsdruck in der Gasfeder in bar
- p_{abs} absoluter Arbeitsdruck in bar
- ΔV Volumenänderung in cm³

Bei einer Gasfeder ist es möglich, die Eigenfrequenz f bei zunehmender Beladung in etwa konstant zu halten. Die Federrate c ist progressiv.

Beispiel: Lkw-Luftfeder (Luftbalg)

d = 29 cm; h = 34 cm; p_{amb} = 1020 hPa;
p_e = 7 bar; m = 4 t; f = ? 1/s

Lösung:

$$A = \frac{\pi \cdot d^2}{4} = \frac{\pi \cdot 29^2\ \text{cm}^2}{4} = 660{,}5\ \text{cm}^2$$

$$p_{abs} = p_e + p_{amb} = 7\ \text{bar} + 1{,}02\ \text{bar} = 8{,}02\ \text{bar}$$

$$\mathbf{f} = \frac{1}{2\,\pi}\sqrt{\frac{p_{abs} \cdot A \cdot 1000}{h \cdot m}} =$$
$$= \frac{1}{2\,\pi}\sqrt{\frac{8{,}02 \cdot 660{,}5 \cdot 1000}{34 \cdot 4000}} = \mathbf{0{,}99\ 1/s}$$

$$p_{abs} = p_e + p_{amb}$$

$$p_e = \frac{F}{A} \qquad F = p_e \cdot A$$

$$s = \frac{\Delta V}{A}$$

$$s = \frac{4 \cdot (V_1 - V_2)}{\pi \cdot d^2}$$

$$\Delta V = V_1 - V_2$$

$$V_1 \cdot p_{abs1} = V_2 \cdot p_{abs2}$$

$$f = \frac{1}{2\pi}\sqrt{\frac{p_{abs} \cdot A \cdot 1000}{h \cdot m}}$$

Spur

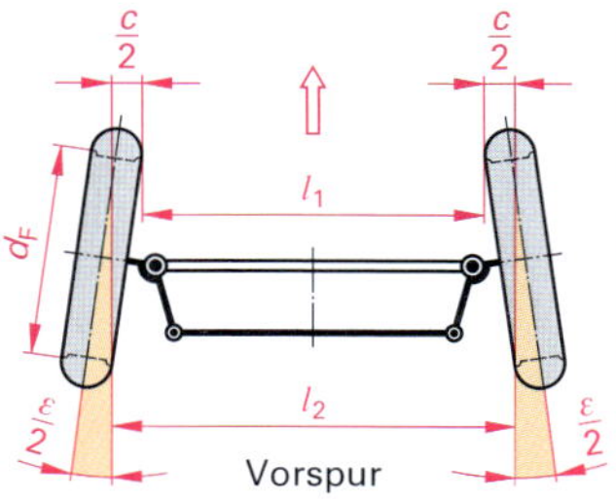

Vorspur

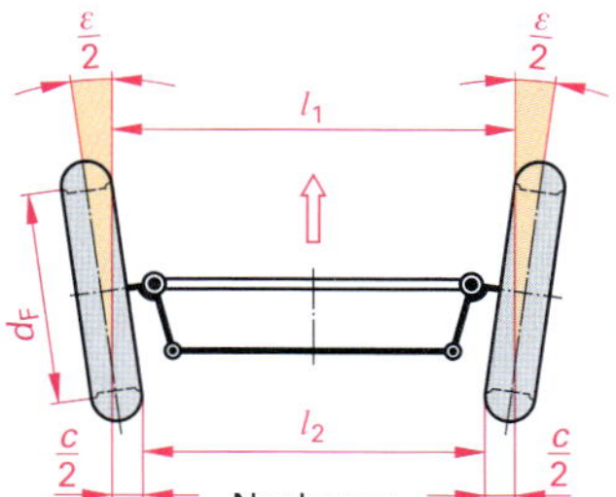

Nachspur

l_1, l_2 Gemessene Längen in mm
c Spur beider Räder in mm (Gesamtspur)
$\frac{c}{2}$ Spur eines Rades in mm
ε Spurwinkel beider Räder in °
$\frac{\varepsilon}{2}$ Spurwinkel eines Rades in °
d_F Felgenhorndurchmesser in mm
d Felgendurchmesser in Zoll
h_F Felgenhornhöhe in mm

Beispiel 1:
$l_1 = 1261$ mm; $l_2 = 1258$ mm; $c = ?$ mm

Lösung:
$\mathbf{c} = l_2 - l_1 = 1258 \text{ mm} - 1261 \text{ mm}$
$= \mathbf{-3\ mm}$ (Nachspur)

Beispiel 2:
$\varepsilon = 20'$; $d = 13''$; $c = ?$ mm

Lösung:
$$\mathbf{c} = \frac{\pi \cdot d_F \cdot \varepsilon}{180°} = \frac{\pi \cdot 365 \text{ mm} \cdot 0{,}33°}{180°} =$$
$= \mathbf{2{,}1\ mm}$

Beispiel 3:
$c = 2$ mm; $d = 14''$; $\varepsilon = ?°$

Lösung:
$$\varepsilon = \frac{180° \cdot c}{\pi \cdot d_F} = \frac{180° \cdot 2 \text{ mm}}{\pi \cdot 390 \text{ mm}} = \mathbf{0{,}294°}$$

$$c = l_2 - l_1$$

$$\frac{c}{2} = \frac{2 \cdot \pi \cdot d_F \cdot \frac{\varepsilon}{2}}{360°}$$

$$d_F = d + 2 \cdot h_F$$

$$c = \frac{\pi \cdot d_F \cdot \varepsilon}{180°}$$

$$\varepsilon = \frac{180° \cdot c}{\pi \cdot d_F}$$

$$\frac{c}{2} = d_F \cdot \sin\frac{\varepsilon}{2}$$

$$c = d_F \cdot \sin\varepsilon$$

$$\sin\varepsilon = \frac{c}{d_F}$$

Spurmöglichkeiten

Vorspur	$l_2 - l_1 > 0$
Spur Null	$l_2 - l_1 = 0$
Nachspur	$l_2 - l_1 < 0$

Felgendurchmesser *d* in Zoll → Felgenhorndurchmesser d_F in mm

	Pkw-Felgen					Nkw-Felgen			
***d* in Zoll**	13	14	15	16	17	17,5	19,5	20	22,5
h_F in mm	17,3 mm (J-Horn)					12,7 mm (Steilschulterfelge)			
d_F in mm	365	390	416	441	466	470	521	533	597

Die Werte für die Felgenhorndurchmesser d_F werden für die einzelnen Felgenarten und Felgengrößen aus den genormten Felgendurchmessern *d* und Felgenhornhöhen h_F ermittelt ($d_F = d + 2 \cdot h_F$).

Spurdifferenzwinkel

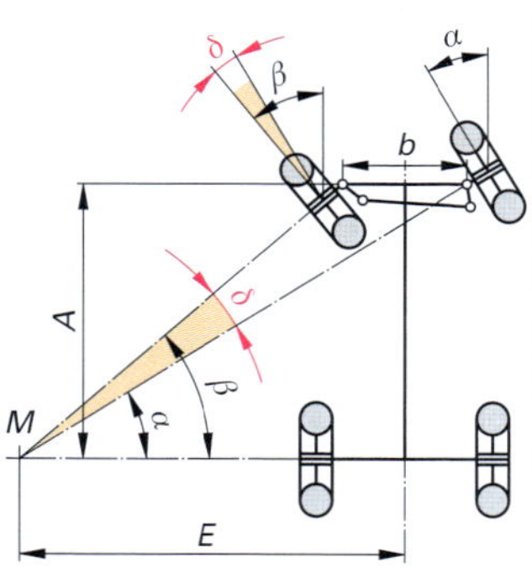

b Abstand der Achsschenkelbolzen in mm
A Radstand in mm
α Einschlagwinkel des kurvenäußeren Rades in °
β Einschlagwinkel des kurveninneren Rades in °
δ Spurdifferenzwinkel in °
M Momentanpol
E Entfernung der Hinterachsmitte vom Momentanpol in mm

$$\delta = \beta - \alpha$$

$$\tan\alpha = \frac{A}{E + \frac{b}{2}}$$

$$\tan\beta = \frac{A}{E - \frac{b}{2}}$$

M

Übersetzungen der Lenkgetriebe

Kugelumlauf-Lenkgetriebe

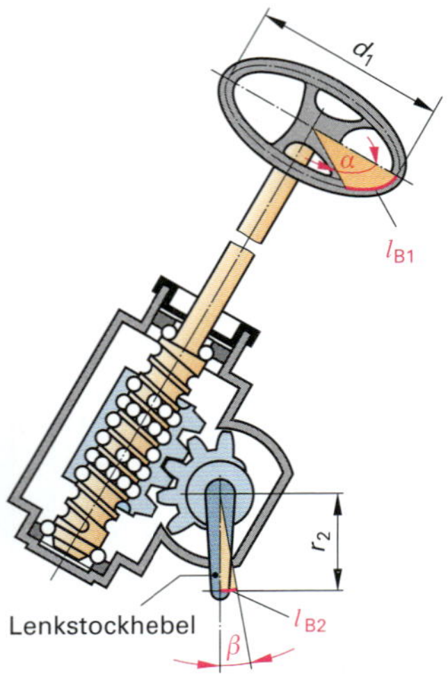

Zahnstangen-Lenkgetriebe

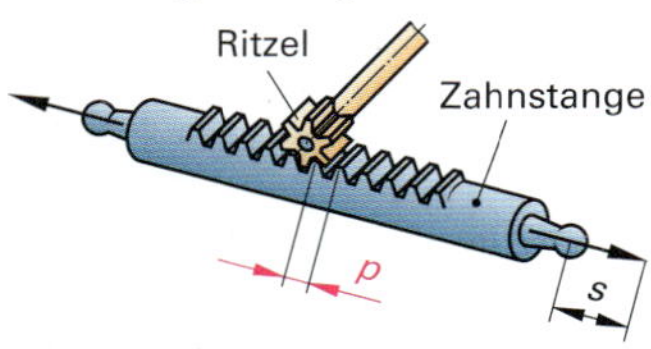

Gebräuchliche Übersetzungen	
Pkw	$i = 10 \dots 20$
Lkw	$i = 16 \dots 32$

- i_1 Übersetzung des Lenkgetriebes
- α Winkeleinschlag am Lenkrad in °
- β Winkeleinschlag am Lenkstockhebel in °
- l_{B1} Lenkradeinschlag in mm
- d_1 Durchmesser des Lenkrades in mm
- n Umdrehungen am Lenkrad
- l_{B2} Lenkstockhebeleinschlag in mm
- r_2 Hebellänge des Lenkstockhebels in mm
- s Zahnstangenweg in mm
- z Zähnezahl des Ritzels
- p Zahnteilung in mm ($p = m \cdot \pi$)
- m Modul in mm

Beispiel 1:

n = 2 Lenkradumdrehungen; $i_1 = 27{,}4$; $\alpha = ?$; $\beta = ?$

Lösung:

$$\boldsymbol{\alpha} = 360° \cdot n = 360° \cdot 2 = \mathbf{720°}$$

$$\boldsymbol{\beta} = \frac{\alpha}{i_1} = \frac{720°}{27{,}4} = \mathbf{26{,}3°}$$

Beispiel 2:

Zahnstangenlenkung; Ritzel 15 Zähne; Modul 1,5 mm; $d_1 = 480$ mm; $l_{B1} = 100$ mm; $i_1 = ?$; $s = ?$

Lösung:

$$\boldsymbol{i_1} = \frac{d_1}{z \cdot m} = \frac{480\text{ mm}}{15 \cdot 1{,}5\text{ mm}} = \mathbf{21{,}33}$$

$$\boldsymbol{s} = \frac{l_{B1}}{i_1} = \frac{100\text{ mm}}{21{,}33} = \mathbf{4{,}7\ mm}$$

Kugelumlauf-Lenkgetriebe

$$i_1 = \frac{\alpha}{\beta}$$

$$\alpha = i_1 \cdot \beta$$

$$\beta = \frac{\alpha}{i_1}$$

$$\alpha = \frac{360° \cdot l_{B1}}{\pi \cdot d_1}$$

$$\alpha = 360° \cdot n$$

$$\beta = \frac{360° \cdot l_{B2}}{\pi \cdot 2 \cdot r_2}$$

$$i_1 = \frac{l_{B1} \cdot 2 \cdot r_2}{l_{B2} \cdot d_1}$$

Zahnstangen-Lenkgetriebe

$$i_1 = \frac{l_{B1}}{s}$$

$$i_1 = \frac{\pi \cdot d_1}{z \cdot p}$$

$$i_1 = \frac{d_1}{z \cdot m}$$

Gesamtübersetzung der Lenkung

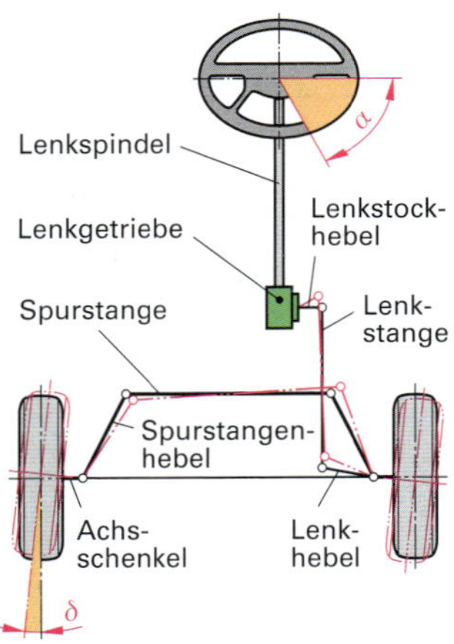

- α Winkeleinschlag am Lenkrad in °
- δ Schwenkwinkel eines Rades in °
- i_1 Übersetzung im Lenkgetriebe
- n Umdrehungen am Lenkrad
- α_{ges} Winkeleinschlag am Lenkrad von Anschlag zu Anschlag in °
- i_2 Übersetzung im Lenkgestänge
- i_{ges} Gesamtübersetzung der Lenkung

Beispiel:

$i_1 = 18$; $i_2 = 1{,}17$; $\alpha = 90°$; $i_{ges} = ?$; $\delta = ?$

Lösung:

$$\boldsymbol{i_{ges}} = i_1 \cdot i_2 = 18 \cdot 17 = \mathbf{21{,}06}$$

$$\boldsymbol{\delta} = \frac{\alpha}{i_{ges}} = \frac{90°}{21{,}06} = \mathbf{4{,}27°} = \mathbf{4°\ 16'}$$

$$i_{ges} = \frac{\alpha}{\delta}$$

$$i_{ges} = i_1 \cdot i_2$$

$$\alpha_{ges} = 360° \cdot n$$

$$i_{ges} = \frac{\alpha_{ges}}{\delta_{ges}}$$

$$i_{ges} = \frac{360° \cdot n}{\delta_{ges}}$$

Mechanische Übersetzung am Bremspedal

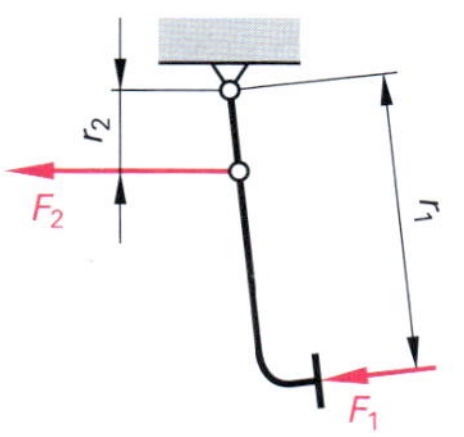

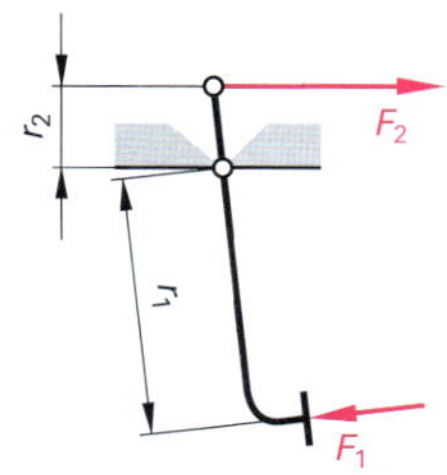

$F_1 = F_P$	Fußkraft in N
$F_2 = F_{HZ}$	Kolbenstangenkraft (Hauptzylinder-Kolbenkraft) in N
r_1, r_2	Hebelarme am Bremspedal in mm
i_{mec}	mechanische Übersetzung am Bremspedal

Beispiel: Bremspedal: Fußkraft 300 N; Hebelarm $r_1 = 250$ mm; Hebelarm $r_2 = 50$ mm

a) $i_{mec} = ?$; b) $F_{HZ} = ?$ N

Lösung: a) $\mathbf{i_{mec}} = \frac{r_2}{r_1} = \frac{50\ \text{mm}}{250\ \text{mm}} = \frac{1}{5} = \mathbf{0{,}2}$

b) $\mathbf{F_{HZ}} = F_2 = \frac{F_1}{i_{mec}} = \frac{300\ \text{N}}{0{,}2} = \mathbf{1500\ N}$

$$F_1 \cdot r_1 = F_2 \cdot r_2$$

$$F_1 = \frac{F_2 \cdot r_2}{r_1} \qquad F_2 = \frac{F_1 \cdot r_1}{r_2}$$

$$r_1 = \frac{F_2 \cdot r_2}{F_1} \qquad r_2 = \frac{F_1 \cdot r_1}{F_2}$$

$$i_{mec} = \frac{F_1}{F_2} = \frac{F_P}{F_{HZ}}$$

$$i_{mec} = \frac{r_2}{r_1}$$

$$F_2 = \frac{F_1}{i_{mec}} \qquad F_1 = F_2 \cdot i_{mec}$$

$$r_1 = \frac{r_2}{i_{mec}} \qquad r_2 = r_1 \cdot i_{mec}$$

Leitungsdruck und Spannkraft

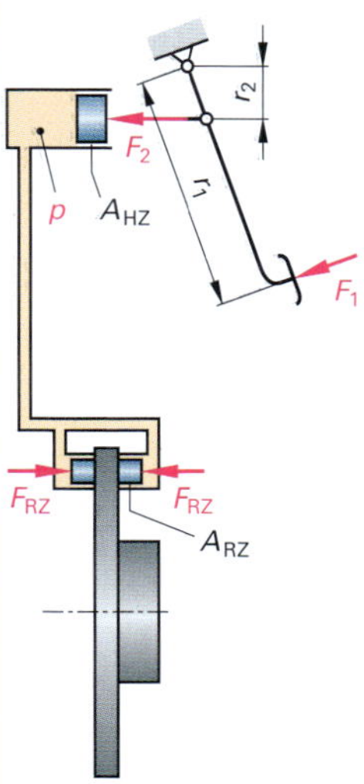

$1\ \text{bar} = 10\ \frac{\text{N}}{\text{cm}^2}$

$1\ \frac{\text{N}}{\text{cm}^2} = 0{,}1\ \text{bar}$

$10\ \frac{\text{N}}{\text{cm}^2} = 1\ \text{bar}$

p	Leitungsdruck in N/cm²
$F_1 = F_P$	Fußkraft (Bremspedal) in N
$F_{HZ} = F_2$	Kolbenstangenkraft in N
F_{RZ}	Spannkraft eines Radzylinderkolbens an einem Vorderrad $F_{RZ,V}$ in N, an einem Hinterrad $F_{RZ,H}$ in N
A_{HZ}	Kolbenfläche im Hauptzylinder in cm²
A_{RZ}	Kolbenfläche eines Radzylinderkolbens an der Vorderachse $A_{RZ,V}$ in cm², an der Hinterachse $A_{RZ,H}$ in cm²
d_{HZ}	Durchmesser des Hauptzylinders in cm
d_{RZ}	Durchmesser eines Radzylinders an der Vorderachse $d_{RZ,V}$ in cm, an der Hinterachse $d_{RZ,H}$ in cm
i_{mec}	mechanische Übersetzung am Bremspedal
r_1, r_2	Hebelarme am Bremspedal in mm

Beispiel: Hauptzylinderdurchmesser $d_{HZ} = 25{,}4$ mm; Kolbenstangenkraft $F_{HZ} = 2000$ N; $p = ?$ bar

Lösung: $A_{HZ} = \frac{\pi \cdot d_{HZ}^2}{4} = \frac{\pi \cdot (2{,}54\ \text{cm})^2}{4} = $

$= 5{,}07\ \text{cm}^2$

$\mathbf{p} = \frac{F_{HZ}}{A_{HZ}} = \frac{2000\ \text{N}}{5{,}07\ \text{cm}^2} =$

$= 394\ \text{N/cm}^2 = \mathbf{39{,}4\ bar}$

$$p = \frac{F_{HZ}}{A_{HZ}}$$

$$F_{HZ} = p \cdot A_{HZ}$$

$$A_{HZ} = \frac{F_{HZ}}{p}$$

$$F_{HZ} = \frac{F_1}{i_{mec}}$$

$$p = \frac{F_1}{A_{HZ} \cdot i_{mec}}$$

$$p = \frac{F_1 \cdot r_1}{A_{HZ} \cdot r_2}$$

$$F_{RZ} = p \cdot A_{RZ}$$

$$p = \frac{F_{RZ}}{A_{RZ}}$$

$$F_{RZ} = \frac{F_{HZ} \cdot A_{RZ}}{A_{HZ}}$$

$$F_{RZ} = \frac{F_{HZ} \cdot d_{RZ}^2}{d_{HZ}^2}$$

$$F_{HZ} = \frac{F_{RZ} \cdot d_{HZ}^2}{d_{RZ}^2}$$

M

Pneumatische Verstärkung (Übersetzung)

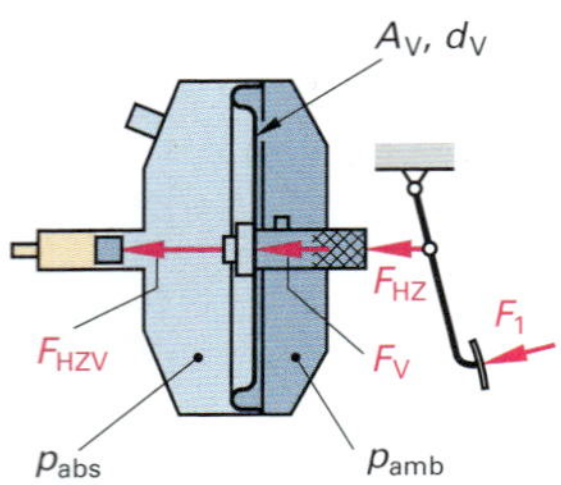

$p_{abs} < p_{amb}$

$$100\ \text{hPa} = 1\ \frac{\text{N}}{\text{cm}^2}$$

F_{HZ}	Kolbenstangenkraft in N
F_V	Verstärkerkraft in N
F_{HZV}	verstärkte Kolbenstangenkraft in N
A_V	Fläche des Verstärkerkolbens (Membran) in cm²
d_V	Durchmesser des Verstärkerkolbens in cm
i_{pn}	pneumatische Übersetzung des Bremskraftverstärkers
p_{abs}	absoluter Druck in der Vakuumkammer in N/cm²
p_{amb}	atmosphärischer Druck in der atmosphärischen Kammer in N/cm²
Δp	wirksame Druckdifferenz in N/cm²
ν	Verstärkungsfaktor des Bremskraftverstärkers

$$F_V = \Delta p \cdot A_V$$

$$F_{HZV} = F_{HZ} + F_V$$

$$F_{HZV} = F_{HZ} + \Delta p \cdot A_V$$

$$i_{pn} = \frac{F_{HZ}}{F_{HZV}}$$

$$\Delta p = p_{amb} - p_{abs}$$

$$p_{abs} = p_{amb} - \Delta p$$

$$\nu = \frac{1}{i_{pn}}$$

Hydraulische Übersetzung

Formelzeichen vergl. DIN 74 250

Wegen der verschieden großen Radzylinder an Vorder- (V) und Hinterachse (H) sind die hydraulischen Übersetzungen getrennt zu berechnen.

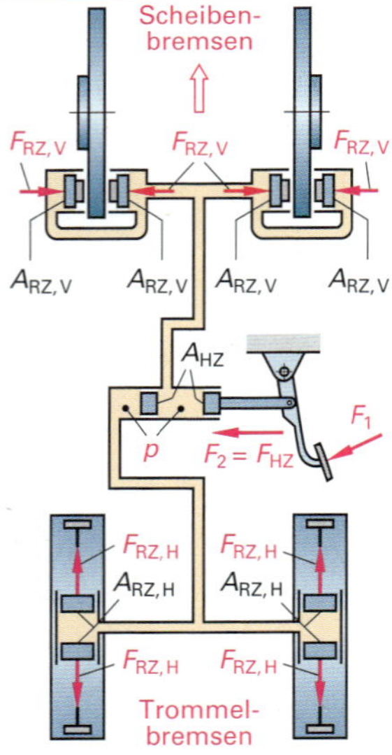

K	Anzahl der Spannkräfte einer Achse
$K = 4$	Achse mit Simplex-, Duplex-, 2-Zylinder-Festsattel-, Schwimmrahmen-, 1-Zylinder-Faustsattelbremse
$K = 8$	Achse mit 4-Zylinder-Festsattel-, 2-Zylinder-Faustsattelbremse

i_{hyd}	hydraulische Übersetzung zur Vorderachse $i_{hyd,V}$ zur Hinterachse $i_{hyd,H}$
$i_{hyd,E}$	hydraulische Einzelübersetzung zu einem Radzylinder der Vorderachse $i_{hyd,E,V}$ der Hinterachse $i_{hyd\,E,H}$
F_{HZ}	Hauptzylinder-Kolbenkraft (Kolbenstangenkraft) in N
F_{RZ}	Spannkraft eines Radzylinderkolbens der Vorderachse $F_{RZ,V}$ in N der Hinterachse $F_{RZ,H}$ in N
F_S	Summe der Spannkräfte der Radzylinderkolben der Vorderachse $F_{S,V}$ in N der Hinterachse $F_{S,H}$ in N
A_{HZ}	Kolbenfläche des Hauptzylinders in cm²
A_{RZ}	Kolbenfläche eines Radzylinders der Vorderachse $A_{RZ,V}$ in cm² der Hinterachse $A_{RZ,H}$ in cm²
A_S	Summe der Kolbenflächen der Radzylinder der Vorderachse $A_{S,V}$ in cm² der Hinterachse $A_{S,H}$ in cm²

$$i_{hyd,E} = \frac{F_{HZ}}{F_{RZ}} \qquad i_{hyd} = \frac{F_{HZ}}{F_S}$$

$$i_{hyd,E} = \frac{A_{HZ}}{A_{RZ}} \qquad i_{hyd} = \frac{A_{HZ}}{A_S}$$

$$F_S = K \cdot F_{RZ}$$

$$A_S = K \cdot A_{RZ}$$

$$F_S = \frac{F_{HZ}}{i_{hyd}} \qquad F_{RZ} = \frac{F_{HZ}}{i_{hyd,E}}$$

$$F_{HZ} = i_{hyd} \cdot F_S = i_{hyd,E} \cdot F_{RZ}$$

$$A_{RZ} = \frac{A_{HZ}}{i_{hyd,E}} \qquad A_S = \frac{A_{HZ}}{i_{hyd}}$$

$$A_{HZ} = i_{hyd} \cdot A_S = i_{hyd,E} \cdot A_{RZ}$$

Beispiel: 1-Zylinder-Faustsattelbremse der Vorderachse; Hauptzylinder-Kolbenkraft $F_{HZ} = 2200$ N; Radzylinder-Spannkraft $F_{RZ} = 4231$ N;
a) Hydraulische Einzelübersetzung $i_{hyd,E,V} = ?$
b) Hydraulische Übersetzung $i_{hyd,V} = ?$

Lösung:

a) $\mathbf{i_{hyd,E,V}} = \frac{F_{HZ}}{F_{RZ,V}} = \frac{2200\ \text{N}}{4231\ \text{N}} = \mathbf{0{,}52}$

b) $\mathbf{i_{hyd,V}} = \frac{F_{HZ}}{F_{S,V}} = \frac{F_{HZ}}{K \cdot F_{RZ}} = \frac{2200\ \text{N}}{4 \cdot 4231\ \text{N}} = \mathbf{0{,}13}$

M

Gesamtübersetzung

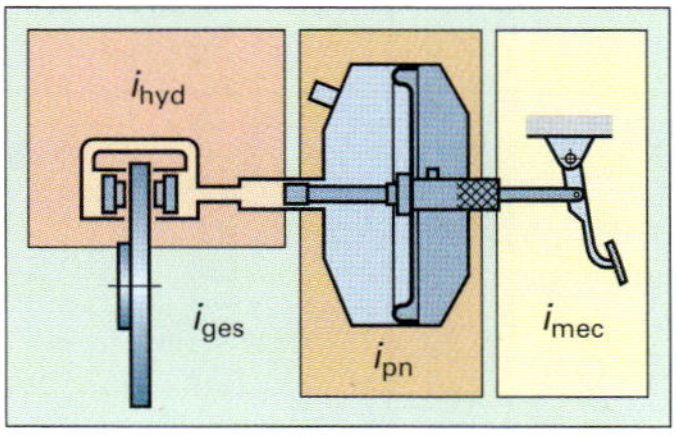

Beispiel: Spannkraft am Radzylinderkolben einer Faustsattelbremse an der Vorderachse $F_{RZ,V}$ = 3500 N; Fußkraft am Bremspedal F_1 = 35 N; i_V = ?

Lösung: $\mathbf{F_{S,V}} = K \cdot F_{RZ,V} = 4 \cdot 3500\ \text{N} = \mathbf{14\,000\ N}$

$i_V = \frac{F_1}{F_{S,V}} = \frac{35\ \text{N}}{14\,000\ \text{N}} = \mathbf{0{,}0025}$

- i_{ges} Gesamtübersetzung zur Vorderachse i_V, zur Hinterachse i_H
- i_{mec} mechanische Übersetzung am Bremspedal
- i_{pn} pneumatische Übersetzung im Bremskraftverstärker
- i_{hyd} hydraulische Übersetzung der Bremse zur Vorderachse $i_{hyd,V}$, zur Hinterachse $i_{hyd,H}$
- F_1 Fußkraft am Bremspedal in N
- F_S Summe der Spannkräfte an der Vorderachse $F_{S,V}$ in N, der Hinterachse $F_{S,H}$ in N
- F_{RZ} Spannkraft an einem Radzylinderkolben der Vorderachse $F_{RZ,V}$ in N, der Hinterachse $F_{RZ,H}$ in N
- K Anzahl der Spannkräfte einer Achse

$$i_{ges} = i_{mec} \cdot i_{pn} \cdot i_{hyd}$$

$$i_{ges} = \frac{F_1}{F_S}$$

$$F_S = \frac{F_1}{i_{mec} \cdot i_{pn} \cdot i_{hyd}}$$

$$F_{RZ} = \frac{F_S}{K} = \frac{F_1}{K \cdot i_{ges}}$$

$$F_S = K \cdot F_{RZ}$$

$$F_1 = i_{ges} \cdot F_{RZ} \cdot K$$

$$F_1 = i_{ges} \cdot F_S$$

Umfangskraft an der Scheibenbremse

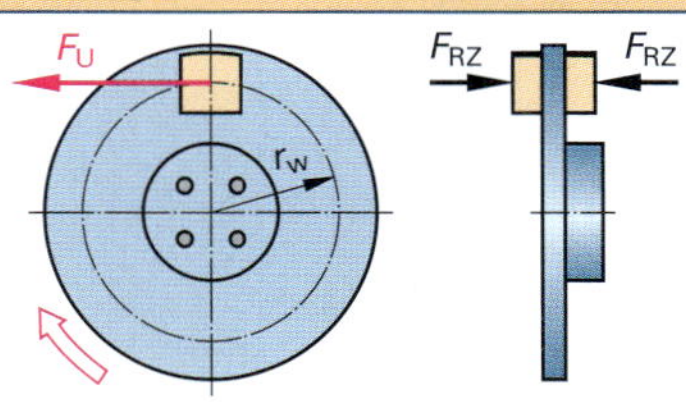

Beispiel: Scheibenbremse mit zwei Kolben; F_{RZ} = 4500 N; μ_G = 0,45; F_U = ? N

Lösung: $\mathbf{F_U} = K_R \cdot \mu_G \cdot F_{RZ} = 2 \cdot 0{,}45 \cdot 4500\ \text{N} = \mathbf{4050\ N}$

- F_U Umfangskraft am wirksamen Umfang der Bremsscheibe in N
- F_{RZ} Spannkraft eines Bremszylinderkolbens in N
- K_R Anzahl der Spannkräfte einer Radbremse
- μ_G Gleitreibungszahl

$$F_U = K_R \cdot \mu_G \cdot F_{RZ}$$

$$F_{RZ} = \frac{F_U}{K_R \cdot \mu_G}$$

Umfangskraft an der Trommelbremse

Die Selbstverstärkung bzw. innere Übersetzung der Trommelbremse wird durch den Bremsenkennwert C berücksichtigt.

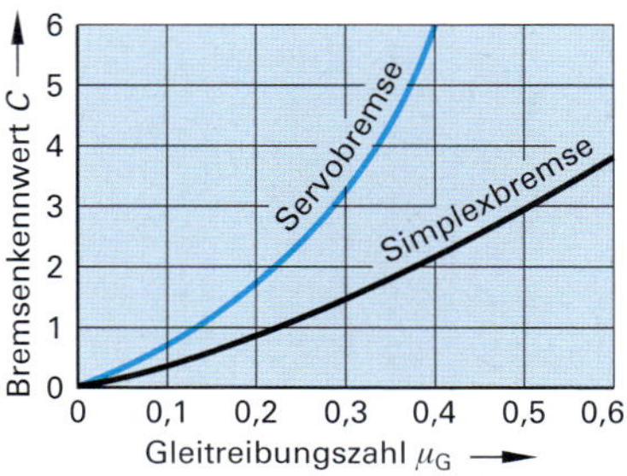

Bremsenkennwertdiagramm

- F_U Umfangskraft an der Bremstrommel in N
- F_{RZ} Spannkraft eines Radzylinderkolbens in N
- C Bremsenkennwert wird nach Bauart der Bremse und Gleitreibungszahl aus Diagramm bestimmt

Beispiel:
Umfangskraft Servobremse; μ_G = 0,3; F_{RZ} = 1300 N

Lösung: Aus Diagramm C = 3,3;
$\mathbf{F_U} = C \cdot F_{RZ} = 3{,}3 \cdot 1300\ \text{N} = \mathbf{4290\ N}$

$$F_U = C \cdot F_{RZ}$$

$$F_{RZ} = \frac{F_U}{C}$$

$$C = \frac{F_U}{F_{RZ}}$$

M

Bremsmoment, Bremskraft am Rad

Die größtmögliche übertragbare Bremskraft $F_{BR,\,max}$ eines Rades auf die Fahrbahn, ohne dass Blockieren eintritt, ist gleich der Haftreibungskraft F_{HR}.

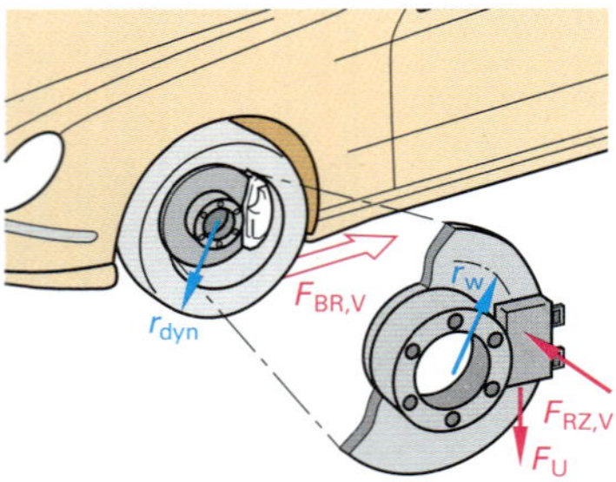

Beispiel: $F_U = 2400$ N; $r_w = 80$ mm; $U_{dyn} = 1{,}948$ m; $\mu_H = 0{,}6$; $G_R = 4500$ N
a) F_{BR} = ? N; b) $F_{BR,\,max}$ = ? N

Lösung:

a) $r_{dyn} = \frac{U_{dyn}}{2\,\pi} = \frac{1{,}948}{2 \cdot \pi} = 0{,}31$ m

$\mathbf{F_{BR}} = \frac{F_U \cdot r_w}{r_{dyn}} = \frac{2400\ \text{N} \cdot 0{,}08\ \text{m}}{0{,}31\ \text{m}} =$
$=$ **619,4 N**

b) $\mathbf{F_{BR,\,max}} = \mu_H \cdot G_R =$
$= 0{,}6 \cdot 4500$ N $=$ **2700 N**

M_{BR}	Bremsmoment am Rad in Nm
F_U	Umfangskraft am wirksamen Halbmesser der Bremsscheibe bzw. Innenhalbmesser der Bremstrommel in N
F_{BR}	Bremskraft am dynamischen Halbmesser des Reifens in N
r_w	wirksamer Halbmesser der Bremsscheibe bzw. Innenhalbmesser der Bremstrommel in m
U_{dyn}	Abrollumfang eines Rades in m
r_{dyn}	dynamischer Reifenhalbmesser in m
F_{HR}	Haftreibungskraft eines Rades in N
G_R	Radaufstandskraft (Radlast) in N
μ_H	Haftreibungszahl zwischen Reifen/Fahrbahn vgl. S. 73
$F_{BR,\,max}$	größtmögliche Bremskraft eines Rades kurz vor der Blockiergrenze in N

$$M_{BR} = F_U \cdot r_w$$

$$M_{BR} = F_{BR} \cdot r_{dyn}$$

$$F_U \cdot r_w = F_{BR} \cdot r_{dyn}$$

$$F_{BR} = \frac{F_U \cdot r_w}{r_{dyn}}$$

$$F_U = \frac{F_{BR} \cdot r_{dyn}}{r_w}$$

$$F_U = \frac{M_{BR}}{r_w}$$

$$F_{HR} = \mu_H \cdot G_R = F_{BR,\,max}$$

$$G_R = \frac{F_{HR}}{\mu_H}$$

$$G_R = \frac{F_{BR,\,max}}{\mu_H}$$

$$r_{dyn} = \frac{U_{dyn}}{2 \cdot \pi}$$

Trägheitskraft, Bremskraft

Die Gesamtbremskraft F_B eines Fahrzeugs ergibt sich aus den einzelnen Bremskräften der Räder. Man denkt sie sich am Schwerpunkt angreifend. Sie wirkt der Trägheitskraft F des Fahrzeugs entgegen.

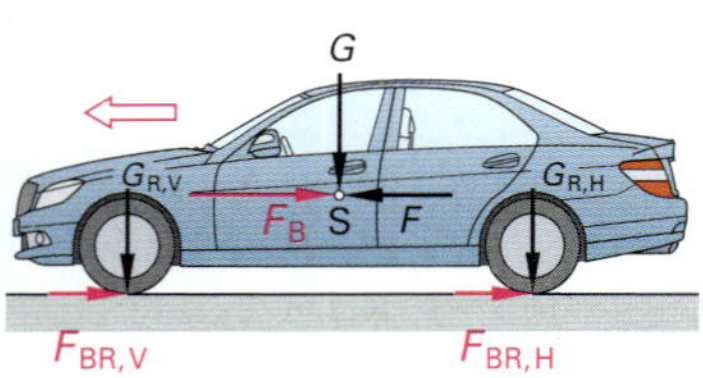

Beispiel: Kfz; $m = 1600$ kg; $F_{BR,V} = 3600$ N; $F_{BR,H} = 1200$ N; a = ? m/s²

Lösung: $F_B = 2 \cdot (F_{BR,V} + F_{BR,H}) =$
$= 2 \cdot (3600\ \text{N} + 1200\ \text{N}) =$
$= 9600$ N

$\mathbf{a} = \frac{F_B}{m} = \frac{9600\ \text{N}}{1600\ \text{kg}} =$

$= \frac{9600\ \text{kg} \cdot \text{m/s}^2}{1600\ \text{kg}} =$ **6 m/s²**

F_B	Gesamtbremskraft in N
F_{BR}	Radbremskraft an einem Vorderrad ($F_{BR,V}$) bzw. einem Hinterrad ($F_{BR,H}$) in N
$F_{B,\,max}$	größtmögliche erreichbare Bremskraft in N (Blockiergrenze)
F	Trägheitskraft des Fahrzeugs in N
m	Fahrzeugmasse in kg
a	Verzögerung in m/s²
a_{max}	größtmögliche Verzögerung in m/s²
a_m	mittlere Verzögerung in m/s²
g	Fallbeschleunigung in m/s²
η_T	Zeitwirkungsgrad
μ_H	Haftreibungszahl zwischen Reifen/Fahrbahn vgl. S. 73

$$F_B = \Sigma F_{BR}$$
$$F_B = 2\ F_{BR,V} + 2\ F_{BR,H}$$

$$F = m \cdot a = F_B$$

$$a = \frac{F_B}{m}$$

$$a_{max} = \frac{F_{B,\,max}}{m}$$

$$F_{B,\,max} = \mu_H \cdot m \cdot g$$

$$\eta_T = \frac{a_m}{a_{max}}$$

$$a_m = a_{max} \cdot \eta_T$$

Bremsarbeit, Bremsleistung

Beispiel 1:

Pkw; $m = 1200\ \text{kg}$; $v = 27{,}77\ \text{m/s}$ (100 km/h); $W_B = ?\ \text{Nm}$

Lösung:

$$W_B = \frac{m \cdot v^2}{2} = \frac{1200\ \text{kg} \cdot 771{,}2\ \text{m}^2}{2\ \text{s}^2} =$$

$$= \mathbf{462\,700\ Nm}$$

Beispiel 2:

$W_B = 480\,000\ \text{Nm}$; $t = 4\ \text{s}$; $P_B = ?\ \text{kW}$

Lösung:

$$P_B = \frac{W_B}{t} = \frac{480\,000\ \text{Nm}}{4\ \text{s}} =$$

$$= 120\,000\ \text{W} = \mathbf{120\ kW}$$

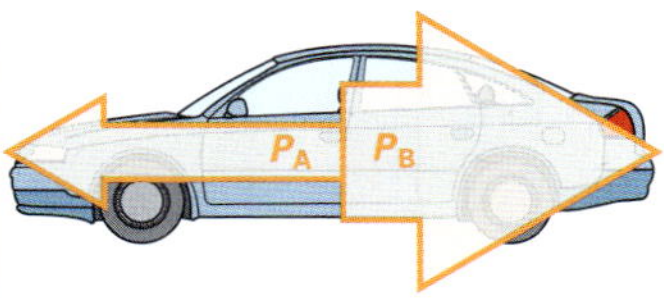

Bremsung bis zum Stillstand auf ebener Fahrbahn

Die Bremsarbeit für eine Bremsung bis zum Stillstand ist gleich der kinetischen Energie des rollenden Fahrzeugs.

W_B	Bremsarbeit in Nm oder in J
m	Fahrzeugmasse in kg
v	Geschwindigkeit in m/s
a	Verzögerung in m/s^2
s	Bremsweg in m
F_B	Gesamtbremskraft in N
P_B	Bremsleistung in Nm/s oder in W
P_A	Antriebsleistung in Nm/s oder in W
t	Bremszeit in s

1000 W = 1 kW

$$W_B = F_B \cdot s$$

$$F_B = m \cdot a = \frac{W_B}{s}$$

$$s = \frac{v^2}{2 \cdot a}$$

$$W_B = \frac{m \cdot v^2}{2}$$

$$v = \sqrt{\frac{2 \cdot W_B}{m}}$$

$$P_B = \frac{W_B}{t}$$

$$P_B = \frac{m \cdot v^2}{2 \cdot t}$$

$$t = \frac{v}{a} = \frac{2 \cdot s}{v}$$

Bremsenprüfung, Abbremsung

Beim Rollenprüfstand werden die Bremskräfte am Radumfang der einzelnen Räder durch Abbremsung der einzelnen Räder gemessen.

Die Summe der Bremskräfte der gebremsten Räder wird nach den Richtlinien zur Anlage VIII der StVZO (Bremsenuntersuchungen) auf das zulässige Gesamtgewicht bezogen; das Verhältnis F_B/G ergibt mit 100 multipliziert die **Abbremsung** z **in %**. Werte für Mindestabbremsung nach StVZO siehe Seite 469.

Beispiel 1:

$F_B = 9000\ \text{N}$; $m = 1500\ \text{kg}$; $z = ?\ \%$

Lösung:

$$z = \frac{F_B \cdot 100\ \%}{G} =$$

$$= \frac{9000 \cdot 100\ \%}{14\,715} = \mathbf{61{,}2\ \%}$$

Beispiel 2:

$F_B = 56\,000\ \text{N}$; $m = 16\,000\ \text{kg}$; $p_1 = 6{,}5\ \text{bar}$; $p_2 = 4{,}3\ \text{bar}$; $z = ?\ \%$

Lösung:

$$z = \frac{p_1 - 0{,}4}{p_2 - 0{,}4} \cdot \frac{F_B \cdot 100\ \%}{G} =$$

$$= \frac{6{,}5 - 0{,}4}{4{,}3 - 0{,}4} \cdot \frac{56\,000 \cdot 100\ \%}{157\,000} \approx$$

$$\approx \mathbf{55{,}8\ \%}$$

z	Abbremsung in %
F_B	Gesamtbremskraft in N
$F_{BR,\,vl}$	Radbremskraft vorn links in N
$F_{BR,\,vr}$	Radbremskraft vorn rechts in N
$F_{BR,\,hl}$	Radbremskraft hinten links in N
$F_{BR,\,hr}$	Radbremskraft hinten rechts in N
G	Gewichtskraft des Fahrzeugs in N (zul. Gesamtgewicht)
g	Fallbeschleunigung in m/s^2
a	Bremsverzögerung in m/s^2
p_1	Berechnungsdruck in bar
p_2	Eingesteuerter Druck in bar (Blockiergrenze)
0,4	Ansprechdruck in bar

$$F_B = F_{BR,\,vl} + F_{BR,\,vr} + F_{BR,\,hl} + F_{BR,\,hr}$$

Fahrzeuge ohne Druckluftbremse

$$z = \frac{F_B \cdot 100\ \%}{G}$$

$$G = m \cdot g$$

$$z = \frac{a}{g} \cdot 100\ \%$$

$$a = \frac{g \cdot z}{100\ \%}$$

Hochrechnung für Fahrzeug mit Druckluftbremse

$$z = \frac{p_1 - 0{,}4}{p_2 - 0{,}4} \cdot \frac{F_B \cdot 100\ \%}{G}$$

M

Berechnung an hydraulischen Bremsen (Flussdiagramm)

Fußkraft am Bremspedal	$F_1 = F_P$	
Hauptzylinder-Kolbenkraft	$F_{HZ} = F_2 = \frac{F_1 \cdot r_1}{r_2}$	Durch Bremskraftverstärker verstärkte Hauptzylinder-Kolbenkraft: $F_{HZ,V} = F_{HZ} + \Delta p \cdot A_V = \frac{F_{HZ}}{i_{pn}}$
Leitungsdruck	$p = \frac{F_{HZ}}{A_{HZ}} = \frac{F_1 \cdot r_1}{A_{HZ} \cdot r_2}$	$p = \frac{F_{HZ,V}}{A_{HZ}}$
Spannkraft eines Radzylinderkolbens	$F_{RZ} = p \cdot A_{RZ}$	
Umfangskraft an der Bremstrommel bzw. Bremsscheibe	Trommelbremse: $F_U = C \cdot F_{RZ}$	Scheibenbremse: $F_U = K_R \cdot \mu_G \cdot F_{RZ}$
Bremsmoment an der Bremstrommel bzw. Bremsscheibe	$M_{BR} = F_U \cdot r_w$	**1 bar = 10** $\frac{\mathbf{N}}{\mathbf{cm^2}}$
Bremskraft am dynamischen Halbmesser des Reifens	$F_{BR} = \frac{F_U \cdot r_w}{r_{dyn}}$	
Gesamtbremskraft eines Fahrzeugs	$F_B = 2\,(F_{BR,V} + F_{BR,H})$	
Bremsarbeit	$W_B = F_B \cdot s$	
Bremsleistung	$P_B = \frac{W_B}{t}$	

A_{HZ}	Kolbenfläche des Hauptzylinderkolbens in cm^2
A_{RZ}	Radzylinderkolbenfläche an der Vorderachse $A_{RZ,V}$ in cm^2, an der Hinterachse $A_{RZ,H}$ in cm^2
A_V	Fläche des Verstärkerkolbens in cm^2
C	Bremsenkennwert aus Diagramm
$F_1 = F_P$	Fußkraft am Bremspedal in N
F_B	Gesamtbremskraft des Fahrzeugs in N
F_{BR}	Bremskraft am dynamischen Halbmesser des Reifens in N
$F_{BR,V}$	Bremskraft an einem Vorderrad in N
$F_{BR,H}$	Bremskraft an einem Hinterrad in N
$F_{HZ} = F_2$	Hauptzylinder-Kolbenkraft in N
$F_{HZ,V}$	verstärkte Hauptzylinder-Kolbenkraft in N
F_{RZ}	Spannkraft eines Radzylinderkolbens in N
F_U	Umfangskraft an der Bremstrommel bzw. Bremsscheibe in N
i_{pn}	pneumatische Übersetzung des Bremskraftverstärkers
K_R	Anzahl der wirksamen Spannkräfte einer Radbremse
μ_G	Gleitreibungszahl (Belag/Bremse)
M_{BR}	Bremsmoment an der Bremse bzw. am Rad in Nm
P_B	Bremsleistung in Nm/s oder in W
p	Leitungsdruck in N/cm^2
Δp	wirksame Druckdifferenz ($p_{amb} - p_{abs}$) in N/cm^2
r_1, r_2	wirksame Hebelarme am Bremspedal in mm
r_{dyn}	wirksamer Reifenhalbmesser in m
r_w	wirksamer Halbmesser der Bremsscheibe bzw. Innenhalbmesser der Bremstrommel in m
s	Bremsweg in m
t	Bremszeit in s
W_B	Bremsarbeit in J, Nm oder Ws

M

Ohmsches Gesetz

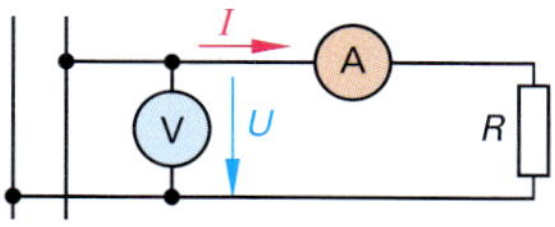

$1\,V = 1\,A \cdot 1\,\Omega$

I Stromstärke in A
U Spannung in V
R Widerstand in Ω

Beispiel: $U = 12\,V$; $I = 1{,}2\,A$; $R = ?\,\Omega$

Lösung: $\mathbf{R} = \frac{U}{I} = \frac{12\,V}{1{,}2\,A} = \mathbf{10\,\Omega}$

$$R = \frac{U}{I}$$

$$U = I \cdot R$$

$$I = \frac{U}{R}$$

Spezifischer elektrischer Widerstand und elektrische Leitfähigkeit

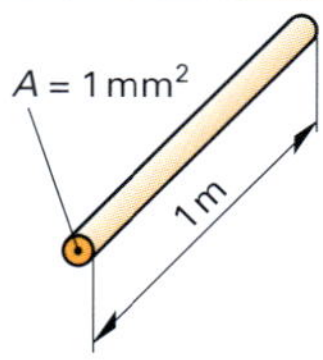

ϱ spezif. elektrischer Widerstand in $\Omega\,mm^2/m$
$\varkappa$ elektrische Leitfähigkeit in $m/\Omega\,mm^2$

Beispiel: Kupfer $\varkappa = 56\,\frac{m}{\Omega\,mm^2}$; $\varrho = ?\,\frac{\Omega\,mm^2}{m}$

Lösung: $\boldsymbol{\varrho} = \frac{1}{\varkappa} = \frac{1}{56\,\frac{m}{\Omega\,mm^2}} = \mathbf{0{,}0178\,\frac{\Omega\,mm^2}{m}}$

$$\varrho = \frac{1}{\varkappa}$$

$$\varkappa = \frac{1}{\varrho}$$

Leitwert und Widerstand

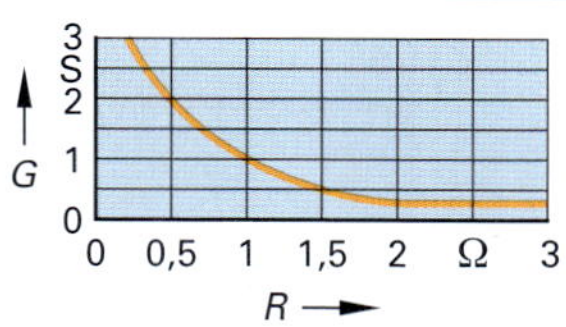

G Leitwert in S (S: Siemens in $\frac{1}{\Omega}$)
R Widerstand in Ω

Beispiel: $R = 5\,\Omega$; $G = ?\,S$

Lösung: $\mathbf{G} = \frac{1}{R} = \frac{1}{5\,\Omega} = \mathbf{0{,}2\,S}$

$$G = \frac{1}{R}$$

$$R = \frac{1}{G}$$

Leiterwiderstand

Werkstoff (bei 20 °C)	ϱ $\frac{\Omega\,mm^2}{m}$	$\varkappa$ $\frac{m}{\Omega\,mm^2}$
Aluminium	0,0278	36
Eisen	0,13	7,7
Gold	0,022	45,45
Konstantan	0,49	2,04
Kupfer	0,0178	56
Manganin	0,43	2,33
CuZn-Leg.	0,07	14,3
Nickel	0,095	10,5
Platin	0,098	10,2
Silber	0,0167	60
Wolfram	0,055	18,2

R Widerstand in Ω
l Leiterlänge in m
ϱ spezif. elektrischer Widerstand in $\Omega\,mm^2/m$
A Leiterquerschnittsfläche in mm^2
$\varkappa$ elektrische Leitfähigkeit in $m/\Omega\,mm^2$
d Leiterdurchmesser in mm

Beispiel: Cu-Leiter $\varrho = 0{,}0178\,\frac{\Omega\,mm^2}{m}$;
$A = 4\,mm^2$; $l = 2\,m$; $R = ?\,\Omega$

Lösung:

$\mathbf{R} = \frac{\varrho \cdot l}{A} = \frac{0{,}0178\,\frac{\Omega\,mm^2}{m} \cdot 2\,m}{4\,mm^2} = \mathbf{0{,}0089\,\Omega}$

$$R = \frac{\varrho \cdot l}{A}$$

$$\varrho = \frac{A \cdot R}{l} \qquad l = \frac{A \cdot R}{\varrho}$$

$$A = \frac{\varrho \cdot l}{R} \qquad d = \sqrt{\frac{4 \cdot A}{\pi}}$$

$$R = \frac{l}{\varkappa \cdot A}$$

Widerstand und Temperatur

Werkstoff	α 1/K
Aluminium (99,5 %)	0,0040
Eisen (rein)	0,0066
Gold	0,0037
Kupfer (99,5 %)	0,0039
Nickel (99,5 %)	0,0055
Platin	0,0038
Silber	0,0038
Wolfram	0,0044
Zink	0,0042
Zinn	0,0045

ΔR Widerstandsänderung in Ω
α Temperaturbeiwert in 1/K
ΔT Temperaturänderung in K
R_k Kaltwiderstand in Ω
R_w Warmwiderstand in Ω

Beispiel: $R_k = 300\,\Omega$; $R_w = 400\,\Omega$;
$\alpha = 0{,}004\,1/K$; $\Delta T = ?\,K$

Lösung:

$\mathbf{\Delta T} = \frac{R_w - R_k}{R_k \cdot \alpha} = \frac{400\,\Omega - 300\,\Omega}{300\,\Omega \cdot 0{,}004\,\frac{1}{K}} = \mathbf{83{,}3\,K}$

$$\Delta R = \alpha \cdot R_k \cdot \Delta T$$

$$R_w = R_k \cdot (1 + \alpha \cdot \Delta T)$$

$$\Delta T = \frac{R_w - R_k}{R_k \cdot \alpha}$$

M

Spannungsabfall in Leitungen

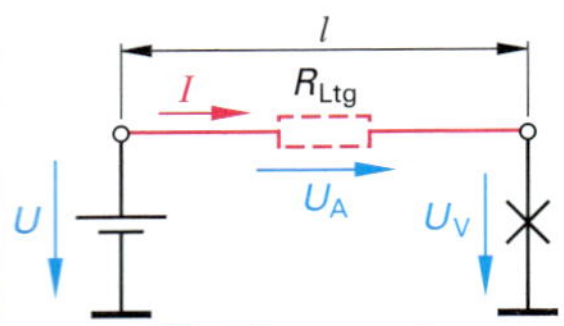

Einleitungssystem

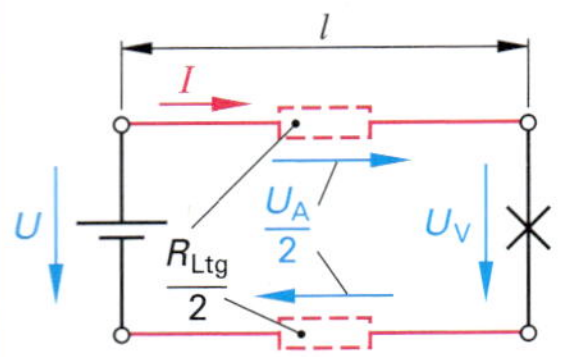

Zweileitungssystem

U_a Spannungsabfall in V
U Klemmenspannung in V
U_V Spannung am Verbraucher in V
I Stromstärke in A
R_{Ltg} Leitungswiderstand in Ω
ϱ spez. elektr. Widerstand in Ω mm²/m
l Leiterlänge in m
A Leiterquerschnittfläche in mm²

Beispiel: ϱ = 0,0178 Ω mm²/m; l = 1 m;
A = 50 mm²; I = 1400 A;
U_a = ? V

Lösung: $\mathbf{U_a} = \frac{I \cdot \varrho \cdot l}{A} = \frac{1400\ \text{A} \cdot 0{,}0178\ \frac{\Omega\ \text{mm}^2}{\text{m}} \cdot 1\ \text{m}}{50\ \text{mm}^2} = \mathbf{0{,}5\ V}$

$$U_a = I \cdot R_{Ltg}$$

Einleitungssystem

$$U_a = \frac{I \cdot \varrho \cdot l}{A}$$

Zweileitungssystem

$$U_a = \frac{I \cdot \varrho \cdot 2 \cdot l}{A}$$

$$U_V = U - U_a$$

Stromdichte

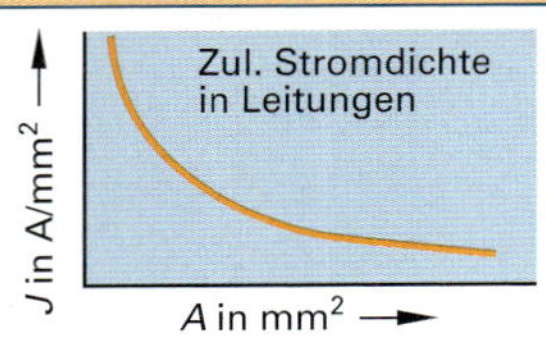

J Stromdichte in A/mm²
I Stromstärke in A
A Leiterquerschnittfläche in mm²

Beispiel: I = 16 A; A = 4 mm²; $J = ?\ \frac{\text{A}}{\text{mm}^2}$

Lösung: $\mathbf{J} = \frac{I}{A} = \frac{16\ \text{A}}{4\ \text{mm}^2} = \mathbf{4\ \frac{A}{mm^2}}$

$$J = \frac{I}{A}$$

$$A = \frac{I}{J}$$

$$I = J \cdot A$$

Zulässige Belastbarkeit von Kupferleitungen in Kraftfahrzeugen (einadrig) bei 30 °C

A (mm²)	0,5	0,75	1	1,5	2,5	4	6	10	16	25	35	50	70
I_{max} (A)	10	15	19	24	32	42	54	73	98	129	158	198	245
J (A/mm²)	20	20	19	16	12,8	10,5	9	7,3	6,1	5,2	4,5	4	3,5

Zulässige Stromdichte in Kupferleitungen im Kurzzeitbetrieb bei Haupt- und Steuerleitungen hinsichtlich der zulässigen Erwärmung $J \leqq 30$ A/mm².

Leitungsberechnung

Art der Leitung (isolierte Plusleitung)	Zul. Spannungsabfall U_a
Lichtleitungen	
Lichtschalter Kl. 30 bis	
Leuchten < 15 W	0,1 V
Leuchten > 15 W	0,5 V
Scheinwerfer	0,3 V
Ladeleitung	
Drehstromgenerator Kl. B+	0,4 V bei 12 V
bis Batterie	0,8 V bei 24 V
Steuerleitungen	
Drehstromgenerator	
Kl. D+,	0,1 V bei 12 V
D–, DF bis Regler	0,2 V bei 24 V
Starterschalter bis	1,4 V bei 12 V
Starterklemme 50	2,8 V bei 24 V
Vom Schalter bis Relais,	0,5 V bei 12 V
Horn, Wischer u.a. Geräte	1,0 V bei 24 V
Starterhauptleitungen	0,5 V bei 12 V 1,0 V bei 24 V

U_a Spannungsabfall in V
I Stromstärke in A
ϱ spez. elektr. Widerstand in Ω mm²/m
R_{Ltg} Leitungswiderstand in Ω
A Leiterquerschnittfläche in mm²
l Leitungslänge in m

Beispiel:
Starter U = 12 V; I = 630 A;
U_a = 0,5 V; l = 2 m;
ϱ = 0,0178 Ω mm²/m; A = ? mm²

Lösung:

$\mathbf{A} = \frac{I \cdot \varrho \cdot l}{U_a} = \frac{630\ \text{A} \cdot 0{,}0178\ \frac{\Omega\ \text{mm}^2}{\text{m}} \cdot 2\ \text{m}}{0{,}5\ \text{V}} = \mathbf{45\ mm^2}$

$$U_a = I \cdot R_{Ltg}$$

$$U_a = \frac{I \cdot \varrho \cdot l}{A}$$

$$A = \frac{I \cdot \varrho \cdot l}{U_a}$$

$$l = \frac{A \cdot U_a}{I \cdot \varrho}$$

Bei Fahrzeugen ohne Masse am Fahrgestell (Zweileitungssystem).

$$A = \frac{I \cdot \varrho \cdot 2 \cdot l}{U_a}$$

M

Schaltung von Widerständen

Reihenschaltung

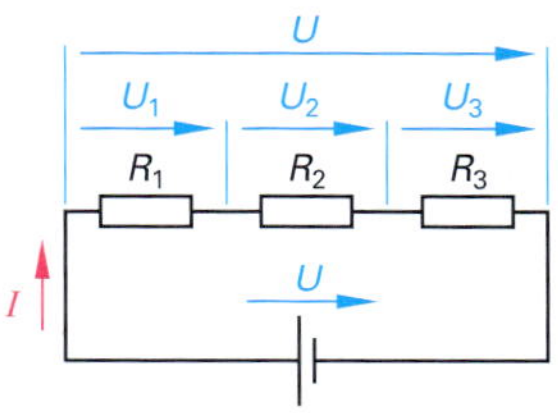

I, I_1, I_2, I_3 Stromstärke in A
U, U_1, U_2, U_3 Spannung in V
R, R_1, R_2, R_3 Widerstand in Ω

Beispiel: $R_1 = 2\,\Omega;\; R_2 = 3\,\Omega;\; R_3 = 5\,\Omega;\; R = ?\,\Omega$

Lösung: $\boldsymbol{R} = R_1 + R_2 + R_3 = 2\,\Omega + 3\,\Omega + 5\,\Omega = \mathbf{10\,\Omega}$

$$I = I_1 = I_2 = I_3 = \ldots$$

$$U = U_1 + U_2 + U_3 + \ldots$$

$$R = R_1 + R_2 + R_3 + \ldots$$

Parallelschaltung

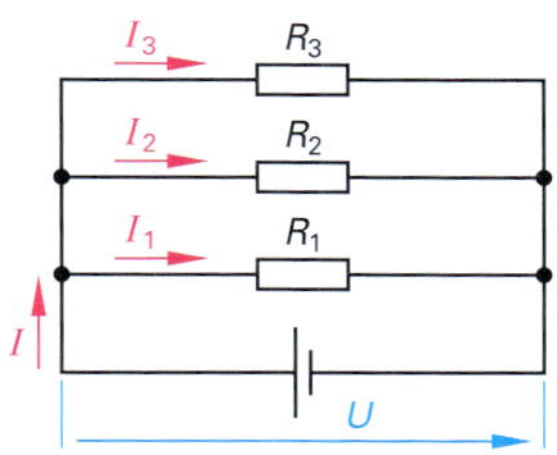

n gleiche Widerstände

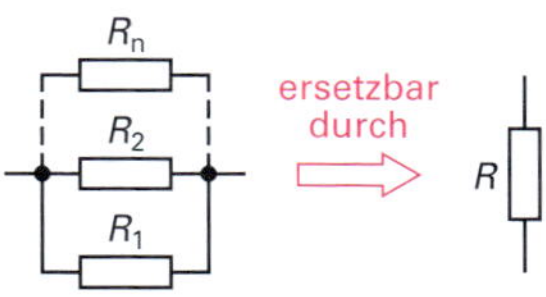

I, I_1, I_2, I_3 Stromstärke in A
U, U_1, U_2, U_3 Spannung in V
R, R_1, R_2, R_3 Widerstand in Ω
n Zahl der gleichen Widerstände

Beispiel 1: $R_1 = 3\,\Omega;\; R_2 = 6\,\Omega;\; R = ?\,\Omega$

Lösung:

$$\frac{\mathbf{1}}{\boldsymbol{R}} = \frac{1}{R_1} + \frac{1}{R_2} = \frac{1}{3\,\Omega} + \frac{1}{6\,\Omega} = \frac{2}{6\,\Omega} + \frac{1}{6\,\Omega} = \frac{3}{6\,\Omega}$$

$$\boldsymbol{R} = \mathbf{2\,\Omega}$$

Beispiel 2: $R_1 = 10\,\Omega;\; n = 10;\; R = ?\,\Omega$

Lösung: $\boldsymbol{R} = \frac{R_1}{n} = \frac{10\,\Omega}{10} = \mathbf{1\,\Omega}$

$$U = U_1 = U_2 = U_3 = \ldots$$

$$I = I_1 + I_2 + I_3 + \ldots$$

$$\frac{1}{R} = \frac{1}{R_1} + \frac{1}{R_2} + \frac{1}{R_3} + \ldots$$

Für 2 parallele Widerstände

$$R = \frac{R_1 \cdot R_2}{R_1 + R_2}$$

Für *n* gleiche Widerstände

$$R = \frac{R_1}{n}$$

Gruppenschaltung von Widerständen

In einer Gruppenschaltung von Widerständen (gemischte Schaltung), unterscheidet man, je nach Anordnung der Widerstände, zwischen einer **erweiterten Reihenschaltung** und einer **erweiterten Parallelschaltung.**

Zur Berechnung des Gesamtwiderstandes werden schrittweise Ersatzschaltungen für die einzelnen Widerstandsgruppen gebildet. Sie sind entweder eine Reihenschaltung oder eine Parallelschaltung von Widerständen.

Dieses Verfahren wird so lange fortgesetzt, bis zuletzt nur eine einzige Widerstandsgruppe übrig bleibt. Der Ersatzwiderstand der letzten Gruppe ist der Gesamtwiderstand *R*.

Erweiterte Reihenschaltung

Beispiel: $R_1 = 10\,\Omega;\; R_2 = 40\,\Omega;\; R_3 = 5\,\Omega;\; R = ?\,\Omega$

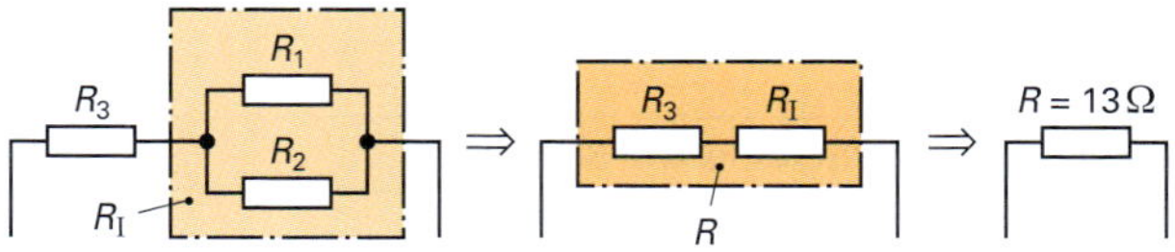

$$\boldsymbol{R}_\mathrm{I} = \frac{R_1 \cdot R_2}{R_1 + R_2} = \frac{10\,\Omega \cdot 40\,\Omega}{10\,\Omega + 40\,\Omega} = \mathbf{8}\,\Omega \Longrightarrow \boldsymbol{R} = R_3 + R_\mathrm{I} = 5\,\Omega + 8\,\Omega = \mathbf{13}\,\Omega$$

Erweiterte Parallelschaltung

Beispiel: $R_1 = 10\,\Omega;\; R_2 = 40\,\Omega;\; R_3 = 5\,\Omega;\; R = ?\,\Omega$

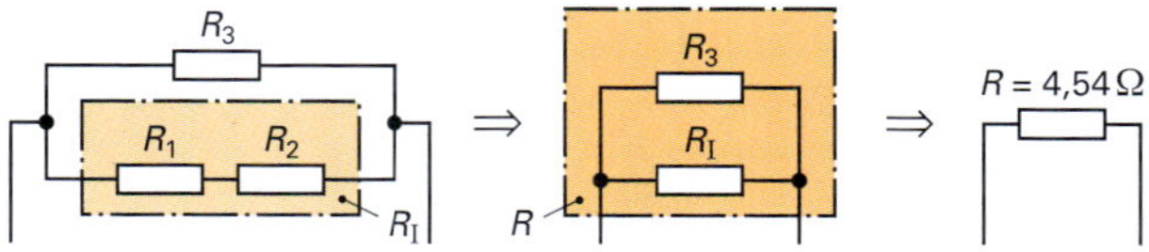

$$\boldsymbol{R}_\mathrm{I} = R_1 + R_2 = 10\,\Omega + 40\,\Omega = \mathbf{50}\,\Omega \qquad \boldsymbol{R} = \frac{R_\mathrm{I} \cdot R_3}{R_\mathrm{I} + R_3} = \frac{50\,\Omega \cdot 5\,\Omega}{50\,\Omega + 5\,\Omega} = \mathbf{4{,}54}\,\Omega$$

M

Spannungsteiler

Unbelasteter Spannungsteiler

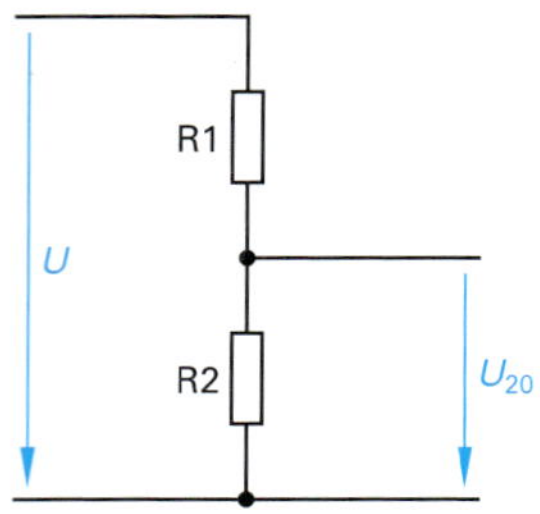

R_1 Teilwiderstand in Ω
R_2 Teilwiderstand in Ω
$R_1 + R_2$ Gesamtwiderstand in Ω
U Gesamtspannung in V
U_{20} Teilspannung in V

Beispiel:
$R_1 = 100\ \Omega$; $R_2 = 20\ \Omega$;
$U_2 = 12\ \text{V}$; $U_{20} = ?\ \text{V}$

Lösung:

$$\boldsymbol{U_{20}} = \frac{R_2}{R_1 + R_2} \cdot U = \frac{20\ \Omega}{100\ \Omega + 20\ \Omega} \cdot 12\ \text{V} = \mathbf{2\ V}$$

$$U_{20} = \frac{R_2}{R_1 + R_2} \cdot U$$

$$R_1 = R_2 \cdot \left(\frac{U}{U_{20}} - 1\right)$$

$$R_2 = \frac{R_1}{\dfrac{U}{U_{20}} - 1}$$

Belasteter Spannungsteiler

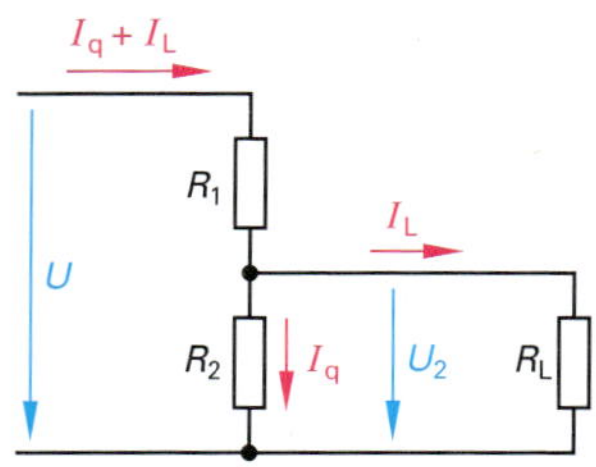

Beim belasteten Spannungsteiler sinkt die Leerlaufspannung U_{20} des unbelasteten Spannungsteilers auf die Teilspannung U_2 am Lastwiderstand ab.

> $q > 10$ bewirkt, dass bei geringer Änderung des Lastwiderstandes ($R_L > 10 \cdot R_2$) sich die Spannung U_2 kaum ändert (Spannungskonstanthaltung).

U_2 Teilspannung bei Belastung in V
U_{20} Teilspannung im Leerlauf in V
U Gesamtspannung in V
R_1, R_2 Teilwiderstände in Ω
R_L Lastwiderstand in Ω
q Querstromverhältnis
I_L Laststrom in A
I_q Querstrom in A

Beispiel:
$U = 100\ \text{V}$; $U_{20} = 12\ \text{V}$; $U_2 = 10\ \text{V}$;
$R_L = 200\ \Omega$; $R_1 = ?\ \Omega$; $R_2 = ?\ \Omega$

Lösung:

$$\boldsymbol{R_2} = R_1 \cdot \frac{U}{U_2} \cdot \left(\frac{U_{20} - U_2}{U - U_{20}}\right) = 200\ \Omega \cdot \frac{100\ \text{V}}{10\ \text{V}} \cdot \left(\frac{12\ \text{V} - 10\ \text{V}}{100\ \text{V} - 12\ \text{V}}\right) = \mathbf{45{,}5\ \Omega}$$

$$\boldsymbol{R_1} = R_2 \cdot \left(\frac{U}{U_{20}} - 1\right) = 45{,}5\ \Omega \cdot \left(\frac{100\ \text{V}}{12\ \text{V}} - 1\right) = \mathbf{334\ \Omega}$$

$$U_2 = \frac{U}{\dfrac{R_1 \cdot (R_L + R_2)}{R_L \cdot R_2} + 1}$$

$$R_2 = R_L \cdot \frac{U}{U_2} \cdot \frac{(U_{20} - U_2)}{(U - U_{20})}$$

$$R_1 = R_2 \cdot \left(\frac{U}{U_{20}} - 1\right)$$

$$q = \frac{I_q}{I_L} = \frac{R_L}{R_2}$$

$$q = \frac{I_q}{I_L} = \frac{U_2 \cdot (U - U_{20})}{U \cdot (U_{20} - U_2)}$$

Messbrücke (Wheatstonesche Brücke)

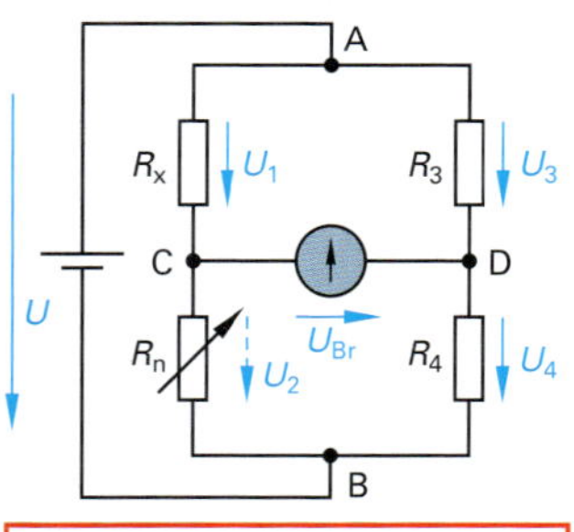

> Die Abgleichbedingung ist erfüllt, wenn zwischen den Messpunkten C und D die Brückenspannung $U_{Br} = 0$ ist.

U_{Br} Brückenspannung in V
U_1, U_2, U_3, U_4 Teilspannungen in V
R_x unbekannter Widerstand in Ω
R_n Vergleichswiderstand in Ω
R_3, R_4 Brückenwiderstände in Ω

Beispiel:
Wheatstonsche Messbrücke;
$R_3 = 50\ \Omega$; $R_4 = 100\ \Omega$;
$R_n = 150\ \Omega$; $R_x = ?\ \Omega$

Lösung:

$$\boldsymbol{R_x} = R_n \cdot \frac{R_3}{R_4} = 150\ \Omega \cdot \frac{50\ \Omega}{100\ \Omega} = \mathbf{75\ \Omega}$$

$$U_{Br} = U_2 - U_4$$

Bei Abgleich:

$$U_{Br} = 0$$

$$\frac{U_1}{U_2} = \frac{U_3}{U_4}$$

$$\frac{R_x}{R_n} = \frac{R_3}{R_4}$$

$$R_x = R_n \cdot \frac{R_3}{R_4}$$

M

Kondensatoren

Reihenschaltung

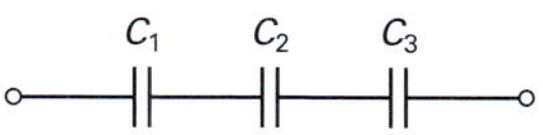

Parallelschaltung

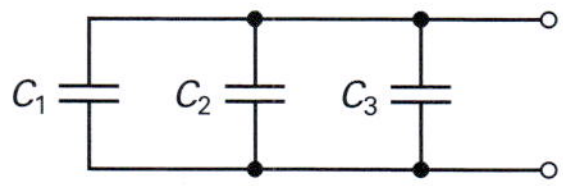

C	Gesamtkapazität in µF, nF, pF
C_1; C_2	Einzelkapazitäten in µF, nF, pF

Beispiel:

$C_1 = 4\ \mu F$; $C_2 = 3\ \mu F$;
Reihenschaltung $C = ?\ \mu F$

Lösung:

$$\frac{1}{C} = \frac{1}{C_1} + \frac{1}{C_2} = \frac{1}{4\ \mu F} + \frac{1}{3\ \mu F} = \frac{7}{12\ \mu F}$$

$\boldsymbol{C} = 12/7\ \mu F = \mathbf{1{,}7\ \mu F}$

Reihenschaltung:

$$\frac{1}{C} = \frac{1}{C_1} + \frac{1}{C_2} + \frac{1}{C_3} + \ldots$$

Parallelschaltung:

$$C = C_1 + C_2 + C_3 + \ldots$$

Elektrische Leistung

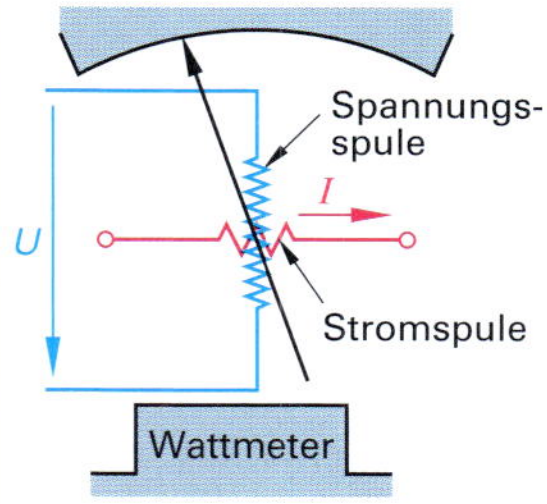

1 W = 1 V · 1 A
1 W = 1 J/s
1 W = 1 Nm/s

P	Leistung in W
U	Spannung in V
I	Stromstärke in A
R	Widerstand in Ω

Beispiel 1: $U = 22\ V$; $I = 5\ A$; $P = ?\ W$

Lösung: $\boldsymbol{P} = U \cdot I = 22\ V \cdot 5\ A = \mathbf{110\ W}$

Beispiel 2: $I = 5\ A$; $R = 4{,}4\ \Omega$;
$P = ?\ W$

Lösung: $\boldsymbol{P} = I^2 \cdot R = (5\ A)^2 \cdot 4{,}4\ \Omega = \mathbf{110\ W}$

Beispiel 3: $U = 22\ V$; $R = 4{,}4\ \Omega$;
$P = ?\ W$

Lösung: $\boldsymbol{P} = \frac{U^2}{R} = \frac{(22\ V)^2}{4{,}4\ \Omega} = \mathbf{110\ W}$

$$P = U \cdot I$$

$$U = \frac{P}{I} \qquad I = \frac{P}{U}$$

$$P = I^2 \cdot R$$

$$I = \sqrt{\frac{P}{R}} \qquad R = \frac{P}{I^2}$$

$$P = \frac{U^2}{R}$$

$$U = \sqrt{P \cdot R} \qquad R = \frac{U^2}{P}$$

Elektrische Arbeit

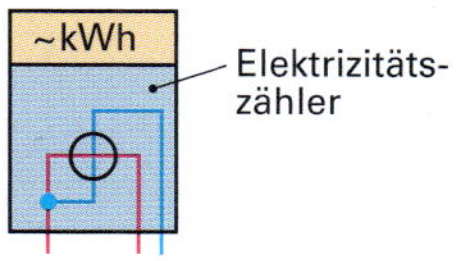

1 Ws = 1 V · 1 A · 1 s
1 Ws = 1 J = 1 Nm
3 600 000 Ws = 1 kWh

W	Arbeit in Ws, Wh, kWh
P	Leistung in W, kW
U	Spannung in V
I	Stromstärke in A
t	Zeit in s, h

Beispiel: $P = 35\ W$; $t = 4\ h$;
$W = ?\ kWh$

Lösung: $\boldsymbol{W} = P \cdot t = 35\ W \cdot 4\ h = 140\ Wh = \mathbf{0{,}14\ kWh}$

$$W = P \cdot t$$

$$P = \frac{W}{t} \qquad t = \frac{W}{P}$$

$$W = U \cdot I \cdot t$$

Wirkungsgrad, Leistungsverlust

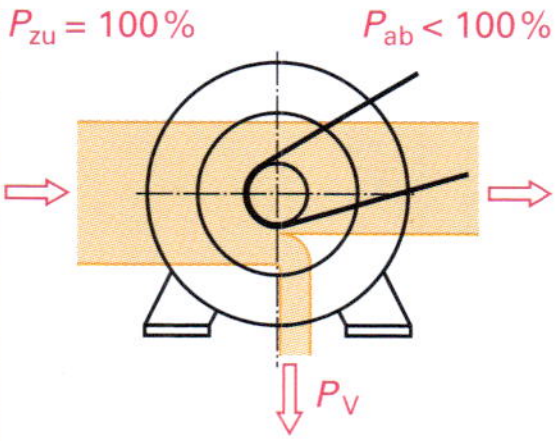

η	Wirkungsgrad
η_1, η_2	Einzelwirkungsgrade
P_{zu}	zugeführte Leistung in W, kW
P_{ab}	abgegebene Leistung in W, kW
P_V	Verlustleistung in W, kW

Beispiel: $P_{zu} = 1\ kW$; $P_{ab} = 0{,}5\ kW$
$\eta = ?$

Lösung: $\boldsymbol{\eta} = \frac{P_{ab}}{P_{zu}} = \frac{0{,}5\ kW}{1\ kW} = \mathbf{0{,}5}$

$$\eta = \frac{P_{ab}}{P_{zu}}$$

$$P_{zu} = \frac{P_{ab}}{\eta} \qquad P_{ab} = \eta \cdot P_{zu}$$

$$\eta = \eta_1 \cdot \eta_2 \ldots$$

$$P_V = P_{zu} - P_{ab}$$

M

Batterie (Akkumulator)

Kapazität

Beispiel:
$I = 8{,}4\,A$; $t = 8\,h$; $K = ?\,Ah$

Lösung:
$\mathbf{K} = I \cdot t = 8{,}4\,A \cdot 8\,h = \mathbf{67{,}2\,Ah}$

K Kapazität in Ah
I Stromstärke in A
t Zeit in h

$$K = I \cdot t$$

$$I = \frac{K}{t} \qquad t = \frac{K}{I}$$

Amperestundenwirkungsgrad

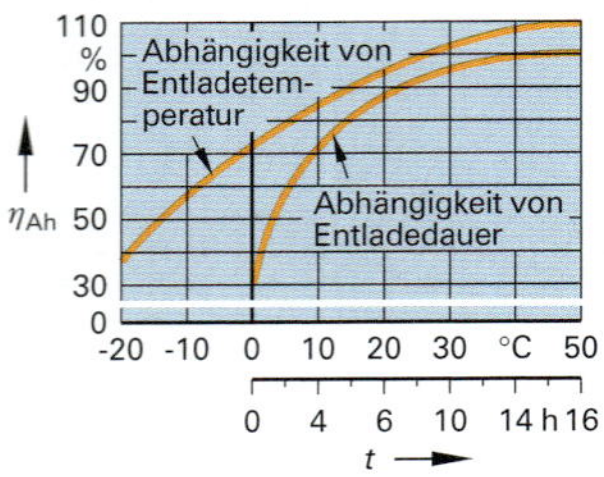

η_{Ah} Amperestundenwirkungsgrad
K_1, K_2 Lade- bzw. Entladekapazität in Ah
I_1, I_2 Lade- bzw. Entladestrom in A
t_1, t_2 Lade- bzw. Entladezeit in h

Beispiel:
$I_1 = 8{,}4\,A$; $t_1 = 10\,h$;
$I_2 = 10\,A$; $t_2 = 6\,h$; $\eta_{Ah} = ?$

Lösung:
$$\boldsymbol{\eta}_{\mathbf{Ah}} = \frac{I_2 \cdot t_2}{I_1 \cdot t_1} = \frac{10\,A \cdot 6\,h}{8{,}4\,A \cdot 10\,h} = \mathbf{0{,}715}$$

$$\eta_{Ah} = \frac{K_2}{K_1}$$

$$K_1 = I_1 \cdot t_1 \qquad K_2 = I_2 \cdot t_2$$

$$\eta_{Ah} = \frac{I_2 \cdot t_2}{I_1 \cdot t_1}$$

$$K_1 = \frac{K_2}{\eta_{Ah}} \qquad K_2 = K_1 \cdot \eta_{Ah}$$

Wattstundenwirkungsgrad

Beispiel:
$U_1 = 7{,}4\,V$; $U_2 = 6{,}0\,V$;
$K_1 = 45\,Ah$; $K_2 = 36\,Ah$; $\eta_{Wh} = ?$

Lösung:
$$\boldsymbol{\eta}_{\mathbf{Wh}} = \frac{U_2 \cdot K_2}{U_1 \cdot K_1} = \frac{6{,}0\,V \cdot 36\,Ah}{7{,}4\,V \cdot 45\,Ah} = \mathbf{0{,}65}$$

η_{Wh} Wattstundenwirkungsgrad
U_1, U_2 Lade- bzw. Entladespannung in V
I_1, I_2 Lade- bzw. Entladestrom in A
t_1, t_2 Lade- bzw. Entladezeit in h
W_1, W_2 Lade- bzw. Entladeenergie in Wh
K_1, K_2 Lade- bzw. Entladekapazität in Ah

$$\eta_{Wh} = \frac{W_2}{W_1}$$

$$\eta_{Wh} = \frac{U_2 \cdot K_2}{U_1 \cdot K_1}$$

$$\eta_{Wh} = \frac{U_2 \cdot I_2 \cdot t_2}{U_1 \cdot I_1 \cdot t_1}$$

Reihenschaltung von Batterien

Beispiel:
$U_1 = 6{,}4\,V$; $U_2 = 12{,}8\,V$; $U = ?\,V$

Lösung:
$\mathbf{U} = U_1 + U_2 = 6{,}4\,V + 12{,}8\,V =$
$= \mathbf{19{,}2\,V}$

U Gesamtklemmenspannung in V
U_1, U_2, U_n Teilklemmenspannungen in V
I Gesamtstrom in A
I_1, I_2, I_n Teilströme in A
R_i Gesamtinnenwiderstand in Ω
$R_{i1} \ldots R_{in}$ Teilinnenwiderstände in Ω

$$U = U_1 + U_2 + U_3 + \ldots$$

$$I = I_1 = I_2 = I_3 = \ldots$$

$$R_i = R_{i1} + R_{i2} + R_{i3} + \ldots$$

Parallelschaltung von Batterien

Beispiel:
$I_1 = 2\,A$; $I_2 = 5\,A$; $I_3 = 3\,A$;
$I = ?\,A$

Lösung: $\mathbf{I} = I_1 + I_2 + I_3 =$
$= 2\,A + 5\,A + 3\,A = \mathbf{10\,A}$

I Gesamtstrom in A
I_1, I_2, I_n Teilströme in A
U Gesamtklemmenspannung in V
U_1, U_2, U_n Teilklemmenspannungen in V
R_i Gesamtinnenwiderstand in Ω
$R_{i1} \ldots R_{in}$ Teilinnenwiderstände in Ω

$$I = I_1 + I_2 + I_3 + \ldots$$

$$U = U_1 = U_2 = U_3 = \ldots$$

$$\frac{1}{R_i} = \frac{1}{R_{i1}} + \frac{1}{R_{i2}} + \frac{1}{R_{i3}} + \ldots$$

Klemmenspannung und Innenwiderstand

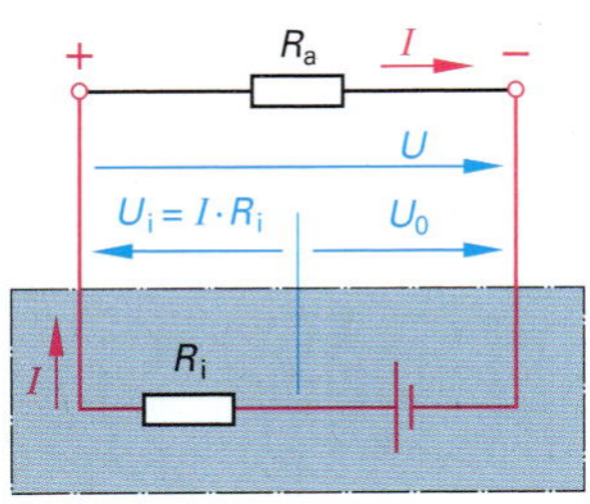

U Klemmenspannung in V
U_0 Leerlaufspannung in V
U_i innerer Spannungsabfall in V
I Stromstärke in A
I_k Kurzschlussstrom in A
R_i Innenwiderstand in Ω
R_a Belastungswiderstand in Ω

Beispiel: $U_0 = 6{,}9\,V$; $R_i = 0{,}01\,\Omega$;
$R_a = 0{,}1\,\Omega$; $I = ?\,A$

Lösung:
$$\mathbf{I} = \frac{U_0}{R_a + R_i} = \frac{6{,}9\,V}{0{,}1\,\Omega + 0{,}01\,\Omega} =$$
$$= \mathbf{62{,}73\,A}$$

$$U = U_0 - I \cdot R_i$$

$$U = I \cdot R_a$$
$$U_0 = I \cdot (R_a + R_i)$$

$$I = \frac{U_0}{R_a + R_i}$$

$$I_k = \frac{U_0}{R_i}$$

M

Magnetismus

Magnetische Induktion

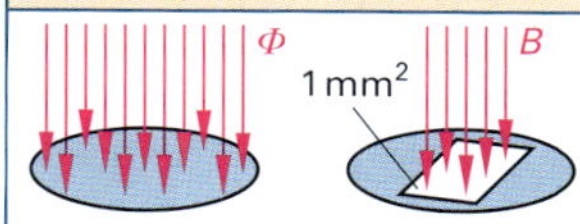

1 T = 1 Ω · 1 s = 1 Wb/m²

B	Magnetische Flussdichte in T (Tesla)
Φ	Magnetischer Fluss in Wb (Weber)
A	Polfläche senkrecht zu den Feldlinien in m²

Beispiel: $\Phi = 1\,\text{Wb}$; $A = 20\,\text{cm}^2$; $B = ?\,\text{T}$

Lösung: $\mathbf{B} = \frac{\Phi}{A} = \frac{1\,\text{Wb}}{0{,}002\,\text{m}^2} = \mathbf{500\,T}$

$$B = \frac{\Phi}{A}$$

$$\Phi = B \cdot A \qquad A = \frac{\Phi}{B}$$

Durchflutung

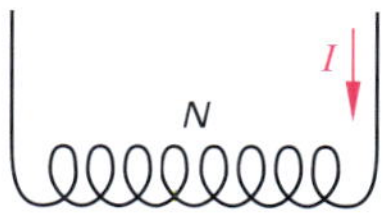

Θ	Durchflutung in A
I	Stromstärke in A
N	Windungszahl

Beispiel: $I = 2\,\text{A}$; $N = 1000$; $\Theta = ?\,\text{A}$

Lösung: $\mathbf{\Theta} = I \cdot N = 2\,\text{A} \cdot 1000 = \mathbf{2000\,A}$

$$\Theta = I \cdot N$$

$$I = \frac{\Theta}{N}; \qquad N = \frac{\Theta}{I}$$

Feldstärke

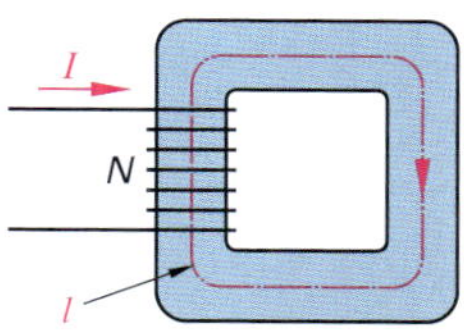

H	Feldstärke in A/cm
I	Stromstärke in A
N	Windungszahl
l	mittlere Feldlinienlänge in cm
Θ	Durchflutung in A

Beispiel: $I = 3\,\text{A}$; $N = 100$; $l = 15\,\text{cm}$; $H = ?\,\text{A/cm}$

Lösung: $\mathbf{H} = \frac{I \cdot N}{l} = \frac{3\,\text{A} \cdot 100}{15\,\text{cm}} = \mathbf{20\,\frac{A}{cm}}$

$$H = \frac{I \cdot N}{l}$$

$$H = \frac{\Theta}{l}$$

Wechselstrom

Frequenz, Kreisfrequenz

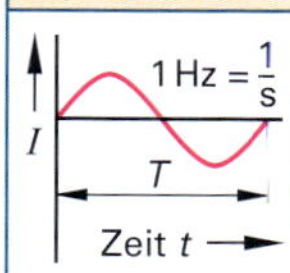

$$\mathbf{1\,Hz = \frac{1}{s}}$$

f	Frequenz in Hz (Hertz) bzw. 1/s
T	Periodendauer in s
ω	Kreisfrequenz in 1/s

Beispiel: $T = 1/500\,\text{s}$; $f = ?\,\text{Hz}$

Lösung: $\mathbf{f} = \frac{1}{T} = \frac{1}{1/500\,\text{s}} = \mathbf{500\,Hz}$

$$f = \frac{1}{T}$$

$$\omega = 2 \cdot \pi \cdot f$$

Scheitelwert, Effektivwert

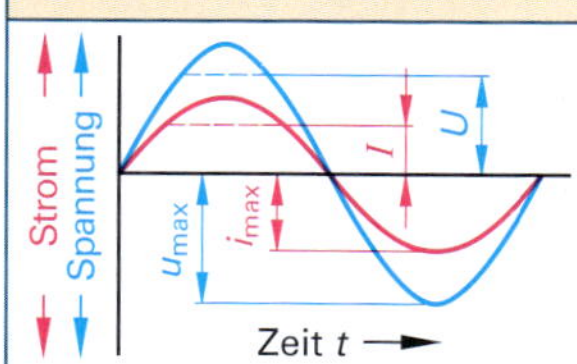

U	Effektivwert der Spannung in V
I	Effektivwert des Stromes in A
u_{max}	Scheitelwert der Spannung in V
i_{max}	Scheitelwert des Stromes in A

Beispiel: $i_{max} = 14{,}1\,\text{A}$; $I = ?\,\text{A}$

Lösung: $\mathbf{I} = \frac{i_{max}}{\sqrt{2}} = \frac{14{,}1\,\text{A}}{\sqrt{2}} = \mathbf{10\,A}$

$$I = \frac{i_{max}}{\sqrt{2}}$$

$$U = \frac{u_{max}}{\sqrt{2}}$$

Wechselstromwiderstände

Induktiver Blindwiderstand

1 H = 1 Ω · 1 s

Kapazitiver Blindwiderstand

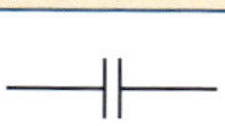

$$\mathbf{1\,F = \frac{1\,s}{1\,\Omega}}$$

X_L	induktiver Blindwiderstand in Ω
X_C	kapazitiver Blindwiderstand in Ω
ω	Kreisfrequenz in 1/s
L	Induktivität der Spule in H (Henry)
C	Kapazität in F (Farad)

Beispiel: $f = 50\,\text{Hz}$; $L = 2\,\text{H}$; $X_L = ?$

Lösung: $\mathbf{X_L} = \omega \cdot L = 2 \cdot \pi \cdot 50 \cdot \frac{1}{s} \cdot 2\,\Omega\text{s} = \mathbf{628\,\Omega}$

$$X_L = \omega \cdot L$$

$$X_C = \frac{1}{\omega \cdot C}$$

M

Leistung bei sinusförmigem Wechselstrom

Scheinleistung, Wirkleistung

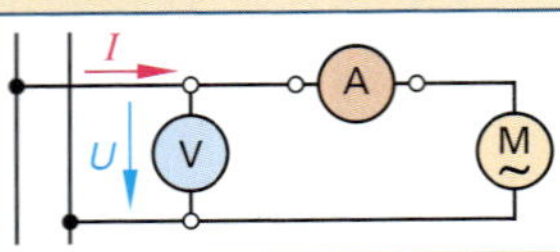

Der Leistungsfaktor $\cos\varphi$ gibt an, wie viel Prozent der Scheinleistung als Wirkleistung vorhanden sind.

S	Scheinleistung in VA
P	Wirkleistung in W
U	Spannung in V
I	Stromstärke in A
$\cos\varphi$	Leistungsfaktor

Beispiel: $U = 220\,\text{V}$; $I = 5\,\text{A}$; $\cos\varphi = 0{,}9$; $P = ?\,\text{W}$

Lösung: $\mathbf{P} = U \cdot I \cdot \cos\varphi = 220\,\text{V} \cdot 5\,\text{A} \cdot 0{,}9 = \mathbf{990\,W}$

$$S = U \cdot I$$

$$P = U \cdot I \cdot \cos\varphi$$

$$\cos\varphi = \frac{P}{S}$$

Sternschaltung bei symmetrischer (gleichmäßiger) ohmscher Belastung

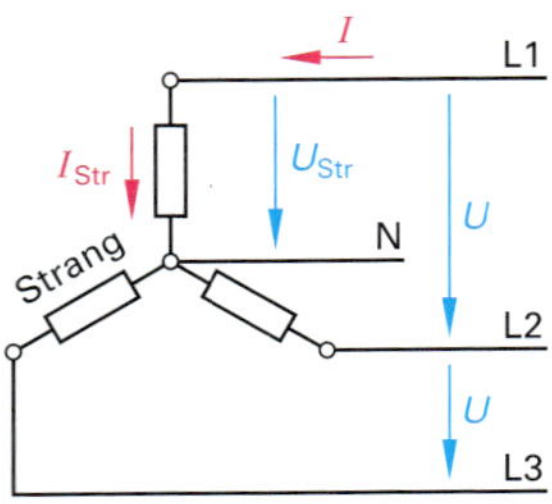

I	Leiterstrom in A
I_{Str}	Strangstrom in A
U	Leiterspannung in V
U_{Str}	Strangspannung in V
P	Drehstromleistung in W
P_{Str}	Strangleistung in W
$\sqrt{3}$	Verkettungsfaktor, $\sqrt{3} = 1{,}732$

Beispiel: $U = 13{,}1\,\text{V}$; $I = 22\,\text{A}$; $P = ?\,\text{W}$

Lösung: $\mathbf{P} = \sqrt{3} \cdot U \cdot I = 1{,}732 \cdot 13{,}1\,\text{V} \cdot 22\,\text{A} = \mathbf{500\,W}$

$$I_{Str} = I$$

$$U_{Str} = \frac{U}{\sqrt{3}}$$

$$P = 3 \cdot P_{Str} = 3 \cdot U_{Str} \cdot I_{Str}$$

$$P = \sqrt{3} \cdot U \cdot I$$

Dreieckschaltung bei symmetrischer (gleichmäßiger) ohmscher Belastung

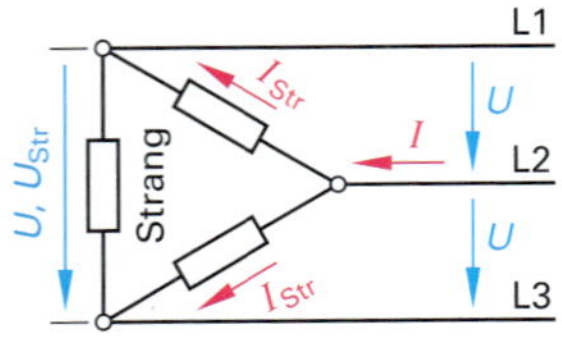

I	Leiterstrom in A
I_{Str}	Strangstrom in A
U	Leiterspannung in V
U_{Str}	Strangspannung in V
P	Drehstromleistung in W
P_{Str}	Strangleistung in W
$\sqrt{3}$	Verkettungsfaktor, $\sqrt{3} = 1{,}732$

Beispiel: $U = 13{,}1\,\text{V}$; $I = 22\,\text{A}$; $P = ?\,\text{W}$

Lösung: $\mathbf{P} = \sqrt{3} \cdot U \cdot I = 1{,}732 \cdot 13{,}1\,\text{V} \cdot 22\,\text{A} = \mathbf{500\,W}$

$$I_{Str} = \frac{I}{\sqrt{3}}$$

$$U_{Str} = U$$

$$P = 3 \cdot P_{Str} = 3 \cdot U_{Str} \cdot I_{Str}$$

$$P = \sqrt{3} \cdot U \cdot I$$

Transformator

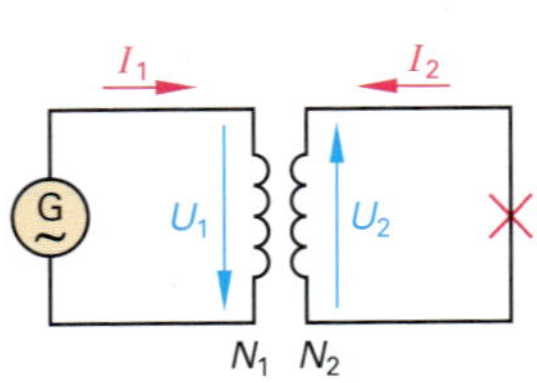

Bei Spulenzündanlagen muss für U_1 die in der Primärwicklung entstehende Selbstinduktionsspannung eingesetzt werden.

U_1	Primärspannung in V
I_1	Primärstrom in A
N_1	Primärwindungszahl
U_2	Sekundärspannung in V
I_2	Sekundärstrom in A
N_2	Sekundärwindungszahl
n	Übersetzungsverhältnis

Beispiel: $U_1 = 220\,\text{V}$; $N_1 = 5000$; $N_2 = 500$; $U_2 = ?\,\text{V}$

Lösung: $\mathbf{U_2} = U_1 \cdot \frac{N_2}{N_1} = 220\,\text{V} \cdot \frac{500}{5000} = \mathbf{22\,V}$

$$\frac{U_1}{U_2} = \frac{N_1}{N_2}$$

$$U_1 = U_2 \cdot \frac{N_1}{N_2} \qquad U_2 = U_1 \cdot \frac{N_2}{N_1}$$

$$N_1 = N_2 \cdot \frac{U_1}{U_2} \qquad N_2 = N_1 \cdot \frac{U_2}{U_1}$$

$$\frac{I_1}{I_2} = \frac{N_2}{N_1}$$

$$n = \frac{U_1}{U_2} = \frac{I_2}{I_1} = \frac{N_1}{N_2}$$

M

Elektronische Bauelemente

Diode

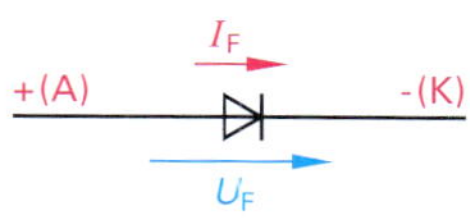

U_F Spannungsabfall in V
I Strom in A
P_V Verlustleistung in W

Beispiel: $U_F = 0{,}8\,V$; $I = 20\,A$; $P_V = ?\,W$

Lösung: $\mathbf{P_V} = U \cdot I = 0{,}8\,V \cdot 20\,A = \mathbf{16\,W}$

$$P_V = U \cdot I$$

NPN-Transistor

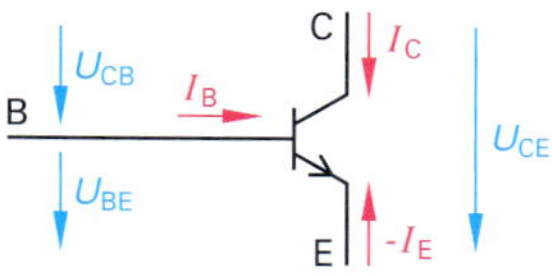

PNP-Transistor

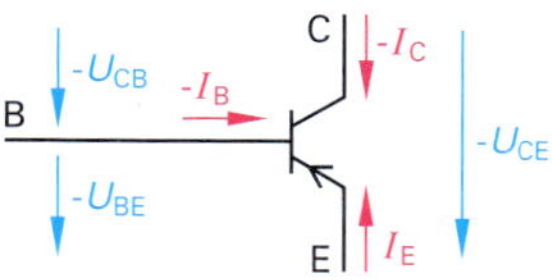

U_{CE} Kollektor-Emitter-Spannung in V
U_{BE} Basis-Emitter-Spannung in V
U_{CB} Kollektor-Basis-Spannung in V
I_B Basisstrom in mA
I_C Kollektorstrom in mA
I_E Emitterstrom in mA
P_V Verlustleistung in W
B Gleichstromverstärkung

Beispiel: $I_E = 100\,mA$; $I_B = 2\,mA$;
$I_C = ?\,mA$; $B = ?$

Lösung: $\mathbf{I_C} = I_E - I_B = 100\,mA - 2\,mA = \mathbf{98\,mA}$

$\mathbf{B} = I_C : I_B = 98\,mA : 2\,mA = \mathbf{49}$

$$U_{CE} = U_{BE} + U_{CB}$$

$$I_E = I_C + I_B$$

$$P_V \approx U_{CE} \cdot I_C$$

$$B = \frac{I_C}{I_B}$$

Winkel und Zeiten beim Zündvorgang

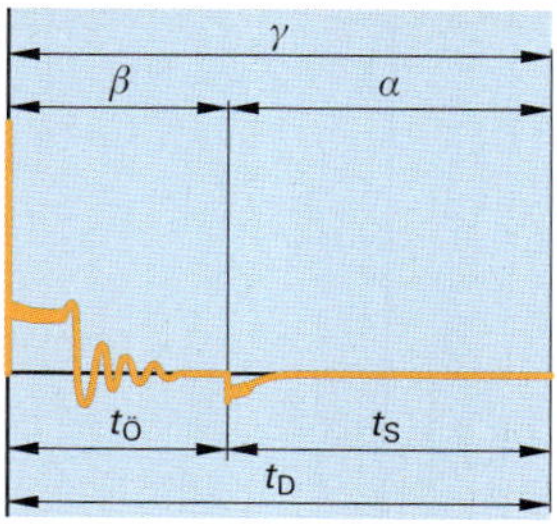

γ Zündabstand in ° an der Kurbelwelle
α Schließwinkel in ° an der Kurbelwelle
β Öffnungswinkel in ° an der Kurbelwelle
α_p Schließwinkel in %
n Motordrehzahl in 1/min
t_D Zeit zwischen 2 Zündfunken in s
t_S Schließzeit in s
$t_Ö$ Öffnungszeit in s
z Zylinderzahl
z_F Anzahl der Zündfunken je Minute in 1/min

Für 4-Takt-Motoren gilt

Der Zündabstand γ ist der Drehwinkel der Kurbelwelle zwischen zwei Zündfunken.

Während des Durchlaufens des Schließwinkels ist der Primärstromkreis geschlossen.

Während des Durchlaufens des Öffnungswinkels ist der Primärstromkreis unterbrochen.

Beispiel: $z = 6$; $n = 6000\,1/min$;
$\alpha = 72°$; 4-Takt-Motor;
$t_S = ?\,s$

Lösung: $\mathbf{t_S} = \frac{\alpha}{6 \cdot n} = \frac{72°}{6 \cdot 6000} = \mathbf{0{,}002\,s}$

$$\gamma = \frac{720°}{z}$$

$$\gamma = \alpha + \beta$$

$$z_F = \frac{n}{2} \cdot z$$

$$t_D = \frac{\gamma}{6 \cdot n}$$

$$t_S = \frac{\alpha}{6 \cdot n} \qquad t_Ö = \frac{\beta}{6 \cdot n}$$

$$t_D = t_S + t_Ö$$

$$\alpha_p = \frac{\alpha \cdot z}{7{,}2}$$

M

Pulsweitenmodulation (PWM)

Tastverhältnis

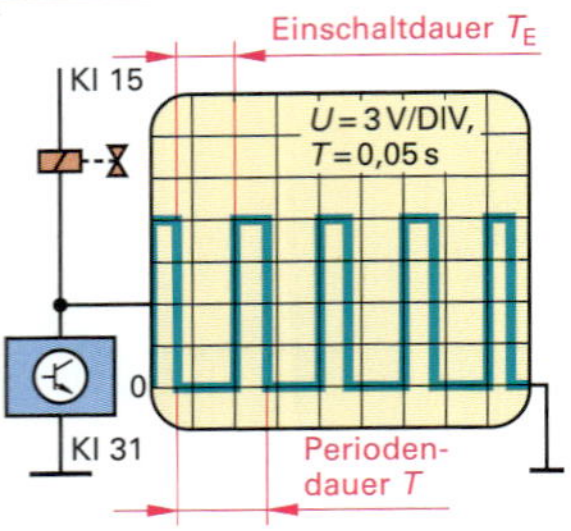

Pulsweitenmodulierte Spannungssignale werden zur variablen Ansteuerung von Aktoren, z.B. Magnetventile oder Elektromotoren verwendet. Die Signale werden mit konstanter Frequenz und gleicher Einschaltspannung getaktet.

T Periodendauer in s
T_E Einschaltdauer in s
T_A Ausschaltdauer in s
V_T Tastverhältnis in %
f Frequenz in Hz (Hertz) bzw. 1/s

Beispiel: T_E = 0,07 s; T = 0,1 s;
V_T = ? %; f = ? Hz

Lösung: $\mathbf{V_T} = \frac{T_E}{T} \cdot 100\ \%$

$= \frac{0{,}07\ \text{s}}{0{,}1\ \text{s}} \cdot 100\ \% = \mathbf{70\ \%}$

$f = \frac{1}{T} = \frac{1}{0{,}1\ \text{s}} = \mathbf{10\ Hz}$

$$T = T_E + T_A$$

$$V_T = \frac{T_E}{T} \cdot 100\ \%$$

$$f = \frac{1}{T}$$

Effektivwert

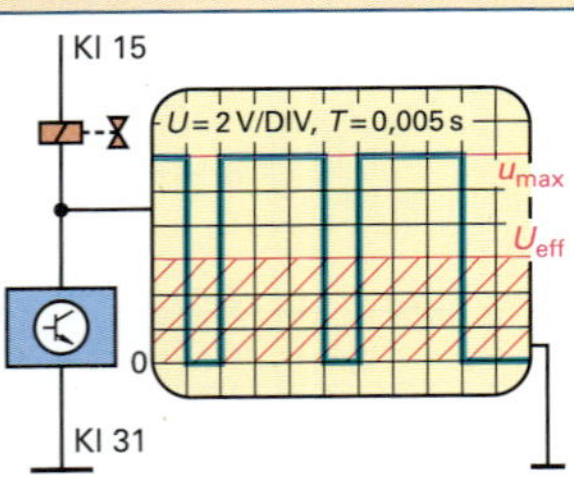

Der Effektivwert der Spannung hängt vom Verhältnis der Einschaltdauer zur Periodendauer und dem Höchstwert der Signalspannung ab. Durch die Veränderung des Tastverhältnisses beeinflusst das Steuergerät die Leistung der angesteuerten Aktoren, z.B. Elektromotoren.

U_{eff} Effektivwert der Spannung in V
u_{max} Höchstwert der Spannung in V
T_E Einschaltdauer in s
T Periodendauer in s

Beispiel: T_E = 0,005 s; T = 0,02 s;
u_{max} = 12 V; U_{eff} = ? V

Lösung: $\mathbf{U_{eff}} = u_{max} \cdot \sqrt{\frac{T_E}{T}}$

$= 12\ \text{V} \cdot \sqrt{\frac{0{,}005\ \text{s}}{0{,}02\ \text{s}}} = \mathbf{6\ V}$

$$U_{eff} = u_{max} \cdot \sqrt{\frac{T_E}{T}}$$

$$T_E = \frac{U_{eff}^2 \cdot T}{u_{max}^2}$$

$$T = \frac{T_E \cdot u_{max}^2}{U_{eff}^2}$$

Datenübertragung

Die kleinste Informationseinheit mit dem Wert „0“ oder „1“ wird bei der Datenübertragung als Bit bezeichnet. Mit einem Bit können zwei Informationen übertragen werden.

1 Byte* = 8 Bit

Die Datenübertragungsrate bzw. -geschwindigkeit wird in Baud (Abkürzung: Bd) angegeben.
1 Baud** (Bd) = 1 Bit/s

n Anzahl der zur Verfügung stehenden Bits zur Datenübertragung
b_r Datenübertragungsrate bzw. -geschwindigkeit in Bd oder Bit/s
t_{bit} Zeit für die Übertragung eines Bit (Bitzeit)

Beispiel: b_r = 100 Bd = 100 000 Bit/s
t_{bit} = ? in s

Lösung: $\mathbf{t_{bit}} = \frac{1}{100\,000}\ \text{s} = \mathbf{0{,}00001\ s}$

Anzahl der Informationen = 2^n (Bitwertigkeit

$$t_{bit} = \frac{1}{b_r}$$

$$b_r = \frac{1}{t_{bit}}$$

* Byte: Abkürzung für „binary term“ (deutsch: Binäres Wort)
** Baud (Bd): Benannt nach Jean Baudot (Fermeldeingenieur; Frankreich 1845 – 1903)

Grundlagen

Qualitätssicherung

Kostenrechnen (Kalkulation)

B

Geschäftsbereiche eines Autohauses

Geschäftsbereiche	Funktionen	Aufgaben
Geschäftsleitung	Legt die Zielsetzung des Autohauses fest und bestimmt die Geschäftspolitik.	• Betriebsführung • Planung und Organisation • Kontrolle
Teiledienst	Verwaltung eines Ersatzteile- und Zubehörsortiments	• Bevorratung, Bestellung, Einlagerung und Bestandsüberwachung des Ersatzteile- und Zubehörsortiments • Ausgabe von Ersatzteilen und Zubehör an die Werkstatt • Verkauf von Ersatzeilen und Zubehör an Kunden
Kundendienst	Hauptschnittstelle zwischen Kunden und Werkstatt	• Reparaturannahme u. technische Beratung des Kunden • Fahrzeugübergabe an den Kunden • Abwicklung von Gewährleistungs- und Garantiefällen
Kfz-Werkstatt	Durchführung der Werkstattarbeiten	• Reparatur- und Karosseriearbeiten • Wartung • Fahrzeugveränderungen (Tuning, Einbau von Zubehör usw.)
Verkauf	Umsatz von Fahrzeugen	• Neuwagenverkauf (einschließlich Leasing und Finanzierung) • Verkauf von Jahres- und Gebrauchtwagen • Fahrzeugauslieferung und -übergabe • Bewertung von Gebrauchtwagen
Verwaltung/ Planung	Abwicklung der kaufmännischen Aufgaben	• Buchhaltung einschließlich Betriebsanalyse • Abwicklung von Geschäften mit Lieferanten und Herstellern • Lohn- und Gehaltsabrechnung • ggf. Zusammenarbeit mit dem Steuerberater

Geschäftsprozess Reparaturauftrag (Ablaufplan)

Tätigkeit		Information	Geschäftsbereich (Hinweise)
Kunden- und Fahrzeugdaten erfassen	←	Kunde, Fahrzeugschein, Serviceheft	Kundendienst/ Kundendienstberater
Reparaturaufwand ermitteln	←	Teile- und Arbeitswertedatenbank	
	→	Reparaturangebot	Auftragserteilung durch den Kunden (Unterschrift)
Auftragsannahme	→	Auftragsbestätigung	Auftragsbestätigung für den Kunden (Durchschrift)
Werkstattauftrag erstellen	→	Werkstattkarte/EDV	
Material ausgeben	←	Teile- und Arbeitswertedatenbank	Teiledienst
	→	Werkstattkarte	
Reparatur ausführen	←	Reparatur-Informations-System	Kfz-Werkstatt
	→	Werkstattkarte/EDV	
Altteile entsorgen	→	Entsorgungskarte/EDV	Altteile für den Kunden bereithalten
Probefahrt durchführen	→	Werkstattkarte/EDV	Kundendienst/ Kundendienstberater
Rechnung erstellen	→	Rechnung/EDV	
Rechnung dem Kunden erläutern	→	Rechnung/EDV	
Kundenzufriedenheit feststellen	→	Fragebogen/Telefonreport	Verwaltung

Zeitablauf ↓

Betriebsführung im Kfz-Bereich

Ein Unternehmen ist auf die Optimierung des Gewinns ausgerichtet. Zu diesem Zweck müssen entsprechende Strukturen in der Betriebsführung vorhanden sein.
Die wesentlichen Aspekte der Betriebsführung sind Kommunikation, Kostenrechnung, Personalmanagement, Betriebsorganisation und Marketing.

Aspekte der Betriebsführung

Kommunikation

Kommunikation mit Kunden

- Beratungsgespräch
- Kundenreklamation

Kommunikation mit Mitarbeitern

- Motivation
- Teamarbeit

Ziele

Beratungsgespräch:
- Einstellung auf die Persönlichkeit des Kunden
- Ermittlung der Kundenwünsche
- Kundenbindung und -gewinnung

Kundenreklamation:
- Entdeckung von Fehlern
- Erhöhung der Kundenzufriedenheit durch die Bearbeitung von Kundenreklamationen

Motivation:
- Verbesserung der Einstellung des Verhaltens der Mitarbeiter
- Verbesserung des Betriebsklimas

Teamarbeit:
- Erhöhung des Problemlösungsvermögens
- Fehlersenkung und kontinuierliche Verbesserung der Arbeitsabläufe

Kostenrechnung

Kostenartenrechnung

Indirekte Kosten (indirekt verrechenbar)
- Gemeinkosten
- Kalkulatorische Kosten
  z. B. Verwaltung, Geschäftsführung

Direkte Kosten (direkt verrechenbar)
- Einzelkosten
- Einzelsonderkosten
  z. B. Lohnentstehungskosten, Materialkosten.

Kostenträgerrechnung

Erfassung aller Kosten aller Bereiche eines Betriebes z. B:
- Lager
- Werkstatt
- Vertrieb

Zuweisung der direkten **und** indirekten Kosten auf die Kostenverursacher.

Ziel: Verbesserung der betrieblichen Kenngrößen (Produktivität, Wirtschaftlichkeit, Umsatzrentabilität).

Personalmanagement

Personalplanung	Personalbeschaffung	Personalführung	Personalabbau	Personalförderung
Bedarfsermittlung (in Bezug auf Qualifikation und Anzahl)	Bereitstellung (Werbung, Auswahl und Anstellung)	Eingliederung, Betreuung, Führungsstil	Kündigung, Entlassung, Arbeitszeugnis	Qualifizierung, Aufstieg

Ziel: Richtiger Einsatz der Mitarbeiter in der richtigen Anzahl und mit der richtigen Qualifikation.

B

Aspekte der Betriebsführung im Kfz-Betrieb

Betriebsorganisation

Organisationsgrundsätze

Ziel-orientierung
Die Organisation orientiert sich an den Zielen des Unternehmens.

Klarheit und Übersicht-lichkeit
Organisatorische Regelungen müssen in Sprache und Darstellung klar und übersichtlich sein.

Einheitlichkeit der Aufgaben-zuordnung
Teilaufgaben müssen nach Kompetenz und Verantwortung eindeutig festgelegt sein.

Verantwor-tungszuord-nung
Jedem Mitarbeiter muss ein klar umrissener Verantwortungsbereich übertragen werden.

Koordination der Aufgaben
Geteilte Arbeitsvorgänge müssen koordiniert werden.

Kontinuität und Flexibilität
Organisatorische Regelungen müssen den jeweiligen Bedürfnissen angepasst werden.

Kontrolle
Zur Minimierung von Fehlern müssen Arbeitsvorgänge kontrolliert werden.

Ziele

Integration von Menschen (Mensch-Mensch-System)
Optimierung der Zusammenarbeit der Mitarbeiter für die Lösung einer gemeinsamen Aufgabe (Teamfähigkeit).

Integration von Menschen und Sachmitteln (Mensch-Maschine-System)
Sinnvolle Zuordnung von Menschen und Sachmitteln zur Erzielung eines optimalen Ergebnisses, ggf. auch durch Weiterbildung der Mitarbeiter.

Integration von Sachmitteleinheiten (Maschine-Maschine-System)
Optimierung des betrieblichen Ablaufs durch Abstimmung der Maschinensysteme aufeinander.

Marketing

Marktforschung

- Marktbeobachtung (Regelmäßige Untersuchungen des Marktes auf Preise, Qualität und Quantität)
- Marktanalyse (Einmalige Auswertung wichtiger Marktdaten nach vorheriger Marktbeobachtung)
- Marktprognose (Aussage über voraussichtliche Marktentwicklung nach einer Marktanalyse).

Marketing-Instrumentarium (Marketing-Mix)

Produkt- und Sortimentspolitik
- Kundendienst
- Sortimentsgestaltung
- u.a.

Kommunikationspolitik
- Werbung
- Öffentlichkeitsarbeit
- Verkaufsförderung
- u.a.

Preis- und Konditionspolitik
- marktbezogene Preisgestaltung
- Liefer- und Zahlungsbedingungen
- u.a.

Distributionspolitik
- Distributionswege
- Messen
- Filialen
- Vertreter
- u.a.

Ziele

Produkte
- Spitzenware
- Massenware
- Modeprodukte
- u.a.

Service
- Verbessern der Qualität
- Senken der Kundendienstkosten
- u.a.

Konditionen/Absatz
- Erhöhen der Marktanteile
- Verbessern der Umsatzrendite
- u.a.

Distribution
- Gewinnen neuer Kunden
- Beschleunigen der Logistik
- u.a.

Kommunikation
- Verbessern des Images
- Steigern der Bekanntheit
- u.a.

Qualitätsmanagement

Vergl. DIN ISO 9000 bis 9004

Die DIN EN ISO 9000 definiert und vereinheitlicht die verschiedenen Begriffe des Qualitätsmanagements. Sie umfasst die Normen DIN EN ISO 9000, 9001 und 9004.

DIN EN ISO 9000

DIN EN ISO 9000	DIN EN ISO 9001	DIN EN ISO 9004
Grundlagen und Begriffe zum Qualitätsmangement.	Anforderungen an ein Qualitätsmanagementsystem. Dabei wird vor allem die Wirksamkeit des QM-Systems hinsichtlich der Erfüllung von Kundenanforderungen berücksichtigt.	Leitfaden mit Anregungen zum QM-System für Unternehmen welche über die Anforderungen der DIN EN ISO 9001 hinausgehen.

B

Grundsätze des Qualitätsmanagements

Die DIN EN ISO 9000 formuliert acht Grundsätze des Qualitätsmanagements. Diese dienen der Leitung eines Unternehmens oder einer Organisation als Leitsätze beim Aufbau und der Durchführung eines Qualitätsmanagementsystems.

Kundenorientierung
Kundenorientierung bedeutet für das Unternehmen die gegenwärtigen und zukünftigen Erfordernisse der Kunden zu ermitteln. Das Ziel des Unternehmens besteht darin, diese Kundenanforderungen zu erfüllen oder die Erwartungen des Kunden zu übertreffen.

Führung
Die Aufgabe der Leitung eines Unternehmens oder einer Organisation besteht darin, eine Übereinstimmung zwischen dem Zweck eines Unternehmens, z.B. der Durchführung von Reparaturarbeiten an Kraftfahrzeugen, und seiner Ausrichtung, z.B. Fortbildungskonzept für die Mitarbeiter, zu erzielen.

Einbeziehung der Personen
Der Aufbau und die Aufrechterhaltung eines Qualitätsmanagementsystems sollte die Mitarbeiter aller Ebenen des Unternehmens, z.B. Auszubildende, Facharbeiter / Gesellen, Meister, kaufmännische Mitarbeiter sowie Führungskräfte, mit einbeziehen.

Prozessorientierter Ansatz
Zusammengehörige Tätigkeiten, z.B. Reparaturaufträge und die Beschaffung von Ersatzteilen über den Teiledienst, sowie die benötigten Hilfsmittel, z.B. Werkzeuge, werden als Prozesse verstanden. Die Schnittstellen zwischen den Prozessen im Unternehmen sowie die Schnittstellen zu den Interessenpartnern, z.B. Lieferanten, müssen geklärt und ständig verbessert werden. Unter Prozessen werden auch verwaltende Tätigkeiten, z.B. die Buchhaltung, gezählt.

Systemorientierter Managementansatz
Das Unternehmen stellt sich als ein Netzwerk voneinander abhängiger Prozesse dar. Das systemorientierte Management unterstützt das Erkennen, Verstehen, Leiten und Lenken der miteinander in Wechselwirkung stehenden Prozesse.

Ständige Verbesserung
Ziel des Unternehmens ist die ständige Verbesserung von Arbeitsabläufen, Arbeitsergebnissen und der Kundenzufriedenheit. Damit wird die Wettbewerbsfähigkeit des Unternehmens gesteigert.

Sachlicher Ansatz zur Entscheidungsfindung
Entscheidungen im Unternehmen werden auf der Basis von erfassten und bewerteten Daten bzw. Informationen getroffen. Diese bilden eine messbare und nachvollziehbare Entscheidungsgrundlage. Gefühle und persönliche Meinungen bilden keine Grundlage zur Entscheidungsfindung.

Lieferantenbeziehungen zum gegenseitigen Nutzen
Unternehmen und Lieferanten sind voneinander abhängig. Die Pflege der Beziehung ist von gegenseitigem Nutzen und fördert den wirtschaftlichen Erfolg der Partner.

B

Elemente des Qualitätsmanagements	
Begriff	**Erläuterung**
Qualitätsmanagement (QM)	Alle aufeinander abgestimmten Tätigkeiten zum Leiten und Lenken eines Unternehmens bezüglich der Qualität.
Qualitätsicherung (QS)	Qualitätssicherung ist ein Teil des Qualitätsmanagements. Mit Hilfe der QS soll beim Kunden das Vertrauen erzeugt werden, dass seine Qualitätsanforderungen erfüllt werden. Die Teilbereiche der QS sind die Qualitätsplanung, -lenkung, -prüfung und -förderung.
Kontinuierlicher Verbesserungsprozess (KVP)	Alle im Unternehmen ergriffenen Maßnahmen zur Verbesserung der Qualität und damit zur Erzielung von höherem Nutzen für das Unternehmen und für den Kunden. Funktioniert der Regelkreis des Qualitätsmanagements, ist mit einer ständigen Verbesserung der Unternehmensleistung zu rechnen.
Wertschöpfungprozesse	Unter Wertschöpfung versteht man die durch Tätigkeit (Arbeit) geschaffenen wirtschaftlichen Werte. Typische Prozesse in einem Kfz-Betrieb sind z.B. die Auftragsabwicklung für Reparatur- und Wartungsarbeiten.
Unterstützende Prozesse	Sie dienen der Unterstützung der Werstschöpfungsprozesse. Beispiel für unterstützende Prozesse im Rahmen des Qualitätsmanagements sind: – Wartung und Instandhaltung von Werkstatteinrichtungen – Personalauswahl, -einarbeitung und -qualifizierung.
Zertifizierung	Überprüfung der Qualitätsfähigkeit eines Betriebes durch unabhängige Sachverständige. Im Rahmen eines sogenannten Audits wird der Betrieb mit Hilfe eines Punktesystems bewertet. Nach der Auswertung werden zusammen mit dem Betrieb Maßnahmen zur Verbesserung der Qualität vereinbart.

Prozessmodell nach DIN EN ISO 9001

Im Prozessmodell sind die wesentlichen Elemente des Qualitätsmanagements miteinander verknüpft. Aufgrund der Messung, Analyse und Kontrolle der Kundenzufriedenheit ergeben sich die Maßnahmen zur Optimierung der Wertschöpfungsprozesse im Unternehmen.

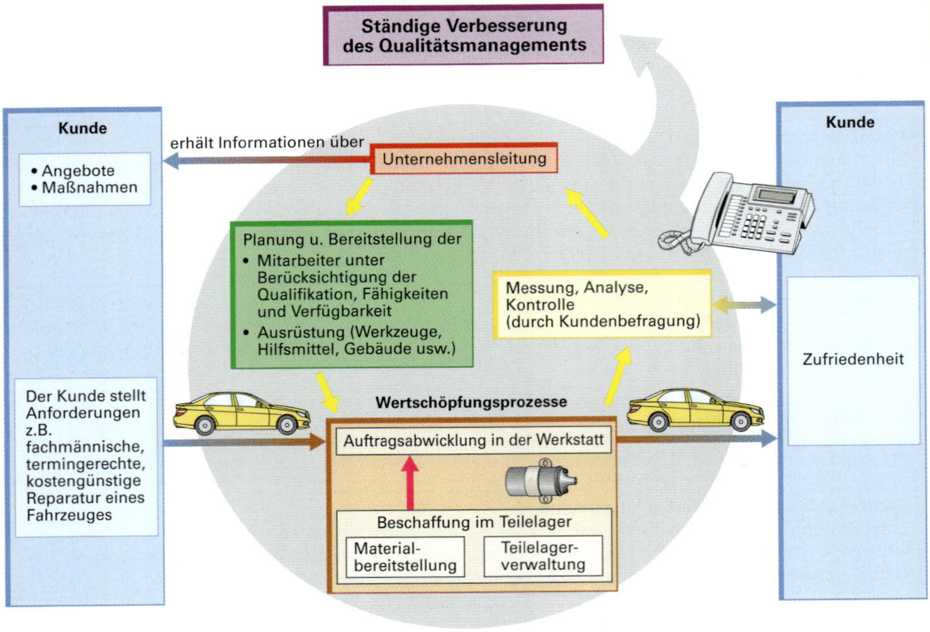

Prozessorientierter Ansatz des Qualitätsmanagementsystems am Beispiel der Auftragsabwicklung in einer Kfz-Werkstatt.

Kosten der Werkstatt

Man unterscheidet zwischen
- Einzelkosten (direkte Kosten), Fertigungslöhne, Materialkosten
- Gemeinkosten (indirekte Kosten)
  Sie sind die Basis für die Zuschlagskalkulation
- Gewinn- und Wagniszuschlag.

Fertigungslöhne und Gemeinkosten ergeben zusammen die Selbstkosten. Selbstkosten und Gewinnzuschlag ergeben den Soll-Umsatz.

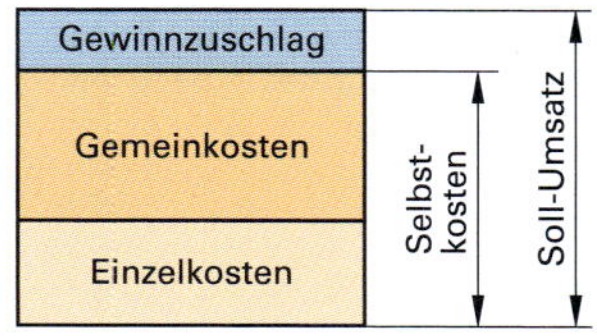

Fertigungslöhne

Fertigungslöhne sind produktive Lohnkosten, die unmittelbar erfasst und dem Auftrag direkt zugeordnet werden können.
Sie entstehen bei Reparaturarbeiten oder Fertigungsarbeiten an einem Fahrzeug oder einem Produkt und zwar bei:
- **Kundenaufträgen** (K-Aufträgen), z.B. Löhne für Leistungen an Kundenfahrzeugen
- **Innerbetrieblichen Aufträgen** (I-Aufträgen), z.B. Löhne für zugesagte kostenlose Kundendienste.

I-Aufträge werden von der Werkstatt ausgeführt, die entstandenen Kosten aber der veranlassenden Stelle, z.B. Fahrzeugverkauf, zugeordnet.

Fertigungslöhne setzen sich zusammen aus:
Lohn für Normalleistung
Lohn für Mehrleistung
Lohnzuschlägen
Ausbildungsvergütung

B

Fertigungslohn im Zeitlohn

Der Zeitlohn errechnet sich aus dem Stundenlohnsatz und der Anzahl der geleisteten Arbeitsstunden.

Zeitlohn

$= \text{Stundenzahl} \times \text{Std.-Lohnsatz}$

Lohnzuschläge

Zuschläge für Überstunden, Nachtarbeit oder Feiertagsarbeit werden zum Stundenlohn addiert.

Stundenlohnsatz

$= \dfrac{\text{Zeitlohn}}{\text{Stundenzahl}}$

Zuschlagsätze:

Mehrarbeit	25% ... 50%
Nachtarbeit	25% ... 50%
Sonntagsarbeit	50%
Feiertagsarbeit	125% ... 150%

Treffen mehrere Zuschläge zusammen, so wird nur ein Zuschlag, und zwar der höhere, bezahlt. Zum Sonn- oder Feiertagszuschlag wird jedoch bei Nachtarbeit zusätzlich der Nachtzuschlag bezahlt.

Zuschlag

$= \dfrac{\text{Std.-Lohnsatz} \times \text{Zuschlagsatz}}{100\ \%}$

Tariflohn (Stundenlohnsatz)

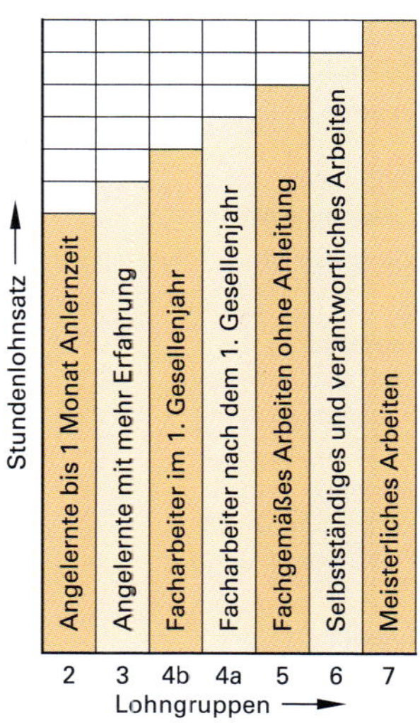

Die Stundenlohnsätze werden von den Tarifpartnern ausgehandelt und im Tarifvertrag festgehalten. Das Festlegen eines Ecklohnes hat für die Stundenlohnsätze keine Bedeutung mehr. Die Eingruppierung der Arbeitnehmer in insgesamt 8 Lohngruppen erfolgt nach Vorbildung und nach dem Schwierigkeitsgrad der Arbeit. Die Lohngruppe 1 für ungelernte Arbeiter findet heute kaum noch Anwendung.

In vielen Autohäusern und Werkstätten wird die Vergütung der Arbeitsstunde durch den Stundenlohnsatz durch einen monatlich festen Betrag – einem Gehalt – ersetzt.

Tariflohntabelle (Beispiel)
Stand 01. 05. 2010

Lohngruppe	Stundenlohnsatz in Euro/h
2	13,76
3	14,51
4b	15,25
4a	16,01
5	17,69
6	19,28
7	20,83

Gehälter

In vielen Autohäusern und Werkstätten erfolgt die Entgeltbezahlung durch ein Gehalt. Dieses wird im Gehaltstarifvertrag festgelegt. Die Eingruppierung der Arbeitnehmer erfolgt in Beschäftigungsgruppen. Die Tätigkeitsmerkmale ähneln der Lohngruppeneinteilung. Die Beschäftigungsgruppen sind für Angestellte mit K und für Meister mit M gekennzeichnet.

Werkstattschnittlohn

Er ist der durchschnittliche Stundenlohn aller in der Werkstatt produktiv arbeitenden Mechaniker. Die Vergütungen für Auszubildende werden nicht mitgezählt.

Gehaltstabelle (Beispiel)
in Euro/Monat Stand 1.5.2010

Gruppe	Eingangsgehalt 1.6.2010	Eingangsgehalt 1.1.2012
K 1	1733,00	1794,00
K 2	1968,00	2038,00
K 3	2152,00	2228,00
K 4	2360,00	2444,00
K 5	3522,00	3647,00
M 1	2835,00	2935,00
M 2	3087,00	3196,00
M 3	3522,00	3647,00

Werkstattschnittlohn

$$= \frac{\text{Summe der Stundenlöhne}}{\text{Anzahl der Stunden}}$$

Fertigungszeitlohn im Leistungslohn

Der Leistungslohn eines Mechanikers errechnet sich aus der Anzahl der erarbeiteten Arbeitswerte (IST-Leistung) und dem Betrag in Euro, der für einen Arbeitswert bezahlt wird (AW-Lohnsatz).

Arbeitswerte (AW) sind Richtzeiten, die für alle gängigen Wartungs- und Instandsetzungsarbeiten in Arbeitskatalogen festgelegt sind. Sie sind so bemessen, dass sie für jeden Mechaniker eine Mindestleistung darstellen. Aus den Arbeitswerten werden die betriebseigenen Arbeitspreise, die Leistungslöhne und die Vorgabezeiten ermittelt.

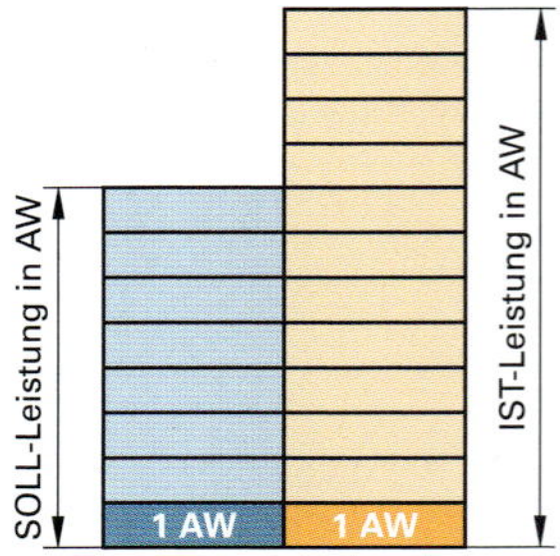

Zeitwerte (ZE) sind ebenfalls Richtzeiten. Dabei entsprechen meist 100 Zeiteinheiten einer Arbeitsstunde (SOLL-Leistung). Die Vorgabezeit für 1 ZE beträgt 36 Sekunden.

Werkstattfaktor. Er gibt die Anzahl der Arbeitswerte je Stunde an. Er kann je nach Ausstattung und räumlichen Verhältnissen der Werkstätten unterschiedlich sein, soll aber nicht unter 12 AW/h liegen.

Vorgabezeit. Sie errechnet sich aus den Arbeitswerten für eine bestimmte Arbeitsposition (AW-Vorgabe) und dem Werkstattfaktor.

AW-Lohnsatz. Er ist der Betrag in Euro, der einem Mechaniker für einen geleisteten Arbeitswert bezahlt wird.

SOLL-Leistung. Sie gibt die Mindestleistung der im Leistungslohn arbeitenden Mechaniker an **(Normalleistung)**, und wird durch den Werkstattfaktor vorgegeben, d.h. je Stunde sollen 12 AW erreicht werden. Die SOLL-Leistung eines Mechanikers errechnet sich dann aus den Leistungslohnstunden und dem Werkstattfaktor.

IST-Leistung. Sie ist die tatsächlich erzielte Arbeitsleistung in AW. Wird die SOLL-Leistung überschritten, so erhöht sich der Arbeitslohn.

Leistungsfaktor. Er gibt die IST-Leistung je Stunde an und kann sowohl auf den einzelnen Mechaniker, als auch auf den ganzen Betrieb bezogen werden. Dadurch wird ein Vergleich der Mechaniker untereinander möglich. Auch Betriebe können so hinsichtlich ihrer Wirtschaftlichkeit verglichen werden.

Leistungsgrad. Er gibt das Verhältnis von IST-Leistung zur SOLL-Leistung an und lässt bedingt Vergleiche zwischen einzelnen Mechanikern zu.

Leistungslohn

= IST-Leistung in AW × AW-Lohnsatz

12 AW ≙ 60 min 1 AW ≙ 5 min

Zeitvorgabe für 1 AW

$$= \frac{\text{60 Minuten}}{\text{Werkstattfaktor}}$$

100 ZE ≙ 60 min 1 ZE ≙ 0,6 min

Werkstattfaktor

$$= \frac{\text{AW-Summe mehrerer Mechaniker}}{\text{Zeitaufwand der Mechaniker}}$$

Vorgabezeit in Minuten für eine Arbeitsposition

$$= \frac{60 \times \text{AW-Vorgabe}}{\text{Werkstattfaktor}}$$

$$\textbf{AW-Lohnsatz} = \frac{\text{Stundenlohnsatz}}{\text{Werkstattfaktor}}$$

SOLL-Leistung in AW

= Leistungslohnstd. × Werkstattfaktor

Leistungsfaktor

$$= \frac{\text{IST-Leistung in AW}}{\text{Fertigungslohnstunden}}$$

Leistungsgrad

$$= \frac{\text{IST-Leistung in AW}}{\text{SOLL-Leistung in AW}}$$

Leistungslohn

= Leistungslohnstd. × Leist.lohnsatz

Lohn für Normalleistung. Er ist ein Zeitlohn, der sich aus den Fertigungslohnstunden und dem Stundenlohnsatz errechnet, was der SOLL-Leistung entspricht. Durch zusätzlichen Lohn für Mehrleistung kann aus dem Zeitlohn ein Leistungslohn werden.

Lohn für Mehrleistung. Er errechnet sich aus dem Unterschied der Löhne aus erreichter IST-Leistung und verlangter SOLL-Leistung. Mehrleistung kann auch aus den unterschiedlichen Stundenlöhnen errechnet werden.

Lohn für Normalleistung
= Fertigungslohnstd. × Stundenlohnsatz

Leistungslohn
= Lohn für Normalleistung
+ Lohn für Mehrleistung

Mehrleistung in AW
= IST-Leistung – SOLL-Leistung

Mehrleistungszulage
= Mehrleistung in AW × AW-Lohnsatz

Fertigungslöhne der Werkstatt

Die Fertigungslöhne der gesamten Werkstatt errechnen sich aus den Arbeitsstunden, die sich den K- und I-Aufträgen direkt zuordnen lassen oder aus einem prozentualen Anteil aus den K- und I-Aufträgen.

Die Fertigungslohnstunden für K- und I-Aufträge können auch aus der Gesamtstundenzahl ermittelt werden, wenn man die Hilfslohnstunden für W-Aufträge kennt.

Grundlage für die Errechnung der Fertigungslöhne bilden die Löhne für Normalleistung, die auf der Basis von 12 Arbeitswerten je Stunde oder aus dem Werkstattschnittlohn (Durchschnittsstundenlohn der Werkstatt) errechnet wird.

Fertigungslöhne

$$= \frac{\text{Gesamtarbeitslöhne} \times \text{K/I-Anteil in \%}}{100\ \%}$$

Löhne für Normalleistung
= Fertigungslöhne Gesellen
× Werkstattschnittlohn

Fertigungslöhne bei Mitarbeit von Auszubildenden

Wird einem im Leistungslohn arbeitenden Mechaniker ein Auszubildender zugeteilt, so wird von den erreichten Arbeitswerten (IST-Leistung in AW) je nach Lehrjahr des Auszubildenden ein bestimmter Prozentsatz abgezogen. Auch die Mehrleistungszulage wird bei Mitarbeit eines Auszubildenden um den AW-Anteil gekürzt.

Ausbildungsjahr	Anrechnungsfaktor (Richtwerte) in Prozent	in AW/h
1	0	0
2	10	1 … 2
3	20	2 … 4
4	30	3 … 5

Anrechnung Azubi-Mitarbeit
= Mitarbeitsstunden
× Anrechnungsfaktor in AW/h

Anrechnung Azubi-Mitarbeit

$$= \frac{\text{IST-Leistung (AW)} \times \text{Anr.-Faktor in \%}}{100\ \%}$$

IST-Leistung der Gesellen
= IST-Leistung der Werkstatt in AW
– Anrechnung Azubi-Mitarbeit

Fertigungslohn der Werkstatt
= Fertigungslohn Gesellen
+ produktive Azubi-Vergütung

Materialkosten

Material-Einzelkosten.
Einzelkostenmaterial oder Fertigungskostenmaterial, wie Rohstoffe, Werkstoffe, Ersatzteile, Einbauteile, können einem Kostenträger direkt zugeordnet werden (Direkte Kosten).

Anschaffungskosten beim Wareneinsatz sind Aufwendungen, die beim Einkauf von Teilen oder Fahrzeugen entstehen einschließlich Bezugskosten.

Anschaffungskosten verkaufter Waren
= Anfangsbestand der Ersatzteile
+ Warenzugang (Einkaufspreis + Bezugskosten)
– Endbestand der Ersatzteile

Handelswarenkalkulation
Um die Verkaufspreise von Ersatzteilen, Tauschteilen, Zubehör, Betriebsstoffen und Hilfsstoffen sowie Handelswaren zu ermitteln, ist es nötig, die Aufwendungen, die mit dem Kauf und dem Verkauf entstehen, im Preis zu berücksichtigen. Man unterscheidet

- Einkaufskalkulation
- Verkaufskalkulation.

Handelswarenkalkulation

Einkaufs-Kalkulation	Listenpreis – Lieferrabatt = Zieleinkaufspreis – Liefererskonto = Bareinkaufspreis + Bezugskosten = Bezugspreis
Verkaufs-Kalkulation	+ Gemeinkostenzuschlag = Selbstkosten + Gewinnzuschlag = Verkaufspreis + Verkaufssonderkosten = Barverkaufspreis + Kundenskonto = Zielverkaufspreis + Kundenrabatt = Listenverkaufspreis

B

B

Verkaufssonderkosten sind außerplanmäßige Kosten und werden dem Kunden gesondert in Rechnung gestellt.

Verkaufssonderkosten
= Kosten für Fertigmachen von Kfz
+ Ablieferung des Kfz
+ vertraglicher Kundendienst
+ eigene Gewährleistung
+ eigene Kulanz
+ Schätzungsgebühren
+ Verkäuferprovision
+ Vermittlerprovision

Gemeinkosten

Gemeinkosten (GK) sind Kosten des Betriebes, die nicht direkt in den Material- und Lohnkosten erfasst werden können. Die Ermittlung der Gemeinkosten ist nur aus der Buchführung für einen vergangenen Zeitraum möglich, z.B. Halbjahr, Jahr. Gemeinkosten sind in der Werkstatt zu etwa 80 % feste Kosten.

Gemeinkostenzuschlagssatz
Für die Kostenermittlung können die Gemeinkosten in einem bestimmten Prozentsatz den Lohnkosten oder Materialkosten zugeschlagen werden (Zuschlagskalkulation). Daraus ergeben sich die Selbstkosten.

Selbstkosten = Fertigungslöhne + Gemeinkosten
Selbstkosten = Materialkosten + Gemeinkosten

In der Kfz-Werkstatt werden die Gemeinkosten üblicherweise den Fertigungslöhnen zugeschlagen. Der Gemeinkostenzuschlagssatz beträgt etwa 300 % bis 350 %.

Hilfslöhne
Hilfslöhne hängen nicht unmittelbar mit der Reparatur oder Fertigung zusammen. Es sind Löhne für nicht produktive Stunden, die keinem K- oder I-Auftrag zugeordnet werden können, z.B. für Werkstatt-Nacharbeiten, die von der Werkstatt selbst getragen werden müssen. Da sich Hilfslöhne keinem bestimmten Werkstattauftrag zuordnen lassen, werden sie als Gemeinkosten verrechnet.

Durchschnittlicher Hilfslohnanteil an der Jahresarbeitszeit		
W-Aufträge	Std./Jahr	Prozent
Allgemeine Werkstattarbeiten	ca. 21	1
Leerlauf und Wartezeit	ca. 21	1
Reparatur von Werkstatt-Kfz	ca. 21	1
Werkstatt-Nacharbeiten	ca. 21	1
Eigene Gewährleistung	ca. 31	1,5
Urlaub, Lohnfortzahlung	ca. 208	10
Feiertage, Schulung	ca. 83	4
Krankheit	ca. 114	5,5
Summe Hilfslohnanteil	ca. 494	25

Werkstattaufträge (W-Aufträge) beanspruchen etwa 25 % der jährlichen Gesamtarbeitszeit, die im Schnitt 1976 Stunden beträgt. 75 % der Gesamtarbeitszeit verbleibt für die produktive Tätigkeit der Mechaniker.

Fertigungslohnstunden
Die Fertigungslohnstunden lassen sich aus der Differenz von Gesamtarbeitsstunden und Hilfslohnstunden ermitteln.

Listenpreis
= Auszeichnungspreis ohne MWSt.

Listenpreise sind Nettopreise (nicht für Endverbraucher)

Kalkulationsfaktor

$$= \frac{\text{Listenverkaufspreis}}{\text{Bezugspreis}}$$

Gemeinkosten (GK)
= Buchhalterisch erfasste Gemeinkosten
+ Kalkulatorische Kosten

Buchhalterisch erfasste GK
= Hilfslöhne
+ Gehälter
+ Soziale Aufwendungen
+ Raumkosten
+ Einrichtungskosten
+ Hilfs- und Betriebsstoffe
+ Instandhaltung
+ Steuern, Gebühren und ggf. anteilige Verwaltungskosten
+ sonstige Kosten

Gemeinkostenzuschlagssatz

$$= \frac{\text{Gemeinkostensumme} \times 100\,\%}{\text{Fertigungslöhne}}$$

Hilfslöhne
= Hilfslohnstd. × Werkstattschnittlohn

Hilfslohnstunden

$$= \frac{\text{Gesamtarbeitsstd.} \times \text{Hilfslohnstd. in } \%}{100\,\%}$$

Hilfslöhne entstehen in W-Aufträgen:

- W1 Allgemeine Werkstattarbeiten, Reparatur an Einrichtungen, Werkzeug
- W2 Leerlauf, Wartezeiten
- W3 Werkstatt-Nacharbeiten, Kulanz
- W4 Reparatur an werkstatteigenen Fahrzeugen
- W5 Weihnachts- und Urlaubsvergütung, Feiertagslöhne

Fertigungslohnstunden
= Gesamtarbeitsstunden
– Hilfslohnstunden

Kalkulatorische Kosten
Es sind Kosten, die keine direkten Ausgaben hervorrufen. Sie müssen ermittelt werden um die echten Kosten festzustellen und um einen entsprechenden Ertrag zu erwirtschaften.

Kalkulatorische Kosten
= Mietwert des eigenen Betriebes
+ kalkulatorischer Unternehmerlohn
+ Familienlohn
+ kalkulatorische Verzinsung des betriebsnotwendigen Kapitals
+ Wagnisprämie
+ kalkulatorische Abschreibung

Kalkulatorischer Unternehmerlohn
$\approx 20 \times \sqrt{\text{Umsatz}}$

Kalkulatorische Verzinsung
$= \frac{\text{betriebsnotw. Kapital} \times \text{Zinssatz in \%}}{100\ \%}$

Kalkulatorische Abschreibung
$= \frac{\text{Abschreibungsgrundwert}}{\text{Nutzungsdauer}}$

Gewinn

Mit Hilfe eines gewünschten Gewinnzuschlagsatzes lässt sich der Gewinn aus den Selbstkosten errechnen.

In der Regel lässt sich ein Gewinn von 5 % bis 10 % aus den Selbstkosten realisieren.

Gewinn
$= \frac{\text{Gewinnzuschlagssatz in \%} \times \text{Selbstkosten}}{100\ \%}$

B

Kennwerte der Werkstatt

Aus den Konten der Buchhaltung werden Kennwerte und Kennzahlen ermittelt, die dazu beitragen die betriebswirtschaftliche Lage der Werkstatt zu beurteilen. Außerdem erleichtern sie die Erstellung von Rechnungen.

SOLL-Umsatz
Er deckt die Selbstkosten ab und enthält einen gewünschten Gewinn. Sollen anstehende Lohnerhöhungen berücksichtigt werden, so müssen Fertigungslöhne, Gemeinkosten und Gewinn angepasst werden.

Wirtschaftlichkeit
Sie ergibt sich aus dem Verhältnis der Lohnerlöse zu den Selbstkosten.

Wirtschaftlichkeit = 0,98 bedeutet einen Verlust von 2% bezogen auf Selbstkosten

Lohnerlöse sind Erlöse aus Leistungen für
K-Aufträge + I-Aufträge + G-Aufträge
(G = Gewährleistung vom Werk)

Produktivität
Sie gibt an, wie hoch der prozentuale Zeitanteil der K- und I-Aufträge an der gesamten Arbeitszeit einschließlich der W-Aufträge ist.

Umsatzrentabilität
Die Umsatzrentabilität (Umsatzrendite) gibt an, wie viel Prozent Gewinn aus den Lohnerlösen entstanden sind.

Kostenindex, Werkstattindex
Der Kostenindex wird zur Ermittlung des Arbeitspreises und des Stundenverrechnungssatzes in der Angebotskalkulation und in der Rechnungsstellung verwendet. Er errechnet sich aus dem Verhältnis von SOLL-Umsatz zu den Fertigungslöhnen.
Kostenindex = kalkulatorischer Werkstattindex
Erlöseindex = überprüfbarer, erzielter Werkstattindex.

SOLL-Umsatz = Selbstkosten + Gewinn

SOLL-Umsatz
= Fertigungslöhne
+ Gemeinkosten
+ Gewinn

Wirtschaftlichkeit $= \frac{\text{Lohnerlöse}}{\text{Selbstkosten}}$

Auslastung
$= \frac{\text{tatsächlich geleistete Stunden}}{\text{mögliche Stunden}}$

Produktivität
$= \frac{\text{Fertigungslohnstunden} \times 100\ \%}{\text{Arbeitszeit}}$

Umsatzrentabilität in %
$= \frac{\text{Gewinn} \times 100\ \%}{\text{Lohnerlöse}}$

Kostenindex $= \frac{\text{SOLL-Umsatz}}{\text{Fertigungslohn}}$

Kostenindex $= \frac{FL + GK + GW}{FL}$

FL = Fertigungslöhne GW = Gewinn
GK = Gemeinkosten

Stundenverrechnungssatz

Der Stundenverrechnungssatz ist der Arbeitspreis, der dem Kunden für eine Reparaturstunde (Fertigungslohnstunde) berechnet wird.

Er errechnet sich aus dem Werkstattschnittlohn und dem Kostenindex.

Aus dem Kostenindex kann man entnehmen, wie viel mal soviel der Kunde für eine Reparatur bezahlen muss, als der Mechaniker für die Ausführung der Arbeit erhält. Z.B. ist bei einem Kostenindex von 4,8 der Stundenverrechnungssatz das 4,8-fache des Fertigungslohnes des Mechanikers.

AW-Verrechnungssatz

Der AW-Verrechnungssatz (AW-Preis; AW-Vergütung) dient zur Ermittlung des Arbeitspreises für eine bestimmte Arbeitsposition. Der Stundenverrechnungssatz wird durch den AW-Verrechnungssatz (oder ZE-Verrechnungssatz) ersetzt.

Bruttogewinn, Rohgewinn

Zieht man von den Lohnerlösen einer Werkstatt die Fertigungslöhne ab, so erhält man den Bruttogewinn (Bruttoertrag, Rohgewinn).

Bei Angabe des Bruttogewinnes in % wird immer Bezug auf die Lohnerlöse genommen (Bruttogewinnsatz).

Den Nettogewinn erhält man, wenn man vom Bruttogewinn die Gemeinkosten abzieht.

Stundenverrechnungssatz
$$\text{Stundenverrechnungssatz} = \text{Werkstattschnittlohn} \times \text{Kostenindex}$$

Stundenverrechnungssatz
$$\text{Stundenverrechnungssatz} = \frac{\text{SOLL-Umsatz}}{\text{Fertigungslohnstunden}}$$

AW-Verrechnungssatz
$$\text{AW-Verrechnungssatz} = \frac{\text{Werkstattschnittlohn} \times \text{Kostenindex}}{\text{Werkstattfaktor}}$$

AW-Verrechnungssatz
$$\text{AW-Verrechnungssatz} = \frac{\text{Stundenverrechnungssatz}}{\text{Werkstattfaktor}}$$

Bruttogewinn
$$\text{Bruttogewinn} = \text{Lohnerlöse} - \text{Fertigungslöhne}$$

Bruttogewinn in %
$$\text{Bruttogewinn in \%} = \frac{\text{Bruttogewinn} \times 100\,\%}{\text{Lohnerlöse}}$$

Vereinfachte Kalkulation der Reparaturkosten

Reparaturkosten

Die Reparaturkosten errechnen sich aus den Ersatzteilkosten, dem Arbeitspreis, evtl. Fremdleistungen und evtl. Sonderleistungen. Da keine Umsatzsteuer enthalten ist, werden sie auch als Nettobetrag der Reparaturkosten bezeichnet.

Ersatzteilpreise

Sie ergeben sich aus den meist verbindlichen Listenpreisen und werden wie die einzelnen Arbeitspreise in den Reparaturkosten aufgelistet.

Arbeitspreis

Stundenverrechnungssatz oder AW-Verrechnungssatz und Kostenindex ermöglichen eine schnelle und hinreichend genaue Ermittlung des Arbeitspreises einer bestimmten Reparatur am Kraftfahrzeug, da im Kostenindex neben den Fertigungslöhnen alle Gemeinkosten und der Gewinn berücksichtigt sind.

Fremdleistungen

Es sind Leistungen, die andere Betriebe erbringen, z.B. Elektriker-, Lackierer-, Sattler- oder Karosseriearbeiten.

Der jeweilige Betrag der Fremdleistung wird ohne Umsatzsteuer und ohne Rabatt in die Reparaturkosten übernommen.

Sollte der auftraggebenden Firma kein Rabatt gewährt worden sein, so kann die Fremdleistung mit einem Gewinnzuschlag von 10 % ... 20 % auf den Nettobetrag der Fremdwerkstatt zur Abdeckung eigener Aufwendungen in die Reparaturkosten eingesetzt werden.

Sonderleistungen

Sonderleistungen sind Probefahrten, Überführungen, Zulassen von Kraftfahrzeugen, Bergen und Abschleppen von Fahrzeugen.

Reparaturkosten
= Listenpreis der Ersatzteile
+ Arbeitspreis
+ ggf. Fremdleistungen
+ ggf. Sonderleistungen

Arbeitspreis
$$\text{Arbeitspreis} = \text{Stundenverrechnungssatz} \times \text{Fertigungslohnstunden}$$

Arbeitspreis
$$\text{Arbeitspreis} = \text{Fertigungslohnstunden} \times \text{Werkstattschnittlohn} \times \text{Kostenindex}$$

Arbeitspreis
$$\text{Arbeitspreis} = \text{verrechenbare AW} \times \text{AW-Verrechnungssatz}$$

Aufschlag Fremdleistung
$$\text{Aufschlag Fremdleistung} = \frac{\text{Nettopreis} \times \text{Gewinnzuschlag in \%}}{100\,\%}$$

Rechnungsstellung

Eine Kundenrechnung enthält folgende Angaben:

1. **Firmenstammdaten**
   Name und Anschrift der Firma,
   bei GmbH zusätzlich Name des Geschäftsführers, Sitz des Registergerichtes, Handelsregisternummer, Steuernummer.
2. **Kundenstammdaten**
   Name des Kunden, Anschrift des Kunden
3. **Rechnungsnummer, Rechnungsdatum**
4. **Fahrzeugstammdaten**
   Modell-Bezeichnung und Typ, Zulassungsdatum, Fahrgestellnummer, Kilometerstand, Kennzeichen
5. **Reparaturkosten** (siehe Rechnung)
6. **Umsatzsteuer**
   19 % aus den Reparaturkosten
7. **Altteilesteuer**
   Bei Einbau eines Austauschteiles und Rücknahme des defekten Teiles zur Wiederaufbereitung wird der Wert des Austauschteiles mit 10 % des Listenpreises angenommen. Darauf wird Umsatzsteuer als so genannte Altteilesteuer erhoben.
8. **Agenturwaren**
   Sie werden auf Rechnung einer Fremdfirma (Mineralölfirma) verkauft. Der Preis der Ware enthält bereits die Umsatzsteuer, er wird gesondert auf der Rechnung ausgewiesen.
9. **Rechnungsbetrag**
   Er enthält die Reparaturkosten, Umsatzsteuer, Altteilesteuer und die Preise für Agenturwaren.
10. **Anmerkungen**
    Auszüge aus Geschäftsbedingungen, z.B. Zahlungsweise, Skonto.

B

Beispiel einer Rechnung:

Autohaus Hirschberger GmbH
BMW Vertragshändler

Sonnenstraße 140
82049 Pullach im Isartal

T 089-794231 Fax 794232
Geschäftsführer: R. Hohenleitner
Registergericht München HRB 2345
Steuernummer 473/53420

Frau
Ulrike Hundertfreund
Mondstraße 34
82049 Pullach

Rechnung Nr. 221040
Datum: 23. 05. 2007
Kd.-Nr. 1405

Modell	Fahrgestell-Nr.	Kilometerstand:	Zulassungsdatum	Kennzeichen
BMW 325i				

Position	Arbeitsnummer	Bezeichnung	Anzahl	Preis/Einh.	Betrag
1	110023	Ölwechsel	3 AW	5,60 Euro/AW	16,80 Euro
2	31020	Generator ein-/ausbauen	6 AW	5,60 Euro/AW	33,60 Euro
3	11000	Bremsklötze vorn ersetzen	7 AW	5,60 Euro/AW	39,20 Euro
		Arbeitspreis			**89,60 Euro**
5	3102	Generator im Austausch	1	357,90 Euro	357,90 Euro
6	1101	Bremsklötze	4	15,40 Euro	61,60 Euro
7	0037	Kleinteile	1	8,00 Euro	8,00 Euro
		Ersatzteile			**427,50 Euro**
8		**Fremdleistung**			
		Fahrertür ausbeulen, Teillackierung			**205,00 Euro**
		Reparaturkosten			**722,10 Euro**
		Umsatzsteuer 19 %			**137,20 Euro**
		Altteilesteuer 19 % aus 35,79 Euro			**6,80 Euro**
		Agenturware 5 Liter Öl à 11,25 Euro/l			**56,25 Euro**
		Rechnungsbetrag			**922,35 Euro**

Der Auftrag wurde unter Anerkennung der Bedingungen für die Ausführung von Arbeiten an Kraftfahrzeugen erteilt.
Die Lieferung von Agenturware erfolgt im Namen und für Rechnung der Mineralölgesellschaft.
Zahlungsbedingung: Sofort netto Kasse.

B

Arbeitswerte (Auszug aus AW-Kataglog eines Fahrzeugherstellers)

Arbeitsposition[1]	AW	Arbeitsposition[1]	AW
Motor ohne Anbauteile erneuern	**107**	**Schaltgetriebe 5-Gang erneuern**	**36**
Nockenwelle erneuern	**47**	– Gummilager erneuern	
Spannrolle erneuern	**26**	– Kupplungsdrucklager erneuern	
– Zahnriemen/Steuerkette erneuern		– Getriebe aus- und einbauen	
Keilriemen erneuern	**1**	**Bremsentest auf Prüfstand**	**4**
Öldruckschalter erneuern	**4**	**Bremsklötze vorn ersetzen**	**7**
Ölfilter erneuern	**4**	**Bremsflüssigkeit erneuern**	**5**
Luftfiltereinsatz erneuern	**2**	**Schwingungsdämpfer erneuern**	**9**
Luftmassenmesser erneuern	**2**	**Vorderachse vermessen, einstellen**	**15**
Dieseleinspritzdüse erneuern	**5**	**Anlasser Austausch erneuern**	**9**
Zylinderkopfdichtung erneuern	**52**	– Motorschutzblech erneuern	
– Zylinderkopf aus- und einbauen		– Magnetschalter erneuern	
– Ventildeckel erneuern		**Außenspiegelgehäuse el. verst. erneuern**	**4**
– Kühlsystem entlüften		– Türverkleidung innen aus- und einbauen	
Kraftstoffgeber erneuern	**7**	– Außenspiegelglas el. verstellbar erneuern	
Kraftstofffilter erneuern	**3**	**Außenspiegelglas el. verstellbar erneuern**	**2**
Kühler aus- und einbauen	**13**	**Batterie erneuern**	**2**
– Stoßfänger vorne aus- und einbauen		**Blinker vorn komplett erneuern**	**2**
– Motorschutzblech aus- und einbauen		**Blinkerglas seitlich erneuern**	**2**
– Kühlerschlauch oben erneuern		**Heckleuchte komplett erneuern**	**3**
– Kühlerschlauch unten erneuern		– Heckleuchtendichtung erneuern	
– Kühlsystem entlüften		– Heckleuchtengehäuse erneuern	
Kühlerschlauch oben/unten erneuern	**3**	**Heizungsgebläse erneuern**	**5**
– Kühlsystem entlüften		**Innenspiegel erneuern**	**2**
Thermostat erneuern	**11**	**Leuchtweitenregulierung erneuern**	**4**
– Motorschutzblech erneuern		– Scheinwerfer einstellen	
– Kühlsystem entlüften		**Generator erneuern**	**11**
Wärmetauscher erneuern	**37**	– Motorschutzblech erneuern	
– Armaturentafel aus- und einbauen		– Regler erneuern	
– Scheibenwischerbock erneuern		– Riemenscheibe/Keilriemen erneuern	
– Pollenfiltereinsatz erneuern		**Scheibenwaschpumpe erneuern**	**2**
– Kühlsystem entlüften		**Scheibenwischerarm erneuern**	**2**
Kompressor Klimaanlage erneuern	**11**	– Scheibenwischerblatt erneuern	
– Keilriemen erneuern		**Scheinwerfer einstellen**	**2**
– Kältemittel wechseln, entlüften		**Scheinwerfer beide erneuern**	**5**
Kondensator Klimaanlage erneuern	**21**	**Steuergerät Airbag erneuern**	**12**
– Stoßfänger vorne aus- und einbauen		**Steuergerät Einspritzung erneuern**	**4**
– Kältemittel wechseln, entlüften		**Frontscheibe Verbundglas erneuern**	**25**
Katalysator erneuern	**13**	– Zierleisten, Scheibenwischer erneuern	
– inkl. Schalldämpfer aus- und einbauen		– Innenspiegel erneuern	
Nachschalldämpfer erneuern	**5**	**Frontspoiler erneuern**	**3**
– inkl.Schalldämpfer aus- und einbauen		**Kotflügel vorne li oder re erneuern**	**18**
Schwungrad erneuern	**33**	– Stoßfänger ausbauen	
– Kupplungsdruckplatte erneuern		– Blinker erneuern	
– Mitnehmerscheibe erneuern		– Stütze Kotflügel, Kunststoffschutz erneuern	
– Getriebe aus- und einbauen		– Schottblech erneuern	
Kupplungsdrucklager erneuern	**30**	– Rad aus- und einbauen	
– Getriebe aus- und einbauen		**Radhaus außen li oder re erneuern**	**29**
Geberzylinder erneuern	**11**	**Radhaus innen li oder re erneuern**	**47**
– Kupplungssystem entlüften		**Seitenwand rechts erneuern**	**112**
Turbolader im Austausch erneuern	**29**	**Stoßfänger vorne aus- und einbauen**	**9**
– Motorschutzblech erneuern		**Tür vorne oder hinten erneuern**	**19**
– Antriebswelle rechts aus- und einbauen		**Tür aus-und einbauen**	**3**
– Rad vorn aus- und einbauen		**A-Säule mit Schweller re oder li erneuern**	**200**
Airbageinheit Fahrer erneuern	**3**	**B-Säule außen li oder re erneuern**	**74**
Airbageinheit Sitz li./re. erneuern	**16**	**B-Säule innen li oder re erneuern**	**31**
– Batterie erneuern		**Motorhaube (Deckel) vorn erneuern**	**10**
Sicherheitsgurt vorne erneuern	**7**	**Motorhaube vorn aus- und einbauen**	**7**

[1] Die Haupttätigkeit, für die der AW ausgewiesen ist, ist fett gedruckt. Die zugeordneten Arbeiten sind mit Spiegelstrichen versehen; sie sind im AW enthalten.

Lagerabrechnung

Kosten des Lagers

Ersatzteile, Kfz-Zubehör, Hilfsstoffe, stellen einen beträchtlichen Kapitaleinsatz dar. Die Höhe der damit verbundenen Kosten hängt ab von den Anschaffungskosten der Waren, von den Gemeinkosten des Lagers, dem Gewinnzuschlag, vom durchschnittlichen Lagerbestand und von der Lagerdauer.

Gemeinkosten des Lagers. Sie werden aus der Buchhaltung ermittelt und können über den Gemeinkostenzuschlagsatz, bezogen auf die Anschaffungskosten der verkauften Waren, errechnet werden.

Selbstkosten des Lagers. Sie ergeben sich aus der Summe der Anschaffungskosten und der Gemeinkosten.

Gewinnzuschlag. Er wird vom Unternehmer kalkuliert und auf die Selbstkosten des Lagers bezogen.

SOLL-Umsatz. Er bezeichnet die kalkulierten Gesamtkosten des Lagers. Zu den Selbstkosten wird der kalkulierte Gewinn addiert.

Kennwerte des Lagers

Verkaufserlöse. Sie sind Erträge aus Warenverkäufen an die eigene oder fremde Werkstatt oder an Endverbraucher.

Nettoverkaufserlöse ohne Umsatzsteuer
= Ersatzteile eigene/fremde Werkstatt
+ Ersatzteile Endverbraucher
+ Kfz-Zubehör
+ Betriebsmittel
+ Sonstige Waren und Kleinteile
+ Reifen
– Nachlässe

Lagergewinn und Umsatzrentabilität. Der Lagergewinn ergibt sich aus dem Unterschied von Verkaufserlösen und Selbstkosten. Bezieht man den Lagergewinn auf die Verkaufserlöse, so erhält man die Umsatzrentabilität in %.

Kalkulationsfaktor. Um den Verkaufspreis eines Ersatzteiles schnell zu ermitteln, werden die Anschaffungskosten mit einem Faktor multipliziert. Dieser errechnet sich aus SOLL-Umsatz und Anschaffungskosten.

Wirtschaftlichkeit des Lagers. Sie ist eine betriebswirtschaftliche Kennzahl, die aus dem Verhältnis von Verkaufserlösen zu den Selbstkosten errechnet wird. Sie sollte größer als 1 sein, sonst liegt kein Gewinn vor.

Umschlaghäufigkeit. Sie gibt an, wie oft ein Ersatzteil innerhalb einer Abrechnungsperiode verkauft oder wieder eingelagert wird.

Durchschnittlicher Lagerbestand. Er gibt an, wie hoch das im Lager gebundene Kapital, das verzinst werden muss, ist.

Durchschnittliche Lagerdauer. Sie gibt an, wie viele Tage ein Ersatzteil auf Lager liegt.

Durchschnittlicher Lagerzinssatz. Grundlage zur Berechnung ist der Zinssatz in %, den die Banken für ausgeliehenes Kapital verlangen.

Anschaffungskosten der verkauften Ware
= Anfangsbestand des Lagers
+ Warenzugang zum Bezugspreis
– Endbestand des Lagers

Gemeinkostenzuschlagsatz in %

$$= \frac{\text{Gemeinkosten} \times 100\,\%}{\text{Anschaffungskosten der verkauften Ware}}$$

Selbstkosten des Lagers
= Anschaffungskosten der verkauften Ware
+ Gemeinkosten des Lagers

Gewinnzuschlagsatz in %

$$= \frac{\text{Gewinn} \times 100\,\%}{\text{Selbstkosten des Lagers}}$$

SOLL-Umsatz
= Selbstkosten des Lagers
+ Gewinn

Lagergewinn
= Verkaufserlöse – Selbstkosten

Umsatzrentabilität (Lagergewinn in %)

$$= \frac{\text{Lagergewinn} \times 100\,\%}{\text{Verkaufserlöse}}$$

Kalkulationsfaktor

$$= \frac{\text{SOLL-Umsatz}}{\text{Anschaffungskosten der verkauften Ware}}$$

$$\textbf{Wirtschaftlichkeit} = \frac{\text{Verkaufserlöse}}{\text{Selbstkosten}}$$

Durchschnittlicher Lagerbestand

$$= \frac{\text{Anfangsbestand} + \text{Endbestand}}{2}$$

Umschlaghäufigkeit

$$= \frac{\text{Anschaffungskosten der verkauften Ware}}{\text{Durchschnittlicher Lagerbestand}}$$

Durchschnittliche Lagerdauer

$$= \frac{\text{360 Tage}}{\text{Umschlaghäufigkeit}}$$

Durchschnittlicher Lagerzinssatz in %

$$= \frac{\text{Lagerdauer in Tagen} \times \text{Zinssatz in }\%}{\text{360 Tage}}$$

B

B

Kostenstellenrechnen

Die Kosten, die im Betrieb entstehen, werden in der Buchhaltung nach Kostenarten gesammelt und nach dem Ort ihrer Entstehung auf die verschiedenen Kostenstellen verteilt.

Einzelkosten. Sie sind in ihrer Höhe bekannt und können einer betrieblichen Leistung direkt zugeordnet werden (z.B. Fertigungslöhne).

Gemeinkosten. Sie sind zwar in ihrer Höhe bekannt, können aber einer betrieblichen Leistung nicht direkt zugeordnet werden (z.B. Mieten). Sie fallen für alle Kostenstellen gemeinsam an.

Kostenstellen. Es sind z.B. Reparaturwerkstatt, Ersatzteillager (Hauptkostenstellen) oder auch einzelne Bereiche (z.B. Bremsenprüfstand). Hilfskostenstellen sind z.B. Verwaltung, Buchhaltung.

Betriebsabrechnungsbogen. Auf diesem Formblatt werden die Gemeinkosten mit Hilfe eines Verteilungsschlüssels auf die einzelnen Kostenstellen verteilt.

Verteilungsschlüssel. Durch ihn werden die Gemeinkosten auf die einzelnen Kostenstellen verteilt.

Gemeinkostenzuschlagsatz. Sind die Gemeinkosten mit Hilfe der Verwaltungskostenumlage emittelt, so lässt sich der Gemeinkostenzuschlagsatz für jede Kostenstelle, bezogen auf die Einzelkosten, errechnen.

Kosten einer Kostenstelle

$= \frac{\text{Kosten des Betriebs} \times \text{Anteile d. Kostenst.}}{\text{Summe d. Anteile i. Verteilungsschlüssel}}$

Umlage einer Kostenart (KA)

$= \frac{\text{Gesamtbetrag d. KA} \times \text{Anteile d. Kostenst.}}{\text{Gesamtanteile in der Kostenart}}$

Verwaltungskostenfaktor

$= \frac{\text{Verwaltungkosten des Betriebes}}{\text{Gemeinkosten ohne Verwaltungskosten}}$

Verwaltungskostenumlage

= Gemeinkosten einer Hilfskostenstelle × Verwaltungskostenfaktor

Gemeinkosten nach Umlage

= Gemeinkosten + Verwaltungkostenumlage

Gemeinkostenzuschlagsatz in %

$= \frac{\text{Gemeinkosten nach Umlage} \times 100\,\%}{\text{Einzelkosten der Kostenstellen}}$

Abschreibung

Nach § 7 EStG (Einkommensteuer-Gesetz) sind **A**bsetzungen **f**ür **A**bnutzung **(AfA)** Kosten, die durch Wertminderung betriebsnotwendiger Anlagegüter entstehen.

Bilanzielle Abschreibung

Die fiskalischen Abschreibungen wirken wie Betriebsausgaben, die den zu versteuernden Gewinn reduzieren und die Eigenkapitalbildung fördern. In der Bilanz erscheinen die Vermögensteile um den Abschreibungsbetrag vermindert, in der GuV, der Gewinn- und Verlustrechnung, stellt der Abschreibungsbetrag einen Aufwand dar. Grundlage für die Abschreibung sind die Anschaffungskosten von z.B. Fahrzeugen und Gegenständen, deren Nutzungsdauer von der Finanzverwaltung festgelegt wird.

Anschaffungsgegenstände	Nutzungsdauer in Jahren	Abschreibungssätze (linear) in %
Geschäftsausstattung	5 ... 10	10 ... 20
Computer	3	20
Pkw und Lieferwagen	3 ... 5	20 ... 33
Omnibusse	6	15 ... 20
Lkw ab 2 t	6 ... 7	15 ... 20

Lineare Abschreibung

Die Kosten der Wertminderung, die aus dem Anschaffungswert errechnet werden, sind in jedem Jahr über die gesamte Nutzungsdauer gleich groß.

Anschaffungswert. Er enthält alle Kosten, die nötig sind um ein Anlagegut zu beschaffen und betriebsbereit zu machen.

Abschreibungssatz. Setzt man den Anschaffungswert gleich 100 % und teilt ihn durch die Nutzungsdauer, so erhält man den Satz in %, den man jährlich abschreiben kann. Er ist für alle Jahre gleich groß.

Abschreibungsbetrag. Er entspricht den Kosten, die für 1 Jahr als Wertminderung eines Anlagegutes eingesetzt werden können.

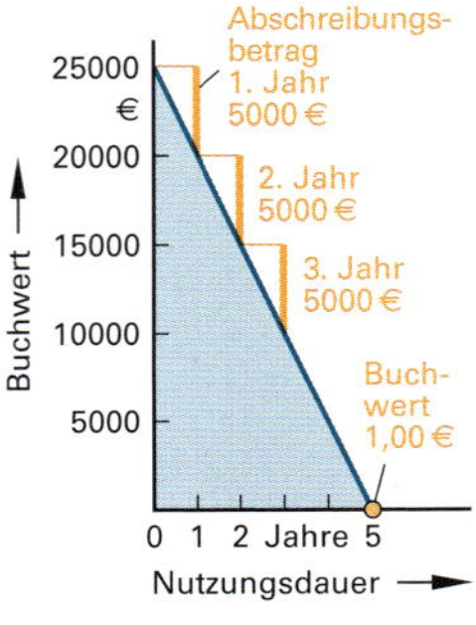

Anschaffungswert = Bareinkaufspreis
+ Bezugskosten
+ Aufstellkosten
+ Anschlusskosten

Jährlicher Abschreibungssatz in %

$= \frac{100\,\%}{\text{Nutzungsdauer}}$

Jährlicher Abschreibungsbetrag

$= \frac{\text{Anschaffungswert}}{\text{Nutzungsdauer}}$

Jährlicher Abschreibungsbetrag

$= \frac{\text{Anschaffungswert} \times \text{Abschreibungssatz in \%}}{100\,\%}$

Buchwert

= Anschaffungswert
− Summe aller Abschreibungsbeträge

Abschreibung

Degressive Abschreibung

Bei der degressiven Abschreibung wird der Abschreibungssatz nicht auf den Anschaffungswert bezogen, sondern auf den jeweiligen Buchwert des abzuschreibenden Anlagegutes. Da der Buchwert jährlich kleiner wird, werden auch die jährlichen Abschreibungsbeträge kleiner, sie werden aber nie Null. Der Abschreibungssatz ist bei gleicher Nutzungsdauer immer größer als bei linearer Abschreibung.

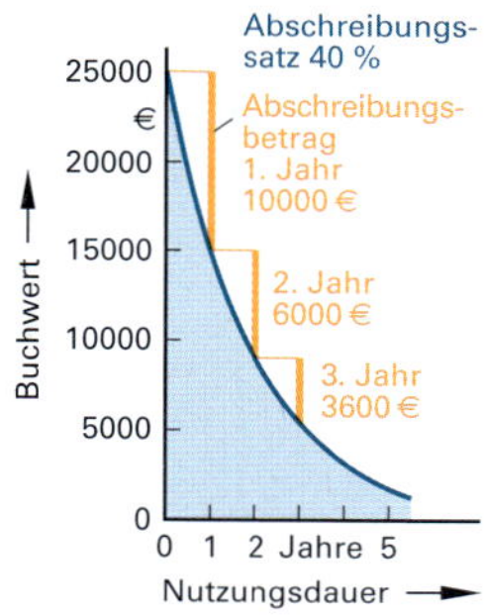

Ein Wechsel von der degressiven zur linearen Abschreibung ist möglich. Nur so kann das Anlagegut bis auf den Erinnerungswert von 1 Euro abgeschrieben werden. Ab dem 1.1.2008 ist die degressive Abschreibung für steuerliche Zwecke nicht mehr erlaubt.

Jährlicher Abschreibungsbetrag

$$= \frac{\text{Buchwert} \times \text{Abschreibungssatz in \%}}{100\ \%}$$

Buchwert nach einem Jahr
= Anschaffungswert
− Abschreibungsbetrag im 1. Jahr

Buchwert nach zwei Jahren
= Buchwert nach einem Jahr
− Abschreibungsbetrag im 2. Jahr

Kalkulatorische Abschreibung

Im Gegensatz zur bilanziellen Abschreibung gibt es für die kalkulatorische Abschreibung keine gesetzliche Regelung. Sie wird zur Errechnung der Wertminderung von Anlagegütern verwendet, um in der Kostenrechnung den betrieblichen Erfordernissen gerecht zu werden. Dabei geht es in erster Linie um Rücklagenbildung für die Erneuerung von Anlagegütern. Als Berechnungsgrundlage dienen nicht mehr die Anschaffungskosten, sondern die Wiederbeschaffungskosten. Die kalkulatorische Abschreibung wird so lange fortgesetzt, wie das Anlagegut im Betrieb genutzt wird.

Wiederbeschaffungswert
= Anschaffungswert
+ Teuerungszuschlag
+ Umbaukosten
+ Entsorgung

Wiederbeschaffungskosten
= Wiederbeschaffungswert
− Restwert

Restwert = Erlös aus dem Verkauf der gebrauchten Anlage

Abschreibung bei Restwertberücksichtigung
Jährlicher Abschreibungsbetrag

$$= \frac{\text{Wiederbeschaffungskosten}}{\text{Nutzungsdauer}}$$

Leistungsbezogene Abschreibung

Der Anschaffungswert wird durch die maximal erzielbaren Leistungseinheiten dividiert. Den jährlichen Abschreibungsbetrag erhält man aus dem Abschreibungsbetrag je Leistungseinheit und den in diesem Zeitraum angefallenen Leistungseinheiten, z.B. km, Stück, Betriebsstunden.

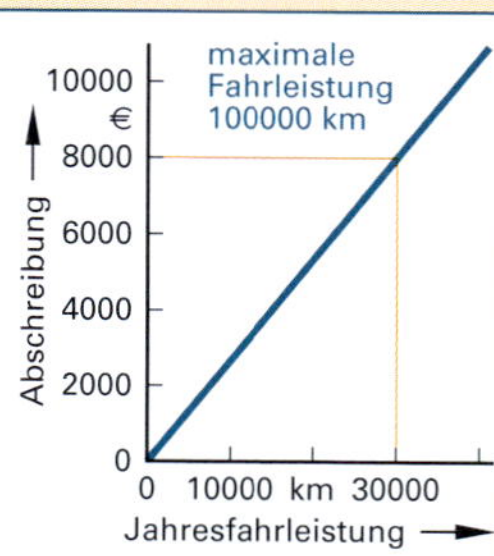

Jährlicher Abschreibungsbetrag

$$= \frac{\text{Wiederbeschaffungskosten} \times \text{Jahresleistung}}{\text{Gesamtleistung}}$$

Abschreibung je km

$$= \frac{\text{Wiederbeschaffungskosten}}{\text{maximale Fahrleistung}}$$

Kombinierte Abschreibung

Sie wird zur Ermittlung der Unterhaltskosten von Fahrzeugen und Maschinen verwendet und setzt sich aus Abschreibung I und Abschreibung II zusammen. Abschreibung I berücksichtigt die Wertminderung durch Veralten. Abschreibung II berücksichtigt die Wertminderung durch Abnutzung. Der Rest der Wiederbeschaffungskosten wird nach Leistungseinheiten abgeschrieben. Üblicherweise werden 50 % der Wiederbeschaffungskosten nach Abschreibung I bzw. nach Abschreibung II abgeschrieben.

Abschreibung I in Euro/Jahr

$$= \frac{\text{Wiederbeschaffungskosten}}{2 \times \text{Nutzungsdauer}}$$

Abschreibung II

$$= \frac{\text{Wiederbeschaffungskosten}}{2 \times \text{Gesamtleistung}}$$

B

B

Deckungsbeitragsrechnung

Da die Kosten, die in einem Betrieb entstehen, abhängig sind von der Auslastung eines Betriebes, ist es vorteilhaft, mit Hilfe der Deckungsbeitragsrechnung den Selbstkostenpreis zu ermitteln, bei dem alle Kosten gedeckt sind.

Fixe Kosten. Sie entstehen unabhängig von der Produktivität des Betriebes, sind aber zur Aufrechterhaltung des Betriebes nötig, z.B. Miete, Steuern, Versicherungen.

Fixe Kosten je Leistungseinheit. Je höher der Auslastungsgrad, desto kleiner der Kostenanteil der fixen Kosten an der erstellten Leistungseinheit.

Variable Kosten. Es sind leistungsabhängige Kosten, z. B. Fertigungslöhne. Sie nehmen mit steigender Produktivität oder steigendem Beschäftigungsgrad des Betriebes zu.

Variable Kosten je Leistungseinheit. Es sind z. B. Materialkosten, die je Leistungseinheit konstant sind.

Selbstkosten. Sie setzen sich zusammen aus fixen und variablen Kosten in einem Betrachtungszeitraum.

Selbstkosten = Fixe Kosten + Variable Kosten

Kostendeckungssatz. Er entspricht den Selbstkosten je Leistungseinheit. Kann am Markt ein Verkaufspreis, der 12 % über dem Kostendeckungssatz liegt, durchgesetzt werden, so entsteht ein Gewinn von 12 %.

Erlöse. Es sind Nettoeinnahmen für die in einem bestimmten Zeitraum verkauften Leistungseinheiten, wie z. B. Arbeitswerte, Fertigungslohnstunden, Ersatzteile, Handelswaren, Zubehörteile oder gefahrene Kilometer.

Deckungsbeitrag.

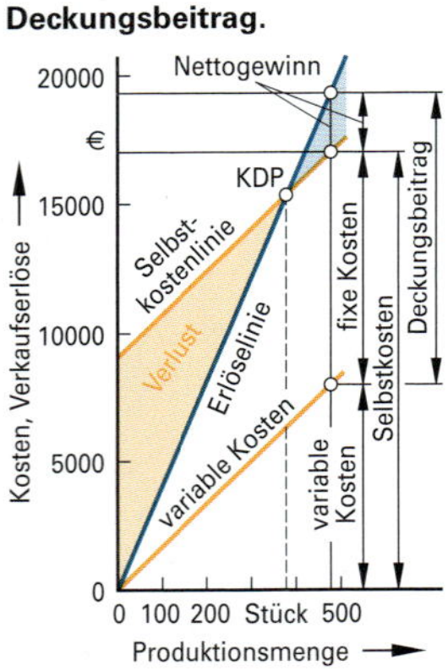

Zieht man von den Erlösen die variablen Kosten ab, so erhält man den Beitrag, der die fixen Kosten abdecken soll, den Deckungsbeitrag. Ist der Deckungsbeitrag kleiner als die fixen Kosten, so entsteht ein Verlust. Der Kostendeckungspunkt KDP ist der Schnittpunkt der Erlöselinie mit der Selbstkostenlinie. Bezieht man den Deckungsbeitrag auf die geleistete Einheit (z. B. je Std, je AW, je Stück), so erhält man den spezifischen Deckungsbeitrag.

Kostendeckungssatz $= \dfrac{\text{Selbstkosten}}{\text{Leistungseinheiten}}$

Kostendeckungssatz je LE
= fixe Kosten je LE + variable Kosten je LE

LE = Leistungseinheiten

Deckungsbeitrag
= Erlöse – variable Kosten

Spezifischer Deckungsbeitrag
$= \dfrac{\text{Deckungsbeitrag}}{\text{Leistungseinheiten}}$

Deckungsbeitragssatz in %
$= \dfrac{\text{Deckungsbeitrag} \times 100\,\%}{\text{Erlöse}}$

Kostendeckende Leistungseinheiten
$= \dfrac{\text{Fixe Kosten}}{\text{Spezifischer Deckungsbeitrag}}$

Kostendeckende Erlöse
$= \dfrac{\text{Fixe Kosten} \times 100\,\%}{\text{Deckungsbeitragssatz in }\%}$

Gewinn
= Deckungsbeitrag – fixe Kosten

Kostendeckende Erlöse mit Gewinn
$= \dfrac{\text{Fixe Kosten} \times 100\,\%}{\text{Deckungsbeitragssatz in }\% - \text{Gewinn in }\%}$

Der prozentuale Gewinn wird auch als Umsatzrendite bezeichnet. Er steigt mit zunehmender Anzahl von verkauften Leistungseinheiten.

Kraftfahrzeugkostenberechnung

Unterhaltskosten von Kraftfahrzeugen, die während der betrieblichen Nutzung entstehen, werden verursachergerecht in festen Kosten und in beweglichen Kosten erfasst.

Feste Kosten je Jahr =
Abschreibung I + Kapitalverzinsung
+ Kraftfahrzeugsteuer + Haftpflichtversicherung
+ Fahrzeugversicherung + Miete für Garage

Abschreibung I
$= \dfrac{\text{Abschreibungsgrundwert}}{2 \times \text{Nutzungsdauer in Jahren}}$

Abschreibungsgrundwert
= Wiederbeschaffungskosten
– Reifenkosten

Kraftfahrzeugkostenberechnung

Kapitalverzinsung
Sie errechnet sich aus den Anschaffungskosten und eventuell einem Restwert (durchschnittlich gebundenes Kapital) und einem kalkulatorischen Zinssatz (effektiver Jahreszinssatz).

Kraftfahrzeugsteuer
Grundlage für Pkw und Motorräder: Hubraum, Abgasausstoß
Lkw: zuläss. Gesamtgewicht.

Haftpflichtversicherung
Jahresprämie einschließlich Versicherungssteuer und gegebenenfalls Zuschlägen für viertel- bzw. halbjährliche Zahlung.
Grundlage für Pkw und Motorräder: Motorleistung in kW, Typklasse
Lkw: Nutzlast in t.

Fahrzeugversicherung
Jahresprämie einschließlich Versicherungssteuer.
Teilkasko: Versicherungsschutz z.B. bei Brand und Diebstahl
Vollkasko: mit oder ohne Selbstbeteiligung.

Miete für Garage
Je nach Kraftfahrzeug zwischen 40 Euro/Monat ... 80 Euro/Monat.

Bewegliche Kosten je 100 km = Abschreibung II
+ Kraftstoffkosten
+ Schmierstoffkosten
+ Reifenkosten
+ Wartungskosten
+ Reparaturrücklage

Abschreibung II
Sie berücksichtigt die Wertminderung, die durch Abnutzung im Betrieb (Kilometerleistung des Fahrzeuges) entsteht.

Kraftstoffkosten
Richtwerte f. Kraftstoffverbrauch: Normverbrauch zuzüglich

20 % für Pkw	50 % für Linienbusse
25 % für Lkw und Omnibusse	80 % für Lastzüge, Sattelkfz.

Schmierstoffkosten
Richtwerte für Ölverbrauch einschließlich Ölwechsel in l/100 km:

Pkw	0,1 ... 0,3	Lkw bis 7 t	0,5 ... 0,7
Lkw bis 1,7 t	0,3 ... 0,5	Lkw über 7 t	0,7 ... 1,0

Reifenkosten
Sie errechnen sich aus dem Preis für eine neue Bereifung und den geschätzten Laufleistungen in km.

Unterhaltskosten je Jahr = Feste Kosten in €/Jahr
+ Bewegliche Kosten in €/Jahr

Gesamtkosten je Jahr (Arbeitsplatzkosten) = Feste Kosten in €/Jahr
+ Bewegliche Kosten in €/Jahr
+ Fahrerlohnkosten in €/Jahr
+ Restgemeinkosten in €/Jahr

Restgemeinkosten
Es sind Gemeinkosten des Betriebes, die anteilig auf den Arbeitsplatz Kraftfahrzeug umgelegt werden, z.B. der Anteil des Betriebes an den Sozialabgaben des Fahrers, Hilfslöhne.

Anschaffungskosten
= Kaufpreis
+ Überführungskosten
+ Zulassungskosten
+ Kennzeichenkosten

Wiederbeschaffungskosten
= Anschaffungskosten
+ Teuerung
+ eventuelle Entsorgung
– Restwert (Erlös des Gebrauchtwagens)

Kapitalverzinsung

$$= \frac{(\text{Anschaffungskosten} + \text{Restwert}) \times \text{Zinssatz}}{2 \times 100\,\%}$$

Abschreibung II

$$= \frac{\text{Abschreibungsgrundwert} \times 100\text{ km}}{2 \times \text{Gesamtfahrleistung in km}}$$

Kraftstoffkosten bzw. Schmierstoffkosten in Euro/100 km
= Verbrauch je 100 km × Literpreis

Reifenkosten in Euro/100 km

$$= \frac{\text{Bereifungskosten in Euro} \times 100\text{ km}}{\text{Reifenlaufleistung in km}}$$

Wartungskosten, Reparaturrücklagen
Sie werden ermittelt aus Erfahrungswerten vom Hersteller der einzelnen Fahrzeugtypen, z.B. für
- Verschleißreparaturen
- Inspektionen
- Pflegearbeiten
- Aufbaureparaturen
- kleinere Unfallreparaturen.

Bewegliche Kosten in Euro/Jahr

$$= \frac{\text{Bewegliche Kosten} \times \text{Jahresfahrstrecke}}{100\text{ km}}$$

Unterhaltskosten in Euro/Kilometer

$$= \frac{\text{Unterhaltskosten je Jahr}}{\text{Jahresfahrstrecke in km}}$$

Gesamtkosten für 1 km

$$= \frac{\text{Gesamtkosten je Jahr}}{\text{Jahresfahrstrecke in km}}$$

B

B

Maschinenkostenberechnung

Die Kosten, die Maschinen oder Anlagen im Betrieb verursachen, werden über jeweils eine Kostenstelle ermittelt und den einzelnen Maschinen direkt zugeordnet. Man unterscheidet feste und bewegliche Kosten.

Feste Kosten
Zeitabhängige Kosten, die auch anfallen, wenn mit der Maschine nicht gearbeitet wird. Sie entstehen u.a. auch um die Betriebsbereitschaft der Maschinen zu gewährleisten und werden für den Zeitraum eines Jahres erfasst.

Feste Kosten = Abschreibungsbetrag
+ Kapitalverzinsung
+ Mietwert der Fläche
+ Instandhaltung I

Bewegliche Kosten
Es sind leistungsabhängige Kosten, die vom Einsatz der Maschine abhängen. Sie werden für eine bestimmte Maschinenlaufzeit, z. B. eine Stunde oder für Leistungseinheiten, z. B. Stück, festgelegt.

Bewegliche Kosten = Instandhaltung II
+ Energiekosten
+ Werkzeugkosten
+ Betriebsmittelkosten

Instandhaltung: Um die Betriebsbereitschaft von Maschinen und Anlagen zu erhalten, sind Wartung und Reparaturen nötig. Diese Instandhaltungskosten werden als Erfahrungswert in Form eines Prozentsatzes von etwa 5 % der Anschaffungskosten eingesetzt.

Instandhaltung I. Sie berücksichtigt nur Wartungskosten, die auch entstehen, wenn die Maschine nicht genutzt wird. Häufig wird deshalb nur 1/3 der Instandhaltungskosten für die Ermittlung der festen Kosten eingesetzt.

Instandhaltung II. Da beim Einsatz von Maschinen Verschleiß entsteht, der zu Reparaturen führt, wird den beweglichen Kosten der größere Anteil (2/3) der Instandhaltungskosten zugeteilt.

Betriebsmittelkosten: Es sind Kosten für Schmierstoffe, Kühlmittel, Reinigungsmittel (Shampoo), Kraftstoffe, Wasser.

Gesamtkosten
Die Maschinenkosten im Jahr setzen sich zusammen aus den festen Kosten im Jahr und den beweglichen Kosten im Jahr.

Maschinenkosten im Jahr = feste Kosten im Jahr
+ bewegliche Kosten im Jahr

Arbeitsplatzkosten im Jahr = Maschinenkosten im Jahr
+ Fertigungslohn im Jahr
+ Gemeinkosten im Jahr

Stundensätze
Maschinenstundensatz bzw. Arbeitsplatzkosten je Stunde. Teilt man die jeweiligen Gesamtkosten, die die Maschine bzw. der Arbeitsplatz verursacht, durch die jährliche Gesamtlaufzeit der Maschine, so erhält man die Kosten, welche die Maschine oder ein Arbeitsplatz in 1 Stunde verursacht.

Abschreibung

$$= \frac{\text{Wiederbeschaffungskosten}}{\text{Nutzungsdauer in Jahren}}$$

Anschaffungskosten
= Einkaufspreis
+ Sonderzubehörkosten
+ Transportkosten
+ Aufstellkosten
+ Anschlusskosten
+ Schulungskosten

Wiederbeschaffungskosten
= Anschaffungskosten
+ Umbaukosten
+ Teuerung
+ Entsorgung
– Restwert

Kapitelverzinsung

$$= \frac{(\text{Anschaffungskost.} + \text{Restwert}) \times \text{Zinssatz}}{2 \times 100}$$

Bei der Kapitalverzinsung wird nur die Hälfte des durchschnittlich gebundenen Kapitals (Anschaffungskosten + Restwert) verzinst.

Mietwert der Fläche im Jahr
= Flächenbedarf in m^2 × Preis je m^2 × 12

Energiekosten je Stunde
= Energiebedarf/h × Preis/Energieeinheit

Bewegliche Kosten im Jahr
= Bewegliche Kosten/h
× Laufzeit im Jahr

Maschinenstundensatz

$$= \frac{\text{Maschinenkosten im Jahr}}{\text{Laufzeit der Maschine im Jahr}}$$

Gemeinkosten

$$= \frac{\text{Fertigungslöhne} \times \text{Zuschlagssatz in \%}}{100\ \%}$$

Zuschlagssätze 120 % ... 180 %

Arbeitsplatzkosten je Stunde

$$= \frac{\text{Arbeitsplatzkosten im Jahr}}{\text{Laufzeit der Maschine im Jahr}}$$

Physik

Chemie

Informationstechnik

Steuern, Regeln

Fügen, Normteile

Spanen

Physikalische Größen

Der Wert einer physikalischen Größe ist immer das Produkt aus einem Zahlenwert und einer Einheit. Eine Einheit darf bei physikalischen Größen nie weggelassen werden.

Wert der Größe = Zahlenwert x Einheit
z. B.: Eine Kraft = 36 Newton
F = 36 N

Gesetzliche SI-Einheiten, Basisgrößen (Auszug)

SI = Internationales Einheitensystem (frz. systeme international)

Größe, Formelzeichen	**Länge** *s*	**Masse** *m*	**Zeit** *t*	**Temperatur** *T*
Einheit, Einheitenzeichen	**Meter** m	**Kilogramm** kg	**Sekunde** s	**Kelvin** K
Erklärung	1 m ist die Länge der Strecke, die Licht im Vakuum während der Zeit 1/299792458 s durchläuft. Früher: 1 m ist der 40000000ste Teil des Erdumfanges (Erdmeridian-Längenkreis), festgelegt durch das Urmeter. 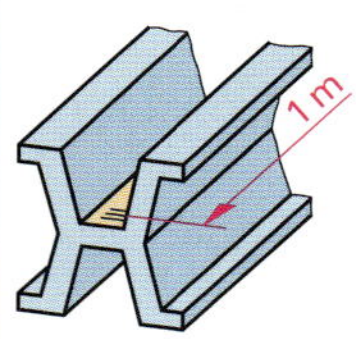 	1 kg ist die Masse eines Normkörpers aus Platin-Iridium. Diese entspricht etwa der Masse von 1 dm³ Wasser bei 4 °C. Massenvergleiche mit einer Balkenwaage schalten unterschiedliche Anziehungskräfte aus. 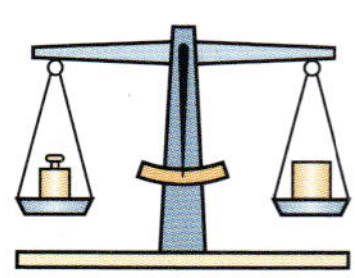 1 kg ≙ 1 dm³ H_2O bei 4 °C	1 s ist das 9192631770fache der Periodendauer der Strahlung des Atoms Cäsium 133. Früher: 1 s ist der 86400ste Teil des mittleren Sonnentages. Zeitangaben  	Temperatur ist der Wärmezustand eines Körpers und wird in Kelvin (SI) oder Grad Celsius gemessen. Werden Temperaturen in Formeln eingesetzt, so muss die Einheit Kelvin verwendet werden. Die Kelvin Temperaturskale beginnt beim absoluten Nullpunkt. (0 K = – 273,15 °C) Kelvin- und Celsiusskale sind gegeneinander um 273,15 versetzt. Temperaturdifferenzen in K und °C sind gleich.

Physikalische Größen (Auszug)

Größe Formelzeichen	**Geschwindigkeit** *v*	**Dichte** ϱ (Rho)	**Arbeit** *W*	**Kraft** *F*
Einheit, Einheitenzeichen	**Meter/Sekunde** $\frac{m}{s}$	**Kilogramm/dm³** $\frac{kg}{dm^3}$	**Joule** J	**Newton** N
Erklärung	Bei einer gleichförmigen Bewegung ist der Quotient aus zurückgelegtem Weg *s* und dazu benötigter Zeit *t* konstant. Er wird Geschwindigkeit *v* genannt. $v = \frac{s}{t}$ 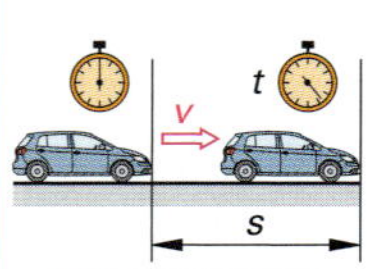 $1\ \frac{m}{s} = 3{,}6\ \frac{km}{h}$	Der Quotient aus der Masse *m* und dem Volumen *V* eines Stoffes ist bei gleichbleibender Temperatur und Druck konstant und wird Dichte ϱ genannt. $\varrho = \frac{m}{V}$ 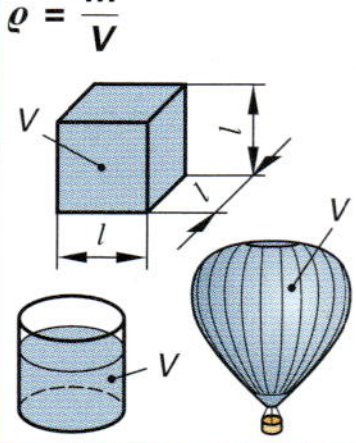 	1 J ist die Arbeit, die an einem Körper verrichtet wird, wenn auf ihn eine Kraft *F* von 1 N entlang eines Weges *s* von 1 m wirkt. Arbeit ist das Produkt aus Kraft *F* und Weg *s*. $W = F \cdot s$ 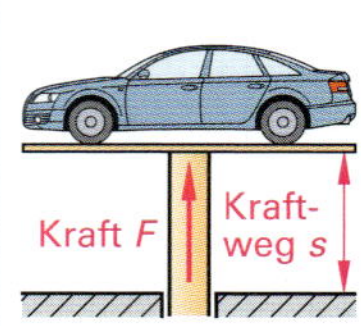 	1 N ist die Kraft, die einem Körper der Masse 1 kg die Beschleunigung 1 m/s² erteilt. Gewichtskräfte wirken immer in Richtung des Erdmittelpunktes. $F = m \cdot a$ 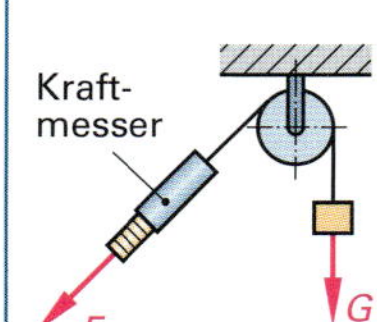

G

Begriff	Erklärung	Beispiele/Hinweise
Adhäsion	Anhangskraft, die bei enger Berührung verschiedener Stoffe (z.B. feste Stoffe – Flüssigkeiten) eine Oberflächenhaftung bewirkt (adhaerere, lat. = anhaften).	Ölfilm an der Zylinderwand; Kreide an der Tafel; Kleben
Aggregatzustand	**Feste Stoffe:** Feste Stoffe haben ein bestimmtes Volumen und eine bestimmte Form. Die Moleküle sind an ihrem Ort gebunden und schwingen um ihre Ruhelage. Durch entsprechende Wärmezufuhr wird die Bewegungsenergie so groß, dass die gegenseitige Bindungskraft der Moleküle überwunden wird. Der Stoff geht in flüssigen Zustand über. **Flüssige Stoffe:** Flüssige Stoffe haben ein bestimmtes Volumen, aber keine bestimmte Form. Sie nehmen die Form des Gefäßes an. Die Moleküle sind nicht an ihren Ort gebunden und leicht verschiebbar. Die Bindekraft der Moleküle ist klein. Durch Wärmezufuhr wird die Bewegungsenergie so groß, dass die Bindekraft der Moleküle überwunden wird. Der Stoff geht in einen gasförmigen Zustand über. **Gasförmige Stoffe:** Gasförmige Stoffe haben kein bestimmtes Volumen und keine bestimmte Form. Die Moleküle streben auseinander (Expansion) und nehmen jeden gebotenen Raum an. Sie stoßen sich gegenseitig ab und beschreiben unregelmäßige Bahnen.	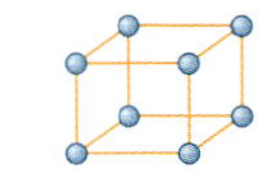 Eisen, Holz, Kupfer 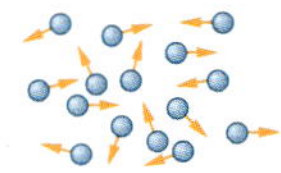 Benzin, Öl, Wasser 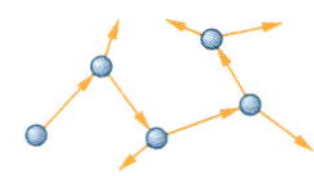 Sauerstoff, Luft
Anode	Positive (+) Elektrode eines galvanischen Elementes.	Batterie
Archimedes-Prinzip	Beim Eintauchen in eine Flüssigkeit oder in ein Gas erfährt jeder Körper eine nach oben gerichtete Auftriebskraft.	Siehe *Auftrieb*
Atmosphärendruck	Der Atmosphärendruck ist der jeweils herrschende Luftdruck gegenüber dem Vakuum. Er entsteht durch die Gewichtskraft der Lufthülle, die auf der Erdoberfläche lastet. Der Luftdruck wird mit dem Barometer gemessen und beträgt in der Normalatmosphäre 1013 hPa = 1,013 bar.	1000 hPa = 1000 mbar = 1 bar
Auftrieb	Der Auftrieb, den ein Körper in einer Flüssigkeit oder in einem Gas erfährt, ist gleich der Gewichtskraft der vom Körper verdrängten Flüssigkeits- bzw. Gasmenge (Archimedisches Prinzip).	Aräometer, Schiff, Luftballon, Schwimmer im Tank.
Barometer	Messgerät zur Luftdruckmessung.	
Druck in Flüssigkeiten	Druck in Flüssigkeiten breitet sich nach allen Seiten gleichmäßig aus. Da die Moleküle eng beieinander liegen, kann bei Flüssigkeiten die Kompressibilität in der Regel vernachlässigt werden.	Hydraulische Presse Hydraulische Bremse
Druck in Gasen	Ein eingeschlossenes Gas übt auf die Gefäßwände allseitig einen Druck aus. Da die Moleküle relativ weit auseinander liegen, haben Gase eine große Kompressibilität. Eine Temperaturänderung bewirkt • eine Raumänderung bei gleich bleibendem Druck oder • eine Druckänderung bei gleich bleibendem Raum oder • eine Raumänderung und eine Druckänderung. **Verdichten** bedeutet Raumverkleinerung und bewirkt Erwärmung. **Ausdehnen** bedeutet Raumvergrößerung und bewirkt Abkühlung.	Vier Takte des Verbrennungsmotors
Energie	Energie ist die Fähigkeit Arbeit zu verrichten. Energie kann weder erzeugt noch vernichtet werden. Die Energie ist innerhalb der verschiedenen Energieformen umformbar. Man unterscheidet potenzielle Energie (Lageenergie), kinetische Energie (Bewegungsenergie), Spannenergie, elektrische Energie, chemisch gebundene Energie und Wärme.	Bewegungsenergie in Wärme (Bremsen)
Explosion	Explosion ist eine mit Unterschallgeschwindigkeit ablaufende plötzliche chemische Reaktion von Gasgemischen, Staub-Luft-Gemischen oder Sprengstoffen, sowie das Zerplatzen von geschlossenen Gefäßen bei rascher Druckerhöhung. Läuft der Vorgang mit Überschallgeschwindigkeit ab, so spricht man von einer **Detonation**.	Airbag Knallgas

G

Begriff	Erklärung	Beispiele/Hinweise
Fallbeschleunigung	Die auf der Oberfläche eines Himmelskörpers wirkende Fallbeschleunigung ist abhängig von der Masse und Form des Himmelskörpers. Da die Erde an den Polen abgeplattet ist, wirkt an den Polen aufgrund des geringeren Abstands zum Erdmittelpunkt eine höhere Fallbeschleunigung als am Äquator. Für Mitteleuropa (45° Breite) wird mit einer Fallbeschleunigung von $g = 9{,}81\ \text{m/s}^2$ gerechnet. Andere Fallbeschl.: $g_{Mond} = 1{,}62\ \text{m/s}^2$, $g_{Jupiter} = 25{,}1\ \text{m/s}^2$, $g_{Sonne} = 274\ \text{m/s}^2$	**Mitteleuropa:** $\boldsymbol{g = 9{,}81\ \text{m/s}^2}$ Äquator: $g = 9{,}78\ \text{m/s}^2$ Pole der Erde: $g = 9{,}83\ \text{m/s}^2$
Fliehkraft	Bei Abweichung von der geradlinigen Bewegung tritt infolge der Trägheit eine Fliehkraft (Zentrifugalkraft) auf. Sie ist vom Drehpunkt nach außen gerichtet. Die entgegengerichtete Kraft heißt Zentripetalkraft. Die Fliehkraft ist abhängig von • der Masse des Körpers • dem Kurvenradius • der Kurvengeschwindigkeit	Kurvenfahrt Störende Fliehkraft bei Unwucht Fliehkraftregler
Gleichgewicht	Alle an einem Körper angreifenden Kräfte heben sich gegenseitig auf.	
Gleichgewichtsarten	**Stabiles Gleichgewicht:** Bei Bewegung des Körpers strebt dieser in die Ausgangslage zurück. Der Schwerpunkt sucht stets die tiefstmögliche Lage einzunehmen. **Labiles Gleichgewicht:** Der Schwerpunkt hat die höchstmögliche Lage. Bei Bewegung des Körpers hat dieser nicht mehr das Bestreben in die Ausgangslage zurückzukehren. **Indifferentes Gleichgewicht:** Der Schwerpunkt bleibt immer in gleicher Höhe. Der Körper befindet sich in jeder Lage im Gleichgewicht.	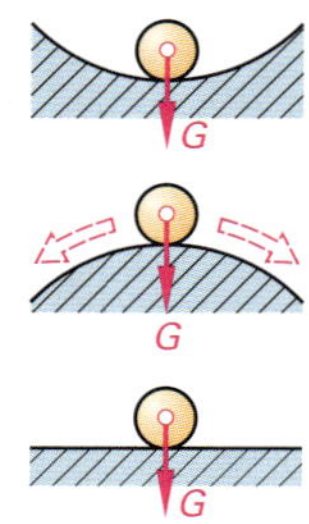
Kapillare	Röhren mit sehr kleinem Innendurchmesser werden als Kapillarröhren (capillus, lat. = Haar) bezeichnet.	Flüssigkeitsthermometer
Kapillarität	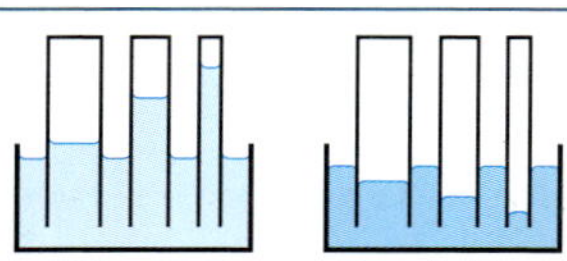 Zusammenfassende Bezeichnung für physikalische Erscheinungen an Kapillaren (Haarrissen, feinsten Spalten). Je enger die Kapillare, umso größer das Ansteigen bzw. Absinken des Flüssigkeitsspiegels.	Löten Materialprüfung Farbeindringverfahren Schwamm Löschblatt Kerzendocht
Katode	Negative (–) Elektrode eines galvanischen Elementes.	Batterie
Kohäsion	Zusammenhangskraft zwischen den Atomen oder Molekülen eines Stoffes. Sie bestimmt die Festigkeit von festen Körpern und den Zusammenhang sowie die Volumenbeständigkeit von Flüssigkeiten (cohaerere, lat. = zusammenhängen).	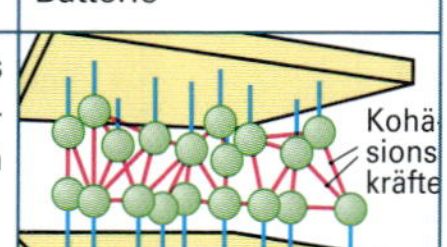
Kondensation	Kondensation ist der Übergang vom gasförmigen in den flüssigen Zustand, dabei wird die Kondensationswärme frei. Die Kondensationstemperatur entspricht der Siedetemperatur.	Klimaanlage Beschlagen von Scheiben
Kritischer Druck	Jedes Gas besitzt einen kritischen Druck und eine kritische Temperatur (Kritischer Punkt). Eine Verflüssigung ist nur unterhalb der kritischen Werte möglich.	CO_2 = 75 bar (Weitere Werte siehe **Zustandsänderung**.)
Kritische Temperatur	Kritische Temperatur ist die Temperatur, bei deren Überschreitung ein Gas auch durch Druckerhöhung nicht mehr verflüssigt werden kann.	CO_2 = 30,8 °C
Luftzusammensetzung (trockene Luft)	Stickstoff N_2 = 78 % Kohlendioxid CO_2 = 0,03 % Krypton Kr = 0,0001 % Sauerstoff O_2 = 21 % Neon Ne = 0,0018 % Wasserstoff H_2 = 0,00005%	Argon Ar = 0,933 % Helium He = 0,0005 % Xenon Xe = 0,000008 %

Begriff	Erklärung	Beispiele/Hinweise
Normzustand	Um Messergebnisse vergleichbar zu machen, werden Versuche unter Normbedingungen durchgeführt bzw. auf diese umgerechnet. Normtemperatur T_0 = 273 K (also 0 °C), Normdruck p_0 = 1013 hPa	Alle Tabellenwerte werden auf Normzustand bezogen
Schall	Schall entsteht durch mechanische Schwingungen. Frequenzbereich des menschlichen Hörens: 16 Hz ... 20000 Hz. Der Schall breitet sich durch Längswellen nach allen Seiten gleichmäßig aus. Schallgeschwindigkeit c: Luft 340 m/s, Wasser 1440 m/s, Eisen 5100 m/s	Lautsprecher Signalhorn
Schallpegel	Der Schallpegel (Schalldruckpegel) ist ein Maß für die Stärke des Geräusches, gemessen in Dezibel dB (A).	Motorgeräusch bei Volllast: 80 dB (A)

Schallpegel (Geräuschstärke)		**Kraftfahrzeug-Fahrgeräusche** (Grenzwerte)		
Schallart	dB(A)	Fahrzeugart		dB(A)
Sehr leises Blätterrauschen	10	Mofa		70
Flüstersprache (1 m)	20	Moped, Mokick		72
Ruhige Straße	30	Leichtkraftrad		75
Normale Unterhaltung	50	Kraftrad	bis 80 cm^3	75
Staubsauger (1 m)	60		bis 175 cm^3	77
Starker Verkehrslärm (Pkw)	70		über 175 cm^3	80
Sehr starker Verkehrslärm	80–90	Pkw		74
Presslufthammer	90	Omnibus, Lkw, Zugmaschinen bis 3,5 t		76
Motor ohne Schalldämpfer	100	Omnibus	bis 150 kW	78
Starker Fabriklärm	110		über 150 kW	80
Schmerzschwelle	130	Lkw, Zugmaschinen	bis 75 kW	77
Düsentriebwerk	140		bis 150 kW	78
			über 150 kW	80

Begriff	Erklärung	Beispiele/Hinweise
Schmelztemperatur	Bei Schmelztemperatur geht ein Stoff vom festen in den flüssigen Zustand über. Die Schmelztemperatur bleibt während der Umwandlung konstant.	Wasser: 0 °C Aluminium: 660 °C Stahl: 1460 °C Wolfram: 3380 °C
Schmelzwärme (spezifisch)	Schmelzwärme ist die Wärmemenge in kJ, die notwendig ist, um die Stoffmenge 1 kg bei der Schmelztemperatur vom festen in den flüssigen Zustand umzuwandeln. Beim umgekehrten Vorgang wird die Schmelzwärme wieder frei. Die Temperatur bleibt während der Umwandlung konstant.	Eis: 334 kJ/kg Stahl: 205 kJ/kg Blei: 24,3 kJ/kg
Schwerpunkt	Der Schwerpunkt ist der Massenmittelpunkt eines starren Körpers. Ein im Schwerpunkt unterstützter Körper ist in jeder Lage im Gleichgewicht.	
Siedetemperatur	Bei Siedetemperatur geht eine Flüssigkeit nicht nur an der freien Oberfläche, sondern insgesamt unter Blasenbildung in den gasförmigen Zustand über. Die Siedetemperatur ist von der Art des Stoffes und vom äußeren Druck abhängig und bleibt solange unverändert, bis die gesamte Flüssigkeit verdampft ist.	Wasser: 100 °C Methanol: 65 °C Erdgas: – 162 °C
Spezifischer Heizwert	Der spezifische Heizwert ist die Wärmemenge in kJ, die bei der vollkommenen Verbrennung von 1 kg festen oder flüssigen bzw. 1 m^3 gasförmigen Stoffes im Normzustand bei 0 °C und 1013 hPa (mbar) frei wird.	Benzin: ≈ 42700 kJ/kg Super: ≈ 43500 kJ/kg Diesel: ≈ 42500 kJ/kg Erdgas: ≈ 42000 kJ/m^3
Spezifische Wärmekapazität	Die spezifische Wärmekapazität ist die Wärmemenge in kJ, die notwendig ist, um 1 kg Masse eines Stoffes um 1 K (entspricht einer Änderung um 1°C) zu erwärmen.	Wasser: 4,18 kJ/kg K Luft: 1,0 kJ/kg K

Temperaturen

Siedepunkt des flüssigen Stickstoffs	– 196 °C	Selbstentzündungstemperatur Motoröl	≈ 500 °C
Siedepunkt der flüssigen Luft	– 191 °C	Verbrennungshöchsttemperatur Motor	2500 °C
Mittlere Körpertemperatur des Menschen	37 °C	Glühwendel in Halogenlampen	≈ 2700 °C
Selbstentzündungstemperatur Diesel	≈ 350 °C	Acetylen-Sauerstoff-Flamme	3200 °C
Selbstentzündungstemperatur Benzin	≈ 450 °C	Höchste Temperatur im Lichtbogen	≈ 4000 °C

Begriff	Erklärung		Beispiele/Hinweise
Temperaturskalen	Celsius (°C)-Skale 0 °C = Gefrierpunkt von chemisch reinem Wasser bei 1,013 bar. 100 °C = Siedepunkt von chemisch reinem Wasser bei 1,013 bar Kelvin (K)-Skale 0 K = absoluter Nullpunkt, der bei – 273 °C (genau – 273,15 °C) liegt. 273 K = 0 °C		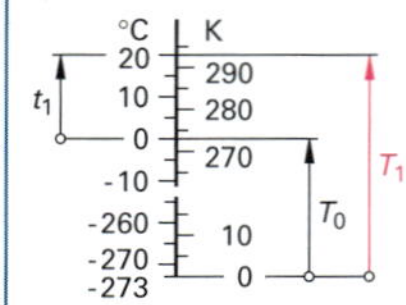 Temperaturdifferenz 1 K = 1 °C
Temperaturmessgeräte		**Messbereich in °C**	
	Flüssigkeitsthermometer: Die Volumenänderung der Flüssigkeit ist die Messgrundlage. Die Volumenänderung wird in einer Kapillare sichtbar gemacht und in Temperaturgraden geeicht.	Quecksilber – 38 ... + 600 Alkohol – 100 ... + 210	Fieberthermometer Lufttemperatur Flüssigkeitstemperatur
	Bimetallthermometer: Beim Bimetallthermometer sind zwei Metalle mit unterschiedlicher Wärmeausdehnung aufeinander gewalzt. Bei Erwärmung kommt es zu einer Krümmung nach der Seite des Metalls mit der kleineren Wärmeausdehnung.	– 50 ... + 400	Lufttemperatur Temperaturregler Kontaktgeber Startautomatik bei Vergasern
	Widerstandsthermometer: Die Wirkung beruht darauf, dass elektrische Leiter ihren Widerstand mit der Temperatur ändern.	– 220 ... + 850	Fernthermometer Temperaturfühler NTC, PTC
	Temperaturmessfarben: Beim Erreichen einer bestimmten Temperatur ändert sich eine aufgebrachte Farbe. Die Farbänderung bleibt beim Abkühlen erhalten und kann verglichen werden.	+ 40 ... + 1350	Oberflächentemperaturen
	Thermoelement: Zwei Drähte aus verschiedenen Materialien sind an einem Ende verlötet oder verschweißt. Wird die Verbindungsstelle erwärmt, so entsteht eine elektrische Spannung (Thermospannung). Die Höhe der Spannung ist abhängig von der Temperaturdifferenz zwischen Verbindungsstelle und den freien Enden sowie den Werkstoffen der Drähte. Mögliche Werkstoffpaarung: Kupfer, Konstantan.	– 200...+ 3000	Temperaturmessung an Motoren Fernthermometer
	Segerkegel: Keramische Kegel (Pyramiden) erweichen bei einer von ihrer Zusammensetzung abhängigen Temperatur.	+ 600...+ 2000	Temperaturmessung in Glüh- oder Brennöfen.
Überdruck	Der Überdruck ist die Differenz aus dem absoluten Druck im Behälter und dem außerhalb herrschenden Atmosphärendruck. Der Überdruck ist positiv, wenn der absolute Druck größer ist als der Atmosphärendruck. Er ist negativ, wenn der absolute Druck kleiner ist als der Atmosphärendruck. Überdrücke werden mit dem Manometer gemessen.		Reifendrücke: 1,2 bar ... 6 bar Druck im Ansaugrohr – 0,1 bar ... – 0,4 bar
Ultraschall	Unter Ultraschall versteht man die mechanischen Schwingungen oberhalb des Frequenzbereichs des menschlichen Hörens (> 20000 Hz).		Abstandswarn- und Einparksysteme Werkstoffprüfung
Verdampfungswärme (spezifisch)	Verdampfungswärme ist die Wärmemenge in kJ, die notwendig ist, um 1 kg Flüssigkeit bei Siedetemperatur und 1,013 bar vom flüssigen in den gasförmigen Zustand umzuwandeln. Beim umgekehrten Vorgang wird die Verdampfungswärme wieder frei. Die Temperatur bleibt während der Umwandlung konstant.		Wasser: 2258 kJ/kg Benzin: 420 kJ/kg
Viskosität	Viskosität ist die Zähigkeit von Flüssigkeiten infolge innerer Reibung. Bei einigen Flüssigkeiten, z. B. bei Ölen, ändert sich die Viskosität stark mit der Temperatur.		Motoröl SAE 15W: kinemat. Viskosität 5,6 mm^2/s bei 100 °C

Begriff	Erklärung	Beispiele/Hinweise
Wärme	Wärme ist Bewegungsenergie der Moleküle, also eine Energieform. Erwärmung bedeutet Zunahme der molekularen Bewegungsenergie. Abkühlung bedeutet Abnahme der molekularen Bewegungsenergie. Am absoluten Nullpunkt (0 K = – 273,15 °C) sind die Moleküle in Ruhe.	Flimmern der Gase bei Erwärmung
Wärme-ausdehnung	Wärmeausdehnung entsteht durch Veränderung der Molekülabstände bei Erwärmung oder Abkühlung. Sie hängt ab vom Werkstoff, von der Temperaturdifferenz und von den Abmessungen.	
	Feste Stoffe: Die Längenausdehnungszahl α gibt die Längenausdehnung bei einer Temperatursteigerung oder die Schrumpfung bei einer Temperaturabnahme von 1 K an. Raumausdehnungszahl $\gamma = 3\,\alpha$.	Al: 0,0000238 1/K Stahl: 0,0000115 1/K Cu: 0,0000168 1/K
	Flüssige Stoffe: Es wird die Raumveränderung gemessen. Die Raumausdehnungszahl γ gibt die Raumzunahme bzw. Raumabnahme bei einer Temperaturdifferenz von 1 K an.	Wasser: 0,00020 1/K Benzin: 0,00106 1/K
	Gasförmige Stoffe: Alle Gase haben annähernd die gleiche Raumausdehnungszahl. Sie beträgt je 1 K Temperaturänderung 1/273 des Rauminhaltes bei 273 K = 0 °C.	
Wärmeleitung	In einem Körper findet der Wärmeausgleich durch Wärmeleitung immer von der Stelle mit höherer Temperatur zur Stelle mit niedriger Temperatur statt.	Erwärmung von Bauteilen in Auspuffnähe.
Wärmeleitzahl	Die Wärmeleitzahl gibt die Wärmemenge in J an, die in 1 Sekunde durch eine Wand von 1 m^2 Fläche und 1 m Dicke fließt, wenn die Temperaturdifferenz zwischen beiden Wänden 1 K beträgt.	Aluminium: 220 W/mK Luft: 0,026 W/mK
Wärmemenge	Die Wärmemenge wird in Joule (J) oder in Kilojoule (kJ) gemessen. Sie hängt ab von der Masse, der spezifischen Wärmekapazität und der Temperatur.	
Wärme-strahlung	Bei der Wärmestrahlung wird Wärme in Form von elektromagnetischen Wellen abgestrahlt. Mit zunehmender Erwärmung nimmt die Abstrahlung zu. Beim Auftreffen auf einen anderen Körper wird die Strahlung zum Teil absorbiert (aufgenommen). Bei manchen Körpern wird die Strahlung auch teilweise durchgelassen.	Sonnenstrahlung, glühender Stahl, heißer Motor, Glas, Wärmeschutzverglasung
Wärme-strömung (Konvektion)	Bei der Wärmeströmung wird durch eine vorbeiströmende Flüssigkeit oder ein vorbeiströmendes Gas an der Wärmequelle Wärme aufgenommen und an einer kühleren Stelle wieder abgegeben.	Wärmeumlaufkühlung Luftheizung
Wärme-übergang	Beim Wärmeübergang von einem Stoff auf einen anderen unterscheidet man 3 Formen: Wärmeleitung, Wärmeströmung (Konvektion), und Wärmestrahlung. Sie treten meist zusammen auf.	Zyl. → Kühlflüssigkeit Zyl. → Luft
Zustands-änderung	**Schmelzen:** Feste Stoffe werden durch Wärmezufuhr flüssig.	Eis → Wasser
	Verdampfen: Flüssige Stoffe werden durch Wärmezufuhr gasförmig.	Wasser → Dampf
	Kondensieren: Gasförmige Stoffe werden durch Wärmeentzug flüssig.	Dampf → Wasser
	Erstarren (Gefrieren): Flüssige Stoffe werden durch Wärmeentzug fest.	Wasser → Eis
	Gasverflüssigung: Gasförmige Stoffe werden flüssig, wenn man sie unter die kritische Temperatur abkühlt. Der kritischer Druck muss dabei unterschritten werden (siehe Tabelle).	Luft → flüssige Luft

Gas	Kritische Temperatur °C	Kritischer Druck bar	Gas	Kritische Temperatur °C	Kritischer Druck bar
Stickstoff	– 147	34	Methan	– 82	46
Luft	– 141	38	Kohlendioxid	+ 31	74
Kohlenmonoxid	– 140	35	Acethylen	+ 36	63
Sauerstoff	– 119	59	Wasserdampf	+ 374	221

G

Begriff	Erklärung	Beispiele/Hinweise
Analyse	Zerlegen einer chemischen Verbindung, auch Feststellen der Zusammensetzung der Verbindung.	$2\,H_2O \rightarrow 2\,H_2 + O_2$
Atom	Kleinstes, chemisch einheitliches Teilchen eines Grundstoffes, das chemisch nicht weiter zerlegbar ist. Das Atom besteht aus Kern (K) mit positiver Ladung und Elektronenhülle (E) mit gleich großer negativen Ladung.	Wasserstoffatom 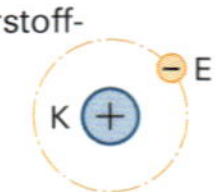
Atombausteine	Der Kern eines Atoms besteht aus **Protonen** und **Neutronen** (Ausnahme Wasserstoff). Protonen sind positiv, **Elektronen** sind negativ geladen. Neutronen haben keine Ladung. Atome sind nach außen elektrisch neutral, da die Anzahl der Elektronen und der Protonen gleich ist und sie jeweils eine Elementarladung tragen. Durch die Anzahl der Protonen ist ein Element bestimmt.	Elementarladung: $e = 1{,}6 \cdot 10^{-19}$ C (Coulomb) (1 C = 1 As)
Atommasse (relative)	Die relative Atommasse gibt die Anzahl der Protonen und Neutronen im Atomkern an. Die Differenz aus relativer Atommasse und Ordnungszahl (Protonenzahl) ergibt die Anzahl der Neutronen .	Z.B. Na^{11}_{23} rel. Atommasse 23 – Ordnungszahl 11 = Neutronenzahl 12
Base	Verbindung, die OH^--Ionen enthält (Metallhydroxid). Ihre Lösung in Wasser (Lauge) fühlt sich seifig an und färbt Indikatorpapier blau.	Natriumhydroxid NaOH (Ätznatron)
Bohrsches Atommodell	Die Elektronen bewegen sich auf verschiedenen Schalen um den Atomkern. Auf den einzelnen Schalen findet nur eine bestimmte Anzahl von Elektronen Platz. Die K-Schale ist mit maximal 2 Elektronen belegbar. L- und M-Schale sind mit maximal 8 Elektronen belegbar. Alle anderen Schalen können bis zu 32 Elektronen aufnehmen. Besitzen Atome eine gesättigte Außenschale (Edelgase), so reagieren sie nicht mehr mit anderen Stoffen (Inertgas beim Schweißen).	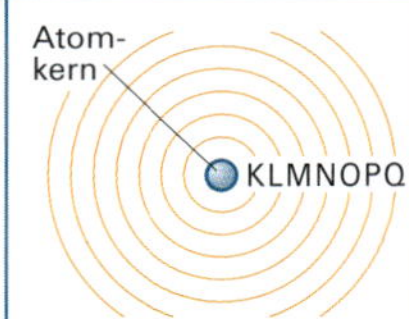
Chemische Verbindung	Ein Stoff, der aus verschiedenen Grundstoffen aufgebaut ist. Eine chemische Verbindung hat andere Eigenschaften als ihre Grundstoffe. Wasser ist eine Verbindung aus Wasserstoff und Sauerstoff.	$2\,H_2 + O_2 \rightarrow 2\,H_2O$
Dispersion	Gemenge, bei denen ein Stoff in einem Dispersionsmittel (Verteilungsmittel) mehr oder weniger fein verteilt wird.	
Element	a) Stoff, der sich chemisch nicht weiter zerlegen lässt. b) Stoff, dessen Atomkerne gleich viel Protonen haben	Wasserstoff H Sauerstoff O Schwefel S
Elektrochemische Spannungsreihe	Taucht man zwei verschiedene Metalle in einen Elektrolyten, so erhält man ein **galvanisches Element.** Zwischen den beiden Metallen kann eine Spannung gemessen werden. Die Höhe der Spannung ergibt sich aus der Differenz der Spannungspotenziale. Das Spannungspotenzial von Wasserstoff wird null gesetzt. In einem galvanischen Element löst sich das unedlere Metall auf.	Starterbatterie 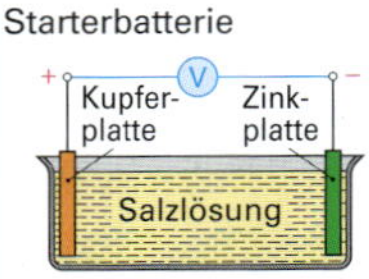

Elektrochemische Spannungsreihe in Volt

edel → unedel

Au	Ag	Cu	H	Pb	Ni	Cd	Fe	Zn	Al	Mg	Li
+ 1,4	+ 0,8	+ 0,34	0	– 0,13	– 0,24	– 0,4	– 0,44	– 0,76	– 1,67	– 2,38	– 3,02

Begriff	Erklärung	Beispiele/Hinweise
Elektrolyt	Es ist eine elektrisch leitende Flüssigkeit, in der Ionen enthalten sind. Elektrolyten können z.B. aus verdünnten Säuren, Laugen oder Salzlösungen bestehen.	Starterbatterie: verdünnte Schwefelsäure H_2SO_4
Emulsion	Feine Verteilung einer Flüssigkeit in einer anderen nicht mit ihr mischbaren Flüssigkeit.	Öl in Wasser
Gemenge	Mischung verschiedener Stoffe. Gemenge lassen sich physikalisch (z. B. Abkühlen) trennen.	Luft

G

Begriff	Erklärung	Beispiele/Hinweise
Ionen	Atome oder Gruppen von Atomen, die bedingt durch Elektronenmangel (+) oder Elektronenüberschuss (–) nach außen nicht neutral sind. Metalle bilden +Ionen (Kationen), Nichtmetalle bilden –Ionen (Anionen)	Kationen: Na^+, Fe^+, Ca^{++} Anionen: Cl^-, OH^-
Isotop	Es sind Atome desselben Elements jedoch mit unterschiedlicher Neutronenzahl. Isotope eines Elements haben die gleichen chemischen Eigenschaften.	**Wasserstoff:** 1 Proton + 1 Elektron
Legierung	Mischung verschiedener Metalle oder Mischung von Metallen und Metallverbindungen.	Lötzinn, legierter Stahl
Lösung	Flüssigkeit, die einen oder mehrere Stoffe in feinster Verteilung (als Molekül oder Ionen) enthält.	Zuckerlösung Elektrolyte
Mol	Stoffmengeneinheit. 1 Mol eines Stoffes enthält $6{,}022 \cdot 10^{23}$ Moleküle bzw. Atome.	Loschmidt'sche Zahl
Molekül	Kleinste Einheit einer chemischen Verbindung aus mindestens 2 verschiedenen Atomen oder Atomgruppe aus mehreren gleichen Atomen.	Verbindung: H_2O H_2, O_2
Oxidation	Verbinden eines Stoffes mit Sauerstoff oder Abgabe von Elektronen eines Atoms.	$2\,CO + O_2 \rightarrow 2\,CO_2$ $Cu \rightarrow Cu^{++} + 2\,e^-$
Reduktion	Wegnahme von Sauerstoff oder Elektronenaufnahme eines Atoms.	$2\,NO + 2\,CO \rightarrow N_2 + 2\,CO_2$ $Cu^{++} + 2\,e^- \rightarrow Cu$
Säure	Verbindung von Wasserstoff mit einem Nichtmetalloxid oder Nichtmetall. Ihre Lösung färbt Indikatorpapier rot.	Schwefelsäure H_2SO_4 Salzsäure HCl
Salz	Stoff, der in festem Zustand aus Ionen besteht.	Natriumchlorid NaCl Kupfersulfat $CuSO_4$
Synthese	Herstellen einer chemischen Verbindung aus verschiedenen Atomen oder Molekülen. Bei der Synthese entsteht ein neuer Stoff.	$Fe + S \rightarrow FeS$
Wertigkeit	Zahl der Wasserstoffatome, die ein Atom chemisch binden oder ersetzen kann, oder Zahl der Elektronen, die ein Atom beim Verbinden aufnehmen oder abgeben kann.	In H_2O ist: H 1-wertig O 2-wertig

Verbindungen

Gewerbliche Benennung	Chemische Benennung	Formel	Verwendung, Eigenschaft
Aceton	Aceton (Propanon)	$(CH_3)_2 \cdot CO$	Lösungsmittel
Acetylen	Acetylen (Ethin)	C_2H_2	Schweißgas, Kunststoffgewinnung
Alkohol	Ethylalkohol (Ethanol)	C_2H_5OH	Lösungs-, Verdünnungsmittel
Benzol	Benzol	C_6H_6	Kraftstoffanteil, klopffest
Bleiglätte	Blei(II)-oxid	PbO	Ausgangsstoff für Akkuplatten
Borax	Natriumtetraborat	$Na_2B_4O_7 \cdot 10\,H_2O$	Flussmittel beim Hartlöten
Gips	Calciumsulfat	$CaSO_4 \cdot 2\,H_2O$	Baustoff
Kalilauge (Ätzkali)	Kaliumhydroxid	KOH	In H_2O gelöst, Lauge: Verseifung
Kalk, gelöscht	Calciumhydroxid	$Ca(OH)_2$	Baustoff, Ätzkalk
Kalkstein, Kreide, Marmor	Calciumkarbonat	$CaCO_3$	Rohstoff, Baustoff
Kieselsäure (Quarz)	Siliciumdioxid	SiO_2	Quarzsand für Glasgewinnung
Kochsalz	Natriumchlorid	NaCl	Rohstoff für Natriumverbindungen
Kohlenoxid	Kohlenmonoxid	CO	Anteil der Abgase, giftig
Kohlensäure	Kohlendioxid	CO_2	Feuerlöscher, Trockeneis
Korund	Aluminiumoxid	Al_2O_3	Schleifmittel
Methylalkohol	Methanol	CH_3OH	Lösungsmittel, Kraftstoffgewinnung, giftig
Natronlauge (Ätznatron)	Natriumhydroxid	NaOH	Seifenherstellung
Salmiak	Ammoniumchlorid	NH_4Cl	Salmiakstein beim Löten
Salmiakgeist	Ammoniaklösung	NH_4OH	Reinigungsmittel (Lauge)
Salpetersäure	Salpetersäure	HNO_3	Gelbbeizen bei Messing
Salzsäure	Salzsäure	HCl	Zum Metallbeizen; zum Reinigen
Schwefelsäure	Schwefelsäure	H_2SO_4	Verdünnt ($\varrho = 1{,}285\ kg/dm^3$), Akkusäure
Siliciumkarbid	Siliciumkarbid	SiC	Schleifmittel
Soda	Natriumcarbonat	$Na_2CO_3 \cdot 10\,H_2O$	Glas, Seife
Talkum	Magnesiumsilikat	$Mg_3H_2(SiO_3)_4$	Gleitmittel
Zyankali	Kaliumcyanid	KCN	Galvanische Bäder, sehr giftig

G

Im Periodensystem sind alle Elemente mit einer Ordnungszahl versehen und in Perioden und Gruppen unterteilt.
Die Ordnungszahl entspricht der Protonenzahl. Die Periode gibt die Anzahl der Schalen eines Elements an. Die Hauptgruppe gibt die Anzahl der Elektronen auf der äußeren Schale an (gilt nur für die Perioden 1 bis 3).

Zustandsform bei 273 K (0 °C), 1013 hPa (1013 mbar):

Blaue Schrift = gasförmig

Grüne Schrift = flüssig

Schwarze Schrift = fest

Beispiel: 26 / Fe / Eisen / 56

- Metall
- schwarze Schrift = fest
- 26 – Ordnungszahl (Protonenzahl)
- Fe – Kurzzeichen
- Eisen – Elementname
- 56 – Relative Atommasse (gerundet)

Radioaktive Elemente sind rot 238
künstliche Elemente stehen in Klammern (247)

Periode	I A	II A	III B	IV B	V B	VI B	VII B	VIII B	VIII B	VIII B	I B	II B	III A	IV A	V A	VI A	VII A	VIII A
1	1 H Wasserstoff 1																	2 He Helium 4
2	3 Li Lithium 7	4 Be Beryllium 9											5 B Bor 11	6 C Kohlenstoff 12	7 N Stickstoff 14	8 O Sauerstoff 16	9 F Fluor 17	10 Ne Neon 20
3	11 Na Natrium 23	12 Mg Magnesium 24											13 Al Aluminium 27	14 Si Silicium 28	15 P Phosphor 31	16 S Schwefel 32	17 Cl Clor 35	18 Ar Argon 40
4	19 K Kalium 39	20 Ca Calcium 40	21 Sc Scandium 45	22 Ti Titan 48	23 V Vanadium 51	24 Cr Chrom 52	25 Mn Mangan 55	26 Fe Eisen 56	27 Co Kobalt 59	28 Ni Nickel 58	29 Cu Kupfer 63	30 Zn Zink 64	31 Ga Galium 69	32 Ge Germanium 74	33 As Arsen 75	34 Se Selen 79	35 Br Brom 80	36 Kr Krypton 84
5	37 Rb Rubidium 85	38 Sr Strontium 86	39 Y Yttrium 87	40 Zr Zirkonium 90	41 Nb Niob 93	42 Mo Molybdän 98	43 Tc Technetium (99)	44 Ru Ruthenium 102	45 Rh Rhodium 103	46 Pd Paladium 106	47 Ag Silber 107	48 Cd Cadmium 114	49 In Indium 115	50 Sn Zinn 120	51 Sb Antimon 121	52 Te Tellur 130	53 I Jod 127	54 Xe Xenon 132
6	55 Cs Cäsium 133	56 Ba Barium 138	57 La Lanthan 139	72 Hf Hafnium 180	73 Ta Tantal 181	74 W Wolfram 184	75 Re Rhenium 187	76 Os Osmium 192	77 Ir Iridium 193	78 Pt Platin 195	79 Au Gold 197	80 Hg Quecksilber 202	81 Tl Thalium 205	82 Pb Blei 208	83 Bi Bismut 209	84 Po Polonium 210	85 At Astat 210	86 Rn Radon 222
7	87 Fr Francium 223	88 Ra Radium 226	89 Ac Actinium 227	104 Rf Rutherfordium (261)	105 Db Dubnium (262)	106 Sg Seaborgium (266)	107 Bh Bohrium (264)	108 Hs Hassium (277)	109 Mt Meitnerium (268)	110 Ds Darmstadtium (281)	111 Rg Roentgenium (272)	112 Uub* Ununbium (285)	113 Uut* Ununtrium (284)	114 Uuq* Ununquadium (289)	115 Uup* Ununquinium (288)			

* Für die Elemente 112 und größer bestehen nur Namensvorschläge.

Lanthanidenelemente	58 Ce Cer 140	59 Pr Praseodym 142	60 Nd Neodym 144	61 Pm Promethium 145	62 Sm Samarium 150	63 Eu Europium 152	64 Gd Gadolinium 157	65 Tb Terbium 159	66 Dy Dysprosium 163	67 Ho Holmium 165	68 Er Erbium 167	69 Tm Thulium 169	70 Yb Ytterbium 173	71 Lu Lutetium 175
Actinidenelemente	90 Th Thorium 232	91 Pa Protactinium 231	92 U Uran 238	93 Np Neptunium (237)	94 Pu Plutonium 244	95 Am Americanium (243)	96 Cm Curium (247)	97 Bk Berkelium (247)	98 Cf Californium (251)	99 Es Einsteinium (252)	100 Fm Fermium (257)	101 Md Mendelevium (258)	102 No Nobelium (259)	103 Lr Lawrencium (260)

Nichtmetalle

Halbmetalle

Metalle

Halogene

Edelgase

Aufbau einer vernetzten Datenverarbeitungsanlage in einem Kfz-Betrieb

Bei diesen Systemen werden die Daten und Signale nach dem **EVA-Prinzip** (Eingabe – Verarbeitung – Ausgabe) verarbeitet. Um an mehreren Stellen in einem Kfz-Betrieb gleichzeitig Zugang zu den gleichen Datensätzen zu haben, sind die Computer untereinander mit Datenleitungen vernetzt. Dazu ist ein zentraler Rechner (Server) erforderlich. Dieser organisiert den geordneten Datenfluss.

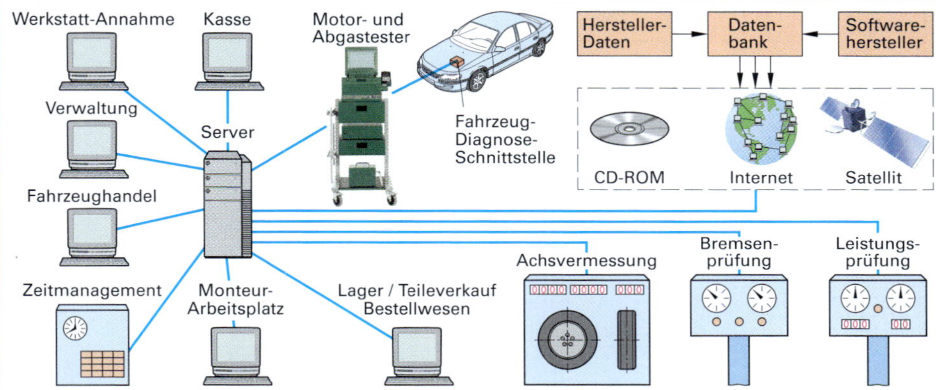

G

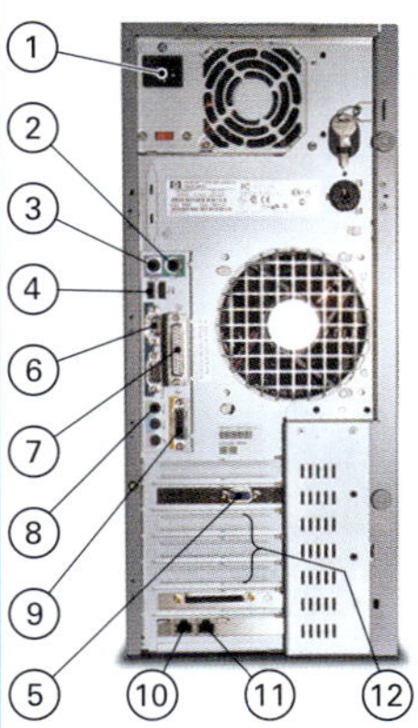

Begriff	Anschlüsse/Hinweise
1 Netzanschluss	3-poliger Stecker: Spannungsversorgung 230 V
2 Maus	PS/2 Anschluss für Maus
3 Tastaturanschluss	PS/2 Anschluss für Tastatur
4 USB Schnittstelle	Schnelle, unempfindliche Steckverbindung für externe Geräte, z.B. für Scanner, Drucker, Digitalkamera
5 Monitoranschluss	15-polige, 3-reihige Buchse, z.B. für Bildschirm
6 Serielle Schnittstelle	25-poliger, 2-reihiger Stecker, z.B. für Modem
7 Parallele Schnittstelle	25-polige, 2-reihige Buchse, z.B. für Drucker, externe Datenspeicher
8 Soundanschluss	3 Buchsen-Klinke 3,5 mm z.B. für Lautsprecher, Mikrofon …
9 Gameport	15-polige, 2-reihige Buchse z.B. für Joystick, Lenkrad
10 ISDN-Schnittstelle	Telefon-Krimpstecker für Telefonanschluss
11 Netzwerk-Schnittstelle	Telefon-Krimpstecker für Netzwerksanschluss
12 Kartenschnittstellen zum Datentransfer	Spezielle Stecker, zumeist Buchsen oder Stecker in 2-reihiger, 25-poliger Ausführung

Wechseldatenspeicher im Kraftfahrzeug

	Universal Serial Bus (USB)-Speicher-Stick	Secure Digital Memory (SD)-Card	Compact Disk (CD)-ROM	DVD-Rom	Subscriber Identity Module (SIM)-Card

Merkmale	• bis 64 GByte Speicherkapazität • bis 20 Mbit/s Lesegeschwindigkeit	• bis 32 GByte Speicherkapazität • bis 20 Mbit/s Lesegeschwindigkeit	• bis 879 MByte Speicherkapazität • bis 10,8 Mbit/s Lesegeschwindigkeit	• bis 17 GByte Speicherkapazität • bis 10,8 Mbit/s Lesegeschwindigkeit	• bis 4 GByte Speicherkapazität • enthält die Nutzeridentifikation in Mobilfunknetzen
Anwendungen	• Audiodateien (z.B. MP3, WAV) • Softwareupdates von Steuergeräten • Videodateien (z.B. MPEG)			• Navigationsdaten • Nutzeridentifikation für Mobilfunk (SIM-Card) • Adressdaten, Telefonnummern	

Betriebssysteme / Anwenderprogramme

Betriebssysteme sind Programme, die den Datenfluss zwischen Zentraleinheit, Peripheriegeräten und Anwenderprogrammen steuern. Z.B. Windows, Linux, Unix, Novell, Dos ...

Allgemeine Anwenderprogramme

Anwenderprogramme sind auf ein Betriebssystem abgestimmt. Mit ihnen können die verschiedensten Aufgaben erledigt werden.

Textverarbeitung	Zumeist werden hier Programmpakete verschiedener Hersteller verwendet (z.B.: Microsoft Office, Works Suite, Lotus Suite), die einzelne Programme beinhalten, wie z.B. bei Microsoft: Word, Excel, Access und Power Point.
Tabellenkalkulation	
Datenbank	
Präsentationsprogramme	
Grafikprogramme	Corel Draw, Picture Publisher
Datenübertragungsprogramme	Netscape, MS Explorer

Spezielle Branchensoftware

Branchensoftware ist speziell auf den Kraftfahrzeugsektor abgestimmt und muss ständig aktualisiert werden.

Schadenkalkulationsprogramme	DAT, audatex
Werkstattinformationsprogramme	WIS (Daimler Chrysler), ELSA (VW), TIS (BMW)
Diagnoseprogramme	ESI-tronic (Bosch), Stardiagnose (Daimler Chrysler), DIS (BMW), Tech (Opel), WDS (Citroen), FDS (Peugeot)
Lagerprogramme	ADP, V-Dis, Comparts
Programme	WPS (Werkstatt-Planungs-System); TKP (Technische-Kalender-Planung)
Verwaltung von Kundendaten	VAA (Audi und VW), SERV (Peugeot)
Buchführungsprogramme	Vibutop
Verkaufsprogramme, Wertschätzung	EVA (elektronischer Verkaufsassistent)
Programme zur statistischen und finanziellen Betriebsplanung	Automanager, BES, Sonderprogramme mit speziellen Funktionen auf einzelne Betriebe abgestimmt
Komplettpakete zur Abwicklung aller Aufgaben in einem Kfz-Betrieb	GHS-Karat (Ford), Blau-weiß (Peugeot), Formel 1 (BMW)

Extensionen und Dateiformen (Auszug)

Extensionen sind Anhänge an den Dateinamen, die Auskunft über das Format der Datei gibt. Aus ihnen lässt sich erkennen, um welche Art von Datei es sich handelt. Mit geeigneten Konvertierungsprogrammen können die Formate der Dateien geändert und von anderen Programmen gelesen werden.

avi	Videodatei	exe	Anwendungsdatei	mp3	Musikdatei
bmp	Bildformat	gif	Bildformat	ptf	Datenkompressionsdatei
dll	Programmbibliotheksdatei	html	Internetprogrammiersprache	wav	Sounddatei
doc	Textdatei von MS Word	jpg	Bildformat	zip	Datei mit komprimierten Daten

ASCII-Code (Tabellenauszug)

Der **ASCII-Code** (American Standard Code for Information Interchange) ist ein genormter 7-Bit bzw. 8-Bit-Code für den Datenaustausch. Durch Betätigen der ALT-Taste und Eingeben einer bestimmten Ziffernfolge auf dem Nummernblock lassen sich insgesamt 256 Zeichen darstellen. Die Zeichen 128-255 sind nicht einheitlich belegt.

ASCII-Wert	Zeichen	ASCII-Wert	Zeichen	ASCII-Wert	Zeichen	ASCII-Wert	Zeichen
43	+	174	«	230	µ	240	φ
45	–	175	»	231	τ	241	λ
64	@	224	α	234	Ω	242	≥
92	/	225	β	235	δ	243	≤
126	~	226	γ	236	∞	245	≅
132	ä	227	π	237	Φ	246	≠
148	ö	228	Σ	238	ε	247	ω
172	_	229	σ	239	η	248	Δ

G

Begriffe aus der Informationstechnik	
Begriffe	Erklärungen
Arbeitsspeicher	Dynamischer Speicher (DRAM) mit aktuellen Daten und Programmen
Baud	Datenübertragungsgeschwindigkeit, 1 Baud = 1Bd = 1 Bit pro Sekunde
binär	Eigenschaft, jeweils einen von zwei Werten oder Zuständen annehmen zu können (an/aus, 0/1)
BIOS	Basic-Input-Output-System; regelt internen Datenfluss im Rechner.
Bit	Kurzform von binary-digit; kleinste binäre Informationseinheit der Datentechnik (2 Möglichkeiten): 0/1; (high/low; aus/an)
bps	Bits per second, Datenübertragungsgeschwindigkeit
Browser	Programme zum Einstieg ins Internet bzw. zur Kommunikation bei Datenfernübertragung.
BUS	Sammelleitung zur Datenübermittlung; Datenbreite 8, 16 oder 32 bit; z.B. CAN, LIN, MOST
Byte	1 byte entspricht 8 bit, Informationseinheit für Buchstaben, Ziffern oder Zeichen (256 Möglichkeiten)
Cache-Speicher	Statischer Speicher (SRAM) für Daten, die regelmäßig von der CPU benötigt werden
CAD	Computer Aided Design; computerunterstützte Produktentwicklung
CAM	Computer Aided Manufactoring; computerunterstützte Produktherstellung
CAN	Controller Area Network; ein speziell für den Kfz-Einsatz konzipiertes Bussystem
CD-ROM	Compact-Disc-Read-Only-Memory; Nur-Lese-Speicher mit optischem Lesekopf
Controller	Baustein, der zur Überwachung und Synchronisierung von Datenübertragungen im Rechner sowie zwischen Rechnern verwendet wird
CPU	Central Processing Unit; Zentraleinheit mit dem Rechenwerk, Steuerwerk und Hauptspeicher
Desktop	„auf dem Tisch befindlich"; Rechner in ein Tischgehäuse integriert
DFÜ	Daten-Fern-Übertragung
dpi	Dots per inch; Maßeinheit für die Auflösungsgenauigkeit eines Hardwarebauteils (Drucker, Scanner, Monitor usw.); Anzahl der Punkte je Zoll
E-Mail	Elektronic mail; Nachricht, die als elektronische Post im Internet von Computer zu Computer verschickt werden kann
Festwertspeicher (ROM)	Read-Only-Memory; Nur-Lese-Speicher, dessen Inhalt nach Ausschalten des Rechners nicht verloren geht
Gateway	Baustein, der die Verbindung verschiedener Computernetze ermöglicht. Z.B.: CAN, MOST, LIN.
Hardware	Gesamtheit oder Einzelteile einer Recheneinheit
Hauptspeicher (RAM)	Random-Access-Memory-Speicher mit wahlfreiem Zugriff. Arbeitsspeicher für die Speicherung und unmittelbare Verarbeitung der Daten
ID	Identifier; Name einer bestimmten Botschaft bei der digitalen Datenübertragung
Ikon	Bildhaftes Symbol zum Anklicken, z.B. um ein Programm zu starten
Interface	Schnittstelle zwischen Systemeinheit und Peripheriegeräten
Internet	Weltweites Netz zum Daten- und Informationsaustausch
Intranet	Datennetz innerhalb eines Unternehmens zum Daten- und Informationsaustausch
ISDN	(Integrated Services Digital Network) Öffentliches Telefonnetz der Telekom mit einer Datenübertragungsgeschwindigkeit von 64 kbaud
Mailbox	Elektronischer Briefkasten, der über das Telefonnetz Daten erhält oder liefert
Modem	Modulator-Demodulator; Gerät zur Datenfernübertragung zwischen Computern über den Telefonanschluss
Multi-Master-Prinzip	Mehrere gleichberechtigte Steuereinheiten werden durch ein Bussystem miteinander verbunden
Multitasking	Gleichzeitiges Bearbeiten mehrerer Rechenprozesse
Schnittstelle	Bei parallelen Schnittstellen werden mehrere Daten gleichzeitig über parallele Leitungen übertragen. Serielle Schnittstellen übertragen die Daten nacheinander über eine Leitung
Server	Zentralrechner zur Verbindung eines Netzwerks
Setup	Programmteil zum Einrichten einer Hard- oder Software
Software	Programme für den Betrieb der Rechenanlage (Systemsoftware) oder zur Lösung von Anwenderaufgaben (Anwendersoftware = allg. Software + Branchenspezifische Software)
Virus	Programm, das selbstständig arbeitet und oft Daten zerstört und Rechner zum Absturz bringt

Sinnbilder für Informationsverarbeitung (Auswahl)

Arbeitsanweisungen, Prüfablaufpläne, Fehlersuchpläne oder Programme werden häufig in Form von Ablaufdiagrammen bzw. Flussdiagrammen erstellt. Dabei werden die einzelnen Aufgaben in geeigneter Reihenfolge geordnet und in genormten grafischen Symbolen dargestellt. Die Sinnbilder werden durch Linien verbunden, wodurch die Reihenfolge des Ablaufs bestimmt ist.

Sinnbild	Benennung	Sinnbild	Benennung
	Grenzstelle zur Umwelt, z. B. Anfang, Ende		Eingabe oder Ausgabe, z. B. Prüfergebnisse
	Verarbeitung, z. B. Prüfschritte, Arbeitsschritte		Bemerkung, z. B. erläuternder Text
nein — ja	Verzweigung, z. B. bei Entscheidungen		Zusammenführung, z. B. von Prüfergebnissen

Prüfablaufplan (Beispiel: Kompressionsdruckprüfung bei einem 4-Zylinder-Ottomotor)

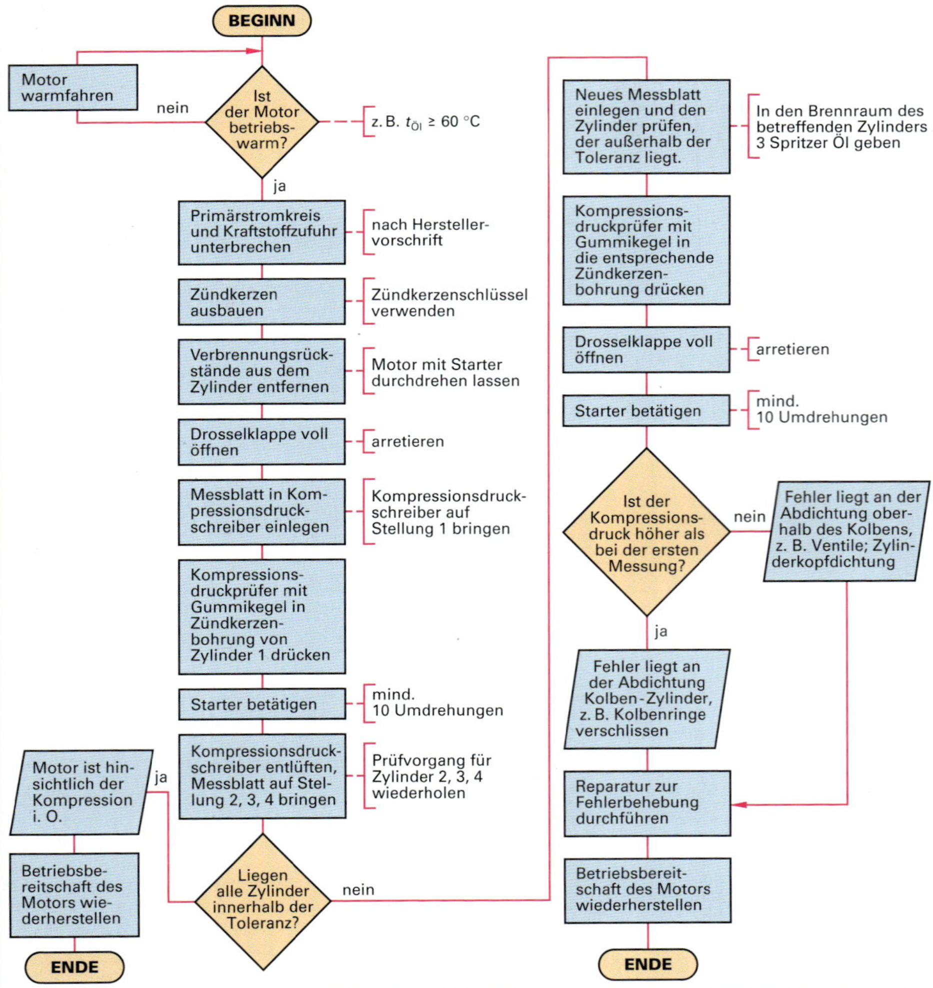

Steuern

Das Steuern ist ein Vorgang in einem System, bei dem eine oder mehrere Eingangsgrößen systembedingt die Ausgangsgrößen beeinflussen.
Die Ausgangsgrößen werden dabei nicht mit den Eingangsgrößen verglichen.

Der Wirkungsablauf ist offen.

Beispiel: Einspritzanlage ohne λ-Regelung.

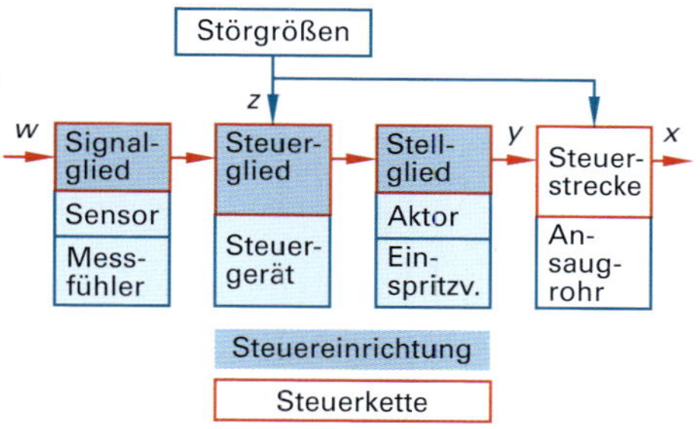

w Führungsgröße (Eingangsgröße) → Luftmenge
y Stellgröße → Kraftstoffmenge
x Steuergröße (Ausgangsgröße) → Luft-Kraftstoff-Verhältnis
z Störgrößen → z. B. Luftdruck, Temperatur

Regeln

Das Regeln ist ein Vorgang in einem System, bei dem die Ausgangsgröße fortlaufend erfasst und mit der Eingangsgröße verglichen wird.
Bei Abweichungen (Regeldifferenz) wird die Ausgangsgröße selbsttätig*) der Eingangsgröße angeglichen.

Der Wirkungsablauf ist geschlossen.

Beispiel: Einspritzanlage mit λ-Regelung.

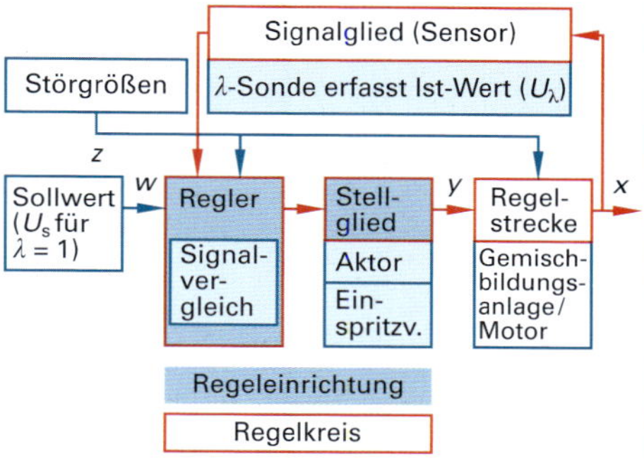

w Führungsgröße/Sollwert (Eingangsgröße) → Spannungswert „U_s" für $\lambda = 1$
y Stellgröße → Kraftstoffmenge
x Regelgröße/Istwert (Ausgangsgröße) → Spannungssignal „U_λ"
z Störgrößen → z. B. Luftdruck, Temperatur

Grundbegriffe

Begriff	Definition/Aufgabe
Steuerkette	Sie wird gebildet von den Baugliedern der Steuerung, die von Bauglied zu Bauglied aufeinander einwirken. Unterteilung: Steuereinrichtung und Steuerstrecke.
Steuereinrichtung	Sie besteht aus Signalglied, Steuerglied (z. B. Steuergerät) und Stellglied. Die Steuereinrichtung bewirkt über das Stellglied die aufgabengemäße Beeinflussung der Steuerstrecke.
Steuerstrecke	Sie umfasst den Teil der Anlage, der beeinflusst werden muss, um die erforderliche Steuergröße (Ausgangsgröße) zu bewirken.
Signalglieder	Signalglieder (Sensoren) nehmen physikalische Größen verschiedener Art auf und geben sie z. B. in Form von Spannungssignalen an die Steuerglieder (z. B. Steuergeräte) weiter.
Steuerglieder	Die Steuerglieder formen die von den Signalgliedern (Sensoren) empfangenen Signale um, verstärken sie und/oder verknüpfen sie logisch und geben sie als Schaltbefehle an die Stellglieder (Aktoren) weiter.
Regelkreis	Er besteht aus den Baugliedern innerhalb eines geschlossenen Wirkungsablaufs. Unterteilung: Regeleinrichtung und Regelstrecke.
Regelstrecke	Sie umfasst den Teil der Anlage, der beeinflusst werden muss, um die erforderliche Regelgröße (Ausgangsgröße) zu bewirken.
Führungsgröße *w* (Sollwert/Eingangsgröße)	Sie wird der Steuerung oder Regelung von außen in Form eines Sollwertes vorgegeben. Die Ausgangsgröße einer Steuerung oder Regelung soll der Führungsgröße in vorgegebener Abhängigkeit folgen.
Ausgangsgröße *x* (Istwert/Steuergröße/Regelgröße)	Sie ist das Ergebnis des Steuerungs- bzw. Regelungsvorgangs. Dieses soll entsprechend der Führungsgröße erreicht werden.
Stellgröße *y*	Sie ist die Ausgangsgröße der Steuerungs- oder Regeleinrichtung und zugleich die Eingangsgröße der Steuer- bzw. Regelstrecke. Sie überträgt die steuernde Wirkung der Einrichtung auf die Strecke.
Störgrößen *z*	Dies sind alle von außen wirkende Größen in Steuerungen und Regelungen, soweit sie diese unbeabsichtigt beeinträchtigen.

*) Der Mensch als möglicher Regler ist bei der Betrachtung dieser Systeme nicht mit einbezogen.

G

Signal- und Energieübertragung, Signalarten

Übertragungsarten	Erklärung	Beispiele
Mechanisch	Zur Übertragung der Energie und Steuersignale werden mechanische Übertragungsglieder verwendet.	Übertragung erfolgt über Hebel, Gestänge, Seilzüge, Kurvenscheiben, Kupplungen, z. B. bei handgeschalteten Wechselgetrieben, Fahrzeuglenkungen, Ventilsteuerung durch Nockenwelle, mechanisch wirkende Feststellbremse.
Hydraulisch	Zur Übertragung von Energie- und Steuersignalen werden Flüssigkeiten verwendet.	Bremsflüssigkeit, Hydraulikflüssigkeit, z.B Bremsanlagen bei Pkw, Hydrolenkungen, Hydrostößel bei der Ventilsteuerung, Ansteuerung von Schaltventilen in Automatikgetrieben.
Pneumatisch	Zur Übertragung von Energie und Steuersignalen wird Gas, meist Luft, verwendet.	Druckluftbremsanlage Nkw, Luftfederung, Bremskraftverstärker, Türbetätigung bei Omnibussen.
Elektrisch	Hierbei dienen Strom und Spannung zur Energie- und Signalübertragung.	Schalter, Taster, Relais, Steuergeräte mit Leistungsendstufen bewirken das Zu- und Abschalten von Motoren, Lichtanlagen, heizbare Spiegel und Scheiben, Diebstahlwarnanlagen.
Elektrohydraulisch, elektropneumatisch, elektromechanisch	Bei diesen Steuerungen werden mit Hilfe geringer elektrischer Energien, größere pneumatische, hydraulische oder mechanische Energieflüsse zur Betätigung von Baugruppen verwendet.	Elektropneumatisch oder elektrohydraulisch gesteuerte Ventile, z. B. bei Automatikgetrieben, Antiblockiersystemen, Antriebsschlupfregelsystemen, Fahrdynamikregelsystemen, aktiven Fahrwerkssystemen, Nockenwellenverstellsystemen, Bremsanlagen, elektrisch unterstützte Servolenkung.
Elektromagnetisch (Optik; Radar, Funk)	**Optik:** Hier wird Licht bzw. die Lichtstärke zur Signalübertragung genützt, z.B. Infrarotlicht (Wellenlänge > 780 nm bis 1 mm) **Radar:** Arbeitsfrequenz Gigaherz (GHz); Wellenlänge im mm Bereich. **Funk:** Frequenz Megaherz (MHz) bis Gigaherz; Wellenlänge m bis km.	**Optik:** Fotodioden bzw. Fotoelemente dienen z. B. zur Steuerung von Zentralverriegelung oder Fahrzeuginnenraumüberwachung mittels Infrarotlicht; Lichtleiter bei Multimediabussystemen. **Radar**. Abstandswarnsysteme bis 150 m (**A**daptive **C**ruise **C**ontrol (ACC)) **Funk:** Zentralverriegelung, Telematik (Funkübertragung von erfassten Daten, z. B. Navigationssysteme).
Akustisch (mechanische Schwingungen und Wellen eines elastischen Mediums, z. B. Luft)	Hierbei wird Schall bzw. Schalldruck zur Signalübertragung genutzt, z. B. Ultraschall (Frequenz > 20 000 Hz).	Ultraschall wird z.B. bei Abstandswarnsystemen von 0,3 m bis 1,5 m als Hilfe beim Einparken oder zur Fahrzeuginnenraumüberwachung verwendet. Hierbei wird ein Ultraschallfeld erzeugt, bei dessen Störung Alarm ausgelöst wird.
Signalart	**Erklärung**	**Beispiele**
Analog 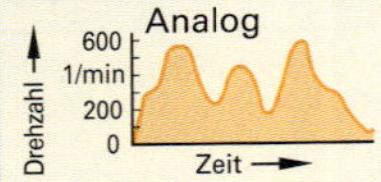	Bei dieser Signalform werden die Werte einer sich stetig veränderlichen (kontinuierlichen) Größe stufenlos erfasst und übertragen.	Ventilsteuerungen, Potenziometer, Induktivgeber, Ultraschall-, Radarsensoren, Beschleunigungssensoren, Temperatursensoren, Drucksensoren.
Binär 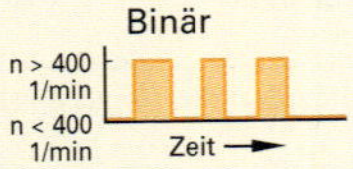	Bei dieser Signalform gibt es nur zwei Werte, NULL oder EINS bzw. EIN oder AUS, LEITEND oder NICHTLEITEND. Einheit: bit.	Schalter, Relais, Dioden, Codierungen bei BUS-Systemen.
Digital 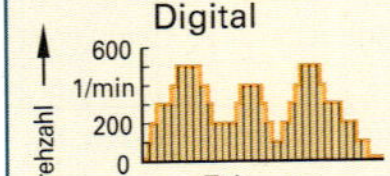	Dabei handelt es sich um Signale, die innerhalb eines Messbereiches in festgelegten Schritten unterschiedliche Werte mit eindeutigem Informationsgehalt annehmen.	Digitale Messwertanzeige bei einem Multimeter, Analog-Digital-Wandler: Ein kontinuierlich veränderliches Signal, z. B. Spannung oder Temperatur, wird in vorher festgelegten Zeitabständen erfasst und als konkreter Zahlenwert wiedergegeben.
Pulsweitenmoduliert 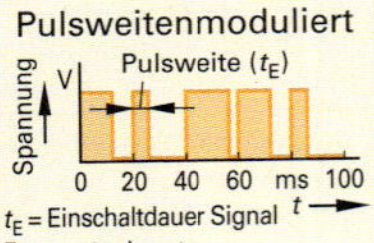	Hierbei handelt es sich um getaktete Ausgangssignale mit konstanter Frequenz und Einschaltspannung. Die einzelnen Impulse haben jedoch unterschiedlich lange Einschaltdauer.	Sie werden z. B. zur nahezu stufenlosen Verstellung von Magnetventilen und Schrittmotoren verwendet.

Schaltzeichen (Auswahl)

Funktionselemente					
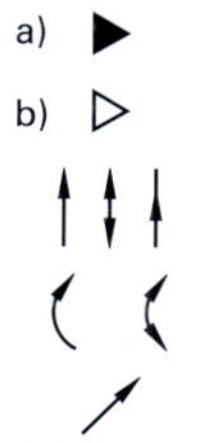	Druckstrom a) hydraulisch b) pneumatisch Strömungs-richtung Drehrichtung Verstellbarkeit	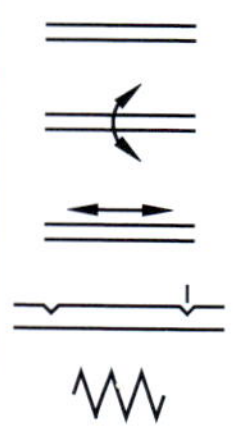	mechanische Verbindung Welle Stange Raste Feder		Antriebseinheit Anschluss oder Weg verschlossen Drosselung gegensinnig wirkende elektrische Stellglieder, z.B. Wicklungen
Energieübertragung					
	Arbeitsleitung Steuerleitung Flexible Leitung Leitungskreuzung ohne Verbindung Elektrische Leitung	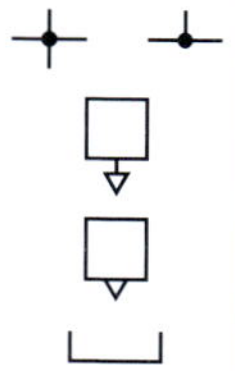	Leitungsverbindung Entlüftung mit Anschlussmöglichkeit Entlüftung ohne Anschlussmöglichkeit Behälter	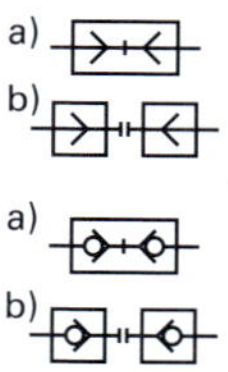	Schnellkupplung ohne Sperrventile a) gekuppelt b) entkuppelt Schnellkupplung mit Sperrventilen a) gekuppelt b) entkuppelt
Energiequelle					
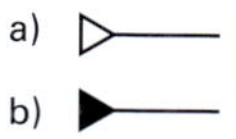	Druckquelle a) pneumatisch b) hydraulisch	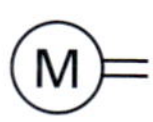	Elektromotor	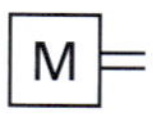	nichtelektrische Antriebseinheit, z.B. Wärmekraftmaschine
Energiespeicherung					
	Hydrospeicher ohne Darstellung der Vorspannung		Hydro-Speicher mit Gasvorspannung (Flüssigkeit ist durch Gas vorgespannt.)	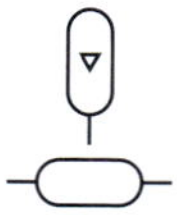	Gasspeicher (nur senkrecht darstellen) Luftbehälter
Energieumformung (Pumpen, Kompressoren, Motoren)					
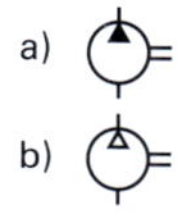	a) Hydraulikpumpe b) Kompressor (1 Richtung; Fördervolumen konstant)		Hydraulikpumpe (1 Richtung; Fördervolumen variabel)	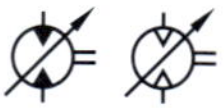	Verstellmotoren mit 2 Stromrichtungen, variables Verdrängervolumen
Aufbereitung					
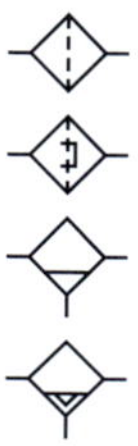	Filter, Sieb Filter mit zusätzlichem Magnet Wasserabscheider Wasserabscheider automatisch entwässernd	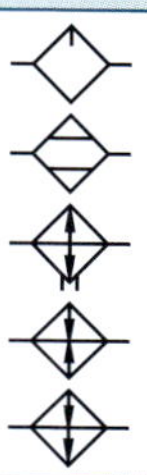	Öler Lufttrockner Kühler Heizer Temperaturregler	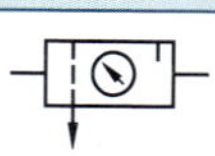 Aufbereitungseinheit vereinfacht ausführliche Darstellung (Filter mit Abscheider, Druckreduzierventil, Überdruckmessgerät, Öler) 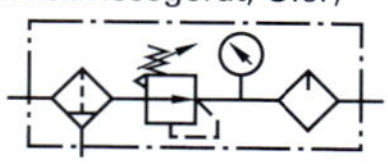	
Zylinder					
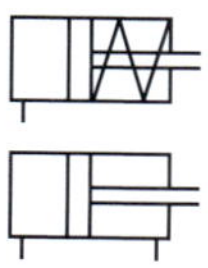	einfach wirkend mit Rückhub durch Feder doppelt wirkend mit einseitiger Kolbenstange	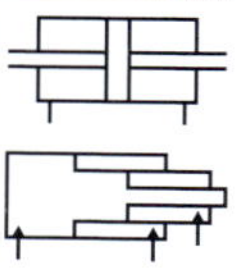	doppelt wirkend mit zweiseitiger Kolbenstange Teleskopzylinder hydraulisch doppelt wirkend	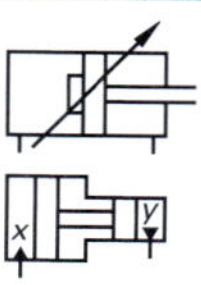	doppelt wirkend mit kolbenseitig einstellbarer Dämpfung Druckübersetzer (Druckwandler)

G

G

Schaltzeichen (Auswahl)

Betätigungssymbole

Betätigung durch Muskelkraft

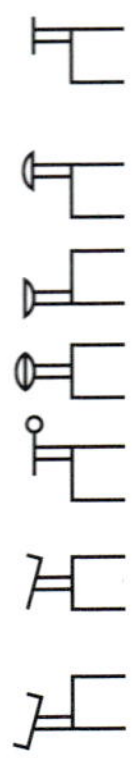

- Allgemeines Symbol, ziehend, drückend
- Druckknopf
- Zugknopf
- Druck-/Zugknopf
- Hebel
- Pedal, eine Betätigungsrichtung
- Pedal, zwei Betätigungsrichtungen

Mechanische Betätigung

- Stößel
- Feder
- Rollenstößel
- Rollenhebel, eine Betätigungsrichtung

Druckbetätigung

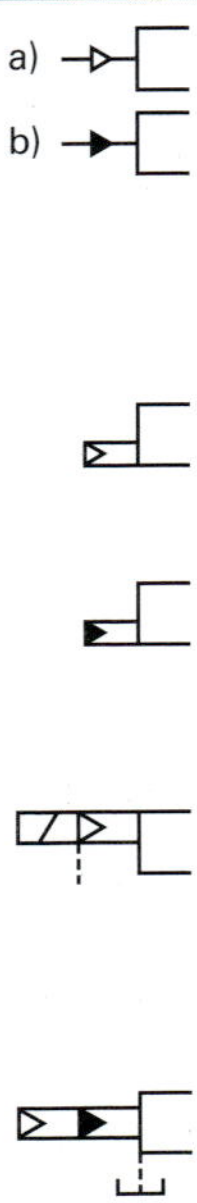

direkt betätigt
a) pneumatisch
b) hydraulisch

indirekt betätigt durch Vorsteuerstufe
a) pneumatisch mit interner Steuerluftversorgung
b) hydraulisch mit interner Steuerölversorgung
c) elektropneumatisch mit externer Steuerluftversorgung
d) pneumatisch-hydraulisch mit interner Steuerölversorgung und externer Steuerölrückführung

Betätigungssymbole

Elektrische Betätigung

- Elektromagnet, eine Betätigungsrichtung
- Elektromagnet, zwei Betätigungsrichtungen, stufenlos verstellbar
- Elektromotor, zwei Drehrichtungen

Kombinierte Betätigung

„ODER"-Betätigung: Betätigungselemente werden nebeneinander gezeichnet.

- Elektromagnet oder Druckknopf
- Elektromagnet oder Feder
- Hebel oder Feder

„UND"-Betätigung: Die Symbole für die aufeinander folgenden Betätigungsstufen werden hintereinander gezeichnet.

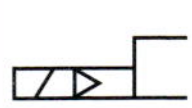

- 2-stufige Betätigung durch elektropneumatische Vorsteuerstufe

Druckventile

Sie dienen zur Druckbegrenzung oder zum Steuern von Drücken.
In Ausgangsstellung
a) geschlossen: Druckbegrenzungsventile, Folgeventile
b) offen: Druckreduzierventile (Druckregelventile)

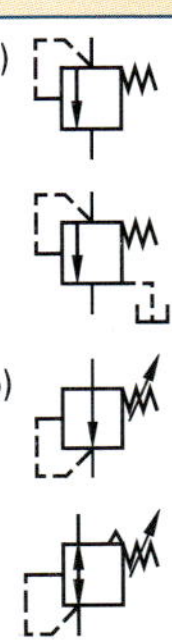

a)
- Druckbegrenzungsventil
- Folgeventil mit externen Leckstromanschluss

b)
- 2-Wege-Druckreduzierventil, direktwirkend
- 3-Wege-Druckreduzierventil, mit Atmosphärenanschluss

Sperrventile

Sie sperren den Durchfluss in einer Richtung.

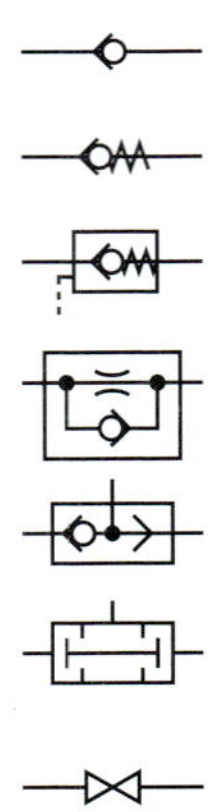

- Rückschlagventil unbelastet
- Rückschlagventil federbelastet
- entsperrbares Rückschlagventil
- gedrosselt in einer Richtung
- Wechselventil (ODER-Funktion)
- Zweidruckventil (UND-Funktion)
- Absperrventil (Ventil)

Stromventile

Sie beeinflussen den Volumenstrom und können je nach Bauart, Druck- und/oder Temperaturschwankungen kompensieren.

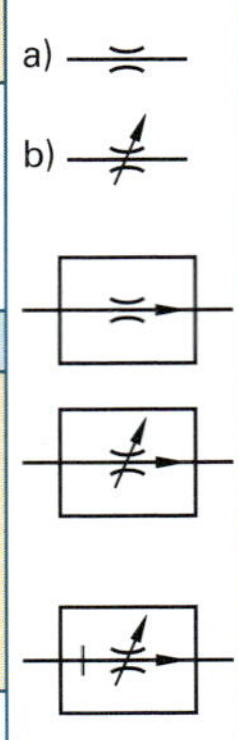

- Drosselventil
  a) konstanter Querschnitt
  b) einstellbarer Querschnitt
- Stromregelventil mit konstantem Ausgangsstrom
- Stromregelventil mit veränderlichem Ausgangsstrom
- Stromregelventil mit veränderlichem Ausgangsstrom, temperaturkompensiert

Bezeichnung der Anschlüsse

Es werden Ziffern (neu) oder Buchstaben (alt) verwendet.

1	P	Zufluss, Druckanschluss
2, 4	A, B	Arbeitsanschlüsse
3, 5	R, S, T	Entlüftung, Abfluss
12, 14	X, Y	Steueranschlüsse

Wegeventile

Grundsinnbilder

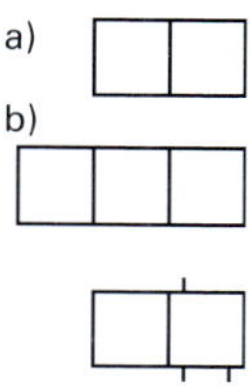	Anzahl der Rechtecke = Anzahl der Schaltstellungen a) 2 Schaltstellungen b) 3 Schaltstellungen Anschlüsse werden an das Feld Ausgangsstellung gezeichnet.

Kurzbezeichnungen

Die erste Zahl gibt die Anzahl der gesteuerten Anschlüsse an. Die zweite Zahl gibt die Anzahl der Schaltstellungen an.

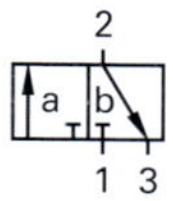	Beispiel: 3/2 Wegeventil — zwei Schaltstellungen — drei Anschlüsse

Durchflusswege

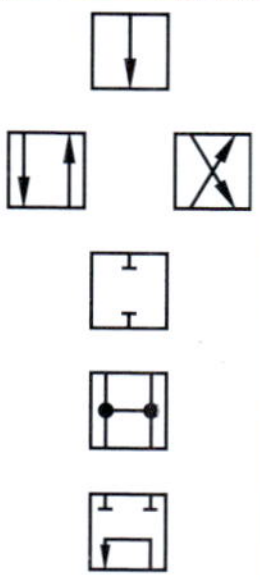

- ein Durchflussweg
- zwei Durchflusswege
- zwei gesperrte Anschlüsse
- zwei Durchflusswege mit einer Verbindung zueinander
- Durchflussweg in Nebenschlussschaltung mit zwei gesperrten Anschlüssen

Bauarten (Auswahl

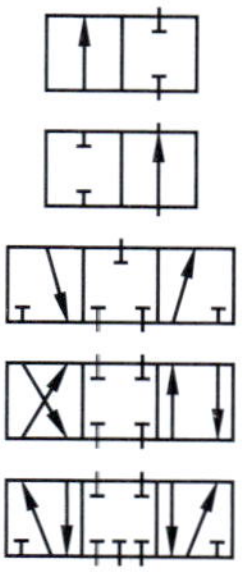

- 2/2 Wegeventil in Sperrruhestellung
- 2/2 Wegeventil in Durchflussruhestellung
- 3/3 Wegeventil in Sperrmittelstellung
- 4/3 Wegeventil in Sperrmittelstellung
- 5/3 Wegeventil in Sperrmittelstellung

G

Schaltpläne

Anordnung der Bauglieder

- Bauglieder werden von unten nach oben in Richtung des Energieflusses gezeichnet.
- Die Bauglieder werden dabei in ihrer Ruhestellung gezeichnet.
- Gleichartige Bauglieder einer Steuerkette werden in gleicher Höhe gezeichnet.
- Die Leitungen werden direkt an die Schaltzeichen der Bauglieder herangeführt.

Bezeichnung der Schaltstellungen

a | 0 | b	Je nach Anzahl der Schaltstellungen werden diese mit a, b und 0 bezeichnet.

Kennzeichnung der Bauglieder

Anlagennummer — Schaltkreisnummer

2 – 1 S 3 (Kennzeichnung Rahmen)

Kennbuchstabe — fortlaufende Bauteilnummer

- Versorgungsglieder, z. B. Aufbereitungseinheit, beginnen vorzugsweise mit der Kennziffer 0
- Bei nur einer Anlage entfällt die Anlagennummer
- Verwendete Kennbuchstaben

P	Pumpen, Kompressoren	S	Signalaufnehmer
A	Antriebe, z. B. Zylinder	V	Ventile
M	Antriebsmotore	Z	jedes weitere Bauteil

Beispiel: Pneumatische Türöffnungs- und -schließanlage

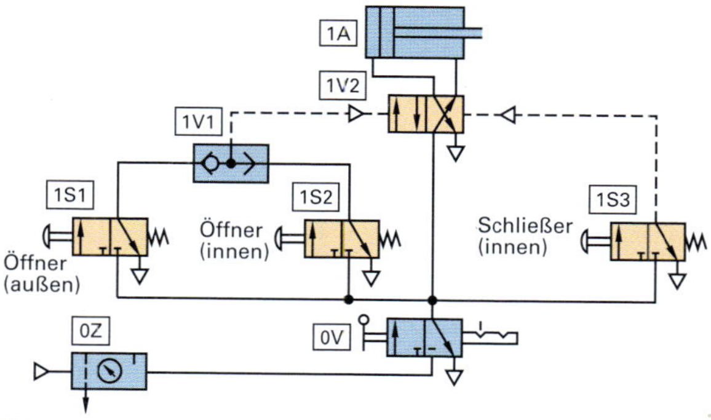

Antriebsglied	– Zylinder
Stellglied	– 4/2 Wegeventil
Steuerglied	– Wechselventil
Signalglieder	– 3/2 Wegeventile
Versorgungsglied	– Druckbeschaffungsanlage

Fügetechniken, Verbindungselemente

Fügearten

Fügen ist das Verbinden von zwei oder mehreren Werkstücken miteinander. Dadurch wird ein Zusammenhalt an der Verbindungsstelle hergestellt oder insgesamt vergrößert. Man unterscheidet die Fügeverfahren nach der Art des Zusammenhalts an der Fügestelle in kraftschlüssige, formschlüssige, vorgespannt formschlüssige und stoffschlüssige Verbindungen. Zusätzlich werden Fügeverbindungen in lösbare und unlösbare Verbindungen eingeteilt. Als unlösbar wird eine Verbindung bezeichnet, wenn das Verbindungselement beim Lösen zerstört wird.

	Kraftschlüssige Verbindungen	Formschlüssige Verbindungen	Vorgespannt formschlüssige Verbindungen	Stoffschlüssige Verbindungen
Lösbare Verbindungen	Schraubverbindungen Klemmverbindungen Reibungskupplungen Pressverbindungen	Passfederverbindung Keilwellenverbindung Stiftverbindungen Passschrauben-verbindungen Schnappverbindungen	Keilverbindungen Kegelverbindungen mit Scheibenfedern Stirnzahn-verbindungen	
Unlösbare Verbindungen	Nietverbindungen	Schnappverbindungen Durchsetzfügen		Schweißverbindungen Lötverbindungen Klebeverbindungen

G

Verbindungselemente

Stiftverbindungen

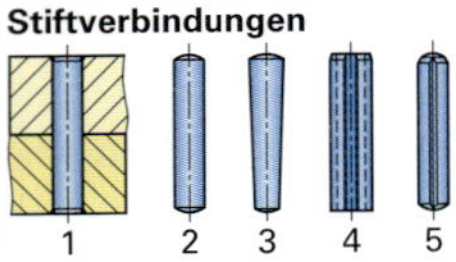

1 Passstift
2 Zylinderstift
3 Kegelstift
4 Spannstift
5 Zylinderkerbstift

Sie sind formschlüssige lösbare Verbindungen. Man unterscheidet Sie nach Ihrem Verwendungszweck.
Passstifte legen die genaue Lage zweier Werkstücke fest ohne Kräfte zu übertragen.
Befestigungsstifte verbinden Werkstücke.
Abscherstifte sichern Bauteile vor Überbeanspruchung.

Welle-Nabe-Verbindungen

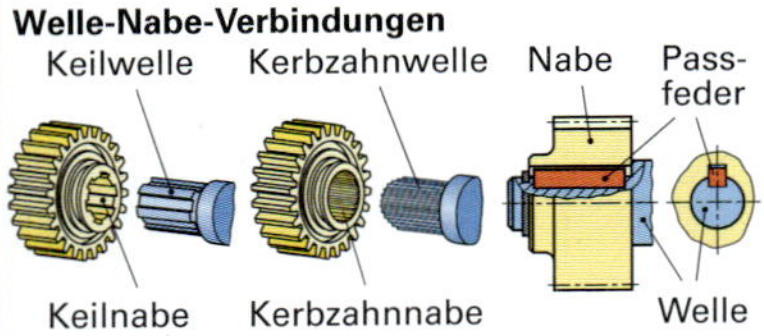

Sie sind lösbare Verbindungen. **Keilverbindungen** haben eine Steigung von 1 : 100. **Passfedern** übertragen an ihren Seitenflächen die Umfangskraft von der Welle zur Nabe. Die Nabe muss gegen seitliches Verschieben gesichert werden. **Formwellenverbindungen** sind besonders für die Übertragung großer Drehmomente bei wechselnden Drehrichtungen (Getriebe) geeignet. Man unterscheidet nach der Form Keilwellen, Kerbzahnprofile und Zahnradprofile.

Pressverbindungen

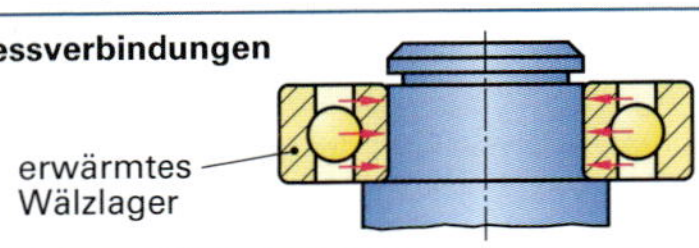

Zum Fügen kann das Außenteil erwärmt und das Innenteil abgekühlt werden. Die Verbindung kann ohne Presskräfte gefügt werden.
Anwendung: Wälzlagermontage, Einsetzen von Ventilführungen, Ventilsitzringe, Kolbenbolzen.

Schraubverbindungen

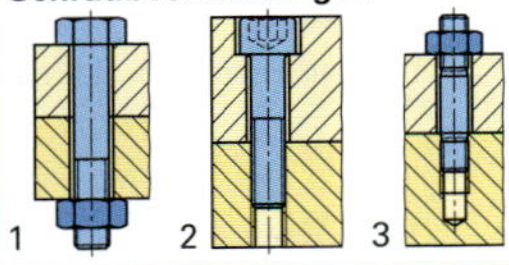

1 Sechskantschraube
2 Zylinderschraube
3 Stiftschraube

Es sind lösbare Verbindungen. Man unterscheidet **kraftschlüssige Schraubverbindungen,** z. B. durch Sechskant-, Zylinder- und Stiftschraube, **formschlüssige Schraubverbindungen,** z. B. Passschrauben. Sind die Schraubverbindungen wechselnden Beanspruchungen ausgesetzt, so müssen sie durch Schraubensicherungen gegen Lösen gesichert werden.

Klebeverbindungen

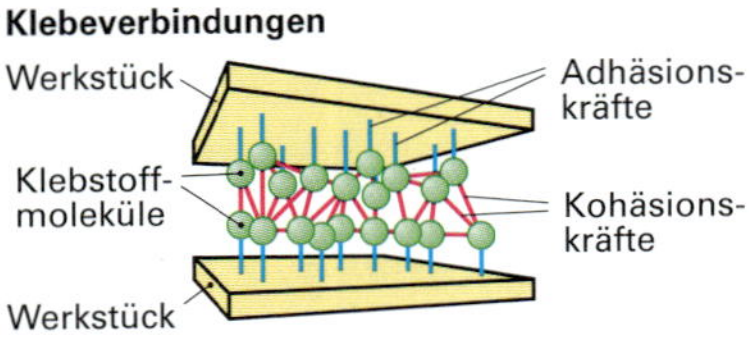

Es ist eine unlösbare stoffschlüssige Verbindung von gleichen oder verschiedenartigen Werkstoffen mit Hilfe eines Klebstoffes. Die Festigkeit hängt ab von den **Kohäsionskräften** im Klebstoff und den **Adhäsionskräften** an der Werkstückoberfläche. Klebstoffe werden nach der Zusammensetzung in Ein- und Zweikomponentenklebstoffe unterschieden. Je nach Verarbeitungstemperatur spricht man von Kalt- oder Warmklebern.

Durchsetzfügeverbindungen (Clinchen)

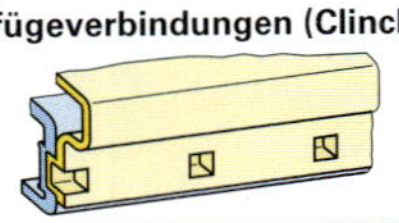

Es ist eine unlösbare formschlüssige Verbindung. Zwei Bleche werden durch Verstemmen miteinander verbunden. Das Durchsetzfügen ist ein kostengünstiges, schnell und sauber durchzuführendes Fügeverfahren mit geringer statischer Festigkeit. Einsatz: Z. B. Verstärkungen an Karosserieblechen aus Leichtmetall.

Verbindungselemente

Schnappverbindungen

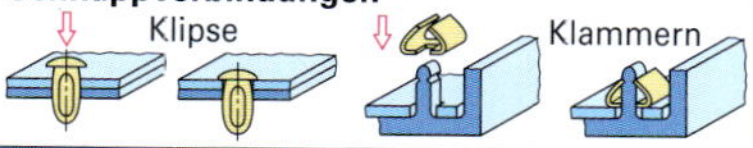

Sie entstehen durch elastisches Verformen mindestens eines der Fügeteile mit anschließendem lösbaren oder unlösbaren Verhaken. Bei Schnappverbindungen wird die Elastizität der Werkstoffe ausgenutzt.

Nietverbindungen

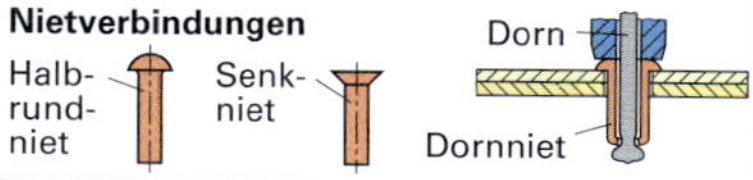

Man unterscheidet: **Nieten mit vollem Schaft** (Halbrund-, Senkniet), **Hohlniet** und **Blindniet** (Dorn-, Spreizniet).

Lötverbindungen

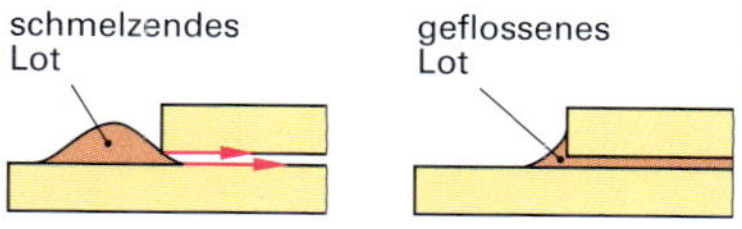

Lötspalt 0,05 mm ... 0,2 mm

Es ist unlösbares, stoffschlüssiges Fügen von Werkstücken durch ein geschmolzenes Zusatzmetall (Lot), bei dem die Löttemperatur unterhalb der Schmelztemperatur der zu fügenden Grundwerkstoffe liegt. Man unterscheidet **Weichlöten** (bis 450 °C) und **Hartlöten** (über 450 °C). Der Lötvorgang vollzieht sich in 3 Stufen: – Benetzen, – Fließen, – Binden. Beim Binden bildet das Lot an den Korngrenzen des Werkstoffs eine Legierung. Hinweis: geeignete Flussmittel verwenden, Lötspalt beachten.

Schweißverbindungen

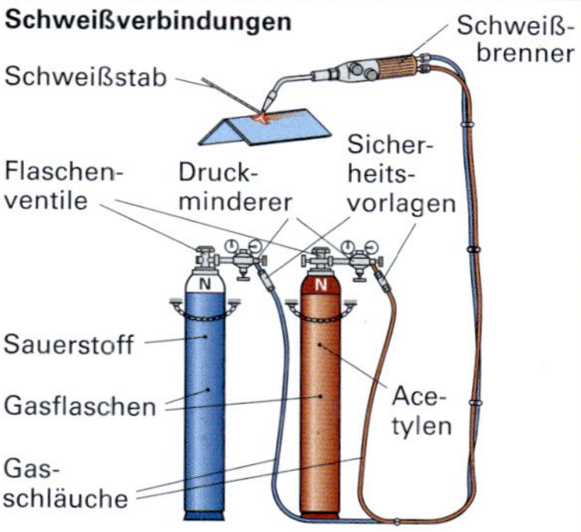

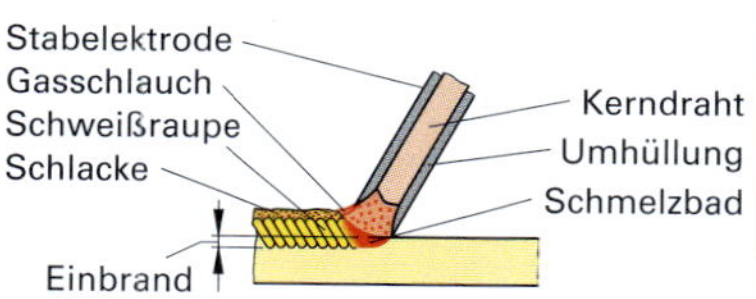

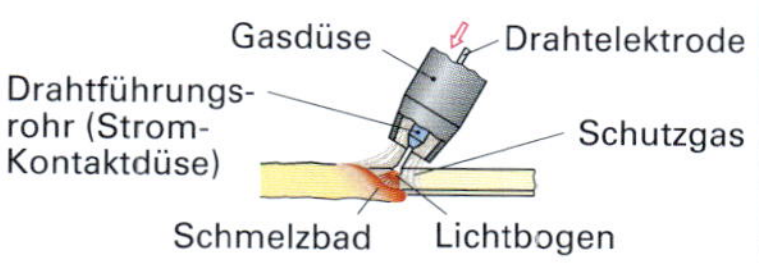

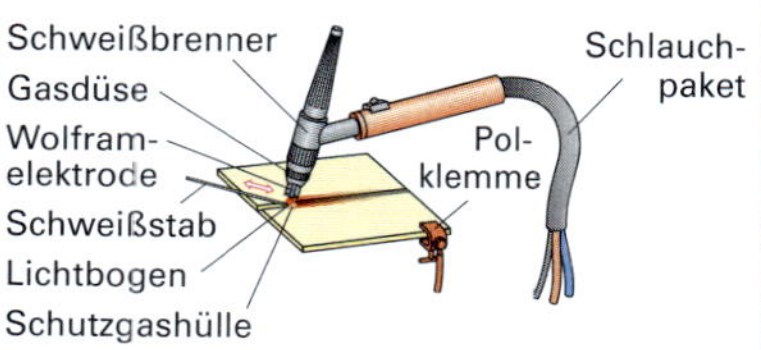

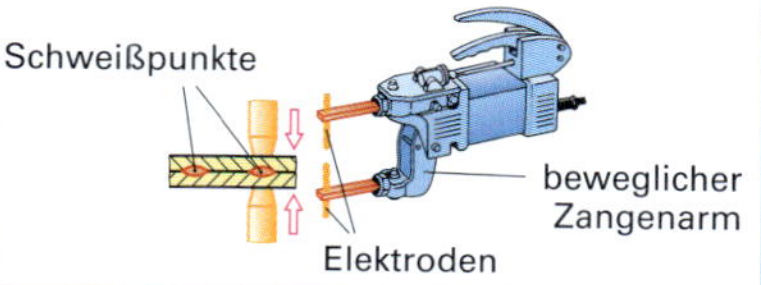

Es sind unlösbare stoffschlüssige Verbindungen von meist gleichartigen Werkstoffen. Man unterscheidet **Schmelzschweißen:** Die Werkstoffe werden an der Verbindungsstelle durch Erwärmen flüssig und dadurch miteinander verbunden. **Pressschweißen:** Die Werkstoffe verschweißen durch Druck und Erwärmung in teigigen Zustand.

Schmelzschweißen:

Gasschmelzschweißen (Autogenschweißen). Der Werkstoff wird durch eine Brenngas-Sauerstoff-Flamme zum Schmelzen gebracht. Brenngasgemisch: Sauerstoff-Acetylen (Verbrennungstemperatur 3200 °C).

Sauerstoff: Flaschendruck 200 bar, Arbeitsdruck ca. 2,5 bar, Farbe blau-weiß, Anschlussgewinde $^3/_4$" Rechtsgewinde,

Hinweis: Gewinde nicht fetten! Explosionsgefahr!

Acetylen: Flaschendruck 18 bar, Arbeitsdruck ca. 0,25 ... 0,5 bar, Farbe kastanienbraun, Bügelanschluss,

Hinweis: Flasche nicht legen! Explosionsgefahr!

Flammeneinstellung: Mischungsverhältnis 1 : 1 (neutrale Flamme) zum Schweißen von Stahl. Gasüberschuss (weiche Flamme) zum Löten.

Metalllichtbogenschweißen. Die Wärme entsteht durch einen elektrischen Lichtbogen und führt zum Abschmelzen der Stabelektrode. Die aus der Umhüllung frei werdenden Gase schützen das Schmelzbad vor Einflüssen aus der Umgebungsluft. Die entstehende Schlacke schützt vor zu schnellem Abkühlen.

Schutzgasschweißen (MIG/MAG). Eine automatisch zugeführte Drahtelektrode wird durch einen elektrischen Lichtbogen abgeschmolzen. Das Schutzgas schützt das Schmelzbad vor Einflüssen aus der Umgebungsluft. Man unterscheidet zwischen: Metallinertgasschweißen (MIG) mit z.B. Argon, Helium. Sie gehen keine chemische Verbindung mit der Schmelze ein. Metallaktivgasschweißen (MAG) mit z.B. CO_2. Sie gehen eine Verbindung mit der Schmelze ein.

Wolfram-Inertgasschweißen (WIG). Ein Lichtbogen brennt zwischen einer Wolframelektrode und dem Werkstück. Der Schweißzusatz wird von Hand zugeführt. Das Schmelzbad wird durch ein inertes Gas (z.B. Argon) vor Oxidation geschützt.

Pressschweißen

Widerstandsschweißen (Punktschweißen). Zwei aufeinander liegende Bleche werden durch Druck und Wärme in teigigem Zustand miteinander verbunden. An der Verbindungsstelle fließt kurzzeitig ein großer Strom der durch einen hohen elektrischen Widerstand an der Verbindungsstelle Wärme erzeugt.

G

G

Gewindearten – Übersicht

vgl. DIN 202

Rechtsgewinde, eingängig

Gewindebenennung	Kennbuchstabe	Gewindeprofil	Bezeichnungsbeispiel	Nenngröße	Anwendung
Metrisches ISO-Gewinde	M	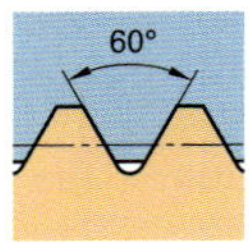	DIN 13– M 30	1 bis 68 mm	allgemein (Regelgewinde)
			DIN 13 – M 20 × 1	1 bis 1000 mm	allgemein (Feingewinde)
Metrisches zylindrisches Innengewinde		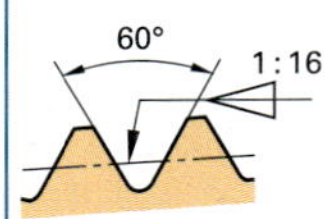	DIN 158 – M 30 × 2	6 bis 60 mm	Innengewinde für Verschlussschrauben und Schmiernippel
Metrisches kegeliges Außengewinde			DIN 158 – M 30 × 2 keg	6 bis 60 mm	Verschlussschrauben und Schmiernippel
Rohrgewinde, zylindrisch	G	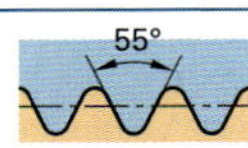	DIN ISO 228 – G$1^1/_2$ (innen) DIN ISO 228 – G$^1/_2$A (außen)	$^1/_8$ bis 6 inch	Rohrgewinde, nicht im Gewinde dichtend
Zylindrisches Rohrgewinde (Innengewinde)	Rp	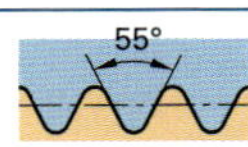	DIN 2999 – Rp $^1/_2$	$^1/_{16}$ bis 6 inch	Rohrgewinde, im Gewinde dichtend für Gewinderohre, Fittings, Rohrverschraubungen
			DIN 3858 – Rp $^1/_8$	$^1/_8$ bis $1^1/_2$ inch	
Kegeliges Rohrgewinde (Außengewinde)	R	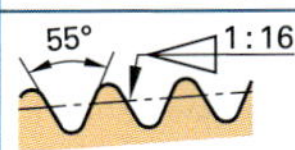	DIN 2999 – R $^1/_2$	$^1/_{16}$ bis 6 inch	
			DIN 3859 – R $^1/_8$-1	$^1/_8$ bis $1^1/_2$ inch	
Blechschraubengewinde	ST	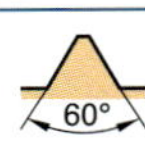	DIN EN ISO 1478–ST 3,5	1,5 ... 9,5 mm	Blechschrauben

Linksgewinde und mehrgängige Gewinde

vgl. DIN 202

Gewindeart	Erläuterung	Kurzbezeichnung
Linksgewinde	Das Kurzzeichen „LH" ist hinter die vollständige Gewindebezeichnung zu setzen (LH = Left Hand); (TR = Trapezgewinde)	M 30 – LH Tr 40 × 7 – LH
Mehrgängiges Rechtsgewinde	Hinter dem Kurzzeichen und dem Gewindedurchmesser folgt die Steigung P_h und die Teilung P. Gangzahl $= P_h : P = 14 : 7 = 2$	Tr 40 × 14 P7
Mehrgängiges Linksgewinde	Hinter die Gewindebezeichnung des mehrgängigen Gewindes wird „LH" gesetzt.	Tr 40 × 14 P7 – LH

Gewinde nach ausländischen Normen

Gewindebenennung	Kennbuchstabe	Gewindeprofil	Bezeichnungsbeispiel	Bedeutung	Land
Unified National Coarse Screw Thread (Einheits-Grobgewinde)	UNC	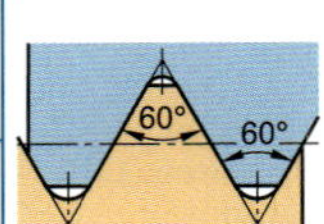	$^1/_4$ – 20 UNC – 2A	UNC-Gewinde mit $^1/_4$ inch Nenndurchmesser, 20 Gewindegänge/inch	USA CDN GB
Unified National Fine Screw Thread (Einheits-Feingewinde)	UNF		$^1/_4$ – 28 UNF – 3A	UNF-Gewinde mit $^1/_4$ inch Nenndurchmesser, 28 Gewindegänge/inch	USA CDN GB

Zollgewinde in den USA und Großbritannien sind unter dem Oberbegriff UST-Gewinde (Unified Screw Thread ≙ Einheits-Schraubengewinde) genormt. Man unterscheidet UNC-Gewinde (Unified National Coarse Screw Thread ≙ Einheits-Grobgewinde ≙ Regelgewinde) und UNF-Gewinde (Unified National Fine Screw Thread ≙ Einheits-Feingewinde). Daneben gibt es noch UNEF-Gewinde (Unified National Extra Fine Screw Thread ≙ Einheitsgewinde, extra fein) und UNS-Gewinde (Unified National Special Thread ≙ Einheits-Sondergewinde).

Metrisches ISO-Gewinde – Bezeichnungen

vgl. DIN 13

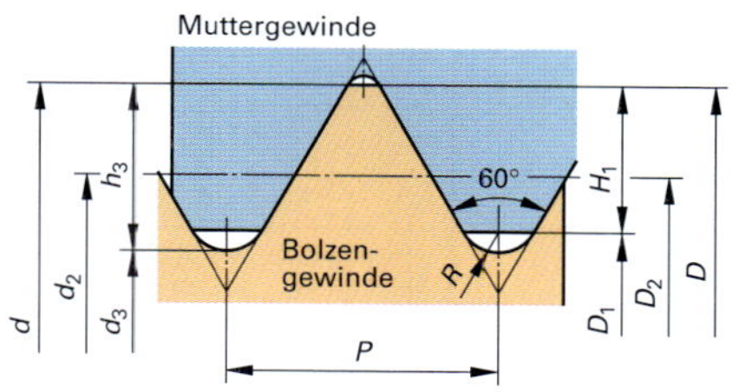

Nenndurchmesser	$d = D$
Steigung	P
Gewindetiefe des Bolzengewindes	$h_3 = 0{,}6134 \cdot P$
Gewindetiefe des Muttergewindes	$H_1 = 0{,}5413 \cdot P$
Rundung	$R = 0{,}1443 \cdot P$
Flanken-∅	$d_2 = D_2 = d - 0{,}6495 \cdot P$
Kern-∅ des Bolzengewindes	$d_3 = d - 1{,}2269 \cdot P$
Kern-∅ des Muttergewindes	$D_1 = d - 1{,}0825 \cdot P$
Kernlochbohrer-∅	$D_1 = d - P$
Flankenwinkel	60°
Spannungsquerschnitt	$S = \frac{\pi}{4} \cdot \left(\frac{d_2 + d_3}{2}\right)^2$

Regelgewinde – Tabellen (Maße in mm)

vgl. DIN 13

Gewindebezeichnung $d = D$	Steigung P	Flanken-∅ $d_2 = D_2$	Kern-∅ Bolzen d_3	Kern-∅ Mutter D_1	Gewindetiefe Bolzen h_3	Gewindetiefe Mutter H_1	Rundung R	Spannungsquerschnitt A_s mm²	Kernlochbohrer-∅	Durchgangsloch-∅ für Schrauben fein	Durchgangsloch-∅ für Schrauben mittel	Sechskantschlüsselweite
M 4	0,7	3,55	3,14	3,24	0,43	0,38	0,10	8,78	3,3	4,3	4,5	7
M 5	0,8	4,48	4,02	4,13	0,49	0,43	0,12	14,2	4,2	5,3	5,5	8
M 6	1	5,35	4,77	4,92	0,61	0,54	0,14	20,1	5,0	6,4	6,6	10
M 8	1,25	7,19	6,47	6,65	0,77	0,68	0,18	36,6	6,8	8,4	9	13
M 10	1,5	9,03	8,16	8,38	0,92	0,81	0,22	58,0	8,5	10,5	11	16
M 12	1,75	10,86	9,85	10,11	1,07	0,95	0,25	84,3	10,2	13	13,5	18
M 16	2	14,70	13,55	13,84	1,23	1,08	0,29	157	14	17	17,5	24
M 20	2,5	18,38	16,93	17,29	1,53	1,35	0,36	245	17,5	21	22	30
M 24	3	22,05	20,32	20,75	1,84	1,62	0,43	353	21	25	26	36

Feingewinde – Tabellen (Maße in mm)

vgl. DIN 13

Gewindebezeichnung $d \times P$	Flanken-∅ $d_2 = D_2$	Kern-∅ Bolzen d_3	Kern-∅ Mutter D_1	Gewindebezeichnung $d \times P$	Flanken-∅ $d_2 = D_2$	Kern-∅ Bolzen d_3	Kern-∅ Mutter D_1	Gewindebezeichnung $d \times P$	Flanken-∅ $d_2 = D_2$	Kern-∅ Bolzen d_3	Kern-∅ Mutter D_1
M 4×0,5	3,68	3,39	3,46	M 10×1	9,35	8,77	8,92	M 20×1,5	19,03	18,16	18,38
M 5×0,5	4,68	4,39	4,46	M 12×1	11,35	10,77	10,92	M 24×1,5	23,03	22,16	22,38
M 6×0,75	5,51	5,08	5,19	M 12×1,25	11,19	10,47	10,65	M 24×2	22,70	21,55	21,84
M 8×0,75	7,51	7,08	7,19	M 16×1	15,35	14,77	14,92	M 30×1,5	29,03	28,16	28,38
M 8×1	7,35	6,77	6,92	M 16×1,5	15,03	14,16	14,38	M 30×2	28,71	27,55	27,84
M 10×0,75	9,51	9,08	9,19	M 20×1	19,35	18,77	18,92	M 36×1,5	35,03	34,16	34,38

Whitworth-Rohrgewinde – Tabellen (Maße in mm)

Rohrgewinde (vgl. DIN ISO 228). Innen- und Außengewinde zylindrisch, nicht im Gewinde dichtend.

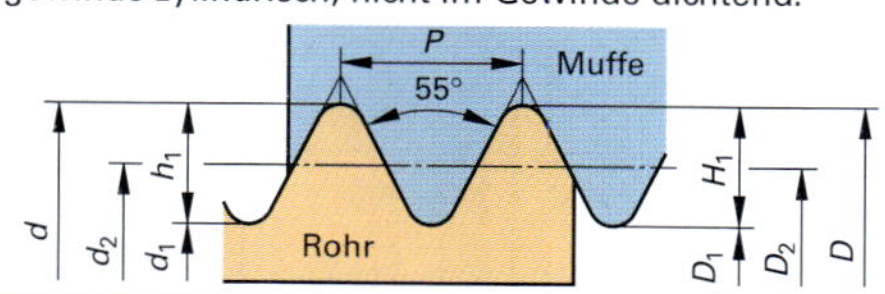

Rohrgewinde (vgl. DIN 2999). Innengewinde zylindrisch, Außengewinde kegelig; im Gewinde dichtend.

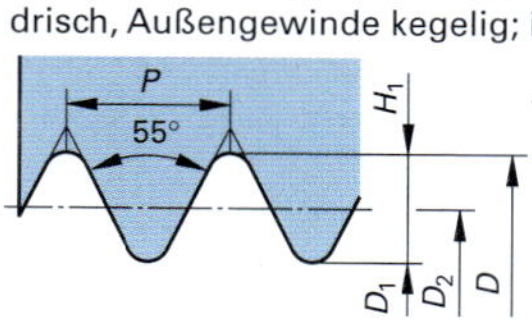

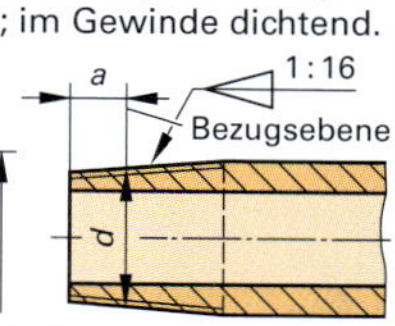

Kurzzeichen DIN ISO 228 Außen- und Innengewinde	Kurzzeichen DIN 2999 Außengewinde	Kurzzeichen DIN 2999 Innengewinde	Außendurchmesser $d = D$	Flankendurchmesser $d_2 = D_2$	Kerndurchmesser $d_1 = D_1$	Steigung P	Gangzahl auf 25,4 mm Z	Gewindetiefe ebene $h_1 = H_1$	Abstand der Bezugsebene a
G1/8	R1/8	Rp1/8	9,73	9,15	8,57	0,91	28	0,58	4,0
G1/4	R1/4	Rp1/4	13,16	12,30	11,45	1,34	19	0,86	6,0
G3/8	R3/8	Rp3/8	16,66	15,81	14,95	1,34	19	0,86	6,4
G1/2	R1/2	Rp1/2	20,96	19,79	18,63	1,81	14	1,16	8,2
G3/4	R3/4	Rp3/4	26,44	25,28	24,12	1,81	14	1,16	9,5
G1	R1	Rp1	33,25	31,77	30,29	2,31	11	1,48	10,4

G

G

Bezeichnung von Schrauben

vgl. DIN 962 E

Beispiele:

Sechskantschraube	ISO 4017 - M 12 × 80 - 8.8
Gewindestift	ISO 7435 - M 10 × 40 - 14H
Zylinderschraube	DIN 912 - M 16 × 70 - 10.9

Benennung | Norm-Hauptnummer | Gewinde und Nenn-∅, z.B. metrisches Gewinde, Blechschraubengewinde | Nennlänge l | Festigkeitsklasse, z.B. 8.8; Härteklasse, z.B. 14H → 140 HV; Werkstoff, z.B. St Stahl

Festigkeitsklassen von Schrauben aus vergütetem Stahl

vgl. DIN EN 20898-1

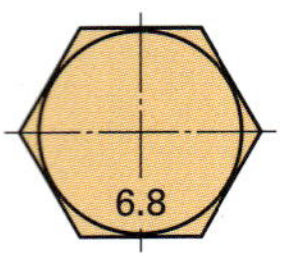

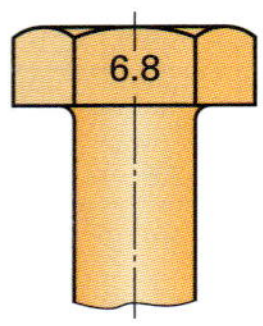

Festigkeitsklasse	3.6	4.6	4.8	5.6	5.8	6.8	8.8	9.8	10.9	12.9
Zugfestigkeit R_m in N/mm²	300	400		500		600	800	900	1000	1200
Mindeststreckgrenze R_{eL} bzw. 0,2 % Dehngrenze $R_{p0,2}$	180	240	320	300	400	480	640	720	900	1080
Bruchdehnung A in %	25	22	14	20	10	8	12	10	9	8

Schrauben aus Stahl haben eine Festigkeitskennzeichnung. Sie besteht aus zwei Zahlen, die durch einen Punkt voneinander getrennt sind, **z. B. 6.8.**

Die erste Zahl gibt 1/100 der Mindestzugfestigkeit R_m in N/mm² an, d.h. R_m **= 600 N/mm²**. die zweite Zahl gibt 1/10 des Streckgrenzenverhältnisses an. Das Produkt aus den beiden Zahlen, 6 × 8 = 48, entspricht 1/10 der Mindeststreckgrenze R_{eL}, d.h. R_{eL} **= 480 N/mm²**.

Aufgrund des Werkstoffverhaltens wird ab der Festigkeitsklasse 8.8 anstelle der Mindeststreckgrenze R_{ef} die 0,2% Dehngrenze $R_{p0,2}$ angegeben.

Bezeichnung von Muttern

vgl. DIN 962

Beispiele:

Sechskantmutter	ISO 4032 - M 12 - 8
Nutmutter	ISO 1804 - M 40×1,5 - w
Sechskantmutter	DIN 1661 - M 12 - 8

Benennung | ISO-, DIN-, EN-Hauptnummer | Gewinde d, z.B. Metrisches Regelgewinde, Metrisches Feingewinde | Festigkeitsklasse, z.B. 0,5, 8, 10

Ausführung: w ungehärtet und geschliffen; h gehärtet und plangeschliffen

Werkstoff: z.B. Stahl, Temperguss

Festigkeitsklassen von Muttern

vgl. DIN EN 20898

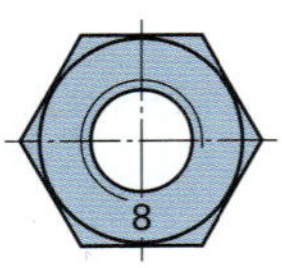

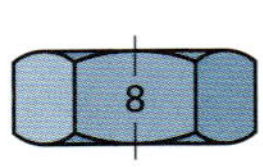

Festigkeitsklasse (Mutterhöhe ≧ 0,8 · d)		5		6	8	9		10	12
Nennprüfspannung in N/mm²		500		600	800	900		1000	1200
Zugehörige Schraube	Festigkeitsklasse	3.6/4.6 4.8	5.6/5.8	6.8	8.8	8.8	9.8	10.9	12.9
	Größe	≦ M16	alle	alle	alle	> M16 ≦ M39	≦ M16	alle	≦ M39

Die Festigkeitsklassen von Muttern aus unlegiertem oder niedriglegiertem Stahl – bis d = 39 mm Gewindedurchmesser und Mutterhöhen m ≧ 0,8 d – richtet sich nach der Zugfestigkeit der Schraube, mit der die Mutter gepaart werden soll.

Muttern aus Stahl sind mit einem Zahlenwert gekennzeichnet, der 1/100 der Prüfspannung angibt.

Beispiel: Schraube 8.8, zugehörige Mutter der Festigkeitsklasse 8 (siehe Tabelle).

Bild	Ausführung Norm	Bild	Ausführung Norm	Bild	Ausführung Norm
Sechskantschrauben					
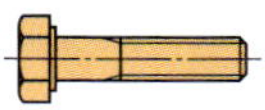	mit Schaft und Regelgewinde DIN EN 24014 Feingewinde DIN EN 28765		Gewinde bis Kopf Regelgewinde DIN EN 24017 Feingewinde DIN EN 28676	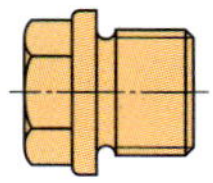	Verschlussschraube, Feingewinde DIN 908, DIN 910 Rohrgewinde DIN 906
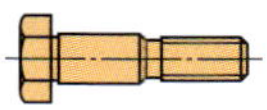	Passschraube mit langem Gewindezapfen DIN 609	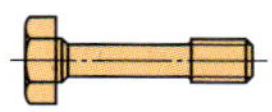	mit Dünnschaft DIN EN 24015	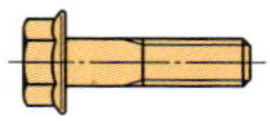	mit Flansch DIN EN 1665
Zylinderschrauben					
	mit Innensechskant DIN 7984 DIN EN ISO 4762	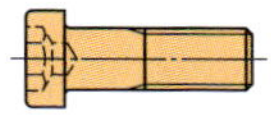	mit Innensechskant und Schlüsselführung DIN 6912	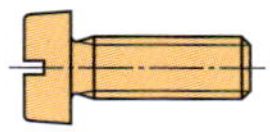	mit Schlitz DIN EN ISO 1207
Flachkopfschrauben					
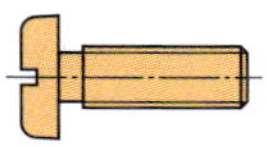	mit Schlitz DIN EN ISO 1580	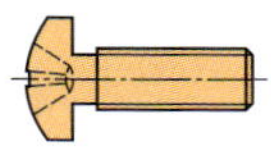	Linsenschraube mit Kreuzschlitz DIN EN ISO 7045	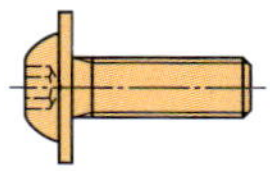	Linsenschraube mit Flansch und Innensechskant DIN ISO 7380
Senkschrauben					
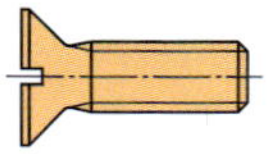	mit Schlitz DIN EN ISO 2009	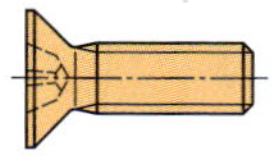	mit Kreuzschlitz DIN EN ISO 7046	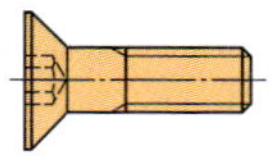	mit Innensechskant DIN EN ISO 10642
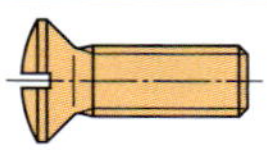	Linsenkopf mit Schlitz DIN EN ISO 2010	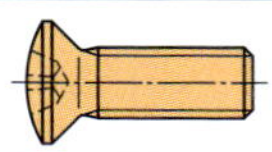	Linsenkopf mit Kreuzschlitz DIN EN ISO 7047		mit Innentorx®
Blechschrauben					
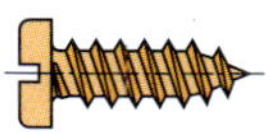	Flachschraube mit Schlitz DIN ISO 1481	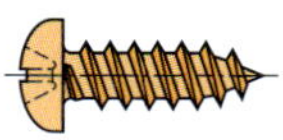	Flachschraube mit Kreuzschlitz DIN ISO 7050	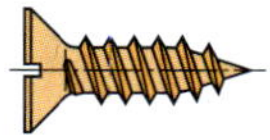	Senkschraube mit Schlitz DIN ISO 1482
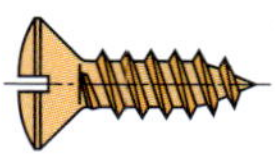	Linsenkopf-senkschraube mit Schlitz DIN 1483		Linsensenkkopf-schraube mit Kreuzschlitz DIN ISO 7051		Senkschraube mit Kreuzschlitz DIN ISO 7051
Bohrschrauben mit Blechschraubengewinde					
	Flachkopf-schraube mit Sechskant DIN 7504	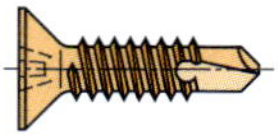	Senkkopf-schraube mit Kreuzschlitz DIN 7504		Linsensenk-kopfschraube mit Kreuzschlitz DIN 7504
Stiftschrauben, Gewindestifte					
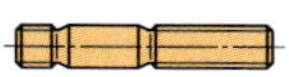	Stiftschraube DIN 835, DIN 838 DIN 839	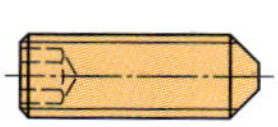	Gewindestift mit Innensechskant und Spitze DIN EN 7434		Gewindestift mit Schlitz und Spitze DIN EN 7434
Sonstige Schraubenformen					
	Gewinde-Schneidschraube mit Kreuzschlitz DIN 7516	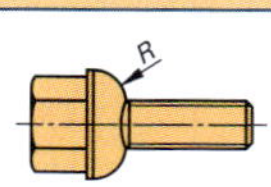	Radschraube[1] mit kugelförmigem Sitz (nicht genormt)	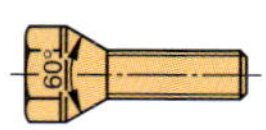	Radschraube[1] mit kegelförmigem Sitz (nicht genormt)

[1] Radschrauben sind vom Fahrzeughersteller auf den jeweiligen Felgentyp abgestimmt.

G

Schraubendreher und Schraubendrehereinsätze

Symbol	Schraubenkopf	Werkzeug	Symbol	Schraubenkopf	Werkzeug
	Kreuzschlitzschrauben Form H PHILLIPS-RECESS®-Schrauben (PH)			Innenvielzahn-schrauben XZN	
	Kreuzschlitzschrauben Form Z POZDRIV®-Schrauben (PZ)			TORQ-SET®-Schrauben	
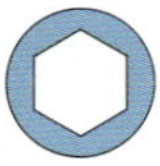	Innensechskant-schrauben			Innen-TORX®-Schrauben	
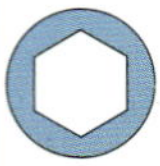	Innensechskant-schrauben	 mit Kugelkopf		Innen-TORX®-Schrauben mit Zapfenführung	

Muttern

Sechskantmutter hohe Form DIN EN ISO 4033	Sechskantmutter niedrige Form DIN EN ISO 4035	Sechskantmutter mit Klemmteil DIN EN ISO 7040	Sechskantmutter mit Flansch DIN EN 1661	Sechskant-Schweißmutter DIN 929
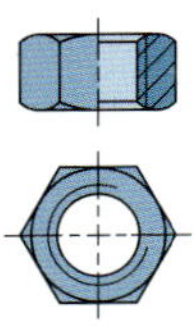	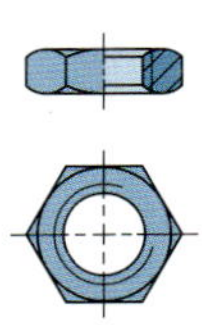	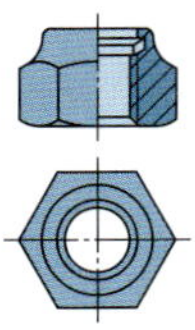	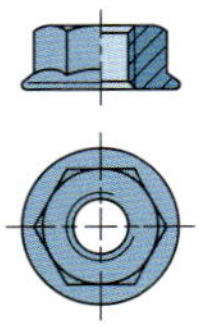	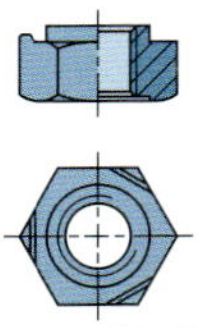
Kronenmutter niedrige Form DIN 979	Sechskant-Hutmutter DIN 1587	Sicherungs-mutter DIN 7967	Radmutter[1] kegeliger Sitz DIN 74361	Radmutter[1] kugelförmiger Sitz DIN 74361
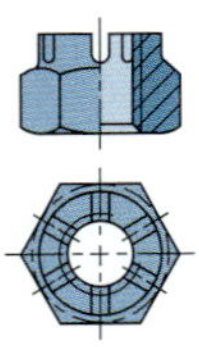	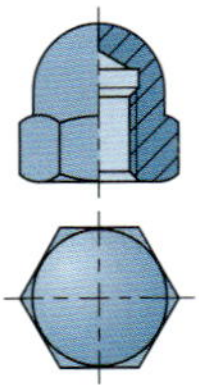	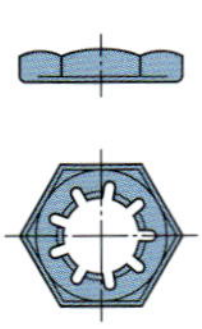	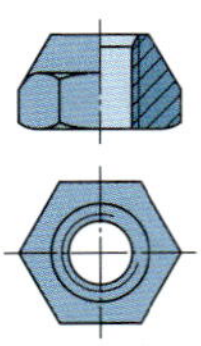	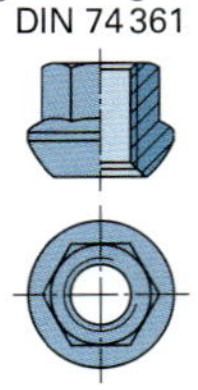

[1] Radmuttern sind vom jeweiligen Fahrzeughersteller auf den jeweiligen Felgentyp abgestimmt.

Sechskantmuttern – Typ 1

vgl. DIN EN ISO 4032

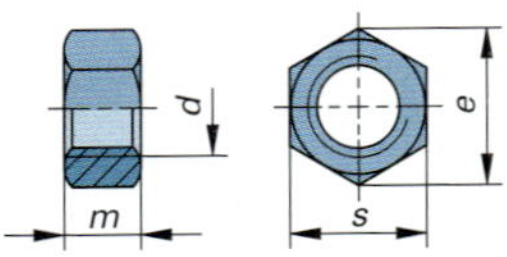

Gewinde		M 6	M 8	M 10	M 12	M 16	M 20	M 24	M 30	M 36
d		6	8	10	12	16	20	24	30	36
m	max	5,2	6,8	8,4	10,8	14,8	18,0	21,5	25,6	31,0
s	max	10	13	16	18	24	30	36	46	55
e	min	11,1	14,4	17,8	20,0	26,8	33,0	39,6	50,9	60,8

Sechskantmuttern – Niedrige Form (Kontermutter)

vgl. DIN EN ISO 8675

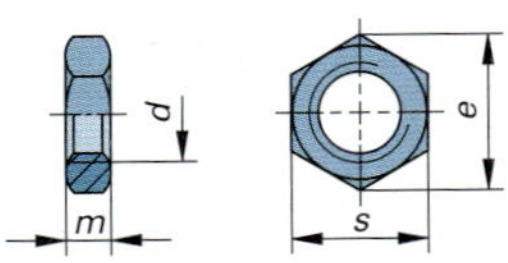

Gewinde		M 6	M 8	M 10	M 12	M 16	M 20	M 22	M 24	M 30
d		6	8	10	12	16	20	22	24	30
m	max	3,2	4,0	5,0	6,0	8,0	10,0	11,0	12,0	15
s	max	10	13	17	19	24	30	32	36	46
e	min	11,1	14,4	18,9	21,1	26,8	33,0	35,0	39,6	50,9

Anzugsdrehmomente bei Schaftschrauben mit Regelgewinde

Gewinde	Anziehdrehmoment M_A in Nm				
	4.6	5.6	8.8	10.9	12.9
M 4	1,0	1,37	3,0	4,4	5,1
M 5	2,0	2,7	5,9	8,7	10,0
M 6	3,5	4	10	15	18
M 8	8,4	11	25	36	43
M 10	17	22	49	72	84
M 12	29	39	85	125	145
M 16	71	95	210	310	365
M 20	138	184	425	610	710
M 24	235	315	730	1050	1220
M 30	475	635	1450	2100	2450

Anmerkungen zur Tabelle Anzugsdrehmomente

Die Anzugsdrehmomente M_A sind Richtwerte für Schaftschrauben mit vorgegebenen Kopfauflagemaßen, z. B. nach DIN EN 24014. Sie ergeben eine Ausnutzung der Mindeststreckgrenze R_e von 90 % bei einer Reibungszahl von $\mu_R = 0{,}14$ (neue Schraube, ohne Nachbehandlung, ungeschmiert).

Anmerkungen zu Radschrauben, Radmuttern

Es gibt **keine** generellen Werte für Anzugsdrehmomente. Die vom Automobilhersteller vorgegebenen Arbeitsfolgen und Anzugsdrehmomente **müssen unbedingt** eingehalten werden. Drehmomentschlüssel sind mindestens einmal jährlich zu kalibrieren (auf Maß einstellen).

Die Einschraubtiefe muss mindestens 0,8 × *d* (Schraubendurchmesser) betragen.

Schraubensicherungen

Federnde Zahnscheiben

außengezahnt: A

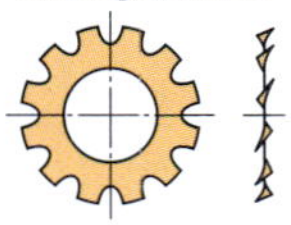

innengezahnt: J

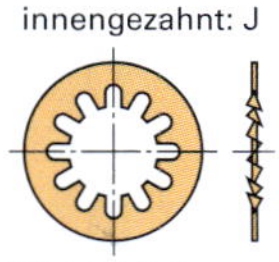

Zahnscheibe DIN 6797-J 6,4-F-St

Fächerscheiben

außengezahnt: A

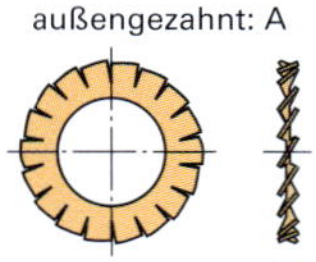

innengezahnt: J

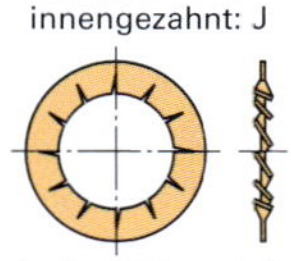

versenkt: V

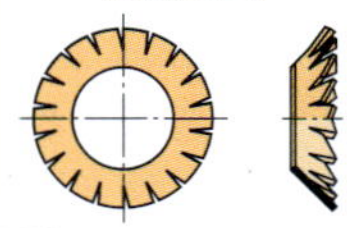

Fächerscheibe DIN 6798-A 10,5-FSt

Federring, aufgebogen (mit Beißkante)

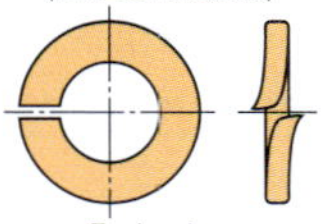

Federring DIN 127-A 10-FSt

Federring, glatt (ohne Beißkante)

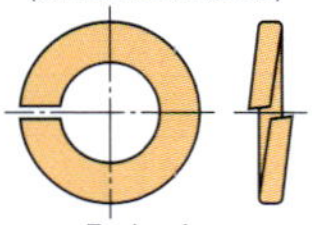

Federring DIN 127-B8-FSt

Federscheibe, gewölbt

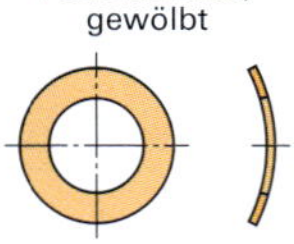

Federscheibe DIN 137-A 10-FSt

Federscheibe, gewellt

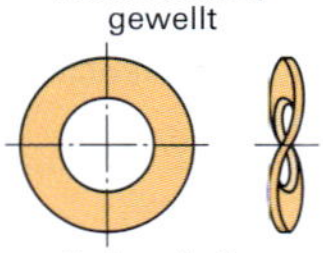

Federscheibe DIN 137-B8-FSt

Sicherungsblech für Nutmuttern

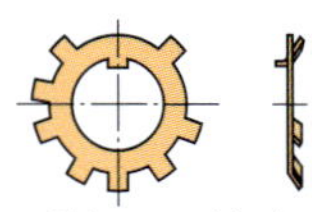

Sicherungsblech A42 DIN 70 952

Sicherungsblech (Scheibe mit Lappen)

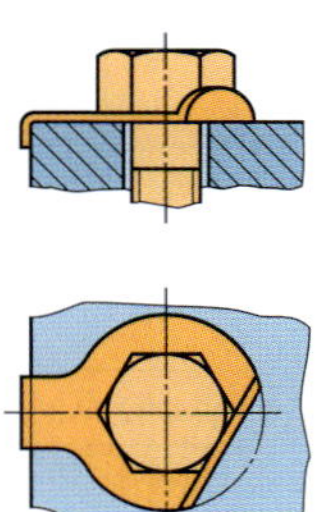

Scheibe 17 DIN 93-St

Kronenmutter mit Splint

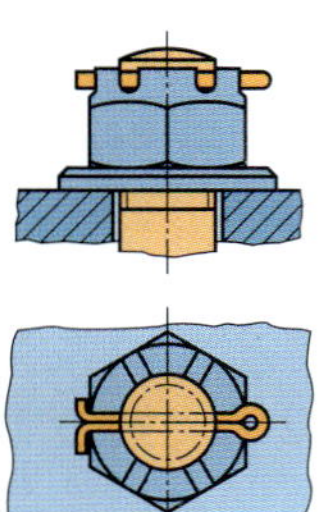

Kronenmutter DIN 935-M10-4

Sechskantmutter mit Klemmteil

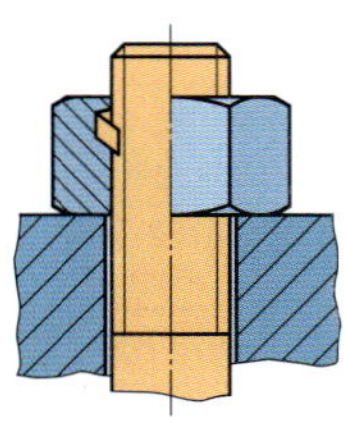

Sechskantmutter DIN 982-M16-8

Sechskantschraube

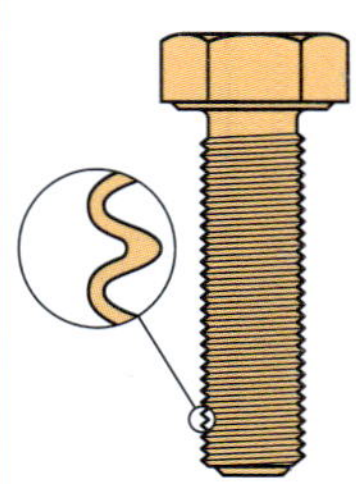

Klebstoffsicherung

Sechskantmutter mit Sperrzähnen

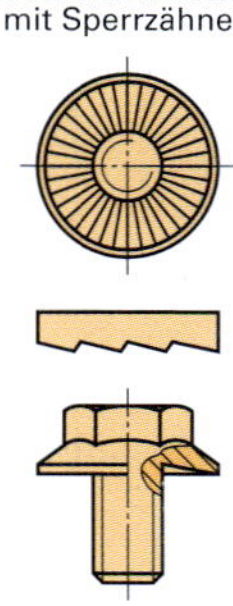

Sperrzahnschraube (nicht genormt)

Sicherungen für Wellen und Bohrungen

Sicherungsring für Wellen

Sicherungsring 40 × 1,75 DIN 471

Sicherungsring für Wellen

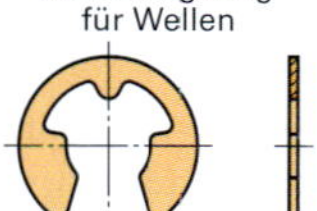

Sicherungsscheibe 4 DIN 6799

Sicherungsring für Bohrungen

Sicherungsring 50 × 2,5 DIN 472

Runddraht-Sprengring für Welle und Bohrung

Sprengring DIN 7993-A30

Drahtsprengring für Kolbenbolzen

Drahtsprengring A 20 DIN 73123

G

Sechskantschrauben mit Schaft

vgl. DIN EN ISO 4014

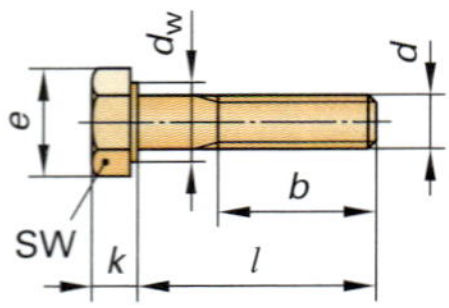

d	M6	M8	M10	M12	M16	M20	M24	M30	M36
SW	10	13	16	18	24	30	36	46	55
k_{max}	4	5,3	6,4	7,5	10	12,5	15	18,7	22,5
d_w	8,9	11,6	14,6	16,6	22	27,7	33,3	42,8	51,1
e	11,1	14,4	17,8	20	26,2	33	39,6	50,9	60,8
b	18	22	26	30	38	46	54	66	84
l von	30	40	45	50	65	80	90	110	140
l bis	60	80	100	120	160	200	240	300	360

Sechskantschraube ISO 4014 – M10 × 60 – 8.8
d = M10, *l* = 60 mm, Festigkeitsklasse 8.8

Sechskantschrauben mit Gewinde bis zum Kopf und Feingewinde

vgl. DIN EN ISO 8766

G

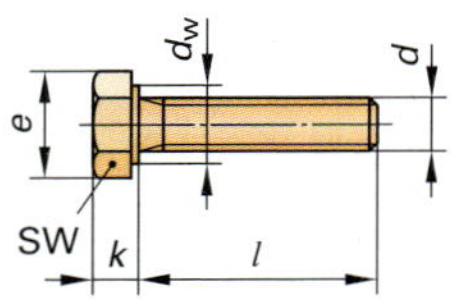

d	M8 ×1	M10 ×1	M12 ×1,5	M16 ×1,5	M20 ×1,5	M24 ×2	M30 ×2	M36 ×3	M42 ×3
SW	13	16	18	24	30	36	46	55	65
k	5,3	6,4	7,5	10	12,5	15	18,7	22,5	26
d_w	11,6	14,6	16,6	22,5	27,7	33,3	42,8	51,1	60
e	14,4	17,8	20	26,2	33	39,6	50,9	60,8	71,3
l von	16	20	25	35	40	40	40	40	90
l bis	80	100	120	160	200	200	200	200	420

Sechskantschraube ISO 8676 – M8 × 1 × 55 – 8.8
d = M8 × 1, *l* = 55 mm, Festigkeitsklasse 8.8

Zylinderschrauben mit Innensechskant

DIN EN ISO 4762 (1998-02)

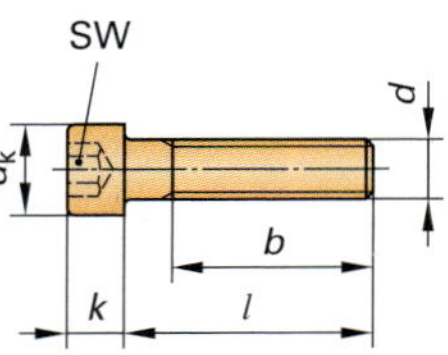

d	M6	M8	M10	M12	M16	M20	M24	M30	M36
SW	5	6	8	10	14	17	19	22	27
d_k	10	13	16	18	24	30	36	45	54
k	6	8	10	12	16	20	24	30	36
b	24	28	32	36	44	52	60	72	84
für *l*	≥ 35	≥ 40	≥ 45	≥ 45	≥ 65	≥ 80	≥ 90	≥ 110	≥ 120
l von	10	12	16	20	25	30	35	40	45
l bis	60	80	100	120	160	200	200	200	200
NL	2,5; 3; 4; 5; 6; 8; 10; 12; 16; 20; 25; 30…65; 70; 80…150; 160; 180; 200…280; 300 mm								

Zylinderschraube ISO 4762 – M10 × 55 – 10.9
d = M10, *l* = 55 mm, Festigkeitsklasse 10.9

Radschrauben für Pkw und Nkw mit Kegelbund bzw. Kugelbund (Auswahl)

vgl. DIN 74361

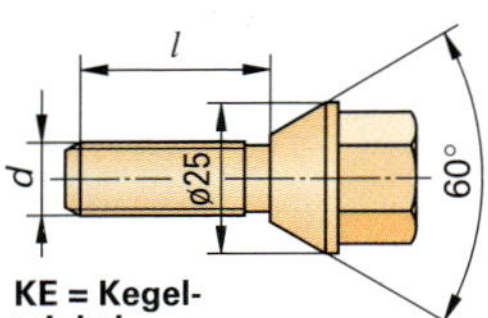

KE = Kegelwinkel

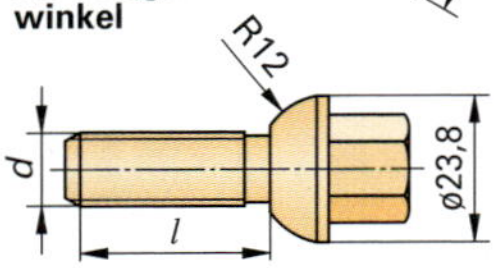

KU = Kugelradius

d	M12 x 1,5 KE	M12 x 1,5 KE	M12 x 1,25 KE	M14 x 1,5 KE	M12 x 1,5 KU	M14 x 1,5 KU	M14 x 1,5 KU	M18 x 1,5 KU
SW	17, 19	17, 19	17, 19	17, 19	17, 19	17, 19	17, 19	24
Form	60°	90°	60°	60°	R12	R12	R13, R14	R16

Schaftlänge. Sie ist so zu wählen, dass die Mindesteinschraubtiefe 6 … 8 Umdrehungen beträgt.

Anzugsdrehmoment. Die Herstellervorschriftten sind unbedingt einzuhalten.

Normungsbeispiel: Radschraube DIN 74361 – G14 x 24 – 8.8

G Kugelbundschraube; **14** Gewinde M14 x 1,5, **24** Schaftlänge 24 mm, **8.8** Festigkeitsklasse 8.8

Stiftschrauben

vgl. DIN 835, 938, 939

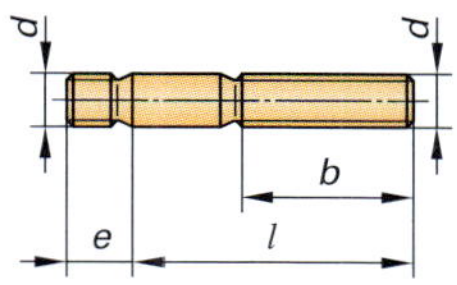

Stehbolzen

DIN	Verwendung zum Einschrauben in
835	Aluminiumlegierungen
938	Stahl
939	Gusseisen

	d	M3	M4	M5	M6	M8 M8 ×1	M10 M10 ×1,25	M12 M12 ×1,25	M16 M16 ×1,5	M20 M20 ×1,5	M24 M24 ×2
b für	$l < 125$	12	14	16	18	22	26	30	38	46	54
	$l > 125$	18	20	22	24	28	32	36	44	52	60
e	DIN 835	–	8	10	12	16	20	24	32	40	48
	DIN 938	3	4	5	6	8	10	12	16	20	24
	DIN 939	–	5	6,5	7,5	10	12	15	20	25	30
l	von	20	20	25	25	30	35	40	50	60	70
	bis	30	40	50	60	80	100	120	170	200	200

Stiftschraube DIN 939 – M 10 × 65 – 8.8
d = M10, *l* = 65 mm, Festigkeitsklasse 8.8

Gewindestifte mit Innensechskant

vgl. DIN 913, 914, 915, 916

mit Kegelkuppe (DIN 913)

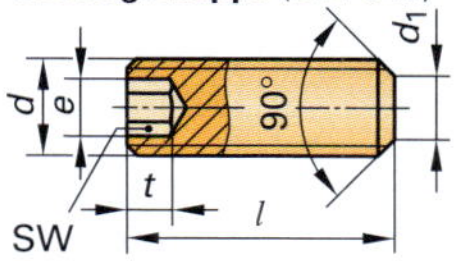

mit Spitze (DIN 914)

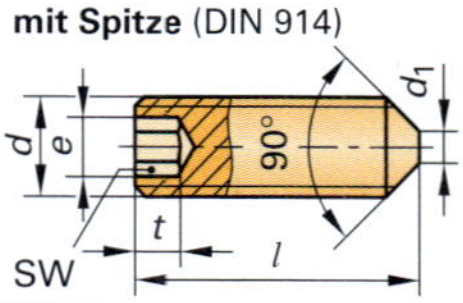

	d	M2	M2,5	M3	M4	M5	M6	M8	M10	M12	M16	M20
	SW	0,9	1,3	1,5	2	2,5	3	4	5	6	8	10
	e ≈	1	1,4	1,7	2,3	2,9	3,4	4,6	5,7	6,9	9,2	11,4
	t_{min}	0,8	1,2	1,2	1,5	2	2	3	4	4,8	6,4	8
DIN 913	d_{1max}	1	1,5	2	2,5	3,5	4	5,5	7	8,5	12	15
	l von	3	3	3	4	5	6	8	10	16	20	20
	l bis	10	10	20	20	25	35	40	40	40	40	50
DIN 914	d_{1max}	–	–	–	–	–	1,5	2	2,5	3	4	5
	l von	3	4	4	5	6	8	10	12	16	20	20
	l bis	10	10	20	20	25	35	40	40	40	40	50

Senkschrauben mit Innensechskant

vgl. DIN EN ISO 10642

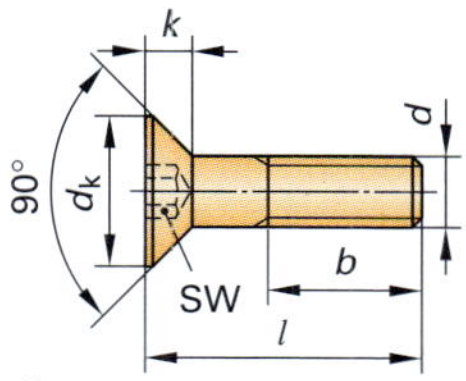

1) für $l \leq b$: Gewinde annähernd bis zum Kopf (DIN 914)

	d	M3	M4	M5	M6	M8	M10	M12	M16	M20
SW		2	2,5	3	4	5	6	8	10	12
d_k		5,5	7,5	9,4	11,3	15,2	19,2	23,1	29	36
k		1,9	12,5	3,1	3,7	5	6,2	7,4	8,8	10,2
b1)		18	20	22	24	28	32	36	44	52
l	von	8	8	8	8	10	12	20	30	35
	bis	30	40	50	60	80	100	100	100	100

Senkschraube ISO 10642 – M5 × 30 – 8.8
d = M5, *l* = 30 mm, Festigkeitsklasse 8.8

Senkschrauben mit Schlitz bzw. Kreuzschlitz
Linsensenkschrauben mit Schlitz bzw. Kreuzschlitz

vgl. DIN EN ISO 2009 bzw. DIN EN ISO 7046
vgl. DIN EN ISO 2010 bzw. DIN EN ISO 7047

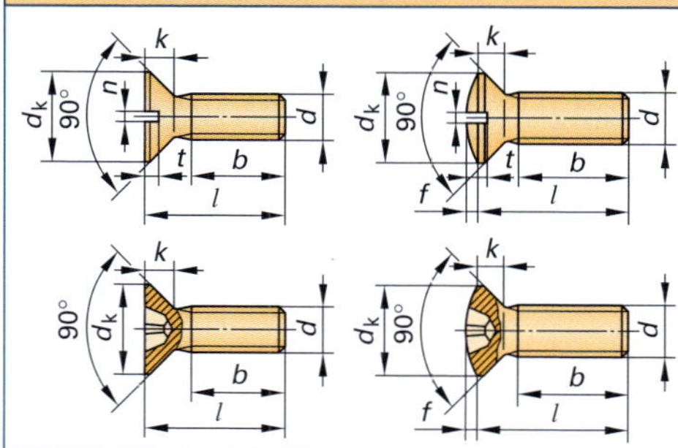

	d	M3	M4	M5	M6	M8	M10
d_k		5,5	8,4	9,3	11,3	15,8	18,3
k		1,7	2,7	2,7	3,3	4,7	5
n		0,8	1,2	1,2	1,6	2	2,5
f		0,7	1	1,2	1,4	2	2,3
t		1,2	1,6	2	2,4	3,2	3,8
l	von	5	6	8	8	10	12
	bis	30	40	50	60	80	80

Senkschraube ISO 7047 – M3 × 20 – 5.8 – H
b = Gewindelänge

G

Gewinde und Schraubenenden für Blechschrauben

vgl. DIN EN ISO 1478

Gewinde ST

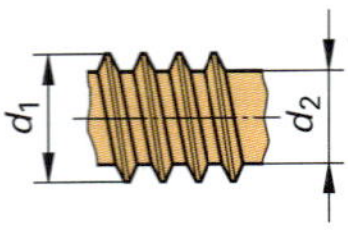

Gewindeprofil

Form C mit Spitze

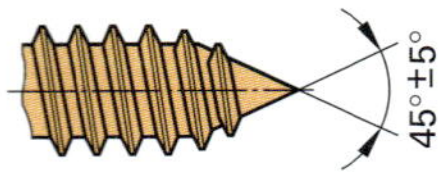

Form F mit Zapfen

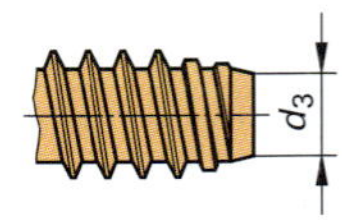

Nenndurchmesser	ST 2,2	ST 2,9	ST 3,5	ST 3,9	ST 4,2	ST 4,8	ST 5,5	ST 6,3	ST 8
d_1 mm	2,24	2,9	3,53	3,91	4,22	4,8	5,46	6,25	8
d_2 mm	1,63	2,18	2,64	2,92	3,1	3,58	4,17	4,88	6,2
d_3 mm	1,5	2	2,4	2,7	2,9	3,3	3,9	4,5	5,8

Kernlochdurchmesser für Blechschrauben

vgl. DIN 7975

Gewinde-größe	Blechdicke über mm	Blechdicke bis mm	Kernloch-durchmesser mm	Gewinde-größe	Blechdicke über mm	Blechdicke bis mm	Kernloch-durchmesser mm
ST 3,5	–	0,56	2,6	**ST 4,8**	0,5	1,13	3,7
	0,56	0,88	2,7		1,13	1,75	3,9
	1,0	1,38	2,8		1,75	2,5	4,0
	1,38	1,75	2,9		2,5	3,0	4,1
ST 3,9	0,5	1,13	2,95	**ST 5,5**	1,13	1,5	4,0
	1,13	1,38	3,0		1,5	1,75	4,5
	1,38	2,0	3,2		1,75	2,25	4,6
	2,0	2,5	3,5		2,25	3,0	4,7
ST 4,2	0,5	1,13	3,2	**ST 6,3**	1,38	1,75	5,0
	1,13	1,38	3,3		1,75	2,0	5,2
	1,38	2,5	3,5		2,0	3,0	5,3
	2,5	3,0	3,8		3,0	4,0	5,8

Linsen-Blechschrauben

vgl. DIN ISO 7049

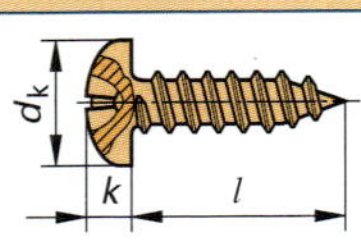

Form C

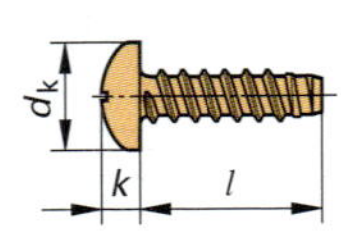

Form F

Gewinde-größe		ST 2,2	ST 2,9	ST 3,5	ST 4,2	ST 4,8	ST 5,5	ST 6,3
l	von	4,5	6,5	9,5	9,5	9,5	13	13
	bis	16	19	25	32	38	38	38
d_k		4,2	5,6	6,9	8,2	9,5	10,8	12,5
k		1,8	2,2	2,6	3,1	3,6	4	4,6
Kreuzschlitz		1		2			3	
Nennlängen		4,5; 6,5; 9,5; 13; 16; 19; 22; 25; 32; 38 mm						

Senk-Blechschrauben, Linsensenk-Blechschrauben

vgl. DIN ISO 7050, DIN ISO 7051

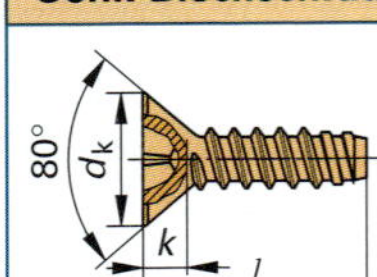

DIN 7882 Form F und Form C

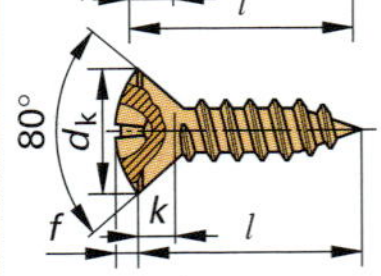

DIN 7983 Form C und Form F

Gewinde-größe		ST 2,2	ST 2,9	ST 3,5	ST 4,2	ST 4,8	ST 5,5	ST 6,3
l	von	6,5	6,5	9,5	9,5	9,5	13	13
	bis	16	19	25	32	32	38	38
d_k		4,3	5,5	6,8	8,1	9,5	10,8	12,4
k		1,3	1,7	2,1	2,5	3	3,4	3,8
f		0,7	0,9	1,2	1,4	1,5	1,7	2
Kreuzschlitz		1		2			3	
Nennlängen		6,5; 9,5; 13; 16; 19; 22; 25; 32; 38 mm						

G

Sechskant-Blechschrauben mit Bund

vgl. DIN 6928

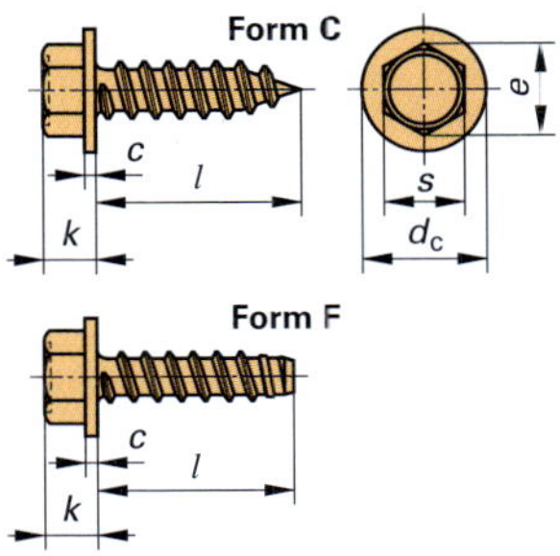

Gewindegröße		ST 2,9	ST 3,5	ST 4,2	ST 4,8	ST 5,5	ST 6,3	ST 8
l	von	6,5	6,5	9,5	9,5	13	13	16
	bis	19	22	25	25	38	50	50
d_c	max.	6,3	8,3	8,8	10,5	11	13,5	18
	min.	5,8	7,6	8,1	9,8	10	12,2	16,7
s		4	5,5	7	8	8	10	13
e	min.	4,28	5,96	7,59	8,71	8,71	10,95	14,26
c	min.	0,4	0,6	0,8	0,9	1,0	1,0	1,2
k	Nenn.	2,8	3,4	4,1	4,3	5,4	5,9	7
Nennlängen		6,5; 9,5; 13; 16; 19; 22; 25; 32; 38; 45; 50 mm						

Bohrschrauben mit Blechschraubengewinde

vgl. DIN EN ISO 15481, 15482, 15483

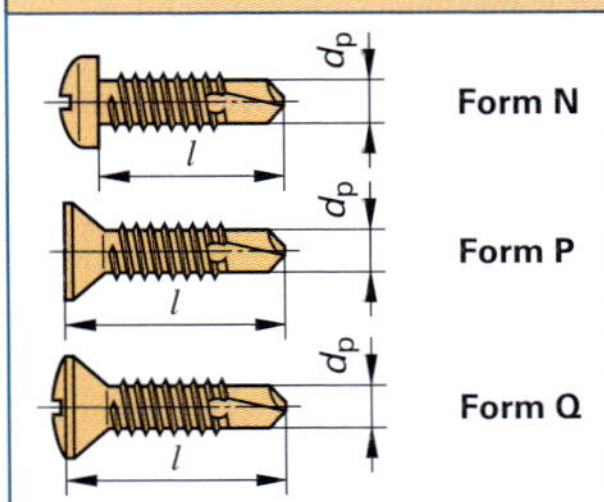

Gewindegröße		ST 2,9	ST 3,5	ST 4,2	ST 4,8	ST 5,5	ST 6,3
d_p		2,3	2,8	3,6	4,1	4,8	5,8
l	von	9,5	9,5	13	16	19	19
	bis	19	25	38	50	50	50
Blechdicke s	von	0,7	0,7	1,8	1,8	1,8	2
	bis	1,9	2,3	3	4,4	5,3	6
Nennlängen		9,5; 13; 16; 19; 22; 25; 32; 38; 45; 50 mm					

Gewindeeinsätze – System HeliCoil®

nicht genormt

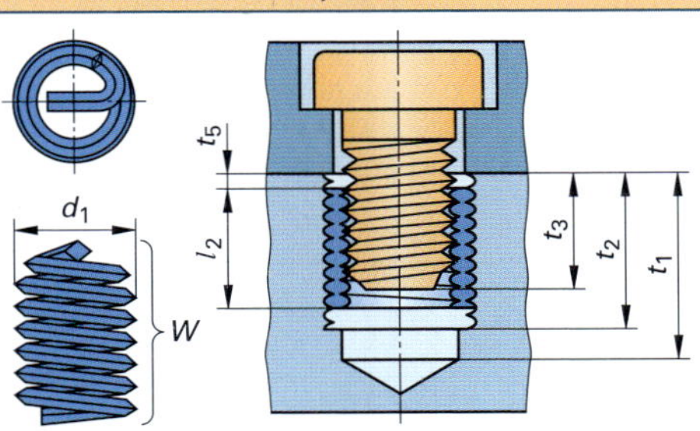

Sie werden als federnde Spirale aus einem hochfesten Draht gefertigt. Dieser hat einen rhombischen Querschnitt, der dem Innen- und Außengewindeprofil entspricht.

Die Gewindeeinsatzlänge ist von der Festigkeit des Grundwerkstoffes abhängig. Bei Al-Legierungen sollte $t_2 = 2\,d$ sein, bei höheren Festigkeiten darf t_2 etwa 1 d bis 1,5 d sein.

Bezeichnungen am Gewindeeinsatz

- d_1 Außendurchmesser vor dem Einbau
- W Windungsanzahl vor dem Einbau
- t_2 Rücksetzung der Oberfläche. $t_2 = 0{,}25\,P$.

Gewinde-nenn-∅ d	Außendurchmesser des Gewindeeinsatzes d_1	Steigung P	Kernlochbohrer ∅	Kernlochtiefe (für Gewindebohrer mit 4-Gang-Anschnitt) t_1 min			nutzbare Gewindetiefe im Grundloch = Nennlänge des Gewindeeinsatzes t_2 min			Länge des eingebauten Einsatzes = nutzbare Gewindelänge im Einsatz l_2 min			Bolzeneinschraubtiefe (Mitnehmerzapfen nicht entfernt) t_3 max		
				1 d	1,5 d	2 d	1 d	1,5 d	2 d	1 d	1,5 d	2 d	1 d	1,5 d	2 d
M 5	6,0	0,8	5,2	8,2	10,7	13,2	5,0	7,5	10,0	4,2	6,7	9,2	3,8	6,3	8,8
M 6	7,3	1,0	6,3	10,0	13,0	16,0	6,0	9,0	12,0	5,0	8,0	11,0	4,5	7,5	10,5
M 8	9,6	1,25	8,4	13,0	17,0	21,0	8,0	12,0	16,0	6,8	10,8	14,8	6,2	10,2	14,2
M 10	12,0	1,5	10,5	16,0	21,0	26,0	10,0	15,0	20,0	8,5	13,5	18,5	7,8	12,8	17,8
M10×1	11,3	1,0	10,25	14,0	19,0	24,0	10,0	15,0	20,0	9,0	14,0	19,0	8,5	13,5	18,5
M10×1,25	11,6	1,25	10,4	15,0	20,0	25,0	10,0	15,0	20,0	8,8	13,8	18,8	8,2	13,2	18,2
M12	14,2	1,75	12,5	19,0	25,0	31,0	12,0	18,0	24,0	10,3	16,3	22,3	9,4	15,4	21,4
M12×1,25	13,6	1,25	12,25	17,0	23,0	29,0	12,0	18,0	24,0	10,8	16,8	22,8	10,2	16,2	22,2
M12×1,5	14,0	1,5	12,5	18,0	24,0	30,0	12,0	18,0	24,0	10,5	16,5	22,5	9,8	15,8	21,8
M14	16,6	2,0	14,5	22,0	29,0	36,0	14,0	21,0	28,0	12,0	19,0	26,0	11,1	18,1	25,1
M14×1,25[1]	15,6	1,25	14,25	–	–	–	8,4	12,4	14,4	–	–	–	7,8	11,8	13,8
M16	18,6	2,0	16,5	24,0	32,0	40,0	16,0	24,0	32,0	14,0	22,0	30,0	13,1	21,1	29,1

[1] Zündkerzengewinde (Spezialeinsatz)

G

Gewindeeinsätze – System WÜRTH TIME – SERT® nicht genormt

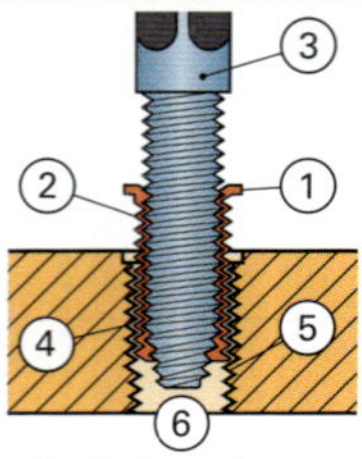

Eindrehwerkzeug

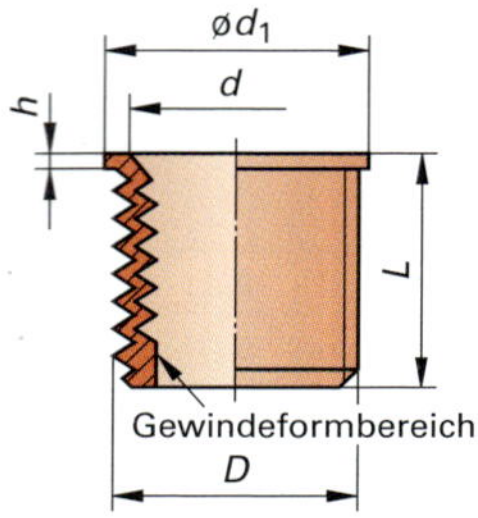

Gewindebuchse

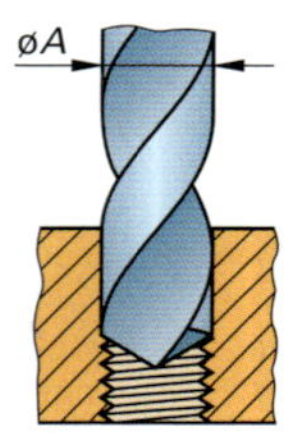

Altgewinde ausbohren

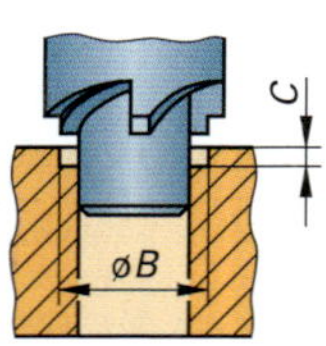

Senkung anfräsen

Legende

① Gewindebuchse
② Dünnwandig, synchron verlaufende Gewindegänge
③ Eindrehwerkzeug
④ Grundmaterial mit aufgeschnittenem Gewinde
⑤ Im unteren Buchsenbereich sind die Gewindegänge nicht vollkommen ausgebildet.
⑥ In der Endphase des Eindrehvorgangs formt das Eindrehwerkzeug die nicht voll ausgebildeten Gewindegänge aus und verpresst die Buchse ausdrehsicher im Grundwerkstoff

Arbeitsgänge

- Beschädigtes Gewinde bis zum Grund ausbohren; mit Sitzfräser ansenken.
- Mit Gewindebohrer für Außengewinde der Buchse Gewinde schneiden.
- Buchse einschrauben, bis Bund flächenbündig mit Werkstückoberfläche ist.
- Bei weiterem Eindrehen des Eindrehwerkzeugs in die Gewindebuchse erhöht sich der Eindrehwiderstand. In dieser Phase werden die nur teilweise vorgeschnittenen Gewindegänge nach außen gedrückt und mit dem Werkstück verpresst.

Nennmaß Buchse Innengewinde *d*	Länge der Buchse mm *L*	Nennmaß Buchse Außengewinde *D*	∅ Bund mm d_1	Höhe Bund mm *h*	∅ Bohrung mm *A*	∅ Einfräsung mm *B*	Tiefe Einfräsung mm *C*
M4	6,0; 8,0	M4,8 × 0,7	5,5	0,75	4,2	5,8	1,7
M5	7,6; 10,0	M5,9 × 0,8	7,0	0,75	5,5	7,1	1,8
M6	9,4; 12,0	M7,2 × 1	8,0	0,75	6,25	8,1	1,8
M7 × 1	10,0; 14,0	M8,25 × 1	8,8	0,75	7,35	8,9	1,9
M8 × 1	11,7	M9,2 × 1	10,0	0,75	8,2	10,7	2,1
M8	11,7; 16,2	M9,5 × 1,25	10,6	0,75	8,2	10,7	2,1
M10 × 1	6,2; 9,0; 15,0	M11,2 × 1	11,6	0,75	10,3	12,9	2,0
M10 × 1,25	9,0; 15,0; 20,0	M11,5 × 1,25	12,6	0,75	10,3	12,9	2,2
M10	14,0; 20,0	M11,8 × 1,5	12,6	0,75	10,3	12,9	2,2
M11 × 1,5	16,1; 22,2	M12,9 × 1,5	13,5	0,75	11,5	14,1	2,1
M12 × 1,25	9,0; 15,0	M13,6 × 1,25	14,0	0,75	12,1	14,1	2,1
M12 × 1,5	6,7; 9,2; 16,3	M13,9 × 1,5	15,0	0,75	12,3	15,1	2,1
M12	16,2; 24,0	M14,2 × 1,75	15,0	0,75	12,7	15,4	2,8
M14 × 1,25	8,0; 9,4; 11,0;	M15,6 × 1,25	16,0	0,75	14,0	16,2	2,8
M14 × 1,5	9,3; 12,8; 16,0;	M15,9 × 1,5	17,0	0,75	14,7	17,1	2,8
M16× 1,5	7,0; 12,7; 24,0	M17,8 × 1,5	18,5	0,75	16,7	19,0	2,9
M16	24,0; 32,0	M18,8 × 2	19,8	0,75	16,7	20,0	2,9
M18× 1,5	10,0; 18,3; 27,0	M19,9 × 1,5	20,5	0,75	18,3	21,3	3,5

Blindnietmuttern (Einnietmuttern)

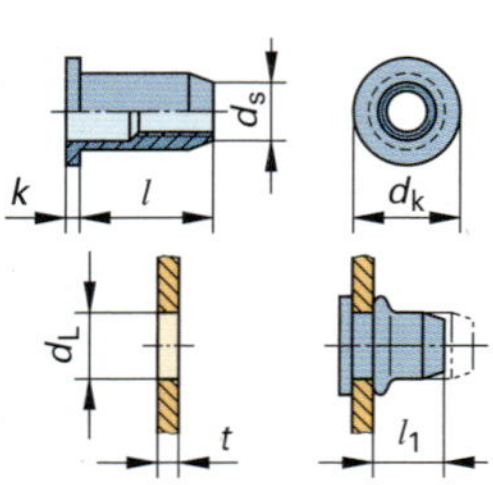

d	M3	M3	M4	M4	M5	M6	M8	M10	M12
t von	1	1,5	1	2	0,25	3	3	3,5	4
t bis	1,5	3	2	4	3	5,5	5,5	6	7
l	8,0	9,0	9,5	11,0	13,0	17,5	19,5	24,0	28,0
l_1	4,8	4,8	5,4	5,4	8,0	10,0	11,0	15,0	17,5
k	1,0	1,0	1,0	1,0	1,0	1,5	1,5	2,0	2,0
d_k	7,5	7,5	9,0	9,0	10,0	13,0	16,0	19,0	23,0
d_s	5,0	5,0	6,0	6,0	7,0	9,0	11,0	13,0	16,0
d_L	5,0	5,0	6,0	6,8	7,0	9,0	11,0	13,0	16,0

Werkstoffe: Stahl, Nichtrostender Stahl
Bezeichnungsbeispiel: Blindnietmutter M 5 × 13

Blindniete mit Sollbruchdorn

vgl. DIN 7337

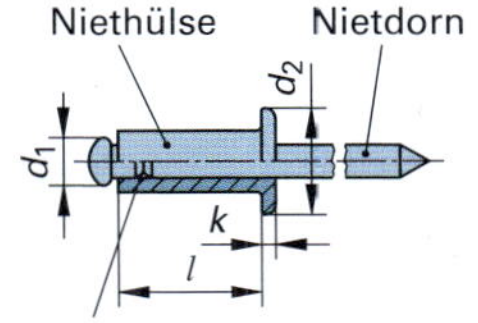

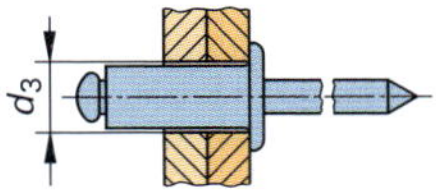

Form A: Flachkopf

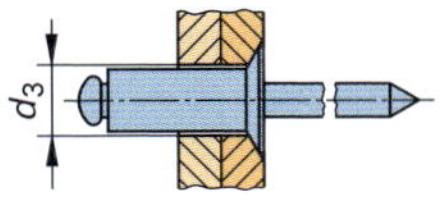

Form B: Senkkopf

d_1 (Nenn-∅)		2,4	3,0	3,2	4,0	4,8	5,0	6,0	6,4
d_2	Form A	5,0	6,5	6,5	8,0	9,5	9,5	12,0	13,0
	Form B	–	6	6	7,5	9	9	11	12
k	Form A	0,6	0,8	0,8	1,0	1,1	1,1	1,5	1,8
	Form B	–	0,9	0,9	1,0	1,2	1,2	1,5	1,6
d_3 (Nietloch-∅)		2,5	3,1	3,3	4,1	4,9	5,1	6,1	6,5

Klemmlänge in Abhängigkeit von Nennlänge und Nenndurchmesser

Nenn-länge	Nenndurchmesser d_1							
	2,4	3,0	3,2	4,0	4,8	5,0	6,0	6,4
l	Klemmlängenbereiche von … bis							
4	0,5…2	0,5…1,5	0,5…1,5	–	–	–	–	–
6	2…4	1,5…3,5	1,5…3,5	1,5…13	2…3	2…3	–	–
8	4…6	3,5…5,5	3,5…5,5	3…5	3…4,5	3…4,5	2…4	–
10	–	5,5…7	5,5…7	5…6,5	4,5…6	4,5…6	4…6	–
12	–	7…9	7…9	6,5…8,5	6…8	6…8	6…8	2…6
16	–	9…13	9…13	8,5…12,5	8…12	8…12	8…11	6…10
20	–	13…17	13…17	12,5…16,5	12…16	12…16	11…15	10…14
25	–	17…22	17…22	16,5…21,5	16…21	16…21	15…20	14…18
30	–	–	–	–	21…25	21…25	20…24	18…23

Splinte

vgl. DIN EN ISO 1234

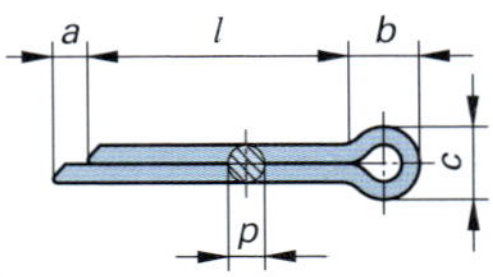

d		1,6	2,0	2,5	3,2	4,0	5,0	6,3	8,0	10,0
l[1) Nenn-länge	von	8	10	12	14	18	22	32	40	45
	bis	32	40	50	63	80	100	125	160	200
a		2,5	2,5	2,5	3,2	4,0	4,0	4,0	4,0	6,3
b		3,2	4,0	5,0	6,4	8,0	10,0	12,6	16,0	20,0
c		2,8	3,6	4,6	5,8	7,4	9,2	11,8	15,0	19,0

[1) Nennlängen: 8, 10, 12…32, 36, 40, 45, 50, 56, 63, 71, 80, 90, 100, 112, 125, 140, 160…200, 224, 250 mm

Bezeichnungsbeispiel: Splint ISO 1234 – 6,3 × 40 – St

Scheiben für Sechskantschrauben

vgl. DIN 125-1 und -2

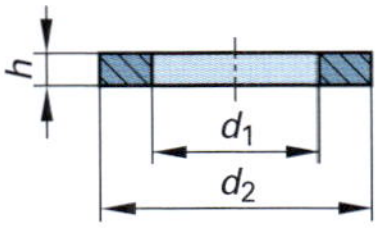

Form A: ohne Fase

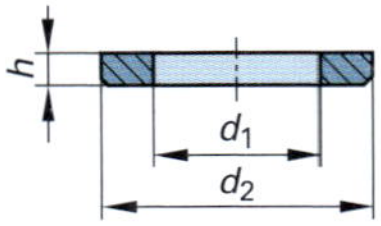

Form B: mit Außenfase

Schraube	M 4	M 5	M 6	M 8	M 10	M 12	M 16	M 20	M 22	M 24	M 27	M 30	M 36
d_1 (Nenn-∅)	4,3	5,3	6,4	8,4	10,5	13,0	17,0	21,0	23,0	25,0	28,0	31,0	37,0
d_2 max	9	10	12	16	20	24	30	37	39	44	50	56	66
h	0,8	1,0	1,6	1,6	2,0	2,5	3,0	3,0	3,0	4,0	4,0	4,0	5,0

Festigkeitsklassen: Stahl 8.8; Nichtrostender Stahl: A2-50, A4-50

Hinweis: Scheiben der Härteklasse 140 HV (140 HV…200 HV) oder der Härteklasse 200 HV (200 HV…250 HV) für Schrauben bis Festigkeitsklasse 8.8. Scheiben der Härteklasse 300 HV (300 HV…400 HV) für Schrauben der Festigkeitsklasse 8.8. Scheiben dieser Festigkeitsklasse haben eine Außen- und Innenfase oder nur eine Innenfase.

Bezeichnungsbeispiel: Scheibe DIN 125-A 8. 4-140 HV

Große Scheiben (Karosseriescheiben)

vgl. DIN 9021

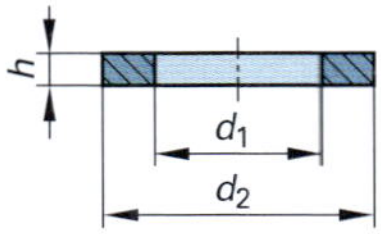

Schraube	M 4	M 5	M 6	M 7	M 8	M 10	M 12	M 14	M 16	M 18	M 20	M 24	M 30	M 36
d_1 (Nenn-∅)	4,3	5,3	6,4	7,4	8,4	10,5	13,0	15,0	17,0	20,0	22,0	26,0	33,0	39,0
d_2 max	12	15	18	22	24	30	37	44	50	56	60	72	92	110
h	1,0	1,2	1,6	2,0	2,0	2,5	3,0	3,0	3,0	4,0	4,0	5,0	6,0	8,0

Bezeichnungsbeispiel: Scheibe DIN 9021-10, 5-100 HV-A2

G

Wälzlager, Radialwellendichtringe

Kugellager, Rollenlager, Nadellager

Rillenkugellager

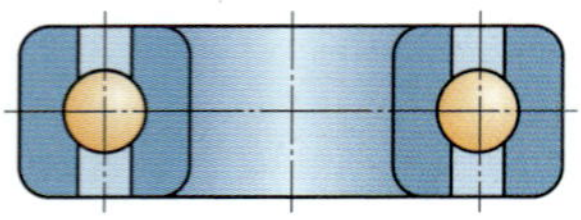

Verhalten, Einsatzmöglichkeiten

- Geeignet bei radialen und kleinen axialen Kräften, geringe Tragfähigkeit.
- Einfacher Aufbau, kostengünstig.
- Einstellung des Lagers nicht erforderlich; große Toleranz gegenüber Schiefstellung.
- Universallager für alle Baugruppen.

Schrägkugellager

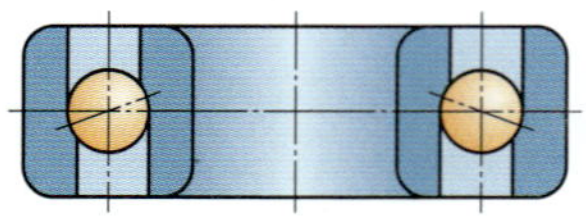

Verhalten, Einsatzmöglichkeiten

- Geeignet bei überwiegend radialen und mittleren axialen Kräften. Einreihige Lager können nur in einer Richtung axial belastet werden.
- Enges Lagerspiel in axialer und radialer Richtung. Empfindlich gegenüber Schiefstellung.
- Vorderradlager, Ausgleichsgetriebe.

Vierpunktlager

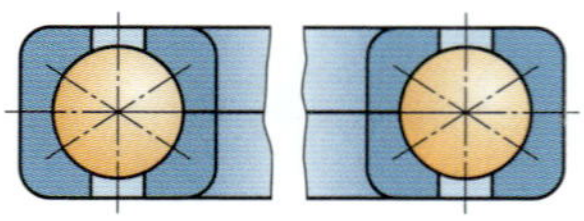

Verhalten, Einsatzmöglichkeiten

- Geeignet bei großen radialen und axialen Kräften.
- Vergleichbar mit zweireihigen Schrägkugellagern,
- Geringes Axialspiel, enge Einbautoleranzen.
- Einsatz überwiegend bei axialer Belastung, z. B. Getriebewellen.

Kegelrollenlager

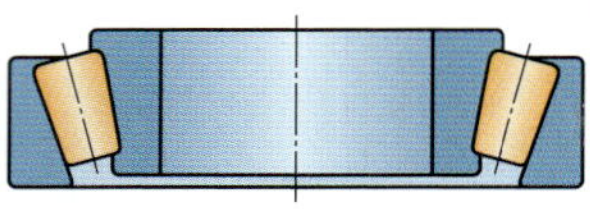

Verhalten, Einsatzmöglichkeiten

- Geeignet bei großen radialen und in einer Richtung axialen Kräften, bei paarweisem Einbau große Axialkräfte in beiden Richtungen.
- Zerlegbar. Außen- und Innenring sind getrennt montierbar.
- Achsgetriebe, Kegelradwelle im Ausgleichsgetriebe, Vorderradnaben.

Pendelrollenlager

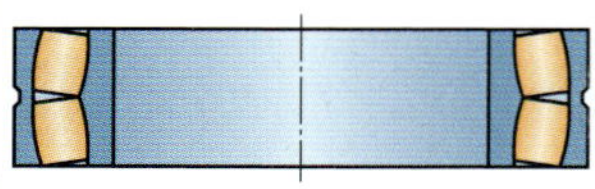

Verhalten, Einsatzmöglichkeiten

- Geeignet bei großen radialen und axialen Kräften.
- Geringe Fluchtungsfehler und geringfügiger Wellenversatz werden ausgeglichen. Die Rollen sind tonnenförmig.
- Im Kfz-Bau, z.B. Verteilergetriebe, Achslagerung.

Nadellager

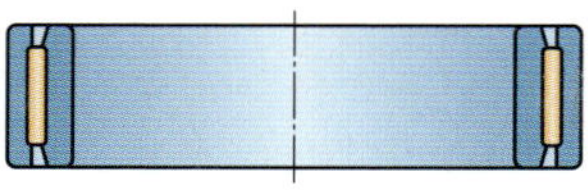

Verhalten, Einsatzmöglichkeiten

- Geeignet nur für radiale Kräfte.
- Lager auch ohne Innenring lieferbar; die Nadeln laufen direkt auf der Welle. Die Einbauhöhe wird dadurch verkleinert.
- Pleuel- und Kolbenbolzenlagerung bei Zweitaktmotoren, Motoradgetriebe, Ventilhebel.

Bauformen von Radialwellendichtringen

Bauform A, AS

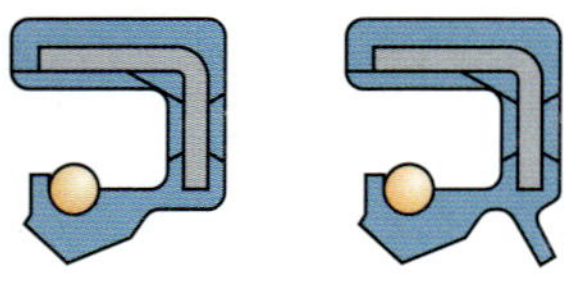

Aufbau

Außenmantel mit einer Elastomerschicht überzogen, die glatt oder rilliert sein kann und gute Gleiteigenschaften besitzt. AS mit Schutzlippe.

Verhalten, Einsatzmöglichkeiten

- Gute statische Abdichtung gegen Gehäuse, auch bei geteilten Gehäusen.
- Bei Gehäusen mit großer Wärmeausdehnung gleichen sie die Wärmedehnung aus.
- Bei dünnflüssigen und gasförmigen Medien.

Bauform B, BS

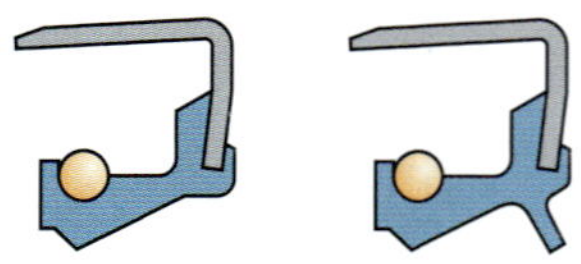

Aufbau

Außenmantel mit metallisch glatter Oberfläche, die durch Tiefziehen, Drehen oder Schleifen erreicht wird. BS mit Schutzlippe.

Verhalten, Einsatzmöglichkeiten

- Guter und exakter Sitz in der Bohrung.
- Bei Gehäusen mit erhöhter Wärmeausdehnung nur bedingt einsetzbar.
- Beim Einpressen in Gehäusen aus Leichtmetall besteht Gefahr der Riefenbildung.

Bauform C, CS

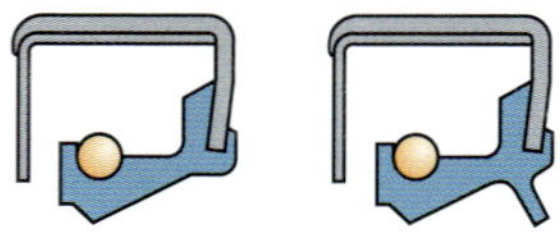

Aufbau

Zum metallischen Außenmantel ist noch zusätzlich eine fest eingelegte Blechkappe vorhanden.
CS mit Schutzlippe.

Verhalten, Einsatzmöglichkeiten

- Bei großen Abmessungen, bei denen eine höhere radiale Steifigkeit erforderlich ist.
- Bei erschwerten und rauen Montagebedingungen, bei denen ein Radialwellendichtring der Bauform B, die ihrer geringen wegen Steifigkeit deformiert werden könnte.

Flussmittel zum Weichlöten

vgl. DIN EN 29 454-1

Flussmittel nach ISO 29 454 Kennzeichnung: **1.** **2.** **3.** **C**

Flussmittel:

Flussmitteltyp	Flussmittelbasis	Flussmittelaktivator	Flussmittelart	Bezeichnung nach ISO	DIN	Wirkung der Rückstände
1 Harz	1 Kolophonium 2 ohne Kolophonium	1 ohne Aktivator 2 mit Halogenen aktiviert 3 ohne Halogene aktiviert	A flüssig	3.2.2. 3.1.1.	F-SW11 F-SW12	stark korrodierend
2 organisch	1 wasserlöslich 2 nicht wasserlöslich			3.2.1. 3.1.1. 2.1.3.	F-SW13 F-SW21 F-SW23	bedingt korrodierend
3 anorganisch	1 Salze	1 mit Ammoniumchlorid 2 ohne Ammoniumchlorid	B fest	2.1.2. 1.2.2.	F-SW25 F-SW28	
	2 Säuren	1 Phosphorsäure 2 andere Säure				
	3 alkalisch	1 Amine /Ammoniak	C Paste	1.1.1. 1.2.3.	F-SW31 F-SW33	nicht korrodieren

Flussmittel zum Hartlöten

vgl. DIN EN 1045

Flussmittel	Wirktemperaturbereich	Verwendung/Hinweise	Hinweise zur Behandlung der Rückstände
FH10 FH12	550 °C...800 °C 550 °C...850 °C	Vielzweckflussmittel Rostfreie und hochlegierte Stähle, Hartmetalle	abwaschen oder abbeizen abbeizen
FH20 FH21	700 °C...1000 °C 750 °C...1100 °C	Vielzweckflussmittel Vielzweckflussmittel	abwaschen oder abbeizen mechanisch entfernen, abbeizen
FL10 FL20	400 °C ... 700 °C 400 °C ... 700 °C	Leichtmetalle Leichtmetalle, Rückstände nicht korrosiv	abwaschen oder abbeizen vor Feuchtigkeit schützen

Weichlote

vgl. DIN EN 29 453

	Kurzzeichen neu (DIN EN 29 453)	Legierungsnummer	Kurzzeichen alt (DIN1707)	Schmelztemperatur	Verwendung
Zinn-Blei-Legierungen	S-Sn60Pb40 S-Pb60Sn40 S-Pb98Sn2	2 5 10	L-Sn60Pb L-PbSn40 L-PbSn2	183 °C...190 °C 183 °C...235 °C 320 °C...325 °C	Elektronik, Edelstahl Metallwaren Kühlerbau
Zinn-Blei-Leg. mit Antimon	S-Pb58Sn40Sb2 S-Pb74Sn25Sb1	14 16	L-PbSn40Sb L-PbSn25Sb	185 °C...231 °C 185 °C...263 °C	Kühlerbau, Schmierlot Schmierlot, Bleilot

Hartlote

vgl. DIN EN 1044

Gruppe	Kurzzeichen (DIN EN 1044)	Kurzzeichen alt (DIN EN 8813-1-4)	Werkstoffnummer	Arbeitstemperatur	Verwendung
Silber-Basislote	AG 301	L-AG50Cd	2.5143	640 °C	Stähle, Edelmetalle, Kupferlegierungen
	AG 302	L-Ag45Cd	2.5146	620 °C	
	AG 304	L-Ag40Cd	2.5141	610 °C	Stähle, Temperguss, Kupfer, Kupferlegierungen, Nickel, Nickellegierungen
	AG 309	L-Ag20Cd	2.1215	750 °C	
	AG 104	L-Ag45Sn	2.5158	670 °C	Stähle, Temperguss, Kupfer, Kupferlegierungen, Nickel, Nickellegierungen
	AG 106	L-Ag34Sn	2.5157	710 °C	
	AG 203	L-Ag44	2.5147	730 °C	
	AG 207	L-Ag12	2.1207	830 °C	Stähle, Temperguss, Kupfer, Kupferlegierungen, Nickel, Nickellegierungen
	AG 208	L-Ag5	2.1205	860 °C	
Kupfer-Basislote	CU 104	L-SFCu	2.0091	1100 °C	Stähle
	Cu 201	L-CuSn6	2.1021	1040 °C	Eisen und Nickelwerkstoffe
	Cu 202	L-CuSn12	2.1055	990 °C	
	Cu 301	L-CuZn40	2.0367	900 °C	Stähle, Temperguss, Cu, Ni, Cu-Leg., Ni-Leg.
Aluminium-Basislote	Al 103	L-AlSi10	3.2282	600 °C	Al-Legierungen Typen AlMn, AlMgMn, G-AlSi
	Al 104	L-AlSi12	3.2285	595 °C	

Ordnungsnummern von Schweiß- und Lötverfahren

vgl. DIN EN 24 063

Kennzahl	Verfahren	Kennzahl	Verfahren	Kennzahl	Verfahren
1	Lichtbogenschweißen	114	Wolfram-Schutzgasschweißen	7	Andere Schweißverfahren
101	Metall-Lichtbogenschweißen	141	Wolfram-Inertgasschweißen	73	Elektrogasschweißen
111	Lichtbogenhandschweißen	151	Plasma-MIG-Schweißen	74	Induktionsschweißen
114	Metall-Lichtbogenschweißen mit Fülldrahtelektrode	2	Widerstandsschweißen	75	Lichtstrahlschweißen
13	Metall-Schutzgasschweißen	21	Widerstands-Punktschweißen	751	Laserstrahlschweißen
131	Metall-Inertgasschweißen	22	Rollennahtschweißen	9	Lötverfahren
135	Metall-Aktivgasschweißen	3	Gasschmelzschweißen	91	Hartlöten
136	Metall-Aktivgasschweißen mit Fülldrahtelektrode	311	Gasschweißen mit Acetylen-Sauerstoffflamme	94	Weichlöten

Schweißpositionen

vgl. DIN EN ISO 6947

G

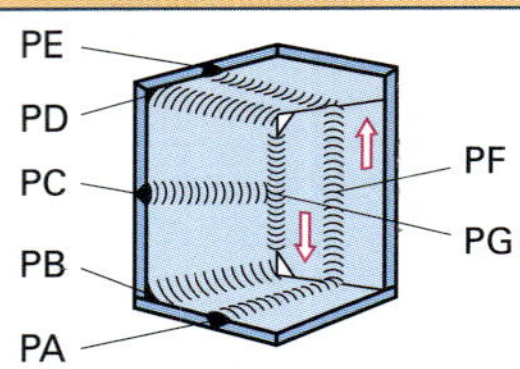

Kurzzeichen	Benennung	Kurzzeichen	Benennung
PA	Wannenposition	PE	Überkopfposition
PB	Horizontalposition	PF	Steigposition
PC	Querposition	PG	Fallposition
PD	Horizontalüberkopfposition		

Allgemeintoleranzen für Schweißkonstruktionen

vgl. DIN EN ISO 13 920

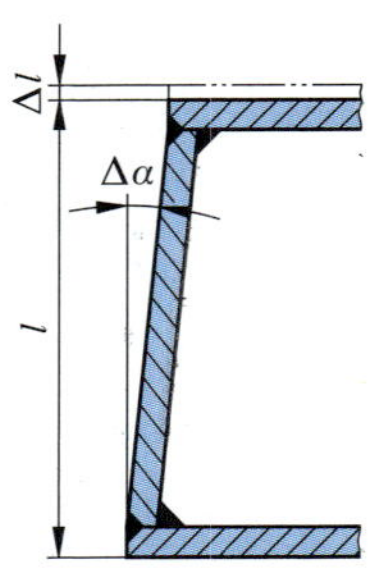

	Zulässige Längenabweichung Δ*l* in mm						Zul. Winkelabweichung Δα in ° und ′		
Nennmaßbereich	bis 30	30 bis 120	120 bis 400	400 bis 1000	1000 bis 2000	2000 bis 4000	bis 400	400 bis 1000	über 1000
Genauigkeitsgrad **A**	± 1	± 1	± 1	± 2	± 3	± 4	± 20′	± 15′	± 10′
Genauigkeitsgrad **B**	± 1	± 2	± 2	± 3	± 4	± 6	± 45′	± 30′	± 20′
Genauigkeitsgrad **C**	± 1	± 3	± 4	± 6	± 8	± 11	± 1°	± 45′	± 30′

Druckgasflaschen

vgl. DIN EN 1089

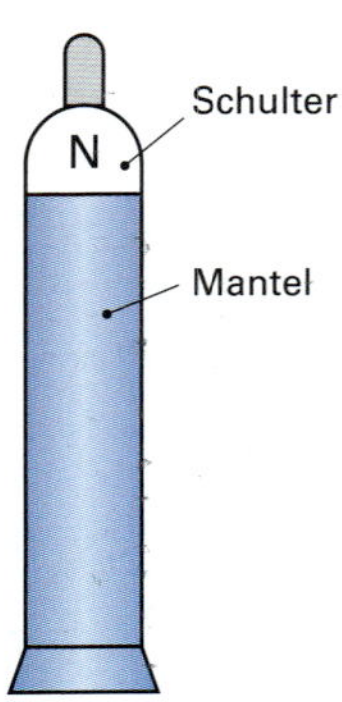

Gasart	Kennfarbe (alte Norm bis 1. 7. 06)	Farbe Schulter (neue Norm)	Anschlussgewinde	Volumen in l	Fülldruck in bar	Füllmenge
Acetylen	gelb	kastanienbraun	Spannbügel	40 50	19 19	8 kg 10 kg
Argon	grau	dunkelgrün	W21, 80 × 1/14	10 50	200 200	2 m^3 10 m^3
Argon/Kohlendioxidgemisch	grau	leuchtendgrün	W21, 80 × 1/14	20 50	200 200	4 m^3 10 m^3
Kohlendioxid	grau	grau	W21, 80 × 1/14	10 50	58 58	7,5 kg 20 kg
Sauerstoff	blau	weiß	R 3/4	40 50	150 200	6 m^3 10 m^3
Stickstoff	grün	schwarz	W24, 32 × 1/14	40 50	150 200	6 m^3 10 m^3

Nahtarten, Nahtkennzeichnung

vgl. DIN EN 29692, DIN EN 22553

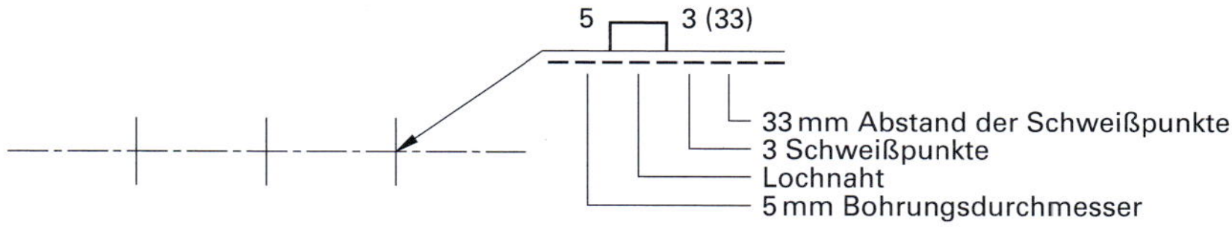

Darstellung symbolisch	Darstellung bildlich	Bemerkungen	Darstellung symbolisch	Darstellung bildlich	Bemerkungen
Bördelnaht 	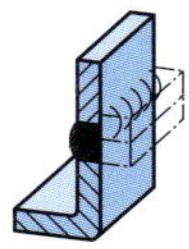	Dünnblechschweißung meist ohne Zusatzwerkstoff	Kehlnaht 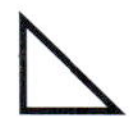	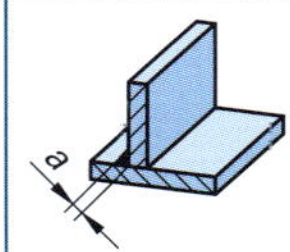	T-Stoß
I-Naht 	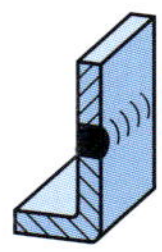	wenig Zusatzwerkstoff, keine Nahtvorbereitung		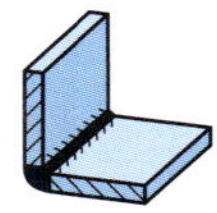	Doppelkehlnaht Eckstoß
V-Naht 	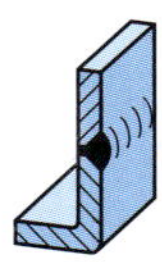	einseitig oder zweiseitig	D-V-Naht 	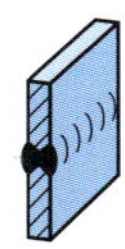	symmetrische Fugen
Punktnaht 	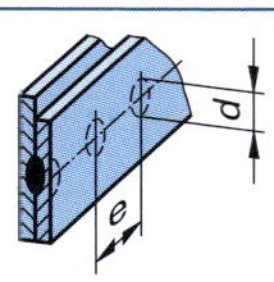	flächige Überlappung der Teile	Lochnaht 	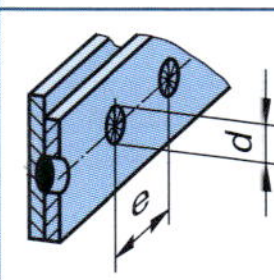	flächige Überlappung der Teile. Ein Teil mit Löchern

Richtwerte zum Schutzgasschweißen

Nahtform	Nahtdicke *a* in mm	Drahtdurchmesser in mm	Lagenzahl	Strom in A	Drahtvorschub in m/min	Schutzgas in l/min
MAG-Schweißen von Karosserieblechen						
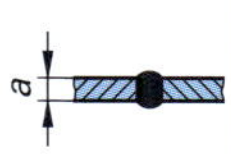	1	0,8	1	60	7	8
	2	0,8	1	100	7	8
	3	1	1	140	11	10
	4	1	1	160	11	10
	5	1	1	170	10	10
	6	1	1	180	10	10
MIG-Schweißen von Aluminium und Aluminiumlegierungen						
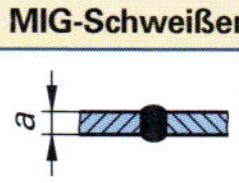	4	1,2	1	180	3	12 – 18
	5	1,2	1	200	4	12 – 18
	6	1,2	1	230	7	12 – 18
WIG-Schweißen von Aluminium und Aluminiumlegierungen						
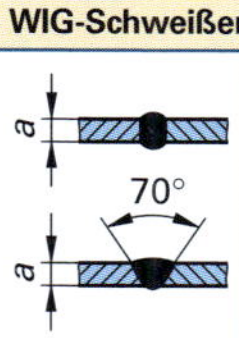	1	3	1	75	Drahtvorschub erfolgt von Hand	10 – 12
	1,5	3	1	90		10 – 12
	2	3	1	110		10 – 12
	3	3	1	125		10 – 12
	4	3	1	160		10 – 12
	5	3	1	185		10 – 12

G

Schutzgase zum Schweißen

vgl. DIN EN 439

Bezeichnungsbeispiel: Schutzgas EN 439 – M1 2

EN 439: Norm-Nummer; M1: Gruppe; 2: Kennzahl

* AR ist bis zu 95% durch He ersetzbar.

Gruppe	Kennzahl	Zusammensetzung in Vol.-% Ar	He	CO_2	O_2	H_2	Anwendung	Reaktionsverhalten
R	1 2	Rest* Rest*				> 0…15 > 15…35	WIG, Plasmaschweißen	reduzierend
I	1 2 3	100 Rest	 100 > 0…95				MIG, WIG, Plasmaschweißen, Wurzelschutz	inert
M1	1 2 3	Rest* Rest* Rest*	> 0…5	> 0… 5 > 0… 5	 > 0… 3		MAG	schwach oxidierend
M2	1 2 3	Rest* Rest* Rest*		> 5…25 > 0… 5	 > 3…10 > 3…10		MAG	↓
M3	1 2 3	Rest* Rest* Rest*		> 25…50 > 5…50	 > 10…15 > 8…15		MAG	↓
C	1 2			100 Rest	 > 0…30		MAG	stark oxidierend

Drahtelektroden zum Metallschutzgasschweißen

vgl. DIN EN 440

Bezeichnungsbeispiel: Schweißgut EN 440 – G 46 3 M G3Si1

- EN 440: Norm-Nummer
- G: Kurzzeichen für Metall-Schutzgasschweißen
- 46: mechanische Eigenschaftten
- 3: Kerbschlagarbeit
- M: Art des Schutzgases
- G3Si1: chemische Zusammensetzung

Kennziffern mechanische Eigenschaften	**35**	**38**	**42**	**46**	**50**
Streckgrenze in N/mm^2	355	380	420	460	500
Zugfestigkeit in N/mm^2	440…570	470…6000	500…640	530…680	560…720
Bruchdehnung in %	22	20	20	20	18

Kennzeichen für die Kerbschlagarbeit	**Z**	**A**	**0**	**2**	**3**	**4**	**5**	**6**
Mindestkerbschlagarbeit 47 J bei °C	–	+ 20	0	– 20	– 30	– 40	– 50	– 60

Kennzeichen für Schutzgase	**M**	**C**
Verwendetes Gas nach DIN EN 439	Mischgas, M2, jedoch ohne Helium	Reines Kohlendioxid C1

Chemische Zusammensetzung

Kurzzeichen	Hauptlegierungselemente in % Si	Mn	Sonstige	Kurzzeichen	Hauptlegierungselemente in % Si	Mn	Sonstige
G0	Jede vereinbarte Zusammensetzung			**G3Ni1**	0,5…0,9	1,0…1,6	Ni: 0,08…1,5
G2Si1	0,5…0,8	0,9…1,3		**G2Ni2**	0,4…0,7	0,8…1,4	Ni: 2,1…2,7
G3Si1	0,7…1,0	1,3…1,6		**G2Mo**	0,3…0,7	0,9…1,3	Mo: 0,4…0,6
G3Si2	1,0…1,3	1,3…1,6		**G4Mo**	0,5…0,8	1,7…2,1	Mo: 0,4…0,6
G2Ti	0,4…0,8	0,9…1,4	Ti: 0,05…0,25	**G2Al**	0,3…0,5	0,9…1,3	Al: 0,35…0,75

Anwendungsbereiche von Drahtelektroden zum Metallschutzgasschweißen

Werkstoff	Bezeichnung	Werkstoffnummer	Anwendung, Hinweise
Stahl	SG 2 CY 42 32	1.5125	MAG, Fahrzeugbau, Reparaturarbeiten an Karosserieblechen
	SG 3 CY 46 43	1.5130	
Aluminium-legierungen	G/SG – Al Si 5	3.2245	WIG, Fahrzeugbau, Reparatur von Leichtmetallgehäusen, Karosseriebleche, ungeeignet für Eloxierungen
	G/SG – Al Si 12	3.2585	
	SG – Al Mg 5	3.3556	WIG, Fahrzeugbau, für Eloxierungen geeignet.

G

Bohren

Bezeichnungen am Spiralbohrer

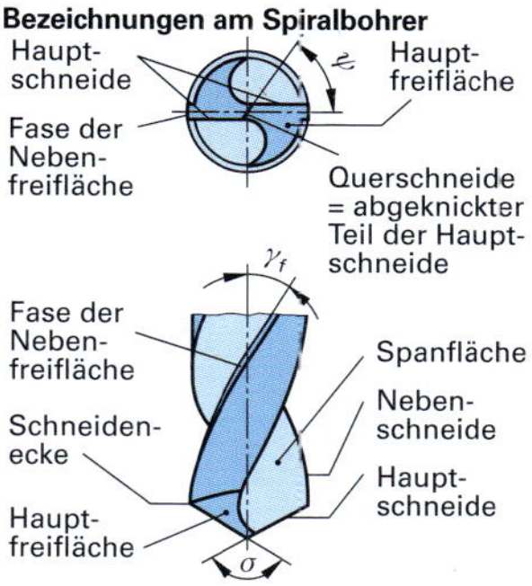

σ Spitzenwinkel
ψ Querschneidenwinkel
γ_f Seitenspanwinkel

Bohrertyp	zu bearbeitender Werkstoff	Spitzenwinkel σ
N für normale Werkstoffe  γ_f = 19° … 40°	unleg. und leg. Stahl mit normaler Festigkeit und Härte, Cu-Leg. mit hoher Festigkeit, Al-Gusslegierung	118°
H für harte Werkstoffe 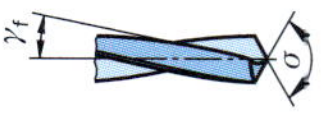 γ_f = 10° … 19°	Kurzspanende Werkstoffe, hart und zähhart hochlegierter Werkzeugstahl, Gusseisen	118°
W für weiche Werkstoffe  γ_f = 27° … 45°	Langspanende Werkstoffe, weich und zäh Cu, Cu-Legierungen mit geringer Festigkeit, Al-Legierungen	130°

G

Richtwerte für das Bohren mit Spiralbohrern aus Schnellarbeitsstahl

Zu bearbeitende Werkstoffe	v_c m/min	Bohrerdurchmesser d in mm 2	4	6	10	16	25	Kühlschmierstoff
		Vorschub f je Umdrehung in mm						
Unlegierte Stähle bis 700 N/mm²	25 … 30	0,05	0,10	0,12	0,20	0,25	0,40	Bohrölemulsion
Legierte Stähle bis 900 N/mm²	15 … 20	0,02	0,04	0,05	0,08	0,10	0,16	
Gusseisen	15 … 22	0,05	0,10	0,12	0,20	0,25	0,40	trocken
Cu, Cu-Leg. (z.B. CuZn 40)	40 … 60	0,05	0,10	0,12	0,20	0,25	0,40	trocken
Aluminium-Legierungen	30 … 100	0,05	0,10	0,12	0,20	0,25	0,40	Bohröl

Drehen

Winkel am Drehmeißel

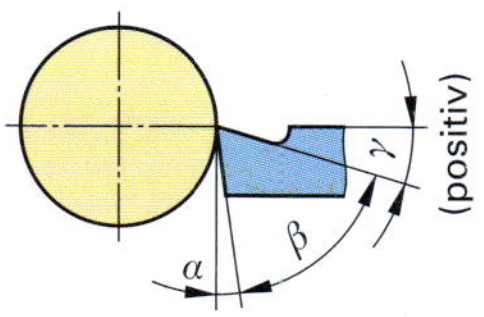

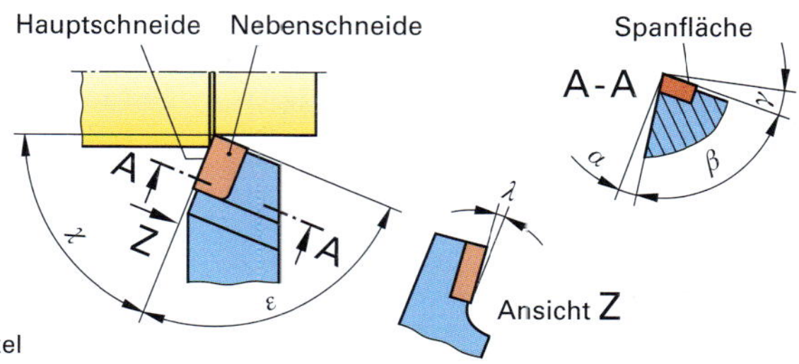

α Freiwinkel
β Keilwinkel
γ Spanwinkel
ε Spitzenwinkel
$\varkappa$ Einstellwinkel
λ Neigungswinkel

Richtwerte für das Drehen mit Schnellarbeitsstahl

Werkstoff	R_m N/mm²	Schnitttiefe a in mm	Vorschub f mm	Schnittgeschwindigkeit v_c in m/min	Standzeit min	Freiwinkel α	Spanwinkel γ	Neigungswinkel λ
Allgem. Baustahl Einsatz- und Vergütungsstahl Stahlguss	< 500	0,5	0,1	75 … 60	60	8°	18°	0° … 4°
		3	0,5	65 … 50				
	500 … 700	0,5	0,1	70 … 50	60	8°	14°	0° … 4°
		3	0,5	50 … 30				
Gusseisen	200 … 400	0,5	0,1	40 … 32	60	8°	0° … 6°	0°
		3	0,3	32 … 23				– 4°
Al-Legierungen	< 900	6	0,6	180 … 120	240	10°	25° … 35°	+ 4°

Drehzahldiagramm

Beim Arbeiten mit Bohrmaschinen oder Drehmaschinen muss dem Durchmesser des Bohrers oder dem Werkstück entsprechend die richtige Drehzahl eingestellt werden, um die zulässige Schnittgeschwindigkeit nicht zu überschreiten. Die Schnittgeschwindigkeit hat Einfluss auf die Oberflächengüte und die Standzeit des Werkzeugs. Die Ermittlung der Drehzahl kann entweder rechnerisch mit Hilfe der Formel

$$v_c = \pi \cdot d \cdot n$$

oder grafisch über ein Drehzahldiagramm erfolgen. Liegt der Schnittpunkt aus Schnittgeschwindigkeit und Durchmesser nicht auf einer Drehzahlgeraden, so wählt man die nächst höhere oder niedrigere Drehzahl.

Ablesebeispiel:
d = 12 mm; v_c = 34 m/min;
n = ? 1/min
Einzustellende Drehzahl:
n = 900 1/min

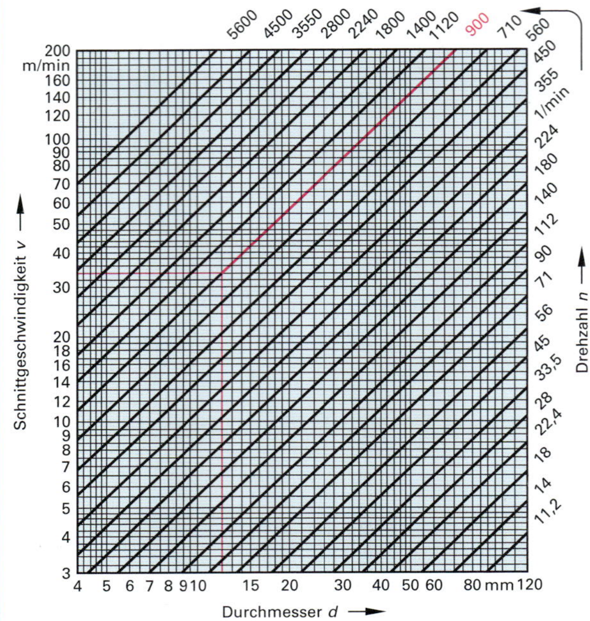

G

Sägen

Sägen ist ein spanendes Arbeitsverfahren mit geradliniger oder kreisförmiger Schnittbewegung. Es dient bei Karosseriearbeiten hauptsächlich zum Heraustrennen von Blechteilen. Als Karosseriesägen verwendet man vorwiegend

- Kurzhubsägen/Langhubsägen
- oszillierende Sägen.

Kurzhubsäge. Sie wird am häufigsten verwendet, da auch an schlecht zugänglichen oder beengten Stellen ein Austrennen möglich ist. Zum Sägen von Blechen verwendet man Sägeblätter mit feiner Zahnteilung, z.B. 32 Zähne / inch Sägeblattlänge. Hubzahl und Hubgröße müssen so eingestellt werden, dass ein gratfreier Schnitt ohne Verzug des Bleches möglich ist.
Beim Sägen von breiteren Karosserieteilen, wie z.B. Schwellern, muss das Sägeblatt länger sein als das zu sägende Teil zuzüglich dem einzustellenden Hub. Der verstellbare Bügel dient zum Abstützen, um ein Einhaken im federnden Blech zu vermeiden. Nicht nur gerade Schnitte, sondern auch enge Radien können gesägt werden, wenn ein kurzes, schmales Sägeblatt verwendet wird.

Oszillierende Säge. Das Sägeblatt dreht sich nicht vollständig um seine Achse, sondern dreht sich schnell vor und zurück, sodass immer nur ein bestimmter Abschnitt des Sägeblattumfanges zum Einsatz kommt. Ein beschädigtes Sägeblatt kann durch Vor- oder Zurückdrehen weiter verwendet werden. Durch das Oszillieren kann das Blech nicht nachfedern, es kommt zu sauberen Trennschnitten. Die Schnitttiefe lässt sich auf 1/10 mm einstellen, sodass übereinander liegende Bleche geschnitten werden können, ohne das darunterliegende zu beschädigen.

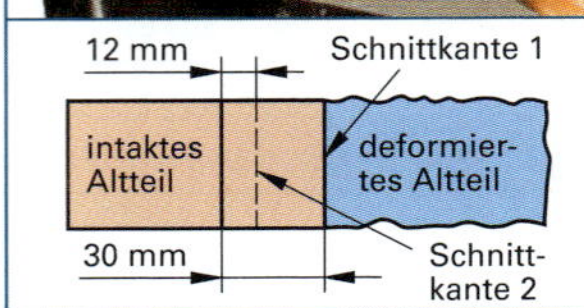

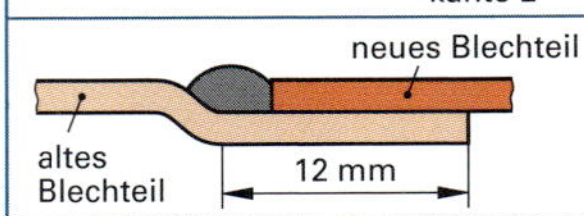

Heraustrennen des beschädigten Blechteiles. Nach Festlegung des Schnittbereiches, wird das beschädigte und neue Blechteil so abgesägt, dass eine Überlappung von 30 mm mit dem alten Karosserieblech möglich bleibt. Nach Auflegen des neuen Teiles auf die Karosserie, wird die Abschlusskante auf das Karosserieblech übertragen. Im Abstand von 12 mm von dieser Markierung in Richtung Schnittkante wird eine parallele Linie aufgetragen, an der entlang das Karosserieblech entgültig abgeschnitten wird. Der verbliebene 12 mm breite Streifen dient zum Absetzen. Das neue Teil wird hier eingelegt und mit der Karosserie verschweißt.

Begriffe

Schleifen ist ein spanendes Fertigungsverfahren mit geometrisch unbestimmten Schneiden. In der Fertigungstechnik werden durch Schleifen große Maß- und Formgenauigkeit bei hoher Oberflächengüte erreicht. Im Rahmen der Reparaturlackierung wird das Schleifen bei der Vorbehandlung von Oberflächen eingesetzt. Trenn- und Schruppschleifscheiben werden u.a. bei der Karosseriereparatur verwendet.

Schleifmittel

Zeichen	Schleifmittel	Härte nach Mohs	Härte nach Knoop	Verwendung
A	Normalkorund Halbedelkorund	ca. 9	1635 … 2080	Mittelharte bis harte Werkstoffe (ungehärteter Stahl), Temperguss
	Edelkorund	9,0 … 9,2	2080	Zähharte Stähle (Werkzeugstahl); Schleifen u. Polieren von Glas
C	Siliciumkarbid	9,5 … 9,7	2480	Planschleifen (z.B. Hartmetall, GJL), Abrichten, Abziehen
B	Bornitrid	9,8	4700	Schnellarbeitsstähle, Einsatzstähle, Kugellagerstähle
D	Diamant	10	7000	Glas, Duroplaste, glasfaserverstärkte Kunststoffe, Stein

Nach Knoop wird die Eindringtiefe mit einer Diamantpyramide mit dem Spitzenwinkel 172,5° und 130° gemessen. Nach Mohs wird die Ritzhärte der Oberfläche auf einer Härteskala von 1 (Talk) bis 10 (Diamant) bestimmt.

G

Körnung

Die Körnung des Schleifmittels ist die Bezeichnung für die Größe eines Schleifkornes. Die Körnung wird durch eine Zahl gekennzeichnet, die der Anzahl der Siebmaschen auf 1 Zoll Länge (25,4 mm) entspricht („mesh/inch" n. US-Norm). Die Körnung kann auch nach dem FEPA-Standard (FEPA = Fédération Européenne des Fabricants de Produits Abrasifs) angegeben werden. Die Partikelgröße wird mit einem P und einer nachgestellten Zahl gekennzeichnet.

Nach US-Norm in mesh / inch

Körnungsnummer	Bezeichnung	Art der Bearbeitung
10 bis 24	grob	Schruppschleifen
30 bis 60	mittel	Schruppschleifen
70 bis 120	fein	Feinschleifen
150 bis 240	sehr fein	Feinschleifen
300 bis 1200	staubfein	Feinstschleifen

Nach FEPA

P12	Grobe Körnung	Vergleich:	
P16	↓	FEPA	US-Norm
⋮		P240	ca. 220 – 240
⋮		P500	ca. 320 – 360
P1000		P1000	ca. 500 – 600
P1200	Feine Körnung	P1200	ca. 600 – 700

Härtegrad der Bindung und Gefüge

Bezeichnung	Härtegrad	Verwendung
äußerst weich	A B C D	Tiefschleifen und Seitenschleifen harter Werkstoffe
sehr weich	E F G	
weich	H I Jot K	Schleifen metallischer Werkstoffe
mittel	L M N O	
hart	P Q R S	Außen-Rundschleifen, weiche Werkstoffe
sehr hart	T U V W	
äußerst hart	X Y Z	

Kennziffer für Gefüge

0 1 2 3 4 5 6 7 8 9 10 11 12 13 14 usw.

Gefüge

geschlossen (dicht) ⟷ offen (porös)

Bindung

Zeichen	Bindungsart	Zeichen	Bindungsart	Zeichen	Bindungsart
V	Keramische Bindung	M	Metallbindung	R RF	Gummibindung, faserstoffverstärkt
B BF	Kunstharzbindung, faserstoffverstärkt	G	Galvanische Bindung		
		E	Schelllackbindung	Mg	Magnesitbindung

Arbeitshöchstgeschwindigkeit (zulässige Umfangsgeschwindigkeit)

Die Arbeitshöchstgeschwindigkeit darf nicht überschritten werden! Angaben über die zulässige Drehzahl beziehen sich auf den Nenndurchmesser der Scheiben!

Farbstreifen auf der Scheibe	blau	gelb	rot	grün	grün-gelb	blau-rot
Arbeitshöchstgeschwindigkeit	50 m/s	63 m/s	80 m/s	100 m/s	125 m/s	140 m/s

Schleifscheiben

Bezeichnungen

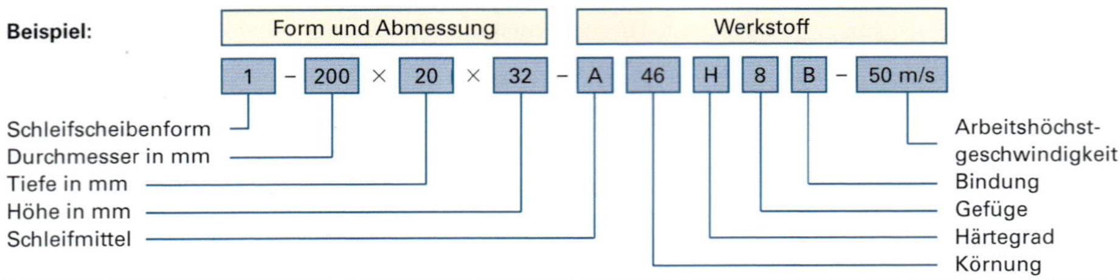

Schleifscheiben für Schleifböcke

Sie werden auf Werkstatt-Schleifmaschinen für einfache Schleifarbeiten bei geringen Anforderungen an die Genauigkeit eingesetzt, z.B. zum Schärfen von Werkzeugen und Entgraten von Werkstücken.

Form 1:
Gerade Schleifscheibe

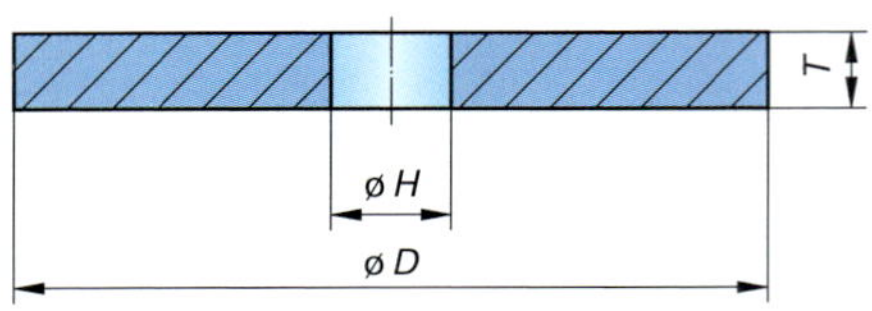

Maße (Auszug) in mm:		
∅ *D*	*T*	∅ *H*
100	13, 20	16, 20
125	13, 20	20, 32
150	20, 25	20, 32

Trenn- und Schruppschleifscheiben

Trennschleifscheiben werden im Karosserie- und Fahrzeugbau zum Trennen von Blechen und Profilen verwendet. Schruppschleifscheiben werden zur Oberflächen- und Schweißnahtbearbeitung sowie zum Entgraten und Anfasen an Werkstückkanten verwendet.
Für das Entrosten bzw. die Lackentfernung bei Karosseriearbeiten werden in vielen Fällen Nylon-Gewebescheiben mit Zusatzwerkstoff verwendet, da sie die Oberfläche der Bleche nicht beschädigen.

Form 42: Gekröpfte Trennschleifscheibe/Schruppschleifscheibe

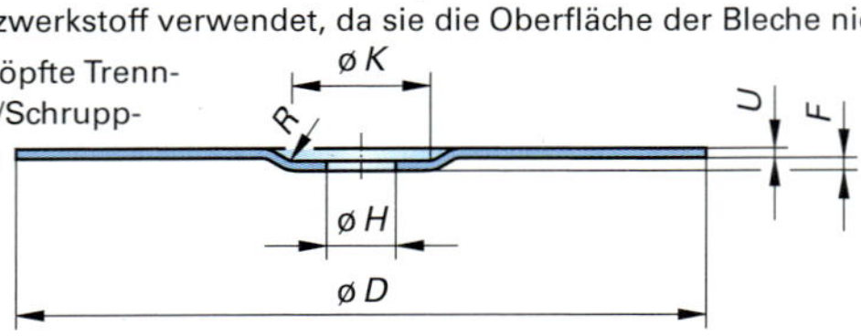

Maße (Auszug) in mm:					
D	*U*	*H*	K_{min}	F_{min}	*R*
80	2	10	23	4	6
100	2,5	16	35,5		
115	3,2	22, 23	45	4,6	8

Schleifblätter

Schleifblätter werden für die Bearbeitung von Oberflächen (z.B. Vorbereitung einer Lackierung) benutzt.
Als Schleifkornträger wird Papier, Leinen oder Fiber verwendet.
Beim Exzenterschliff ist neben der Körnung der Hub der Maschine ausschlaggebend für die Oberflächenrauheit.

Verwendung	Körnung (FEPA)	Anwendung
Entrosten, grober Schliff	P16 – P160	Winkelschleifer
Schleifen von Polyesterspachtel	P40 – P80 P40 – P120 P80 – P120	Schleiffeile Schwingschleifer Exzenterschleifer
Schleifen von Feinspachtel	P24 – P360 P80 – P120 P80 – P180	Handschliff Exzenterschleifer Schwingschleifer
Schleifen von Grundfüller	P400 – P800 P120 – P180 P120 – P320	Handschliff Exzenterschleifer Schwingschleifer
Schleifen von Füller	P400 – P800 P180 – P220	Handschliff Exzenterschleifer
Schleifen von Decklack	P400 – P800	Handschliff
Anschleifen der Altlackierung	P180 – P220	Exzenterschleifer
Ausbesserungen bei Zweischichtlackierungen	P600 – P1200	Handschliff

Kraftstoffe, Betriebs- und Hilfsstoffe

Eisenmetalle

W

Nichteisenmetalle

Nichtmetalle

Kfz-Teile

Werkstoffprüfung

Kraftstoffe: Chemischer Aufbau

Kraftstoffe sind Gemische aus Kohlenstoff- und Wasserstoffatomen, die sich durch den Aufbau ihrer Moleküle unterscheiden. Ein C-Atom kann maximal 4 H-Atome binden. Bei fast allen Kraftstoffen sind aber mehrere C-Atome zu ketten- oder ringförmigen Molekülen aneinandergereiht, wodurch weniger H-Atome gebunden werden können. Dieser unterschiedliche Aufbau und die damit verbundene Größe der Moleküle bestimmen wesentlich das Verhalten der Kraftstoffe bei der motorischen Verbrennung, z.B. zündwillig oder klopffest.

Arten	Name	Strukturformel	Chemische Formel	Merkmale
Paraffine (Alkane)	**Normal-Paraffine** (n-Paraffine, C_nH_{2n+2}) Die kettenförmig aneinandergereihten C-Atome sind einfach gebunden (C–C) und gesättigt, d.h. alle weiteren Bindungen (Valenzen) sind mit H-Atomen besetzt. Normal-Paraffine sind bis zu 4 C-Atomen gasförmig, bis zu 16 C-Atomen flüssig und darüber fest.			
	Methan	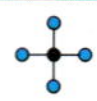	CH_4	Gasförmig, Hauptbestandteil des Erdgases, sehr klopffest.
	Ethan	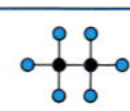	C_2H_6	Gasförmig, farb- und geruchlos, sehr klopffest.
	Propan	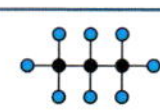	C_3H_8	Gasförmig, Bestandteil des Treibgases (Flüssiggas in Stahlflaschen).
	Butan	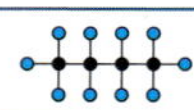	C_4H_{10}	Gasförmig, Bestandteil des Treibgases (Flüssiggas in Stahlflaschen).
	Heptan	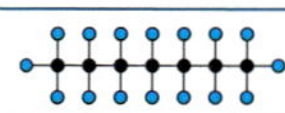	C_7H_{16}	Flüssig, Bezugskraftstoff zur Bestimmung der Oktanzahl, wenig klopffest.
	Oktan	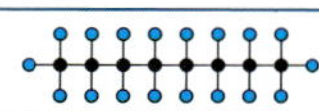	C_8H_{18}	Flüssig, wenig klopffest.
	Iso-Paraffine (i-Paraffine, C_nH_{2n+2}) Die kettenförmig aneinandergereihten C-Atome sind ebenfalls einfach gebunden (C–C) und gesättigt. Von den Normal-Paraffinen unterscheiden sie sich durch eine oder mehrere Seitenverzweigungen der C-Kette, wodurch sich die physikalischen und chemischen Eigenschaften ändern.			
	Iso-Oktan	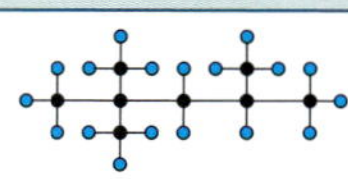	C_8H_{18}	Flüssig, Bezugskraftstoff zur Bestimmung der Oktanzahl, sehr klopffest.
Olefine (Alkene)	Ungesättigte Verbindungen von kettenförmig aneinandergereihten C-Atomen, mit Doppelbindung (C=C) ohne oder mit Seitenverzweigungen (C_nH_{2n}).			
	Buten	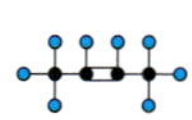	C_4H_8	Alkene lassen sich leicht zu klopffesteren Alkanen umwandeln.
Cyclo-Paraffine (Naphtene)	Gesättigte Verbindungen mit ringförmig angeordneten C-Atomen, Seitenverzweigungen möglich.			
	Cyclo-Hexan	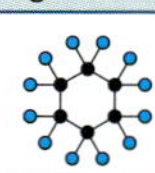	C_6H_{12}	Weiterverarbeitung durch Reformieren zu klopffesteren Aromaten.
Aromate	Ungesättigte Verbindungen mit ringförmig angeordneten C-Atomen, Seitenverzweigungen möglich.			
	Benzol	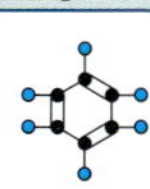	C_6H_6	Sehr klopffest aber giftig und im Kraftstoff ersetzt durch Toluol ($C_6H_5CH_3$), Xylol (C_8H_{10}) und C_{10}-Aromate.
Alkohole	Bei diesen Kohlenwasserstoffen ist ein H-Atom durch eine Hydroxylgruppe (OH-Gruppe) ersetzt. Für Kraftstoffe ist nur Methanol (Methylalkohol) von Bedeutung, da er sich aus Kohle oder Erdgas herstellen lässt. Einsatz auch in Brennstoffzellen.			
	Methanol	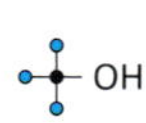	CH_3OH	Sehr klopffest, hohe Verdampfungswärme, aber niedriger Heizwert.

W

Kraftstoffe: Herstellung

Schema einer Raffinerie

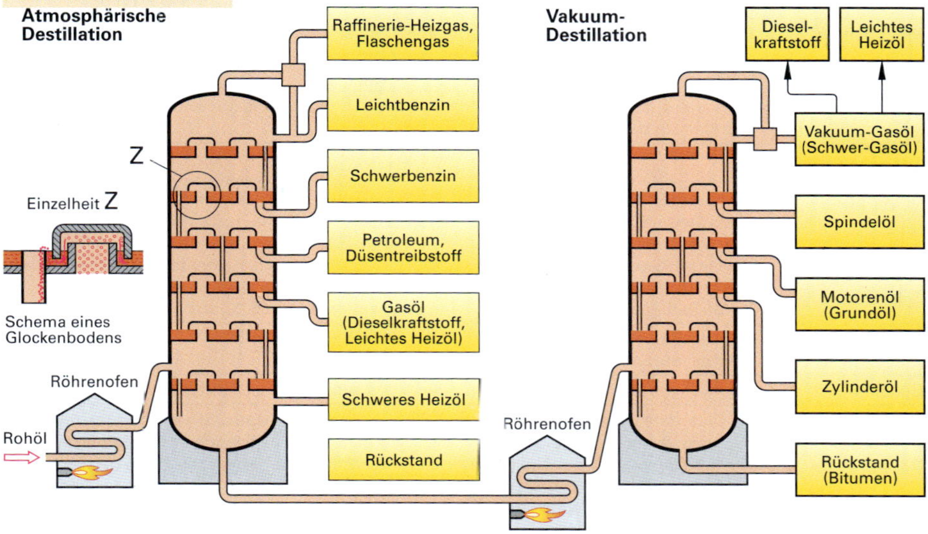

Herstellungsverfahren

Destillieren (Trennen)	**Atmosphärische Destillation** Trennung der im Rohöl enthaltenen Stoffgruppen nach Siedebereichen (Fraktionierende Destillation) durch Erwärmung bis auf etwa 360 °C und anschließende Kondensation in den einzelnen Glockenböden. **Vakuum-Destillation** Bei höherer Erwärmung als 380 °C treten unerwünschte Spaltvorgänge der Molekülgruppen auf. Schwersiedende Bestandteile, die sich am Boden des Fraktionierturmes gesammelt haben, werden der Vakuum-Destillation unterzogen. Durch den Unterdruck erfolgt die Destillation etwa 100 °C ... 150 °C tiefer.
Cracken (Zerbrechen)	Die bei der Destillation entstandenen Großmoleküle der höhersiedenden Schwerkraftstoffe werden durch Zerlegung in leichtere und klopffestere Isoparaffine und Olefine umgewandelt. Dadurch erhöht sich auch die Ausbeute an Benzin. Thermisches Cracken bei Wärme und Druck (20 bar). Katalytisches Cracken erhöht den Anteil an Leichtkraftstoffen, Hydrocracken ergibt hochwertige, schwefelarme Kraftstoffe durch Anlagern von Wasserstoff an die zerbrochenen Moleküle.
Reformieren	Kettenförmige Paraffine niedriger Oktanzahl werden mit Katalysatoren (Platin: Platforming-Verfahren) in klopffeste Iso-Paraffine und Aromate umgewandelt. Auch Cyclo-Paraffine werden zu Aromaten umgewandelt. Das Einsatzprodukt ist Schwerbenzin aus der Destillation.
Polymerisieren Isomerisieren	Die beim Cracken und Reformieren entstandenen gasförmigen Kohlenwasserstoffe werden über Katalysatoren zu größeren Molekülen zusammengeballt, hauptsächlich zu Iso-Paraffinen. Werden geradkettige Paraffine in Iso-Paraffine umgewandelt, so nennt man diesen Vorgang Isomerisieren.
Hydrieren	Anlagerung von Wasserstoffatomen an ungesättigte Olefine zu stabilen und klopffesten Iso-Paraffinen.
Alkylieren	Olefine und Paraffine werden miteinander zur Reaktion gebracht, sodass Iso-Paraffine mit hoher Klopffestigkeit entstehen.
Raffinieren	Am Ende der Rohölverarbeitung stehen Reinigungsprozesse. Durch Druckraffination wird mit Hilfe von Wasserstoff der in den Kraftstoffen noch enthaltene Schwefel zu Schwefelwasserstoff umgewandelt. Auch Stickstoff und Sauerstoff können so entfernt werden.

Begriffe zur Verbrennung	
Flammpunkt	Temperatur, bei der verdampfende Kraftstoffteile in Mischung mit Luft bei Annäherung einer Zündflamme zum ersten Mal aufflammen, ohne dass der Kraftstoff weiterbrennt.
Brennpunkt	Temperatur, bei der sich so viel brennbares Gemisch gebildet hat, dass die Flamme mindestens 5 Sekunden weiterbrennt. Die Brennpunkttemperatur liegt etwa bei 30 °C ... 40 °C über der Flammpunkttemperatur.
Zündtemperatur	Temperatur, bei der Kraftstoffe in Berührung mit Luft sich selbst entzünden und bei Atmosphärendruck dauernd weiterbrennen.
Ottokraftstoffe	
Ottokraftstoffe	Sie bestehen aus einem Gemisch verschiedener Komponenten, wie z.B. Destillate, Butane, Crack-Benzine, Hydrocrack-Benzine, Reformat-Benzine, Isomerisate, Alkylate, Polymer-Benzine, Methanol und Methyl-Tertiär-Butyl-Ether (MTBE). Um die vorgeschriebene Mindestoktanzahl zu erreichen, werden Anteile mit niedriger Oktanzahl mit Anteilen mit hoher Oktanzahl (z.B. MTBE) gemischt. Der Siedebereich der einzelnen Bestandteile liegt zwischen 25 °C und 210 °C.
Sicherheit	R-Sätze: R12; R38; R45; R46; R48/20/21/22; R51/53; R63; R65; R67 S-Sätze: S9; S16; S33; S35; S36/37; S53; S61; S62
Gefahren	Gefahrenklasse AI; F+ hoch entzündlich; T giftig; N umweltgefährlich
Klopffestigkeit, Oktanzahl OZ	Die Oktanzahl ist ein Maß für die Klopffestigkeit eines Kraftstoffs. Sie wird in einem Prüfmotor durch Versuche bestimmt. Dazu vergleicht man den zu prüfenden Kraftstoff hinsichtlich seiner Klopfneigung mit einer definierten Mischung aus n-Heptan (ROZ = 0) und Iso-Oktan (ROZ = 100). Hat ein Kraftstoff z.B. die Research-Oktanzahl 95, so bedeutet dies, dass er sich hinsichtlich seiner Klopffestigkeit genauso verhält, wie eine Mischung aus 95 Vol.-% Iso-Oktan und 5 Vol.-% n-Heptan.
Research-OZ ROZ	Sie berücksichtigt besonders das Motorklopfen, das bei niedrigen und mittleren Drehzahlen und Volllast entstehen kann.
Motor-OZ MOZ	Sie berücksichtigt besonders das Motorklopfen, das bei hoher Last und hoher Drehzahl entstehen kann.
Siedeverlauf	Er gibt an, wie viel Prozent des jeweiligen Kraftstoffs bei welcher Temperatur verdampft sind.
niedrigsiedende Anteile	• Werden beschrieben durch den **E70-Punkt** (evaporated = verdampfter Anteil bei 70 °C) oder **T10-Punkt** (Temperatur, bei der 10 Vol.-% des Kraftstoff verdampft sind). • Sorgen für ein gutes Kaltstartverhalten mit niedriger Abgasemission in der Warmlaufphase. • Können im Sommer zur Dampfblasenbildung und zu erhöhten Verdampfungsverlusten führen.

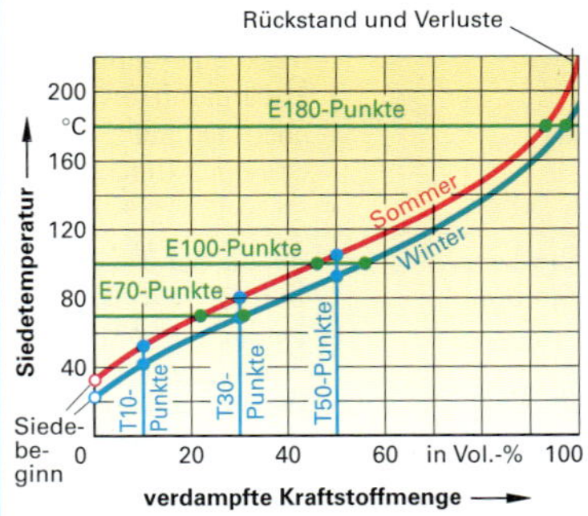

hochsiedende Anteile	• Werden beschrieben durch den **E180-Punkt** (evaporated = verdampfter Anteil bei 180 °C) oder **T50-Punkt** (Temperatur, bei der 50 Vol.-% des Kraftstoffs verdampft sind). • Enthalten mehr Energie als leichtsiedende Anteile. • Können insbesondere bei Kaltstart an den Zylinderwänden kondensieren. Gelangen in den Ölfilm und verdünnen das Motoröl mit der Folge des erhöhten Verschleißes und steigender Abgasemission.
mittelsiedende Anteile	• Werden beschrieben durch den **E100-Punkt** (evaporated = verdampfter Anteil bei 100 °C) oder **T30-Punkt** (Temperatur bei der 30 Vol.-% des Kraftstoffs verdampft sind). • Kraftstoffe mit zu wenig Komponenten im mittleren Siedebereich führen zu schlechterem Fahrverhalten wie z.B. „Ruckeln beim Beschleunigen".
Sauerstoffgehalt	Zur Erzeugung von hochoktanigen Ottokraftstoffen werden MTB mit hohem Sauerstoffgehalt (18 Vol.-%) eingesetzt. Die sollen die meist giftigen und krebserregenden Aromaten ersetzen. Der vorgeschriebene Gesamtsauerstoffgehalt (2,8 Vol.-%) darf nicht überschritten werden.

W

Premium-Benzine	• Kraftstoffe mit einer ROZ von 100. Handelsame z.B. „V-Power", „Ultimate", „Super 100". • Meist verringertes Siedeende bei ca. 190 °C durch veränderte Rezeptur des Grundbenzins. • Dadurch weniger Rückstände bei Kurzstrecken- und Kaltstartbetrieb. • Verändertes Additivpaket zur Verbesserung der Verbrennung und der Emissionswerte.
Rennbenzine	• Einsatz von Kohlenwasserstoffen mit Oktanzahlen bis zu ROZ = 120. Z.B. Alkylat (Iso-Octan und andere Iso-Paraffine), katalytisches Reformat (Toluol, Xylol und andere ringförmige Kohlenwasserstoffe). • Verwendung hochoktanigerAlkohole, z.B. Methanol und Ethern, z. B. MTBE. • Komponenten mit hohem Energieinhalt und/oder niedrigem stöchiometrischem Luft-Kraftstoff-Verhältnis z. B. Nitromethan. • Verwendung von Kohlenwasserstoffen, wie Quadrizyklan (C7H8) oder Diolefinen wie Di-Iso-Butylen (C8H16), die die Verbrennung beschleunigen.
Ottokraftstoffe: Additive	
Additive	• Zusätze die Eigenschaften und das Verhalten des Kraftstoffs im Motor deutlich verbessern. • Werden dem Kraftstoff meist erst beim Befüllen des Tanklastzuges zugegeben. • Konzentrationen meist deutlich unter 1 %.
Detergentien	• Sie sollen Ablagerungen in Einlasssystemen, besonders an Einlassventilen, Einspritzdüsen, die zur Verschlechterung des Fahrverhaltens und der Abgasemission führen, verhindern. • Besonders gute Wirkung mit modernen synthetischen Motorölen. • Wirkstoffe: Polyisobutenamine, Polyisobutenpolyamide und Polyetheramine.
Antioxidantien	• Sie werden bereits während der Produktion instabiler Crackkomponenten zugesetzt. • Sie sind nötig, um deren Zerfall zu verhindern.
Korrosions-schutz-additive	• Sie bedecken die zu schützenden Metalloberflächen, bilden eine Schutzschicht aus und halten damit korrosive Kraftstoffbestandteile vom Metall fern. • Besondere Bedeutung bei Neufahrzeugen (fast leerer Tank, lange Stillstandszeiten) oder wenn Kraftstoffe mit korrosionsfördernden Alkoholkomponenten hergestellt werden. • Wirkstoffe: Carboxylat, Ester- oder Aminogruppen.
Reibungs-minderer	• Friction modifier können als Additiv im Kraftstoff zur Reibungsminderung (besonders Reibung zwischen oberstem Kolbenring und Zylinderwand) und damit zur Senkung des Kraftstoffverbrauchs beitragen.

Ottokraftstoffe: Kennwerte **vgl. DIN EN 228**

		E10	Superbenzin	Superplus	Einfluss auf
Norm		DIN EN 228			
Klopffestigkeit (Oktanzahl)	mindestens ROZ mindestens MOZ	91,0 82,5	95,0 85,0	98,0 88,0	Klopfen bei niedrigen Drehzahlen Klopfen bei hohen Drehzahlen
Bleigehalt	höchstens	5 mg/l			Ablagerungen, Katalysator
Dichte von bis	bei 15 °C	0,720 kg/l 0,775 kg/l			Kraftstoffverbrauch
Siedeverlauf (verdampfte Menge)	E70 Sommer E70 Winter E100 Sommer E100 Winter	20,0 % … 48,0 % 22,0 % … 50,0 % 46,0 % … 71,0 % 46,0 % … 71,0 %			Kaltstart, Heißstart. Fahrverhalten bei heißem und kalten Motor, Verdampfungsemissionen
Siedeende	höchstens	210 °C			Rückstandsbildung, Verschleiß
Abdampfrückstand	höchstens	5 mg/100 ml			Rückstandsbildung
Schwefelgehalt	seit 2005 höchstens	50 mg/kg			Korrosion, Katalysator
	tatsächlich von bis	2 mg/kg 18 mg/kg	2 mg/kg 37 mg/kg	2 mg/kg 12 mg/kg	
Aromaten-gehalt	seit 2005 höchstens	35 Vol.-%			Emissionen (Abgase, verdunsteter Kraftstoff)
Benzolgehalt	höchstens	1,0 Vol.-%			Emissionen
Gesamtsauer-stoffgehalt	höchstens	2,7 Vol.-%			Fahrverhalten, Emissionen, Kraftstoffverbrauch

W

Dieselkraftstoffe	
Dieselkraftstoffe	Sie bestehen aus einem Gemisch aus Olefinen (ungesättigte, kettenförmige oder verzweigte Kohlenwasserstoffe), Aromaten (ringförmige Kohlenwasserstoffverbindungen) und Paraffinen (kettenförmige, gesättigte Kohlenwasserstoffe). Der Siedebereich der einzelnen Bestandteile liegt zwischen 170 °C und 380 °C.
Sicherheit	R-Sätze: R40; R51/53; R65; R66 S-Sätze: S2; S13; S24; S29; S36/37; S56; S61; S62
Gefahren	Gefahrenklasse A III; Xn gesundheitsschädlich; N umweltschädlich.
Zündwilligkeit Cetanzahl CZ	Die Cetanzahl ist ein Maß für die Zündwilligkeit von Dieselkraftstoffen. Sie wird in genormten Prüfmotoren durch Versuch bestimmt. Dazu vergleicht man den zu prüfenden Kraftstoff hinsichtlich seines Zündverzugs. Als Vergleichskraftstoffe werden Cetan ($C_{16}H_{34}$) mit der CZ = 100 und α-Methyl-Naphthalin mit der CZ = 0 verwendet. Ein Kraftstoff, der im Prüfmotor den gleichen Zündverzug wie beispielsweise eine Mischung aus 52 % Cetan und 48 % α-Methyl-Naphtalin ergibt, hat definitionsgemäß eine CZ von 52.
Zündverzug	Zeit, die vom Einspritzbeginn bis zum Beginn der Entzündung des Kraftstoffes vergeht. Um geringen Zündverzug zu erreichen, ist Kraftstoff mit hoher Cetanzahl (CZ > 51) notwendig. **Folge hohen Zündverzugs:** Nagelndes Verbrennungsgeräusch, hohe Beanspruchung des Motors. **Mögliche Ursachen für hohen Zündverzug:** Kraftstoff mit geringer CZ, schlechte Kompression, tropfende Einspritzdüse, kalter Motor.
Filtrierbarkeit (Wintertauglichkeit)	Die Wintertauglichkeit von Dieselkraftstoffen wird bestimmt durch die Filtrierbarkeit CFPP (Cold Filter Plugging Point). Es ist die Temperatur, bei welcher der Fließwiderstand in den Kraftstofffiltern aufgrund von Paraffinausscheidungen gerade noch eine Kraftstoffversorgung der Einspritzpumpe ermöglicht. Dieselkraftstoff wird je nach Jahreszeit mit vier verschiedenen CFPPs ausgeliefert. Bei sehr tiefen Temperaturen sind Filterheizsysteme nötig.
Schmierfähigkeit Lubrielty	Durch die Entschwefelung des Kraftstoffs (weniger als 50 mg/kg Kraftstoff) wird die Schmierfähigkeit des Dieselkraftstoffs stark eingeschränkt. Durch Additive kann die Schmierfähigkeit erhöht werden. Messgröße ist der Abrieb eines Prüfkörpers auf einer mit Diesel geschmierten Oberfläche.
Schwefelgehalt	Die Bezeichnungen „schwefelarm" und „schwefelfrei" beziehen sich auf einen maximalen Schwefelgehalt von 50 mg/kg bzw. 10 mg/kg. Extrem niedrige Schwefelgehalte sind für die Verwendung von Katalysatoren und Rußpartikelfilter Voraussetzung.
Premium-Dieselkraftstoffe	Kraftstoffe mit einer CZ von bis zu 60. Handelsname z.B. „Ultimate", „V-Power". Verringertes Siedeende auf ca. 350 °C durch Reduzierung der langkettigen Paraffine. Veränderte Rezeptur des Grundkraftstoffs. Dadurch weniger Ablagerungen, geringerer Schadstoffausstoß und geringerer Verbrauch.

W

Dieselkraftstoffe: Additive	
Additive	• Verbessern die Eigenschaften des Kraftstoffs deutlich. • Werden im Dieselkraftstoff in Konzentrationen im ppm-Bereich zugegeben.
Zündbeschleuniger	• Ermöglichen eine wirtschaftliche Anhebung der Cetanzahl mit entsprechend positivem Einfluss auf die Verbrennung und die Abgasemission. • Wirkstoffe: organische Nitrate, z. B. Ethyl-Hexyl-Nitrat
Lubrici-Additive	Schmierfähigkeitsverbesserer sorgen für den erforderlichen Verschleißschutz z.B. in Einspritzpumpen, Injektoren und Pumpe/Düse-Systemen bei Verwendung von entschwefelten Kraftstoffen.
Detergentien	• Verhindern Rückstände in den Einspritzdüsen durch Verkokung von Kraftstoff. • Wirkstoffe: Amine, Imidazoline, Amide, Succinimide, Polyalkyl-Succinimide oder -Amine sowie Polyetheramine.
Fließverbesserer	Erlauben zusammen mit Wax Antisettling-Additiven im Winter den Einsatz paraffinischer Komponenten mit hoher Cetanzahl, aber einem begrenzten Kälteverhalten. Sie können die Bildung der Paraffinkristalle zwar nicht verhindern, die Größe aber reduzieren und ein Zusammenwachsen verhindern.

Korrosionsschutzadditive	• Sie schützen das Kraftstoffsystem bei Kondenswasserbildung. • Ester oder alkenische Succinimid-Säuren bilden eine dünne Schutzschicht auf den Metalloberflächen und verhindern somit den Zutritt von Wasser und Säuren.
Schaumdämpfer	• Sie mindern die Schaumbildung beim Tanken • Wirkstoff: Silikonöl
Weitere Additive	• Antioxidantien zur Stabilisierung von Crackkomponenten • Biozide verbessern die Lagerhaltung, bekämpfen Mikroorganismen in Lagertanks. • Antistatik-Additive verbessern die elektrische Leitfähigkeit.

Dieselkraftstoffe: Kennwerte

vgl. DIN EN 590

Kennwert		**Anforderung**	**Einfluss auf Fahrzeugbetrieb**
Dichte	bei 15 °C	0,820 kg/l … 0,845 kg/l	Abgas. Verbrauch, Leistung
Zündwilligkeit	Cetanzahl mindestens Cetanindex mindestens	CZ 51 46	Verbrennungsverhalten, Start, Abgas, Geräuschemission
Siedeverlauf (verdampfte Menge)	Vol-% bei 250 °C Vol-% bei 350 °C 95%-Punkt	max. 65 % min. 85 % max. 360 °C	Abgas, Ablagerungsbildung
Viskosität	bei 40 °C	2,0 mm²/s … 4,5 mm²/s	Verdampfbarkeit, Schmierung
Flammpunkt		min. 55 °C	Sicherheit
Filtrierbarkeit (CFPP)	vom 15.04. bis 30.09. vom 01.10. bis 12.11. vom 16.11. bis 28.02. vom 01.03. bis 14.04.	min. 0 °C min. – 10 °C min. – 20 °C min. – 10 °C	Betrieb bei niedrigen Temperaturen
Schwefelgehalt	seit 2009	max. 0 ppm (= 0 mg/kg)	Korrosion, Partikel-Emissionen
Koksrückstand		max. 0,30 %	Rückstände im Brennraum
Aschegehalt		max. 0,01 %	Rückstände im Brennraum
Wassergehalt		max. 200 mg/kg	Korrosion
Polycyclische Aromaten		max 8%	Emissionen
Lubricity	Schmierfähigkeit bei 60 °C	max. 460 µm	Verschleiß

Kraftstoffe: Stoffwerte, Eigenschaften

Flüssige Kraftstoffe	Dichte kg/l	Hauptbestandteile Gewichtsanteile %	Siedetemperatur °C	spezifischer Heizwert kJ/kg	Zündtemperatur[2)] °C	Luftbedarf theor. kg/kg	Zündgrenze Volumenanteil Gas in Luft % unterer	oberer
Benzin	0,73 ... 0,77	86 C, 14 H	25 ... 215	42 700	300	14,8	0,6	8
Superbenzin	0,73 ... 0,78	86 C, 14 H	25 ... 215	43 500	400	14,7	0,6	8
Dieselkraftstoff	0,82 ... 0,86	86 C, 13 H	180 ... 360	42 500	250	14,5	0,6	7,5
Flugbenzin	0,72	85 C, 15 H	40 ... 180	43 500	500	14,8	0,7	8
Kerosin	0,77 ... 0,83	87 C, 13 H	170 ... 260	43 000	250	14,5	0,6	7,5
Methanol	0,79	38 C, 12 H, 50 O	65	19 700	450	6,4	5,5	26
Ethanol	0,79	52 C, 13 H, 35 O	78	26 800	420	9	3,5	15
Ether	0,72	64 C, 14 H, 22 O	35	34 300	170	7,7	1,7	36
Xylol	0,88	91 C, 9 H	144	40 600	460	13,7	1,0	7,6

Gasförmige Kraftstoffe	Dichte bei 0 °C und 1013 mbar kg/m³	Hauptbestandteile Gewichtsanteile %	Siedetemperatur bei 1013 mbar °C	spezifischer Heizwert kJ/kg	Zündtemperatur °C	Luftbedarf theor. kg/kg	Zündgrenze Volumenanteil Gas in Luft % unterer	oberer
Ethan	1,36	80 C, 20 H	– 88	47 500	515	17,3	3,0	14
Erdgas	0,83	76 C, 24 H	– 162	47 700	–	–	–	–
Flüssiggas	2,25	82 C, 18 H	– 30	46 100	400	15,5	1,5	15
n-Butan C_4H_{10}	2,7	83 C, 17 H	+ 1	45 600	365	15,4	1,5	8,5
Propan C_3H_8	2,0	82 C, 18 H	– 43	46 300	470	15,6	1,9	9,5
Wasserstoff	0,09	100 H	– 253	120 000	560	34,0	4,0	77,0

Alternative, nicht fossile Kraftstoffe	
Biomasse	Dazu zählen alle Stoffe organischen Ursprungs. Momentan werden ca. 1 % der weltweit erzeugten Biomasse zu energetischen Zwecken genutzt, Dadurch können ca. 10% des Primärenergieverbrauchs gedeckt werden. Folgende Biomassen sind zur Kraftstoffherstellung geeignet (Wirkungsgrad 3% ... 6%): – ölhaltige, wie z.B. Raps – zuckerhaltige, wie z.B. Zuckerrohr, Melasse, Zuckerrüben, Zuckerhirse – zellulosehaltige, wie z.B. organische Abfälle, Holz, Stroh – stärkehaltige, wie z.B. Kartoffeln, Getreide, Maniok. Aus ihnen lassen sich für den motorischen Betrieb sowohl synthetisches Benzin und Dieselkraftstoff als auch Methanol und Ethanol , Methan und Wasserstoff erzeugen.
Biokraftstoffe	Sind Kraftstoffe, die aus nachwachsenden Rohstoffen (Biomasse) gewonnen werden. Theoretisch entsteht bei deren Verbrennung nur so viel Kohlenstoffdioxid ($C0_2$), wie die Pflanzen, aus denen die Kraftstoffe gewonnen werden, beim Wachstum aus der Luft entnehmen. Für die Produktion der Pflanzen, deren Ernte, Transport und Aufbereitung muss allerdings Energie zugeführt werden. Seit 2005 ist ein Mindestanteil von 2 %, ab 2010 ein Mindestanteil von 5,75 % Biokraftstoffen am Gesamtkraftstoffverbrauch vorgesehen.
Methanol-Ethanol-Kraftstoff	Methanol und Ethanol können als alternative Kraftstoffe sowohl in Ottomotoren als auch in Dieselmotoren verwendet werden. In handelsüblichen Ottokraftstoffen ist die Zugabe von Methanol auf max. 5 Vol.-% begrenzt. In solch niedrigen Konzentrationen ist die oktanzahlsteigernde Wirkung von Methanol in Mischkraftstoffen kaum bemerkbar. Bei hohen Konzentrationen von z. B. mehr als 15 % wird die Oktanzahl deutlich erhöht. **Nachteile bei Verwendung in Dieselmotoren:** geringe Zündwilligkeit, hohe Verdampfungswärme, geringe Schmierwirkung, höhere Flüchtigkeit, höhere Neigung zur Korrosionsbildung, Einspritzanlage muss an den Kraftstoff angepasst werden. **Nachteile bei Verwendung in Ottomotoren**: Motorelektronik, Sauganlage und Brennraum müssen an den veränderten Kraftstoff angepasst werden. Kraftstoffe, die überwiegend Methanol oder Ethanol enthalten, werden momentan aus wirtschaftlichen Gründen in Europa nicht angeboten.
Pflanzenöle	Pflanzenöle sind grundsätzlich als Kraftstoff in Dieselmotoren verwendbar. Technische Probleme: – hohe Viskosität erschwert Betrieb bei niedrigen Temperaturen – schlechte Zerstäubung des eingespritzten Kraftstoffs führt zu erhöhten Abgaswerten – mangelnde Stabilität, natürliche Verunreinigungen, Pilz- und Bakterienbefall erschweren die Lagerhaltung – Geruchsbelästigung durch die Abgase, die jedoch durch Katalysatoren gemildert werden kann.
Fettsäure-methylester	• Fatty Acid Methyl Ester (FAME), Rapsölmethylester (RME) • Werden aus Pflanzenölen (z.B. Raps) und Methanol (CH_3OH) hergestellt. • Eignen sich deutlich besser als Kraftstoff für Dieselmotoren als reine Pflanzenöle. • Nur maximal 30% der enthaltenen Energie als Antriebsenergie nutzbar. • Maximale Zumischung im Dieselkraftstoff: 7% • Hoher Anteil an spät siedenden Kohlenwasserstoffen bewirkt Rückstände in Motoren bei Kaltstart- und Kurzstreckenbetrieb; kürzere Ölwechsel-Intervalle nötig. • Verwendung von RME ergibt niedrigere Partikel-, HC- und CO- Emission, aber tendenziell höhere NO_x- und Aldehyd-Emissionen bei höherem Verbrauch und geringerer Motorleistung.
Synthetische Kraftstoffe	• Synthetisch (Biomass-to-Liquid = BtL) aus Biomasse hergestellte Kraftstoffe. Z.B. SunFuel • Reduzierung des Schadstoffausstoßes (CO um bis zu 75 %, HC um bis zu 65 %, NOx um bis zu 30 %, Partikel um bis zu 12 %). Völlig schwefelfrei.
Wasserstoff	Wasserstoff ist langfristig als Alternativkraftstoff denkbar, da er in unbegrenzter Menge in Form von Wasser zur Verfügung steht und bei der Verbrennung wieder Wasser erzeugt wird. Hauptproblem beim Einsatz von Wasserstoff: Transport und Lagerung. Theoretisch möglich: Hochdruckspeicher, Metallhydridspeicher, Flüssigspeicher.

Schmierstoffe: Grundlagen (Begriffe)

Aufbau, Herstellung

Schmierstoffe sind ein Gemisch aus Kohlenwasserstoffmolekülen, wobei die Molekülgröße und das Molekulargewicht größer als bei den Kraftstoffen ist. Sie werden durch Vakuumdestillation aus Erdöl hergestellt (mineralische Schmierstoffe) und enthalten zwischen 20 und 35 Kohlenstoffatome. Durch unerwünschte Bestandteile neigen die Schmierstoffdestillate zu schneller Alterung, zur Entstehung von Säuren und Ölschlamm und zur Zunahme der Viskosität.

Damit mineralische Schmierstoffe im Motor verwendet werden können, müssen die unerwünschten Bestandteile durch Raffination entfernt werden und Wirkstoffe, sog. Additive zugesetzt werden. Diese verleihen dem Schmierstoff bestimmte Eigenschaften.

Kenndaten von Kohlenwasserstoffen

	Molekülgröße	Molekulargewicht	Siedebereich °C	Flammpunkt °C	Dichte g/cm³
Ottokraftstoffe	C_5 … C_{12}	72 … 170	25 … 215	bis – 50	0,72 … 0,79
Dieselkraftstoffe	C_{10} … C_{22}	142 … 310	200 … 360	58 … 65	0,82 … 0,86
Schmierstoffe	C_{20} … C_{35}	280 … 455	210 … 600	100 … 260	0,84 … 0,91

Raffinat

Es ist ein Grundöl, welches aus verschiedenen Molekülgruppen besteht, z.B. Paraffin, Isoparaffin, Cycloparaffin und Aromatmolekülen. Um einen niedrigen Stockpunkt zu erreichen, werden aus dem Grundöl die Normalparaffine entfernt.

Zweitraffinat

Es sind Grundöle, die aus gebrauchten Motorenölen durch Wiederauarbeiten hergestellt werden. Diese Altöle sind meist stark verschmutzt, oxidativ verändert (gealtert) und enthalten unterschiedliche Mengen an Additiven, Kraftstoffkondensat und Wasser. In mehrstufigen Regenerationsprozessen werden die unerwünschten Bestandteile entfernt.

W

Synthetische Kohlenwasserstoffe

Sie haben einen anderen Molekülaufbau als das Erdöl.

Herstellung:

Aus Rohbenzin werden gecrackte Moleküle zu Isoparaffinen (Poly-Alpha-Olefine, PAO) zusammengesetzt.

Ungesättigte Moleküle werden durch Hydrieren (Wasserstoffzufuhr) abgesättigt.

Besondere Vorteile:

Hoher Viskositätsindex, geringer Verdampfungsverlust durch die gleichmäßige Zusammensetzung, gutes Tieftemperaturverhalten durch niedrigen Pourpoint.

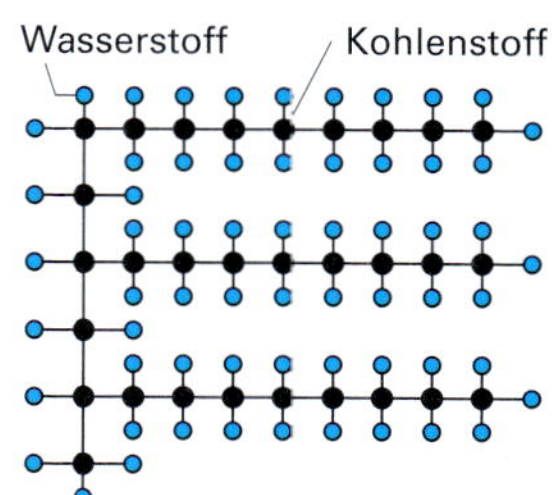

Poly-Alpha-Olefin (PAO)

Additive

Wirkstoffe oder Zusatzmittel, die den Ölen erwünschte Eigenschaften geben oder unerwünschte Eigenschaften weitgehend beseitigen. Öle mit diesem Zusatz werden als „legierte Öle“ bezeichnet.

Additive	Aufgaben
VI-Improvers	Verbesserung des Viskosität-Temperaturverhaltens und Herabsetzung des Stockpunktes (Pourpoint-Absenkung).
Antioxidants	Verminderung der Korrosion und der Alterung des Öles.
Dispersants	Umhüllen von Verunreinigungen und Schutz vor Ablagerungen bzw. Lösen von Verunreinigungen.
Anticorrosions	Rostschutzmittel zur Konservierung von Motoren.
Friction-Reducer	Reibungssenkende Additive (Leicht-Lauf-Effekt) und Schmierfähigkeitsverbesserer zur Erhaltung der Festigkeit des Schmierfilms.
EP/AW-Additives (Extreme Pressure Antiwear)	Hochdruckzusätze, die auf Gleitflächen (Lager, Kolben/Zylinder, Zahnräder) dünne, aber gleitfähige Schichten aufbauen, die den direkten Kontakt von Metallflächen zueinander verhindern.
Defoamants	Verhütung von Schaumbildung beim Pumpen der Öle.

Schmierstoffe: Begriffe	
Alterung	Durch Oxidation bei höheren Temperaturen entstehen harzähnliche Stoffe (Ölverdickung). Die Schmierfähigkeit nimmt ab, Schlammbildung.
Ölverdickung	Tritt auf bei Dieselmotoren durch Rußbildung und Oxidation durch Luftüberschuss. Gleichzeitig werden die leichtflüchtigen Bestandteile des Öls verbrannt.
Ölverdünnung	Entsteht im Ottomotor durch schwersiedende Bestandteile im Kraftstoff (Siedeschwänze), durch Fehler in der Startanreicherung, durch Zündaussetzer, Spielen mit dem Fahrpedal.
Ölverschlammung	Schlammbildung tritt auf durch Einwirkung von Kondenswasser, Metallabrieb, Kraftstoff, Ruß, Ölkohle, Säure und Staub auf das Öl.
Stockpunkt (Pourpoint)	Temperatur eines Öles, bei der es beim Abkühlen unter bestimmten Bedingungen gerade aufhört zu fließen (vgl. DIN 51 583).
Tropfpunkt	Temperatur, bei der sich unter bestimmten Bedingungen Fett verflüssigt und abzutropfen beginnt (vgl. DIN 51 801).
Viskosität	Sie bezeichnet das Fließverhalten einer Flüssigkeit. Dies ist die Eigenschaft einer Flüssigkeit, ihrer Verformung einen Widerstand entgegenzusetzen. Dünnflüssiges Öl hat einen geringeren Verformungswiderstand (niedrige Viskosität) als zähflüssiges Öl (hohe Viskosität). Den Widerstand, den die Flüssigkeit gegen die Verschiebung zweier benachbarter Schichten entgegensetzt, nennt man auch innere Reibung (Schubspannung).
	Kinematische Viskosität. Sie wird mit einem Kapillarviskosimeter ermittelt. Eine bestimmte Ölmenge läuft nur durch Schwerkrafteinfluss bei Prüftemperatur durch ein langes, dünnes Rohr. Aus der Auslaufzeit wird die Viskosität errechnet und in m^2/s oder in mm^2/s angegeben.
	Dynamische Viskosität. Die Messung kann in druckbeaufschlagten Kapillarviskosimetern (besonders für die HTHS-Viskosität) oder im Rotationsviskosimeter (für die Tieftemperaturviskosität) erfolgen. Die Einheit ist Pa · s (Pascalsekunde) oder gebräuchlicher mPa · s (Millipascalsekunde).
	HTHS-Viskosität (High Temperature High Shear). SAE, ACEA und verschiedene Fahrzeughersteller schreiben bei einer Öltemperatur von 150 °C und einem Schergefälle von $10^6\ s^{-1}$ bestimmte Mindestviskositäten vor. Dadurch soll erreicht werden, dass auch bei hohen Motordrehzahlen ein tragender Schmierfilm aufgebaut werden kann. Durch niedrigere HTHS kann der Kraftstoffverbrauch abgesenkt werden.
VT-Verhalten (Viskositäts-Temperatur-Verhalten) **Viskositätsindex (VI)**	Mit der Temperatur ändert sich die Viskosität eines Öles (VT = Viskositäts-Temperatur-Verhalten). Bei steigender Temperatur nimmt sie ab, bei fallender Temperatur nimmt sie zu. Am besten eignet sich ein Öl, das seine Viskosität bei Temperaturschwankungen möglichst wenig ändert, d.h. neben einwandfreiem Kaltstart wird genügend Tragvermögen des Schmierfilmes bei hohen Öltemperaturen gewährleistet. Auskunft über das Viskositäts-Temperatur-Verhalten gibt der Viskositätsindex VI. Der Zahlenwert des VI liegt umso höher, je geringer die Viskositätsänderung mit der Temperatur ist (flacher Verlauf der Geraden im Diagramm, Öl II). Zur Errechnung des VI sind zwei Viskositätsmessungen bei 40 °C und 100 °C nötig. Der VI von Normalraffinaten liegt bei 90 bis 100, der von synthetischen Kohlenwasserstoffen bei 120 bis 150. 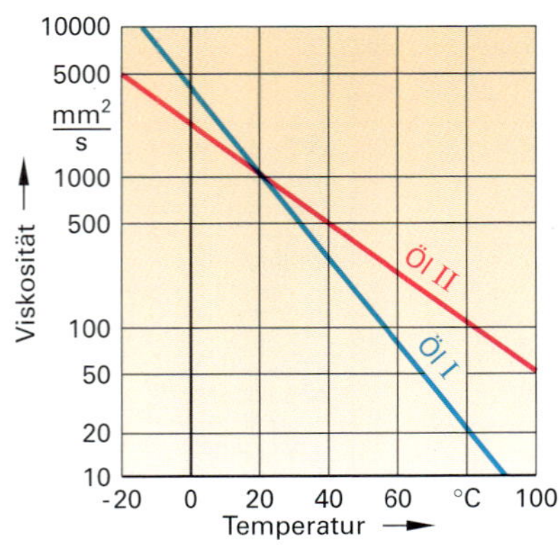
Schergefälle	An einem Schmierspalt wird Öl unterschiedlichen Scherbelastungen ausgesetzt. So bewegt sich z.B. der Kolben bei hohen Motordrehzahlen mit erheblicher Geschwindigkeit an der Zylinderwand entlang, während das anhaftende Öl die Geschwindigkeit 0 hat. Das Schergefälle ist die Geschwindigkeit des bewegten Teiles dividiert durch die Schmierfilmdicke. Es liegt im Leerlauf bei $10^5\ s^{-1}$, bei Volllast bei $10^6\ s^{-1}$. Enthält ein Öl VI-Verbesserer, so nimmt bei steigender Drehzahl die Viskosität, je nach Art der VI-Verbesserer, mehr oder weniger stark ab (temporärer Scherverlust).

W

Schmierstoffe: Motorenöle

Viskositätsklassen SAE-Klassen

Von der amerikanischen „**S**ociety of **A**utomotive **E**ngeneers", **SAE,** wurden die Motorenöle in SAE-Klassen eingeteilt. Die Einteilung der Viskositätsklassen erfolgt nach DIN 51511 bzw. SAE J 300. **Kälteviskosität.** Damit der Motor bei tiefen Temperaturen seine Mindestdrehzahl erreicht und anspringt, darf z.B. bei einem Motoröl mit der Kennzeichnung SAE 10***W*** die Viskosität nicht mehr als 7000 mPa · s bei –25 °C betragen. ***W*** steht dabei für ***Winterklasse***. **Grenzpumptemperatur.** Damit nach dem Starten genügend Öl zur Ölpumpe und in den Schmierölkreislauf fließt, ist die Viskosität für die SAE Winterklassenöle auf 60 000 mPa · s begrenzt. Sie darf z.B. bei einem 10W Öl bei –30 °C nicht überschritten werden. **Kinematische Viskosität (Hochtemperaturviskosität).** Damit der Schmierfilm bei höheren Temperaturen nicht abreißt, darf die Kinematische Viskosität bei 100 °C bei W-Ölen bestimmte Grenzwerte nicht unterschreiten. Für SAE Sommerklassen sind Viskositätsbereiche vorgeschrieben.

SAE-Viskositätsklasse	Kälteviskosität in mPa · s	Maximale Grenzpumptemperatur	Kinematische Viskosität bei 100 °C min.	Kinematische Viskosität bei 100 °C in mm²/s bei max.
0 W	6 200 bei – 35 °C	– 40 °C	3,8	
5 W	6 600 bei – 30 °C	– 35 °C	3,8	
10 W	7 000 bei – 25 °C	– 30 °C	4,1	
15 W	7 000 bei – 20 °C	– 25 °C	5,6	
20 W	9 500 bei – 15 °C	– 20 °C	5,6	
30			9,3	unter 12,5
40			12,5	unter 16,3
50			16,3	unter 21,9

Mehrbereichsöle decken mehrere SAE-Viskositätsklassen ab, z.B. 10W-40. Sie können unabhängig von der Jahreszeit ganzjährig eingesetzt werden.

W

Klassifikationen und Spezifikationen

API-Klassifikation

Einteilung der Motorenöle durch das American Petroleum Institute in S-Klassen (**s**park ignition für Ottomotoren bzw. Service-Klasse) und in C-Klassen (compression ignition für Dieselmotoren bzw. commercial Klasse). Bei der API Norm schließt die jeweils neuere Norm die vorhergehenden mit ein, z.B. API SL übertrifft die Anforderungen von API SJ.

API-Klasse	Anforderungen, Einsatz
SJ	Diese Norm berücksichtigt neuere Erkenntnisse der Kraftstoffeinsparung und verschärfte Anforderung hinsichtlich Verdampfungsverluste. Phosphor ist wegen besserer Katalysatorverträglichkeit auf 0,1% begrenzt. Gültig ab 10/96.
SL	Seit 07/2001. Nochmals verschärfte Anforderung bezüglich Ölverbrauch, Motorsauberkeit und Alterungsverhaltern. Je nach Vorgabe der Fahrzeughersteller sind verlängerte Ölwechselintervalle möglich.
SM	Gültig seit 2004. Hochleistungsöl, übertrifft die Qualitätsanforderungen von API-SL Motoröl, verlängerte Ölwechselintervalle möglich, HTHS > 3,5 mPa · s, mit reduzierten Anteilen an Sulfatasche , Phosphor und Schwefel. Für Fahrzeuge mit NOx-Katalysator geeignet.
CF	Für moderne, hoch aufgeladene Turbodieselmotoren, Traktoren und Baumaschinen im Kurz- und Langstreckenbetrieb. Geeignet für Dieselkraftstoffe mit einem Schwefelgehalt > 0,5 %. Gültig seit 1994.
CG-4	Für emissionsarme Nfz-Dieselmotoren im Langstreckenbetrieb geeignet. Kann anstatt von API-CD, CE und CF-4 verwendet werden. Gültig seit 1995.
CH-4	Für schnell laufende 4-Takt-Dieselmotoren mit verschärften Abgasvorschriften und Dieselkraftstoffen mit einem Schwefelgehalt < 0,5%.geeignet. Extrem lange Olwechselintervalle. Erhöhter Verschleißschutz gegen den Einfluss von Ruß. Seit 1998 gültig. Kann auch anstatt von API-CD, CE, CF-4 und CG-4 verwendet werden.
CI- 4	Für schnell laufende Dieselmotoren mit Abgasrückführung geeignet. Verlängerte Ölwechselintervalle möglich. Geeignet für Dieselkraftstoffe mit einem Schwefelgehalt < 0,5 %. Ersetzt ab 2002 API-CD, CE, CF-4, CG-4 und CH-4.
CJ-4	Geeignet für schnell laufende Dieselmotoren mit Partikelfiltersystemen und schwefelfreiem Kraftstoff mit den ab 2007 geforderten Abgasgrenzwerten.

Schmierstoffe: Motoröl Spezifikation – Pkw

ACEA-Spezifikationen

Die **A**ssociation des **C**onstructeurs **E**uropeens de l'**A**utomobile ACEA (Vereinigung der europäischen Automobilkonstrukteure) schreibt für Motorenöle, die in Pkw-Otto- und Dieselmotoren sowie in Nfz-Dieselmotoren verwendet werden, Mindestanforderungen vor. Diese werden in den weltweit umfangreichsten, strengsten und modernsten Testverfahren ermittelt und in 3 verschiedenen Leistungsgruppen für Pkw-Motore und einer Leistungsgruppe für Nkw-Motore beschrieben.

Kennzeichnung der Ölqualität z.B. A1 - 07

A Zuordnung zur Motorart, hier Pkw-Ottomotor; **1** kennzeichnet bestimmte Eigenschaften des Öls, z.B. Hochtemperaturviskosität, hier 2,6/2,9 mPa·s – 3,5 mPa·s; **07** gibt das Jahr der Prüfnorm an – Die jeweils aktuellere Norm schließt dabei die Qualitätsanforderungen aus der Vorgängernorm mit ein, z.B. A1 -07 schließt die Qualitätsanforderungen von A1 – 98 mit ein.

Einteilung der Motoröle für Pkw-Motoren

- Pkw-Ottomotoren: A1, A3, A5 – A2 ausgelaufen, (Ascherückstand einheitlich max. 1,6%)
- Pkw-Dieselmotoren: B1, B3, B4, B5 – B2 ausgelaufen (Ascherückstand einheitlich max. 1,6%)
- Pkw-Otto-/Dieselmotoren mit Abgasnachbehandlungssystem: C1, C2, C3, C4 (Anteile an **S**ulfat – **A**sche; **P**hosphor und **S**chwefel sind limitiert – low/mid **SAPS)**

Die Anforderungen an Schaumverhalten und Dichtungsverträglichkeit sind überall gleich.

Achtung: Die herstellerspezifischen Vorgaben bzw. Herstellerfreigaben, z.B. VW 503 00, VW 507 00, MB 229.5, ... sind genauestens zu beachten!

Klassifizierung	Anforderungen	Verwendung
A1 B1	Wenig strenge Anforderung hinsichtlich Scherstabilität und Verdampfungsneigung. HTHS-Viskosität 2,6/2,9 mPa·s – 3,5 mPa·s; Leichtlauföle; Kraftstoffeinsparung ≥ 2,5 %	Öle mit einem hohen Potenzial zur Kraftstoffeinsparung. Wegen der niedrigen HTHS-Viskosität dürfen diese Öle nur in den dafür frei gegebenen Motoren verwendet werden.
A3 B3 B4	Besonders scherstabile Öle mit geringer Verdampfungsneigung; Verbesserungen hinsichtlich Kolbensauberkeit, Nockenverschleiß, Oxidationsstabilität. HTHS-Viskosität > 3,5 mPa·s.	Öle mit sehr hohem Verschleißschutz bei hohen Temperaturen und Drehzahlen; ggf. verlängerte Wechselintervalle. A3/B4 wie A3/B3 jedoch für direkteinspritzende Diesel- und Ottomotoren besonders geeignet.
A5 B5	Besonders scherstabile Öle, auch bei hohen Temperaturen, trotz HTHS-Viskosität 2,9 – 3,5 mPa s. Verminderte Verdampfungsverluste im Vergleich A1/B1 Ölen (< 2 %).	Leichtlauföl mit nachgewiesener Kraftstoffersparnis (bis 2,5 % im Prüfmotor im Vergleich zu einem 15W-40 Referenzöl). Verlängerte Ölwechselintervalle.
C1 C2 C3 C4	C1 low SAPS, HTHS-Viskosität 2,9 mPa·s – 3,5 mPa·s. C2 mid SAPS; HTHS-Viskosität 2,9 mPa·s – 3,5 mPa·s. C3 mid SAPS HTHS-Viskosität > 3,5 mPa·s C4 low SAPS, HTHS-Viskosität > 3,5 mPa·s	Für Pkw-Motoren (Euro IV Motoren), z.B. mit Partikelfilter, NOx-Katalysator, 3-Wege-Katalysator. C1/C2 Qualität wie A5/B5, Sulfataschegehalt max. 0,5 %/ 0,8 %. C3/C4 Qualität wie A3/B4 Sulfataschegehalt max. 0,8 %/0,5 %.

Schmierstoffe: Motoröl Spezifikation – Nkw

ACEA-Spezifikationen	Die Motoröle für Nfz-Dieselmotore werden in der ACEA-Spezifikation mit „**E**" gekennzeichnet. **Einteilung**: E2, E4, E6, E7, E9 - E1/E3/E5 ausgelaufen

Klassifizierung	Anforderungen	Verwendung
E2 E4 E6 E7 E9	Alle E-Öle erfüllen die gleichen Anforderungen an Scherstabilität, HTHS-Viskosität und Verdampfungsneigung. Die Öle unterliegen in Testläufen besonderen Prüfungen hinsichtlich Spiegelflächenbildung, Kolbensauberkeit, Schlammbildung, Ölverbrauch und Viskositätseindickung. E6 und E9 sind sog. SAPS-Öle mit begrenzten Sulfat-Asche, Phosphor und Schwefelanteilen.	E2 – hochwertiges Öl für mittlere Ölwechselintervalle. E4 – für längste Ölwechselintervalle in Motoren ohne Abgasnachbehandlungssysteme geeignet. E6/E9– für AGR Motoren mit/ohne Dieselpartikelfilter und SCR-Motoren empfohlen (Sulfataschegehalt < 1%). E7- wie E6 jedoch Sulfataschgehalt max. 2 %. Für Fahrzeuge ohne Dieselpartikelfilter geeignet.

Schmierstoffe: Schalt- und Achsgetriebeöle

Getriebeöle	Getriebeöle werden während der gesamten Lebensdauer des Pkw und teilweise des Nutzfahrzeuges nicht mehr gewechselt, trotz gestiegener Anforderungen durch höhere Drehmomente, höherer thermischer Belastung auf Grund verminderter Kühlung unter dem Fahrzeug.
Leichtlauf-Getriebeöle	Spezielle, dünnflüssige Mehrbereichsöle, meist SAE 75W-90, mit Verbrauchsvorteilen bei tiefen Temperaturen, da der Reibwert durch friction modifier (Reibwertveränderer) herabgesetzt wird (leichteres Schalten). Hoher Viskositätsindex für Schmiersicherheit bei hohen Temperaturen.
Öle für Achsgetriebe	Hochadditivierte Öle mit hohem Lasttrageverhalten besonders für Hypoidgetriebe. Bei selbstsperrenden Achsgetrieben werden LS-Öle (limited slip) verwendet, welche die automatische Sperrwirkung zwischen den druckbeaufschlagten Reiblamellen unterstützen.
Kombi-Öle für Schalt- und Achsgetriebe	Wegen mangelnder EP/AW-Eigenschaften (Aufbau von dünnen Gleitschichten bei hohen Drücken) sind Schaltgetriebeöle für Achsgetriebe nicht geeignet. Wegen Buntmetallkorrosion an Synchronringen sind Achsgetriebeöle nicht für Schaltgetriebe geeignet. Kombiöle werden beiden Ansprüchen gerecht. Es gibt sie in den gängigsten Viskositäten auch als synthetisches Leichtlauföl, z.B. SAE 75W-90 API GL 4 - GL 5.

Leistungsklassen und Spezifikationen für Getriebeöle

Einsatzbedingungen	API-Klasse	MIL-Spezifikation	SAE-Klassen
Schaltgetriebe , Achsgetriebe mit Hypoidverzahnung und wenig Achsversatz	GL-4	MIL-L-2105	SAE 75, 80, 90 SAE 75W-80 SAE 75W-90 SAE 80W-90 SAE 85W-90 SAE 80W-140
Achsgetriebe mit Hypoidverzahnung und großem Achsversatz, sowie hinsichtlich ihres Synchronisationsverhaltens unkritische Schaltgetriebe	GL-5 MT-1	MIL-L-2105 B MIL-L-2105 C MIL-L-2105 D MIL-PRF-2105 E	

Schmierstoffe: Automatikgetriebeöle

ATF-Öle (**A**utomatic **T**ransmission **F**luids)	Öle mit niedriger Viskosität, die Schaltfunktionen und Drehmomentübertragung ermöglichen. Für die Einstellung einer bestimmten Reibwertcharakteristik bei Bremsbändern oder Kupplungen sind friction modifier nötig, damit die ATF-Flüssigkeit ein definiertes Reibverhalten aufweist. Mindestanforderungen: Sie werden nur in Firmenspezifikationen definiert, z.B. verwenden die meisten Automobilhersteller Dexron II D/E oder Dexron III. MIL-Spezifikationen (Military Inquiery of Lubrication) umfassen auch Aggregate-Tests und sind deshalb praxisnah.

W

Schmierstoffe: Schmierfette

Verwendung, Herstellung

Fette verwendet man, wenn es keine andere Art der Schmierung gibt, d.h. Öl würde aus der Schmierstelle heraustropfen oder die Ölzufuhr ist nicht möglich. Bei tiefen Temperaturen müssen Fette weich bleiben, bei Strahlungswärme (Motor, Bremse) dürfen sie nicht abtropfen. Bei Einsatz im Kühlmittelbereich müssen sie gegen heißes Wasser beständig sein.
Fett ist ein durch Öl gequollener Verdicker, wobei die Eigenschaften des Fettes durch das Basisöl, die Additive im Öl sowie die Art und Menge des Verdickers bestimmt werden.

Basisöle	Additive	Verdicker
Mineralöle Hydrocracköle PAOs, Ester	Festschmierstoffe wie Graphit, MoS_2, Kupfer	Metallseifen wie Lithiumseifen, Ca-, Na-Seifen

Fette auf Lithiumseifenbasis werden heute am häufigsten verwendet, sie sind wasserbeständig und von – 20 °C bis + 130 °C einsetzbar.

Konsistenz, Kennzeichnung

Die Konsistenz eines Fettes ist sein Widerstand gegen Verformung. Die Eindringtiefe eines genormten Kegels in das Fett führt zur Einteilung in bestimmte NLGI-Klassen (**N**ational **L**ubricating **G**rease **I**nstitute).

NLGI 000-, 00- und 1-Fette sind weich, Einsatz in Zentralschmieranlagen;
NLGI 2 bis 4 sind Abschmierfette für Wälzlager; NLGI 3, 4, 5 sind Fette für Wasserpumpen.

K P 2 K – 40

- NLGI-Klasse 2 = Abschmierfett (Wälzlager)
- Maximale Temperatur K = 120 °C
- Temperatureinsatzgrenze – 40 °C
- G geschlossene Getriebe
- K Wälz-, Gleitlager, Gleitflächen
- M Gleitlager, Dichtungen
- Grundöle: E = Ester, SI = Silikonöle, PG = Polyglykole
- Zusätze: P = EP/AW, F = Festschmierstoffe

Maximale Einsatztemperaturen:

C/D … 60 °C	G/H … 100 °C	N … 140 °C	R … 180 °C	T … 220 °C
E/F … 80 °C	K/M … 120 °C	P … 160 °C	S … 200 °C	U … > 200 °C

Kältemittel

Definition

Als Kältemittel bezeichnet man Gase oder Flüssigkeiten, die in Klimaanlagen Kälte erzeugen sollen. Während des Verdampfungsvorganges entzieht es seiner Umgebung Wärme, die es beim Kondensationsvorgang an anderer Stelle wieder an die Umgebung abgibt.

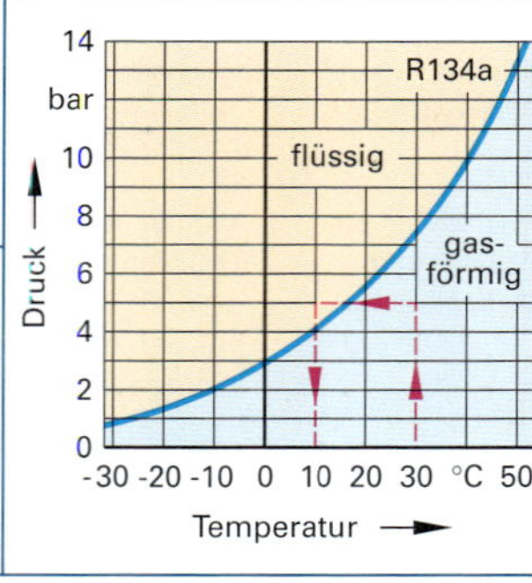

Kältemittel R-12

R-12 ist die Bezeichnung für Dichlordifluormethan CCl_2F_2. Es hat einen Gefrierpunkt von – 158 °C und liegt damit weit unter der tiefsten verlangten Betriebstemperatur. Außerdem ist es nicht brennbar. Trotz dieser günstigen Eigenschaften ist die Verwendung seit Juni 1998 verboten, da Fluor-Chlor-Kohlenwasserstoffe (FCKW) die Ozonschicht angreifen.

Kältemittel R-134a

R-134a ist die Bezeichnung für Tetrafluormethan CH_2FCF_3 und hat ähnliche Eigenschaften wie R-12. Es siedet bei – 26,1 °C und gefriert erst bei – 101 °C. Dieser Fluor-Kohlenwasserstoff (FKW) enthält kein Chlor, zerstört nicht die Ozonschicht und der Beitrag zum Treibhauseffekt ist um den Faktor 10 kleiner als bei R-12 . Anhand der Dampfdruckkurve ersieht man, dass R-134a bei einer Temperatur von 30 °C und einem Druck von 5 bar gasförmig ist. Bei Absenkung der Temperatur auf 10 °C und gleichbleibendem Druck geht es in den flüssigen Zustand über (im Kondensator). Durch Druckminderung um 2 bar wird es im Verdampfer wieder gasförmig. R-134a ist hygroskopisch, das aufgenommene Wasser wird im Trockner entfernt.

Kältemittelöl

Kältemittelöl dient zum Schmieren der beweglichen Teile. Sein Anteil muss beim Wechseln des Kältemittels eingehalten werden; zu viel Kältemittelöl führt zum Ausfall des Kompressors wegen Überhitzung. Kältemittelöl für R-134a: PAG-Öl (Polyalkylen-Glykol-Öl).

Kältmittel R744 (CO_2)

Bei R744 handelt es sich um CO_2. R744 ist wesentlich umweltfreundlicher als R134a, welches bei emittieren von 1kg den Treibhauseffekt genauso verstärkt wie 1300kg CO_2. Klimaanlagen mit CO_2 arbeiten mit wesentlich höheren Drücken (Hochdruckseite bis 140 bar, Niederdruckseite 35 bar … 50 bar) und deshalb mit einer anderen Leitungs- und Dichtungstechnik.

W

Bremsflüssigkeit

Bremsflüssigkeiten gehören zu den Hydraulikflüssigkeiten, da ihre Hauptaufgabe die Weiterleitung und Verteilung des Bremsdruckes ist.

Mineralöle, wie in der Hydraulik üblich, eignen sich nicht, da sie einen hohen Siedepunkt, schlechte Hochtemperaturstabilität und Tieftemperaturviskosität haben. Eingedrungenes Wasser kann nicht aufgenommen werden, es bilden sich Eis oder Dampfblasen.

Bremsflüssigkeiten bestehen in der Regel aus Glykolethern, die mit weiteren Alkoholen gemischt sind. Zusätzlich sind Alterungs- und Korrosionsschutzstoffe sowie Schmierstoffe enthalten.

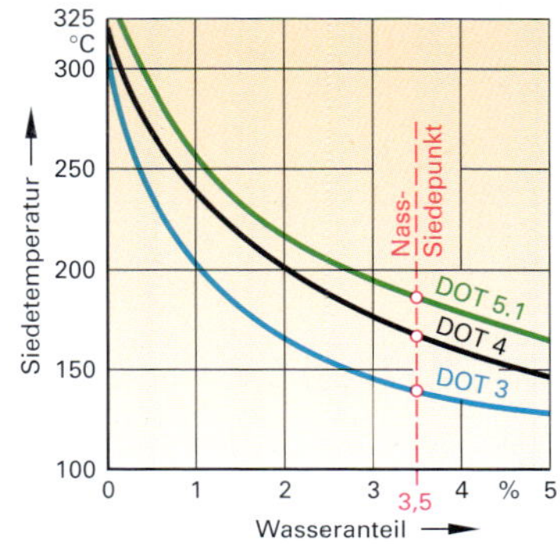

Anforderungen an die Bremsflüssigkeit

- geringe Neigung zur Dampfblasenbildung
- ausgewogenes Viskositäts-Temperaturverhalten
- Verträglichkeit mit Gummi und Metallteilen
- gute Korrosionseigenschaften, Alterungsbeständigkeit
- gute Schmierwirkung unter extremen Beanspruchungen
- mischbar mit Vergleichs-Bremsflüssigkeiten.

Eigenschaft	Einheit	DOT 3	DOT 4	DOT 5.1
Farbe		farblos gelb	farblos gelb	purpur
Viskosität bei 100 °C bei – 40 °C	mm²/s mm²/s	1,5 1500	1,5 1800	1,5 900
Siedepunkt min.	°C	205	230	260
Nass-Siedepunkt min.	°C	140	155	180

Hinweise

- Bremsflüssigkeit ist hochgradig giftig. Nach versehentlichem Trinken erste Hilfe leisten und Notarzt holen.
- Bremsflüssigkeit ist hygroskopisch, d.h. sie nimmt Feuchtigkeit aus der Luft auf, wodurch der Siedepunkt herabgesetzt wird. Nach Herstellervorschrift regelmäßig wechseln.
- Ausgepumpte oder ausgelaufene Bremsflüssigkeit darf nicht mehr zum Nachfüllen verwendet werden (Verunreinigungen).
- Vorsicht bei Lacken und Farbanstrichen. Bremsflüssigkeiten enthalten Bestandteile, die als Lösungsmittel wirken.

Nass-Siedepunkt (Wet Reflux Boiling Point). Er gibt an, bei welcher Temperatur Bremsflüssigkeit zu sieden beginnt, wenn sie ca. 3,5 % Wasser aufgenommen hat. Je höher der Nass-Siedepunkt, desto geringer ist die Gefahr von Dampfblasenbildung in der Bremsflüssigkeit.

W

Kühlflüssigkeit

Kühlflüssigkeit besteht aus Wasser, verschiedenen Zusätzen (Konditioniermittel) und Gefrierschutzmittel.

Kühlwasser

- Verwendung von sauberem, möglichst kalkarmen Wasser,
- nicht geeignet sind Regenwasser, völlig kalkfreies Wasser,
- Kühlwasser ohne Zusätze fördert die Korrosion und evtl. die Kavitation im Kühlsystem.

Zusätze zur Kühlflüssigkeit (Konditioniertes Kühlmittel)

- Korrosionsschutzmittel (Korrosionsinhibitoren)
- Schutzmittel gegen Kesselsteinbildung und sonstige Ablagerungen im Kühlmittelkreislauf
- Neutralisationsmittel, um entstehende Säuren zu neutralisieren. Gefrierschutzmittel auf Ethylenglykol-Basis können mit Luft bei Erwärmung Ameisen- und Essigsäure bilden
- Kavitationsschutzmittel, um Zerstörungen von Werkstoffen zu verhindern (z.B. Zylinderblock, Kühlmittelpumpe)
- Antischaumbildner zur Verhinderung von Luftblasenbildung.

Anforderungen an Gefrierschutzmittel

- Hoher Siedepunkt zur Verhinderung von Dampfblasen
- gut wasserlöslich
- schwerflüchtig
- verträglich mit allen Werkstoffen der Kühlanlage.

Kühlflüssigkeit besser vollständig tauschen statt nachzufüllen. Mischen von silikathaltigen Gefrierschutzmitteln (Aluminiumschutz) mit silikatfreien kann zu Motor- und Kühlerschäden führen. Vorschriften der Fahrzeughersteller beachten.

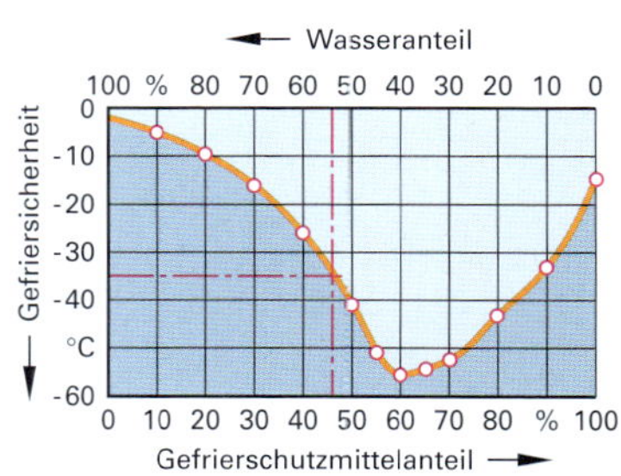

Kühlsysteminhalt 10 l. Gefriersicherheit bis – 35 °C. Aus dem Diagramm ermittelt:

Wasseranteil = 54 % = 5,4 l
Gefrierschutzmittelanteil = 46 % = 4,6 l

Hinweise

- Gefrierschutzmittel bestehen vornehmlich aus Ethylenglykol.
- Gefrierschutzmittel sind hoch giftig. Nach versehentlichem Trinken ist sofort erste Hilfe zu leisten und ein Arzt hinzuzuziehen.
- glykolhaltige Dämpfe sind sehr gefährlich. Glykol kann auch über die Haut aufgenommen werden. Schutzhandschuhe tragen.

Stoffwerte – Feste Stoffe

Stoff	Kurzzeichen	Dichte $\frac{kg}{dm^3}$	Schmelztemperatur bei 1,013 bar[1)] °C	Schmelzwärme bei 1,013 bar $\frac{kJ}{kg}$	Siedetemperatur bei 1,013 bar °C	Spezifische Wärmekapazität bei 20 °C $\frac{kJ}{kg \cdot K}$	Wärmeleitzahl bei 20 °C $\frac{W}{m \cdot K}$ [2)]	Längenausdehnungszahl bei 0 ... 100 °C $\frac{1}{K}$
Aluminium	Al	2,70	660	356	2467	0,94	204	0,0000238
Antimon	Sb	6,69	630,5	163	1637	0,21	22	0,0000108
Asbest	–	2,1...2,8	≈ 1300	–	–	0,81	–	–
Barium	Ba	3,59	710	56	1700	0,29	–	0,000019
Beryllium	Be	1,85	1280	–	≈ 3000	1,02	165	0,0000123
Beton	–	1,0...2,4	–	–	–	3,17	≈ 1,0	0,00001
Blei	Pb	11,30	327,4	24	1751	0,13	34,7	0,0000292
Borax (wasserfest)	–	1,72	740	–	–	1,00	–	–
Cadmium	Cd	8,64	321	54	765	0,23	91	0,00003
Calcium	Ca	1,54	850	329	1487	0,66	–	–
Chrom	Cr	7,2	1903	134	2642	0,46	69	0,0000084
Chromnickel	–	7,4	1440	–	2300	0,46	52,2	–
CuAl-Legierung	–	7,4...7,7	1040	–	≈ 2300	0,44	61	0,000021
CuSn-Legierung	–	7,4...8,9	900	–	≈ 2300	0,38	46	0,0000175
CuZn-Legierung	–	8,4...8,7	900...1000	167	≈ 2300	0,39	105	0,0000185
Diamant	C	3,5	≈ 3540	–	4200	0,52	–	0,00000118
Eis (bei 0 °C)	–	0,92	0	333	100	2,09[3)]	2,33	0,000051
Eisen, rein	Fe	7,87	1536	276	3070	0,47	81	0,000012
Fette	–	0,92...0,94	30...175	–	≈ 300	0,63...0,8	0,21	–
Germanium	Ge	5,3	936	409	2700	0,31	55	0,0000061
Glas	–	2,4...2,7	≈ 700	–	–	0,83	0,81	0,0000005
Glimmer	–	2,6...2,9	zerf. b. 700 °C	–	–	0,87	0,35	–
Gold	Au	19,29	1064	67	2707	0,13	310	0,0000142
Graphit	C	2,24	≈ 3800	–	4200	0,71	168	0,0000078
Gusseisen	–	7,25	≈ 1200	≈ 125	2500	0,50	58	0,0000105
Hartmetall (K 20)	–	14,8	> 2000	–	≈ 4000	0,80	81,4	0,000005
Holz	–	0,2...0,7	–	–	–	2,50	0,06...0,17	≈ 0,0000400
Indium	In	7,3	156	28	2000	0,23	24,4	0,000033
Iridium	Ir	22,5	2443	135	> 4350	0,13	59	0,0000065
Jod	J	5,0	113,6	62	183	0,23	0,44	–
Kalium	K	0,86	63,6	65	760	0,78	110	0,000083
Kobalt	Co	8,8	1490	268	3000	0,43	69,1	0,0000127
Koks	–	1,6...1,9	–	–	–	0,83	0,18	–
Konstantan	–	8,89	1260	–	≈ 2400	0,41	23	0,0000152
Kork	–	0,1...0,3	–	–	–	1,5 ... 2,1	0,04...0,06	–
Korund (Al_2O_3)	–	3,9...4,0	2050	–	2700	0,96	12...23	0,0000065
Kupfer	Cu	8,93	1083	213	≈ 2590	0,39	384	0,000017
Lithium	Li	0,534	180	670	1317	3,60	65	0,000056
Magnesium	Mg	1,74	650	368	1110	1,04	172	0,000026
Magnesium-Leg.	–	1,8...1,83	≈ 630	–	≈ 1500	1,00	46 ... 139	0,0000245
Mangan	Mn	7,43	1244	251	2095	0,48	21	0,000023
Molybdän	Mo	10,2	2620	287	≈ 4800	0,26	145	0,0000052
Natrium	Na	0,97	97,8	113	883	1,30	126	0,000071
Nickel	Ni	8,91	1455	306	2730	0,45	59	0,000013
Palladium	Pd	12,0	1555	162	2930	0,23	71	0,0000119
Paraffin	–	0,9	52	–	300	3,27	0,26	–

1) 1,013 bar = 1013 hPa

2) $\frac{W}{m \cdot K} = \frac{3{,}6\ kJ}{m \cdot h \cdot K}$

3) – 20 °C ... 0 °C

W

W

Stoff	Kurzzeichen	Dichte $\frac{kg}{dm^3}$	Schmelztemperatur bei 1,013 bar[1)] °C	Schmelzwärme bei 1,013 bar[1)] $\frac{kJ}{kg}$	Siedetemperatur bei 1,013 bar[1)] °C	Spezifische Wärmekapazität bei 20 °C $\frac{kJ}{kg \cdot K}$	Wärmeleitzahl bei 20 °C $\frac{W}{m \cdot K}$ [2)]	Längenausdehnungszahl bei 0 … 100 °C $\frac{1}{K}$
Phenolharz ohne Füllstoff	PF	1,3	–	–	–	1,47	0,2	–
Phosphor, gelb	P	1,82	44	21	280	0,80	–	–
Platin	Pt	21,5	1769	113	4300	0,13	70	0,000 009
Polyamid	PA	1,1	–	–	–	–	0,31	0,000 11
Polyethylen	PE	0,94	–	–	–	2,1	0,41	0,000 20
Polystyrol	PS	1,05	–	–	–	1,3	0,17	0,000 07
Polyvinylchlorid	PVC	1,4	–	–	–	–	0,16	0,000 11
Porzellan	–	2,3…2,5	≈ 1600	–	–	1,2[3)]	1,6	0,000 0045
Quarz, Flint	–	2,1…2,5	1480	–	2230	0,8	9,9	0,000 008
Radium	Ra	5	960	–	1140	–	–	–
Rhenium	Re	21	3180	20	≈ 5500	0,14	71	0,000 0066
Rubidium	Rb	1,52	39	–	701	0,33	58	0,000 09
Ruß	–	1,7…1,8	–	–	subl.[4)] 3540	0,84	0,07	–
Schaumgummi	–	0,06…0,25	–	–	–	–	0,04…0,06	–
Schwefel, rhombisch	S	2,07	113	49	344,6	0,70	0,2	–
Selen, rot	Se	4,4	220	83	688	0,33	0,2	0,000 037
Silber	Ag	10,5	961,5	105	2180	0,23	407	0,000 019 3
Silicium	Si	2,33	1423	1658	2355	0,75	83	0,000 004 2
Siliciumkarbid	–	2,4	zerfällt > 3000 °C in C und Si			1,05[5)]	9[5)]	–
Stahl unlegiert und								
niedrig legiert	–	7,85	1460	205	2500	0,49	48…58	0,000 011 5
nicht rostend	–	7,9	1450	–	–	0,51	14	0,000 016
nicht-magnetisierbar	–	8	1450	–	–	–	16,4	0,000 012
wolframlegiert	–	8,7	1450	–	–	0,42	26	0,000 011 2
Steinkohle	–	1,35	–	–	–	1,02	0,24	–
Strontium	Sr	2,6	771	136	1366	0,75	–	–
Tantal	Ta	16,6	2990	172	5400	0,14	54	0,000 006 5
Tellur	Te	6,24	455	106	1300	0,20	4,9	–
Thorium	Th	11,7	≈ 1700	67	≈ 4000	0,14	38	–
Titan	Ti	4,5	1670	88	3280	0,47	15,5	0,000 008 2
Ton, trocken	–	1,5…1,8	≈ 1600	–	–	0,88	0,9…1,3	–
Uran	U	19,1	1133	356	≈ 3800	0,12	28	–
Vanadium	V	6,1	1890	343	≈ 3380	0,50	31,4	0,000 009
Wachs	–	0,96	60	–	–	3,40	0,084	–
Wismut	Bi	9,8	271	53	1560	0,12	8,1	0,000 0121
Wolfram	W	19,23	3410	54	5900	0,13	130	0,000 004 5
Zement, abgebunden	–	2…2,2	–	–	–	1,13	0,9…1,2	–
Zink	Zn	7,14	419,5	101	907	0,40	113	0,000 029
Zinn	Sn	7,29	231,9	59	2687	0,24	65,7	0,000 023
Zündkerzenisolation[6)]	–	3,3…3,7	≈ 1900	–	–	0,84	5,6[7)]	–

1) 1,013 bar = 1013 hPa

2) $\frac{W}{m \cdot K} = \frac{3{,}6\,kJ}{m \cdot h \cdot K}$

3) bei 800 °C

4) sublimiert = unmittelbarer Übergang vom festen in den gasförmigen Zustand

5) bei 1000 °C

6) 95 % Al-Oxid

7) bei 800 °C (49 bei 200 °C)

Stoffwerte – Flüssige und gasförmige Stoffe

Flüssige Stoffe	Kurzzeichen	Dichte bei 20 °C $\frac{kg}{dm^3}$	Schmelztemperatur bei 1,013 bar °C	Siedetemperatur bei 1,013 bar °C	Verdampfungswärme[1] $\frac{kJ}{kg}$	Spezifische Wärmekapazität bei 20 °C $\frac{kJ}{kg \cdot K}$	Wärmeleitzahl bei 20 °C $\frac{W}{m \cdot K}$[4]	Volumenausdehnungszahl $\frac{1}{K}$
Aceton	$(CH_3)_2CO$	0,79	– 95	56	523	2,21	0,16	–
Benzin	–	0,72…0,77	– 30…– 50	25…215	380…500	2,02	0,13	0,001
Benzol, rein	C_6H_6	0,88	6	80	394	1,70	0,15	0,001 25
Dieselkraftstoff	–	0,82…0,86	– 10…– 30	180…360	≈ 250	2,05	0,15	0,00095
Ethanol/ Spiritus 95 %	C_2H_5OH	0,81	– 114	78	–	2,43	0,17	0,001 2
Ethylenglykol	$C_2H_6O_2$	1,11	– 13	198	–	2,60	0,25	0,001
Gefrierschutzmittel 23 Vol.%	–	1,03	– 12	101	–	3,94	0,53	–
Gefrierschutzmittel 38 Vol.%	–	1,04	– 25	103	–	3,68	0,45	–
Gefrierschutzmittel 54 Vol.%	–	1,06	– 46	105	–	3,43	0,40	–
Glyzerin (H_2O-frei)	$C_3H_5(OH)_3$	1,26	19	290	–	2,37	0,29	0,000 5
Heizöl, EL	–	≈ 0,83	– 10	> 175	–	2,07	0,14	0,000 95
Kältemittelöl PAG	–	0,99…1,01	– 45	–	–	–	–	–
Methanol	CH_3OH	0,79	– 98	65	1110	2,51	0,20	–
Mineral-Schmieröl	–	0,91	– 20	> 300	–	2,09	0,13	–
Superbenzin	–	0,73…0,78	– 30…– 50	25 … 215	–	–	–	0,001
Petroleum	–	0,76…0,86	– 70	> 150	≈ 314	2,16	0,13	0,001
Quecksilber	Hg	13,6[2]	– 39	357	285	0,14	10,0	0,000 18
R134a (flüssig)	$C_2H_2F_4$	1,21	–	–	216,98	1,425	–	–
Salpetersäure	HNO_3	1,5	– 41	84	–	1,72	0,26	–
Salzsäure, 10 %	HCl	1,05	– 14	102	–	3,14	0,50	–
Schwefelsäure	H_2SO_4	1,83	10,5	338	–	1,42	0,47	0,000 55
Silikonöl	–	0,76…0,98	–	–	–	1,09	0,13	–
Terpentinöl	–	0,86	– 10	160	293	1,80	0,11	0,001
Trichlorethylen	C_2HCl_3	1,47	– 86	87	–	0,93	0,12	0,001 9
Wasser, destilliert	H_2O	1,00[3]	0	100	2258	4,18	0,60	0,000 18

[1] bei 1,013 bar = 1013 hPa [2] bei 0 °C [3] bei 4 °C [4] 1 W/(m · K) = 3,6 kJ/(m · h · K)

Gasförmige Stoffe	Chem. Kurzzeichen	Dichte bei 0 °C und 1,013 bar[5] $\frac{kg}{m^3}$	Schmelztemperatur bei 1,013 bar °C	Siedetemperatur bei 1,013 bar °C	Wärmeleitzahl bei 20 °C und 1,013 bar $\frac{W}{m \cdot K}$[6]	Spezifische Wärmekapazität bei 20 °C und 1,013 bar $\frac{kJ}{kg \cdot K}$	
						c_p[1]	c_v[2]
Acetylen	C_2H_2	1,17	– 84	– 81	0,021	1,64	1,33
Ammoniak	NH_3	0,77	– 78	– 33	0,024	2,06	1,56
Argon	Ar	1,78	– 189	– 186	0,018	0,52	0,31
n-Butan	C_4H_{10}	2,70	– 138	– 0,5	0,016	–	–
Erdgas	–	≈ 0,83	–	– 162	–	–	–
Ethan	C_2H_6	1,36	– 183	– 88	0,021	1,66	1,36
R 134a[3]	$C_2H_2F_4$	4,25	– 97	– 26	0,0138	0,857	–
Helium	He	0,18	– 272	– 269	0,150	5,23	3,15
Kohlendioxid	CO_2	1,98	– 57[4]	– 78	0,016	0,82	0,63
Kohlenmonoxid	CO	1,25	– 205	– 191	0,025	1,05	0,75
Luft	–	1,293	– 220	– 191	0,026	1,005	0,72
Methan	CH_4	0,72	– 183	– 162	0,033	2,19	1,68
Neon	Ne	0,90	– 249	– 246	0,049	1,03	0,62
Propan	C_3H_8	2,00	– 190	– 43	0,018	–	–
Sauerstoff	O_2	1,43	– 219	– 183	0,026	0,91	0,65
Schwefeldioxid	SO_2	2,93	– 75	– 10	0,010	0,64	0,46
Stickstoff	N_2	1,25	– 210	– 196	0,026	1,04	0,74
Wasserstoff	H_2	0,09	– 259	– 253	0,180	14,24	10,10
Xenon	Xe	5,89	– 112	– 108	0,006	0,16	0,10

[1] bei konstantem Druck [2] bei konstantem Volumen [3] 1.1.1.2-Tetrafluorethan [4] bei 5,3 bar
[5] 1,013 bar = 1013 hPa [6] 1 W/(m · K) = 3,6 kJ/(m · h · K)

Einteilung der Stähle nach dem Kohlenstoffgehalt

Bezeichnung	C-Gehalt
Unlegierter Baustahl	0,17 … 0,50 %
Einsatzstahl	0,10 … 0,15 %
Vergütungsstahl	0,20 … 0,60 %
Federstahl	0,12 … 0,75 %
Werkzeugstahl, unlegiert	0,50 … 1,50 %
Werkzeugstahl, legiert	0,60 … 1,15 %
Werkzeugstahl, hochlegiert	0,20 … 2,20 %

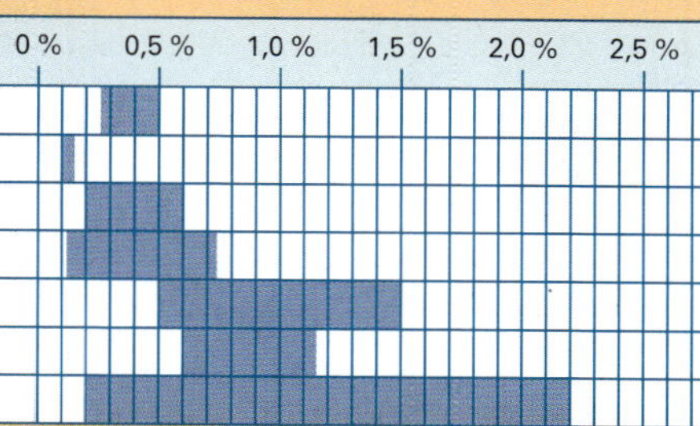

Einteilung der Stähle nach Werkstoffnummern (Auszug)

vgl. DIN EN 10027-2

Werkstoffnumern werden vorwiegend für die Werkstoffbezeichnung in technischen Zeichnungen verwendet. Sie bestehen aus der Werkstoffhauptnummer 1 für Stahl, einer zweistelligen Stahlgruppennummer und einer auf vier Stellen erweiterbaren Zählnummer.

Beispiel: **1 . 0 1 4 4 (xx)**

- **1** – Werkstoff-Hauptgruppe
  - 1: Stahl
  - 2: Schwermetall
  - 3: Leichtmetall
- **01** – Stahlgruppennummer
  - 01: Allgemeiner Baustahl
- **44 (xx)** – Zählnummer
  - 44: Verweis auf den Werkstoff S275J2G3 mit einer Zugfestigkeit R_m zwischen 410 N/mm² und 560 N/mm²

Stahl-gruppen-Nummer	Bedeutung
	Unlegierte Qualitätsstähle
00, 90	Grundstähle
01	Allgemeine Baustähle, $R_m < 500$ N/mm²
02	Sonstige Baustähle, $R_m < 500$ N/mm²
03	Stähle mit C < 0,12 % oder $R_m < 400$ N/mm²
04	Stähle mit C ≥ 0,12 % bis < 0,25 % oder $R_m \geq 400$ N/mm² bis $R_m < 500$ N/mm²
05	Stähle mit C ≥ 0,25 % bis < 0,55 % oder $R_m \geq 500$ N/mm² bis $R_m < 700$ N/mm²
06	Stähle mit C ≥ 0,55 % oder $R_m \geq 700$ N/mm²
07	Stähle mit höherem P- oder S-Gehalt
	Legierte Qualitätsstähle
08	Stähle mit besonderen physikalischen Eigenschaften
09	Stähle für verschiedene Anwendungsbereiche
	Unlegierte Edelstähle
10	Stähle mit besonderen physikalischen Eigenschaften
11	Bau-, Maschinenbau- und Behälterstähle mit C < 0,5 %
12	Maschinenbaustähle mit C ≥ 0,5 %
13	Bau-, Maschinenbau- und Behälterstähle mit besonderen Anforderungen
15…18	Werkzeugstähle

Stahl-gruppen-Nummer	Bedeutung
	Legierte Qualitätsstähle
20…27	Aufteilung nach kennzeichnenden Legierungsbestandteilen
	Sonstige legierte Stähle
32, 33	Schnellarbeitsstähle
35	Wälzlagerstähle
36…39	Werkstoffe mit besonderen magnetischen oder physikalischen Eigenschaften
40…45	Nichtrostende Stähle
46	Chemisch beständige und hochwarmfeste Nickellegierungen
47, 48	Hitzebeständige Stähle
49	Hochwarmfeste Werkstoffe
	Legierte Bau-, Maschinenbau- und Behälterstähle
51…55	Stähle mit dem kennzeichnenden Legierungselement Mn, weitere Legierungselemente: Si, Cu, V, W, Nb, Ti, B
56	Ni-legierte Stähle
57…84	Stähle mit dem kennzeichnenden Legierungselement Cr, weitere Legierungselemente: Si, Cu, Ni, Mo, B, Mn, V, W, Ti
85	Nitrierstähle
88…89	Hochfeste, schweißgeeignete Stähle

Zählnummer. Sie ermöglicht die Unterscheidung von gleichen Stahlsorten, die von verschiedenen Herstellern angeboten werden. So können z.B. gleiche Stahlsorten verschiedene Zählnummern oder verschiedene Stähle gleiche Zählnummern haben.
Die eingeklammerten Stellen (xx) sind für einen möglichen zukünftigen Bedarf vorgesehen, sodass die Zählnummer vierstellig werden kann, wenn z.B. die Anzahl der Stahlsorten größer wird.

W

Einteilung der Stähle nach ihrer chemischen Zusammensetzung

vgl. DIN EN 10 020

Stahl	Er ist ein Werkstoff, an dessen Masse das Eisen (Fe) den größten Anteil hat. Alle anderen Elemente, die noch im Werkstoff vorhanden sind, haben einen geringeren Anteil. Der Kohlenstoffgehalt von Stahl liegt unter 2 %.
Unlegierter Stahl	Stahl gilt als unlegiert, wenn die maßgebenden Gehalte der einzelnen Elemente unter den in der Tabelle angegebenen Grenzgehalten bleiben. Seine Bezeichnung erfolgt entweder nach dem Verwendungszweck oder nach der chemischen Zusammensetzung.
Legierter Stahl	Stahl gilt als legiert, wenn die in der Tabelle angegebenen Grenzgehalte mindestens für ein Element erreicht oder überschritten werden. Seine Bezeichnung erfolgt nach der chemischen Zusammensetzung.

Tabelle mit den Grenzgehalten der Legierungselemente zur Abgrenzung von unlegiertem und legiertem Stahl nach DIN EN 10 020

Legierungselemente	Grenzgehalte in %	Legierungselemente	Grenzgehalte in %	Legierungselemente	Grenzgehalte in %
Aluminium Al	0,10	Lanthanide	0,05	Tellur Te	0,10
Bismut Bi	0,10	Mangan Mn	1,60	Titan Ti	0,05
Blei Pb	0,40	Molybdän Mo	0,08	Vanadium V	0,10
Bor B	0,0008	Nickel Ni	0,30	Wolfram W	0,10
Chrom Cr	0,30	Niob Nb	0,05	Zirkon Zi	0,05
Kobalt Ko	0,10	Selen Se	0,10	Sonstige (Ausnahme: C, P, S, N, O)	0,05
Kupfer Cu	0,40	Silicium	0,50		

W

Einteilung der Stähle nach Hauptgüteklassen

vgl. DIN EN 10 020

Stahl

Unlegierter Stahl

Unlegierter Qualitätsstahl

- Kohlenstoffgehalt > 0,1 %
- P-Gehalt und S-Gehalt > 0,045 %
- bei der Herstellung werden keine besonderen Maßnahmen gefordert
- keine Legierungselemente außer Si und Mn vorgesehen
- nicht für die Wärmebehandlung bestimmt
- Mindestzugfestigkeit $R_m \leq 690$ N/mm²
- Streckgrenze $R_e \leq 360$ N/mm²
- Bruchdehnung $\varepsilon \leq$ 26 %
- eignet sich für die Wärmebehandlung wie Vergüten, Härten. Es wird jedoch keine gleichmäßige Durchhärtung, Oberflächenhärtung, Vergütung gewährleistet.
- Keine besonderen Anforderungen an den Reinheitsgrad
- für höhere Beanspruchungen geeignet bezüglich Sprödigkeit, Verformbarkeit, Schweißbarkeit.
- Verwendung: Stahl für den Stahlbau, Automatenstahl, Stahl für Feinbleche, Stahl zum Ziehen und Tiefziehen. Z.B. S275, DC04, C15, C60.

Unlegierter Edelstahl

- höherer Reinheitsgrad als Qualitätsstahl
- gleichmäßige Durchhärtung, Oberflächenhärtung, Vergütung gewährleistet
- genaue Einstellung der chemischen Zusammensetzung
- Höchstgehalt an P und S ≤ 0,035 %
- Verwendung: Einsatzstahl, Vergütungsstahl, Federstahl, Werkzeugstahl, Stahl für den Stahlbau. Z.B. C10E, C60E.

Legierter Stahl

Legierter Qualitätsstahl

- nicht für eine Vergütung oder Oberflächenhärtung bestimmt
- die Legierungselemente dienen vorwiegend zur Verbesserung der technologischen Eigenschaftem wie Schweißbarkeit, Umformbarkeit, Magnetisierbarkeit, Kaltumformbarkeit
- Verwendung: Er wird zu ähnlichen Zwecken wie der unlegierte Qualitätsstahl verwendet, Stahl für den Stahlbau, Stahl für Flacherzeugnisse für schwierige Kaltumformarbeiten. Z.B. 20Cr4, 38CrMo5.

Legierter Edelstahl

- Chemische Zusammensetzung ist genau vorgeschrieben
- die Herstellungs- und Prüfbedigungen sind genau festgelegt
- Legierungsbestandteile legen die Eigenschaften bezüglich Gebrauch, Verarbeitung genau fest
- Verwendung u.a.: Nichtrostender Stahl, hitzebeständiger Stahl, Werkzeugstahl, Schnellarbeitsstahl, warmfester Stahl, Wälzlagerstahl, Stahl für den Stahlbau mit besonderen Anforderungen. Z.B. X5CrNi18-7, X55CrSi8-8

Bezeichnung für Stähle (Auszug)

vgl. DIN EN 10 027, DIN V 17 006 T 100

Nach Verwendungszweck und Eigenschaften bezeichnete Stähle

S	235	JR	G1

Hauptsymbole			Zusatzsymbole für Stahl								
Kennbuchstabe		Eigenschaften	Gruppe 1							Gruppe 2	
S	Stähle für den Stahlbau	Mindeststreckgrenze R_e in N/mm² für die geringste Erzeugnisdicke	Kerbschlagarbeit in Joule			Prüftemp.	M	thermomechanisch verformt		C	mit besonderer Kaltumformbarkeit
E	Maschinenbaustähle		27 J	40 J	60 J	°C	N	normalgeglüht		F	zum Schmieden
G	Für Stahlguss davorgestellt		JR	KR	LR	+ 20	Q	vergütet		N	normalgeglüht
			J0	K0	L0	0	G	andere Güten evtl. mit 1 oder 2 Ziffern		Q	vergütet
			J2	K2	L2	− 20				T	für Rohre
			M, N, Q Feinkornbaustähle								

Unlegierte Stähle mit einem Mn-Gehalt ≤ 1 %, außer Automatenstähle

C	35	E

Kennbuchstabe		Kohlenstoffkennzahl	Zusatzsymbole für Stähle			
C	Kohlenstoff	Gibt den Kohlenstoffgehalt in 1/100 % an	E	Vorgeschriebener max. S-Gehalt	S	Für Federn
G	Für Stahlguss davorgestellt		R	Vorgeschriebener Bereich des S-Gehalt	U	Für Werkzeuge
			C	Besondere Kaltumformbarkeit	W	Für Schweißdraht
			G	Andere Güten, evtl. mit 1 oder 2 Ziffern		

Unlegierte Stähle mit einem Mn-Gehalt ≥ 1 %, unlegierte Automatenstähle sowie legierte Stähle (außer leg. Automatenstähle) sofern der mittlere Gehalt der einzelnen Legierungselemente unter 5 % liegt.

25	CrMo	4

Kohlenstoffkennzahl = Kohlenstoffgehalt in hundertstel Prozent	Symbole der Legierungselemente	Legierungszahl; sie ergibt geteilt durch den Faktor des Prozentgehalt des Legierungselements, z.B. Cr = 4/4 % = 1 %, Mo nur geringer Gehalt

Faktor	4	10	100	1000
Element	Cr, Co, Mn, Ni, Si, W	Al, Be, Cu, Mo, Nb, Pb, Ta, Ti, V, Zr	C, N, P, S, O	B

Legierte Stähle, wenn der Gehalt eines Legierungselementes ≥ 5 % ist

X	5	CrNi	18-10

Kennbuchstabe	Kohlenstoffkennzahl = Kohlenstoffgehalt in 1/100 %	Symbole der Legierungselemente	Mittlere Prozentgehalte der Legierungselemente, getrennt durch Bindestrich

Schnellarbeitsstähle

HS	10-4-3-10

Kennbuchstabe		Prozentgehalte der Legierungselemente		
HS	Schnellarbeitsstahl	Reihenfolge: (W-Mo-V-Co)	1. Stelle Wolfram (W) 3. Stelle Vanadium (V)	2. Stelle Molybdän (Mo) 4. Stelle Cobalt (Co)

Unlegierter Baustahl
vgl. DIN EN 10025

Kurzname	Werkstoffnummer	Bisheriger Kurzname DIN 17006	Zugfestigkeit R_m[1] in N/mm²	Streckgrenze R_e[2] in N/mm²	Bruchdehnung A in %	Eigenschaften und Verwendung
S185	1.0035	St 33	290…510	185	18	Für untergeordnete Teile, z.B. Geländer
S235JR	1.0037	St 37-2	340…470	235	26	Für den Maschinen- und Stahlbau üblicher Stahl, Form- und Stabstahl; gut bearbeitbar, gut schweißbar
S235J2G3	1.0116	St 37-3	340…470	235	26	
S275JR	1.0044	St 44-2	410…560	275	22	
E295	1.0050	St 50-2	470…610	295	20	Teile mit mittlerer Beanspruchung
E335	1.0060	St 60-2	570…710	335	16	Für höher beanspruchte Teile; schwer bearbeitbar, verschleißfest
E360	1.0070	St 70-2	670…830	360	11	

[1] Die Werte gelten für Erzeugnisdicken von 3 mm bis 100 mm. [2] Die Werte gelten für Erzeugnisdicken bis 16 mm.

Stahlblech (Feinblech und Band), kaltgewalzt, aus weichen unlegierten Stählen
vgl. DIN EN 10130

Kurzname	Werkstoffnummer	Bisheriger Kurzname DIN 17006	Zugfestigkeit R_m[1] in N/mm²	Streckgrenze R_e[2] in N/mm²	Bruchdehnung A in %	Eigenschaften und Verwendung
DC01	1.0330	St 12	270…410	280	28	Für untergeordnete Blechteile
DC03	1.0347	RRSt 13	270…370	240	34	Stahlbleche von 0,35 mm bis 3 mm Dicke, schweißbar, zum Auftragen metallischer Überzüge geeignet; für schwierige Tiefziehteile, z.B. Dachhaut bis sehr schwierige Tiefziehteile, z.B. Kotflügel, Türen
DC04	1.0338	St 14	270…350	210	38	
DC05	1.0312	–	270…330	180	40	
DC06	1.0873	–	270…350	180	38	

W

Kennzeichnung der Blechoberflächen
vgl. DIN EN 10130

Oberflächenart	Kennzeichen DIN EN 10130	Kennzeichen DIN 1623	Oberflächenausführung	Kennzeichen DIN EN 10130 (DIN 1623)
Übliche kaltgewalzte Oberfläche	A	03	besonders glatt	b
Beste Oberfläche	B	05	glatt	g
			matt / rau	m / r

Beispiel: DC04B m: Blech aus DC04, beste Oberfläche, matte Ausführung.

Einsatzstahl
vgl. DIN EN 10084

Kurzname	Werkstoffnummer	Zugfestigkeit R_m[1] in N/mm²	Streckgrenze R_e[1] in N/mm²	Bruchdehnung A[1] in %	Eigenschaften und Verwendung
C10E	1.1121	450… 640	295	16	Stifte, Hebel, Zapfen, Gelenke, Bolzen Mitnehmer, Kolbenbolzen
C15E	1.1141	590… 780	355	14	
17Cr3	1.7016	800…1050	450	11	Nockenwellen, Kolbenbolzen, Messzeuge, Zahnräder und Wellen für Getriebe
16MnCr5	1.7131	880…1180	590	11	
20MnCr5	1.7147	1080…1370	685	8	
20NiCrMo2-2	1.6523	980…1270	590	10	Hochbeanspruchte Teile, Zahnräder, Kegelräder, Kurbelwellen
18CrNiMo13-4	1.6587	1180…1420	785	8	

[1] Die Werte gelten für Proben mit 30 mm Durchmesser nach der Einsatzhärtung.

Stähle für Flamm- und Induktionshärtung
vgl. DIN 17212

Kurzname	Werkstoffnummer	Zugfestigkeit R_m[1] in N/mm²	Streckgrenze R_e[2] in N/mm²	Bruchdehnung A in %	Eigenschaften und Verwendung
C35G (Cf35)	1.1183	580… 730	360	19	Randschichthärtung ohne Aufkohlung; für weniger beanspruchte Teile mit verschleißfester Oberfläche; Bolzen; Zapfen.
C45G (Cf45)	1.1193	660… 800	410	16	
C70G (Cf70)	1.1249	740… 880	480	13	
45Cr2	1.7005	780… 930	540	14	Für Bauteile mit hoher Kernfestigkeit, hoher Zähigkeit und Oberflächenhärte; Kurbelwellen, Nockenwellen, Getriebewellen, Zahnräder.
38Cr4	1.7043	830… 980	630	13	
41CrMo4	1.7223	980…1180	760	11	

[1] Die Werte gelten für Erzeugnisdicken für 16 mm ≤ d ≤ 40 mm nach der Vergütung.

Vergütungsstähle					vgl. DIN EN 10083
Kurzname	Werkstoffnummer	Zugfestigkeit R_m[1] in N/mm²	Streckgrenze R_e[1] in %	Bruchdehnung A[1] in %	Eigenschaften und Verwendung
Unlegierte Stähle					
C35	1.0501	520	270	19	Für Teile mit geringerer Beanspruchung mit kleinen Querschnitten, wie Achsen, Wellen, Triebwerksteile
C45	1.0503	580	305	16	
C45E	1.1191	650… 800	430	16	
C60E	1.1221	800… 950	520	13	
Legierte Stähle					
38Cr2	1.7023	700… 850	450	15	Normal beanspruchte Teile im Motoren-, Fahrzeug- und allgemeinen Maschinenbau; Antriebs-, Achs-, Lenkungsteile, Zahnräder
46Cr2	1.7006	800… 950	550	14	
34Cr4	1.7033	800… 950	590	14	
41Cr4	1.7035	900…1100	660	12	
25CrMo4	1.7218	800… 950	600	14	Kfz-Teile mit höherer Beanspruchung; Kurbelwellen, Pleuelstangen, Zahnräder, Getriebewellen
34CrMo4	1.7220	900…1100	650	12	
42CrMo4	1.7225	1000…1200	750	11	
50CrMo4	1.7228	1000…1200	780	10	
36CrNiMo4	1.6511	1000…1200	800	11	Hochbeanspruchte Teile mit großen Querschnitten; Pleuelstangen, Getriebeteile, Kurbel-, Gelenkwellen in Nkw's
34CrNiMo6	1.6582	1100…1300	900	10	
30CrNiMo8	1.6580	1250…1540	1050	9	

[1] Die Werte gelten für Erzeugnisdicken für 16 mm ≤ d ≤ 40 mm nach der Vergütung.

Nitrierstahl					vgl. DIN EN 10085
31CrMo12	1.8515	1000…1200	800	11	Messzeuge, Kolbenbolzen
31CrMoV9	1.8519	1000…1200	800	11	Warmfeste Verschleißteile
34CrAlMo5	1.8507	800…1000	600	14	Zylinderlaufbuchsen, Kurbelwellen
34CrAlNi7	1.8550	800…1050	650	12	Größere verschleißfeste Teile

[1] Die Werte gelten für Erzeugnisdicken für 16 mm ≤ d ≤ 40 mm nach der Vergütung.

Federstahl					vgl. DIN EN 10089
38Si7	1.5023	1180…1370	1030	6	Normal beanspruchte Teile; Blatt-, Teller- u. Schraubenfedern, Federringe
60SiCr7	1.7108	1320…1570	1130	6	
55Cr3	1.7176	1400…1700	1250	3	Hochbeanspruchte Teile; Blatt-, Schrauben- und Drehstabfedern
51CrMoV4	1.7701	1370…1670	1175	6	
61SiCr7	1.7108	1550…1850	1400	5,5	Ventilfedern für Verbrennungsmotoren
46SiCrMo6	1.8062	1550…1850	1400	6	

[1] Die Werte gelten für Proben mit 10 mm Durchmesser nach der Vergütung.

Ventilstahl, Ventilwerkstoff						vgl. DIN EN 10090
X45CrSi9-3	1.4718	250[1]	500[2]	–	14[3]	Niedrige bis hohe Beanspruchung; Einlassventile
X40CrSiMo10-2	1.4731	300	550	–	14	
X85CrMoV18-2	1.4748	300	550	–	7	
X55CrMNiN20-8	1.4875	540	640	–	8	Hohe bis höchste Beanspruchung; Auslassventile, Auslassventilsitzringe
NiFe25Cr20NbTi	2.3955	790	800	–	25	
NiCr20TiAl	2.4952	1000	1050	–	15	

[1] Werte bei 600 °C [2] Werte bei 500 °C [3] Werte bei Raumtemperatur nach der Vergütung

Nichtrostender Stahl					vgl. DIN EN 10088
X2CrNi12	1.4003	450…600	260	20	Einsatzgebiete: Fahrzeugbau: Radkappen, Zierleisten, Stoßstangen, Auspuffanlagen, Achsen, Wellen. Nahrungsmittelindustrie, chemische Industrie, Medizin.
X12Cr13	1.4006	650…850	450	15	
X50CrMoV15	1.4116	≤ 900	–	–	
X2CrNi19-11	1.4306	460…680	175	45	
X6CrNiTi18-10	1.4541	500…700	190	40	

Automatenstahl

vgl. DIN EN 10083

Kurzname	Werkstoffnummer	Zugfestigkeit R_m [1] in N/mm²	Streckgrenze R_e [1] in N/mm²	Bruchdehnung A [1] in %	Eigenschaften und Verwendung
10SPb20	1.0722	360…530	–	–	Einsatzhärtbarer Automatenstahl für verschleißfeste Kleinteile, Bolzen, Buchsen
15SMn13	1.0725	430…600	–	–	
35S20	1.0726	490…660	–	–	Direkthärtender Automatenstahl, Spindeln, Wellen, Zahnräder
46S20	1.0727	590…760	–	–	

[1] Die Werte gelten für den unbehandelten Zustand.

Kurznamen für Gusseisenwerkstoffe (Auszug)

vgl. DIN EN 1560

Beispiel: EN - GJ S T 700 - 8

- EN: Europäische Norm
- GJ: G: Guss, J: Eisen (Iron)
- S: Graphitstruktur, S: Kugelgraphit
- T: Gefügestruktur, T: Vergütet
- 700: Mechanische und chemische Eigenschaften, 700: Mindestzugfestigkeit 700 N/mm²
- 8: Zusätzliche Anforderungen, 8: Mindestbruchdehnung 8 %

Kennbuchstabe der Graphitstruktur		Kennbuchstabe der Gefügestruktur		Mechanische Eigenschaften oder chemische Eigenschaften	Zusätzliche Anforderungen	
L	Lamellengraphit	A	Austenit	Mechanische Eigenschaften – Mindestzugfestigkeit in N/mm² – Mindestbruchdehnung in % – maximale Brinellhärte, z.B. HB 155 – maximale Vickershärte, z.B. HV 230 – maximale Rockwellhärte, z.B. HR350	D	Rohgussstück
S	Kugelgraphit	F	Ferrit		H	Wärmebehandeltes Gussstück
M	Temperkohle	P	Perlit		W	Schweißeignung
V	Vermikulargraphit	M	Martensit		Z	Zusätzliche Anforderungen
N	Graphitfrei	Q	abgeschreckt			
Y	Sonderstruktur	T	vergütet			
		B	nicht entkohlend geglüht	Chemische Eigenschaften. Die Angaben entsprechen den Stahlbezeichnungen.		
		W	Entkohlend geglüht			

Gusseisen mit Lamellengraphit

vgl. DIN EN 1561

Kurzname	Werkstoffnummer	Bisheriger Kurzname	Zugfestigkeit R_m in N/mm²	Bruchdehnung A in %	Härte HB	Eigenschaften und Verwendung
EN-GJL-100	EN-JL1010	GG-10	100	–	100…150	Ferritisches Gefüge; Polschuhe
EN-GJL-150	EN-JL1020	GG-15	150	–	205…270	Gute Korrosionsbeständigkeit, kerbempfindlich, Dämpfungsfähig, gute Laufeigenschaften, gute Verschleißfestigkeit; Zylinderköpfe, Zylinderblöcke, Kurbelgehäuse, Zylinder, Kolbenringe
EN-GJL-200	EN-JL1030	GG-20	200	–	235…285	
EN-GJL-250	EN-JL1040	GG-25	250	–	250…285	
EN-GJL-300	EN-JL1050	GG-30	300	–	265…285	
EN-GJL-350	EN-JL1060	GG-35	350	–	275…385	

Gusseisen mit Kugelgraphit

vgl. DIN EN 1563

Kurzname	Werkstoffnummer	Bisheriger Kurzname	Zugfestigkeit R_m in N/mm²	Bruchdehnung A in %	Härte HB	Eigenschaften und Verwendung
EN-GJS-400-15	EN-JS1030	GGG-40	400	15	120…180	Gut bearbeitbar, geringe Verschleißfestigkeit; Gehäuse, Fittings, Rohre
EN-GJS-500-7	EN-JS1050	GGG-50	500	7	170…180	
EN-GJS-600-3	EN-JS1060	GGG-60	600	3	210…300	Gut bearbeitbar, verschleißfest, harte Oberfläche; schwierige und hochbeanspruchte Gussstücke, Kurbelwellen, Zahnräder, Lenk- und Kupplungsteile, Kolbenringe
EN-GJS-700-2	EN-JS1070	GGG-70	700	2	230…320	
EN-GJS-800-2	EN-JS1080	GGG-80	800	2	230…360	
EN-GJS-900-2	EN-JS1090	–	900	2	–	

W

Kurzname	Werkstoffnummer	Bisheriger Kurzname nach DIN	Zugfestigkeit R_m in N/mm^2	Bruchdehnung A in %	Härte HB	Eigenschaften und Verwendung
Temperguss						vgl. DIN EN 1562
Entkohlend geglühter Temperguss						
EN-GJMW-350-4	EN-JM1010	GTW-35-04	350	4	230	Leicht bearbeitbar, gut weichlötbar, härtbar, vergütbar, gut schweißbar; Teile mit kleiner Wanddicke, Fittings, Hebel, Bremstrommeln, Bremsscheiben, Schaltgabeln, Kipphebel
EN-GJMW-400-5	EN-JM1030	GTW-40-05	400	5	220	
EN-GJMW-450-7	EN-JM1040	GTW-45-07	450	7	250	
EN-GJMW-360-12	EN-JM1020	GTW-S 38-12	360	12	200	
Nicht entkohlend geglühter Temperguss						
EN-GJMB-350-10	EN-JM1130	GTS-35-10	350	10	bis 150	Leicht bearbeitbar, gut weichlötbar, vergütbar, schwere dickwandige Teile, Kardangelenkstücke, Schlüssel, Gehäuse
EN-GJMB-450-6	EN-JM1140	GTS-45-06	450	6	160…200	
EN-GJMB-550-4	EN-JM1160	GTS-55-04	550	4	180…230	
EN-GJMB-650-2	EN-JM1180	GTS-65-02	650	2	210…260	

Stahlguss für allgemeine Verwendung — vgl. DIN 1681

Kurzname	Werkstoffnummer	Zugfestigkeit R_m in N/mm^2	Dehngrenze $R_{p0,2}$ in N/mm^2	Bruchdehnung A in %	Kohlenstoffgehalt in %	Eigenschaften und Verwendung
GS-38	1.0420	380	200	25	0,15	Hohe Zugfestigkeit, gut schweißbar, muss nach dem Guss spannungsarm geglüht werden; Werkstücke für mittlere bis hohe Beanspruchung, Radsterne, Bremstrommeln, Bremsscheiben, Bremssättel
GS-45	1.0446	450	230	22	0,25	
GS-52	1.0552	520	260	18	0,35	
GS-60	1.0558	600	300	15	0,45	

Gießverfahren

Arten	Erklärung und Verwendung
Gießen in Einmalformen auf Sandbasis	**Formkastenverfahren** Aus geeigneten Sanden und Zusätzen hergestellte Form. Die Form wird nach dem Abgießen zerstört. Alle Gusswerkstoffe können verwendet werden. **Maskenformverfahren** Aus einem Quarzsand-Phenolharz-Gemisch wird bei 250…300 °C eine zweiteilige Maske gepresst. Verwendung: Auf alle gießbaren Metalle anwendbar. **Modellausschmelzverfahren** Entsprechend der Metallform wird ein Wachsmodell gefertigt. Keramischer Überzug durch Tauchen oder Überspritzen. Brennen der Keramik und Schmelzen des Wachsmodells. In die noch heiße Keramikform wird das flüssige Metall gegossen. Saubere nahtlose Oberfläche. **Vollformgießverfahren** Leicht herstellbares Kunststoffmodell wird in ungeteilten Formkasten eingeformt. Beim Gießen vergast das Modell und anstelle des Modells tritt das Metall.
Gießen in metallische Dauerformen	**Kokillenguss** Dauerform besteht aus Gusseisen oder Stahl, Kerne bestehen aus Sand oder Stahl. Hohe Maßhaltigkeit und glatte Oberflächen. Vorwiegend für NE-Metall-Legierungen. Man unterscheidet **Schleuderguss** Flüssiger Werkstoff wird in eine schnell umlaufende, stehende oder liegende Form gegossen und durch die Zentrifugalkraft an die Wand geschleudert. Ergibt sehr dichten und feinkörnigen Guss von gleicher Wanddicke. Verwendung: Zylinderlaufbuchsen, Bremstrommeln, Kolbenringe, Buchsen. **Druckguss** Metallschmelze wird unter hohem Druck (20 bar…3000 bar) in die Dauerform gepresst. Man unterscheidet Kaltkammer- und Warmkammerverfahren. Verwendung: Kolben, Zylinderköpfe.
Verbundguss	Stahl- oder Gusswerkstücke werden mit einem anderen Metall, z.B. Leichtmetall umgossen. Verwendung: Motorradzylinder, Zylinder für luftgekühlte Motoren.

W

Begriffe

Begriffe	
Abschrecken	Abkühlen eines Werkstückes mit größerer Geschwindigkeit als an ruhender Luft.
Anlassen	Erwärmen eines gehärteten Werkstückes auf eine Temperatur zwischen Raumtemperatur und Umwandlungspunkt (723 °C) mit nachfolgendem zweckentsprechendem Abkühlen. Abhängig von der Anlasstemperatur wird die Zähigkeit erhöht und die Härte verringert.
Anlasstemperatur	Temperatur, auf der das Werkstück beim Anlassen gehalten wird.
Austenitisieren	Erwärmen und Halten auf einer Temperatur oberhalb 723 °C, um Austenit (feste Lösung) zu bilden.
Einsatzhärten	Der Randzone des Werkstückes wird Kohlenstoff zugeführt (Aufkohlen oder Carbonnitrieren). Anschließend muss die zur Härtung führende Wärmebehandlung durchgeführt werden.
Nitrieren	Der Randzone des Werkstücks wird Stickstoff zugeführt. Dieser bildet mit den Legierungsbestandteilen Al, Cr, Mo, Ti, V an der Werkstückoberfläche sehr harte Nitiride.
Härten	Austenitisieren und Abschrecken von der Härtetemperatur mit solcher Geschwindigkeit, dass eine erhebliche Härtesteigerung durch Martensitbildung eintritt.
Härtetemperatur	Temperatur, auf die das Werkstück vor dem Abschrecken erwärmt wird.
Normalglühen	Erwärmen auf Temperaturen etwas oberhalb der Härtetemperatur und Halten dieser Temperatur zum Temperaturausgleich; anschließend langsames Abkühlen in ruhender Atmosphäre. Werkstücke erhalten ein feines gleichmäßiges Gefüge.
Spannungsarmglühen	Etwa eine Stunde Glühen bei einer Temperatur unterhalb der Umwandlungstemperatur (meist unter 650 °C) mit anschließendem langsamen Abkühlen. Innere Spannungen werden ohne wesentliche Änderungen der vorliegenden Eigenschaften abgebaut.
Vergüten	Wärmebehandlung durch Härten mit nachfolgendem Anlassen bei hohen Temperaturen zu Erzielung hoher Zähigkeit und bestimmter Zugfestigkeit.
Weichglühen	Mehrere Stunden Glühen bei Temperaturen um die Umwandlungstemperatur; anschließend langsames Abkühlen. Verfestigtes Gefüge wird weich.

W

Härten von Werkzeugstahl

Stahlart	Kaltarbeitsstahl (0,5 % … 1,5 % C)	Warmarbeitsstahl (0,6 % … 1,5 % C)	Schnellarbeitsstahl (… 2,2 % C)
Erwärmen auf Härtetemperatur	Zur gleichmäßigen Durchwärmung wird meist in mehreren Vorwärmstufen erwärmt. Von der letzten Vorwärmstufe erfolgt rasche Erwärmung auf Härtetemperatur. 770 °C … 830 °C	760 °C … 900 °C	780 °C … 1300 °C
Abschrecken	In Wasser von 20 °C (Wasserhärter, seltener in Öl).	Meist in Öl (Ölhärter); nach Abschrecken auf etwa 100 °C Temperaturausgleich im Ofen bei 100 °C … 150 °C; danach wird abgeschreckt.	In wasserfreiem Druckluftstrahl (Lufthärter), häufig auch im Warmbad (400 °C … 600 °C); danach Abkühlung an ruhender Luft.
Anlassen	Nach dem Härten bei 180 °C … 300 °C	Nach dem Härten bei 180 °C … 300 °C	Je nach Zusammensetzung bei 220 °C … 600 °C

Vergüten von Baustahl

Werkstoff	Normalglühen	Vergüten		Zweck
		Härten	Anlassen	
Unlegierte Baustähle 0,2 % … 0,6 % C	Erwärmen auf 780 °C … 950 °C und langsam abkühlen lassen.	Härtetemperatur 800 °C … 900 °C; abschrecken in Wasser oder in Öl.	Erwärmen auf Anlasstemperatur (540 °C … 680 °C, langsam abkühlen lassen. Mit steigender Anlasstemperatur nimmt die Festigkeit ab und die Zähigkeit zu.	Optimales Verhältnis zwischen Festigkeit und Zähigkeit bei feinkörnigem Gefüge.
Legierte Baustähle	Erwärmen auf 800 °C … 900 °C und langsam abkühlen lassen.	Härtetemperatur 820 °C … 900 °C, abschrecken in Öl oder Wasser.		

Randschichthärten von Baustahl				
Verfahren	Stahlsorte	Härtemittel	Durchführung/Eigenschaften	Anwendung
Abbrennen	Unlegierte und niedriglegierte Einsatzstähle	C-haltige Härtepulver, z.B. gelbes Blutlaugensalz	• Erwärmen des Werkstücks auf 880 °C (hellrot) • die zu härtende Randschicht mit Härtepulver bestreuen • nochmals erwärmen auf 880 °C (hellrot) • Abschrecken in Wasser von 20 °C	Schraubenköpfe, Muttern
Pulveraufkohlen		Holzkohle, Industrieeinsatzmittel (z.B. Koks und Bariumcarbonat)	**Aufkohlen** • Werkstück mit Einsatzmittel in Kästen verpacken und abdichten (Lehm oder Paste) • Einsatzgut bei 880 °C ... 980 °C Aufkohlungstemperatur halten (ca. 0,1 mm je Stunde) • Einsatzgut an der Luft abkühlen **Härten** • Erwärmen auf Härtetemperatur (740 °C ... 840 °C) • Abschrecken in Wasser, Öl oder Warmbad • Anlassen bei 150 °C ... 200 °C	Stifte, Keile, Getrieberäder, Schaltmuffen, Synchronkörper, Kolbenbolzen, Nockenwellen, Achsschenkelbolzen, Kupplungstreibscheibe
Salzbadaufkohlen		Cyan-Salze (Cyanide + Chloride)	**Aufkohlen** • Werkstücke reinigen, entfetten • Werkstücke im Salzbad bei Aufkohlungstemperaturen von 880 °C bis 950 °C aufkohlen • Aufkohlungstiefe etwa 0,7 mm je Stunde. • Abkühlen oder Abschrecken in Öl oder Wasser **Härten** und **Anlassen** siehe Pulveraufkohlen	
Gasaufkohlen		Kohlenoxid, Acetylen, Propan, Erdgas	**Aufkohlen** • saubere und gereinigte Werkstücke im Schachtofen auf Aufkohlungstemperatur erwärmen • gasförmiges Aufkohlungsmittel einströmen lassen • Aufkohlungstiefe etwa 0,2 mm je Stunde. • Abkühlen in Schutzgas oder Abschrecken in Warmbad, Öl oder Wasser **Härten** und **Anlassen** siehe Pulveraufkohlen	
Carbonnitrieren (Gas- oder Salzbadcarbonitrieren)	Vorwiegend Vergütungsstähle	Ammoniak + Propan oder Methan; Cyan-Salze	**Verbundverfahren** **Aufkohlen** und **Zufuhr von Stickstoff** • Glühen bei Temperaturen bis etwa 700 °C • Abkühlen oder Abschrecken	Werkstücke mit hoher Kernfestigkeit erhalten harte Randschicht
Gasnitrieren	Unlegierte und legierte Stähle; Gusseisen, Sintereisen. Besonders geeignet ist Nitrierstahl mit Al und Cr legiert.	Ammoniak	**Zufuhr von Stickstoff in die Randschicht** • Werkstück wird im Ofen 500 °C ... 530 °C einer Stickstoffatmosphäre ausgesetzt • Aufstickung der Randzone des Werkstücks • Nitrierhärtetiefe etwa 0,1 mm in 8 Stunden (Nitrierschicht bis 0,5 mm üblich) • Kein Verziehen, keine Zunderbildung	Teile, die bei hohen Temperaturen verschleißfest sein müssen, wie Zylinderlaufbuchsen, Kolbenbolzen, Zahnräder, Kurbelwellen, Auslassventile, Nockenwellen
Salzbadnitrieren			**Zufuhr von Stickstoff in die Randschicht** • Vorwärmen auf ca. 400 °C • Aufsticken bei 550 °C ... 580 °C • Nitrierhärtetiefe etwa 0,1 mm in 2 Stunden • Werkstücke ohne nitritbildende Zusätze bekommen an Stelle der Randschichthärtung eine höhere Verschleiß- und Dauerfestigkeit.	
Flammhärten	Stähle, die ohne zusätzliche Aufkohlung härtbar sind	–	• **Härten.** Brennerflamme bringt Randschicht schnell auf Härtetemperatur (830 °C ... 900 °C) • **Abschrecken.** Durch nachgeführte Wasserbrause. • Kern wird nicht erwärmt und bleibt weich und zäh.	Zahnräder, Spindeln, Kurbelwellen, Nockenwellen, Steckwellen
Induktionshärten			Erwärmung durch indizierte Wirbelströme im Bereich der Werkstückrandzone; Abschrecken.	

W

NE-Schwermetalle ($\varrho > 5\ kg/dm^3$)			
Werkstoff	Erze, Vorkommen	Eigenschaften	Verwendung
Antimon (lat. Stibium) Sb	Als schwefelhaltige Erze, Grauspießglanz, Antimonit, Antimonglanz. China, Mexiko, Bolivien	Zinnweißes, hellglänzendes, sprödes Metall; erhöht die Härte und Festigkeit von Zinn- und Bleilegierungen; beeinflusst den Schmelzpunkt; blättrig kristallinisch, hart	Legierungsmetall, z.B. für Hartblei, Weichlot, Weißmetall; Letternmetall; beständig gegen Salzsäure.
Blei (lat. Plumbum) Pb	Bleiglanz (PbS), Weißbleierz ($PbCO_3$). Fällt bei der Verhüttung von Zink- und Kupfererzen an.	Frische Schnittfläche bläulichgrau von starkem metallischem Glanz, der durch Oxidschichtbildung bald verschwindet; gegen Schwefel- und Salzsäure beständig; Schutz gegen radioaktive Strahlen; wird mit Antimon und Arsen hart; Bleiverbindungen sind sehr giftig.	Akkumulatorenplatten; Abwasserleitungen; Ummantelung von Erdkabeln; Auswuchtgewichte; Dichtungen; Verbleien von Stahlblechen; Legierungsmetall für Gleitlager; Kristallglas; optische Gläser; Bleimennige.
Cadmium (lat. Cadmium) Cd	Creenockit (CdS), Cadmiumoxid (CdO), kommt mit Zinkerzen vor. Südwestafrika, Bolivien	Silberweiß glänzend; lässt sich leicht hämmern, walzen und ziehen; Farb- und Korrosionsbeständigkeit ähnlich dem Zink, doch weicher und weniger spröde; Cadmiumdämpfe und Cadmiumsalze sind giftig (Kopfschmerzen, Lungenbluten, Erbrechen, Magenentzündungen).	Rostschützender Überzug auf Stahl; Legierungen mit Kupfer, Nickel und Silber als Lagermetall; mit Blei und Zinn als Lot für Leichtmetalle; Akkumulatorenplatten (Ni-Cd-Akkumulatoren).
Chrom Cr	Chromeisenstein Türkei, Ural, Philippinen, Zimbabwe, Südafrika, Jugoslawien	Silberweißes, glänzendes, sehr hartes, sprödes, dichtes Metall. Leifähigkeit für Elektrizität und Wärme entspricht der von Aluminium. Bildet sehr dichte gleichmäßige Überzugsschicht. Gegen Luft und Wasser vollkommen beständig.	Legierungsmetall für Stähle; Oberflächenschutz (galvanische Verchromung); Verschleißschutz (Verchromen der Kolbenringgleitfläche, Zylinderlauffläche).
Kobalt Co	Carrolit ($CuCO_2S_4$). Linnerit (CO_3S_4), Kobaltnickelkies. Zaire, Zimbabwe, Marokko, Kanada	Graues, stark glänzendes Metall; hart; schmiedbar; magnetisch; sehr zäh; als Legierungsbestandteil bei Stahl werden Härte und Schneidhaltigkeit erhöht.	Legierungsmetall, z.B. für Stahl, Dauermagnete; Bestandteil von Hartmetallen; Kobaltverbindungen als Farbstoffe.
Kupfer (lat. Cuprum) Cu	Kupferkies ($CuFeS_2$), Buntkupferkies (Cu_3FeS_3), Kupferglanz (Cu_2S), Rotkupfererz (Cu_2O). Chile, Peru, Mexiko, Nevada, Alaska, GUS, Zimbabwe, Harz, Siegerland, Zaire	Rotbraun; verhältnismäßig weich; gut weich- und hartlötbar; mit Schutzgas schweißbar; sehr zäh und dehnbar, guter Wärmeleiter; guter elektrischer Leiter; Bruch sehnig und seidenglänzend; sehr korrosionsbeständig an der Luft durch Bildung einer Patinaschicht. Mit Säuren giftige Grünspanbildung.	Elektrische Leitungen und Wicklungen; Benzin-, Öl-, Wasserleitungen; Legierungen mit Zink, Zinn und anderen NE-Metallen; Dichtungen; Lötkolben; Heiz- und Kühlschlangen; Dachabdeckungen; Kühler.
Mangan Mn	Pyrolusit (MnO_2), Hausmannit (Mn_3O_4). Gabun, GUS, Indien, Zaire, Südafrika	Stahlgraues Metall; mittlere Härte; sehr spröde, erhöht Durchhärtbarkeit, Festigkeit, Verschleißfestigkeit, verringert Graphitausscheidung beim Gusseisen.	Legierungsmetall für Stahl (Desoxidations- und Entschwefelungsmittel), Gusseisen und Leichtmetall.
Molybdän Mo	Molybdän-Glanz (MoS_2). Meist in verwittertem Granit, Quarz. Nordamerika	Silberweiß; ziemlich hart und dehnbar, als Legierungsbestandteil erhöht es Härte, Warmfestigkeit, Dauerfestigkeit; Dehnung und Schmiedbarkeit werden verringert; hitzebeständig.	Legierungsmetall; Molybdändisulfid als Trockenschmiermittel; in Elektronenröhren; Glühlampen; elektrische Heizwicklungen.
Nickel Ni	Nickelmagnetkies, Garnierit. Kanada, GUS, Brasilien, Cuba, Griechenland, Indonesien, Zimbabwe	Hellgraues, stark glänzendes, zähes Metall; lässt sich schmieden, walzen, zu Drähten ziehen, schweißen und polieren; als Legierungsbestandteil von Stahl werden Zähigkeit, Festigkeit, elektrischer Widerstand, Hitzebeständigkeit, Durchhärtbarkeit erhöht und Wärmedehnung verringert; luftbeständig; korrosionsbeständig.	Legierungsmetall zur Stahlveredelung, z.B. sehr zäher Nickelstahl, korrosionsfeste Chromnickelstähle; galvanischer Überzug (Vernickelung); Plattieren von Stahl; Ni-Fe-Akkumulatoren für hartmagnetische und weichmagnetische Werkstoffe.

NE-Schwermetalle ($\varrho > 5$ kg/dm³)			
Werkstoff	**Erze, Vorkommen**	**Eigenschaften**	**Verwendung**
Quecksilber (lat. Hydrargyrum) Hg	Quecksilbersulfid (HgS) Quecksilberoxid (HgO) Spanien, Italien, Kalifornien, Peru, China.	Silberweißes, einziges bei Raumtemperatur flüssiges Metall; sehr beständig; große Wärmeausdehnung; geringe elektrische Leitfähigkeit; löst die meisten Metall auf und bildet Amalgane, nicht aber Fe, Ni, Mn, Sb, Si. Quecksilberdämpfe sind sehr giftig.	Thermometer, Barometer, Thermostaten; in der Elektrotechnik als flüssiger Kontaktwerkstoff in Schaltern; Quecksilberdampflampen, -gleichrichter.
Vanadium V	Oxidische Eisenerze enthalten 0,1...0,2 % V. Peru, Südwestafrika, Zimbabwe	Hellgraues, glänzendes Metall, kalt verformbar, walz- und ziehbar; widerstandsfähig gegenüber Säuren; als Legierungsbestandteil von Stahl werden Zugfestigkeit, Zähigkeit, Warmfestigkeit erhöht.	Legierungsmetall für Baustähle und Werkzeugstähle; kommt allgemein als Ferrovanadium in den Handel.
Wismut (lat. Bismutum) Bi	Wismutglanz (Bi_2S_3), Wismutocker (Bi_2O_3) Wismutangereicherte Nebenprodukte bei der Pb- und Cu-Gewinnung.	Silberweißes bis grauweißes Metall ähnlich Blei aber edler; läuft an der Luft leicht bunt an; spröde, geringe Härte; dehnt sich beim Erstarren aus der Schmelze aus; verschlechtert die mechanischen Eigenschaften anderer Metalle.	Hauptbestandteil niedrig schmelzender und nicht schwindender Wismutlegierungen; Woodsches Metall.
Wolfram W	Wolframit, Scheelit. China, Burma, Korea, Portugal, Spanien, Bolivien, USA, Kanada	Silberweißes, glänzendes sehr hartes Metall (als Pulver grau bis schwarz); als Legierungsbestandteil von Stahl werden Härte, Festigkeit, Korrosionsbeständigkeit, Härtetemperatur, Warmfestigkeit, Schneidhaltigkeit erhöht; höchster Schmelzpunkt; warmverformbar.	Legierungsmetall für Werkzeugstähle, warmfeste Stähle u.a., Kontaktwerkstoff; Glühlampen-Wendel; nicht schmelzende Elektroden; Hartmetalle; Schmierölzusätze.
Zink (lat. Zincum) Zn	Zinkblende (ZnS), Zinkspat ($ZnCO_3$) Polen, Harz, USA, Kanada, GUS, Japan, Spanien, Schweden, England, Zaire.	Bläulich grauweißes, stark glänzendes Metall von geringer Härte; grobkristalliner Bruch; große Wärmeausdehnung; bei Normaltemperatur schmiedbar und zu dünnen Blechen (Folien) walzbar, bei 250 °C spröde und pulverisierbar, korrosionsbeständig an der Luft, gut gießbar; Zinksalze sind giftig.	Verzinken von Stahlblech, Draht; Legierungsmetall für Kupfer-, Aluminium-, Magnesiumlegierungen; Kupferlote; Zinkdruckguss; Dachrinnen; Eimer; Becher in Trockenelementen; Zinkstaub; Lötwasser (Zinkchlorid).
Zinn (lat. Stannum) Sn	Zinnstein (Oxid), Zinnkies (Sulfid) Indonesien, Burma, China, Nigeria, Bolivien, Zaire	Silberweißes, glänzendes Metall, wenig härter als Blei; feinkörniger Bruch; walz-, hämmer- und verformbar; korrosionsbeständig; von Säuren und Laugen wird es angegriffen; beim Biegen entsteht durch Reiben der Kristalle ein knisterndes Geräusch (Zinnschrei); sehr weich und dehnbar; bei tiefer Temperatur (– 15 °C) geht weißes Zinn in graues Zinn über und zerbröckelt (Zinnpest).	Legierungsmetall für Kupfer- und Bleilegierungen; Weichlote (Lötzinn) für Schwermetalle; Weißblech (galvanisch oder tauchverzinntes Stahlblech); Verbesserung der Laufeigenschaften des Leichtmetallkolbens durch Verzinnen der Lauffläche; Folien; Gebrauchsgegenstände.
NE-Leichtmetalle ($\varrho < 5$ kg/dm³)			
Aluminium Al	Bauxit. Südfrankreich, Mittelmeerländer, USA, Ungarn, GUS, Kanada	Silberweißes Metall; weich; korrosionsfest; guter elektrischer Leiter; guter Wärmeleiter; schmiedbar; ziehbar; legierbar; gießbar; kalt verformbar; große Wärmeausdehnung; schweiß- und lötbar	Legierungsmetall; elektrische Leitungen; Gehäuse; Folien; Reflektoren; Beschläge; Zierleisten; Rohre, Dosen, Tuben, Behälter; Fahrzeugaufbauten.
Magnesium Mg	Magnesit ($MgCO_3$), Dolomit ($CaCO_3$).	Silberweißes Metall; geringe Härte; nicht beständig gegen Wasser und Säuren; in Pulverform leicht brennbar; walzbar; ziehbar; gießbar.	Legierungsmetall; Desoxidationsmittel; Blitzlicht; Feuerwerkskörper; Herstellung von Gusseisen mit Kugelgraphit.
Titan Ti	Rutil, Ilmenit, Titanit. USA, Kanada, Indien, Norwegen, Brasilien.	Silberweiß; rein ist es dehnbar; kalt walzbar, wird von Säuren kaum angegriffen; sehr korrosionsbeständig; nur 1,6-mal so schwer wie Aluminium.	Legierungsmetall von Stahl; für Motoren- und Fahrwerksteile im Rennfahrzeugbau, im Flugzeug- und Raketenbau; Titankarbide für Hartmetalle.

Werkstoffbezeichnung mit Werkstoffnummern (Auszug)

vgl. DIN 17 007

Werkstoffnummern werden vorwiegend für die Bezeichnung von NE-Metallen in technischen Zeichnungen verwendet.

Beispiel: 2 . 0241 . 01

Hauptgruppe		Sortennummer		Behandlungszustand/Eigenschaften			
		Sortennummer	Werkstoffgruppe	1. Ziffer		2. Ziffer	
2	Schwermetall	2.0000 … 2.1799	Kupfer-, Kupfergusslegierungen	0	unbehandelt	1	Sandguss
3	Leichtmetall	2.2000 … 2.2490	Zink-, Zinklegierungen	1	weich	2	Kokillenguss
		2.3000 … 2.3499	Blei-, Bleilegierungen	2	kaltverfestigt	3	Druckguss
		2.3500 … 2.3999	Zinn-, Zinnlegierungen	3	hart	4	Strangguss
		3.5000 … 3.5999	Magnesium-, Magnesiumlegierungen	4	geglüht		
		3.7000 … 3.7999	Titan-, Titanlegierungen	5			

Werkstoffbezeichnung mit Kurzzeichen

vgl. DIN 1700, 1750, DIN EN 1173

Durch Kurzzeichen können alle Nichteisenmetalle und deren Legierungen bezeichnet werden.

Beispiel: G – CuAl 11 Ni – F 68

Herstellungsteil		Zusammensetzungsteil	Behandlungsteil/besondere Eigenschaften			
G	Guss	An erster Stelle steht allgemein das chemische Zeichen des Grundstoffes (Grundmetall) ohne Prozentangabe. Es folgen die chemischen Zeichen der Legierungsgrundstoffe mit Prozentangabe. Beim zweiten und dritten Legierungsgrundstoff können die Prozentangaben entfallen. (Chemische Zeichen der Grundstoffe s. Seite 115)	g	geglüht	w	weich
GD	Druckguss		a	ausgehärtet	h	hart
GK	Kokillenguss		wa	warmausgehärtet	zh	ziehhart
GZ	Schleuderguss		ka	kaltausgehärtet	F	Mindestzugfestigkeit in 1/10 N/mm^2
GL	Gleitmetall		p	presshart		
L	Lot		wh	gewalzt		
Lg	Lagermetall					

W

Kupfer-Gusslegierungen

Kurzzeichen/ Werkstoff-Nummer	Zusammensetzung in %	Zugfestigkeit R_m N/mm^2	Dehngrenze $R_{p0,2}$ N/mm^2	Bruchdehnung A %	Brinellhärte HB 10/1000	Verwendung Eigenschaften
Kupfer-Zink-Gusslegierungen (Guss-Messing und Guss-Sondermessing)						vgl. DIN 1709
G-CuZn 33Pb 2.0290.01	Cu 63 … 67; Pb 1 … 3; Zn Rest	180	70	12	45	Konstruktionsteile für Maschinenbau und Elektrotechnik
GD-CuZn 37Pb 2.0340.03	Cu 59 … 63; Al 0,2 … 0,8; Pb 0,5 … 2,5; Zn Rest	280	120	4	75	Druckgussteile für Maschinenbau, Elektrotechnik, Feinmechanik
GK-CuZn 38Al 2.0561.02	Cu 59 … 63; Al 0,1 … 0,8; Zn Rest	380	130	20	75	Komplizierte Konstruktionsteile jeglicher Art
Kupfer-Zinn-Gusslegierungen (Guss-Zinnbronze)						vgl. DIN EN 1982
GD-CuSn 12Pb 2.1812.03	Cu 84 … 87; Sn 11 … 13; Pb 1 … 2	260	140	10	80	Verschleißfest, gute Notlaufeigenschaften; Kolbenbolzenbuchsen
GD-CuSn 12Ni 2.1819.03	Cu 84 … 87; Sn 11 … 13; Ni 1,5 … 2,5	300	180	8	100	Schneckenradkränze; Stell- und Gleitleisten
Kupfer-Zinn-Zink-Gusslegierungen (Rotguss)						vgl. DIN EN 1982
G-CuSn 10Zn 2.1086.01	Cu 86 … 89; Sn 9 … 11; Zn 1 … 3	260	130	15	75	Gleitlagerschalen, harter Werkstoff, seewasserbeständig
G-CuSn7 ZnPb 2.1090.01	Cu 81 … 85; Sn 6 … 8; Zn 3 … 5; Pb 5 … 7	270	130	13	75	Gleitlagerschalen und -buchsen, Kolbenbolzenbuchsen
Kupfer-Aluminium-Gusslegierungen (Guss-Aluminiumbronze)						vgl. DIN EN 1982
G-CuAl 10Fe 2.0940.01	Cu mind, 83; Al 8 … 11; Fe 2 … 4	500	180	15	115	Synchronringe, Schaltsegmente, Schalthebel, Buchsen, Ritzel
G-CuAl 11Ni 2.0975.01	Cu mind. 73; Al 9 … 12,5; Ni 5 … 7; Fe 4 … 7	680	320	5	170	Schraubenräder, Gleitlager mit hohen Stoßbelastungen

Kurzzeichen/ Werkstoff-Nummer	Zusammensetzung in %	Zug-festig-keit R_m N/mm²	Dehn-grenze $R_{p0,2}$ N/mm²	Bruch-deh-nung A %	Brinell-härte HB 10/1000	Verwendung Eigenschaften
Kupfer-Blei-Zinn-Gusslegierungen (Guss-Zinn-Blei-Bronze)						vgl. DIN 1716
G-CuPb 17 Sn 5 2.1822.01	Cu 69 … 76; Pb 16 … 23; Sn 3 … 6; Rest Ni, Sb, Zn	160	90	6	50	Verbundgusswerkstoff, Lager für Verbrennungsmotoren
G-CuPb 24 Sn 2.1825.01	Cu 65 … 72; Sn 9 … 11; Pb 20 … 25; Rest Ni, Zn, Sb	180	80	8	65	Gleitlager für hohe Drücke, Fahrzeuglager, sehr gleitfähig

Kupferlegierungen für Gleitlager

vgl. DIN ISO 4382

Kurzzeichen/ Werkstoff-Nummer	Zusammensetzung in %	Schmelzbereich °C	Brinellhärte HB 20 °C	Brinellhärte HB 120 °C	Verwendung Eigenschaften
CuSn 8 Pb 2 2.1810	Sn 6 … 9; Pb 0,5 … 4; Zn 3; Rest Cu	–	85	–	Für geringe Belastungen, ausreichende Notlaufeigenschaften
CuPb 9 Sn 5 2.1815	Sn 4 … 6; Pb 8 … 10; Zn 2; Rest Cu	–	60	–	Weich, für mittlere Gleitgeschwindigkeit, Notlaufeigenschaften

Blei-Zinn-Gusslegierungen für Verbundgleitlager

vgl. DIN ISO 4381 bzw. 4383

Kurzzeichen/ Werkstoff-Nummer	Zusammensetzung in %	Schmelzbereich °C	Brinellhärte HB 20 °C	Brinellhärte HB 120 °C	Verwendung Eigenschaften
PbSb 15 SnAs 2.3390	Pb 80 … 84; Sb 13,5 … 15,5; Sn 0,9 … 1,7; Cu 0,7; As 1,0; Bi 0,1	240 … 350	18	14	Für geringe Belastung und niedrige Gleitgeschwindigkeiten, z.B. Nockenwellen, Getriebebuchsen
SnSb 8 Cu 4 Cd 2.3792	Sn 88 … 90; Sb 7 … 8; Cu 3 … 4; Cd 1,0; Pb 0,35; As 0,5; V 0,3	233 … 360	28	19	Für hohe Belastung und Schlagbeanspruchung, z.B. Haupt- und Pleuellager

Werkstoffnummern für Kupfer und Kupferknetlegierungen

vgl. DIN EN 1412 (1995-12)

Kupfer und Kupferknetlegierungen werden in einer gesonderten Norm erfasst.

Beispiel:

Kupfer — **CW**; Knetlegierung — **CW**; Zählnummer — **020**; **A** — Kennbuchstabe für Werkstoffgruppe

CW 020 A

Kennbuchstaben für Werkstoffgruppen

Buchstabe	Werkstoffgruppe	Buchstabe	Werkstoffgruppe
A oder B	Kupfer	H	Kupfer-Nickel-Legierungen
C oder D	Kupferlegierungen, Anteil der Legierungselemente ≤ 5 %	J	Kupfer-Zink-Legierungen
		K	Kupfer-Zinn-Legierungen
E oder F	Kupferlegierungen, Anteil der Legierungselemente ≥ 5 %	L oder M	Kupfer-Zink-Zweistoff-Legierungen
		N oder P	Kupfer-Zink-Blei-Legierungen
G	Kupfer-Aluminium-Legierungen	R oder S	Kupfer-Zink-Mehrstoff-Legierungen

Kurzzeichen/ Werkstoff-Nummer	Zusammensetzung in %	Zug-festig-keit R_m N/mm²	Dehn-grenze $R_{p0,2}$ N/mm²	Bruch-deh-nung A %	Brinell-härte HB 10/1000	Verwendung Eigenschaften
Kupfer-Zink-Legierungen (Messing)						vgl. DIN EN 12 163 bzw. 12 164
CuZn 36 Pb 3 CW603N	Cu 57 … 59; Pb 2,5 … 3,5; Rest Zn	500 … 530	380 … 470	11 … 8	145 … 150	Hauptlegierung für spanende Formgebung, Drehteile
CuZn 40 CW509L	Cu 59,5 … 61,5; Rest Zn	340	210 … 280	48 … 28	80 … 100	Schmiedemessing, geeignet zum Biegen, Stauchen, Bördeln
CuZn 31 Si CW708R	Cu 66 … 70; Si 0,7 … 1,3; Rest Zn	380 … 450	150 … 300	35 … 20	90 … 110	Gleitlager für hohe Belastung, gerollte Lagerbuchsen
Kupfer-Nickel-Legierungen						vgl. DIN 17 664
CuNi 30 Fe CW408H	Ni 30 … 32; Fe 0,4 … 1; Mn 0,5 … 1,5; Rest Cu	500	350	12	70	Sehr korrosionsbeständig, Wärmetauscher, Ölkühler, gut schweißbar
CuNi44 CW409H	Ni 43 … 45; Mn 0,5 … 2; Rest Cu	650 … 750	350	5	–	Gut kalt- und warmverformbar, elektrische Widerstände (Konstantan)

Aluminium-Legierungen

Legierungsgruppe	Legierungsbezeichnung: Nummer	Legierungsbezeichnung: Kurzzeichen	Eigenschaften bezüglich: Gießen	Biegen	Tiefziehen	Spanen	Schweißbarkeit	Anodisieren	Beständigkeit gegen: Witterungseinflüsse	Salzwasser
Aluminium-Knetlegierung, nicht aushärtbar	EN AW-3103	EN AW-AlMn1	–	ahh	ahh	d	b	f	a	b
	EN AW-5251	EN AW-AlMg2	–	ahh	ahh	d	b	a	a	b
	EN AW-5754	EN AW-AlMg3	–	aw	aw	d	a	a	a	a
Aluminium-Knetlegierung, aushärtbar	EN AW-6060	EN AW-AlMgSi	–	b	b	b	b	a	a	a
	EN AW-6061	EN AW-AlMg1SiPb	c	b	b	a	a	b	a	a
	EN AW-2014	EN AW-AlCu4SiMg	c	b	b	c	a	b	a	a
Aluminium-Gusslegierung	EN AC-44000	EN AC-AlSi11	a	cWb	f	b	a	e	a	b
	EN-AC 43000	EN AC-AlSi10Mg(a)	a	b	f	b	a	e	a	b
	EN AC-46500	EN-AC-AlSi9Cu3(Fe)	b	bWb	f	b	f	e	b	b

A Aluminium; W Halbzeug; C Gussstück; a ausgezeichnet; b gut; c annehmbar; d unzureichend; e nicht empfehlenswert; f ungeeignet; Wb nach Wärmebehandlung; h hart; hh halbhart; w weich.

Aluminium-Knetlegierungen, nicht aushärtbar

vgl. DIN EN 754, 755, DIN 1745

Kurzzeichen	Hauptlegierungsbestandteile (%)	Zugfestigkeit R_m (N/mm²) w	hh	h	Dehngrenze $R_{p0,2}$ (N/mm²) w	hh	h	Dehnung A (%) w	hh	h	Verwendung
EN AW-AlMn1	Mn 0,9…1,5	90	140	165	35	120	145	24	5	4	Kühler
EN AW-AlMg1	Mg 0,7…1,1	105	145	190	35	120	190	24	5	3	Bleche für Kfz
EN AW-AlMg4,5Mn0,7	Mg 4,0…4,9 Mn 0,4…1,0 Cr 0,05…0,25	270	340	–	120	270	–	17	6	–	Strangpressprofile für Karosseriebau

Aluminium-Knetlegierungen, aushärtbar

vgl. DIN EN 754, 755

Kurzzeichen	Hauptlegierungsbestandteile (%)	Zugfestigkeit R_m (N/mm²) ka[1]	wa[2]	Dehngrenze $R_{p0,2}$ (N/mm²) ka	wa	Dehnung A (%) ka	wa	Verwendung
EN AW-AlMgSi	Si 0,75…1,3 Mg 0,60…1,2 Mn…1,0; Cr…0,3	205	310	110	260	14	10	Profile für Karosseriebau, Felgen
EN AW-AlCu4Mg1	Cu 4,0…4,8 Mg 1,2…1,8 Mn 0,3…0,9	–	420	–	290	–	5	Längs-, Quer-, Schräglenker, Bremsnaben
EN-AW-AlMgCu1,5	Zn 5,1…6,1 Mg 2,1…2,9 Cu 1,2…2,0	–	510	–	450	–	7	Strangpressprofile für Gitterrahmen

Aluminium-Gusslegierung

vgl. DIN EN 1706

Kurzzeichen	Hauptlegierungsbestandteile (%)	Zugfestigkeit R_m (N/mm²)	Dehngrenze $R_{p0,2}$ (N/mm²)	Dehnung A (%)	Verwendung
EN AC-AlSi12	Si 11,0…13,5 Mn 0…0,4	160…210	70…100	5…10	Kurbel, Getriebegehäuse
EN AC-AlSi10Mg	Si 9,0…11,0 Mg…0,5; Mn…0,4	180…240	90…120	2…6	Zylinderköpfe, Motorblöcke
EN AC-AlSi6Cu4	Si 5…7,5; Cu 3…5, Mg …0,3 Mn 0,3…0,6	160…200	100…150	1…3	Ansaugleitungen, Gehäusedeckel
EN AC-AlCu4Ti	Cu 4,5…5,2 Ti 0,15…0,3	320…400	180…230	8…18	Höchstbeanspruchte Teile
EN AC-AlSi6Cu4	Si 5…7,5 Cu 3…5, Mg Mn 0,3…0,6	220…300	150…220	0,5…3 (A_{10})	Rippenzylinder, Zylinderköpfe, Ölwannen

[1] ka kaltausgehärtet; [2] wa warmausgehärtet

Magnesium-Knetlegierung

vgl. DIN 1729 (1982-08)

Kurzzeichen	Werkstoffnummer	Gießverfahren	Hauptlegierungsbestandteile (%)	Zugfestigkeit R_m (N/mm²)	Dehngrenze $R_{p0,2}$ (N/mm²)	Dehnung A (%)	Eigenschaften, Verwendung
MgMn2	3.5200	–	Mn 1,2…2,0 Rest Mg	200…230	100…170	10…1,5	Gut schweiß-, verformbar, Kraftstoffbehälter
MgAl6Zn	3.5612	–	Al 5,5…7,0 Zn 0,5…1,5 Mn 0,15…0,4	260…280	180…200	20…6	eingeschränkt schweißbar, Teile mit mittlerer bis hoher Beanspr.
Mg Al8Zn	3.5812	–	Al 7,8…9,2 Zn 0,2…0,8 Mn 0,12…0,3	280…300	200…210	10…6	Teile mit hoher mechanischer Beanspruchung Gesenkschmiedeteile

Magnesium-Gusslegierung

vgl. DIN EN 1753

Kurzzeichen	Werkstoffnummer	Gießverfahren	Hauptlegierungsbestandteile (%)	Zugfestigkeit R_m (N/mm²)	Dehngrenze $R_{p0,2}$ (N/mm²)	Dehnung A (%)	Eigenschaften, Verwendung
EN-MC MgAl6Mn	EN-MC 21230	D	Al 5,5…6,5 Mn 0,1; Zn 0,2	190…250	120…150	14…4	Hohe Schlagzähigkeit, Motorradfelgen
EN-MC MgAl8Zn1	EN-MC 21110	D	Al 7,0…8,7 Zn 0,35…1,0 Mn 0,1	200…250	140…160	7…1	Gute Gleiteigenschaft, schweißbar, für stoßbeanspruchte Teile
EN-MC MgAl9Zn1	EN-MC 21121	D, S, K, L	Al 8,0…10,0 Zn 0,3…1,0 Si…0,9	200…260 (D)	140…170 (D)	6…1 (D)	Schwierig gestaltete Gussstücke mit z.T. geringen Wanddicken
EN-MC MgAl4Si	EN-MC 21320	D	Al 3,5…5,0 Zn…0,2 Mn 0,1	200…250	120…150	12…3	Für langzeitig wärmelastete Gussstücke in Otto-, Dieselmotoren

EN Europäische Norm; M Magnesium-Legierung; C Gussstück; D Druckguss; S Sandguss; K Kokillenguss; L Feinguss

Kolbenwerkstoffe

Kurzzeichen	Legierungsbestandteile % Al	Si	Cu	Ni	Mg	Rest	Zugfestigkeit in N/mm² Kokillenguss wärmebehandelt bei 20 °C	bei 250 °C	gepresst wärmebehandelt bei 20 °C	bei 250 °C	Dichte ϱ kg/dm³	Längenausdehnungszahl α $\frac{1}{K}$
AlSi12CuMgNi AlSi12CuNi1 AlSi12CuNiMg	84,6 bis 81,5	11 bis 13	0,8 bis 1,5	1,3	0,8 bis 1,3		195 bis 245	100 bis 145	295 bis 360	110 bis 165	2,7 2,7 2,7	0,000021 0,000021 0,000021
AlSi18CuMg AlSi17CuNi3 AlSi18CuNiMg	78,7 bis 75,5	17 bis 19	0,8 bis 1,5	1,3	0,8 bis 1,3	Mn Cr Ti	175 bis 215	100 bis 135	225 bis 295	100 bis 155	2,68 2,78 2,68	0,000019 0,0000185 0,000019
AlSi25CuNiMgNi AlSi25CuNi AlSi25CuNiMg	72,2 bis 68	23 bis 26	0,8 bis 1,5	1,3	0,8 bis 1,3	Fe Zn	165 bis 205	100 bis 135	–	–	2,65 2,65 2,65	0,0000175 0,0000175 0,0000175
AlCu4NiMg AlCu4Ni AlCu4Ni2Mg	93 bis 90	0,5	3,5 bis 4,5	1,75 bis 2,25	1,25 bis 1,75		225 bis 275	155 bis 195	345 bis 410	145 bis 255	2,8 2,8 2,8	0,0000235 0,0000235 0,0000235

Gleitlagerwerkstoffe

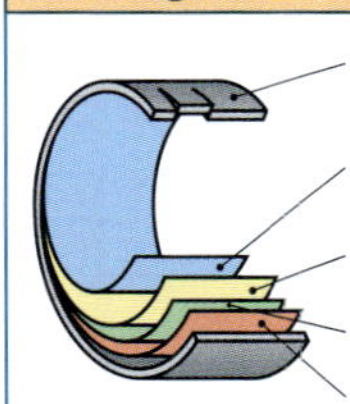

	Dreistofflager	Vierstofflager	Sputterlager	Wartungsfreie Gleitlager
Gleitschicht	PbSnCu-Legierung	PbSnCu-Legierung	AlSn20	Polytetrafluorethylen (PTFE) und Blei (Pb)
Zwischenschicht	–	CuSn-Legierung	NiSn-Legierung	–
Trennschicht	Nickel	Nickel	NiCr-Legierung	–
Tragschicht	Bleibronze	Bleibronze	Bleibronze	Bronze

W

Sintervorgang Einfachpressen (Niedrige Dichte und Festigkeit)

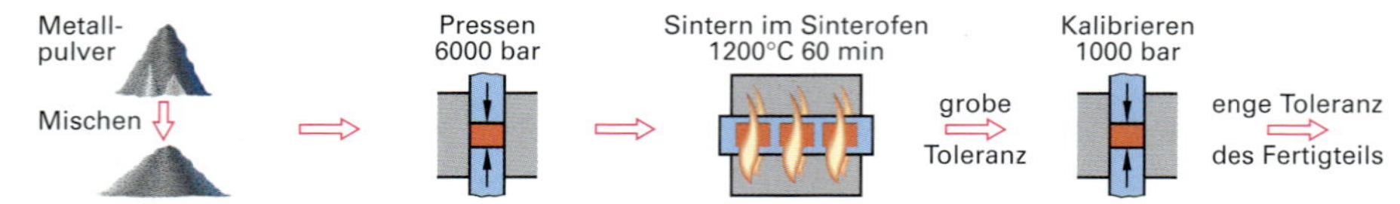

Sintervorgang Doppelpressen (Hohe bis sehr hohe Dichte und Festigkeit)

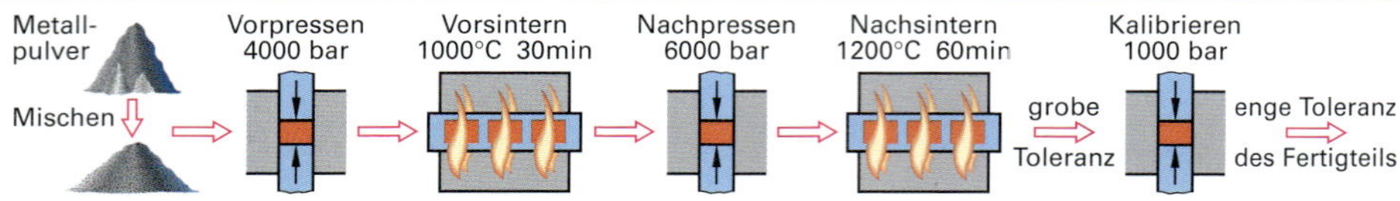

Werkstoffkennzeichnung

Beispiel: Sint-C 51

Sint	C	5	1
Sinterwerkstoff (Sinterbronze, Lager)	Dichte ϱ ca. 7 kg/dm³ großes Porenvolumen > 18 %	Sinterlegierung mit mehr als 60 % Cu	Fortlaufende Nummerierung

Bedeutung der Buchstaben

AF	Sehr niedrige Dichte; sehr großer Porenraum (Filter).
A	Sehr niedrige Dichte; sehr großer Porenraum (Gleitlager).
B	Niedrige Dichte; großer Porenraum (ölgetränkte Gleitlager).
C	Mittlere Dichte; mittlerer Porenraum (gute Haftfähigkeit des Schmierfilms).
D	Hohe Dichte; kleiner Porenraum (Teile mit sehr hoher Festigkeit).
E	Sehr hohe Dichte; ohne oder fast ohne Porenraum; mit Metall getränkt (sehr hohe Festigkeit).
F	Ohne oder fast ohne Porenraum beliebiger Dichte mit einem härtenden organischen Kunststoff getränkt; gute Korrosionsbeständigkeit.

Bedeutung der 1. Zahl

0	Sintereisen und Sinterstahl unlegiert; Cu < 1 %, mit oder ohne C.
1	Sinterstahl mit 1 %...5 % Cu; mit oder ohne C.
2	Sinterstahl mit mehr als 5 % Cu; mit oder ohne C.
3	Sinterstahl mit oder ohne Cu und/oder C mit weniger als 5,5 % anderer Legierungsmetalle.
4	Sinterstahl mit oder ohne Cu und/oder C mit mehr als 5,5 % anderer Legierungsmetalle.
5	Sinterlegierungen mit mehr als 60 % Cu.
6	Alle Sinterbuntmetalle, die nicht als CuZn- oder CuSn-Legierung zu bezeichnen sind.

Bedeutung der 2. Zahl

Fortlaufende Nummerierung bei veränderten physikalischen Eigenschaften.

W

Sinter-CuSn-Legierungen

Kurzzeichen	Dichte ϱ kg/dm³	Porenvolumen %	Zusammensetzung %	Zugfestigkeit R_m N/mm²	Eigenschaften, Anwendung
Sint-AF 50	< 6,4	> 27	C ≤ 0,2; Sn 9...11; Rest Cu	10...80	Sehr niedrige Dichte, sehr großer Porenraum; Kraftstofffilter, Geräuschdämpfer bei Druckluftbremsanlagen.
Sint-B 51	6,6...7,0	> 18	Cgraph 0,2...2,0; Sn 9...11; Rest Cu	> 80	Grafithaltige Sinter-CuSn-Legierung für Öltränkung; gute Gleit- und Notlaufeigenschaften; selbstschmierende Lager.
Sint-D 50	7,7...8,1	10 ± 2,5	Cgraph 0...0,2; Sn 9...11; Rest Cu	> 220	Durch Doppelpressen hergestellte Formteile aller Art.

Sinter-CuZn-Legierungen

Kurzzeichen	Dichte ϱ kg/dm³	Porenvolumen %	Zusammensetzung %	Zugfestigkeit R_m N/mm²	Eigenschaften, Anwendung
Sint-C 52	7,0...7,4	15 ± 2,5	Cu 77...81; Fe...0,25; Pb...2,0; Rest Zn	> 90	Gute Haftfähigkeit des Schmierfilms; gut Zähigkeit, einbaufertige Teile.
Sint-D 52	7,4...7,8	10 ± 2,5	Cu 77...81, Fe...0,25; Pb...2,0; Rest Zn	> 100	Durch Doppelpressen hergestellte Teile mit hoher Dichte und hoher Zähigkeit.

Sintereisen					
Kurz-zeichen	Dichte ϱ kg/dm³	Poren-volumen ≈ %	Zusammensetzung %	Zugfestigkeit R_m N/mm²	Eigenschaften, Anwendung
Sint-B 00	6,0…6,4	20 ± 2,5	C bis 0,3; Cu < 1,0; Rest Fe	> 80	Porös, mit Öl getränkt; selbstschmierende Gleitlager.
Sint-C 02	6,0…6,8	15 ± 2,5	C bis 0,1; Rest Fe	> 120	Nach spanender oder spanloser Bearbeitung Weichglühen erforderlich. Weichmagnetischer Werkstoff; Relaisteile.
Sinterstahl					
Sint-B 10	6,0…6,4	20 ± 2,5	C bis 2; Cu 1…5; Rest Fe	> 150	Porös, mit Öl getränkt; selbstschmierende Gleitlager.
Sint-B 21	6,0…6,4	20 ± 2,5	C bis 1,5; Cu 5…25; Rest Fe	> 280	Festigkeitssteigerung durch Abschreckhärtung möglich; ölgetränkt; gute Gleit- und Notlaufeigenschaften. Hochbelastbar; verschleißfest.
Sint-C 21	6,4…6,8	15 ± 2,5	C bis 1,5; Cu 5…25; Rest Fe	> 350	Verschleißfest; begrenzte Ölaufnahme. Bauteile hoher Festigkeit.
Sinterreibstoffe					
J 703	5,4…5,8	≈ 10,5	Cu 68; Sn 5; Pb 8; C 10; MoS_2 5; mineralische Zusätze 2…6	≈ 18	Lamellenkupplungen mit Sinterpads.
J 730	4…4,8	≈ 20	Fe 81; Pb 4; C 12	≈ 7,5	Scheiben- und Trommelbremsen in Nutzkraftfahrzeugen.

Weiter Sinterwerkstoffe	
Oxidkeramische Schneidstoffe	Als Keramik werden Erzeugnisse aus Ton oder tonähnlichen Stoffen bezeichnet, deren Bestandteile Oxide (Al_2O_3; SiO_2; MgO und andere) sind. Härteträger der oxidkeramischen Schneidstoffe ist Al_2O_3. Als Bindemittel dienen andere Oxide und Metalle.
Kohlebürsten	Ausgangsstoffe sind verschiedene Kohlenstoffsorten (Retortenkohle, Ruß, aschearme Kokse, Grafit, Metallpulver, Metalllegierungen und geeignete Bindemittel).

Hartmetalle für die Zerspanung vgl. DIN ISO 513 (1992-06)

Ausgangsstoffe:	Pulverisiertes Wolframkarbid (WC)	29 %…92 %
	Titankarbid (TiC) + Tantalkarbid (TaC)	2 %…65 %
	Cobalt (Co) als Bindemittel	4 %…18 %

Kenn-farbe	Zerspanungs-hauptgruppe	Kurz-zeichen	Werkstoffe	Arbeitsverfahren	Spanungs-werte
Blau	**P** Lang-spanende Werkstoffe	P01	Stahl, Stahlguss	Feindrehen, Feinbohren	Zunehmende Schnittgeschwindigkeit ↑
		P10 P20	Stahl, Stahlguss, langspanender Temperguss	Drehen, Fräsen, Gewindeherstellung	
		P30 P40	Stahl, Stahlguss mit Lunkern	Drehen mit niedrigen Schnittgeschwindigkeiten	
Gelb	**M** Lang- und kurz-spanende Werkstoffe	M10	Stahl, Stahlguss, Gusseisen, Manganstahl	Drehen mit mittleren bis hohen Schnittgeschwindigkeiten	Zunehmende Schnittgeschwindigkeit ↑
		M20	Zusätzl. austenitischer Stahl	Drehen und Fräsen	
		M30	Hochwarmfeste Legierungen	Drehen und Fräsen	
		M40	Automatenstahl, Nichteisenmetalle, Leichtmetalle	Drehen	
Rot	**K** Kurz-spanende Werkstoffe	K01	Hartes Gusseisen, AlSi-Leg. Duroplaste	Drehen, Fräsen, Schaben	Zunehmende Schnittgeschwindigkeit ↑
		K10	Harter Stahl, Gestein, Keramik	Drehen, Fräsen, Bohren, Schaben, Innendrehen	
		K20	Ne-Metalle, Gusseisen	Drehen, Fräsen, Innendrehen	
		K40	Ne-Metalle, Holz	Bearb. mit großen Spanwinkeln	

Einteilung der Kunststoffe

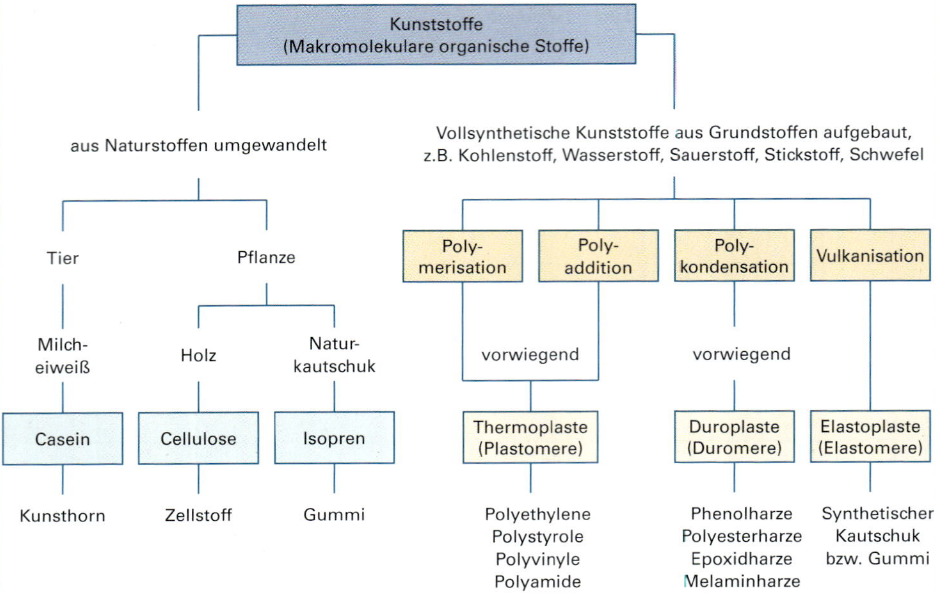

Monomere	Ausgangsstoff für Kunststoffe; monos (griech.) = einzig; meros (griech.) = Teil
Polymerisation	Vereinigung vieler Moleküle der gleichen Art (meist ungesättigte Kohlenwasserstoffe) zu einem kettenartigen Großmolekül. Das Endprodukt der Polymerisation wird als Polymer bzw. Polymerisat bezeichnet.
Polykondensation	Durch Wärme, Druck, Licht, Katalysatoren werden die Monomere meist verschiedener Art aktiviert und schließen sich zu einem Großmolekül zusammen. Das Endprodukt der Polykondensation wird als Polykondensat bezeichnet.
Polyaddition	Ähnlicher Vorgang wie die Polykondensation, aber ohne Abspaltung anderer Stoffe. Das Endprodukt der Polyaddition wird als Polyaddukt bezeichnet.

Struktur und Eigenschaften der Kunststoffe

Thermoplaste 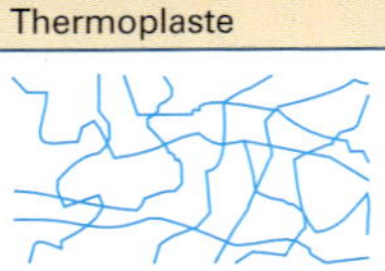	Kunststoffe aus Fadenmolekülen ohne Vernetzung (keine Zwischenverbindungen). In der Kälte glasartig hart und spröde, bei höherer Temperatur plastisch (die Ketten gleiten aneinander vorbei). Bei sehr hohen Temperaturen Zerstörung durch chemische Zersetzung. Thermoplaste sind in der Regel umformbar (über 100 °C), schweißbar und klebbar.
Elastomere 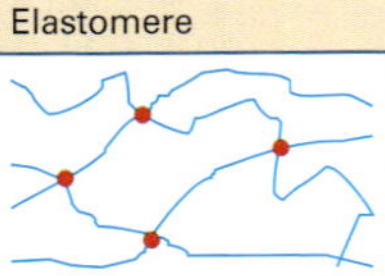	Fadenmoleküle in ungeordnetem Zustand, mit Zwischenverbindungen und einer sehr großen Elastizität. Beim Erwärmen erweichen sie nicht, sondern ihre Elastizität bleibt bis zu einer Grenztemperatur nahezu erhalten. Nach Überschreiten der Grenztemperatur werden sie zerstört. Elastomere sind nicht schmelzbar, nicht schweißbar und spanend zu bearbeiten.
Duroplaste 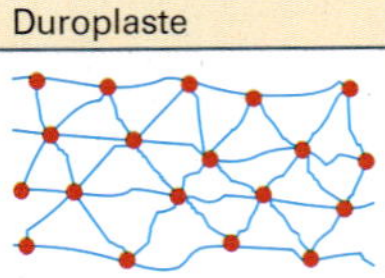	Kunststoff mit starker Vernetzung. Die Zwischenverbindungen entstehen durch Erwärmung und Druck oder durch Zusatz von Härter (Gießharze, Klebharze). Die Erhärtung kann nicht mehr rückgängig gemacht werden. Duroplaste sind zerspanbar und klebbar. Sie sind in der Regel nicht schweißbar.

Begriffe

Blends	Polymermischungen aus Kunststoffen verschiedener Zusammensetzung (z.B. PP/EPDM, PC/PBT).
Copolymerisate (Mischpolymerisate)	Kunststofftypen, für deren Herstellung mindestens zwei verschiedene Ausgangsstoffe (Monomere) verwendet werden. Die Ausgangsstoffe verbinden sich auf molekularer Ebene. Copolymerisate sind in Bezug auf ihre Eigenschaften hochwertiger als Blends.
Dispersion	Feine Verteilung eines Stoffes in einem anderen, ohne dass sich der eine im anderen löst.
Handlaminieren	Verfahren zur Herstellung von Teilen aus glasfaser- und kohlenstofffaserverstärktem Polyester- oder Epoxidharz (GFK bzw. CFK). Die Glasfasern werden als Matten oder Gewebestränge in die Form gelegt und mit flüssigem Harz getränkt. Auf diese Weise lassen sich mehrere Schichten auftragen. Das Verfahren ist auch zur Reparatur geeignet.
Integralschaum	Dabei handelt es sich um geschäumte Kunststoffe, die eine zellige Struktur erhalten. Sie besitzen eine glatte und geschlossene Oberfläche. Lange Formteile enthalten zur Stabilisierung z.B. Einlagen aus Metall.
Lunkerstellen	Lufteinschlüsse in Kunststoffteilen. Meist bilden sie sich um die zur Verstärkung eingelegten Zusatzteile. Unmittelbar nach der Herstellung sollten Kunststoffteile getempert werden (1 Stunde bei ca. 60°), damit die Lufteinschlüsse an die Oberfläche treten und ausgasen können.
Trennmittel	Sie werden benötigt, damit das Kunststoffteil nicht an der Werkzeugform anhaftet. Im Allgemeinen bestehen sie aus einer Lösung von Wachsen und Silikonen, die sehr hartnäckig am Kunststoffteil verbleiben. Vor dem Lackieren des Teils müssen sie gründlich entfernt werden, da sie sonst die Haftung des Lacks verhindern.
Trennlacke	Sie haben die gleiche Aufgabe wie Trennmittel, bestehen aber aus einer Lösung aus Polyvinyl und Alkohol. Das Entfernen der Trennlacke vom Fertigteil erfolgt mit Wasser.
Weichmacherzusatz	Ein Zusatz, um die Elastizität des Lacks auf dem Kunststoff zu gewährleisten (auch Plastifizierer, Soft-Zusatz).

Kurzzeichen für Kunststoffe

Homopolymere und polymere Naturstoffe

CA	Celluloseacetat	PDAP	Poly(diallylephthalat)	PPS	Poly(phenylensulfid)
CAB	Celluloseacetobutyrat	PE	Polyethylen	PPSU	Poly(phenylensulfon)
CAP	Celluloseacetopropionat	PE-C	Chloriertes Polyethylen	PS	Polystyrol
CF	Kresol-Formaldehyd	PEOX	Poly(ethylenoxid)	PSU	Polysulfon
CMC	Carboxymethylcellulose	PEI	Poly(etherimis)	PTFE	Poly(tetrafluorethylen)
CN	Cellulosenitrat	PEEK	Poly(etheretherketon)	PUR	Polyurethan
CP	Cellulosepropionat	PES	Poly(ethersulfon)	PVAC	Poly(vinylacetat)
CSF	Casein-Formaldehyd	PET	Poly(ethylenterephthalat)	PVAL	Poly(vinylalkohol)
CTA	Cellulosetriacetat	PF	Phenol-Formaldehyd	PVB	Poly(vinylbutyral)
EC	Ethylcellulose	PI	Polyimid	PVC	Poly(vinylchlorid)
EP	Epoxid	PIB	Polyisobutylen	PVC-C	Chloriertes PVC
MC	Methylcellulose	PIR	Polyisocyanurat	PVDC	Poly(vinylidenchlorid)
MF	Melamin-Formaldehyd	PMI	Poly(methacrylimid)	PVDF	Poly(vinylidenfluorid)
PA	Polyamid	PMMA	Poly(methylmethacrylat)	PVF	Poly(vinylfluorid)
PAI	Polyamidimid	PMP	Poly(-4-methylpenten-1)	PVFM	Poly(vinylformaldehyd)
PAN	Poly(acrylnitril)	PMS	Poly(-(α-Methylstyrol)	PVK	Poly(vinylcarbazol)
PB	Polybuten-1	POM	Polyoxymethylen; Polyformaldehyd, Polyacetal	PVP	Poly(vinylpyrrolidon)
PBA	Poly(butylacrylat)			SI	Silicon
PBT	Poly(butylenterephthalat)	PP	Polypropylen	SP	Gesättigter Polyester
PC	Polycarbonat	PPE	Poly(phenylenether)	UF	Harnstoff-Formaldehyd
PCTFE	Poly(chlortrifluorethylen)	PROX	Poly(propylenoxid)	UP	Ungesättigter Polyester

Copolymere und Blends

A/B/A	Acrylnitril/Butadien/Acrylat	MPF	Melamin/Phenol-Formaldehyd	S/MS	Styrol/α-Methylstyrol
ABS	Acrylnitril/Butadien/Styrol			VC/E	Vinylchlorid/Ethylen
E/EA	Ethylen/Ethylacrylat	PC/PBT	Polycarbonat/Polybutylenenterephthalat	VC/E/MA	Vinylchlorid/Ethylen/Methacrylat
E/MA	Ethylen/Methacryalsäureester	PEBA	Polyether-Blockamid	VC/E/VAC	Vinylchlorid/Ethylen/Vinylacetat
E/P	Ethylen/Propylen	PFA	Perfluoro-Alkoxyalkan		
EPDM	Ethylen/Propylen-Dien	PP/EPDM	Polypropylen/Ethylen-Propylen-Dien	VC/MA	Vinylchlorid/Methylacrylat
E/VA	Ethylen/Vinylacetat			VC/MMA	Vinylchlorid/Methylmethacrylat
E/VAL	Ethylen/Vinylalkohol	SAN	Styrol/Butadien		
E/TFE	Ethylen/Tetrafluorethylen	SB	Styrol/Butadien	VC/VAC	Vinylchlorid/Vinylacetat

Anmerkung: Die Kurzzeichen sind aus den Angaben der monomeren Komponenten von links nach rechts in der Reihenfolge abnehmender Massenanteile aufgebaut.
Blends sind durch einen Schrägstrich im Kurzzeichen zwischen den Komponenten gekennzeichnet.
Blau gekennzeichnete Kunststoffe werden häufig in Kraftfahrzeugen verwendet.

W

Nichtmetalle, Kunststoffe im Fahrzeugbau

Art	Grundstoffe	Eigenschaften	Handelsnamen	Verwendung im Kfz
Thermoplaste				
Polyvinylchlorid	Aus Acetylen und Salzsäure > Vinylchlorid	Großer Verwendungsbereich	Vinidur, Vinoflex, Mipolam	Schläuche, Schutzleisten, Fußmatten, Kunstleder, Kabelisolierung, Folien.
Polystyrol Polystyrolschaum	Aus Benzol und Ethylen > Vinylbenzol (Styrol)	Schlagzäh Sehr leicht	Styrocell, Styroflex, Styropor	Abdeckungen, Folien, Isolation von Aufbauten.
Polyethylen Weich-Polyethylen Hart-Polyethylen Polyethylenschaum	Ethylen (Ethen)	Weich-PE: elastisch Hart-PE: für Spritzguss geeignet.	Lupolen, Hostalen, Nipolon	Unterlagen, Gehäuse, Schutzkappen, Behälter, Faltenbälge, Haltegriffe, Verkleidungen.
Polypropylen	Aus Erdöl > Propylen	Zäh, korrosionsfest	Metocene	Wie Polyethylen
Polymethyl-methacrylat (Acrylglas)	Metycrylsäure	Großer Verwendungsbereich	Plexigum, Plexiglas	Lackgrundlage, Abdeckungen für Leuchten, Linsen, Isolierstoff.
Polyamid Polyamidfasern	Polykondensat aus Diamin und Dicarbonsäuren	Hornartig, zähelastisch, große chem. Beständigkeit, zerreißfest.	Nylon, Perlon	Benzinleitungen, Zahnriemen, Zahnräder, Buchsen, Lackgrundlage, Abschleppseile, Lüfter.
Polytetrafluor-ethylen	Einbau von Fluoratomen in Ethylen > Tetrafluorethylen	In organischen Lösungsmitteln unlöslich, bis 375 °C temp.-best.	Fluon, Heydeflon, Hiflon	Dichtungen, Faltenbälge, wartungsfreie Lager, Zahnräder, hitzebeständige Kabelisolierungen.
Duroplaste				
Phenolharz	Phenol, Formaldehyd	Durchscheindend, nicht lichtecht.	Dynofen, Dynosol	Lackgrundlage, Gießharz, faserverstärkte Kunststoffe.
Melaminharz	Aus Calziumkarbid und Stickstoff > Melamin, Formaldehyd	Kratzfest, temperatur- und chemikalienbeständig	Cymel, Kauramin, Luwipal	Karosserie- und Nutzfahrzeugbau.
Polyesterharz	Dicarbonsäuren und Alkohole, z.B. Terephthalsäure und Ethylenglykol, ungesättigter Polyester.	Stoß- und schlagfest, besonders mit Glasgewebeeinlagen.	Aropol, Durapol, Keripol	Karosserie- und Nutzfahrzeugbau, druckfeste Behälter.
Epoxidharz	Produkt aus Polyphenolen und Epichlorhydrin	Hohe Haftfestigkeit	Araldit, Eponac, Ravepox	Klebharz; Metallkleben, Aufkleben von Bremsbelägen.
Siliconharz	Silicone enthalten neben C-, H-, O-Atomen auch Si-Atome	Temp.-beständig – 100 °C…+ 200 °C wasserabstoßend	Baysilon, Suritex	Gießharze, Lackgrundlage, Zusatz von Lackpflegemitteln.
Formmassen Phenolharze Melaminharze Epoxidharze Methacrylatharze	Kunstharze mit Füllstoffen: Holzmehl, Papierschnitzel, Zellstoff, Asbestfasern, Gesteinsmehl; Glimmer	Bei Phenolharzen gedeckte Farben; hohe Festigkeit; dämpfend; schwundfrei.	Bakelite, Palatal	Formstücke, Armaturenbrett, Isolierteile, Verteilerköpfe, Stecker, Gehäuse für elektronische Bauelemente, Leiterplatten.
Schichtpressstoffe Hartpapier Hartgewebe Schichtholz	Papierbahnen Gewebebahnen Furnierbahnen		Resitex, Repelit, Pertinax, Novotex, Lignofol	Rohre, Schalttafeln, Zahnräder, Verkleidungen.
Elastomere				
Styrol-Butadien-Kautschuk	Aus Acetylen > Butadien (Polymerisat)	Abriebfest, wärmebeständig	Buna EM, Cariflex S	Reifen
Chloropren-Kautschuk	Hoher Chlorgehalt	Nicht entflammbar, ölbeständig.	Baypren, Sowopren	Reifenzusatz, Federelemente, Dichtungen.
Nitril-Kautschuk	Mit Stickstoffverbindung	Abriebfest	Perbunan-N	Heizungsschläuche
Butyl-Kautschuk	Aus Polyisobutylen	Gasundurchlässig	Enjay-Butyl	Luftschläuche
Polyurethan-Kautschuk	Polyaddukt aus Diisozyanaten und 2- oder 3-wertigen Alkoholen	Große Festigkeit u. Abriebbeständigkeit, ölbeständig.	Adipren, Elastothane, Urepan	Lackgrundlage, Klebstoff, PUR-Schäume (Polsterwerkstoff), Zahnräder
Silicon-Kautschuk	Si- und O-Atome	Hoher elektrischer Widerstand.	Silastene, Silopren	Kabelumhüllung

Naturkautschuk	
Latex-gewinnung	Naturkautschuk ist der eingedickte Milchsaft (Latex) des Kautschukbaumes (Heves brasiliensis). Latex besteht aus 65 % bis 75 % Wasser, 35 % bis 25 % Kautschukteilchen und Spuren von Eiweiß und Harz. In die Rinde des Stammes werden Rillen geschnitten. Der Milchsaft wird gesammelt.
Verarbeitung und Verwendung	Plantagenkautschuk: Latex wird mit verdünnter Essig- oder Ameisensäure angesäuert. Ausflocken der Kautschukteilchen (Koagulieren), die an der Oberfläche schwimmen. Latex wird abgeschöpft und zu Platten (Fellen) gewalzt. Die Felle werden zu Blöcken geschichtet und gepresst.
Vorkommen	Afrika, Südamerika, Südostasien.
Synthetischer Kautschuk	
Herstellung und Verwendung	Synthetischer Kautschuk wird auf künstlichem Wege aus Erdöl gewonnen und ähnelt in seinen Eigenschaften dem Naturkautschuk. Styrol-Butadien-Kautschuk ist ein häufig verwendeter Synthesekautschuk (z.B. als Bestandteil von Reifen). Er wird durch Kaltpolymerisation aus den Monomeren Styrol und Butadien hergestellt und verfügt über hohe Abriebfestigkeit.
Gummi	
Vulkanisieren	Gummi ist vulkanisierter Kautschuk. Zum Vulkanisieren wird Schwefel in den Kautschuk in feinster Form eingewalzt. Bei der anschließenden Vulkanisation vernetzt der Schwefel die Fadenmoleküle des Kautschuks, die Elastizität entsteht. Wird Schwefel und Kautschuk allein zur Vulkanisaton verwendet, so dauert der Prozess mehrere Stunden. Durch den Zusatz von weiteren Chemikalien lässt sich die Reaktionszeit deutlich reduzieren. Die Vulkanisation erfolgt durch Pressen bei gleichzeitiger Wärmezufuhr. Die für die chemische Reaktion erforderliche Temperatur von 140 °C bis 150 °C und der Druck von ca. 5 bar werden gleichzeitig zur Formgebung für das herzustellende Teil verwendet.

Methoden zur Bestimmung von Thermoplasten

Thermoplaste, die nicht gekennzeichnet sind, können durch unterschiedliche Verfahren identifiziert werden. Die Erkennung von Kunststoffarten ist insbesondere für das Schweißen von Kunststoffen erforderlich.

Kunststofftyp:	PE	PP	PA	PMMA	PS	SB	SAN	ABS	PC	PVC-W	PVC-H
Schwimmtest: Ermittlung der Dichte des Kunststoffs im Vergleich zur Dichte von Wasser											
Schwimmt	PE	PP									
Sinkt			PA	PMMA	PS	SB	SAN	ABS	PC	PVC-W	PVC-H
Bruchtest: Werkstoffprobe aufbiegen bzw. aufbrechen.											
Kein Bruch	PE	PP	PA						PC		
Weißbruch						SB		ABS		PVC-W	PVC-H
Sprödbruch				PMMA	PS		SAN				
Brenntest: Probe kurz in die Flamme halten und das Brandverhalten außerhalb der Flamme beobachten.											
Brennt nicht rußend	PE	PP	PA	PMMA							
Brennt rußend					PS	SB	SAN	ABS			
Brennt kurz weiter, erlischt									PC	PVC-W	
Erlischt											PVC-H
Geruchstest: Brennende Probe löschen und Rauchschwaden vorsichtig zufächeln. **Achtung: Gesundheitsgefährdung!**											
Unangenehm stechend										PVC-W	PVC-H
Nach verbranntem Horn			PA								
Fruchtartig				PMMA							
Nach Stearin	PE	PP									
Nach Styrol					PS	SB	SAN	ABS			
Phenolartig									PC		
Beilstein-Probe: Auf einen heißen Kupferdraht eine kleine Menge des Kunststoffs auftragen und den Draht in eine Flamme halten.											
Positiv (grüne Flamme)										PVC-W	PVC-H
Negativ	PE	PP	PA	PMMA	PS	SB	SAN	ABS	PC		
Fingernageltest: Ritzen des Kunststoffs mit dem Fingernagel.											
Kratzspuren sichtbar	PE										
Keine Kratzspuren (Druckstellen)		PP									
Lösungsmitteltest: Ermittlung der Lösbarkeit des Kunststoffs in Tetrachlorkohlenstoff.											
Lösbar					PS	SB					
Nicht lösbar							SAN	ABS			

Kunststoffreparaturen

Kunststoff-Reparaturtechniken

Thermoelastische Rückverformung	Kunststoff-Schweißtechnik	Kunststoff-Klebetechnik	Kunststoff-Laminiertechnik
Thermoplaste	z.B. PC, PP/EPDM	alle Kunststoffteile	nur GFK-Teile mit Polyesterharz

Thermoelastische Rückverformung

Kunststoffteile (z.B. Stoßfänger) weisen häufig Verformungen auf, die sich noch im elastischen Bereich befinden. Meistens handelt es sich um Dellen, Druckstellen und Biegeverformungen. Viele dieser Verformungen bilden sich sofort bzw. nach einer bestimmten Zeit eigenständig zurück. Die selbständige Rückbildung hängt von der Schadensgröße und der Temperatureinwirkung ab. Unter Wärmeeinwirkung lassen sich flache Verformungen im elastischen Bereich in vielen Fällen in ihre Ursprungsform zurückbilden.

Werkzeuge und Durchführung

Je nach Kunststoffart variiert die erforderliche Wärmeeinbringung. Grundsätzlich darf die Wärmeeinbringung den elastischen Bereich nicht überschreiten. Plastische Veränderungen können nicht mehr rückgängig gemacht werden. Es darf keine offene Flamme verwendet werden.

Flache Eindrücke bzw. Dellen werden mit dem Heißluftfön, wenn möglich beidseitig im Wechsel, gleichmäßig auf ca. 200 °C erwärmt. Liegt keine Überdehnung vor, bildet sich die Verformung in Ihre Ursprungslage zurück.

Kunststoff-Schweißtechnik

Bei Rissbildungen z.B. an Kunststoff-Stoßfängem eignet sich die Kunststoff-Schweißtechnik als Instandsetzungsverfahren, wenn die Schadstelle rückseitig ungünstige Voraussetzungen für die Instandsetzung mittels Klebetechnik aufweist. Beispiele: Geripptes Profil, Kastenprofil, enge Rundungen bzw. im Bereich von Verstärkungen.

Werkzeuge und Materialien

Heißluftschweißgerät, Schnellschweißdüse, Keildüse (Fixierdüse), Stirnfräser, Schweißstab-Sortiment, Plattenschaber, Schleifer.

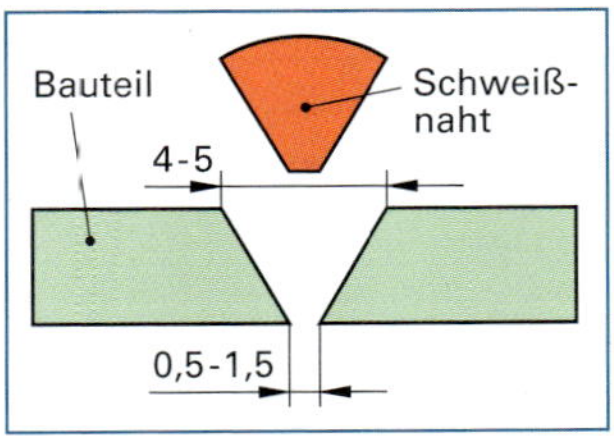

Durchführung

1. Vorbereitung der Schweißnaht **(Bild 1)**:
   Mit dem Stirnfräser Schweißfuge in Form arbeiten (Fugenwinkel 60–70°) und das Rissende anbohren.
2. Schweißtemperatur am Heißluftschweißgerät nach Vorgaben einstellen.
3. Schweißgerät bis zur vorgewählten Schweißtemperatur vorheizen.
4. Schweißstab vorn anschrägen und in die Schnellschweißdüse schieben.
5 Schweißvorgang **(Bild 2)**:
   Die Unterseite der Schnellschweißdüse muss in Längsrichtung parallel zur Reparaturoberfläche bei gleichmäßiger Schweißgeschwindigkeit und bei gleichmäßigem Arbeitsdruck geführt werden.

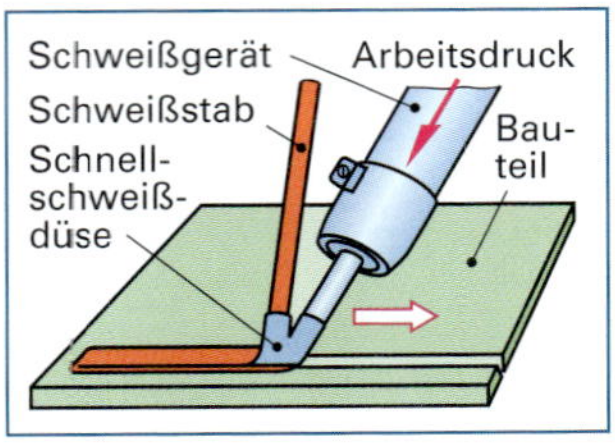

6. Verbindungsqualität **(Bild 3)**:
   Eine optimale Verbindung ist erreicht, wenn sich entlang der Schweißnaht, an der Randzone eine geringe und gleichmäßige Fließwulst gebildet hat. Eine Rissnaht muss in jedem Fall durchgeschweißt werden. Die Schweißnahtwurzel muss an der Rückseite erkennbar sein.
7. Nacharbeiten der Schweißnaht:
   - Schweißnahterhöhung nach dem Erkalten mit einem Winkelschleifer und Schleifpapier (Körnung P80) verschleifen, danach Planschliff mit Exzenterschleifer und Schleifpapier Körnung P120 – P220;
   - Geschliffene Reparaturfläche mit Kunststoffreiniger reinigen;
   - Kunststoffgrundierung dünn auf die Reparaturfläche auftragen.

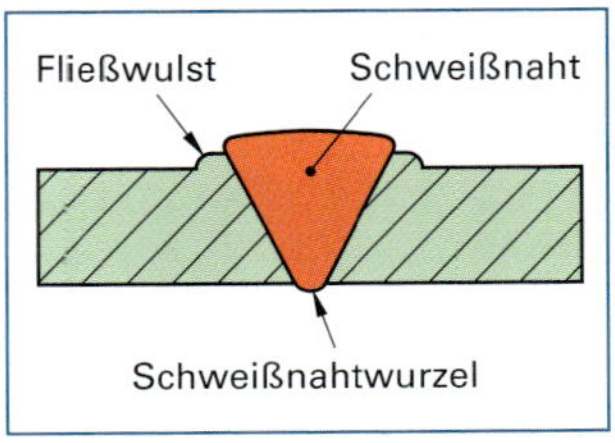

Schweißfehler und Arbeitshinweise

- Verformung:
  Reparaturbereich wurde überhitzt, vorhandene Eigenspannungen beim Schweißen der Teile, Kunststoffmaterial zu dünn.
- Schlechte Schweißverbindung:
  Schweißtemperatur zu niedrig, Schweißgeschwindigkeit zu schnell, Verschweißung von ungleichen Materialien.
- Schweißnaht senkt sich ab:
  Rissfuge zu breit, Schweißtemperatur zu hoch.

Bei Rissen an schwer zugänglichen Stellen ist das Pendelschweißverfahren vorzuziehen. Dabei wird der Schweißstab in einer Pendelbewegung geführt. Die Vorbereitung der Rissfuge ist identisch.

Kunststoff-Klebetechnik

Gegenüber der Schweißtechnik besitzt die Klebetechnik eine Reihe von Vorteilen. Auf die Identifizierung der Kunststoffe kann verzichtet werden. Rissfugen (bis max. 100 mm Risslänge) und Durchbrüche können zur Sicherstellung der ursprünglichen Festigkeitseigenschaften mit Verstärkungsstreifen hinterlegt werden.

Werkzeuge und Materialien

Kunststoffreiniger, Kunststoffgrundierung, Klebstoffreparaturset (Doppelkartuschen, 2-Komponenten-Klebstoff, Mischrohre, Verarbeitungspistole),Verstärkungsblechstreifen, Verstärkungsvlies, Winkelschleifer, Exzenterschleifer, Kunststoffspachtel, Schaber, Spachtel, Feststellzange.

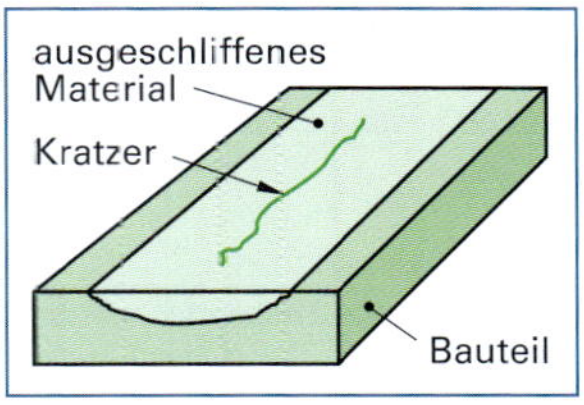

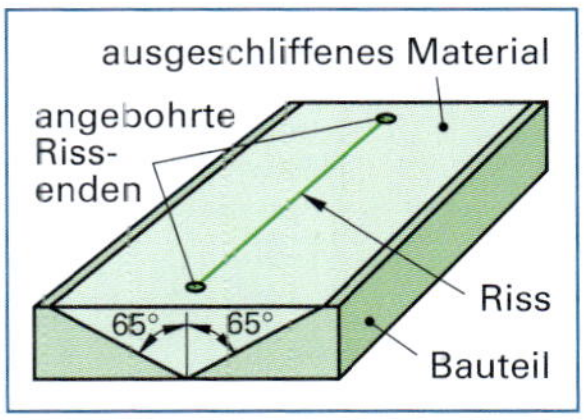

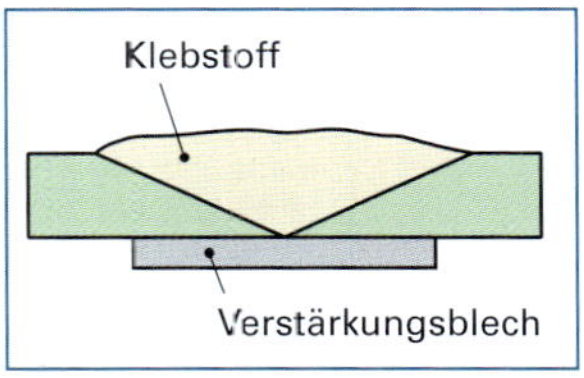

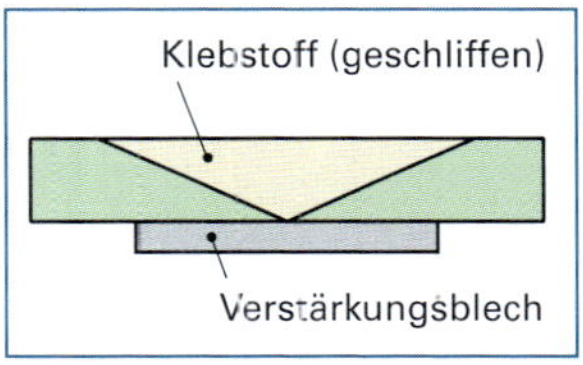

Durchführung

1. Vorbereitung der Reparaturstelle bei Kratzern **(Bild 1)**:
   - Reparaturfläche mit Hochdruckreiniger reinigen, danach trocknen und anschließend mit Kunststoffreiniger säubern.
   - Kratzer mit dem Exzenterschleifer flach ausschleifen (P80–P120).

   Vorbereitung der Reparaturstelle bei Rissen **(Bild 2)**:
   - Riss auf der Vorderseite flach mit einem Winkel- oder Bandschleifer auf 40 – 60 mm ausschleifen und anschließend reinigen.
   - Nachschleifen mit Exzenterschleifer (Körnung P120).
   - Rissende anbohren (ca. 3 mm).
   - Rückseite entang dem Riss anschleifen.
2. Reparaturstelle mit Kunststoffreiniger und Papiertüchern reinigen.
3. Kunststoffgrundierung dünn auf die Reparaturstelle aufsprühen.
4. 2-Komponenten-Klebstoff mit Verarbeitungspistole auf die Reparaturstelle auftragen.
   Verklebungen von Kratzern: Der Reparaturbereich wird flächenmäßig bearbeitet, um ausreichend Haftgrund für den Klebstoff zu erzielen. Rissverklebungen mit Verstärkungen: Bei großflächigen Riss- und Durchbruchschäden wird zur Erhöhung der Verwindungssteifigkeit die Reparaturstelle verstärkt. Dazu werden rückseitig geeignete Verstärkungsmaterialien (Blechstreifen, Verstärkungsvlies) aufgeklebt.
5. Überstehenden Klebstoff **(Bild 3)** mit Exzenterschleifer (Schleifpapier mit Körnung P120–P220) in Form **(Bild 4)** schleifen. Sicken und Rundungen von Hand nachschleifen. Lackierte Flächen mit Schleifpad anrauen.
6. Kunststoffteil mit Kunststoffreiniger und Papiertüchern gründlich reinigen.
7. Kunststoffgrundierung für den Füllerauftrag auf die Reparatur- und Durchschliffstellen gleichmäßig aufsprühen.
8. Zur Vermeidung von Randabzeichnungen und zum Ausgleichen von Unebenheiten wird ein Zweikomponenten-Füller mit Elastikzusatz aufgetragen.
9. Nach Trocknung des Füllers mit einem Exzenterschleifer und Feinschleifpapier in Form schleifen. Sicken und Rundungen sind von Hand nass mit Feinschleifpapier nachzuschleifen.

Kunststoff-Laminiertechnik

GFK-Material ist bezüglich seiner Festigkeitseigenschaften hart und spröde. Bei größeren Schäden mit Auswirkung auf die Struktur der Teile verlieren diese ihre Stabilität und Sicherheit und müssen ausgetauscht werden. Kleinere Beschädigungen (Risse bis ca. 80 mm, Löcher bis ca. 60 mm) können instandgesetzt werden.

Werkzeuge und Materialien

Karosseriesäge, Stab-, Winkel- oder Bandschleifer, Exzenterschleifer, Handschleifklotz, GFK-Reparaturmaterial (Polyesterharz, Härter, Glasfasermatten, Schere, Pinsel), Polyesterfaserspachtel.

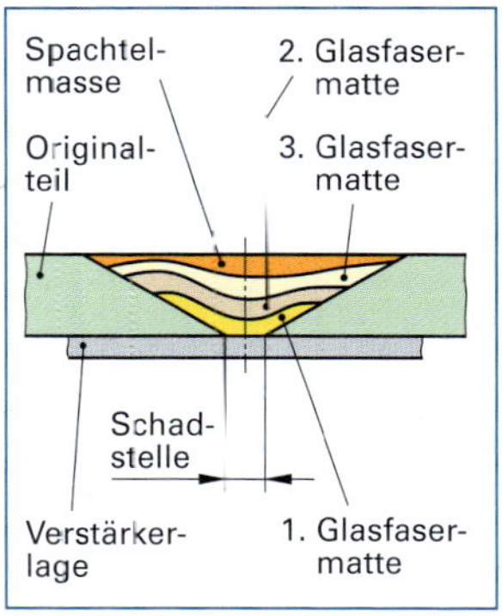

Durchführung

1. Schleifen der Reparaturstelle des GFK-Teils am Lochrand außen V-förmig mit einem Winkelschleifer (Körnung P80-P120) **(Bild 5)**.
2. Das mit Härter angemischte Polyesterharz als Spachtelmasse mit dem Pinsel auf die gereinigte Reparaturstelle auftragen.
3. Zugeschnittene Glasfasermatte in das Polyesterharz einlegen, darüber wieder Polyesterharz auftragen und gegebenenfalls weitere Glasfasermatten einlegen. Größere Riss- oder Durchbruchschäden mit Verstärkungen hinterlegen.
4. Vertiefungen an der Vorderseite ggf. mit Polyesterfaserspachtel auffüllen und Oberflächenkontur herstellen.
5. Überstehendes Material mit Exzenterschleifer (Körnung P120–P220) in Form schleifen.

W

Nichtmetalle, natürliche, künstliche Werkstoffe

Werkstoff	Gewinnung, Herstellung	Eigenschaften	Verwendung
Glas	**Silikatglas** wird aus feingemahlenem Quarzsand (Kieselsäure) hergestellt. Als Flussmittel wird Soda eingesetzt. Ein Zusatz von Kalk bewirkt Glanz, Haltbarkeit und Härte. Durch Zusatz von Bleioxid erhält man Kristallglas.	In teigigem Zustand (Schmelzpunkt bei 700 °C) ist Glas gut formbar. Glas ist hart, durchsichtig, nicht empfindlich gegen Säuren und Laugen; schlechter elektrischer Leiter, sehr empfindlich gegen Stöße, scharfkantiger Bruch. Über 400 °C verliert es seine elektrische Isolierfähigkeit.	Hohlglas: Zu Hohlkörpern (Behälter, Gläser usw.) verarbeitetes Glas. Pressglas: In Formen gepresstes Glas (Glasdachpfannen, Glasbausteine). Flachglas: Tafelglas, gewalztes Glas, Spiegelglas. Elektrotechnik: Glühlampen, Röhren, Isolatoren.
	Quarzglas; reines Siliciumdioxid; bei 1750 °C erschmolzen.	Praktisch keine Wärmedehnung; chemisch sehr beständig; durchlässig für ultraviolette Strahlen.	Quarzlampen; Pyrometerschutzrohre; Halogen-Glühlampen.
Sicherheitsglas	Gleichmäßig vorgespanntes Einschichten-Sicherheitsglas (ESG). Es wird nach Erhitzung und Formgebung schroff abgekühlt.	Hohe Widerstandsfähigkeit gegen Biegung, Schlag und Stoß durch dumpfe Körper. Beim Bruch zerfällt die Scheibe in stumpfartige etwa erbsengroße Glaskrümel; dadurch nach Bruch kaum durchsichtig.	Verglasung von Kraftfahrzeugen, außer Windschutzscheiben.
	Ungleichmäßig vorgespanntes Einschichten-Sicherheitsglas (ESG) erhält durch ungleichmäßige Abkühlung ein Grobkrümelfeld von etwa 15 cm × 50 cm.	Beim Bruch der Scheibe bildet sich ein Grobkrümelfeld (etwa 2 cm^2 … 12 cm^2 große rundliche Krümel). Nach Bruch ist eine noch ausreichende Sicht gewährleistet.	Verglasung von Kraftfahrzeugen, außer Windschutzscheiben.
	Mehrschichten (= Verbund-Sicherheitsglas (VSG))-Spiegelglasscheiben werden durch Zwischenschicht (Polyvinylbutyral) unlösbar verbunden.	Beim Bruch entstehen spinnennetzartige Sprünge. Die Glassplitter an einer Zwischenschicht. Die Scheibe behält ihren Zusammenhalt. Die Durchsicht wird nach Bruch nicht wesentlich vermindert.	Verglasung von Kraftfahrzeugen, insbesondere Windschutzscheiben (Vorschrift).
	Acrylglas (PMMA = Polymethylacrylat) wird aus Acetylen hergestellt.	Glasklar; in der Wärme biegsam; lichtecht; durchlässig für ultraviolettes Licht; stoßfest; bei Bruch keine scharfkantigen Splitter; unempfindlich gegen Öl, Benzin, schwache Laugen und schwache Säuren; nicht kratzfest.	Omnibus-Dachverglasung; Schutzbrillen; Schutzscheiben an Schleifscheiben; Schluss-, Blinkleuchten; Batteriekästen; Gläser für Instrumententafel. Handelsname: Plexiglas.
Grafit	Reiner Kohlenstoff.	Weich; glänzend; hoher Schmelzpunkt (ca. 3800 °C); gute Schmiereigenschaften bei Kälte und hoher Temperatur, elektrischer Leiter.	Schleifkohle (Bürsten); Dichtungen, Trockenschmiermittel, Schmiermittelzusatz, Laufflächenschutz b. Kolben.
Keramik	Porzellan aus Kaolin, Feldspat und Quarz hergestellt.	Guter elektrischer- und Wärmeisolator; widerstandsfähig gegen chemische Einflüsse.	Isolierkörper in der Elektrotechnik.
	Steatit, hergestellt aus Speckstein (Magnesiumsilikat, Talkum).	Wie Porzellan, jedoch doppelte Zug- und Druckfestigkeit.	Schmelzsicherungskörper; Steckdosen-, Schaltereinsätze.
	Zirkondioxid ZrO_2 Titanoxid TiO_2	Festkörperelektrolyt, der bei Temperaturen ab etwa 300 °C für Sauerstoffionen leitend wird und somit zur Messung des Restsauerstoffgehaltes im Abgas geeignet ist.	Keramikkörper der λ-Sonde.
Naturfasern	Cellulose; aus Pflanzen gewonnen (Flachs, Jute, Hanf, Sisal, Baumwolle …); Eiweiß; aus Tieren gewonnen (Wolle, Haare, Seide …).	Gesundheitlich unbedenklich; gute Feuchtigkeitsregulierung, Geräusch- und Wärmedämmung; grundsätzlich unbegrenzt verfügbar, temperaturempfindlich.	Verkleidungsteile, Sitzauflagen, Dämmmatten, Hutablagen, Kopfstützen.

W

Einsatzort	Werkstoff	Eigenschaften / Einsatz / Kurzbezeichnungen
Motor		
Zylinder-, Kurbelgehäuse, Zylinderkopf	Gusseisen mit Lamellengraphit Aluminium-Gusslegierung	Geräuschdämmend, verschleißfest, gute Notlaufeigenschaften / NkW / EN-GJL-200, EN-GJL-250 leicht bearbeitbar, geringes Gewicht / Motor / EN AC-AlSi10Mg
Zylinderbuchsen	Austenitisches Gusseisen mit Lamellengrafit	verschleißfest, Notlaufeigenschaften / Aluminiummotorblöcke mit nassen u. trockenen Laufbuchsen / EN-GJLA-XNiCuCr15-6-2
Ölwannen	Aluminium-Druckgusslegierung Stahlblech	leicht, gute Wärmeleitfähigkeit / Motor / EN AC-AlSi 6Cu 4 - „ -, tiefziehfähig / Motor, Automatikgetriebe / S275JR
Kolben	Aluminiumlegierungen	leicht, gute Wärmeleitfähigkeit / Motor / AlSi12CuMgNi, AlSi18CuMg (weitere siehe S.183)
Kolbenbolzen	Einsatzstahl, Nitrierstahl	zäh, Oberfläche verschleißfest / Motor / C15E, 17Cr3, 31CrMo12
Kolbenringe	Gusseisen mit Lamellen- oder Kugelgrafit, hochleg. Stahl	Gute Notlaufeigenschaften, verschleißfest, begrenzt elastisch, Motor, EN-GJL-350, EN-GJL-800-2
Pleuelstangen	Vergütungsstahl Schwarzer Temperguss	Hohe Festigkeit, zäh / Motor / C45, 41Cr4, 36CrNiMo4 - „ - / Motor / EN-GJMB-650-2, EN-GJL-800-2, EN-GJL-900-2
Pleuelbuchsen	Kupferlegierungen	Notlaufeigenschaften / Motor / G-CuSn12Pb, G-CuSn7ZnPb
Pleuellager	Kupfer-Blei-Zinn-Gusslegierung Blei-Zinn-Legierung	- „ -, einbettfähig / Motor / G-CuPb15Sn5, G-CuPb24Sn - „ - / Motor / PbSb15SnAs, SnSb8Cu4Cd
Kurbelwellen	Einsatz- und Vergütungsstahl Nitrierstahl Gusseisen mit Kugelgraphit	Hohe Festigkeit, verschleißfest / Motor / C45,41Cr4,36CrNiMo4 - „ - / Motor / 34CrAlMo5, 34CrAlNi7 - „ - / Motor / EN-GJS-700-2, EN-GJS-800-2
Kurbelwellen-lager	Blei-Zinn-Legierung Aluminium-Legierung Mehrschichtlager, (Dreistoff)	Notlaufeigenschaften, einbettfähig / Motor / SnSb12Cu6Pb, SnSb8Cu4 - „ - / Motor / AlSn20 - „ - / Motor / CuPb24Sn
Einlassventile Auslassventile	Ventilstahl Ventistahl	Temperatur,-korrosions,-verschleißfest / Motor / X45CrSi9-3 - „ - / Motor / X55CrMnNiN20-8, NiCr20TiAl
Ventilführungen	Kupfergusslegierung	Gute Notlaufeigenschaften / Motor / G-CuSn40,G-CuSn10Zn
Ventilsitzringe	Hartmetall	verschleißfest, oberflächenhart / X40MnCr18, X210Cr12, NiCr20TiAl
Nockenwelle	Einsatzstahl , Nitrierstahl Gusseisen	Hohe Festigkeit, verschleißfest / 17Cr3, 16MnCr5 - „ - / EN-GJL-250, EN-GJMB-550-4, EN-GJS-600-3
Drosselklappen-gehäuse	Feinzink-Druckgusslegierung Glasfaserverstärktes Polyamid	Formgenau, dünne Wandstärken / GD-ZnAl4Cu1,Gk-ZnAl6Cu1 geringes Gewicht, korrosionsbeständig / PA-GF
Kraftübertragung		
Zahnräder	Einsatzstahl Vergütungsstahl, Nitrierstahl	Zäh, oberflächenhart, verschleißfest / C15E, 16MnCr5, 20NiCrMo2-2 - „ - / 41Cr4, 16MnCr5 , 15CrMoV5-9
Getriebewellen	Einsatzstahl Vergütungsstahl	Zäh, torsionssteif / 25CrMo4, 34CrNiMo6 - „ - / 34CrMo4
Gelenkwelle	Vergütungsstahl	Zäh, torsionssteif / 41Cr4, 34CrNiMo6
Antriebskegel- und Tellerrad	Einsatzstahl Vergütungsstahl	Zäh, oberflächenhart, verschleißfest / 16MnCr5, 15CrNi6, 17CrNiMo6 - „ - / 36CrNiMo4
Fahrwerk		
Selbsttragende Karosserie	Stahlblech in Tiefziehgüte Al-Legierung	tiefziehfähig, hohe Oberflächengüte / Hauben,Türen ... / DC 03... DC 06 tiefziehfähig, hohe Oberflächengüte / Hauben,Türen ... / AlSi1.2Mg0.4
Rahmenteile	Baustahl	Hohe Festigkeit, gut formbar / S355JO,E335, S275JR
Federn	Federstahl	Torsionsfest, elastisch, nicht schweißbar / Blatt,-Schrauben-und Drehstabfedern / 38Si7, 60SiCr7, 51CrMoV4
Achsen, Achsschenkel	Einsatz,- und Vergütungsstahl Aluminiumlegierung	Hohe Druck,-Zug- und Torsionsfestigkeit / 41Cr4, 50CrV4 - „ - , leicht / Querlenker / EN AW-AlCu 4Mg1, AlMg3.5Mn
Felgen	Stahl Leichtmetalllegierung	Hohe Festigkeit / S235JRG1 - „ - Geringes Gewicht / EN AW-AlMgSi
Bremstrommeln, Bremsscheiben, Bremssättel	Legierter Grauguss Gusseisen mit Lamellen- oder Kugelgraphit, Stahlguss	Hohe Festigkeit, gut gießbar, hitzebeständig / GG 15 HC, GG20 HC - „ - / EN-GJL-250, EN-GJL-300, EN-GJL-350, EN-GJS-500-7

W

Zugversuch

vgl. DIN EN 10002-1

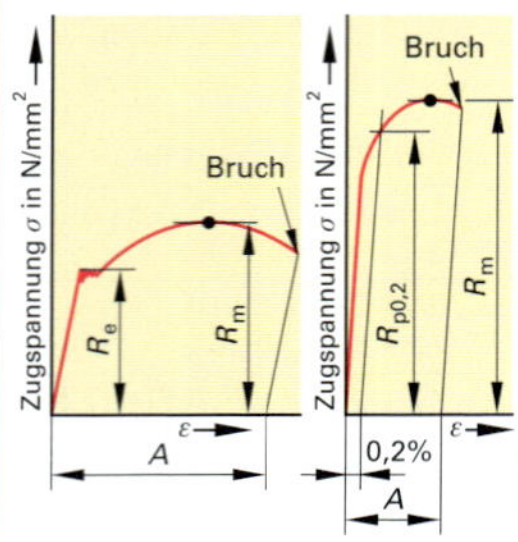

Streckgrenze ausgeprägt unstetiger Verlauf z.B. weicher Stahl

0,2%-Grenze stetiger Verlauf z.B. harter Stahl Harte Stähle werden bis zur 0,2%-Grenze gemessen

Zweck: Ermittlung folgener Werkstoffeigenschaften
- Zugfestigkeit
- Bruchdehnung
- Streckgrenze
- Elastizität

Durchführung: Ein genormter Probestab wird zunehmend bis zum Bruch belastet. Zugkraft und Verlängerung werden gemessen und daraus Spannung und Dehnung berechnet.

σ Zugspannung in N/mm²
F Zugkraft in N
F_m größte Zugkraft (Bruchkraft) in N
R_m Zugfestigkeit in N/mm²
d_0 ursprünglicher Durchmesser in mm
l_0 ursprüngliche Messlänge in mm
l_B Messlänge beim Bruch in mm
S_0 Anfangsquerschnitt in mm²
A Bruchdehnung in % (Messstrecke $l_0 = 10\ d_0$)
R_e Streckgrenze in N/mm²
$R_{p0,2}$ 0,2 %-Dehngrenze in N/mm²

$$\sigma = \frac{F}{S_0}$$

$$R_m = \frac{F_m}{S_0}$$

$$A = \frac{(l_B - l_0) \cdot 100}{l_0}$$

Scherversuch

vgl. DIN 50 141

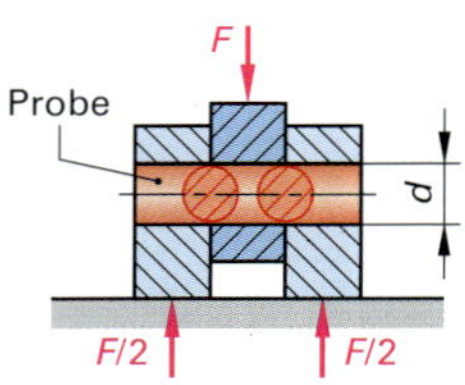

Zweck: Ermittlung der Scherfestigkeit eines Werkstoffs.

Durchführung: Das Probestück wird in ein Schergerät eingespannt und zweischnittig bis zur Trennung belastet. Aus Scherkraft und Probendurchmesser lässt sich die Scherfestigkeit berechnen.

F Scherkraft in N
τ_B Scherfestigkeit in N/mm², ε Dehnung
S Querschnitt in mm²

$$\tau_B = \frac{F}{2 \cdot S} = \frac{2 \cdot F}{\pi \cdot d^2}$$

Härteprüfung

vgl. DIN EN 10003

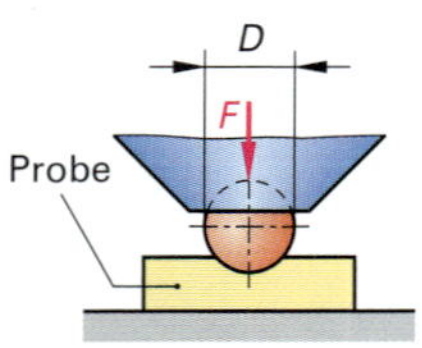

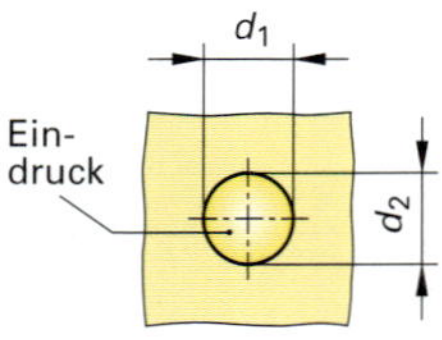

Zweck: Ermittlung der Härte eines Werkstoffs nach

Brinell

Durchführung: Eine gehärtete Stahlkugel wird mit einer genormten Prüfkraft in die Probe gedrückt. Auf der Probe wird der Eindruckdurchmesser *d* gemessen. Mit ihm und der Prüfkraft wird die Brinellhärte einer Vergleichstabelle entnommen.

HB Kurzzeichen für Brinellhärte
F Prüfkraft in N
D Kugeldurchmesser in mm
A Eindruckoberfläche in mm² (Kugelhaube)
d Eindruckdurchmesser in mm

$$HB = \frac{0{,}102 \cdot F}{A}$$

$$A = \frac{\pi \cdot D}{2} \cdot (D - \sqrt{D^2 - d^2})$$

$$d = \frac{d_1 + d_2}{2}$$

Rockwell

Durchführung: Ein Diamantkegel (Kegelwinkel 120°) oder eine Stahlkugel (Kugel-∅ 1/16") wird in zwei Stufen in die Oberfläche des zu prüfenden Werkstückes gedrückt. Die bleibende Zunahme der Eindringtiefe t_b in mm wird gemessen und aus ihr die Rockwellhärte abgeleitet.

Farbeindringverfahren

vgl. DIN 54 152

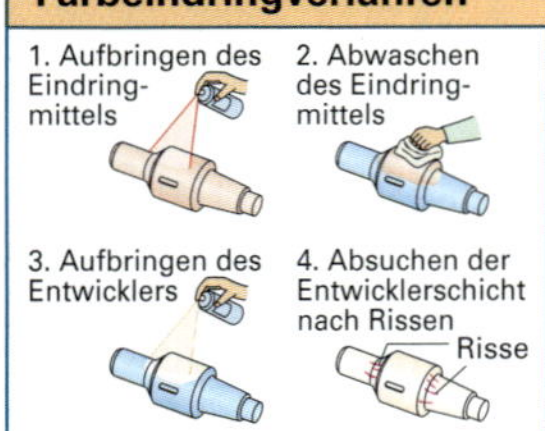

Zweck: Auffinden von Haarrissen oder Mikroporen in Werkstücken.

Durchführung: Das zu prüfende Werkstück wird sorgfältig gereinigt und anschließend mit einem dünnflüssigen roten Farbstoff besprüht. Der Farbstoff dringt aufgrund der Kapillarwirkung in vorhandene Haarrisse ein. Überflüssiger Farbstoff wird mit Hilfe eines Entfärbers von der Werkstückoberfläche abgewaschen. Anschließend wird die Werkstückoberfläche getrocknet. Durch das Aufsprühen von weißer Entwicklerflüssigkeit bilden sich die Haarrisse gut sichtbar ab.
Wird anstelle von rotem Farbstoff fluoreszierendes dünnflüssiges Öl verwendet, bilden sich die Haarrisse in UV-Licht gut sichtbar ab.

Technisches Zeichnen

Halbieren eines Winkels

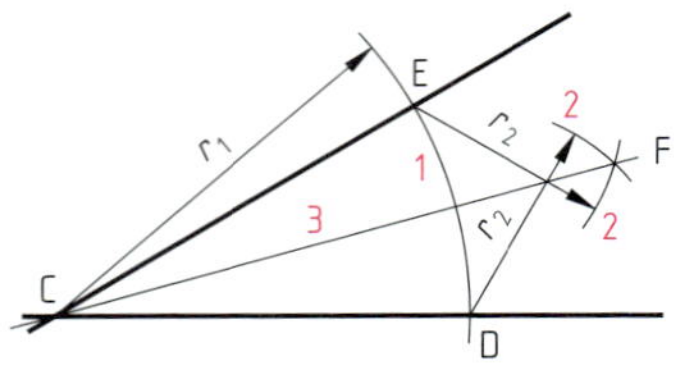

1. Kreisbogen um C mit beliebigem Halbmesser r_1.
2. Kreisbogen um D und E mit beliebigem, aber gleichem Halbmesser r_2.
3. Verbindungslinie $\overline{CF}$ ist Winkelhalbierende.

Teilen einer Strecke (Verhältnisteilen)

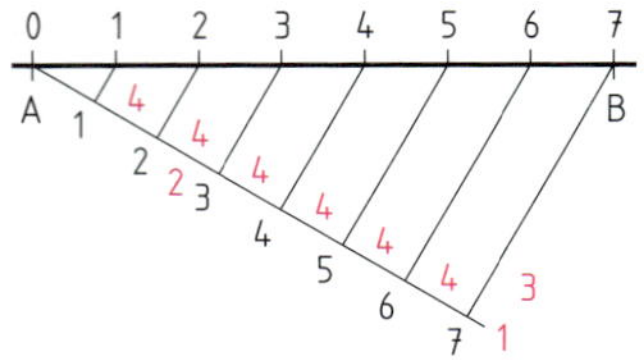

z.B. in 7 Teile

1. Strahl von A unter beliebigem Winkel.
2. Auf Strahl von A 7 beliebige, aber gleich große Teile abtragen.
3. Endpunkt 7 mit B verbinden.
4. Parallelen durch die anderen Teilpunkte ziehen.

Errichten einer Mittelsenkrechten

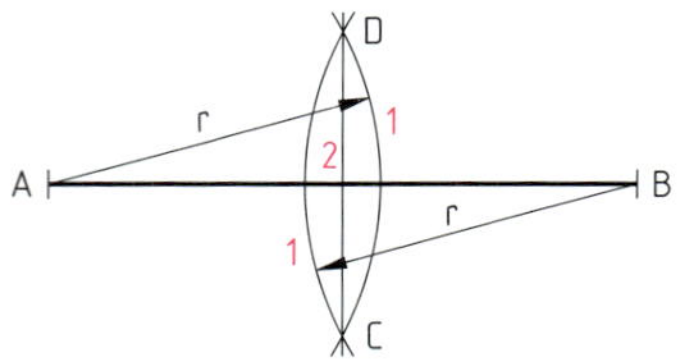

1. Kreisbogen um A und B mit gleichem Halbmesser *r*.
2. Verbindungslinie $\overline{CD}$ ist Mittelsenkrechte.

Fällen eines Lotes

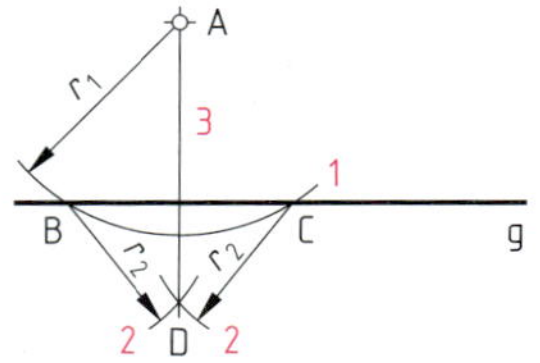

1. Kreisbogen um A mit beliebigem Halbmesser r_1.
2. Kreisbogen um B und C mit beliebigem, aber gleichem Halbmesser r_2.
3. Verbindungslinie $\overline{AD}$ ist Lot.

Sechseck

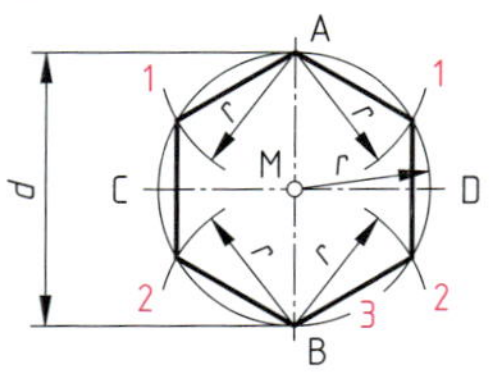

1. Kreisbogen mit Halbmesser $r = d/2$ um A.
2. Kreisbogen mit Halbmesser $r = d/2$ um B.
3. Verbindungslinien ergeben Sechseck.

Für ein Zwölfeck sind die Zwischenpunkte festzulegen: Einstich in C und D.

Runden einer Ecke

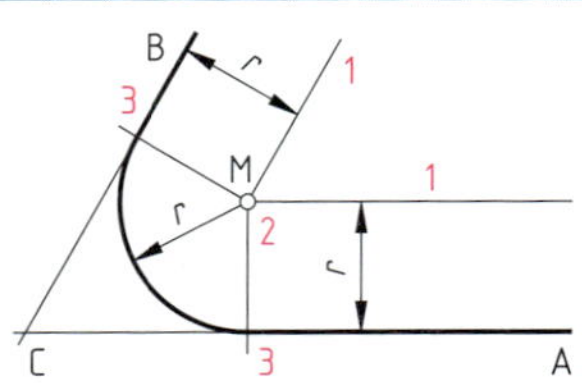

1. Parallelen zu den Schenkeln im Abstand *r*.
2. Parallelenschnittpunkt ist Rundungsmittelpunkt M.
3. Schnittpunkte der Lote von M auf die Schenkel sind Übergangspunkte.

Tangente an den Kreis

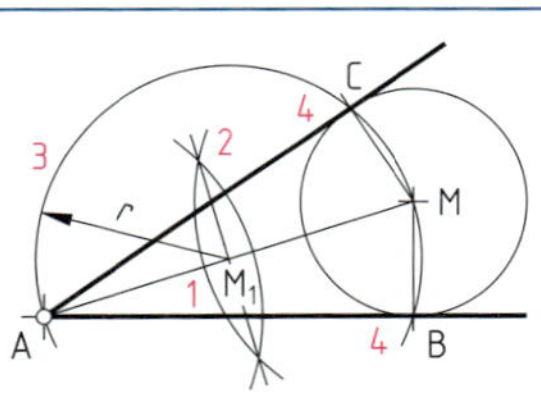

1. Verbindungslinie $\overline{AM}$ ziehen.
2. Strecke $\overline{AM}$ halbieren.
3. Kreisbogen um M_1 mit Halbmesser $r = \overline{AM}/2$.
4. Schnittpunkte B und C sind Berührungspunkte der Tangenten; Verbindungslinien $\overline{AB}$ und $\overline{AC}$ sind Tangenten.

Z

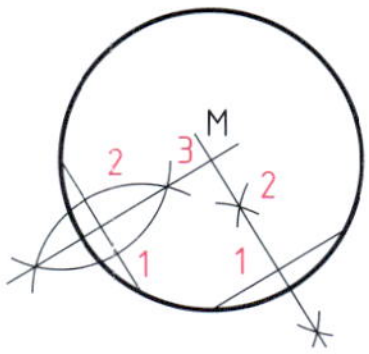

Bestimmung des Kreismittelpunktes

1. Zwei beliebige Sehnen (möglichst unter einem rechten Winkel).
2. Mittellote auf Sehnen errichten.
3. Schnittpunkt der Mittellote ist Kreismittelpunkt.

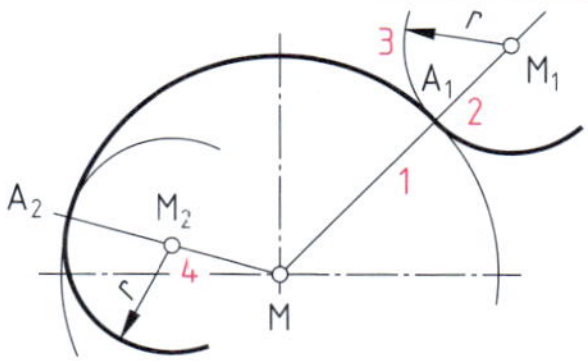

Kreisübergänge

1. Strahl von M durch Berührungspunkt A_1.
2. Strahl von A_1 um *r* nach außen verlängern; Endpunkt ist Rundungsmittelpunkt M_1.
3. Kreisbogen um M_1 mit Halbmesser *r*.
4. Rundungsmittelpunkt M_2 entsprechend bestimmen.

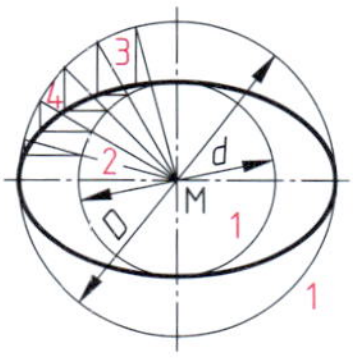

Ellipsenkonstruktion aus den Hauptachsen

1. Kreise um M mit Halbmesser *R* und *r*.
2. Beliebig viele Geraden mit verschiedenen Winkeln durch M ziehen.
3. Durch Schnittpunkt mit Kreisen Parallelen zu den Hauptachsen ziehen.
4. Schnittpunkte dieser Parallelen sind Ellipsenpunkte.

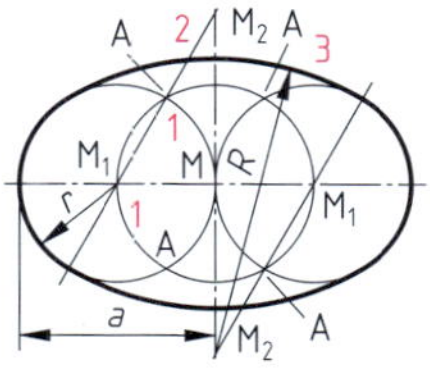

Ovalkonstruktion mit Zirkel (angenäherte Ellipse)

1. Drei Kreise auf großer Achse mit Halbmesser $r = a/2$ um M und M_1.
2. Schnittpunkte der Verbindungslinien $\overline{M_1A}$ mit Verlängerungen der kleinen Achse ergeben M_2.
3. Kreisbogen um M_2 mit Halbmesser *R*.

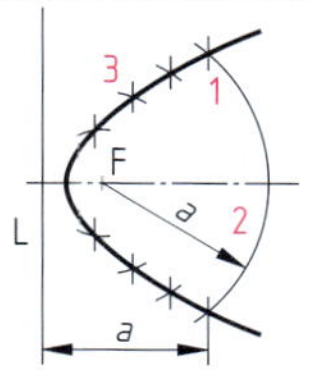

Parabelkonstruktion aus Leitlinie und Brennpunkt

Für alle Parabelpunkte ist der Abstand von der Leitlinie L und der Abstand vom Brennpunkt F gleich groß.

1. Parallelen zur Leitlinie im beliebigen Abstand, z.B. *a*.
2. Kreisbogen um F mit Halbmesser $r = a$.
3. Schnittpunkte sind Parabelpunkte.

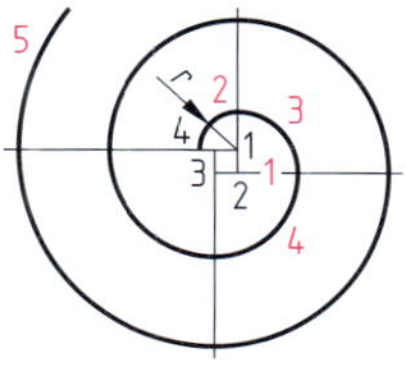

Spirale (Zirkelkonstruktion)

1. Ecken eines Quadrates im Drehsinn der gewünschten Spirale nummerieren.
2. Viertelkreis um Mittelpunkt 1 mit Halbmesser *r*.
3. Anschließend Viertelkreis um Mittelpunkt 2.
4. Anschließend Viertelkreis um Mittelpunkt 3.
5. usw.

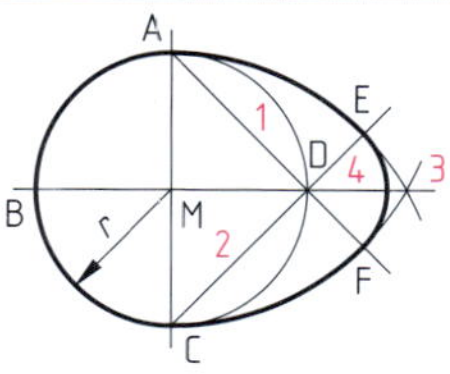

Nocken

1. Kreis um M mit Halbmesser *r*.
2. Verbindungslinien $\overline{AD}$ und $\overline{CD}$ ziehen.
3. Kreisbogen um A und C mit Halbmesser $2 \cdot r$.
4. Kreisbogen D mit Halbmesser $\overline{DE}$; A, C, E, F sind Übergangspunkte.

Z

Diagramme

vgl. DIN 461

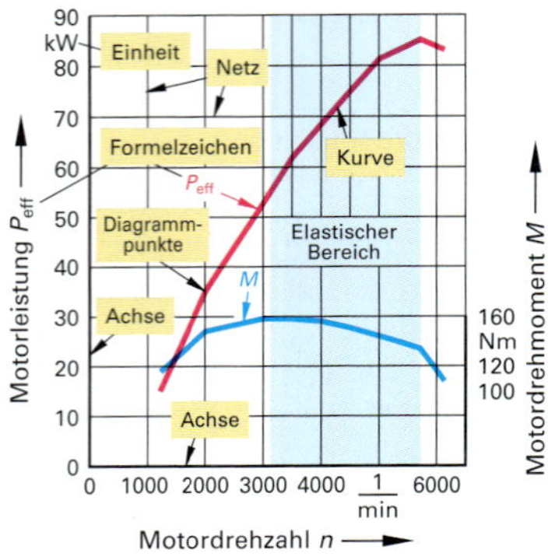

Diagramme. Sie zeigen grafisch in einem Koordianatensystem (Achsenkreuz) die Abhängigkeit einer Größe von einer anderen z.B. die Motorleistung P_{eff} in Abhängigkeit von der Motordrehzahl *n*.

Koordinatensystem. Es besteht üblicherweise aus zwei senkrecht aufeinanderstehenden Achsen, die mit einer Skala versehen sind.

Formelzeichen. Sie stehen entweder links von der Pfeilspitze der senkrechten Achse (Ordinate) und unter der waagrechten Achse (Abszisse). Formelzeichen können auch am Beginn der Pfeile stehen, die parallel zu den Achsen verlaufen.

Kurven. Sie entstehen durch die Verbindung der einzelnen Diagrammpunkte aus den Wertetabellen. Sind mehrere Kurven im Diagramm dargestellt, so sind die einzelnen Kurven zu benennen.

Einheiten. Sie stehen zwischen den beiden letzten Zahlen der Skala einer Achse.

Linienbreiten. Sie werden nach DIN 15 vorgenommen im Verhältnis Netz : Achse : Kurve = 1 : 2 : 4.

Diagrammarten

Liniendiagramme

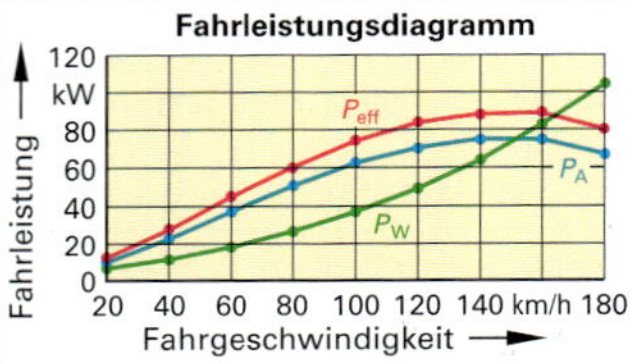

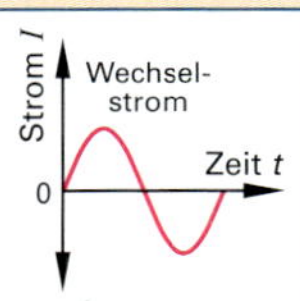

zeitlicher Verlauf von Wechselstrom

Zur übersichtlichen Darstellung von Vorgängen physikalisch-technischer Art werden häufig Liniendiagramme benützt, deren Koordinaten metrische Teilung besitzen, z.B. Motorkennlinien, Fahrwiderstände, Stromverläufe.

Flächendiagramme

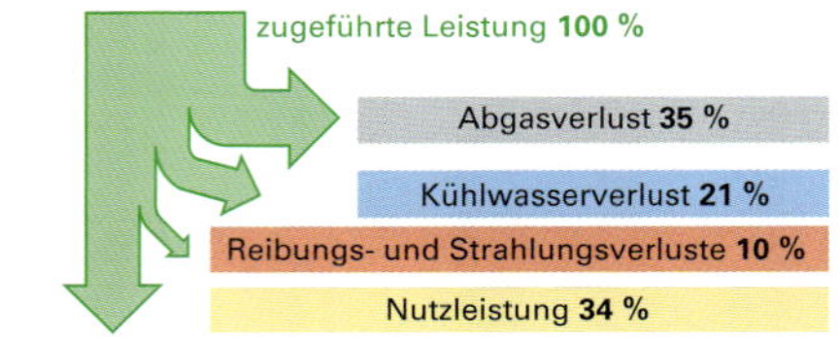

Größen, die zusammen ein Ganzes bilden, können durch Aufgliederung einer Fläche veranschaulicht werden, z.B. Leistungsbilanz eines Ottomotors (Sankey-Diagramm).

Z

Säulen- und Balkendiagramme

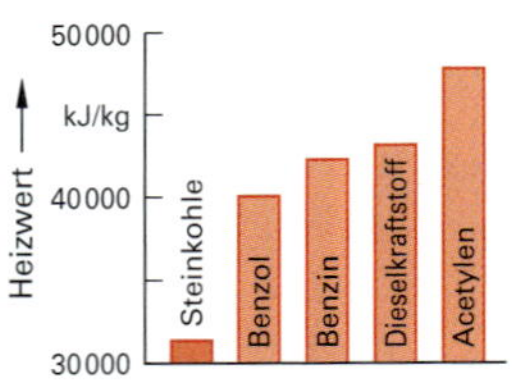

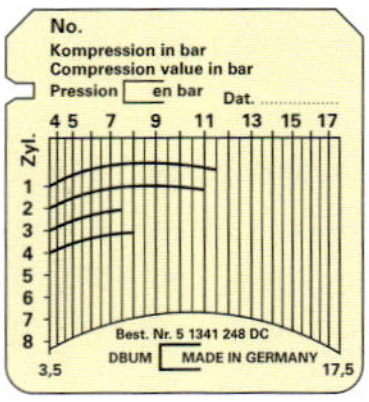

Anschauliche, vergleichende Nebeneinanderstellung von Zuständen oder Größen, z.B. verschiedene Heizwerte von Kohlenwasserstoffverbindungen, Kompressionsdrücke in den einzelnen Zylindern. Die Längen der Säulen, Balken, Linien werden maßstäblich aufgetragen.

Kreisdiagramme

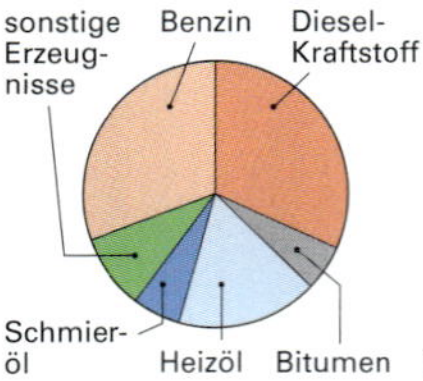

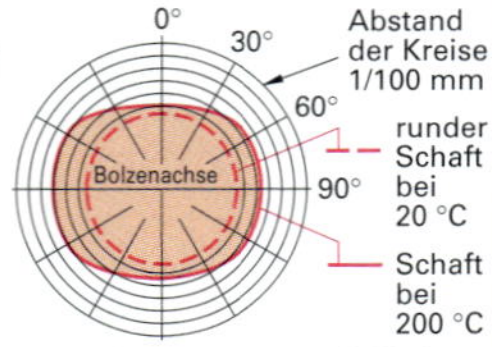

Wärmedehnung eines Kfz-Kolbens

Größen, die zusammen ein Ganzes bilden, können durch Aufgliederung einer Kreisfläche veranschaulicht werden (Prozentkreis – Bild links). Für kreis- oder winkelbezogene Vorgänge, z.B. Wärmeausdehnung eines Kolbens, eignet sich das Kreisdiagramm (Bild rechts).

Zahlenleitern

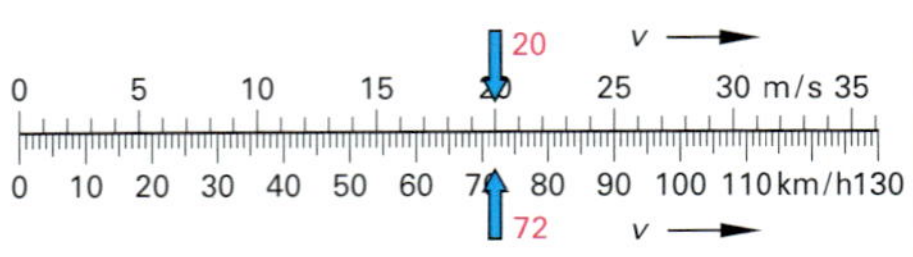

Ablesebeispiel: 72 km/h = 20 m/s

Zwei voneinander abhängige Größen können als Skalen einer Zahlenleiter gegenübergestellt werden, z.B. km/h und m/s.

Leitertafeln, Netztafeln

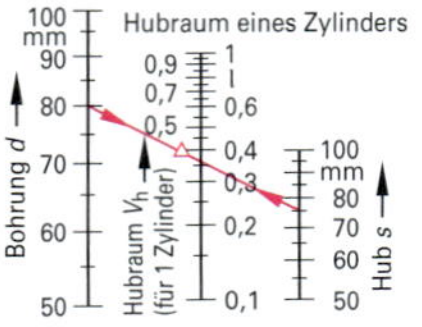

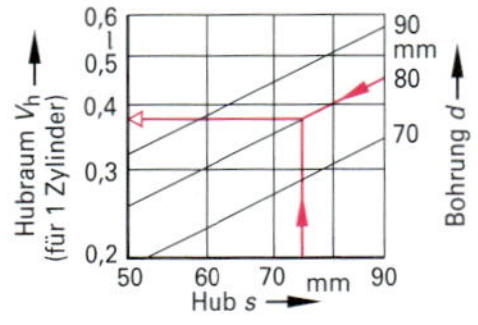

Grafische Bestimmung einer unbekannten Größe aus zwei oder mehr bekannten Größen.

d = 80 mm; s = 75 mm; Lsg.: Roter Pfeil V_h ≈ 0,38 l

Blattgrößen, Blatteinteilung

vgl. DIN 6771

Reihe A	Fertigblatt *a* × *b* in mm
A0	841 × 1189
A1	594 × 841
A2	420 × 594
A3	297 × 420
A4	210 × 297
A5	148 × 210
A6	105 × 148

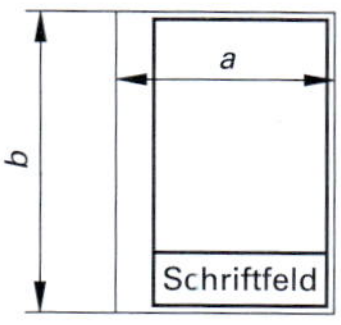

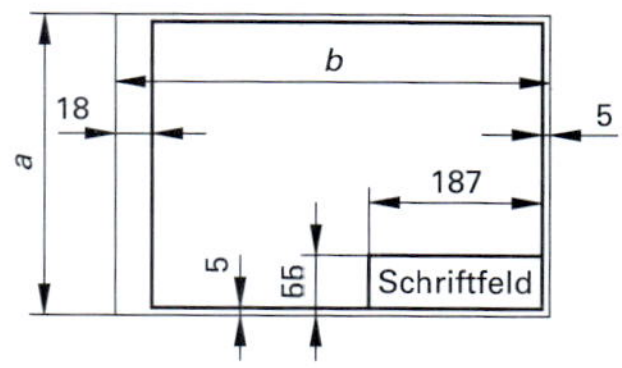

Maßstäbe

vgl. DIN ISO 5455

Natürlicher Maßstab	Verkleinerungsmaßstäbe				Vergrößerungsmaßstäbe		
1 : 1	1 : 2	1 : 20	1 : 200	1 : 2000	2 : 1	5 : 1	10 : 1
	1 : 5	1 : 50	1 : 500	1 : 5000	20 : 1	50 : 1	
	1 : 10	1 : 100	1 : 1000	1 : 10 000			

Linienarten

vgl. DIN ISO 128-20

Linienarten	Liniengruppen 1,0 (Linienbreiten)	0,7	0,5	Anwendung (Beispiele)
Breite Volllinie	1,0	0,7	0,5	Sichtbare Kanten und Umrisse; Gewindebegrenzungen
Schmale Volllinie	0,5	0,35	0,25	Maß- und Maßhilfslinien; Schraffur von Schnittflächen
Freihandlinie	0,5	0,35	0,25	Bruchlinien
Strichlinie	0,5	0,35	0,25	Verdeckte Kanten und Umrisse; Fußkreise bei Zahnrädern
Breite Strichpunktlinie	1,0	0,7	0,5	Kennzeichnung der Schnittebenen
Schmale Strichpunktlinie	0,5	0,35	0,25	Mittellinien; Lochkreise; Teilkreise bei Zahnrädern
Nenngröße der Schrift	7	5	3,5	Maß- und Textangaben

Schriftform B, vertikal (Senkrechte Schrift)

vgl. DIN EN ISO 3098-0 (1998-04) und DIN EN ISO 3098-2 (2000-11)

ABCDEFGHIJKLMNOPQRSTUVWXYZ

abcdefghijklmnopqrsßtuvwxyz□

[(!?:;"-=+±×·:√ %&)]Φ1234567890 I V X

Nenngröße der Schrift = Höhe der Großbuchstaben = *h* = (10/10) *h*;
Höhe der Kleinbuchstaben (ohne Ober- oder Unterlängen) = (7/10) *h*;
Mindestabstand zwischen Grundlinien (14/10) *h*; Linienbreiten (1/10) *h*

Axonometrische Projektionen

vgl. DIN ISO 5456-3

Isometrische Projektion

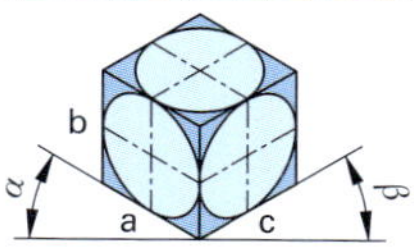

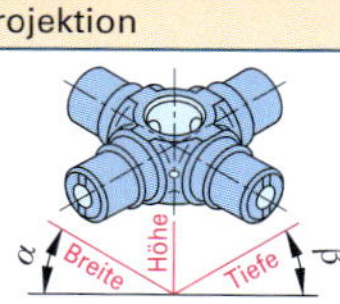

Breite : Höhe : Tiefe = 1 : 1 : 1

Winkel α = Winkel β = 30°

wichtige Darstellungen in allen Ansichten

Dimetrische Projektion

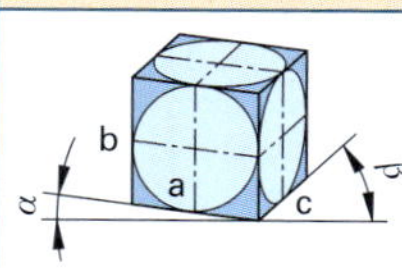

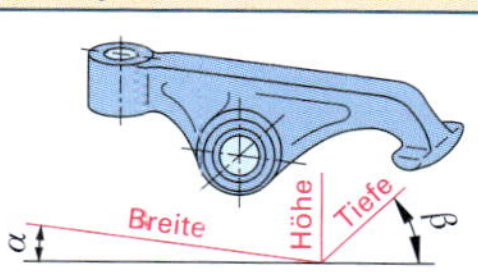

Breite : Höhe : Tiefe = 1 : 1 : 0,5

Winkel α = 7°; Winkel β = 42°

wichtige Darstellung in einer Ansicht

Z

Projektionsmethoden

vgl. DIN ISO 5456-2

Die Projektionsmethode gibt die Anordnung der Ansichten bezogen auf die Vorderansicht an. Sie kann in der Zeichnung durch das Sinnbild gekennzeichnet werden.

Vorderansicht. Sie ist bei der Herstellung einer technischen Zeichnung so zu wählen, dass sie die meisten Informationen bezüglich Form und Abmessungen eines Werkstücks liefert. Für die Vorderansicht eignet sich, abhängig vom Werkstück

- die Fertigungslage, z.B. bei Teilzeichnungen von Drehteilen
- die Funktionslage, z.B. bei Teilzeichnungen von unsymmetrischen Werkstücken
- die Lage des Werkstücks im zusammengebauten Zustand (Gesamtzeichnung)

Wichtige Hinweise zum technischen Zeichnen

Es werden nur so viele Ansichten und Schnitte gezeichnet, wie zur vollständigen und eindeutigen Darstellung des Werkstücks notwendig sind.

Unnötige Wiederholungen von Einzelheiten sind zu vermeiden.

Projektionsmethode 1

Isometrische Darstellung

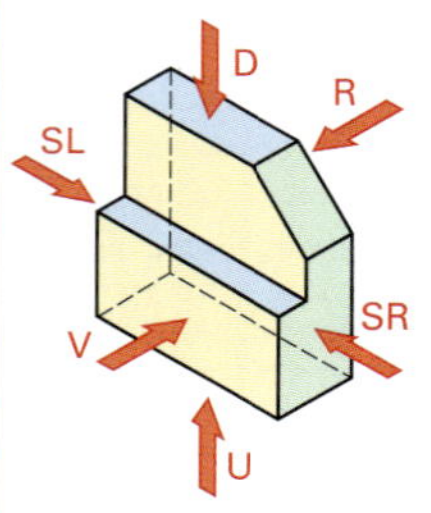

Anordnung der Ansichten bezogen auf die Vorderansicht V

D	Draufsicht	Unterhalb von V
SL	Seitenansicht von links	Rechts von V
SR	Seitenansicht von rechts	Links von V
U	Untersicht	Genau über V
R	Rückansicht	Rechts neben SL

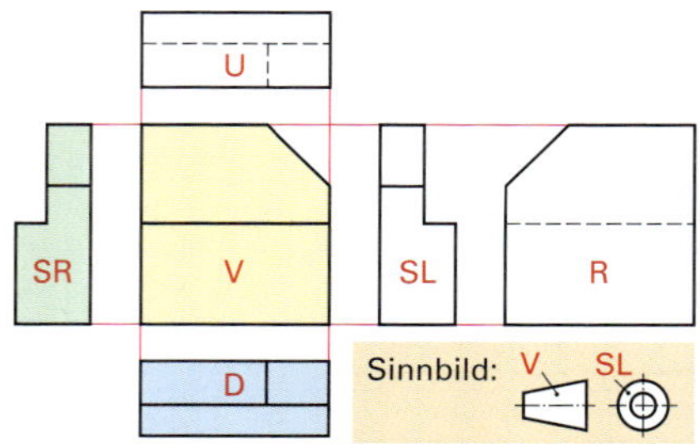

Projektionsmethode 3

Isometrische Darstellung

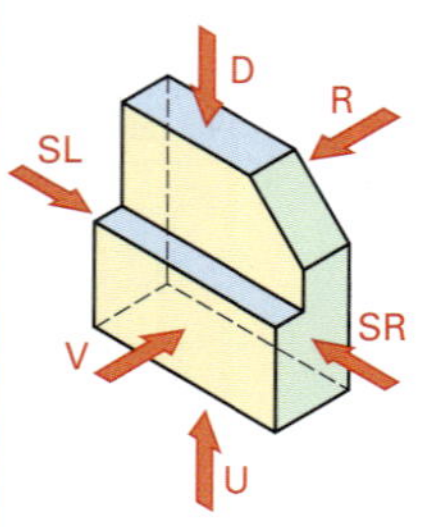

Anordnung der Ansichten bezogen auf die Vorderansicht V

D	Draufsicht	Über V
SL	Seitenansicht von links	Genau links von V
SR	Seitenansicht von rechts	Genau rechts von V
U	Untersicht	Unter V
R	Rückansicht	Rechts neben SR

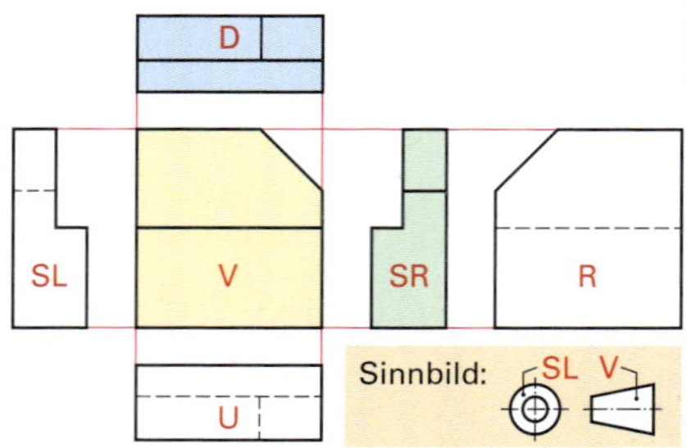

Pfeilmethode

Isometrische Darstellung

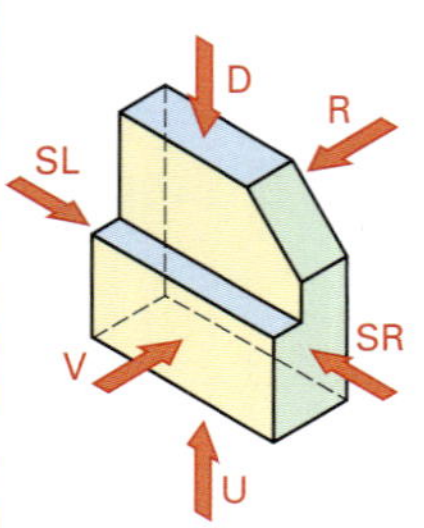

Anordnung der Ansichten

Bei der Pfeilmethode dürfen die Ansichten unabhängig von der Vorderansicht beliebig angeordnet werden. Die Betrachtungsrichtung wird durch Pfeile, die mit Kleinbuchstaben gekennzeichnet sind in der Vorderansicht angegeben. Die dazugehörenden Ansichten werden mit dem entsprechenden Großbuchstaben – oben links von der Ansicht – gekennzeichnet.

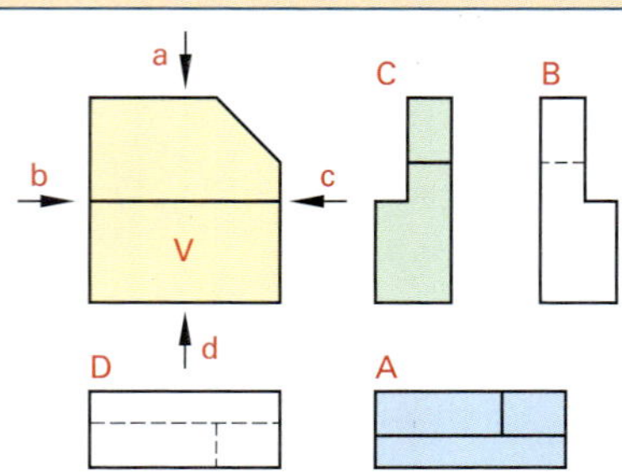

Z

Schnitte

vgl. DIN 6

a Schnittflächen werden mit dünnen Volllinien unter 45° zur Achse oder zu einer Hauptumrisskante schraffiert.

b Schnittfläche und Ausbrüche des gleichen Teils werden in gleicher Richtung schraffiert.

c Aneinanderstoßende Schnittflächen verschiedener Werkstücke erhalten entgegengesetzt gerichtete oder verschiedenweite Schraffuren.

d Der Schraffurlinienabstand ist umso größer, je größer die Schnittfläche ist.

e Umlaufkanten, die durch den Schnitt sichtbar geworden sind, werden eingezeichnet.

f Trennfugen sind als Kanten zu zeichnen.

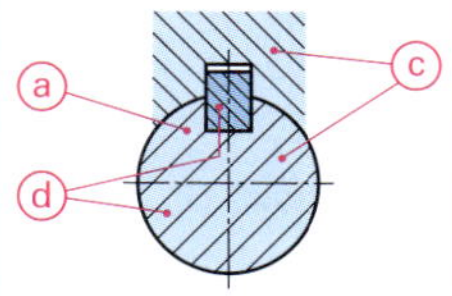

Mitnehmerverbindung

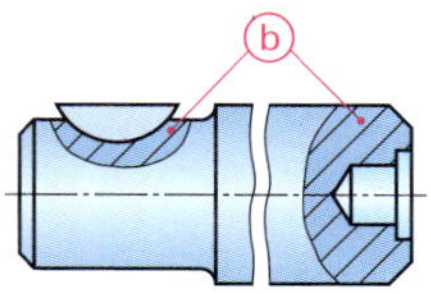

Wellenende mit Scheibenfeder

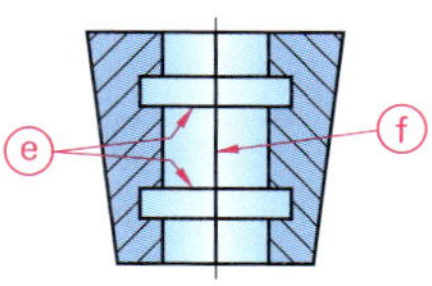

Ventilkegelstück (zweiteilig)

g Vollkörper, z.B. Vollniete, Stifte, Schrauben, Rippen, werden in der Längsrichtung nicht geschnitten.

h Ist der Schnittverlauf nicht ohne weiteres ersichtlich, so ist er durch dicke Strichpunktlinien zu kennzeichnen.

i Die Blickrichtung auf den Schnitt wird durch Pfeile angedeutet.

k Wenn die Übersicht dadurch verbessert wird, können am Anfang und am Ende des Schnittverlaufes sowie an den Ecken Buchstaben angebracht werden.

l Die Buchstaben sind einen Schriftgrad größer als die übrige Schrift zu schreiben.

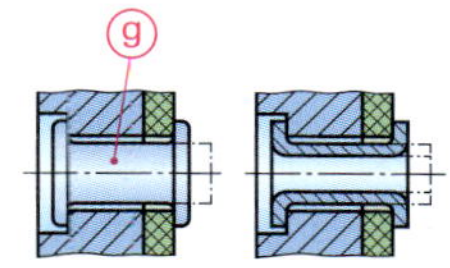

Vollniet Rohrniet

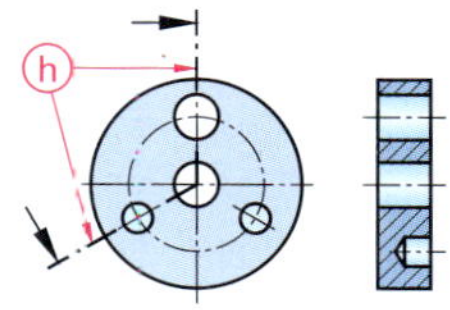

Mitnehmerscheibe

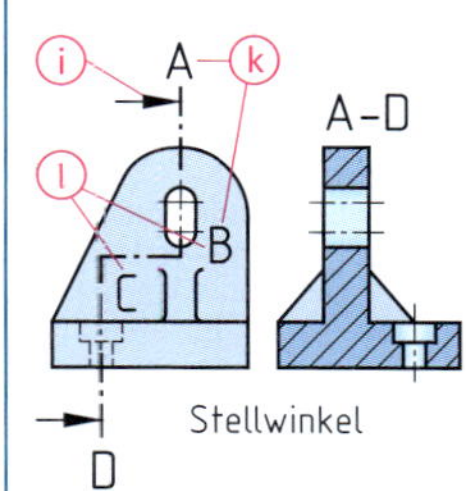

Stellwinkel

Bruchlinien, Einzelheiten

vgl. DIN 6

m Ausbrüche werden durch dünne Freihandlinien begrenzt.

n Bei der Darstellung „halb Ansicht – halb Schnitt" wird der Halbschnitt bei waagrechter Mittellinie unterhalb, bei senkrechter Mittellinie rechts von dieser angeordnet.

o Lange gleichmäßige Werkstücke können durch dünne Freihandlinien unterbrochen und verkürzt gezeichnet werden, wenn sie eindeutig bestimmt bleiben.

p Auch runde Vollkörper oder Hohlkörper können verkürzt dargestellt werden, um Platz zu sparen. Die Bruchlinie wird als Freihandlinie gezeichnet.

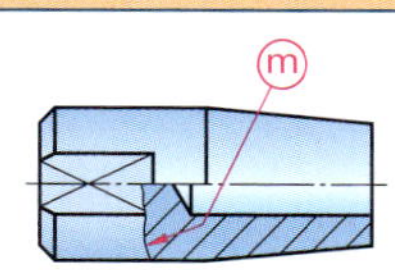

Punktschweißelektrode

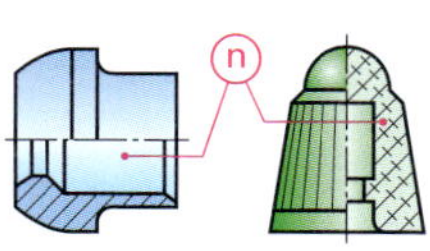

Dichtkegel Ventilkappe

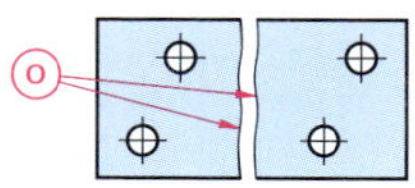

Flachstück

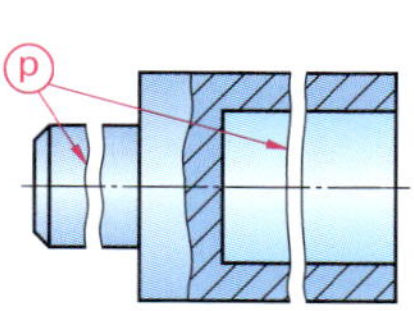

Hohlwelle

q Die Umrisslinien von kegeligen Werkstücken werden bei verkürzter Darstellung versetzt gezeichnet.

r Gerundete Übergänge und Kanten können durch dünne Volllinien (Lichtkanten), die vor den Umrisslinien enden, angedeutet werden.

s Schmale Schnittflächen werden voll geschwärzt.

t Stoßen geschwärzte Flächen aneinander, so sind sie mit schmalen Fugen darzustellen.

u Sollen Einzelheiten vergrößert herausgetragen werden, so sind sie mit einem Strich-Punkt-Kreis und den Buchstaben Z bzw. Y bzw. X zu kennzeichnen.

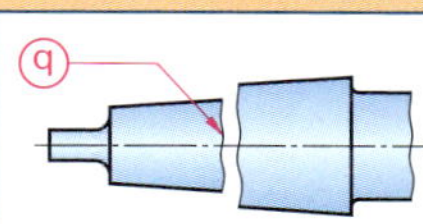

Werkzeugkegel

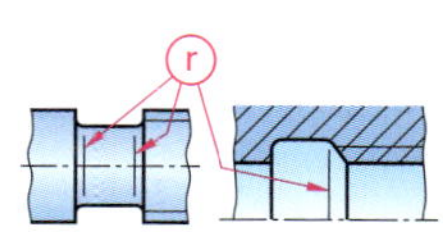

Gewinderillen

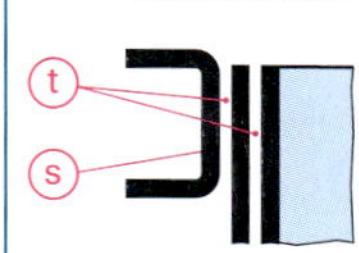

Rahmenverbindung mit Knotenblech

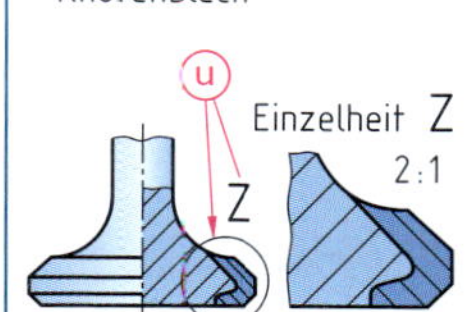

Auslassventil mit Panzerung

Z

Maßeintragung

vgl. DIN 406

Allgemeine Regeln:

1. Die Maßeintragung erfolgt entweder unter Berücksichtigung der Fertigung (Fertigungsmaße), der Funktion (Funktionsmaße) oder der Kontrolle (Prüfmaße). In technischen Zeichnungen bedeutet die Maßzahl das Maß in mm; bei Abweichungen ist hinter die Maßzahl die zugehörige Maßeinheit zu setzen.
2. Zur Maßeintragung verwendet man Maßzahlen, Maßlinien (schmale Volllinien), Maßhilfslinien (schmale Volllinien) und Maßlinienbegrenzungen. Als Maßlinienbegrenzungen können geschwärzte Maßpfeile, offene Maßpfeile und bei Platzmangel Punkte verwendet werden. In einer Zeichnung darf nur eine Art von Pfeilen, falls notwendig in Kombination mit Punkten vorkommen.

a_1 Mittellinien und Kanten dürfen nicht als Maßlinien benützt werden.

a_2 Maßhilfslinien ragen 1 bis 2 mm über die Maßlinie hinaus.

a_3 Mittellinien können als Maßhilfslinien benützt werden. Außerhalb der Körperkanten können sie als dünne Volllinien ausgezogen werden.

b_1 Die Maßpfeile stehen innerhalb der Maßhilfslinien oder Körperkanten; ist jedoch der Platz zu klein, so können Außenpfeile gesetzt werden.

b_2 Die Spitzen der Maßpfeile liegen an den Kantenlinien oder Maßhilfslinien; sie dürfen jedoch nicht an Eckpunkte der Darstellung anstoßen.

c_1 Die Maßzahlen sind in Längsrichtung über die Maßlinien zu schreiben.

c_2 Die Maßzahlen sollen von unten oder rechts lesbar sein.

c_3 Die Maßzahlen dürfen nicht durch Linien getrennt oder gekreuzt werden.

c_4 Bei Maßzahlen in schraffierten Flächen wird die Schraffur unterbrochen.

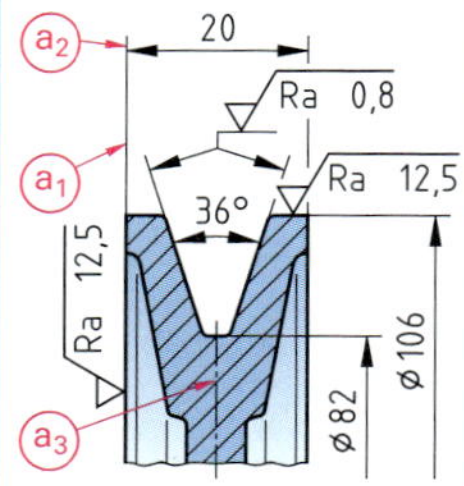

Rille für Schmalkeilriemen

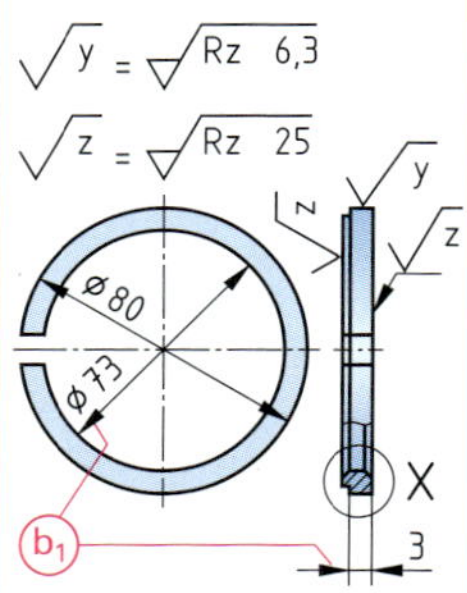

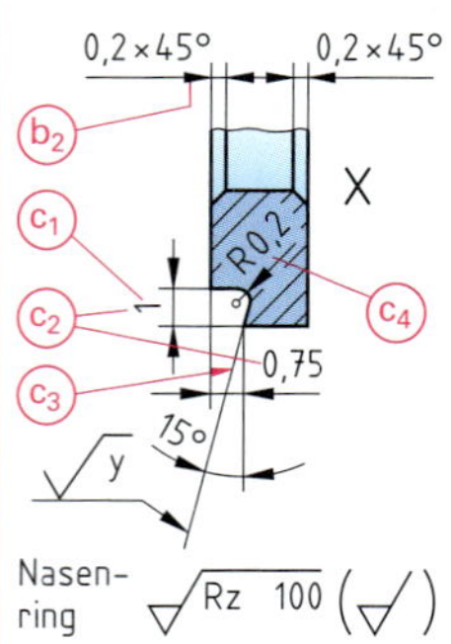

Nasenring

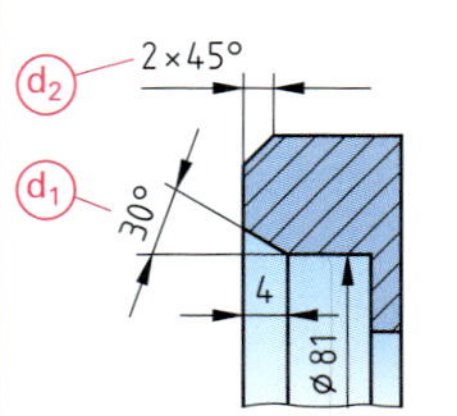

d_1 Winkelmaße bis 30° dürfen mit geraden Maßlinien annähernd senkrecht zur Winkelhalbierenden eingetragen werden.

d_2 Maße von Fasern mit einem Winkel von 45° werden angegeben durch Fasenbreite x 45°.

e Bei Halbschnitten oder bei abgebrochen gezeichneten Ansichten erhalten die betroffenen Maßlinien nur 1 Maßpfeil.

f_1 Das Durchmesserzeichen ist ein mit einem geraden Strich unter 75° durchstrichener kleiner Kreis. Es ist vor die Maßzahl zu setzen.

f_2 Durchmessermaße erhalten in jedem Fall vor der Maßzahl das Druchmesserzeichen ∅, auch wenn aus der Ansicht die Kreisform ersichtlich ist.

g_1 Maßzahlen für unmaßstäblich Gezeichnetes sind zu unterstreichen.

g_2 Maßzahlen an abgebrochen bzw. an unterbrochen dargestellten Werkstücken werden nicht unterstrichen.

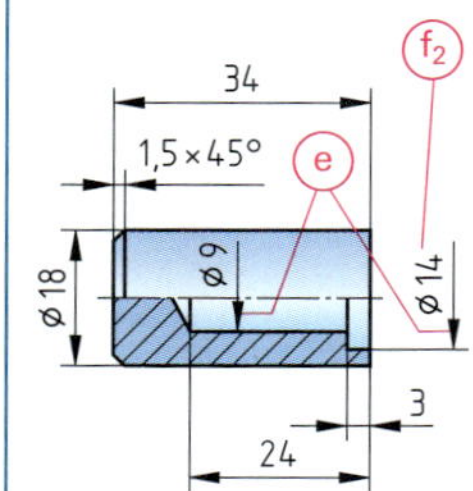

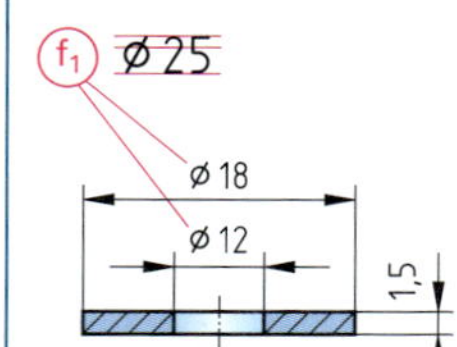

Dichtring

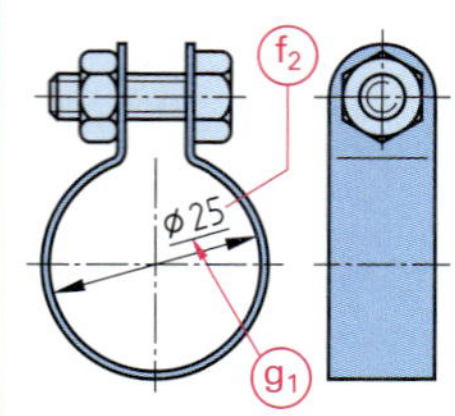

Schlauchklemme

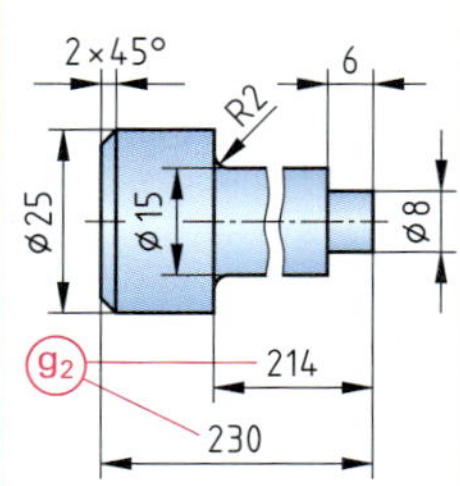

Maßeintragung

vgl. DIN 406

h_1 Halbmesser erhalten nur einen Maßpfeil am Kreisbogen.

h_2 Der Mittelpunkt für Halbmesser wird durch ein Mittellinienkreuz gekennzeichnet, wenn die Lage für Fertigung, Prüfung oder Funktion benötigt wird.

h_3 Vor der Maßzahl für einen Halbmesser wird stets ein „R" eingetragen.

i Reicht der Platz über der Maßlinie für die Maßzahl nicht aus, wird die Maßzahl über der Verlängerung der Maßlinie oder an einer Hinweislinie eingetragen.

k_1 Schlüsselweiten erhalten ein SW vor der Maßzahl, wenn der Abstand der Schlüsselflächen in der Darstellung nicht bemaßt werden kann.

k_2 Quadratmaße erhalten in jedem Fall vor der Maßzahl das Quadratzeichen □; es wird nur eine Seitenlänge des Quadrates bemaßt.

l Mit Diagonalkreuzen können ebene vierseitige Flächen gekennzeichnet werden.

m Kugelmaße erhalten in jedem Fall vor der Durchmesser- bzw. Radiusangabe ein S.

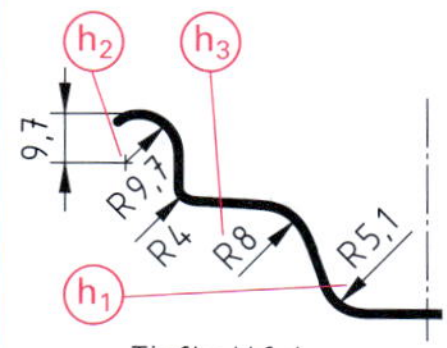

Tiefbettfelge

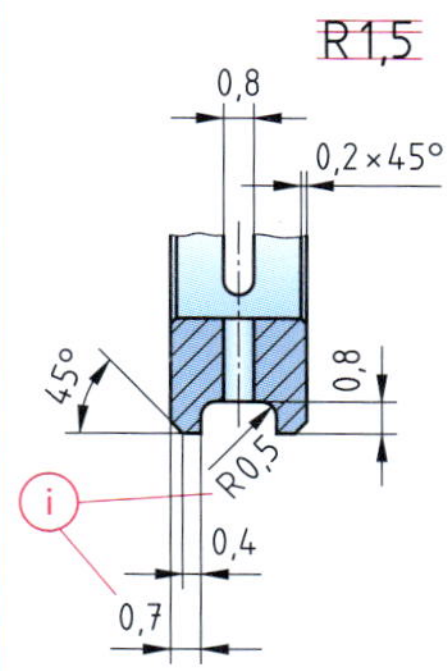

Ölabstreifring

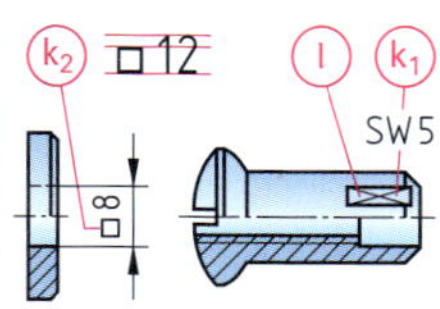

Scheibe Speichennippel

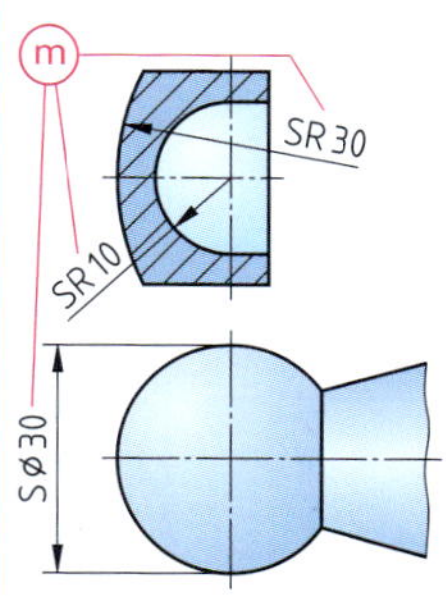

n_1 Maße sind möglichst entsprechend ihrer Zusammengehörigkeit zu gruppieren.

n_2 Innenmaße sind möglichst am Schnitt, Außenmaße an der Ansicht anzutragen.

o_1 Bei Kegeln sollen nicht mehr Maße angegeben werden, als erforderlich sind, z.B. *D*, *d* und *L*.

o_2 Bei Kegeln können zusätzliche Hilfsmaße angegeben werden, die in Klammern zu setzen sind, z.B. der Einstellwinkel oder der kleinere Kegeldurchmesser.

p Jedes Maß wird nur einmal eingetragen, und zwar in der Ansicht, in der es am klarsten verstanden wird.

q Abmaße oder Kurzzeichen der Toleranzklasse werden hinter der Maßzahl möglichst in gleicher Schriftgröße mit Vorzeichen angegeben. Bei gleichem oberen und unteren Abmaß wird das Abmaß nur einmal mit ± eingetragen. Das Abmaß 0 wird meist nicht geschrieben.

r Hinweislinien werden schräg herausgezogen; sie enden an einer Körperkante mit einem Maßpfeil (r_1), in einer Fläche mit einem Punkt (r_2), an Maß- und Mittellinien ohne Begrenzungszeichen (r_3).

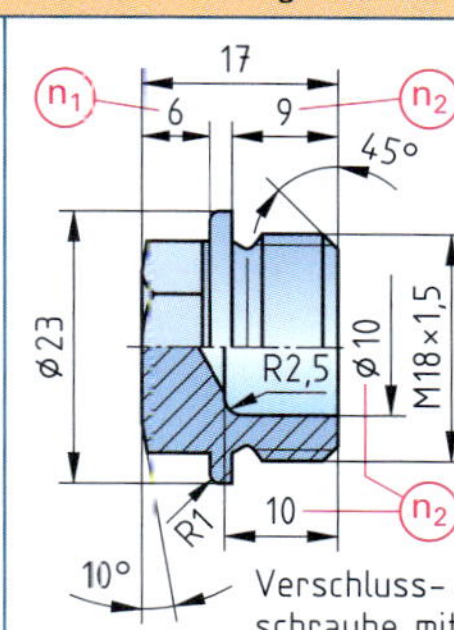

Verschlussschraube mit Bund

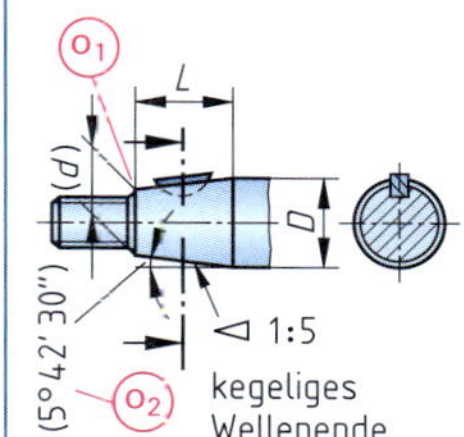

kegeliges Wellenende

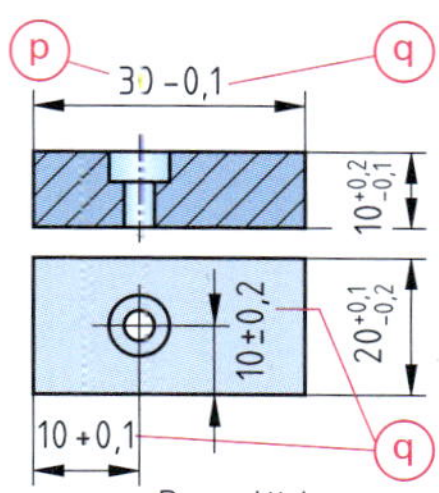

Passstück

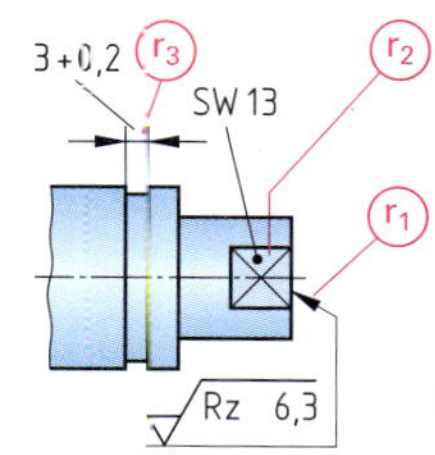

Eintrag von Längenmaßen

vgl. DIN 406

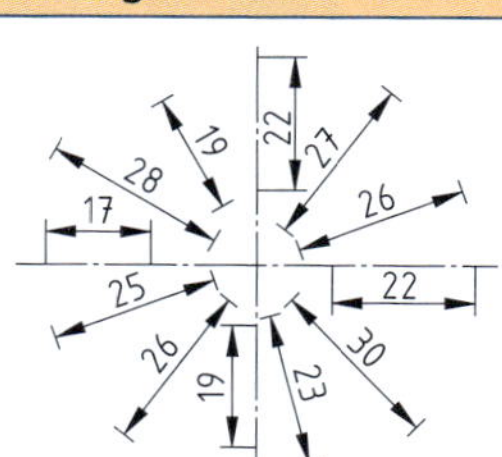

Eintrag von Winkelmaßen

vgl. DIN 406

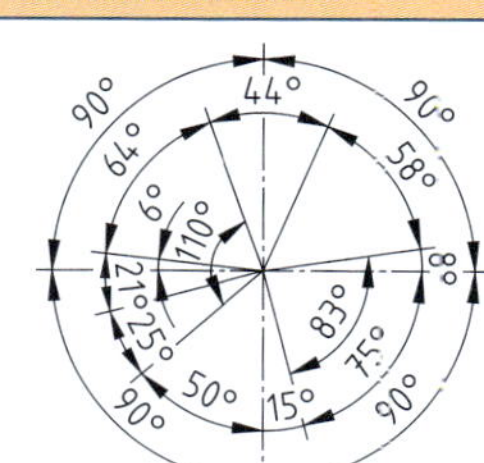

Gewindedarstellung
vgl. DIN ISO 6410

a In Achsrichtung auf das Gewindeende des Bolzens oder auf das Gewindeloch gesehen, wird die Fase zwischen Außendurchmesser und Kerndurchmesser nicht gezeichnet.

b Fasen für Außengewinde und Innengewinde werden nicht bemaßt, wenn sie dem Gewindeaußen- bzw. Gewindekerndurchmesser entsprechen.

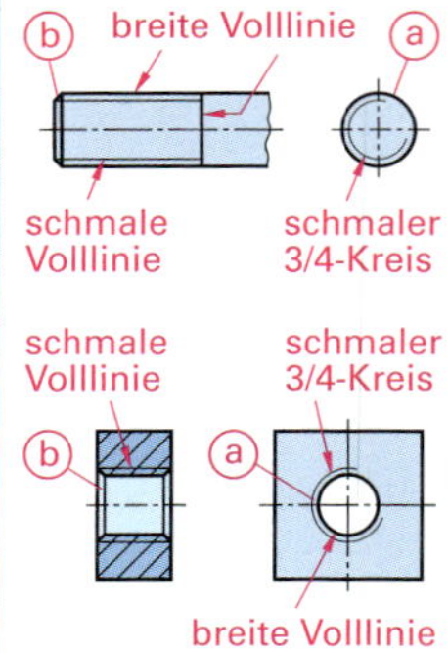

c Der Gewindeauslauf wird nur dann gezeichnet, wenn er aus Funktionsgründen notwendig ist (z.B. Einschraubende von Stiftschrauben.

d Bei Schnittdarstellung zusammengeschraubter Teile erscheint das Muttergewinde nur dort, wo es durch das Bolzengewinde nicht verdeckt ist.

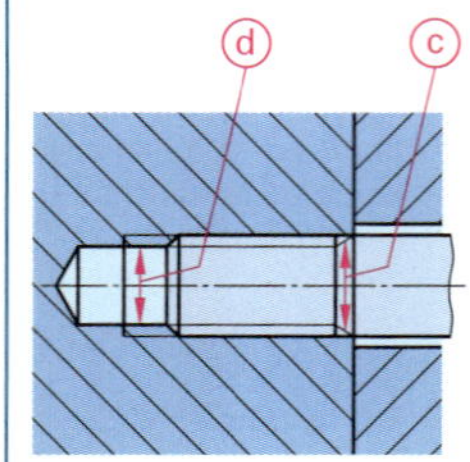

Darstellung eines Sechskants

Ausführliche Darstellung

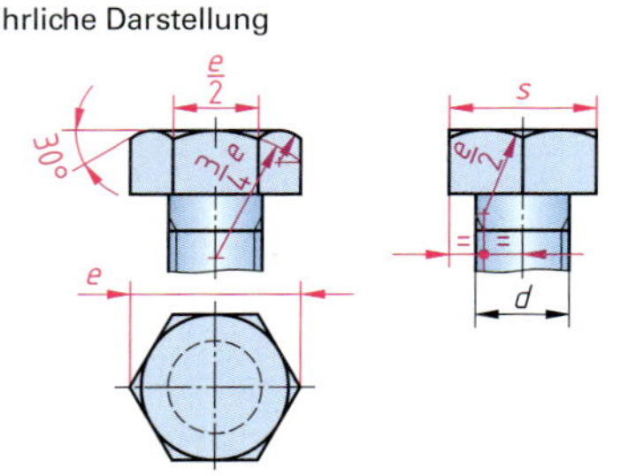

Vereinfachte Darstellung

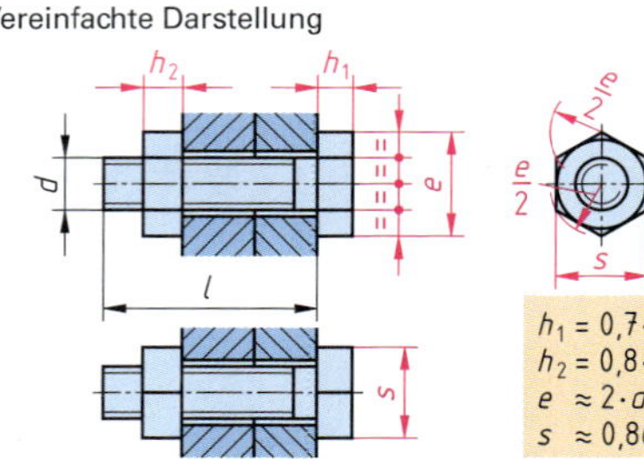

$h_1 = 0{,}7 \cdot d$
$h_2 = 0{,}8 \cdot d$
$e \approx 2 \cdot d$
$s \approx 0{,}86 \cdot e$

Oberflächenangaben in Zeichnungen
vgl. DIN ISO 1302

Die Oberflächenbeschaffenheit wird durch Symbole gekennzeichnet, denen Angaben über Rauheit, Fertigungsverfahren, Oberflächenbehandlung, Rillenrichtung und Bearbeitungszugaben hinzugefügt werden können. Die Angaben über die Rauheit sind die am häufigsten vorkommenden. Die Angaben sind nicht erforderlich, wenn die üblichen Fertigungsverfahren bereits die erforderliche Oberflächenqualität gewährleisten.

Zeichen	Bedeutung	Zeichen	Bedeutung
	Ohne Oberflächenangaben bleiben Flächen, an die keine bestimmte Anforderung gestellt werden.	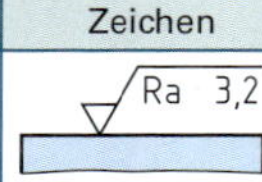	Oberflächen spanend bearbeitet; Fertigungsverfahren freigestellt; zulässiger Mittenrauwert R_a = 3,2 µm
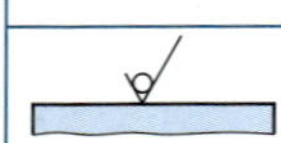	Oberflächen, die nicht spanend bearbeitet oder deren Zustand nicht verändert werden darf.	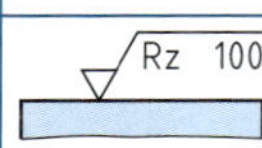	Oberflächen spanend bearbeitet; Fertigungsverfahren freigestellt; zul. gemittelte Rautiefe R_z = 3,2 µm.
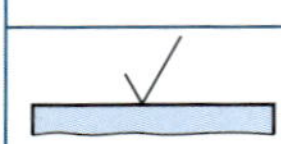	Grundsymbol; allein nur verwendet, wenn die Bedeutung durch zusätzliche Wortangaben erklärt wird.	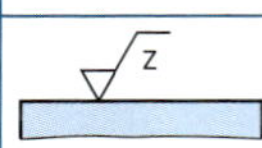	Vereinfachte, platzsparende Angabe; Bedeutung muss näher erläutert werden, z.B. 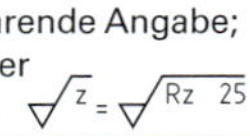
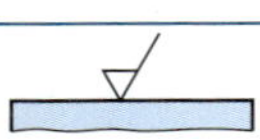	Oberflächen, die spanend bearbeitet werden.	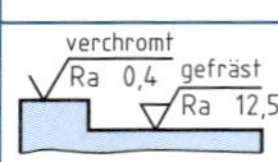	Oberfläche mit bestimmtem Fertigungsverfahren und bestimmter Oberflächenbehandlung hergestellt.

Verfahren	Mittenrauwert R_a in µm	gemittelte Rautiefe R_z in µm
Schruppen	Ra 12,5	Rz 100
Schlichten	Ra 3,2	Rz 25
Feinschlichten	Ra 0,8	Rz 6,3
Feinstbearbeiten	Ra 0,1	Rz 1

Die zulässige Rauheit der Oberfläche wird entweder durch den **Mittenrauwert R_a** in µm oder durch die **gemittelte Rautiefe R_z** in µm angegeben.

Einen Vergleich der durch übliche spandende Fertigungsverfahren erzielten Mittenrauwerte R_a mit den entsprechenden gemittelten Rautiefen R_z zeigt nebenstehende Tabelle.

Z

Prisma, abgeschrägt

Abwicklung:

1. Auf dem gestreckten Umfang der Grundfläche $a \cdot b$ die Seitenlängen *a*, *b*, *a*, *b* antragen.
2. Senkrechte errichten in den Teilpunkten mit den Längen h_1, h, h_1, h_1.
3. Endpunkte der Senkrechten verbinden.
4. Linienzug umschließt die abgewickelte Mantelfläche.

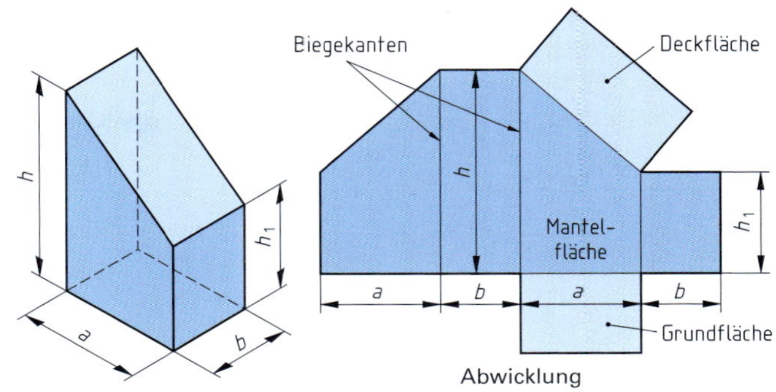

Zylinder, abgeschrägt

Abwicklung:

1. Grundkreis und dessen gestreckten Umfang in beliebig viele, z.B. 12 gleiche Teile teilen.
2. In den Teilpunkten die Mantellinien 1 bis 12 ziehen.
3. Denkt man sich den Mantel bei 1 aufgeschnitten, so kann man die wirklichen Längen der Mantellinien in der Abwicklung 1 bis 12 auftragen.

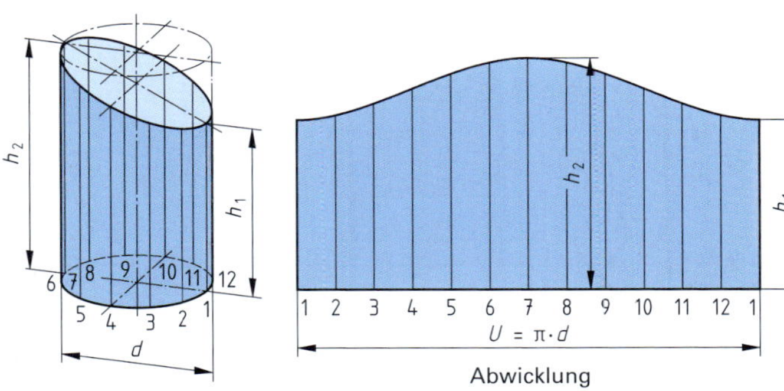

Zylinder mit Abzweigungen

vgl. DIN ISO 1302

Konstruktion von Durchdringungskurven

1. Deckungsflächen der Abzweigungen in die Zeichenebene drehen.
2. Die Umfänge der Deckflächen in beliebig viele, z.B. 12 gleiche Teile teilen.
3. In den Teilpunkten die Mantellinien 1 bis 12 ziehen.
4. Die Schnittpunkte der Mantellinien 1 bis 12 mit den zugehörigen Mantellinien des Grundzylinders bestimmen.
5. Die Verbindungslinie der Schnittpunkte ist die Durchdringungskurve.

Hinweis: Durchdringen sich Zylinder mit gleich großem Durchmesser, ist die Durchdringungskurve eine Gerade.

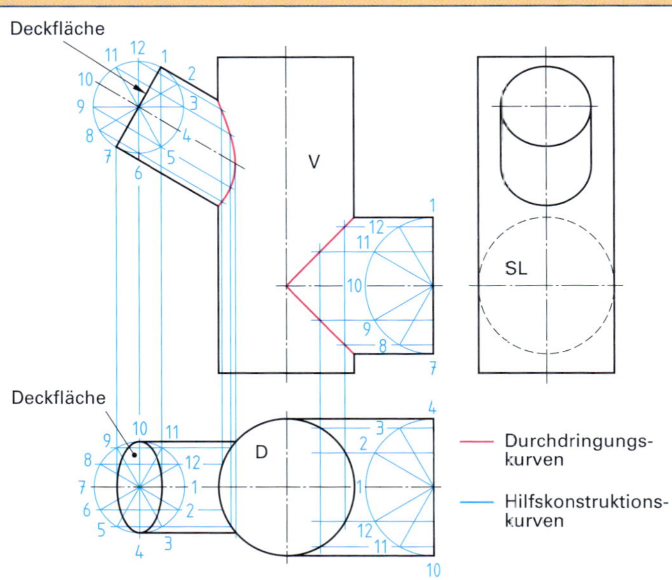

Z

Zeichnerische Darstelllung von Schweißnähten

vgl. DIN 1912

Nahtart Symbol	Darstellung Bild	Darstellung Symbol	Nahtart Symbol	Darstellung Bild	Darstellung Symbol
Bördelnaht	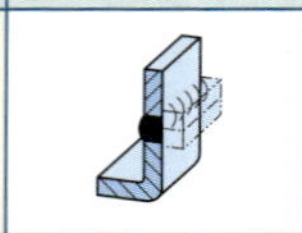	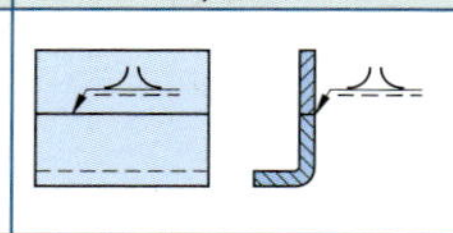	Kehlnaht	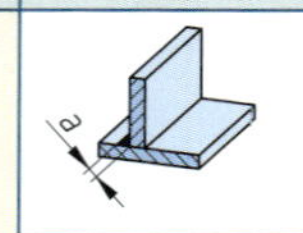	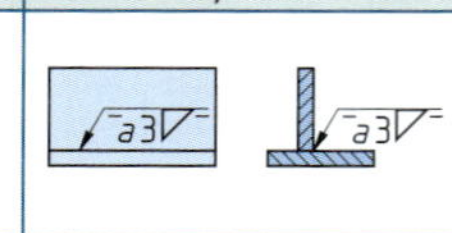
Bördelnaht nicht durchgehend geschweißt	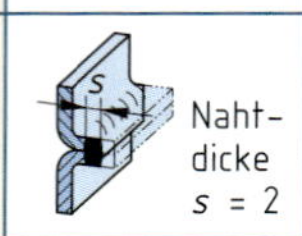	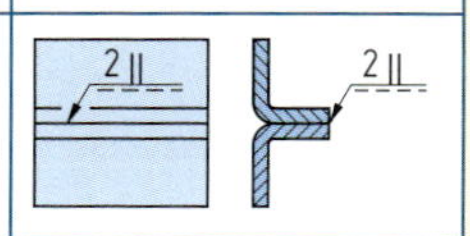		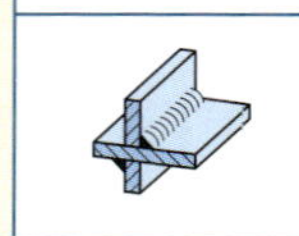	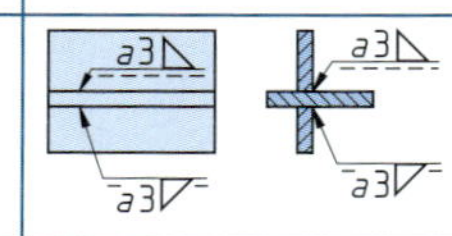
I-Naht	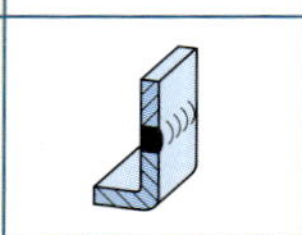	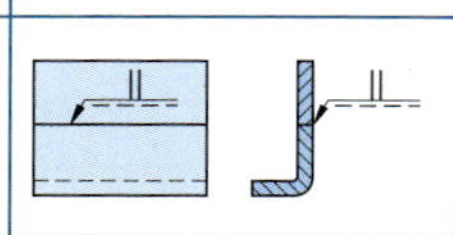	Doppel-Kehlnaht	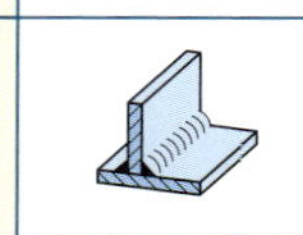	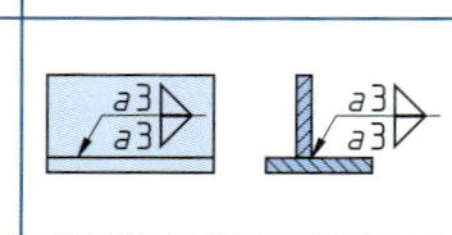
	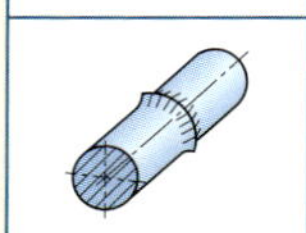	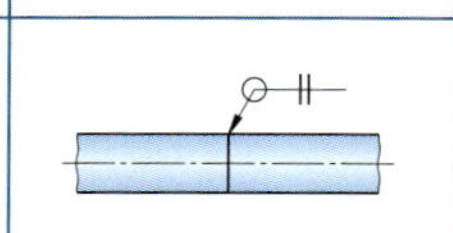	Punktnaht	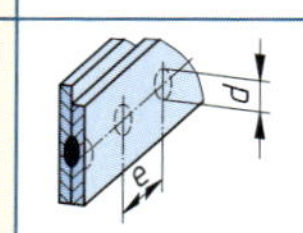	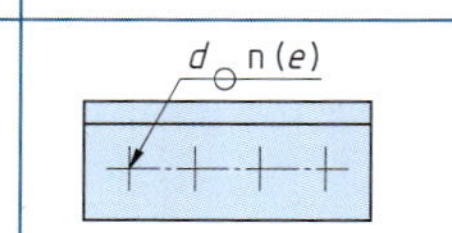
V-Naht	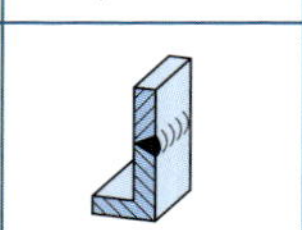	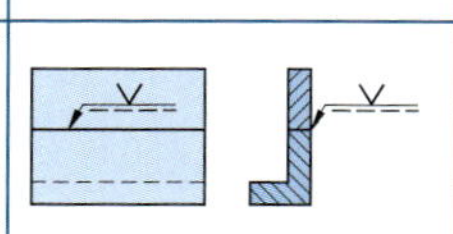	Zweireihig versetzte Punktnaht	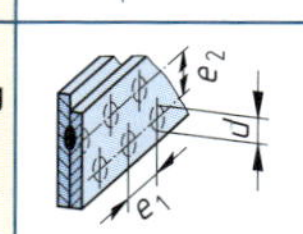	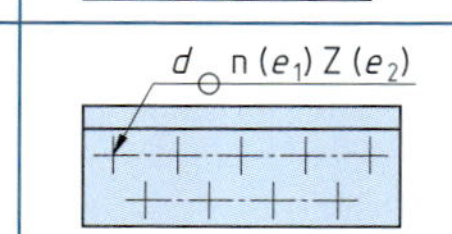
Y-Naht	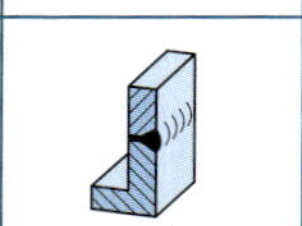	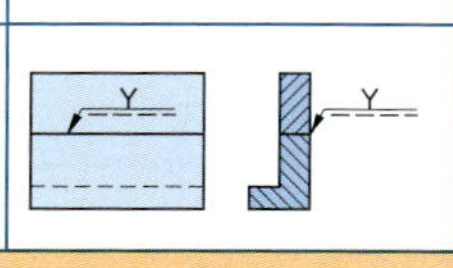	Lochnaht	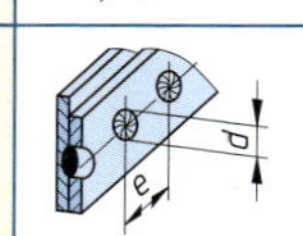	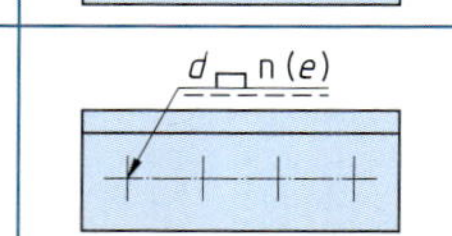

Zeichnungsbeispiel

Schweiß- und Lötverbindungen an Längsträger und B-Säule

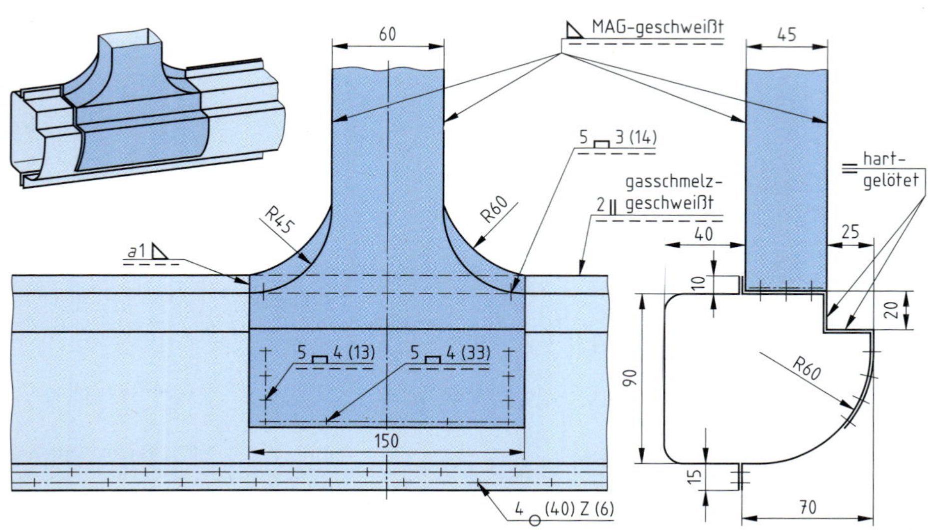

Z

Darstellung und Sinnbilder für Zahnräder

Sinnbilder für Verzahnungen		Sinnbilder für Zahnradlagerung auf der Welle			
Außenverzahnung	Innenverzahnung	verschiebbar und drehbar	fest	drehbar, nicht verschiebbar	verschiebbar, nicht drehbar

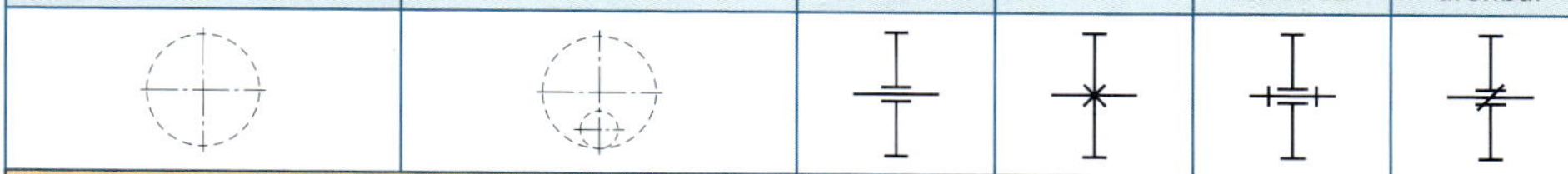

Stirnräder			Kettenräder		
Ausführliche Darstellung	Vereinfachte Darstellung	Sinnbild	Ausführliche Darstellung	Vereinfachte Darstellung	Sinnbild

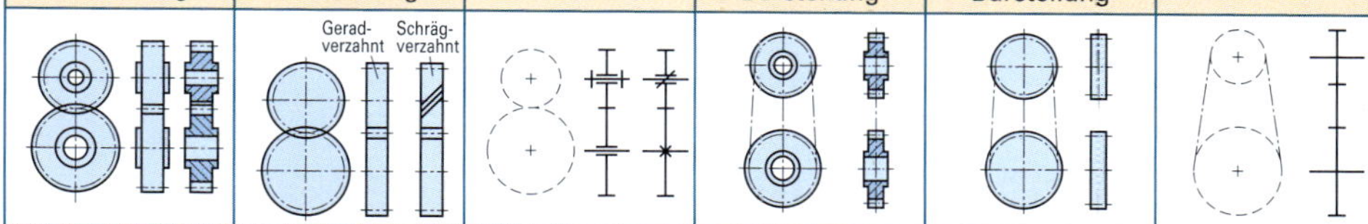

Schnecke und Schneckenrad	Stirnrad mit Hohlrad

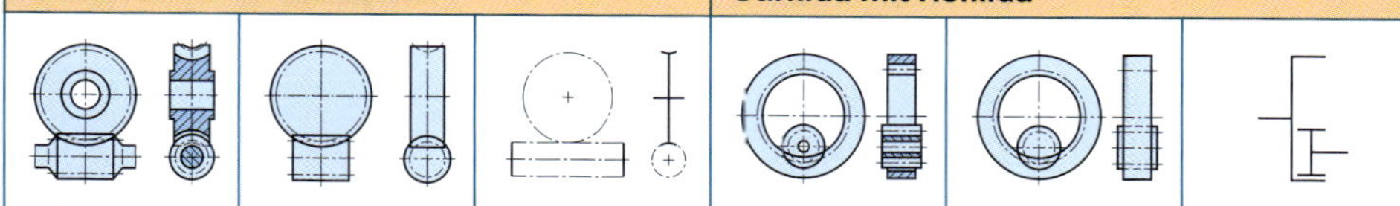

Kegelräder	Stirnrad mit Zahnstange

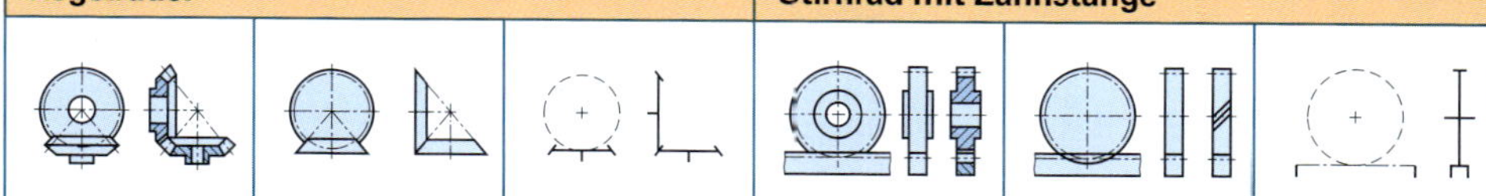

Darstellungen und Sinnbilder für Federn

Druckfeder, zylindrisch			**Druckfeder**, kegelig		
Ansicht	Schnittdarstellung	Sinnbild	Ansicht	Schnittdarstellung	Sinnbild

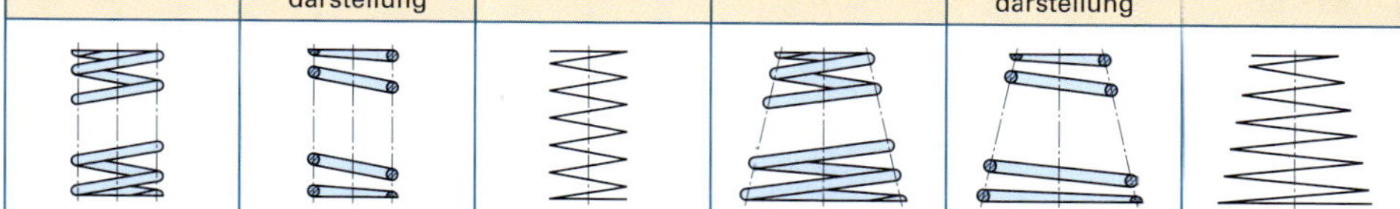

Tellerfeder	**Zugfeder**

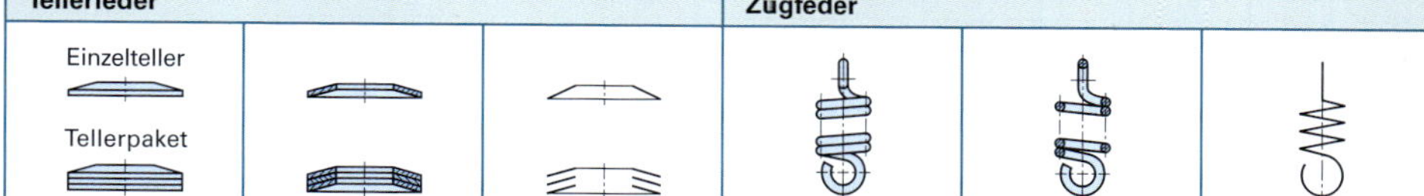

Spiralfeder		**Blattfeder**, halbelliptisch, mit Augen	
Ansicht	Sinnbild	Ansicht	Sinnbild

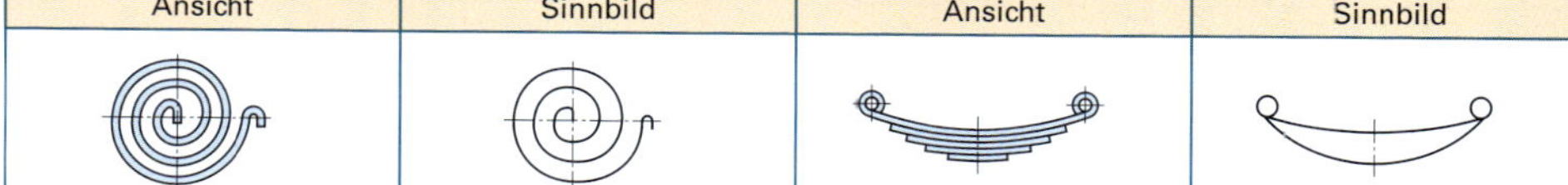

Schlüsselweiten

vgl. DIN 475

Bezeichnung einer Schlüsselweite (SW) mit Nennmaß s = 16 mm:
DIN 475-SW 16

$$e_1 = 1{,}4142 \cdot s \qquad s = 0{,}7071 \cdot e_1$$

$$e_2 = 1{,}1547 \cdot s \qquad s = 0{,}8660 \cdot e_2$$

$$e_3 = 1{,}0824 \cdot s \qquad s = 0{,}9239 \cdot e_3$$

Schlüsselweite (SW) Nennmaß s	Eckenmaß 2kant d	Eckenmaß 4kant e_1 ≈	Eckenmaß 6kant e_2 ≈	Schlüsselweite (SW) Nennmaß s	Eckenmaß 2kant d	Eckenmaß 4kant e_1 ≈	Eckenmaß 6kant e_2 ≈	Eckenmaß 8kant e_3 ≈	Schlüsselweite (SW) Nennmaß s	Eckenmaß 2kant d	Eckenmaß 4kant e_1 ≈	Eckenmaß 6kant e_2 ≈	Eckenmaß 8kant e_3 ≈
3,2	3,7	4,5	3,7	12	14	17,0	13,9	–	24	28	33,9	27,7	26,0
3,5	4	4,9	4,0	13	15	18,4	15,0	–	25	29	35,5	28,9	27,0
4	4,5	5,7	4,6	14	16	19,8	16,2	–	26	31	36,8	30,0	28,1
4,5	5	6,4	5,2	15	17	21,2	17,3	–	27	32	38,2	31,2	29,1
5	6	7,1	5,8	16	18	22,6	18,5	–	28	33	39,6	32,3	30,2
5,5	7	7,8	6,4	17	19	24,0	19,6	–	30	35	42,4	34,6	32,5
6	7	8,5	6,9	18	21	25,4	20,8	–	32	38	45,3	36,9	34,6
7	8	9,9	8,1	19	22	26,9	21,9	–	34	40	48,0	39,3	36,7
8	9	11,3	9,2	20	23	28,3	23,1	–	36	42	50,9	41,6	39,0
9	10	12,7	10,4	21	24	29,7	24,2	22,7	41	48	58,0	47,3	44,4
10	12	14,1	11,5	22	25	31,1	25,4	23,8	46	52	65,1	53,1	49,8
11	13	15,6	12,7	23	26	32,5	26,6	24,9	50	58	70,7	57,7	54,1

Kegel

vgl. DIN 254

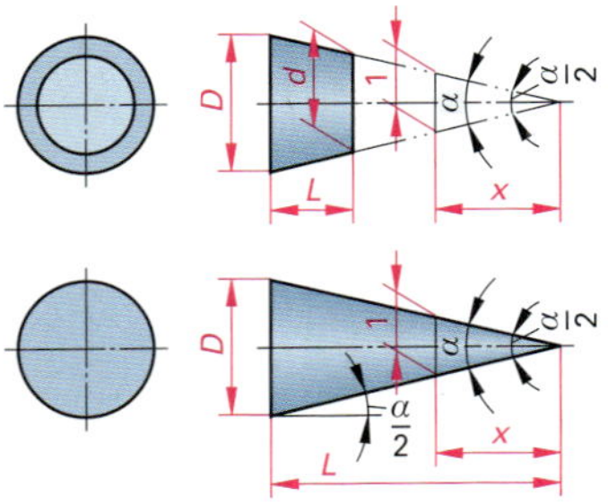

Das Kegelverhältnis C, auch Verjüngung genannt, ist das Verhältnis der Durchmesserdifferenz von zwei Querschnitten des Kegels zu dem Abstand zwischen diesen Querschnitten. Die Kegelneigung entspricht dem halben Kegelverhältnis.

C Kegelverhältnis $C/2$ Kegelneigung
d kleiner Durchmesser des Kegels
D großer Durchmesser des Kegels
L Kegellänge α Kegelwinkel
x Kegellänge bei $D = 1$, $d = 0$

$$C = \frac{D - d}{L} = 2 \tan \frac{\alpha}{2}$$

$$\frac{C}{2} = \frac{D - d}{2 \cdot L} = \tan \frac{\alpha}{2}$$

$$C = 1 : x$$

Kegelverhältnis $C = 1 : x$	Kegelwinkel α	Einstellwinkel $\frac{\alpha}{2}$	Anwendungsbeispiele
1 : 0,289	120°	60°	Schutzsenkungen für Zentrierbohrungen
1 : 0,500	90°	45°	Ventilkegel, Bunde an Kolbenstangen, blanke Senkschrauben bis 20 mm; blanke Linsensenkschrauben
1 : 0,596	80°	40°	Blechschrauben
1 : 0,652	75°	37° 30′	Senkniete ∅ 10...16 mm
1 : 0,866	60°	30°	Zentrierspitzen, Zentrierbohrungen, kleine Dichtungskegel, Senkschrauben über 20 mm
1 : 5	11° 25′	5° 42′	Leicht abnehmbare Maschinenteile, Reibungskupplungen, Spurzapfen
1 : 10	5° 43′	2° 52′	Nachstellbare Lagerbüchsen, Maschinenteile bei Beanspruchung längs und quer zur Achse, Kupplungsbolzen
1 : 12	4° 46′	2° 23′	Wälzlager
1 : 20	2° 52′	1° 26′	Schäfte an Werkzeugen, Aufnahmekegel an Werkzeugmaschinen
1 : 50	1° 8′ 45″	34′ 23″	Kegelstifte, Kegelreibahlen nach DIN 9

Begriffe

vgl. DIN ISO 286

Flachpassung

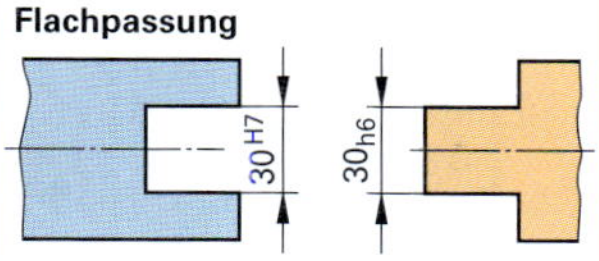

Kreiszylinderpassung

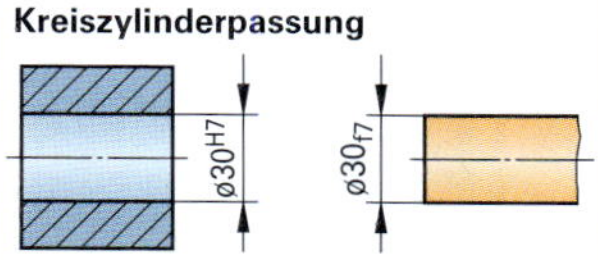

Das ISO-System für Grenzmaße und Passungen gilt für folgende Passungsformen an Werkstücken:

- **Flächenpassungen** an ebenen Werkstücken mit parallelen Passflächen z.B. zwischen Nut und Feser
- **Kreiszylinderpassungen** an zylindrischen Werkstücken mit kreisförmigem Querschnitt, z.B. zwischen Welle und Bohrung.

Die Normen über Grenzmaße und Passungen sind Regeln für die

- **Maßbestimmung** (z.B. Nennmaß, Istmaß, Grenzaomaße)
- **Abmaße** (z.B. oberes Abmaß, unteres Abmaß)
- **Maßtoleranz** (z.B. Grundtoleranzgrad, Toleranzfeld, Toleranzfeldklasse)
- **Passung** (Spielpassung, Übermaßpassung, Übergangspassung)
- **Passungssystem** (Einheitswelle, Einheitsbohrung)

Grenzmaße, Abmaße und Toleranzen

vgl. DIN ISO 286

Welle

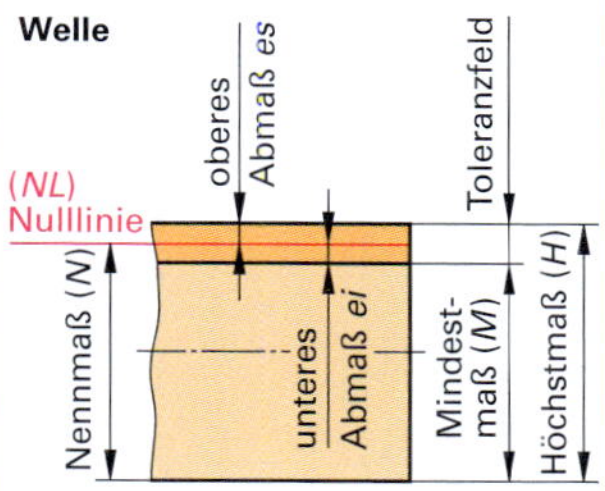

Bohrung

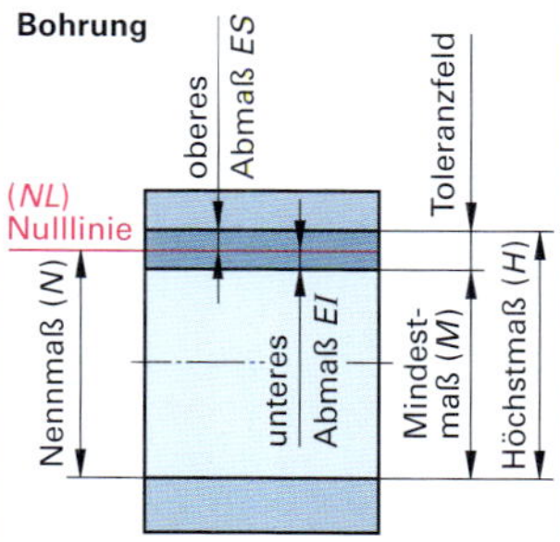

Nennmaß *N**. Es ist das in der Konstruktionszeichnung angegebene Maß, auf das die Abmaße bezogen werden.

Istmaß *I**. Es ist das am Werkstück festgestellte Maß.

Grenzmaße. Das Höchstmaß *H** und das Mindestmaß *M** sind die noch zugelassenen Maße, zwischen denen das Istmaß liegen muss.

H_B* Höchstmaß Bohrung M_B* Mindestmaß Bohrung
H_W* Höchstmaß Welle M_W* Mindestmaß Welle

Bei der Ermittlung des Höchstmaßes *H* und des Mindestmaßes *M* sind die Abmaße mit ihren jeweiligen Vorzeichen einzusetzen.

Grenzabmaße. Man versteht darunter die Differenz zwischen den jeweiligen Grenzmaßen und dem Nennmaß.

Oberes Abmaß (Bohrung *ES*, Welle *es*). Es ist die Differenz zwischen dem Höchstmaß *H* und dem Nennmaß *N*.

Unteres Abmaß (Bohrung *EI*, Welle *ei*). Es ist die Differenz zwischen dem Mindestmaß *M* und dem Nennmaß *N*.

Maßtoleranz *T**. Sie ist die zulässige Abweichung vom Nennmaß. Sie kann ermittelt werden als Differenz von

- Höchstmaß *H* und Mindestmaß *M*
- Oberem Abmaß *ES* bzw. *es* und dem unteren Abmaß *EI* bzw. *ei*

T_B* Toleranz Bohrung T_W* Toleranz Welle

Formeln

$H_B = N + ES$

$H_W = N + es$

$M_B = N + EI$

$M_W = N + ei$

$ES = H_B - N$

$es = H_W - N$

$EI = M_B - N$

$ei = M_W - N$

$T_B = H_B - M_B$

$T_B = ES - EI$

$T_W = H_W - M_W$

$T_W = es - ei$

Z

Passungen

vgl. DIN ISO 286

Spielpassung

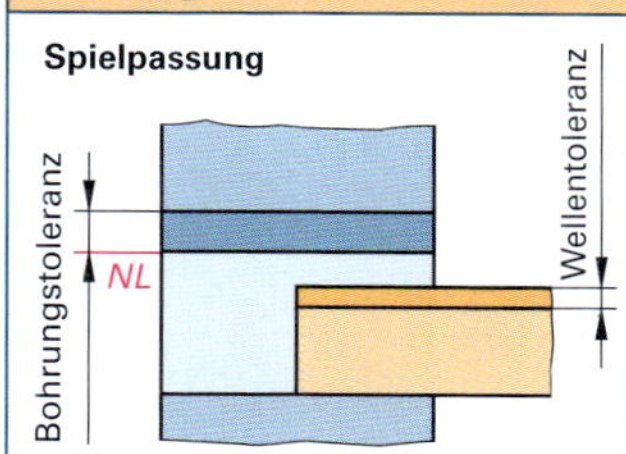

Übermaßpassung

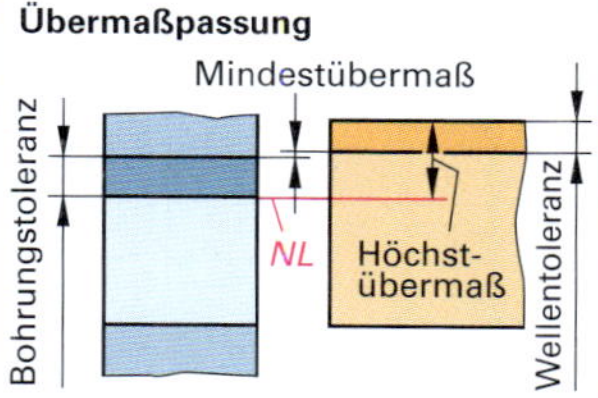

Spiel *S**. Es ist die positive Differenz zwischen Bohrungsdurchmesser und Wellendurchmesser. Dabei ist der Durchmesser der Bohrung immer größer als der der Welle.

Mindestspiel S_M*. Es ist die positive Differenz zwischen dem Mindestmaß der Bohrung M_B und dem Höchstmaß der Welle H_W.

Höchstspiel S_H*. Es ist die positive Differenz zwischen dem Höchstmaß der Bohrung H_B und dem Mindestmaß der Welle M_W.

Übermaß *U**. Es ist die negative Differenz zwischen Bohrungsdurchmesser und Wellendurchmesser vor dem Fügen. Dabei ist das Istmaß der Welle größer als das der Bohrung.

Mindestübermaß U_M*. Es ist die negative Differenz zwischen dem Höchstmaß der Bohrung H_B und dem Mindestmaß der Welle M_W vor dem Fügen.

Höchstübermaß U_H*. Es ist die negative Differenz zwischen dem Mindestmaß der Bohrung M_B und dem Höchstmaß der Welle H_W vor dem Fügen.

* Formelzeichen nicht genormt.

Formeln

$S_M = M_B - H_W$

$S_H = H_B - M_W$

$U_M = H_B - M_W$

$U_H = M_B - H_W$

Passungssysteme

vgl. DIN ISO 286

Einheitsbohrung

Alle Bohrungen werden mit einer H-Toleranz gefertigt. Das untere Abmaß ist 0, d.h. das Kleinstmaß der Bohrung geht bis zur Nulllinie. Es entspricht dem Nennmaß. Die Wellen sind um die für die verlangte Passung erforderlichen Spiele oder Übermaße kleiner oder größer. Die Art der Passung ergibt sich durch die Lage der Wellentoleranz (a…z).

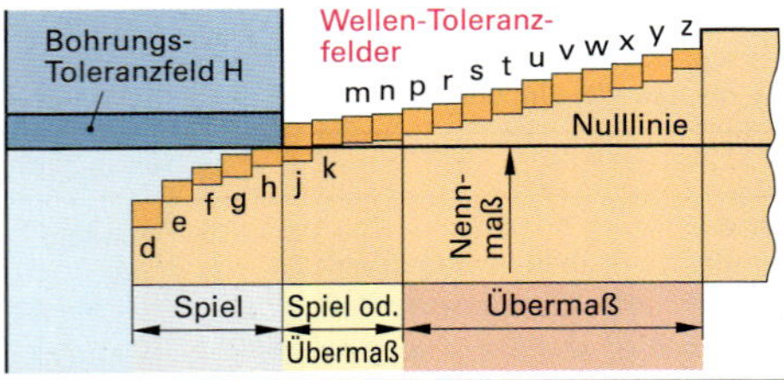

Einheitswelle

Alle Wellen werden mit einer h-Toleranz gefertigt. Das obere Abmaß ist 0, d.h. das Größtmaß der Welle geht bis zur Nulllinie. Es entspricht dem Nennmaß. Die Bohrungen sind um die für die verlangte Passung erforderlichen Spiele oder Übermaße kleiner oder größer. Die Art der Passung ergibt sich durch die Lage der Bohrungstoleranz (A…Z).

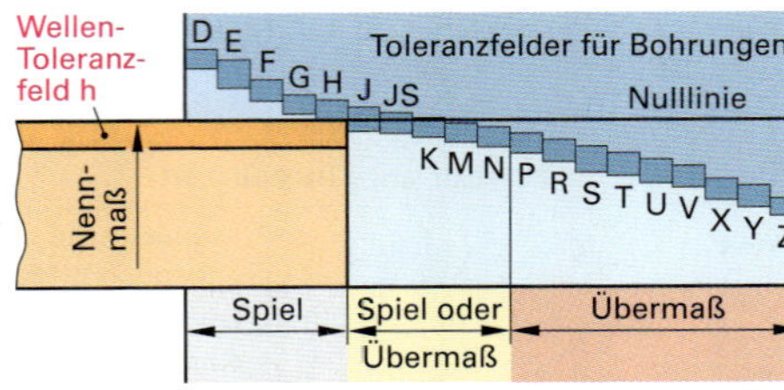

Passungsarten (Beispiele)

Passungsart	Bildliche Darstellung	Teil	Maßangaben nach ISO	Maßangaben mit Abmaß (mm)	T mm	H mm	M mm	S_H oder U_M mm	S_M oder U_H mm
Spielpassung	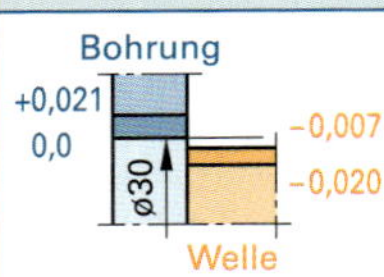	Bohrung	30 H 7	30 +0,021 / +0,000	0,021	30,021	30,000	30,021 − 29,980 = + 0,041	30,000 − 29,993 = + 0,007
		Welle	30 g 6	30 −0,007 / −0,020	0,013	29,993	29,980		
	Die Teile haben nach dem Zusammenbau stets ein Spiel. Grenzfall: Mindestspiel 0 µm.								
Übergangspassung	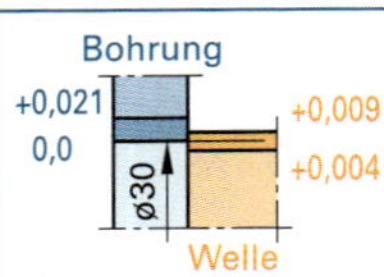	Bohrung	30 H 7	30 +0,021 / +0,000	0,021	30,021	30,000	30,021 − 29,996 = + 0,025	30,000 − 30,009 = − 0,009
		Welle	30 j 6	30 +0,009 / −0,004	0,013	30,009	29,996		
	Die Teile haben nach dem Zusammenbau entweder eine Spielpassung oder eine Übermaßpassung.								
Übermaßpassung	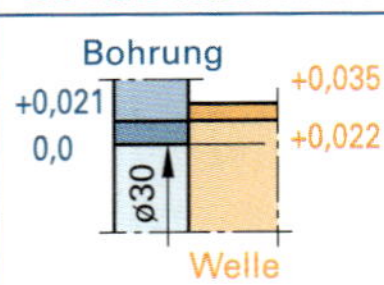	Bohrung	30 H 7	30 +0,021 / +0,000	0,021	30,021	30,000	30,021 − 30,022 = − 0,001	30,000 − 30,035 = − 0,035
		Welle	30 p 6	30 −0,035 / +0,022	0,013	30,035	30,022		
	Die Teile haben nach dem Zusammenbau stets eine Pressung. Grenzfall: Mindestübermaß 0 µm.								

Allgemeintoleranzen für Längenmaße

vgl. DIN ISO 2768

Toleranzklasse Kurzzeichen	Toleranzklasse Benennung	Grenzabmaße für Nennmaßbereiche 0,5 bis 3	über 3 bis 6	über 6 bis 30	über 30 bis 120	über 120 bis 400	über 400 bis 1000	über 1000 bis 2000	über 2000 bis 4000
f	fein	± 0,05	± 0,05	± 0,1	± 0,15	± 0,2	± 0,3	± 0,5	–
m	mittel	± 0,1	± 0,1	± 0,2	± 0,3	± 0,5	± 0,8	± 1,2	± 2
c	grob	± 0,2	± 0,3	± 0,5	± 0,8	± 1,2	± 2	± 3	± 4
v	sehr grob	–	± 0,5	± 1	± 1,5	± 2,5	± 4	± 6	± 8

Allgemeintoleranzen für Längenmaße sind zulässige Abweichungen vom angegebenen Maß, wenn keine Toleranzangaben (Abmaße oder Kennzeichen) vorgegeben sind.

Z

Passungsempfehlungen (Auswahl) vgl. DIN 7157

Aus Reihe 1	C11/h9, D10/h9, E9/h9, F8/h9, H8/f7, F8/h6, H7/f7, H8/h9, H7/h6, H7/n6, H7/r6, H8/x8 bzw. u8
Aus Reihe 2	C11/h11, D10/h11, H8/d9, H8/e8, H7/g6, G7/h6, H11/h9, H7/j6, H7/k6, H7/s6

DIN 7157 empfiehlt im Hinblick auf eine wirtschaftliche Fertigung die Beschränkung auf wenige bewährte Toleranzklassenkombinationen. Von diesen soll nur in Ausnahmefällen, z.B. beim Einbau von Wälzlagern, abgewichen werden. Passungen, die aus Toleranzklassenkombinationen der Reihe 1 entstehen, sollen bevorzugt werden.

Art	Passungs-System				Passungsmerkmale	
	Einheitsbohrung		Einheitswelle		Eigenschaften	Anwendungsbeispiele
Spielpassungen	H8/f7	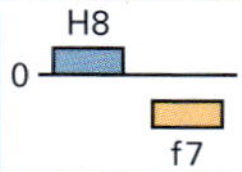	F8/h9	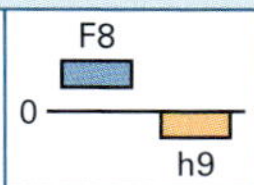	Die Passungen haben ein kleines Spiel. Die Teile sind leicht ineinander beweglich.	Wellen-Gleitlagerungen
Spielpassungen	H7/h6	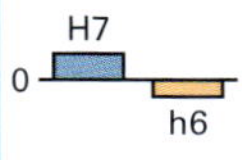	H7/h6	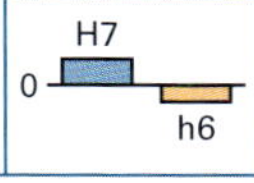	Die Passungen haben ein ganz geringes Spiel. Ein Verschieben der Teile mit Handkraft ist möglich.	Säulenführungen, Führungen an Werkzeugmaschinen, Schneidstempel in Führungsplatten
Übergangspassungen	H7/j6	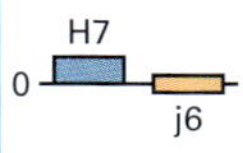	nicht festgelegt		Die Passung hat eher Spiel als Übermaß, die Passmaße kleine Toleranzen. Ein Verschieben von Hand ist noch möglich.	Zahnräder auf Wellen
Übergangspassungen	H7/n6	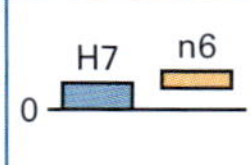	nicht festgelegt		Die Passung hat eher Übermaß als Spiel. Zum Fügen ist ein geringer Kraftaufwand erforderlich.	Lagerbuchsen in Gehäusen, Bohrbuchsen und Auflagebolzen in Vorrichtungen
Übermaßpassungen	H7/r6	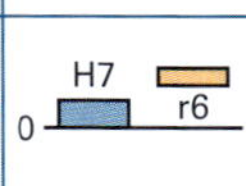	nicht festgelegt		Die Passung hat ein kleines Übermaß. Die Teile lassen sich mit Kraftaufwand fügen.	Buchsen in Gehäusen
Übermaßpassungen	H7/x8	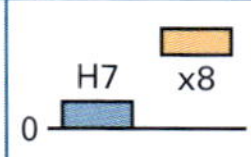	nicht festgelegt		Die Passung hat ein sehr großes Übermaß. Das Fügen ist nur durch Dehnen oder Schrumpfen möglich.	Schrumpfringe, Räder auf Achsen, Kupplungen auf Wellen

Grenzabmaße – System Einheitsbohrung (Grenzabmaße in µm) vgl. DIN ISO 286

Nennmaßbereich mm	Bohrung	Wellen					Bohrung	Wellen								
	H6	h5	j6	k6	n5	p5	H7	f7	g6	h6	j6	k6	m6	n6	r6	s6
3... 6	+8 0	0 −5	+6 −2	+9 +1	+13 +8	+17 +12	+12 0	−10 −22	−4 −12	0 −8	+6 −2	+9 +1	+12 +4	+16 +8	+23 +15	+27 +19
6... 10	+9 0	0 −6	+7 −2	+10 +1	+16 +10	+21 +15	+15 0	−13 −28	−5 −14	0 −9	+7 −2	+10 +1	+15 +6	+19 +10	+28 +19	+32 +23
10... 14	+11 0	0 −8	+8 −3	+12 +1	+20 +12	+26 +18	+18 0	−16 −34	−6 −17	0 −11	+8 −3	+12 +1	+18 +7	+23 +12	+34 +23	+39 +28
14... 18																
18... 24	+13 0	0 −9	+9 −4	+15 +2	+24 +15	+31 +22	+21 0	−20 −41	−7 −20	0 −13	+9 −4	+15 +2	+21 +8	+28 +15	+41 +28	+48 +35
24... 30																
30... 40	+16 0	0 −11	+11 −5	+18 +2	+28 +17	+37 +26	+25 0	−25 −50	−9 −25	0 −16	+11 −5	+18 +2	+25 +9	+33 +17	+50 +34	+59 +43
40... 50																
50... 65	+19 0	0 −13	+12 −7	+21 +2	+33 +20	+45 +32	+30 0	−30 −60	−10 −29	0 −19	+12 −7	+21 +2	+30 +11	+39 +20	+60 +41	+72 +53
65... 80															+62 +43	+78 +59
80...100	+22 0	0 −15	+13 −9	+25 +3	+38 +23	+52 +37	+35 0	−36 −71	−12 −34	0 −22	+13 −9	+25 +3	+35 +13	+45 +23	+73 +51	+93 +71
100...120															+76 +54	+101 +79

Spielpassungen Übergangspassungen Übermaßpassungen

Z

Grenzabmaße – System Einheitsbohrung (Grenzabmaße in µm)

vgl. DIN ISO 286

Nennmaß-bereich mm	Bohrung	Wellen						Bohrung	Wellen					
	H8	d9	e8	f7	h9	u8	x8	H11	a11	c11	d9	d11	h9	h11
3... 6	+18 0	−30 −60	−20 −38	−10 −22	0 −30	+41 +23	+46 +28	+75 0	−270 −345	−70 −145	−30 −60	−30 −105	0 −30	0 −75
6... 10	+22 0	−40 −76	−25 −47	−13 −28	0 −36	+50 +28	+56 +34	+90 0	−280 −370	−80 −170	−40 −76	−40 −130	0 −36	0 −90
10... 14	+27 0	−50 −93	−32 −59	−16 −34	0 −43	+60 +33	+67 +40	+110 0	−290 −400	−95 −205	−50 −93	−50 −160	0 −43	0 −110
14... 18							+72 +45							
18... 24	+33 0	−65 −117	−40 −73	−20 −41	0 −52	+74 +41	+87 +54	+130 0	−300 −430	−110 −240	−65 −117	−65 −195	0 −52	0 −130
24... 30						+81 +48	+97 +64							
30... 40	+39 0	−80 −142	−50 −89	−25 −50	0 −62	+99 +60	+119 +80	+160 0	−310 −470	−120 −280	−80 −142	−80 −240	0 −62	0 −160
40... 50						+109 +70	+136 +97		−320 −480	−130 −290				
50... 65	+46 0	−100 −174	−60 −106	−30 −60	0 −74	+133 +87	+168 +122	+190 0	−340 −530	−140 −330	−100 −174	−100 −290	0 −74	0 −190
65... 80						+148 +102	+192 +146		−360 −550	−150 −340				
80...100	+54 0	−120 −207	−72 −126	−36 −71	0 −87	+178 +124	+232 +178	+220 0	−380 −600	−170 −390	−120 −207	−120 −340	0 −87	0 −220
100...120						+198 +144	+264 +210		−410 −630	−180 −400				

Spielpassungen Übergangspassungen Übermaßpassungen

Z

Grenzabmaße – System Einheitswelle (Grenzabmaße in µm)

vgl. DIN ISO 286

Nennmaß-bereich mm	Welle	Bohrungen								Welle	Bohrungen			
	h9	C11	D10	E9	F8	H8	H11	J9/JS9	P9	h11	A11	C11	D10	H11
3... 6	0 −30	+145 +70	+78 +30	+50 +20	+28 +10	+18 0	+75 0	+15 −15	−12 −42	0 −75	+345 +270	+145 +70	+78 +30	+75 0
6...10	0 −36	+170 +80	+98 +40	+61 +25	+35 +13	+22 0	+90 0	+18 −18	−15 −51	0 −90	+370 +280	+170 +80	+98 +40	+90 0
10...18	0 −43	+205 +95	+120 +50	+75 +32	+43 +16	+27 0	+110 0	+21,5 −21,5	−18 −61	0 −110	+400 +290	+205 +95	+120 +50	+110 0
18...30	0 −52	+240 +110	+149 +65	+92 +40	+53 +20	+33 0	+130 0	+26 −26	−22 −74	0 −130	+430 +300	+240 +110	+149 +65	+130 0
30...40	0 −62	+280 +120	+180 +80	+122 +50	+64 +25	+39 0	+160 0	+31 −31	−26 −88	0 −160	+470 +310	+280 +120	+180 +80	+160 0
40...50		+290 +130									+480 +320	+290 +130		
50...65	0 −74	+330 +140	+220 +100	+134 +60	+76 +30	+46 0	+190 0	+37 −37	−32 −106	0 −190	+530 +340	+330 +140	+220 +100	+190 0
65...80		+340 +150									+550 +360	+340 +150		
80...100	0 −87	+390 +170	+260 +120	+159 +72	+90 +36	+54 0	+220 0	+43,5 −43,5	−37 −124	0 −220	+600 +380	+390 +170	+260 +120	+220 0
100...120		+400 +180									+630 +410	+400 +180		

Spielpassungen Übergangspassungen

Kraftfahrzeuge

Motor

Antriebsstrang

Fahrwerk

Fahrzeugbau

Fahrzeugdaten, Personenkraftwagen

Fahrzeugmarke		MCC	Renault	Volkswagen		Opel
Type		**Smart cdi 0.6**	**Twingo 1.2 16V**	**Golf V Plus1,9 TDI**	**Passat 85 kW Variant**	**Astra 1.6 5-türig**
Motor, Anzahl der Nockenwellen (NW), Besonderheiten		Diesel-4T 1 NW, Turbo	Otto-4T 1 NW	Diesel-4T	Otto-4T 2 x 1 NW	Otto -4T 2 x 1 NW
Zylinderzahl/ Anordnung/ Ventile pro Zyl.		3 / Reihe /2	4 / Reihe/ 4	4/ Reihe/ 2	4/ Reihe/ 4	4/ Reihe/ 4
Bohrung/Hub	mm	65,5 / 79	69 / 76,8	79,5 / 95,5	76,5 / 86,9	79 / 81,5
Gesamthubraum	cm^3	799	1149	1896	1598	1598
Verdichtung		18	9,8	19	12	10,5
Nutzleistung/ Nenndrehzahl	kW/ 1/min	33 / 3800	55 / 5500	77 / 4000	85 / 6000	77 / 6000
Max. Drehmoment/ Drehzahl	Nm/ 1/min	110 /2000	107 / 4250	250 / 1900	155 / 4000	150 / 3900
Leerlaufdrehzahl	1/min	720-920	720 – 820	800 – 1000	630 – 730	710 – 930
Zündfolge		1-2-3	1-3-4-2	1-3-4-2	1-3-4-2	1-3-4-2
Kühlsystemfüllung	l	4,5	5,5	8,1	8,1	5,9
Ölfüllmenge im Motor	l	2,7	4	4,2	3,8	4
Batteriekapazität	Ah	61	50	61	44	55
Generatorleistung	W	1280	1320	2000	1560	1420
Gemischbildung		Cdi Direkt-einspritzung	Multipoint	Pumpedüse Direkteinspr.	Elektr. Direkt-einspritzung	Elektron. Einspritzung
Getriebebauart		5-Gang-Getr. sequenziell	5-Gang-Getr.	5-Gang-Getr.	6-Gang-Getr.	5-Gang-Getr.
Übersetzung	1. Gang/ 2. Gang	4,53 / 3,07	3,36 / 1,86	3,78 / 2,06	3,46 / 2,1	3,73 / 2,14
Übersetzung	3. Gang/ 4. Gang	1,29 / 0,95	1,32 / 0,97	1,35 / 0,97	1,43 /1,08	1,41 / 1,12
Übersetzung	5. Gang/ 6. Gang	0,77 / –	0,74	0,74 / –	0,85 / 0,71	0,89 / –
Übersetzung	R. Gang	3,23	3,55	3,6	3,18	3,31
Übersetzung im Achsantrieb		4,53	4,5	3,39	5,07	3,94
Antrieb auf		Hinterachse	Vorderachse	Vorderachse	Vorderachse	Vorderachse
Fahrwerk vorne		Einzelrad-aufhängung	Mc Pherson	Mc Pherson	Mc Pherson	Mc Pherson
Fahrwerk hinten		De-Dion	Verbund-lenker	Vierlenker	Vierlenker	Verbund-lenker
Reifen in Standardausrüstung	vorne	155/60 R 15	165/65 R 14	195/65 R15	205/55 R 16	195/65 R15
Reifen in Standardausrüstung	hinten	175/55 R 15	165/65 R 14	195/65 R15	205/55 R 16	195/65 R15
Felgen in Standardausrüstung	vorne	4,5 J x 15	5,5 J x 14	6 J x 15	6,5 J x 16	6,5 J x 15
Felgen in Standardausrüstung	hinten	5,5 J x 15	5,5 J x 14	6 J x 15	6,5 J x 16	6,5 J x 15
Sturz bei Leergewicht vorn	°	– 0° 6	– 0° 45 ± 60	0° 14 ± 30	0° 30 ± 30	0° 30 ± 45
Vorspur bei Leergewicht vorn	°, mm	0° 5	1° 52 ± 30	0° 10 ± 10	0° 10 ± 10	0° ± 10
Nachlauf bei Leergewicht vorn	°	7° 50	0° 10 ± 15	7° 17 ± 30	7° 32 ± 30	4° ± 1°
Kleinster Wendekreis-∅	m	8,75	9,85	10,8	11,4	10,8
Länge über alles	mm	2695	3602	4206	4774	4249
Breite über alles	mm	1559	1665	1759	1820	1753
Höhe über alles	mm	1542	1470	1580	1517	1460
Radstand	mm	1867	2367	2578	2709	2614
Spurweite vorn/ hinten	mm	1283 / 1385	1400 / 1386	1541 / 1517	1552 / 1551	1488 / 1488
C_w-Wert		0,38	0,34	0,32	0,31	0,32
Leergewicht	kg	770	1030	1395	1403	1265
Zulässiges Gesamtgewicht	kg	1050	1370	2000	2040	1740
Kraftstoffbehälterinhalt	l	33	40	55	70	52
Höchstgeschwindigkeit	km/h	135	169	183	197	185
Beschleunigung von 0 – 100 km/h	s	19,8	12	11,9	11,7	12,3
Kraftstoffart		Diesel	Super	Diesel	Super	Super
Kraftstoffverbrauch nach EU-Richtlinie Innerorts/ Außerorts/ Gesamt	l/100 km	3,4 / 3,2 / 3,3	7,5 / 4,7 / 5,7	7,1 / 4,8 / 5,6	10,1 / 6,2 / 7,6	8,9 / 5,4 / 6,7
Oktanzahl (Cetanzahlbedarf)	ROZ (CZ)	49 CZ	95 ROZ	49 CZ	95 ROZ	95 ROZ
CO_2-Emission	g/km	88	135	148	181	160
Abgasnorm		Euro 4	Euro 4	Euro 4	Euro 4	Euro 4

Vorstehende Daten sind ohne jegliche Gewähr. Verbindliche Angaben der Hersteller sind zu befolgen.

F

Fahrzeugmarke		BMW		Audi		
Type		330 i Coupe	X 5; 4.8i	TT 2.0 TFSI Roadster	A6 quattro 3.2 FSI	Q7 3.0 TDI quattro
Motor, Anzahl der Nockenwellen (NW), Besonderheiten		Otto-4T 2 NW	Otto-4T 2 x 2 NW	Otto-4T Direkt-einspritzer 2 NW, ATL	Otto-4T Direkt-einspritzer 2 x 2 NW	Diesel-4T 2 x 2 NW ATL
Zylinderzahl/ Anordnung/ Ventile pro Zyl.		6 / Reihe / 4	8 / V / 4	4 / Reihe / 4	6 / V / 4	6 / V / 4
Bohrung/ Hub	mm	85 / 88	93 / 88,3	82,5 / 92,8	84,5 / 92,8	83 / 91,4
Gesamthubraum	cm^3	2996	4799	1984	3123	2967
Verdichtung		10,7	10,5	10,3	12,5	17
Nutzleistung/ Nenndrehzahl	kW/ 1/min	200 / 6650	261 / 6300	147 / 5100	188 / 6500	176 / 4000
Max. Drehmoment/ Drehzahl	Nm/ 1/min	315 / 2750	475 / 3400	280 / 1800	330 / 3250	550 / 2000
Leerlaufdrehzahl	1/min			660 – 860	650 – 750	660 – 860
Zündfolge		1-5-3-6-2-4	1-5-4-8-6-3-7-2	1-3-4-2	1-4-3-6-2-5	1-4-3-6-2-5
Kühlsystemfüllung	l	8,2	14,7	8,6	9,6	17,9
Ölfüllmenge im Motor	l	6,5	8,0	4,6	6,5	8,2
Batteriekapazität	Ah	80	90	61	80	95
Generatorleistung	W	2170	2520	1680	2160	2160
Gemischbildung		Elektr. Ein. MSD 80	Elektr. Ein. ME 9.2.3	Elektron. Einspritzung	Elektr. Ein. SIMOS 6	EDC 17 CDI
Getriebebauart		6-Gang-Getr.	6-Gang-Getr.	6-Gang DSG	6-stufige Tip-tronic DSP	6-stufige Tip-tronic DSP
Übersetzung	1. Gang/ 2. Gang	4,35 / 2,50	4,17 / 2,34	3,46 / 2,15	4,17 / 2,34	4,15 / 2,37
Übersetzung	3. Gang/ 4. Gang	1,67 / 1,23	1,52 / 1,14	1,46 / 1,08	1,52 / 1,14	1,56 / 1,16
Übersetzung	5. Gang/ 6. Gang	1,00 / 0,85	0,87 / 0,69	1,09 / 0,92	0,87 / 0,69	0,86 / 0,69
Übersetzung	R. Gang	3,93	3,40	3,99	3,40	3,40
Übersetzung im Achsantrieb		3,15	3,91	4,06	3,68	3,90
Antrieb auf		Hinterachse	Hinterachse	Vorderachse	Allrad	Allrad
Fahrwerk vorne		Doppelgelenk-federbein	Doppel-querlenker	MC Pherson	Vierlenker-vorderachse	Doppel-querlenker
Fahrwerk hinten		Fünflenker	Integral-achse	Vierlenker	Trapezlenker	Doppel-querlenker
Reifen in Standardausrüstung	vorne	225/45 R 17	255/55 R18	225/55 R16	225/55 R 17	235/60 R 18
Reifen in Standardausrüstung	hinten	225/45 R 17	255/55 R18	225/55 R16	225/55 R 17	235/60 R 18
Felgen in Standardausrüstung	vorne	8 J x 17	8,5 J x 18	7,5 J x 16	8 J x 17	7,5 J x 18
Felgen in Standardausrüstung	hinten	8 J x 17	8,5 J x 18	7,5 J x 16	8 J x 17	7,5 J x 18
Sturz bei Leergewicht vorn	°	–0° 18′ ± 25′	–0° 20′ ± 20′	– 0° 41 ± 30	1° 14 ± 25	– 0° 10 ± 20
Vorspur bei Leergewicht vorn	°, mm	0° 14′ ± 10′	0° 10′ ± 6′	0° 10 ± 10	0° 18 ± 8	– 0° 41 ± 30
Nachlauf bei Leergewicht vorn	°	Differenz re/li max. 30′		nicht einstellbar		8°00 ± 20
Kleinster Wendekreis-∅	m	11,0	12,8	10,96	11,9	12,0
Länge über alles	mm	4580	4854	4178	4934	5086
Breite über alles	mm	1782	1933	1842	1862	1983
Höhe über alles	mm	1395	1776	1358	1520	1737
Radstand	mm	2760	2933	2468	2833	3002
Spurweite vorn/ hinten	mm	1500/1513	1644 / 1650	1572 / 1558	1596 / 1587	1651 / 1676
C_W-Wert		0,27	0,35	0,32	0,34	0,37
Leergewicht	kg	1545	2180	1315	1800	2295
Zulässiges Gesamtgewicht	kg	1950	2785	1635	2430	2990
Kraftstoffbehälterinhalt	l	63	85	55	80	100
Höchstgeschwindigkeit	km/h	250	240	237	240	210
Beschleunigung von 0 – 100 km/h	s	6,0	6,5	6,5	7,7	8,5
Kraftstoffart		Super	Super	Super	Super	Diesel
Kraftstoffverbrauch nach EU-Richtlinie Innerorts/ Außerorts/ Gesamt	l/100 km	9,9 / 5,6 / 7,2	16,9 / 9,2 / 12,0	10,8 / 6,1 / 7,8	15,8 / 8,2 / 11,0	12,9 / 8,1 / 9,8
Oktanzahl (Cetanzahlbedarf)	ROZ (CZ)	91-98 ROZ	91-98 ROZ	98 ROZ	95 ROZ	49 CZ
CO_2-Emission	g/km	173	286	186	264	260
Abgasnorm		Euro 4	Euro 4	Euro 4	Euro 4	Euro 4

Vorstehende Daten sind ohne jegliche Gewähr. Verbindliche Angaben der Hersteller sind zu befolgen.

F

Fahrzeugdaten, Personenkraftwagen

Fahrzeugmarke	Ford	Mercedes-Benz		Porsche	Ferrari
Type	Mondeo 2,5	C 63 AMG	E 220 cdi Limousine	911 GT 3	F 430 Coupe
Motor, Anzahl der Nockenwellen (NW), Besonderheiten	Diesel-4T 2 NW ATL Zahnriemen	Otto-4T 2 x 2 NW ATL	Diesel-4T 2 x 2 NW ATL	Otto-4T 2 x 2 NW Boxermotor	Otto-4T 2 x 2 NW
Zylinderzahl/ Anordnung/ Ventile pro Zyl.	4 / Reihe / 4	8 / V / 4	4 / Reihe / 4	6 / Boxer / 4	8 / V 90°/ 4
Bohrung/ Hub mm	85 / 88	102,2 / 94,6	88 / 88,3	100 / 76,4	92 / 81
Gesamthubraum cm^3	1998	6208	2148	3600	4308
Verdichtung	18	11,3	17,5	12	11,3
Nutzleistung/ Nenndrehzahl kW/ 1/min	103 / 4000	336 / 6800	125 / 3800	305 / 7600	360 / 8500
Max. Drehmoment/ Drehzahl Nm/ 1/min	320 / 1750	600 / 5000	400 / 2000	405 / 5500	465 / 5250
Leerlaufdrehzahl 1/min	800	640	650 – 850	740 – 820	1000
Zündfolge	1-3-4-2	1-5-4-2-6-3-7-8	1-3-4-2	1-6-2-4-3-5	1-8-3-6-4-5-2-7
Kühlsystemfüllung l	7,1	11,7	8,5	28	17,5
Ölfüllmenge im Motor l	4,1	8	5,8	10,3	10
Batteriekapazität Ah	80	95	62	60	65
Generatorleistung W	2100	2160	1260	2100	1800
Gemischbildung	Cdi Direkt-einspritzer	Sequentielle Multipoint	Cdi Direkt-einspritzung	Bosch DME 7.8	sequentielle Multipoint
Getriebebauart	6-Gang-Getr.	7-Gang-Getr.	6-Gang-Getr.	6-Gang-Getr.	Elektrohydr. 6-Gang-Getr.
Übersetzung 1. Gang/ 2. Gang	3,58 / 1,95	4,38 / 2,86	5,01 / 2,83	3,82 / 2,26	3,29 / 2,16
Übersetzung 3. Gang/ 4. Gang	1,24 / 0,94	1,93 / 1,37	1,79 / 1,26	1,64 / 1,29	1,61 / 1,27
Übersetzung 5. Gang/ 6. Gang	0,96 / 0,79	1 / 0,82	1 / 0,83	1,06 / 0,92	1,03 / 0,82
Übersetzung 7. Gang/ R. Gang	– / 3,23	0,73 / 3,44	– / 4,57	– / 2,86	– / 2,73
Übersetzung im Achsantrieb	4	2,82	2,65	3,44	4,44
Antrieb auf	Vorderachse	Hinterachse	Hinterachse	Hinterachse	Hinterachse
Fahrwerk vorne	MC Pherson	Mc Pherson	Vierlenker	MC Pherson	Doppelte Dreieckquerl.
Fahrwerk hinten	Multilink-hinterachse	Raumlenker	Raumlenker	Fünflenker-achse	Doppelte Dreieckquerl.
Reifen in Standardausrüstung vorne	235/40 ZR18	235/40 ZR18	205/60 R 16	235/35 ZR19	235/35 R 19
Reifen in Standardausrüstung hinten	235/40 ZR18	255/35 ZR18	205/60 R 16	305/30 ZR19	285/35 R 19
Felgen in Standardausrüstung vorne	7,5 J x 18	8 J x 18	7 J x 16	8,5 J x19	7,5 J x 19
Felgen in Standardausrüstung hinten	7,5 J x 18	9 J x 19	7 J x 16	12 J x 19	10 J x 19
Sturz bei Leergewicht vorn °	– 0° 35	– 1° 31	– 0° 49	– 1° 20	0,7°
Vorspur bei Leergewicht vorn °, mm	0° 12 ± 8	10° 2 ± 50	0° 10 ± 10	+ 6 mm	+ 1,5 mm
Nachlauf bei Leergewicht vorn °	2° 56	11° 7	5° 42	8° 15	5,3 °
Kleinster Wendekreis-∅ m	11,45	11,75	11,4	10,9	11
Länge über alles mm	4830	4726	4856	4427	4510
Breite über alles mm	1886	1795	1822	1808	1925
Höhe über alles mm	1548	1438	1483	1280	1215
Radstand mm	2850	2765	2854	2355	2600
Spurweite vorn/ hinten mm	1579 /1595	1569/1525	1577 / 1570	1486 / 1511	1670 / 1615
C_w-Wert	0,32	0,32	0,27	0,29	0,343
Leergewicht kg	1576	1803	1615	1395	1450
Zulässiges Gesamtgewicht kg	2275	2200	2140	1680	1700
Kraftstoffbehälterinhalt l	70	66	65	90	95
Höchstgeschwindigkeit km/h	240	250	227	310	315
Beschleunigung von 0 – 100 km/h s	9,8	4,7	8,4	4,3	4
Kraftstoffart	Diesel	Super Plus	Diesel	Super Plus	Super Plus
Kraftstoffverbrauch nach EU-Richtlinie Innerorts/ Außerorts/ Gesamt l/100 km	7,6/4,9 / 5,9	23,1 / 10 / 13,4	8,7 / 5 / 6,3	19,8 / 8,9 / 12,8	28,9/13,3/ 18,3
Oktanzahl (Cetanzahlbedarf) ROZ (CZ)	49 CZ	ROZ 98	49 CZ	ROZ 98	ROZ 98
CO_2-Emission g/km	196	319	167	312	420
Abgasnorm	Euro 4	Euro4	Euro 4	Euro 4	Euro 4

Vorstehende Daten sind ohne jegliche Gewähr. Verbindliche Angaben der Hersteller sind zu befolgen.

F

Fahrzeugmarke		Piaggio Gil.	Honda	Yamaha	Honda	MZ
Type		**Runner 50 SP**	**SH 125 i**	**YZF-R 125**	**CBR 125 R**	**125 SM Cup**
Motor		2-TOM	4-TOM	4-TOM	4-TOM	4-TOM
Gemischbildung		Direkteinsp.	Einspritzung	Einspritzung	Einspritzung	Vergaser
Kühlung		Flüssigkeit	Flüssigkeit	Flüssigkeit	Flüssigkeit	Flüssigkeit
Zylinderzahl/ Anordnung/ Ventile pro Zyl		1 / – / –	1 / – / 2	1 / – / 4	1 / – / 2	1 / – / 2
Ventilsteuerung		–	ohc	ohc	ohc	dohc
Bohrung/ Hub	mm	40 / 39,3	52,4 / 57,8	52 / 58,6	56,5 / 49,5	60 / 44
Gesamthubraum	cm^3	49	125	125	124	124
Verdichtung		10,3	11,0	11,0	9,5	11,2
Nutzleistung/ Nenndrehzahl	kW/ 1/min	3,3 / 7250	10 / 9000	11 / 9000	9 / 8500	11 / 9000
Max. Drehmoment/ Drehzahl	Nm/ 1/min	5 / 6000	11,5 / 7250	12,2 / 8000	10,6 / 7000	11,7 / 8500
Anzahl der Gänge		Variomatik	Variomatik	6	5	6
Hinterradantrieb		Riemen	Riemen	Kette	Kette	Kette
Reifen in Standardausrüstung	vorne	120/70-14	100/80-16	100/80-17	90/90-19	110/70-17
Reifen in Standardausrüstung	hinten	140/60-13	120/80-16	130/70-17	110/90-17	130/70-17
Nachlauf	mm		85	86	88	73
Lenkkopfwinkel	°	25	63	65,8	65	64,5
Sitzhöhe	mm	830	800	818	776	830
Radstand	mm	1270	1355	1355	1350	1440
Leergewicht / zul. Gesamtgewicht	kg	103 / 295	131 / 311	140 /	158 / 288	130 / 320
Kraftstoffbehälterinhalt	l	7	8	13,8	12	12,5
Höchstgeschwindigkeit	km/h	45	101		100	110
Federweg vorne / hinten	mm	75 / –	89 / 70	130 / 125	109 / 120	220 / 220
Kraftstoffverbrauch	l/100 km	2,5	3,6		3,0	3,3
Abgasreinigung Abgasnorm		 Euro 2	G-Kat, SLS Euro 3	G-Kat, SLS Euro 3	G-Kat Euro 3	U-Kat Euro 2

Fahrzeugmarke		KTM	Kawasaki	BMW	Ducati	Suzuki
Type		**690 Supermoto**	**Ninja ZX-6R**	**R 1200 R**	**1098 Biposto**	**Hayabusa 1300**
Motor		4-TOM	4-TOM	4-TOM	4-TOM	4-TOM
Gemischbildung		Einspritzung	Einspritzung	Einspritzung	Einspritzung	Einspritzung
Kühlung		Flüssigkeit	Flüssigkeit	Luft	Flüssigkeit	Flüssigkeit
Zylinderzahl/ Anordnung/ Ventile pro Zyl		1 / – / 4	4 / R / 4	2 / Boxer / 4	2 / V / 4	4 / R / 4
Ventilsteuerung		ohc	dohc	hc	dohc	dohc
Bohrung/ Hub	mm	102 / 80	67 / 42,5	101 / 73	104 / 64,7	81 / 65
Gesamthubraum	cm^3	654	599	1170	1099	1340
Verdichtung		11,7	13,3	12	12,5	12,5
Nutzleistung/ Nenndrehzahl	kW/ 1/min	47 / 7500	92 / 14000	77 / 7500	119 / 9750	145 / 9500
Max. Drehmoment/ Drehzahl	Nm/ 1/min	65 / 6550	66 / 11700	115 / 5750	123 / 800	155 / 7200
Anzahl der Gänge		6	6	6	6	6
Hinterradantrieb		Kette	Kette	Kardan	Kette	Kette
Reifen in Standardausrüstung	vorne	120/70-17	120/70ZR17	120/70ZR17	120/70ZR17	120/70ZR17
Reifen in Standardausrüstung	hinten	160/55-16	180/55ZR17	180/55ZR17	190/55ZR17	190/70ZR17
Nachlauf	mm	112	83	119	–	93
Lenkkopfwinkel	°	64	64	62,9	65,5	66,6
Länge über alles	mm	2200	2105	2210	2100	2140
Breite über alles	mm	830	720	915	750	740
Höhe über alles	mm	1240	1125	1430	1100	1185
Radstand	mm	1460	1390	1495	1430	1480
Federweg vorne / hinten	mm	210 / 210	120 / 133	120 / 140	127 / 127	220 / 220
Sitzhöhe	mm	875	820	800	820	805
Leergewicht / zul. Gesamtgewicht	kg	163 / 350	200 / 380	223 / 450	189 / 390	260 / 449
Kraftstoffbehälterinhalt	l	13,5	17	18	15,5	21
Höchstgeschwindigkeit	km/h	185	262	215	275	295
Beschleunigung von 0 – 100 km/h	s	3,9	3,4	3,4	3,1	3,0
Kraftstoffverbrauch	l/100 km	4,1	4,9	4,8	5,3	4,7
Abgasreinigung Abgasnorm		G-Kat Euro 3	G-Kat Euro 3	G-Kat Euro 3	G-Kat Euro 3	G-Kat, SLS Euro 2

Vorstehende Daten sind ohne jegliche Gewähr. Verbindliche Angaben der Hersteller sind zu befolgen.

F

Fahrzeugdaten, Lastkraftwagen, Traktoren

Fahrzeugmarke		**MAN**	**Mercedes-Benz**		**Volvo**	**Iveco**
Type		**LE 2000**	**Actros 1844**	**Axor 1840**	**FH 480**	**Stralis 450E5**
Fahrzeugart		Vielzweck-Lkw 7,5 t	Sattelzug 40 t	Sattelzug 40 t	Sattelzug 40 t	Sattelzug 40 t
Motor		4-T-Diesel Turbo, LLK	4-T-Diesel, Turbo, SCR	4-T-Diesel, Turbo, SCR	4-T-Diesel, Turbo, SCR	4-T-Diesel Turbo SCR
Nutzleistung	kW	132	320	295	353	331
bei Motordrehzahl	1/min	2400	1800	1900	1400	1550
Max. Drehmoment	Nm	700	2100	2000	2300	2100
bei Motordrehzahl	1/min	1400	1080	1100	1050	1100
Verdichtung		17,2	17,25	17,75	18	17
Zylinderzahl/ Anordnung/ Ventile pro Zyl.		4 / Reihe / 4	6 / V / 4	6 / R / 4	6 / R / 4	6 / R / 4
Bohrung/ Hub	mm	40 / 39,3	130 / 150	128 / 155	131 / 158	125 / 140
Gesamthubraum	cm^3	49	11946	11967	12777	10308
Einspritzung		VEP, EDC	PLD, EDC	PLD, EDC	PD, EDC	PD, EDC
Bremse		ALB, ABS, Stauklappe	Telligent Motorbremse	Druckluft-bremse ABS	Motorbremse VEB+	ABS, EBS, Retarder
Anzahl der Gänge		6	16	9	12	12
Größte / kleinste Getriebeübersetzung		6,72 / 0,79	17,03 / 1	16,15 / 1	14,94 / 1	15,86 / 1
Achsgetriebeübersetzung		3,64	3,64	3,08	2,79	3,08
Reifengröße		225/75R17,5	315/60R22,5	295/80R22,5	315/70R22,5	295/80R22,5
Länge / Breite über alles	mm	7390 / 2200	5817 / 2495	5814 / 2494	5885 / 2495	6075 / 2550
Höhe über alles / Radstand	mm	2378 / 3950	3074 / 3600	3094 / 3600	3837 / 3600	3730 / 3790
Leergewicht / zul. Gesamtgewicht	kg	4155 / 7490	6750 /18000	6745/18000	7465/	7470/18000
Zul. Achslast Vorne / hinten	kg	3200 / 5200	7100 /11500	7100/11500	7100/13000	7500/11500
Kraftstoffbehälterinhalt	l	100	400	400	410	400
Kraftstoffverbrauch (Test)	l/100 km	13,8	32,0	32,6	42,85	32,6
Abgasnorm		Euro 4	Euro 5	Euro 5	Euro 5	Euro 5

Fahrzeugmarke		**John Deere**		**Fendt**	**Deutz-Fahr**	**Steyer**
Type		**6830 Premium**	**8530**	**411**	**Agroplus 87**	**9080 MT**
Motor		4-T-Diesel Turbo, CR	4-T- Diesel, Turbo, cdi	4-T-Diesel Turbo, cdi	4-T-Diesel Turbo Euro2	4-T-Diesel Turbo
Nutzleistung	kW	118	236	74	61	60
bei Motordrehzahl	1/min	2100	2100	1900	2200	2300
Max. Drehmoment	Nm	646	1534	505	348	310
bei Motordrehzahl	1/min	1400	1600	1400	1400	1400
Drehmomentanstieg	%	38	40	42	31	38
Zylinderzahl/ Anordnung/ Ventile pro Zyl.		6 / Reihe / 4	6 / Reihe / 4	4 / Reihe / 4	4 / Reihe	4 / Reihe /
Bohrung / Hub	mm	106,5 / 127	118,4 / 136	101 / 126		
Gesamthubraum	cm^3	6788	8984	4038	4000	4397
Kraftstoffbehälterinhalt	l	207	690	245	90	100
Opt. spezif. Kraftstoffverbrauch	g/kWh	230	226	205		
Anzahl der Gänge		20	stufenlos	stufenlos	5	16
Kleinste / größte Geschwindigkeit	km/h	2,5 / 40	1,9 / 42	0,02 / 50	0,2 / 40	/ 40
Zapfwellendrehzahlen vorne	1/min	1000		540 / 1000	1000	1000
Zapfwellendrehzahlen hinten	1/min	540/540e/ 1000	540 / 1000	540/540e/ 1000	540/540e/ 1000	430/540/ 540e/1000
Hydraulikpumpenleistung	l/min	60	167	75	54	50
Max. Arbeitsdruck	bar	200	200	200	150	175
Max. Hubkraft Heck (Kat. II)	kN	84,0	115,3	65,2	35,3	48
Reifen in Standardausrüstung	vorne	16.9 R 28	600/70 R 30	270/95 R 32	360/70 R 20	14,9 R 24
Reifen in Standardausrüstung	hinten	20.8 R 38	650/85 R 38	270/95 R 48	420/70 R 30	18,4 R 34
Länge / Breite über alles	mm	4730 / 2450	5640 / 2480	4252 / 2340	4121 / 1735	4215 / 2170
Höhe über alles / Radstand	mm	2930 / 2650	3360 /	2900 / 2417	2400 / 2168	2480 / 2481
Spurweite vorn / hinten	mm		1920 / 1850	1820 / 1800	1360 / 1400	
Kleinster Wendekreis	m	10,40	13,75	4,75	3,80	4,80
Bodenfreiheit	mm		500	462	398	
Leergewicht / zul. Gesamtgewicht	kg	5580 /10500	11770/14000	5400 / 9000	3100 / 5000	4150 / 7200
Vorstehende Daten sind ohne jegliche Gewähr. Verbindliche Angaben der Hersteller sind zu befolgen.						

Gemischbildung und Zündung

Begriff	Erklärung	Verfahren
Ottomotor 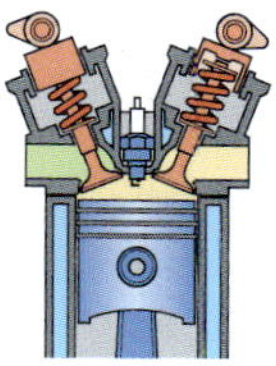 **Fremdzündung**	**Äußere oder innere Gemischbildung** Das Kraftstoff-Luft-Gemisch kann außerhalb oder innerhalb des Zylinders gebildet werden. Die Verbrennung des Kraftstoff-Luft-Gemisches erfolgt als Gleichraumverbrennung. **Fremdzündung** Die Verbrennung des verdichteten Kraftstoff-Luft-Gemisches wird durch eine zeitlich gesteuerte Zündung ausgelöst.	**Vergaser-Ottomotoren** Außerhalb des Zylinders wird flüssiger Kraftstoff im Vergaser der Luft beigemischt. **Einspritz-Ottomotoren** • **Saugrohreinspritzung**. Flüssiger Kraftstoff wird in das Saugrohr eingespritzt. • **Direkteinspritzung**. Flüssiger Kraftstoff wird in den Zylinder eingespritzt. **Gas-Ottomotor** Gasförmiger Kraftstoff wird im Saugrohr mit Luft gemischt.
Dieselmotor 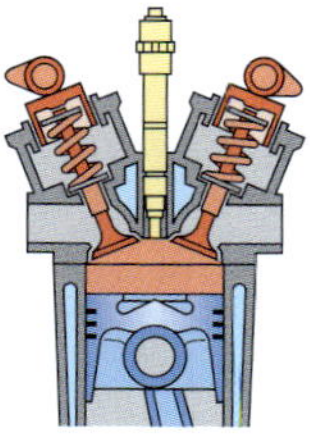 **Selbstzündung**	**Innere Gemischbildung** Das Kraftstoff-Luft-Gemisch wird innerhalb des Zylinders gebildet. Die Verbrennung des Kraftstoff-Luft-Gemisches erfolgt als Gleichdruckverbrennung. **Selbstzündung** Der am Ende des Verdichtungstraktes eingespritzte Kraftstoff entzündet sich an der heißen Luft, nachdem diese im Wesentlichen durch die Verdichtung genügend hoch erwärmt worden ist.	**Direkte Einspritzung** Kraftstoff wird direkt in den ungeteilten Verbrennungsraum eingespritzt. **Indirekte Einspritzung** in den geteilten Brennraum (Nebenbrennraum) • **Vorkammerverfahren.** Kraftstoff wird in eine Vorkammer (Teil des Brennraumes eingespritzt, die durch eine oder mehrere enge Öffnungen mit dem Zylinder verbunden ist. • **Wirbelkammerverfahren.** Kraftstoff wird in eine Wirbelkammer (Teil des Brennraums) eingespritzt, die durch eine weite Öffnung mit dem Zylinder verbunden ist.

Arbeitsverfahren

Viertaktverfahren	Ein Arbeitsspiel umfasst 2 Umdrehungen der Kurbelwelle, ≙ vier Hüben des Kolbens.	Otto-Viertaktverfahren Diesel-Viertaktverfahren
Zweitaktverfahren	Ein Arbeitsspiel umfasst 1 Umdrehung der Kurbelwelle, ≙ zwei Hüben des Kolbens.	Otto-Zweitaktverfahren Diesel-Zweitaktverfahren

Ladung

Saugmotor	Kraftstoff-Luft-Gemisch oder Luft wird durch den Kolben angesaugt.	Vergasermotoren Einspritzmotoren
Lademotoren	Die Luft wird außerhalb des Zylinders ganz oder teilweise vorverdichtet.	Dynamische Aufladung, z.B. Schwingsaugrohre Fremdaufladung, z.B. Abgasturbolader

Steuerung

Obengesteuerte Motoren	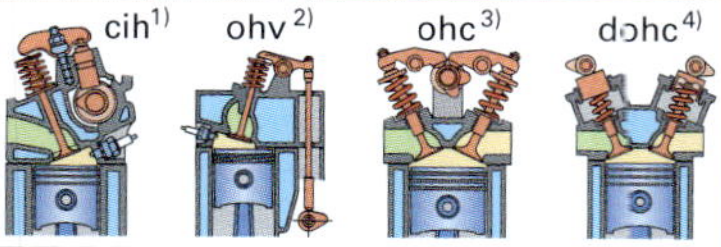	Die Schließbewegung der Ventile erfolgt in Richtung UT nach OT. Die Lage der Nockenwelle bleibt unberücksichtigt. Obengesteuerte Motoren haben hängende Ventile.
Untengesteuerte Motoren	Die Schließbewegung der Ventile erolgt in Richtung OT nach UT. Die Lage der Nockenwelle bleibt unberücksichtigt. Untengesteuerte Motoren haben stehende Ventile.	

Kolbenbewegung

Hubkolbenmotor	Kolben macht eine geradlinige Hin- und Her-Bewegung.	Ottomotor, Dieselmotor
Kreiskolbenmotor	Kolben macht eine rotierende Bewegung.	Wankelmotor (Rotationskolbenmotor)

Drehrichtung

Rechtslaufender Motor	Motor dreht im Uhrzeigersinn, auf der Kraftabgabe gegenüberliegenden Seite gesehen.
Linkslaufender Motor	Motor dreht entgegen Uhrzeigersinn, auf der Kraftabgabe gegenüberliegenden Seite gesehen.

[1] camshaft in head [2] overhead valves [3] overhead camshaft [4] double overhead camshaft

F

Kühlung

Begriff	Erklärung	Verfahren
Luftkühlung (direkte Kühlung)	Die abzuführende Wärme wird direkt an die umströmende Umgebungsluft abgegeben.	Gebläse- oder Fahrtwindkühlung
Flüssigkeits-kühlung (indirekte Kühlung)	Die abzuführende Wärme wird von Flüssigkeit aufgenommen, nach außen transportiert und an die Umgebungsluft abgegeben .	Pumpenumlauf- oder Thermosiphonkühlung

Zylinderanordnung

Bauform	Bezeichnung	Zyl.-Zahl	Zündfolgen (Beispiele)	Besonderheiten
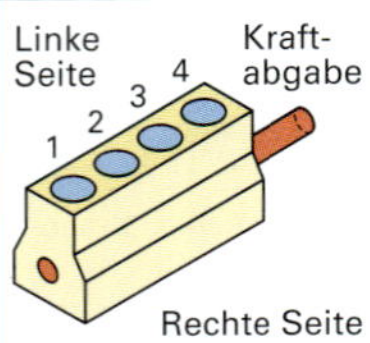	Reihenmotor – Viertakt R	3	1 3 2	Alle Zylinder sind hinterein-ander angeordnet.
		4	1 3 4 2 1 2 4 3	
		5	1 2 4 5 3	
		6	1 5 3 6 2 4 1 4 2 6 3 5 1 2 4 6 5 3 1 4 5 6 3 3	
		8	1 6 2 5 8 3 7 4	
			1 3 6 8 4 2 7 5	
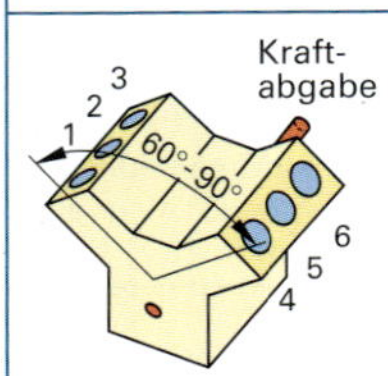	V-Motor – Viertakt V	4	1 3 4 2	Die Zylinder sind V-förmig unter einem Winkel zwischen 60° und 90° angeordnet.
		6	1 4 2 5 3 6	
		8	1 8 2 7 4 5 3 6	
			1 6 3 5 4 7 2 8	
			1 5 4 8 6 3 7 2	
		12	1 7 5 11 3 9 6 12 2 8 4 10	
			1 12 6 8 3 10 6 7 2 11 4 9	
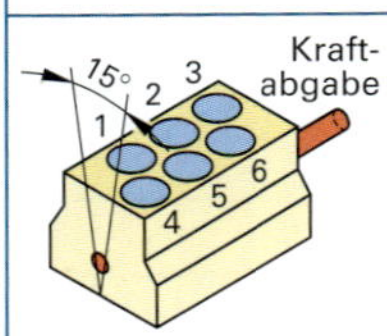	VR-Motor – Viertakt VR			Die Zylinder sind V-förmig unter einem Winkel von ca. 15° und versetzt zueinander angeordnet. **Merkmale:** • Geringe Motorbreite • Kurze Motoren • Geschränkte Pleuelstange
		5	1 2 4 5 3	
		6	1 5 3 6 2 4	
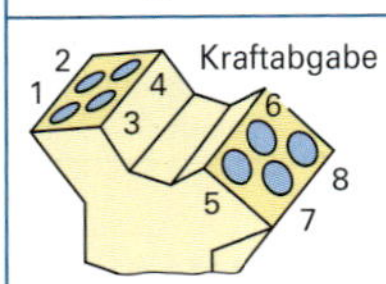	V-VR-Motor – Viertakt (unechter W-Motor) V-VR (W)	8	1 5 2 6 4 8 3 7	Kombination aus V-Motor und VR-Motor
		12	1 12 5 8 3 10 6 7 2 11 4 9	
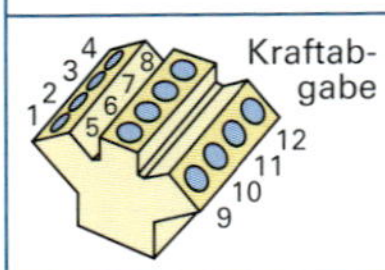	W-Motor – Viertakt W	9	1 6 7 3 4 9 2 5 8	Drei Zylinderbänke sind W-förmig angeordnet. Derzeit nicht in Serie.
		12	1 8 9 3 6 11 4 5 12 2 7 10	
		18	1 12 13 5 8 17 3 10 15 6 7 18 2 11 14 4 9 16	
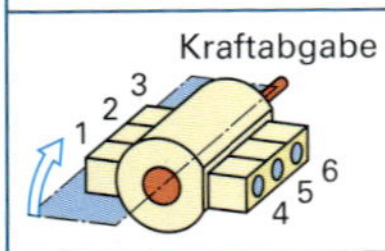	Boxermotor-Viertakt B	4	1 4 3 2	Die Zylinder sind entgegen-gesetzt angeordnet. Die Kraft-abgabe erfolgt über eine Kur-belwelle.
		6	1 6 2 4 3 5	
		8	1 7 2 8 5 3 6 4	
		12	1 9 5 12 3 8 6 10 2 7 4 11	

Einbaulage des Motors

Frontmotor	Mittelmotor	Heckmotor	Unterflurmotor
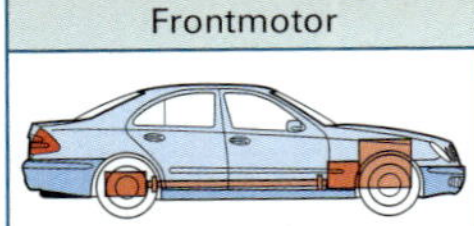	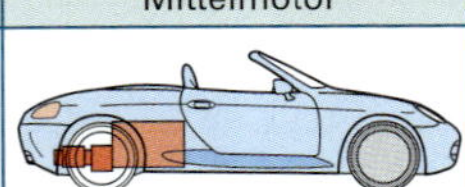	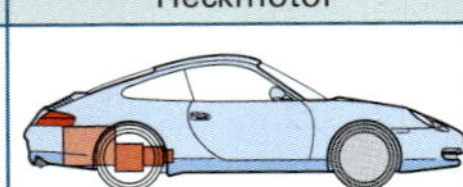	

Arbeitsspiel: 2 Umdrehungen der Kurbelwelle

OT → UT	OT ← UT	OT → UT	OT ← UT
Ansaugen	**Verdichten**	**Arbeiten**	**Ausstoßen**
Unterdruck – 0,1 bar … – 0,3 bar	Überdruck 12 bar … 18 bar	Überdruck 30 bar … 60 bar	Überdruck ≈ 0,2 bar (Staudruck)
≈ 100 °C	400 °C … 500 °C	2000 °C … 2500 °C	≈ 700 °C ≈ 1000 °C bei Volllast

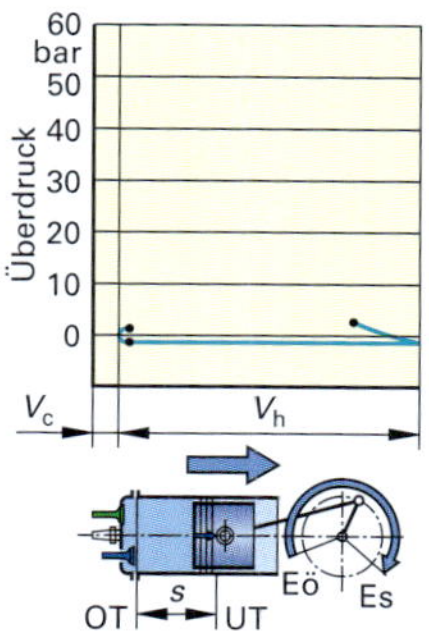

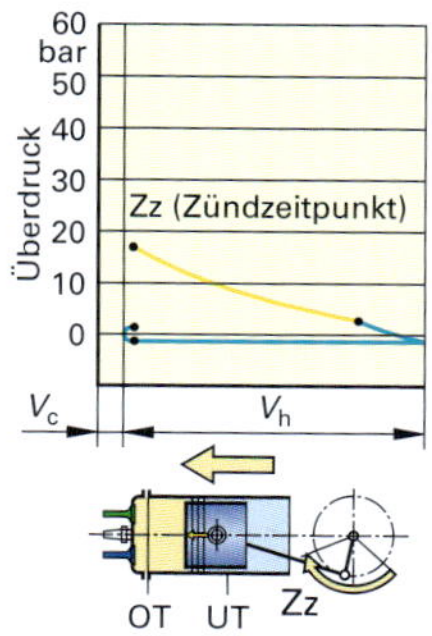

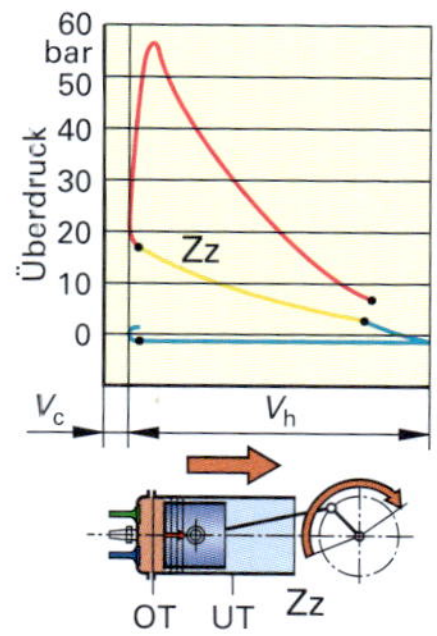

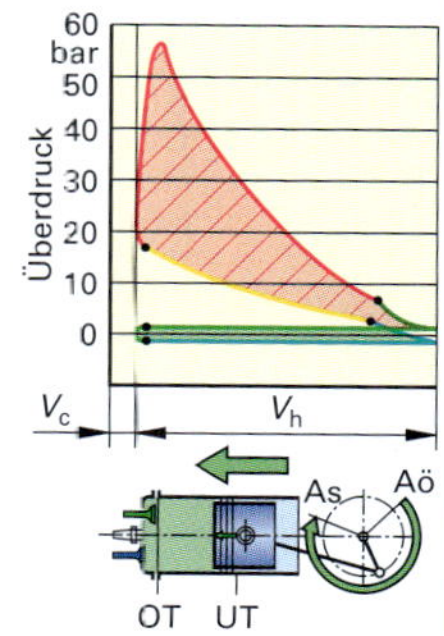

Vorgänge im Verbrennungsraum

Raumvergrößerung ergibt Unterdruck (Saugwirkung)	**Raumverkleinerung ergibt Überdruck**	**Raumvergrößerung durch Gasdruck** (Verbrennung)	**Raumverkleinerung ergibt Staudruck**
Ansaugen. Kraftstoff-Luft-Gemisch (KLG) wird angesaugt. Innenkühlung durch Frischgas. Bessere Füllung durch Nachströmen. Trotz Ventilüberschneidung kaum Vermischung von Frisch- und Abgasen. Ventilüberschneidung fördert gute Entleerung und Kühlung. Hohe Leistung durch großen Liefergrad.	**Verdichten.** Frischgasvolumen wird verdichtet. Verdichtungsverhältnis: $\varepsilon = 7 \dots 12$ Höhere Verdichtung ergibt größere Leistung und besseren thermischen Wirkungsgrad. Die Verdichtungstemperatur darf die Selbstentzündungstemperatur des Frischgases nicht überschreiten, sonst Selbstentzündung.	**Arbeiten.** KLG wird etwa 0° bis 40° vor OT entzündet. Die chemische Energie des Kraftstoffs wird in Wärmeenergie und diese in mechanische Arbeit umgewandelt. Nur beim Arbeitstakt wird Arbeit abgegeben, für die anderen Takte muss Arbeit aufgewendet werden.	**Ausstoßen.** Kolben schiebt die verbrannten Gase (Abgase) aus. Auslassventil öffnet schon vor UT, um den Gegendruck zu vermindern, wenn der Kolben sich in Richtung OT bewegt (Verminderung der Verlustarbeit). Abgasdruck beim Öffnen des Auslassventils sinkt auf 3 bar … 5 bar, sinkt auf etwa 0,2 bar ab.
Liefergrad abhängig von: • Ventilöffnungszeit und Motordrehzahl • Zylinderinnentemperatur • Strömungswiderstand (Drosselklappenstellung)	Motoren mit hoher Verdichtung benötigen Superbenzin.	Ausbreitungsgeschwindigkeit der Flammenfront: 20 m/s … 40 m/s 300 m/s … 500 m/s bei klopfender Verbrennung.	Abgase strömen mit Schallgeschwindigkeit aus. Auslassventil bleibt bis nach OT geöffnet, Abgase strömen infolge ihrer Trägheit weiter und erzeugen einen Unterdruck im Ansaugtakt.

F

Steuerdiagramm für Ventile

Einlassdiagramm

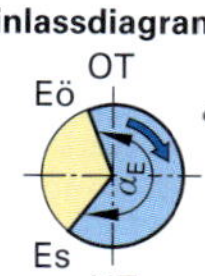

α_E Öffnungswinkel des Einlassventils

$\alpha_ü$ Ventilüberschneidungswinkel

EV öffnet 0°…45° vor OT
EV schließt 35°…94° nach UT

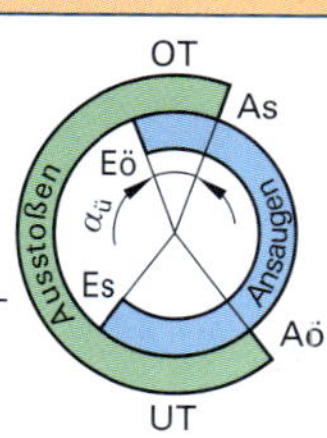

Auslassdiagramm

α_A Öffnungswinkel des Auslassventils

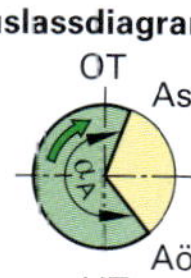

AV öffnet 40°…88° vor UT
AV schließt 4° vor OT …54° nach OT

Zweitakt-Ottoverfahren

Arbeitsspiel: 1 Umdrehung der Kurbelwelle = 2 Kolbenhübe = 360° Kurbelwinkel			
Vorgänge	Kolben bewegt sich von UT nach OT 1. Takt	Kolben bewegt sich von OT nach UT 2. Takt	Übergang vom 2. Takt zum 1. Takt
Über dem Kolben (im Zylinder)	**Verdichten.** Kolbenoberkante schließt zuerst Überström-, dann Auslassschlitz (Nachauslass). Gemisch wird im Zylinder verdichtet. Verdichtungsverhältnis: 6...11 Verdichtungsenddruck: 8 bar ... 12 bar Verdichtungsendtemperatur: 300 °C...450 °C	**Arbeiten.** Kurz vor OT leitet der Zündfunke die Verbrennung ein. Chemische Energie wird in mechanische Energie umgewandelt. Verbrennungsenddruck: 25 bar...40 bar Verbrennungsendtemperatur: 2000 °C...2500 °C	**Ausströmen.** Nach Öffnen der Auslassschlitze strömen die verbrannten Gase aus (Vorauslass). Abgasrestdruck: 0,1 bar...3 bar Abgastemperatur: 1000 °C...1200 °C **Spülen.** Vorverdichtetes Frischgas spült Abgas aus.
	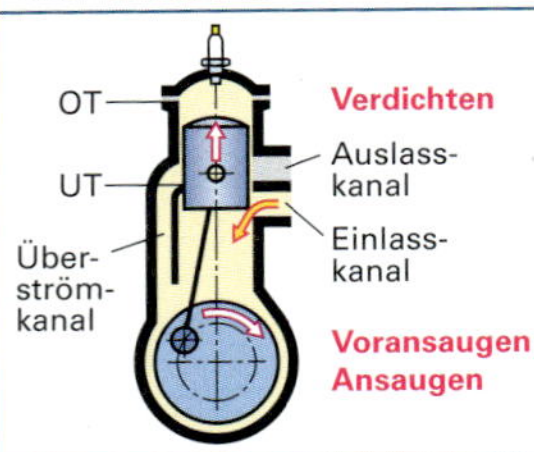	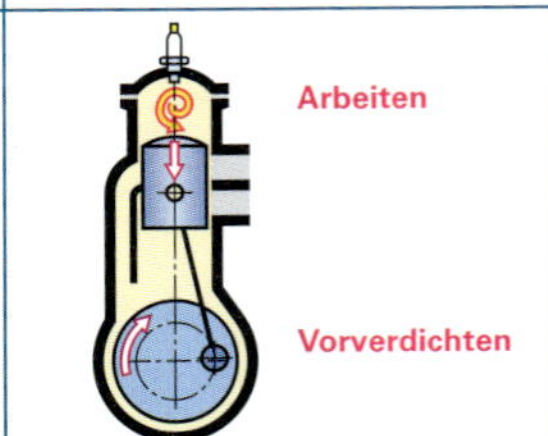	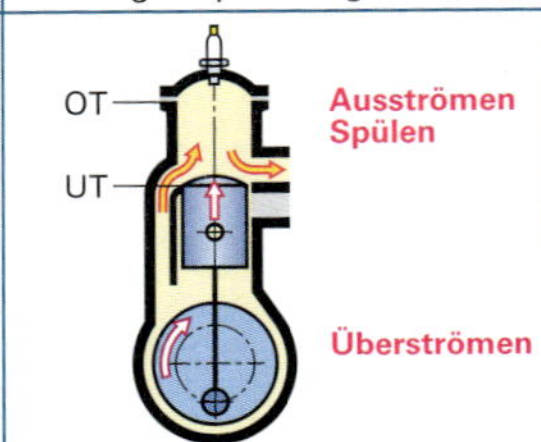
Unter dem Kolben (im Kurbelgehäuse)	**Voransaugen.** Raumvergrößerung in Kurbelkammer erzeugt Unterdruck. **Ansaugen.** Kolbenunterkante gibt Einlassschlitz frei, Gemisch strömt ein. Druck: – 0,2 bar...– 0,6 bar	**Vorverdichten.** Kolbenunterkante schließt Einlassschlitz. Kolben bewegt sich Richtung UT und erzeugt eine Raumverkleinerung. Gemisch wird vorverdichtet. Druck: 0,3 bar...0,8 bar	**Überströmen.** Überströmschlitze öffnen. Das vorverdichtete Frischgas strömt über den Überströmkanal in den Verbrennungsraum. Staudruck: 0,2 bar...0,4 bar. Überströmdruck: 1,3 bar...1,6 bar

Spülsysteme

Spülverfahren	Merkmale	Wirkungsweise	Eigenschaften
Querstromspülung 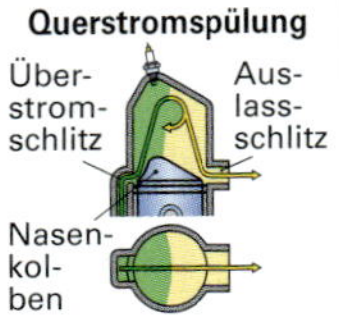	Der Überströmkanal liegt dem Auslasskanal genau gegenüber.	Die Frischgase strömen quer durch den Zylinder und schieben dabei die verbrannten Gase in den Auslasskanal. Damit auch der obere Teil des Verbrennungsraums gespült wird, ist ein Nasenkolben oder ein schräg nach oben laufender Überströmkanal erforderlich.	Besonders einfache Bauweise, große Spülverluste durch „Kurzschlussspülung", hoher spezifischer Kraftstoffverbrauch.
Umkehrspülung 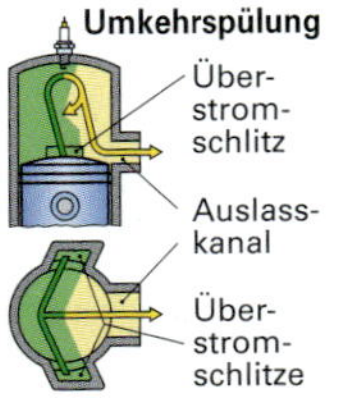	Je ein Überströmkanal liegt links und rechts vom Auslasskanal (nach Adolf Schnürle). Die Öffnungen der Überströmkanäle liegen unter dem Auslassschlitz (System MAN).	Frischgase strömen vom Kurbelgehäuse durch zwei Überströmkanäle tangential in den Zylinderraum. Beide Gasströme richten sich gegenseitig an der dem Auslasskanal gegenüberliegenden Zylinderwand auf und werden am Zylinderkopf umgelenkt. Ihre Strömungsrichtung kehrt sich um. Sie schieben die restlichen Abgase in den Auslasskanal.	Durch bessere Innenkühlung höhere Verdichtung möglich, geringerer spez. Kraftstoffverbrauch, geringere Spülverluste, weniger Ölkohleansatz.
Gleichstromspülung 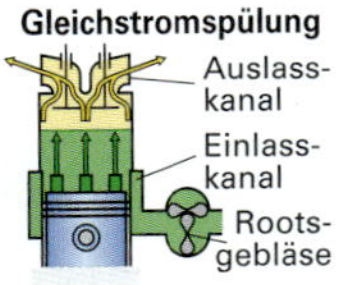	Einlass- und Auslasskanal liegen je an den entgegengesetzten Enden des Verbrennungsraums. Meist sind Ventile an einem oder beiden Kanälen erforderlich.	Die Frischgase strömen durch den Einlasskanal in den Zylinder ein und schieben dabei die verbrannten Gase durch den Auslasskanal nach außen.	Verwendung bei Zweitakt-Dieselmotoren, Ventilsteuerung erforderlich, bessere Zylinderfüllung durch unsymmetrisches Steuerdiagramm.

F

Steuerung des Gaswechsels

Steuerdiagramme

Symmetrisches Steuerdiagramm

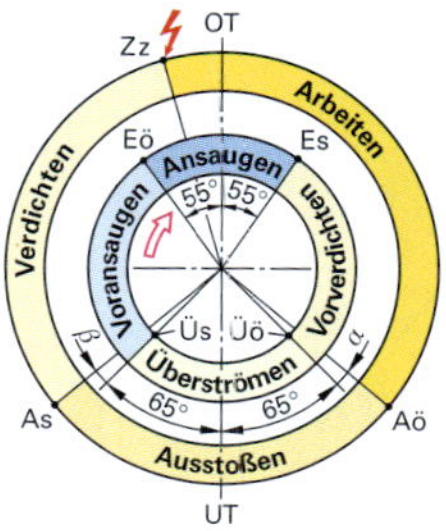

Eö	Einlasskanal öffnet
Es	Einlasskanal schließt
Aö	Auslasskanal öffnet
As	Auslasskanal schließt
Üö	Überströmkanal öffnet
Üs	Überströmkanal schließt
Zz	Zündzeitpunkt
α	Vorauslasswinkel
β	Nachauslasswinkel

Steuerzeiten (Beispiel)

Eö	55...60° vor OT	Es	55...60° nach OT
Aö	60...70° vor UT	As	60...70° nach UT
Üö	≈ 55° vor UT	Üs	≈ 55° nach UT

Ein Zweitaktmotor mit symmetrischem Steuerdiagramm hat gleiche Steuerzeiten für die Öffnungs- und Schließpunkte.

Vorauslass. Kolben gibt Auslassschlitz vor Überströmschlitz frei. Der Druckabfall im Zylinder ermöglicht leichteres Überströmen.

Nachauslass. Der nach OT gehende Kolben schließt den Überströmschlitz vor dem Auslassschlitz. Dabei können Frischgase zum Auslass hinausgedrängt werden.

Unsymmetrisches Steuerdiagramm

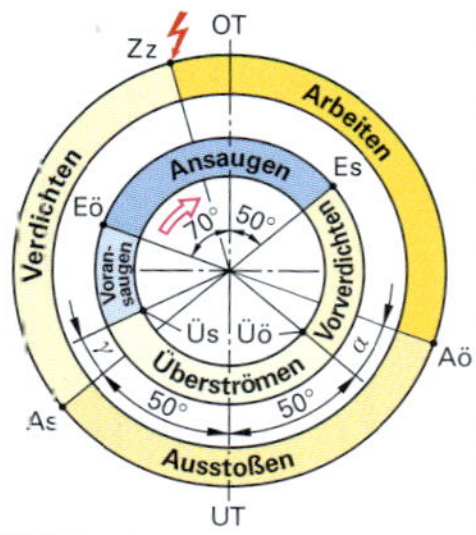

Eö	Einlasskanal öffnet
Es	Einlasskanal schließt
Aö	Auslasskanal öffnet
As	Auslasskanal schließt
Üö	Überströmkanal öffnet
Üs	Überströmkanal schließt
Zz	Zündzeitpunkt
α	Vorauslasswinkel
β	Nachladewinkel

Steuerzeiten (Beispiel)

Eö	70° vor OT	Es	50° nach OT
Aö	70° vor UT	As	50° nach UT
Üö	50° vor UT	Üs	65° nach UT

Ein Zweitaktmotor mit unsymmetrischem Steuerdiagramm hat ungleiche Steuerzeiten für die Öffnungs- und Schließpunkte.

Einlasssteuerung. Wird sie genau abgestimmt, kann die Zylinderfüllung und damit die Leistung erhöht werden.

Auslasssteuerung. Mit Ventilen kann durch früheres Schließen der Frischgasverlust verringert und ein Nachladeeffekt genutzt werden. Die Zylinderfüllung wird verbessert, der spez. Kraftstoffverbrauch sinkt.

Arten der Steuerung

Einlass- und Auslasssteuerung – Kolbensteuerung

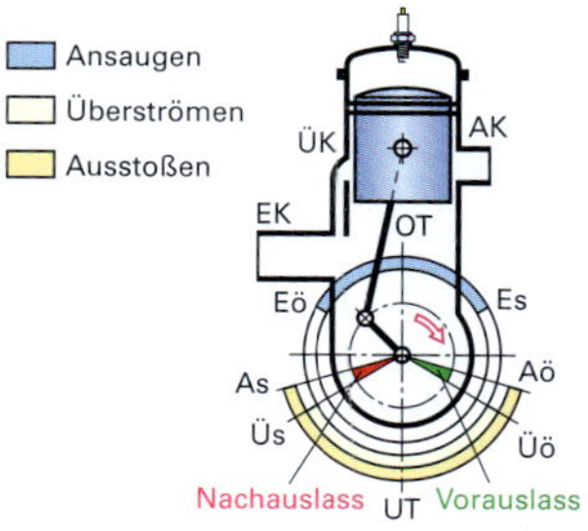

Wirkungsweise. Die in der Zylinderwand angeordneten Schlitze von Einlass-, Auslass- und Überströmkanal werden durch den Kolben verschlossen bzw. geöffnet.

- Symmetrisches Steuerdiagramm
- Große Spülverluste und hohen Kraftstoffverbrauch durch Nachauslass
- Schlechte Zylinderfüllung durch kürzeren Gaswechsel und kürzeren nutzbaren Hub
- Einfache Bauweise

Einlasssteuerung – Membransteuerung

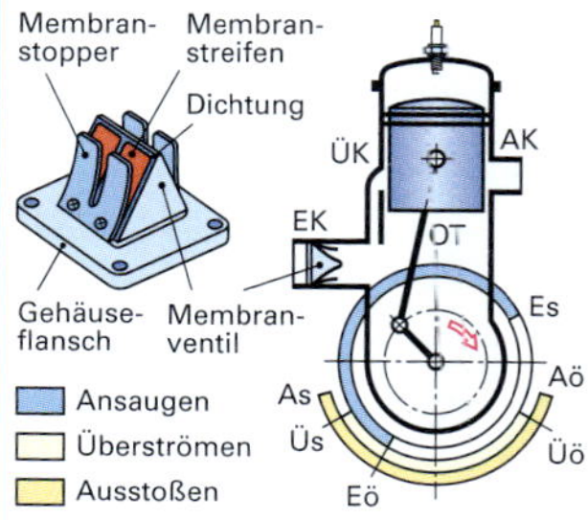

Wirkungsweise. Das Membranventil steuert den Einlass der Frischgase (Einlasssteuerung) in den Kurbelraum selbsttätig.

- Unsymmetrisches Steuerdiagramm
- verbesserte Füllung und Motorleistung über einen breiten Drehzahlbereich

Einlasssteuerung – Schiebersteuerung

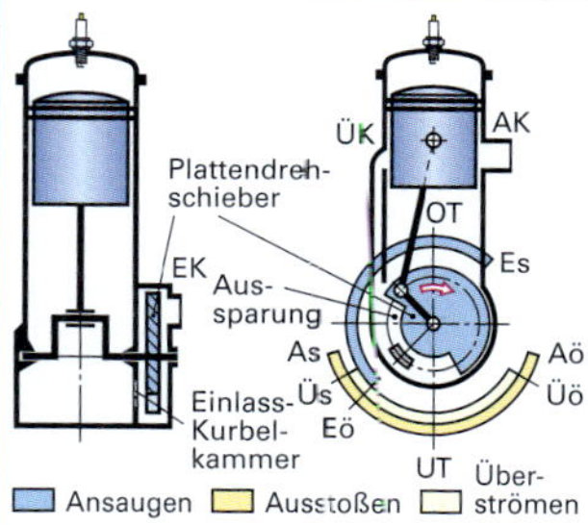

Wirkungsweise. Die Steuerung des Gaswechsels erfolgt durch einen Walzen- oder Plattendrehschieber, der sich mit der Kurbelwelle dreht.

- Unsymmetrisches Steuerdiagramm
- Bessere Füllung im unteren Drehzahlbereich
- Leistungssteigerung
- Weniger Spülverluste
- Geringerer spezifischer Kraftstoffverbrauch

F

Vergleich von Vier- und Zweitaktmotor (Ottomotor)

Motorarten (Saugmotor)	**Viertakt-Motor**	**Zweitakt-Motor**
1 Arbeitsspiel	2 Umdrehungen = 4 Kolbenhübe	1 Umdrehung = 2 Kolbenhübe
Steuerdiagramm	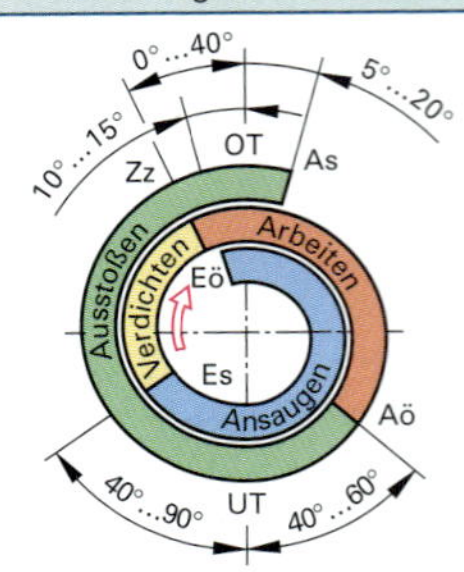	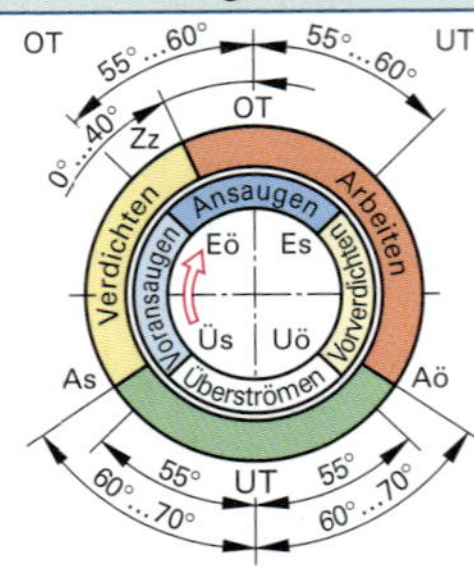
Aufbau	• Ventile im Zylinderkopf • Steuerung durch Nockenwelle und Ventile • Kurbelgehäuse mit Ölwanne • Druckumlaufschmierung • Mehr Bauteile mit Gaswechselsteuerung • Einteilige Kurbelwelle	• Schlitze (Kanäle) in Zylinderwand • Einlasssteuerung durch Kolben, Membrane oder Drehschieber • Kurbelgehäuse gasdicht, einteilig • Mischungs- und Frischölschmierung • Weniger Bauteile zur Gaswechselsteuerung • Kurbelwelle gebaut
Gaswechsel (Ladungswechsel)	• Geschlossener Gaswechsel • Geringe Spülverluste durch Ventilüberschneidung • Liefergrad = 70 % ... 90 %	• Offener Gaswechsel • Größere Spülverluste durch Nachauslass • Liefergrad = 50 % ... 70 %
Öffnungswinkel	Einlassventil 230 °KW ... 280 °KW Auslassventil 220 °KW ... 250 °KW	Einlassventil 110 °KW ... 120 °KW Auslassventil 120 °KW ... 140 °KW Überströmwinkel 100 °KW ... 110 °KW
	Drücke	
Ansaugdruck	– 0,1 bar ... – 0,3 bar	– 0,4 bar ... – 0,8 bar
Vorverdichtungsdruck	Nicht erforderlich	0,3 bar ... 0,8 bar
Verdichtungsenddruck	12 bar ... 18 bar	8 bar ... 12 bar
Verbrennungshöchstdruck	30 bar ... 60 bar	25 bar ... 40 bar
Abgasdruck bei Aö	3 bar ... 5 bar	2 bar ... 3 bar
Abgasdruck bei As	0,2 bar ... 0,5 bar	0,1 bar ... 0,3 bar
Mittl. Nutzbarer Kolbendruck	7 bar ... 12 bar	3 bar ... 6 bar
	Temperaturen	
Verdichtungsendtemperatur	400 °C ... 500 °C	300 °C ... 450 °C
Verbrennungshöchsttempratur	2000 °C ... 2500 °C	2000 °C ... 2500 °C
Abgastemperatur (Volllast)	700 °C ... 1000 °C	1000 °C ... 1200 °C
	Kenngrößen	
Leistungsgewicht	1,3 kg/kW ... 5,0 kg/kW	0,5 kg/kW ... 3,0 kg/kW
Hubraumleistung	25 kW/l ... 130 kW/l	50 kW/l ... 160 kW/l
Nutzwirkungsgrad	28 % ... 33 %	17 % ... 29 %
Verdichtungsverhältnis	7 ... 12	6 ... 11
Spezifischer Kraftstoffverbrauch	240 g/kWh ... 380 g/kWh	310 g/kWh ... 600 g/kWh
Schmierölverbrauch	bis 0,1 l/100 km	... 0,3 l/100 km
Merkmale	• Geringere Wärmebelastung, da je Arbeitshub drei Leerhübe erfolgen • Geringere mechanische Belastung • Ungleichförmiges Drehmoment • Größere Bremswirkung des Motors	• Höhere Wärmebelastung, da keine Leerhübe • Größere mechanische Belastung • Gleichförmiges Drehmoment • Geringere Bremswirkung des Motors

F

Verbrennung in Viertakt-Ottomotoren

Normale Verbrennung

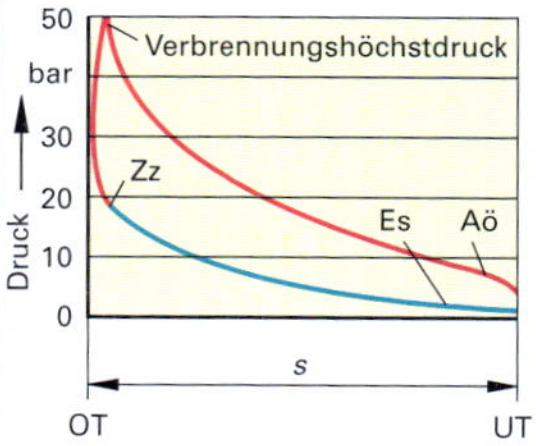

Klopfende Verbrennung

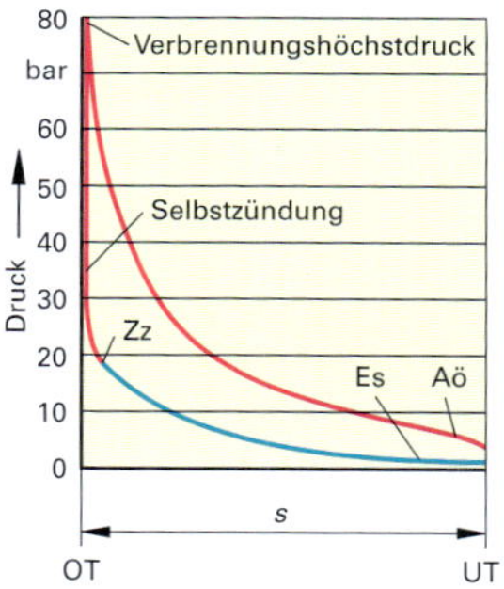

Normale Verbrennung. Entzündung des Kraftstoff-Luft-Gemisches (KLG) durch den Zündfunken, Flamme breitet sich kugelförmig aus.
Gleichraumverbrennung. Der Gasdruck steigt bei nahezu gleichbleibendem Volumen des Verbrennungsraumes stark an.

Kennwerte	
Verdichtungsenddruck	12 bar ... 18 bar
Verdichtungsendtempratur	400 °C ... 500 °C
Entflammungsphase	bis 0,001 s
Flammenausbreitung	20 m/s ... 40 m/s
Druckanstieg	2 bar/°KW ... 4 bar/°KW
Brenndauer des KLG	bis 0,003 s
Verbrennungshöchstdruck	30 bar ... 60 bar
Verbrennungshöchsttemperatur	2000 °C ... 2500 °C

Klopfende Verbrennung. Entzündung des KLG durch den Zündfunken, Druck und Temperatur der noch unverbrannten Frischgase steigen an. Ist die Selbstentzündungstemperatur erreicht, entzünden sie sich von selbst unkontrolliert. Temperatur und Druck steigen im Verbrennungsraum schlagartig an. Beim Zusammenprall der beiden Flammenfronten und Auftreffen auf Wandungen kommt es zu hochfrequenten Schwingungen und klopfenden Geräuschen. Motor und Kurbeltrieb werden thermisch und mechanisch sehr hoch belastet. Das Klopfen tritt gegen Ende der Verbrennung auf.

Kennwerte	
Flammenausbreitung	300 m/s ... 500 m/s
Druckanstieg	bis 8 bar/°KW
Druckschwingungen	6000 Hz ... 7000 Hz

Glühzündungen. Auslösung durch glühende Teile im Verbrennungsraum, bevor die normale Entzündung des KLG durch den Zündfunken erfolgt.

Verbrennung in Viertakt-Dieselmotoren

Normale Verbrennung

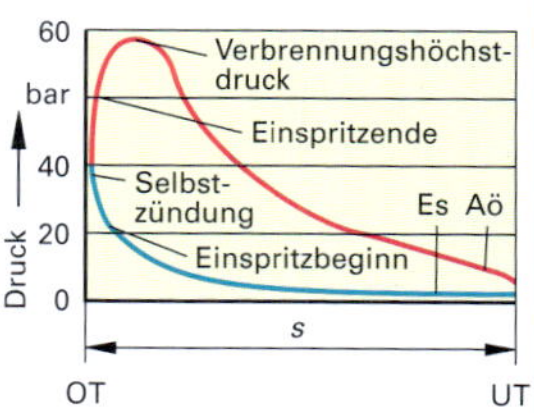

Klopfende Verbrennung

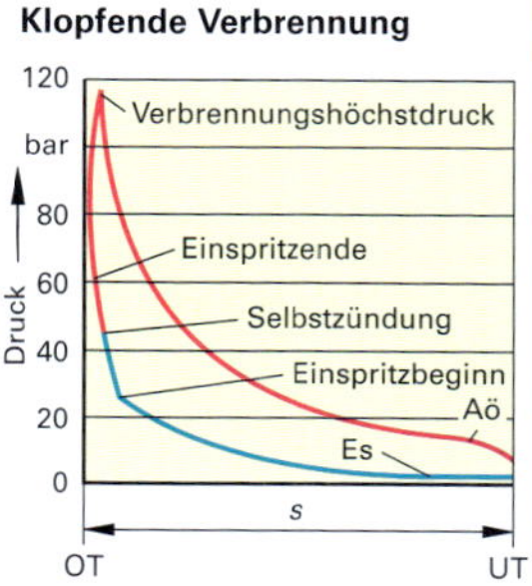

Normale Verbrennung. Kraftstoff wird in die durch Verdichtung über die Zündtemperatur des Kraftstoffs erhitzte Luft fein zerstäubt eingespritzt. Beim Erreichen der Zündtemperatur entflammen die Kraftstoffdämpfe von selbst.
Gleichdruckverbrennung. KLG verbrennt bei nahezu konstantem Druck.

Kennwerte	
Verdichtungsenddruck	30 bar ... 55 bar
Verdichtungsendtempratur	600 °C ... 900 °C
Einspritzbeginn frühestens	15° vor OT ... 30° vor OT
Einspritzende spätestens	5° nach OT ... 10° nach OT
Tröpfchengröße	4 µm ... 15 µm
Zündverzug	bis 0,001 s
Flammenausbreitung	20 m/s ... 40 m/s
Verbrennungsdauer	75 °KW ... 85 °KW
Verbrennungshöchstdruck	60 bar ... 140 bar
Verbrennungshöchsttemperatur	2000 °C ... 2500 °C

Klopfende Verbrennung (Nageln). Eingespritzter Kraftstoff sammelt sich an und verbrennt nach geraumer Zeit (zu großer Zündverzug) schlagartig (Dieselschlag). Motor und Kurbeltrieb werden thermisch und mechanisch hoch belastet. Das Klopfen tritt zu Beginn der Verbrennung auf.

Kennwerte	
Zündverzug	0,002 s ... 0,020 s
Flammenausbreitung	300 m/s ... 500 m/s
Verbrennungshöchstdruck	... 160 bar

Zündverzug. Zeitspanne zwischen Einspritzbeginn und Auslösen der Zündung.

F

Motorbauteile

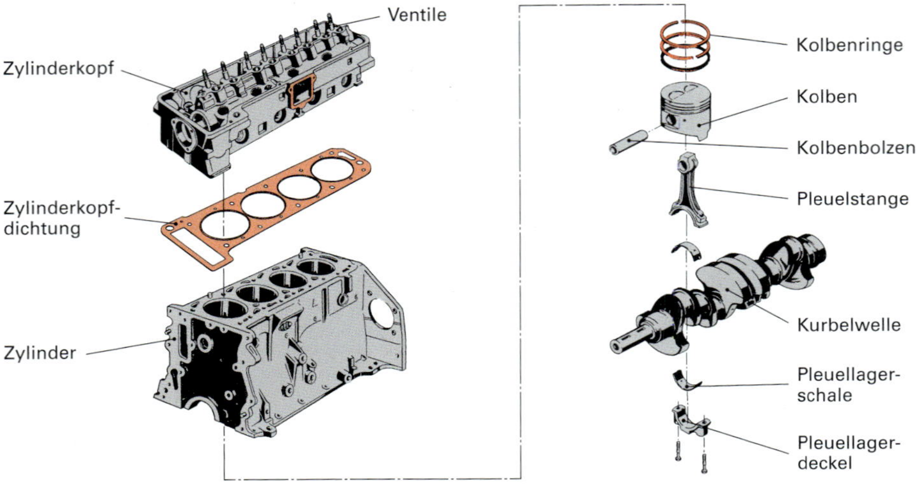

Bauteile am Kurbeltrieb

Bauteile	Bezeichnungen				
Kolben	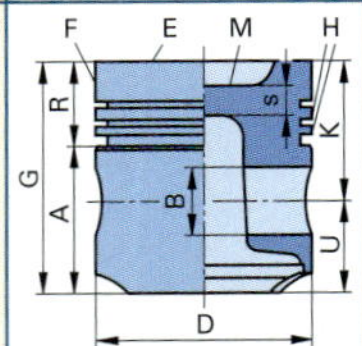	G	Gesamtlänge	K	Kompressionshöhe
		A	Schaftlänge	F	Feuersteg
		R	Kolbenringzone	H	Ringsteg
		D	Kolbendurchmesser	E	Kolbenboden
		B	Kolbenbolzendurchmesser	M	Brennraummulde
		U	Untere Länge	s	Bodendicke

Bauteile	Kolbenbauarten, Merkmale	
Kolben	Einmetallkolben	Sie sind gegossene oder gepresste (geschmiedete) Vollschaftkolben aus einem Werkstoff, z.B. AlSi-Legierungen für Otto-, Diesel- und Zweitaktmotoren. Gepresste Kolben sind für hohe Drücke besser geeignet, als gegossene.
	Regelkolben	Sie haben eingegossene Einlagen aus Stahl, z.B. Ringstreifen, Stahlstreifen oder Streifensegmente. Bei Erwärmung des Kolbens können sie die Wärmedehnung behindern oder in eine bestimmte Richtung lenken (Bimetallwirkung). **Vorteile:** • kleine Einbauspiele möglich • geringe Neigung zum Fressen • gutes Laufverhalten • gute Geräuschminderung
	Ringträgerkolben mit Kühlkanal	**Verwendung:** Vorwiegend bei aufgeladenen Dieselmotoren, wegen besonders hoher Beanspruchung der ersten Kolbenringnut. **Merkmale:** • erste Kolbenringnut besteht aus hochlegiertem Gusseisen • höhere Standzeit des Kolbens • bessere Kühlung durch Kühlkanal.

Bauteile	Verdichtungsringe			Ölabstreifringe		
	Querschnitt	Bezeichnung	Kurzzeichen	Querschnitt	Bezeichnung	Kurzzeichen
Kolben-ringe	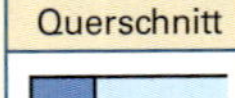	Rechteckring	R	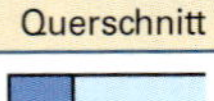	Nasenring	N
		Minutenring	M		Ölschlitzring (normal)	O
		Trapezring (einseitig)	Tr		Schlauchfederring	SF

F

Bauteile	Bauarten, Merkmale				
Kolbenbolzen vgl. DIN 73 126	Bauformen	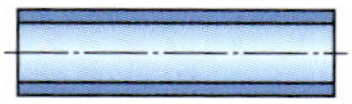		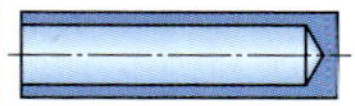	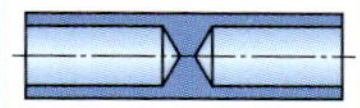
	Kennzeichen	Durchgehende zylindrische Bohrung	Kegelig aufgeweitete Bohrungsenden	Einseitig geschlossene Bohrung	Bohrung in der Mitte geschlossen
	Verwendung	Otto-, Dieselmotoren	Sportmotoren	Zweitaktmotoren	Sportzweitaktmotoren
Pleuelstange	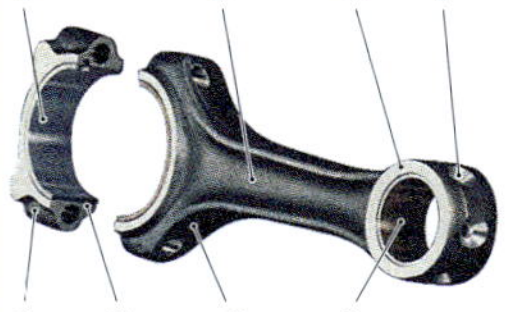	1 Pleueldeckel 2 Pleuelfuß 3 Pleuelschaft 4 Pleuelauge 5 Pleuellagerschale 6 Bruchfläche 7 Ölbohrungen 8 Lagerbuchse **Aufgaben** • Verbindet Kolben und Kurbelwelle • Überträgt Kolbenkraft auf Kurbelwelle • Wandelt geradlinige Bewegung des Kolbens in eine Drehbewegung der Kurbelwelle um			
Kurbelwelle	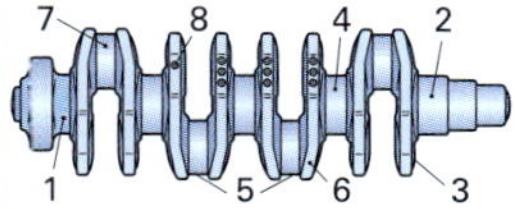	1 Passlager 2 Wellenzapfen 3 Gegengewicht 4 Stützlager 5 Kurbelzapfen 6 Kurbelwange 7 Ölbohrung 8 Wuchtbohrungen			
Gleitlager (Kurbelwellen- und Pleuellager)	Bezeichnung	Zweistofflager	Dreistofflager	Aluminium-Zink-Bonderlager	Sputterlager
	Aufbau	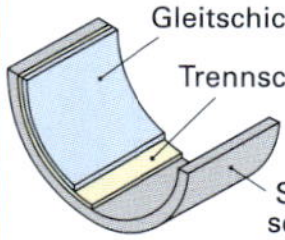	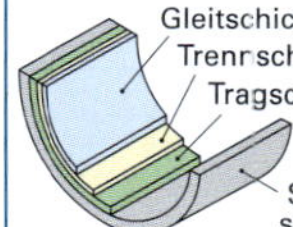	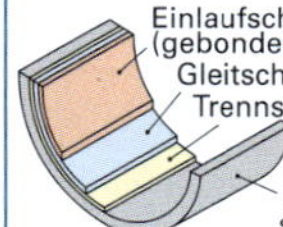	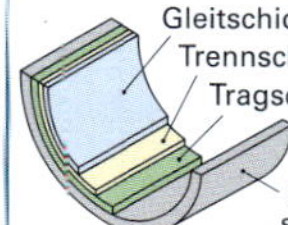
	Schichtwerkstoffe	**Gleitschicht:** AlSn20Cu **Trennschicht:** Reinaluminium **Stützschale:** Stahl	**Gleitschicht:** PbSn10Cu3 **Trennschicht:** Nickel **Tragschicht:** CuPb23Sn4 **Stützschale:** Stahl	**Einlaufschicht:** Zinkphosphat **Gleitschicht:** AlZn45SiCu **Trennschicht:** Reinaluminium **Stützschale:** Stahl	**Gleitschicht:** AlSn20Cu **Trennschicht:** NiCr-Legierung **Tragschicht:** CuPb22Sn **Stützschale:** Stahl
	Verwendung	Gering belastete Ottomotoren	Hoch belastete Otto- und gering belastete Dieselmotoren	Aufgeladene Dieselmotoren	Dieselmotoren • hoch aufgeladen • direkt einspritzend

Zylinder

Flüssigkeitskühlung

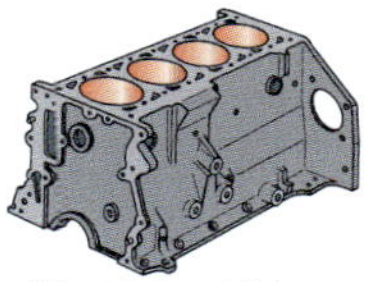

Flüssigkeitsgekühltes Zylinderkurbelgehäuse

Zylinderlaufbuchsen

Trocken

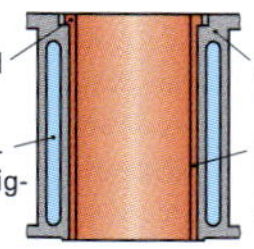

Nass

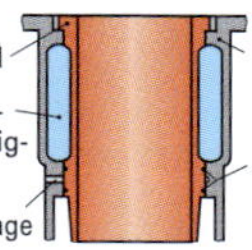

Luftkühlung

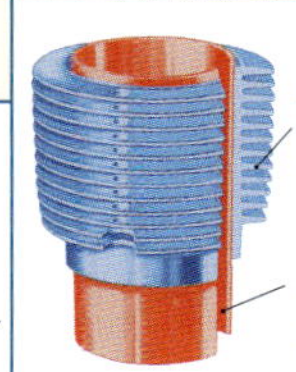

Zylinderlaufbahnen bei Aluminiumzylindern

Zur Verbesserung der Verschleißfestigkeit von Al-Zylindern werden folgende Verfahren eingesetzt:

- **ALUSIL** für Al-Legierungen mit hohem Si-Anteil. An der Lauffläche wird nach dem Feinbearbeiten weiches Al weggeätzt und harte, verschleißfeste Si-Kristalle werden freigelegt.
- **NIKASIL.** Laufbahn wird galvanisch mit einer verschleißfesten Ni-Schicht versehen.
- **LOKASIL.** In den Al-Zylinderblock wird ein hochporöser Formkörper (Preform) mit hohem Si-Anteil eingegossen, Oberflächenberarbeitung wie ALUSIL.

F

Kühlung

Sie soll die bei der Verbrennung entstehende Wärme aufnehmen und durch die Kühlrippen (Luftkühlung) bzw. den Kühler (Flüssigkeitskühlung) an die Umgebungsluft abgeben.

Kühlungsarten

Luftkühlung:
- einfacher Aufbau
- weitgehende Wartungsfreiheit
- geringes Leistungsgewicht
- geringe Störanfälligkeit

Flüssigkeitskühlung:
- gleichmäßige Kühlwirkung
- ermöglicht gutes Beheizen des Innenraums
- gute Dämpfung der Verbrennungsgeräusche
- geringere Einbautoleranzen der Bauteile möglich

Pumpen- bzw. Zwangsumlaufkühlung

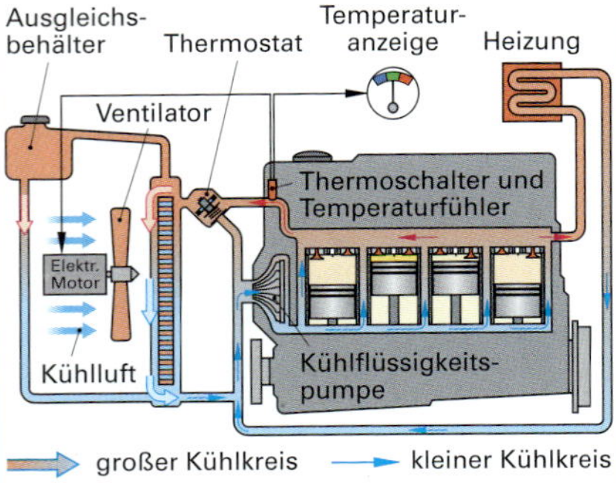

Die Kühlflüssigkeit wird meist mit Hilfe eines Dehnstoffthermostatventils in einen kleinen und in einen großen Kühlkreislauf gelenkt.
- Kalter Motor $t < 80$ °C: Die Kühlflüssigkeitspumpe pumpt das Kühlmittel im kleinen Kühlkreislauf herum. Das Thermostatventil, ist geschlossen
- Warmer Motor $t > 95$ °C: Bei Erreichen der Betriebstemperatur ist das Thermostatventil vollständig geöffnet. Die vom Motor erhitzte Kühlflüssigkeit fließt jetzt vollständig über den zugeschalteten Kühler (großer Kühlkreislauf).
- Druck im Kühlsystem: 1,3 bar ... 2 bar. Dadurch wird die Siedetemperatur der Kühlflüssigkeit erhöht.
- Kühlflüssigkeitstemperatur: 100 °C ... 120 °C
- Energieverlust durch Kühlung: Ottomotor ca. 29 %, Dieselmotor ca.19 %

Lüfterantriebe (Auswahl)

Elektromotor: Er wird über einen Thermoschalter ein und ausgeschaltet. In Verbindung mit einem Temperaturfühler kann er mehrstufig bzw. stufenlos schaltbar sein.

Elektromagnetische Kupplung: Über eine Thermoschalter ist das Magnetfeld der Kupplung zwischen Riemenscheibe und Lüfterwelle ein- und ausschaltbar.

Visco-Lüfterkupplung: Zur Kraftübertragung dient Silikonöl, welches bei niederen Temperaturen einen geringen und bei hohen Temperaturen einen großen Kraftschluss zwischen Lüfterrad und Keilriemenscheibe herstellt.

Hydroantrieb: Der Lüfter wird durch einen Hydromotor angetrieben. Zur Erzeugung des Öldrucks dient meist die Hydraulikpumpe der Servolenkung. Die Lüfterdrehzahl ist vom Motorsteuergerät je nach Motortemperatur und Fahrgeschwindigkeit über ein Regelventil vollvariabel einstellbar.

Kennfeldgesteuerte Kühlsysteme

elektronisch gesteuerter Temperaturregler

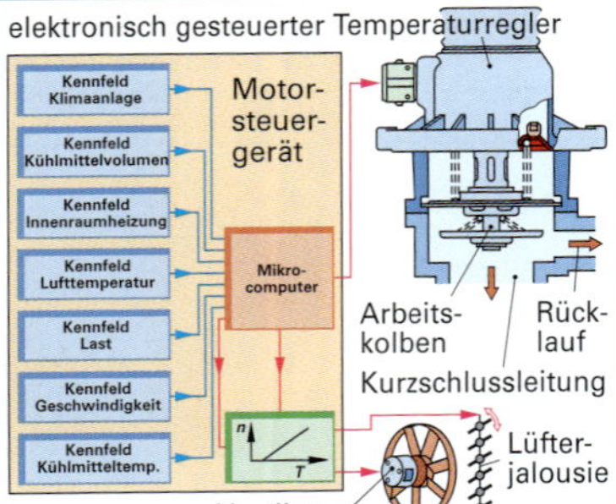

Funktion: Die Motortemperatur wird in unkritischen Fahrzuständen, wie Teillast, auf bis zu 120 °C erhöht. Dadurch verbessert sich der Wirkungsgrad des Motors. In kritischen Fahrsituationen, wie Volllast, wird die Temperatur gesenkt, um eine Überhitzung der Motorbauteile, zu vermeiden. Dazu werden folgende Bauteile verwendet:
- **Elektronisch geregelter Thermostat:** Ein elektrischer Heizwiderstand im Dehnstoffelement wird vom Motorsteuergerät in Abhängigkeit der Eingangsgrößen aktiviert. Er beheizt das Dehnstoffelement zusätzlich zur Kühlflüssigkeit und bewirkt somit eine größere Öffnung des Thermostaten.
- **Elektrisch angetriebene Kühlmittelpumpe:** Der Kühlmitteldurchsatz kann abhängig von Motorlast und Drehzahl geregelt werden.
- **Lüfterjalousie:** Sie wird bei Kaltstart geschlossen, damit der Motor schneller seine Betriebstemperatur erreicht.

Fehlersuchplan Kühlsystem (Kühlflüssigkeit wird zu heiß)

1. Keilriemen richtig gespannt? → **2.** Kühlmittelstand ausreichend? → **3.** Kühlerverschlussdeckel i.O.? → **4.** Kühlerlamellen sauber? → **5.** Prüfen von Bauteilen auf Dichtheit z.B. Kühler, Schläuche, Wasserpumpe, Zylinderkopfdichtung → **6.** Thermoschalter i.O.? → **7.** Prüfen der Lüfterfunktion → **8.** Prüfen des Thermostatventils auf Funktion (Öffnen und Schließen) → **9.** Fehlerspeicher auslesen und ggf. Folgefehler löschen → **10.** Probefahrt durchführen.

F

Druckumlaufschmierung

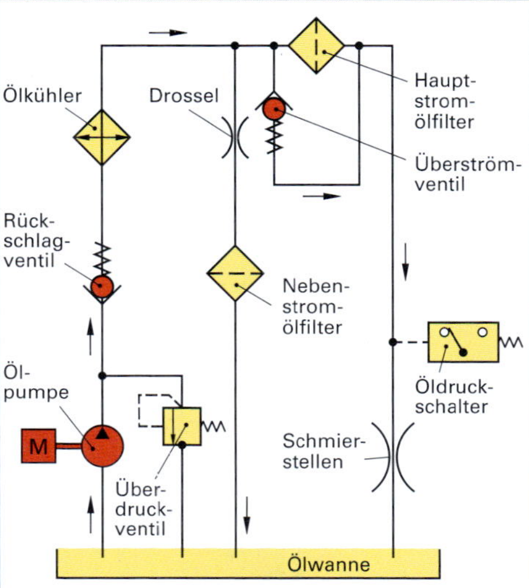

Aufgaben

- Schmieren
- Abdichten
- Vor Korrosion schützen
- Kühlen
- Reinigen
- Geräusche dämpfen

Aufbau eines Kombinationsfiltersystem

Ölpumpe. Sie hat bei Betriebstemperatur und Nenndrehzahl eine Förderleistung von 50 l/min ... 70 l/min, bei Leerlauf ca. 10 l/min ... 15 l/min.
Überdruckventil. Es begrenzt den Öldruck (4 bar ... 6 bar).
Hauptstromölfilter. Er reinigt das gesamte Öl.
Überströmventil. Es öffnet bei verstopftem Hauptfilter. Das Öl gelangt ungefiltert zu den Schmierstellen.
Nebenstromölfilter. Er reinigt ca. 10 % der Ölmenge.
Öldruckschalter. Sinkt der Öldruck unter z.B. 0,5 bar, schließt er den Stromkreis zur Öldruckkontrollleuchte.
Ölkühler. Er senkt die Öltemperatur um 5 °C ... 10 °C durch einen Öl/Luft- oder Öl/Wasserwärmetauscher.
Rückschlagventil. Es verhindert ein Leerlaufen der Ölkanäle und der Hydrostößel bei Motorstillstand.

Wirkungsweise

Die Ölpumpe saugt das Öl aus der Ölwanne an und drückt es über die Leitungen und Schmierkanäle zu den Schmierstellen des Motors. Von dort läuft es in die Ölwanne zurück, kühlt ab und wird erneut angesaugt.

Ölpumpen

Zahnradpumpe
Das Öl wird entlang der Pumpeninnenwandung in den Zahnlücken mitgenommen. Die Förderleistung ist stark drehzahlabhängig.

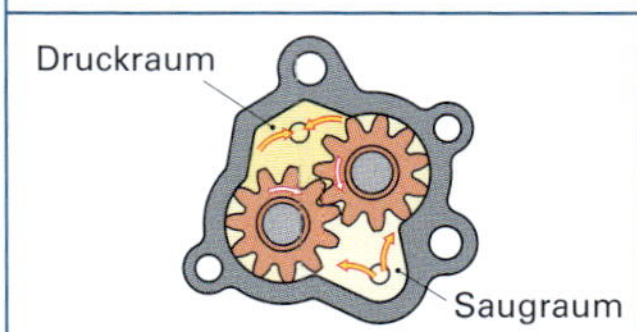

Sichelpumpe
Das Öl wird in den Zahnlücken oberhalb und unterhalb der Sichel gefördert. Die Pumpenförderleistung ist schon bei Motorleerlauf hoch.

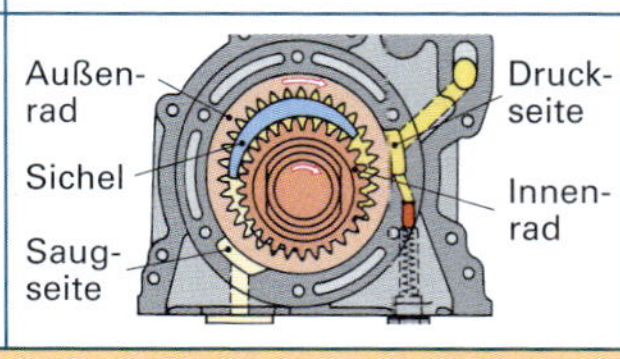

Rotorpumpe geregelt
Das Öl wird zwischen Innen- und Außenrotor gefördert. Der Öldruck wird unabhängig von den Motorbetriebsbedingungen konstant gehalten.

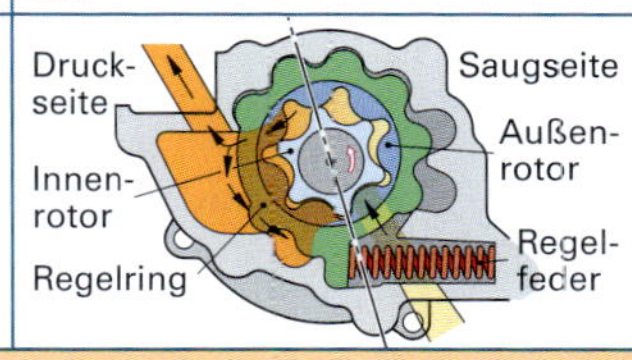

Ölfilter

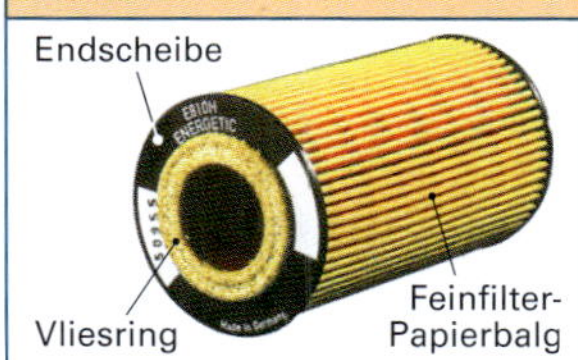

Verwendung. Meist als Hauptstromfilter.
Abscheidegrad. Partikel größer als 10 μm.
Montage. Neuen Dichtring verwenden. Dichtring einölen. Gehäusedeckel bzw. Topf handfest anziehen. Auf Dichtheit prüfen.

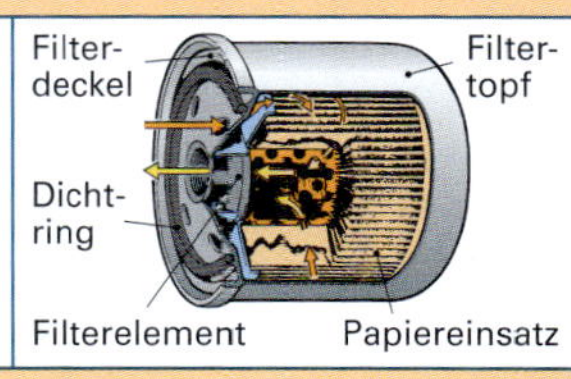

Pflege und Wartung

Ölkontrolle. Das Ölvolumen eines PKW beträgt ca. das 2 – 3fache seines Hubvolumens. Die Füllhöhe ist durch ein Minimum und Maximum festgelegt. Der Unterschied beträgt beim PKW ca. 1 Liter. Die Ölstandskontrolle kann mit einem Ölpeilstab mit MIN- und MAX-Markierung oder einem Ölstandsensor durchgeführt werden.
Laufstreckenbezogene Öl- und Ölfilterwechsel. Sie sind in bestimmten Intervallen vom Hersteller vorgeschrieben. Abhängig von der Fahrleistung und der Ölqualität bei PKW 15 000 km ... 60 000 km, bei LKW bis zu 100 000 km.
Flexible Ölwechselintervalle. Dazu wird mit einem Ölsensor in der Ölwanne durch Widerstandsmessung bzw. Veränderung der elektrischen Eigenschaften die Ölqualität sowie die Öltemperatur und der Ölstand erfasst. Zusammen mit weiteren Betriebsdaten wie z.B. Motorstarts und Laufleistung kann durch die Elektronik der Wechsel flexibel festgelegt werden und dem Fahrer über eine Anzeige mitgeteilt werden.
Entsorgung. Altöl und Ölfilter gehören zu den besonders überwachungsbedürftigen Abfällen. Sie sind sortenrein zu sammeln und entsprechend ihrer Abfallschlüsselnummer der Wiederverwertung zuzuführen oder zu entsorgen.

Nockenwellenantriebe

Zahnriemenantrieb

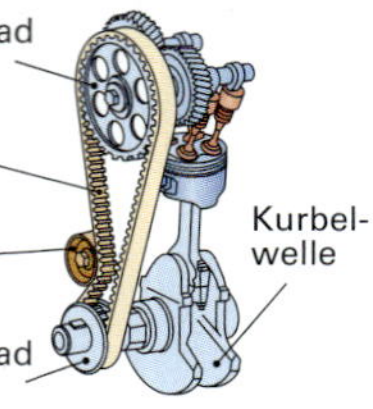

- Geräuscharm
- Spannrolle erforderlich
- begrenzte Lebensdauer
- für Ottomotoren und kleinvolumige Dieselmotoren.

Kettenantrieb

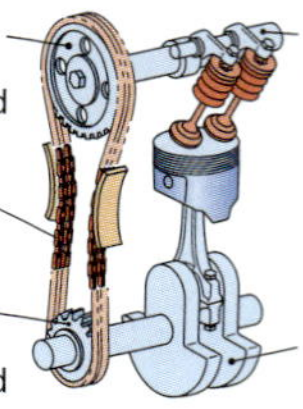

- wartungsfrei
- Kettenspanner erforderlich
- für Ottomotoren und kleinvolumige Dieselmotoren.

Stirnradantrieb

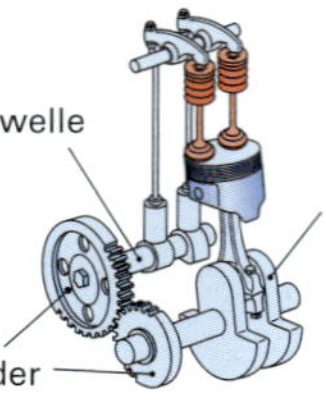

- genaue Steuerzeiten
- für großvolumige Dieselmotoren

Ventilbetätigung

Kipphebel

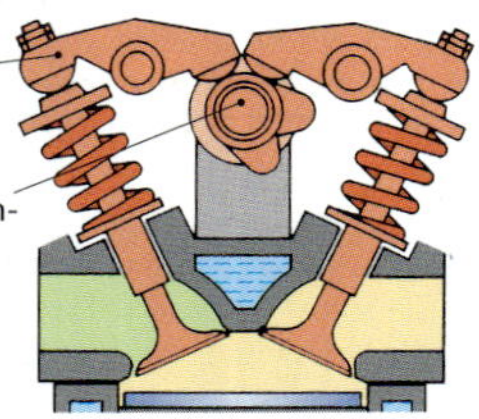

Rollenschlepphebel (-schwinghebel)

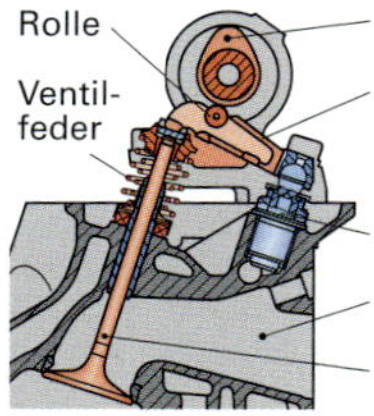

Tassenstößel

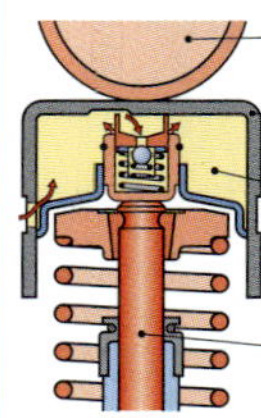

Bauteile des Ventiltriebs

Nockenwelle

Aufgabe: Hubbwegung der Ventile zum richtigen Zeitpunkt und in der richtigen Reihenfolge bewirken und Schließen durch Ventilfedern ermöglichen.

Nockenform: Sie beeinflusst Öffnungszeitpunkt, Schließzeitpunkt, Ventilhub, Öffnungsdauer.

Bauarten: Gegossen oder gebaut (Nocken auf Rohr aufgeschrumpft).

Ventile

Einmetallventil

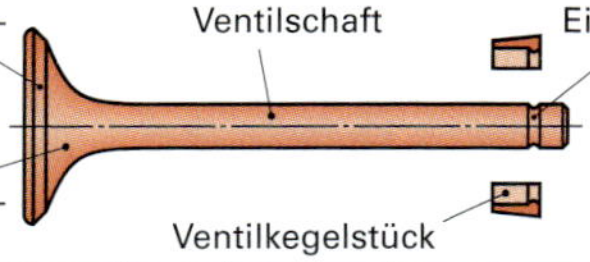

Verwendung: Einlassventile

Merkmale:
- große Ventiltellerdurchmesser (Einlassquerschnitt durch mehrere Ventile vergrößerbar)
- thermische Belastung (bis 550 °C)
- hoch mechanisch und chemisch belastet.

Bimetallventil mit Natriumfüllung

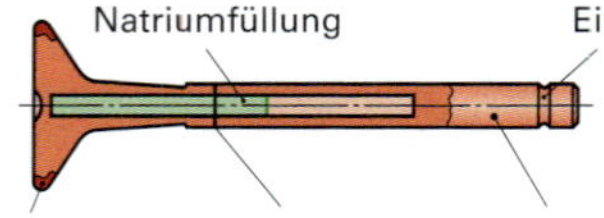

Verwendung: Auslassventile

Merkmale:
- kleine Ventiltellerdurchmesser
- hohe thermische Belastung (bis 800 °C)
- verbesserte Wärmeabfuhr durch Na-Füllung
- sehr hoch mechanisch und chemisch belastet.

Winkel am Ventilsitz

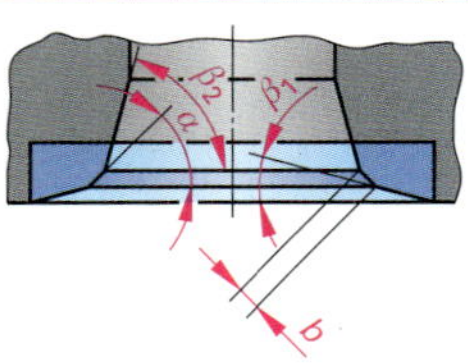

	Einlassventil	Auslassventil
Ventilsitzwinkel α	44° bis 45°	44° bis 45°
Korrekturwinkel β_1	15°	15°
Korrekturwinkel β_2	75°	75°
Ventilsitzbreite	ca. 1,5 mm	ca. 2,5 mm

F

Variable Ventilöffnungszeiten und variabler Ventilhub

Aufgabe: Verbesserung der Zylinderfüllung über einen großen Drehzahlbereich

Vorteile:
- Höhere Leistung
- Schadstoffminderung
- verbesserter Drehmomentverlauf in bestimmten Drehzahlbereichen
- Verringerung des Kraftstoffverbrauchs.

Variable Ventilöffnungszeiten für das Einlassventil

Leerlauf und unterer Drehzahlbereich (≤ 2000 1/min). Einlassventil öffnet spät, dadurch verkürzte Ventilüberschneidung, das Rückströmen der Abgase wird vermindert ⇒ höheres Drehmoment.

Mittlerer bis oberer Drehzahlbereich (2000 ... 5000 1/min).
Einlassventil öffnet früh und schließt früh, dadurch schiebt der aufwärts gehende Kolben keine Frischgase in den Ansaugkanal zurück ⇒ höheres Drehmoment.

Oberer Drehzahlbereich (> 5000 1/min)
Einlassventil öffnet früh und schließt spät. Verbesserte Füllung ⇒ höheres Drehmoment.

Variabler Ventilhub

Kleiner Ventilhub (0,5 bis 2 mm). Er ist für den Teillastbetrieb und beim Kaltstart günstig, da er eine hohe Einströmgeschwindigkeit der Luft ermöglicht. Dadurch werden die relativ großen Kraftstofftropfen fein zerstäubt und führen zu einer besseren Gemischbildung.

Großer Ventilhub. Er bewirkt im Volllastbetrieb durch großen Öffnungsquerschnitt eine bessere Zylinderfüllung. Dadurch wird die Leistung und das Drehmoment des Motors erhöht.

Nockenwellenverstellung

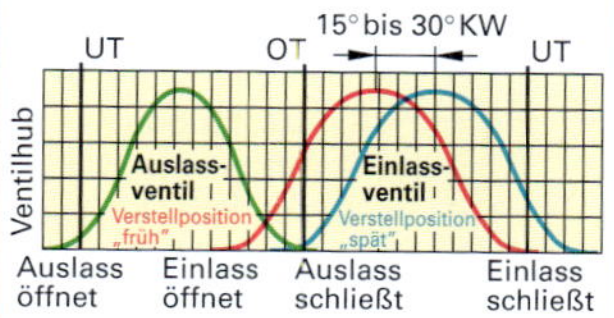

Verdrehen der Einlassnockenwelle zur Auslassnockenwelle

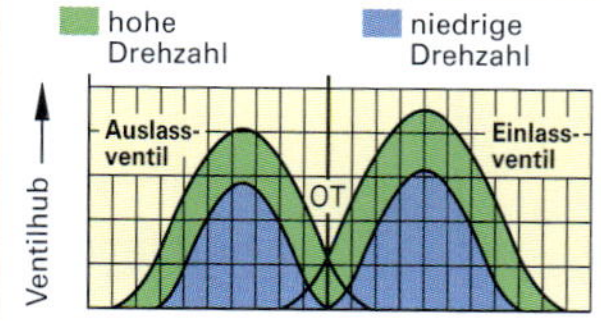

Gestufte Veränderung des Ventilhubes und des Ventilöffnungswinkels

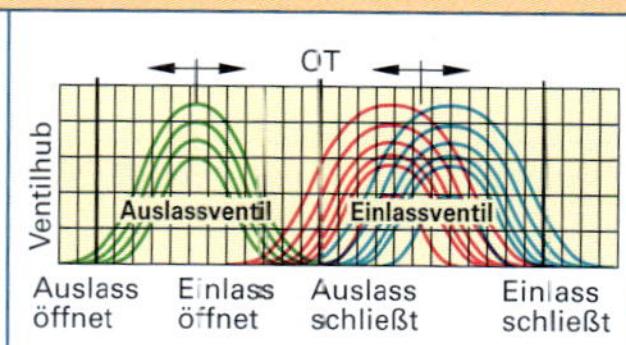

Stufenlose Veränderung von Ventilhub und Ventilöffnungswinkel

Verstellbarer Kettenspanner

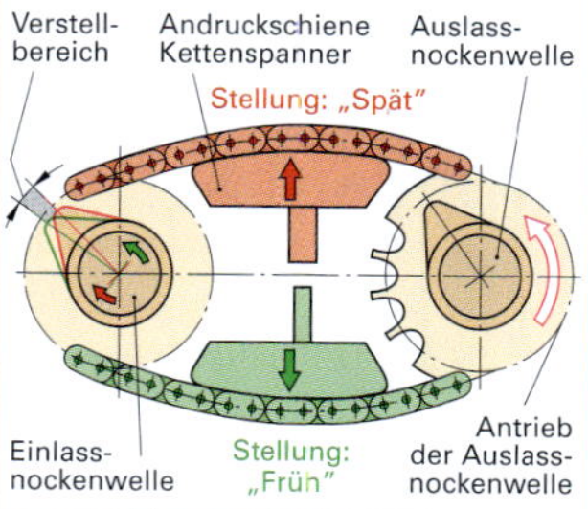

Der Kettenspanner kann hydraulisch in 2 Stellungen geschaltet werden. Dadurch wird die Einlassnockenwelle in Richtung „Früh" oder „Spät" verstellt.

Die Auslassnockenwelle treibt über einen Kettentrieb die Einlassnockenwelle an.

Stellung „Spät". Andruckschiene des Kettenspanners geht nach oben, Einlassnocken wird entgegen der Drehrichtung verdreht.

Stellung „Früh". Andruckschiene des Kettenspanners geht nach unten, Einlassnocken wird in Drehrichtung verdreht.

Variabler Ventiltrieb durch Umschalten auf eine andere Nockenform

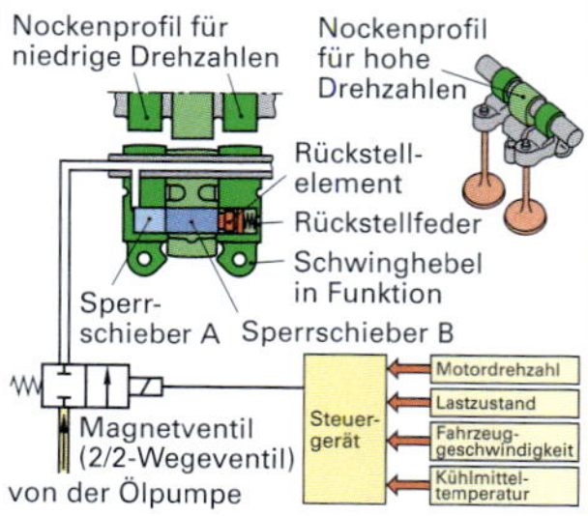

Es können hydraulisch 2 verschiedene Nockenprofile geschaltet werden.

Nockenprofil für niedrige Drehzahlen (äußere Nocken).
Das Hydraulikventil ist gesperrt. Die Sperrschieber stehen in entriegelter Position. Die äußeren Nocken betätigen die Schlepphebel.

Nockenprofil für hohe Drehzahlen (innerer Nocken).
Das Hydraulikventil ist offen. Die Sperrschieber verriegeln die Schlepphebel. Der innere Nocken betätigt die Schlepphebel.

Vollvariabler elektromechanischer Ventiltrieb

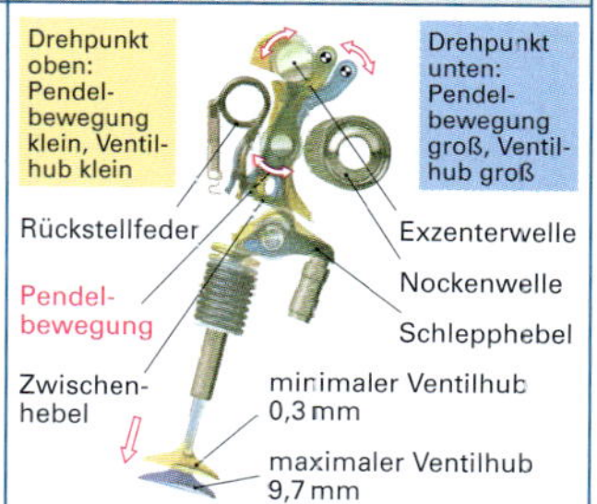

Die Nockenwelle wirkt auf den Zwischenhebel. Die schräge Unterseite des Zwischenhebels betätigt den Schlepphebel, der das Ventil öffnet. Der Zwischenhebel pendelt beim Drehen der NW zwischen Nocken und Rückstellfeder. Die Lage des Drehpunkts bestimmt die Größe der Pendelbewegung und somit die Höhe des Ventilhubs.

Pendelbewegung groß
⇒ **Ventilhub groß**

Pendelbewegung klein
⇒ **Ventilhub klein**

Eine Exzenterwelle verändert die Lage des Drehpunkts, die ein Schneckengetriebe dreht.

F

Aufgabe

Sie soll das Gemischaufbereitungssystem des Motors in allen Betriebszuständen ausreichend mit Kraftstoff versorgen. Dazu muss

- Kraftstoff im Kraftstoffbehälter gespeichert werden
- ein konstanter Kraftstoffdruck aufgebaut werden
- der Austritt von Kraftstoffdämpfen verhindert werden
- Kraftstoff blasenfrei gefördert werden
- der Kraftstoff frei von Verunreinigungen sein
- überschüssiger Kraftstoff zurückgefördert werden.

Beispiele für Kraftstoffversorgunganlagen (Systemübersicht)

Merkmale / System

Merkmale		System
System:	Zwei-Leitungssystem	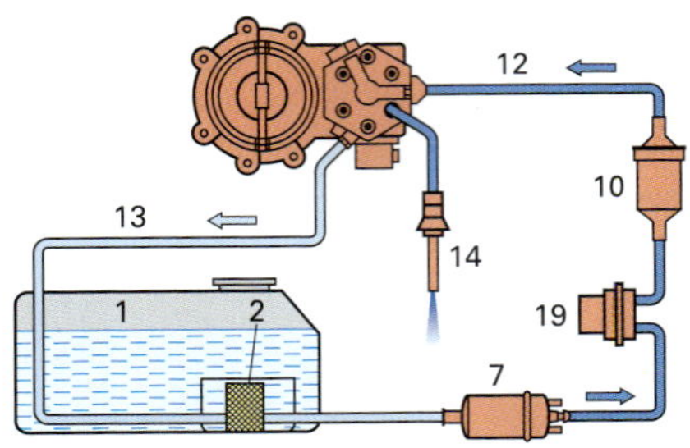
Kraftstofförderpumpe:	Verdrängerpumpe	
Anordnung:	In-Line (außerhalb d. Kraftstoffbehälters)	
Druckregler:	im Kraftstoffmengenteiler	
Verwendung:	z.B. KE-Jetronic	
System:	Zwei-Leitungssystem	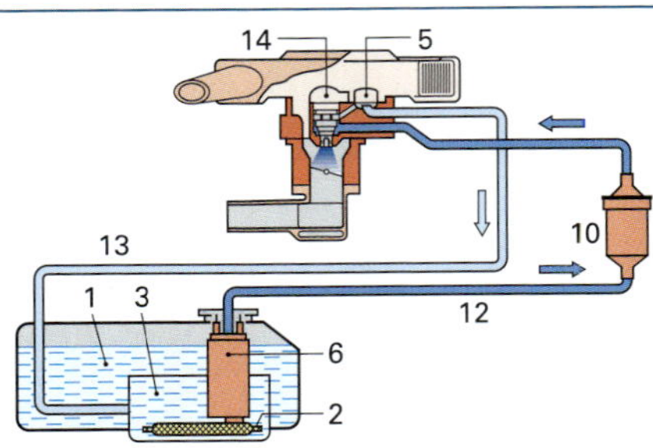
Kraftstofförderpumpe:	Strömungspumpe	
Anordnung:	In-Tank (im Kraftstoffbehälter)	
Druckregler:	im Einspritzaggregat	
Verwendung:	z.B. Mono-Jetronic	
System:	Ein-Leitungssystem	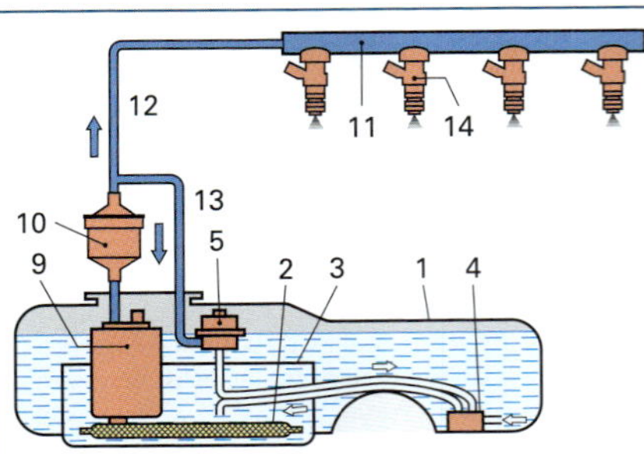
Kraftstofförderpumpe:	Strömungspumpe	
Anordnung:	Tankeinbau-Einheit	
Druckregler:	im Tank	
Verwendung:	z.B. ME-Motronic	
System:	Zwei-Leitungssystem	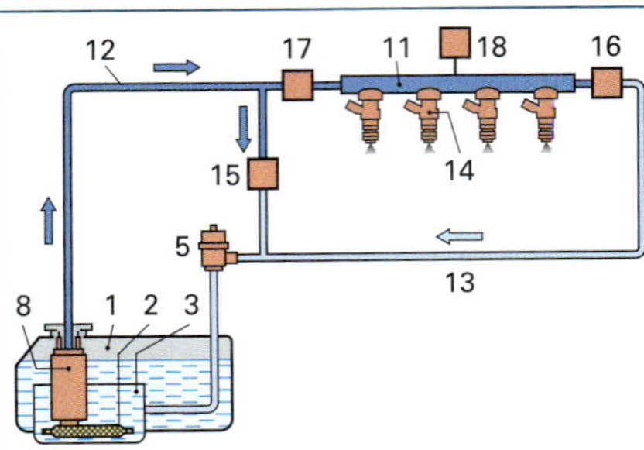
Kraftstofförderpumpe:	Verdrängerpumpe, Hochdruckpumpe	
Druckregler:	im Kraftstoffrücklauf	
Verwendung:	z.B. MED-Motronic	

Bauteilbezeichnungen

1 Kraftstoffbehälter
2 Vorfilter
3 Catch-Tank
4 Saugstrahlpumpe
5 Druckregler
6 Strömungspumpe
7 Verdrängerpumpe (in-line)
8 Verdrängerpumpe mit integriertem Druckbegrenzungsventil
9 Kraftstoffpumpe zweistufig
10 Kraftstofffilter
11 Kraftstoffverteiler
12 Kraftstoffleitung
13 Kraftstoffrücklauf
14 Einspritzventil(e)
15 Absperrventil
16 Drucksteuerventil
17 Hochdruckpumpe
18 Kraftstoffdrucksensor
19 Kraftstoffdruckspeicher

Prüfung von Kraftstoffpumpen:

Fördermenge: im Rücklauf

Förderdruck: im Vorlauf

F

Bauteile von Kraftstoffförderanlagen

Tankeinbau-einheit (Förder-modul)	Die Tankeinbaueinheit enthält in der Regel: • Einen Vorfilter (1) • einen Tankfüllstandssensor (2) • elektrische und hydraulische Anschlüsse • einen Topf als Kraftstoffreservoir für die Kurvenfahrt (Catch-Tank) (3) • eine Saugstrahlpumpe zur Füllung des Catch-Tanks (4) • die Kraftstofffórderpumpe (5) • den Kraftstofffilter (6) • den Druckregler bei Ein-Leitungs-systemen (7)	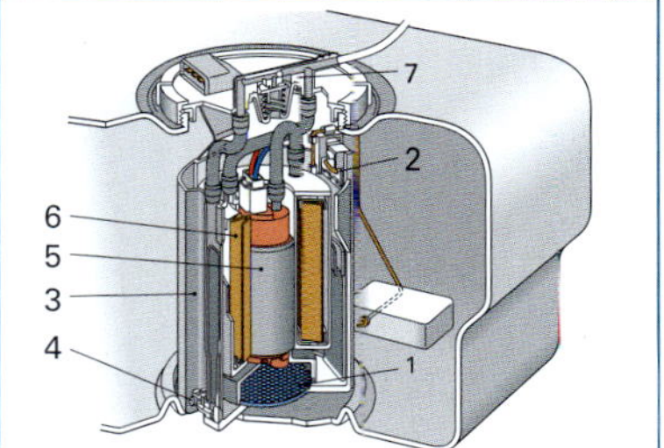
Kraftstoff-druckregler	**Zwei-Leitungssystem:** • An das Kraftstoffverteilerrohr angebaut • hält den Kraftstoffdruck gegenüber dem Saugrohr konstant. **Ein-Leitungssystem:** • im Kraftstofffördermodul integriert • hält den Kraftstoffdruck gegenüber dem Umgebungsdruck konstant.	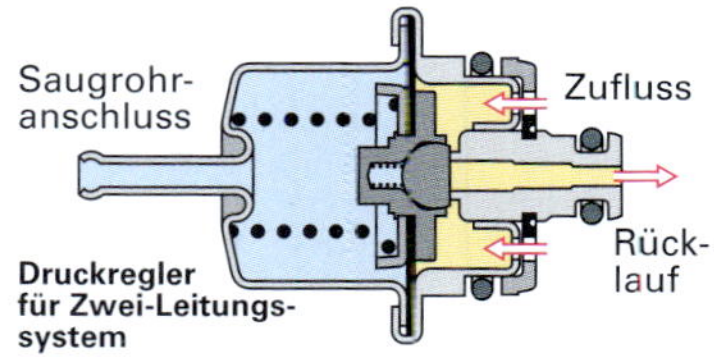 **Druckregler für Zwei-Leitungs-system**
Kraftstoff-filter	**Aufgabe:** Schützt die Kraftstoffanlage (z.B. Einspritzdüsen) vor Verunreinigung **Aufbau:** • Vorfilter aus engmaschigem Draht- oder Polyamidgeflecht • Feinfilterung durch Papierfilter **Wartung:** • Wechselintervall zwischen 30 000 km (z.B. In-Line-Filter) bis 260 000 km (z.B. In-Tank-Filter).	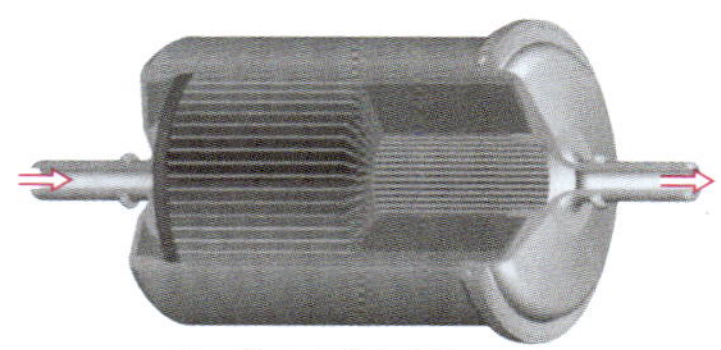 **Kraftstofffeinfilter**
Aktivkohle-filter	**Aufgabe:** Vorhandene Kraftstoffdämpfe zwischen-zuspeichern, so dass sie der Verbrennung zuge-führt werden können (Regeneriersystem).	
Kraftstoffpumpen		
Elektrisch angetriebene Pumpen	**Anforde-rungen:** Fördermenge 60 l/h bis 200 l/h Druck 300 kPa bis 450 kPa (3 bis 4,5 bar) bei 50 … 60 % der Nennspannung muss der Systemdruck aufgebaut sein **Bauarten:** Verdränger- oder Strömungspumpen, zweistufige Pumpen	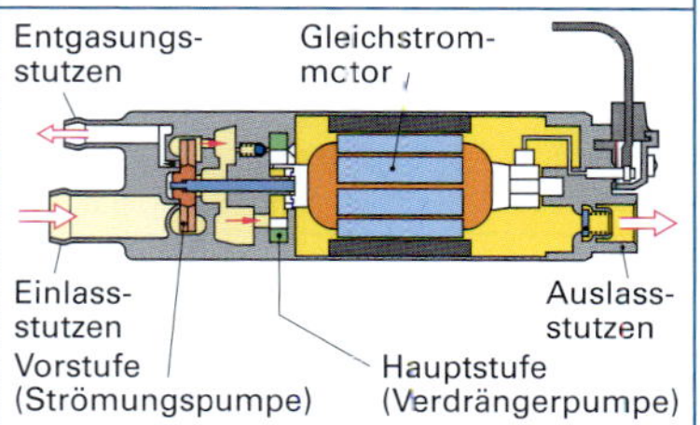 **zweistufige In-Line-Kraftstoffpumpe**
Verdränger-pumpen	**Funktion:** Kraftstoff wird in einen abgeschlosse-nen Raum angesaugt, durch die Rotation des Pumpenelements kom-primiert und zur Hochdruckseite ge-fördert. **Vorteil:** Für höhere Systemdrücke geeignet **Nach-teile:** Pulsationsgeräusche, nachlassen der Förderleistung bei Gasblasenbildung. **Bauarten:** Rollenzellen-, Innenzahnradpumpe	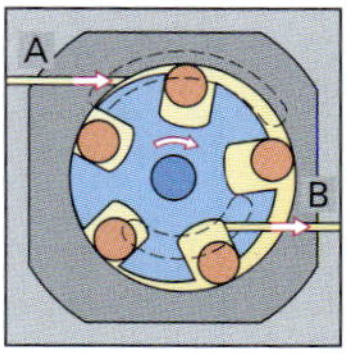 **Rollenzellenpumpe** 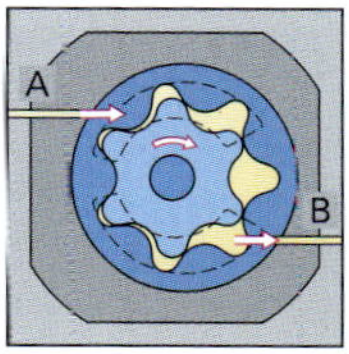 **Innenzahnradpumpe**
Strömungs-pumpen	**Funktion:** Ein mit vielen Laufradschaufeln be-setztes Rad beschleunigt den in einem Kanal fließenden Kraftstoff. **Vorteile:** Kontinuierlicher Druckaufbau, nahezu pulsationsfrei, geräuscharm. **Nachteil:** Für höhere Drücke weniger geeignet. **Bauarten:** Seitenkanal-, Peripheralpumpe	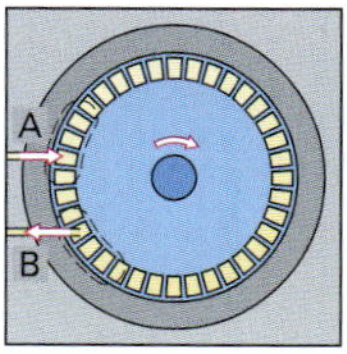 **Peripheralpumpe** 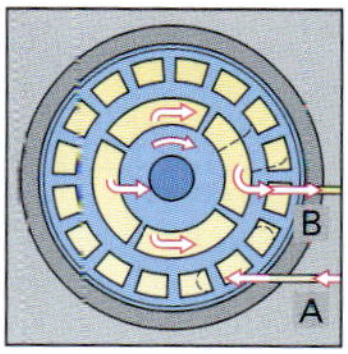 **Seitenkanalpumpe**

F

Gemischbildung

Vollständige Verbrennung	Um den im Kraftstoff vorhandenen Kohlenstoff vollständig zu Kohlendioxid (CO_2) verbrennen zu können, wird eine kraftstoffspezifische Luftmasse benötigt.
Zündgrenzen	Mit zunehmendem Luftmangel bzw. Luftüberschuss wird die Verbrennung schlechter. Der Kraftstoff verbrennt nur noch unvollständig. Werden bestimmte Grenzwerte für das **Mischungsverhältnis** unter- bzw. überschritten, findet keine Verbrennung mehr statt.
Mischungsverhältnis	Es gibt an, wie viel kg Luft zur Verbrennung von 1 kg Kraftstoff zur Verfügung stehen. Zur vollständigen Verbrennung von 1 kg Benzin, werden z.B. 14,8 kg Luft benötigt. Oder als Volumen ausgedrückt: 1 l Benzin verbrennt vollständig mit 11 300 l Luft. Dieses Mischungsverhältnis wird als **stöchiometrisches Verhältnis** bezeichnet.
Luftverhältnis	Es ist das Verhältnis von tatsächlich vorhandenener Luftmasse zu theoretisch benötigter Luftmasse. $$\text{Luftverhältnis } \lambda = \frac{\text{tatsächlich vorhandene Luftmasse}}{\text{theoretisch benötigte Luftmasse}}$$
stöchiometrisches Verhältnis	$\lambda = 1$: Ideales Luftverhältnis; die tatsächlich vorhandene Luftmasse entspricht der theoretisch benötigten Luftmasse. Bei Betrieb mit 3-Wege-Katalysator erhält man günstigste Abgaswerte.
Fettes Gemisch	$\lambda < 1$: Luftmangel; die tatsächlich vorhandene Luftmasse ist kleiner als die theoretisch benötigte. Bei Betrieb mit $\lambda = 0{,}95 \dots 0{,}85$ gibt der Motor seine maximale Leistung ab.
Mageres Gemisch	$\lambda > 1$: Luftüberschuss; die tatsächlich vorhandene Luftmasse ist größer als die theoretisch benötigte. Bei Betrieb in diesem Bereich wird Kraftstoffverbrauch und Motorleistung reduziert.
Innere Gemischbildung	Der Kraftstoff wird direkt in den Zylinder eingespritzt. Je später dabei der Kraftstoff eingespritzt wird, desto heterohgener ist die Gemischzusammensetzung **(Heterogene Gemischbildung)**.
Äußere Gemischbildung	Der Kraftstoff wird bereits außerhalb des Brennraumes der Luft beigemischt. In diesem Fall ist das Gemisch im Brennraum weitgehend homogen **(Homogene Gemischbildung)**.
Homogenes Gemisch	Im ganzen Brennraum ist das Kraftstoff-Luft-Verhältnis gleich.
Heterogenes Gemisch	Im Brennraum gibt es Bereiche mit unterschiedlichen Kraftstoff-Luft-Verhältnissen (Schichtladung). Dabei muss im Bereich der Entflammung λ annähernd 1 sein.

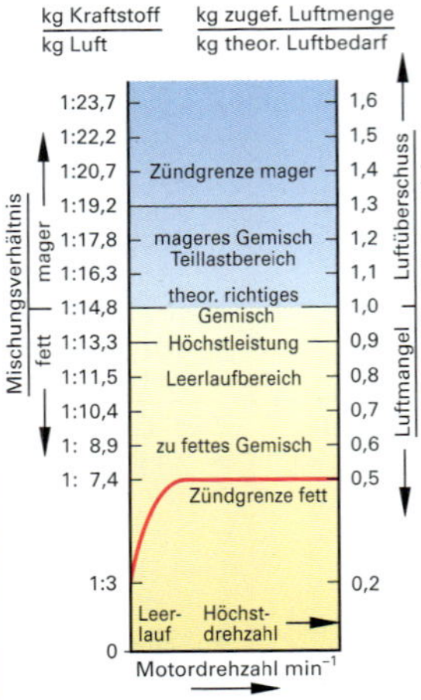

Mischungsverhältnis, Luftverhältnis

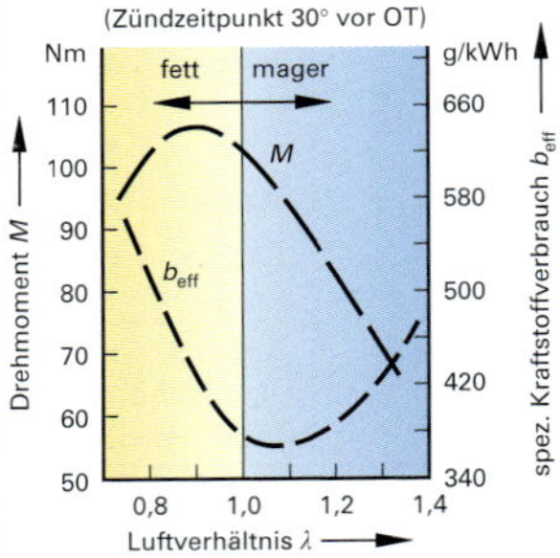

Auswirkung von λ auf Drehmoment und spez. Kraftstoffverbrauch

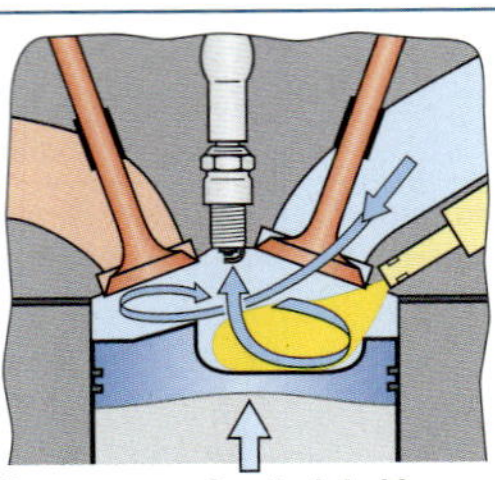

Heterogenes Gemisch bei innerer Gemischbildung

Kraftstoffkennwerte

Stoff	Dichte kg/l	Luftbedarf theoretisch kg/kg	Zündgrenze untere Vol.-% Gas in Luft	Zündgrenze obere Vol.-% Gas in Luft	Stoff	Dichte kg/m³	Luftbedarf theoretisch kg/kg	Zündgrenze untere Vol.-% Gas in Luft	Zündgrenze obere Vol.-% Gas in Luft
Ottokraftstoff					Autogas	2,25	15,5	1,5	15
Normal	0,74	14,8	≈ 0,6	≈ 8	Erdgas	0,83	–	–	–
Super	0,75	14,7	–	–	Wasserstoff	0,09	34	4	77
Kerosin	0,80	14,5	≈ 0,6	≈ 7,5	Methan	0,72	17,2	5	15
Dieselkraftstoff	0,84	14,5	≈ 0,6	≈ 7,5	Propan	2,0	15,6	1,9	9,5
Methanol	0,79	6,4	5,5	26	Butan	2,7	15,4	1,5	8,5

Baugruppen eines Vergasers

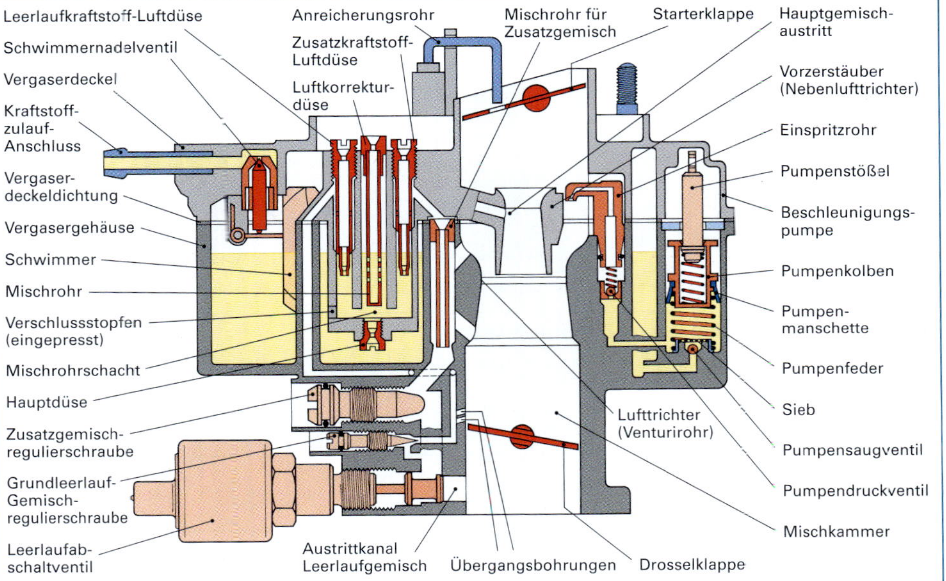

Vergasergehäuse mit Lufttrichter	Je nach Anzahl der Lufttrichter werden Einfachvergaser, Registervergaser, Doppelvergaser und Doppelregistervergaser unterschieden. Im Lufttrichter wird die Luftströmung beschleunigt und dadurch erhöhter Unterdruck erzeugt.
Schwimmerkammer mit Schwimmereinrichtung	Die Schwimmerkammer dient der Bereitstellung des beizumischenden Kraftstoffs. Sie wird von einer Membranpumpe gefüllt. Bei Erreichen des Kraftstoffsollstandes wird der Zulauf vom Schwimmernadelventil geschlossen.
Hauptdüsensystem	Im Hauptdüsensystem wird der Kraftstoff für den Teillastbereich angesaugt, mit Luft vorverschäumt, um in der Mischkammer im zerstäubten Zustand der angesaugten Luft beigemischt zu werden
Leerlaufeinrichtung	Die Leerlaufeinrichtung soll das Leerlaufgemisch aufbereiten, sodass eine stabile Leerlaufdrehzahl und bestmögliche Abgaswerte erreicht werden. Die Einstellung der Gemischzusammensetzung ist nur im Leerlauf möglich.
Übergangseinrichtung	Beim Übergang vom Leerlauf in den Teillastbereich magert das Leerlaufgemisch durch Öffnen der Drosselklappe ab. Deshalb wird der angesaugten Luft zusätzlicher Kraftstoff aus den Übergangsbohrungen beigemischt.
Beschleunigungssystem	Um beim Beschleunigen die volle Motorleistung nutzen zu können, wird aus dem Beschleunigungssystem zusätzlicher Kraftstoff in die Mischkammer eingespritzt und das Gemisch angefettet.
Kaltstarteinrichtung	Bei Kaltstart schlägt sich ein großer Teil des Kraftstoffs an den Wänden des Ansaugrohres nieder. Außerdem verdampft der Kraftstoff im Brennraum nur zum geringen Teil. Dazu wird im kalten Zustand die Starterklappe geschlossen. Durch erhöhten Unterdruck wird mehr Kraftstoff angesaugt.

Vergaser bei Krafträdern

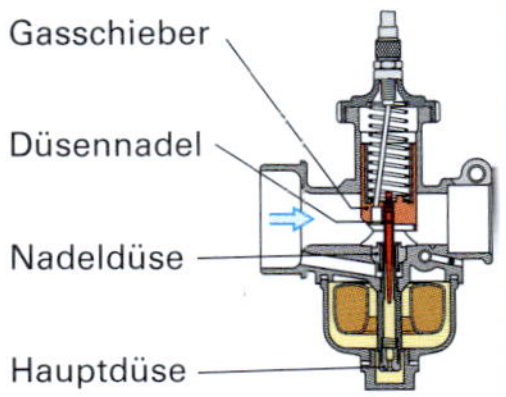

Kraftradvergaser sind meist Flachstromvergaser, die statt einer Drosselklappe einen kolbenartigen Gasschieber besitzen. Man nennt diese Vergaser deshalb auch Kolben- oder Schiebervergaser.

Beim Gasgeben wird dieser Schieber mittels eines Bowdenzuges nach oben gezogen, wodurch sich der Luftdurchlass im Vergaser vergrößert. Gleichzeitig wird eine am Kolben befestigte konische Düsennadel aus einer Nadeldüse gezogen. Über Hauptdüse und sich vergrößerndem Ringspalt der Nadeldüse kann somit bei vermehrtem Luftdurchlass eine erhöhte Kraftstoffmenge angesaugt werden. Zur Starthilfe werden häufig Tupfer oder Luftschieber verwendet.

F

Arten der Einspritzung

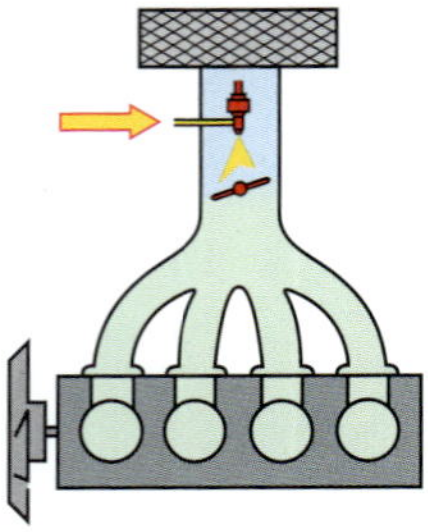
Saugrohreinspritzung, single-point

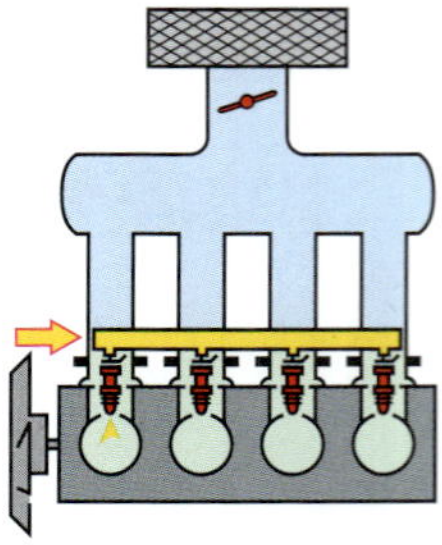
Direkteinspritzung, multi-point

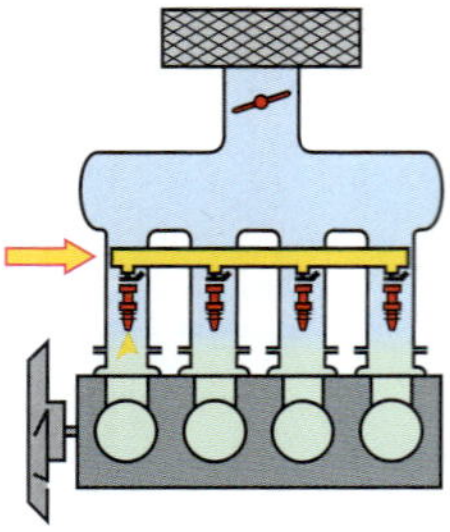
Saugrohreinspritzung, multi-point

Unterscheidungsmerkmale von Einspritzanlagen

Anlage	KE-Jetronic	Zentraleinspritzung	L-Jetronic[5]	Direkteinspritzung
Äußere Kennzeichen	Kraftstoffmengenteiler mit elektro-hydraulischem Drucksteller	Zentrales Einspritzaggregat	Verteilerrohr mit elektrisch betätigten Einspritzventilen	Kraftstoff-Hochdruckpumpe mit Rail, Drucksensor und -steller
Öffnungsart der Einspritzventile	kontinuierlich[1]	intermittierend[2]	intermittierend[2]	intermittierend[2]
Einspritzort	Saugrohr	Saugrohr	Saugrohr	Zylinder
Öffnung der Einspritzventile	hydraulisch	elektrisch	elektrisch	elektrisch
Anzahl der Einspritzventile	entsprechend der Zylinderzahl, multi-point[3]	ein Einspitzventil, single-point[4]	entsprechend der Zylinderzahl, multi-point[3]	entsprechend der Zylinderzahl, multi-point[3]
Regelung	elektronisch/ hydraulisch	elektronisch	elektronisch	elektronisch
Hauptsteuergrößen	Stauklappenstellung	– Drosselklappenwinkel – Drehzahl	– Luftmasse – Drehzahl	gefordertes Drehmoment (Luftmasse, Drehzahl)

[1] continuus (lat.): unaufhörlich, fortdauernd
[2] intermittere (lat.): zeitweilig aussetzend
[3] multi-point (engl.): Vielpunkt, Mehrpunkt
[4] single-point (engl.): Einpunkt
[5] je nach Verwendung des Luftmessers: L-Jetronic bzw. LH-Jetronic

F

Intermittierende Saugrohreinspritzung

a) Simultane Einspritzung
Alle Einspritzventile werden vom Steuergerät gleichzeitig angesteuert.

b) Gruppeneinspritzung
Jeweils eine Gruppe von Einspritzventilen wird vom Steuergerät gleichzeitig angesteuert.

c) Sequentielle Einspritzung
Jedes Ventil wird vom Steuergerät gesondert angesteuert, aber alle Ventile haben die gleiche Öffnungsdauer.

d) Zylinderindividuelle Einspritzung
Jedes Einspritzventil wird vom Steuergerät gesondert angesteuert, wobei Einspritzzeit und Einspritzdauer variiert werden können.

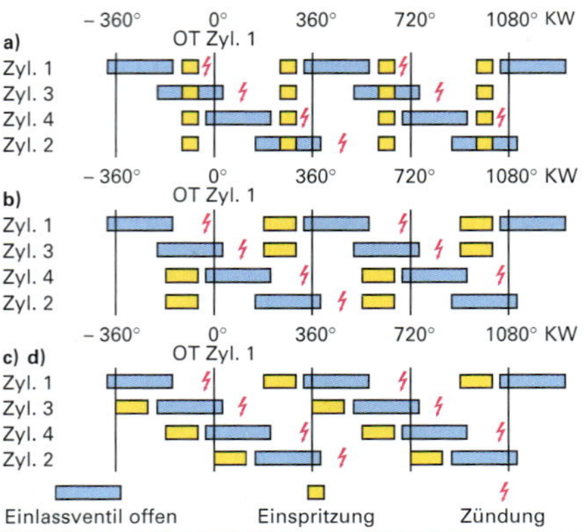

Bauarten

KE-Jetronic

Einspritzsystem	Mechanisch – elektro-hydraulisch
Kraftstoff-zumessung	Luftmengenmesser, Kraftstoffmengenteiler und Steuerkolben bestimmen die zugeteilte Grundeinspritzmenge. Abhängig vom Betriebszustand wird der elektrohydraulische Drucksteller vom Steuergerät angesteuert. Er verändert den Unterkammerdruck in den Differenzdruckventilen, wodurch die Einspritzmenge dem Betriebszustand angepasst wird.
Erfassung des Betriebszustandes	Stauscheibenauslenkung, Temperaturfühler, Drehzahlgeber, Drosselklappenschalter, λ-Sonde.

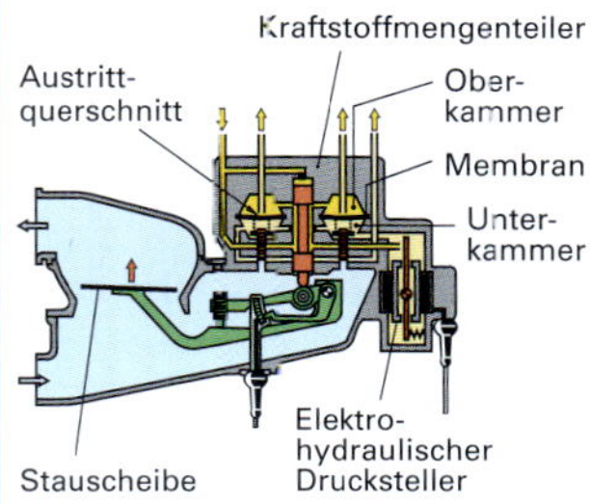

L-Jetronic

Einspritzsystem	Elektrohydraulisch
Kraftstoff-zumessung	Die Stauklappenstellung im Luftmengenmesser ist das Maß für die angesaugte Luftmenge. Zusammen mit der Motordrehzahl bestimmt sie die Grundeinspritzmenge (Hauptsteuergrößen). Abhängig vom Betriebszustand wird durch das Steuergerät die Öffnungsdauer der Einspritzventile angepasst.
Erfassung des Betriebszustandes	Stauklappenauslenkung, Drehzahlgeber, Temperaturfühler, Drosselklappenschalter, λ-Sonde.

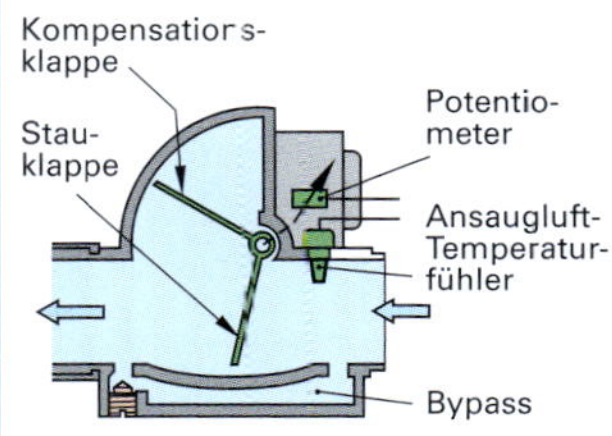

LH-Jetronic

Einspritzsystem	Elektrohydraulisch
Kraftstoff-zumessung	Durch einen Luftmassenmesser mit Heißfilmelement erfasst das Steuergerät die angesaugte Luftmasse. Zusammen mit der Motordrehzahl bestimmt sie die Grundeinspritzmenge (Hauptsteuergrößen). Abhängig vom Betriebszustand wird durch das Steuergerät die Öffnungsdauer der Einspritzventile angepasst.
Erfassung des Betriebszustandes	Heißfilmelement, Drehzahlgeber, Temperaturfühler, Drosselklappenpotentiometer/-schalter, λ-Sonde.

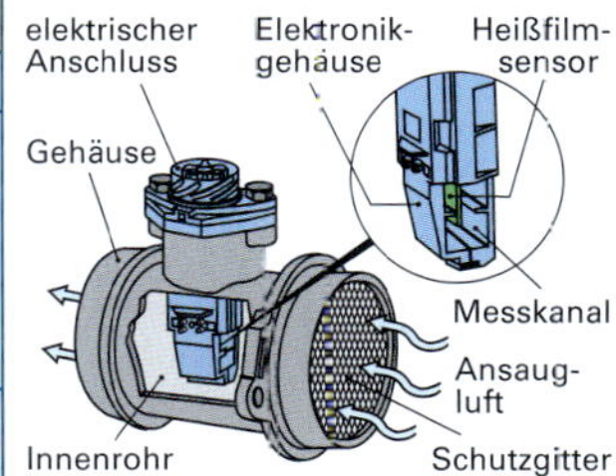

Zentraleinspritzung

Einspritzsystem	Elektrohydraulisch
Kraftstoff-zumessung	Durch die Drosselklappenstellung und die Drehzahl wird die Luftmenge berechnet (α/n-System). Abhängig vom Betriebszustand wird durch das Steuergerät die Öffnungsdauer des zentral über der Drosselklappe angeordneten Einspritzventils bestimmt.
Erfassung des Betriebszustandes	Drosselklappenpotentiometer, Drehzahlgeber, Temperaturfühler, λ-Sonde.

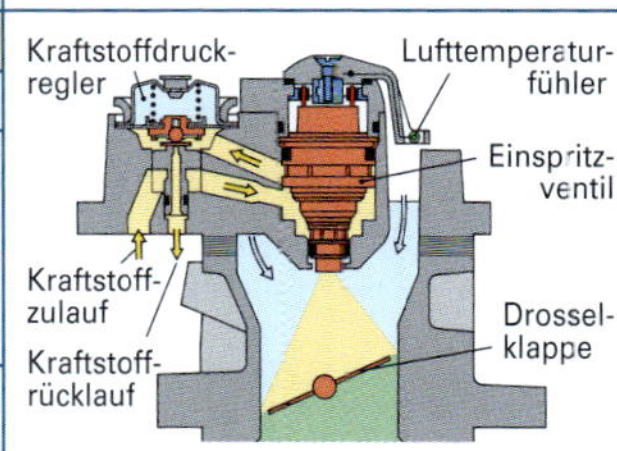

Direkteinspritzung

Einspritzsystem	Elektrohydraulisch
Kraftstoff-zumessung	Moderne Anlagen verwenden drehmomentengeführte Systeme. Sie steuern Drosselklappenstellung, Einspritzzeit, -dauer und Zündzeitpunkt. Die Einspritzung erfolgt in den Zylinder, wobei je nach Betriebszustand homogene oder heterogene Gemische erzeugt werden.
Erfassung des Betriebszustandes	Gaspedalstellung, Heißfilmelement, Drehzahlgeber, Temperaturfühler, λ-Sonde.

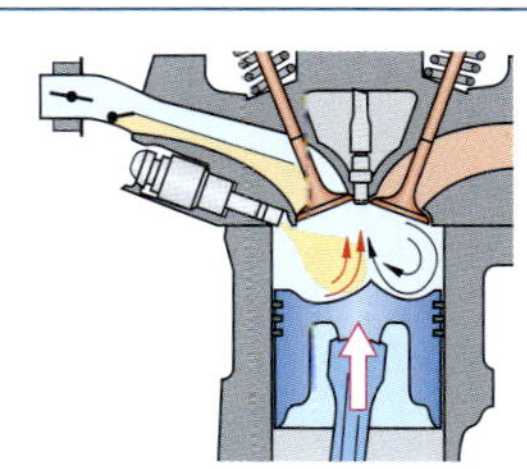

Motronic

Alle modernen Einspritzsysteme werden als Motronic ausgeführt. D.h. dass sowohl Einspritzsystem als auch Zündsystem von nur einem Steuergerät geregelt werden. Dadurch können beide Systeme wesentlich besser optimiert und der konstruktive Aufwand verringert werden.

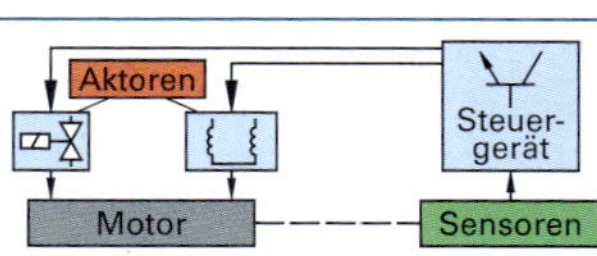

F

Systembild Zentraleinspritzung

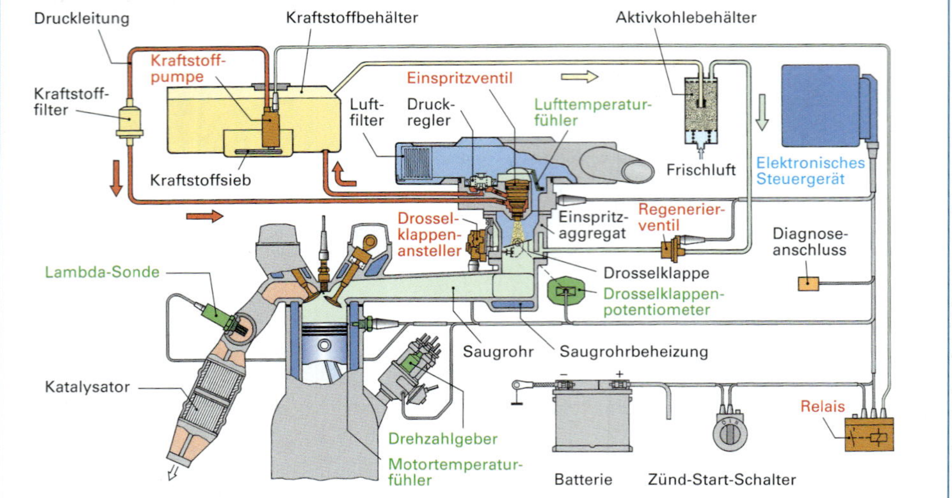

Funktionen der Zentraleinspritzung

Gesamtsystem	Die Zentraleinspritzung (z.B. Mono-Jetronic, Multec) ist ein elektronisch geregeltes Einspritzsystem. Direkt über der Drosselklappe befindet sich ein elektromagnetisch betätigtes Einspritzventil, das Kraftstoff intermittierend in das Saugrohr einspritzt. Die Einspritzimpulsfolge entspricht der Zündimpulsfolge. Dieses System wird für Motoren bis maximal vier Zylinder verwendet.
Steuergerät	Es weist folgende Funktionen auf: Start-, Nachstart-, Warmlauf-, Beschleunigungs-, Volllastanreicherung, Schubabschaltung, Lambda-Regelung, Heißstartsteuerung, Drehzahlbegrenzung, adaptive Leerlaufdrehzahlregelung, Kraftstoffpumpenrelaisansteuerung, Regenerierventilansteuerung, Notlauffunktion, Eigendiagnose.
Kraftstoff-versorgung	Sie erfolgt über Elektrokraftstoffpumpe, Kraftstofffilter zur Zentraleinheit. Der Kraftstoffdruckregler ist im Einspritzaggregat eingebaut. Er hält die Druckdifferenz zwischen Einspritzdruck und Umgebungsdruck an der Zumessstelle des Einspritzventils annähernd konstant (1 bar).

Signaleingang der Zentraleinspritzung (siehe Schaltplan Zentraleinspritzung)

Motordrehzahl B5	Sie wird erfasst durch einen Hallgeber im Verteiler. Die Motordrehzahl wird benötigt, um zusammen mit der Drosselklappenstellung die angesaugte Luftmenge zu berechnen. Ohne Signal ist kein Motorbetrieb möglich (**B5:** PIN 26 (Klemme 7), PIN 27 (Klemme 8h), Klemme 31 (Klemme 31d)).
Drosselklappen-stellung B3	Sie wird vom Drosselklappenpotentiometer erfasst. Zusammen mit der Motordrehzahl wird aus ihr über eingespeicherte Kennfelder die einzuspritzende Kraftstoffmenge berechnet (α/n-System). Das Signal wird außerdem zur Volllastanreicherung (Spannungsabfall am Potentiometer) und zur Beschleunigungsanreicherung (Spannungsänderung am Potentiometer) benötigt. Fällt das Signal aus, kann über die Lambda-Regelung ein Notlaufbetrieb gewährleistet werden (**B3:** PIN 7, PIN 8, PIN 18, Klemme 31).
Leerlaufstellung Y2	Zur Leerlaufdrehzahlregelung und Schubabschaltung benötigt das Steuergerät die Information durch den Kontaktschalter. Fällt das Signal aus, ist keine Leerlaufregelung möglich. Der Leerlaufkontaktschalter ist am Drosselklappenansteller angebracht (**Y2:** PIN 3 , Klemme 31M).
Ansaugluft-temperatur B1	Sie wird durch einen NTC in Form des Spannungsabfalls am Widerstand erfasst und zur Korrektur der Einspritzmenge bei niedrigen Lufttemperaturen verwendet. Die Einspritzdauer kann bis zu 20% verlängert werden. Bei Signalunterbrechung oder Kurzschluss kann das Steuergerät auf einen Ersatzwert umschalten (**B1:** PIN 14, Klemme 31).
Motor-temperatur B2	Durch Verarbeitung des Motortemperatursignals (Spannungsabfall an einem NTC-Widerstand) bestimmt das Steuergerät temperaturabhängig die Dauer der Einspritzzeit. Bei kaltem Motor wird die Einspritzdauer bis zu 70% verlängert. Bei Signalunterbrechung oder Kurzschluss kann das Steuergerät auf einen Ersatzwert umschalten (**B2:** PIN2, Klemme 31M).

F

Signalausgang der Zentraleinspritzung (siehe Schaltplan Zentraleinspritzung)

Kraftstoffpumpenrelais K1	Die Kraftstoffpumpe Y4 wird über das Kraftstoffpumpenrelais K1 geschaltet. K1 schließt, wenn das Hauptrelais K2 auf Klemme 30 und das Steuergerät über PIN 17 auf Masse durchschaltet. Das Steuergerät unterbricht den Steuerstrom von K1, wenn das Drehzahlsignal des Hallgebers ausbleibt.
Einspritzventil Y4	Es erhält wie die Kraftstoffpumpe Spannung vom Kraftstoffpumpenrelais K1. Zur Begrenzung des Stromflusses ist der Widerstand R1 vorgeschaltet. Soll das Einspritzventil öffnen, muss das Steuergerät über PIN 13 auf Masse schalten. Die Dauer der Bestromung bestimmt die eingespritzte Kraftstoffmenge.
Drosselklappensteller Y2	Der Drosselklappensteller wird bei geschlossenem Leerlaufkontakt mit einer variabel getakteten Spannung (Pulsweiten-Moduliertes-Signal) über PIN 23 und PIN 24 vom Steuergerät angesteuert. Ein beweglicher Betätigungsstößel wirkt über einen Hebel auf die Drosselklappe, wodurch die Gemischmenge und damit die Leerlaufdrehzahl in Abhängigkeit von Motortemperatur und Last geregelt werden kann.
Saugrohrheizung Y5	Sie wird benötigt, um die Kondensationsverluste im Saugrohr bei kaltem Motor möglichst gering zu halten. Erkennt das Steuergerät durch den Motortemperaturfühler B2 einen kalten Motor, schaltet es das Relais K3 auf Masse durch. Dadurch kann Strom von Klemme 30 über die Heizung auf Masse fließen.

Blockschaltbild Zentraleinspritzung

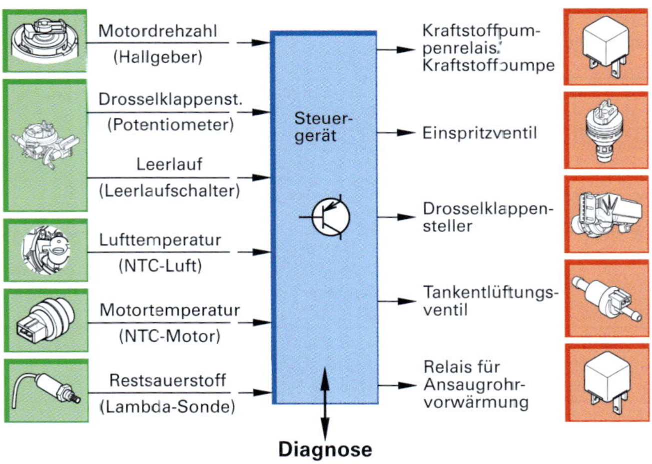

Legende:

- B1 Lufttemperaturfühler
- B2 Motortemperaturfühler
- B3 Drosselklappenpotentiometer
- B4 beheizte Lambda-Sonde
- B5 Hallgeber
- F1 Sicherung 8A
- F2 Sicherung 8A
- K1 Kraftstoffpumpenrelais
- K2 Hauptrelais
- K3 Relais für Saugrohrvorwärmung
- K4 elektronisches Steuergerät
- R1 Vorwiderstand
- Y1 Einspritzventil
- Y2 Drosselklappensteller mit Leerlaufkontaktschalter
- Y3 Regenerierventil
- Y4 Kraftstoffpumpe
- Y5 Saugrohrheizung

Schaltplan Zentraleinspritzung

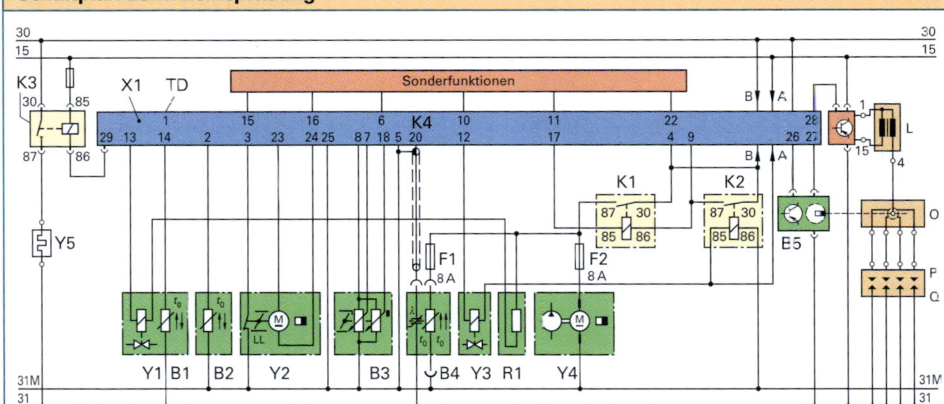

F

Fehlersuche bei Zentraleinspritzanlagen

Fehlermerkmale	Kennzahlen der Fehlerursachen
Motor springt nicht an	1, 2, 14, 15
Motor springt an, stirbt aber wieder ab	6, 7, 14, 15
Motor springt im kalten Zustand schlecht an	1, 4, 6, 15
Heißstartschwierigkeiten	1, 3, 4
Unrunder Leerlauf während der Warmlaufphase	3, 8, 13, 15
Unrunder Leerlauf bei warmem Motor (Schütteln, Sägen)	3, 13, 15, 16
Motor nimmt kein Gas an (patscht)	1, 3, 4, 10, 15
Motoraussetzer im Fahrbetrieb unter hoher Last, Motorleistung zu gering	1, 4, 11, 12, 15, 16
Motor läuft („dieselt") nach	5, 15
Kraftstoffverbrauch zu hoch	4, 8, 9, 10, 11, 12, 15, 16
Übergangsstörung bei Lastwechsel	10, 15

Kennzahl d. Fehlerursachen	Fehlerursachen	Prüfhinweise
1	Elektrokraftstoffpumpe und ggf. Vorförderpumpe ohne Funktion bzw. Pumpenleistung zu gering	Hörprobe – läuft Pumpe? Prüfen von: Sicherung, Spannung an der Pumpe, Pumpenrelais; Fördermengenprüfung
2	Kein Drehzahlsignal	Fehlerspeicherabfrage: **Hallgeber prüfen, Drehzahlsignal vorhanden**
3	Luftansaugsystem des Motors undicht	Saugrohr, angeschlossene Aggregate und alle Schlauchverbindungen auf Dichtheit prüfen
4	Systemdruckregler defekt / Systemdruck außer Toleranz	Systemdruck prüfen (ca. 1 bar)
5	Regenerierventil defekt	Hörprobe – zieht Regenerierventil an? Bei Ausschalten der Zündung erfolgt kurzzeitige Ansteuerung – schließt Regenerierventil? Prüfen ob Regenerierventil ständig angesteuert wird.
6 7 8	Startanreicherung außer Toleranz Nachstartanreicherung außer Toleranz Warmlaufanreicherung außer Toleranz	Fehlerspeicherabfrage: Widerstandswerte von **NTC-Wasser** und **NTC-Luft** prüfen und mit Sollwerten vergleichen; Steuergerät auf Funktion prüfen
9 10 11	Schubabschaltung funktioniert nicht Beschleunigungsanreicherung außer Toleranz Volllastanreicherung außer Toleranz	Fehlerspeicherabfrage; Drosselklappenpotentiometer, Steuergerät auf Funktion prüfen
12	Drosselklappenpotentiometer nicht in Ordnung	Drosselklappe auslenken und Widerstandswerte prüfen
13	Drosselklappen-Ansteller (Leerlaufsteller) nicht in Ordnung	Spannungsversorgung und Widerstandswerte prüfen; Stellglieddiagnose – fährt DK-Ansteller aus und ein?
14	Einspritzventil defekt	Ansteuerung und Widerstand prüfen
15	Steuergerät defekt	Fehlerspeicherabfrage; Spannungsversorgung prüfen
16	λ-Sonde defekt	Fehlerspeicherabfrage; λ-Regelanschlag prüfen, λ-Regelkreis prüfen (Störgrößenaufschaltung)

Eigendiagnose

Die Eigendiagnose kann bei älteren Zentraleinspritzungssystemen durch einen vierstelligen Blinkcode, der über eine Fehlerlampe ausgegeben wird, erfolgen.

Neuere Systeme werden durch Fehlerauslesegeräte (Motortester) überprüft. Folgende Störungen der Bauteile und ihrer Leitungen werden gespeichert: Steuergerät, Leerlaufschalter, Drosselklappenpotentiometer, Geber für Kühlmitteltemperatur, Geber für Lufttemperatur, Hallgeber, Lambdaregelung, Drosselklappenansteller.

Daneben können folgende Bauteile über eine Stellglieddiagnose (Ansteuerung der Bauteile) überprüft werden: Drosselklappenansteller, Relais für Ansaugvorwärmung, Regenerierventil.

F

Systembild LH-Motronic

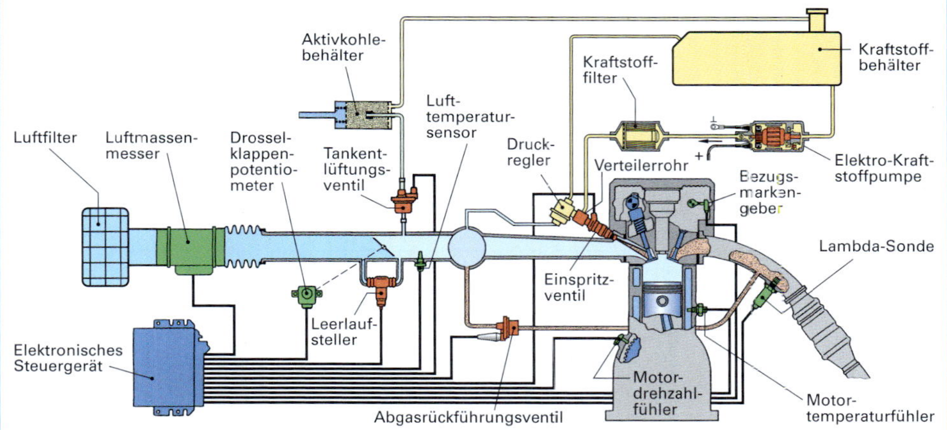

Funktionen der LH-Motronic

Gesamtsystem	Die LH-Motronic ist ein elektronisch geregeltes Einspritzsystem mit einer durch das gleiche Steuergerät geregelten elektronischen oder vollelektronischen Zündanlage. Die Einspritzung erfolgt sequenziell intermittierend durch die elektomagnetisch betätigten Einspritzventile in das Saugrohr kurz vor die geschlossenen Einlassventile (multi point). Das typische äußere Kennzeichen ist der zwischen Luftfilter und Drosselklappe eingebaute Luftmassenmesser.
Steuergerät	Es weist bezüglich der Einspritzung folgende Funktionen auf: Grundabstimmung über Kennfeld, Startsteuerung, Nachstart-, Volllast-, Beschleunigungsanreicherung, Schubabschaltung, Drehzahlbegrenzung, adaptive Leerlaufdrehzahlregelung, Lambda-Regelung, Tankentlüftungssystem, Abgasrückführung (Klima-, Fahrstufenvorsteuerung, Saugrohrumschaltung).
Kraftstoff-versorgung	Sie erfolgt über Elektrokraftstoffpumpe, Kraftstofffilter, Verteilerrohr zu den Einspritzdüsen. Bei Zweileitungssystemen ist der Kraftstoffdruckregler am Ende des Verteilerrohres angebaut. Er hält die Druckdifferenz zwischen Verteilerrohr und Saugrohr konstant.

Sensoren der LH-Motronic (siehe Schaltplan LH-Motronic)

Luftmassen-messer B3	Ein Heißfilm- oder Hitzdraht-Luftmassenmesser ermittelt die angesaugte Luftmasse. Sie wird benötigt, um zusammen mit der Drehzahl (Hauptsteuergrößen) die Einspritzmenge (Quantität) zu berechnen. Bei einem Ausfall des Sensors können manche Systeme die angesaugte Luftmenge über die Stellung der Drosselklappe mit Hilfe eingespeicherter Kennfelder annähernd genau bestimmen (Notlauffunktion). (**B3:** Signal PIN 10, PIN 11, Stromversorgung PIN 12, Masse Klemme 31).
Motordrehzahl-fühler B1	Durch einen Induktivgeber wird die Drehzahl erfasst. Bei einer entsprechenden Ausbildung des Geberrades wird zugleich die OT-Position des 1. Zylinders ermittelt (Bezugsmarke). Die Motordrehzahl wird benötigt, um zusammen mit der angesaugten Luftmasse (Hauptsteuergrößen) die Einspritzmenge zu berechnen. Ohne Signal ist kein Motorbetrieb möglich. (**B1:** PIN 6, PIN 7).
Drosselklappen-potentiometer B4	Es ist meist mit einem Drosselklappenschalter kombiniert und hat die Aufgabe, die Öffnung der Drosselklappe in Form eines Spannungssignals dem Steuergerät zu übermitteln. Der Sensor wird außerdem zur Leerlauferkennung (durch Drosselklappenschalter) benötigt. Fällt das Signal aus, sind folgende Funktionen nicht mehr möglich: Leerlauffüllungsregelung, Schubabschaltung, Volllast- und Beschleunigungsanreicherung. (**B4:** Drosselklappenpotentiometer: Signal PIN 13, PIN 14, Stromversorgung PIN 12, Drosselklappenschalter: PIN 15, Klemme 31).
Ansaugluft-temperatur fühler B7	Er ist ein NTC-Widerstand, der in Form des Spannungsabfalls am Widerstand die Ansauglufttemperatur erfasst. Das Signal wird zur Korrektur der Einspritzmenge verwendet. Bei niedrigen Lufttemperaturen kann die Einspritzdauer bis zu 20% verlängert werden. Bei Signalunterbrechung oder Kurzschluss kann das Steuergerät auf einen Ersatzwert umschalten (**B7:** PIN 18, PIN 19). In manchen Systemen wird die Lufttemperatur nur durch den Luftmassenmesser erfasst.

F

Sensoren der LH-Motronic (siehe Schaltplan LH-Motronic)	
Motortemperaturfühler B5	Er ist ein NTC-Widerstand, der in Form des Spannungsabfalls am Widerstand die Motortemperatur erfasst. Durch Verarbeitung des Motortemperatursignals bestimmt das Steuergerät temperaturabhängig die Dauer der Einspritzzeit. Bei kaltem Motor wird die Einspritzdauer bis zu 70% verlängert. Außerdem werden Zündzeitpunkt, Leerlaufdrehzahl, Abgasrückführung und Klopfregelung bei kaltem Motor angepasst. Bei Signalunterbrechung oder Kurzschluss kann das Steuergerät auf einen Ersatzwert umschalten. (**B5:** PIN 12, PIN 16).
Bezugsmarkengeber B2	Der an der Nockenwelle platzierte Hall-Geber liefert zusammen mit dem induktiven Drehzahl- und Bezugsmarkengeber an der Kurbelwelle die Zünd-OT-Stellung des ersten Zylinders. Das Steuergerät benötigt diese Information, um Einspritz- und Zündzeitpunkt zur richtigen Zeit dem richtigen Zylinder zuordnen zu können. (**B2:** Signal: PIN 8, PIN 9 (Stromversorgung: Klemme 8h, Signal Plus: Klemme 7), Masse: PIN 5).
Lambdasonde B6	Sie misst den Restsauerstoff im Abgas und gibt dem Steuergerät in Form eines Spannungssignals Auskunft über die Gemischzusammensetzung (möglichst $\lambda = 1$). Um ein schnelleres Ansprechen des Sensors zu ermöglichen, wird die Sonde beheizt. Bei Ausfall des Signals findet keine Lambda-Regelung statt. (**B6: Signal:** PIN 17, Klemme 31, **Heizung:** Klemme 87/K2, Klemme 31).

Blockschaltbild LH-Motronic

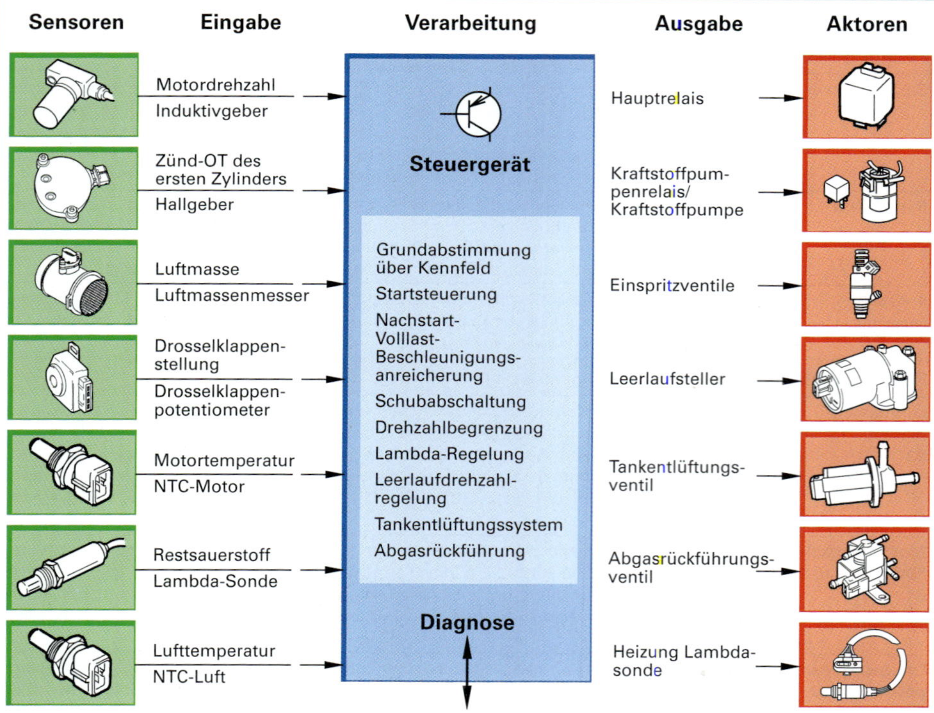

Aktoren der LH-Motronic (siehe Schaltplan LH-Motronic)	
Hauptrelais K1	Wird die Zündung eingeschaltet, erhält das Hauptrelais Plus auf Klemme 85 von Klemme 15 und Minus auf Klemme 86 vom Steuergerät PIN 3. Dadurch schließt der Arbeitsstromkreis des Relais und das Steuergerät wird auf PIN 4 mit Spannung versorgt. Ebenso werden die Magnetventile Y1 bis Y7 und der Steuerstromkreis von K2 auf Klemme 85 bestromt.
Kraftstoffpumpenrelais K2	Die Kraftstoffpumpe M und die Heizung der Lambdasonde B6 werden über das Kraftstoffpumpenrelais K2 geschaltet. K2 schließt, wenn das Hauptrelais K1 auf Klemme 15 und das Steuergerät über PIN 30 auf Masse durchschaltet. Das Steuergerät unterbricht den Steuerstrom von K2, wenn das Drehzahlsignal des Motordrehzahlgebers ausbleibt.

F

Aktoren der LH-Motronic (siehe Schaltplan LH-Motronic)

Einspritzventile Y1 bis Y4	Sie erhalten wie das Kraftstoffpumpenrelais K2 Spannung vom Hauptrelais K1. Sollen die Einspritzventile öffnen, muss das Steuergerät PIN 29 bzw. PIN 28, PIN 27, PIN 26 auf Masse schalten. Durch die getrennte Ansteuerung der Ventile durch das Steuergerät ist eine sequenzielle Einspritzung möglich. Die Dauer der Bestromung bestimmt die eingespritzte Kraftstoffmenge.
Leerlaufsteller Y5	Der Leerlaufsteller Y5 regelt die Leerlaufdrehzahl in Abhängigkeit von der Motortemperatur. Er wird in Form einer variabel getakteten Spannung (PWM-Signal = Pulsweiten-Moduliertes-Signal) über Klemme 87 von K1 (Plus) und PIN 25 vom Steuergerät (Minus) angesteuert. Bei Ausfall des Signals wird das Ventil auf einen Notlaufquerschnitt geöffnet.
Tankentlüftungsventil Y6	Das Magnetventil öffnet und schließt die Verbindungsleitung zwischen Saugrohr und Aktivkohlebehälter. Es wird durch ein Pulsweiten-Moduliertes-Signal geöffnet, wobei die Versorgung mit Plus von Klemme 87 K1 und die Minusversorgung vom Steuergerät PIN 24 erfolgt. Bei Ausfall des Signals bleibt das Ventil geschlossen.
Abgasrückführungsventil Y7	Das Magnetventil für die Abgasrückführung öffnet und schließt die Verbindungsleitung zwischen Auspuffkrümmer und Ansaugrohr. Es wird durch ein Pulsweiten-Moduliertes-Signal geöffnet, wobei es Plus von Klemme 87 K1 und Minus vom Steuergerät PIN 23 erhält. Bei Ausfall des Signals bleibt das Ventil geschlossen.

Schaltplan der LH-Motronic

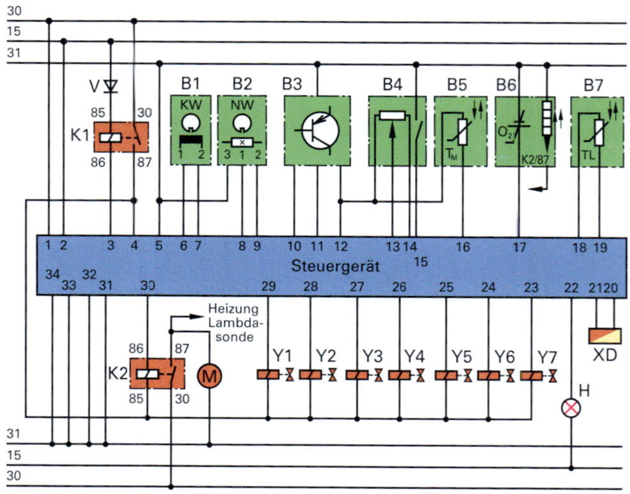

K1	Hauptrelais
V	Verpolschutzdiode
K2	Kraftstoffpumpenrelais
M	Kraftstoffpumpe
B1	Drehzahl- und Bezugsmarkengeber
B2	Nockenwellengeber
B3	Luftmassenmesser
B4	Drosselklappenpotentiometer
B5	Motortemperaturfühler
B6	beheizte Lambdasonde
B7	Lufttemperaturfühler
H	Kontrolllampe/ Fehlerlampe
Y1...Y4	Einspritzventile
Y5	Leerlaufsteller
Y6	Tankentlüftungsventil
XD	Diagnoseanschluss
(grün)	Sensoren
(rot)	Aktoren
Y7	Abgasrückführungsventil

F

Fehlersuche bei der LH-Motronic

Die LH-Motronic ist mit einer umfassenden **Eigendiagnose** ausgestattet. Zu ihren Aufgaben gehören:

- Überwachung der Lambda-Regelung (Regelgrenze wird unter- oder überschritten) und der Abgasrückführung
- Überwachung der Sensorenstromkreise und der Signale (Kurzschluss nach Plus oder Masse, kein Signal)
- Plausibilitätsprüfung einzelner Sensorsignale (Passen Sensorsignalwerte oder deren Kombinationen nicht zu hinterlegten Werten, so können Ersatzwerte hinzugezogen oder auf Notlauf geschaltet werden.)
- Überwachung der Aktorenstromkreise (Kurzschluss nach Plus oder Masse, Unterbrechung)
- Aktivierung von gespeicherten Ersatzfunktionen
- Speichern von aufgetretenen Fehlern im Fehlerspeicher des Steuergerätes.

Gespeicherte Fehler können mit Hilfe eines Fehlerauslesegerätes (Motortester) über den Diagnoseanschluss abgefragt werden.

Fehler, die nicht vom System erkannt werden:

Z.B. undichte Unterdruckleitungen, über die Falschluft angesaugt wird, können von der Eigendiagnose nicht erkannt werden. Bei einer **Stellglieddiagnose** werden die elektrischen Stellglieder vom Motortester über das Steuergerät nacheinander mit elektrischen Testimpulsen angesteuert. Durch Auslesen einzelner Messwerte (Temperaturen, Drehzahl, Magnetventilstellungen) mit Hilfe des Testers und anschließendem **Ist-Sollwert-Vergleich** können weitere Fehler diagnostiziert werden.

Systembild ME-Motronic

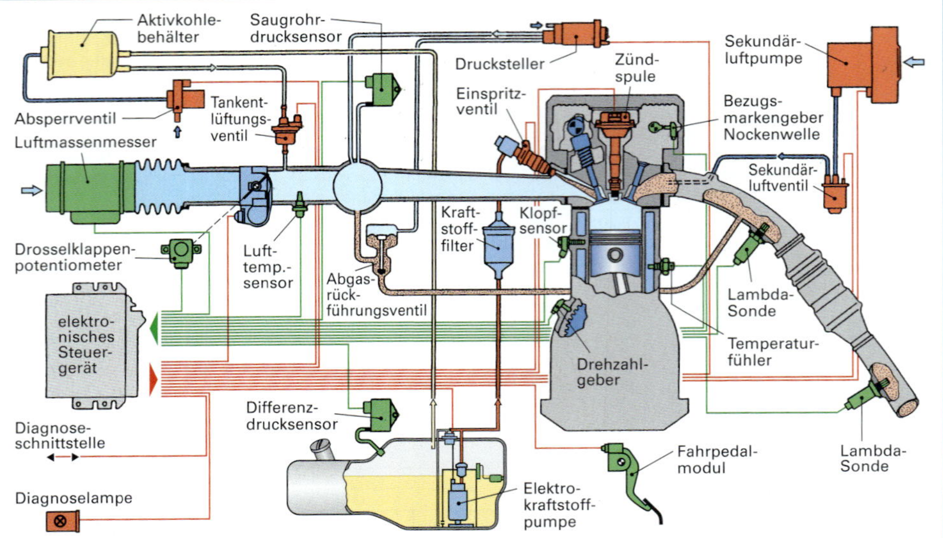

Funktionen der ME-Motronic

Gesamtsystem	Die ME-Motronic (M = Momentengeführt, E = E-Gas-Funktion) ist eine Weiterentwicklung der LH-Motronic. Als wesentliche Neuerung wurde die Regelung der Gemischbildung durch eine so genannte Drehmomentenführung ersetzt. Außerdem wurde in das System die EOBD integriert. In bisherigen Systemen öffnete und schloss der Fahrer durch Betätigung des Fahrpedals die Drosselklappe. Die angesaugte Luftmasse und die entsprechend eingespritzte Kraftstoffmenge bestimmten zusammen mit der Drehzahl (Hauptsteuergrößen) das vom Fahrer geforderte Drehmoment. Zusätzliche Drehmomentenanforderungen z.B. durch den Klimakompressor traten als Störgrößen auf und mussten vom System nachgeregelt werden. Durch die Drehmomentenführung ist nicht mehr allein die Fahrpedalstellung für das zu erzeugende Drehmoment maßgeblich. Alle Systeme und Komponenten, die das Antriebsdrehmoment beeinflussen (z.B. Automatikgetriebe, Klimakompressor, Katalysator-Heizen, ASR, ESP), werden zur Berechnung des zu erzeugenden Motordrehmomentes herangezogen. Die Motronic bildet eine Ersatzgröße, in die die Anforderungen der einzelnen Systeme mit unterschiedlicher Priorität eingehen. Schaltet z.B. der Klimakompressor ein, so würde das Antriebsdrehmoment verringert. Um dies zu vermeiden, erhält das Steuergerät vor dem Zuschalten des Klimakompressors ein Signal. Dieses bewirkt, dass durch Öffnen der Drosselklappe, vermehrte Kraftstoffeinspritzung und eventuell verändertem Zündwinkel das zu erzeugende Drehmoment um den benötigten Betrag erhöht wird. Um dies zu ermöglichen, muss die Drosselklappenstellung von der Fahrpedalstellung entkoppelt werden, was durch eine E-Gas-Funktion erreicht wird. Das heißt auch, dass die Fahrpedalstellung nur noch als Fahrwunsch anzusehen ist, (z.B. ASR-Eingriff).
Steuergerät	Die ME-Motronic hat bezüglich der Einspritzung den gleichen Aufbau wie die LH-Motronic. Zusätzlich wurden folgende Funktionen integriert: Drehmomentenführung, E-Gas, Fahrgeschwindigkeitsregelung, Sekundärlufteinblasung, EOBD, Datenaustausch über CAN-BUS mit anderen Systemen, erweiterte Eigendiagnose und Notlaufprogramme.
Kraftstoff-versorgung	Sie wird zunehmend über Ein-Leitungs-Systeme und in den Tank integrierte Fördermodule (bestehend aus Catchtank, zweistufigen Elektrokraftstoffpumpen mit Saugstrahlpumpen, Kraftstofffiltern und Druckregler) gewährleistet. Werden Einleitungssysteme verwendet, wird der Kraftstoffversorgungsdruck üblicherweise auf 3 bar gegenüber der Umgebung konstant gehalten. Mit wechselndem Saugrohrdruck ändert sich damit der Differenzdruck am Einspritzventil, was zu unterschiedlichen Einspritzmengen führt. Durch eine Kompensationsfunktion wird dieser Fehler korrigiert.

Blockschaltbild der ME-Motronic

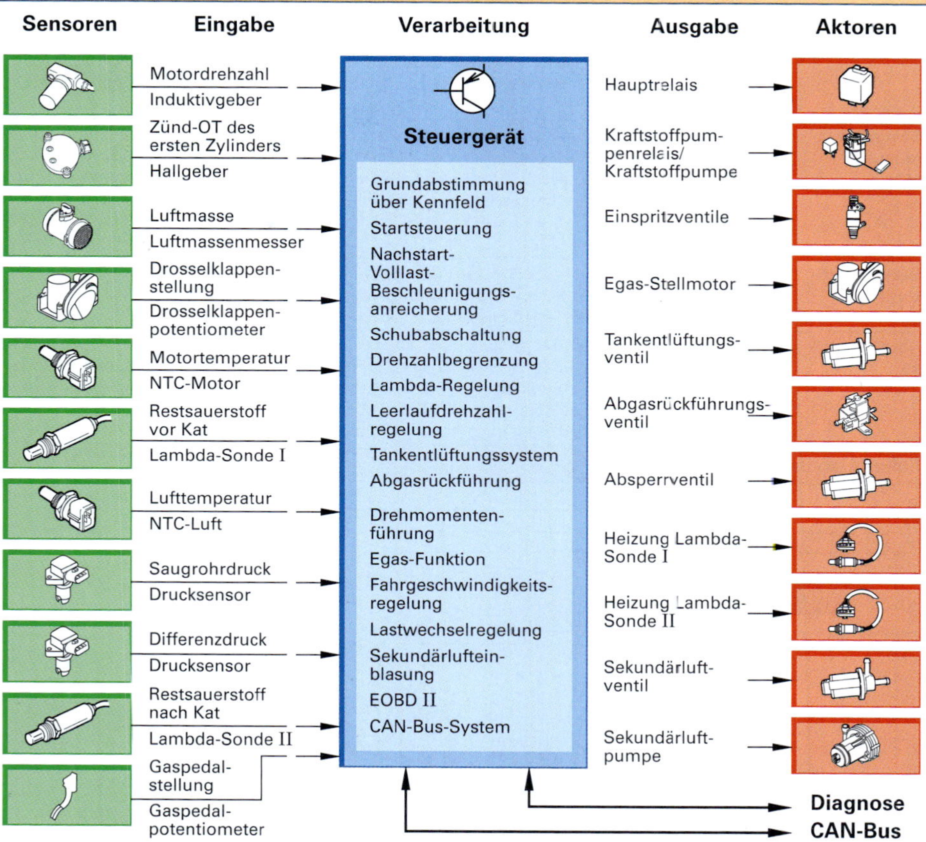

Zusätzliche Sensoren der ME-Motronic (siehe Schaltplan ME-Motronic)

Saugrohr-drucksensor B9	Das Signal des Saugrohrdrucksensors wird zur Kompensation des Differenzdruckes am Einspritzventil benötigt. Zusätzlich verwendet man es zur Berechnung des Spülstromes des Regeneriersystems. In Systemen ohne Luftmassenmesser kann über eingespeicherte Kennfelder die angesaugte Luftmenge berechnet werden (**B9**: PIN 49, PIN 50, Masse PIN 53).
Differenz-drucksensor B10	Zur Überprüfung der Dichtheit des Kraftstoffbehälters wird sein Innendruck im Rahmen der EOBD überwacht. Durch die Eigendiagnose der EOBD werden Undichtigkeiten erkannt und angezeigt (**B10**: PIN 51, PIN 52, Masse PIN 53).
Lambda-Sonde II B11	Die Nach-Kat-Sonde dient zur Prüfung der Katalysatorfunktion im Rahmen der EOBD. Zusätzlich erfolgt eine Adaption der Vor-Kat-Sonde. Bei Ausfall der Sonde erfolgt weiterhin die Lambdaregelung, die Funktion des Katalysators kann allerdings nicht mehr überprüft werden (**B11**: Signal PIN 10, PIN 11, **Heizung** PIN 9 (Masse), K1 (Plus)).
Geber für Fahr-pedalstellung B12	Der Fahrerwunsch wird über die Stellung des Fahrpedals dem Steuergerät übermittelt. Im Fahrpedalmodul sind aus Sicherheitsgründen zwei gegenläufige Potentiometer integriert (**B12.1**: PIN 37, PIN 38, PIN 39, **B12.2**: PIN 40, PIN 41, PIN 42).
Geber für Drosselklappen-stellung B4	Der aus zwei Potentiometern bestehende Drosselklappenwinkelsensor ist in der Drosselvorrichtung integriert. Er informiert das Steuergerät über die momentane Stellung der Drosselklappe. Ergibt die Plausibilitätsprüfung der vier Potentiometer durch das Egas-Überwachungssystem eine Abweichung vom Sollzustand, so wird zunächst auf Ersatzsignale zurückgegriffen. Im Notlauf wird die Drosselklappe so weit geöffnet, dass nur noch eine niedrige Motordrehzahl möglich ist (**B4.1**: PIN 31, PIN 32, PIN 33, **B4.2**: PIN 31, PIN 33 PIN 34).

F

Zusätzliche Aktoren der ME-Motronic (siehe Schaltplan ME-Motronic)

Egas-Stellmotor B4	Durch einen Stellmotor **B4** (angesteuert über PIN 35, Pin 36) wird die vom Steuergerät berechnete Stellung der Drosselklappe eingestellt und damit die Füllung bestimmt. Eine mechanische Verbindung zwischen Fahrpedal und Drosselklappe ist nicht mehr vorhanden (drive by wire). Bei Ausfall des Stellmotors oder der Sensoren wird die Drosselklappe in eine Notlaufposition gestellt.
Sekundärluftpumpe M1	Es ist eine Luftpumpe, die in Abhängigkeit von der Motortemperatur zeitlich begrenzt Frischluft kurz nach dem Auslassventil in den Abgaskrümmer bläst. Durch die Oxidation von CO und HC werden die Katalysatoren schneller aufgeheizt und die Abgaswerte verringert. Die Pumpe wird über das Relais **K3** (geschaltet durch K1 (Plus) und K2 (PIN 20, Masse)) mit Strom versorgt (**M1**: Plus von K1, Masse von Klemme 31). Die Funktion der Pumpe wird über die Eigendiagnose überwacht.
Sekundärluftventil Y9	Das Sekundärluftventil soll die Sekundärluftpumpe schützen und verhindern, dass bei abgeschalteter Pumpe heiße Abgase einströmen. Das Ventil **Y9** wird über Plus von K1 und Masse vom Steuergerät, PIN 19 geöffnet.
Absperrventil Y8	Das Absperrventil hat die Aufgabe, bei abgeschalteter Regenerierung die Luftzufuhr zum Aktivkohlebehälter zu verschließen. Da Kraftstoffdämpfe, die in die Umwelt gelangen, diese belasten, verlangt die verschärfte EU-Gesetzgebung, dass die Krafstoffförderanlage nach aussen hin dicht ist. Das Absperrventil **Y8** wird über Plus von K1 und Masse vom Steuergerät, PIN 18 zeitgleich mit dem Regenerierventil geöffnet.

Schaltplan der ME-Motronic

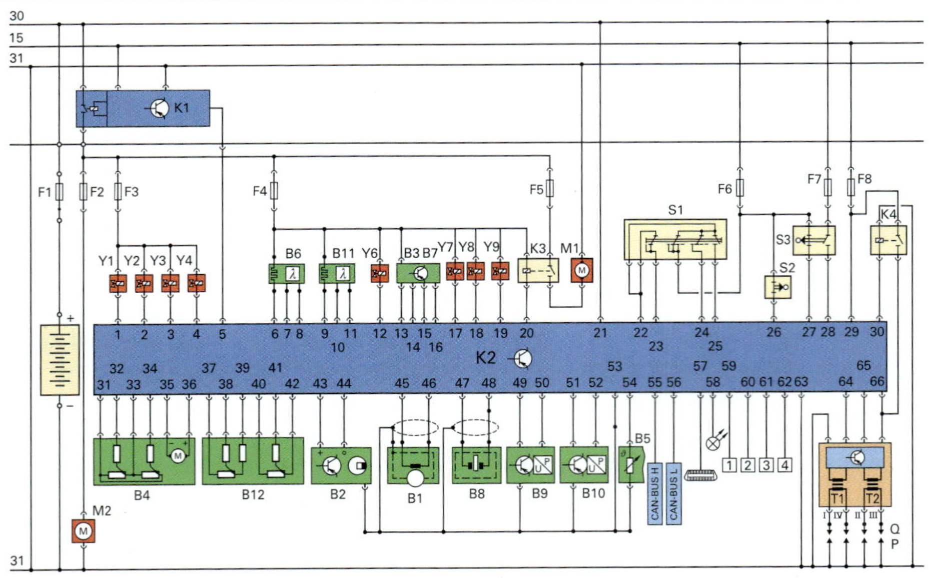

Legende zum Schaltplan

B1	Drehzahlgeber Kurbelwelle	**B11**	beheizte Lambda-Sonde II	**S2**	Kupplungspedalschalter
B2	OT-Geber Nockenwelle	**B12**	Geber für Gaspedalstellung	**S3**	Bremspedalschalter GRA
B3	Luftmassenmesser	**F1 … F6**	Sicherungen	**T1, T2**	Doppelfunkenzündspulen
B4	Geber für Drosselklappenstellung mit Egas-Stellmotor	**K1**	Kraftstoffpumpenrelais	**Y1 … Y4**	Einspritzventile
B5	Motortemperaturfühler	**K2**	Steuergerät ME-Motronic	**Y6**	Regenerierventil
B6	beheizte Lambda-Sonde I	**K3**	Relais Sekundärluftpumpe	**Y7**	Abgasrückführungsventil
B7	Ansaugluft-Temperaturfühler	**K4**	Relais Endstufe Zündanlage	**Y8**	Absperrventil
B8	Klopfsensor	**M1**	Sekundärluftpumpe	**Y9**	Sekundärluftventil
B9	Saugrohrdrucksensor	**M2**	Elektrokraftstoffpumpe	**1 … 4**	Ein- und Ausgänge anderer Systeme
B10	Differenzdrucksensor	**S1**	Schalter für GRA		

Systembild MED-Motronic

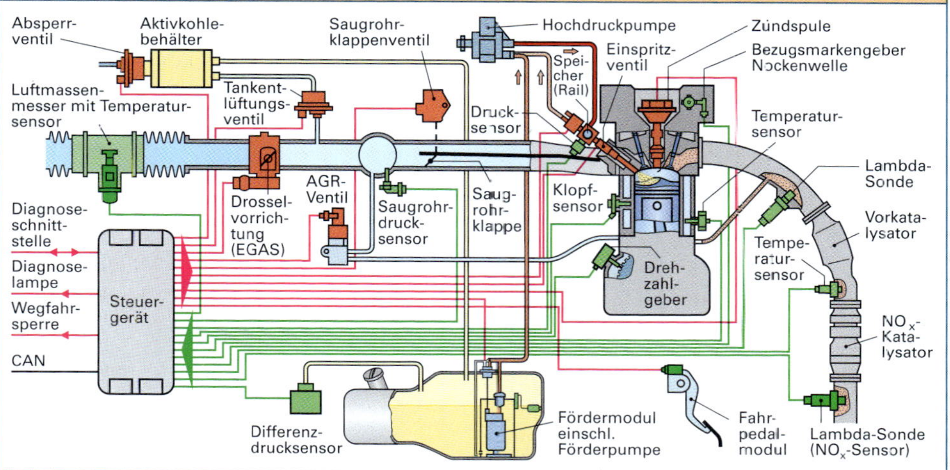

Funktionen der MED-Motronic

Gesamtsystem	Die MED-Motronic ist eine ME-Motronic, die an die besonderen Gegebenheiten und Anforderungen der Direkteinspritzung angepasst wurde.
Heterogene Gemischbildung (Schichtladebetrieb)	Im Teillastbetrieb wird der Kraftstoff während des Verdichtungstaktes so in den Brennraum eingespritzt, dass nur im Bereich der Zündkerze auf Grund der erzeugten Luftströmung eine Gemischwolke mit annähernd $\lambda = 1$ erzeugt wird. Dazu sind nötig: • Eine genau abgestimmte Brennraumgeometrie • eine genau definierte Luftströmung • eine geschlossene Saugrohrklappe • eine Einspritzung während des Verdichtungstaktes. Vom Zentrum dieser Gemischwolke dehnt sich die Verbrennung in die mageren Bereiche des Brennraumes aus. Da die Leistung in diesem Betriebsbereich von der eingespritzten Kraftstoffmasse abhängt, öffnet die Drosselklappe, wodurch Leistungsverluste durch die Drosselung der Ansaugluft reduziert werden.
Homogene Gemischbildung	Bei Lambdawerten über 1,4 und erhöhter Drehzahl wird die Verbrennung schlechter. Deshalb wird bei Volllast in den Homogenbetrieb geschaltet, um dadurch ein fetteres Gemisch und damit mehr Leistung zu erreichen. Dazu wird: • Die Saugrohrklappe geöffnet (mehr Luft) • der Kraftstoff während des Ansaugtaktes so in den Bennraum eingespritzt, dass ein homogenes Gemisch mit $\lambda = 1$ erreicht wird. • die Leistung über die Drosselklappe geregelt
Steuergerät	Die MED-Motronic beinhaltet bezüglich der Einspritzung die gleichen Funktionen wie die ME-Motronic. Durch die beiden verschiedenen Betriebsarten Schichtladungsbetrieb und Homogenbetrieb werden allerdings an die Regelung und Anpassung erhöhte Anforderungen gestellt. Weil bei der Verbrennung des mit Schwefel verunreinigten Kraftstoffs Schwefeldioxid entsteht und dieses den NOx-Speicherkatalysator unwirksam macht, muss dieser immer wieder durch Umschalten in den Homogenbetrieb regeneriert werden. Eine weitere Aufgabe des Steuergeräts ist die Regelung des Kraftstoffhochdrucks.
Kraftstoffversorgung	• Elektro-Kraftstoffpumpe übernimmt die Vorförderung des Kraftstoffs (Druck bis zu 6,8 bar). • Hochdruckpumpe (3-Zylinder-Radial-Kolbenpumpe) erhöht den Druck auf ca.120 bar und pumpt den Kraftstoff in das Verteilerrohr. • Über den dort eingebauten Kraftstoffdrucksensor und ein Kraftstoffdruck-Regelventil wird der Kraftstoffdruck vom Steuergerät über ein Kennfeld auf 50 bar – 120 bar geregelt. • Im Zylinderkopf eingebaute Kraftstoffventile spritzen Kraftstoff direkt in den Brennraum ein.

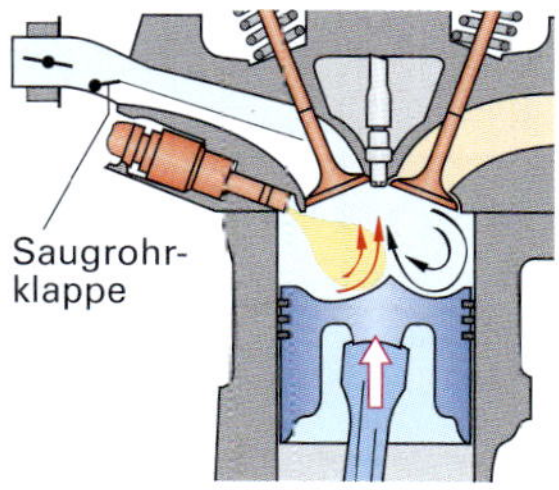

F

Blockschaltbild der MED-Motronic

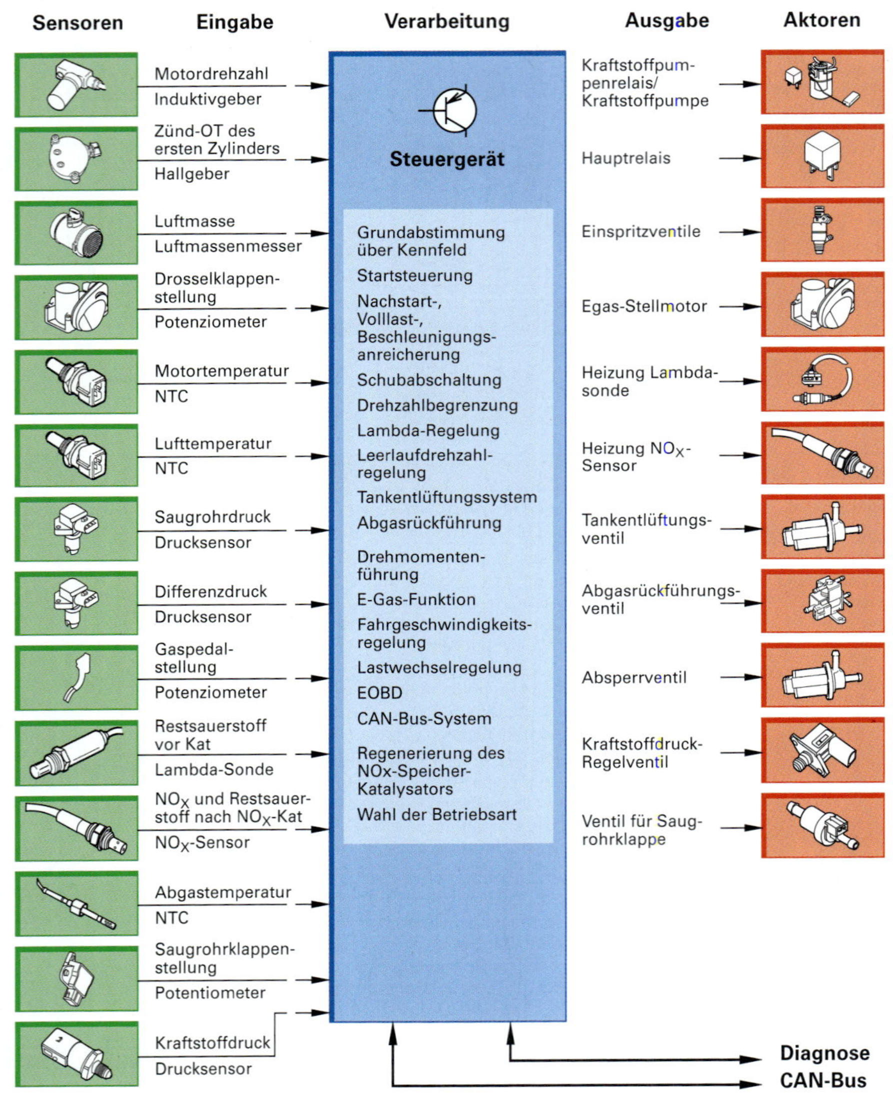

F

Zusätzliche Sensoren der MED-Motronic (siehe Schaltplan MED-Motronic)

NOx-Sensor B14	Der Sensor hat die Aufgabe die Funktion des NOx-Speicherkatalysators zu überwachen und den NOx- und Sauerstoffanteil im Abgas zu erfassen. Das Signal wird vom Steuergerät des NOx-Sensors **(K6)** ausgewertet, das bei Bedarf die Regenerierung des Speicherkatalysators durch Umschalten auf Homogenbetrieb ($\lambda = 1$) einleitet.
Abgastempe-ratursensor B15	Durch den Sensor wird die Abgastemperatur erfasst. Da der wirksame Arbeitsbereich des NOx-Speicherkatalysators zwischen 250 °C und 500 °C liegt, darf nur in den Schichtladebetrieb geschaltet werden, wenn sich die Abgastemperatur innerhalb dieser Grenzen befindet (**B15:** PIN 57, PIN 49).

Zusätzliche Sensoren der MED-Motronic (siehe Schaltplan MED-Motronic)

Breitband-λ-Sonde B13	Sie wird zur Bestimmung des Sauerstoffanteils im Abgas über einen weiten λ-Bereich verwendet. Weicht der von der Sonde erzeugte Ist-Wert vom gespeicherten Sollwert ab, wird die Einspritzdauer korrigiert (**B13:** PIN 24, PIN 25, PIN 26, PIN 27, **Heizung**: PIN 28, K5).
Geber für Saugrohrklappenstellung B16	Er erfasst durch ein Potentiometer die Stellung der Saugrohrklappe. Die Position wirkt sich außerdem auf Zündung und Abgasrückführung aus. Deswegen muss die Stellung der Klappe durch die Eigendiagnose überwacht werden (**B16:** PIN 49, PIN 52, PIN 54).
Kraftstoffdrucksensor B17	Er erfasst den im Kraftstoffverteilerrohr herrschenden Kraftstoffdruck. Er sendet die Information in Form eines Spannungssignals an das Steuergerät. Dieses stellt daraufhin über das Kraftstoffdruck-Regelventil den geforderten Kraftstoffdruck ein (**B17:** PIN 12, PIN 13, PIN 22).

Zusätzliche Aktoren der MED-Motronic (siehe Schaltplan MED-Motronic)

Kraftstoffdruck-Regelventil Y11	Es regelt den Kraftstoffdruck im Verteilerrohr je nach Betriebszustand auf 50 … 120 bar. Dazu wird es vom Steuergerät mit Masse angetaktet (**Y11:** Plus K5, Minus PIN 33).
Ventil für Saugrohrklappe Y10	Die Saugrohrklappe gibt im Homogenbetrieb den vollen Querschnitt des Saugrohres frei. Im Schichtladebetrieb schließt sie einen Kanal des Saugrohres, wodurch die Strömungsgeschwindigkeit erhöht und eine definierte Luftströmung im Brennraum erreicht wird. Die Klappe wird vom Steuergerät über das Ventil **Y10** geschaltet (Plus K5, Minus PIN 32).

Schaltplan der MED-Motronic

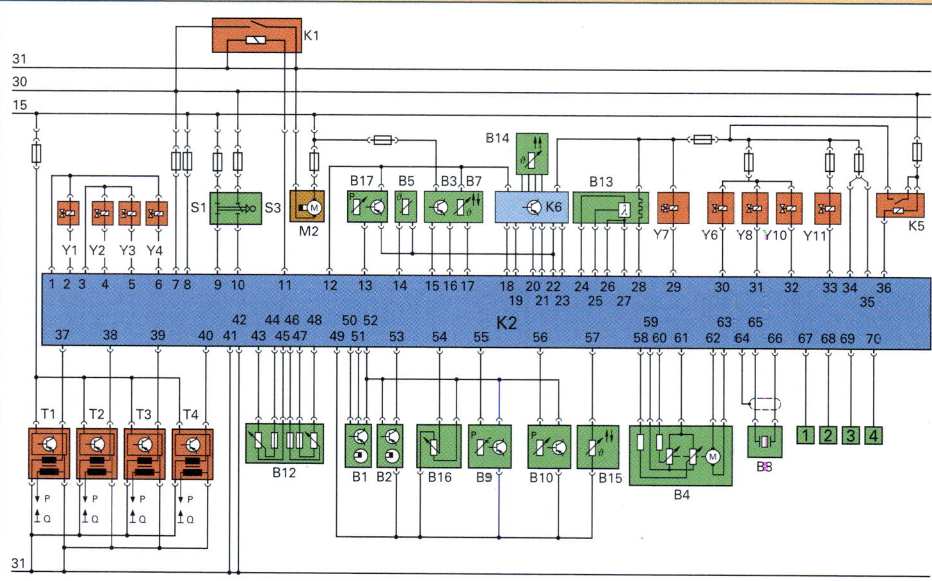

Legende zum Schaltplan

B1	Drehzahlgeber Kurbelwelle
B2	OT-Geber Nockenwelle
B3	Luftmassenmesser
B4	Geber für Drosselklappenstellung mit Egas-Stellmotor
B5	Motortemperaturfühler
B7	Ansaugluft-Temperaturfühler
B8	Klopfsensor
B9	Saugrohrdrucksensor
B10	Differenzdrucksensor
B12	Geber für Gaspedalstellung
B13	Breitband-λ-Sonde
B14	NOx-Sensor
B15	Abgastemperaturfühler
B16	Saugrohrklappenpotentiometer
B17	Kraftstoffdrucksensor
F1 … F6	Sicherungen
K1	Kraftstoffpumpenrelais
K2	Steuergerät MED-Motronic
K5	Relais Stromversorgung Motronic
K6	Steuergerät NOx-Sensor
M2	Elektrokraftstoffpumpe
S1	Schalter GRA
S3	Bremspedalschalter GRA
T1 … T4	Einzelfunkenzündspulen
Y1 … Y4	Einspritzventile
Y6	Tankentlüftungsventil
Y7	Abgasrückführungsventil
Y8	Absperrventil
Y10	Ventil für Saugrohrklappe
Y11	Kraftstoffdruckregelventil
1 … 4	Ein- und Ausgänge anderer Systeme

F

Benzin-Direkteinspritzung

Wandgeführte Verfahren	Bei wandgeführten Verfahren wird die Luft im Teillastbereich so in den Zylinder geleitet, dass die Luftstömung an Zylinderwand und Kolbenboden umgelenkt wird und in Richtung Zündkerze strömt. In diese Luftströmung wird eingespritzt. Damit wird der Kraftstoff durch die strömende Luft zur Zündkerze gefördert.
Gemischbildung mit Schichtladung ($\lambda > 1$)	Im Teillastbereich bis ca. 3500 1/min wird durch Einspritzung gegen Ende des Verdichtungstaktes an der Zündkerze eine Gemischwolke mit $\lambda \approx 1$ gebildet. Diese Gemischwolke ist von sehr magerem Gemisch, Luft und Abgas (Abgasrückführung) umgeben.
Gemischbildung homogen ($\lambda = 1$)	Bei sehr hohen Drehzahlen und hoher Last kann keine stabil abbrennende Gemischwolke gebildet werden. Deshalb wird zu Beginn des Ansaugtaktes eingespritzt, so dass sich während des Ansaug- und Verdichtungstaktes eine homogene Gemischverteilung im Brennraum mit $\lambda \approx 1$ ausbilden kann.
Strahlgeführte Verfahren	Der Kraftstoff wird durch die Einspritzdüse (Injektor) in den Brennraum in die Nähe der Zündkerze eingespritzt. Dort bildet die eingespritze Kraftstoffmenge mit der vorhandenen Luft ein brennbares Gemisch. Die Zündkerze selbst darf nicht von Kraftstofftröpfchen benetzt werden.
Injektoren	**Mehrstrahl-Lochdüsen** Der Kraftstoff tritt aus dem Injektor durch 5 … 8 feinste Bohrungen aus und bildet entsprechend der Anzahl der Bohrungen mehrere Einspritzkanäle (linkes Bild). **Ringstrahldüsen** Der Kraftstoff tritt aus der Düse durch einen ringförmigen Strahl aus. Es bildet sich ein kegelförmiger Einspritzstrahl (rechte Bilder).
Piezo-Injektor	Zur Steuerung des Einspritzventils wird ein Piezo-Aktor verwendet. Dieser besteht aus einer Vielzahl einzelner übereinander geschichteter Piezo-Elemente, die wiederum aus einzelnen Kristallen bestehen. Wird an ein solches Element eine Spannung von 100 V … 150 V angelegt, dehnen sich die Kristalle aus. Die Länge des gesamten Elements nimmt um 0,03 mm zu. Beim Einspritzvorgang drückt der Aktor über den Koppelkolben und den Ventilkolben das Schaltventil auf. Wenn dieses öffnet, kann der Kraftstoff vom Drucksteuerraum in den Kraftstoffrücklauf entweichen. Durch den reduzierten Kraftstoffdruck im Drucksteuerraum kann die Düsennadel angehoben werden.
Mehrfacheinspritzung	Je nach Betriebszustand können Anzahl (bis zu 5), Dauer und Zeitpunkt der Einspritzvorgänge verändert werden. 1. Doppeleinspritzung bei Homogenbetrieb zur Reduzierung der Kondensationsverluste. 2. Dreifacheinspritzung bei Schichtbetrieb zur Stabilisierung der Verbrennung. 3. Zweifacheinspritzung mit anschließendem zusätzlichen Kat-Heizen.

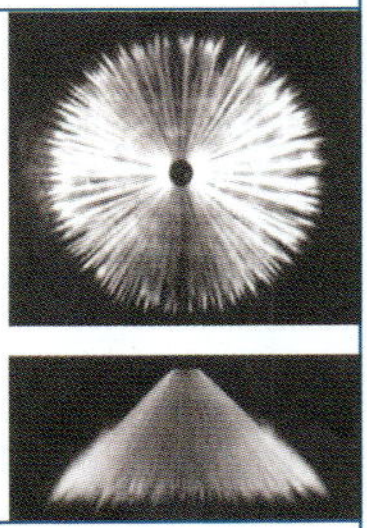

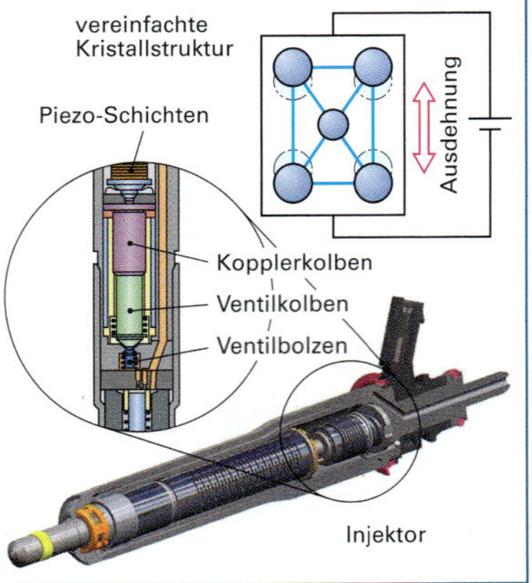

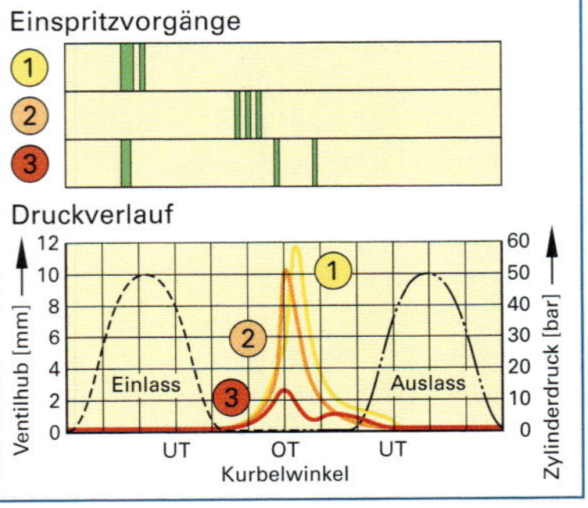

F

Vergleich verschiedener Direkt-Einspritzsysteme

Systeme	1. Generation wandgeführt	2. Generation strahlgeführt homogen	 strahlgeführt mit Schichtladung
Gemischbildung homogen (**λ = 1**)	bei hoher Last und hoher Drehzahl	über den gesamten Last- und Drehzahlbereich	bei hoher Last und hoher Drehzahl
Gemischbildung mit Schichtladung (**λ > 1**)	bis ca. 3500 1/min und bis ca. 50 % Last 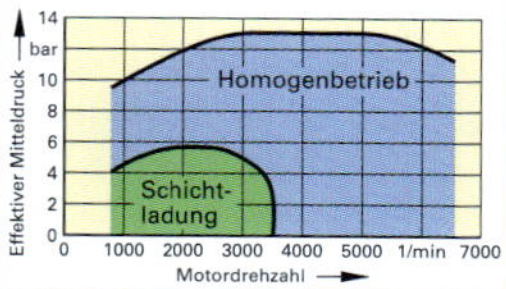	nicht vorgesehen 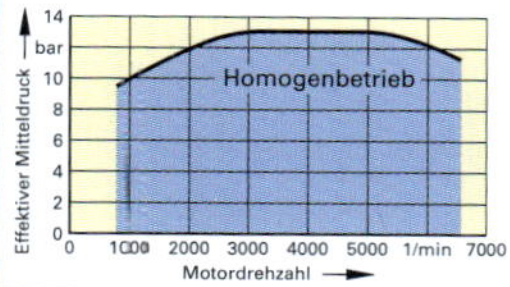	bis ca. 4000 1/min und bis ca. 60 % Last 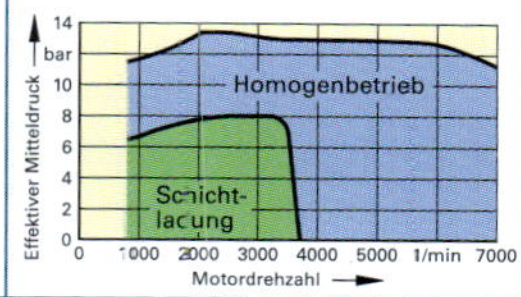
Drallbildung durch	Kolbenform, Saugrohrklappe und Drallkanäle	Saugrohrklappe, Ventilsteuerung und Drallkanäle	Ventilsteuerung und Drallkanäle
Einspritzung	eine Einspritzung – im Ansaugtakt bei Homogenbetrieb – im Verdichtungstakt bei Schichtbetrieb und zusätzliches Kat-Heizen	Doppeleinspritzung im Ansaug- und Verdichtungstakt bei mittlerer und hoher Last bis ca. 3000 1/min.	mehrere Einspritzungen je nach Betriebszustand
Einspritzdruck	bis ca. 120 bar	bis ca. 150 bar	bis ca. 100 bar
Injektoren	Magnetventil-Injektoren, nach innen öffnend mit Lochdüsen	Magnetventil-Injektoren, nach innen öffnend mit Lochdüsen	Piezo-Injektoren, nach außen öffnend mit kegelförmigem Einspritzstrahl
Kraftstoff-verteilung	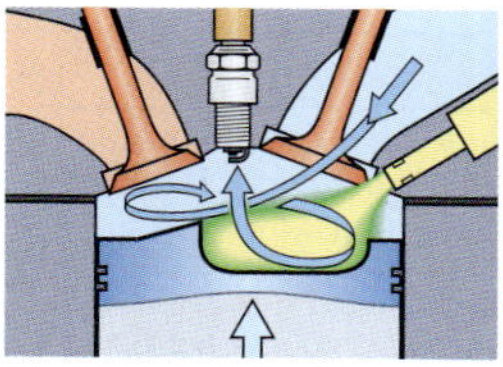	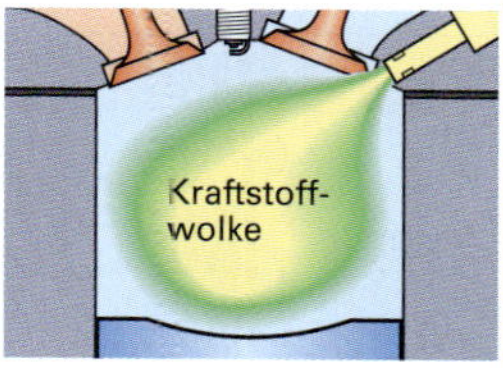	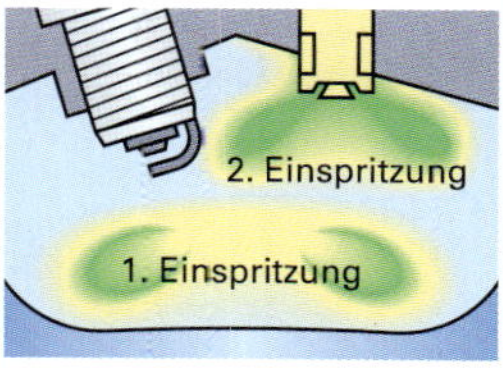
Zylinderkopf-Brennraum-gestaltung	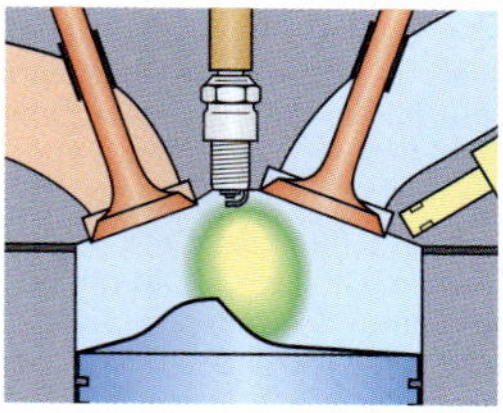 Zündkerze mittig, Injektor zur Seite versetzt	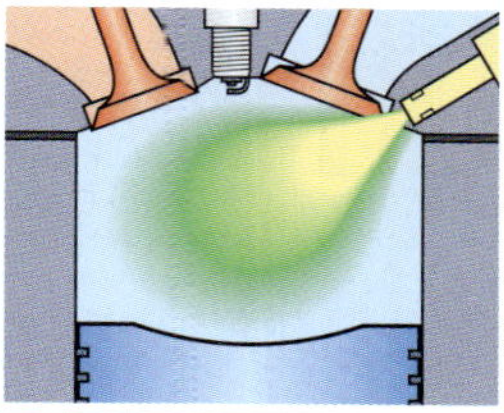 Zündkerze mittig, Injektor zur Seite versetzt	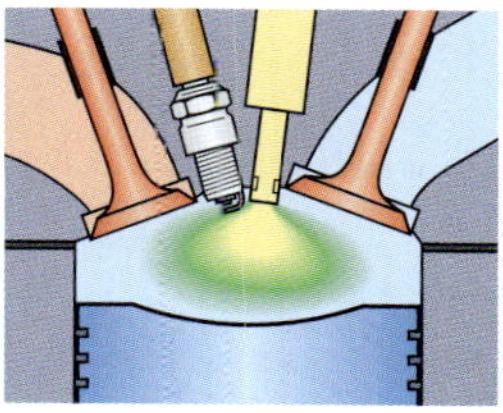 Zündkerze und Injektor mittig, im spitzen Winkel zueinander
Kolben	mit Mulde und ausgeprägter Nase	mit Mulde	mit Mulde
Vor- und Nachteile des Systems	hoher Aufwand bei der Abgasreinigung (λ > 1), Kraftstoffeinsparungspotential gering; Entwicklung eingestellt	geringer Aufwand bei der Abgasreinigung (λ = 1), Kraftstoffeinsparungspotential gering	hoher Aufwand bei der Abgasreinigung (λ > 1), Kraftstoffeinsparungspotential hoch

F

Abgasbestandteile (Rohemissionen vor Katalysator)

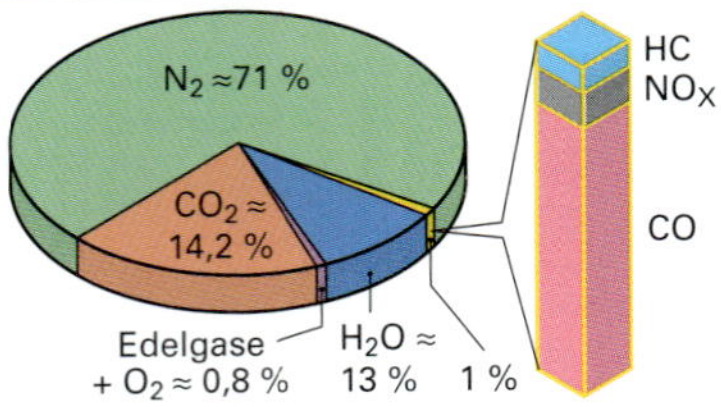

Abgaszusammensetzung von Ottomotoren bei unvollständiger Verbrennung

Vollständige Verbrennung
Abgaszusammensetzung:
Kohlendioxid, Wasserdampf, Stickstoff, Edelgase.

Unvollständige Verbrennung
Bei Motoren verbrennt das Kraftstoff-Luftgemisch unvollständig.
Abgaszusammensetzung:
Unschädliche Bestandteile:
Wasserdampf (H_2O), Stickstoff (N_2), Sauerstoff (O_2), Edelgase.
Schädliche Bestandteile:
Kohlendioxid (CO_2), Kohlenmonoxid (CO), Kohlenwasserstoffe (HC), Stickoxide (NO_x); Partikel.

Eigenschaften der schädlichen Abgasbestandteile

Kohlendioxid (CO_2)	Kohlendioxid ist schwerer als Luft. Es trägt zum Treibhauseffekt bei. **Ziel:** Der CO_2-Ausstoß von Fahrzeugen ist ab 2020 in der EU auf 95 g/km begrenzt (≈ 4,1 l Benzin bzw. 3,6 l Diesel pro 100 km). 10 % ... 15 % des vom Menschen erzeugten CO_2-Gehalts in der Luft entstehen durch den Straßenverkehr.
Kohlenmonoxid (CO)	Kohlenmonoxid ist ein farb-, geruch- und geschmackloses Gas. Innerhalb von 30 Minuten können 0,3 Vol.-% tödlich wirken. 50 % ... 60 % des CO-Gehalts in der Luft werden vom Straßenverkehr verursacht.
Unverbrannte Kohlenwasserstoffe (HC)	Sie reizen die Schleimhäute, sind geruchsbelästigend und gelten zum Teil als krebserregend. In Verbindung mit Stickoxiden, Sauerstoff und Sonneneinstrahlung führen fotochemische Reaktionen zur zur Ozonbildung (Sommersmog). Dieses belastet u.a. die Atemwege. 20 % ... 30 % des HC-Gehalts in der Luft werden vom Straßenverkehr verursacht.
Stickoxide NO_x	Stickoxide verwendet man als Sammelbegriff für Stickstoffmonoxid (NO) und Stickstoffdioxid (NO_2). NO_2 ist ein stechend riechendes, giftiges Gas, das in höherer Konzentration zur Reizung der Atemwege und zur Zerstörung des Lungengewebes führen kann. Die Stickoxide sind mitverantwortlich für die Waldschäden. 40 % ... 50 % des durch den Menschen verursachten NO_x-Gehalts in der Luft entfällt auf den Straßenverkehr.
Partikel	Partikel entstehen vor allem bei der dieselmotorischen Verbrennung. Die an die Partikel angelagerten Kohlenwasserstoffe werden als krebserregend eingestuft.

Abgasgrenzwerte

vgl. Richtlinie 98/69 EG

ECE/EG Testzyklus

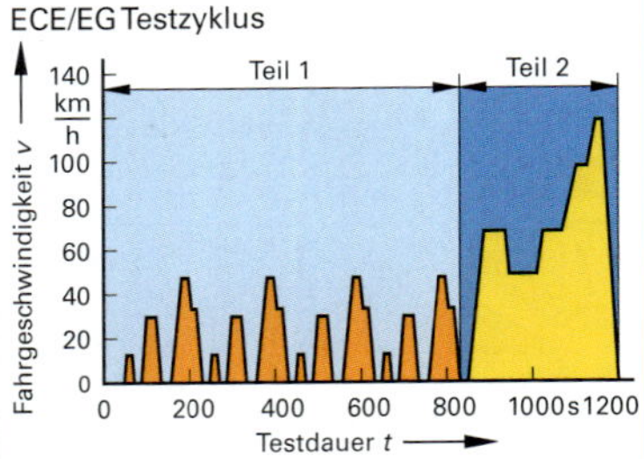

Zykluslänge	11 km
Mittlere Geschwindigkeit	32,5 km/h
Maximale Geschwindigkeit	120 km/h

(ECE = Economic Commission for Europe)

In den Ländern der Europäischen Gemeinschaft werden die Abgasgrenzwerte bei der Typprüfung für Fahrzeuge der Klasse M1 (Pkw/Kombi) und N1 (Lkw ≤ 3,5 t Gesamtgewicht) nach einem Fahrzyklus festgelegt, der inner- und außerstädtische Fahrabschnitte beinhaltet. Die Abgasgrenzwerte gelten hubraumunabhängig. Der erste Teil der Prüfung besteht aus vier Grundstadtfahrzyklen, wobei der Motorstart ab Euro III bei Umgebungslufttemperatur (20 °C) erfolgt. Der zweite Teil der Prüfung entspricht einer Fahrt von 7 Minuten im außerstädtischen Verkehr. Ab 2002 wird die Abgasprüfung nach Euro III, bei Fahrzeugen mit Ottomotor, Typklasse M1 durch eine Niedrigtemperaturprüfung ergänzt (Motorstart bei – 7 °C). Dabei muss HC ≤ 1,8 g/km und CO ≤ 15 g/km sein.

Messmethode: Während der gesamten Testdauer wird dem verdünnten Abgasstrom nach der CVS-Methode (**C**onstant **V**olume-**S**ampling) eine konstante Teilmenge entnommen und in Beuteln gesammelt. Durch Analyse des Beutelinhalts werden die Schadstoffmassen in g/km ermittelt.

Abgasgrenzwerte für Pkw/Kombi

M1, m ≤ 2500 kg, Sitze ≤ 6 mit Ottomotor (OM) oder Dieselmotor (DM)	CO g/km		HC g/km		NO_x g/km		Summe HC + NO_x		Partikelmasse (g(km)		Partikelzahl (1/km)	
	OM	DM	OM	DM	OM	DM	OM	DM	OM[1]	DM	OM[2]	DM
Euro III: 01.01.2000	2,30	0,64	0,20		0,15	0,50		0,56		0,05		
Euro IV: 01.01.2005	1,00	0,50	0,10		0,08	0,25		0,30		0,025		
Euro V: 01.09.2009	1,00	0,50	0,10		0,06	0,18		0,23	0,0045	0,0045		$6{,}0 \times 10^{11}$
Euro VI: 01.09.2014	1,0	0,50	0,10		0,06	0,08		0,17	0,0045	0,0045	$6{,}0 \times 10^{11}$	$6{,}0 \times 10^{11}$

1) mit Direkteinspitzung
2) bis 3 Jahre nach der Einführung gilt ein Grenzwert von $6{,}0 \times 10^{12}$

Maßnahmen am Motor

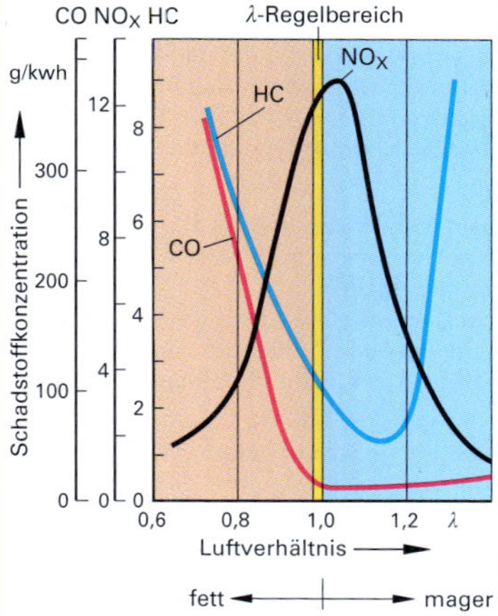

Schadstoffe im Abgas bei verschiedenem Luftverhältnis

Verminderung der Rohemissionen wird erreicht durch:

- **geeignete Motorkonstruktion,** z.B. optimale Brennraumgestaltung, optimales Verdichtungsverhältnis; variable Saugrohre (in Länge und Querschnitt); geeignete Steuerungskonzepte, z.B. variable Ventiltriebe (bzgl. Öffnungszeit und Hub); Entdrosselung des Ansaugvorgangs.
- **Art und Qualität der Gemischbildung.** Innere, äußere Gemischbildung, homogenes Gemisch, Schichtladung: im Bereich der Zündkerze zündfähiges, im übrigen Brennraum mageres Gemisch.
- **Abgasrückführung.** Innere durch Ventilüberschneidung; äußere durch Abgasrückführungssystem.
- **Motormanagementsystem,** z.B. kennfeldgesteuerte Zündung, echtzeitmäßige Erfassung und Auswertung aller für den optimalen Motorbetrieb notwendigen Daten und geeignete Ansteuerung der jeweiligen Stellglieder; Schubabschaltung; Ladedruckregelung. Kontrolle der abgasrelevanten Bauteile auf Funktion, z. B. Lambdasonden, Katalysator, Abgasrückführungsventil, Sekundärluftsystem, Regenerierventil, Kraftstoffbehälter.
- **Lader mit Ladeluftkühlung.** Steigerung der Hubraumleistung bei gleichzeitiger Verminderung der Brennraumspitzentemperatur, dadurch kann die Bildung von NO_x vermindert werden.

Tabelle: Schadstoffkonzentration vor Katalysator in Abhängigkeit von λ bei Saugrohreinspritzung

Maximalwerte	Luftverhältnis	Gemisch	Ursache / Auswirkungen
Kohlenmonoxid CO	$\lambda < 1$	fett	Luftmangel / Kraftstoffverbrauch steigt
Unverbrannte Kohlenwasserstoffe HC	$\lambda < 0{,}8$ $\lambda > 1{,}2$	fett mager	Luftmangel / Kraftstoffverbrauch steigt Verbrennungsaussetzer / Kraftstoffverbrauch steigt
Stickoxide NO_x	$\lambda \approx 1{,}1$	mager	max. Verbrennungstemperatur / Kraftstoffverbrauch sinkt

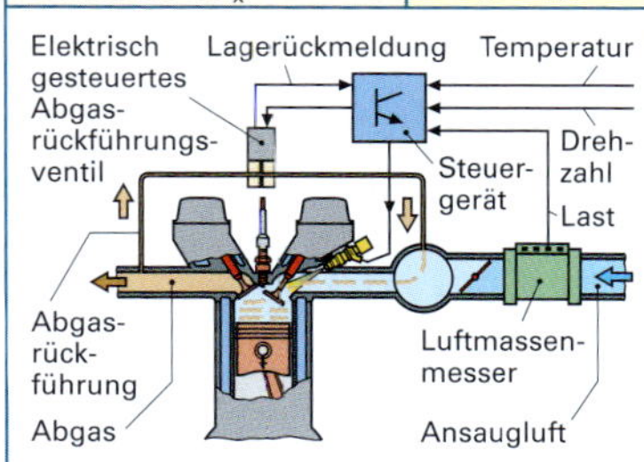

Abgasrückführungssystem

Aufgabe: Bei der Abgasrückführung wird der Anteil an bereits verbrannten Gasen im Zylinder erhöht. Dadurch wird die Verbrennungshöchsttemperatur abgesenkt.

Vorteil: NO_x-Bildung wird bis zu 40 % verringert.

Nachteile: Motorleistung sinkt; HC- und CO-Emissionen nehmen zu; spezifischer Kraftstoffverbrauch erhöht sich geringfügig.

Steuerung der Abgasrückführungsrate (bis 20 %):
Kennfeldgesteuert; im Wesentlichen abhängig von Motortemperatur; Last und Drehzahl.

Ausblendung: Kaltstart, Warmlauf, Beschleunigung, Volllast, Leerlauf.

Nachbehandlung der Abgase

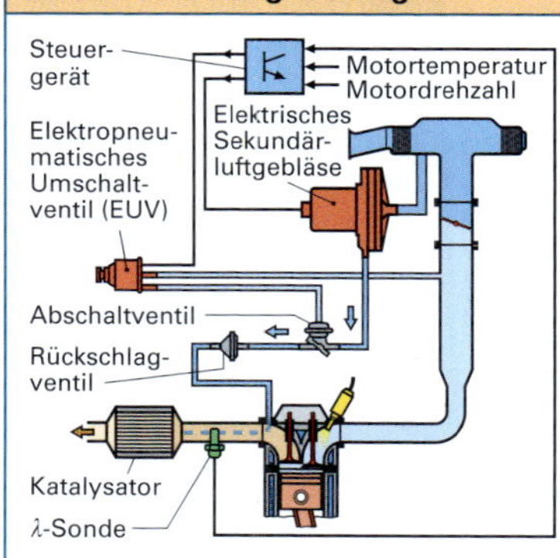

Sekundärluftsystem

Aufgabe: Durch die Sekundärlufteinblasung werden HC- und CO-Schadstoffanteile im Abgas durch thermische Nachverbrennung (Oxidation) in der Kalt- und Warmlaufphase ($\lambda < 1$) des Motors vermindert. Dieses Zusatzsystem ist erforderlich, da der Katalysator erst ab > 300 °C seinen „light off"-Punkt (Konvertierungsrate ≥ 50 %) hat. Ansonsten könnten die Abgasgrenzwerte bei der Typzulassung von Fahrzeugen mit Ottomotor nicht eingehalten werden.
Die Sekundärlufteinblasung erfolgt kurz hinter dem Auslassventil. Hier hat das Abgas ausreichend hohe Temperaturen für die Reaktion (> 600 °C). Luftspaltisolierte Abgaskrümmer reduzieren zusätzlich Wärmeverluste. Für den Dieselmotor ist die Sekundärlufteinblasung zur Schadstoffreduzierung weniger geeignet, da Dieselabgase zu niedrige Temperaturen haben.

Weitere Vorteile: Verkürzung der Anspringzeit des Katalysators; Vorkatalysator/Katalysator kann in größerem Abstand zum Auslasskanal eingebaut werden. Dadurch erhöht sich deren Standzeit.

F

Nachbehandlung der Abgase

Katalytische Nachverbrennung

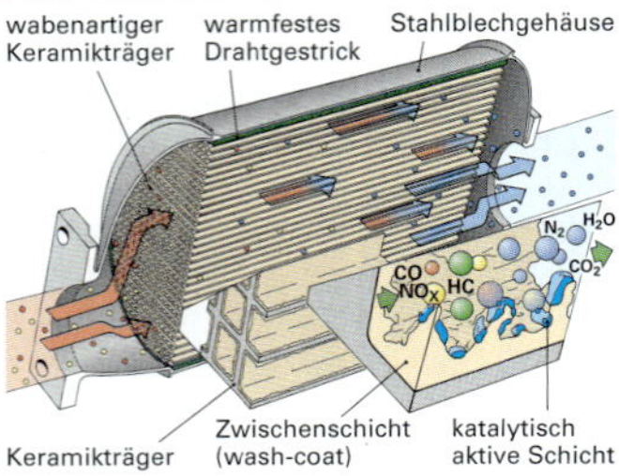

Dreiwegekatalysator

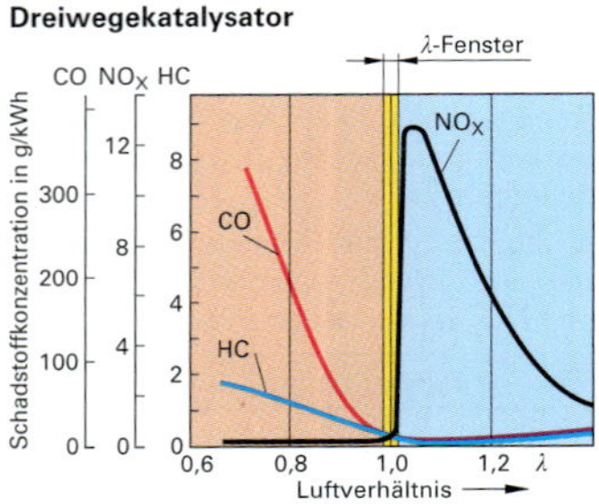

Abgasemissionen nach Katalysator in Abhängigkeit vom Luftverhältnis

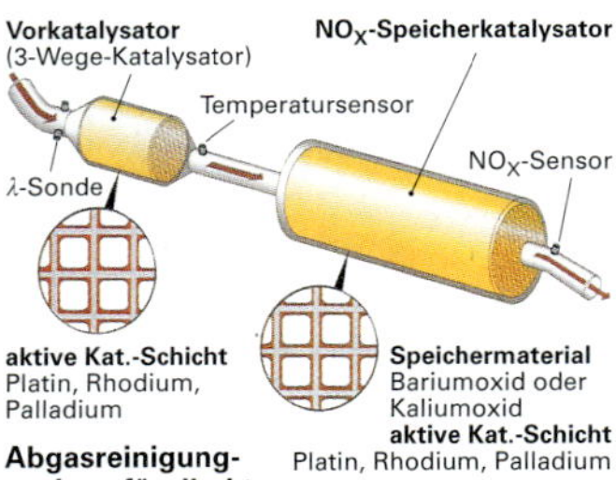

Abgasreinigungsanlage für direkteinspritzende Ottomotoren (λ>>1)

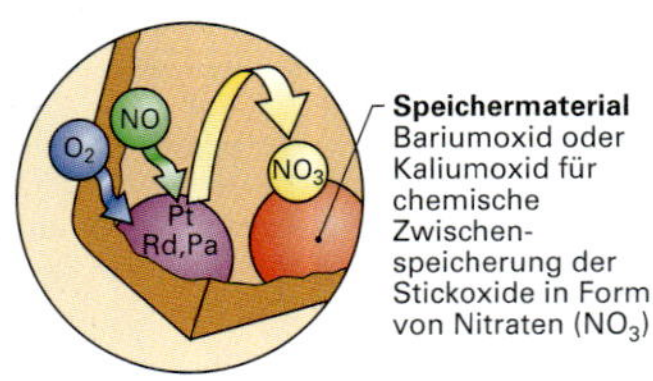

Magerbetrieb – NO_x – Speicherung

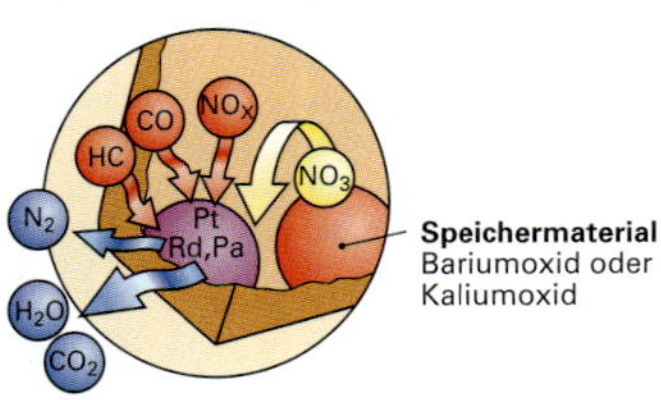

Fettbetrieb – NO_x – Regeneration

Katalysatoren sind derzeit das wirksamste Verfahren der Abgasnachbehandlung. Abhängig vom Motorenkonzept und der damit verbundenen möglichen Gemischzusammensetzung ($\lambda \approx 1$ bzw. $\lambda \gg 1$) verwendet man Katalysatoren mit unterschiedlichen Anordnungen, Beschichtungen und Eigenschaften.

1. **Saugrohreinspritzung / Direkteinspritzung und $\lambda \approx 1$**
   Katalysatortyp: Einbett-Dreiwegekatalysator. Er besteht aus
   - einem Träger aus Keramik oder Metall
   - einer Zwischenschicht (wash-coat) aus Aluminiumoxid. Dadurch wird die Reaktionsfläche um das rund 7000-fache vergrößert.
   - einer katalytisch aktiven Schicht aus Platin (Pt), Rhodium (Rh) und Palladium (Pd).

   Wirkungsweise: Die katalytisch aktive Schicht reduziert NO_x zu N_2, oxidiert CO zu CO_2 und HC-Verbindungen zu CO_2 und H_2O. Die Umwandlungsrate der Schadstoffe (= Konvertierungsrate) ist von der Temperatur des Katalysators und der Gemischzusammensetzung abhängig.

   Optimale Konvertierungsrate (bis 98 %) bei: $\lambda = 0{,}995 \dots 1{,}005$ (Katalysator- bzw. λ-Fenster); Katalysatortemperatur $t \approx 350\,°C \dots 800\,°C$.

   Deaktivierungsmechanismen: Dreiwegekatatysatoren werden u.a. durch Überhitzung geschädigt, z.B. bei Zündaussetzern.

2. **Direkteinspritzung mit Ladungsschichtung und $\lambda \gg 1$**
   Motoren mit Direkteinspritzung können in bestimmten Betriebsbereichen im Magerbetrieb (λ bis ca. 1,7) arbeiten. Dadurch wird der Kraftstoffverbrauch gesenkt, infolge auch die CO_2 -Emissionen. Aufgrund des herrschenden Sauerstoffüberschusses können jedoch die NO_x-Emissionen in einem herkömmlichen Dreiwegekatalysator nicht reduziert werden. Deshalb werden Abgasreinigungsanlagen mit zwei unterschiedlich wirkenden Katalysatoren benötigt.

   - **Vorkatalysator**
     Dieser motornah eingebaute Katalysator entspricht in Aufbau und Wirkungsweise dem Dreiwegekatalysator. Hauptaufgabe ist die Oxidation von HC und CO zu CO_2 und H_2O. Diese Reaktionen finden in einem gewissen Umfang auch im NO_x-Adsorber statt.
   - **NO_x-Speicher/-Reduktionskatalysator (NO_x-Adsorber)**
     Aufbau: Auf einem Träger aus Keramik wird eine Zwischenschicht (wash coat) aufgebracht. Diese wird mit Bariumoxid (BaO) oder Kaliumoxid (KO) als Speichermaterial und mit Platin, Rhodium und Palladium als katalytisch aktive Schicht beschichtet.

   Wirkungsweise:
   NO_x-Speicherung während Magerbetrieb:
   Platin bewirkt, dass die Stickoxide mit dem Sauerstoff zu NO_2 oxidieren. NO_2 reagiert z.B. mit der Bariumoxidbeschichtung und lagert sich als Nitrat (NO_3) an der Oberfläche der Speichersubstanz an (adsorbiert).

   NO_x-Regeneration während Fettbetrieb:
   Durch periodische Anfettung (1 … 5 Sekunden) werden die Stickoxide wieder frei und werden mit Hilfe der unverbrannten Abgaskomponenten durch das Edelmetall Rhodium zu Stickstoff reduziert.
   Arbeitsbereich: $t \approx 250\,°C \dots 500\,°C$;
   Maximale Konvertierungsrate von NO_x: 80 % … 90 %

   Deaktivierungsmechanismen
   NO_x-Adsorber werden geschädigt durch
   - Überhitzung (Hochtemperaturalterung). Deshalb werden sie nur als Unterbodenkatalysatoren eingesetzt. Gegebenenfalls müssen die Abgase gekühlt werden, z.B. über Bypassrohre.
   - Schwefelanteil im Kraftstoff. Dieser ist auf einen möglichst niedrigen Wert zu begrenzen (< 50 ppm bzw. < 0,050 mg/kg).

F

λ-Regelung, λ-Sonden, λ-Kennlinien

λ-Regelung – Funktionsschema

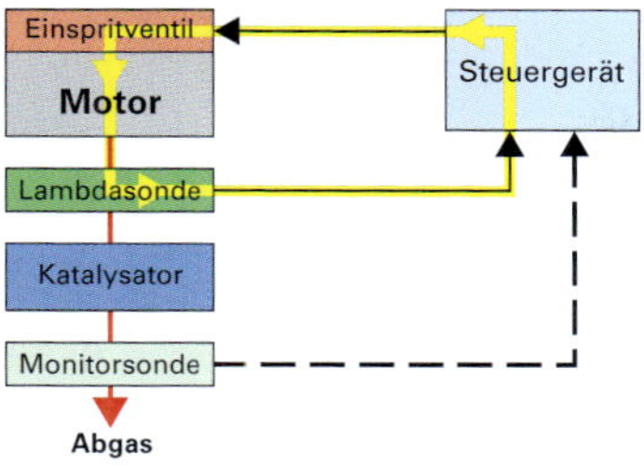

Die größtmögliche Umwandlungsrate (Konvertierungsrate) von Schadstoffen im Abgas ist bei einem Dreiwegekatalysator nur bei stöchiometrischer Gemischzusammensetzung möglich. Deshalb muss λ in einem sehr engem Bereich von $\lambda = 1 \pm 0{,}005$ geregelt werden (λ-Fenster).

Dazu ist eine λ-Sonde vor dem Katalysator eingebaut. Sie misst den Restsauerstoffgehalt im Abgas und beeinflusst über einen Regler im elektronischen Steuergerät die Kraftstoffzumessung. Eine Monitorsonde (zweite λ-Sonde) ist hinter dem Katalysator eingebaut, um seine Funktion zu überwachen und die Regelgenauigkeit zu erhöhen.

λ-Sonden, Kennlinien, Arbeitsweise

Spannungssprungsonde

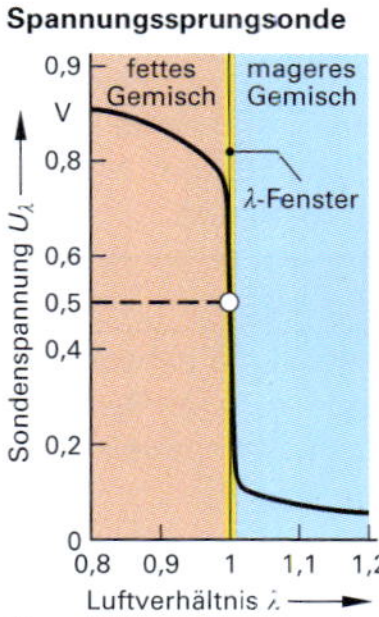

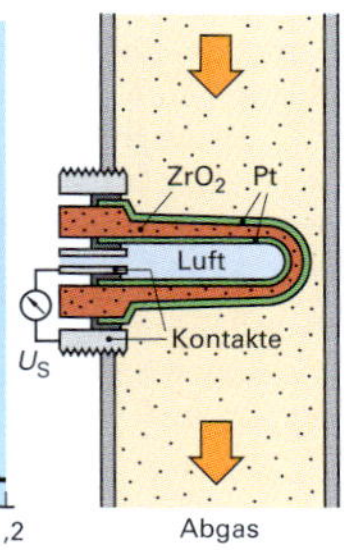

Kennlinie **Arbeitsprinzip**

Dabei handelt es sich um eine Zirkon-Dioxid-Sonde, die platinbeschichtet ist.

Arbeitsprinzip. Der Sauerstoffgehalt des Abgases wird mit dem der Umgebungsluft (Referenzgas) verglichen. Ab einer bestimmten Temperatur (> 300°C) wird das Zirkondioxid für die Sauerstoffionen leitend. Bei unterschiedlichem Sauerstoffgehalt an beiden Seiten der Zirkondioxid-Sonde entsteht eine Spannung, welche als Messsignal dient. Bei geringen Abweichungen von $\lambda = 1$ ändert sich die Sondenspannung sprunghaft zwischen 800 mV und 100 mV.

Sondensignal: $U \approx$ 1000 mV ... 800 mV – $\lambda < 1$ (fettes Gemisch)
$U \approx$ 100 mV ... 200 mV – $\lambda > 1$ (mageres Gemisch)

Arbeitsbereich: $t \approx$ 350 °C ... 850 °C;
Regelfrequenz: mager-fett bzw. fett-mager: 0,5 Hz ... 1,2 Hz
Damit die Sonde möglichst schnell (20 s ... 30 s) ihre Betriebstemperatur erreicht, ist sie häufig beheizt.

Widerstandssprungsonde

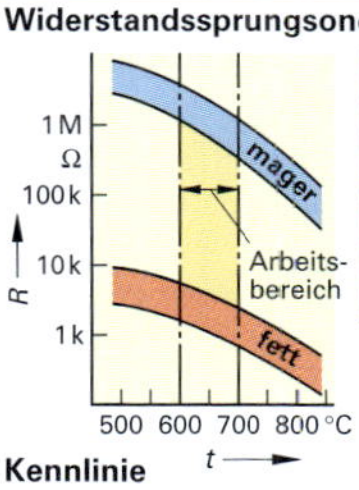

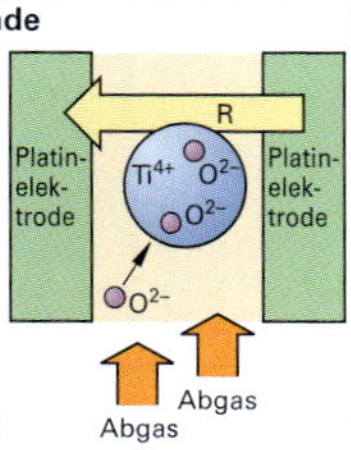

Kennlinie **Arbeitsprinzip**

Bei dieser Sonde wird eine mit porösen Platinelektroden beschichtete Titandioxid-Keramik verwendet.

Arbeitsprinzip. Abhängig von der Sauerstoffkonzentration im Abgas ändert sich bei $\lambda \approx 1$ der Widerstand zwischen 1 kΩ und 1 MΩ.

Sondensignal: U = 3,9 V ... 5 V bei $R \approx$ 1 kΩ ... 10 kΩ, wenn $\lambda < 1$
U < 0,4 V bei R > 1 MΩ, wenn $\lambda > 1$

Optimaler Arbeitsbereich: $t \approx$ 600 °C ... 700 °C.
Um die Temperaturgrenzen des Arbeitsbereiches einhalten zu können ist eine regelbare Sondenheizung erforderlich.
Aufgrund der temperaturabhängigen Widerstandsänderung kann die Sonde auch zur Abgastemperaturbestimmung eingesetzt werden.

Breitbandsonde Kennlinie

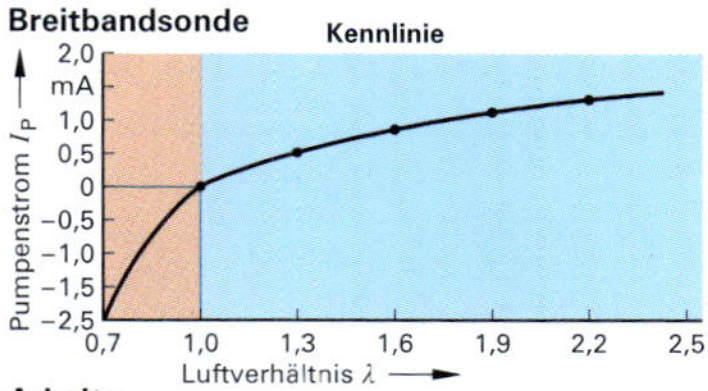

Arbeitsprinzip

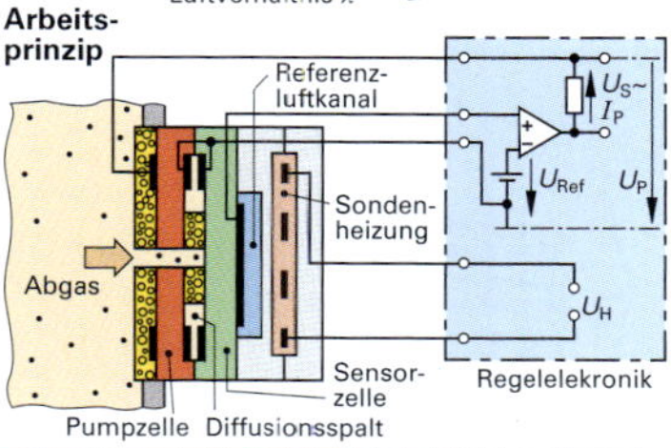

Diese Sonde ist eine Kombination aus einer Sensorzelle und einer Pumpzelle, die jeweils aus Zirkondioxid bestehen. Beide Zellen sind so angeordnet, dass zwischen ihnen ein minimaler Diffusionsspalt (10 µm ... 50 µm) entsteht. Der Diffusionsspalt dient als Messraum und steht über eine Einlassöffnung mit dem Abgas in Verbindung.

Arbeitsprinzip. Die Sensorzelle, die nach dem Prinzip der Spannungssprungsonde arbeitet, misst den Restsauerstoffgehalt im Abgas. Ist das Gemisch z.B. mager ($\lambda > 1$), so legt eine Regelelektronik die Spannung so an die Pumpzelle an, dass Sauerstoffionen aus dem Diffusionsspalt über den porösen Festelektrolyten herausgepumpt werden. Dies geschieht solange, bis im Diffusionsspalt eine Sauerstoffkonzentration entsteht, die $\lambda = 1$ entspricht. Der erforderliche Pumpstrom ist dabei proportional der Sauerstoffkonzentration und dient somit als Messsignal für λ.

Einsatzmöglichkeiten:

- stetige λ-Regelung ($\lambda = 1$), oder Regelung bei $\lambda > 1$ bzw. $\lambda < 1$
- bei Dieselmotoren, Gasmotoren, Ottomotoren und Ottomotoren mit Magerkonzept

Optimale Betriebstemperatur: 700 °C ... 800 °C

F

Schädliche Abgasbestandteile

Verbrennung	Der Dieselmotor arbeitet bei der Verbrennung mit Luftüberschuss ($\lambda \approx 1{,}3$ bei Volllast bis $\lambda \approx 10$ bei Leerlauf). Dadurch ergibt sich eine andere Abgas- und Schadstoffzusammensetzung als beim Ottomotor, z.B. $CO \approx 0{,}05$ Vol.-%.
Partikel	Die Partikel (Größe: ≈ 1/10 000 mm) bestehen aus: Ruß (10 % ... 95 %), angelagerten Kohlenwasserstoffen, Sulfatpartikel, Asche, Rostpartikel, Metallabrieb und Wassertröpfchen.

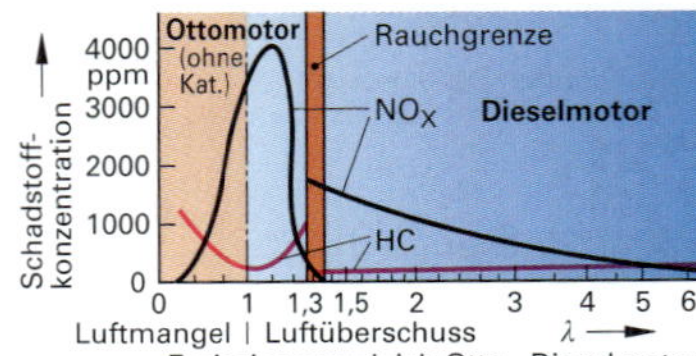

Emissionsvergleich Otto-, Dieselmotor

Stickoxide (NO_x)	Stickoxide können bei fettem oder stöchiometrischen Gemisch ($\lambda = 1$) reduziert werden. Da der Dieselmotor mit Luftüberschuss arbeitet, ist eine Reduktion von NO_x nur durch spezielle motorische Maßnahmen (Abgasrückführung, Ladeluftkühlung) oder einen geeigneten Katalysator ($DeNO_x$-Katalysator) möglich.
Kohlenwasserstoffe (HC)	Sie sind meist an den Rußkern angelagert und werden z.T. als krebserregend eingestuft. Durch einen Oxidationskatalysator können sie verringert werden.
Schwefeldioxid (SO_2)	Der im Kraftstoff enthaltene Schwefel verbindet sich mit dem Sauerstoff der Verbrennungsluft zu SO_2. In Verbindung mit Wasser bildet sich schwefelige Säure. Schwefel bewirkt eine Deaktivierung von NO_x-Katalysatoren und Partikelfiltern. Im Dieselkraftstoff sind 50 ppm (mg/kg) Schwefel zulässig und weniger als 10 ppm (schwefelfrei) von der Industrie gefordert.

Motorische Maßnahmen zur Schadstoffminderung

Brennraumgestaltung	Sie hat wesentlichen Einfluss auf Kraftstoffverbrauch und Schadstoffemission. So bewirkt z.B. eine starke Verwirbelung von Luft und Kraftstoff ein homogeneres Gemisch und eine Reduzierung der Partikel. Maßnahmen: Drallkanäle, zentral angeordnete Einspritzdüsen, spezielle Kolbenmuldenformen, Mehrventiltechnik.
Kraftstoffeinspritzung/ Kraftstoffzerstäubung	Feinst zerstäubter Kraftstoff, präzise zeitliche und mengenmäßige Kraftstoffzumessung optimieren den Verbrennungsprozess. Verminderung: HC, CO und Partikelemissionen. Maßnahmen: Kennfeldgeregelte Dieseleinspritzung, hohe Einspritzdrücke (bis 2050 bar), optimierte Düsengeometrie, Mehrfacheinspritzungen.
Ladeluftkühlung	Sie wird bei aufgeladenen Dieselmotoren unter anderem dazu verwendet, die Verbrennungsspitzentemperatur zu senken. Folge: Verminderung von NO_x.
Abgasrückführung	Der Ansaugluft wird Abgas zugeführt. Der Sauerstoffanteil in der Verbrennungsluft sinkt, damit die Verbrennungsspitzentemperatur und somit NO_x. Es darf die Rauchgrenze nicht überschritten werden ($\lambda \approx 1{,}3$), da sonst die Partikelemission, HC und CO ansteigen.

Abgasnachbehandlung

Dieselkatalysatoren	**Oxidationskatalysator.** Er bewirkt, dass die gasförmigen HC- und CO-Anteile zu CO_2 und H_2O oxidieren. Dadurch vermindern sich HC- Anlagerungen an Partikel. **$DeNO_x$-Katalysator.** Er arbeitet nach dem SCR-Verfahren (selektive katalytische Reduktion). Dabei wird in einem Zusatzbehälter eine Harnstoff-Wasserlösung $[CO(NH_2)_2 + H_2O]$ oder Ammoniak (NH_3) mitgeführt, welche dem Katalysator dosiert zugeführt wird. NO_x wird dadurch reduziert. Es entsteht Stickstoff (N_2), Wasser (H_2O) und ggf. CO_2.
Partikelfilter	**Keramisches Monolithfilter** Die einzelnen Kanäle sind wechselseitig verschlossen. Dadurch muss das Abgas die porösen Keramikwände durchströmen. Die Partikel lagern sich in den Poren und auf der Filteroberfläche ab. Wirkungsgrad: 70 % bis 90 %. **Keramikwickelfilter** Aufgerautes Keramikgarn ist um perforierte Stahlrohe gewickelt. Das Abgas durchströmt von außen nach innen das Keramikgarn. Die Partikel lagern sich in den Zwischenräumen der Wicklungen ab. Wirkungsgrad 50 % ... 90 %
Regeneration	Die Filter müssen thermisch oder chemisch regeneriert werden. Dazu werden z.B. bei thermischer Regenerierung die Partikelablagerungen alle 200 km ... 300 km bei Temperaturen > 600 °C abgebrannt.

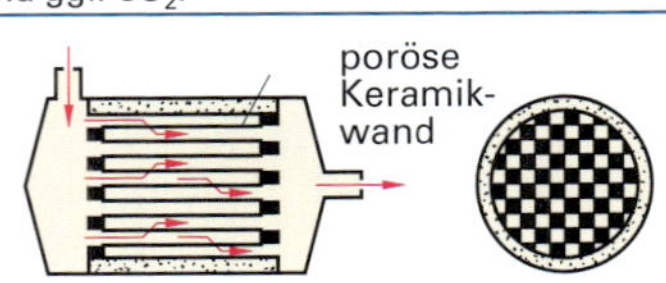

Schema eines Keramik-Monolithfilters

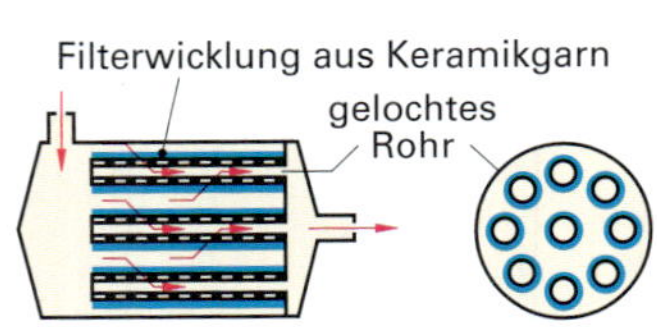

Schema eines Keramik-Wickelfilters

F

Veränderung der Abgasbestandteile bei Funktionsstörungen

Messbedingungen für Abgaswerte: Motor betriebswarm, Leerlauf

	Kohlenmonoxid (CO Vol. %)	Kohlenwasserstoff (HC ppm)	Kohlendioxid (CO_2 Vol. %)	Sauerstoff (O_2 Vol. %)
Abgaswerte bei $\lambda \approx 1$, Katalysatorwirkung gut	0 bis 0,10	0 bis 30	14,8 bis 15,3	0 bis 0,20
Katalysatorwirkung schlecht	nimmt zu	nimmt zu	verringert sich	nimmt zu
zu fettes Gemisch	nimmt zu	nimmt zu	verringert sich	verringert sich
zu mageres Gemisch	verringert sich	niedrig	verringert sich	nimmt zu
Zündaussetzer	verringert sich	nimmt zu	verringert sich	nimmt zu

Mögliche Fehlerursachen bei veränderten Abgaszusammensetzungen

Nachfolgend angegebene Abgaszusammensetzungen, Lambdawerte und Lambdasondenspannungen gelten für einen betriebswarmen Motor im Leerlauf.

CO Vol. %	HC ppm	CO_2 Vol. %	O_2 Vol. %	λ-Wert	λ-Sonden-spannung (V)	
Anhaltswerte bei fehlerfreien Ottomotoren mit geregeltem Gemischbildungssystem						
< 0,10	< 30	14,8 ... 15,3	< 0,20	0,97 ... 1,03	0,10 ... 0,80	Regelfrequenz λ-Sonde: 0,5 ...1,2 Hz
Anhaltswerte bei Funktionsstörungen						**Mögliche Fehlerursachen**
< 0,10	> 30	< 14,8	> 0,20	> 1,03	0,10 ... 0,80	Zündaussetzer, z.B. durch Defekte an Zündkabel, Zündspule, Zündkerze; Zündzeitpunkt zu früh; schlechte Kompression; mangelhaftes Strahlbild Einspritzdüse, defekte Einspritzdüse, z.B. Wackelkontakt Verkabelung.
> 0,10	> 30	< 14,8	< 0,20	< 0,97	0,10 ... 0,50	Lambdasonde hat konstant zu niedrige Spannung und bewirkt andauernde Gemischanfettung, Lambdasonde defekt.
> 0,10	> 30	< 14,8	< 0,20	< 0,97	0,50 ... 0,80	Gemisch ist zu fett. Ursachen: Verschmutzter Luftfilter, defekter Temperaturfühler für Ansaugluft bzw. Kühlmittel, zu hoher Einspritzdruck, undichte Einspritzdüsen, defekter Luftmengen- oder Luftmassenmesser, Regenerierventil Aktivkohlebehälter defekt (immer offen), falsche Steuerzeiten, z.B. Nockenwelle eingelaufen, Zylinderkopfdichtung defekt.
< 0,10	< 30	< 14,8	> 0,20	> 1,03	0,10 ... 0,80	Falschluft im Auspuffsystem nach der Lambdasonde, z.B. Flanschverbindungen an der Auspuffanlage undicht, Auspuffanlage durchgerostet.
< 0,10	< 30	< 14,8	> 0,20	> 1,03	0,60 ... 0,80	Lambdasonde hat konstant zu hohe Spannung und bewirkt andauernde Gemischabmagerung, Lambdasonde defekt.
> 0,10	> 30	< 14,8	< 0,20	> 1,03	0,10 ... 0,50	Falschluft im Auspuffsystem vor der Lambdasonde, Krümmerdichtung defekt, Fehler im Sekundärluftsystem, z.B. Abschalt- oder Rückschlagventile offen.
< 0,10	< 30	< 14,8	> 0,20	> 1,03	0,10 ... 0,50	Falschluft im Ansaugsystem, z.B. durch defekte Ansaugrohrdichtungen, Unterdruckschlauchverbindungen, Schlauchverbindung zum Bremskraftverstärker.

Vergleich von Otto- und Dieselmotor

	Otto-Motor mit Saugrohreinspritzung	Otto-Motor mit Direkteinspritzung	Diesel-Motor
Ansaugen			
Füllung (Frischladung)	Kraftstoff-Luft-Gemisch	Luft	
Gemischbildung	äußere (außerhalb des Verbrennungsraumes)	innere (innerhalb des Verbrennungsraumes)	
Ansaugdruck (Saugmotor)	– 0,1 bar … – 0,3 bar	– 0,1 bar … – 0,3 bar	
Ansaugtemperatur	50 °C … 100 °C	70 °C … 100 °C	
Liefergrad (Saug-/Laderm.)	0,7 … 0,8 / 0,9 … 1,4	0,8 … 0,9 / 0,9 … 1,6	
Luftverhältnis (Luftzahl)	Leerlauf 1,0 Teillast 1,0 Volllast 0,85 … 1,0	Homogenbetrieb 0,8 … 1 Homogen mager 1,4 … 1,5 Schichtladung 3	Leerlauf 7 … 10 Teillast 2,5 … 3 Volllast 1,3 … 1,6
Luftbedarf	Benzin ≈ 14,8 kg/kg Super ≈ 14,7 kg/kg	Super ≈ 14,7 kg/kg	Diesel ≈ 14,5 kg/kg
Verdichten			
Vorgang	Gemisch wird verdichtet	Homogenbetrieb: Gemisch wird verdichtet Schichtladungsbetrieb: Luft wird verdichtet	Luft wird verdichtet
Verdichtungsverhältnis	7 … 12	12	14 … 24
Verdichtungsendtemperatur	400 ° C … 500 °C		600 °C … 900 °C
Verdichtungsenddruck	12 bar … 30 bar		30 bar … 55 bar
Selbstentzündungs-temperatur	Benzin 500 °C … 600 °C Super 550 °C … 650 °C		Diesel 320 °C … 380 °C
Arbeiten (Verbrennen)			
Zündung	Fremdzündung durch Zündfunken		Selbstentzündung an der heißen Luft
Zündzeitpunkt	Leerlauf 0 °KW … 10 °KW vor OT Teil-, Volllast max. 23 °KW … 43 °KW vor OT		
Zündverzug	–		0,001 s
Einspritzzeitpunkt	im Ausstoßtakt vor das geschlossene EV	Homogenbetrieb: im Ansaugtakt Schichtladebetrieb: kurz vor der Zündung	Einspritzbeginn: 12 °KW … 30 °kW vor OT Einspritzende: veränderlich
Einspritzdruck	bis 6,5 bar	bis 110 bar	bis 2050 bar
Laststeuerung	Quantitätsregelung	Homogenbetrieb: Quantitätsregelung Schichtladebetrieb: Qualitätsregelung	Qualitätsregelung
Verbrennungs-geschwindigkeit	Normale Verbrennung 20 m/s … 40 m/s klopfende Verbrennung 300 m/s … 1100 m/s		Normale Verbrennung 20 m/s … 40 m/s klopfende Verbrennung 300 m/s … 500 m/s
Verbrennungshöchst-temperatur	2000 °C … 2500 °C		2000 °C … 2500 °C
Verbrennungshöchstdruck	60 bar … 80 bar		120 bar … 160 bar
Ausstoßen			
Abgastemperatur (nach Auslassventil)	Leerlauf 300 ° C … 500 °C Volllast 700 °C … 1000 °C	zur NO_x-Kat-Regenerierung mind. 650 °C im Kat (therm. Regenerierung) im Schichtladungsbetrieb max. 550 °C im Kat	Leerlauf 100 °C … 200 °C Volllast 550 °C … 750 °C
Abgasdruck (rel.)	Restdruck bei Aö 3 bar … 5 bar bei As 0,2 bar … 0,5 bar	Restdruck bei Aö 3 bar … 5 bar bei As 0,2 bar … 0,5 bar	Restdruck bei Aö 4 bar … 6 bar bei As 0,2 bar … 0,4 bar

F

	Otto-Motor	Diesel-Motor
Kraftstoffe	**Leichtöle, Alkohol, Autogas, Erdgas**	**Schweröle**
Kraftstoffarten	Leichtsiedende Kraftstoffe Ottokraftstoff Alkohol, gasförmige Kraftstoffe	Schwersiedende Kraftstoffe Dieselkraftstoff Rohöl, Teeröl, Gasöl
Selbstzündungstemperatur (bei Verdichtungsdruck)	Normalkraftstoff 500 °C … 600 °C Superkraftstoff 550 °C … 650 °C	Dieselkraftstoff 320 °C … 380 °C
Siedeverlauf	Benzine 25 °C … 215 °C	Dieselkraftstoff 180 °C … 360 °C
Flammpunkt	Benzine unter – 25 °C	Dieselkraftstoff 55 °C … 100 °C
Bezugskraftstoffe	Isooktan Oktanzahl = 100 Normalheptan Oktanzahl = 0	Cetan Cetanzahl = 100 α-Methylnaphthalin Cetanzahl = 0
Besondere Anforderungen	Selbstzündungsfest, hohe Oktanzahl Normalkraftstoff 91 ROZ … 93 ROZ Superkraftstoff 95 ROZ … 100 ROZ	Selbstzündungswillig, hohe Cetanzahl Dieselkraftstoff 45 CZ … 62 CZ

Energiebilanz (Mittelwerte)

Anmerkung:
Der Wirkungsgrad des Ottomotors ist auf Grund seiner Drosselverluste stark lastabhängig. Der maximale Wirkungsgrad beträgt ca. 33 %.

Für Dieselmotoren in Pkw's und Nkw's beträgt der maximale Wirkungsgrad ca. 46 %.

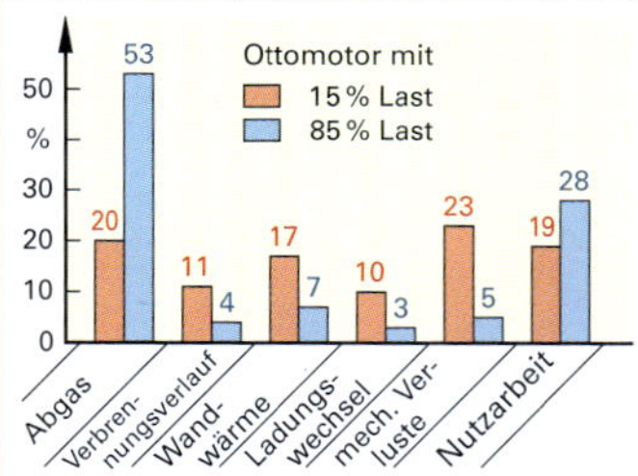

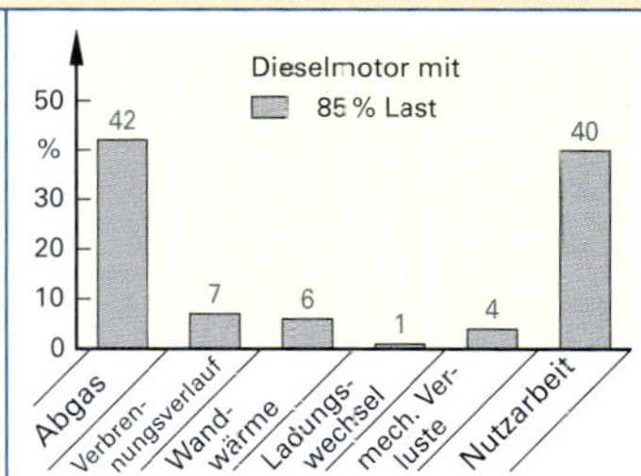

Volllastkennlinien

Otto-Motor: $V_H = 2{,}5$ l; $z = 6$ — Diesel-Motor: $V_H = 2{,}5$ l; $z = 6$

Anmerkung:
In der Praxis wird häufig für den elastischen Bereich der Drehzahlbereich angegeben, in dem der Motor 90 % (85 %) seines max. Drehmoments erreicht.

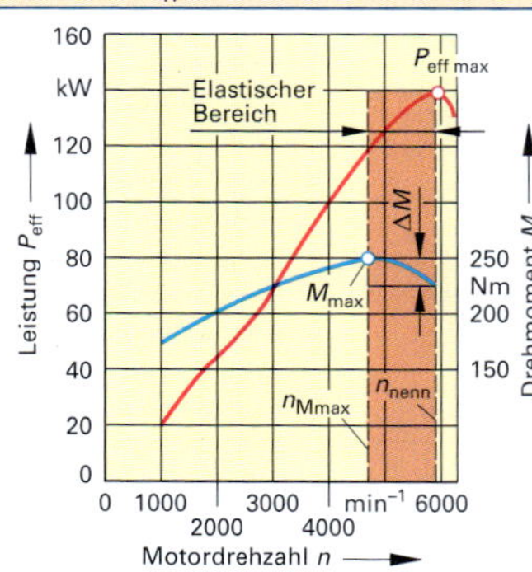

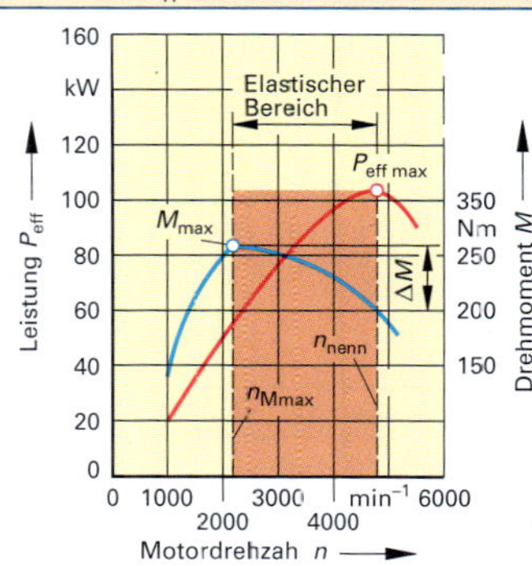

Kenngrößen		Pkw	Krad	Pkw	Nkw
Motordrehzahl	1/min	5000 … 8000	5000 … 16 000	3500 … 5300	1700 … 4000
Mittl. nutzbarer Kolbendruck	bar	9 … 17 (SM)* … 25 (LM)*	9 … 17 (SM) – (LM)	7 … 9 (SM) … 12 (LM)	7 … 10 (SM) … 18 (LM)
Hubraum-drehmoment*	Nm/l	70 … 120 (SM)	… 100 (SM)	50 … 170 (LM)	90 … 170 (LM)
Hubraumleistung	kW/l	25 … 100 (LM)	… 150 (SM)	20 … 50 (LM)	10 … 45 (LM)
Leistungsgewicht des Motors	kg/kW	1,3 … 5	0,2 … 3	1,8 … 5	2,5 … 8
Spezifischer Kraftstoffverbrauch	g/kWh	240 … 380	300 … 500	185 … 280	185 … 240
Nutzwirkungsgrad	%	28 … 33		32 … 46	

* Spezifisches Motordrehmoment (SM) Saugmotor (LM) Ladermotor

F

<table>
<tr><th>Art der Einspritzung</th><th>Direkte Einspritzung</th><th colspan="2">Indirekte Einspritzung</th></tr>
<tr><td>Einspritzung</td><td>in den Hauptbrennraum</td><td colspan="2">in den Nebenbrennraum</td></tr>
<tr><td>Verbrennungsraum</td><td>nicht geteilt</td><td colspan="2">unterteilt in Hauptbrennraum und Nebenbrennraum</td></tr>
<tr><td>Nebenbrennraum</td><td>–</td><td>Vorkammer</td><td>Wirbelkammer</td></tr>
<tr><td>Brennraumform
Düsenanordnung</td><td>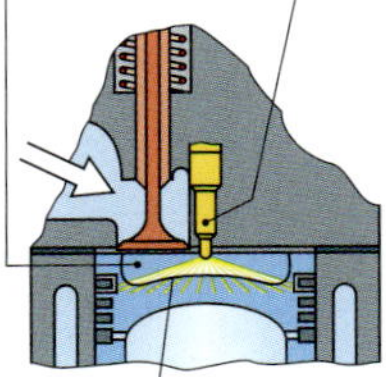
</td><td>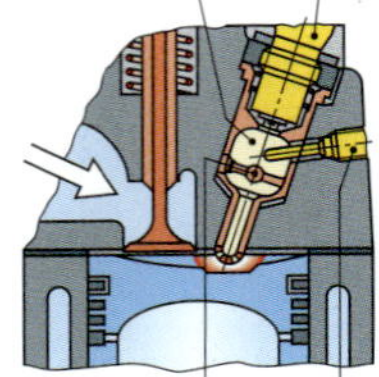
</td><td>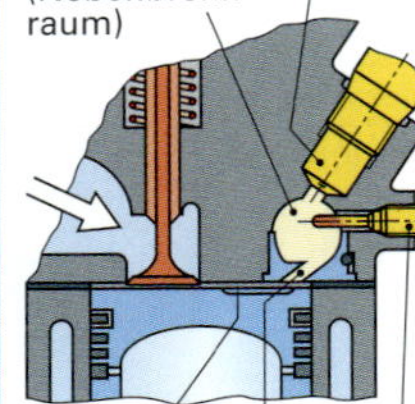
</td></tr>
<tr><td>Verdichtungsvolumen</td><td>100 % im Hauptbrennraum</td><td>etwa 40 % in Vorkammer</td><td>etwa 50 % in Wirbelkammer</td></tr>
<tr><td>Verdichtungsverhältnis</td><td>14 … 19 (… 27 Pkw)</td><td>18 … 24</td><td>18 … 24</td></tr>
<tr><td>Verdichtungsenddruck</td><td>40 bar … 50 bar</td><td>45 bar … 55 bar</td><td>45 bar … 55 bar</td></tr>
<tr><td>Verdichtungs-endtemperatur</td><td>700 °C … 900 °C</td><td>700 °C … 900 °C</td><td>700 °C … 900 °C</td></tr>
<tr><td>Verbrennungsablauf</td><td>einstufig: Zündung und Gesamtverbrennung im Hauptbrennraum</td><td colspan="2">zweistufig:
Teilverbrennung im Nebenbrennraum
Hauptverbrennung im Hauptbrennraum</td></tr>
<tr><td>Verbrennungshöchstdruck</td><td>… 140 bar</td><td>… 100 bar</td><td>… 100 bar</td></tr>
<tr><td>Düsenöffnungsdruck</td><td>150 bar … 350 bar</td><td>90 bar … 150 bar</td><td>90 bar … 150 bar</td></tr>
<tr><td>Einspritzdruck</td><td>350 bar … 2050 bar</td><td>200 bar … 450 bar</td><td>200 bar … 450 bar</td></tr>
<tr><td>Mögliche Einspritzsysteme</td><td>EDC mit RP, VP, CDI oder PDE</td><td colspan="2">Mechanisch oder elektrisch geregelte RP oder VP</td></tr>
<tr><td>Starthilfe
Vorwärmung der Ansaugluft</td><td>nicht notwendig
Evtl. Heizflansch, Flamm-startanlage in Ansaug-leitung oder Vorglüh-anlage (PkW)</td><td>notwendig
Glühkerze oder Heizflansch in Ansaugleitung</td><td>notwendig
Glühkerze oder Heizflansch in Ansaugleitung</td></tr>
<tr><td>Abgastemperatur</td><td>550 °C … 750 °C</td><td>550 °C … 750 °C</td><td>550 °C … 750 °C</td></tr>
<tr><td>Düsenart</td><td>Mehrlochdüse</td><td colspan="2">Einlochdüse: Drossel- bzw. Flächenzapfendüse</td></tr>
<tr><td>Spritzlochzahl
Spritzlochdurchmesser
Winkel</td><td>3 … 8
0,15 mm … 0,45 mm
Spritzlochwinkel … 180°</td><td>1
0,8 mm … 2 mm
Strahlkegelwinkel 0° … 30°</td><td>1
0,8 mm … 2 mm
Strahlkegelwinkel 0° … 30°</td></tr>
<tr><td>Kolbenmuldenform</td><td>„Omega"-Kolben
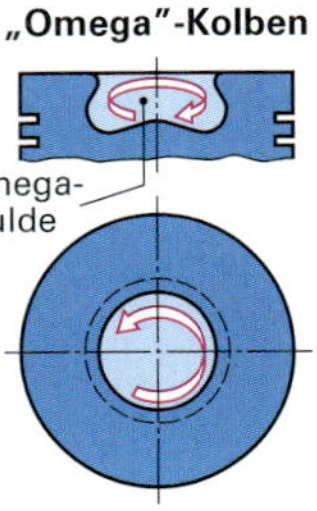

Die „Omega"-Form bewirkt einen Luftdrall in der Kolbenmulde.</td><td>„Finger"-Kolben
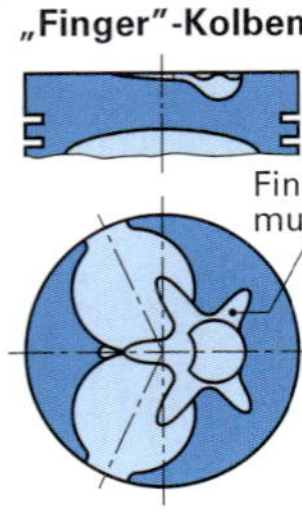

„Finger"-Kolben werden auch "Stern"-Kolben genannt.</td><td>„Brillen"-Kolben
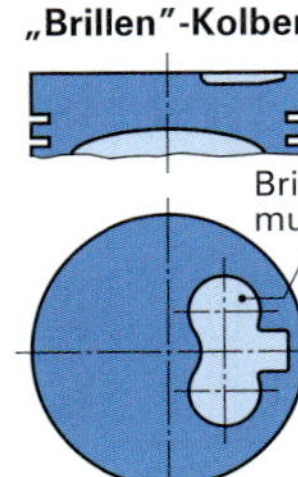

„V"-Kolben mit einer V-förmigen Kerbe im Kolbenboden werden auch verwendet.</td></tr>
</table>

F

Dieseleinspritzung mit elektronisch geregeltem Verteilereinspritzpumpen-System

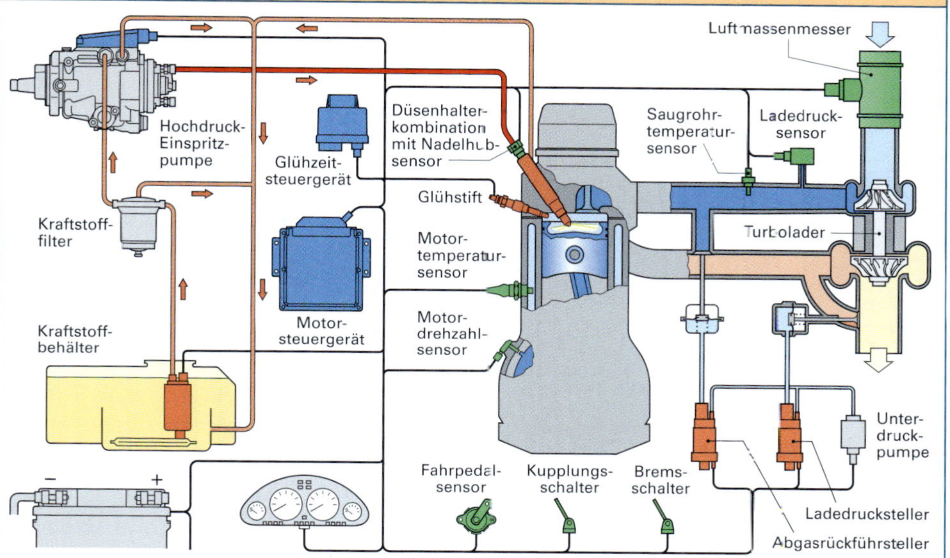

Systembeschreibung

Einspritz-pumpen	• Geeignet für Motoren bis maximal acht Zylinder • Antrieb über Zahnriemen, Zahnräder oder Kette mit Nockenwellendrehzahl synchron zur Kolbenbewegung • Äußeres Kennzeichen: in Zündreihenfolge kreisförmig angeordnete Auslässe für die einzelnen Motorzylinder • Pumpen sorgen für: Kraftstoffförderung, Hochdruckaufbau, richtigen Spritzbeginn, Mengen- und Drehzahlregelung, Abstellen des Motors.
Steuergerät	**Funktionen:** • Regelung der Startmenge in Abhängigkeit der Motortemperatur • Regelung des Fahrbetriebs (Einspritzmenge in Abhängigkeit von Last, Drehzahl, Temperatur) • Leerlauf und Volllastregelung • Laufruheregelung (alle Zylinder beschleunigen im Arbeitstakt die Kurbelwelle gleich stark) • Drosselklappenregelung (Erzeugung des Unterdrucks für die Abgasrückführung) • Eigendiagnose (Sensorüberwachung, Fehlererkennung, Umschalten auf gespeicherte Vorgabewerte, Notabschaltung des Motors) • Datenaustausch mit externen Systemen • Fahrgeschwindigkeitsregelung • Regelung des Spritzbeginns • Aktive Ruckeldämpfung.
Kraftstoff-kreislauf	**Niederdruckteil:** • Im Pumpengehäuse integrierte Flügelzellenpumpe fördert Kraftstoff über Kraftstofffilter in den Pumpeninnenraum und von dort in den Hochdruckraum. • Für höhere Förderleistung zusätzliche elektrische Vorförderpumpe im Kraftstoffbehälter • Druckaufbau im Pumpengehäuse proportional zur Drehzahl, begrenzt durch Druckregelventil • Kühlung und Entlüftung durch Überströmventil (Rückfluss des Kraftstoffs in Kraftstoffbehälter). **Hochdruckteil:** • Kraftstoff wird vom Pumpenelement zu den Einspritzdüsen gefördert. • nach der Einspritzung Druckentlastung des Hochdrucksystems durch Gleichdruckventile.
Abgassystem	• Leistungs- und Drehmomentsteigerung durch Abgasturboaufladung mit Ladeluftkühlung. Ältere Systeme: Turbolader mit starren Turbinenradschaufeln Begrenzung des Ladedrucks z.B.über Bypassventile oder Abblaseventile. Neuere Systeme: Abgasturbolader mit variabler Turbinengeometrie (VTG-Lader) elektronische Ladedruckregelung. • Reduzierung des NO_x-Ausstoßes mit Hilfe von Abgasrückführungssystemen (bis zu 60 %) • Durch Einsatz von Oxidationskatalysatoren Umwandlung von CO und HC zu CO_2 und H_2O.

Verteilereinspritzpumpe mit Axialkolben und EDC

Äußere Merkmale	• Ein Pumpenelement für alle Zylinder • Anschlüsse für Einspritzleitungen kreisförmig angeordnet
Höchstdruck	• Düsenseitig bis 1250 bar
Kraftstoff-förderung	• Durch im Pumpengehäuse integrierte Flügelzellenpumpe • Steuerung des drehzahlabhängigen Pumpeninnendrucks durch Druckregelventil, selbstentlüftende Pumpe
Hochdruck-erzeugung	• Nocken der Hubscheibe laufen auf Rollenring auf, Pumpenkolben wird in axialer Richtung bewegt.
Einspritz-mengen-regelung	• Stellwerk bewegt axial verschiebbaren Regelschieber, dieser gibt Abregelbohrung frei.
Verstellung des Spritz-beginns	• Elektro-hydraulisch gesteuerter Spritzversteller verdreht den Rollenring.

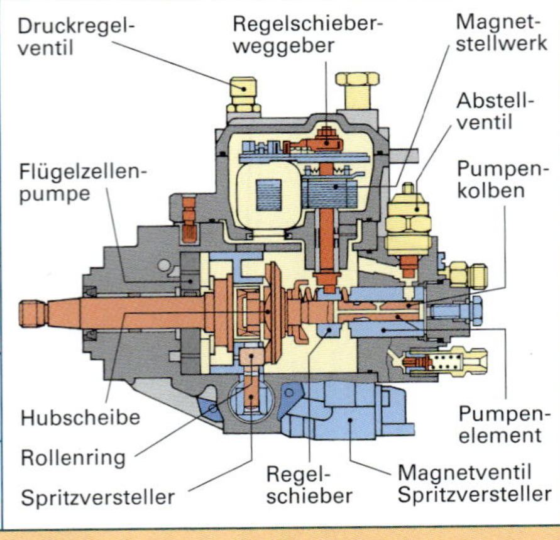

Verteilereinspritzpumpe mit Radialkolben

Äußere Merkmale	• Ein Pumpenelement für alle Zylinder • Anschlüsse für Einspritzleitungen kreisförmig angeordnet • Eigenes Pumpensteuergerät
Höchstdruck	• Drehzahlabhängig bis 1850 bar
Kraftstoff-förderung	• Durch im Pumpengehäuse integrierte Flügelzellenpumpe • Steuerung des drehzahlabhängigen Pumpeninnendrucks durch Druckregelventil, selbstentlüftende Pumpe
Hochdruck-erzeugung	• Rollenstößel laufen auf Nockenring auf, Radialkolben werden nach innen gedrückt, MV verschließt Hochdruckraum.
Einspritz-mengen-regelung	• Steuergerät legt über Kennfeld die Einspritzmenge fest und steuert entsprechend MV an.
Verstellung des Spritz-beginns	• Elektro-hydraulisch gesteuerter Spritzversteller verdreht den Rollenring.

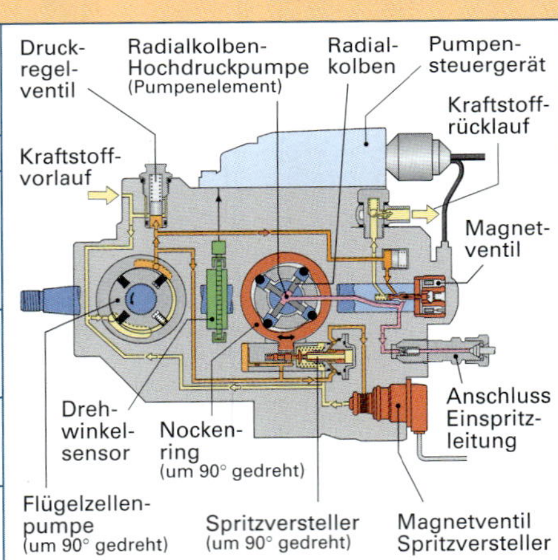

Reiheneinspritzpumpe

Äußere Merkmale	• Ein Pumpenelement pro Zylinder • Elemente in einer Reihe angeordnet
Höchstdruck	• Je nach Ausführung 550 bar bis 1300 bar
Kraftstoff-förderung	• Durch am Pumpengehäuse angeflanschte Kolbenpumpe, die über die Nockenwelle der Reiheneinspritzpumpe angetrieben wird.
Hochdruck-erzeugung	• Nockenwelle treibt über Rollenstößel die Pumpenkolben in Richtung OT. • Pumpenkolben verschließen Zulaufbohrungen (Druckaufbau, Förderbeginn)
Einspritz-mengen-regelung	• Regelweg-Stellmagnet bewegt Regelstange, die die Pumpenkolben verdreht • Schräge Steuerkante gibt Zuflussbohrung (= Abregelbohrung) frei
Verstellung des Spritz-beginns	• Durch elektronisch geregelten Hubschieber

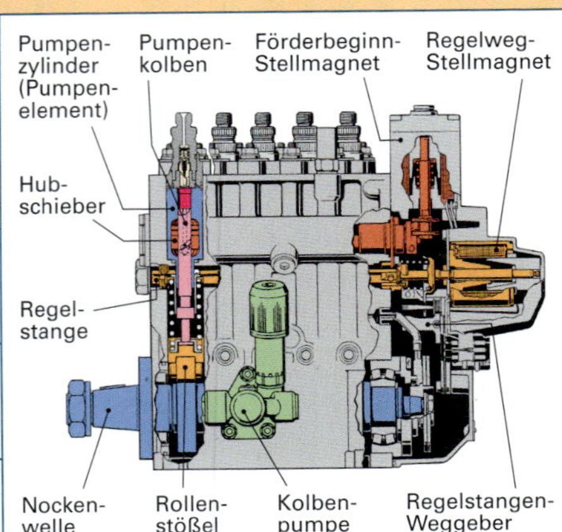

F

Einspritzdüsen

Die Einspritzdüsen haben die Aufgabe, den Kraftstoff fein zerstäubt in den Brennraum einzuspritzen. Durch den Strahlwinkel, den Spritzwinkel und durch das Öffnungs- und Schließverhalten wird die Verbrennung und damit die Leistung und das Abgasverhalten entscheidend beeinflusst.

	Lochdüsen	Zapfendüsen
Verwendung	Motoren mit Direkteinspritzung	Motoren mit Vor- oder Wirbelkammer
Merkmale	bis zu 8 Spritzlöcher Lochwinkel bis zu 160° Strahlwinkel abhängig von Lochdurchmesser und Lochlänge Düsenöffnungsdruck 200 bar … 300 bar	1 Spritzloch Strahlöffnungswinkel üblicherweise 0° Strahlwinkel bis 30° Düsenöffnungsdruck 80 bar … 120 bar
Öffnungsverhalten	Unmittelbar nach dem Öffnen steht der volle Öffnungsquerschnitt zur Verfügung. 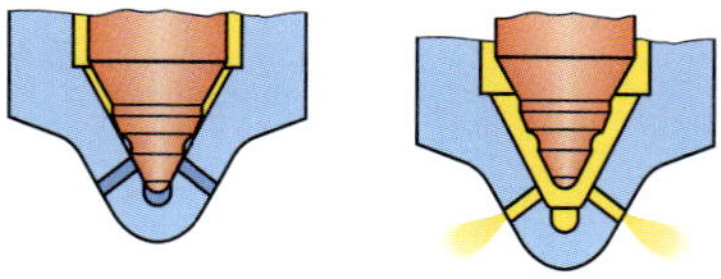 geschlossen geöffnet	Durchflussmenge ist abhängig vom Nadelhub; der Einspritzverlauf kann durch Form des Düsenzapfens beeinflusst werden. 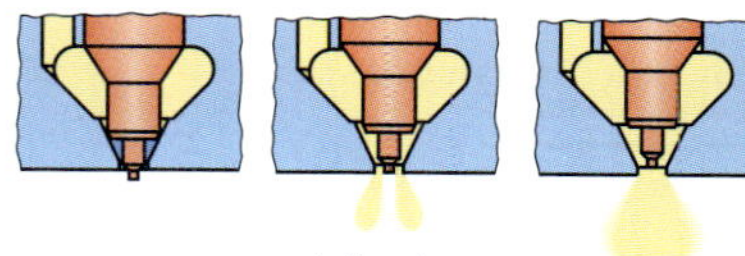 geschlossen teilweise geöffnet geöffnet
Bauformen	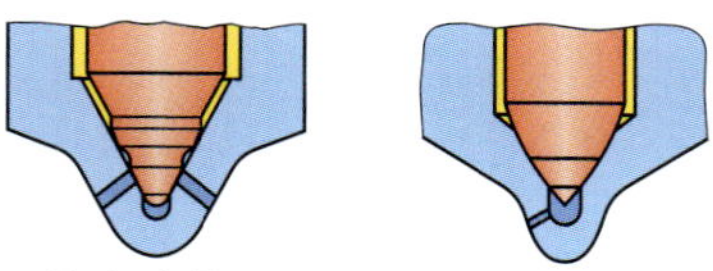 Sitzlochdüse Sacklochdüse	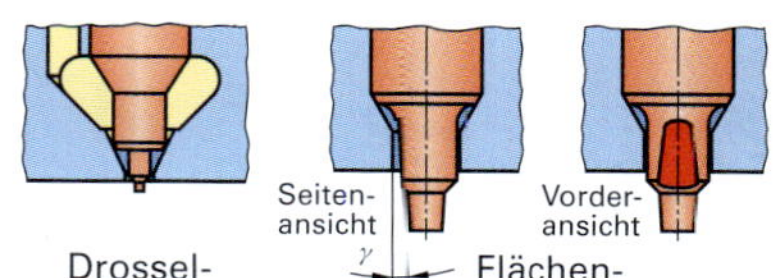 Drosselzapfendüse Flächenzapfendüse
Vorteile	• geringer HC-Ausstoß • höhere Festigkeit	• geringere Verkokung

Funktion von Düse und Düsenhalter

Verwendung	• Bei Pkws mit Direkteinspritzung Einsatz von Sitzlochdüsen wegen geringerer HC-Emissionen. • Zweifeder-Düsenhalter reduzieren Verbrennungsgeräusche im Leerlauf und Teillastbetrieb. • Einsatz von Nadelbewegungssensoren zur Signalisierung des Einspritzbeginns.
Öffnen der Düse	• Steigender Kraftstoffdruck hebt die Düsennadel entgegen der Federkraft der ersten (weicheren) Düsenfeder an. • Der Öffnungsweg wird durch eine Anschlaghülse begrenzt (Vorhub), eine geringe Kraftstoffmenge wird eingespritzt. • Erhöhter Kraftstoffdruck bewirkt die volle Öffnung entgegen der Federkraft beider Düsenfedern; die Hauptmenge wird eingespritzt.
Schließen der Düse	• Zusammenbrechender Druck im Hochdruckteil der Kraftstoffpumpe bewirkt, dass die Düse durch die Federkräfte geschlossen wird.
Nadelbewegungssensor	• Er hat die Aufgabe den Spritzbeginn zu erfassen. • Ein verlängerter Druckbolzen der Einspritzdüse ragt beim Öffnen in eine Geberspule. • Die magnetische Flussänderung bewirkt ein Spannungssignal, das vom Steuergerät erkannt wird.

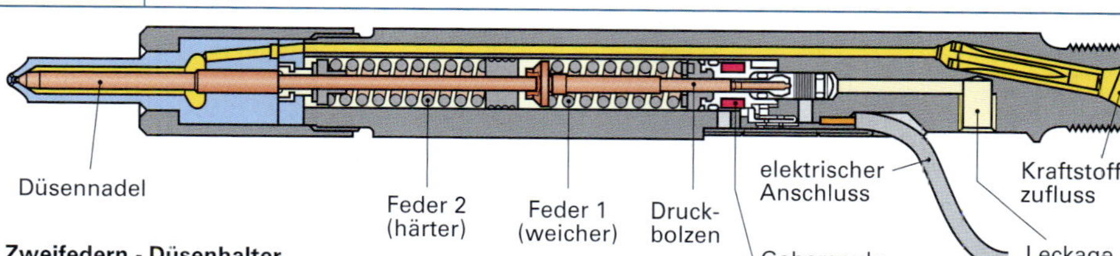

Zweifedern - Düsenhalter

F

Elektronische Dieseleinspritzung – Regelung

Wie bei der elektronischen Benzineinspritzung müssen auch bei der elektronischen Dieseleinspritzung die verschiedenen Betriebszustände durch Sensoren elektronisch erfasst werden. Im Steuergerät werden die gewonnenen Informationen verarbeitet. Dies geschieht zumeist durch Vergleich der Istwerte mit in Kennfeldern gespeicherten Sollwerten. Stimmen Soll- und Istwert nicht überein, werden Aktoren angesteuert, die eine Angleichung des Istwertes an den Sollwert bewirken. Eine Rückmeldung über den neuen Istzustand durch Sensoren informiert das Steuergerät darüber, ob der Regeleingriff ausreichend war oder nicht.

Bei der elektronischen Dieseleinspritzung werden auf diese Weise folgende **Hauptsteuergrößen** geregelt:

- **Einspritzmenge:** Bestimmt die abgegebene Leistung, nötig für Leerlauf- und Höchstdrehzahlregelung, darf $\lambda = 1{,}2$ bis 1,4 nicht unterschreiten, da sonst Schwarzrauch bei der Verbrennung entsteht.
- **Einspritzzeitpunkt:** Soll auf +/– 1 °KW genau sein, um bestmögliche Verbrennung zu gewährleisten.

Elektronische Dieseleinspritzung – Blockschaltbild

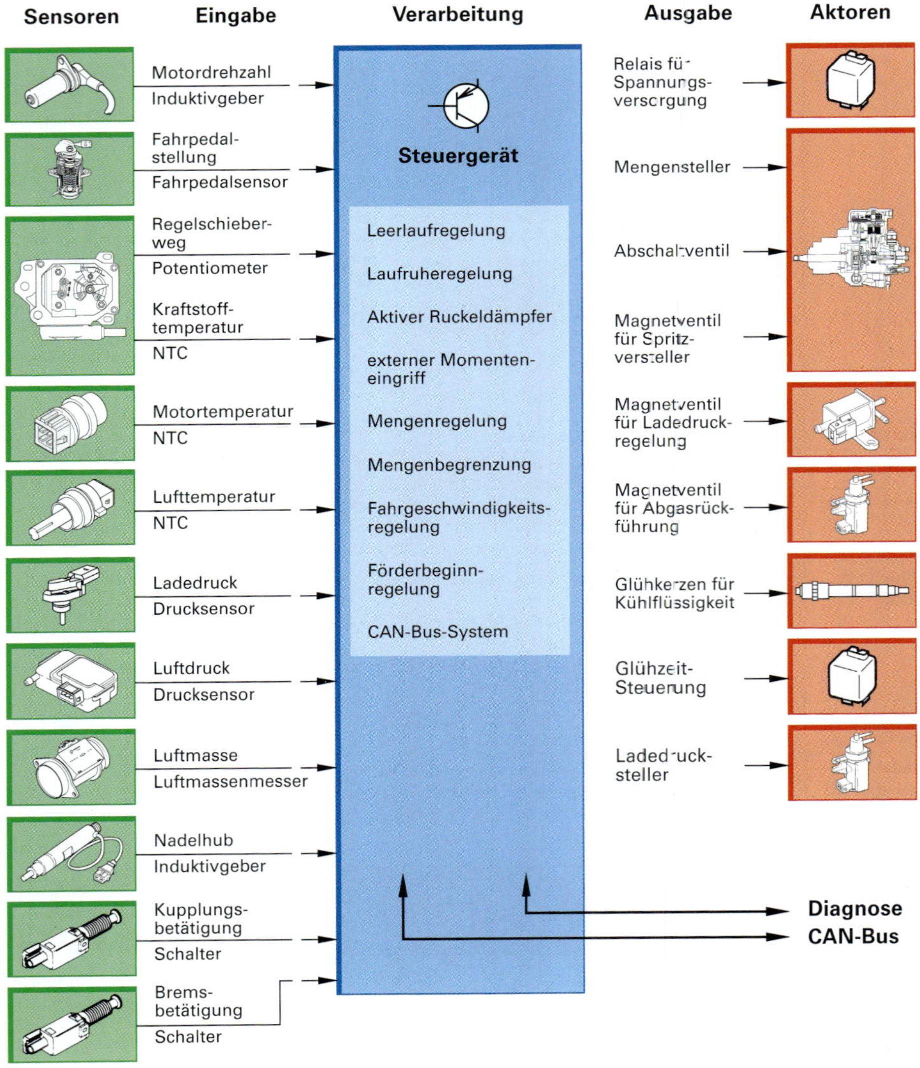

F

Sensoren der Elektronischen Dieseleinspritzung (Schaltplan S. 272)	
Fahrpedal-sensor B12	• Sensor erfasst Fahrpedalstellung (Hauptsteuergröße) zur Berechnung der Kraftstoffmenge. • Systemeinheit beinhaltet Fahrpedalsensor (Schleifkontakt-Potentiometer), Leerlaufschalter und Kick-Down-Schalter. • Bei Defekt läuft der Motor mit erhöhter Leerlaufdrehzahl (Fahrzeug eingeschränkt fahrbereit). • **B12:** Potentiometer PIN 15, PIN 55, PIN 57, Leerlaufschalter PIN 65, Klemme 31, Kick-Down-Schalter PIN 62, Klemme 31.
Geber für Regelschieber-weg B21	• Informiert Steuergerät über Position des Mengenstellwerks (= eingespritzte Kraftstoffmenge). • Bei Ausfall des Gebers wird der Motor aus Sicherheitsgründen abgestellt. • **B21.1:** PIN 7, PIN 29; **B21.2:** PIN 7, PIN 52.
Nadelhub-sensor B19	• Signalisiert dem Steuergerät den tatsächlichen Öffnungszeitpunkt der Einspritzdüse. • Fällt der Geber aus, wird der Einspritzbeginn nach gespeicherten Kennwerten gesteuert sowie die Einspritzmenge reduziert. • **B19:** PIN 11, PIN 12.
Motor-drehzahl-sensor B1	• Signal wird zur Bestimmung des Spritzbeginns, zur Drehzahlregelung (Leerlauf, Abregeldrehzahl) und zur Einspritzmengenberechnung benötigt. • Induktiver Drehzahlfühler an der Schwungscheibe erfasst neben Motordrehzahl die OT-Position des ersten Zylinders. • Bei defektem Geber Bildung eines Ersatzsignals aus dem Signal des Nadelhubsensors, Einspritzmenge wird reduziert, Einspritzbeginn wird gesteuert, Ladedruckregelung abgeschaltet. • **B1:** PIN 8, PIN 33.
Luftmassen-messer B3	• Hat die Aufgabe, die angesaugte Luftmasse zu bestimmen. • Steuergerät berechnet daraus die maximal zulässige Abgas-Rückführungs-Rate. • Begrenzung der Einspritzmenge über ein gespeichertes Rauchkennfeld, wenn die angesaugte Luftmasse für eine rauchfreie Verbrennung zu klein ist. • Bei Ausfall des Sensors wird ein reduzierter Luftmassenwert vorgegeben. • **B3:** Stromversorgung Klemme 87 K8, Klemme 31; Signal PIN 13, PIN 33.
Motor-temperatur-sensor B5	• Bestimmung der Kühlmitteltemperatur durch NTC. • Größe dient zur genauen Berechnung der Einspritzmenge (Korrekturgröße) und zur Bestimmung des Einspritzzeitpunktes. • Bei Ausfall des Signals wird mit einem festen Ersatzwert gerechnet. • **B5:** PIN 14, PIN 33.
Kraftstoff-temperatur-sensor B20	• Dient zur Ermittlung der Kraftstoffdichte und damit zur genauen Bestimmung der Einspritzmenge. • Fällt das Signal aus, wird ein eingespeicherter Ersatzwert herangezogen. • **B20:** PIN 33, PIN 63.
Ladedruck-sensor B22	• Bestimmt den tatsächlichen Druck im Saugrohr zur Ladedruckregelung. • Einbauort im Saugrohr oder im Steuergerät mit Schlauchverbindung zum Saugrohr. • **B22:** PIN 3, PIN 10, PIN 33.
Höhengeber B18	• Erfasst den aktuellen Umgebungsluftdruck. • Signal wird benötigt, um ein Überdrehen des Turboladers und Schwarzrauchbildung bei dünnerer Luft und damit geringerem Sauerstoffgehalt zu verhindern. • **B18:** PIN 33, PIN 40, PIN 41.
Saugrohr-temperatur-sensor B7	• Ermöglicht durch Kompensation der Temperatur, die Dichte der Ladeluft zu bestimmen. • Bei Ausfall des Sensors wird mit einem gespeicherten Festwert gerechnet. • **B7:** PIN 33, PIN 64.
Kupplungs-schalter S4	• Bei Betätigung des Kupplungsschalters kurzzeitige Reduzierung der Einspritzmenge, um ein Motorruckeln zu verhindern. • **S4:** PIN 17, PIN 33.
Brems-schalter S3	• Aus Sicherheitsgründen doppelt eingebaute Bremsschalter liefern Signal „Bremse betätigt". • Signal verhindert gleichzeitiges Bremsen und Vollgas geben. • Dient der Überwachung des elektronischen Fahrpedals. • **S3:** PIN 20, PIN 33.

Aktoren der Elektronischen Dieseleinspritzung

Mengensteller M4	• Hat die Aufgabe durch Verschieben des Regelschiebers die Einspritzmenge stufenlos von Null- bis Maximalförderung zu gewährleisten. • Spannungsversorgung (Plus) vom Relais für Spannungsversorgung und Minus vom Steuer gerät über PIN 4, PIN 5, PIN 30, PIN 49.
Elektro-Abschaltventil Y14	• Liegt an Masse und wird zum Öffnen vom Steuergerät über PIN 53 mit Spannung versorgt. • Bei Ausfall des Mengenstellers schließt das Ventil und die Kraftstoffzufuhr wird unterbrochen (Notabschaltung).
Magnetventil für Spritzversteller Y13	• Setzt die PWM-Signale des Steuergeräts in einen auf den Kolben des Spritzverstellers wirkenden Druck um. • Ermöglicht stufenlose Regelung zwischen maximaler Früh- und Spätverstellung. • Erhält Plus von Klemme 87 des Stromversorgungsrelais (K8) und wird vom Steuergerät über PIN 51 mit Masse angesteuert. • Bei Ausfall Vorgabe eines festen Spritzbeginns.
Magnetventil für Ladedruck-Regelung Y12	• Setzt die PWM-Signale des Steuergeräts in einen auf die Membran des Bypass-Ventils wirkenden Druck um. • Ermöglicht stufenlose Regelung des Ladedrucks. • Erhält Plus von Klemme 87 des Stromversorgungsrelais (K8) und wird vom Steuergerät über PIN 47 mit Masse angesteuert.
Magnetventil für Abgas-Rückführung (AGR) Y7	• Hat die Aufgabe, das AGR-Ventil mit einem definierten Unterdruck, der durch die Unterdruckpumpe des Motors erzeugt wird, zu beaufschlagen und damit das Ventil zu öffnen. • Ansteuerung durch PWM-Signale vom Steuergerät über PIN 25 (Minus), Versorgung mit Plus über Klemme 87 des Relais für Spannungsversorgung.

Elektronische Dieseleinspritzung – Schaltplan

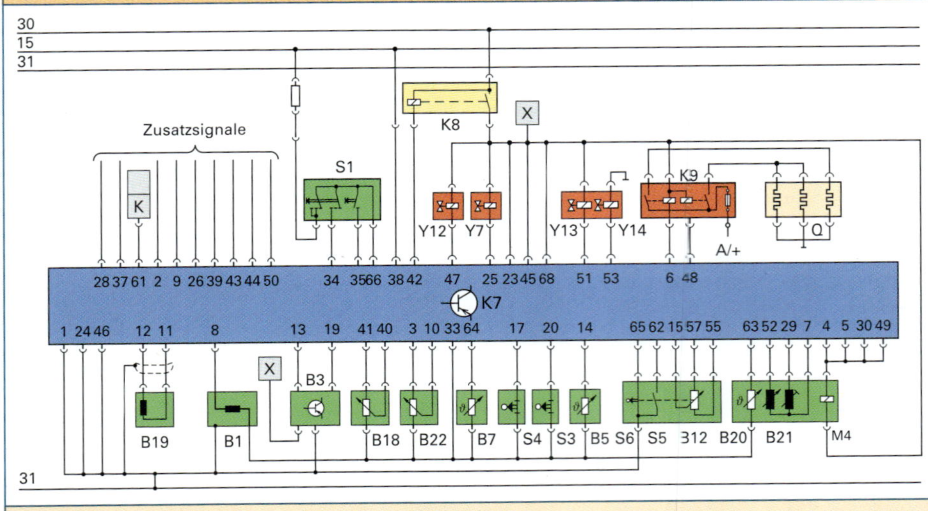

Elektronische Dieseleinspritzung – Legende zum Schaltplan

B1 Drehzahlgeber Kurbelwelle
B3 Luftmassenmesser
B5 Motortemperaturfühler
B7 Geber für Saugrohrtemperatur
B12 Geber für Fahrpedalstellung
B18 Höhengeber
B19 Geber für Nadelhub
B20 Geber für Kraftstofftemperatur
B21 Geber für Regelschieberweg
B22 Ladedrucksensor
K7 Steuergerät für Dieseldirekteinspritzanlage
K8 Relais für Spannungsversorgung
K9 Relais für Heizung des Kühlmittels
M4 Mengensteller
Y7 Magnetventil für Abgasrückführung
Y12 Magnetventil für Ladedruckregelung
Y13 Magnetventil für Spritzbeginn
Y14 Elektro-Abschalt-Ventil
S1 Schalter für GRA
S3 Bremspedalschalter
S4 Kupplungspedalschalter
S5 Kick-Down-Schalter
S6 Leerlaufschalter
Q Glühkerzen für Kühlmittel

F

Elektronische Dieseleinspritzung – Fehlersuchplan

Fehlermerkmale	Kennzahlen der Fehlerursachen
Motorausfall	1, 2, 3, 19, 27, 28
Verminderte Leistung	2, 3, 6, 7, 11, 12, 13, 14, 15, 16, 18, 19, 20, 21, 22, 23, 27, 28
Rauer Motorlauf	2, 12, 13, 14, 15, 16, 19, 20, 21, 28
Motorruckeln	2, 6, 7, 20, 28
Schlechtes Startverhalten (bei unter – 20 °C)	2, 13, 14, 15, 16 (10), 28
Ausgeprägte Schwarzrauchbildung beim Start bei Temperaturen unter – 10 °C	2, 10, 28
Höchstgeschwindigkeit wird nicht erreicht	2, 4, 17, 18, 28
Erhöhte Leerlaufdrehzahl	2, 4, 5, 28
Motor läuft nur mit Notfahrdrehzahl	4, 5, 28
Kein Drehzahlabfall bei konstanter Fahrpedalstellung und gleichzeitiger Bremspedalbetätigung	2, 8, 9, 28

Kennzahl	Fehlerursachen	Prüfhinweise – Abhilfemaßnahmen
1	Elektrisches Mengenstellwerk defekt	Widerstandsmessung am Mengenstellwerk nach Herstellerangabe
2	Elektronisches Steuergerät intern defekt	Steuergerät versuchsweise ersetzen
3	Kraftstoffabschaltventil klemmt	Kraftstoffabschaltventil überprüfen, ggf. ersetzen
4	Fahrpedalgeber falsch eingestellt	Einstellung überprüfen, ggf. korrigieren
5	Fahrpedalgeber defekt	Widerstandsmessung am Fahrpedalgeber bei verschiedenen Fahrpedalstellungen
6	Ladedrucksteuerventil oder Turbolader defekt	Ventil und Turbolader überprüfen, ggf. ersetzen
7	Lade-(Saugrohr-)drucksensor defekt	Sensor prüfen, ggf. ersetzen
8	Bremslichtschalter defekt	Bremslichtschalter überprüfen, ggf. ersetzen
9	Bremspedalschalter defekt	Bremspedalschalter überprüfen, ggf. ersetzen
10	Kühlmitteltemperatursensor defekt	Widerstandsmessung am Sensor, Sensor ggf. ersetzen
11	Ansauglufttemperatursensor defekt	Widerstandsmessung am Sensor, Sensor ggf. ersetzen
12	Kraftstofftemperatursensor defekt	Widerstandsmessung am Sensor, Sensor ggf. ersetzen
13	Motordrehzahlsensor defekt	Drehzahlsensor überprüfen, ggf. ersetzen
14	Motordrehzahlsensor hat falschen Abstand zu Schwungrad	Abstand überprüfen, ggf. einstellen
15	Motordrehzahlsensor ist lose	Befestigung überprüfen und ggf. nachziehen
16	Metallabrieb am Motordrehzahlsensor	Ursache für den Abrieb ermitteln, Neubildung verhindern und Sensor reinigen
17	Geschwindigkeitsmesser defekt	Gerät überprüfen und ggf. austauschen
18	Sensor für Geschwindigkeitsmesser defekt	Sensor prüfen und ggf. ersetzen
19	Positionsgeber für Regelschieberweg defekt	Potentiometer für Regelschieberweg überprüfen, ggf. Einspritzpumpe austauschen
20	Spritzbeginngeber defekt	Sensor prüfen und ggf. ersetzen
21	Pumpeninnenraumdruck zu gering bzw. Förderbeginn nicht in Ordnung	Druck prüfen, Kraftstofffilter und Kraftstoffvorlauf auf Verstopfung überprüfen und ggf. beseitigen
22	Magnetventil am Spritzsteller defekt	Magnetventil überprüfen und ggf. ersetzen
23	Potentiometer des Luftmengenmessers defekt	Potentiometer überprüfen und ggf. ersetzen
24	Abgasrückführsteller defekt	Steller überprüfen und ggf. ersetzen
25	Abgasrückführventil klemmt oder ist undicht	Ventil überprüfen und ggf. ersetzen
26	Unterdruckleitung zwischen Abgasrückführsteller und Abgasrückführventil ist defekt	Leitung auf Dichtheit bzw. ordnungsgemäße Anschlüsse überprüfen und ggf. instandsetzen
27	Kurzschluss oder Leitungsunterbrechung im Kabelstrang zum jeweiligen Aktor	Widerstandsmessung bzw. Signalprüfung am Steuerleitungsstrang; ggf. Strang ersetzen oder instandsetzen
28	Kurzschluss oder Leitungsunterbrechung im Kabelstrang zum jeweiligen Sensor	Widerstandsprüfung bzw. Spannungsmessung, ggf. Kabelstrang ersetzen oder instandsetzen

F

Dieseleinspritzung – Common Rail

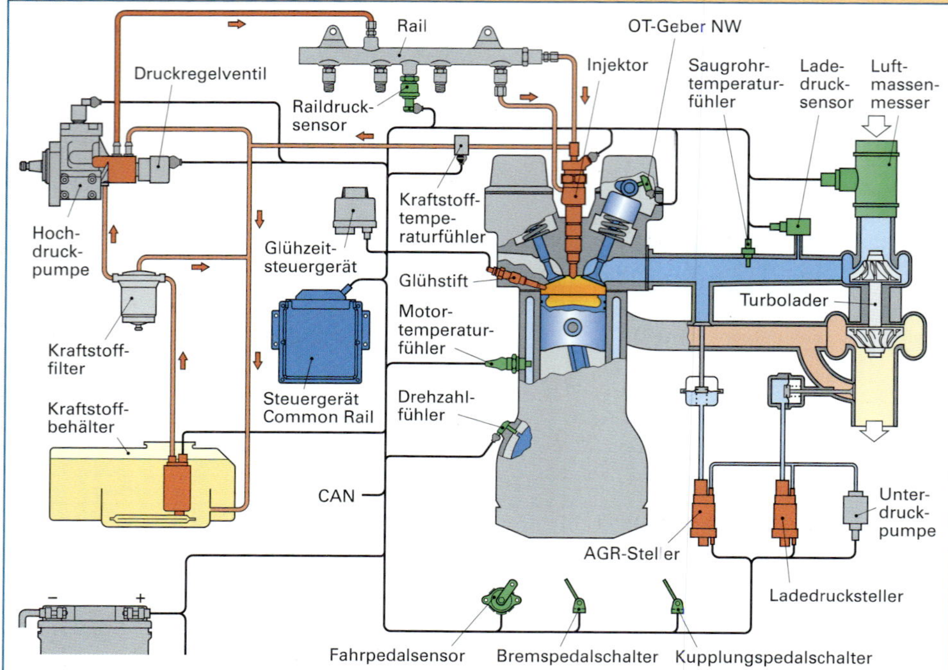

Systembeschreibung

Einspritzung	• Erzeugung des Hochdrucks von der Einspritzung entkoppelt • Druckaufbau durch eine Exzenter-Kolbenpumpe • Druckspeicherung und Versorgung der Einspritzdüsen mit Kraftstoff durch das Rail • Einspritzzeitpunkt und Einspritzmenge vom Steuergerät über Kennfelder geregelt • Einspritzung in den Brennraum durch im Zylinderkopf angeordnete Injektoren (Magnetventile mit Hochdruckdüsen).
Funktionen des Steuergeräts	• Regelung des Einspritzverlaufs (Vor-, Haupt- und Nacheinspritzung) • Regelung der Einspritzmenge • Leerlaufregelung • aktive Ruckeldämpfung • Wegfahrsperre • Zylinderabschaltung • Raildruckregelung • Laufruheregelung • Fahrgeschwindigkeitsregelung • Eigendiagnose • Datenaustausch mit externen Systemen über CAN.
Kraftstoff-kreislauf	• Kraftstoff wird von der Zahnradpumpe (angetrieben von der Nockenwelle) angesaugt. • Für hubraumstarke Motoren ist der zusätzliche Einsatz einer Elektrokraftstoffpumpe möglich. • Einsatz von großvolumigen und kleinporigen Kraftstofffiltern. • Vorwärmung des Kraftstoffs durch elektrische Heizelemente zur feineren Zerstäubung. • Elektrisches Abschaltventil ermöglicht die Unterbrechung des Kraftstoffzuflusses. • Erzeugung des Hochdrucks in einer Drei-Kolben-Exzenterpumpe. • Rückführung von zu viel gefördertem Kraftstoff aus dem Rail durch ein Druckregelventil sowie der Leck- und Steuermengen zum Kraftstoffbehälter. • Kühlung der Rückflussmengen um Kraftstofftemperaturen von mehr als 120 °C zu vermeiden.
Schadstoff-minderung	• Eine exakte Luftströmung und die Verwirbelung im Brennraum sollen die Vermischung von Luft und Kraftstoff verbessern und Rußbildung verringern. • Abgasrückführung verringert den NO_x-Ausstoß. • Oxidationskatalysatoren wandeln unverbrannte Kohlenwasserstoffe und Kohlenmonoxid zu Kohlendioxid und Wasser um. • Einsatz von Abgasturboladern mit variabler Turbinengeometrie (VTG-Lader) erhöhen die Leistungsdichte und wirken abgasreduzierend.

F

Common Rail – Bauteile

Hochdruckpumpe

Aufgabe: Erzeugung des Hochdrucks von maximal 1800 bar

- Exzenter-Radialkolbenpumpe mit drei jeweils um 120° versetzten Kolben
- Antrieb über Zahnriemen, Zahnrad, Kette oder Kupplung mit einer maximalen Drehzahl von 3000 1/min.

Varianten

- Hochdruckpumpe mit Elementenabschaltung zur Reduzierung der Antriebsleistung.
- Hochdruckpumpe mit Zumesseinheit. Der Raildruck wird im Zulauf über die Zumesseinheit (ZME) und im Hochdruckbereich über das Druckregelventil (DRV) eingestellt. (Zweireglersystem)

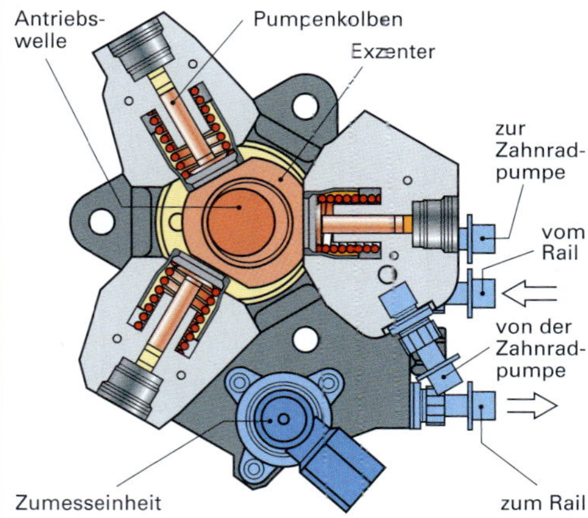

Rail (Verteilerrohr)

Aufgabe:

- Kraftstoff bei hohem Druck (bis 1800 bar) zu speichern und Druckschwankungen durch Pumpenförderung oder Einspritzvorgänge auszugleichen.

Raildrucksensor

- Erfassung des aktuellen Raildrucks.

Raildruckregelventil

- Anpassung des Ist-Raildrucks an den Soll-Raildruck (variabel 250 bar bis 1800 bar).

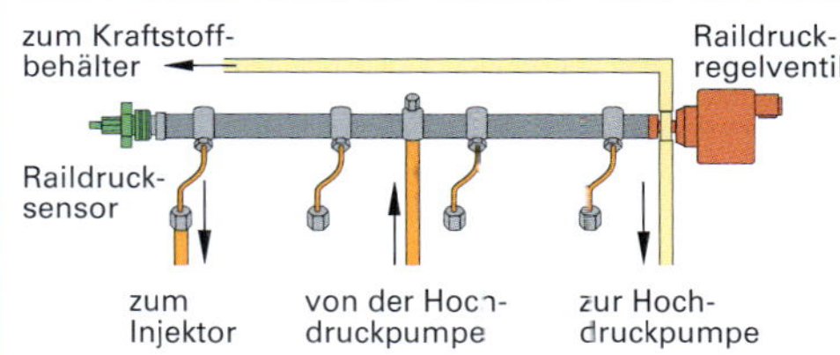

Regelvorgang:

- Kraftstoffdruck wird vom Raildrucksensor erfasst und dem Steuergerät an Hand eines Spannungssignals übermittelt.
- Steuergerät vergleicht Ist-Wert mit dem entsprechenden Sollwert eines Kennfeldes.
- Sind Ist- und Soll-Wert verschieden, wird das Raildruckregelventil mit einem **P**uls-**W**eiten-**M**odulierten Signal angesteuert.
- Raildruckregelventil bewirkt Druckänderung im Rail.

Injektoren (Lochdüse + hydraulisches Servosystem + Magnetventil)

Aufgabe:
- Zumessen der richtigen Einspritzmenge
- Einhaltung des richtigen Spritzbeginns.

Injektor geschlossen

- Die Abflussdrossel ist durch die Ventilkugel geschlossen.
- Kraftstoff fließt über Zulaufdrossel mit Raildruck in den Ventilsteuerraum.
- Der Druck auf den Ventilsteuerkolben presst die Düsennadel in ihren Sitz.

Öffnen des Injektors

- Durch Bestromung des Magnetventils wird der Anker angezogen, wodurch die Ventilkugel die Abflussdrossel frei gibt.
- Durch die Abflussdrossel entweicht mehr Kraftstoff, als durch die Zulaufdrossel zufließt.
- Druckabfall im Ventilsteuerraum.
- Im Zulaufkanal wirkender Kraftstoffdruck kann die Düsennadel entgegen der Kraft der Düsenfeder anheben.
- Injektor öffnet, Einspritzbeginn.

Schließen des Injektors

- Das Steuergerät beendet Bestromung des Magnetventils.
- Die Ventilfeder drückt die Ventilkugel auf ihren Sitz, dadurch wird die Abflussdrossel geschlossen.
- Druckaufbau im Ventilsteuerraum.
- Ventilsteuerkolben drückt die Düsennadel entgegen dem Kraftstoffdruck in ihren Sitz (Einspritzende).

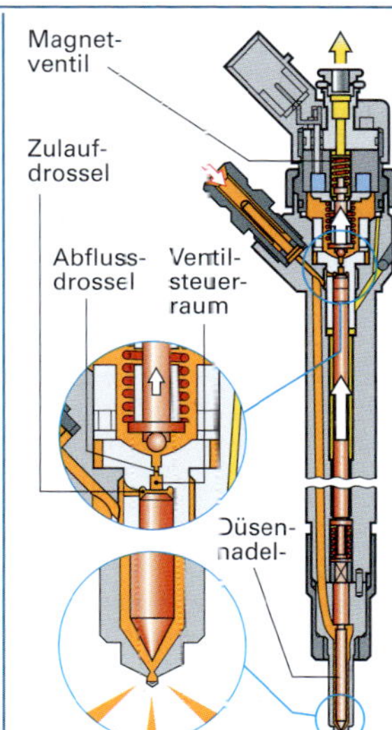

F

Common Rail – Blockschaltbild

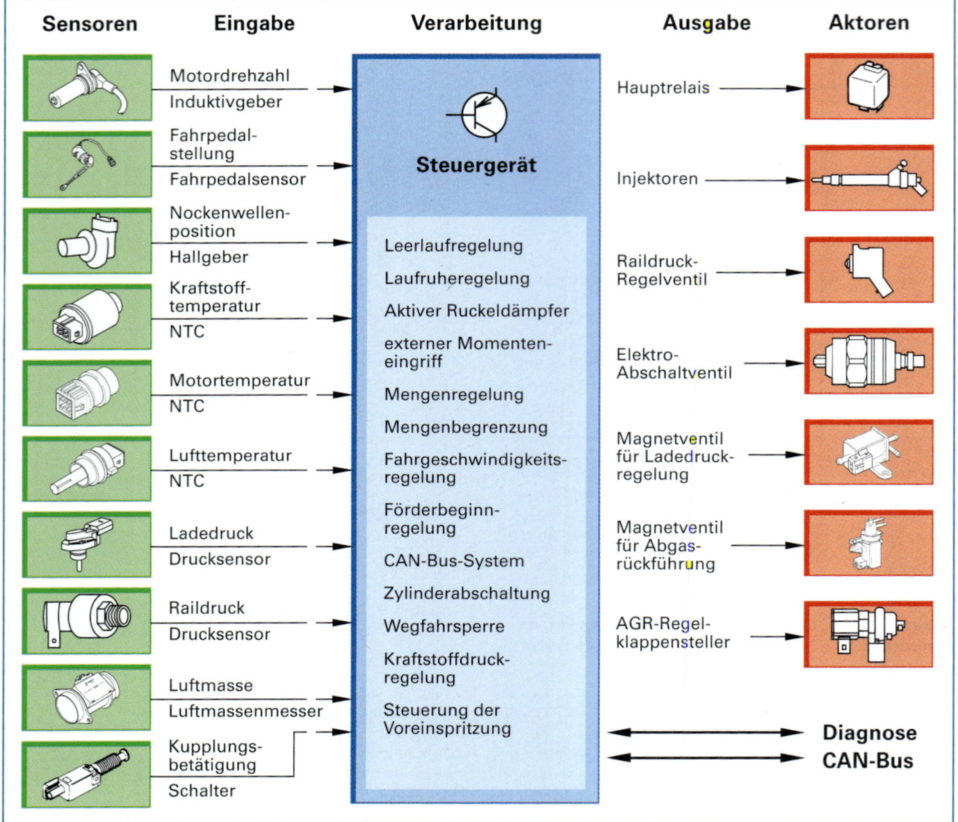

Sensoren des Common-Rail-Systems

Fahrpedal-sensor B12	• Sensor erfasst Fahrpedalstellung (Hauptsteuergröße) zur Berechnung der Kraftstoffmenge. • Bei Defekt läuft der Motor mit erhöhter Leerlaufdrehzahl (Fahrzeug eingeschränkt fahrbereit). **B12.1:** PIN C9 Plus, PIN C8 Signal, PIN C5 Masse, **B12.2:** PIN C9 Plus, PIN C10 Signal, PIN C23 Masse.
Nocken-wellen-sensor B2	• Hallgeber meldet dem Steuergerät die Position des ersten Zylinders im Verdichtungstakt. • Signal wird benötigt, um zur richtigen Zeit in den richtigen Zylinder Kraftstoff einzuspritzen. • Bei Ausfall des Signals bleibt der Motor unter Umständen fahrbereit, kann aber nicht wieder gestartet werden. **B2:** PIN D12 Plus, PIN D3 Signal, PIN D2 Masse.
Raildruck-sensor B23	• Signalisiert dem Steuergerät den aktuellen Kraftstoffdruck im Rail. • Bei einer Spannung von $U < 0{,}25$ V oder $U > 4{,}75$ V erkennt das Steuergerät einen Defekt im System und schaltet den Motor ab. • Bei Ausfall des Sensors wird der Kraftstoffdruckregler mit einem festen Wert angesteuert. **B23:** PIN D13 Plus, PIN D14 Signal, PIN D4 Masse.

Außerdem werden wie bei der Elektronischen Dieseleinspritzung folgende Sensoren benötigt (siehe Seite 263):

• **Ladedrucksensor**	**B22**	PIN C17 Plus, PIN C6 Signal, PIN C22 Masse
• **Saugrohrtemperaturfühler**	**B7**	PIN C12, PIN C11
• **Motordrehzahlsensor**	**B1**	PIN D37, PIN D26
• **Luftmassenmesser**	**B3**	PIN D1 Plus, PIN D34 Masse, PIN D11 Signal Plus, PIN D24 Signal Minus
• **Motortemperatursensor**	**B5**	PIN D36, PIN D27
• **Kupplungsschalter**	**S4**	PIN B2, Masse

F

Aktoren des Common-Rail-Systems

Injektoren Y15.1 – Y15.4	• Sie sorgen dafür, dass die richtige Einspritzmenge zum richtigen Zeitpunkt fein zerstäubt in den Brennraum eingespritzt wird. • Ansteuerung über Kondensatoren mit bis zu 20 A, bis maximal 80 V für maximal 0,3 ms. • Kennfeldgesteuerte Voreinspritzung mit kennfeldgeregeltem Raildruck. • Sie werden vom Steuergerät jeweils über PIN E2 und PIN E3, E5, E7 und E9 angesteuert.
Raildruck-Regelventil Y16	• Es sorgt für kennfeldgesteuerten Druck im Rail. • Es stellt durch Federkraft ohne Bestromung einen Druck von 100 bar ein. • Angesteuert durch **P**uls-**W**eiten-**M**odulierte-Signale vom Steuergerät über PIN D31 und PIN D21.
Elektro-Abschaltventil Y14	• Es wird vom Steuergerät über PIN D26 und PIN D36 geschaltet. • Bei schwerwiegenden Systemfehlern schließt das Ventil und die Kraftstoffzufuhr wird unterbrochen (Notabschaltung).
Magnetventil für Ladedruck-Regelung Y12	• Es ermöglicht durch die **P**uls-**W**eiten-**M**odulierten-Signale des Steuergeräts eine stufenlose Regelung des Ladedrucks. • Es wird vom Steuergerät über PIN C36 und PIN C48 angesteuert.
Magnetventil für Abgas-Rückführung Y7	• Das elektro-pneumatisch arbeitende AGR-Ventil hat die Aufgabe eine definierte Abgasrückführungsrate zu ermöglichen. • Ansteuerung durch **P**uls-**W**eiten-**M**odulierte-Signale vom Steuergerät über PIN C60 und PIN C37.
Lüftermotor M6	• Die Motorkühlung wird temperaturabhängig vom Steuergerät geregelt. • Der Lüftermotor wird von Klemme 30 mit Spannung versorgt, wenn das Steuergerät PIN C46 auf Masse durchschaltet (Steuerstrom von K9: Klemme 30, PIN C45; Arbeitsstrom: Klemme 30, Klemme 31).

Common-Rail – Schaltplan

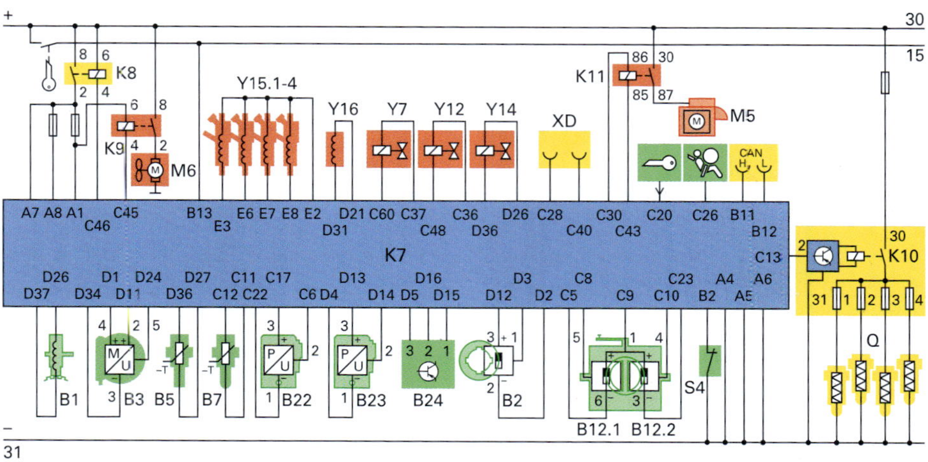

Common Rail – Legende zum Schaltplan

- **B1** Drehzahlgeber Kurbelwelle
- **B2** Nockenwellensensor
- **B3** Luftmassenmesser
- **B5** Motortemperaturfühler
- **B7** Geber für Saugrohrtemperatur
- **B12** Geber für Fahrpedalstellung
- **B22** Ladedrucksensor
- **B23** Raildrucksensor
- **B24** Sensor für Öldruck, -menge und -temperatur
- **K7** Steuergerät für Common-Rail-Einspritzung
- **K8** Hauptrelais
- **K9** Relais für Lüfter
- **K10** Glühzeit-Steuergerät
- **K11** Relais für Starter
- **M5** Starter
- **M6** Lüftermotor
- **Q** Glühkerzen
- **S4** Kupplungspedalschalter
- **Y7** Magnetventil für Abgasrückführung
- **Y12** Magnetventil für Ladedruckregelung
- **Y14** Elektro-Abschalt-Ventil
- **Y15.1 … Y15.4** Injektoren
- **Y16** Raildruck-Regelventil
- **XD** Diagnoseanschluss

F

Pumpe-Düse-System

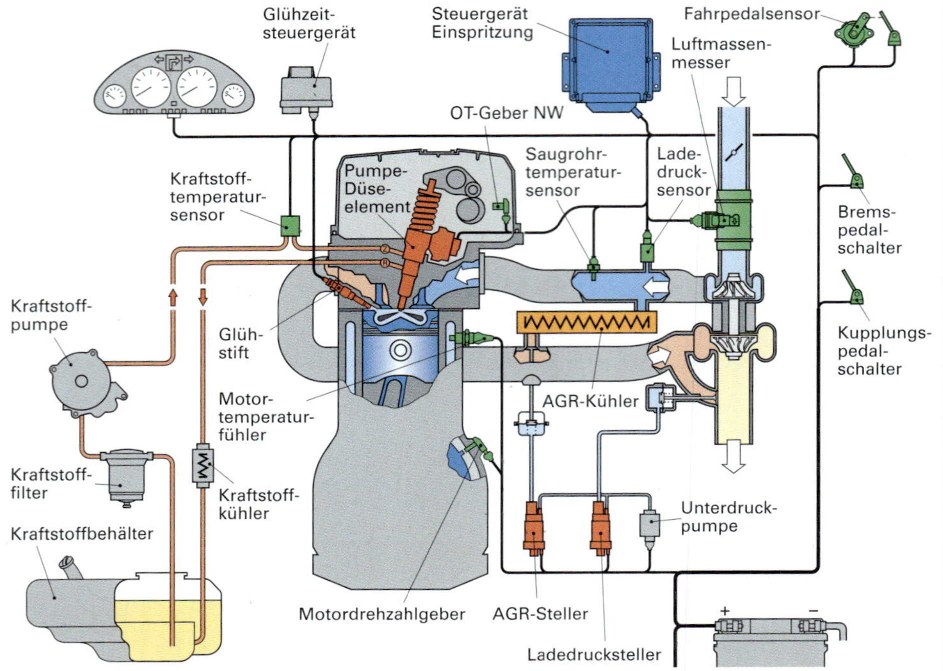

Pumpe-Düse-Systembeschreibung

Einspritzung	• Erzeugung des Hochdrucks in den Pumpe-Düse-Elementen durch Hochdruckkolben. • Antrieb durch Nockenwelle des Motors. • Für jeden Zylinder ein eigenständiges Element. • Einspritzzeitpunkt und Einspritzmenge werden vom Steuergerät über Kennfelder geregelt. • Einspritzung in den Brennraum. • Pkw Pumpe-Düse-Elemente mit Voreinspritzung, für Nkw Pumpe-Leitung-Düse-Elemente ohne Voreinspritzung.
Funktion Steuergerät	• Regelung des Einspritzverlaufs • Regelung des Vorförderdrucks • Leerlaufregelung • aktive Ruckeldämpfung • Wegfahrsperre • Regelung der Einspritzmenge • Zylinderabschaltung • Laufruheregelung • Fahrgeschwindigkeitsregelung • Eigendiagnose • Datenaustausch mit externen Systemen über CAN-Bus.
Kraftstoff-kreislauf	• Kraftstoff wird von einer Sperrflügelpumpe angesaugt; Antrieb über Nockenwelle. • Druckbegrenzung auf max. 7,5 bar durch ein Druckbegrenzungsventil. • Einsatz von großvolumigen und kleinporigen Kraftstofffiltern mit Rückschlagventil. • Verteilung des Kraftstoffs auf die Pumpenelemente durch ein im Zylinderkopf eingebautes Verteilerrohr • Rückleitung des zu viel geförderten Kraftstoffs sowie der Leckölmengen zum Kraftstoffbehälter. • Kühlung der Rückflussmengen um Kraftstofftemperaturen von mehr als 120 °C zu vermeiden (Einsatz eines Kraftstoffkühlers).
Elektronische Regelung	Die elektronische Regelung der Einspritzung erfolgt ähnlich wie bei einer Common-Rail-Anlage. Es werden folgende Sensoren und Aktoren verwendet: **Sensoren:** Fahrpedalsensor mit Leergas- und Kick-Down-Schalter, Motordrehzahlsensor, Nockenwellensensor, Ladedrucksensor, Saugrohrtemperaturfühler, Motortemperaturfühler, Kraftstofftemperaturfühler, Luftmassenmesser, Brems- und Kupplungspedalschalter. **Aktoren:** Pumpenelemente, AGR-Ventil, Magnetventil für Ladedruckregelung.

F

Pumpe-Leitung-Düse-Element

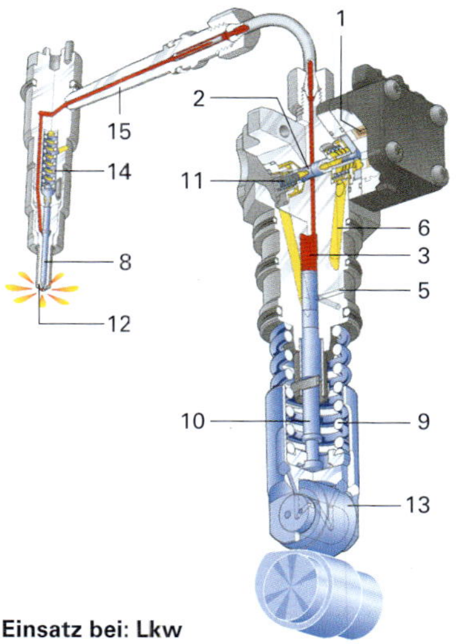

Einsatz bei: Lkw

Legende
1 Elektromagnet
2 Magnetventilnadel
3 Hochdruckraum
4 Ausweichkolben
5 Kraftstoffzulauf
6 Kraftstoffrücklauf
7 Düsennadeldämpfung
8 Düsennadel
9 Rückstellfeder
10 Pumpenkolben
11 Magnetventilfeder
12 Nadelsitz
13 Rollenstößel
14 Druckfeder
15 Hochdruckleitung

Pumpe-Düse-Element

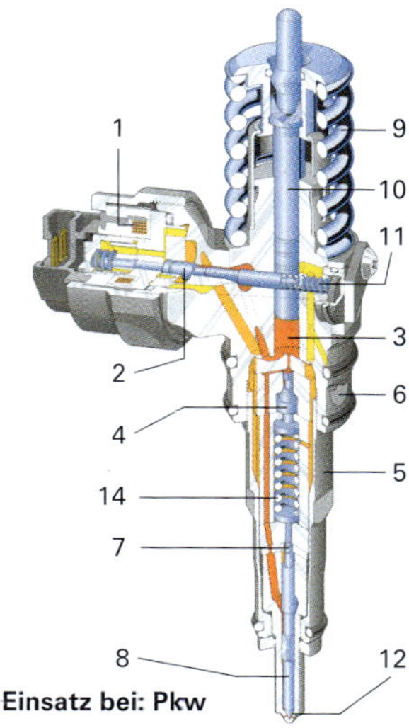

Einsatz bei: Pkw

Einspritzvorgang im Pumpe-Düse-Element

Saughub	• Das Magnetventil ist nicht angesteuert, der Zulauf geöffnet. • Der Pumpenkolben wird durch die Rückstellfeder nach oben geschoben und vergrößert damit das Volumen des Hochdruckraumes. • Kraftstoff strömt durch Druck im Vorlauf über die Filterbohrungen in den Hochdruckraum.
Vorhub	• Der Pumpenkolben wird vom Einspritznocken nach unten gedrückt. • Ein Teil Kraftstoff wird aus dem Hochdruckraum in den Kraftstoffvorlauf verdrängt. • Das Steuergerät bestromt das Magnetventil; dieses verschließt den Vorlauf, Druckaufbau.
Vorein-spritzung	• Die Düsennadel wird durch hydraulischen Druck angehoben, der Öffnungsweg wird hydraulisch begrenzt (Beginn der Voreinspritzung). • Durch steigenden Druck im Hochdruckraum bewegt sich der Ausweichkolben nach unten. • Die Volumenvergrößerung im Hochdruckraum bewirkt kurzzeitigen Druckabfall. • Die Düsennadel schließt kurzzeitig, Ende der Voreinspritzung.
Hauptein-spritzung	• Durch weitere Abwärtsbewegung des Ausweichkolbens wird die Düsenfeder stärker vorgespannt, der Öffnungsdruck für die Düsennadel steigt. • Durch steigenden Druck im Hochdruckraum (ca. 300 bar) öffnet die Düse (Haupteinspritzung).
	• Der Druck steigt während des Einspritzvorgangs auf bis zu 2050 bar, da durch die Spritzlöcher weniger Kraftstoff abfließen kann, als der nach unten gehende Kolben ausschiebt.
Resthub	• Das Motorsteuergerät beendet die Bestromung des Magnetventils. • Das Magnetventil öffnet, Kraftstoff entweicht in den Vorlauf, der Druck bricht zusammen, die Düsennadel schließt, der Ausweichkolben wird in Ausgangslage zurückgedrückt. • Der Resthub des Hochdruckkolbens bewirkt Verdrängung des Kraftstoffs in den Vorlauf.

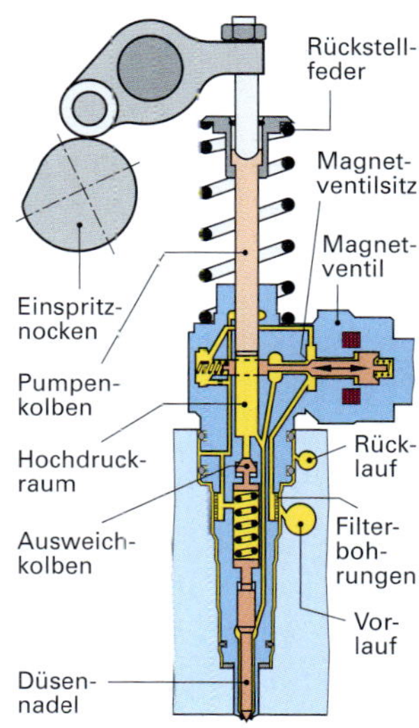

F

Starthilfsanlagen (Vorglühanlagen) mit Glühzeitsteuerung

Aufgaben

Vorglühen soll das Anspringen des Dieselmotors bei niederen Temperaturen erleichtern und für einen runden stabilen Leerlauf sorgen. **Nachglühen** verringert die Geräusch- und Schadstoffemission des kalten Dieselmotors während der Warmlaufphase.

Arten

Pkw-Starthilfsanlagen
- selbstregelnde bzw.
- elektronisch geregelte Glühstiftkerzen

Nkw-Starthilfsanlagen
- selbstregelnde bzw.
- elektronisch geregelte Glühstiftkerzen
- Flammstartanlagen
- elektrischer Heizflansch
- Glühwendelkerzen

Glühstiftkerzen

Glühphasen

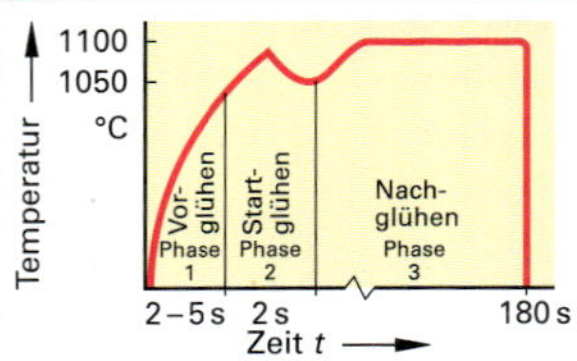

Vorglühen: Vor dem Start (Zündschloss in Stellung 1). Die Vorglühzeit ist von der Motortemperatur abhängig.
Startglühen: Nach Erlöschen der Vorglühkontrolllampe. Es wird für weitere 5 s vorgeglüht, in dieser Zeit sollte gestartet werden.
Nachglühen: Während des Motorbetriebs. Im Leerlauf und im Schubbetrieb wird bei Motortemperaturen unterhalb ca. 60 °C bis zu 180 s nachgeglüht.

Selbstregelnde Glühstiftkerze

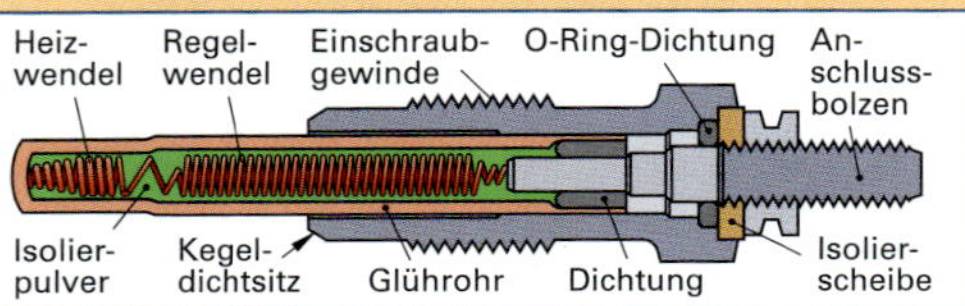

Elektronisch geregelte Glühstiftkerze

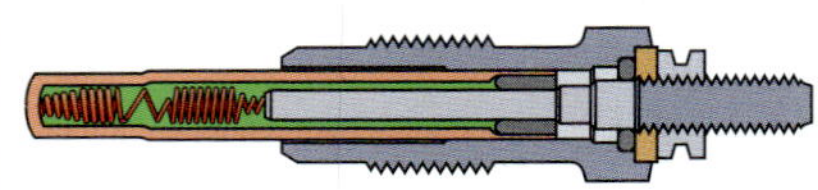

	Selbstregelnde Glühstiftkerze	Elektronisch geregelte Glühstiftkerze
Nennspannung	11,5 V	5 V … 8 V
Heizleistung	je 100 W … 120 W	je 50 W … 60 W
Max. Temperatur	1070 °C	1350 °C
Stromaufnahme	7 A … 15 A	5 A … 10 A
Einschaltstrom	bis 25 A	bis 25 A
Vorglühzeit bei 20 °C	2 s … 7 s	1 s … 2 s
Widerstand	< 0,5 Ω	< 0,5 Ω

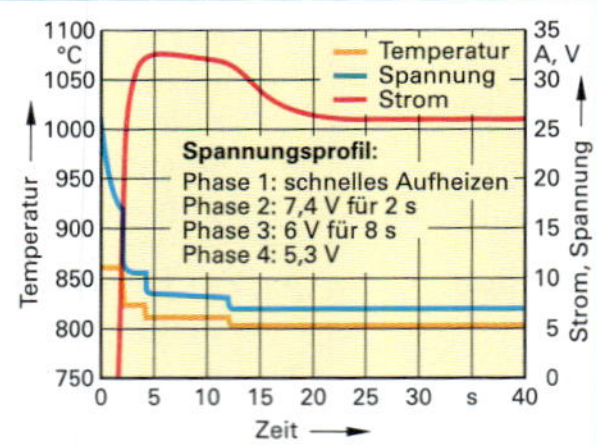

Schaltplan

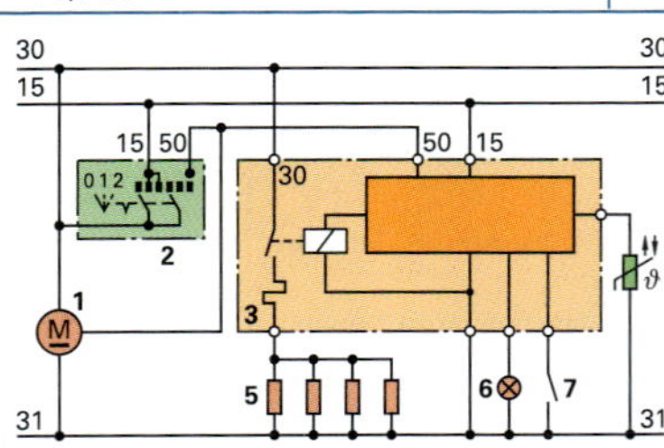

1 Starter, **2** Glüh-Start-Schalter, **3** Glühzeitsteuergerät, **4** Kühlflüssigkeit-Temperatursensor, **5** Glühstiftkerzen, **6** Start-Kontrollleuchte, **7** Schalter Pedalwertgeber.

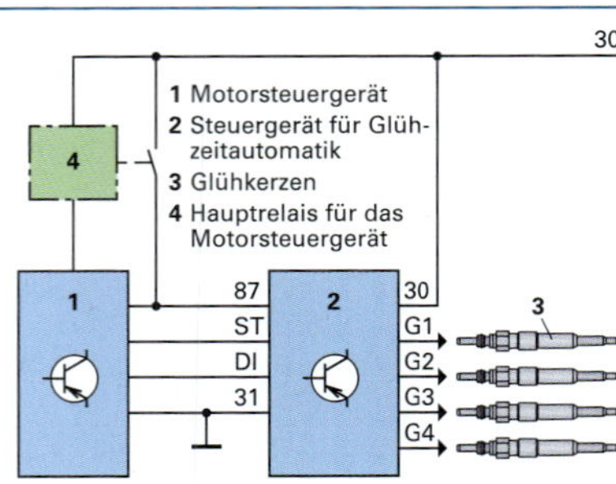

	Selbstregelnde Glühstiftkerze	Elektronisch geregelte Glühstiftkerze
Regelung der Stromaufnahme	PTC-Verhalten der Regelwendel begrenzt die Stromaufnahme auf ca. 10 A	Durch pulsweitenmoduliertes Antakten: – in der Aufheizzeit mit Bordspannung (12 V) – nach Erreichen der Glühtemperatur mit Nennspannung (5 V … 8 V)
Diagnosefähigkeit	Durch die Überwachung der Gesamtstromaufnahme. Direkte Zylinderzuordnung ist nicht möglich.	Durch Überwachung der Einzelstromaufnahme. Direkte Zylinderzuordnung ist möglich.

Prüfhinweis

Werden Glühstiftkerzen im ausgebauten Zustand überprüft, muss beim Bestromen für ausreichend Wärmeabfuhr gesorgt werden (z.B. Einspannen in Schraubstock).

F

Glühstiftkerzendefekte

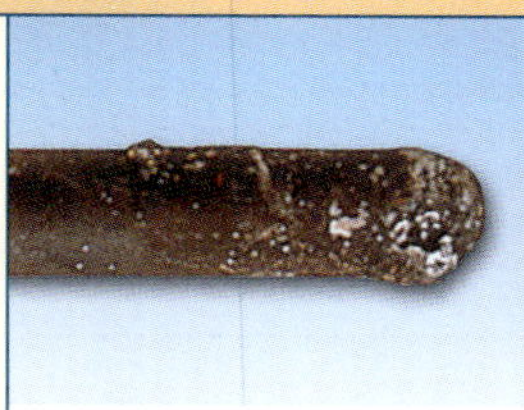

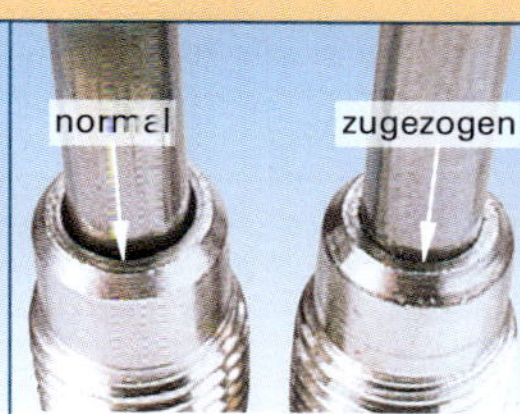

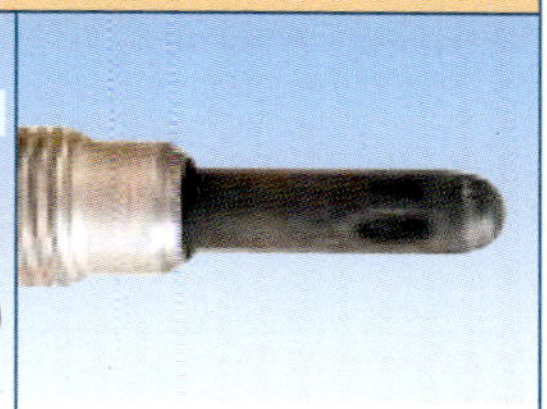

Fehlerbilder	Heizstab an- oder abgeschmolzen	Zugezogener Ringspalt	Heizstab mit Falten und Dellen
Ursache	• Verkokte tropfende oder verschlissene Einspritzdüsen	• Zu starkes Anzugsdrehmoment	• Verwendung einer falschen Glühstiftkerze • hängendes Relais
Reparaturmaßnahme	Vor dem Austausch ist die eigentliche Fehlerursache zu beseitigen, z.B. Austausch des defekten Injektors.	Glühstiftkerze ist auszutauschen. Bei der Montage unbedingt vorgeschriebenes Anzugsmoment einhalten.	• Vorglühanlage prüfen • Glühzeitrelais auswechseln • Ggf. nachglühfähige Glühkerze einbauen

Glühstiftkerzentausch

Ausbau:

Verkokungen zwischen Zylinderkopf und Glühstiftkerze können zu einer Erhöhung des Lösemoments führen.

Lösen der Glühstiftkerzen: Es ist das vorgeschriebene Lösemoment zu beachten, um ein Abreißen zu vermeiden. Ist das Bruchmoment erreicht, kann folgendermaßen vorgegangen werden:

1. **Anheizen:** Motor warmfahren bzw. intakte Glühstiftkerzen mit einem sepraratem Kabel 4 bis 5 Minuten bestromen.
2. **Anlösen:** Rostlösemittel an den Gewindeansatz der Glühstiftkerze auftragen und ca. 4 Minuten wirken lassen.
3. **Ausdrehen:** Weiteren Ausschraubversuch mit max. Drehmoment versuchen.

Einbau:

Nach dem Ausbau sind das Gewinde, der Dichtsitz und der Glühkerzenkanal im Zylinderkopf mit entsprechendem Werkzeug zu reinigen. Vor dem Einbau der neuen Glühstiftkerzen ist die Verkokung im Zylinderkopf mit einer Reibahle (Spezialwerkzeug) zu entfernen. Wird die Verkokung nicht entfernt, kann es beim Einschrauben der neuen Glühstiftkerze zu Beschädigungen des Ringspaltes kommen.
Anzugsdrehmomente beachten. Herstellerangaben beachten, da sie ggf. von den Tabellenwerten abweichen.

Anzugs- und Bruchmomente

Glühkerzen Gewinde	Max. Lösemoment	Anzugsdrehmoment	Anschlussmutter-Gewinde	Anzugsmoment
8 mm	20 Nm	10 Nm	M 4	2 Nm
9 mm	22 Nm	12 Nm	M 5	3 Nm
10 mm	35 Nm	12 – 18 Nm		
12 mm	45 Nm	22 – 25 Nm		

Weitere Starthilfsanlagen

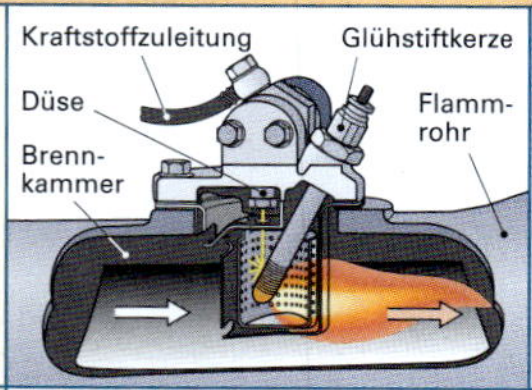

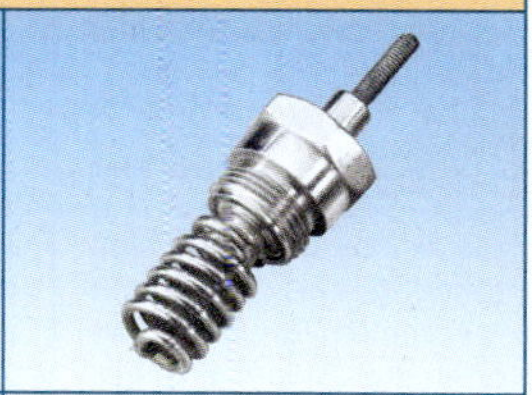

Bezeichnung	Flammstartanlage	Elektrischer Heizflansch	Glühwendelkerze
Nennspannung	12 V; 24 V	12 V; 24 V	5,5 V; 24 V
Heizleistung	2 kW ... 10 kW	1,1 kW ... 2,5 kW	400 W ... 600 W
Vorglühzeit	15 s ... 35 s	bis 30 s	bis 30 s
Temperatur	950 °C ... 1050 °C	... 1150 °C	... 1150 °C

F

Aufladesysteme

Dynamische Aufladung
- Schwingsaugrohr-Aufladung
- Resonanzaufladung
- Kombination aus Schwingsaugrohr- und Resonanzaufladung

Fremdaufladung
- Aufladung ohne mechanischem Antrieb, z.B. Abgasturbolader, Bi-Turbolader
- Aufladung mit mechanischem Antrieb, z.B. Schraubenverdichter, Roots-, Spiral-, Flügelzellenlader
- Kombination von Aufladung mit mech. und nicht mech. Antrieb, z.B. Abgasturbolader und Schraubenverichter

Dynamische Aufladung

Grundprinzip. Die im Saugrohr strömenden Frischgase besitzen Bewegungsenergie. Diese Bewegungsenergie wird zum Aufladen von Motoren verwendet. Voraussetzung: Die Längen der Ansaugrohre zu den Zylindern sind gleich.
Auswirkungen auf die Motorcharakteristik:
- höheres Drehmoment
- günstigere Abgaswerte
- gleichmäßigerer Drehmomentverlauf über einen großen Drehzahlbereich
- höhere Motorleistung bei mittleren und höheren Drehzahlen

Je nach Gestaltung des Saugrohrs und der damit verbundenen Aufladung unterscheidet man:
- Schwingsaugrohr-Aufladung
- Resonanz-Aufladung

Schwingsaugrohr-Aufladung

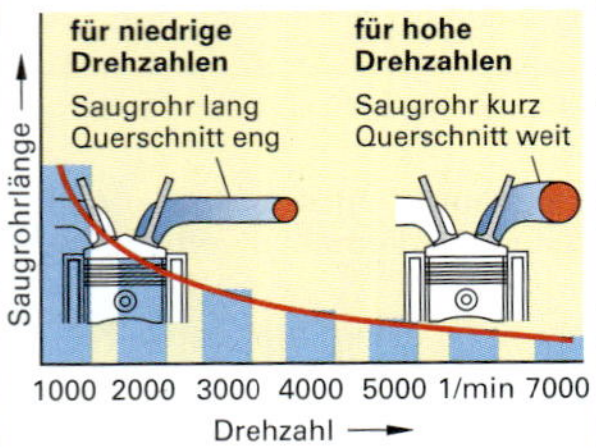

Die Saugarbeit des Kolbens erzeugt im Ansaugrohr eine Gasschwingung. Beim Öffnen des Einlassventils wird eine Unterdruckwelle ausgelöst. Diese läuft durch das Ansaugrohr zurück und wird am offenen Ende durch den höheren Atmosphärendruck reflektiert. Diese zurücklaufende Druckwelle erzeugt bei richtiger Abstimmung des Saugrohrs (Länge und Querschnitt) am offenen Einlassventil einen zusätzlichen Aufladeeffekt. Die Füllung des Zylinders wird verbessert.

Unterer Drehzahlbereich. Füllungsverbesserung durch lange Ansaugrohre mit engem Querschnitt. Ziel: Drehmomenterhöhung.

Oberer Drehzahlbereich. Füllungsverbesserung durch kurze Ansaugrohre mit weitem Querschnitt. Ziel: Leistungssteigerung.

Resonanzaufladung

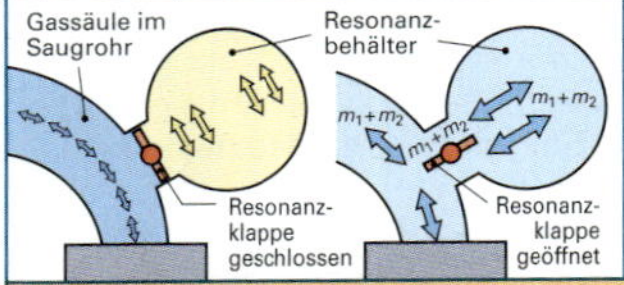

Durch die Saugarbeit des Kolbens im Motor wird die Luftmasse im Saugrohr zur Schwingung angeregt. Im Resonanzfall wird die Luftmasse eines Sammelbehälters (Resonanzbehälter) mit der Luftmasse im Saugrohr über eine Klappe verbunden. Die schwingende Luftmasse wird größer und die Frequenz der Schwingung sinkt. Dies bewirkt bei niedriger Drehzahl eine Aufladung.

Saugrohrsysteme

Schaltsaugrohr

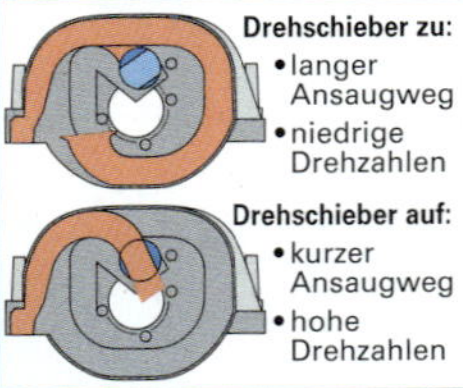

Die Anpassung der Saugrohrlänge an die Motordrehzahlen kann in zwei oder drei Stufen erfolgen. Z.B. wird der Ansaugweg bei einem zweistufigen Schaltsagrohr über einen Drehschieber so gesteuert, dass er für niedrige Drehzahlen lang und für hohe Drehzahlen kurz ist.

Stufenlose Sauganlage

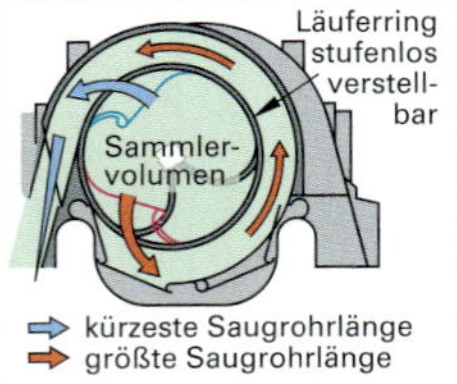

Die Anpassung der Saugrohrlänge erfolgt stufenlos. Ein Läuferring, der die Öffnung eines Sammlervolumens verändert, wird drehzahlabhängig verdreht und damit die wirksame Saugrohrlänge der Drehzahl angepasst. Die Verdrehung erfolgt über einen Schrittmotor.

Resonanzaufladung

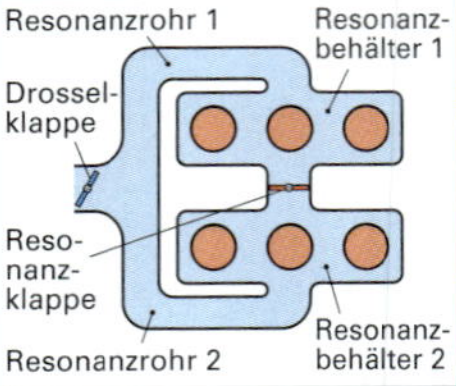

Mehrere kleine Resonanzbehälter können über Klappen zu einem größeren Resonanzbehälter geschaltet werden. Durch die unterschiedlichen Größen der Resonanzbehälter kann die Füllung über einen weiteren Drehzahlbereich verbessert werden.

Kombination Resonanz- u. Schwingsaugrohraufladung

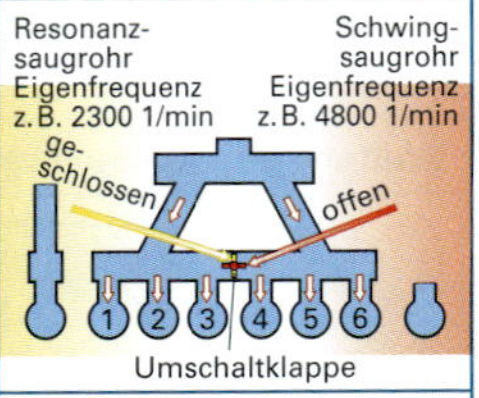

Die Kombination von Resonanz- und Schwingrohrsysteme ermöglicht es, die Aufladeeffekte beider Systeme auszunützen.

F

Fremdaufladung

Der Füllgrad bzw. Liefergrad soll erhöht werden. Dazu wird das LKG oder die Luft ganz oder teilweise vorverdichtet.

Grenzen der Aufladung

Ottomotoren. Ein zu hoher Liefergrad führt zu einem zu hohen Verdichtungsenddruck und Überschreiten der Klopfgrenze, weil der Ladevorgang einen Teil der Gesamtverdichtung übernimmt. Folge: Mechanische Schäden z.B. an Lager, am Kurbeltrieb.

Dieselmotoren. Durch zu hohe Verbrennungsenddrücke infolge des hohen Frischluftanteils und der damit möglichen größeren Einspritzmenge kann die mechanische und thermische Belastung des Motors so groß werden, dass er zerstört wird.

Aufladesysteme. Abgasturbolader, Bi-Turbo/Twin-Turbo, Rootslader, Flügelzellenlader, Spirallader (G-Lader), Kombination von Abgasturbolader und Schraubenverdichter.

Aufladung ohne mechanischen Antrieb – Abgasturbolader

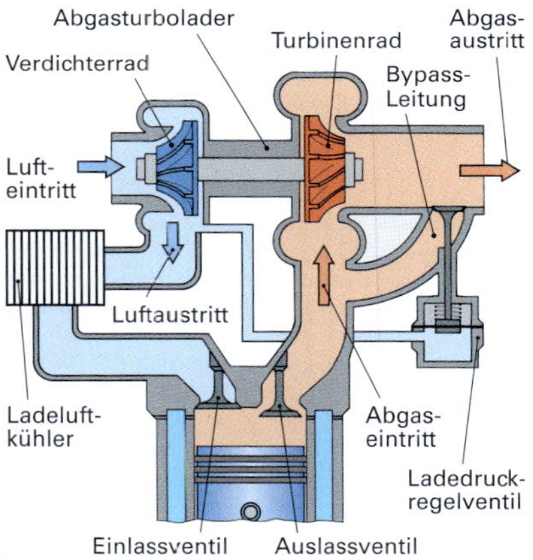

Die Energie der Abgase treibt eine Turbine an. Das auf der Turbinenwelle sitzende Verdichterrad saugt Frischluft an und drückt die vorverdichtete Luft in die Zylinder. Da durch die Vorverdichtung die Temperatur der Frischluft stark ansteigt, ist häufig eine Rückkühlung der Frischluft durch einen Ladeluftkühler notwendig.

Merkmale des aufgeladenen Motors

- hohes Drehmoment
- günstiger Drehmomentverlauf
- geringer spez. Kraftstoffverbrauch
- geringe Schadstoffemissionen
- hohe Leistungssteigerung
- höhere thermische Motorbelastung

Technische Daten

- Laderdrehzahlen bis 180 000 1/min möglich
- Leistungssteigerung etwa 30 % ... 50 %
- Ladedrücke ohne Ladeluftkühlung: 0,2 bar bis 1,8 bar
- Ladedrücke mit Ladeluftkühlung: 0,5 bar bis 2,2 bar

Ladedrucksteuerung, Ladedruckregelung

Die Steuerung des Ladedrucks erfolgt mechanisch-pneumatisch. Die Regelung kann über ein Taktventil oder verstellbare Schaufelgeometrie bewirkt werden. Soll-Ist-Vergleich führt ein elektronisches Steuergerät durch.

Mechanisch-pneumatisch

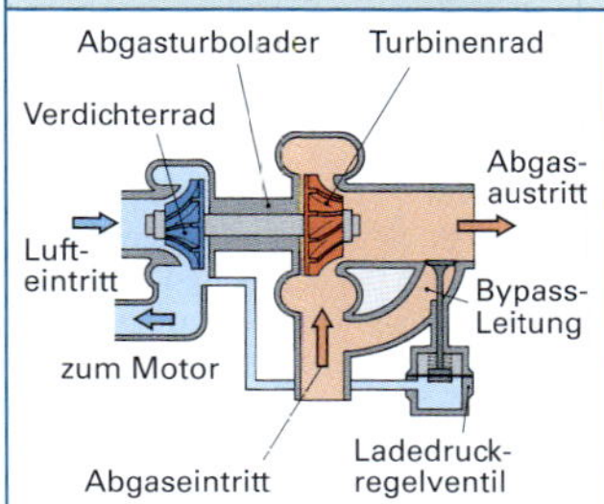

Wirkungsweise
Überschreitet der Ladedruck die Federkraft im Ladedruckregelventil, öffnet das Ventil. Die Abgase strömen in der Bypass-Leitung um die Turbine in den Auspuff. Der Ladedruck sinkt.

Elektronisch-pneumatisch

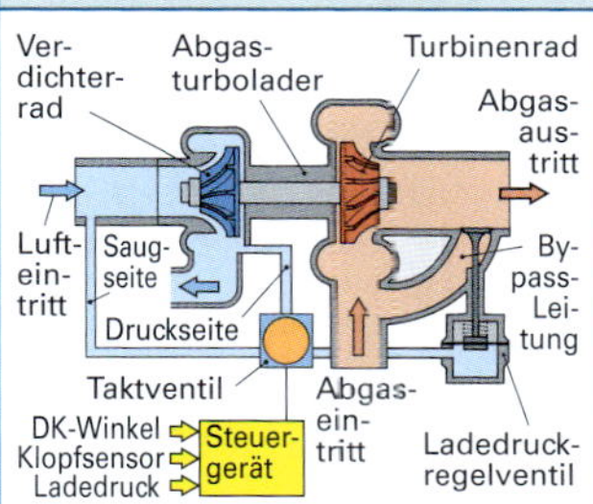

Wirkungsweise
Ein Drucksensor erfasst den Ladedruck für das Steuergerät. Dieses regelt über das Taktverhältnis den Öffnungsquerschnitt zwischen Saugseite und Druckseite des Verdichters im Taktventil und damit den Ladedruck. Z.B. Ladedruck zu hoch – Querschnitt geschlossen, der volle Ladedruck wirkt im Ladedruckregelventil und öffnet es.

Verstellbare Turbinengeometrie

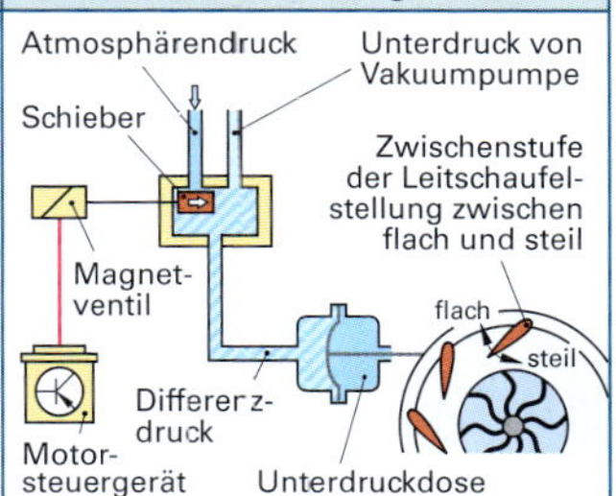

Wirkungsweise
Über ein elektro-pneumatisch betätigtes Gestänge werden die Leitschaufeln verstellt. Je nach Betriebszustand wird die Leitschaufel zwischen „flach" und „steil" kontinuierlich verstellt. Dadurch wird das Ladeverhalten beeinflusst:
- flach = hohe Laderdrehzahl
- steil = niedrige Laderdrehzahl

F

Aufladung ohne mechanischen Antrieb – Doppelaufladung und Registeraufladung

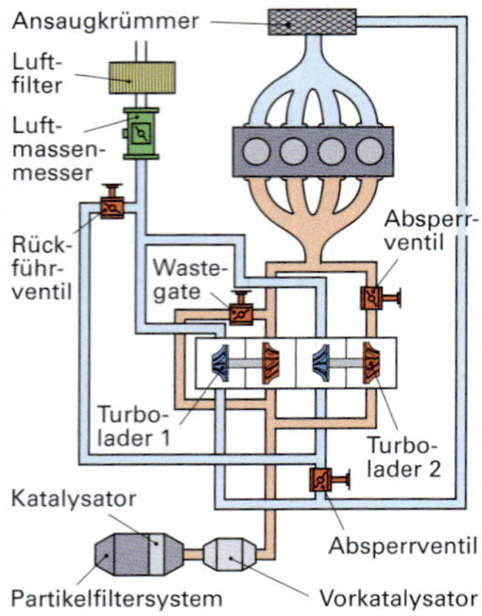

Doppelaufladung. Bei ihr erfolgt die Aufladung durch zwei gleich große parallel geschaltete Abgasturbolader. Im unteren Drehzahlbereich arbeitet nur ein Abgasturbolader, während der zweite Turbolader, je nach Leistungsbedarf und Ladedruck, zwischen 2600 1/min und 3200 1/min zugeschaltet wird. Im oberen Drehzahlbereich arbeiten beide Abgasturbolader.

Merkmale

- die Steuerung der Zuschaltung des zweiten Turboladers erfolgt über das Motormanagement
- schnelles Ansprechverhalten durch geringe Massen (die Massenträgheit von zwei kleinen Turboladern, die nacheinander geschaltet werden, ist geringer als die von einem großen Turbolader)

Registeraufladung. Bei ihr erfolgt die Aufladung durch zwei verschieden große, in Reihe geschaltete Abgasturbolader. Im unteren Drehzahlbereich arbeitet der kleine Turbolader. Zwischen 1.800 1/min und 3.000 1/min wird der große Turbolader durch Öffnen des Absperrventils im Abgassystem vom Motormanagement zugeschaltet. Im oberen Drehzahlbereich wird der kleine Abgasturbolader umgangen. Die Aufladung wird ausschließlich vom großen Turbolader durchgeführt.

Aufladung mit mechanischem Antrieb – Kompressor (Rootslader)

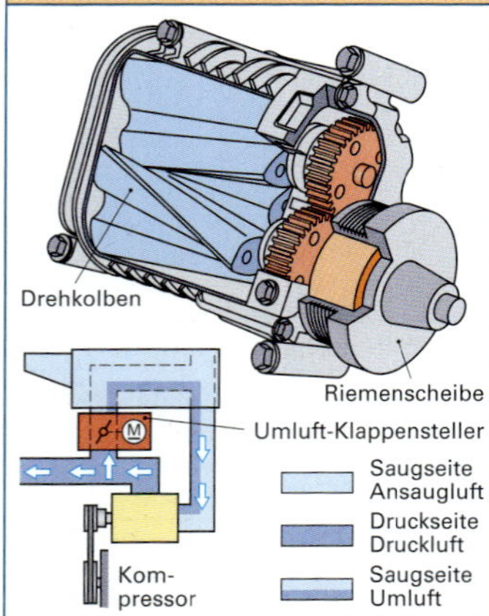

Zwei dreiflügelige, um 60° verschränkte Drehkolben rotieren gegenläufig und berührungslos in einem Gehäuse. Der Kompressor fördert mehr Luft, als der Motor ansaugen kann. Es kommt vor dem Einlassventil zur Verdichtung der Luft und Aufladung des Motors.
Der Ladedruck wird durch den Umluftklappensteller geregelt:
Hoher Ladedruck ⇒ Umluftklappensteller geschlossen
Niedriger Ladedruck ⇒ Umluftklappensteller geöffnet

Kenndaten

- Ladedruck im Saugrohr bis 750 mbar
- Gebläsedrehzahl etwa 5 x Motordrehzahl bis 17500 1/min
- Kompressor läuft ständig mit
- Ladedruckregelung über Umluftklappensteller

Merkmale

- Liefert ausreichenden Ladedruck und hohes Drehmoment bereits bei niedrigen Drehzahlen.
- Schnelles Ansprechen in allen Drehzahlbereichen.
- Antrieb des mechanischen Laders benötigt ca. 5 % der Motorleistung.
- Starke Geräuschentwicklung bei hohen Drehzahlen.

Kombination von Abgasturbolader und Kompressor (Schraubenverdichter)

F

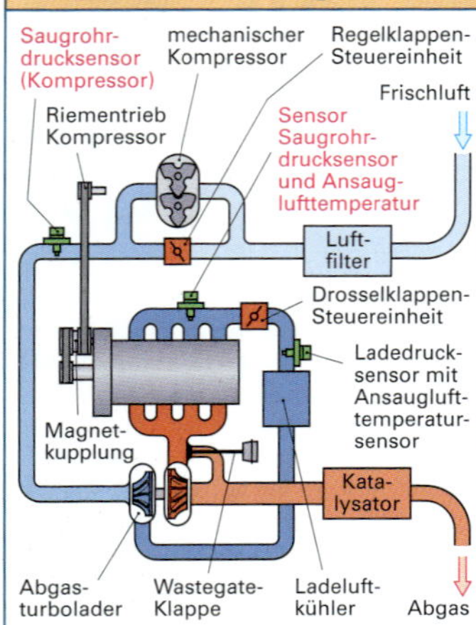

Die Aufladung erfolgt durch einen Kompressor und einen Abgasturbolader. Beide Aggregate sind in Reihe geschaltet. Je nach Lastzustand und Drehzahlbereich berechnet das Motorsteuergerät die Luftmenge und den Ladedruck für das erforderliche Drehmoment. Es entscheidet, ob der Ladedruck vom Abgasturbolader alleine oder durch Zuschalten des Kompressors erzeugt werden soll. Die Tabelle zeigt die Drehzahlbereiche, in denen Kompressor bzw. Abgasturbolader arbeiten.

Drehzahlbereich	Aufladung durch	
	Kompressor	Turbolader
300 … 2400 1/min	Hoch	Gering
2400 … 3500 1/min	Lastabhängig	Hoch
ab 3500 1/min	–	Hoch

Merkmale

- Kurze Ansprechzeit, auch bei niedrigen Drehzahlen.
- Ab Leerlaufdrehzahl, hohes Drehmoment.
- Beim Beschleunigen, kein Turboloch, da der Kompressor zugeschaltet wird.
- Abgasturbolader ist für den oberen Drehzahlbereich optimal ausgelegt.

Mögliche Energien für den Antrieb von Fahrzeugen

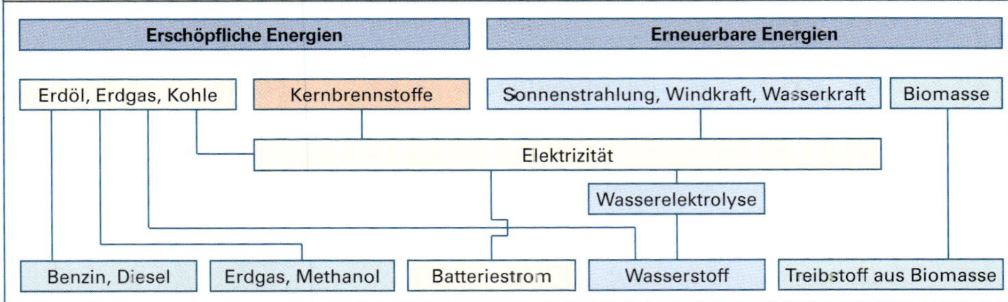

Alternative Energieträger

Energieträger	Merkmale	Vorteile gegenüber Diesel und Benzin	Nachteile gegenüber Diesel und Benzin	Anwendung
Elektrische Energie	• Die notwendige elektrische Energie wird an Bord gespeichert (Batterie) oder erzeugt (Brennstoffzelle)	• Emissionsfreier Fahrbetrieb • Erzeugung der Energie aus erneuerbaren Energieträgern möglich • Bewegungsenergie kann durch Elektromotor/Generator zurückgewonnen werden	• Geringere Reichweite • hohes Fahrzeuggewicht • hohe Kosten für die Energiespeicherung	Fahrzeuge mit • Batterie • Brennstoffzelle • Hybrid-Antrieb
Wasserstoff	• Erzeugung von Wasserstoff aus dem Rohstoff Wasser durch Elektrolyse.	• keine CO_2-Emissionen im Fahrbetrieb	• aufwendige Speicherung des Wasserstoffs • NO_x-Emissionen im Betrieb mit Otto-Motor (heiße Verbrennung)	• modifizierte Ottomotoren • Brennstoffzelle (kalte Verbrennung)
Erdgas und Autogas	• **CNG** (Compressed Natural Gas): auf 160 – 200 bar verdichtetes Erdgas • **LNG** (Liquified Natural Gas): auf – 160 °C abgekühltes und verflüssigtes Erdgas • **LPG** (Liquified Petroleum Gas): flüssig mitgeführtes Gemisch aus Propan und Butan (Autogas)	• sehr gute Verbrennungseigenschaften bei guter Gemischbildung • niedrigere Schadstoffemissionen	• geringere Reichweite bei gleichem Tankvolumen • erweiterte Sicherheitsvorschriften bzgl. Betrieb u. Wartung • größerer Raumbedarf für den Druckbehälter	• In der Regel bei Ottomotoren angewandt, da Erdgas auf Fremdzündung angewiesen ist. Üblicherweise kombinierter (bivalenter) Betrieb mit Erdgas und Benzin.
Biodiesel (Rapsöl-Methylester, RME)	• aus Pflanzenöl (Raps) und ca. 12 % Methanol hergestellter Kraftstoff • RME ist ein Ersatz für Dieselkraftstoff und kann mit diesem vermischt werden	• nur geringe Modifizierungen von Dieselmotoren notwendig • RME sind ungiftig und biologisch abbaubar • Abgase sind frei von Schwefeldioxid SO_2, • geringere Emissionen von Ruß, CO und HC	• erhöhter Kraftstoffverbrauch (5 – 9 %) • geringere spezifische Leistung • teilweise Verkürzung der Ölwechselintervalle	• Einsatz in allen Dieselmotoren grundsätzlich möglich (Herstellervorschriften beachten!)
Methanol, Ethanol	• Alkohole, die aus kohlenstoffhaltigen Verbindungen z.B. Erdgas (Methanol) bzw. aus Biomasse (Ethanol) hergestellt werden	• geringere Emissionen an CO_2 und CO	• Methanol ist aggressiv gegenüber Leitungen und Dichtungen • niedrigere Energiedichte	• Einsatz in Fahrzeugen mit Ottomotoren (meist im bivalenten Betrieb) • Energieträger für Brennstoffzellen

F

Hybridantrieb

Unter Hybridantrieben versteht man Fahrzeugantriebe, die mehr als eine Antriebsquelle besitzen, z.B. Elektromotor und Verbrennungsmotor. Hybridfahrzeuge kombinieren in der Regel einen Otto- oder Diesel-Motor mit einem Elektromotor bzw. Generator mit dem Ziel der Einsparung von Kraftstoff.
Die Systeme Micro-, Mild- bzw. Medium- und Vollhybrid unterscheiden sich anhand der Leistung bzw. Spannung des elektrischen Antriebssystems sowie der Funktionen Start-Stopp, Regeneratives Bremsen, Drehmomentunterstützung und Elektrisches Fahren.

Micro-Hybrid (elektrische) Leistung: 3 bis 5 kW Spannung: ca. 14 V	**Mild- bzw. Medium-Hybrid** (elektrische) Leistung: 10 bis 15 kW Spannung: ca. 42 – 150 V	**Voll-Hybrid** (elektrische) Leistung: 30 bis 170 kW Spannung: ca. 150 – 650 V
Start-Stopp	Start-Stopp	Start-Stopp
	Regeneratives Bremsen	Regeneratives Bremsen
	Drehmomentunterstützung	Drehmomentunterstützung
		Elektrisches Fahren

Start-Stopp-Funktion

Funktion	Der Fahrzeugmotor wird automatisch gestoppt, sobald das Fahrzeug zum Stehen kommt. Beim Betätigen des Gaspedals bzw. beim Lösen der Bremse wird der Motor wieder angelassen.
Merkmale	Das Starten des Verbrennungsmotors wird von einem integrierten Starter-Generator (ISG) durchgeführt, der entweder über einen Riementrieb mit dem Motor verbunden oder im Antriebsstrang verbaut ist. Für die Start-Stopp-Funktion kann auch ein herkömmlich angeordneter Starter verwendet werden.

Regeneratives Bremsen

Funktion	Beim Bremsvorgang wird die kinetische Energie in elektrische Energie umgewandelt und der Batterie zugeführt.
Merkmale	Ein integrierter Starter-Generator (ISG) wird während des Bremsvorganges als Generator betrieben. Einige Hersteller verwenden einen Generator in herkömmlicher Anordnung, der mit Hilfe einer entsprechenden Regelung nur beim Bremsen bzw. im Schubbetrieb arbeitet.

Drehmomentunterstützung

Funktion	Das Drehmoment des Verbrennungsmotors kann in bestimmten Betriebszuständen, z. B. Anfahren oder Volllast, durch Elektromotore unterstützt werden.
Merkmale	Für eine wirksame Drehmomentunterstützung sind leistungsfähige Speichersysteme für die elektrische Energie notwendig, z. B. Nickel-Hydrid- oder Lithium-Ionen-Akkumulatoren sowie eine höhere Spannung. Mit dem höheren elektrischen Leistungspegel lässt sich auch der Betrag an rückgewinnbarer Bremsenergie erhöhen. Die integrierten Starter-Generatoren sind im Antriebsstrang verbaut. Der Mild-Hybrid unterstützt den Verbrennungsmotor im unteren Drehzahlbereich, während Medium-Hybride auch im höheren Drehzahlbereich arbeiten können.

Elektrisches Fahren

Funktion	Beim Fahren mit elektrischer Energie erfolgt der Antrieb ausschließlich durch einen Elektromotor. Diese Funktion ist nur bei Vollhybrid-Fahrzeugen bis zu einer Geschwindigkeit von ca. 50 km/h möglich.
Merkmale	Vollhybrid-Antriebe verfügen neben dem Verbrennungsmotor über ein oder mehrere Generatoren, die auch als elektrische Antriebe verwendet werden können (MG1 und MG2). Die elektrische Energie wird über eine Hochspannungsbatterie (HV-Batterie) zugeführt. Die elektrischen Antriebe sind über eine Getriebeeinheit mit dem Verbrennungsmotor verbunden. Damit wird eine Leistungsverzweigung für die unterschiedlichen Betriebszustände ermöglicht.

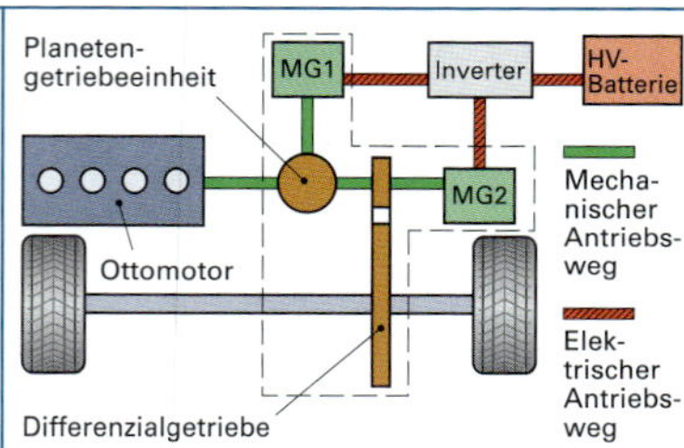

F

Elektroantrieb

Funktion: Der Antrieb erfolgt über einen oder mehrere Elektromotoren, die durch eine Batterie gespeist werden.

Merkmale: Als Antriebsbatterien werden Nickel-Metall-Hydrid-Akkumulatoren (Ni-MH) oder Lithium-Ionen-Akkumulatoren (LI-Ion) verwendet. Bei gleicher Leistung sind Lithium-Ionen-Akkumulatoren wesentlich leichter und kompakter als Nickel-Metall-Hydrid-Akkumulatoren und haben geringere Leistungsverluste.

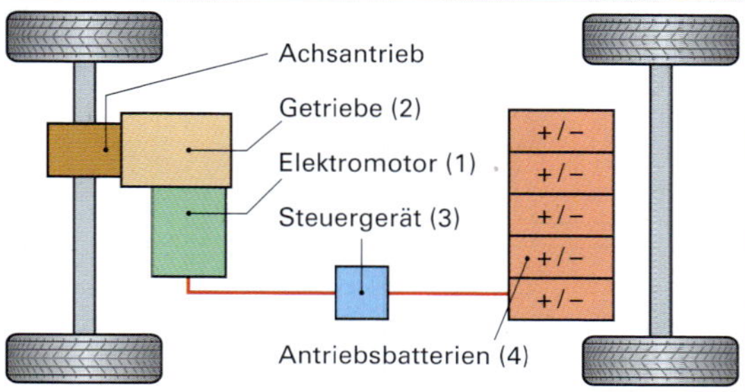

1	• kompakter Gleichstrom- oder Drehstrommotor • Schadstoffklassifikation ZEV (zero emission vehicle) • geringe Lärmemissionen
2	• Seriengetriebe für Vorderradantrieb mit Quermotor
3	• Steuerung des Elektroantriebs • Gewinnung von Bremsenergie für den Ladebetrieb (Generatorbetrieb)
4	• Batterien (Zusatzgewicht 100 – 250 kg)

Brennstoffzellenantrieb

Aufbau und Wirkungsweise einer Brennstoffzelle

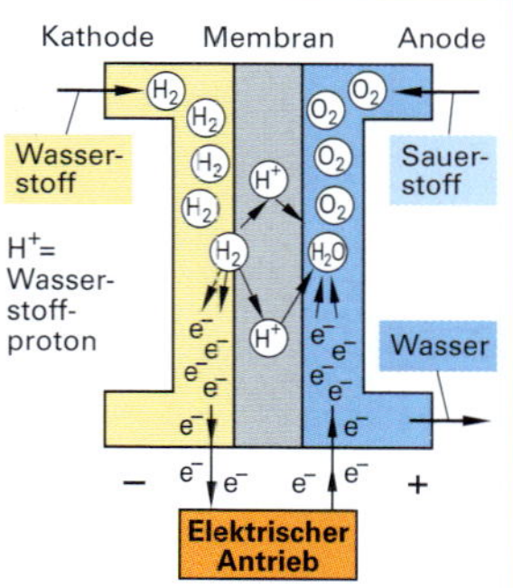

Aufbau. Die Brennstoffzelle besteht im Kern aus einer protonenleitenden Kunststoffmembran (FEM: proton exchange membrane). Diese ist beidseitig mit einem Platinkatalysator und Elektroden aus Graphitpapier beschichtet (Bipolarplatten). In die Bipolarplatten sind feine Gaskanäle eingefräst, durch die auf der einen Seite Wasserstoff und auf der anderen Seite Luft bzw. Sauerstoff zugeführt wird.

Wirkungsweise. Auf einer Seite der Brennstoffzelle (Kathode) wird Wasserstoff (H_2) durch einen Katalysator in positive Wasserstoffionen (Protonen) und Elektronen zerlegt. Durch die Kunststoffmembran können nur Protonen auf die andere Seite der Zelle (Anode) gelangen. Für die Elektronen ist die Membran unpassierbar. Verbindet man Kathode und Anode, bewegen sich die negativ geladenen Elektronen zur positiv geladenen Seite. Es fließt Strom, der einen Verbraucher, z.B. einen Elektromotor, antreiben kann. An der Anode verbinden sich Sauerstoff, Wasserstoffionen und Elektronen. Die Spannung einer Brennstoffzelle beträgt z.B. 0,6 Volt.

Antriebssystem

Energieerzeugung. Die Brennstoffzelle erzeugt aus Wasserstoff und Sauerstoff elektrische Energie, die zum Betrieb des Elektromotors verwendet wird. Ein Methanol-Reformer erzeugt Wasserstoff aus Methanol und Wasser.

Energiespeicherung. Die zur Erzeugung von Wasserstoff im Methanol-Reformer notwendigen Bestandteile Wasser und Methanol werden in zwei getrennten Behältern im Fahrzeug mitgeführt. Eine Batterie speichert die in der Brennstoffzelle erzeugte elektrische Energie, die je nach Betriebszustand nicht benötigt wird.

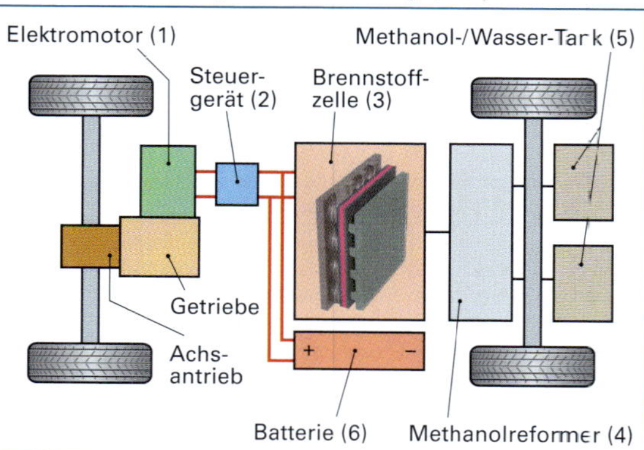

1	• Elektromotor
2	• Spannungsregelung und Steuerung der Leistung des Elektromotors
3	• Freisetzung elektrischer Energie im Rahmen einer kontrollierten Reaktion zwischen Wasserstoff und Sauerstoff
4	• Vermischung von Methanol mit salzfreiem Wasser • Verdampfung und anschließende Umwandlung in einem Reformer in Wasserstoff und CO_2
5	• Getrennte Aufbewahrung von Methanol und Wasser
6	• Speicherung der elektrischen Energie

Flüssiggasantrieb (LPG)

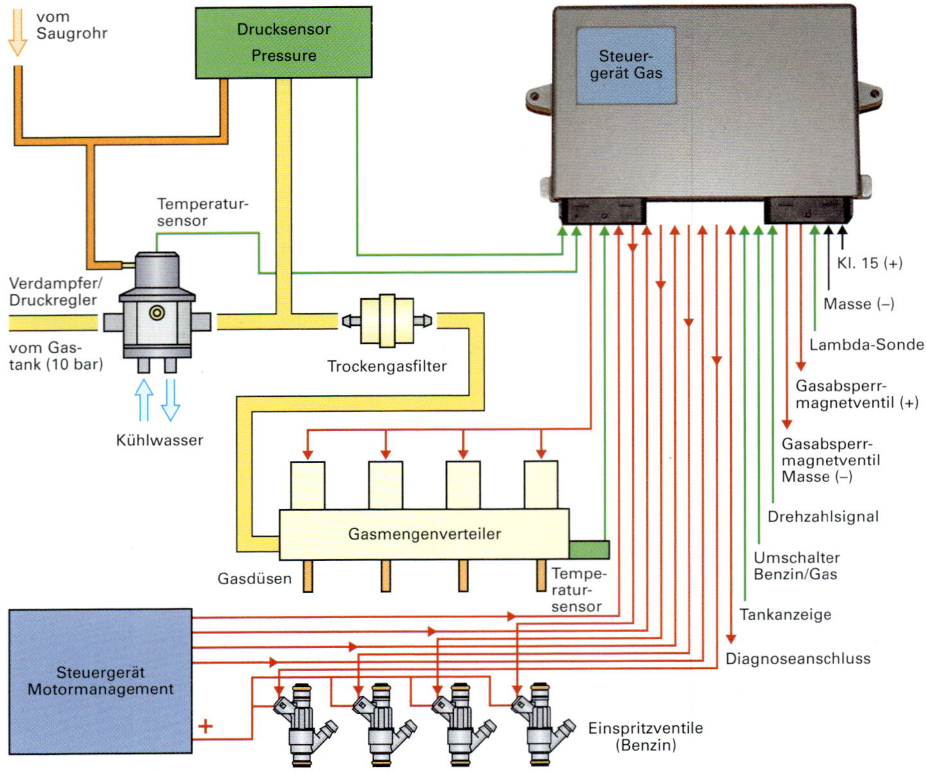

Bauteil	Aufgabe und Funktion
Flüssiggastank mit mechanischem Füllstandssensor	Das Flüssiggas wird unter einem Druck von ca. 10 bar gespeichert. Der Füllstandssensor beendet den Tankvorgang selbsttätig, wenn ein Füllstand von 80 % erreicht ist. Der Gastank benötigt das Gaspolster, um die Ausdehnung des Autogases bei Temperaturschwankungen auszugleichen.
Elektronisches Steuergerät Gasanlage	Es verarbeitet die Informationen der Sensoren und steuert die Magnetventile für die Gaseinblasung an. Das Steuergerät für die Gasanlage erhält vom Motorsteuergerät die elektrischen Signale über den Einspritzzeitpunkt und die Einspritzdauer. Das Steuergerät für die Gasanlage berechnet daraufhin den entsprechenden Zeitpunkt und die Zeitdauer für die Ansteuerung der Gasdüsen.
Drucksensor	Er übermittelt dem Gassteuergerät den Druckunterschied zwischen dem Saugrohrunterdruck und dem Gasdruck. Damit ist eine genaue Zumessung der Gasmenge möglich.
Gasmengenverteiler	Er verteilt das unter Druck stehende Gas auf die Magnetventile. Die Magnetventile für die einzelnen Zylinder werden vom Steuergerät für die Gasanlage angesteuert. Das Gas verlässt den Gasmengenverteiler über kalibrierte Düsen in den Ansaugtrakt des Motors.
Verdampfer/ Druckregler	**Verdampfer.** Er hat die Aufgabe, das unter einem Druck von ca. 10 bar stehende Flüssiggas vom flüssigen in den gasförmigen Zustand umzuwandeln. Damit der Verdampfer nicht vereist, muss er erwärmt werden. Dies erfolgt in der Regel durch die Motorwärme über einen Anschluss zum Kühlsystem. **Druckregler.** Er versorgt die Gasdüsen mit einem konstanten Druck von ca. 1 bar. Er verfügt über einen Unterdruckanschluss vom Saugrohr, damit die Druckdifferenz an den Gasdüsen gegenüber dem Saugrohrdruck konstant gehalten werden kann.
Trockengasfilter	Er reinigt das Gas, bevor es in den Gasmengenverteiler strömt.

Erdgasantrieb (CNG)

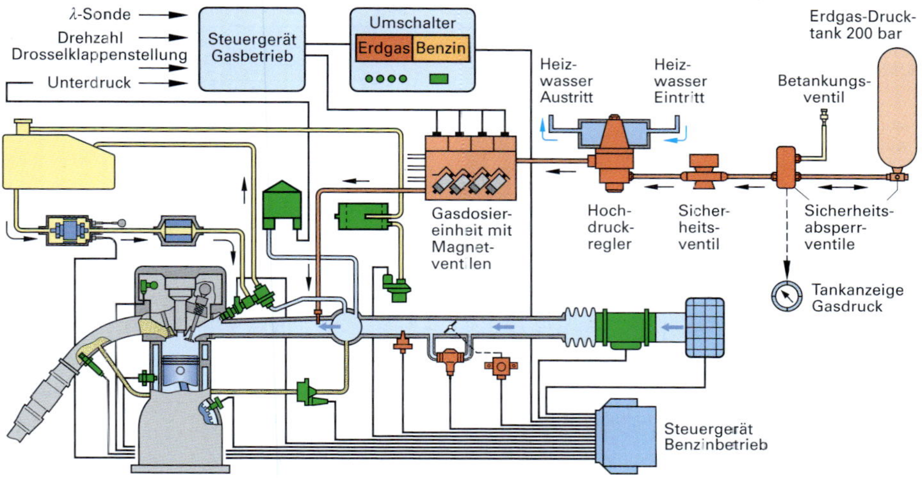

Bauteil	Aufgabe und Funktion
Befüll-anschluss	Europaweit genormter Standard-Befüllanschluss, CNG-Zapfsäule und Tankabdeckung mit Nadelfilz-Verkleidung bieten beim Tanken gasdichte Verbindung ohne Verdunstungsverluste.
Erdgas-drucktank	Erdgastank (Vollstahldruckflasche), mit einem Stahlrahmen im Fahrzeug fest verankert und drucksicher bis ca. 560 bar, oberhalb dieses Drucks spricht die Berstsicherung und/oder die Temperatursicherung (Schmelz-Lot-Sicherung) an und öffnet einen definierten Querschnitt, der das Ablassen des Erdgases nach außen ermöglicht.
Sicherheits-absperrventil	Sperrt das Hochdrucksystem bei Motorstillstand ab.
Hochdruckregler	Beheizter Druckregler, entspannt das Erdgas von 200 bar auf ca. 8 bar.
Steuergerät	Steuert in Abhängigkeit von Drosselklappenstellung im Ansaugrohr, Motordrehzahl und Sauerstoffgehalt im Abgas (Lambda-Sonde), die Erdgasmenge und den Eindüsungszeitpunkt der Gasdosiereinheit.
Gasdosier-einheit	Elektronisch geregelte Zumessung der für die jeweilige Motorleistung notwendigen Gasmenge und Eindüsungszeitpunkt über die Ansteuerung der Magnetventile durch das Steuergerät.
Umschalter mit Kraftstoffvorrats-anzeige	Ermöglicht das Umschalten zwischen Gas- und Benzinbetrieb durch den Fahrer. Getrennte Vorratsanzeige für Gas und Benzin.
Elektrische Startsperre	Verhindert das Anlassen des Motors während des Betankens.

Synthetische Otto- und Dieselkraftstoffe

Synthetische Kraftstoffe sind Kraftstoffe, die aus fossilen Energieträgern oder Biomasse hergestellt werden. Mit unterschiedlichen chemischen Verfahren können synthetische Otto- und Diesel-Kraftstoffe hergestellt werden.

Kraftstoff	Merkmale
Gas-To-Liquid (GTL)	Erdgas wird durch Zufuhr von Sauerstoff und Wasserdampf zu gasförmigen Kohlenwasserstoff und anschließend in Kraftstoff für Diesel- und Ottomotore umgewandelt. Der Kraftstoff ist hochwertig und frei von Schwefel und Aromaten. Nachteilig ist die fossile und darmit nicht $C0_2$-neutrale Basis der Produktion.
Biomass-To-Liquid (BTL)	Im Gegensatz zu Bio-Diesel werden die Kraftstoffe aus fester Biomasse (z.B. Bioabfall, Brennholz) hergestellt. Das Verfahren ist $C0_2$-neutral.
Coal-To-Liquid (CTL)	Im Herstellungsverfahren wird aus fester Kohle flüssiger Kraftstoff gewonnen. Das Verfahren ist wirtschaftlich nur sinnvoll, wenn die Lagerstätten günstig im Tagebau zu erschließen sind. Ein weiterer Nachteil ist die fossile und damit nicht $C0_2$-neutrale Basis der Produktion.

F

Antriebsstrang, Hinterradantrieb

Antriebsstrang

Er enthält alle Triebwerks-Aggregate, die das Drehmoment vom Motor bis zu den Antriebsrädern übertragen.

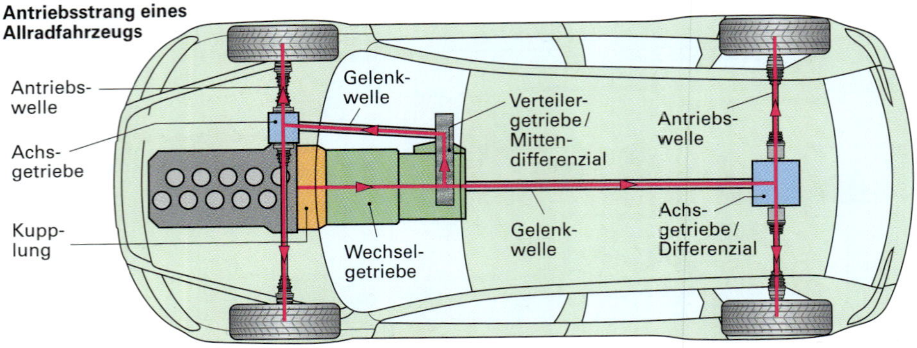

Aufgaben der Antriebsstrang-Aggregate

Kupplung	Wechselgetriebe	Gelenkwelle	Achsgetriebe Ausgleichsgetriebe	Achswelle
• Überträgt Motordrehmoment • Ermöglicht Anfahren • Unterbricht Kraftfluss	• Wandelt Drehzahlen • Überträgt und wandelt Drehmoment • Kehrt Drehsinn um für Rückwärtsfahrt • Ermöglicht Leerlauf des Motors bei stehendem Fahrzeug	• Überträgt Drehmomente • Ermöglicht Winkeländerungen • Ermöglicht Längenänderungen	• Überträgt und vergrößert Drehmomente • Übersetzt Drehzahlen ins Langsame • Gleicht Drehzahlunterschiede der Antriebsräder aus	• Überträgt Drehmomente • Ermöglicht Winkeländerungen • Ermöglicht Längenänderungen

Hinterradantrieb

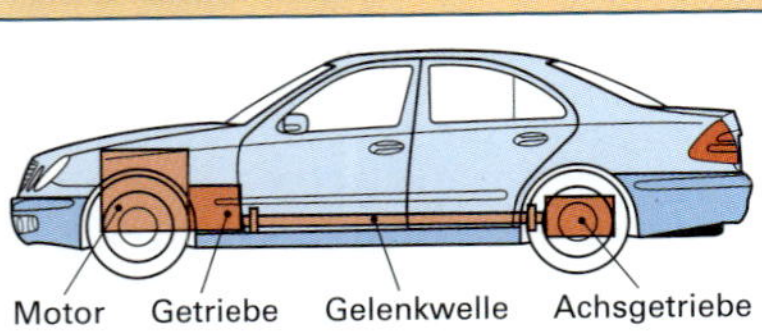

Frontmotor
- Über oder hinter der Vorderachse angeordnet,
- als Längsmotor in Fahrzeug-Längsrichtung eingebaut,
- Gelenkwelle zwischen Wechselgetriebe und Kegelrad-Achsgetriebe der Hinterachse erforderlich,
- Gelenkwellentunnel stört im Fahrgastraum,
- weniger Achslast auf angetriebener Hinterachse, übersteuernd.

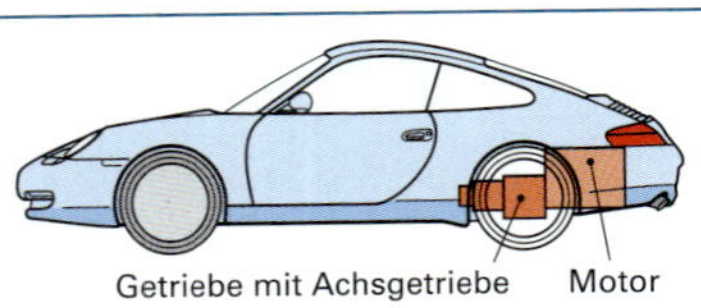

Heckmotor
- Über oder hinter der Hinterachse angeordnet,
- als Längsmotor oder Quermotor eingebaut,
- Gelenkwelle und Gelenkwellentunnel entfällt,
- günstige Belastung der angetriebenen Hinterachse,
- übersteuernd, seitenwindempfindlich.

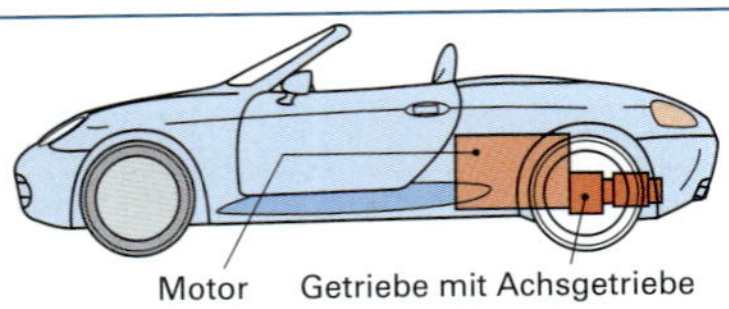

Mittelmotor
- Vor der angetriebenen Hinterachse angeordnet,
- als Längsmotor in Fahrzeug-Längsrichtung eingebaut,
- günstige Lage des Fahrzeug-Schwerpunktes,
- neutrales Kurvenverhalten,
- Motor schwer zugänglich und störend im Fahrgastraum.

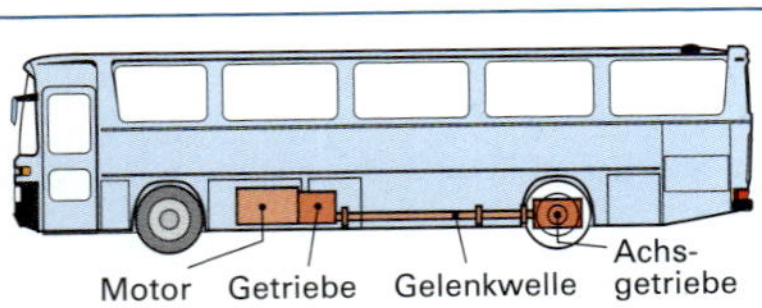

Unterflurmotor
- Als Längsmotor etwa in Fahrzeugmitte angeordnet,
- Gelenkwelle zwischen Getriebe und Kegelrad-Achsgetriebe,
- gute Ausnutzung des Fahrgastraumes,
- tiefe Schwerpunktlage des Fahrzeugs,
- günstige Achslastverteilung.

F

Vorderradantrieb (Frontmotorantrieb)

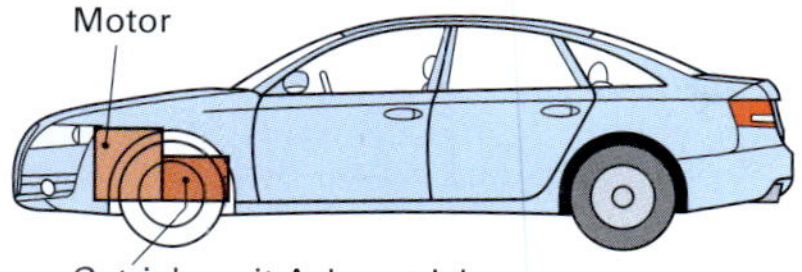

Motor längs vor der Vorderachse

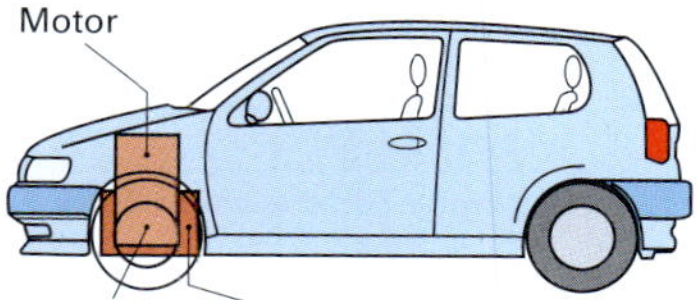

Motor quer über der Vorderachse

Motor quer hinter der Vorderachse

Motor, Kupplung, Wechselgetriebe, Achsgetriebe und Ausgleichsgetriebe sind zu einem Antriebsblock (Fronttriebsatz) zusammengefasst.

Motoranordnungen:
- Vor Vorderachse,
- über Vorderachse,
- hinter Vorderachse.

Längsmotor: Mit Kegelrad-Achsgetriebe.
Quermotor: Mit Stirnrad-Achsgetriebe.

Merkmale gegenüber Hinterradantrieb mit Frontmotor:
- Geringeres Fahrzeuggewicht,
- kürzester Weg des Drehmomentes vom Motor zu den Antriebsrädern,
- kein Gelenkwellentunnel,
- großer Kofferraum,
- bei Quereinbau des Motors einfaches Achsgetriebe (Stirnräder), kleinerer vorderer Überhang und großer vorderer Fußraum,
- guter Geradeauslauf, da das Fahrzeug gezogen und nicht geschoben wird,
- untersteuert bei schneller Kurvenfahrt,
- ungünstige Gewichtsverteilung zwischen Vorder- und Hinterachse,
- höherer Reifenverschleiß an Vorderrädern.

Allradantrieb

Zuschaltbarer Allradantrieb: Die Antriebsräder einer Achse treiben immer, die Antriebsräder der anderen Achse werden nur im Bedarfsfall als Traktionshilfe zugeschaltet.

Permanenter Allradantrieb: Alle Räder werden ständig angetrieben.

Komponenten:
- **Mittendifferenzial/Verteilergetriebe** zwischen der vorderen und hinteren Antriebsachse meist mit Ausgleichssperren.
- **2 Achsgetriebe** mit Ausgleichsgetrieben, evtl. mit Ausgleichssperren.

		Drehmomentverteilung alle Räder haben gleiche Haftung		Unterschiedliche Haftung VA/HA	
Verbindung zwischen den Antriebsachsen	Allradbetrieb	Vorderachse	Hinterachse	Sperrwirkung	Sperrwert
Klauenkupplung	mechanisch zuschaltbar	50 %	50 %	konstant	100 %
Kegelrad-Differenzial	permanent	50 %	50 %	keine	–
Torsen-Differenzial	permanent	50 %	50 %	selbsttätig	bis 56 %
Planetengetriebe	permanent	z.B. 38 %	z.B. 62 %	keine	–
Visco-Kupplung	permanent	z.B. 98 %	z.B. 2 %	selbsttätig	bis 98 %
Lamellenkupplung	elektro-hydraulisch zuschaltbar	z.B. 100 %	z.B. 0 %	selbsttätig	bis 100 %
Haldex-Kupplung	elektro-hydraulisch zuschaltbar	z.B. 100 %	z.B. 0 %	selbsttätig	bis 100 %

F

Mittendifferenziale/Verteilergetriebe für Pkw mit permanentem Allradantrieb

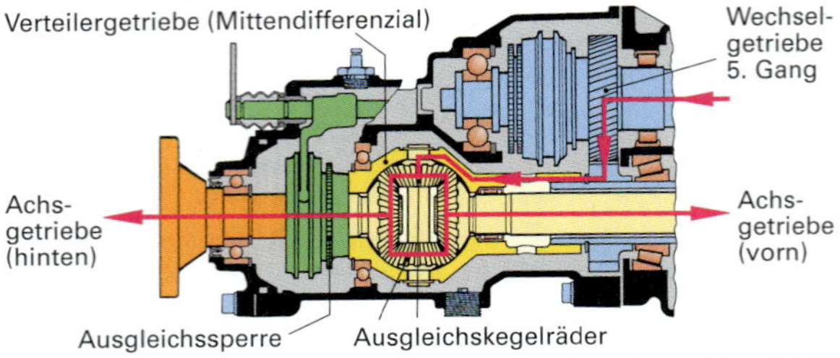

Kegelrad-Differenzial

Drehmomentverteilung 50 % VA 50 % HA.

Drehzahlausgleich zwischen VA und HA durch Ausgleichskegelräder.

Sperrung des Drehzahlausgleichs 100 % durch schaltbare Klauenkupplung. Dadurch ist z.B. eine Drehmomentverteilung VA 100 %, HA 0 % oder VA 0 %, HA 100% möglich.

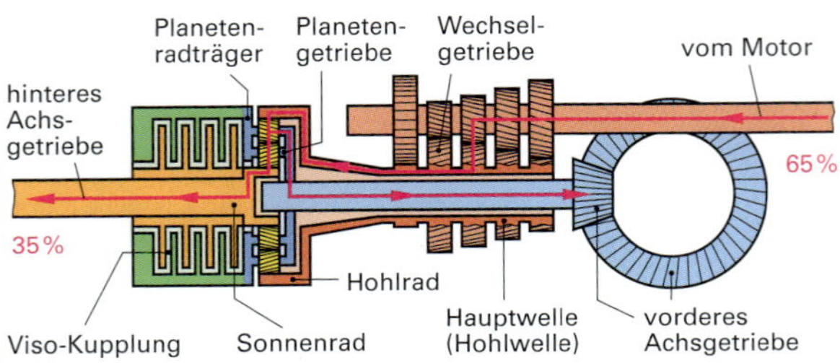

Planetenrad-Differenzial

Drehmomentverteilung z.B. 35 % VA u. 65 % HA durch Planetengetriebe (Verhältnis der wirksamen Hebelarme von Planetenradträger und Sonnenrad).

Drehzahlausgleich zwischen VA und HA durch Planetenräder.

Sperrung des Drehzahlausgleichs selbsttätig durch Visco-Kupplung bis 98 %.

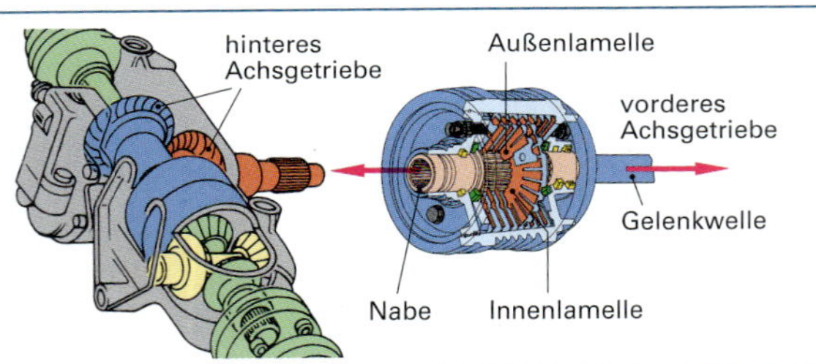

Visco-Kupplung

Drehmomentverteilung
98 % VA und 2 % HA bis
2 % VA und 98 % HA.

Drehzahlausgleich zwischen VA und HA hängt von der Sperrwirkung der Visco-Kupplung ab.

Sperrung des Drehzahlausgleichs erfolgt bis 98 % drehzahlabhängig.

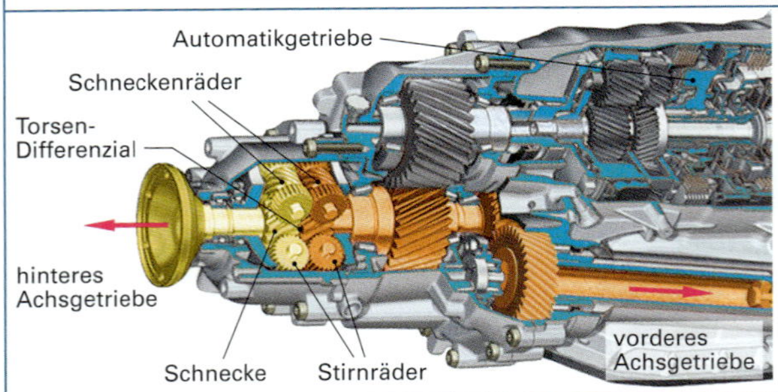

Torsen-Differenzial

Drehmomentverteilung
22 % VA und 78 % HA bis
78 % VA und 22 % HA.

Drehzahlausgleich zwischen VA und HA erfolgt über die Stirnräder des Schneckengetriebes.

Sperrung des Drehzahlausgleichs erfolgt selbsttätig durch Selbsthemmung zwischen Schnecken und Schneckenrädern.

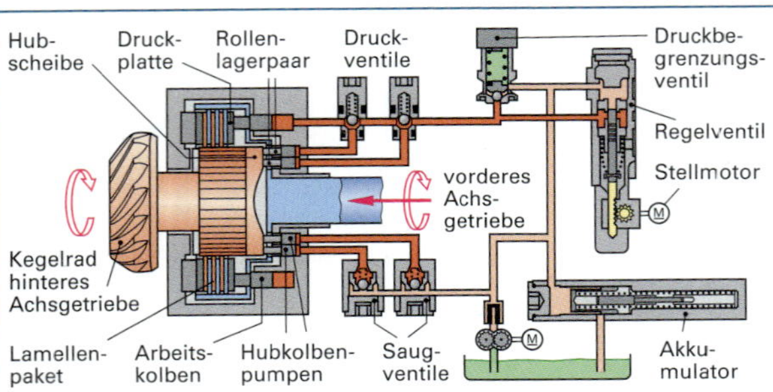

Haldex-Kupplung

Drehmomentverteilung
100 % VA und 0 % HA bis
0 % VA und 100 % HA.

Drehzahlausgleich und Sperrung des Drehzahlausgleichs zwischen VA und HA wird durch Druckregelung für die Außen- und Innenlamellen der Lamellenkupplung erreicht.
Je größer die Sperrwirkung, desto geringer der mögliche Drehzahlausgleich.

F

Grundlagen

Anordnung: Die Kupplung ist im Antriebsstrang eines Kraftfahrzeugs als lösbares Bindeglied zwischen Motor und Wechselgetriebe angeordnet.

Aufgaben:
- Motordrehmoment auf Wechselgetriebe übertragen,
- Kraftfluss zwischen Motor und Wechselgetriebe trennen,
- weiches und ruckfreies Anfahren ermöglichen,
- Drehschwingungen dämpfen,
- Motor und Kraftübertragungsteile vor Überlastung schützen.

Kupplungsarten

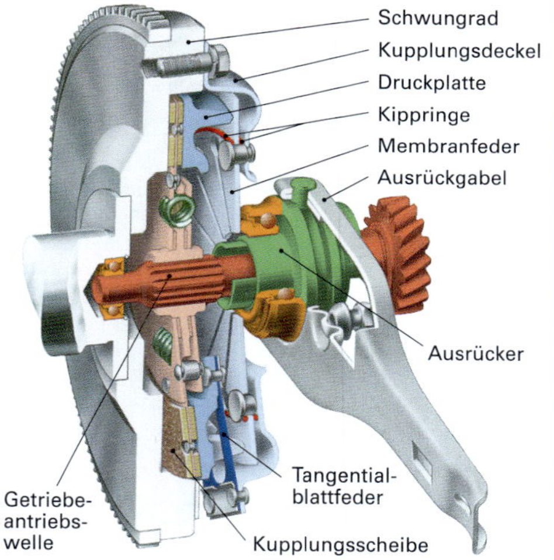

Einscheiben-Membranfederkupplung

Hauptteile:
- Kupplungsdeckel,
- Kupplungsscheibe,
- Ausrücker.

Eingekuppelter Zustand: Die Federkraft der gespannten Membranfeder bewirkt, dass die Beläge der Kupplungsscheibe durch die Druckplatte gegen die Auflagefläche (Reibfläche) des Schwungrades gedrückt werden.
Das Motordrehmoment wird über die Kupplungsscheibe, die drehfest mit der Getriebeantriebswelle verbunden ist, an das Wechselgetriebe weitergeleitet.

Ausgekuppelter Zustand: Der Kraftfluss wird durch die Pedalkraft über das Ausrücksystem unterbrochen. Dabei muss die Kupplungsdruckplatte von der Kupplungsscheibe abheben.

Merkmale: Einfacher Aufbau, Anpresskraft fast unabhängig vom Belagverschleiß, geringe Betätigungskraft erforderlich, gute Drehzahlfestigkeit.
Membranfederkupplungen werden in Pkw und Nkw eingebaut.

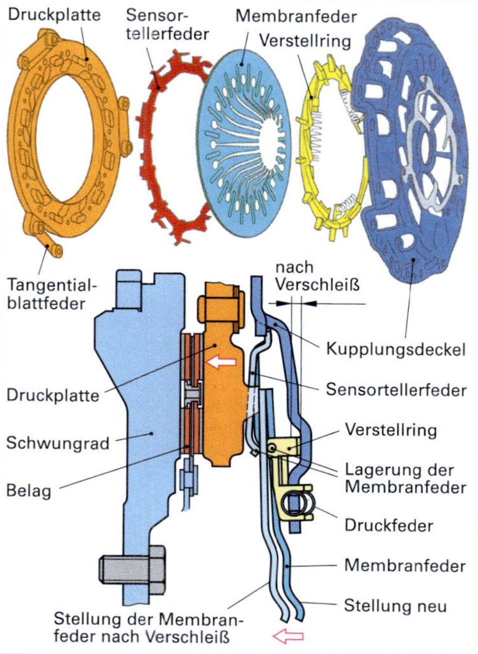

Pkw-Membranfederkupplung mit selbsttätiger Nachstellung (SAC-Kupplung)

Die SAC-Kupplung (**S**elf **A**djusting **C**lutch) stellt sich bei Belagverschleiß selbsttätig nach.

Bei dieser Kupplung bleiben, im Gegensatz zur herkömmlichen Membranfederkupplung, Ausrückkräfte, Pedalkräfte und Anpresskräfte über einen größeren Verschleißweg der Kupplungsbeläge gleich.

Aufbau: Sie besteht aus:
- Kupplungsdeckel,
- Verstellring mit Druckfedern,
- Membranfeder,
- Druckplatte,
- Sensortellerfeder.

Besonderheit: Die Lagerung der Membranfeder ist nicht fest am Kupplungsdeckel angenietet, sondern drehbar über die Sensortellerfeder und den Verstellring abgestützt.

Wirkungsweise: Bei Abnutzung des Belages bewegt sich die Druckplatte in Richtung Schwungrad.
Wird die Haltekraft am Lagerpunkt der Sensorstellfeder beim Auskuppeln überschritten, weicht sie in Richtung Schwungrad aus, bis Ausrückkraft und Sensortellerfederkraft wieder gleich sind.
Der entstehende Ringspalt wird durch den Verstellring ausgeglichen.
Beim Austausch der SAC-Kupplung muss der Verstellring in Grundposition stehen.

F

Kupplungsarten

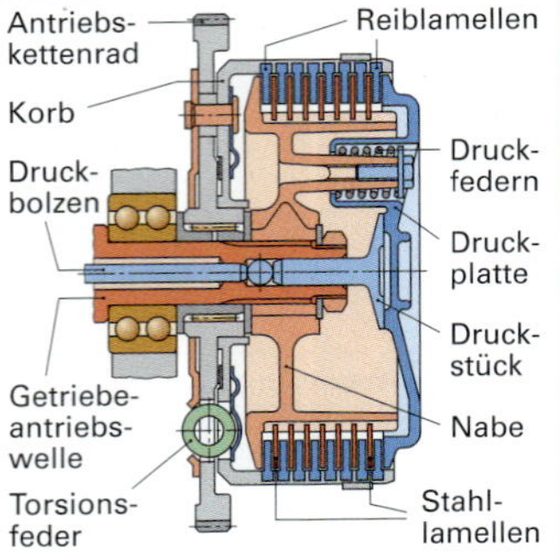

Lamellenkupplung

Mehrere Kupplungsscheiben (Lamellen) sind hintereinander im Wechsel als treibende außenverzahnte Reiblamellen und getriebene innenverzahnte Stahllamellen angeordnet. Sie laufen meist im Ölbad. Lamellenkupplungen haben zur Übertragung gleichgroßer Drehmomente kleinere Durchmesser als Einscheibenkupplungen.

Eingekuppelter Zustand: Die Druckfedern pressen Druckplatte, außenverzahnte Reiblamellen und innenverzahnte Stahllamellen gegen die Auflagefläche der Nabe. Durch die Reibkraft werden Korb und Nabe kraftschlüssig miteinander verbunden.

Ausgekuppelter Zustand: Der Ausrücker drückt über den Druckbolzen und das Druckstück gegen die Druckplatte. Dadurch wird diese gegen die Kraft der Druckfedern von den Kupplungsscheiben abgehoben.

Anwendungen: Krafträder, Automatikgetriebe, Haldex-Kupplung.

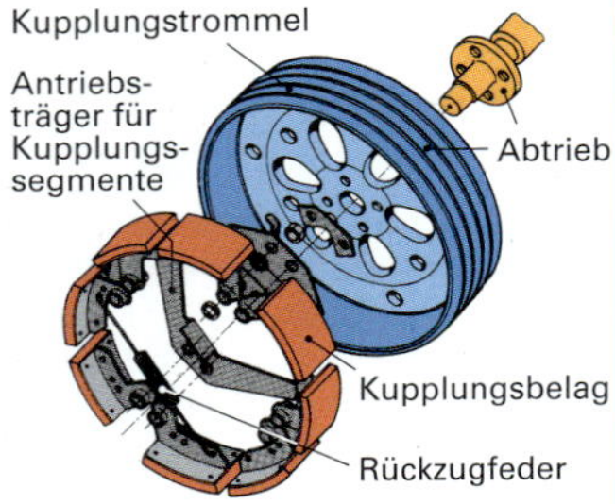

Fliehkraftkupplung

Fliehkraftkupplungen sind selbsttätig wirkende Reibungskupplungen.

Einkuppeln. Zum Anfahren wird die Motordrehzahl erhöht. Infolge der Fliehkraft werden die Fliehgewichte nach außen geschwenkt und drücken die Kupplungssegmente mit ihren Reibbelägen auf die Reibfläche der Kupplungstrommel. Antriebswelle und Abtriebswelle sind dadurch kraftschlüssig miteinander verbunden.

Auskuppeln. Wird die Motordrehzahl abgesenkt, nimmt die Fliehkraft ab bis die Kupplungsbeläge nicht mehr auf die Reibflächen der Kupplungstrommel gedrückt werden. Der Kraftfluss ist unterbrochen.

Anwendungen: Bei Mofas und Motorrollern als Anfahrkupplungen.

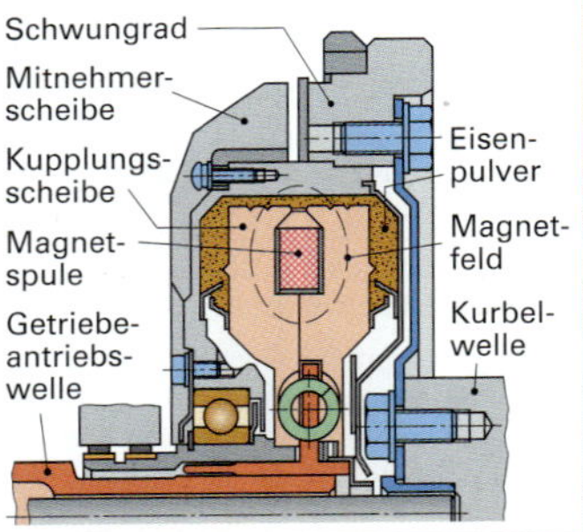

Magnetpulverkupplung

In der Kupplungsscheibe ist eine Magnetspule angeordnet, die an den Generatorstromkreis angeschlossen ist. Im Ringspalt zwischen der Innenseite der Mitnehmerscheibe und dem Umfang der Kupplungsscheibe befindet sich feines Eisenpulver.

Eingekuppelter Zustand. Der Magnetspule wird Strom zugeführt. Die Höhe des zugeführten Speisestroms wird von der elektronischen Steuereinheit in Abhängigkeit von Motordrehzahl, Fahrgeschwindigkeit und Fahrpedalstellung gesteuert. Das von der Magnetpulverkupplung übertragene Drehmoment ist proportional dem zugeführten Speisestrom (z.B. 0,5 A ... 3,3 A). Der Kraftfluss verläuft vom Schwungrad über Mitnehmerscheibe, Eisenpulver, Kupplungsscheibe zu der Getriebeantriebswelle.

Anwendung: Pkw mit stufenlosen CVT-Automatik-Getrieben.

F

Kupplungsscheibe

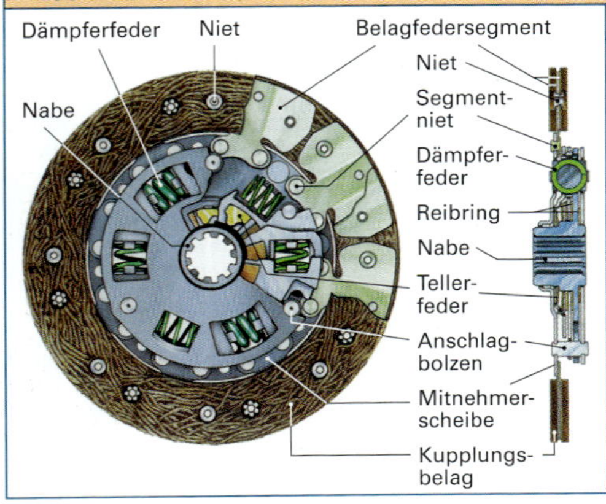

Die **Kupplungsscheibe** ist die Verbindungskomponente zwischen Motor und Wechselgetriebe. Sie bildet zwischen dem Schwungrad des Motors und der Kupplungsdruckplatte ein Reibsystem.

Bauteile/Aufgaben

- **Mitnehmerscheibe:** Nimmt die Federsegmente auf, an denen die 2 Kupplungsbelagringe befestigt sind.
- **Kupplungsbeläge:** Sie bilden die 2 Reibflächen zwischen den Reibflächen von Schwungrad und Druckplatte.
- **Belagfederung:** Ermöglicht weiches und ruckfreies Anfahren. Sie ist zwischen den beiden Kupplungsbelagringen angeordnet.
- **Torsionsdämpfer:** Bewirkt die Dämpfung der Drehschwingungen zwischen Motor und Wechselgetriebe.

Funktionsprüfungen

Prüfungsart	Vorgang	Ergebnis
Prüfung auf „Trennen“	1. Antriebsrad oder Antriebsachse anheben. 2. Kupplungspedal durchtreten. 3. Gang einlegen, auf Geräusche achten.	Die Kupplung **trennt ordnungsgemäß**, wenn der Gang geräuschlos eingelegt werden kann und die Antriebsräder sich nicht drehen.
Prüfung auf „Rutschen“ Der Motor muss betriebswarm sein Fahrzeug durch Feststellbremse sichern	1. Kupplungspedal treten, höchsten Vorwärtsgang einlegen. 2. Motordrehzahl bis zum Drehmomentmaximum erhöhen. 3. Kupplung schnell einkuppeln, gleichzeitig Vollgas geben.	**Die Übertragungsfähigkeit der Kupplung ist in Ordnung,** wenn der Motor „abgewürgt“ wird, d.h. die Motordrehzahl auf Null abfällt. Wird der Motor nicht „abgewürgt“, so rutscht die Kupplung.

Störungsmerkmale, Schadensbilder

Kupplung trennt nicht

Druckplatte gebrochen

Tellerfederspitzen abgebrochen

Tangentialblattfeder gebrochen

Nabenprofil ausgeschlagen

Kupplung rutscht

Kupplungsbeläge verölt

Beläge zu stark abgefahren

Gebrochene Beläge

Belag verkohlt

Kupplung rupft

Rattermarken auf Druckplatten

Überhitzung der Druckplatte

Belag trägt nur innen und außen

Beläge verfettet, Fett aus Nabe

Kupplungsgeräusche

Schleifspuren am Torsionsdämpfer

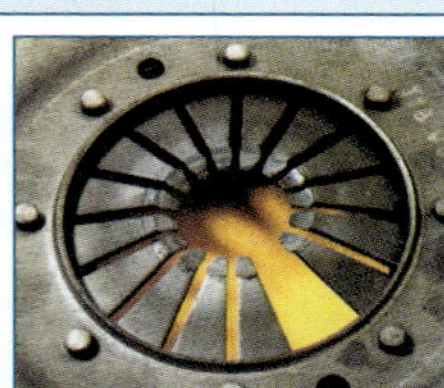
Federspitzen verschlissen

Anlaufspuren an Nabe

Ausrücklager beschädigt

F

Automatisches Kupplungssystem (AKS)

Das Automatische Kupplungssystem AKS ist ein selbsttätiges Kupplungssystem, bei dem die Betätigung der Kupplung (Auskuppeln, Einkuppeln) zum Anfahren, Gangwechsel und Anhalten durch Sensorsignale ausgelöst wird. Der Kuppelvorgang durch den Fahrer entfällt, ein Kupplungspedal ist nicht notwendig.

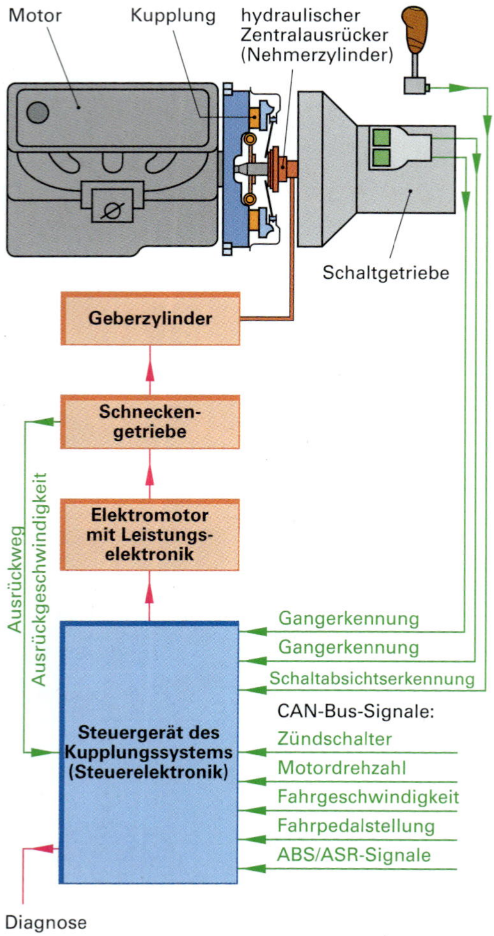

Block-Schaltbild Automatisches Kupplungssystem AKS

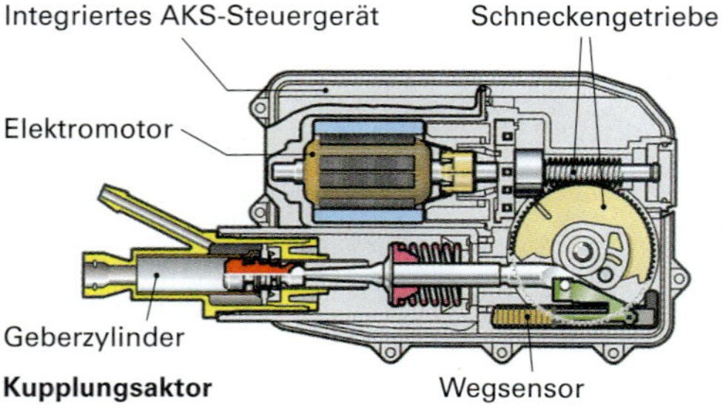

Kupplungsaktor

Komponenten

- **Selbstnachstellende Kupplung SAC**
- **Sensoren** für
  - Schaltabsichtserkennung
  - Gangerkennung
  - Ausrückgeschwindigkeit
  - Ausrückweg
- **Steuergerät** des AKS-Kupplungssystems mit zusätzlichen Eingangssignalen über den CAN-Bus für: Zündschalter, Motordrehzahl Fahrgeschwindigkeit, Fahrpedalstellung, ABS-, ASR-, ESP-Systeme.
- **Kupplungsaktor** mit
  - Elektromotor und Schneckengetriebe,
  - Geberzylinder und Zentralausrücker.

Wirkungsweise

Die Kupplung wird entsprechend den vom Steuergerät ausgegebenen Signalen durch den hydraulischen Zentralausrücker geöffnet oder geschlossen. Das im Kupplungsaktor integrierte Steuergerät erhält zur Erfassung des jeweiligen Systemzustands von den Sensoren Eingangssignale.

Diese Signale werden durch eine Kupplungs-Software im Steuergerät verarbeitet und als Ausgangssignale an den Kupplungsaktor geleitet.

Der Kupplungsaktor erzeugt den für das Öffnen, Schlupfen oder Schließen der Kupplung notwendigen hydraulischen Druck und leitet ihn über Geberzylinder und Hydraulikleitung an den hydraulischen Zentralausrücker zum Betätigen der Kupplung weiter.

Anfahren. Beim Betätigen des Schalthebels erkennt das Steuergerät über einen Sensor die Schaltabsicht. Es steuert den Elektromotor im Kupplungsaktor an. Dieser betätigt über ein Schneckengetriebe den Geberzylinder. Dadurch wird hydraulischer Druck erzeugt und über den Zentralausrücker die Kupplung getrennt. Jetzt kann der Gang eingelegt werden. Durch Betätigen des Fahrpedals wird die Fahrabsicht erkannt und die Kupplung schlupfgesteuert eingerückt.

Gangwechsel. Das Steuergerät erhält vom Schalthebel-Sensor das Signal für Schaltabsicht, die Kupplung wird geöffnet.
Nach eingelegtem Gang gibt der Sensor für Gangerkennung die Signale, dass der Gang eingelegt und welcher Gang eingelegt ist. Das Steuergerät gibt Ausgangssignal zum Schließen der Kupplung.

Normaler Fahrbetrieb. Das Steuergerät erhält Signale über Motor- und Getriebedrehzahlen und gibt Signale an Kupplungsaktor aus, die ein Arbeiten der Kupplung mit einem kontrollierten Schlupf bewirken.

Bezeichnungen vergleichbarer elektronischer Kupplungssysteme:
EKM **E**lektronisches **K**upplungs-**M**anagement
EKS **E**lektronisches **K**upplungs-**S**ystem.

F

Grundlagen

Das Wechselgetriebe ist im Antriebsstrang eines Fahrzeugs zwischen Kupplung und Achsgetriebe angeordnet.

Motorkennlinien

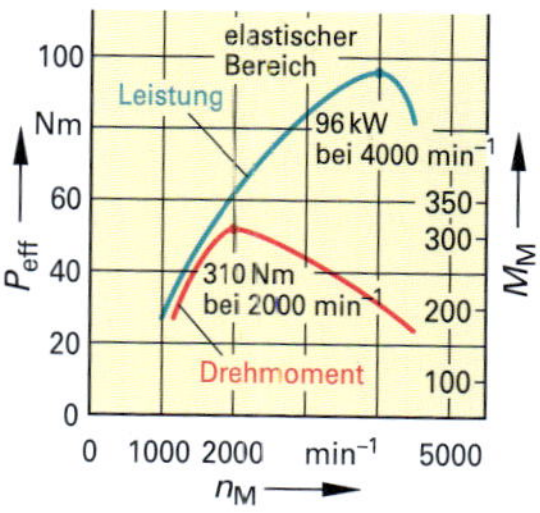

Wechselgetriebe

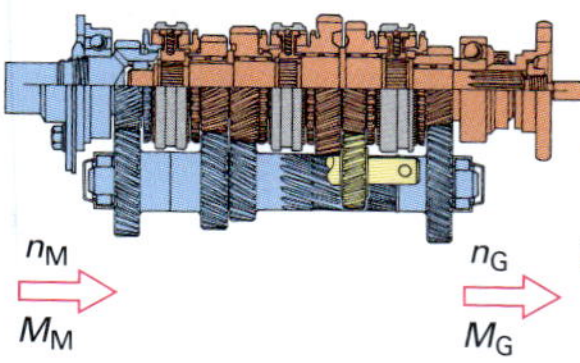

Getriebekennlinien

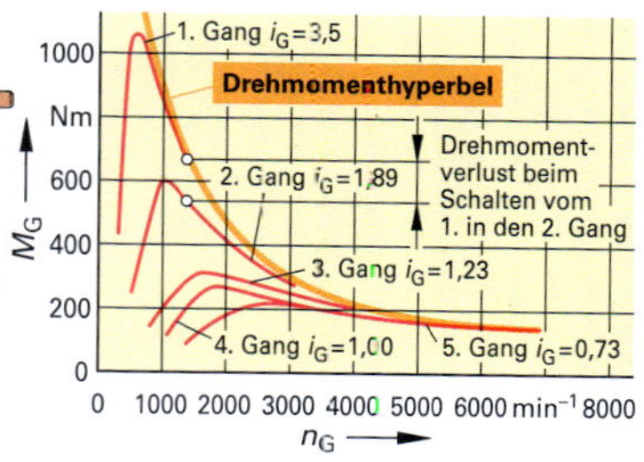

P_{eff} Leistung in kW
n_M Motordrehzahl in min^{-1}
M_M Motordrehmoment in Nm

n_G Getriebeausgangsdrehzahl in min^{-1}
M_G Getriebeausgangsdrehmoment in Nm

Aufgaben

- Motordrehzahl wandeln
- Motordrehmoment wandeln und übertragen
- Leerlauf des Motors bei stehendem Fahrzeug ermöglichen
- Drehsinn für Rückwärtsfahrt umkehren (ab 400 kg Fahrzeuggewicht)

Übersetzungsverhältnis *i*

Es ist ein Maß für die Wandlung von Drehzahlen und Drehmomenten.

***i* > 1**	z.B. *i* = 3,60	→	Drehzahl wird geringer
		→	Drehmoment wird größer
***i* = 1**	z.B. *i* = 1	→	Drehzahl ändert sich nicht
		→	Drehmoment bleibt gleich
***i* < 1**	z.B. *i* = 0,68	→	Drehzahl wird größer
		→	Drehmoment wird geringer

Unterscheidung der Wechselgetriebe nach

Kraftübertragungselemente
- Zahnradgetriebe
- Kettengetriebe
- Schubgliederbandgetriebe
- Laschenkettengetriebe
- hydrodynamische Getriebe (hydr. Wandler)

Herstellung des Kraftflusses
- Ziehkeilgetriebe
- Schaltklauengetriebe
- Schaltmuffengetriebe

Schaltung der Gänge
- Handgeschaltete Getriebe
- automatisierte Schaltgetriebe
- automatische Getriebe

Kraftflussrichtung
- Gleichachsige Getriebe (3-Wellengetriebe)
- ungleichachsige Getriebe (2-Wellengetriebe)

Zahl der Gänge
4-, 5-, 6-, 8- ,9-, 12-, 16-Gang-Getriebe

F

Übersetzungen von Wechselgetrieben (Beispiele)

Personenkraftwagen

Gänge	1. Gang	2. Gang	3. Gang	4. Gang	5. Gang	6. Gang	R-Gang
5	3,17 … 4,23	1,86 … 2,80	1,16 … 1,76	0,84 … 1,25	0,68 … 1,00	–	3,07 … 4,27
6	3,42 … 5,09	1,89 … 2,83	1,23 … 1,79	0,93 … 1,27	0,76 … 1,09	0,60 … 0,83	3,15 … 3,91

Motorräder

Gänge	1. Gang	2. Gang	3. Gang	4. Gang	5. Gang	6. Gang	–
5	2,37 … 2,75	1,39 … 1,90	1,27 … 1,61	1,04 … 1,40	0,90 … 1,26	–	–
6	2,05 … 2,86	1,60 … 2,00	1,27 … 1,61	1,04 … 1,40	0,90 … 1,26	0,80 … 1.17	–

Nutzkraftwagen

Gänge	1./2. Gang	3./4. Gang	5./6. Gang	7./8. Gang	9./10. Gang	11./12. Gang	R-Gang
8	6,38 / 4,63	3,44 / 2,59	1,86 / 1,35	1,00 / 0,76	–	–	8,04
12	11,27 / 9,14	7,17 / 5,81	4,62 / 3,75	3,02 / 2,44	1,91 / 1,55	1,23 / 1,00	14,74 / 11,95

Bauarten von Wechselgetrieben

Gleichachsiges Wechselgetriebe (5-Gang)

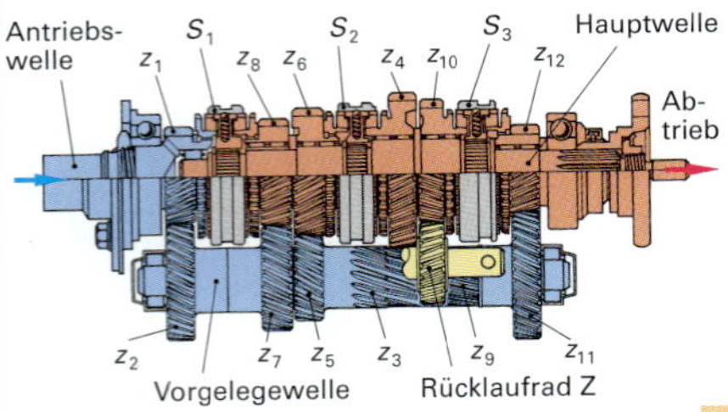

Bauteile

Zahnräder (treibend)	z_1, z_3, z_5, z_7, z_9, z_{11}
Zahnräder (getrieben)	z_2, z_4, z_6, z_8, z_{10}, z_{12}
Antriebswelle	Schaltmuffe S1 (3.-/4. Gang)
Vorgelegewelle	Schaltmuffe S2 (1.-/2. Gang)
Rücklaufrad Z (Zwischenrad)	Schaltmuffe S3 (5.-/R-Gang)

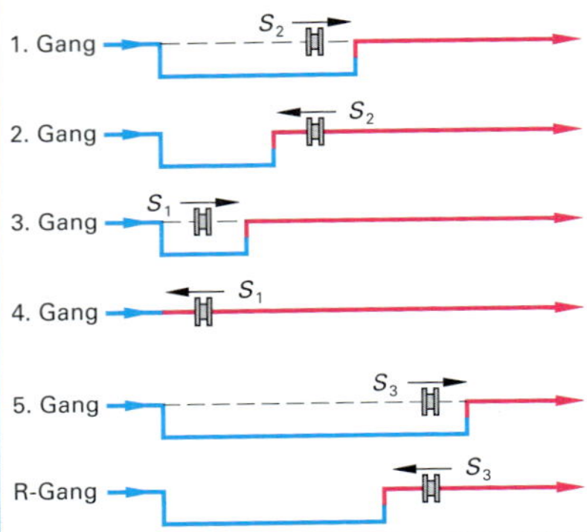

Kraftfluss

Gang	Kraftfluss
1. Gang	$z_1 \rightarrow z_2 \rightarrow z_3 \rightarrow z_4 \rightarrow$ Abtrieb
2. Gang	$z_1 \rightarrow z_2 \rightarrow z_5 \rightarrow z_6 \rightarrow$ Abtrieb
3. Gang	$z_1 \rightarrow z_2 \rightarrow z_7 \rightarrow z_8 \rightarrow$ Abtrieb
4. Gang	1 → Schaltmuffe S1 → Abtrieb
5. Gang	$z_1 \rightarrow z_2 \rightarrow z_{11} \rightarrow z_{12} \rightarrow$ Abtrieb
R-Gang	$z_1 \rightarrow z_2 \rightarrow z_9 \rightarrow Z \rightarrow z_{10} \rightarrow$ Abtrieb

Merkmale

- Antriebswelle und Abtriebswelle liegen auf der **„gleichen"** Fluchtlinie (Ebene).
- Die Gangräder der Hauptwelle (Schalträder) sind lose auf ihr gelagert.
- Die drehfeste Verbindung mit der Hauptwelle erfolgt über Schaltmuffe und Synchronkörper.
- Die Übersetzungen werden (außer im direkten Gang) jeweils über 2 Zahnradpaarungen erreicht.

Ungleichachsiges Wechselgetriebe

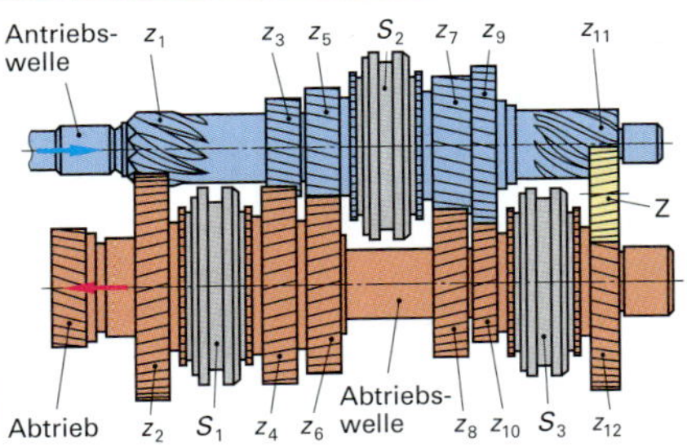

Bauteile

Zahnräder (treibend)	z_1, z_3, z_5, z_7, z_9, z_{11}
Zahnräder (getrieben)	z_2, z_4, z_6, z_8, z_{10}, z_{12}
Antriebswelle	Schaltmuffe S1 (1.-/2. Gang)
Abtriebswelle	Schaltmuffe S2 (3.-/4. Gang)
Rücklaufrad Z (Zwischenrad)	Schaltmuffe S3 (5.-/R-Gang)

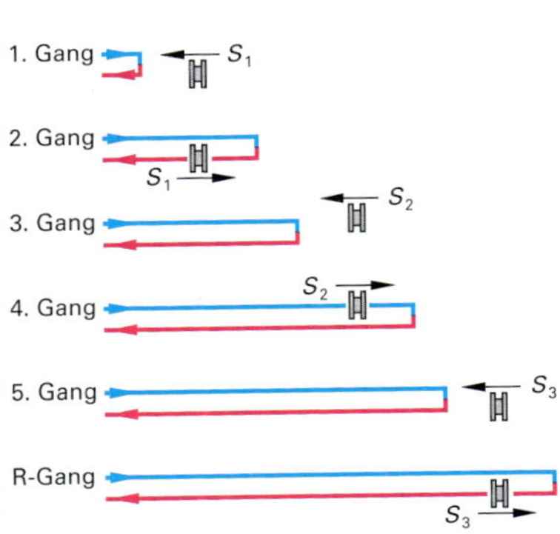

Kraftfluss

Gang	Kraftfluss
1. Gang	$z_1 \rightarrow z_2 \rightarrow$ Abtrieb
2. Gang	$z_3 \rightarrow z_4 \rightarrow$ Abtrieb
3. Gang	$z_5 \rightarrow z_6 \rightarrow$ Abtrieb
4. Gang	$z_7 \rightarrow z_8 \rightarrow$ Abtrieb
5. Gang	$z_9 \rightarrow z_{10} \rightarrow$ Abtrieb
R-Gang	$z_{11} \rightarrow Z \rightarrow z_{12} \rightarrow$ Abtrieb

Merkmale

- Antriebswelle und Abtriebswelle liegen auf **„ungleichen"** Fluchtlinien (Ebene).
- Die Schalträder z_2 (1. Gang), z_4 (2. Gang), z_5 (3. Gang), z_7 (4. Gang), z_{10} (5. Gang), z_{12} (R-Gang), sind lose auf ihren Wellen gelagert.
- Die drehfeste Verbindung mit der Hauptwelle erfolgt über Schaltmuffe und Synchronkörper.
- Die Übersetzungen werden jeweils über 1 Zahnradpaarung erreicht.

F

Ungleichachsiges Wechselgetriebe (6-Gang in Kurzbauweise)

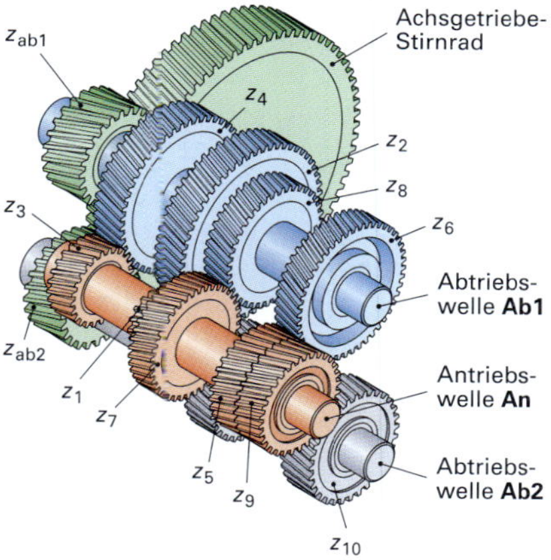

Bauteile

Zahnräder (treibend)	z_1, z_3, z_5, z_7, z_9
Zahnräder (getrieben)	z_2, z_4, z_6, z_8, z_{10}, z_{12}, z_{16}, z_R
Antriebswelle	
Abtriebswelle 1	Schaltmuffe S1 (1./2. Gang) Schaltmuffe S2 (3./4. Gang)
Abtriebswelle 2	Schaltmuffe S3 (5./6. Gang) Schaltmuffe S4 (R-Gang)
Rücklaufrad z_R Stirnradachsgetriebe	

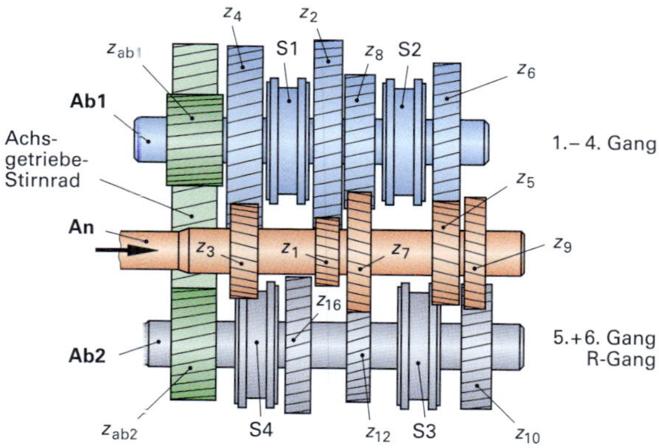

Merkmale

- Eine Antriebswelle und zwei Abtriebswellen auf ungleichen Ebenen.
- Abtriebswelle 1: schalten der Gänge **1 – 4**
- Abtriebswelle 2: schalten der Gänge **5, 6** und **des Rückwärtsganges**
- Alle Schalträder lose auf den Antriebswellen gelagert.
- Drehfeste Verbindung der Antriebswellen mit der Abtriebswelle erfolgt über Schaltmuffen und Synchronkörper.
- Übersetzungen werden jeweils über 1 Zahnradpaar erreicht (außer R-Gang).

Kraftfluss

1. Gang  An → z_1 → z_2 → S1 → Ab1 → z_{ab1}

2. Gang  An → z_3 → z_4 → S1 → Ab1 → z_{ab1}

3. Gang  An → z_5 → z_6 → S2 → Ab1 → z_{ab1}

4. Gang  An → z_7 → z_8 → S2 → Ab1 → z_{ab1}

5. Gang  An → z_9 → z_{10} → S3 → Ab2 → z_{ab2}

6. Gang  An → z_7 → z_{12} → S3 → Ab2 → z_{ab2}

R-Gang  An → z_1 → z_R → z_{16} → S4 → Ab2 → z_{ab2}

F

Direktschaltgetriebe (DSG) mit 6 Gängen

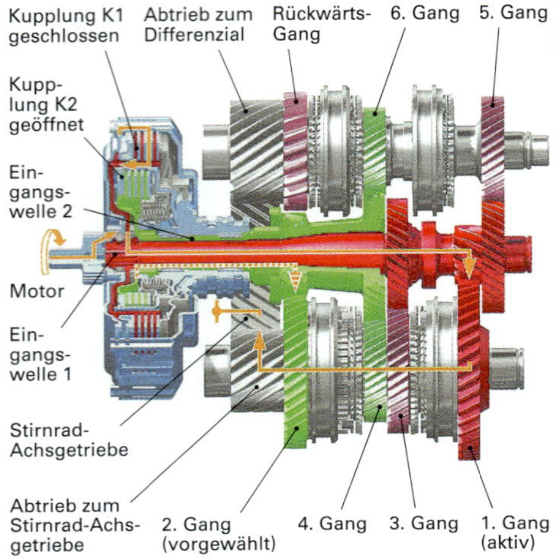

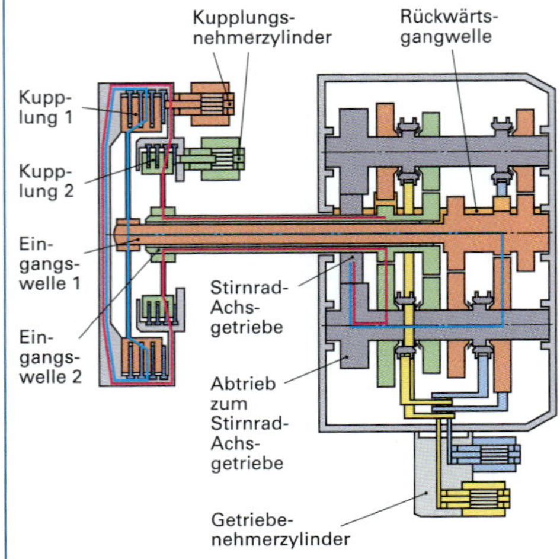

Systembeschreibung Direktschaltgetriebe

Das Direktschaltgetriebe ist ein sequenziell schaltendes, automatisiertes Getriebe, das mit einer Doppelkupplung ausgestattet ist. Es kann jeweils nur um einen Gang hoch- oder herunter-geschaltet werden.
Der Schaltvorgang wird ohne merkliche Kraftflussunterbrechung selbsttätig durchgeführt.
Das Direktschaltgetriebe kann im Automatikmodus und manuell im Tiptronic-Modus betrieben werden.

Systemaufbau	Es besteht aus folgenden Baugruppen: **Mechanik:** • Teilgetriebe 1 mit Lamellenkupplung K1 für die Gänge 1, 3, 5 und Rückwärtsgang • Teilgetriebe 2 mit Lamellenkupplung K2 für die Gänge 2, 4 und 6. **Mechatronik-Modul** • Elektrohydraulische Steuereinheit mit Magnetventilen zur Schaltung der Gänge und Druckregelventile zur Ansteuerung der Kupplungen K1 und K2. • Elektronische Steuereinheit mit Sensoren. **Hydraulik:** • Pumpe, Getriebeöl, hydraulische Nehmerzylinder für Kupplung und Getriebe.
Schaltvorgang	Ein Gang ist geschaltet und der nächste Gang ist vorgelegt. Ist z.B. der 3. Gang eingelegt, ist die Kupplung K1 geschlossen und die Kupplung K2 geöffnet. Je nach Fahrsituation ist dabei der 2. oder 4. Gang voreingelegt, die jeweilige Schaltmuffe ist aus der Mitte verschoben. Beim Schaltvorgang wird die offene Kupplung K2 geschlossen und gleichzeitig die Kupplung K1 geöffnet. Der Systemdruck beträgt ca. 10 bar. Der Schaltvorgang dauert 3/100 bis 4/100 Sekunden
Systemsteuerung	Das Steuergerät vergleicht die Drehzahlsignale der Eingangswellen mit dem Drehzahlsignal des Motors und errechnet daraus den Schlupf der Kupplungen K1 und K2. Anhand des Schlupfes erkennt das Steuergerät den Öffnungs- und Schließzustand der Kupplungen. Zur Erkennung der Eingangswellendrehzahl tastet ein Hallgeber ein Impulsrad ab. Bei diesem sind abwechselnd kleine Nord- und Südpole über den Umfang aufgetragen. Die Impulsräder dürfen nicht in der Nähe von Magneten gelagert werden.
Creep-Regelung	Sie ermöglicht ein Kriechen des Fahrzeuges zum Beispiel beim Einparken, ohne das Fahrpedal zu betätigen.
Hillholder-Funktion	Rollt das Fahrzeug bei nur leicht betätigter Bremse, wird der Kupplungsdruck erhöht und das Fahrzeug im Stand gehalten. Wenn notwendig wird das Steuergerät Motor über CAN Bus angesteuert und unterstützt die Funktion durch das Erhöhen des Motordrehmomentes.
Notlaufprogramm	Im Notlauf kann in Abhängigkeit vom aufgetretenen Fehler, z.B. Ausfall des Drehzahlgebers für Eingangswelle, nur in den Gängen 1 und 3 oder nur im 2. Gang gefahren werden.

F

Synchronisiereinrichtungen mit Sperrsynchronisation

Aufgaben

- Gleichlauf zwischen Schaltmuffe und lose laufendem Gangrad (Schaltrad) herstellen.
- Aufschieben der Schaltmuffe auf die Sperrverzahnung des Gangrades vor erreichtem Gleichlauf verhindern.
- Schalten geräuschlos, leicht und schnell ermöglichen.

Bauarten

- Innensynchronisation (System Borg Warner)
- Außensynchronisation (System ZF)
- Doppelte Synchronisation (Dreikonen-Synchronisation).

Einfache Synchronisiereinrichtung mit Innensynchronisation (System Borg Warner)

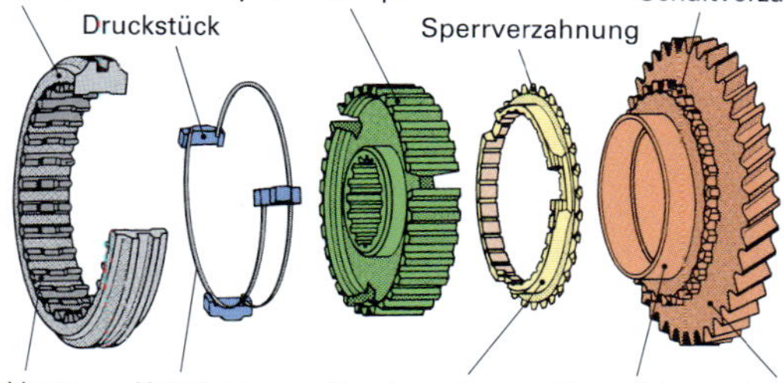

Aufbau

- **Schaltmuffe.** Die Schaltklauen der Innenseite greifen in Außenverzahnung des Synchronkörpers.
- **Synchronkörper.** Er ist drehfest mit der Welle des lose laufenden Gangrades verbunden.
- **Synchronring.** Er hat innen eine kegelförmige Reibfläche und außen eine Sperrverzahnung.
- **Gangrad.** Es hat auf der Seite des Synchronrings die Reibfläche, dahinter sitzt die Schaltverzahnung.

Neutrale Stellung	Synchronisierstellung	Gang geschaltet
Schaltmuffe in Mittenstellung. Gangrad (Schaltrad) läuft lose auf seiner Welle, z.B. Hauptwelle.	Schaltmuffe schiebt durch die Druckstücke den Synchronring auf den Reibkegel des Gangrades. Bei Drehzahldifferenz zwischen Schaltmuffe und Gangrad verdreht sich der Synchronring durch Reibung; Schaltmuffe kann nicht weitergeschoben werden.	Sobald Gleichlauf erreicht ist, hört die Reibung auf. Die weiterhin auf die Schaltmuffe drückende Kraft bewirkt, dass der Synchronring zurückgedreht wird. Die Sperrung der Schaltmuffe hört auf. Sie kann jetzt über die Schaltverzahnung des Gangrades geschoben werden. Der Gang ist geschaltet.

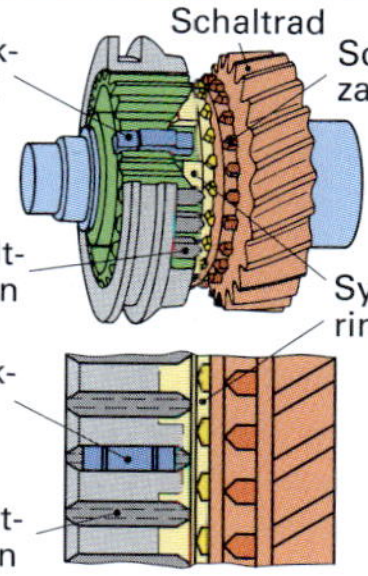

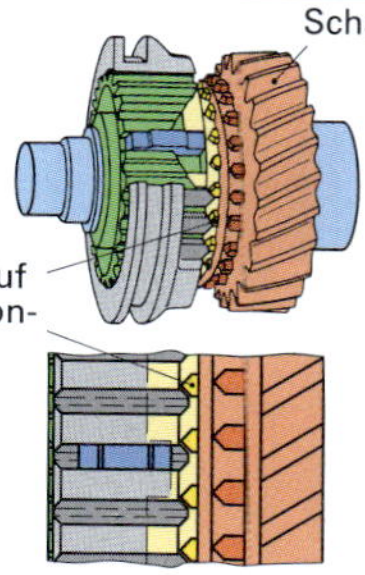

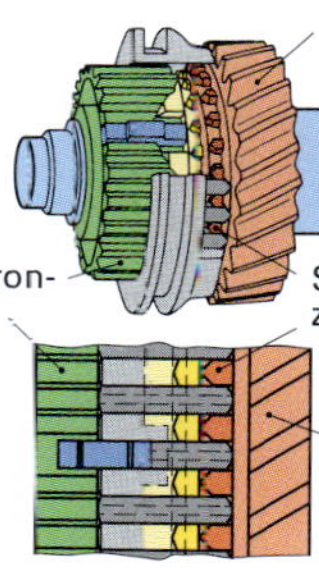

Synchronisiereinrichtung mit Außensynchronisation (System ZF)

Merkmale

- Die Reibflächen des Synchronrings sind außen am Umfang.
- Die Sperrung erfolgt durch die Nasen.
- Infolge des größeren Reibhalbmessers ist leichteres und schnelleres Schalten möglich.
- Wegen der größeren Reibflächen ist die Flächenpressung und der Verschleiß geringer.

F

Synchronisiereinrichtung mit doppelter Synchronisation (Zweikonen-Synchronisation)

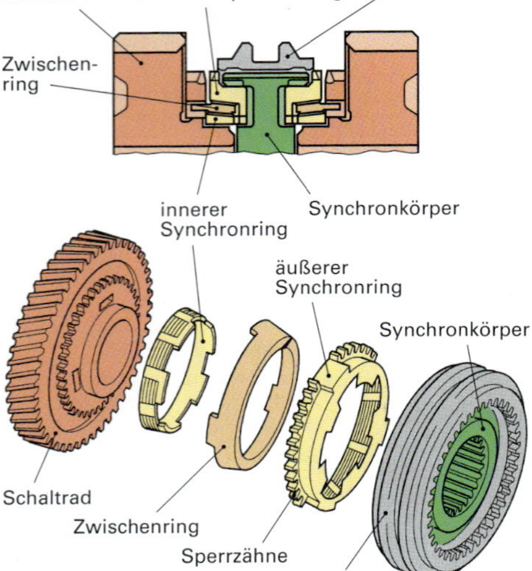

Aufbau

- Schaltmuffe
- Innerer Synchronring
- Äußerer Synchronring drehfest mit innerem Synchronring
- Synchronkörper
- Schaltrad
- Zwischenring drehfest mit Schaltrad

Wirkungsweise

Beim Synchronisieren wird der äußere Synchronring durch die Schaltmuffe auf den Zwischenring und dieser auf den inneren Synchronring gedrückt.

Durch Reibung wird ein Angleichen der Drehzahlen von Schaltmuffe und Schaltrad erreicht.

Besonderheiten

- 2 wirksame Reibpaarungen
- Reibflächen insgesamt fast doppelt so groß wie bei der einfachen Synchronisation.

Vorteile

- Leichtes und schnelles Schalten
- geringe Anpresskraft
- geringer Verschleiß der Synchronringe.

Verwendung: Pkw- und Nkw-Getriebe in den unteren Gängen. Hier sind die zum Synchronisieren notwendigen Reibkräfte größer als in den oberen Gängen.

Verteilergetriebe von Nutzkraftwagen

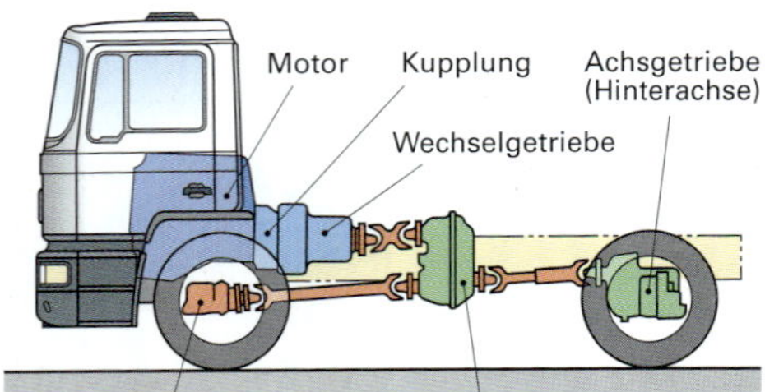

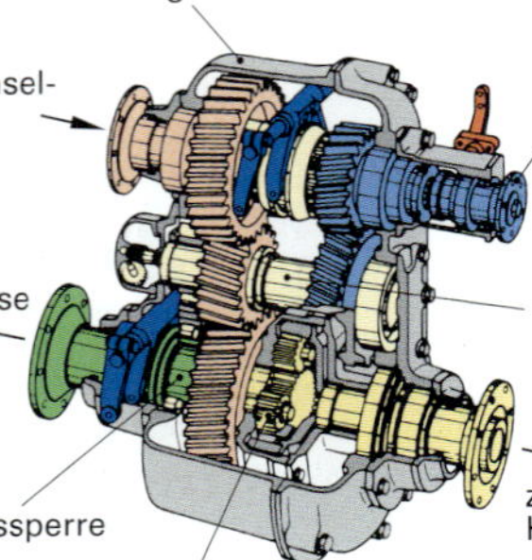

Werden bei einem Kraftfahrzeug mehrere Achsen angetrieben, so ist nach dem Wechselgetriebe zwischen den Antriebsachsen ein Verteilergetriebe notwendig, das die Antriebsdrehmomente an die vorhandenen Antriebsachsen verteilt.

Verteilergetriebe sind im Antriebsstrang nach dem Wechselgetriebe angeordnet.

Aufgaben

- **Drehmoment** an mehrere Achsgetriebe verteilen.
- **Drehzahlausgleich** zwischen den Achsgetrieben ermöglichen, z.B. durch Planetenradsatz.

Je nach Verwendungszweck des Fahrzeugs müssen vom Verteilergetriebe noch weitere Aufgaben erfüllt werden:

- **Sperrung des Drehzahlausgleichs** bei zu großen Schlupfunterschieden zwischen den Antriebsrädern ermöglichen.
- **Schaltung von zusätzlichen Übersetzungen,** z.B. für Baustellen- und Geländeeinsatz.
- **Zuschaltung** von Nebenantrieben zum Antrieb von z.B. Pumpen, Seilwinden, Heu- und Getreidepressen.

Drehmomentverteilung an Vorder- und Hinterachse

Soll das Drehmoment zu ungleichen Teilen an Vorder- und Hinterachse verteilt werden, so ist im Verteilergetriebe ein einfacher Planetenradsatz integriert. Er teilt z.B. über das Sonnenrad 1/3 des Drehmoments der Vorderachse und über den Planetenradträger 2/3 der Hinterachse zu.

F

Gruppengetriebe von Nutzkraftwagen

Vorgeschaltetes Gruppengetriebe

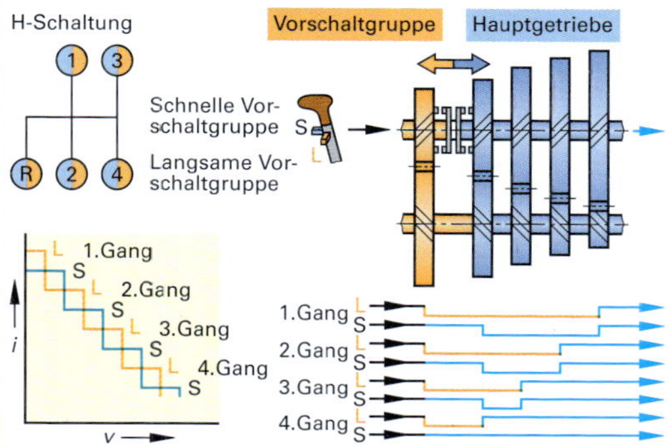

Nachgeschaltetes Gruppengetriebe

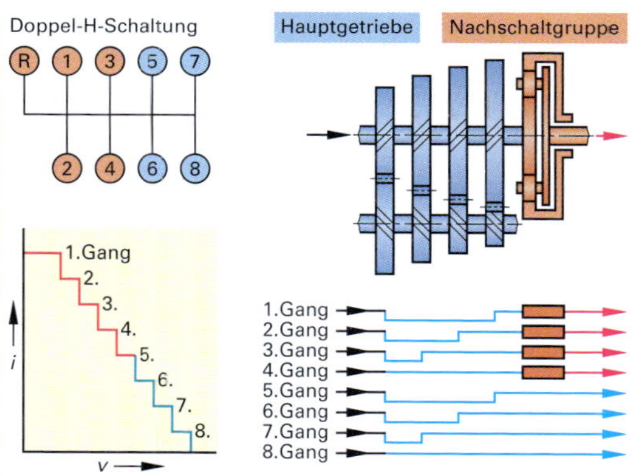

Vor- und nachgeschaltetes Gruppengetriebe

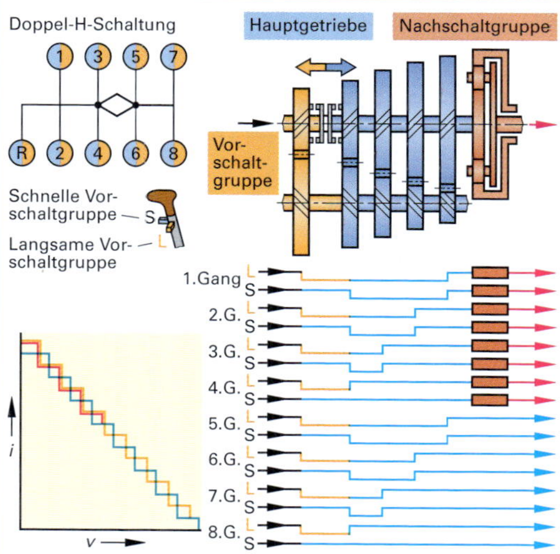

Aufgabe

Durch feinere Getriebeabstufungen bessere Anpassung des Motordrehmoments an die auftretenden Fahrsituationen bewirken.

Aufbau

Ein 4-, 5- oder 6-Gang-Wechselgetriebe (Hauptgetriebe) wird kombiniert mit einer

- **Vorschaltgruppe (Splitgruppe)** aus einem Vorgelege-Stirnradsatz (2 Stirnräder), oder einer
- **Nachschaltgruppe (Bereichsgruppe),** meist aus einem einfachen Planetenradsatz, oder mit
- **Vor- und Nachschaltgruppe.**

Vorgeschaltete Gruppengetriebe

Jeder Gang des Hauptgetriebes kann mit 2 Übersetzungen gefahren werden.
Dadurch wird die Zahl der Gänge verdoppelt und die Abstufung zwischen 2 Gängen feiner.

Die Vorschaltgruppe (Splitgruppe) ist

- über die Vorgelege-Zahnradpaarung dem Wechselgetriebe zugeschaltet; die Gesamtübersetzung wird größer, die Drehzahl langsamer (siehe gelber Linienzug bei L);
- direkt dem Wechselgetriebe zugeschaltet; die Gesamtübersetzung wird kleiner, die Drehzahl schneller (blauer Linienzug bei S).

Nachgeschaltete Gruppengetriebe

Jeder Gang kann sowohl mit geschalteter als auch mit geblockter Nachschaltgruppe gefahren werden. Dadurch wird die Gangzahl des Getriebes verdoppelt, der Übersetzungsbereich erweitert.

Die Nachschaltgruppe (Bereichsgruppe) kann

- **dem Hauptgetriebe über den** Planetenradsatz nachgeschaltet werden (Hohlrad fest, Sonnenrad treibt über den Planetenradträger die Abtriebswelle);
- **dem Hauptgetriebe direkt** über den geblockten Planetenradsatz nachgeschaltet werden.

Der Kraftflussplan zeigt, dass vom 1. bis zum 4. Gang die Übersetzungen das Hauptgetriebes zusammen mit der Übersetzung der Nachschaltgruppe (Planetenradsatz) wirksam sind.
Vom 5. bis 8. Gang sind durch die Verblockung des Planetenradsatzes nur die Übersetzungen des Hauptgetriebes wirksam.

Vor- und nachgeschaltete Gruppengetriebe

Durch die Zusammenschaltung des Hauptgetriebes mit einer Vor- und einer Nachschaltgruppe wird die Gangzahl vervierfacht. Das Getriebe wird im 1. bis 4. Gang mit Vorschaltgruppe und Nachschaltgruppe gefahren, im 5. bis 8. Gang ist die Nachschaltgruppe verblockt ($i = 1$).
Bei der Verwendung eines 4-Gang-Wechselgetriebes als Hauptgetriebe ergeben sich 16 Schaltmöglichkeiten, 2 durch die Vorschaltgruppe, 4 durch das Wechselgetriebe, 2 durch die Nachschaltgruppe ($2 \times 4 \times 2 = 16$).

F

Kraftradgetriebe

Schaltklauengetriebe

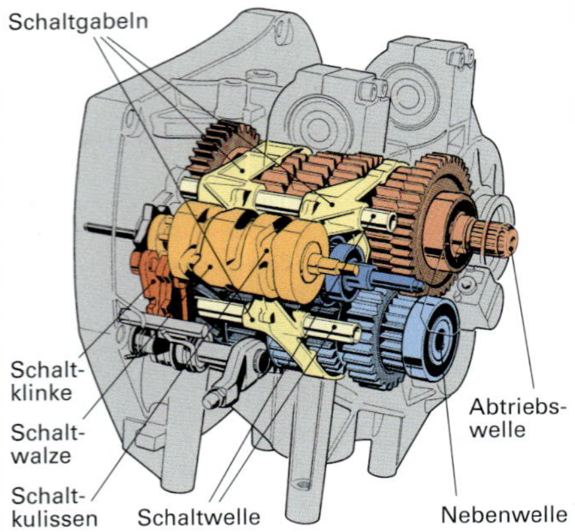

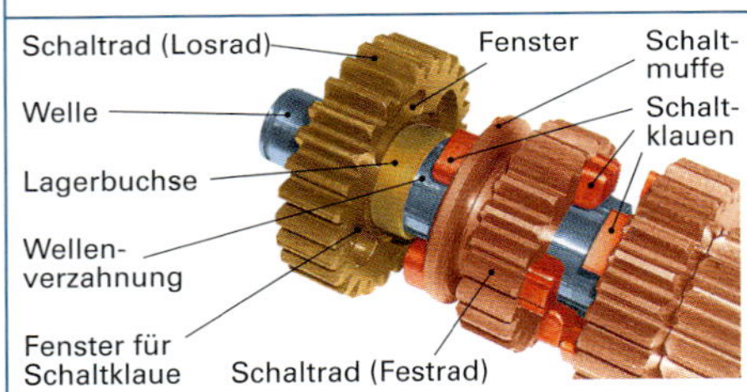

5-Gang-Schaltklauengetriebe (1. Gang geschaltet)

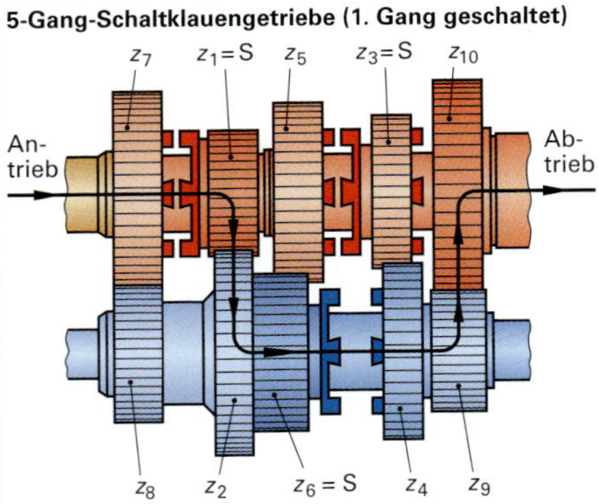

Kraftfluss

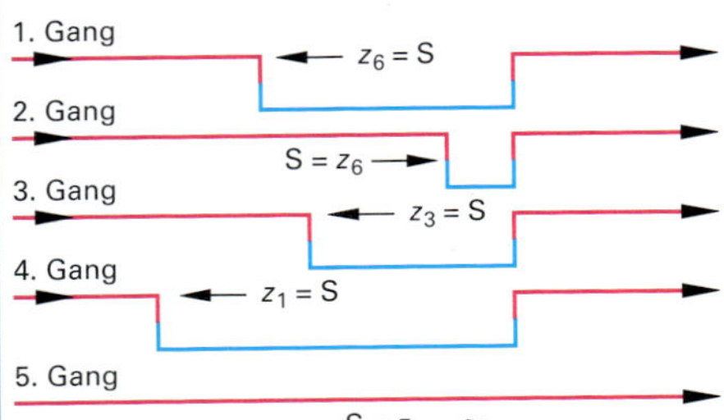

Aufbau

- Antriebswelle
- Abtriebswelle
- Zahnräder
- Schaltelemente.

Das dargestellte Getriebe ist gleichachsig.

Alle Zahnräder sind ständig im Eingriff.

Zahnräder
Sie besitzen Geradverzahnung und sind paarweise miteinander im Eingriff.
Man unterscheidet Gangräder und Schalträder.

Gangräder
Sie bewirken die Übersetzung des geschalteten Ganges. Bei jedem Gangradpaar muss ein Zahnrad drehfest mit seiner Welle verbunden sein (Festrad), das andere muss frei drehbar auf seiner Welle laufen (Losrad).

Festräder: $z_1, z_3, z_6, z_8, z_9, z_{10}$. Losräder: z_2, z_4, z_5, z_7

Die Gangräder z_9 und z_{10} bilden die sogenannte „konstante" Teilübersetzung ($i_1 = z_{10}/z_9$. z_{10} ist drehfest mit der Abtriebswelle verbunden. Dies ist die Übersetzung die, außer im 5. Gang, immer wirksam ist.

Schalträder
Es sind die Gangräder, welche zum Schalten eines Ganges nach rechts oder links verschoben worden. Diese Zahnräder sitzen drehfest und axial verschiebbar auf ihren Wellen. Durch das Verschieben eines Schaltrades in Richtung des zu schaltenden Gangradpaares wird dessen Übersetzungsverhältnis wirksam. Als Schalträder kommen beim dargestellten 5-Ganggetriebe folgende Zahnräder zum Einsatz: z_6 (für den 1. und 2. Gang), z_3 (für den 3. Gang und 5. Gang), z_1 (für den 4. Gang).

Gänge	Verschiebung Schaltrad S	Verschiebung nach	Kraftfluss
1.	$S = z_6$	links	$z_1 \rightarrow z_2 \rightarrow (z_6 = S) \rightarrow z_9 \rightarrow z_{10} \rightarrow$ AW
2.	$S = z_6$	rechts	$z_3 \rightarrow z_4 \rightarrow (z_6 = S) \rightarrow z_9 \rightarrow z_{10} \rightarrow$ AW
3.	$S = z_3$	links	$z_5 \rightarrow z_6 \rightarrow (z_3 = S) \rightarrow z_9 \rightarrow z_{10} \rightarrow$ AW
4.	$S = z_1$	links	$z_7 \rightarrow Z_8 \rightarrow (z_1 = S) \rightarrow z_9 \rightarrow z_{10} \rightarrow$ AW
5.	$S = z_3$	rechts	$z_3 \rightarrow (z_3 = S) \rightarrow$ direkt $\rightarrow$ AW

Schaltelemente
Fußschalthebel, Schaltklinke, Schaltwalze, Schaltkulisse, Schaltgabeln.

Wirkungsweise

- Fahrer drückt Fußhebel nach unten, z.B. in die Stellung für den 1. Gang.
- Über Schaltklinke, Schaltwalze, Schaltkulisse und Schaltgabel wird das Schaltrad z_6 mit seinen Klauen nach links in das Gangrad z_2 (Losrad) geschoben.
- Die Verbindung mit der Abtriebswelle wird über die „Konstante" z_9 und z_{10} hergestellt.
- Die Übersetzung z.B. $i_{G1} = z_2/z_1 \times z_{10}/z_9$ ist wirksam.

Schaltklauengetriebe werden meist bei Motorrädern eingesetzt.

F

Automatisiertes Schaltgetriebe (ASG)

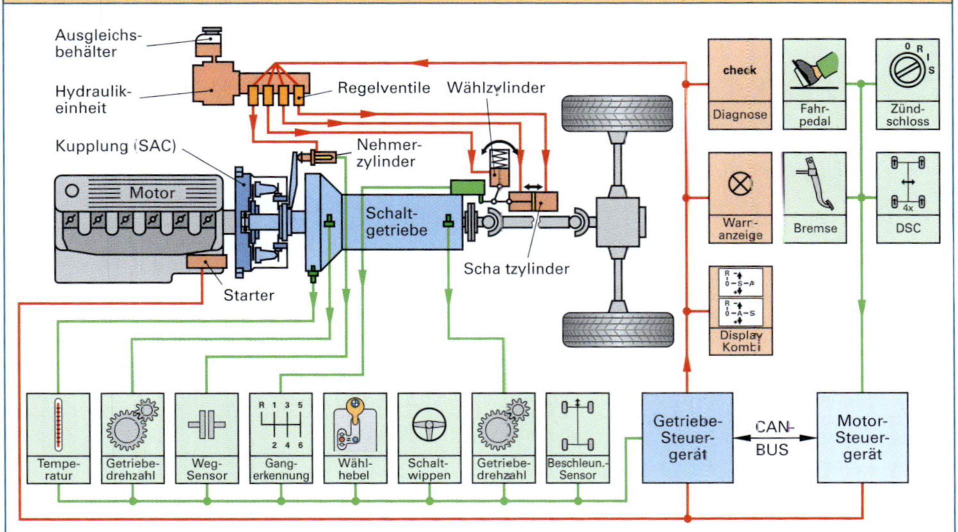

Systembeschreibung Automatisiertes Schaltgetriebe

Automatisierte Schaltgetriebe (ASG) sind vollautomatische Getriebe, bei denen als Getriebeeinheit ein synchronisiertes oder kupplungsgesteuertes Stirnradgetriebe mit 5 oder 6 Gängen verwendet wird. Diese Getriebe können sowohl im automatischen Modus wie im manuellen Modus gefahren werden.

Systemaufbau	Das Gesamtsystem besteht aus folgenden Baugruppen: **Mechanik:** • Ein- oder Zweischeiben-Membranfederkupplung • Stirnradgetriebe mit Schaltwalze und Schaltgabeln **Hydraulik:** • Hydraulikeinheit mit elektrischer Pumpe, Druckspeicher, elektrohydraulische Ventile, Kupplungsnehmerzylinder, Schaltzylinder, Wählzylinder. **Elektronik:** • Elektronisches Fahrpedal • Programm- und Gang-Wählhebel • ASG-Steuergerät • Sensoren.
Hydraulikeinheit	Sie leitet den von der Pumpe erzeugten Öldruck (bis 80 bar) über die elektrohydraulischen Ventile zum Schalt- und Wählzylinder und steuert das Ein- und Auskuppeln der Kupplung und das Schalten der Gänge. Die Hydraulikeinheit besteht aus: elektrisch angetriebener Pumpe, Hydrospeicher, Öldrucksensor, Rückschlagventil und elektrohydraulischen Ventilen.
Elektronischer Wählhebel	Er besitzt eine Automatik-Schaltgasse und eine manuelle Schaltgasse. Automatik-Schaltgasse: Positionen **R** (Rückwärtsgang), **0** (Neutral), **A** (Automatik). Manuelle Schaltgasse: **+** Hochschalten, **–** Zurückschalten. Es kann immer nur sequenziell, d.h. in den nächsten Gang weitergeschaltet werden.
Systemsteuerung Automatikmodus	**Eingangssignale.** Zündschalterstellung, Wählhebelposition, Fahr- und Bremspedalstellung, Fahrgeschwindigkeit, Getriebedrehzahl und Gangerkennung. **Verarbeitung.** Das ASG-Steuergerät wertet die Eingangssignale mit einer Getriebe- /Kupplungs-Software aus und steuert anhand von hinterlegten Kennfeldern die Schaltvorgänge der Kupplung und des Getriebes. **Ausgangssignale** Sie steuern die Regelventile an, wodurch der hydraulische Druck Folgendes bewirkt: • Ansteuerung des Nehmerzylinders zum Betätigen der Kupplung • Ansteuerung des Schalt- und Wählzylinders zum Schalten der Gänge. Die Getriebesteuerung ist über den CAN-Bus mit weiteren Steuergeräten vernetzt.
Ähnliche Systeme	„Sequenzielles M-Getriebe SMG“, „Elektronische Schaltgetriebe“, „Sequentronic“, „Easytronic“.

F

Automatik mit hydrodynamischem Drehmomentwandler und Planetengetriebe

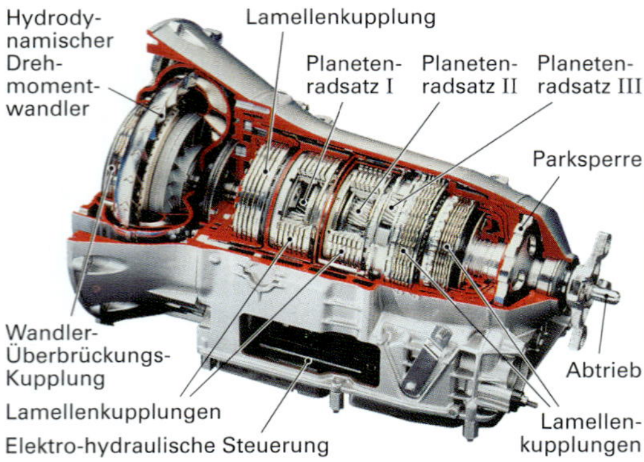

Getriebekomponenten

- **Hydrodynamischer Drehmomentwandler**
  Er wirkt als Anfahrkupplung und verstärkt im Wandlungsbereich das Eingangsdrehmoment. Eine integrierte Wandler-Überbrückungskupplung stellt in bestimmten Betriebszuständen eine direkte Verbindung zwischen Pumpenrad und Turbinenrad her und verhindert die Strömungsverluste des Wandlers.
- **Planetengetriebe**
  Es ist dem Drehmomentwandler nachgeschaltet und übersetzt Drehmomente und Drehzahlen. Für den Rückwärtsgang bewirkt es die Umkehrung des Drehsinns.
- **Steuerung**
  Sie erfolgt hydraulisch oder elektrohydraulisch und bewirkt das selbsttätige Hoch- und Zurückschalten.

Hydrodynamischer Drehmomentwandler mit Wandlerüberbrückungskupplung

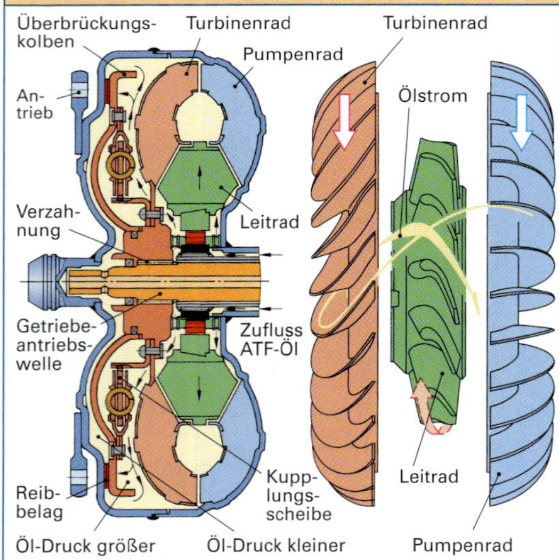

Aufgaben
- Motordrehmoment wandeln und übertragen
- Verwendung als Anfahrkupplung
- Drehschwingungen des Motors dämpfen

Aufbau
- Pumpenrad
- Turbinenrad
- Leitrad mit Freilauf
- Überbrückungskupplung.

Wirkungsweise beim Anfahren

Pumpenrad dreht mit Motordrehzahl
→ Turbinenrad wird angeströmt und beginnt sich zu drehen.
→ Leitrad wird angeströmt, Freilauf blockiert Drehbewegung.
→ Ölstrom wird umgelenkt zu Turbinenradschaufeln und erfährt dabei Rückstau.
→ Drehmomenterhöhung am Turbinenrad.
→ Großer Umlenkwinkel bewirkt große Drehmomenterhöhung.

Wandlerüberbrückungskupplung geschlossen

Öl strömt durch Wandler auf rechte Seite der Kupplungsscheibe → Reibbeläge von Kupplungsscheibe und Wandlergehäuse werden gegeneinandergedrückt → Pumpen- und Turbinenrad des Wandlers sind überbrückt.

	Wandlungsbereich		Kupplungsbereich
	Anfahren	bis K-Punkt	
	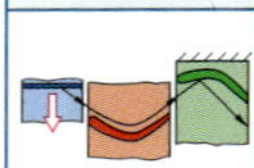 P T L	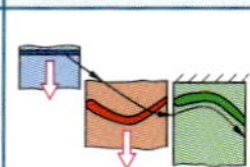 P T L	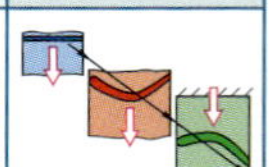 P T L
Pumpenraddrehzahl	Motordrehzahl	Motordrehzahl	Motordrehzahl
Turbinenraddrehzahl	Null	nimmt zu	ab ca. 85 % Pumpenraddrehzahl
Leitraddrehzahl	Null	Null	Turbinenraddrehzahl
Ablenkwinkel des Ölstroms	groß	klein	keiner
Drehmomenterhöhung	groß (bis dreifach)	klein	keine

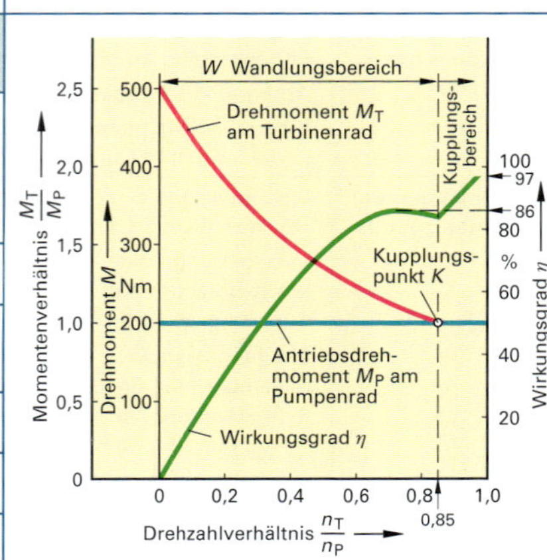

Planetengetriebe

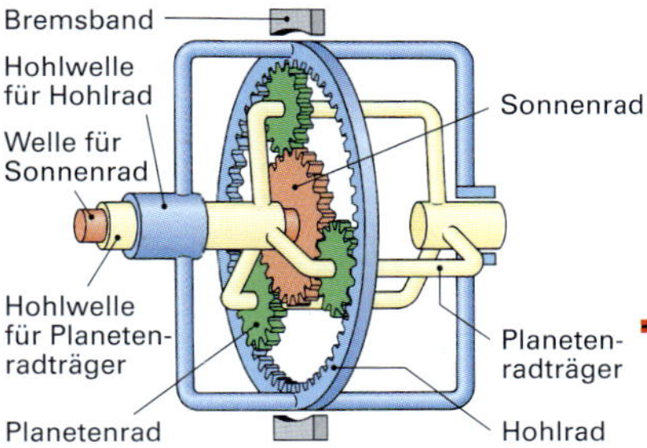

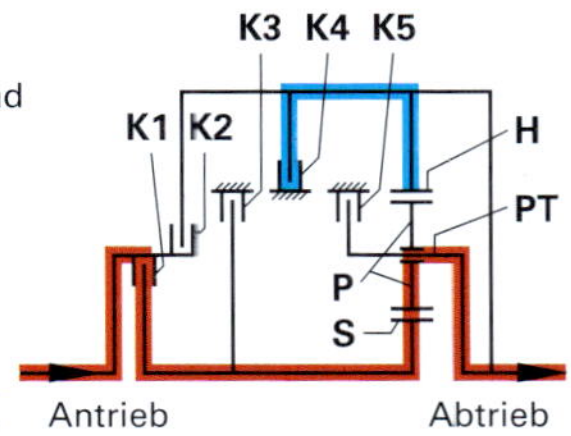

1. Gang geschaltet

Bauteile
S Sonnenrad
H Hohlrad
P Planetenrad
PT Planetenradträger

Schaltelemente
K1, K2 Antriebskupplungen
K3, K4, K5 Bremskupplungen
● kraftschlüssig geschaltet

Schaltmöglichkeiten
Die Tabelle zeigt die Variationsmöglichkeiten der wechselseitig angetriebenen, festgebremsten und abtreibenden Hauptteile eines einfachen Planetenradsatzes für 3 Vorwärts- und 1 Rückwärtsgang.

Schaltlogik	Antriebskupplungen		Bremskupplungen			Abtrieb	
Gänge	K1	K2	K3	K4	K5	PT	H
1. Gang	●			●		●	
2. Gang		●	●			●	
3. Gang	●	●				●	
R-Gang	●				●		●

Sonnenrad, Hohlrad oder Planetenradträger werden wechselweise von Antriebskupplungen angetrieben oder von Bremskupplungen festgebremst. So können 5 Übersetzungsstufen in gleicher und 2 in umgekehrter Drehrichtung erreicht werden.

Schaltschema	Antrieb	fest	Abtrieb	Übersetzung i	Bereich / Gang
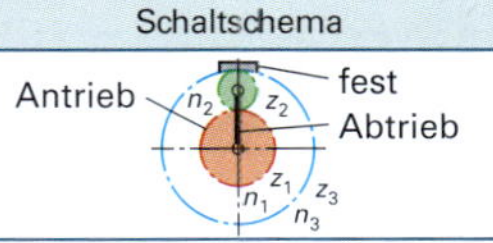	Sonnenrad S	Hohlrad H	Planetenradträger PT	$i = \frac{n_1}{n_2} = 1 + \frac{z_3}{z_1}$	Übersetzung ins Langsame, z.B. 1. Gang
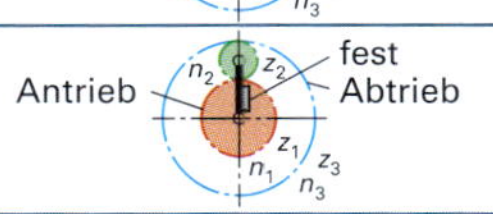	Sonnenrad S	Planetenradträger PT	Hohlrad H	$i = \frac{n_1}{n_3} = -\frac{z_3}{z_1}$	Übersetzung ins Langsame Drehsinnumkehr Rückwärtsgang
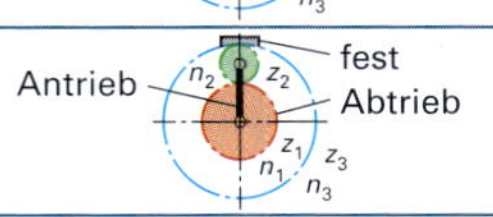	Planetenradträger PT	Hohlrad H	Sonnenrad S	$i = \frac{n_2}{n_1} = \frac{1}{1 + \frac{z_3}{z_1}}$	Große Übersetzung ins Schnelle
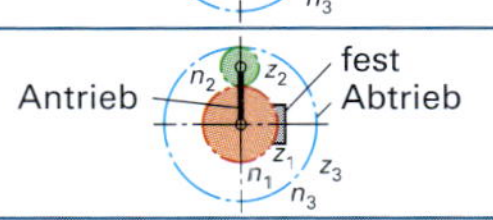	Planetenradträger PT	Sonnenrad S	Hohlrad H	$i = \frac{n_2}{n_3} = \frac{1}{1 + \frac{z_1}{z_3}}$	Übersetzung ins Schnelle
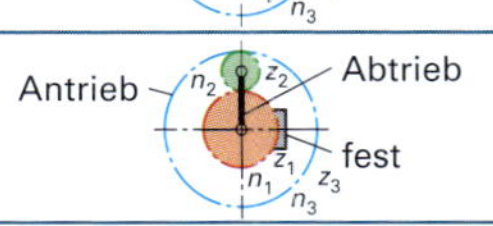	Hohlrad H	Sonnenrad S	Planetenradträger PT	$i = \frac{n_3}{n_2} = 1 + \frac{z_1}{z_3}$	Kleine Übersetzung ins Langsame z.B. 2. Gang
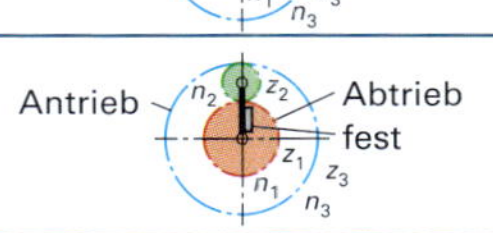	Hohlrad H	Planetenradträger PT	Sonnenrad S	$i = \frac{n_3}{n_1} = -\frac{z_1}{z_3}$	Übersetzung ins Schnelle Drehsinnumkehr
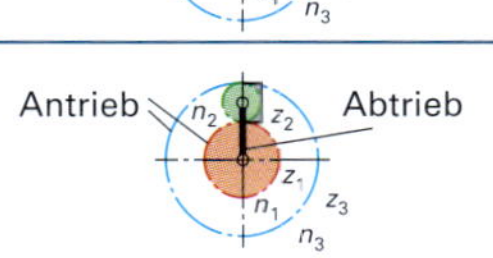	Sonnenrad mit Hohlrad verblockt Planetenräder wirken als Mitnehmer **S + H + PT** drehen sich mit gleicher Drehzahl			$i = \frac{n_1}{n_2} = 1:1$ $n_1 = n_2 = n_3$	Direkte Übersetzung $i = 1:1$ direkter Gang

n_1 Drehzahl Sonnenrad, z_1 Zähnezahl Sonnenrad; n_2 Drehzahl Planetenradträger, z_2 Zähnezahl Planetenräder; n_3 Drehzahl Hohlrad, z_3 Zähnezahl Hohlrad

F

Ravigneaux-Planetenradsatz

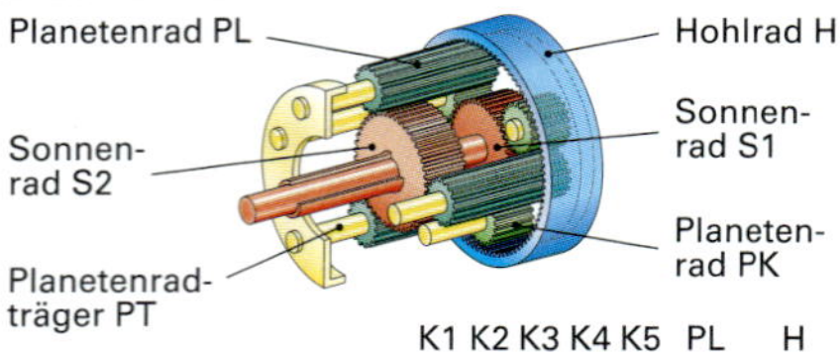

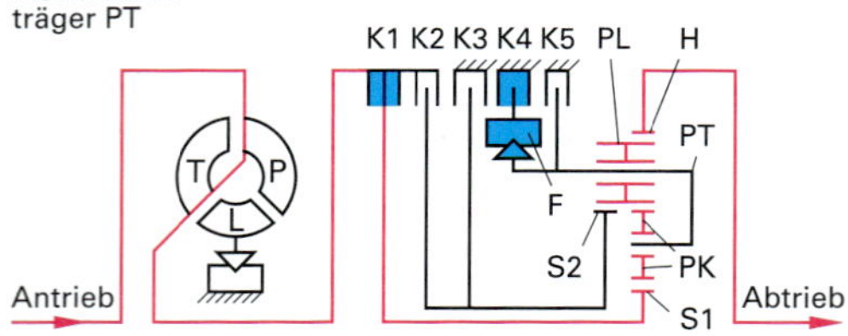

Kraftfluss 1. Gang: F1 sperrt PT in einer Drehrichtung
Antrieb → P → T → K1 → S1 → PK → PL → H → Abtrieb

H	1 gemeinsames Hohlrad
S1, S2	2 Sonnenräder
PT	1 gemeinsamer Planetenradträger
PL, PK	Planetenräder (PL = lang, PK = kurz)
K1, K2	Antriebskupplungen
K3, K4, K5	Bremskupplungen
F	Freilauf

Gänge	Schaltorgane in Tätigkeit[1]					
	K1	K2	K3	K4	K5	F
Leerlauf	Alle Kupplungen gelöst					
1. Gang	•			•		•
2. Gang	•		•			
3. Gang	•	•				
R-Gang		•			•	

• kraftschlüssig [1] Wählhebelstellung D

Simpson-Planetenradsatz

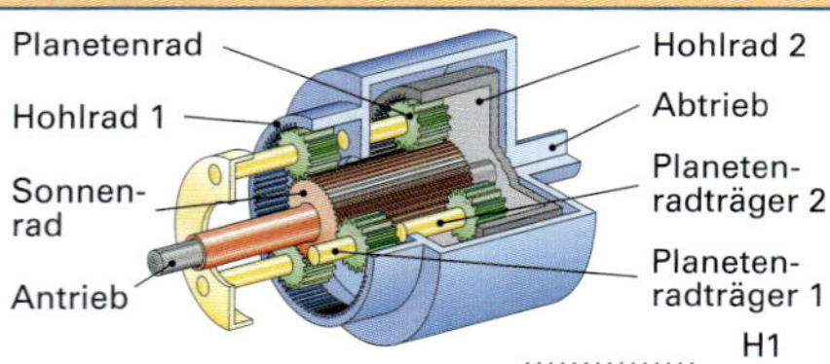

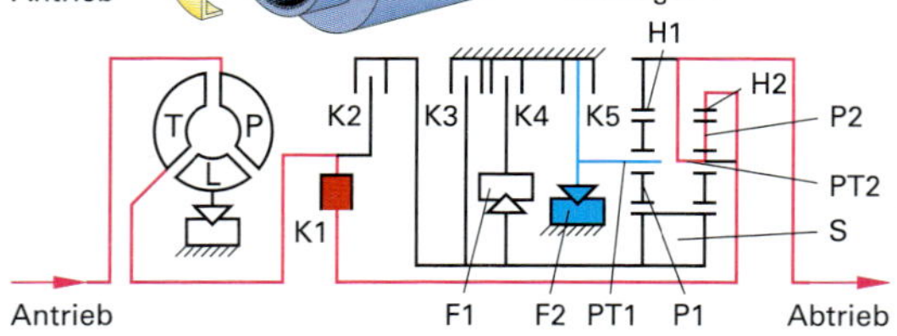

Kraftfluss 1. Gang: F2 bremst PT1
Antrieb → P → T → K1 → H2 → P2 → S → P1 → H1 → Abtrieb

S	1 gemeinsames Sonnenrad
H1, H2	2 Hohlräder
PT1, PT2	2 Planetenradträger
P1, P2	Planetenräder (gleiche Abmessungen)
K1, K2	Antriebskupplungen
K3, K4, K5	Bremskupplungen
F1, F2	Freiläufe

Gänge	Schaltorgane in Tätigkeit[1]						
	K1	K2	K3	K4	K5	F1	F2
Leerlauf	Alle Kupplungen gelöst						
1. Gang	•						•
2. Gang	•		•[1]	•		•	
3. Gang	•	•		•			
R-Gang		•			•		

• kraftschlüssig [1] Wählhebelstellung D

Wilson-Planetenradsatz

3 einfache Planetenradsätze P1, P2, P3 in Reihe geschaltet

Übersetzungssprung (Spreizung):
$i_s = i_{G1} / i_{G5} = 3{,}57 : 0{,}8 = 4{,}44$

S1, S2, S3	3 Sonnenräder	F	Freilauf
H1, H2, H3	3 Hohlräder		
PT1 ... PT3	3 Planetenradträger		
K1, K2, K3	Antriebskupplungen		
B1, B2, B3	Bremskupplungen		
WK	Wandler-Überbrückungskupplung		

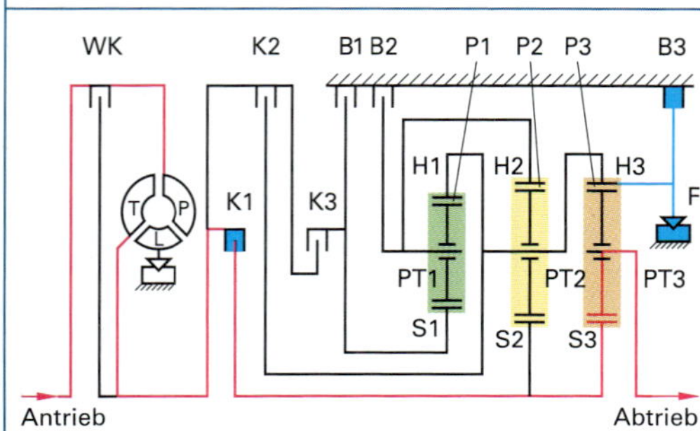

Kraftfluss 1. Gang: B3 bremst H3
Antrieb → P → T → K1 → S3 → PT3 → Abtrieb

Gänge	Schaltorgane in Tätigkeit[1]									
	K1	K2	K3	B1	B2	B3	F	WK	i_G	i_S
Neutral						•			–	
1. Gang	•					•[2]	•		3,57	
2. Gang	•				•			•[3]	2,20	
3. Gang	•			•				•[3]	1,51	4,44
4. Gang	•	•						•[3]	1,00	
5. Gang	•		•			•	•	•[3]	0,80	
R-Gang			•			•			– 4,10	

• kraftschlüssig
[1] Wählhebelstellung D
[2] muss für Schubbetrieb geschaltet sein
[3] Schaltung erfolgt schlupfgeregelt

F

4-Gang-Automatik mit hydrodynamischem Drehmomentwandler und Überbrückungskupplung

Kraftfluss 4. Gang:

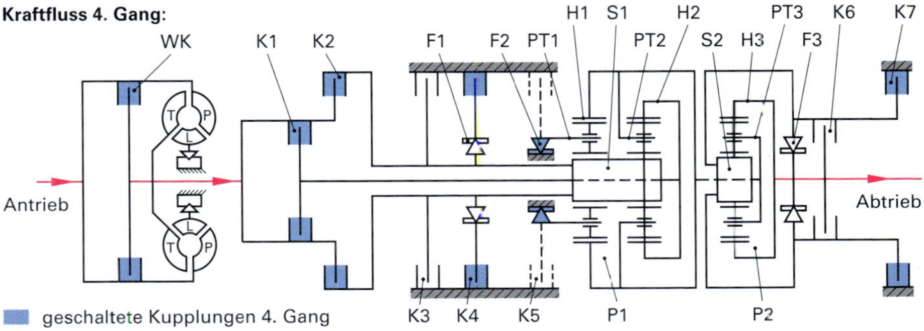

geschaltete Kupplungen 4. Gang

Gänge	Schaltorgane in Tätigkeit[1]											
	K1	K2	K3	K4	K5	K6	K7	F1	F2	F3	WK	i_G	i_S
Leerlauf	Alle Kupplungen gelöst												
1. Gang	•					•			•	•		2,48	
2. Gang	•		•	•		•		•		•		1,48	
3. Gang	•	•		•		•				•	•[2]	1,00	4,44
4. Gang	•	•		•			•				•[2]	0,73	
R-Gang		•			•	•						– 2,09	

• kraftschlüssig geschaltet [1] Wählhebelstellung D
[2] Wandler ab einer bestimmten Fahrgeschwindigkeit überbrückt

Kraftfluss 4. Gang: K7 bremst S2
Antrieb → WK → K1/K2 → P1 (verblockt) → H1 → PT3 → H3 → Abtrieb

Aufbau:

P1	Simpsonsatz
P2	einfacher Planetenradsatz nachgeschaltet
PT1 ... PT3	Planetenradträger
S1, S2	Sonnenräder
H1, H2, H3	Hohlräder
WK	Wandler-Überbrückungskupplung
K1, K2, K6	Antriebskupplungen
K3, K4	Bremskupplungen
K5, K7	Bremskupplungen
F1, F2, F3	Freiläufe

6-Gang-Automatik mit Lepelletier-Planetenradsatz und Wandler-Überbrückungskupplung

Kraftfluss 4. Gang:

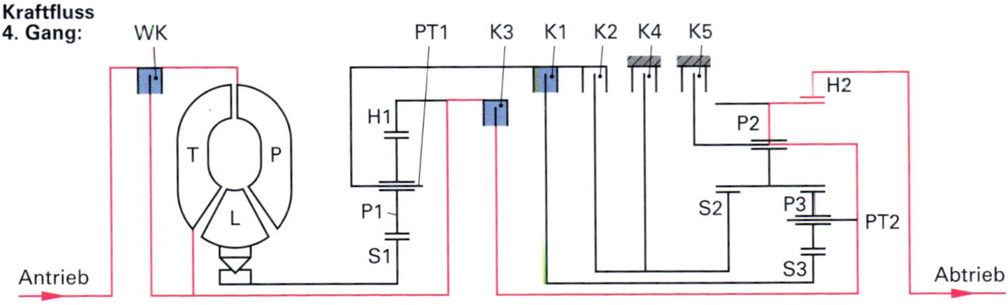

Gänge	Schaltorgane in Tätigkeit[1]							
	K1	K2	K3	K4	K5	WK	i_G	i_S
Neutral					•			
1. Gang	•				•		4,17	
2. Gang	•			•		•[2]	2,34	
3. Gang	•	•				•[2]	1,5	
4. Gang	•		•			•[2]	1,14	6,04
5. Gang		•	•			•[2]	0,87	
6. Gang			•	•		•[2]	0,69	
R-Gang			•	•			– 3,43	

• kraftschlüssig geschaltet [1] Wählhebelstellung D
i_G Übersetzung der Gänge [2] Wandler überbrückt
i_S Spreizung der Übersetzung

Aufbau:

P1	einfacher Planetenradsatz vorgeschaltet
P2, P3	Ravigneauxsatz
PT1, PT2	Planetenradträger
S1, S2, S3	Sonnenräder
H1, H2	Hohlräder
WK	Wandler-Überbrückungskupplung
K1, K2, K3	Antriebskupplungen
K4, K5	Bremskupplungen

Kraftfluss 4. Gang:

Antrieb → WK → (H1 → PT1 → K1 → S3 / K3 → PT2) → P3/P2 → H2 → Abtrieb

F

Getriebesteuerungsschema

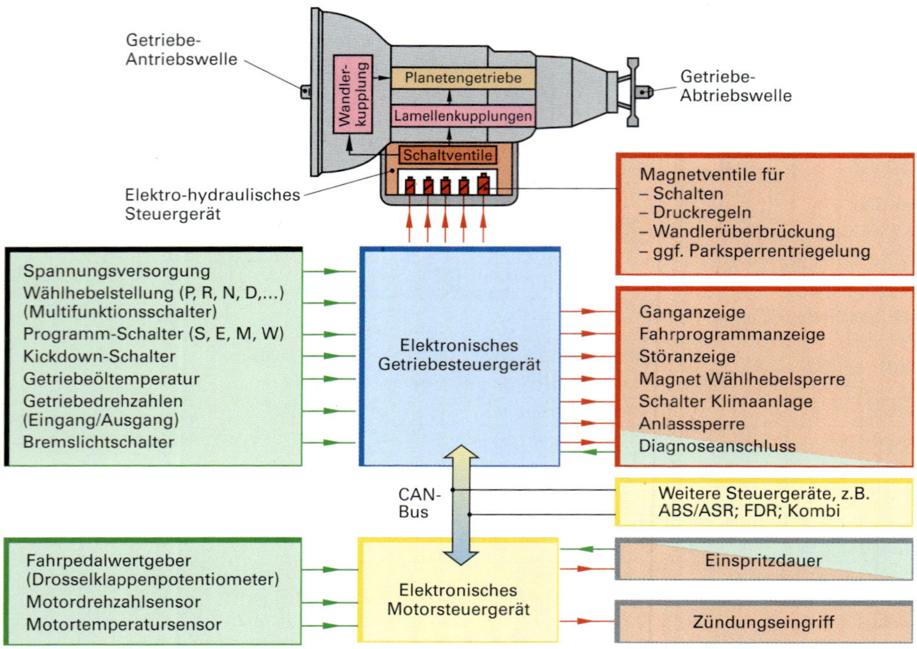

Wirkungsweise des elektronischen Getriebesteuergerätes (EGS)

Signalerfassung	Das EGS erfasst die Eingangssignale zum Teil direkt und zum Teil über den CAN-Bus von anderen Steuergeräten, wie z.B. Motorsteuergerät, ABS/ASR-Steuergerät, Geschwindigkeitsregel-Steuergerät (Tempomat), Fahrdynamikregel-Steuergerät, ACC-Steuergerät (Adaptiv Cruise Control ≙ Abstandskontrollsystem durch Anpassung der Fahrgeschwindigkeit).
Signal-verarbeitung	Aufgrund der Eingangssignale werden im EGS geeignete hinterlegte Kennfelder hinsichtlich folgender Kriterien ausgewählt: Schaltprogramm, Schaltzeitpunkt, Schaltqualität, Schalten der Wandlerkupplung.
Signalausgabe	Das EGS steuert Magnetventile für Schalten, Druckregeln und Wandlerkupplung im elektro-hydraulischen Steuergerät an. Die Magnetventile steuern durch hydraulischen Druck Schaltventile. Diese steuern Lamellenkupplungen und/oder Bremsbänder mit einem modulierten Arbeitsdruck so an, dass ruckfreie Schaltvorgänge möglich sind. Zusätzlich sendet das EGS Ausgangssignale über den CAN-Bus an andere Steuergeräte.
Adaptive Getriebe-Steuerung	Die adaptive Getriebesteuerung wählt abhängig von Fahrertypbewertung, Fahrsituationserkennung und Umwelterkennung ein geeignetes Schaltprogramm selbsttätig aus und schaltet automatisch alle Vorwärtsgänge.

Signalgeber	**Signalverwendung**
Wählhebel	[P] Park-, Startstellung; [R] Rückwärtsgang; [N] Leerlauf, Startstellung. [D] Getriebe schaltet abhängig von den Fahrbedingungen automatisch alle Vorwärtsgänge. [4] Die Gänge 1 – 4 werden automatisch geschaltet. [3] Die Gänge 1 – 3 werden automatisch geschaltet (Steigung/Gefälle). [2] Schaltung 1. und 2. Gang. [1] Nur 1. Gang wird geschaltet (Passfahrt, schwere Last).
Programmschalter	[S] Sportprogramm (späte Hochschaltung, frühe Rückschaltung). [E] Economic (kraftstoffsparende Schaltung, frühe Hochschaltung, späte Rückschaltung). [M] Manuell /Tiptronic/Steptronic: Beim Antippen des Wählhebels wird jeweils ein Gang hochgeschaltet [M+] bzw. rückgeschaltet [M–]. Der gewählte Gang bleibt geschaltet. [❄] Winter ([W]). Anfahren erfolgt in höherer Gangstufe.

F

Wirkungsweise des elektronischen Getriebesteuergerätes (EGS) (Fortsetzung)	
Signalgeber	**Signalverwendung**
Wählhebel-positionsschalter	Er erfasst die Stellung des Wählhebels. Entsprechend der Stellung des Multifunktionsschalters werden durch das EGS Schaltungen eingeleitet und das Relais für Anlasssperre angesteuert (Aufhebung der Anlasssperre in Wählhebelposition P oder N).
Kickdown-Schalter	Bewirkt, soweit möglich, eine Rückschaltung in den kleinstmöglichen Gang. Die Gänge werden bis zur maximalen Motorleistung ausgefahren.
Getriebeöl-temperatur-Sensor	• Schaltdruckberechnung in Abhängigkeit der Getriebeöltemperatur. • Schaltzeitpunkt- und Wandlerkupplungssteuerung in Abhängigkeit maximal zulässiger Getriebeöltemperatur, z.B. > 150 °C. Wandlerkupplung wird früher geschlossen und nicht mehr geregelt. Gänge werden weiter ausgedreht, um die umgewälzte Ölmenge zu erhöhen.
Bremslichtschalter	Er kann Folgendes bewirken: Rückschaltung bei Bergabfahrt. Freigabe Wählhebelsperre (Shiftlock) P-R; N-D; N-R; Aufhebung Anlasssperre: lösen der Wandlerkupplung beim Bremsen.
Motordrehzahl-sensor Einspritzdauer (Verbrauchssignal)	Bei Fahrzeugen mit Fahrpedalwertgeber berechnet das Motorsteuergerät aus Einspritzdauer und Motordrehzahl das momentan anliegende Motormoment. Das Motormomentsignal wird über den CAN-Bus an das EGS gesendet. Dies wird für die Berechnung des Schaltdruckes benötigt, damit der Schaltvorgang weich und ruckfrei erfolgt.
Schaltsignal EGS	Bei Schaltabsicht signalisiert das EGS dies dem Motorsteuergerät. Das Motorsteuergerät bewirkt durch kurzzeitige Spätverstellung des Zündwinkels eine Drehmomentreduzierung.
Fahrpedalwert-geber, Getriebeausgangs-drehzahlsensor (Drosselklappen-potentiometer)	Sie geben Lastwunsch und momentane Fahrgeschwindigkeit als Signale an das EGS. In Verbindung mit der Wählhebelstellung sind sie die Hauptsteuergrößen für die Auswahl der Schaltkennlinien, die Bestimmung der möglichen Schaltzeitpunkte und die Steuerung der Wandlerkupplung. Als ergänzendes Lastsignal kann die Einspritzdauer verwendet werden. Bei älteren Automatikgetrieben wird die Stellung des Drosselklappenpotentiometers als Lastsignal verwendet.
Motor-, Getriebe-eingangsdrehzahl-sensor	Die Signale von Motordrehzahl und Getriebeeingangsdrehzahl dienen unter anderem zur schlupfgeregelten Steuerung der Wandlerkupplung. Die Motordrehzahl wird außerdem als zusätzliche Rechengröße bei Rückschaltungen verwendet, damit der Motor nicht überdreht.
Motortemperatur-fühler	Er bewirkt, dass bei kaltem Motor die Wandlerkupplung nicht und die Gänge erst bei höheren Drehzahlen geschaltet werden. Der Katalysator erreicht so schneller seine Betriebstemperatur.
Signal von ABS/ASR- bzw. FDR-Steuergerät	Befinden sich ASR (Antriebsschlupfregelung) oder FDR (Fahrdynamikregelung) im Regeleingriff, so erfolgen durch das EGS keine Schaltsignale, um unerwünschte Lastwechselreaktionen zu vermeiden.
Aktorsignale	**Signalverwendung**
Magnetventile	• Schaltung der Gänge • Schaltdrucksteuerung • ggf. Parksperrenentriegelung (Ja/Nein-Ventile) • Schlupfregelung Wandlerkupplung (Modulationsventile).
Getriebeausgangs-drehzahl	Sie wird vom EGS über CAN-Bus anderen Steuergeräten zur Verfügung gestellt, z.B. Motorsteuergerät; Kombiinstrument.
Magnet Wählhebelsperre	Verhindert, dass der Wählhebel bei gestartetem Motor oder zu hoher Motordrehzahl ohne Betätigung der Bremse aus Position P oder N in eine andere Position geschaltet werden kann.
Schalter Klimaanlage	Die Klimaanlage kann in Abhängigkeit von Last, Fahrgeschwindigkeit und Beschleunigungswunsch (Kickdown) kurzzeitig abgeschaltet werden.
Besonderheiten	
Key-Lock **Inter-Lock** **Shift-Lock**	Zündschlüssel kann nur in Wählhebelposition P abgezogen werden. Der Wählhebel kann nur aus Position P bewegt werden, wenn sich der Zündschlüssel in Position Zündung befindet bzw. der Motor läuft und das Bremspedal betätigt wird.
Notfahr-programme	**Totalausfall der elektronischen/elektrischen Getriebesteuerung.** Sind z.B. bestimmte Sensor- bzw. Aktorsignale fehlerhaft, die durch redundante Signale nicht ersetzt werden, so ermöglicht die Schaltung der Magnetventile im stromlosen Zustand die Weiterfahrt in einem Gang. Eine Vorwärtsfahrt ist eingeschränkt noch möglich. Bei Neustart des Motors kann ggf. keine Fahrposition mehr eingelegt werden. Zum Abschleppen muss die Parksperre mechanisch entriegelt werden. **Achtung: Beim Abschleppen Betriebsvorschriften beachten (Geschwindigkeit, Abschleppweg).** **Ausfall CAN-BUS.** Dabei ist eine Weiterfahrt eingeschränkt noch möglich. Sonderfunktionen können nicht mehr angewählt werden.
Adaptive Getriebe-steuerung (AGS) bzw. Dynamische Schaltprogramme (DSP)	Moderne Automatikgetriebe verfügen über eine selbstlernende Schaltlogik. Dabei wird abhängig von verschiedenen Parametern ein Schaltprogramm ausgewählt bzw. erfolgt eine bestimmte Gangwahl. **Kriterien für die Schaltprogrammauswahl** Wählhebel (Adaptiv bzw. D), Programmschalter (Sport, Winter), Bewertung von: Anfahren, Fahrpedalbewegung (Kick-Fast; Kickdown), Bremsen, Kurvenfahren, Fahrbetrieb, z.B. Konstantfahrt, Bergauffahrt, Anhängerbetrieb. **Kriterien für die Gangwahl:** Wählhebel (Positionen: 4, 3, 2, 1), Programmschalter (Manuell/Tiptronic/Steptronic; Winter), Bergabfahrterkennung, Kurvenfahrerkennung, Fast-Off-Erkennung, Stopp-and-Go-Erkennung.

Schaltplanbeispiel einer elektronischen Getriebesteuerung (4-Gang-Automatik)

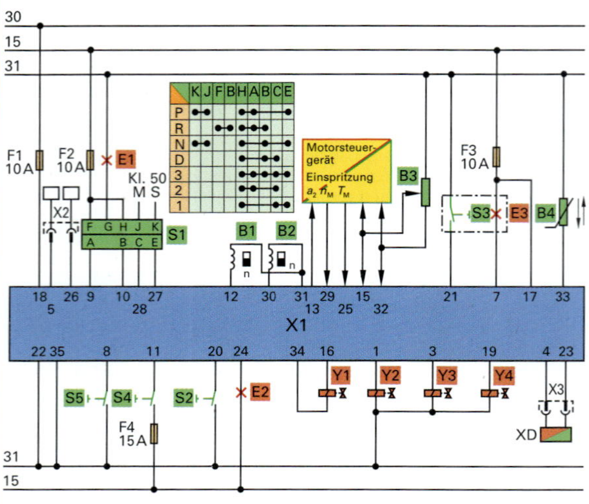

Schaltplan vereinfacht

B1	Induktivgeber Getriebeeingangsdrehzahl
B2	Induktivgeber Getriebeausgangsdrehzahl
B3	Drosselklappenpotentiometer
B4	Getriebeöltemperaturfühler
E1	Rückfahrscheinwerfer
E2	Wählhebelleuchte für S-Programm
E3	Anfahrhilfenleuchte
F1…F4	Sicherungen
S1	Wählhebelpositionsschalter
S2	Taster Sport-, Economy-Programm
S3	Taster Anfahrhilfe/ Winterprogramm
S4	Bremslichtschalter
S5	Kick-Down-Schalter
Y1	Magnetventil-Arbeitsdruckregelung
Y2	Schaltmagnetventil 1–2 / 3–4
Y3	Schaltmagnetventil 2–3
Y4	Magnetventil Wandlerkupplung
X1	Stecker Getriebesteuergerät
X2	Steckverbindung Instrumententafel
X3	Steckverbindung Diagnose
XD	Diagnosestecker

Prüfung	Bauteil	Prüfhinweis	Sollwert	Mögliche Auswirkung bei Ausfall
Spannungsversorgung Steuergerät – Dauerplus	A1	Pin 18 → Pin 22/35 (Zündung aus)	> 12 V	Fahrzeug geht in Notfahrprogramm.
Spannungsversorgung Steuergerät – Zündungsplus	A1	Pin 17 → Pin 22/35 (Zündung ein)	> 12 V	Fahrzeug geht in Notfahrprogramm.
Steuergerät – Masseverbindung	A1	Pin 22/35 → Klemme 30 (Zündung aus)	> 12 V	Fahrzeug geht in Notfahrprogramm.
Wählhebelpositionsschalter (Multifunktionsschalter)	S1	Pin 9/10/27/28 → Pin 22/35 (Zündung ein)	Aktiv: > 12 V Inaktiv: 0 V	Fahrzeug geht in Notfahrprogramm. Motorstart nach Abstellen nicht möglich.
Bremslichtschalter	S4	Pin 11 → Pin 22/35 (Zündung ein)	Betätigt: > 12 V	Kein Motorstart nach Abstellen des Fahrzeugs möglich.
Taster Anfahrhilfe Winterprogramm	S3	Pin 21 → Pin 22/35 (Zündung ein)	Betätigt: > 11 V Nicht betätigt: < 0,1 V	Winterprogramm nicht möglich.
Kick-Down-Schalter	S5	Pin 8 → Pin 22/35 (Zündung ein)	Betätigt: 0 V Nicht betätigt: < 12 V	Keine Rückschaltung bei Übergas.
Drosselklappenpotentiometer (Lastsignal)	B3	Pin 15 → Pin 22/35 (Zündung ein)	Geschlossen: > 0,5 V Voll geöffnet: < 4,6 V	Verwendung der Einspritzzeit als Ersatzsignal oder Fahrzeug geht in Notfahrprogramm.
Getriebeöltemperaturfühler	B4	Pin 33 → Pin 22/35 (Zündung ein)	– 40 °C: 4,9 V 180 °C: 0 V	Schaltqualität und Schaltzeitpunkte ändern sich; Wandlerkupplung arbeitet ggf. nicht.
Drehzahlfühler Getriebe – Eingangsdrehzahl – Ausgangsdrehzahl (Fahrgeschwindigkeit)	 B1 B2	 Pin 12 → Pin 31 Pin 30 → Pin 31 (Zündung aus)	< 2 Ω	B1: Wandlerkupplung schaltet nicht zu. B2: Verwendung eines Ersatzsignals oder Notfahrprogramm.
Schaltmagnetventil (1-2/3-4)	Y2	Pin 3 → Pin 22/35 (Zündung aus)	10 Ω … 16 Ω	Schaltung 1-2 / 3-4 nicht möglich; Fahrzeug geht in Notfahrprogramm.
Schaltmagnetventil (2-3)	Y3	Pin 3 → Pin 22/35 (Zündung aus)	10 Ω … 16 Ω	Schaltung 2-3 nicht möglich; Fahrzeug geht in Notfahrprogramm.
Schaltmagnetventil – Arbeitsdruckregelung (Modulierdruckventil)	Y1	Pin 34 → Pin 16 (Zündung aus)	> 100 kΩ	Getriebe arbeitet mit maximalem Arbeitsdruck; harte Schaltstöße.

F

Fehlersuchplan

Position	Fehlermerkmale	Kennzahlen
P	ATF-Öl ist verfärbt oder riecht verbrannt	1, 2, 3
	Störanzeige leuchtet auf – Schaltungen nur wie Wählhebelposition	5, 6, 26, 27, 28
	Parksperrmechanismus rastet nicht ein / Motor lässt sich nicht starten	7 / 8, 29
N	Fahrzeug fährt nicht oder kriecht / Motor lässt sich nicht starten	5, 7 / 8, 29
R	Kein Rückwärtsgang / harter Einschaltstoß P-R; N-R	7, 11, 9 / 10
D	Kein Kraftschluss / harter Einschaltstoß N-D	7, 12, 13/14, 10
	Keine Schaltung 1-2 / 2-1; 2-3 / 3-2; 3-4 / 4-3	5, 6, 18
	Keine Schaltung 1-2 / 2-3 / 3-4	5, 15 / 5, 16 / 5, 17, 19
	Keine Kick-Down-Schaltung	27
	Helles drehzahlabhängiges Geräusch in allen Wählhebelpositionen, eventuell begleitet von Kraftflussunterbrechungen	4
	Fahrzeug fährt im 2. oder 3. Gang an bzw. schaltet 1-3 / Schaltdrehzahlen n.i.O.	5, 6, 18 / 20, 21, 26, 28
	Schaltübergänge zu hart / Schaltübergänge zu lang	10, 20, 26 / 2, 20, 22
3	Keine Motorbremswirkung	23
2	Keine Motorbremswirkung / Handrückschaltung 3-2 nicht in Ordnung	23, 24 / 5, 6
1	Keine Motorbremswirkung / Handrückschaltung 2-1 nicht in Ordnung	23, 25 / 5, 6
E, ...	Programmwechsel E, S, M nicht möglich	5, 19
	Wandlerkupplung – Schaltübergänge zu hart / Schaltdrehzahlen nicht in Ordnung	3, 20, 26
	Wandlerkupplung – immer geschlossen, keine Schaltung	3, 5, 6, 26, 29

Kennzahl d. Fehlerursachen	Fehlerursache	Prüfhinweise / Abhilfe
1	ATF-Öl verunreinigt	Ölwechsel
2	Kupplungen / Bremsbänder abgenutzt / verbrannt	Getriebe instandsetzen bzw. tauschen
3	Drehmomentwandler defekt	Wandler ersetzen
4	Ölstand zu niedrig	Ölstand berichtigen
5	Getriebeelektronik defekt	Getriebeelektronik prüfen
6	Magnetventil bzw. Magnetventile defekt	Ansteuerung prüfen: Magnetventile, evtl. hydr. Steuergerät tauschen
7	Seilzug Wählhebel – Getriebe falsch eingestellt	Einstellung berichtigen
8	Positionsschalter falsch eingestellt / defekt	Einstellung berichtigen / Schalter ern.
9	R-Gang-Sicherung nicht in Ordnung R-Gang-Sicherung in Ordnung	Sicherung erneuern Getriebeelektronik prüfen
10	Schaltdruck zu hoch	Getriebeelektronik prüfen
11	Kupplung K2, K5 oder K6 defekt (vgl. S. 309)	Getriebe instandsetzen bzw. tauschen
12	Kupplung K1 defekt (vgl. S. 309)	Getriebe instandsetzen bzw. tauschen
13	Freilauf F2 rutscht (vgl. S. 309)	Getriebe instandsetzen bzw. tauschen
14	Kupplung K1 beschädigt / Dämpfer defekt (vgl. S. 309)	Getriebe instandsetzen bzw. tauschen
15	Kupplungen K3 und K4 beschädigt (vgl. S. 309)	Getriebe instandsetzen bzw. tauschen
16	Kupplung K2 beschädigt (vgl. S. 309)	Getriebe instandsetzen bzw. tauschen
17	Kupplung K7 beschädigt (vgl. S. 309)	Getriebe instandsetzen bzw. tauschen
18	Schaltventile und/oder Steuerventile klemmen	Hydraulisches Steuergerät tauschen
19	Programmschalter defekt; Leitung nicht in Ordnung	Erneuern; Leitung instandsetzen
20	Elektronisches Steuergerät defekt	Tauschen
21	Drosselklappenschalter (Nulllast; Volllast) defekt	Erneuern
22	Schaltdruck zu niedrig	Getriebeelektronik, hydr. Steuergerät prüfen
23	K6 beschädigt (vgl. S. 309)	Getriebe instandsetzen bzw. tauschen
24	K4 beschädigt (vgl. S. 309)	Getriebe instandsetzen bzw. tauschen
25	K5 beschädigt (vgl. S. 309)	Getriebe instandsetzen bzw. tauschen
26	Drosselklappenpotentiometer defekt	Erneuern
27	Kick-Down-Schalter defekt / Leitung nicht in Ordnung	Schalter tauschen, Leitung instandsetzen
28	Drehzahlsensor Abtrieb defekt / Schaltkreis unterbrochen	Erneuern / Fehler beheben
29	Bremslichtschalter defekt / Schaltkreis unterbrochen, Kurzschluss	Erneuern / Fehler beheben

Schubgliederbandgetriebe (CVT – Continuously Variable Transmission)

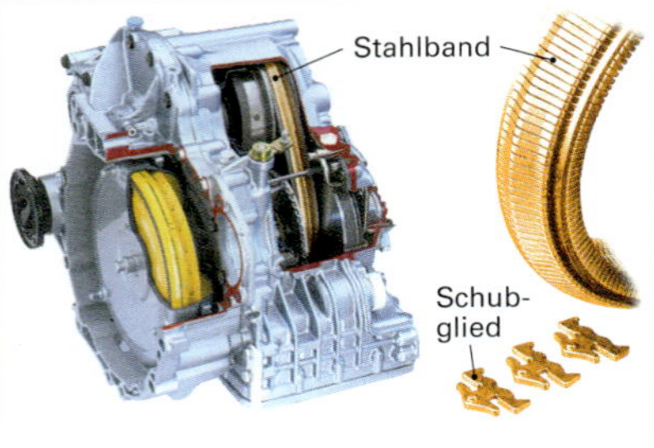

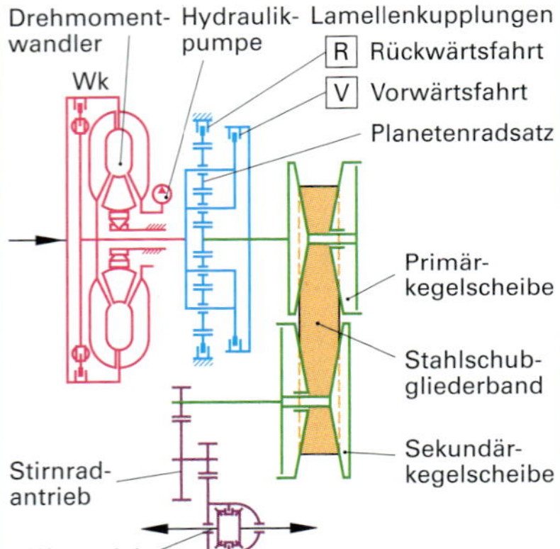

Schema CVT-Getriebe

Wirkungsweise. Das CVT-Getriebe arbeitet nach dem Umschlingungsprinzip. Dabei wird mit Hilfe eines so genannten Variators das Übersetzungsverhältnis stufenlos geändert.

Kraftübertragung: Sie erfolgt durch ein mit optimalen Anpressdruck beaufschlagtes Schubgliederband zwischen Primär- und Sekundärkegelscheibe.

Übersetzungsänderung: Sie erfolgt durch axiale Verschiebung je einer diagonal gegenüberliegenden konischen Scheibenhälfte, wodurch die wirksamen Hebelarme gegenläufig größer bzw. kleiner werden.

Eigenschaften: Ruckfreies Schalten; kompakte Bauweise; geringes Gewicht.

Kraftfluss:

- P Parken; blockieren der Sekundärkegelscheibe
- R Rückwärts; Lamellenkupplung R wird gegen das Gehäuse festgebremst; Lamellenkupplung V ist gelöst.
- N Neutral; Lamellenkupplungen für V und R sind gelöst.
- D Drive; Lamellenkupplung R ist gelöst; Lamellenkupplung V ist mit Primärkegelscheibe kraftschlüssig. Planetenradsatz läuft als Block um.

Kenndaten:
Eingangsdrehmoment bis ca. 210 Nm;
Eingangsdrehzahl bis ca. 7000 1/min;
Wandlerübersetzung: ca. 1,8
Übersetzung Variator: Low: ca. 2,3; High: ca. 0,43
Getriebespreizung: 5,3 (= 2,30 : 0,43); Achsübersetzung: 4,1 ... 5,8

Getriebesteuerung: Elektrohydraulisch mit adaptiver Fahrprogrammwahl.

Laschenketten-Automatik Multitronic (Audi)

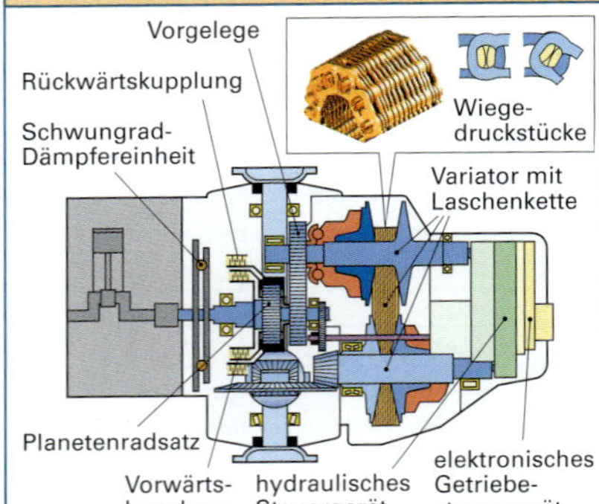

Aufbau

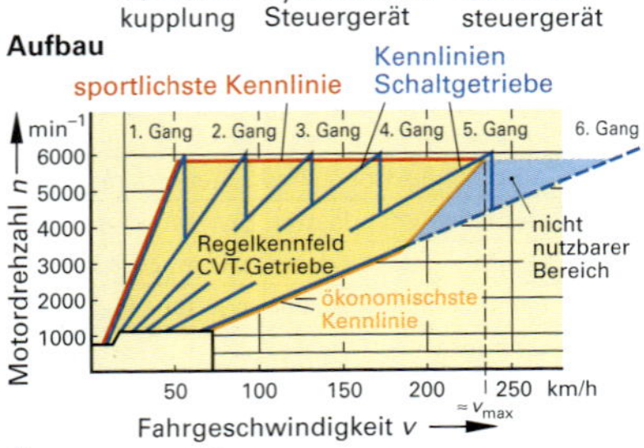

Übersetzungsdiagramm

Wirkungsweise. Das Motormoment wird, z.B. über eine Schwungraddämpfereinheit, Lamellenkupplungen, Planetenradsatz und Vorgelegestufe, auf die Primärkegelscheibe des Variators übertragen. Über eine Laschenkette wird die Kraft auf die Sekundärkegelscheibe weitergeleitet.

Besonderheit. Bei der Laschenkette wird das eingeleitete Drehmoment durch Wiegedruckstücke an den Anlageflächen der Kegelscheiben übertragen. Vorteil: Die Wiegedruckstücke wälzen sich aneinander fast reibungsfrei ab. Große Beugewinkel sind möglich, Verschleiß und Verlustleistung werden reduziert.

Kennwerte:
Eingangsdrehmoment bis ca. 310 Nm
Übersetzung Vorgelegestufe: 1,1
Übersetzung Variator: 2,40 ... 0,40
Getriebespreizung: 6 (= 2,40 : 0,40)
Übersetzung Achsgetriebe: ca. 4,8

Getriebesteuerung: Elektrohydraulisch mit adaptiver Fahrprogrammwahl und Tiptronic-Funktion.

Adaptive Fahrprogrammwahl. Für das Motordrehzahlniveau bei der Variatorverstellung ist dabei der Fahrerwunsch (Stellung und Betätigungsgeschwindigkeit des Fahrpedals), sowie der Fahrwiderstand maßgebend.

Tiptronic-Funktion. Dabei stehen je nach Getriebeausführung 5 oder 6 Schaltkennlinien für die manuelle Gangwahl zur Verfügung.

F

Antriebswellen, Gelenkwellen

Sie dienen in Verbindung mit Gelenken zur Kraftübertragung und lassen Winkel- und Längenänderungen zu.

Antriebswellen	Gelenkwellen
Sie sind zwischen Achsgetriebe und Antriebsrädern angeordnet (Seitenwellen).	Sie sind zwischen Wechselgetriebe und Achsgetriebe in Fahrzeuglängsrichtung angeordnet (Längswellen).
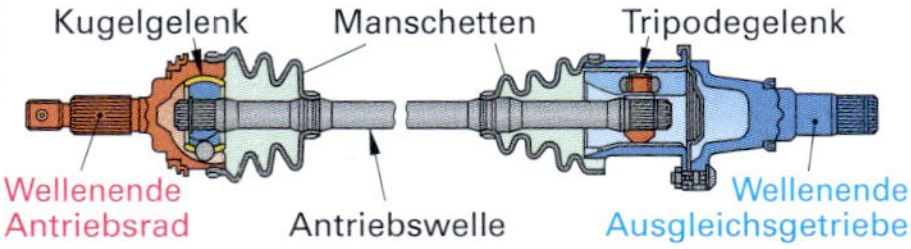	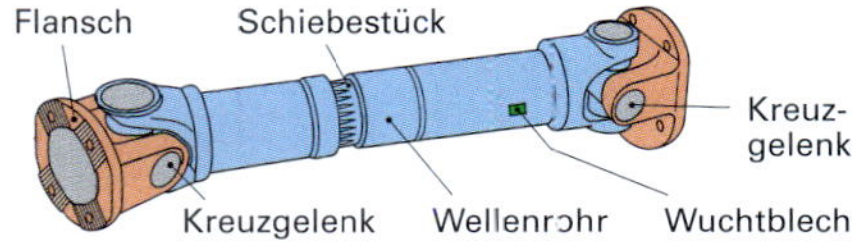

Kreuzgelenk

Es kann große Drehmomente übertragen. Bei Beugung entsteht ein ungleichförmiger Lauf der Abtriebswelle. Der ungleichförmige Bewegungsablauf ist durch ein zweites Gelenk auszugleichen.

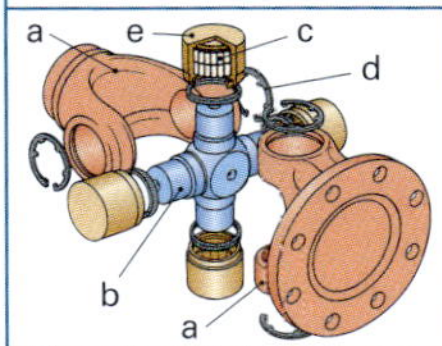	a 2 Gabelstücke b 1 Zapfenkreuz c 4 Nadellager d Sicherungsring e Lagerbuchse	Beugungswinkel: α bis 35° Im Kraftfahrzeugbau bei Gelenkwellen: $\alpha \approx 6° - 8°$ Gründe: Geräuschentwicklung, Langzeitstabilität Anwendung: Gelenkwellen, Lenkwellen, Antriebswellen Lkw

Gleichlaufgelenke

Gleichlaufgelenke (= homokinetische Gelenke) übertragen auch bei großen Beugungswinkeln die Drehbewegung gleichförmig.

Kugelgelenk 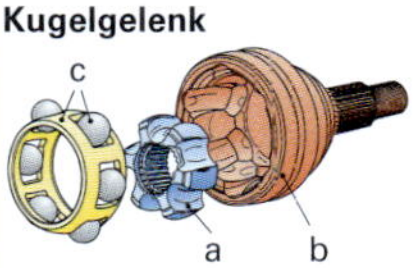	Kugelgelenk = Festgelenk a Kugelstern mit Kurvenbahn b Kugelschale mit Kurvenbahn c Kugelkäfig mit Kugeln	Beugungswinkel: Normal α bis 38° Sonderausführung: α bis 47° Keine Längenänderung Anwendung: Angetriebene Vorderachswellen radseitig
Topfgelenk 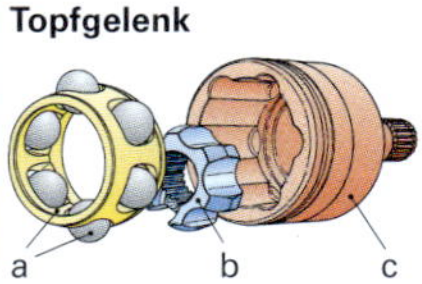	Topfgelenk = Verschiebegelenk a Kugelkäfig mit Kugeln b Kugelstern mit zylindrischer Laufbahn für die Kugeln c zylindrische Kugelschale	Beugungswinkel: α bis 22° Axiale Verschiebung bis 45 mm Anwendung: An angetriebenen Hinterachswellen – radseitig; an angetriebenen Vorderachswellen – getriebeseitig.
Tripodegelenk 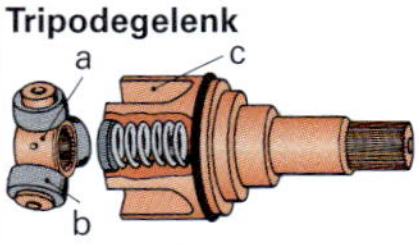	Triopodegelenk = Verschiebegelenk a Tripode – Stern b Laufrollen c Tripode – Glocke	Beugungswinkel: α bis 26° Axiale Verschiebung bis 55 mm Anwendung: An angetriebenen Hinterachswellen – radseitig; an angetriebenen Vorderachswellen – getriebeseitig.
Doppelgelenk 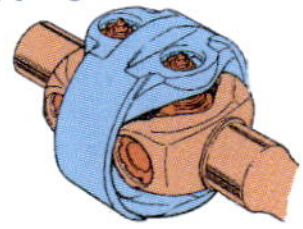	Doppelgelenk = Festgelenk Dabei sind zwei Kreuzgelenke zu einem Gelenk vereinigt.	Beugungswinkel: α = 40° / 42° / 48° / 50° Keine Längenänderung, Übertragung hoher statischer Drehmomente (bis 20 000 Nm) bei minimalem Raumbedarf. Anwendung: Allrad-Lkw, Traktoren, Baumaschinen

Trockengelenke

Silentbloc-Gelenk 	Gummikörper mit Hülsenführungen und Metalleinfassung	Sie sind elastische wartungsfreie Gelenke, die auftretende Schwingungen und Geräusche dämpfen. Sie lassen geringe Beugungswinkel und Längenänderungen zu.

F

Achsgetriebearten

Stirnrad-Achsgetriebe

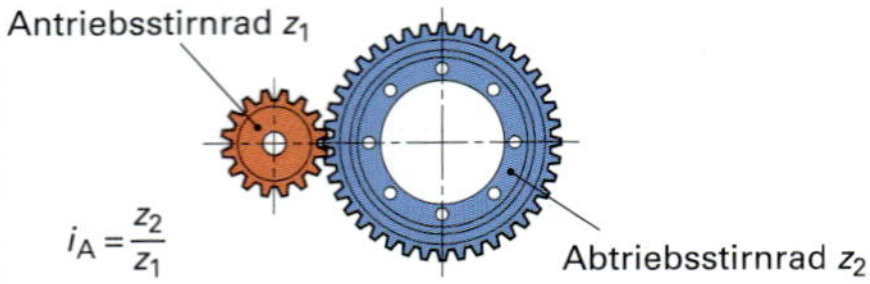

Der Antrieb erfolgt über das kleine Stirnrad, der Abtrieb über das große Stirnrad.

Beide Stirnräder besitzen Schrägverzahnung.

Stirnrad-Achsgetriebe werden verwendet, wenn der Motor quer zur Fahrzeug-Längsrichtung eingebaut ist.

Die Übersetzung i_A wird durch das Verhältnis der Zähnezahlen des großen Abtriebs-Stirnrades z_2 zum kleinen Antriebs-Stirnrad z_1 gebildet.

Kegelrad-Achsgetriebe

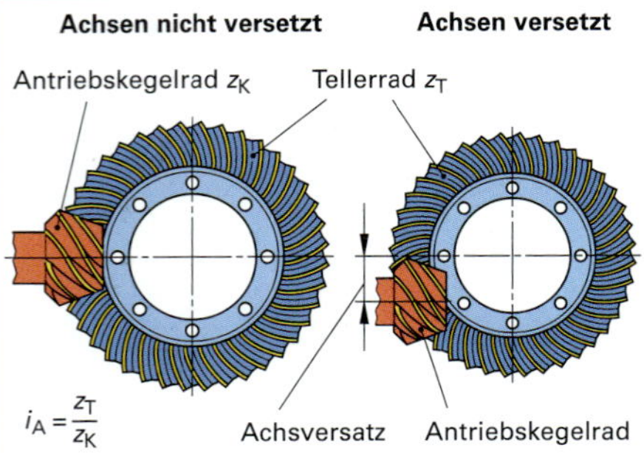

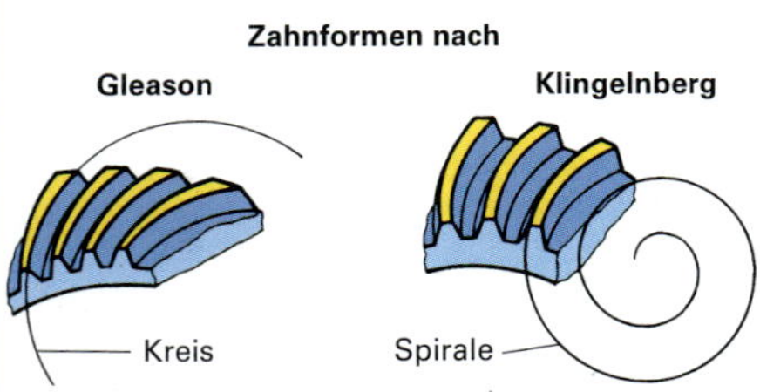

Der Antrieb erfolgt über das Antriebskegelrad (Triebling), der Abtrieb über das Tellerrad.

Kegelrad-Achsgetriebe werden verwendet, wenn der Motor in Fahrzeug-Längsrichtung eingebaut ist.

Die Übersetzung i_A wird durch das Verhältnis der Zähnezahlen z_T des großen Abtriebs-Kegelrades (Tellerrades) zum kleinen Antriebskegelrad z_K gebildet.

Antrieb mit nicht versetzten Achsen
Die Längsachsen von Tellerrad und Kegelrad liegen in einer Ebene. Wird selten verwendet.

Antrieb mit versetzten Achsen (Hypoidantrieb)
Da immer mehrere Zähne gleichzeitig miteinander im Eingriff sind, ist dieser Antrieb sehr laufruhig.

Das Tellerrad hat bei gleich großer Beanspruchung einen kleineren Durchmesser als beim Antrieb mit nicht versetzten Achsen.

Zahnformen

Gleasonverzahnung (Kreisbogenverzahnung)
Die Zähne werden in Höhe und Breite von außen nach innen kleiner.
Die Tragbildprüfung erfolgt auf der Druckflanke des Tellerrades.

Klingelnbergverzahnung (Spiralverzahnung)
Die Zähne sind von außen nach innen gleich breit und gleich hoch.
Die Tragbildprüfung erfolgt auf der Druckflanke und Schubflanke des Antriebskegelrades.

Außenplaneten-Achsgetriebe

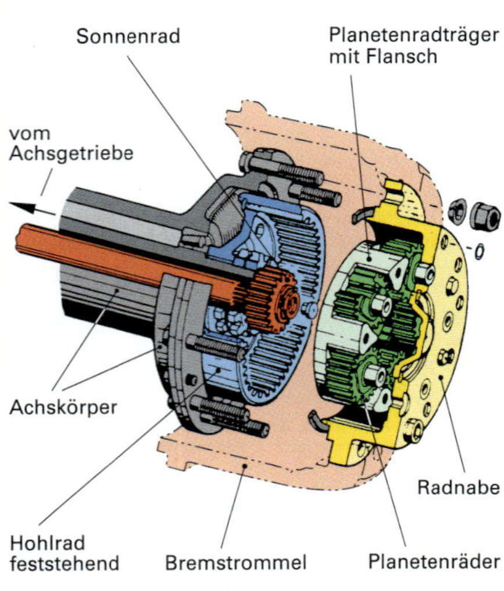

In schweren Nutzkraftwagen werden die erforderlichen großen Antriebsdrehmomente durch große Achsgetriebeübersetzungen erreicht. Damit die Getriebeausgangsdrehmomente nicht nur im zentralen Kegelrad-Achsgetriebe übersetzt werden, ordnet man nach diesem beidseitig in den Naben der Antriebsräder je einen **Außenplaneten-Radsatz** an.

Dadurch wird die Achsgetriebe-Übersetzung in 2 Teilübersetzungen, die Übersetzung i_{AK} im Kegelrad-Achsgetriebe und i_{AP} in den Außenplaneten-Radsätzen, aufgeteilt.

Achsgetriebe	i_{AK}	i_{AP}	i_{Ages}
ohne Außenplanetengetriebe	4,11	–	4,11
mit Außenplanetengetriebe	1,93	3,48	6,72

Außenplaneten-Achsgetriebe sind einfache Planetenradsätze.

Kraftfluss im Planetenradsatz (Hohlrad fest):
Achswelle → Sonnenrad → Planetenräder → Planetenradträger → Radnabe.

Merkmale:

- Drehmomentverstärkung erfolgt nach dem zentralen Achsgetriebe in den Naben der Antriebsräder.
- Davor angeordnete Triebwerksteile können kleiner ausgelegt werden.
- Weniger Platzbedarf und große Bodenfreiheit durch kleineres Differenzialgehäuse.

F

Einstellarbeiten am Kegelrad-Achsgetriebe

Um zu beurteilen, ob beim Achsgetriebe eine Einstellung oder ein Austausch des Kegel- und Tellerrades mit Neueinstellung erforderlich ist, kann zuvor das Zahnflankenspiel und das Tragbild als Entscheidungshilfe ermittelt werden.

Messung des Zahnflankenspieles und des Seitenschlages

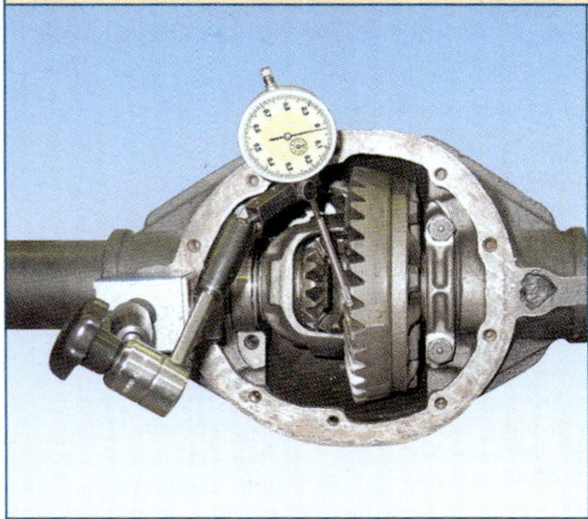

Arbeitsschritte

1. Öl ablassen und Deckel demontieren.
2. Messuhr am Tellerrad ansetzen.
3. Tellerrad bei festgehaltenem Kegelrad hin und her bewegen. Zahnflankenspiel ablesen.
4. Messung an 3 weiteren Stellen, verteilt am Umfang des Tellerrades, durchführen.
5. Beurteilung ob Einstellung oder Austausch des Achsgetriebes vorgenommen wird.

	Zugelassener Toleranzwert (Herstellerangaben beachten)
Zahnflankenspiel	ca. 0,12 mm ... 0,18 mm
Rundlauf	ca. 0,06 mm

Messung des Tragbildes

Solltragbild

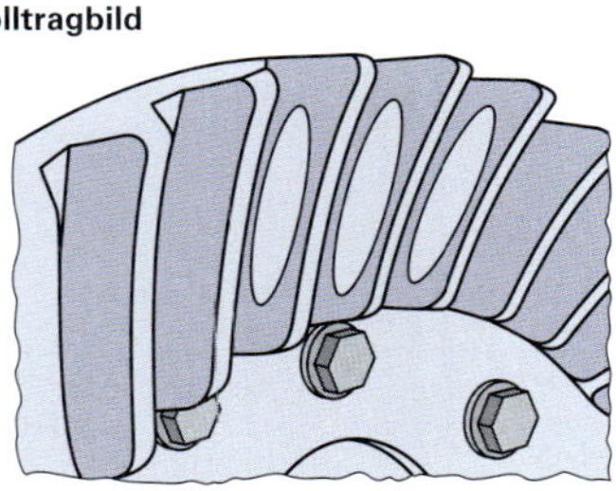

Arbeitsschritte

1. Öl ablassen und Deckel demontieren.
2. Zahnflanken reinigen und tuschieren.
3. Kegelrad 8 bis 10 mal auf einer Stelle hin- und herdrehen. Tellerrad dabei mit einem Keil abbremsen.
4. Beurteilung des Tragbildes

Solltragbild	Solllage	Oberfläche
Ballig	Mittig	Ohne Pittings

5. Entscheidung ob Einstellung oder Austausch des Achsgetriebes vorgenommen wird.

Messung des Tragbildes

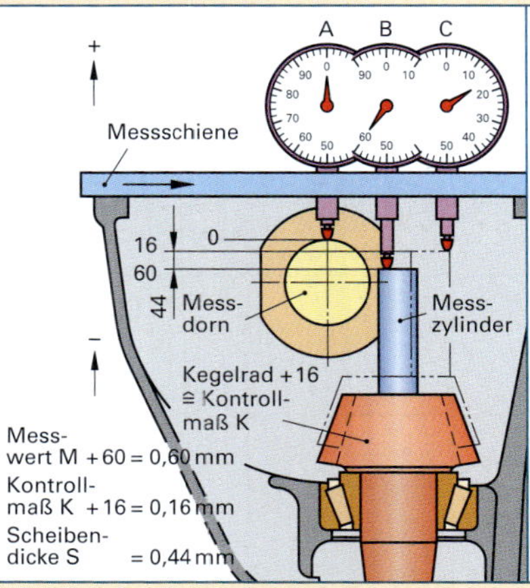

Das Kegelrad muss für jede Paarung auf ein bestimmtes vom Hersteller angegebenes Kontrollmaß K eingestellt werden. Das Kontrollmaß ist auf der Stirnseite des Kegelrades angegeben. Es wird durch das Einlegen einer Scheibe mit der Dicke S zwischen Lager und Kegelrad erreicht.

1. Nullstellung der Messuhr vornehmen (A).
2. Maß M mit. Messzylinder und Messdorn ermitteln (B).
3. Berechnung der Scheibendicke:
   Scheibendicke S = Messwert M – Kontrollmaß K
4. Scheibe mit Dicke S einlegen (C).
5. Kontrollmessung durchführen.

Hinweis: Kegelrad und Tellerrad dürfen nur paarweise ausgewechselt werden.

Messvorgang bei Einstellung eines Achsgetriebes mit eingelegter Scheibe

ΔS	Maßnahme
positiv	dickere oder zusätzliche Scheibe einlegen
negativ	dünnere Scheibe einlegen

Messung wie bei Neueinstellung mit folgender Abweichung unter Punkt 3.

3. Berechnung der Dickenänderung der Scheibe:
   Scheibendicke ΔS = Messwert M – Kontrollmaß K

F

Ausgleichsgetriebe für Kegelrad-Achsgetriebe

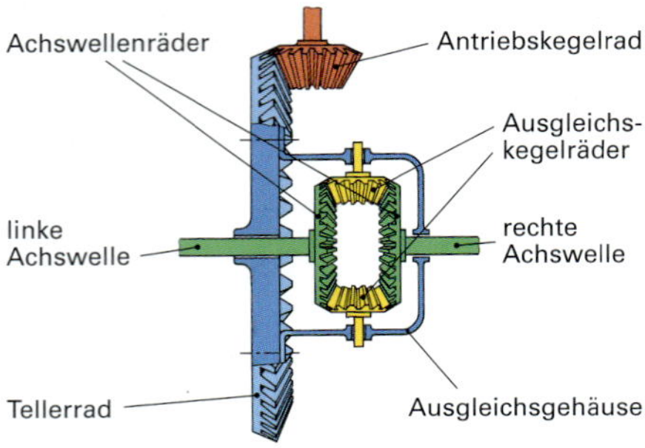

Wirkungsweise

Bei unterschiedlichen Drehzahlen der Antriebsräder und Achswellenräder drehen sich die Ausgleichskegelräder um ihre im Ausgleichsgehäuse gelagerten Achsen.
Sie wälzen sich dabei auf den verschieden schnell drehenden Achswellenrädern ab. Dadurch werden die Drehzahlunterschiede ausgeglichen.

Bauarten von Ausgleichsgetrieben

- Kegelrad-Ausgleichsgetriebe
- Schneckenrad-Ausgleichsgetriebe (Torsen-Differenzial)
- Planetenrad-Ausgleichsgetriebe
- Stirnrad-Ausgleichsgetriebe

Ausgleichsschema		Tellerrad n_1	Achswelle links n_2	Achswelle rechts n_3	Ausgleichsräder
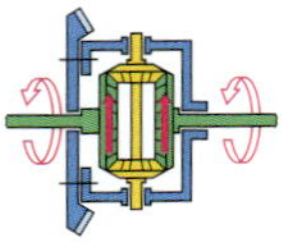	Fahrt geradeaus	$n_1 = n_2 = n_3$	$n_2 = n_1 = n_3$	$n_3 = n_1 = n_2$	Kein Abwälzen, wirken als Mitnehmer.
	Beispiel 1	$n_1 = \mathbf{200\ 1/min}$	$n_2 = 200\ 1/min$	$n_3 = 200\ 1/min$	
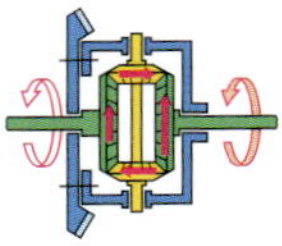	Linkskurve	$n_1 = \frac{1}{2}(n_2 + n_3)$	$n_2 = 2 \cdot n_1 - n_3$	$n_3 = 2 \cdot n_1 - n_2$	Wälzen sich auf linkem Achswellenrad ab; treiben rechtes Achswellenrad zusätzlich an.
	Beispiel 2	$n_1 = 200\ 1/min$	$n_2 = 100\ 1/min$	$n_3 = 2 \cdot 200 - 100$ $n_3 = \mathbf{300\ 1/min}$	
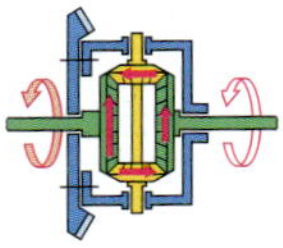	Rechtskurve	$n_1 = \frac{1}{2}(n_2 + n_3)$	$n_2 = 2 \cdot n_1 - n_3$	$n_3 = 2 \cdot n_1 - n_2$	Wälzen sich auf rechtem Achswellenrad ab; treiben linkes Achswellenrad zusätzlich an.
	Beispiel 3	$n_1 = 200\ 1/min$	$n_2 = 2 \cdot 200 - 150$ $n_2 = \mathbf{250\ 1/min}$	$n_3 = 150\ 1/min$	
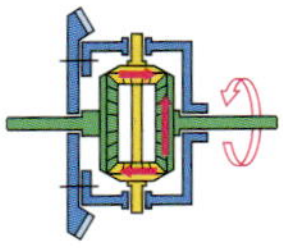	Linkes Antriebsrad fest, rechtes dreht frei	$n_1 = \frac{n_3}{2}$	$n_2 = 0$	$n_3 = 2 \cdot n_1$	Wälzen sich auf linkem Achswellenrad ab; treiben rechtes Achswellenrad mit doppelter Drehzahl.
	Beispiel 4	$n_1 = 200\ 1/min$	$n_2 = 0\ 1/min$	$n_3 = 2 \cdot 200$ $n_3 = \mathbf{400\ 1/min}$	
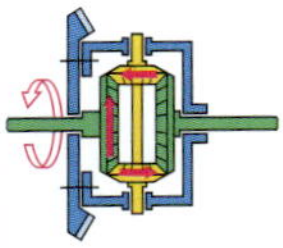	Rechtes Antriebsrad fest, linkes dreht frei	$n_1 = \frac{n_2}{2}$	$n_2 = 2 \cdot n_1$	$n_3 = 0$	Wälzen sich auf rechtem Achswellenrad ab; treiben linkes Achswellenrad mit doppelter Drehzahl.
	Beispiel 5	$n_1 = 150\ 1/min$	$n_2 = 2 \cdot 150$ $n_2 = \mathbf{300\ 1/min}$	$n_3 = 0\ 1/min$	
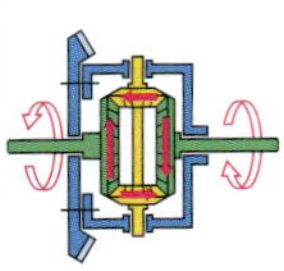	Kfz aufgebockt, Achsgetriebe fest, linkes Antriebsrad von Hand gedreht	$n_1 = \frac{1}{2}(n_2 + n_3)$	$n_2 = 2 \cdot n_1 - n_3$	$n_3 = 2 \cdot n_1 - n_2$	Werden vom linken Achswellenrad angetrieben; treiben rechtes Achswellenrad mit gleicher Drehzahl; kehren als Zwischenrad den Drehsinn um.
	Beispiel 6	$n_1 = 0\ 1/min$	$n_2 = 20\ 1/min$	$n_3 = 2 \cdot 0 - 20$ $n_3 = \mathbf{-20\ 1/min}$	

Das Minuszeichen im Beispiel 6 zeigt die Umkehrung des Drehsinnes an.

F

Ausgleichssperren

Ausgleichsgetriebe ohne Sperre haben bei unterschiedlicher Bodenhaftung der Antriebsräder den Nachteil, dass sie insgesamt nur das doppelte Drehmoment des Rades übertragen können, das die schlechtere Bodenhaftung besitzt. Dreht ein Antriebsrad durch, so erhält auch das besser haftende Antriebsrad nur soviel Drehmoment zugeteilt, wie das schlechter haftende Rad übertragen kann.

Ausgleichssperren bewirken, dass das besser haftende Antriebsrad mehr Drehmoment übertragen kann. Schaltbare Ausgleichssperren (Differenzialsperren) verhindern den Ausgleich vollständig, Ausgleichssperren mit begrenztem Schlupf bremsen den Ausgleich ab (selbsttätige Ausgleichssperren).

Der Sperrwert S gibt an, wie viel Drehmomentunterschied ΔM zwischen 2 Antriebsseiten (z.B. linkem und rechtem Antriebsrad), bezogen auf das insgesamt übertragbare Drehmoment (Lastmoment), möglich ist.

$$S = \frac{\Delta M}{M_{\text{links}} + M_{\text{rechts}}} \cdot 100\ \%$$

Schaltbare Ausgleichssperren

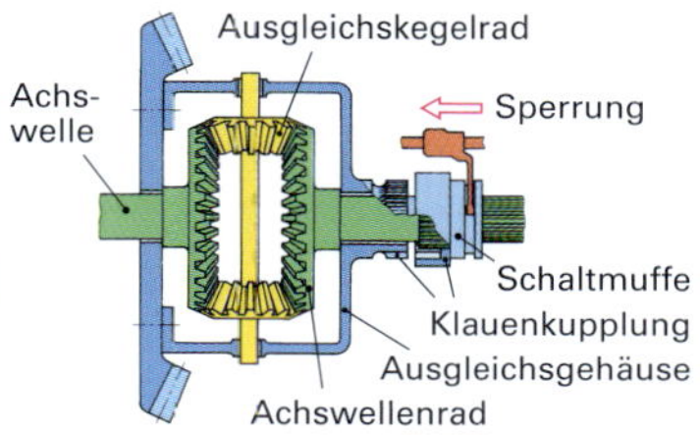

Betätigung
- mechanisch von Hand
- pneumatisch
- hydraulisch
- elektromagnetisch.

Eine Klauenkupplung verbindet im eingerückten Zustand die Achswelle der einen Antriebsseite drehfest mit dem Ausgleichsgehäuse. Damit drehen sich Tellerrad, Ausgleichsgehäuse, Ausgleichskegelräder und die beiden Achswellenräder mit gleicher Drehzahl (Sperrwert $S = 1 = 100\,\%$).

Dreht ein Antriebsrad ohne Bodenhaftung durch, so kann das andere durch die 100 %-ige Sperrung trotzdem soviel Antriebskraft auf die Fahrbahn übertragen, wie es seine Bodenhaftung zulässt.

Selbsttätige Ausgleichssperren mit Lamellenkupplungen (ZF-Lamellensperre)

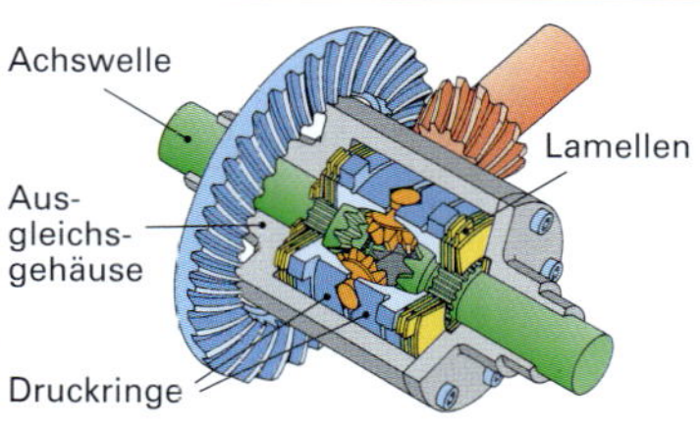

Bei unterschiedlicher Drehzahl der Antriebsräder drehen sich die Ausgleichsräder und drücken mit ihren Achsen die Druckringe gegen die beiden Lamellenpakete. Durch die Anpresskraft entsteht zwischen den schneller drehenden innenverzahnten und den langsamer drehenden außenverzahnten Lamellen eine Reibkraft, die ein lastabhängiges Reibmoment bewirkt. Dieses Moment wird über das Ausgleichsgehäuse, außenverzahnte und innenverzahnte Lamellen zur anderen Antriebsseite geleitet. Hier wirkt es zusätzlich zum Antriebsmoment dieser Seite. Die langsamer drehende Antriebswelle hat immer das größere Drehmoment.

Selbsttätige Ausgleichssperren mit Schnecken und Schneckenrädern (Torsen-Differenzial)

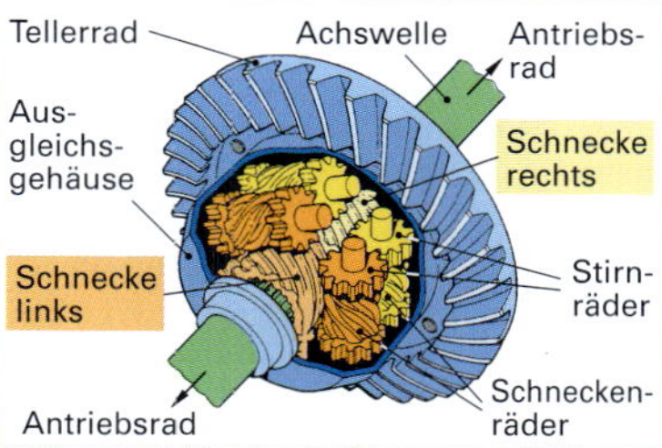

Das Torsen-Differenzial besteht aus 2 Schneckentrieben, die über Stirnräder formschlüssig miteinander verbunden sind.

Der Sperrwert wird durch die Steigung der beiden Schneckentriebe bestimmt.

Bei unterschiedlicher Bodenhaftung wird der Ausgleich und das Durchdrehen eines Rades durch die Selbsthemmung der Schneckentriebe gesperrt. Dabei stützen sich die Stirnräder der schneller drehenden Seite an den Stirnrädern und dem Schneckentrieb der langsamer drehenden Seite ab. Bei Kurvenfahrt haben die Schneckenräder unterschiedliche Drehzahlen. Der Drehzahlausgleich erfolgt über die drehenden Stirnräder.

Selbsttätige Ausgleichssperren mit Stahllamellen und Silikonöl (Visco-Kupplung)

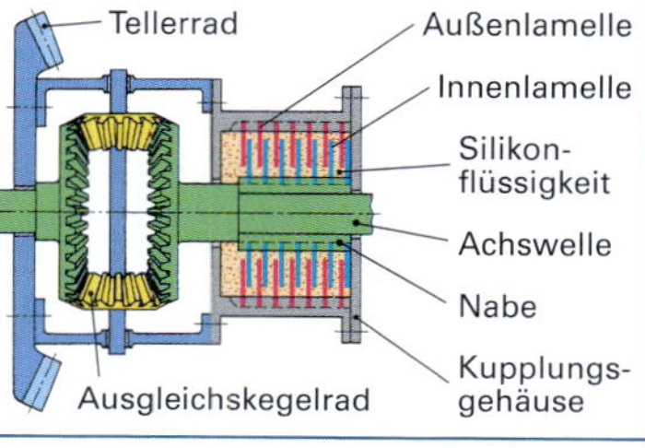

Die Visco-Kupplung ist an das Gehäuse des Achsgetriebes angeflanscht und drehfest mit diesem verbunden. Sie besteht aus Gehäuse, Nabe, abwechselnd angeordneten außenverzahnten und innenverzahnten Lamellen und Silikonflüssigkeit. Die außenverzahnten Lamellen greifen in Verzahnungen des Gehäuses, die innenverzahnten in Nuten der Nabe ein. Beginnt ein Antriebsrad durchzudrehen, so wird die Silikonflüssigkeit durch die Lamellen abgeschert; es entsteht ein Sperreffekt zwischen den Lamellen und damit auch zwischen den beiden Achswellenrädern und Antriebsrädern. Bei geringen Drehzahlunterschieden ist der Sperreffekt so gering, dass ein Drehzahlausgleich erfolgen kann.

F

Fahrdynamische Begriffe

Wankzentrum

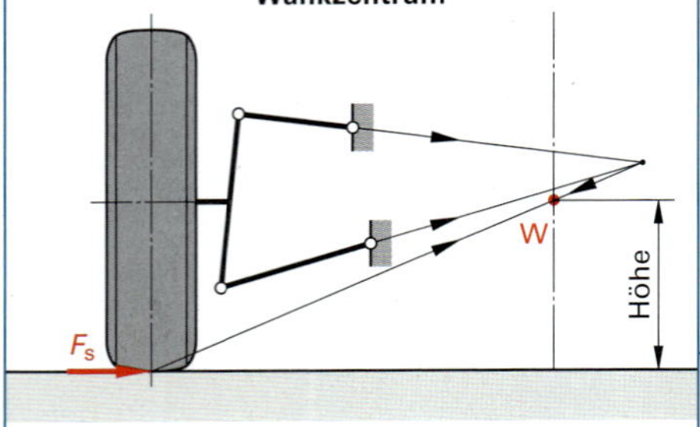

Fahrzeuglängsmittelachse, Fahrachse

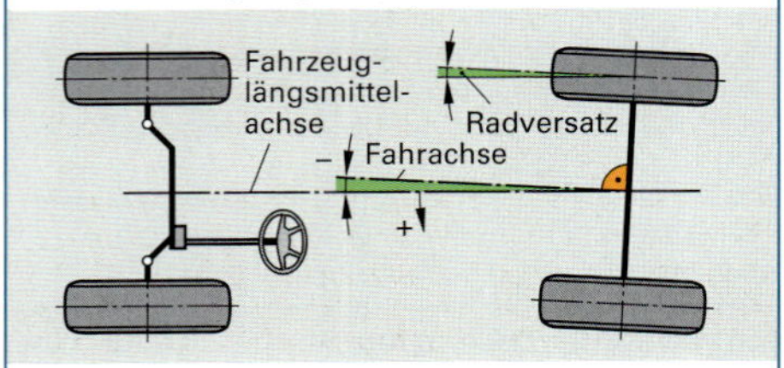

Schräglaufwinkel, Schwimmwinkel

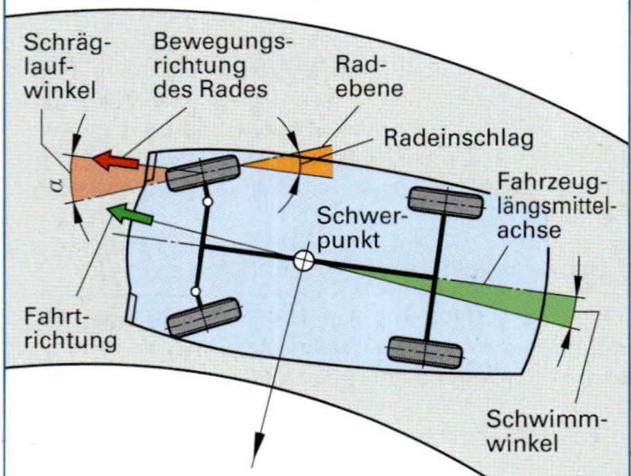

Eigenlenkverhalten

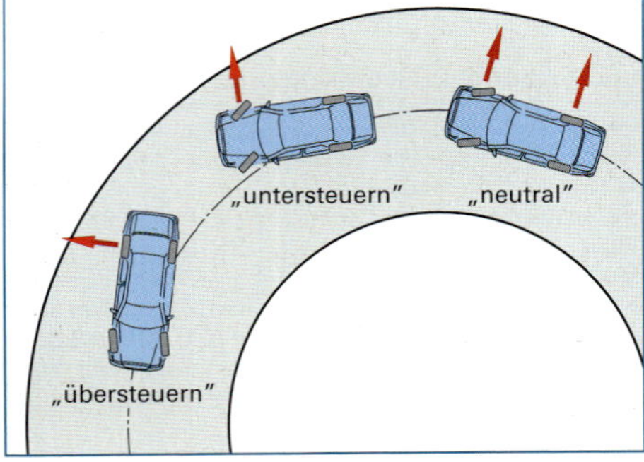

Fahrverhalten. Es ist das Verhalten eines Kraftfahrzeugs unter der Einwirkung von Kräften, die während der Fahrt (Geradeausfahrt, Kurvenfahrt) auftreten. Die Kräfte werden durch Fahrzeuggewicht, Beschleunigen, Bremsen, Fahrbahnunebenheiten, Kurvenfahren und Luftströmung bewirkt.
Das Fahrverhalten wird von der Lage des Wankzentrums, des Schwerpunkts, der Fahrachse und der Rollachse, vom Schräglaufwinkel der Reifen, vom Eigenlenkverhalten des Fahrzeugs und vom Kraftschluss zwischen Reifen und Fahrbahn bestimmt.

Wankzentrum (Rollzentrum). Es ist der Punkt (W), um den sich der Fahrzeugaufbau unter Einwirkung von Seitenkräften zu drehen beginnt.
Das Wankzentrum einer Fahrzeugachse liegt von vorn gesehen in der Mitte des Fahrzeugs, seine Höhenlage ist von der Art der Radaufhängung abhängig.
Je näher Wankzentrum W und Schwerpunkt S beieinander liegen, desto geringer ist die Neigung des Fahrzeugs bei Kurvenfahrt, desto größer werden aber die Änderungen der Spurweiten beim Einfedern.

Wankachse (Rollachse). Sie wird durch Verbinden der Wankzentren von Vorder- und Hinterachse gebildet. Sie verläuft meist nach vorne abfallend, da bei den verwendeten Vorderachskonstruktionen das Wankzentrum tiefer liegt als bei den Hinterachsen.

Fahrzeuglängsmittelachse. Sie verläuft in Längsrichtung des Fahrzeugs durch die Mitten der Vorderachse und Hinterachse.

Fahrachse (geometrische Fahrachse). Sie wird durch die Stellung der Hinterräder gebildet und ist die Winkelhalbierende der Gesamtspurwinkel der Hinterräder.
Weicht die Fahrachse von der Fahrzeuglängsmittelachse ab, so läuft das Fahrzeug schräg (Dackelgang).

Schräglaufwinkel. Er ist der Winkel zwischen der Bewegungsrichtung eines Rades und der Radebene (Radeinschlag).

Schwimmwinkel. Er ist der Winkel zwischen der Bewegungsrichtung des Fahrzeugs (Fahrtrichtung) und der Fahrzeuglängsmittelachse .

Eigenlenkverhalten. Bis zur Kurvengrenzgeschwindigkeit reicht der Kraftschluss zwischen Reifen und Fahrbahn aus, um die auftretenden Seitenkräfte zu übertragen. Wird die Kurve schneller durchfahren, so werden Vorderräder oder Hinterräder oder alle Räder die Bodenhaftung verlieren. Das Fahrzeug bricht aus.

Untersteuern. Die Schräglaufwinkel der Vorderräder sind größer als die der Hinterräder. Das Fahrzeug will eine größere Kurve fahren als dies den eingeschlagenen Vorderrädern entspricht.

Übersteuern. Die Schräglaufwinkel der Hinterräder sind größer als die der Vorderräder. Das Fahrzeug will eine kleinere Kurve fahren als dies den eingeschlagenen Vorderrädern entspricht.

Neutrales Fahrverhalten. Die Schräglaufwinkel der Vorder- und Hinterräder sind gleich groß. Das Fahrzeug bricht über Vorderräder und Hinterräder gleichzeitig aus.

F

	Begriffserklärungen	Beispiele
Sturz		
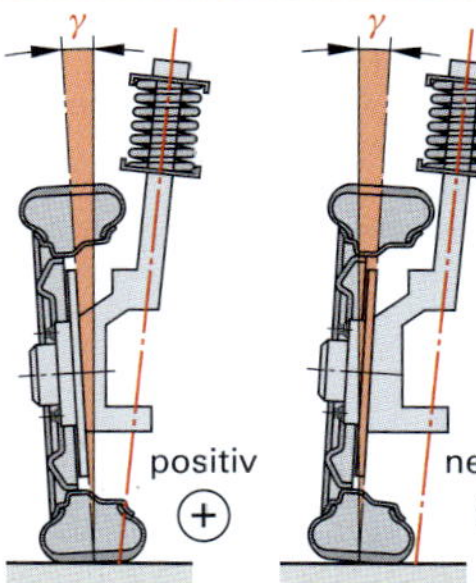	Als Sturz bezeichnet man die Neigung der Radebene zu einer im Radaufstandspunkt errichteten Senkrechten quer zur Fahrzeuglängsachse. **Positiver Sturz (+)** Die Radebene ist oben nach außen geneigt. Positiver Sturz bewirkt einen Kegelabrolleffekt. Dadurch neigt das Rad dazu, nach außen einzuschlagen (einzuschwenken). **Negativer Sturz (–)** Die Radebene ist oben nach innen geneigt. Das Rad neigt dazu, nach innen einzuschlagen.	Je größer der **positive Sturz,** desto geringer werden die Seitenführungskräfte bei Kurvenfahrt. **Negativer Sturz** verbessert die Seitenführung bei Kurvenfahrt. Beispiele: Vorderräder – 0° 60′ … + 0° 30′ Hinterräder – 0° 30′ … – 2° 40′
Spreizung		
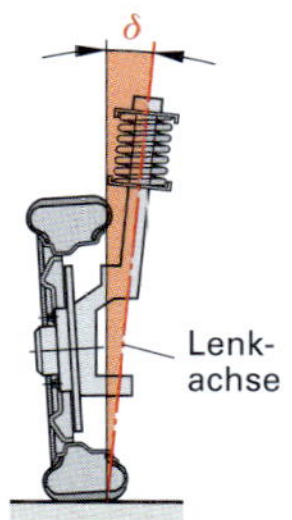	Als Spreizung bezeichnet man die Schrägstellung der Lenkdrehachse quer zur Fahrzeuglängsachse gegenüber einer Senkrechten zur Fahrbahn. Die Spreizung bewirkt, dass das Fahrzeug beim Einschlagen der Räder vorne minimal angehoben wird. Durch die Gewichtskraft des Fahrzeugs entsteht ein Moment, das die selbsttätige Rückstellung der eingeschlagenen Räder für die Geradeausfahrt bewirkt.	Spreizung und Sturz bilden zusammen einen Winkel, der in seiner Größe beim Ein- und Ausfedern gleich bleibt (wird der Spreizwinkel δ kleiner, so wird der Sturzwinkel γ größer). Spreizungswinkel Vorderräder z.B. 5° ... 17°
Lenkrollradius		
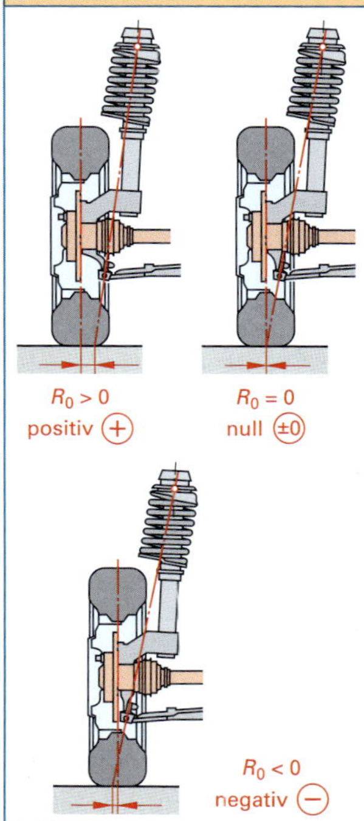	Spreizung und Sturz bewirken zusammen den Lenkrollradius R_0. Er ist der Hebelarm, an dem die zwischen Rad und Fahrbahn auftretenden Reibungskräfte angreifen. Durch den Lenkrollradius schwenken die Räder aufgrund der in den Radaufstandsflächen wirkenden Kräfte je nach Antriebsart nach innen oder außen. Treten zwischen linkem und rechtem Rad unterschiedliche Kräfte auf, so entsteht ein Giermoment um die Hochachse des Fahrzeugs in Richtung der kleineren Kraft. Der Lenkrollradius R_0 wird zwischen der Mitte der Reifenaufstandsfläche und dem Durchstoßpunkt der verlängerten Lenkdrehachse durch die Fahrbahn gemessen. **Positiver Lenkrollradius** Die verlängerte Lenkachse trifft die Fahrbahn außerhalb der Mitte der Reifenaufstandsfläche zur Reifeninnenseite hin. **Negativer Lenkrollradius** Die verlängerte Lenkachse trifft die Fahrbahn außerhalb der Mitte der Reifenaufstandsfläche zur Reifenaußenseite hin. **Lenkrollradius Null** Die verlängerte Lenkachse trifft die Fahrbahn genau in der Mitte der Reifenaufstandsfläche.	**Positiver Lenkrollradius** Das Rad an dem die größeren Kräfte angreifen schwenkt nach außen und bewirkt ein zum Giermoment gleichgerichtetes Moment. Das Fahrzeug bricht aus und kann nur durch Gegenlenken in der Spur gehalten werden. Es wird ein kleiner positiver Lenkrollradius angestrebt, um die Beeinflussung der Lenkung durch äußere Kräfte gering zu halten. **Negativer Lenkrollradius** Das Rad an dem die größeren Kräfte angreifen schwenkt nach innen und bewirkt ein Gegenmoment zum Giermoment, wodurch sich das Fahrzeug stabilisiert. Negativer Lenkrollradius wird z.B. durch die Verwendung von tiefen Radschüsseln und Faustsattel-Scheibenbremsen ermöglicht. Beispiele: – 10 mm … – 20 mm

F

Radstellungsgrößen

Nachlauf

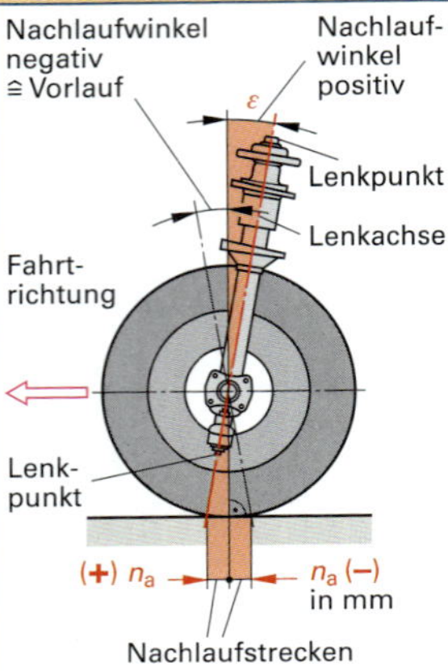

Begriffserklärung

Der Nachlauf entsteht durch Schrägstellung der Lenkachse bzw. des Achsschenkelbolzens in Richtung der Fahrzeuglängsachse gegenüber einer Senkrechten zur Fahrbahn.

Positiver Nachlauf
Der Radaufstandspunkt befindet sich hinter dem Durchstoßpunkt der Lenkachse auf der Fahrbahn.

Negativer Nachlauf (Vorlauf)
Der Radaufstandspunkt befindet sich vor dem Durchstoßpunkt der Lenkachse auf der Fahrbahn.

Negativer Nachlauf wird nur noch selten bei Fahrzeugen mit Vorderradantrieb angewandt.

Beispiele

Positiver Nachlauf
Durch positiven Nachlauf werden die Räder gezogen. Anwendung bei Vorder- und Hinterradantrieb.

Positiver Nachlauf bewirkt
- eine Stabilisierung der gelenkten Räder und stabilen Geradeauslauf;
- beim Einschlagen der Räder ein Anheben der Karosserie auf der Kurveninnenseite und ein Absenken auf der Kurvenaußenseite;
- die selbsttätige Rückstellung der Lenkung nach einer Kurvenfahrt.

Nachlauf und Spreizung beeinflussen gemeinsam die Rückstellkräfte an den eingeschlagenen Rädern. Sie wirken sich stabilisierend auf die Lenkung aus.

Der Nachlaufwinkel wird an der Vorderachse gemessen.

Beispiele: Von + 2° ... + 11°

Spur

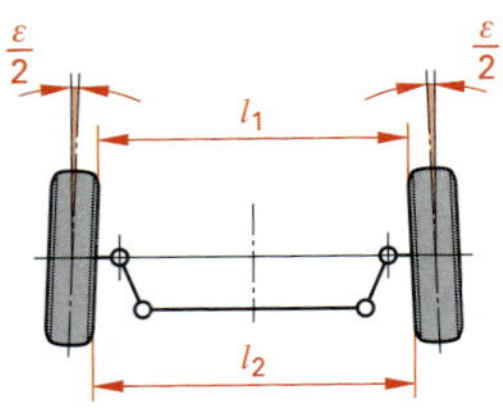

Begriffserklärung

Die Spur ist die Längendifferenz $l_2 - l_1$ um welche die Räder bei Geradeausfahrt vorn und hinten auseinander stehen.

Die Spur wird meist durch elektronische Achsvermessung als Einzelspur gemessen und in Grad und Minuten angegeben. Sie kann auch von Felgenhorn zu Felgenhorn gemessen werden und als Gesamtspur (für beide Räder) in Millimeter angegeben werden.

Die konstruktive Festlegung der Spur ist abhängig von der Radaufhängung, deren Geometrie und der Antriebsart.

Beispiele

Die Spur wird so gewählt, dass Spiel in Radaufhängung und Lenkung ausgeglichen wird und die Räder während der Fahrt nahezu parallel zur Fahrzeuglängsachse laufen.

Nachspur $l_2 - l_1 < 0$
l_1 ist größer als l_2

Vorspur $l_2 - l_1 > 0$
l_1 ist kleiner als l_2

Bei Pkw's wird meist kleine Vorspur angewendet.

Beispiele:
Vorderräder: + 0° 10′ + 0° 20′
Hinterräder: + 0° 15′ + 0° 35′

Spurdifferenzwinkel

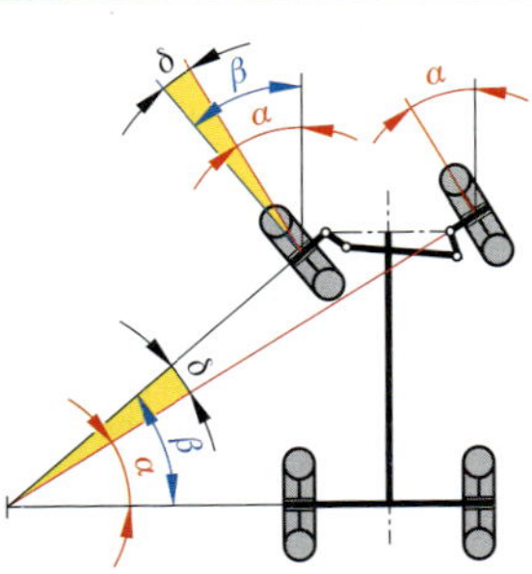

Begriffserklärung

Der Spurdifferenzwinkel δ ist der Winkel, um den das kurveninnere Rad stärker eingeschlagen ist als das kurvenäußere.

Spurdifferenzwinkel werden in der Regel bei einem Lenkdrehwinkel von 20° des kurveninneren Rades ermittelt.

Beispiele

Der Spurdifferenzwinkel ergibt bei Kurvenfahrt gutes Abrollverhalten der Räder. Er wird bei der Überprüfung des Lenktrapezes auf Fehler (z.B. verbogene Spurhebel oder Spurstangen) benötigt.

Lenktrapez
Es wird bei Geradeausstellung der Vorderräder durch die Spurstange, die beiden Spurstangenhebel und die Verbindungslinie der Lenkdrehpunkte gebildet.

Das Lenktrapez ermöglicht unterschiedliche Einschlagwinkel der Vorderräder.

Beispiele: 0° 30′ ... 2° 30′

Radversatz

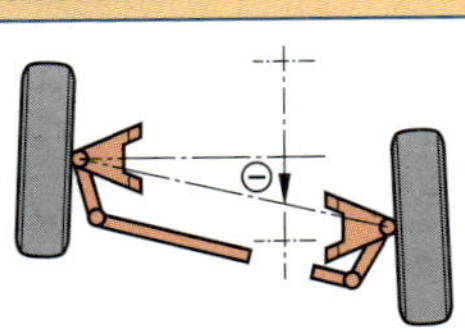

Begriffserklärung

Radversatz ist der Winkel, um den die Räder einer Achse gegeneinander nach vorn bzw. hinten versetzt sind.

Radversatz −: Rechtes Rad weiter hinten als linkes Rad.
Radversatz +: Rechtes Rad weiter vorne als linkes Rad.

Beispiele

Der Radversatz wird bei der elektronischen Achsvermessung nur für die Vorderräder gemessen und überprüft.
Beispiele: + 0° 5′, − 0° 10′

F

Elektronische Achsvermessung

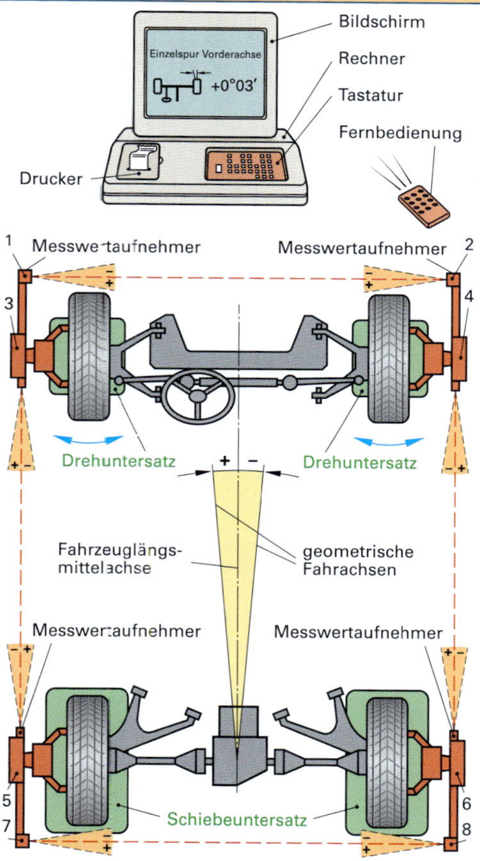

Die Radstellungsgrößen Sturz, Spur, Fahrachswinkel, Nachlauf, Spreizung, Spurdifferenzwinkel, Radversatz werden durch Messwertaufnehmer (Winkelaufnehmer) aufgenommen und als Eingangssignale einem Rechner zugeführt. Die Daten werden von einer Achsvermessungssoftware verarbeitet und als Anzeigewerte auf dem Bildschirm und Drucker ausgegeben.

Vorbereitende Arbeiten

- Fahrzeug auf waagrechte Messfläche fahren
- Prüfen von: Felgen- und Reifengröße, Reifenluftdruck, Reifenverschleiß, Höhen- und Seitenschlag der Felgen, Federungszustand, Radlager-, Achs- und Lenkungsspiel
- Beladen nach Herstellervorschrift
- ggf. Fehler beheben
- Messeinrichtungen wie Winkelaufnehmer, Dreh- und Schiebeuntersätze anbringen.

Verbindungen zwischen Messeinrichtungen und Computer werden z.B. durch Infrarot-Schnittstellen hergestellt.

Vermessungsablauf

- CD mit Vermessungs-Software installieren
- Kunden- und Fahrzeugdaten über Tastatur eingeben
- Radstellungsgrößen abrufen.
  Reihenfolge:
  Hinterachse: Sturz, Spur, Fahrachswinkel.
  Vorderachse: Nachlauf, Spreizung, Spurdifferenzwinkel, Sturz, Spur, Radversatz.

Als Bezugsachse wird die geometrische Fahrachse verwendet.

Die geometrische Fahrachse wird durch eine Senkrechte auf die Mitte der Hinterachse in Fahrzeuglängsrichtung gebildet.

Sind beim Soll-, Istwert-Vergleich die Werte außerhalb der Toleranz, müssen am Fahrzeug die entsprechenden Radstellungen korrigiert werden. Dazu sind ggf. beschädigte Radaufhängungsteile auszutauschen.

Zur Überprüfung der durchgeführten Arbeiten wird eine Ausgangsachsvermessung durchgeführt.

Achsvermessung Pkw (Beispiel)

			Eingangs-vermessung	Sollwerte max. Differenz li/re	Abweichung	Beurteilung i.O.	n.i.O.	Ausgangs-vermessung
Hinterachse	Sturz	links	− 0° 38′	− 0° 40′ / ± 20′	− 2′	×		− 0° 40′
		rechts	− 0° 34′		− 6′	×		− 0° 31′
	Spur	links	+ 0° 12′	+ 0° 05′ / ± 05′	+ 7′		×	+ 0° 06′
		rechts	+ 0° 13′		+ 8′		×	+ 0° 07′
		gesamt	+ 0° 25′	+ 0° 10′ / ± 10′	+ 11′		×	+ 0° 12′
	Fahrachswinkel		+ 0° 12′					+ 0° 01′
Vorderachse	Nachlauf	links	+ 2° 03′	+ 2° 10′ / ± 30′	− 7′	×		+ 2° 09′
		rechts	+ 1° 57′		− 13′	×		+ 2° 03′
	Spreizung	links	+ 13° 22′	keine Firmenangaben				+ 13° 00′
		rechts	+ 13°15′					+ 13° 03′
	Spurdifferenzwinkel	links	− 1° 06′	− 1° 00′ / ± 30′	− 6′	×		− 1° 01′
		rechts	− 1° 03′		− 3′	×		− 1° 01′
	Sturz	links	− 1° 19′	− 0° 45′ / ± 30′	− 34′		×	− 0° 55′
		rechts	− 1° 05′		− 20′	×		− 0° 49′
	Spur	links	+ 0° 24′	+ 0° 07′ / ± 05′	+ 17′		×	+ 0° 07′
		rechts	+ 0° 59′		+ 52′		×	+ 0° 07′
		gesamt	+ 1° 23′	+ 0° 14′ / ± 10′	+ 1° 9′		×	+ 0° 14′
	Radversatz		− 0° 13′					− 0° 10′

Auswertung der Messwerte von Spur und Spurdifferenzwinkeln

Zur Beurteilung, ob das Lenktrapez in Ordnung ist, sind nach Einstellung des Spurwinkels ε die Spurdifferenzwinkel bei 20° Links- und Rechtseinschlag zu messen. Liegen die Messwerte für die Spurdifferenzwinkel δ_L und δ_R außerhalb der vom Fahrzeughersteller vorgegebenen Toleranz, so kann mit Hilfe von nachfolgender Auswertung der Fehler im Lenktrapez eingegrenzt werden.

Ablauf der Auswertung

- Ermitteln des „Doppelten Istwertes“:
  Gemessene Spurdifferenzwinkel addieren + 2 × gemessenen Spurwinkel .

  Doppelter Istwert = $\delta_L + \delta_R + 2 \times \varepsilon$

  Beipiel 1: δ_L = 2° 15′; δ_R = 1° 50′; ε = + 20′. → Doppelter Istwert = 2° 15′ + 1° 50′ + 2 × 20′ = **4° 45′**
- Ermitteln des „Doppelten Sollwertes“ aus Herstellerangaben:

  Doppelter Sollwert = 2 × δ_{Soll}

  Beispiel 2: δ_{Soll} = 1° → Doppelter Sollwert = 2 × 1° = **2°**
- Vergleichen von Doppeltem Istwert mit Doppeltem Sollwert und Auswerten:
  Werte aus Beispiel 1 und Beispiel 2: **Doppelter Istwert = 4° 45′ > Doppelter Sollwert = 2°**

  Bewertung des Lenktrapezes anhand der untenstehenden Tabelle: **Es liegt Fall 4 vor.**

  Der Spurstangenhebel ist nach innen zur Fahrzeugmitte hin verbogen, da **δ_R = 1° 50′ < δ_L = 2° 15′** ist.

  Der Fehler liegt auf der linken Seite des Lenktrapezes.

  Voraussetzung: Spurstangenhebel liegen hinter der Achse.

Liegen vom Fahrzeughersteller keine Toleranzangaben vor, ist beim doppelten Ist-Spurdiffenzwinkel und beim doppelten Soll-Spurdifferenzwinkel eine Toleranz von +/– 30′ zulässig. Bei den Spurcifferenzwinkeln zwischen Links- und Rechtseinschlag ist eine Toleranz von maximal 40′ zulässig.

Bewertung des Lenktrapezes

1. Fall:

Doppelter Istwert = Doppelter Sollwert
Linkseinschlag = Rechtseinschlag
Bewertung → Das Lenktrapez arbeitet richtig

2. Fall:

Doppelter Istwert = Doppelter Sollwert
Linkseinschlag ≠ Rechtseinschlag
Bewertung → Das Lenktrapez arbeitet richtig
→ Die unterschiedlichen Werte werden durch eine Schrägstellung des Lenkstockhebels bzw. nicht mittige Lenkgetriebestellung bewirkt
→ Ist $\delta_L > \delta_R$ → Hebel steht schräg nach rechts
→ Ist $\delta_L < \delta_R$ → Hebel steht schräg nach links

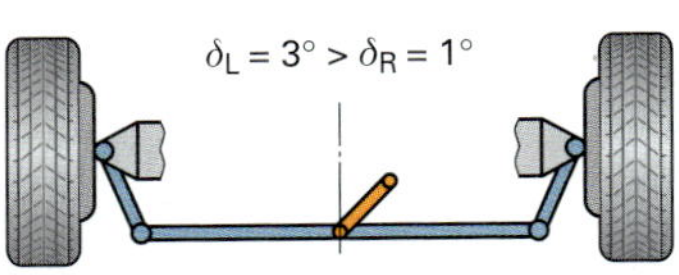

3. Fall:

Doppelter Istwert < Doppelter Sollwert
Linkseinschlag ≠ Rechtseinschlag
Bewertung → Der Spurstangenhebel ist nach außen zum Rand hin verbogen
→ Ist $\delta_L > \delta_R$ → Fehler liegt auf der rechten Seite
→ Ist $\delta_L < \delta_R$ → Fehler liegt auf der linken Seite
→ Liegen die Spurstangenhebel vor der Achse, so ist der Spurstangenhebel nach innen verschoben

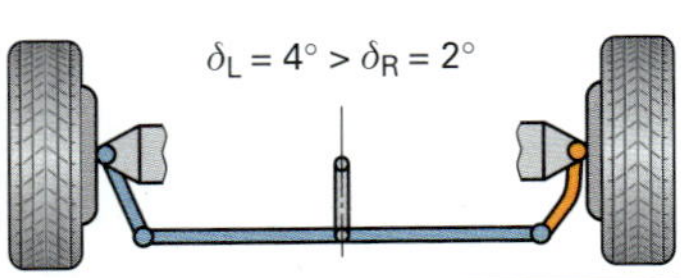

4. Fall:

Doppelter Istwert > Doppelter Sollwert
Linkseinschlag ≠ Rechtseinschlag
Bewertung → Der Spurstangenhebel ist nach innen zur Fahrzeugmitte hin verbogen
→ Ist $\delta_L > \delta_R$ → Fehler liegt auf der linken Seite
→ ist $\delta_L < \delta_R$ → Fehler liegt auf der rechten Seite
→ Liegen die Spurstangenhebel vor der Achse, so ist der Spurstangenhebel nach außen verschoben

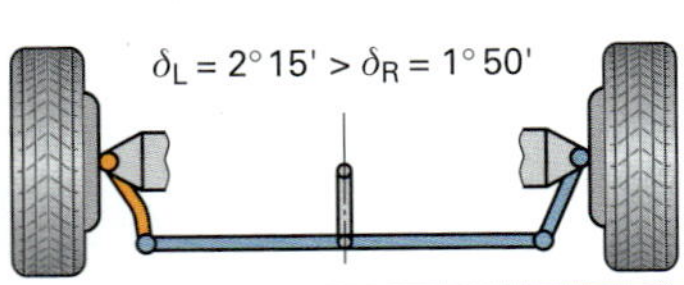

F

Grundlagen

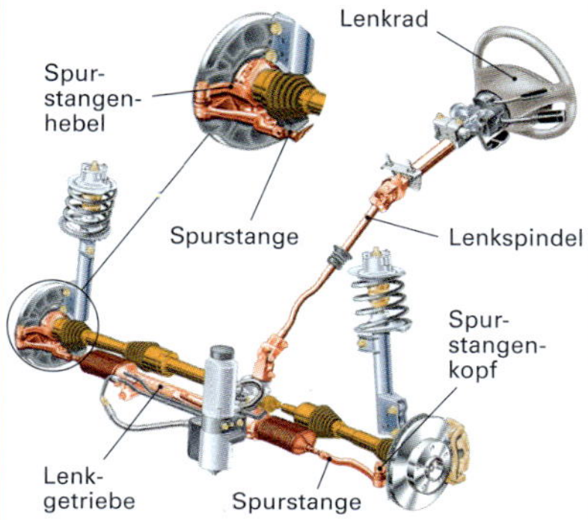

Aufgaben

- Umwandlung der Lenkrad-Drehbewegung in eine Schwenkbewegung der Räder.
- Ermöglichung verschiedener Einschlagwinkel durch das Lenktrapez.
- Verstärkung (Übersetzung) des durch Handkraft am Lenkrad erzeugten Drehmoments.

Lenkgetriebeart	Bauart	Anwendung
Zahnstangen-Lenkgetriebe	mechanisch	Pkw
	hydraulisch, elektro-hydraulisch	Pkw, leichte Nkw
	elektro-mechanisch	Pkw
Kugelumlauf-Lenkgetriebe	mechanisch	leichte Nkw
	hydraulisch	Nkw

Eigenschaften von Lenkgetrieben, Lenkbetätigungskräfte

- Kein Spiel bei Geradeausstellung
- geringe Reibung, hoher Wirkungsgrad
- hohe Steifigkeit aller Bauteile
- Lenkgetriebe muss nachstellbar sein.

Lenkbetätigungskräfte (max.): Pkw: 150 N; Nkw: 250 N

Zahnstangenlenkgetriebe

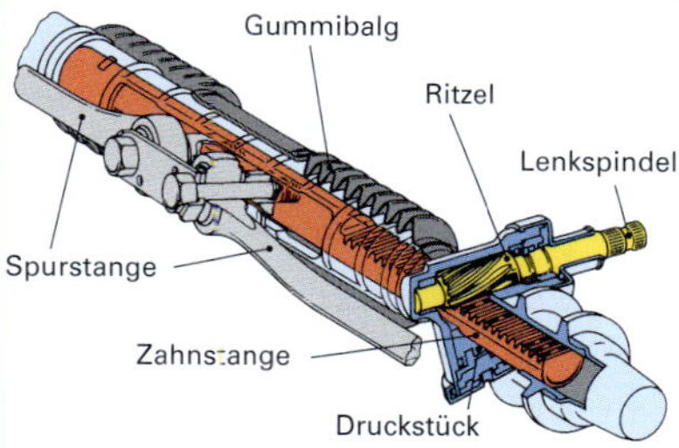

Wirkungsweise. Die Drehbewegung am Lenkrad wird über die Lenkspindel auf das Ritzel übertragen. Durch Abrollen der Verzahnung des Ritzels auf der Zahnstange wird diese axial bewegt.

Übersetzung (i = 12 ... 18). Sie bewirkt die Vergrößerung der am Lenkrad wirksamen Handkraft und wird durch die Zähnezahl des Ritzels und die Zahnteilung bzw. den Modul der Zahnstange gebildet.

Variable Übersetzung. Die Teilung der Verzahnung der Zahnstange ist zwischen den Außenbereichen und dem Mittenbereich variabel (unterschiedlich).
Außenbereich: Zahnteilung kleiner → leichteres Lenken
Mittenbereich: Zahnteilung größer → direkteres Lenken.

Zahnstangen-Hydrolenkung

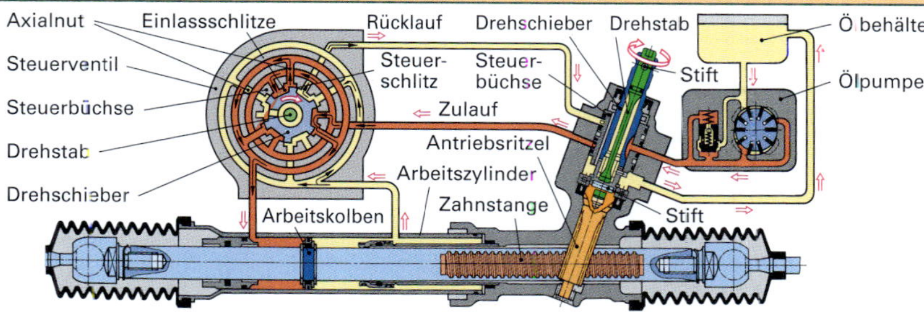

Wirkungsweise. Die Ölpumpe erzeugt den Arbeitsdruck. Abhängig von den wirksamen Lenkkräften wird ein Drehstab verdreht. Dadurch wird im Steuerventil ein Drehschieber verdreht und das Öl strömt in den jeweiligen Arbeitsraum des Lenkgetriebes. Wird das Lenkrad nicht mehr durch die Lenkkraft beaufschlagt, gehen Drehstab und Drehschieberventil in die Ausgangsstellung zurück.

Prüfhinweise: Es sind folgende Prüfschritte einzuhalten:

1. Sichtprüfung. Flüssigkeitsstand Ölbehälter, Dichtheit aller Bauteile, Spannung Keilriemen.

2. Prüfung des max. Servodrucks. Servotester zwischen Servopumpe und Lenkgetriebe anschließen. Ein ausreichend hoher Druck der Servopumpe lässt noch keinen Rückschluss über die Fördermenge unter Belastung zu.

3. Förderstrommessung. Mit Absperrhahn des Testers ist der Prüfdruck (Last) einzustellen, dann Förderstrommenge ablesen.

Technische Daten	Arbeitsdruck 90 bar ... 160 bar; Leistungsbedarf 3 kW ... 4 kW; Umlaufdruck 3 bar ... 10 bar mech. Übersetzung 12:1 ... 15:1; max. Fördermenge 2 ... 7 l/min

F

Kugelumlauf Hydrolenkung

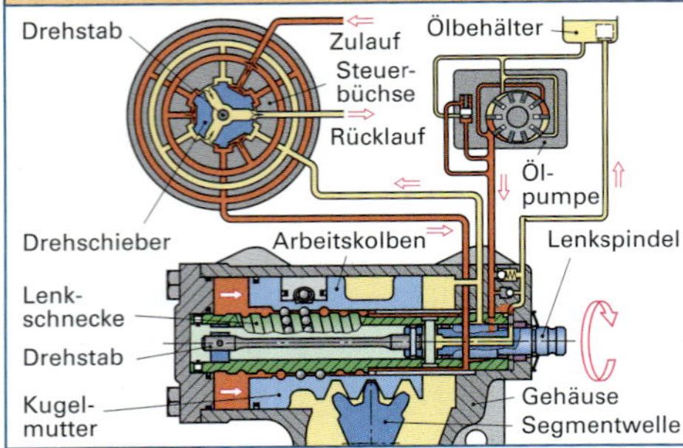

Wirkungsweise. Eine Ölpumpe erzeugt den Arbeitsdruck, der beim Lenken durch Öffnen des Zu- und Rücklaufs über das Steuerventil auf den Arbeitskolben wirkt. Der Drehstab wird abhängig von den wirksamen Lenkkräften verdreht und öffnet das Steuerventil entsprechend. Das Öl strömt in den jeweiligen Arbeitsraum und erzeugt durch den Flüssigkeitsdruck auf jeweils einer Seite des Arbeitskolbens die hydraulische Unterstützungskraft.

Wird das Lenkrad nicht mehr durch die Lenkkraft beaufschlagt, gehen Drehstab und Drehschieberventil in die Ausgangsstellung zurück.

Technische Daten	Arbeitsdruck 90 bar … 160 bar;	Umlaufdruck 3 bar … 10 bar;	Leistungsbedarf 3 kW … 4 kW;	max. Fördermenge 2 … 7 l/min

Elektro-hydraulische Servolenkung – Servotronic

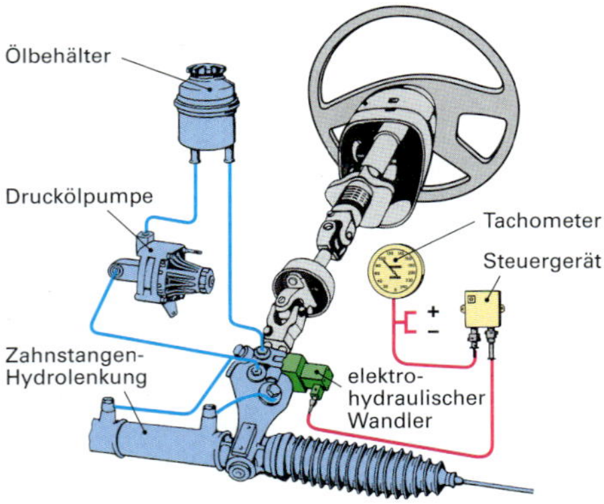

Die Servotronic ist eine elektronisch-hydraulisch gesteuerte Zahnstangen-Hydrolenkung, bei der die hydraulischen Unterstützungskräfte von der Fahrgeschwindigkeit beeinflusst werden.

Wirkungsweise

Das Steuergerät erhält z.B. vom elektronischen Tachometer Eingangssignale über die Geschwindigkeit des Fahrzeugs. Es steuert den elektrohydraulischen Wandler an, der ein Magnetventil öffnet oder schließt.

Dadurch wird eine fahrgeschwindigkeitsabhängige Lenkkraftunterstützung erreicht.

Beim Fahren mit niedriger Geschwindigkeit wirken große Unterstützungskräfte z.B. beim Einparken.

Beim Fahren mit höherer Geschwindigkeit wirkt eine kleinere Unterstützungskraft. Dadurch ist präzises, und zielgenaues Lenken möglich.

Prüfhinweise	Um den elektrohydraulischen Wandler zu prüfen, wird bei laufendem Motor, mit Hilfe eines Drehmomentmessers, die Lenkkraft bei simuliertem Tachosignal gemessen.
Technische Daten	Verteilung des Kraftaufwandes: • **Beim Parken:** Handkraft 5 %; Hydraulikkraft 95 %; Lenkmoment 2,5 Nm … 3,5 Nm • **Beim Fahren:** Handkraft steigt bis zu 35 %; Hydraulikkraft fällt bis zu 65 %; Lenkmoment 2,5 Nm … 9,5 Nm

F

Elektrische Servolenkung – Servolectric

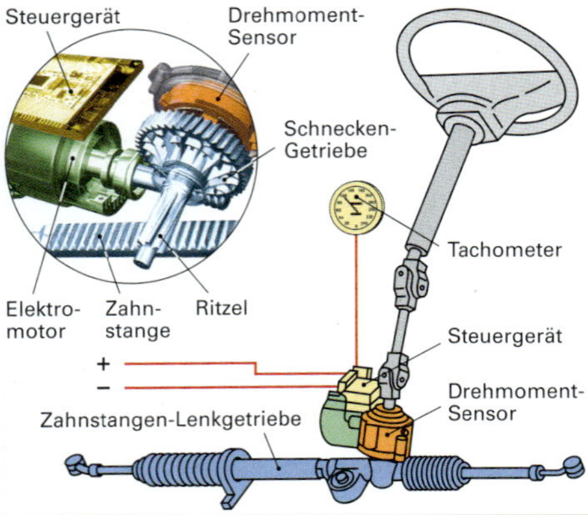

Diese Servolenkung ist eine elektronisch gesteuerte mechanische Zahnstangenlenkung. Die Unterstützungskräfte werden, abhängig von Lenkkraftbedarf und Fahrbedingungen durch einen Elektromotor erzeugt.

Wirkungsweise

Durch Einschlagen des Lenkrads wird der Torsionsstab verdreht. Die Geber für Lenkmoment am Torsionsstab und Lenkposition im Lenkgetriebe liefern dem Steuergerät Eingangssignale über Größe und Drehrichtung des Drehmoments am Lenkrad. Das Steuergerät errechnet aus diesen Signalen in Verbindung mit dem Geschwindigkeitssignal das erforderliche Unterstützungsmoment und steuert den Elektromotor an, der das Unterstützungsmoment über ein Schneckengetriebe an die Lenkspindel weitergibt. Wird der Lenkkraftbedarf für das Lenken größer bzw. kleiner, so wird auch das erzeugte Unterstützungsmoment entsprechend verändert. Beim Einparken wirkt z.B. ein großes Unterstützungmoment.

Elektrische Servolenkung (Servolectric)

Varianten	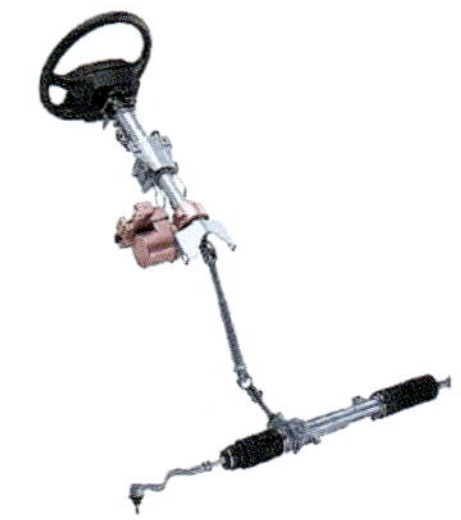	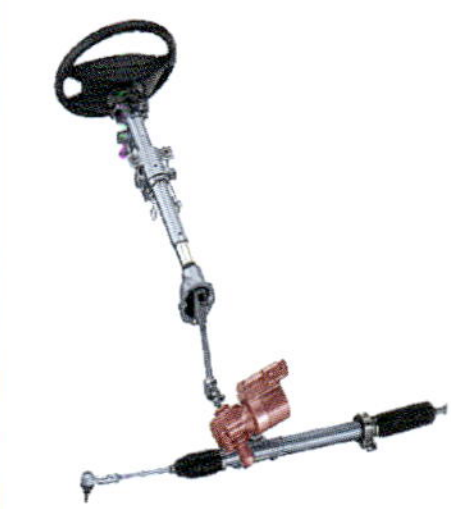	
Lenkungsart	mechanische Zahnstangenlenkung		
Merkmale	Servoeinheit mit Drehmomentsensor zwischen Eingangs- und Ausgangswelle der Lenksäule	Servoeinheit mit Drehmomentsensor an der Zahnstange.	Servounterstützung wirkt über separates Ritzel auf die Zahnstange. Drehmomentsensor am Lenkradritzel. *(Doppelritzel-Servolectric)*
Einsatzgebiet	Pkw-Kleinwagen	Pkw-Mittelklasse	Pkw-Oberklasse
Zahnstangenkraft	8000 N	8500 N	9000 N
Lenkungsübersetzung	**Konstant** 50 mm/LRU **Variabel** 40-50-40 mm/LRU	55 mm/LRU 40-52-40 mm/LRU	55 mm/LRU 45-55-45 mm/LRU
	LRU ≙ Lenkradumdrehung		
Max. Stromstärke beim Parkieren	70 A	75 A	80 A
Antriebsleistung	... 30 W	... 30 W	... 30 W
Kraftstoffersparnis	Gegenüber der hydraulischen Servolenkung ca. 0,2 l/100 km bzw. 85 % geringere Antriebsleistung.		

Wirkprinzipien Servolenksysteme bzw. Aktivlenksysteme

Servolenksysteme
Eine zusätzlich erzeugte Kraft unterstützt die Lenkkraft des Fahrers, z.B. elektronisch oder hydraulisch.

Aktivlenksysteme
Zusätzlich zur Lenkkraftunterstützung einer Servotronic wird der Lenkeinschlag der Räder über ein Planetengetriebe fahrerunabhängig vergrößert oder verkleinert.

Aktivlenkung

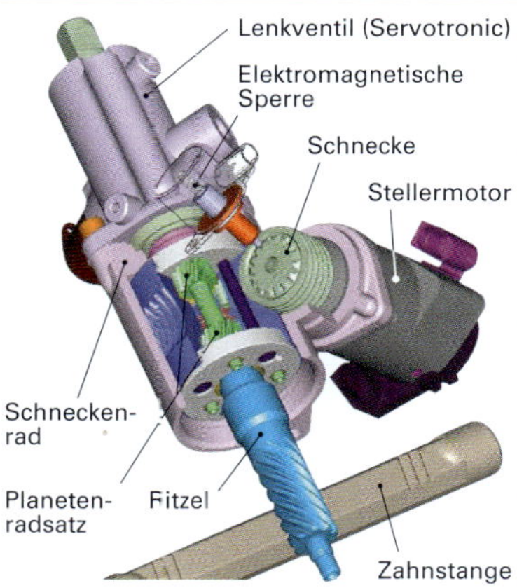

Wirkungsweise
Das Steuergerät errechnet aus z.B. Gierraten-, Lenkwinkel und Geschwindigkeitssensor den entsprechenden Einschlagwinkel der Räder und steuert den Stellmotor an.
Lenkrad und Vorderräder bleiben mechanisch verbunden.

Lenkassistenzfunktionen:

Verminderter Lenkaufwand durch Anpassung der Lenkübersetzung an die Fahrsituation, z.B.:

Einparken. Der Stellmotor arbeitet gleichsinnig zum Lenkeinschlag. Beim Rangieren sind nur 2 Lenkradumdrehungen nötig.

20 km/h ... 120 km/h. Mit zunehmender Geschwindigkeit wird direkter gelenkt, d.h., der Lenkradeinschlag entspricht dem Lenkeinschlag der Räder. Das Fahrzeug wird somit handlicher und agiler.

Höhere Geschwindigkeiten. Der Stellmotor arbeitet gegensinnig zum Lenkradwinel. Der Lenkeinschlag der Vorderräder wird reduziert. Die indirekte Lenkübersetzung unterstützt im Hochgeschwindigkeitsbereich einen guten Geradeauslauf.

Giermomentenkompensation	Automatisches Gegenlenken bei Bremsungen auf Fahrbahn mit unterschiedlicher Bodenhaftung (μ-Split), dadurch wir die aktive Sicherheit erhöht.

F

Federung, Federarten

Die Federung hat die Aufgabe die Fahrbahnstöße aufzufangen und in Schwingungen umzuwandeln. Zusammen mit der Dämpfung ist die Federung maßgebend für Fahrkomfort, Fahrsicherheit und Kurvenverhalten.

Federschwingungen

Ungedämpfte Schwingung

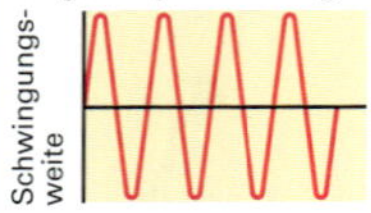

Schwingungen bleiben

Gedämpfte Schwingung

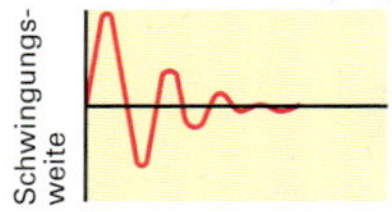

Schwingungen klingen ab

Federkennlinien

Feder mit konstanter Federrate

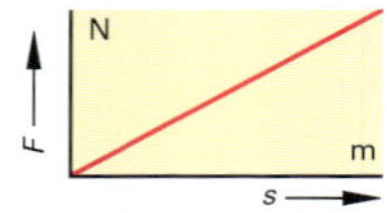

Lineare Kennlinie

Feder mit zunehmender Federrate

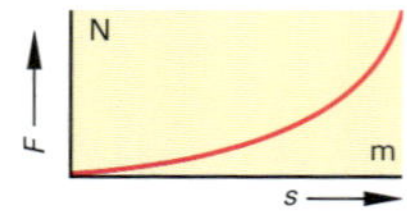

Progressive Kennlinie

Federarten

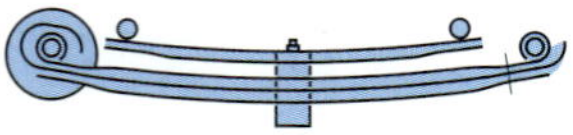 **Blattfeder**	**Halbeliptikfeder, Parabelfeder.** Sie werden auf Biegung beansprucht. Verwendung vorwiegend bei Nutzfahrzeugen.	**Kennlinie:** Linear, bei 2 Federpaketen progressiv **Radführung:** Übertragung von Brems-, Beschleunigungs- und Seitenkräften möglich.
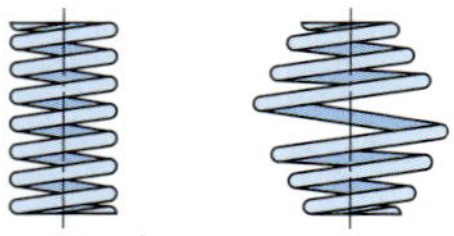 **Schraubenfeder**	Druckfeder zylindrisch, tonnenförmig, kegelförmig oder taillenförmig. Der Federdraht wird auf Torsion beansprucht. Dämpfungsfrei. Verwendung vorwiegend bei Pkw, leichten Nutzfahrzeugen und Zweirädern.	**Kennlinie:** Linear oder progressiv durch unterschiedliche Drahtstärke, Steigung, Windungsdurchmesser. **Radführung:** Nur in Verbindung mit Lenkern.
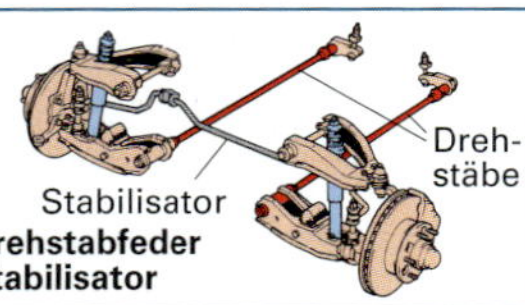 **Drehstabfeder Stabilisator**	Federelement als Rundstab oder als Paket aus Profilstäben, das über eine Federstrebe auf Torsion beansprucht wird. Einbau längs und quer zur Fahrzeuglängsachse. Dämpfungsfrei.	**Kennlinie:** Linear, weiche Feder – langer Rundstab. **Radführung:** Nur in Verbindung mit Federstrebe oder Lenkern.
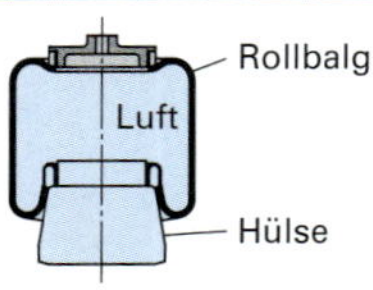 **Gasfeder**	Eine eingeschlossene Gasmenge (Luft oder Stickstoff) wirkt als Feder über Gummibälge oder Hydraulikelemente. Kompressor bzw. Hydraulikpumpe nötig. Dämpfungsfrei. Niveauregelung möglich. Für Pkw und Nutzfahrzeuge.	**Kennlinie:** Progressiv **Radführung:** Nur in Verbindung mit Längs- und Querlenkern oder Stabilenkern.
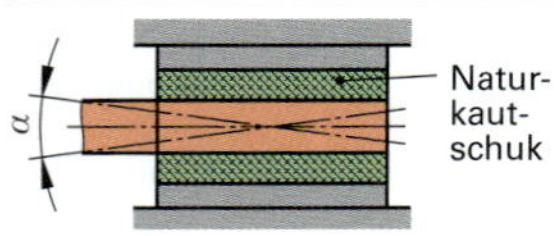 **Gummifeder**	Natur- oder Synthesegummi auf Stahltragteile aufvulkanisiert (Silentbloc). Ausführung auch als Hydrolager. Durch hohe Elastizität und Geräuschdämpfung als Lagerung für Lenker verwendet.	**Kennlinie:** Progressiv **Radführung:** Nur als Lager für Lenker, Endanschlag.
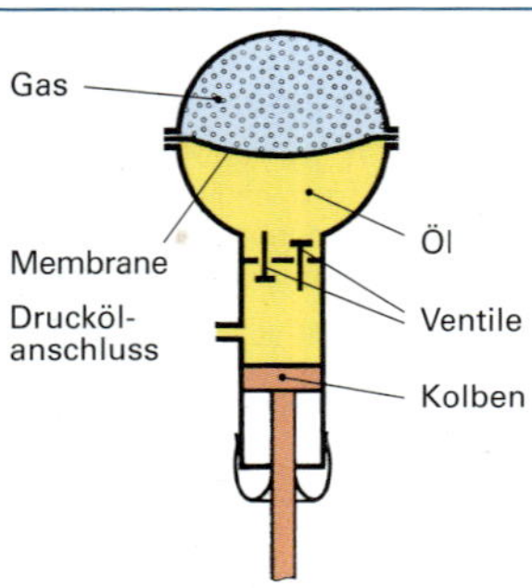	Federkugel mit unveränderlicher Gasmenge (meist Stickstoff) und Hydrauliköl. Trennung durch flexible Membran. Gleicher Druck von bis zu 180 bar. Gasvolumen wirkt als Feder. Ventile zwischen Kolben und Federkugel wirken als Dämpfer. Fahrzeugniveauregelung und Federratenänderung durch Einpumpen oder Ablassen von Hydrauliköl. Durch Zuschalten einer weiteren Federkugel kann die Federrate und Dämpferwirkung verändert werden.	**Kennlinie:** progressiv **Radführung:** Durch Längs- oder Querlenker an denen die Hydraulikstange befestigt ist.

F

Bauarten von Schwingungsdämpfern

Aufgabe	Schwingungsdämpfer (Stoßdämpfer) lassen die Schwingungen von Karosserie und Rädern schneller abklingen und erhöhen dadurch Fahrsicherheit und Fahrkomfort.		
Wirkungsweise	Hydraulische Schwingungsdämpfer bestehen grundsätzlich aus einem Zylinder, in dem sich ein Kolben mit Kolbenstange auf- und ab bewegt. Ventile im Kolben drosseln den Ölstrom. Die Dämpfungskräfte der Druckstufe sind um das 2- bis 5-fache größer als die der Zugstufe.		
Bauart	**Zweirohr-Dämpfer**	**Zweirohr-Gasdruck-Dämpfer**	**Einrohr-Gasdruck-Dämpfer**
Aufbau	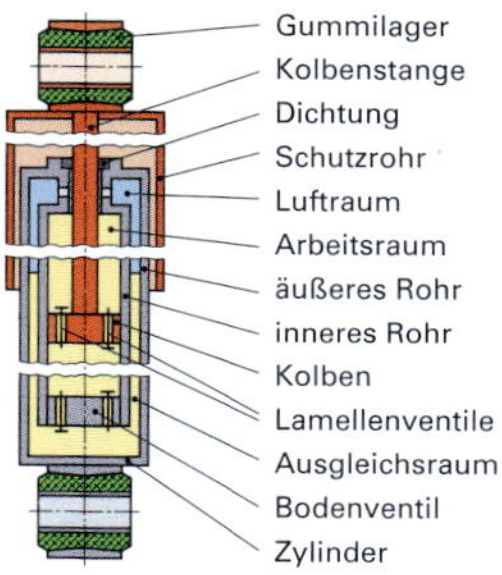	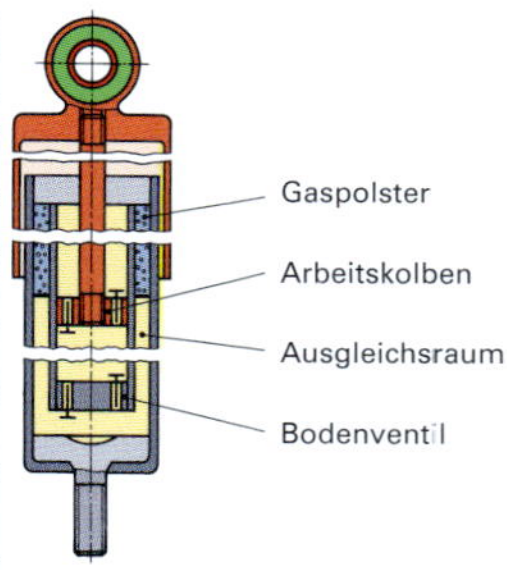	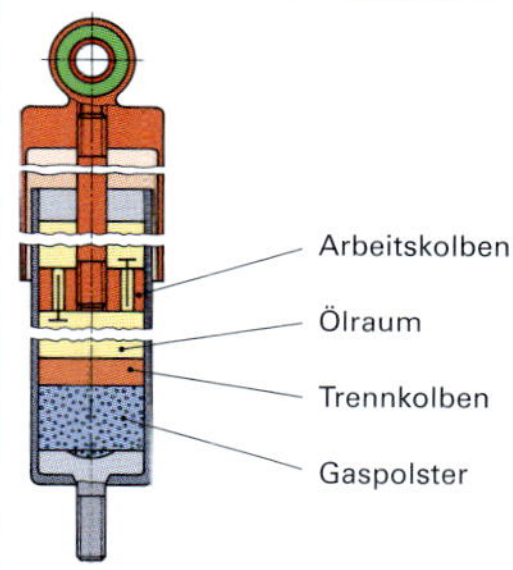
Merkmale	• Häufig verwendete Bauart. • Einbaulage nur mit der Kolbenstange nach oben, da sonst aus dem Ausgleichsraum Luft angesaugt würde. • Hohe Verschäumungsneigung.	• Stickstoff-Gasfüllung im Ausgleichsraum. • 2 ... 8 bar Gasdruck. • Einbaulage nur mit der Kolbenstange nach oben. • Geringe Verschäumungsneigung.	• Beliebige Einbaulage. • Stickstofffüllung, 20 ... 30 bar Gasdruck. • Gute Wärmeabführung. • Kompakte Bauweise • Keine Verschäumungsneigung.
Bauart	**Zweirohr-Gasdruck-Dämpfer mit Bypassnuten**	**Continious-damping-control-Dämpfer CDC**	**Magnetic-Ride**
Aufbau	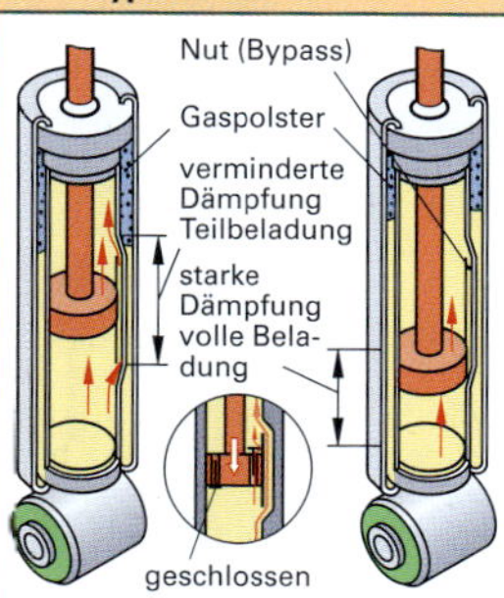	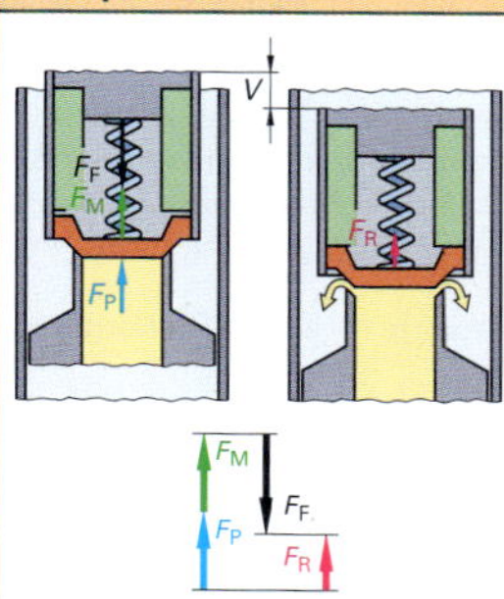	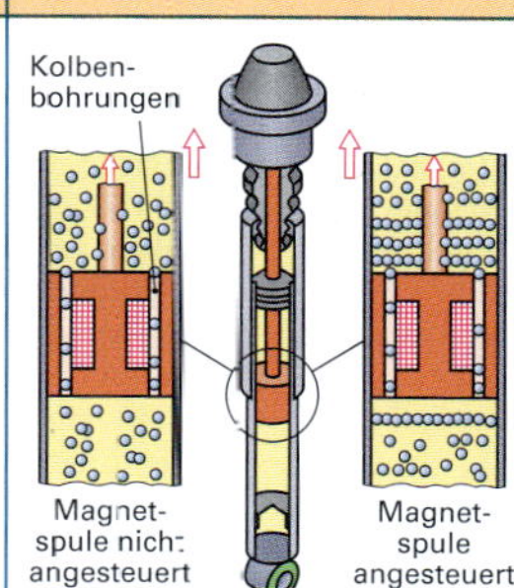
Merkmale	• Fest eingestellte variable Dämpfung in Abhängigkeit vom Beladungszustand bzw. Federweg. • Änderung des Drosselquerschnittes im Bereich der Bypassnuten.	• Zweirohr-Dämpfer mit integrierter Magnetspule. • Veränderung des Drosselquerschnitts. • Kontinuierlich veränderbare variable Einstellung. • Anpassung an Fahrsituation.	• Einrohr-Dämpfer mit integrierter Magnetspule. • Änderung des Fließverhaltens durch magnetische Partikel (3 – 10 µm) im Dämpferöl. • Elektronische Regelung im Millisekundenbereich.
Prüfung	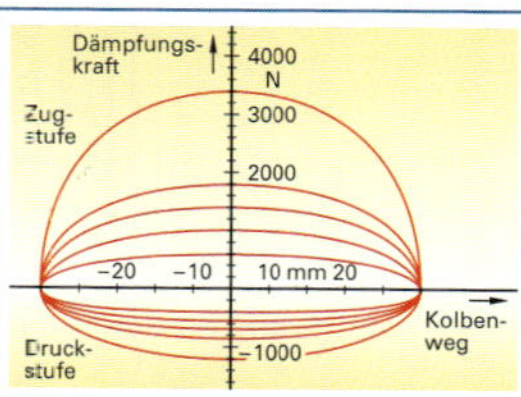	**Links: Kennlinie** bei ausgebautem Dämpfer. Dämpfungskräfte über dem Kolbenweg. **Rechts: Shocktest** bei eingebautem Dämpfer. Defekt falls Resonanzausschlag größer oder gleich dem angegebenen Grenzwert.	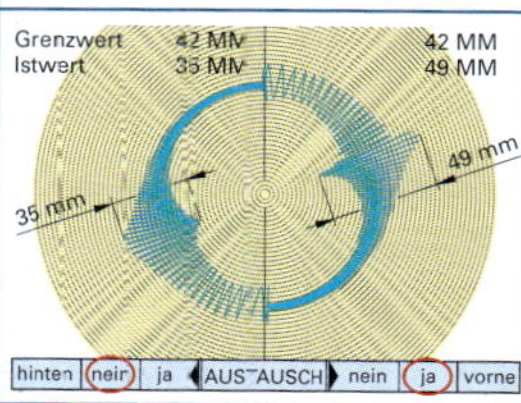

F

Luftfederung mit geregelter Dämpfung

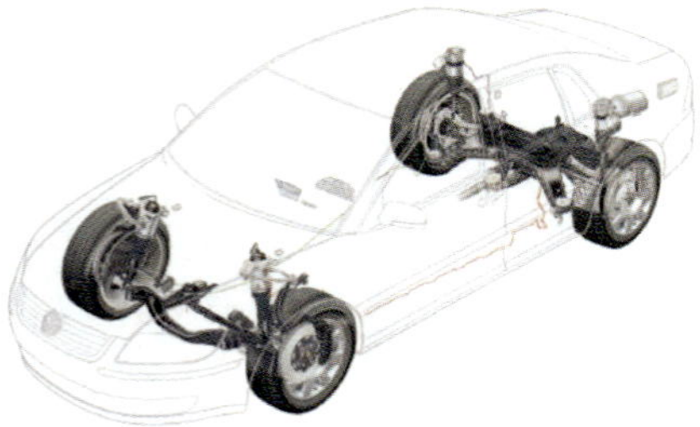

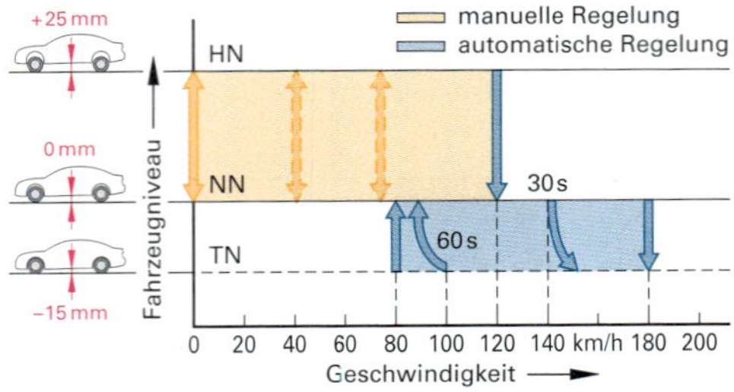

Bei dem System handelt es sich um ein niveaugeregeltes Fahrwerk mit volltragender Luftfeder und kontinuierlich verstellbaren Schwingungsdämpfern, um die Fahrsicherheit und den Komfort zu erhöhen.

Aufgabe

Durch die volltragende Luftfederung wird das Fahrzeug ladungsunabhängig immer auf einem bestimmten Niveau über der Fahrbahn gehalten. Die Höhenniveaus sind vom Fahrer wählbar oder werden abhängig von der Fahrsituation automatisch eingestellt.

- **Normalniveau.** Es ist nach dem Start des Fahrzeuges eingestellt.
- **Hochniveau.** Es ist vom Fahrer wählbar, z.B. für Geländefahrten oder schlechte Straßen.
- **Tiefniveau.** Es stellt sich automatisch bei schneller Fahrt ein.

Schwingungsdämpfer mit elektrisch verstellbaren Kennlinien ermöglichen eine kontinuierliche Dämpferregelung mit 4 wählbaren Abstimmungsstufen.

- Komfort
- Basis
- Sport 1
- Sport 2 (automatisch bei schneller Fahrt)

Aufbau

Steuergerät für die Niveau- und Dämpfungsregelung.
Luftfeder und Winkelsensoren für das Fahrzeugniveau an jeder Achsseite.
Verstellbare Schwingungsdämpfer je Achsseite, integriert in das Luftfederbein.
Kompressor (Maximaldruck 16 bar) mit Lufttrockner und Temperaturgeber.
Magnetventilblock mit vier Ventilen, einem Ablassventil.
Druckspeicher mit Druckspeicherventil und einem integrierten Drucksensor.
Beschleunigungsgeber zur Messung der Vertikalbewegung der Karosserie (Messbereich: 1,3 g).
Beschleunigungsgeber zur Ein- und Ausfederbewegung der Räder (Messbereich.: 13 g)

Systemsteuerung Niveauregelung

Durch die Geber für das Fahrzeugniveau, die sich zwischen den Achsträgern und den unteren Querlenkern befinden, wird für jedes Rad die Position des Fahrzeugaufbaues gegenüber dem Rad gemessen und mit den im Steuergerät gespeicherten Voreinstellwerten verglichen.
Diese Voreinstellwerte muss das Steuergerät für das jeweilige Fahrzeug „lernen".
Ändert sich durch Be- oder Entladevorgänge die Fahrzeughöhe gegenüber der Fahrbahn, regelt das Steuergerät das Fahrzeug in das Sollniveau ein.
Hierzu wird Luft über ein Magnetventil in die jeweilige Luftfeder geleitet oder über das Ablassventil abgelassen.

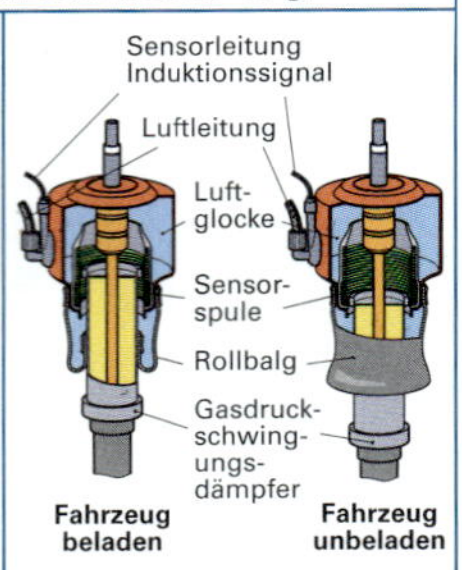

F

Dämpferregelung

Das Steuerungssystem für die Dämpferregelung erfasst über die Rad- und Aufbaubeschleunigungssensoren den Straßenzustand bzw. die Bewegungen des Fahrzeuges.
Die Kennlinien der einzelnen Schwingungsdämpfer werden entsprechend des berechneten Dämpfungsbedarfes innerhalb von Millisekunden elektrisch durch Bestromung der Magnetspule verstellt.
Die Dämpferkraft ist über das Proportionalventil im Schwingungsdämpfer kennfeldabhängig einstellbar.
Die Schwingungsdämpfer sind in die Luftfederbeine integriert.

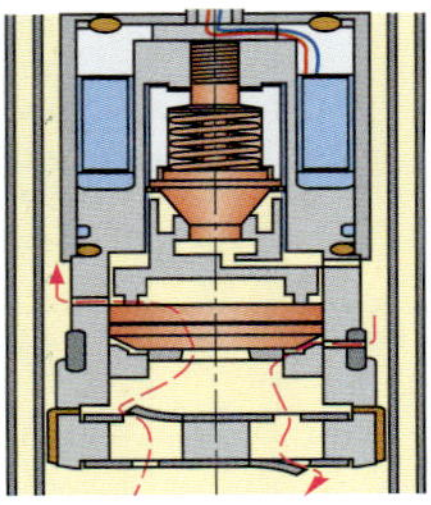

Skyhook-Regelstrategie

Die Verstellung des Dämpfers erfolgt in Abhängigkeit von der Vertikal-Beschleunigung der Räder und des Fahrzeugaufbaues. Im Idealfall erfolgt die Regelung so, als ob der Fahrzeugaufbau an einem „Haken am Himmel hängt" und fast ohne störende Bewegungen über die Fahrbahn schwebt.

Hydraulikschaltplan

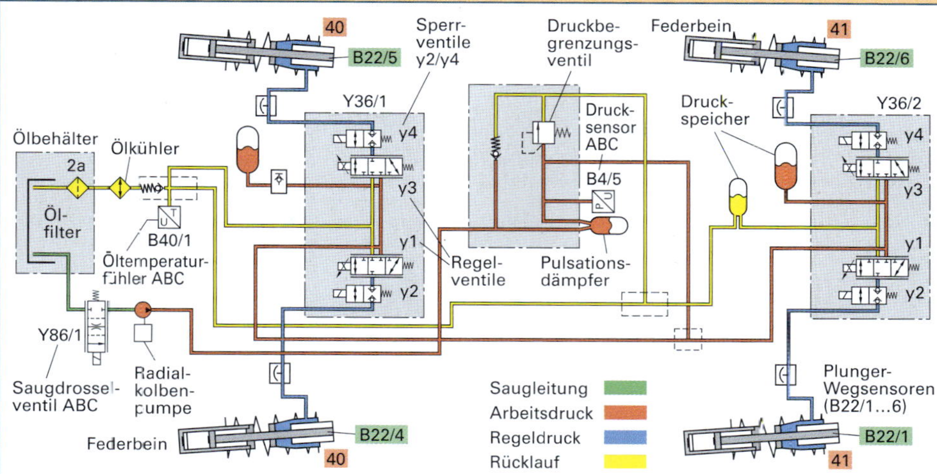

Aufbau	Es ist ein aktives Federungs- und Dämpfungssystem. Jedes Rad ist an einem Federbein aufgehängt, das aus einem Plunger, einem Schwingungsdämpfer und einer Schraubenfeder besteht.
Plunger	Er ist ein dynamisch verstellbarer Hydraulikzylinder, der in der Lage ist, Kräfte zu erzeugen, die den Rad- oder Karosseriebewegungen entgegenwirken. Der Plunger verstellt dabei den Fußpunkt der Schraubenfeder (Änderung der Vorspannung). So werden Karosseriebewegungen in Richtung Hochachse (durch Fahrbahnunebenheiten), um die Querachse (Nicken infolge Bremsen, Beschleunigen) und um die Längsachse des Fahrzeuges (Wanken durch Kurvenfahrt) verringert. Auch eine Niveauverstellung und Niveauregulierung ist integriert.

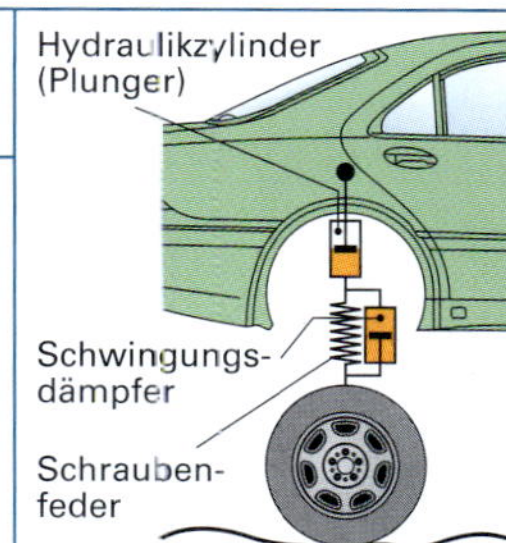

Wirkungsweise bei Kurvenfahrt (Linkskurve)	Das Wanken der Karosserie wird von den Plungerwegsensoren (B22) registriert und als Signale an das Steuergerät weitergeleitet. Um die Karosserie beim Befahren einer Linkskurve waagrecht zu halten, • müssen die Hydraulikzylinder (40/41) der kurvenäußeren Federbeine mit Öl versorgt werden, • muss bei den kurveninneren das Öl abfließen, um den Gegendruck abzubauen, • werden die Regelventile y3 nach links, die Regelventile y1 nach rechts verschoben. Die kurvenäußeren Plunger sind mit der Arbeitsdruckleitung verbunden und fahren solange aus, bis die Karosserie wieder waagrecht ist. Während dessen sind die kurveninneren Plunger mit der Rücklaufleitung verbunden und können einfahren. • Die Sperrventile y2 und y4 sind während der Fahrt ständig geöffnet.
Wirkungsweise beim Bremsen	Die vorderen Plungerwegsensoren (B22/4 und 5) registrieren das Eintauchen der Karosserie, die beiden hinteren (B22/1 und 6) das Entlasten der Hinterachse. Um dem Eintauchen entgegenzuwirken, werden über Signale des Steuergerätes • die Regelventile y3 und y1 der Vorderachse nach links verschoben, so dass die vorderen Plunger (40) mit der Arbeitsdruckleitung verbunden werden und ausfahren, • die Regelventile y1 und y3 der Hinterachse nach rechts verschoben, die Plunger (41) werden durch Verbindung mit der Rücklaufleitung druckentlastet und können einfahren. Der Vorgang dauert so lange, bis die Karosserie wieder waagrecht ist. Das Steuergerät verarbeitet noch zusätzliche Signale von Beschleunigungssensoren, Längs- und Querbeschleunigungssensoren, die im Hydraulikschaltplan nicht enthalten sind.
Niveauregulierung	Je ein Niveausensor an Vorder- und Hinterachse sorgen dafür, dass von der Radialkolbenpumpe solange Öl über die Regelventile in die Plunger gepumpt wird, bis sich das erwünschte Fahrzeugniveau eingestellt hat. Bei laufendem Motor wird das Niveau unabhängig von der Beladung konstant gehalten. Wird vom Steuergerät eine Entlastung der Räder einer Seite (Anheben beim Reifenwechsel) erkannt, werden die Sperrventile geschlossen.

Starrachsen / Halbstarrachsen (Auswahl)

Starrachse als Lenkachse

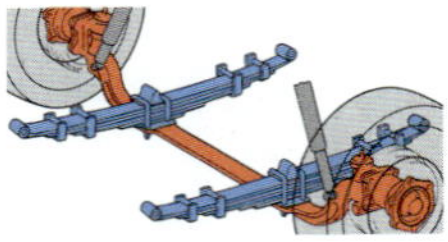

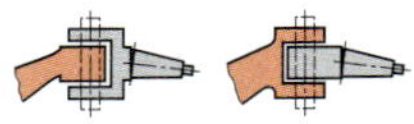

Starrachse. Der geschmiedete Achskörper aus vergütetem Stahl hat einen T- oder I-förmigen Querschnitt und ist nach unten ausgebuchtet, um Platz für den darüber liegenden Motor zu ermöglichen. Die Achsschenkel können in einer Faust oder Gabel bewegt werden.

Banjo-Achse

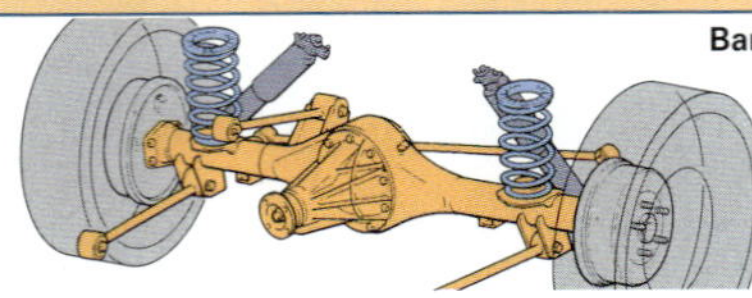

Starrachse. Der Achskörper enthält Achsantrieb mit Ausgleichsgetriebe und Achswellen. Hohe Tragfähigkeit. Große ungeferderte Masse. Bei beidseitigem Ein- und Ausfedern keine Spur- und Sturzänderung. Bei einseitigem Einfedern ergibt sich Sturzänderung.

DeDion-Achse

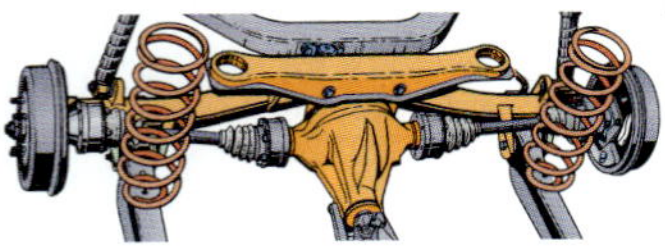

Starrachse. Achsantrieb und Ausgleichsgetriebe sind von der Achse getrennt und an der Karosserie befestigt. Die ungefederte Masse wird dadurch verringert. Die Achse muss durch Längslenker und einen Dreiecklenker (oder Panhardstab) geführt werden. Bei gleichmäßigem Ein- und Ausfedern tritt keine Spur- und Sturzänderung auf.

Verbundlenkachse

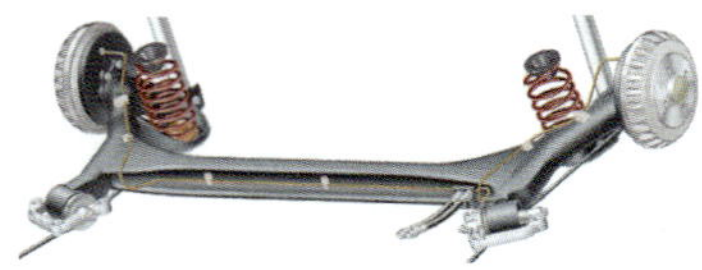

Halbstarrachse. Sie besteht aus Längslenkern, welche dicht an der Lagerstelle der Karosserie mit einem verdrehweichen U-Profil verschweißt sind. Bei einseitigem Ein- und Ausfedern wird das U-Profil in sich verdreht und wirkt wie ein Stabilisator. Dabei treten geringe Spur- und Sturzänderungen auf.

Einzelradaufhängung

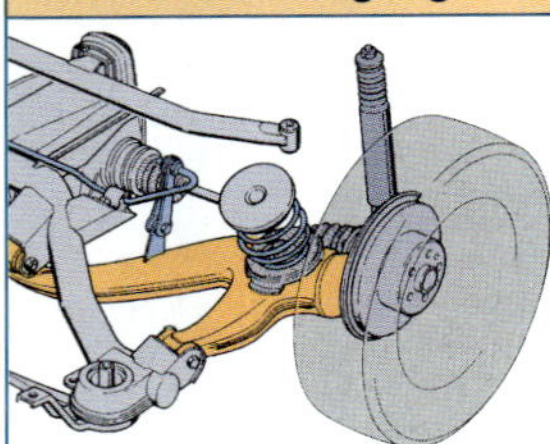

Schräglenkerachse
Sie besteht aus 2 Dreieckslenkern, bei denen die Drehachse der beiden Anlenklager schräg zur Querachse des Fahrzeuges (10° ... 20°) und horizontal oder leicht zur Mitte geneigt verläuft. Kleine Spur- und Sturzänderungen.

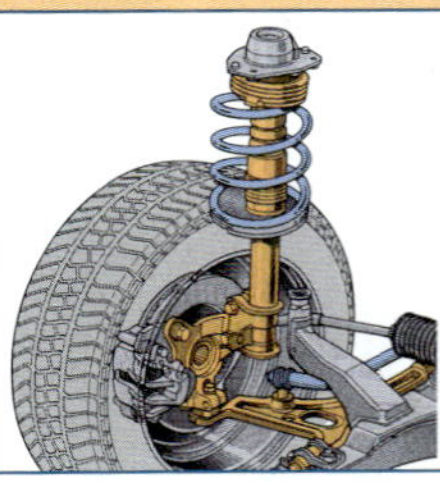

Federbeinachse (McPherson-Achse)
Sie besteht aus einem unteren Dreieck-Querlenker und einem Dämpferrohr, das an seinem unteren Ende mit dem Achsträger fest verbunden ist. Spur- und Sturzänderungen sind gering.

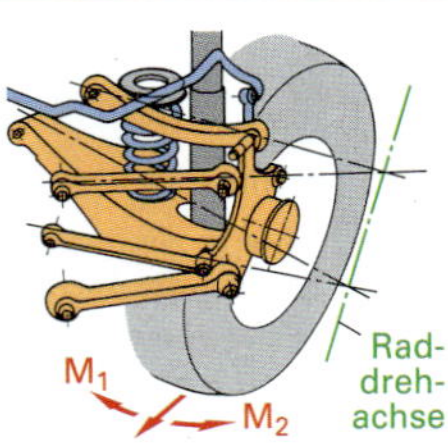

Raumlenkerachse
Die Entwicklung erfolgte aus der Doppel-Trapez-Querlenkerachse, wobei der obere und untere Dreiecklenker durch jeweils 2 Stäbe ersetzt wurde (Federlenker, Zugstrebe, Schubstrebe und Sturzstrebe). Der 5. Stab ist die Spurstange.

Durch die Auslegung der fünf Lenker beschreibt das Rad beim Ein- und Ausfedern eine genau festgelegte Raumkurve.

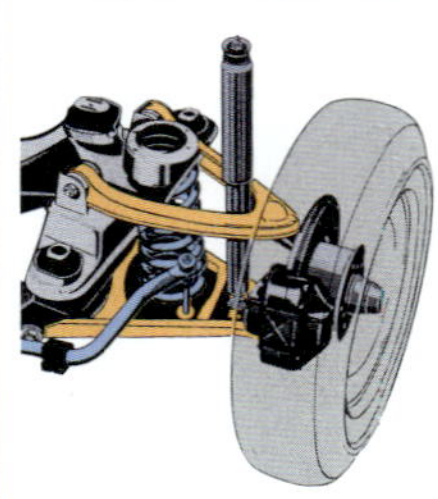

Doppel-Querlenkerachse
Die Achse wird durch 2 Querlenker je Seite geführt. Spur- und Sturzänderungen beim Ein- und Ausfedern sind frei bestimmbar durch die Auswahl der Lenkerlänge.
Lenker gleichlang, parallel: Keine Sturz- aber Spuränderung. Lenker oben kurz, unten lang: Negativer Sturz, Spuränderung gering.

Kinematik der Raumlenker-Hinterachse
Entscheidend für das Fahrverhalten sind hauptsächlich die Änderungen von Vorspur und Sturz, da durch sie das Eigenlenkverhalten des Fahrzeuges bestimmt wird. Werden auf unebener Fahrbahn Änderungen des Spurwinkels erzeugt, so entsteht eine Seitenkraft, die den Geradeauslauf stört. Im Diagramm ist zu erkennen, dass die Spurwinkeländerung beim Ein- oder Ausfedem fast Null ist. Sturzänderungen sollen im mittleren Bereich der Kurve (Geradeausfahrt) möglichst klein sein, um keine großen Seitenkräfte zu erzeugen. Beim Kurvenfahren ergibt sich beim Einfedern ein negativer Sturz, wodurch die Seitenführungskraft verbessert wird.

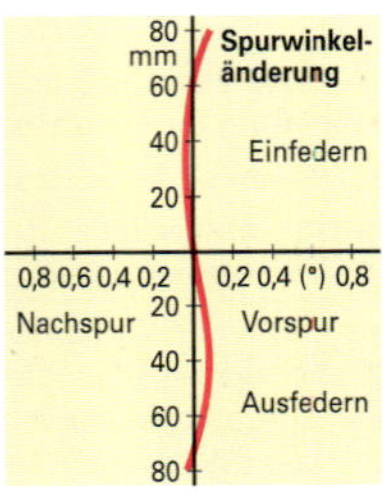

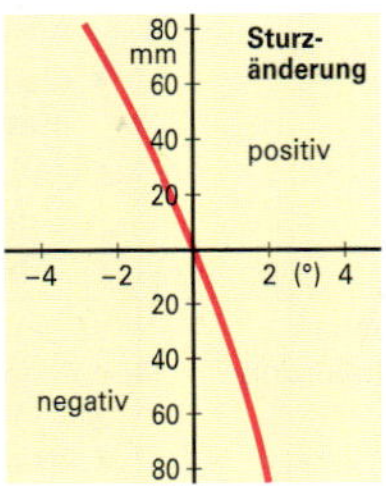

F

Aufbau von Kraftfahrzeugreifen

(a)

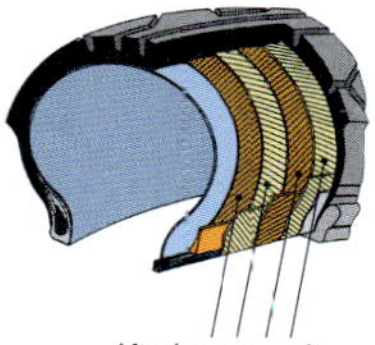

Diagonalreifen für Motorräder

(b)

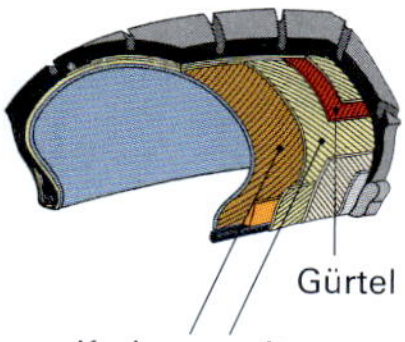

Diagonalreifen mit Gürtel für Motorräder

(c)

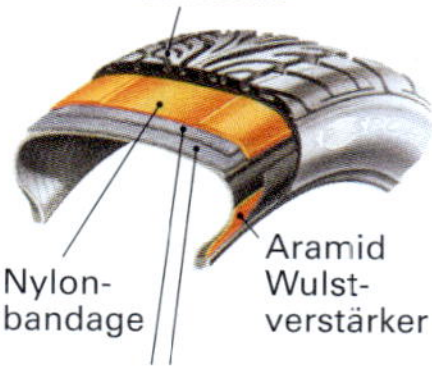

Radialreifen für PKW

(d)

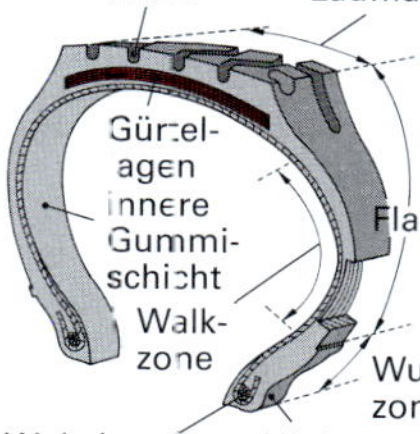

Begriffe am Reifen

Begriffe

Unterbau (Karkasse)

Der Unterbau und das Luftpolster sind maßgebend für die Belastbarkeit des Reifens.

Diagonalreifen. Gummierte Cordgewebelagen werden diagonal übereinander gelegt und an den Drahtkernen befestigt.

Diagonalreifen mit Gürtel. Zwischen Diagonalkarkasse und Lauffläche ist ein mehrlagiger Gürtel eingelegt.

Radialreifen mit Gürtel. Die Cordfäden der Karkasse verlaufen radial (90° zur Fahrtrichtung). Dadurch große Nachgiebigkeit der Seitenwände. Zusätzlicher Gürtel aus mehreren Lagen Stahlcord bzw. Textilcord, die unter spitzem Winkel zwischen Karkasse und Lauffläche liegen. Stabilisierung der Karkasse gegen Seitenkräfte und der Bodenauflagefläche gegen Verformung.

Cordgewebe

Das Gewebe besteht aus einer großen Anzahl paralleler Cordfäden, die einzeln in eine Gummimischung eingebettet sind und dadurch zusammengehalten werden.

Werkstoff: Karkassen bestehen bei Lkw aus Stahlcord, bei Pkw vorwiegend aus Rayon. Gürtel werden aus Stahlcord, Aramid- oder Nylonfasern gefertigt.

Fadenwinkel

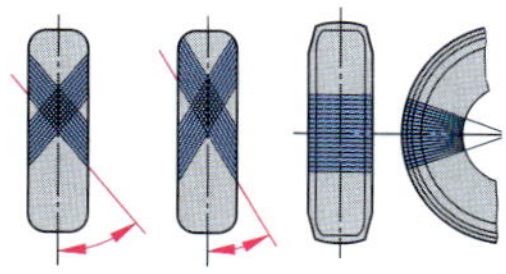

Diagonal-Reifen **Radial-Reifen**

Der Fadenwinkel ist bestimmend für die Einfederung der Karkasse und beeinflusst die Seitenführungskraft.

Reifenart	Fadenwinkel	Fahrverhalten und Wirkung
Radialreifen Karkasse Gürtel	 90° 0° … 20°	Hohe Seitenführungskräfte, verringerter Rollwiderstand, verbesserte Bodenhaftung.
Diagonal-reifen	26° … 40°	Großer Fadenwinkel: weicher Reifen, geringe Seitenstabilität. Kleiner Fadenwinkel: harter Reifen, erhöhte Seitenstabilität.

Zwischenbau

Elastische Verbindung zwischen Karkasse und Laufstreifen. Dämpfung der Fahrbahnstöße, Schutz des Unterbaues vor Gewebebrüchen. Bestandteile: Untergummi, Zwischenbaugewebe (Gürtel); ggf. Protektorgewebe, Polstergewebe (Breaker, nur Lkw), Gummipolster (Base-Mischung).

Lauffläche (Protektor)

Die Lauffläche ist je nach Verwendung mit einem Profil versehen. Werkstoff: Gummi, hergestellt aus Synthesekautschuk bzw. Naturkautschuk von besonders großer Abriebfestigkeit und Rutschfestigkeit.

Profil

Das Profil ist die Anordnung von Klötzen, Rippen, Rillen, Lamellen auf der Lauffläche. Man unterscheidet Normal-, Gelände-, M + S- und Sonderprofile.

Profiltiefe

Die Profiltiefe wird in den Hauptprofilrillen gemessen. Diese umfassen etwa 3/4 der Laufflächenbreite. Nach § 36 StVZO darf die Profiltiefe im gesamten Bereich der Hauptprofilrillen an keiner Stelle weniger als 1,6 mm betragen.

Wulst (Reifenfuß)

Eine Stahldrahteinlage bildet mit den Gewebelagen des Unterbaues den Wulst. Mit dem Wulst stützt sich der Reifen auf der Felge ab.

Seitengummi

Der Seitengummi schützt den Unterbau vor Beschädigungen und Witterungseinflüssen. Er ist mit Montagekennlinien, Reifenabmessungen, Reifenherstellungsdatum und Zeichen der Herstellerfirma versehen. Außerdem kann eine Scheuerleiste vorhanden sein.

F

Begriffe	
Zentrierlinie (Kennrillen)	Eine auf dem Seitengummi umlaufende Linie oder Rille, die nach der Reifenmontage parallel zum Felgenhorn verlaufen muss. Der richtige Reifensitz auf der Felge ist so optisch einfach zu kontrollieren.
Felgenband	Es ist aus Gummi und schützt bei Drahtspeichenrädern den Luftschlauch vor Anscheuern an den Nippelköpfen.
Wulstband	Gummiband, das den Luftschlauch bei Flachbett-, Schrägschulter- und geteilten Felgen vor Anscheuern schützt. Es wird zwischen Luftschlauch und Reifenwulsten eingelegt.
Schlauchloser Reifen	Der Gewebeunterbau ist mit einer luftdichten elastischen Gummischicht (Butylschicht) versehen. Zwischen Wulst und Felge erfolgt die Abdichtung durch eine weiche Gummischicht auf dem Wulst. Das Ventil ist luftdicht in die Felge eingesetzt. Kennzeichnung: tubeless = schlauchlos.
Statischer Halbmesser	Es ist der Abstand von der Radmitte bis zur Standebene bei stehendem Fahrzeug. Der Reifen muss dabei entsprechend der in der Norm festgelegten größten Tragfähigkeit belastet sein, wobei der vorgeschriebene Luftdruck eingehalten werden muss.
Dynamischer Halbmesser	Die bei einer Geschwindigkeit von 60 km/h je Umdrehung des Rades zurückgelegte Wegstrecke geteilt durch 2π ergibt den dynamischen Halbmesser. Der Reifen muss dabei mit der in der Norm festgelegten größten Tragfähigkeit, bei vorgeschriebenem Luftdruck, belastet sein.
Abrollumfang	Es ist diejenige Wegstrecke, die der Reifen bei einer Umdrehung und einer Geschwindigkei von 60 km/h zurücklegt. Der Reifen muss dabei mit der in der Norm festgelegten größten Tragfähigkeit, bei vorgeschriebenem Luftdruck, belastet sein.
Unwucht	Unwucht entsteht bei ungleichmäßiger Materialverteilung im Querschnitt und Umfang von Rad mit Reifen. Auch geometrische Abweichungen, wie Höhen- und Seitenschlag, führen zu Unwucht. **Statische Unwucht** 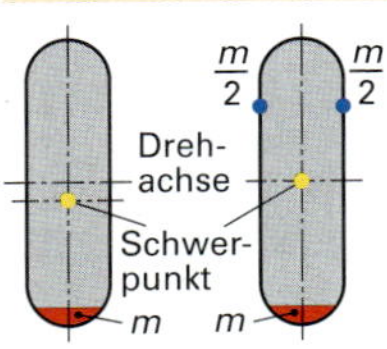 Bei idealer Masseverteilung liegt der Radschwerpunkt in der Drehachse des Rades, das, wenn es frei drehen kann, in jeder Stellung stehen bleibt. Bei ungleicher Masseverteilung verschiebt sich der Schwerpunkt aus der Drehachse in Richtung Unwuchtstelle. Folgen der Unwucht: Springen des Rades, dadurch Beanspruchung der Fahrwerksteile, Unruhe in der Lenkung, Verschleiß von Reifen und Schwingungsdämpfer. Beseitigung der Unwucht: Anbringen von gleich großen Gewichten gegenüber der Unwuchtstelle. **Dynamische Unwucht** 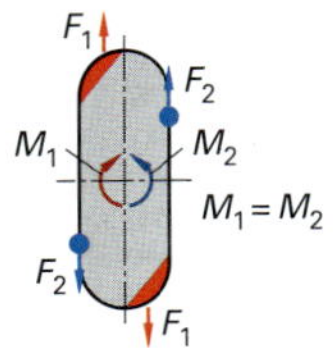 Ist die ungleiche Masse so verteilt, dass sie nicht in der zur Drehachse senkrecht stehenden Mittelebene liegt, so entstehen beim Drehen des Rades Fliehkräfte, die durch den Abstand zur Mittelebene Drehmomente erzeugen. Diese bewirken ein Kippen (Taumeln) des Rades. Je breiter das Rad, desto stärker wirkt sich die Unwucht aus. Folgen der Unwucht: Große ungleichförmige Kräfte auf Radaufhängung, Spurgelenke, Radlager, Lenkung, erhöhter Reifenverschleiß. Beseitigung der Unwucht: Ausgleich durch Anbringen geeigneter Gewichte gegenüber den Unwuchtstellen.
Höhenschlag	Der Reifen weicht von der Kreisform ab bzw. er ist nicht zentrisch auf der Felge montiert.
Seitenschlag	Bei Drehung des Rades erfolgt eine Abweichung aus der Planlaufebene.
Laufunruhenoptimierung (Matchen)	Dabei wird die tiefste Stelle der Felge ermittelt, z.B. mit Messuhr und mit der schwersten Stelle des Reifens in Fluchtrichtung gebracht. **Vorgang:** Mehrere Messläufe auf der Auswuchtmaschine nach entsprechendem Verdrehen des Reifens auf der Felge durchführen.
Flatspot	Abflachung auf der Reifenlauffläche, der durch Abkühlen des warmgefahrenen Reifens, bei langem Stehen auf der kalten Standfläche, entsteht.
Schnelllauf-Prüfung vgl. DIN 78051	Der zu prüfende Reifen wird auf die dazugehörige Felge montiert und mit dem vorgeschriebenen Luftdruck versehen. In einem Hochgeschwindigkeits-Außentrommelprüfstand wird der Reifen mit 80 % der Höchsttragfähigkeit belastet. In 5 Prüfstufen wird der Reifen 60 Minuten lang bei verschiedenen Geschwindigkeiten geprüft. In den letzten 20 Minuten läuft der Reifen mit Höchstgeschwindigkeit. Die Prüfung ist bestanden, wenn keine Schäden wie Profilausbrüche, Risse, Laufflächenablösungen, Lagenablösungen erkennbar sind.

F

Reifenkennzeichnung

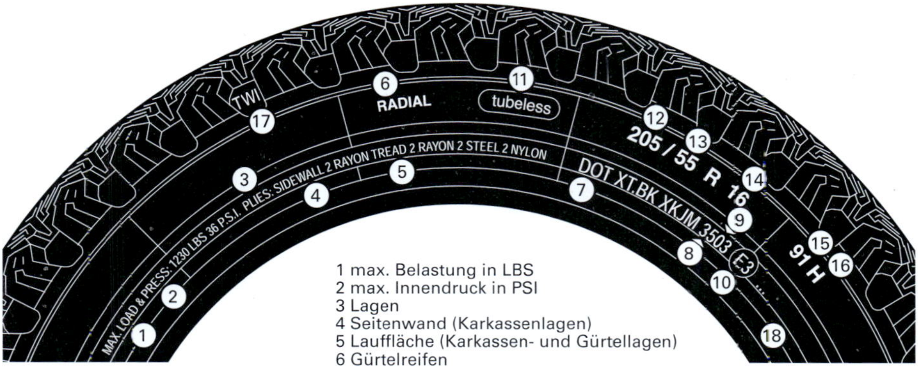

1 max. Belastung in LBS
2 max. Innendruck in PSI
3 Lagen
4 Seitenwand (Karkassenlagen)
5 Lauffläche (Karkassen- und Gürtellagen)
6 Gürtelreifen
7 DOT-Prüfung (Department of Transportation)
8 Herstellungswoche (35. Woche)
9 Herstellungsjahr (03 = 2003)
10 ECE-Prüfzeichen (E3 = Italien)
11 schlauchlos
12 Reifenbreite in mm
13 H/B (Reifenhöhe/Breite) = 0,55
14 Felgendurchmesser in Zoll
15 Tragfähigkeit (Tabelle LI)
16 Geschwindigkeit (Tabelle SI)
17 Lage des Abrieb-Indikators TWI
18 Zentrierlinie (Kennrille)

Reifenform	Name	H/B	Beispiel	Erklärung
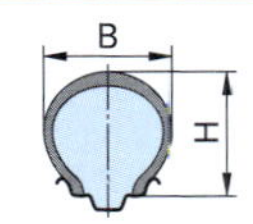	Ballon-reifen	0,98	**4,00 – 18 64 H**	**4,00**: Motorradreifen mit 4 Zoll Reifenbreite **18** : Felgendurchmesser 18 Zoll **64** : Reifentragfähigkeit 240 kg bei einem Reifenluftdruck von 2,5 bar **H** : Geschwindigkeit bis 210 km/h
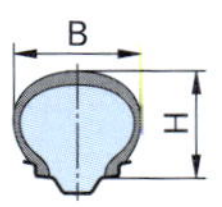	Super-Nieder-querschnitt-Reifen (Serie 82)	0,82	**165 R 13 84 S**	**165** : Pkw-Reifen mit 165 mm Reifenbreite **R** : Radialreifen **13** : Felgendurchmesser 13 Zoll **84** : Reifentragfähigkeit 500 kg **S** : Geschwindigkeit bis 180 km/h
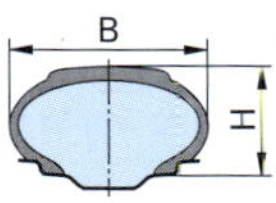	Serie 70-Reifen	0,70	**265/70 R 19,5 144 L**	**265** : Nfz-Reifen mit 265 mm Reifenbreite **70** : Reifenhöhe/Reifenbreite = 0,70 **19,5**: Felgendurchmesser 19,5 Zoll **14** : Reifentragfähigkeit 2800 kg (bei 8 bar) **L** : Geschwindigkeit bis 120 km/h

Vergleich der Querschnitte

Mit kleiner werdendem H/B verändert sich der Abrollumfang kaum		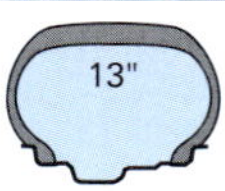	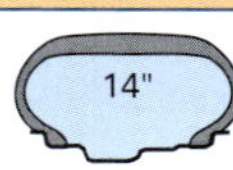	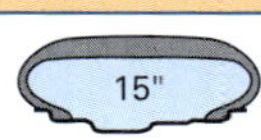	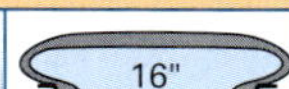
Reifengröße	155 R 13	175/70 R 13	185/60 R 14	195/50 R 15	215/40 ZR 16
H/B	0,82	0,7	0,6	0,5	0,4
Abrollumfang in mm	1765	1755	1765	1760	1770
Abrollumfang in %	100	99,4	100	99,7	100,3

Kennbuchstaben für zulässige Höchstgeschwindigkeit in km/h (Speed Index SI)

A6	30	D	65	K	110	Q	160	H	210
A7	35	E	70	L	120	R	170	V	240
A8	40	F	80	M	130	S	180	W	270
B	50	G	90	N	140	T	190	Y	300
C	60	J	100	P	150	U	200	ZR	über 240

F

Reifenkennzeichnung

PR-Zahl (Ply Rating)	Die PR-Zahl ist eine Vergleichszahl für die Beanspruchungsfähigkeit von Reifen gleicher Abmessung, jedoch unterschiedlichem Unterbau, z.B. 8 PR: Der Reifen kann so belastet werden, wie ein Reifen mit 8 Lagen Baumwollcord im Unterbau, unabhängig, wie viele Lagen einer anderen Cordart im Unterbau vorhanden sind.
Tragfähigkeitskennzahl (Load Index LI)	Nach der Europa-Norm ECE werden für die Reifentragfähigkeit Kennzahlen, der sog. Load Index LI, verwendet. Die Tragfähigkeitskennzahl LI gibt die Höchsttragfähigkeit des Reifens bei derjenigen Geschwindigkeit an, die durch das Geschwindigkeitssymbol SI bezeichnet wird (gilt nur bis Speed Index H). Sie muss aus Tabellen entnommen werden; z.B. in der Reifenbezeichnung 185/55 R 15 82 T gibt die Zahl 82 eine Tragfähigkeit von 475 kg, der Buchstabe T eine Höchstgeschwindigkeit von 190 km/h an. Für Reifen mit dem Geschwindigkeitssymbol V beträgt bei einer Höchstgeschwindigkeit von 240 km/h die höchste Reifentragfähigkeit nur 91 % der in der Tabelle angegebenen Werte.

Tragfähigkeitskennzahl (Load Index LI) mit Reifentragfähigkeit in kg (Auswahl)

LI	kg	LI	kg	LI	kg	LI	kg
80	450	84	500	88	560	92	630
81	462	85	515	89	580	93	650
82	475	86	530	90	600	94	670
83	487	87	545	91	615	95	690

Bei Nfz-Reifen werden häufig 2 Reifentragfähigkeitskennzahlen angegeben. Die erste Zahl gilt für Einzelrad-, die zweite für Zwillingsanordnung (z.B. LI 154/150 entspricht einer Reifentragfähigkeit von 3750 kg bzw. 3350 kg je Reifen bei max. Luftdruck (9 bar).

Reifenwerkstoff Gummi

Vulkanisieren

Gummi ist vulkanisierter Kautschuk. Zum Vulkanisieren wird Schwefel in den Kautschuk in feinster Form eingewalzt. Die Vulkanisation erfolgt durch Pressen mit einem Druck von ca. 5 bar und gleichzeitiger Wärmezufuhr auf Temperaturen von 140 °C bis 150 °C (siehe auch Kapitel Kunststoffe).

Materialien für die Gummimischung

Ein Reifen besteht aus bis zu 85% Gummi, der Rest verteilt sich auf Gewebe, Stahldraht oder Kunststoffgeflecht. Gummi wird aus dem Grundstoff Kautschuk und weiteren Zusatzstoffen hergestellt, die ihm genau die Eigenschaften verleihen, die angestrebt und erwartet werden.

Naturkautschuk	Synthese-Kautschuk	Füllstoff	Peptisiermittel	Dispergiermittel
Er besteht aus dem Saft des Gummibaumes. Für Reifengummi verwendet man meist den Typ „smoked sheets", dessen Klebrigkeit beim Aufbau verschiedener Lagen notwendig ist. Hohe Zugfestigkeit, Kerbzähigkeit und starker Widerstand gegen Weiterreißen.	Künstlich aus Erdöl hergestellter Kautschuk, z.B. Styrol-Butadien-Kutschuk (SBR), sehr abriebfest.	Als Füllstoff wird Ruß verwendet, der durch unvollständige Verbrennung von Erdöl, Erdgas oder Acethylen erzeugt wird. Er verbessert Härte, Zugfestigkeit, Kerbzähigkeit, Abriebfestigkeit und Haftung.	Sie machen den zunächst harten Naturkautschuk weich und mischbar.	Mit Hilfe von Stearin-Säure werden die Chemikalien und Füllstoffe im Kautschuk gleichmäßig verteilt, wodurch die mechanischen Eigenschaften des fertigen Gummis verbessert werden.
Alterungsschutzmittel	**Weichmacher**	**Lichtschutzwachse**	**Vulkanisationsbeschleuniger**	**Vernetzungsmittel**
Sie sollen den fertigen Gummi gegen Qualitätsverlust mit fortschreitender Zeit schützen. Durch Einwirken von Licht und Ozon kann es zu Rissbildung, Verhärtung bei Synthesekautschuk und Erweichung bei Naturkautschuk kommen.	Verwendung finden aromatische Öle. Sie wirken auf den Kautschuk erweichend und erleichtern das Einarbeiten der Füllstoffe.	Es sind Paraffine, die an die Oberfläche wandern und dabei Alterungsschutzmittel mitnehmen. Unwirksam gewordene werden ersetzt. Die Lichtschutzwachse bilden an der Oberfläche einen Schutzfilm.	Sie verkürzen den Vernetzungsvorgang von einigen Stunden auf wenige Minuten. Einsatz von Zinkoxid.	Mit Hilfe von Schwefel und Hitze werden die langkettigen Kautschukmoleküle miteinander vernetzt. Aus plastisch-klebrigem Kautschuk wird elastischer Gummi (Vulkanisieren).

Reifenwerkstoff Gummi

Silika in Reifenmischungen

Silika ist Kieselsäure und wird aus Wasserglas (Ausgangsstoff Quarzsand) und Schwefelsäure hergestellt. Das aus dem Fertigungsverfahren entstandene feinkörnige Pulver dient in der Reifenmischung als Füllstoff und kann Ruß bis zu 2/3 seines Anteiles ersetzen. Durch Einsatz von Silanen kann die Kieselsäure (Silika) mit dem organischen Kautschuk chemisch reagieren. Dies führt in der Reifenmischung zu

- Erhöhung des Abriebwiderstandes
- Verminderung des Wärmeaufbaues
- Erhöhung des Ableitwiderstands.
- Steigerung der Elastizität
- Verminderung des Rollwiderstandes

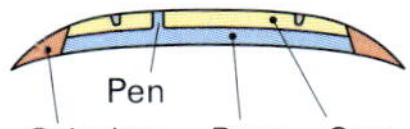

Energie sparende Reifen. Ein flacher Stahlgürtel (Flat Belt) reduziert die Walkarbeit in der Schulter (gleichmäßiger und geringerer Reifenabrieb). Der Laufstreifen erhält unterschiedliche Gummimischungen:

Base-Mischung (härter) ohne Silika ergibt einen niedrigen Rollwiderstand.

Cap-Mischung (weicher) mit Silika erzielt gutes Nässeverhalten und hohe Laufleistung.

Base-Pen-Prinzip verhindert statische Aufladung des Reifens.

Reifenverschleiß

Um die Antriebskräfte auf die Fahrbahn zu übertragen, ist Reibung nötig. Reibungskräfte werden durch Schlupf zwischen Reifen und Fahrbahn aufgebaut. Bei normaler Fahrweise werden Schlupfwerte von 2 % erreicht, d.h. bei einem Abrollumfang des Reifens von 2000 mm legt das Fahrzeug nur 1960 mm zurück. Bei rasanter Fahrweise kann der Schlupf Werte von 20 % und mehr erreichen. Dabei steigt der Abrieb der Lauffläche im Quadrat mit der Größe des Schlupfes. Neben der Fahrweise kann Reifenverschleiß auch durch schlecht ausgewuchtete Räder, durch fehlerhafte Lenkgeometrie, sowie durch Spiel oder Schäden in der Radaufhängung, Lenkung, Radlagerung, Federung mit Schwingungsdämpfer entstehen.

Abrieb an beiden Reifenaußenseiten 	**Verschleißbild:** Unregelmäßiger, konischer Abrieb auf den Außenseiten der Lauffläche. **Verschleißursache:** Zu niedriger Luftdruck, die Mitte der Lauffläche wölbt sich nach innen.	**Unregelmäßiger Abrieb** 	**Verschleißbild:** Wellenförmige oder knollenartige Auswaschungen. **Verschleißursache:** Spiel in Radlagerung, Lenkung, Radaufhängung, defekte Federung mit Schwingungsdämpfer, schlecht ausgewuchtete Räder.
Mittenabrieb 	**Verschleißbild:** Starker Abrieb in der Reifenmitte. **Verschleißursache:** Zu hoher Reifendruck, häufiges Durchdrehen der Räder beim Anfahren, Fahren langer Strecken mit hoher Geschwindigkeit, besonders bei Breitreifen.	**Bremsplattenbildung** 	**Verschleißbild:** Starke lokale Abflachung auf der Lauffläche, Bremsplatte. **Verschleißursache:** Blockierende Bremsen, falsch eingestellte Bremsen, zu starke Abbremsung der Vorder- bzw. Hinterachse.
Einseitiger Abrieb 	**Verschleißbild:** Starker einseitiger Abrieb auf der Innen- oder Außenseite der Lauffläche. **Verschleißursache:** Zu großer Radsturz, starkes Ein- und Ausfedern bei Einzelradaufhängung, schnelles Fahren auf kurvenreichen Strecken, Verformung des Lenktrapezes.	**Sägezahnartiger Abrieb** 	**Verschleißbild:** Sägezahnartiger Verschleiß der Profilstollen an den Außenseiten der Laufflächen, besonders bei grobstolligem Profil. **Verschleißursache:** Zu große Spurwerte, falscher Luftdruck.

F

Pkw-Reifen der Serie 80, 75, 70, 65, 60, 55, 50

Reifengröße	Loadindex, Tragfähigkeit in kg bei Luftdruck[1] Standard			Reinforced (Extra Load)			Zulässige Felgenbreiten	Betriebsmaße (max.)[2] Breite	Außendurchm.	Halbmesser statisch ± 2 %	Abrollumfang + 1,5 % – 2,5 %
	LI	kg	bar	LI	kg	bar	Zoll	mm	mm	mm	mm
135/80 R 13	70	335		74	375		3.00…4.50	138…149	605	249	1665
145/80 R 13	75	387		79	437		3.50…5.00	146…161	571	255	1715
155/80 R 13	73	365		77	412		4.00…5.50	158…174	588	262	1765
165/80 R 13	83	487	2,4	87	545	2,8	4.00…5.50	166…182	605	268	1810
145/80 R 14	76	400		–	–		3.50…5.00	146…161	598	268	1795
175/80 R 14	88	560		92	630		4.50…6.00	179…194	647	287	1940
185/80 R 14	91	615		95	690		4.50…6.00	186…202	664	293	1990
205/75 R 15	97	730		–	–		5.00…7.00	206…227	701	311	2100
235/75 R 15	105	925	2,5	109	1030	2,9	6.00…8.00	239…260	747	328	2235
225/75 R 16	104	900		108	1000		6.00…7.50	232…248	758	335	2270
155/70 R 13	75	387		–	–		4.00…5.00	158…168	556	250	1670
165/70 R 13	79	437		83	487		4.00…5.50	166…182	572	256	1715
175/70 R 13	82	475		86	530		4.50…6.00	179…195	586	261	1755
185/70 R 13	86	530		–	–		4.50…6.00	186…203	600	266	1800
165/70 R 14	81	462		85	515		4.00…5.50	166…182	598	268	1795
175/70 R 14	84	500	2,5	88	560	2,9	4.50…6.00	179…195	612	274	1835
185/70 R 14	88	560		92	630		4.50…6.00	186…203	626	279	1880
195/70 R 14	91	615		95	690		5.00…6.50	198…215	640	285	1920
135/70 R 15	70	335		–	–		3.50…4.50	138…149	579	265	1740
155/70 R 15	78	425		–	–		4.00…5.00	158…168	607	276	1825
245/70 R 16	107	975		–	–		6.50…8.00	252…268	764	337	2290
155/65 R 13	73	365		–	–		4.50…5.50	163…174	540	244	1625
165/65 R 13	77	412		–	–		4.50…6.00	171…187	552	248	1660
175/65 R 13	80	450		–	–		5.00…6.00	184…194	568	254	1700
165/65 R 14	79	437		83	487		4.50…6.00	171…187	578	261	1740
175/65 R 14	82	475		86	530		5.00…6.00	184…194	594	267	1780
185/65 R 14	86	530	2,5	–	–	2,9	5.00…6.50	191…207	606	272	1820
195/65 R 14	89	580		93	650		5.50…7.00	204…220	620	277	1860
145/65 R 15	72	355		–	–		4.00…5.00	151…161	577	264	1735
185/65 R 15	88	560		92	630		5.00…6.50	191…204	631	284	1895
195/65 R 15	91	615		95	690		5.50…7.00	204…220	645	290	1935
205/65 R 15	94	670		99	775		5.50…7.50	212…233	657	294	1975
225/65 R 15	99	775		104	900		6.00…8.00	232…253	685	304	2055
235/65 R 17	104	900		108	1000		6.50…8.50	244…265	750	335	2250
175/60 R 14	79	437		–	–		5.00…6.00	184…194	574	260	1725
185/60 R 14	82	475		86	530		5.00…6.50	191…207	586	265	1765
195/60 R 14	86	530		–	–		5.50…7.00	204…220	600	269	1800
195/60 R 15	88	560	2,5	–	–	2,9	5.50…7.00	204…220	625	282	1875
205/60 R 15	91	615		95	690		5.50…7.50	212…233	637	286	1910
225/60 R 15	95	690		–	–		6.00…8.00	232…253	661	296	1985
225/60 R 16	98	750		102	850		6.00…8.00	232…253	686	296	2060
185/55 R 14	80	450		–	–		5.00…6.50	191…207	568	265	1710
175/55 R 15	77	412		–	–		5.00…6.00	184…195	581	265	1750
185/55 R 15	82	475		86	530		5.00…6.50	191…207	593	270	1785
195/55 R 15	85	515	2,5	89	580	2,9	5.50…7.00	204…220	603	282	1815
205/55 R 15	88	560		–	–		5.50…7.50	212…233	617	279	1850
205/55 R 16	91	615		94	670		5.50…7.50	212…233	642	291	1930
215/55 R 16	93	650		97	730		6.00…7.50	224…232	652	295	1960
225/55 R 16	95	690		99	775		6.00…8.00	232…253	664	300	1995
225/55 R 17	97	730		101	825		6.00…8.00	232…253	690	313	2075
185/50 R 14	77	412		–	–		5.00…6.50	191…207	550	251	1655
195/50 R 15	82	475		86	530		5.50…7.00	204…220	585	267	1760
205/50 R 15	86	530		89	580		5.50…7.50	212…233	595	271	1790
205/50 R 16	87	545	2,5	91	615	2,9	5.50…7.50	212…233	620	283	1865
225/50 R 16	92	630		96	710		6.00…8.00	232…253	642	291	1930
235/50 R 16	95	690		99	775		6.50…8.50	245…266	642	295	1960
205/50 R 17	89	580		93	650		5.50…7.50	212…233	646	296	1945

[1] [2] Erläuterungen siehe Seite 339.

F

Pkw-Reifen der Serie 45, 40, 35, 30, 25											
Reifengröße	Loadindex, Tragfähigkeit in kg bei Luftdruck[1] Standard			Reinforced (Extra Load)			Zulässige Felgenbreiten	Betriebsmaße (max.)[2] Breite	Außendurchm.	Halbmesser statisch ± 2%	Abrollumfang + 1,5% − 2,5%
	LI	kg	bar	LI	kg	bar	Zoll	mm	mm	mm	mm
225/45 R 16	89	580		93	650		7.00…8.50	228…244	616	282	1855
245/45 R 16	94	670		–	–		7.50…9.00	248…263	634	289	1910
215/45 R 17	87	445		91	615		7.00…8.00	222…232	634	300	1910
225/45 R 17	91	615		94	670		7.00…8.50	228…244	642	295	1930
235/45 R 17	93	650	2,5	97	730	2,9	7.50…9.00	241…256	652	299	1965
245/45 R 17	95	690		99	775		7.50…9.00	248…263	660	302	1990
215/45 R 18	89	580		–	–		7.00…8.00	222…232	659	304	1985
245/45 R 18	96	710		100	800		7.50…9.00	248…263	685	314	2065
255/45 R 18	99	775		103	875		8.00…9.50	260…275	697	318	2095
245/40 R 17	91	615		95	690		8.00…9.50	253…269	636	292	1915
255/40 R 17	94	670		98	750		8.50…10.00	265…281	644	296	1940
285/40 R 17	100	800		–	–		9.50…11.00	296…312	670	305	2015
225/40 R 18	88	560		92	630		7.50…9.00	234…250	645	299	1945
235/40 R 18	91	615	2,5	95	690	2,9	8.00…9.50	246…262	653	302	1965
275/40 R 18	99	775		103	875		9.00…11.00	284…305	685	314	2065
255/40 R 19	96	710		100	800		8.50…10.00	265…281	695	321	2095
285/40 R 19	103	875		–	–		9.50…11.00	296…312	721	330	2170
235/35 R 18	86	530	2,5	–	–	2,9	8.00…9.50	246…262	627	292	1895
245/35 R 18	88	560		92	630		8.00…9.50	253…259	635	296	1920
245/35 R 19	89	580		93	650		8.00…9.50	253…269	661	309	2000
315/30 R 18	98	750		–	–		11.00…12.50	333…349	655	303	1975
335/30 R 18	102	850	2,5	–	–	2,9	12.00…13.00	357…367	667	307	2010
265/30 R 19	89	580	2,5	93	650	2,9	9.50 … 10.50	282…293	649	304	1960
305/30 R 19	98	750		102	850		10.50…11.50	321…331	667	313	2035
305/25 R 19	92	630		–	–		10.50 … 11.50	320…331	641	301	1935
305/25 R 20	93	630		97	730		10.50 … 11.50	320…331	666	313	2015
295/25 R 21	96	710		–	–		10.00 … 11.00	308…318	687	324	2075
Reifen für Transporter und leichte Nkw (C-Reifen)											± 2,5%
	SI[3]	Li[4]		kg		bar					
175 R 14 C	N	96/94		710/670		3,75	4.50…5.50	178…188	642	289	1920
185 R 14 C	P	99/97		775/730		3,75	5.00…6.00	188…199	659	296	1970
205 R 14 C	P	105/103		925/875		3,75	5.50…6.50	209…219	696	310	2080
185/75 R 14 C	N	102/100		850/800		4,75	5.00…6.00	193…202	646	289	1920
175/75 R 16 C	N	101/99		825/775		4,50	5.00	184	678	308	2025
195/75 R 16 C	N	107/105		970/925		4,75	5.00…6.00	198…209	660	295	2115
225/70 R 15 C	P	109/107		1030/975		4,50	6.00…7.00	232…242	709	317	2110
Reifen für Nkw über 7,5 t										± 1,5%	± 2,0%
11.00 R 20	K	149/145		3250/2900		8,00	8.00	295	1099	498	3295
12.00 R 20	K	154/149		3750/3250		8,50	8.50	322	1140	515	3420
12.00 R 22.5	L	150/146		3350/3000		8,00	8.25…9.00	301…309	1099	504	3305
13.00 R 22.5	L	154/149		3750/3250		8,50	9.00…9.75	321…330	1141	521	3425
365/80 R 20	J	160		4500		9,00	10.00	361…382	1116	502	3330
295/80 R 22.5	M	152/148		3550/3150		8,50	8.25…9.00	305…313	1062	487	3185
315/80 R 22.5	L	156/150		4000/3350		8,50	9.00…9.75	328…336	1096	500	3280
225/75 R 17.5	M	129/127		1800/1750		7,25	6.00…6.75	230…237	797	366	2390
265/70 R 19.5	M	136/134		2240/2120		7,25	6.75…8.25	267…282	881	401	2640
285/70 R 19.5	K	145/143		2900/2775		8,50	7.50…9.00	290…306	911	413	2730
315/70 R 22.5	L	154/150		3750/3350		9,00	9.00…9.75	320…336	1032	468	3095
385/65 R 22.5	K	160		4500		9,00	11.75	408	1092	496	3250

1) **Luftdruck-Pkw-Reifen:** Die angegebenen Luftdrücke sind Basisluftdrücke. Sie gelten abhängig vom Speed Index (V/W/Y: $v \leq 160/190/220$ km/h) und Sturz ≤ 2°. Ist $v > 160/190/220$ km/h oder der Sturz größer als 2°, sind höhere Luftdrücke zu wählen. Bei niedrigeren Reifenbelastungen kann der Luftdruck vermindert werden. Herstellerwerte können abweichen.
C-Reifen, Nkw-Reifen: Der Luftdruck ist bei niedrigeren Reifenbelastungen, entsprechend Herstellervorschrift, anzupassen.

2) **Betriebsmaße.** Sie sind die maximal zulässigen Maße des Reifens ohne dynamische Verformungen.

3) **SI = Speed-Index** (Geschwindigkeitsklasse).

4) **Loadindex: C-Reifen, Nkw-Reifen:** Tragfähigkeit Einzelbereifung/Zwillingsbereifung (≈ 91% der Einzelbereifung). Bei niedrigeren Geschwindigkeiten erhöht sich die Reifentragfähigkeit nach Herstellervorschriften.

Reifengröße	SI[1]	Loadindex[2], Tragfähigkeit in kg bei Luftdruck[3]			Zulässige Felgenbreiten	Betriebsmaße (max)[4] Breite	Betriebsmaße (max)[4] Außendurchm.	Halbmesser dynamisch[5]	Abrollumfang ± 2 %
		LI	kg	bar	Zoll	mm	mm	mm	mm
Kraftradreifen (M/C = Motorcycle)									
3.25 – 18	P	59 reinf.	243	2,8	1.85...2.50	99...106	651	326	1930
3.50 – 18	P	62 reinf.	265	2,8	1.85...2.50	104...111	663	332	1960
4.10 – 18	S	60	250	2,6	2.15...3.00	120...132	654	329	1930
3.25 – 19	S	54	212	2,6	1.85...2.50	99...106	677	341	2008
100/90 – 16	H	54	212	2,9	2.15...2.75	107...114	598	305	1770
130/90 – 16	H	67	307	2,9	2.50...3.50	136...147	656	335	1933
90/90 – 18	H	51	195	2,9	1.85...2.50	96...103	631	321	1869
100/90 – 18	H	56	224	2,9	2.15...2.75	107...114	649	331	1924
120/90 – 18	H	65	290	2,9	2.50...3.00	128...135	689	351	2032
170/80 B 15	H	77	487	3,4	3.50...4.50	182...193	673	344	1972
120/80 VB16	V	60V	250	2,9	2.50...3.00	128...134	612	314	1806
140/80 VB16	V	68V	315	2,9	2.75...3.75	148...159	646	333	1903
140/80 VB17	V	69V	325	2,9	2.50...3.75	146...159	672	346	1981
100/80 – 17	S	52	200	2,6	2.15...2.75	107...114	604	304	1788
110/70 ZR 17	Z	54W	212	2,9	3.00...3.50	118...123	596	301	1770
120/70 ZR 17	Z	58W	236	2,9	3.00...3.75	126...134	612	308	1812
130/70 – 17	H	62	265	2,9	3.00...4.00	136...147	626	319	1854
140/70 – 17	S	66	300	2,6	3.50...4.50	149...160	642	324	1897
150/70 ZR 17	Z	69W	325	2,9	3.50...4.50	154...164	656	332	1939
120/60 ZR 17	Z	55W	218	2,9	3.50...3.75	126...134	586	295	1740
150/60 ZR 17	Z	66W	300	2,9	4.00...4.50	159...164	624	315	1848
170/60 ZR 17	Z	72W	355	2,9	4.25...5.50	178...190	650	328	1921
160/60 ZR 17	Z	69W	325	2,9	4.25...5.00	170...177	638	322	1884
180/55 ZR 17	Z	73W	365	2,9	5.00...6.00	185...195	644	325	1903
190/50 ZR 17	Z	73W	365	2,9	5.50...6.00	198...203	636	331	1878
Enduro-Reifen für Straße und Gelände									
2.75 – 21	P	45	165	2,3	1.50...1.85	82... 86	707	357	2081
3.00 – 21	R	51	195	2,5	1.60...2.15	89... 95	723	365	2123
4.00 – 18	R	64	280	2,5	2.15...3.00	117...130	697	352	2026
90/90 – 21	S	54	212	2,6	1.85...2.50	94...103	713	360	2099
100/90 – 19	S	57	230	2,6	2.15...2.75	107...114	683	346	2002
120/90 – 17	S	64	280	2,6	2.50...3.00	128...134	672	340	1957
110/80 R 19	H	59	243	2,9	2.15...2.50	114... 117	671	338	1990
130/80 R 17	S	65	290	2,6	2.50...3.50	136...147	664	330	1933
140/80 – 18	R	70	335	2,5	2.75...3.75	146...156	707	358	2057
110/80 R 19	H	59	243	2,9	2.50...2.75	114...120	671	338	1990
150/70 R 17	H	69	325	2,9	4.00...4.50	159...164	656	332	1939
Reifen für Motorroller									
90/90 – 10	J	50	190	2,50	2.15...2.50	96...101	428	–	1240
100/90 – 10	J	56 reinf.	257	3,00	2.50...3.00	109...114	444	–	1298
120/90 – 10	L	66	300	2,50	2.50...3.50	127...137	486	–	1405
100/80 – 10	J	53	206	2,50	2.15...3.00	115...123	442	–	1286
100/80 – 16	P	50	190	2,30	2.15...2.50	107...111	578	289	1709
120/80 – 16	T	60	250	2,70	2.50...2.75	128...131	612	311	1806
120/70 – 12	L	51	195	2,30	2.75...3.75	124...135	485	–	1414
130/70 – 12	L	56	224	2,30	3.00...4.00	134...144	499	–	1456
140/70 – 12	L	60	250	2,30	3.50...4.50	147...157	515	–	1498
120/70 – 13	L	53	206	2,30	3.00...3.75	129...137	510	–	1504

[1] **SI = Speed-Index:** bei V/VB und ZR-Reifen gelten die vom Hersteller freigegebenen Höchstgeschwindigkeiten.

[2] **Tragfähigkeiten:** Sie gelten für die angegebenen Referenzluftdrücke; bei V-Reifen bis 210 km/h, bei W- und Z-Reifen bis 240 km/h. Bei höheren, noch zulässigen Geschwindigkeiten sind die Tragfähigkeiten um mindestens 5 % je 10 km/h Geschwindigkeitszunahme zu reduzieren.

[3] **Luftdruck:** Herstellerwerte können abweichen.

[4] **Betriebsmaße.** Sie sind die maximal zulässigen Maße des Reifens ohne dynamische Verformungen.

[5] **Halbmesser dynamisch (Fliehkrafthalbmesser).** Für Geschwindigkeiten bis 150 km/h ist der halbe Außendurchmesser im Betrieb anzusetzen. Bei V- oder Z-Reifen wird der Fliehkrafthalbmesser auf 210 km/h bezogen. Für Geschwindigkeiten über 210 km/h sind die Angaben vom Reifenhersteller zu erfragen.

Reifenluftdruck in Abhängigkeit von Loadindex, Fahrzeuggeschwindigkeit und Sturz

Die Tragfähigkeit eines Reifens ist abhängig vom Load-Index, der Fahrzeuggeschwindigkeit und dem Sturz.

Achtung: Werden Veränderungen am Fahrwerk oder den Reifen vorgenommen, so ist der erforderliche Reifendruck neu zu bestimmen.

Standard Pkw-Reifen. Bei diesen Reifen beträgt der Basisluftdruck bei maximaler Belastung des Reifens 2,5 bar. Bei niedrigerer Radlast kann der Reifendruck reduziert werden (siehe auch Tabellenauszug).

XL-, bzw. Extra Load- bzw. Reinforced Reifen. Diese Reifen haben einen verstärkten Unterbau. Der Basisluftdruck bei diesen Reifen beträgt bei maximaler Belastung 2,9 bar, d.h., er ist um 0,4 bar höher als bei Standard-Reifen.

Bei beiden Reifenbauarten gilt der Reifennormluftdruck bis zu einer Geschwindigkeit von 160 km/h und einem Sturz von ≤ 2°.

Lässt der Speed-Index des Reifens höhere Geschwindigkeiten als 160 km/h zu, so sind abhängig vom Speedindex die angegebenen Reifenfülldrücke, um bis zu 0,5 bar zu erhöhen. Bei Zwischenwerten ist zu mitteln.

Luftdruckerhöhung in Abhängigkeit vom Speedindex (SI)

Q ... V (160 km/h ...210 km/h) → Luftdruckerhöhung max. 0,3 bar (Motorradreifen → $\Delta p_{max.}$ = 0,5 bar)
W und ZR (190 km/h ...240 km/h) → Luftdruckerhöhung max. 0,5 bar
Y (220 km/h ...270 km/h) → Luftdruckerhöhung max. 0,5 bar

Fahrzeughöchstgeschwindigkeit: Die mögliche Fahrzeughöchstgeschwindigkeit errechnet sich aus der im Fahrzeugschein angegebenen Fahrzeughöchstgeschwindigkeit nach folgender Formel:

$$v_{max} = v_{Fahrzeugschein} + 0{,}01 \cdot v_{Fahrzeugschein} + 6{,}5\ \text{km/h}$$

Folgende Luftdrücke dürfen im kalten Zustand des Reifens nicht überschritten werden:
T-Reifen: 3,2 bar; H-, V-, W-, Y-; ZR-, M+S-, XL-Reifen: 3,5 bar

Luftdruckerhöhung bei Sturzwinkel > 2°

≤ 2,5° 0,1 bar ≤ 3,5° 0,3 bar
≤ 3,0° 0,2 bar ≤ 4,0° 0,4 bar

Achtung: Bei Fahrzeugen, die aufgrund ihrer Höchstgeschwindigkeit Reifen mit dem SI-Index Y benötigen, ist der Sturzwinkel auf ≤ 3,0° zu begrenzen.

Tabelle – Reifentragfähigkeit in Abhängigkeit von Loadindex und Luftdruck (Auszug) für Standardreifen

Load-Index	Standardreifen										
	1,5	1,6	1,7	1,8	1,9	2,0	2,1	2,2	2,3	2,4	2,5
91	410	430	450	475	495	515	535	555	575	595	615
92	420	440	465	485	505	525	550	570	590	610	630
93	430	455	475	500	520	545	565	585	610	630	650
94	445	470	490	515	540	560	585	605	625	650	670
95	460	485	505	530	555	575	600	625	645	670	690
96	470	495	520	545	570	595	620	640	665	685	710
97	485	510	535	560	585	610	635	660	685	705	730

Beispiel Standardreifen: Reifen: 245/45 R 17 95W Radlast: 660kg; Fahrzeuggeschwindigkeit lt. Zulassungsbescheinigung 230 km/h; Radsturz 2,3°.

$P_{Reifendruck}$ = 2,4 bar + 0,5 bar + 0,1 bar = 3,0 bar

- 0,1 bar: Druckerhöhung wegen Sturz > 2°
- 0,5 bar: Druckerhöhung wegen Fahrzeuggeschwindigkeit > 190 km/h (Berechnung: v_{max} = 230 km/h + 0,01 · 230 km/h + 6,5 km/h = 240km/h → $\Delta p_{max.}$ = 0,5 bar)
- 2,4 bar: Ausgangsdruck in Abhängigkeit von Loadindex und tats. Radlast lt. Tabelle (v ≤ 160 km/h)

Beispiel XL bzw. Extra Load Reifen: 245/45 R 17 97W – Extra Load; Radlast: 660kg; Fahrzeuggeschwindigkeit lt. Zulassungsbescheinigung 230 km/h; Radsturz 2,3°.

$P_{Reifendruck}$ = 2,2 bar + 0,4 bar = 2,6 bar + 0,5 bar + 0,1 bar = 3,2 bar

- 0,4 bar: Druckerhöhung wegen XL-Reifen

Reifenluftdruck bei Pkw-Zugfahrzeugen im Hängerbetrieb

Im Hängerbetrieb, z.B. Wohnanhänger, ist der Reifendruck an der Hinterachse um bis zu 0,5 bar zu erhöhen. Es dürfen die maximal zulässigen Reifendrücke jedoch nicht überschritten werden.

F

Räder

Leichtmetall-Scheibenrad

Das Rad besteht aus Felge und Radscheibe (Radschüssel) bzw. Radstern oder Radspeichen mit Nabenteil. Die Felge dient zur Aufnahme des Reifens. Radscheibe, Radstern oder Radspeichen mit Nabenteil dienen zur zentrischen Befestigung des Rades an der Radnabe.

Scheibenräder: Stahlblech-Scheibenräder: Felge und Radscheibe sind in der Regel miteinander verschweißt. Leichtmetall-Scheibenräder, meist aus Al-Legierung, sind häufig aus einem Stück gefertigt (gegossen).

Speichenräder: Leichtmetall-Speichenräder: Felge und Radstern mit Nabenteil sind aus einem Stück gegossen oder geschmiedet und über Schrauben, Nieten oder Klemmteile miteinander verbunden. Drahtspeichenräder: Felge und Nabenteil sind durch Drahtspeichen miteinander verbunden.

Kennzeichnungen: Felgenabmessungen (61/2 J × 16), Einpresstiefe (ET 34), Hersteller, Herstellungsdatum (0798 = Juli 98), Zulassung (z.B. DOT), Teilenummer, Tragfähigkeit bei Nkw-Felgen (156/150M).

Felgen

Felgenbezeichnung

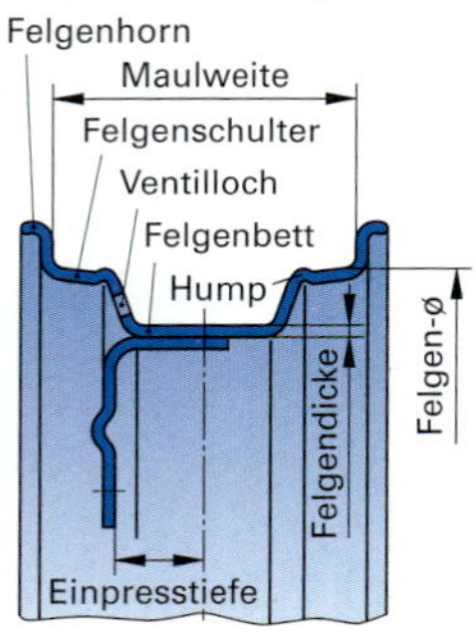

x	Kennzeichen für ungeteilte Felge, z.B. Tiefbettfelge
–	Kennzeichen für geteilte Felge, z.B. Schrägschulterfelge

Felgenbezeichnung	Felgenart	Felgenmaulweite in Zoll	Felgendurchmesser in Zoll	Hinweise
7 J × 16 FH2	Tiefbettfelge	7	16	J: Hornabmessungen FH2: Zwei Flat-Hump
4 1/2 J × 13 - S	Tiefbettfelge	41/2	13	S: Symmetrisch
22.5 × 7.50	Steilschulterfelge	7.50	22.50	.5 beim Felgendurchmesser = Steilschulterfelge
20 – 7.5	Schrägschulterfelge	7.5	20	Felgenschulter 5° geneigt
6.50 H – 16 SDC	Halbtiefbettfelge (SDC)	6.5	16	H: Hornabmessungen SDC: Semi Drop Centre
3.75 P-13	Flachbettfelge	3.75	13	P: Hornabmessungen
W 12 x 30	Breitfelge mit Tiefbett	12	30	W: Kennzeichen für Ackerschlepperbreitfelge
21 x WM 2.15	Tiefbettfelge	2.15	21	WM: Motorradfelgenkontur; Schlauch erforderlich
18 x MT 2.50 H2	Tiefbettfelge	2.50	18	MT: Motorradfelgenkontur H2: Zwei Hump
8 J x 17 EH2	Tiefbettfelge	8	17	J: Hornabmessungen EH2: zwei Extended Hump

Tiefbettfelge mit Hump

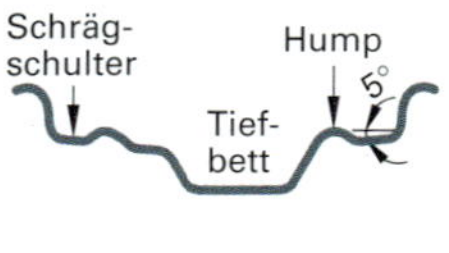

Die Felgenschulter ist einseitig oder beidseitig mit einer umlaufenden Erhöhung (Hump) versehen, der ein Abrutschen des Reifenwulstes in das Tiefbett erschwert. Bei schlauchlosen Radialreifen sind Felgen mit Hump oder vergleichbarer Sicherheit gegen das Abrutschen des Reifenwulstes in das Tiefbett vorgeschrieben.

Humpausführungen: H = normaler Hump; FH = Flat Hump; CH = kombinierter Hump (z.B. Felgeninnenschulter: H; Felgenaußenschulter: FH).

EH, EH+ = Extended Hump. Bei Felgen mit dieser Kenneichnung ist der Hump auf der Felgenschulter erhöht. Damit wird verhindert, dass Run-Flat-Reifen (Abk. RFT; RSC; SST; ...) im luftleeren Zustand bei Weiterfahrt mit begrenzter Geschwindigkeit ins Tiefbett abrutschen. Run-Flat-Reifen haben auf Grund einer verstärkten Reifenseitenwand Notlaufeigenschaften im luftleeren Zustand.

Steilschulterfelge

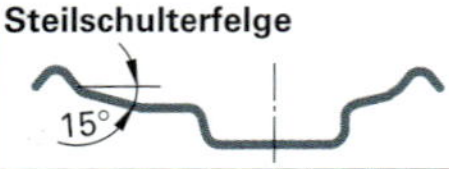

Einteilige Tiefbettfelge für Lkw- und Omnibusreifen. Die um 15° geneigte Schrägschulter bewirkt eine gute Zentrierung und Abdichtung des Reifens auf der Felge.

Schrägschulterfelge

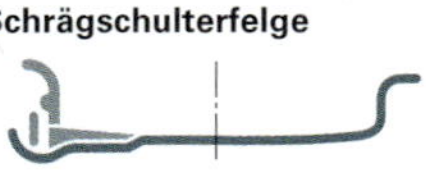

Sie werden als mehrteilige längsgeteilte Felgen (Ringfelgen) und als quergeteilte Felgen (Trilexfelgen) hergestellt. Flaches Bett, Schulter um 5° geneigt. Der Reifenwulst wird durch den Reifendruck auf die Schrägschulter gekeilt.
Verwendung: Schwere Lkw, Omnibusse.

Halbtiefbettfelge

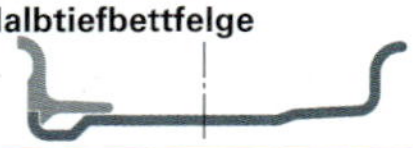

Mehrteilige längsgeteilte Felge. Das Felgenbett wird geringfügig vertieft, die Felgenschulter ist um 5° geneigt.
Verwendung: Lkw, Omnibusse.

F

Extended Mobility Systems (Systeme für verlängerte Mobilität bei Reifenpannen)

Statistisch gesehen tritt auf einer Fahrstrecke von 100 000 km eine Reifenpanne auf. Bei 80 % aller Reifenpannen ist ein langsamer Luftverlust die Ursache, bei 20 % tritt plötzlicher Luftverlust auf. Dies führt zu kritischen Fahrsituationen besonders bei hohen Geschwindigkeiten, häufig auch zu Unfällen. Um diese Gefahren zu vermindern und um die nächste Werkstatt ohne Reifenwechsel zu erreichen, werden Rad/Reifen-Systeme mit Notlaufeigenschaften (Run Flat Systems) eingesetzt. Den langsamen Luftverlust erkennt man rechtzeitig durch Luftdrucküberwachungssysteme.

Rad/Reifen-Systeme mit Notlaufeigenschaften (Run Flat Systems)

Systeme mit konventionellen Felgen einsetzbar.

- **Self Supporting Runflat Tires (SSR).** Reifen mit verstärkten Seitenwänden, die im drucklosen Zustand ein Weiterfahren ermöglichen. Geeignet für Reifen mit H/B < 60. Komforteinbuße durch Übertragung stärkerer Fahrbahnstöße.
- **Conti Support Ring (CSR).** Ein Metallring mit flexibler Lagerung wird auf die Felge montiert. Bei Luftverlust stützt sich der Reifen auf dem Ring ab. Für Reifen mit H/B > 60 geeignet. Mehrgewicht je Reifen etwa 5 kg.

Systeme mit speziellen Felgen und Reifen einsetzbar.

- **Michelin PAX-System.** Einteiliges Rad mit flexibler Einlage, sowie Reifen mit vertikaler Verankerung.
- **Conti Wheel System (CWS).** Felge mit Stützelement für Pannenlauf.

Alle Systeme müssen mit einem Luftdrucküberwachungssystem ausgerüstet sein, Pannenlaufsicherheit bis zu 200 km bei einer Geschwindigkeit von 80 km/h.

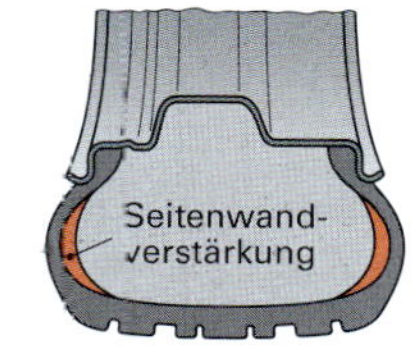

SSR-Reifen

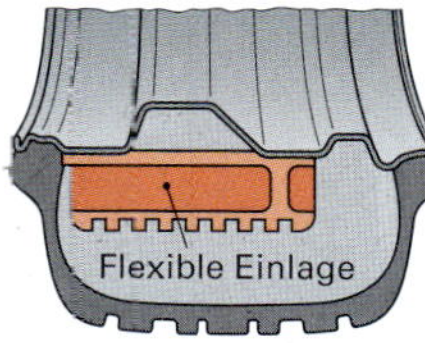

Pax-System

Luftdrucküberwachungssysteme (TPWS = Tire Pressure Warning Systems)

Indirekt messende Systeme: Sie werden nur wirksam, wenn zwischen den Reifen ein Luftdruckunterschied von 30 % entstanden ist. Der Druckverlust wird über den geringer werdenden Abrollumfang des Reifens durch Raddrehzahlsensoren ermittelt.

Direkt messende Systeme: Der Druck wird durch Sensoren im Reifen direkt erfasst. Das System besteht aus

- 1 Sensor für Reifendruck je Rad
- Kombiinstrument mit Display
- Funktionswahlschalter.
- 4 Antennen für Reifendrucküberwachung
- Steuergerät für Reifendrucküberwachung

Sensor für Reifendruck. Er ist mit dem Metallventil verschraubt und ist bei Reifen- oder Felgentausch wiederverwendbar. Zusätzlich sind ein Temperatursensor, eine Sendeantenne, Mess- und Steuerelektronik sowie eine Batterie mit einer etwa 7-jährigen Lebensdauer integriert. Da sich die Fülldrücke durch Temperatureinflüsse ändern, werden die im Steuergerät erfassten Drücke und Temperaturen auf eine Temperatur von 20 °C normiert. Das Steuergerät erhält von der Sendeantenne folgende Informationen:

- Individuelle Identifizierungsnummer (ID-Code), sie dient zur Eigenraderkennung
- aktueller Reifenfülldruck und aktuelle Reifenlufttemperatur
- Zustand der Lithium-Batterie.

Steuergerät. Es wertet die von den 4 Antennen für Reifendrucküberwachung ankommenden Signale aus und gibt die Informationen für den Fahrer, je nach Priorität, auf dem Display aus. Werden am Fahrzeug Räder gewechselt, so muss das Steuergerät mit den veränderten Drücken neu codiert werden.

Systemmeldungen 1. Priorität. Sie sind vorgesehen, wenn die Fahrsicherheit nicht mehr gewährleistet ist. Sie werden angezeigt, wenn

- der IST-Reifenfülldruck die Meldeschwelle 2 unterschreitet (0,4 bar unter dem gespeicherten SOLL-Reifendruck),
- der IST-Reifenfülldruck die Meldeschwelle 3 unterschreitet (Mindestdruck-Grenzwert nach Codiertabelle vom Hersteller angegeben, im Diagramm 1,7 bar),
- ein Druckverlust > 0,2 bar/min ist (siehe Diagramm).

Systemmeldungen 2. Priorität. Sie werden angezeigt, wenn

- die Meldeschwelle 1 unterschritten wird (0,2 bar unter dem gespeicherten SOLL-Reifendruck),
- der Druckunterschied > 0,4 bar an den Rädern einer Achse ist,
- das System abgeschaltet oder gestört ist.

Abdrücken des Reifens: Um den Sensor nicht zu beschädigen, muss auf der Seite die dem Ventil gegenüberliegt abgedrückt werden.

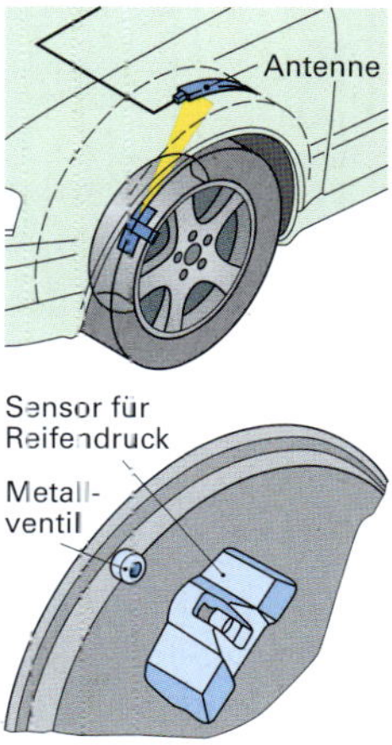

Sensor für Reifendruck und Antenne

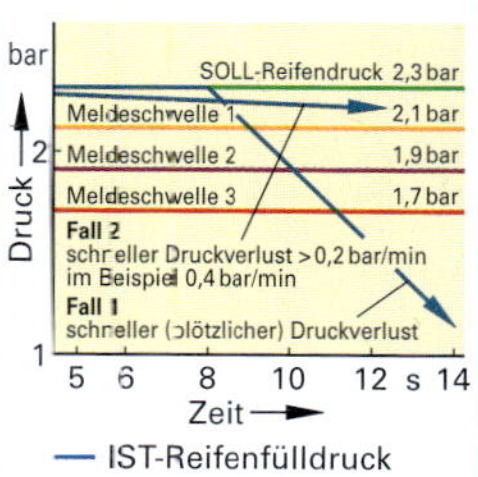

Diagramm Systemmeldungen

F

Aufgaben der Bremse

Bremsen sollen ein Fahrzeug verzögern, bis zum Stillstand abbremsen und gegen Wegrollen sichern.
Beim Bremsen wird Bewegungsenergie durch Reibung in Wärme umgewandelt.

Einteilung der Bremsanlagen

1. Gesetzlich vorgeschriebene Bremsanlagen	Betriebsbremsanlage (BBA)	Verringert im Betrieb die Geschwindigkeit und bremst das Fahrzeug zum Stillstand ab. Sie ist meist fußbetätigt, stufenlos dosierbar und wirkt auf alle Räder.
	Hilfsbremsanlage (HBA)	Bei Störungen der BBA übernimmt sie deren Aufgaben. Die Wirkung muss abstufbar sein.
	Feststellbremsanlage (FBA)	Sie sichert ein Fahrzeug auch bei geneigter Fahrbahn gegen Wegrollen. Die FBA wirkt auf eine Achse und verfügt über eine mechanische Betätigung.
	Dauerbremsanlage (DBA)	Sie hält bei längeren Gefällstrecken die Fahrgeschwindigkeit konstant oder verringert diese (Dritte Bremse).
2. Bremsanlagenarten	Muskelkraftbremsanlage	Die Bremskraft wird vom Fahrer aufgebracht und durch mechanische sowie hydraulische Übersetzung vergrößert.
	Hilfskraftbremsanlage	Zusätzlich zur Muskelkraftbremsanlage wird die Bremskraft durch andere Energiequellen vergrößert (Unterdruck, hydraul. Speicherdruck, Druckluft).
	Fremdkraftbremsanlage	Der Fahrer steuert die Bremskraft. Die Bremsenergie (Druckluft) wird nicht vom Fahrer erzeugt.
	Auflaufbremse	Beim Abbremsen des Zugfahrzeugs nähert sich der Anhänger an (Auflaufen). Über Gestänge wird diese Kraft in Bremsenergie umgewandelt. 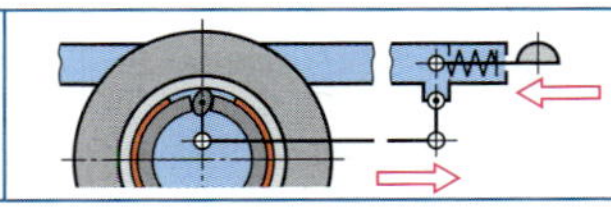
3. Arten der Energieübertragung	Mechanisch	Durch Seilzug, Gestänge, Hebel und Pedale. Einsatz z.B. Feststellbremse Pkw, Auflaufbremse Anhänger, Betriebsbremse bei Zweirädern.
	Hydraulisch	Der im Hauptzylinder erzeugte hydraulische Druck wird über Leitungen an die Radzylinder weitergeleitet. Einsatz z.B. Betriebsbremse Pkw und Zweiräder.
	Pneumatisch	Der im Kompressor erzeugte pneumatische Druck wird über Leitungen an die Membranzylinder weitergeleitet. Einsatz z.B. Betriebsbremse Nutzkraftwagen.
	Elektrisch	Elektrische Ströme bewirken z.B. in einem Stator ein Magnetfeld. Das Magnetfeld erzeugt in einem Rotor eine Bremskraft, z.B. Wirbelstrombremse als Dauerbremse in Nutzkraftwagen.

Bremskreisaufteilung

II (TT)-Aufteilung „Schwarzweiß"-Aufteilung	X-Aufteilung „Diagonal"-Aufteilung	LL-Aufteilung „Dreieck"-Aufteilung	HI (HT)-Aufteilung „Vier-Zwei"-Aufteilung
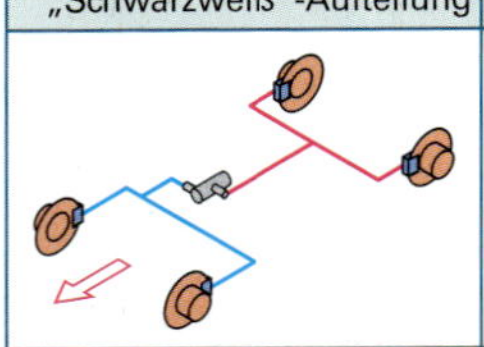	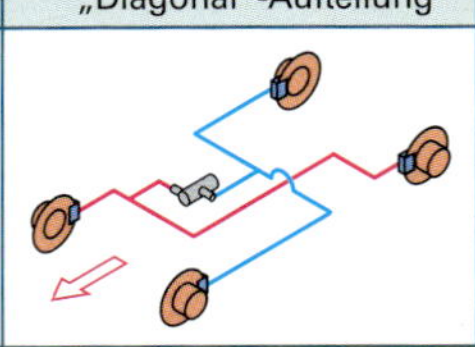	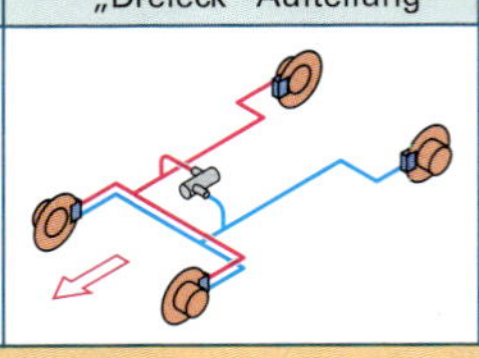	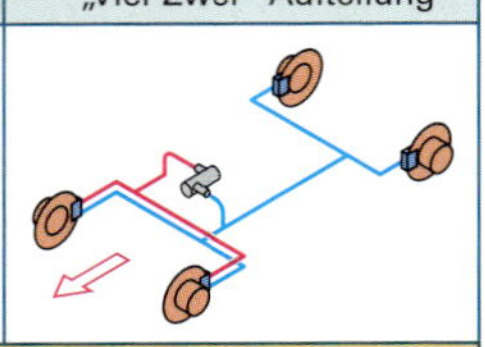

Hydraulische Bremsanlage (Zweikreisbremsanlage)

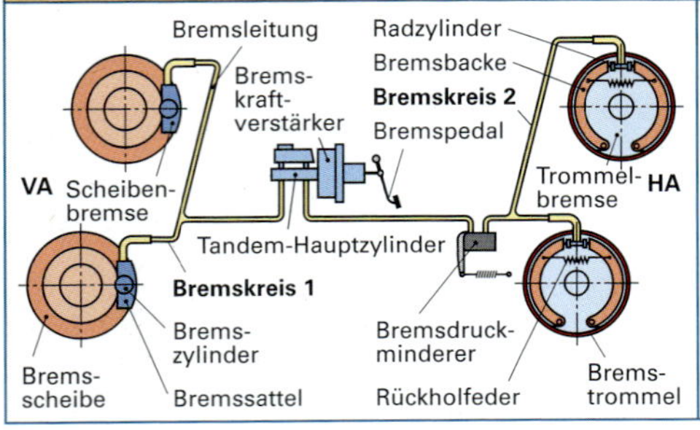

Die Kraftübertragung vom Bremspedal zum Rad erfolgt über die unter Druck gesetzte Bremsflüssigkeit. Durch verschiedene Kolbendurchmesser im Haupt- und Radbremszylinder wird eine hydraulische Verstärkung erzielt.
Der Fahrer betätigt das Bremspedal. Seine Fußkraft wird mechanisch, pneumatisch und hydraulisch verstärkt. Die Druckstangenkraft erzeugt im Hauptzylinder einen hydraulischen Druck. Dieser wird durch die Bremsleitungen an die einzelnen Räder geleitet und bewirkt in den Radzylindern eine Spannkraft. Beim Bremsen entfallen im Extremfall etwa 70 % der Bremsarbeit auf die Vorder- und etwa 30 % auf die Hinterachse.

Trommelbremse

Selbstverstärkung der Trommelbremse, Systembild	Bauarten	
	Simplex-Bremse	Duo-Servo-Bremse
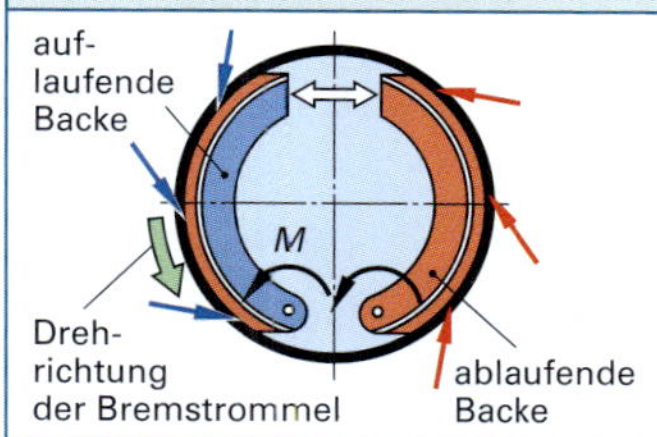	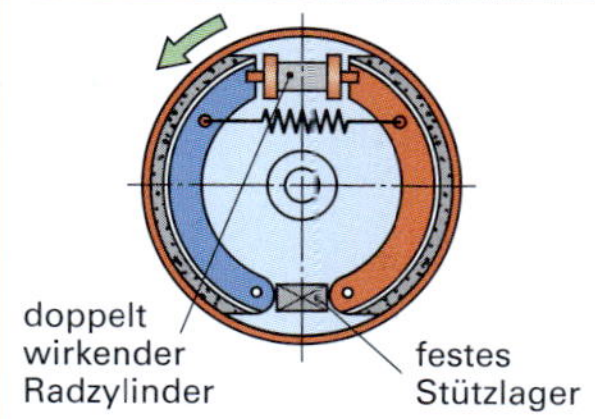	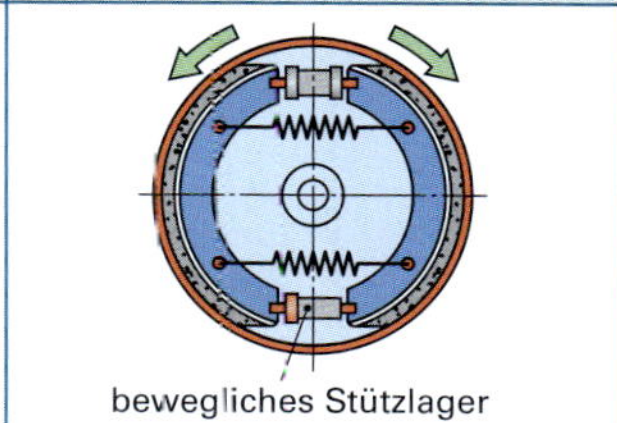
Reibung erzeugt ein Drehmoment, das die auflaufende Bremsbacke in die Trommel hineinzieht und somit die Bremswirkung verstärkt. Der Bremsenkennwert *C* beschreibt die Verstärkung.	Ein doppelt wirkender Radzylinder. Geringe Selbstverstärkung. Je eine auflaufende und ablaufende Bremsbacke. Bremsenkennwert $C \leq 4$.	Ein doppelt wirkender Radzylinder, ein bewegliches Stützlager. Große Selbstverstärkung. Zwei auflaufende Bremsbacken in beiden Fahrtrichtungen. $C \leq 6$.

Vorteile: Schmutzgeschützt, Selbstverstärkung, lange Standzeit der Bremsbeläge, einfache Anordnung der Feststellbremsanlage.

Nachteile: Abrieb und Wärme werden schlecht abgeführt, neigt zum Bremsfading, auflaufende und ablaufende Bremsbacken verschleißen unterschiedlich stark.

Scheibenbremse

Festsattel-Bremse (2-Zylinder)	Festsattel-Bremse (4-Zylinder)	Faustsattel-Bremse mit Zahnführung	Faustsattel-Bremse mit Bolzenführung
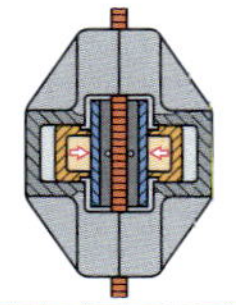	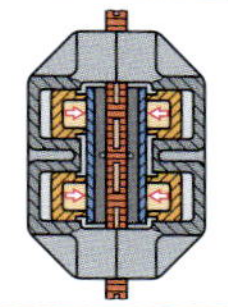	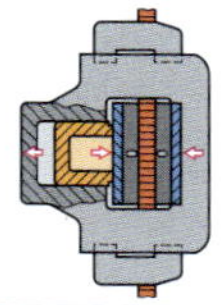	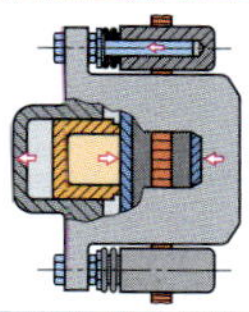

Vorteile: Einfache Wartung, gute Kühlung, geringe Neigung zum Fading, selbstreinigend, selbsttätige Nachstellung, fahrtrichtungsunabhängig.

Nachteile: Keine Servowirkung, große Spannkraft notwendig, örtlich starke Erwärmung, Unterbringung der Feststellbremse aufwendig.

Hauptzylinder

Gestufter Tandemhauptzylinder mit Zentralventil

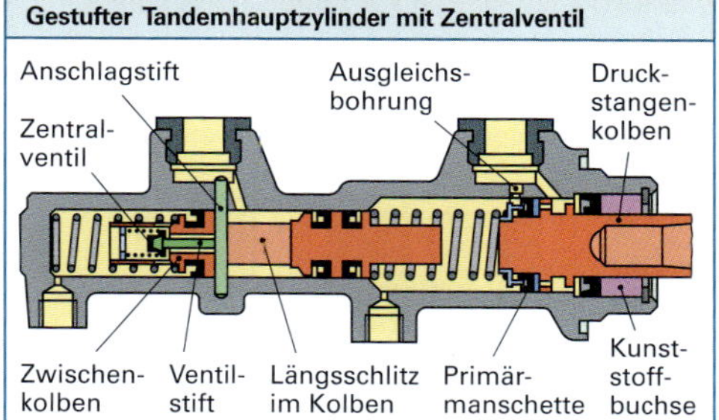

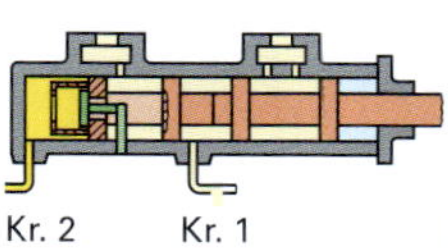

Bremsstellung, Kreis 1 undicht

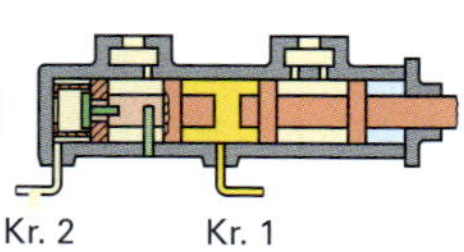

Bremsstellung, Kreis 2 undicht

Er besteht aus zwei hintereinander angeordneten Hauptzylindern, hier mit verschiedenen Kolbendurchmessern (TT-Anordnung), die jeweils einen Bremskreis betätigen.

Bremsen: Beim Bremsen überfährt die Primärmanschette des Druckstangenkolbens ihre Ausgleichsbohrung, Druck entsteht und der Zwischenkolben wird vorgedrückt. Das Zentralventil schließt und im zugehörigen Bremskreis entsteht Druck. Die Bremsflüssigkeit wird in die Bremszylinder gedrückt.

Lösen: Nach dem Bremsen drücken die Kolbenfedern die Kolben in ihre Ruhestellung. Das Zentralventil öffnet, die Ausgleichsbohrung wird frei, die Bremsflüssigkeit kann in den Ausgleichsbehälter zurückfließen.

Ausfall Kreis 1: Der Druckstangenkolben wird auf den Zwischenkolben aufgeschoben. Die Betätigungskraft wirkt nur auf den Kreis 2.

Ausfall Kreis 2: Der Zwischenkolben wird durch den im Kreis 1 ansteigenden Druck bis zum Anschlag nach links verschoben. Im Kreis 1 kann nun Druck aufgebaut werden.

F

Feststellbremssysteme

Sie sind hand- oder fußbetätigt und wirken auf die Hinterachse des Fahrzeugs. Man unterscheidet mechanische Systeme und elektromechanische Systeme, die auf Trommel- oder Scheibenbremsen wirken.

Kombinierter Faustsattel

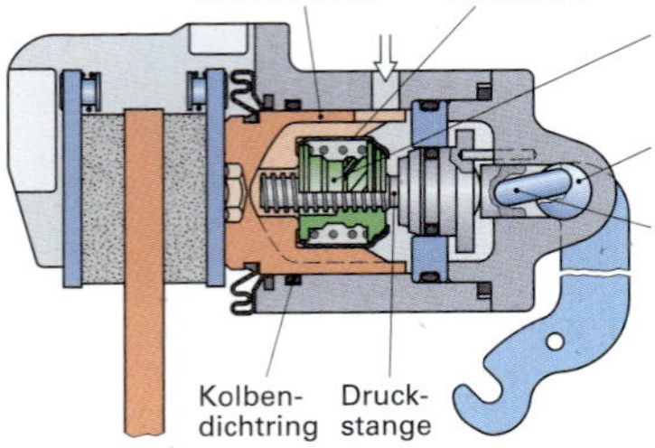

Über den Handbremshebel, Exzenter und Druckstößel erfolgt das Verschieben der Druckstange. Diese drückt über eine Nachstellvorrichtung auf den Bremskolben.

Die Nachstellvorrichtung gleicht den Belagverschleiß aus. Beim Wechseln der Bremsbeläge ist der Bremskolben mittels eines Spezialwerkzeuges zurückzusetzen, damit die Nachstellvorrichtung nicht zerstört wird.

Elektromechanische Feststellbremse

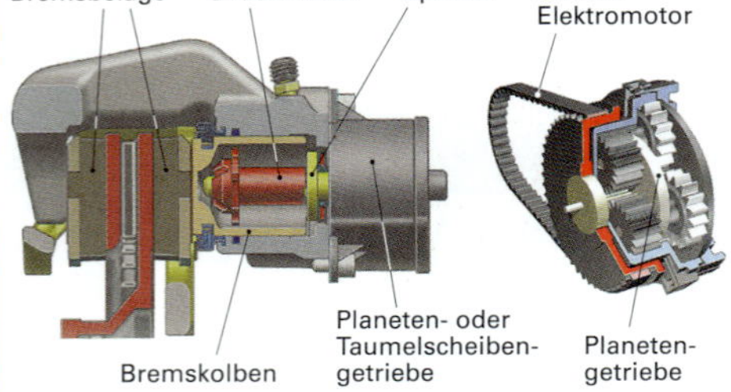

Der Elektromotor treibt über Zahnriemen (i = 3) und Planeten- oder Taumelscheibengetriebe (i = 50) den Spindeltrieb an. Hierdurch ergibt sich eine Gesamtübersetzung von i = 150 welche die genaue Ansteuerung des Spindeltriebs und eine ausreichende Selbsthemmung zur Folge hat. Das System ermöglicht elektronische Anfahrfunktionen. Z.B. gegen des Zurückrollen am Berg.

Raddrehzahlsensoren

Darstellung/Bezeichnung	Messprinzip	Funktionsumfang	Mess- und Prüfhinweise
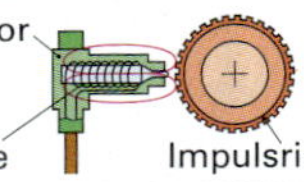 **Induktiver Drehzahlfühler**	Durch Induktion wird in der Spule eine Wechselspannung erzeugt. Es ist ein **passiver Sensor** ohne Versorgungsspannung.	Die **Frequenz** des Wechselspannungssignals ergibt eine Information über die Raddrehzahl.	**Widerstands-** und **Spannungsmessung** mit Multimeter: R = 750 Ω – 1600 Ω. U > 30 mV bei 60 U/min
Hallsensor	Das Hallelement erzeugt eine Rechteckspannung. Es ist ein **aktiver Sensor.**	Drehzahlmessung durch veränderliche **Frequenz** des Rechtecksignals.	**Spannungsmessung** mit Oszilloskop
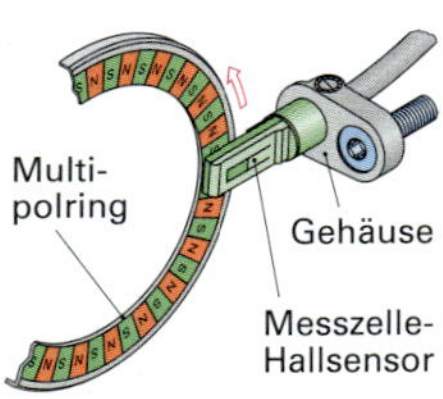 **Hallsensor mit erweitertem Funktionsumfang**	Durch mehrere Hallelemente im Sensor wird die Magnetfeldänderung des Multipolrings erfasst. Das Ausgangssignal ist ein PWM Rechteckstromsignal.	Durch veränderliche **Frequenz** und **Pulsweite** des Signals lassen sich Raddrehzahlen bis zum Stillstand, Drehrichtung und Stillstand messen sowie eine Eigendiagnose (Luftspalt, falsche Montage) durchführen.	**Spannungsmessung** mit Oszilloskop. Zur Messung des Stromes ist ein Messwiderstand (Shunt) von z.B. 75 Ω einzusetzen. Die Überprüfung des magnetischen Multipolrings am Radlager kann mit einer Testkarte erfolgen.

Signalbilder von induktiven Raddrehzahlsensoren

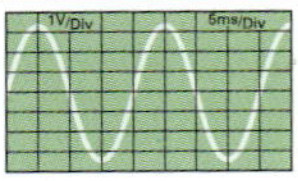

Gutsignal bei Raddrehzahl 60 U/min.

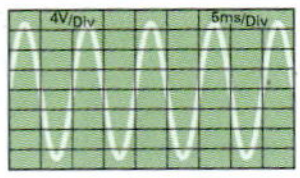

Gutsignal bei Raddrehzahl 120 U/min.

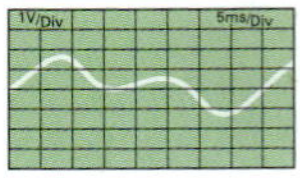

Ungleiches Signal. z.B. Radlagerspiel.

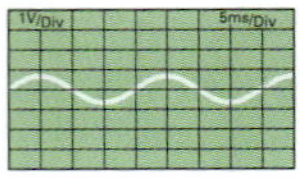

Signal-U schwach; Abstand zu groß.

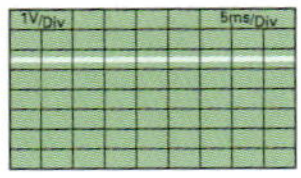

Unterbrechung; Kabel/Stecker defekt.

Signalbilder von aktiven Hallsensoren mit erweitertem Funktionsumfang

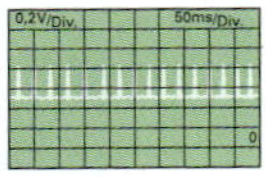

Gutsignal 60 U/min. Die Frequenz ist drehzahlabhängig.

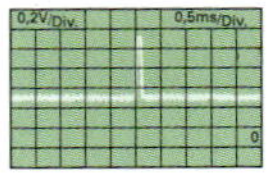

Gutsignal 60 U/min. Vorwärtsfahrt Pulsweite 0,1 ms

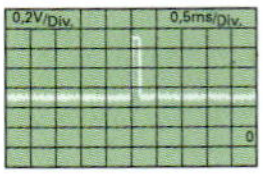

Gutsignal 60 U/min. Rückwärtsfahrt Pulsweite 0,2 ms

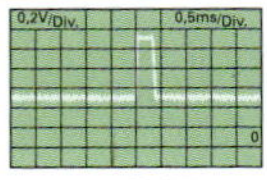

Rad dreht Fehler Luftspalt zu groß Pulsweite 0,3 ms.

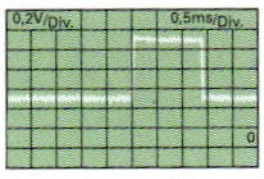

Rad steht, o. Sensor falsch montiert, Pulsweite 1,4 ms.

F

Hilfskraftbremse, Bremskraftverstärker

Der Bremskraftverstärker dient der Erzeugung einer Hilfskraft. Die Muskelkraft des Fahrers wird dabei stufenlos verstärkt. Man unterscheidet:

- Unterdruck-Bremskraftverstärker • Hydraulischer Bremskraftverstärker • Pneumatischer Bremskraftverstärker

Unterdruck-Bremskraftverstärker

Funktion: Die Verstärkungskraft wird entweder durch die Druckdifferenz zwischen Luftdruck (1 bar) und Saugrohrdruck erzielt oder durch eine Unterdruckpumpe (z.B. Dieselmotor, Otto-Direkteinspritzer) erzeugt. Druckdifferenz zwischen Arbeitsdruckkammer und Unterdruckkammer 0,2 bar bis 0,8 bar. Verstärkungsfaktor 2...4.

Eigenschaften: Aufgrund geringer Druckdifferenzen sind große Membrandurchmesser erforderlich. Große Baugröße. Kleine Druckreserve (2–3 Bremsungen).

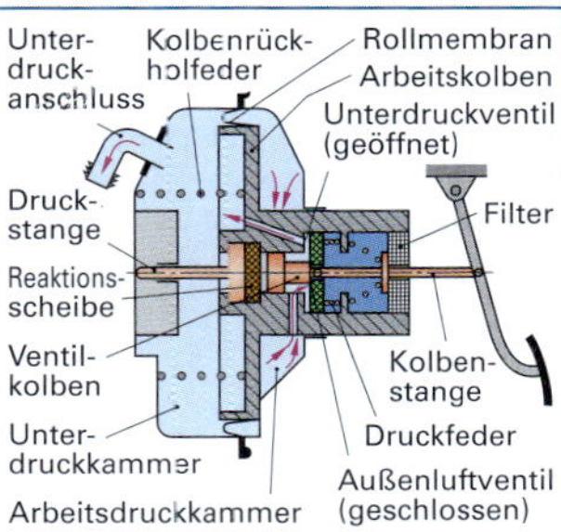

□ Unterdruck ■ Luftdruck

- **Ruhestellung:**

Unterdruckventil offen, Außenluftventil geschlossen. Unterdruck wirkt in Arbeits- und Unterdruckkammer, da die Verbindung offen ist (Unterdruckventil).

Es wirkt keine Verstärkungskraft.

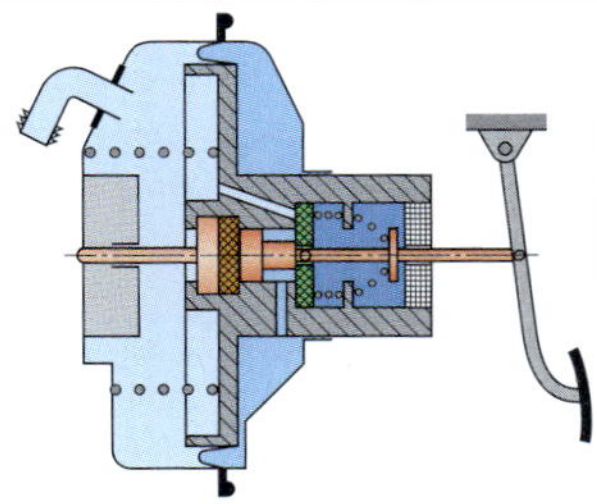

□ Unterdruck ■ Luftdruck
□ verminderter Luftdruck

- **Teilbremsstellung:**

Unterdruckventil geschlossen, Außenluftventil öffnet kurz. In Arbeitskammer wirkt ein verminderter Unterdruck. Die Druckdifferenz bewirkt eine Kraft, die den Arbeitskolben verschiebt und so das Außenluftventil wieder schließt.

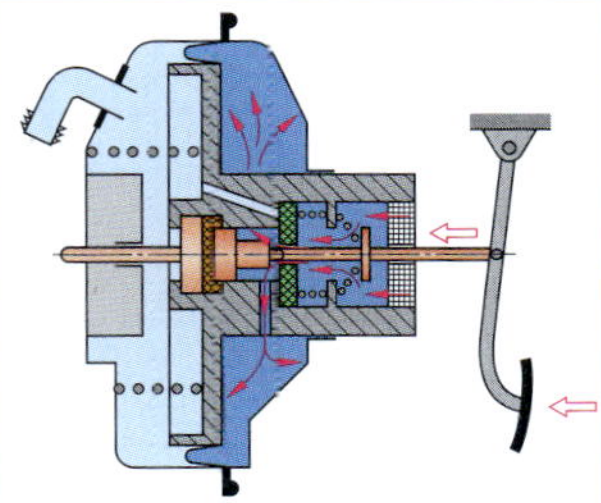

□ Unterdruck ■ Luftdruck

- **Vollbremsstellung:**

Unterdruckventil geschlossen, Außenluftventil offen.

In Arbeitskammer herrscht Luftdruck. Die Druckdifferenz bewirkt eine maximale Verstärkungskraft am Arbeitskolben.

Hydraulischer Bremskraftverstärker

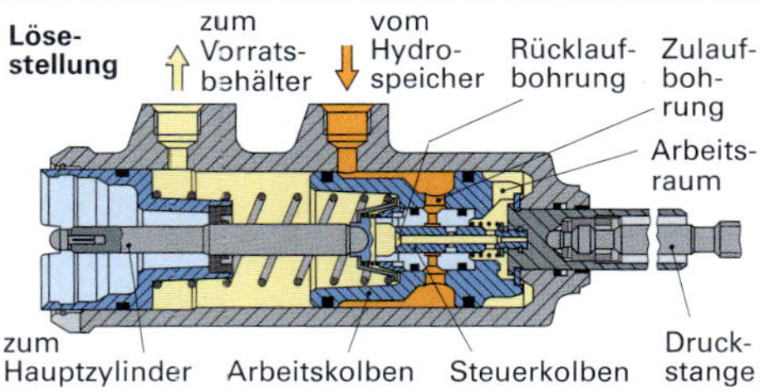

Anwendung: Nur bei Fahrzeugen mit Servolenkung.

Eigenschaften: Hoher Druck bei kleiner Baugröße (50 bar ...150 bar), große Druckreserve (> 10 Bremsungen).

Funktion: Beim Betätigen der Bremse verschiebt sich der Steuerkolben. Er schließt die Rücklaufbohrung und gibt die Zulaufbohrung frei. Hydraulikflüssigkeit strömt unter hohem Druck in den Arbeitsraum. Am Arbeitskolben wirkt somit eine Verstärkungskraft, die den Kolben verschiebt. Dadurch schließt die Zulaufbohrung wieder. Hierdurch wird eine stufenlose Verstärkungskraft in Abhängigkeit von der Pedalkraft erreicht. Bei nachlassender Pedalkraft schließt der Steuerkolben die Zulaufbohrungen und öffnet die Rücklaufbohrung. Die Rückstellfeder verschiebt den Arbeitskolben in die Ausgangslage.

Pneumatischer Bremskraftverstärker

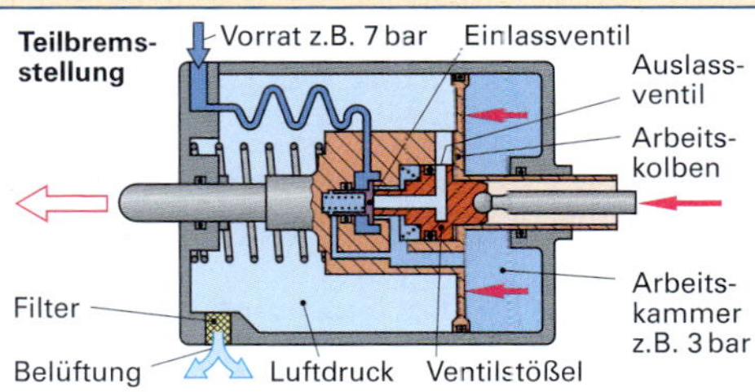

Anwendung: Nutzfahrzeuge bis 15 t mit kombinierter Druckluft-Hydraulik-Bremsanlage.

Eigenschaften: Hoher Druck bei kleiner Baugröße, große Druckreserve.

Funktion: Beim Betätigen der Bremse verschiebt die Kolbenstange den Ventilstößel. Hierdurch schließt das Auslassventil und das Einlassventil öffnet. Druckluft kann in die Arbeitskammer einströmen. Am Arbeitskolben wirkt somit eine Verstärkungskraft, die den Kolben verschiebt. Dadurch schließt das Einlassventil wieder. Hierdurch wird eine stufenlose Verstärkungskraft in Abhängigkeit von der Pedalkraft erreicht. Bei nachlassender Pedalkraft schließt der Ventilstößel das Einlassventil und öffnet das Auslassventil. Die Rückstellfeder verschiebt den Arbeitskolben in die Ausgangslage.

F

Bremsassistent BAS

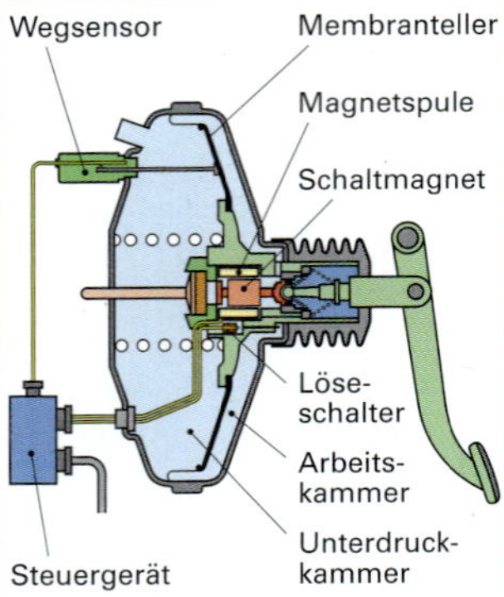

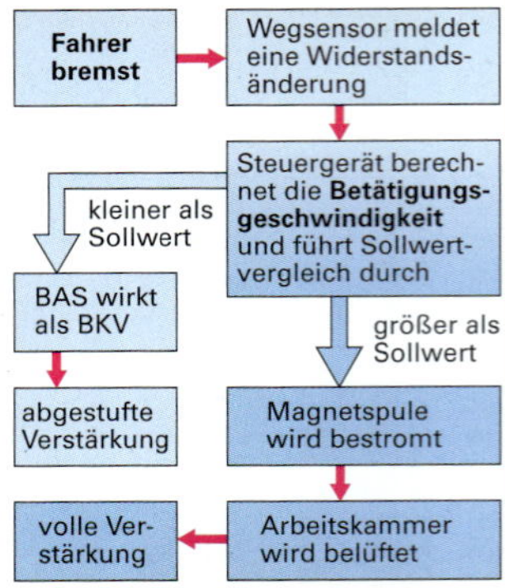

Aufgabe: Der Bremsassistent BAS verringert bei einer Panikbremsung den Bremsweg.

Komponenten: BAS-Steuergerät, Schaltmagnet, Löseschalter, Wegsensor.

Funktion: Bei hoher Betätigungsgeschwindigkeit des Bremspedals wird die Arbeitskammer im Bremskraftverstärker belüftet. Dadurch liegt sofort die volle Verstärkerkraft an. Der Bremsweg wird somit verkürzt.

Bei einer geringen Betätigungsgeschwindigkeit wirkt der Bremsassistent wie ein Bremskraftverstärker.

Bremskraftverteilung

Durch die beim Bremsen auftretende Achslastverlagerung ist bei Fahrzeugen **ohne** ABS eine Regelung der Bremskraftverteilung nötig. Bei Kfz mit ABS kann sie gegebenenfalls wegfallen. Sie hat folgende Aufgaben:

- Ein Blockieren der Hinterräder (Überbremsung) soll verhindert werden, damit das Fahrzeug nicht schleudert.
- Die Bremskraft an der Hinterachse soll an den Beladungszustand des Fahrzeugs angepasst werden.

Bremsdruckminderer

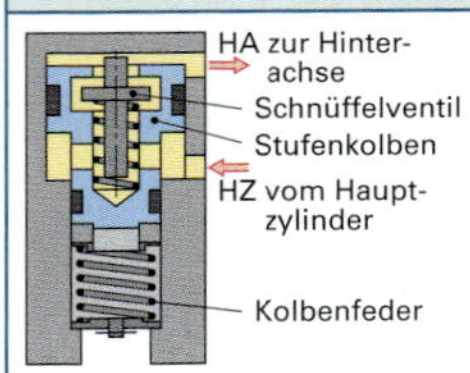

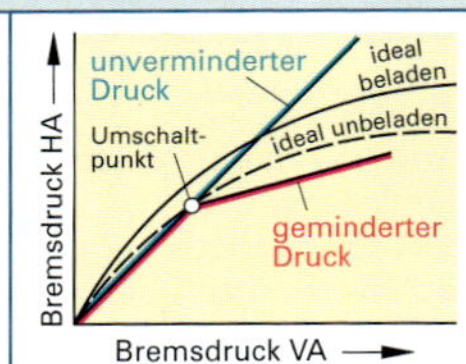

Funktion: Er arbeitet druckabhängig im Hinterachskreis und lässt ab dem Umschaltpunkt nur noch einen vermindert ansteigenden Bremsdruck zu. Der tatsächliche Druckverlauf nähert sich dem idealen Druckverlauf des unbeladenen Fahrzeugs an.

Lastabhängiger Bremsdruckminderer

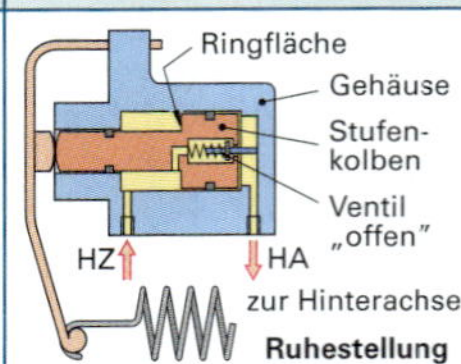

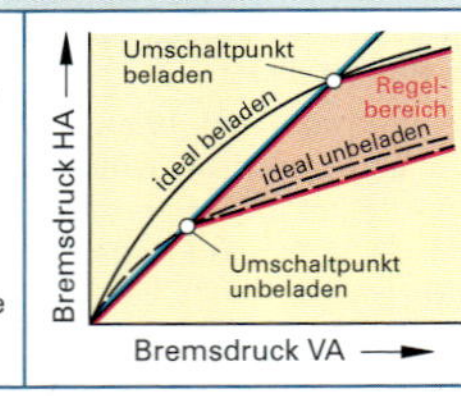

Funktion: Er arbeitet druck- und beladungsabhängig. Der Umschaltpunkt verschiebt sich mit steigender Beladung hin zu einem höheren Wert. Hierdurch nähert sich der tatsächliche Druckverlauf in jedem Beladungszustand dem idealen Verlauf an. Die HA kann optimal abgebremst werden.

Sensotronic Brake Control SBC

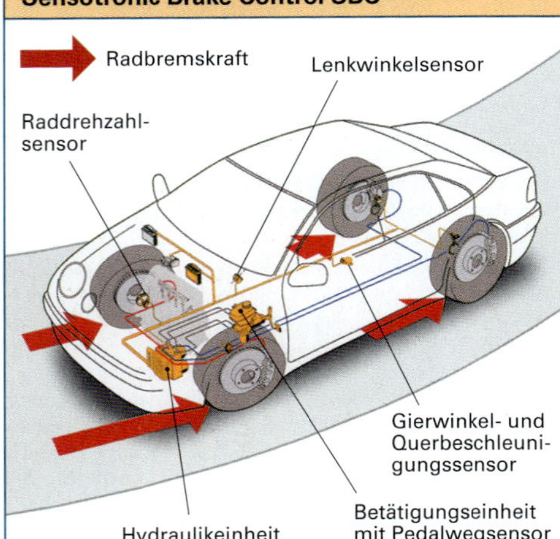

Wirkungsweise: Zwischen dem Bremspedal und der Bremse besteht zusätzlich zur Nothydraulikverbindung eine elektronische Verbindung. Aus dem Bremswunsch des Fahrers wird im Steuergerät mittels Sensoren (Lenkwinkel-, Gierwinkel-, Raddrehzahl- und Querbeschleunigungssensor) ein für jedes Rad optimaler Bremsdruck berechnet und in die Radzylinder eingesteuert.

Die Raddruckmodulatoren werden aus dem Hochdruckspeicher (140 bar ... 160 bar) mit Bremsflüssigkeit versorgt.

Beim Bremsen in Kurven werden die kurvenäußeren Räder stärker belastet und können deshalb stärker abgebremst werden. Die Fahrstabilität beim Bremsen in Kurven verbessert sich und die Schleudergefahr wird stark reduziert.

Vorteile: Schnelleres Ansprechen der Bremse, Trockenbremsen der Bremsscheibe bei Nässe, Verringerung des Bremswegs. Erhöhte Fahrstabilität bei Kurvenfahrt, Soft-Stop-Funktion verringert Bremsnicken vor dem Stillstand, kein Vibrieren des Pedals bei ABS-Eingriff.

F

Fehlersuchplan Hydraulische Bremsanlage (Pkw mit ABS, BAS)		
Fehler-gruppe	**Fehlermerkmal**	**Kennzahlen der Fehlerursachen bzw. Prüfhinweise und Abhilfemaßnahmen**
I	Geringe Bremswirkung, Bremsen ziehen einseitig	1, 2, 3, 4, 5, 6, 16, 18
II	Quietschen oder Rattern der Bremsen	1, 2, 3, 11, 12, 16
III	Schneller oder ungleicher Belagverschleiß	1, 4, 6, 8, 9, 14, 16, 17
IV	Schleifgeräusche der Bremsen	6, 8, 9, 11, 14, 16, 17
V	Bremsung setzt verzögert ein	6, 14, 15
VI	Nachlassen der Bremswirkung	1, 4, 5, 7, 10
VII	Großer Bremspedalweg	7, 11
VIII	Große Pedalkraft erforderlich	1, 2, 3, 4, 6, 14, 15, 16
IX	Bremspedal wirkt weich und schwammig	7
X	Pedal fällt bei längerer mehrmaliger Bremsung durch	7, 21
XI	Selbsttätig einsetzende Bremswirkung	13, 17
XII	Das beim stillstehenden Motor betätigte Bremspedal gibt beim Starten nicht nach	15
XIII	Bremsversagen. Pedal lässt sich ohne oder mit geringem Widerstand bis zum Boden durchdrücken.	7, 18, 19, 21
XIV	Bremsflüssigkeitsstandleuchte leuchtet auf.	1, 18, 22
XV	Kontrollleuchte für Bremsbelagverschleiß	1, 23
XVI	ABS-Warnleuchte leuchtet auf	19, 23
XVII	BAS-Warnleuchte leuchtet auf	20, 23
Kenn-zahl	**Fehlerursache**	**Prüfhinweise und Abhilfemaßnahmen**
1	Abgenutzte oder verglaste Bremsbeläge	Bremsbeläge achsweise erneuern
2	Neue, nicht eingebremste Beläge	Beläge einbremsen
3	Verölter Bremsbelag	Ölaustritt abdichten, Bremsen reinigen, neue Beläge
4	Falsche Bremsbeläge	Richtige Bremsbeläge einbauen
5	Bremstrommel oder Bremsscheibe läuft auf der Trägerplatte des Bremsbelags	Bremsbeläge ersetzen, falls Bremsscheibe oder -trommel mit Riefen, dann überdrehen oder wechseln
6	Scheibenbremszylinderkolben bzw. Radzylinderkolben schwergängig	Kolben auf Korrosion oder Verklemmen untersuchen, evtl. Bremssattel oder Radzylinder tauschen
7	Dampfblasenbildung, Luft im Bremssystem	Bremsflüssigkeit wechseln, System entlüften
8	Scheibenbremszylinderkolben fest, Rückholfeder def.	Bremssattel tauschen, Rückholfeder ersetzen
9	Automatische Nachstelleinrichtung schadhaft	Instandsetzen
10	Dichtring am Scheibenbremszylinderkolben defekt	Dichtring erneuern bzw. Bremssattel achsw. tauschen
11	Radlager ausgeschlagen	Radlager erneuern
12	Bremsscheibe schlägt	Bremsscheibe erneuern
13	Ausgleichsbohrung verstopft, kein Spiel an der Kolbenstange im Hauptzylinder, Dichtungen gequollen	Ausgleichsbohrung freimachen. Bremssystem spülen, Kolbenstangenspiel prüfen, Gummidichtungen erneuern bzw. Hauptzylinder tauschen.
14	Gequetschte Leitungen, gequollene Bremsschläuche	Schadhafte Bremsleitungen, -schläuche erneuern.
15	Bremskraftverstärker bringt keine oder nur geringe Verstärkung	BKV und Unterdruckleitung zum BKV prüfen; Fehler beheben oder Teil erneuern.
16	Nasse, verschmutzte Bremsen	Leichtes Bremsen bzw. reinigen.
17	Feststellbremse hat zu wenig Spiel	Spiel der Feststellbremse richtig einstellen.
18	Austritt von Bremsflüssigkeit, undichte Verbindung, zerrissener Schlauch oder gebrochene Leitung	Leck suchen, Verbindung abdichten, Schlauch bzw. Leitung erneuern, Bremsflüssigkeit wechseln.
19	Fehler im ABS-System	Radsensoren, Magnetventile, Rückförderpumpe und ABS-Steuergerät überprüfen bzw. ersetzen.
20	Fehler im BAS-System	Löseschalter, Wegsensor, Magnetspule und BAS-Steuergerät überprüfen bzw. ersetzen
21	Zentralventil, Primärmanschette undicht	Hauptzylinder tauschen
22	Bremsflüssigkeitsstand zu niedrig	Bremsflüssigkeit nachfüllen
23	Kurzschluss oder Leitungsunterbrechung	Elektrische Leitungen und Kabelstecker prüfen

Anti-Blockier-System (ABS)

Aufgabe	ABS-Systeme verhindern ein Blockieren der Räder beim Bremsen. Dazu regeln sie den Bremsdruck in den Radzylindern entsprechend der Haftbedingung zwischen Reifen und Fahrbahn. Da nur rollende Räder die für die Lenkbewegung nötigen Seitenführungskräfte übertragen, bleibt das Fahrzeug auch bei einer Vollbremsung lenkbar. ABS-Systeme werden auch Automatische Blockierverhinderer (ABV) genannt. Sie schalten sich bei Fahrgeschwindigkeiten von unter 6 km/h ab.
Aufbau	• Radsensoren (Drehzahlfühler) mit Impulsring • Elektronisches Steuergerät • Hydroaggregat mit Magnetventilen
Vorteile	• Seitenführungskräfte und Fahrstabilität beim Bremsen bleiben erhalten • Fahrzeug bleibt bei einer Vollbremsung lenkbar • Bremsplatten an den Reifen werden verhindert

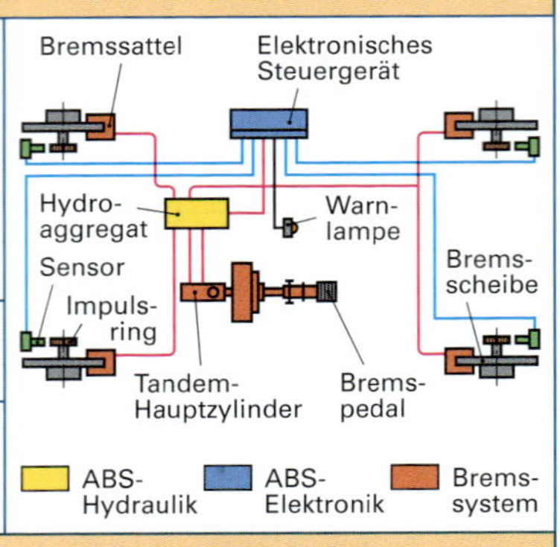

ABS-Regelbereich

Kamm'scher Reibkreis	An den Rädern eines Kraftfahrzeugs können nur bei Haftreibung zwischen Reifen und Fahrbahn Umfangs- (Antriebs- und Bremskräfte) und Seitenführungskräfte übertragen werden. Die übertragbare Kraft ist abhängig von der Normalkraft (Radlast) und der Reibungszahl μ ($\mu_{Eis} \approx 0{,}1$ … $\mu_{trocken} \approx 0{,}9$). Im Kamm'schen Reibungskreis wird die maximal übertragbare Kraft als Kreis dargestellt. Für einen stabilen Fahrzustand muss die Resultierende aus Umfangs- und Seitenführungskraft kleiner als die größte übertragbare Kraft sein. Erreicht die Umfangskraft ihr Maximum (durchdrehende oder blockierte Räder), so kann keine Seitenführungskraft übertragen werden. Das Fahrzeug ist nicht lenkbar. Ist bei einer Kurvenfahrt die Seitenführungskraft maximal, so darf das Fahrzeug weder abgebremst noch beschleunigt werden, da es sonst ausbricht.
Schlupf	Es ist die Abweichung der Radumfangsgeschwindigkeit von der Fahrzeuggeschwindigkeit. Der ABS-Regelbereich liegt etwa zwischen 8 % … 35 % Schlupf. **Schlupf 0 %:** Beim frei rollenden Rad ist die übertragbare Seitenführungskraft F_S maximal und die übertragbare Bremskraft F_B Null. **ABS-Regelbereich** (Schlupf 8 % … 35 %): In diesem Bereich können sowohl hohe Brems- als auch Seitenführungskräfte vom Reifen übertragen werden. Sowohl Bremskraft als auch Seitenführungskraft befinden sich in einem Bereich der eine hohe Lenk- und Fahrstabilität ermöglicht. **Schlupf 100 %:** Beim blockierten Rad ist die übertragbare Seitenführungskraft Null und die übertragbare Bremskraft reduziert.

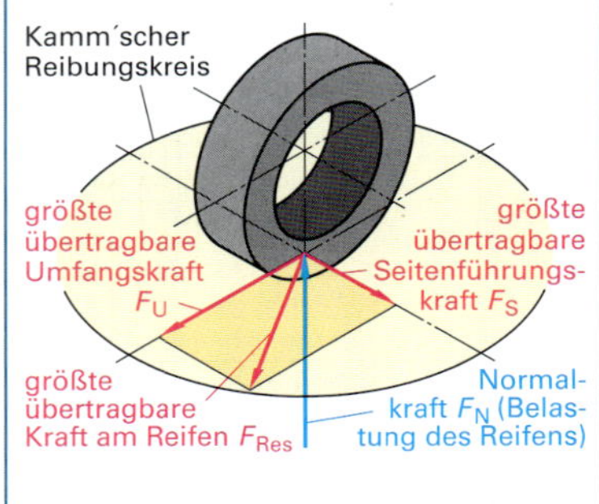

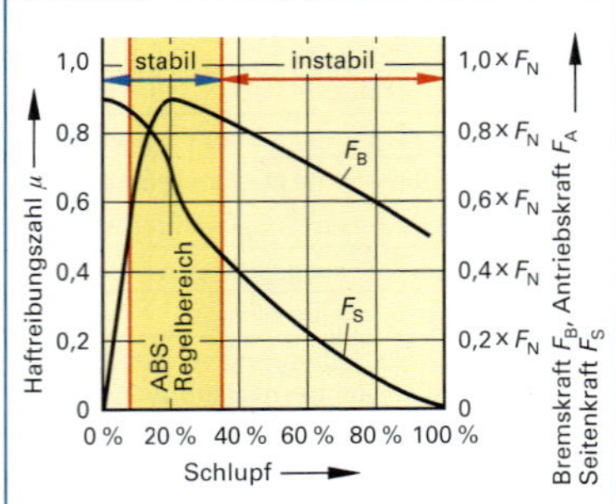

ABS-Regelkreis

Regelstrecke	Radbremse, Rad, Reibpaarung zwischen Reifen und Fahrbahn bilden die Regelstrecke.
Störgröße	Sie beeinflusst die Regelstrecke. Z.B. Fahrbahn, Fahrzeugmasse, Reifenluftdruck, Bremsenzustand.
Regelgröße	Sensorsignal des Raddrehzahlgebers an das elektronische Steuergerät.
Regler	Elektronisches Steuergerät.
Führungsgröße	Das im Regler hinterlegte Kennfeld.
Stellgröße	Der von der Magnetventileinheit eingesteuerte hydraulische Druck.

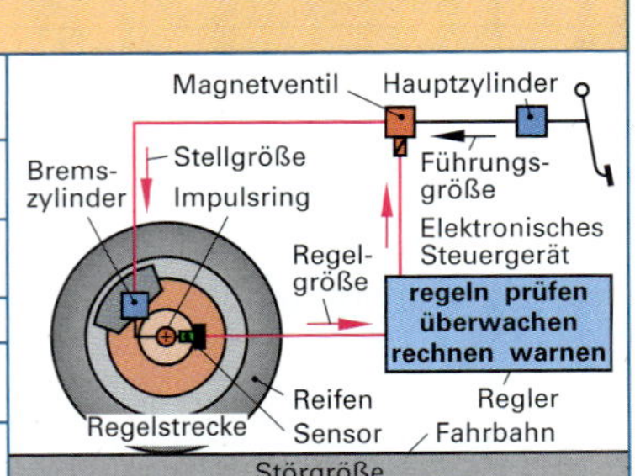

F

ABS-Radregelungen, Systeme

Individual-Regelung IR	Jedes Rad einer Achse wird einzeln für sich individuell geregelt abgebremst. Bei verschiedenen Reibwerten an den Rädern ergibt sich auch eine unterschiedlich große Bremswirkung an den Rädern einer Achse. Die Abbremsung ist optimal, aber die Fahrstabilität wird durch ein Giermoment verringert.
Select-low-Regelung SLR	Das Rad mit dem geringeren Reibwert an einer Achse bestimmt den Bremsdruck an beiden Rädern der Achse. Das Rad mit dem größeren Reibwert wird also zugunsten der Fahrsicherheit nicht optimal abgebremst. Ein Giermoment tritt nicht auf.
4-Kanal-System	Jedes Rad wird einzeln angesteuert. Vier Radsensoren mit diagonaler oder Vorderachs-/Hinterachs-Bremskreisaufteilung.
3-Kanal-System	Mit 3 oder 4 Radsensoren und Vorderachs-/Hinterachs-Bremskreisaufteilung. Bei 3-Kanal-Systemen werden die Vorderräder einzeln und die Hinterräder gemeinsam nach dem Select-low-Prinzip geregelt.

ABS-Regelung mit 2/2-Magnetventilen

Aufbau	Jeder Regelkanal verfügt über ein Einlass und ein Auslassventil.
Eigenschaften	2/2 Magnetventile verfügen über kurze Schaltzeiten und haben eine geringe Baugröße sowie ein niedriges Gewicht.

Regelphasen

Druckaufbau

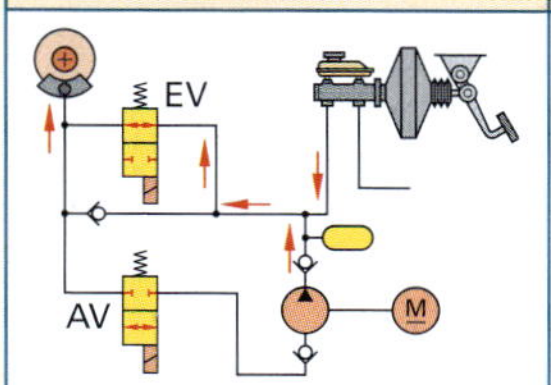

Einlassventil (EV) ist geöffnet (stromlos). Auslassventil (AV) ist geschlossen (stromlos).

Druckhalten

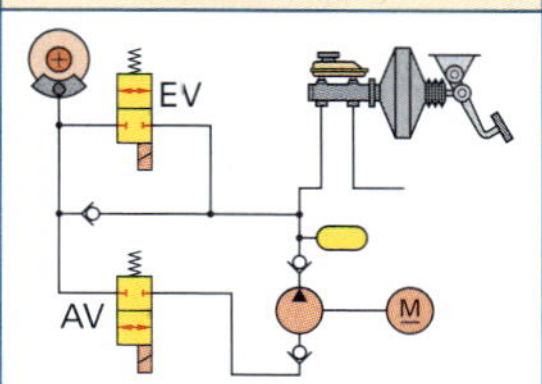

Einlassventil (EV) ist geschlossen (bestromt). Auslassventil (AV) ist geschlossen (stromlos).

Druckabbau

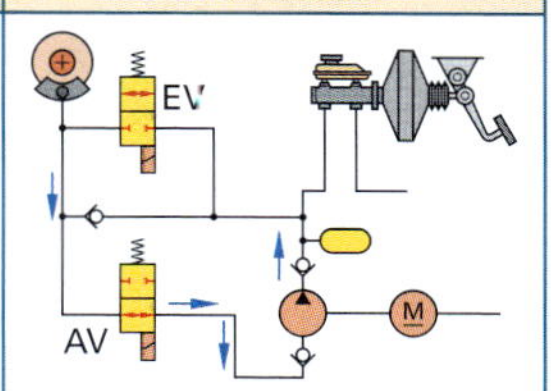

Einlassventil (EV) ist geschlossen (bestromt). Auslassventil (AV) ist geöffnet (bestromt).

ABS-Bremsdruckmodulationsarten

ABS mit Rückförderung im geschlossenen Kreis und 2/2-Magnetventilen

Aufbau	• Hydraulikeinheit mit acht 2/2 Magnetventilen • ein Druckspeicher je Bremskreis • ein Dämpfer je Bremskreis • eine Hydraulikpumpe je Bremskreis
Regelvorgang	Wird vom Steuergerät beim Druckaufbau eine Blockierneigung eines Rades erkannt, so wird das Einlassventil geschlossen und das Auslassventil geöffnet. Der Bremsdruck baut sich ab. Der Schlupf wird verringert.
Druckabbau	Beim Druckabbau fließt die Bremsflüssigkeit in einen Druckspeicher. Die Rückförderpumpe pumpt sie wieder in den zugehörigen Hauptzylinder-Bremskreis zurück. Das Bremspedal vibriert.

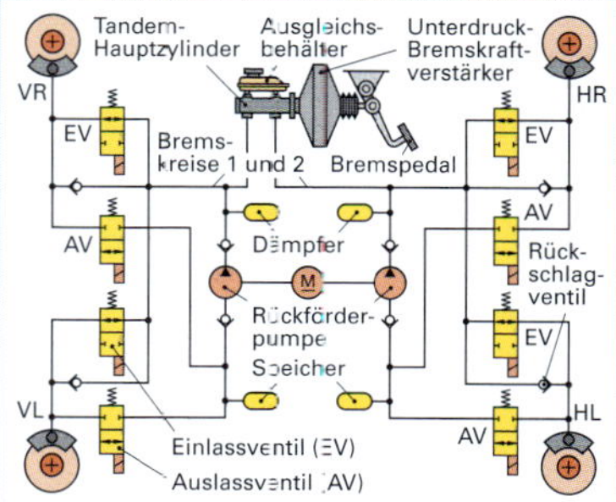

ABS mit Rückförderung im offenen Kreis und 2/2-Magnetventilen

Aufbau	• Hydraulikeinheit mit acht 2/2 Magnetventilen • eine Hydraulikpumpe je Bremskreis • ein Pedalwertgeber
Regelvorgang	Die Regelung erfolgt wie im geschlossenen Kreis.
Druckabbau	Beim Druckabbau fließt die Bremsflüssigkeit drucklos in den Ausgleichsbehälter. Beim Druckaufbau muss das fehlende Bremsflüssigkeitsvolumen vom Hauptzylinderkolben ergänzt werden. Hauptzylinderkolben und Bremspedal verschieben sich dadurch leicht. Bei ABS-Regelung registriert der Pedalwertgeber die Verschiebung und das Steuergerät steuert die Hydraulikpumpe an. Sie fördert die Bremsflüssigkeit wieder in den zugehörigen Hauptzylinder-Bremskreis zurück. Das Bremspedal geht in die Ausgangslage zurück. Der Fahrer registriert eine Vibration.

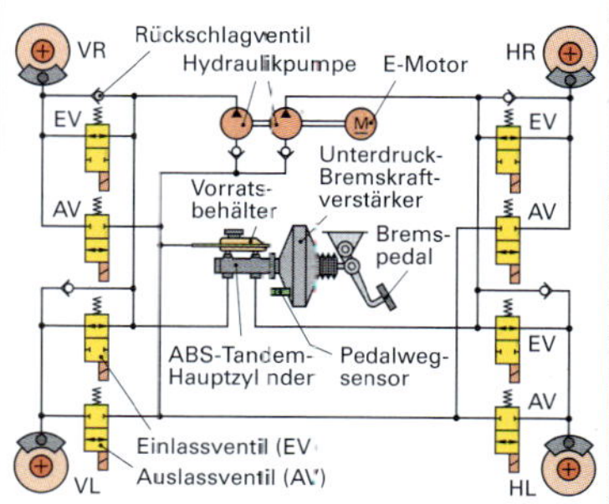

F

Antriebsschlupfregelung (ASR)

Aufgabe

ASR-Systeme begrenzen die Antriebskraft auf die maximal übertragbare Kraft zwischen Reifen und Fahrbahn.
Systeme:
- ASR mit Motoreingriff
- ASR mit Bremseneingriff (Elektronisches Sperrdifferenzial ESD)
- ASR-Systeme mit Motor- und Bremseingriff

ASR-Systeme verwenden die gleichen Komponenten wie ABS-Systeme. Für Fahrten mit Schneeketten kann das ASR-System ausgeschaltet werden.

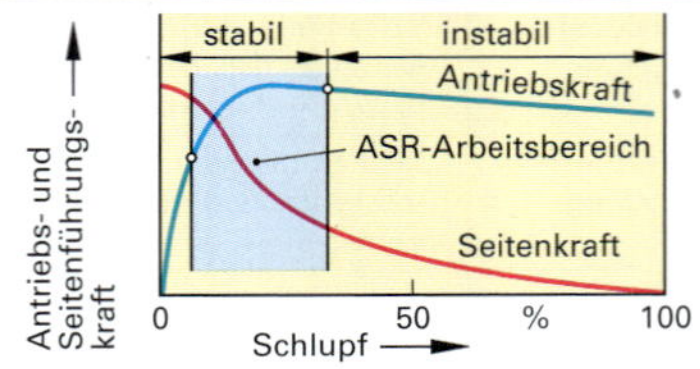

Regelbereich

Der ASR-Regelbereich liegt zwischen etwa 8 % und 35 % Schlupf. In diesem Bereich sind hohe Antriebskräfte und ausreichende hohe Seitenführungskräfte übertragbar.

Vorteile

- Verbesserung der Traktion beim Anfahren und Beschleunigen
- Erhöhung der Fahrsicherheit bei hoher Antriebskraft
- Automatische Anpassung des Motordrehmomentes an die Haftverhältnisse
- Warnlampe informiert Fahrer über das Erreichen des fahrdynamischen Grenzbereiches.

ASR-System mit Bremseneingriff (Elektronisches Sperrdifferenzial ESD)

Aufbau

Hydraulische Anlage: Pumpe mit Saug- und Druckventilen, Einlass- und Auslassventile, hydraulisches Umschaltventil; Sperrventil mit Druckbegrenzer.

Elektrische Anlage: ABS-/ESD-Steuergerät, Raddrehzahlsensoren.

Funktion

Wird die Schlupfneigung eines Rades erkannt, so wird das Sperrventil geschlossen und die Hydraulikpumpe angesteuert.

Druckaufbau: Der Druck wird über das EV zur Radbremse geleitet. Das durchdrehende Rad wird abgebremst.
Druckhalten: Das EV schließt und die Pumpe wird abgeschaltet.

Druckabbau: Das AV und das Sperrventil werden geöffnet. Der Druck fließt über den Hauptzylinder zum Ausgleichsbehälter.

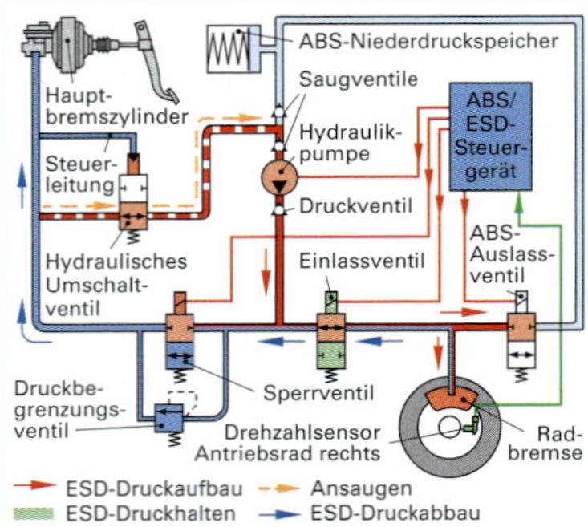

ASR-System mit Motor- und Bremseingriff

Aufbau

Motorregelkreis:
- Elektronisches Fahrpedal EGAS
- Stellmotor Drosselklappe.

Bremsregelkreis:
- Radsensoren
- ABS-/ASR-MSR-Steuergerät
- ABS-/ASR-Hydraulikeinheit
- Druckspeicher mit Pumpe
- Bremsaggregat mit Bremslichtschalter.

Funktion

Bremseneingriff bei *v* < 40 km/h:
Das Steuergerät erkennt ein durchdrehendes Rad, z.B. Hinterrad links. Über Y10 und Y11 können die 3 Regelphasen gesteuert werden. Die Traktion ist maximal.

Druckaufbau: Die Pumpe P1 wird angesteuert. Das Ansaugmagnetventil Y15 wird geöffnet, Magnetventil Y12 (hinten rechts) und Umschaltventil Y5 werden geschlossen. Hinterrad links wird abgebremst.

Druckhalten: Y10 wird geschlossen.

Druckabbau: Y11 und Y15 werden geöffnet. Der Druck baut sich ab.

Eingriff Motormanagement bei *v* > 40 km/h:
Die Antriebsmomentregelung verstellt die Stellung der Drosselklappe und verlegt den Zündzeitpunkt Richtung spät. Das Motordrehmoment wird reduziert und die Fahrstabilität erhöht.

Motorschleppmoment-Regelung MSR
Im Schiebebetrieb bremst der Motor die Antriebsräder ab. MSR erkennt dies und öffnet die Drosselklappe solange, bis an den Antriebsrädern kein Schlupf mehr entsteht.

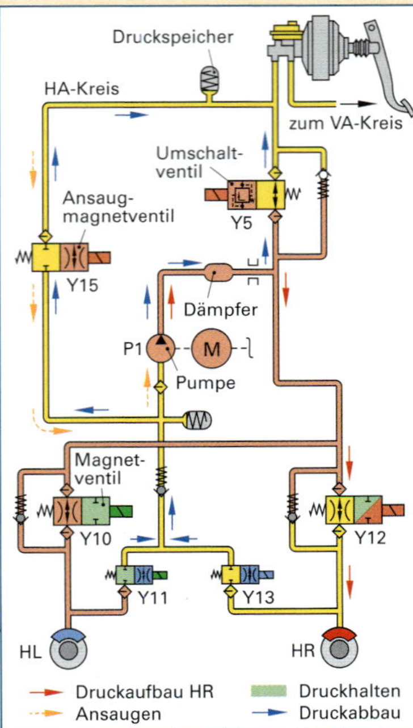

F

Fahrdynamikregelung (FDR)

Fahrdynamik-Regelsysteme, z.B. ESP, erhöhen die Fahrstabilität in Längs- und Querrichtung. Das Steuergerät erfasst über verschiedene Sensoren die tatsächliche Fahrtrichtung (Istwert). Die Istwerte werden mit im Steuergerät hinterlegten Sollwerten verglichen. Erkennt das Steuergerät ein Unter- oder Übersteuern des Fahrzeugs, so wird diesem durch gezielten Bremseneingriff und bzw. oder durch Rücknahme des Motordrehmomentes entgegengewirkt. Bei Automatikgetrieben findet gegebenenfalls auch ein Eingriff in die Getriebesteuerung statt.

Findet ein Regeleingriff statt, so wird dieser dem Fahrer durch eine Kontrollleuchte angezeigt.

Elektronisches Stabilitäts-Programm (ESP)

Das Elektronische Stabilitäts-Programm vereinigt die folgenden elektronischen Systeme:

- Antiblockiersystem (ABS)
- Antriebsschlupfregelung (ASR)
- Motorschleppmomentregelung (MSR)
- Automatische Bremskraftverteilung (ABV)
- Giermomentregelung (GMR)
- Gespannstabilisierung
- Überschlagsvermeidung.

Funktionsweise bei Untersteuern

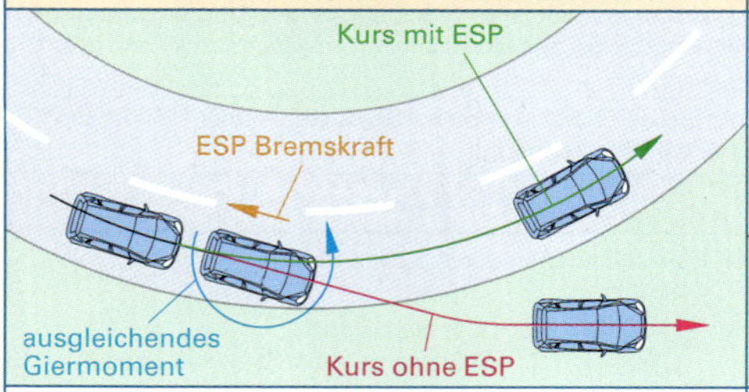

Linkes Hinterrad wird abgebremst.

Funktionsweise bei Übersteuern

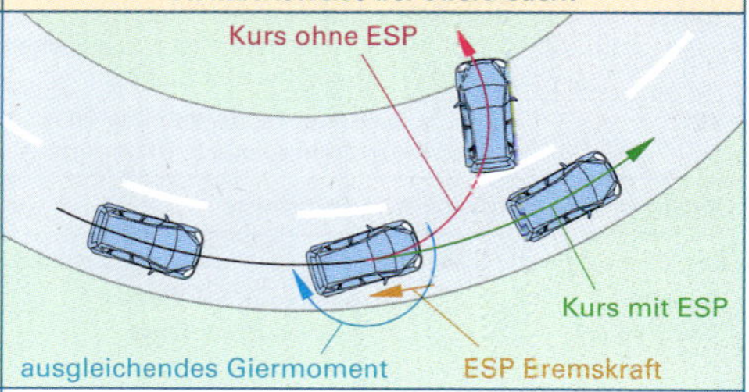

Rechtes Vorderrad wird abgebremst.

ESP-Systemaufbau

- Hydraulikeinheit
- Lenkwinkelsensor
- Tandemhauptzylinder mit Drucksensoren
- Gierratensensor
- Raddrehzahlsensoren
- Querbeschleunigungssensor.

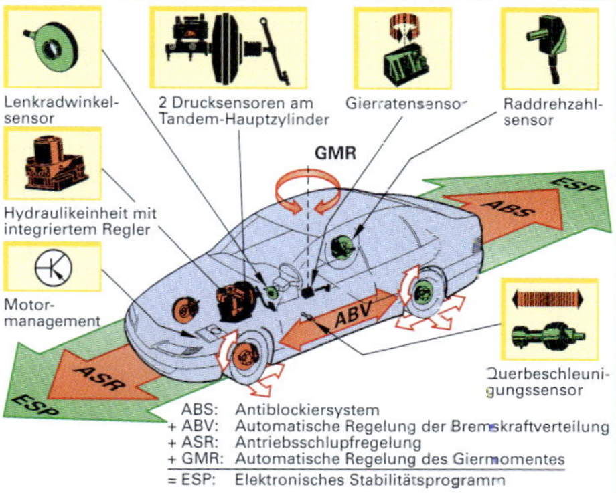

ESP-Sensoren

Raddrehzahl-Sensoren	Messen unterschiedliche Raddrehzahlen und die Kfz-Fahrgeschwindigkeit.
Lenkwinkelsensor	Misst den vom Fahrer gewählten Lenkeinschlag über den Lenkwinkel.
Gierratensensor	Erfasst eine Drehbewegung / Schleudern um die Fahrzeughoch- / Gierachse.
Querbeschleunigungssensor	Erfasst ein Ausbrechen des Fahrzeugs bei einer Kurvenfahrt.
Drucksensor	Misst den in der Hydraulikeinheit anliegenden Bremsdruck.

ESP-Hydraulik/ ESP-Regelphasen

Druckaufbau

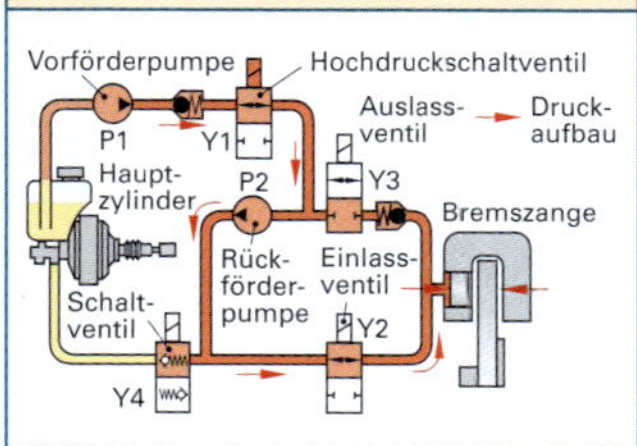

Die Vorförderpumpe P1 läuft an. Über Y1 wird die Pumpe P2 mit Vordruck versorgt. Y2 ist offen, Y3 geschlossen. Der Bremsdruck steigt an.

Druckhalten

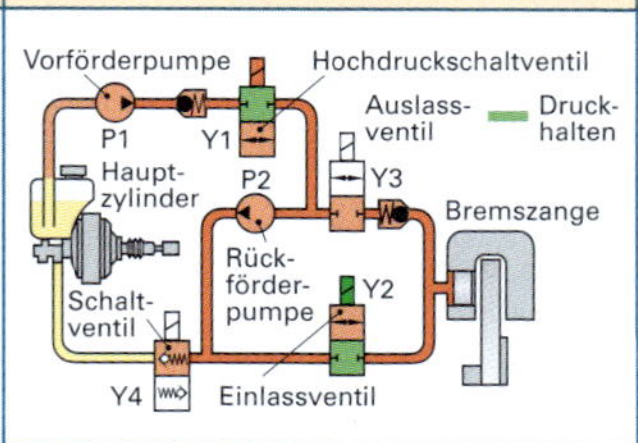

Das Hochdruckschaltventil Y1 und das Einlassventil Y2 werden geschlossen. Der Bremsdruck bleibt konstant.

Druckabbau

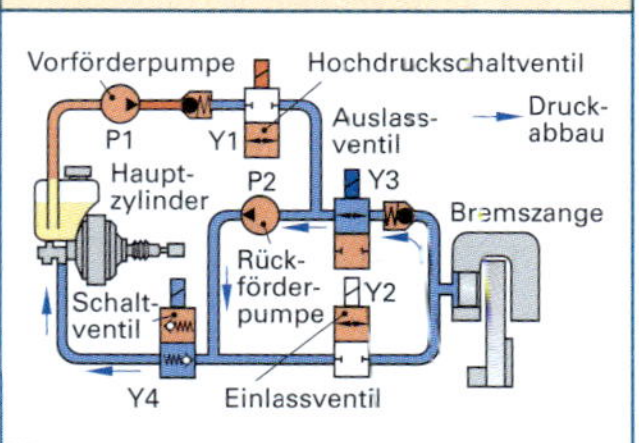

Das Auslassventil Y3 wird geöffnet. Die Bremsflüssigkeit kann über Y4 zum Vorratsbehälter zurückfließen. Der Bremsdruck baut sich ab.

F

Druckluftbremsanlagen (Fremdkraftbremsanlagen)

Bei der Druckluftbremsanlage handelt es sich um eine Fremdkraftbremsanlage. Der Fahrer steuert die Bremse, bringt aber nicht die zum Bremsen benötigte Kraft auf. Druckluftbremsanlagen erzeugen große Bremskräfte und ermöglichen den Anschluss von pneumatisch gebremsten Anhängern.

Eine Zweikreis-Zweileitungs-Druckluftbremsanlage besteht aus folgenden Baugruppen:

- Druckluftversorgungsanlage (DVA)
- Betriebsbremsanlage (BBA) (Zugfahrzeug zweikreisig)
- Feststell- und Hilfsbremsanlage (FBA),
- Anhängersteueranlage,
- Zweileitungs-Anhängerbremsanlage,
- Dauerbremsanlage,
- Feststellbremsanlage Anhänger.

Die Druckluftbremsanlage muss im Rahmen der Sicherheitsprüfung (SP) überprüft werden.

Arbeitsweise DVA:	Kompressor erzeugt Druckluft. Druckluft wird über Druckregler und Lufttrockner an das Vierkreisschutzventil geleitet. Vierkreisschutzventil verteilt die Druckluft auf die einzelnen Kreise und sichert diese gegeneinander ab. Kreise 1 und 2 Betriebsbremsanlage des Zugfahrzeugs, Kreis 3 Anhänger und Feststellbremse, Kreis 4 Dauerbremse und Nebenverbraucher.
BBA:	Betriebsbremsanlage wird vom Fahrer über das Betriebsbremsventil betätigt. In den Bremszylindern VA und Kombizylindern HA baut sich ein eingesteuerter Druck auf. Druck bewirkt eine Bremskraft und verzögert das Fahrzeug bis zum Stand.
FBA:	Kombizylinder der Feststellbremse müssen zum Lösen belüftet werden. Drucklos befindet sich der Kombizylinder in Bremsstellung. Bremskraft wird durch Federn erzeugt.

Kennzeichnung von Anschlüssen

Die Kennzeichnung besteht aus einer ein- oder zweistelligen Zahl; sie steht neben den Anschlüssen.

Beispiel:
Druckregler

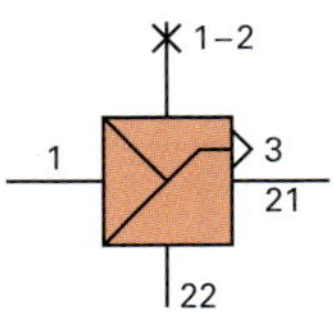

Bedeutung der Zahlen:

0 Ansauganschluss
1 Energiezufuhr
2 Energieabfluss (nicht in Umgebungsluft)
3 Entlüftung in die Umgebungsluft
4 Steueranschluss
7 Gefrierschutzmittelanschluss
8 Schmierölanschluss
9 Kühlflüssigkeitsanschluss

Andere Ziffern sind nicht belegt.

1–2 Doppelanschluss:
1 Energiezufuhr (Befüllanschluss durch Fremdkompressor)
2 Energieabfluss (Reifenfüllanschluss)

Bei mehreren gleichartigen Anschlüssen an einem Bauteil (Zwei- oder Mehrkreisigkeit) wird eine zweite Ziffer verwendet.

21 Energieabfluss (erster Anschluss)
22 Energieabfluss (zweiter Anschluss, Schaltanschluss)

Zweikreis-Zweileitungs-Druckluftbremsanlage

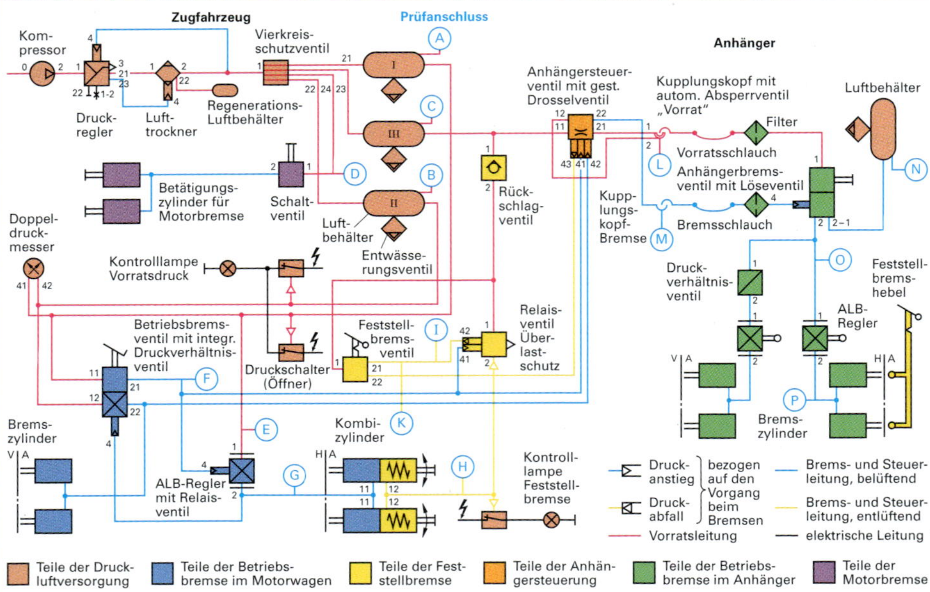

Prüfung der Druckluftbremsanlage

Bei allen Prüfungen sind die Anweisungen der Fahrzeug- und Bremsenhersteller zu beachten.
Die folgenden Prüfungen beziehen sich auf den vorherigen Pneumatikplan S. 331 (Normaldruckanlage bis 8,5 bar). Abweichungen von +/– 0,2 bar vom Sollwert gelten als zulässig.
Benötigte Geräte: Geeichter Manometer, Kupplungsprüfköpfe, Stoppuhr, Blindkupplungskopf „Vorrat".
Vor Durchführung der Prüfungen sind folgende Punkte zu beachten: Anlage entwässern, Filter reinigen, Befestigung prüfen.

Sichtprüfung	Einrichtungen und Geräte werden auf Verschleiß (z.B. Beläge) und Beschädigungen (z.B. Manschetten) überprüft.
Dichtigkeitsprüfung	(Durchführung bei abgestelltem Motor)
• Druckluftversorgungsanlage	In ungebremsten Zustand darf sich der Vorratsdruck (Prüfanschluss A und B) in 10 Minuten um maximal 2 % des Abschaltdruckes (= <0,1 bar) ändern.
• Betriebsbremsanlage	Es ist ein Bremsdruck von 3 bar einzusteuern (Prüfanschlüsse A und E, B und F). Der Druck in Bremszylindern und Vorratsbehältern darf sich innerhalb von 3 Minuten um maximal 0,4 bar ändern.

Bauteile der Druckluftbremsanlage, Funktionsprüfung (Normaldruckanlage)

Teil, Symbol	A: Aufgabe, Arbeitsweise, W: Wartung, F: Funktionsprüfung
Kompressor 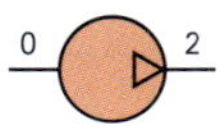	A: Vom Motor angetriebener Kompressor erzeugt den erforderlichen Druck. Betriebsdrücke: Niederdruckanlage 8 bar … 10 bar, Hochdruckanlage 14 bar … 20 bar. W: Luftfilter reinigen, Druckventil nach Vorgabe prüfen, Ölstand gegebenenfalls täglich kontrollieren, Keilriemen und Keilriemenspannung überprüfen. F: Überprüfung der Förderleistung: Bei halber Motordrehzahl muss die Anlage innerhalb von 3 Minuten 65 % des Abschaltdruckes erreichen. Vereinfachte Füllzeitprüfung: Druckbehälter (z.B. 40 l) an die Druckleitung anschließen, Kompressordrehzahl und Füllzeit messen, Werte mit Füllzeittabelle des Herstellers vergleichen.
Druckregler 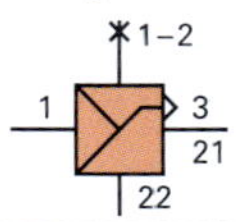	A: Er regelt den Druck innerhalb der Schaltspanne (Abschalt-, Einschaltdruck) Am Reifenfüllanschluss kann Luft zu- und abgeführt werden (1–2). W: Einstellen des Abschaltdruckes an der Druckeinstellschraube. F: Er muss bei Erreichen des Abschaltdruckes (≤ 8,1 bar) die Förderung beenden und ins Freie abblasen. Bei Luftverbrauch (z.B. Bremsen) muss die Anlage innerhalb der Schaltspanne (0,5 bar … 1,1 bar) wieder befüllt werden.
Lufttrockner 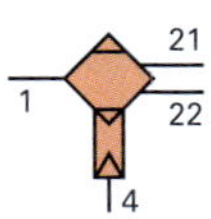	A: Er entfernt die in der Druckluft enthaltene Feuchtigkeit. Die Druckluft strömt durch ein Granulat in der Trockenmittelbox. Hierbei wird die Luftfeuchtigkeit an das Granulat abgegeben. Die Regeneration des Granulats erfolgt durch Zurückströmen von getrockneter Luft. Sie strömt aus dem Regenerationsbehälter (über Anschluss 3 des Druckreglers) ins Freie. W: Trockenmittelbox nach Vorgabe wechseln. F: Regenerationsfunktion prüfen: Bei Erreichen des Abschaltdruckes Motor abstellen. Am Druckregleranschluss 3 muss Regenerationsluft ausströmen.
Vierkreis-Schutzventil 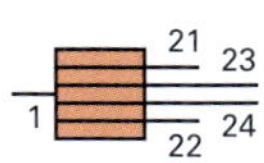	A: Es verteilt die Druckluft auf vier Kreise (2 x BBA, FBA, Nebenverbr.). Bei Druckabfall in einem oder mehreren Bremskreisen wird der Druck in den anderen Bremskreisen gesichert. Die Befüllung der Bremskreise der Betriebsbremse erfolgt meist vorrangig. W: Keine. Bei Fehlern Gerät austauschen. F: **Befüllen:** Der Druckanstieg an 21 und 22 muss nach Erreichen des Öffnungsdruckes von z.B. 7 bar gleichmäßig erfolgen. Beim Erreichen von 7,5 bar im Kreis 1 und 2 müssen die Überströmventile öffnen und die Kreise 3 und 4 befüllen. Der Druckmesser bleibt deshalb bei 7,5 bar kurzzeitig stehen. **Absichern:** Der Schließdruck eines Kreises wird bei stehendem Motor geprüft. Einen Kreis entlehren, im anderen fällt der Druck bis zum Schließdruck ab (Schließdruck: Betriebsbremskreis ≥ 4,0 bar). Prüfanschlüsse A, B, C, D
Druckluftbehälter m. Prüfanschluss u. Entwässerungsventil 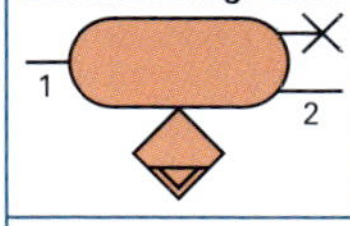	A: Er speichert die Druckluft. Seine Größe ist so bemessen, dass nach 8 Vollbremsungen mit der Betriebsbremse noch eine Verzögerung erreicht wird, die der Bremswirkung der Hilfskraftbremse entspricht. Über das Entwässerungsventil kann Kondenswasser abgelassen werden. W: Handbetätigte Entwässerungsventile täglich betätigen. F: Behälter entwässern, auf Korrosion untersuchen, Typenschild überprüfen. Druck nach 8 Vollbremsungen überprüfen. Prüfanschlüsse A, B, C (Zugfahrzeug) und (Anhänger)
Doppeldruckmesser 	A: Er dient der Anzeige von Betriebs- bzw. Vorratsdruck der Bremskreise 1 und 2. W: Keine. Bei Fehlern Gerät austauschen. F: Ein angeschlossenes Prüfmanometer darf um maximal 0,3 bar abweichen. Prüfanschluss A, B

F

Bauteile der Druckluftbremsanlage, Funktionsprüfung

Teil, Symbol	A: Aufgabe, Arbeitsweise, W: Wartung, F: Funktionsprüfung
Betriebsbremsventil 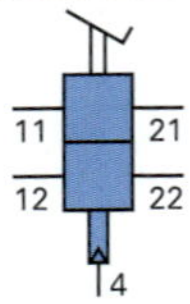	A: Es ermöglicht ein feinfühliges Be- und Entlüften der Betriebsbremsanlage. Bei Ausfall eines Bremskreises bleibt der zweite Bremskreis voll wirksam. W: Bei Fehlern Betriebsbremsventil austauschen. Der Abstand der Trittplatte bis Boden bei Vollbremsstellung muss zwischen 2,5 ... 10 mm liegen. F: Stufbarkeit: < 0,5 bar. Stufenweise betätigen mit möglichst kleinen Druckstufen. In Vollbremsstellung Bremszylinderdruck gleich Vorratsdruck. Schnellbremsen/Schnelllösen: Der Druckanstieg bzw. Druckabfall muss innerhalb einer Sekunde erfolgen. Prüfanschluss E, F
Automatisch lastabhängiger Bremskraftregler mit Relaisventil (ALB-Regler) 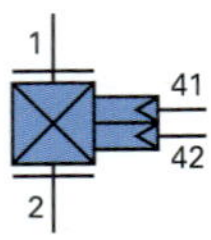	A: Er regelt den Bremsdruck in Abhängigkeit der Beladung. Bei entladenem Zustand wird der Bremsdruck an der HA, z.B. 6,5 bar auf 3,2 bar, vermindert. Bei voller Beladung ist Einsteuer- und Aussteuerdruck gleich (6,5 bar). Durch den ALB wird ein Überbremsen des Fahrzeugs verhindert. W: Bei mechanisch angesteuertem ALB Gestängeverbindungen und Lager fetten. F: Prüfen der Einstellwerte nach dem ALB-Schild. Der am Anschluss 4 eingesteuerte Druck bewirkt bei „Beladen" ein Durchsteuern von 1 nach 2 (6,5 bar) und bei „leer" auf z.B. 3,2 bar (siehe ALB-Schild) reduzieren.
Feststellbremsventil 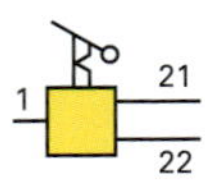	A: Es be- und entlüftet die Feststell- und Hilfsbremse von Zugfahrzeug und Anhänger. Feststellbremsstellung (Parkstellung): Anschlüsse 21 und 22 sind auf 0 bar entlüftet. Lösestellung (Fahrstellung): Anschlüsse 21 und 22 belüftet. Kontrollstellung: Lkw über Federspeicher gebremst und Anhänger gelöst. W: Keine. Bei Fehlern Feststellbremsventil austauschen. F: Stufbarkeit: Druckanstieg bzw. Druckabfall ≤ 0,6 bar. Bei Betätigung des Feststellbremsventils muss vor Erreichen der Raststellung die volle Bremskraft erreicht werden (21 und 22 = 0 bar). Kontrollstellung 21 = 0 bar, 22 = 8 bar. Fahrstellung: Feststellbremsanlage gelöst. Vollbremsstellung: Federspeicher = 0 bar, Kupplungskopf Bremse (gelb) > 6 bar. Prüfanschluss: H, I, K, M
Kombibrems-Zylinder (Federspeicher) 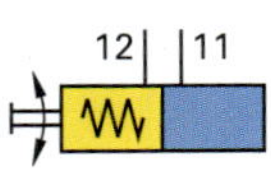	A: Er dient zur Betätigung der Betriebsbremsanlage (Druckluft) und als Feststell- bzw. Hilfsbremsanlage (Federkraftbremse) bei Ausfall der Druckluft. W: Bolzen am Gabelkopf ölen; schadhafte Faltenbälge austauschen; Faltenbälge müssen öl- und fettfrei sein; wegen der Feder nicht ohne Vorrichtung zerlegen; alle 2 Jahre Membran erneuern. F: Ansprechdruck der Betriebsbremse ≤ 0,5 bar. Der sich einstellende Hub der Membranstange soll kleiner als der halbe Gesamthub sein. Ansprechzeit ≤ 1 s. In Lösestellung muss die Membranstange voll zurückgehen. Federspeicherteil: Ab einem bestimmten Druck (z.B. 4 bar) lösen die Federspeicher. Ab 6,0 bar muss der Federspeicher vollständig gelöst sein. Prüfanschluss: G, H
Anhängersteuerventil mit Drosselventil 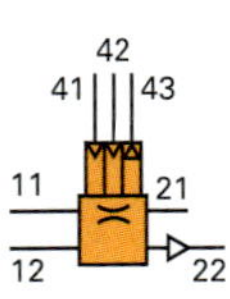	A: Es steuert die Anhängerbremsanlage über die Betriebsbremsanlage des Motorwagens und über das Feststellbremsventil. Es versorgt den Anhänger mit Druckluft. Durch das Drosselventil wird ein rasches Ansprechen der Anhängerbremse bei einem Leitungsdefekt erreicht. W: Keine. Ist ein Entlüftungsfilter eingebaut, so muss dieses bei Verschmutzung gereinigt werden. Bei Fehlern Anhängersteuerventil austauschen. F: Betriebsbremsventil betätigen: Bei einer Bremsung ist der Druck an 41, 42 und an 22 gleich groß. Feststellbremsventil betätigen: 43 = 0 bar, 22 = 7,0 ... 8,1 bar. Ankuppeln, Bremsleitung undicht machen, Vorratsleitung ankuppeln (gelber Prüfkopf). Druck in Vorratsleitung muss in weniger als 2 s auf unter 1,5 bar abfallen. Lösestellung: 11, 21 und 43 ≤ 8,1 bar; 22, 41 und 42 = 0 bar. Prüfanschluss: C, E, F; I, L, M
Anhängerbremsventil mit Löseventil im Anhänger 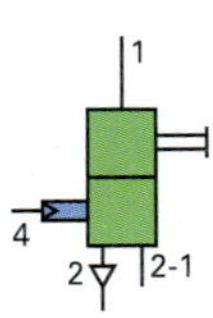	A: Es steuert die Druckluftbremsanlage im Anhänger. Die Steuerung erfolgt vom Zugfahrzeug aus. Beim Betätigen der BBA wird Bremsdruck stufenlos in die Bremszylinder eingesteuert. Beim Abkuppeln oder dem Abriss der Vorratsleitung löst es eine Notbremsung im Anhänger aus und sichert den Druck. Zum Rangieren nach dem Abkuppeln können die Bremsen durch das Löseventil gelöst werden. Fahrtstellung: Bremsleitungen entlüftet. 41, 42 = 0 bar. Bremsstellung: Ein über die Steuerleitung 4 kommender Bremsdruck bewirkt eine entsprechende Durchsteuerung von 1 an 2. W: Keine F: Stufbarkeit: ≤ 0,4 bar. Abrissprüfung: Durch das Lösen der Kupplung Vorrat muss eine Vollbremsung ausgelöst werden. Prüfanschluss: L, M, N, O

F

Kombinierte Druckluft-Hydraulik-Anlage

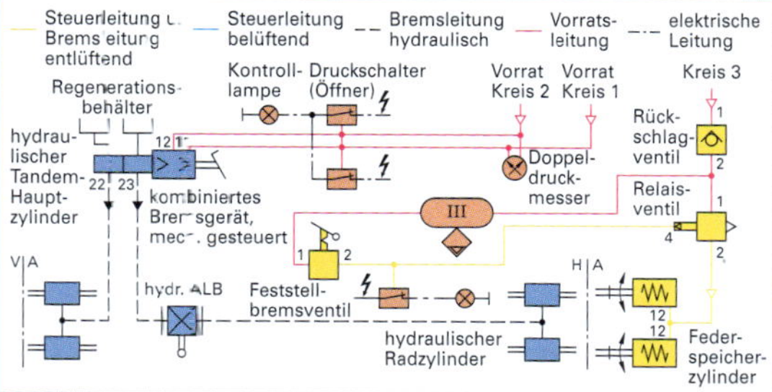

Anwendung: Mittelschwere Lkw und Busse (bis ungefähr 13 t zul. Gesamtgewicht).

Aufbau, Funktion: Druckluftversorgungsanlage wie bei Druckluftbremsanlage mit 4 Vorratskreisen. Über ein Betriebsbremsventil wird pneumatisch der Tandemhauptzylinder betätigt. Der hydraulische Druck betätigt über einen ALB-Regler die hydraulisch wirkenden Radzylinder. Die Feststell- und Hilfsbremse wirkt pneumatisch über Federspeicher an der Hinterachse.

Eigenschaften: Hohe Bremsdrücke bei kleinen Bauteilen, schnelles Ansprechen (kurze Schwellzeiten).

Druckluft-ABS/ASR-Anlage

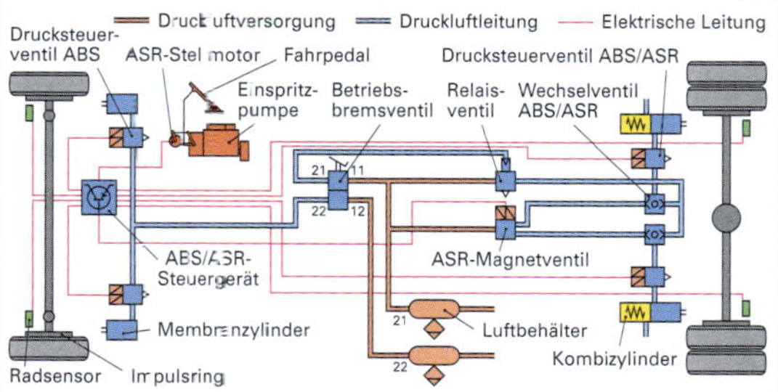

Anwendung: Schwere Lkw, Sattelzüge N2/N3, Anhänger und Omnibusse M2/M3 müssen über Druckluft-ABS verfügen.

Komponenten ABS: Radsensoren, Steuergerät, Drucksteuerventile, Warnleuchte, Schaltgerät für Anhängererkennung, ABS-Steckverbindungen zum Anhänger.

Eigenschaften ABS: Fahrzeug bleibt lenkbar und richtungsstabiler, optimale Verzögerung, Anhänger bricht nicht aus.

Eigenschaften ASR: Verbessert die Traktion beim Anfahren und verhindert das Durchdrehen der Antriebsräder durch Bremsen- und Motoreingriff.

Elektronisches Bremssystem (EBS) für Druckluftbremsanlagen

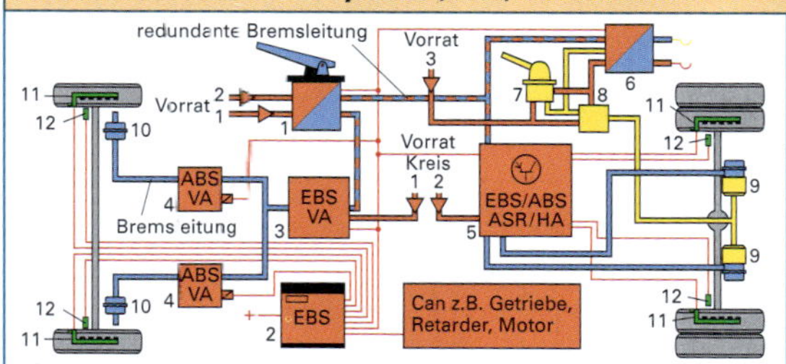

1 Bremswertgeber
2 EBS-Steuergerät
3 VA-Modulator
4 VA-ABS-Magnetventile
5 HA-EBS-ABS-Modulator
6 EBS-Anhängersteuerventil
7 Feststellbremsventil
8 Relaisventil (FB)
9 HA-Bremszylinder
10 VA-Bremszylinder
11 Radsensoren
12 Verschleißwegsensoren

Aufbau: Pneumatisch wie konventionelle Druckluftbremsanlage. Zusätzlich EBS-Modulatoren VA/HA, EBS-Steuergerät, Betriebsbremsventil mit Bremswertgeber.

Funktion: Ein Signal des Bremswertgebers bewirkt über das Steuergerät eine Aussteuerung der Modulatoren, wodurch Druckluft in die Radzylinder eingesteuert wird. Die HA-EBS-Modulatoren führen auch eine ABS/ASR-Regelung durch. Bei Ausfall der Elektronik lässt sich das Fahrzeug herkömmlich bremsen.

Eigenschaften: Schnelleres Ansprechen aller Radbremsen, kürzerer Bremsweg, gleichmäßiger Belagverschleiß.

Dauerbremsanlagen

Sie bremsen das Fahrzeug verschleißfrei ab. Dauerbremsanlagen arbeiten nur wenn das Fahrzeug rollt. Ein Abbremsen bis zum Stillstand ist nicht möglich. Die Bewegungsenergie wird in Wärme umgewandelt.

Motorbremse

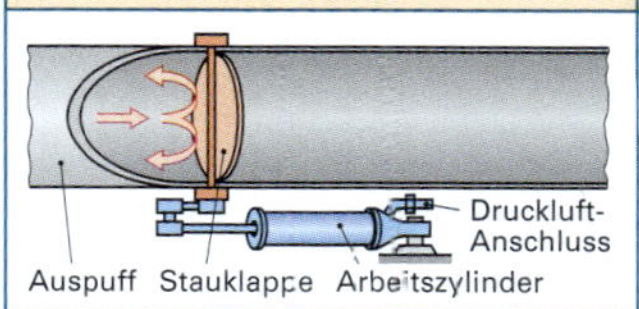

Beim Betätigen der Motorbremse wird eine Stauklappe im Auslasskanal geschlossen und die Einspritzung auf Null gestellt. Ist durch einen eingelegten Gang ein Kraftschluss zu den Antriebsrädern gegeben, wird das Kfz abgebremst.

Wirbelstrombremse, (Retarder)

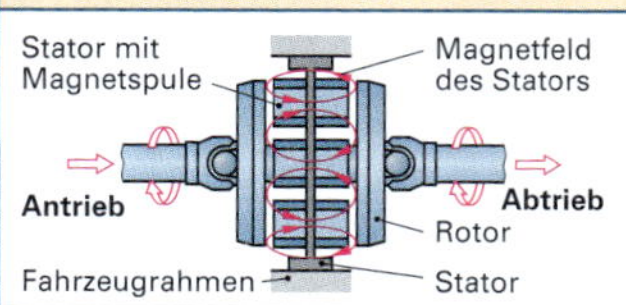

Im feststehenden Stator wird durch Spulen ein Magnetfeld erzeugt. Der mit der Abtriebswelle verbundene Rotor wird durch die Wirbelströme abgebremst. Die Bremswirkung ist abhängig von Stromstärke und Anzahl der Spulen.

Strömungsbremse, (Retarder)

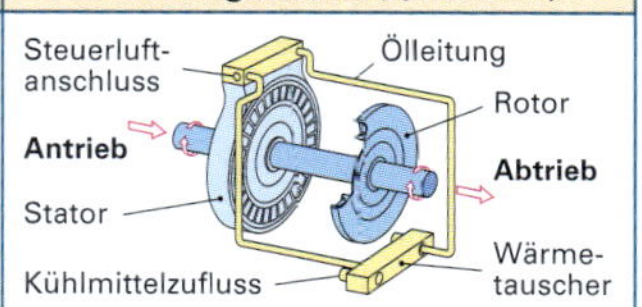

Der mit dem Getriebegehäuse fest verbundene Stator bremst den mit der Antriebswelle verbundenen Rotor durch Umlenken von Hydrauliköl ab. Je nach Bremswunsch wird der Raum zwischen Stator und Rotor mehr oder weniger mit Öl befüllt.

Straßenfahrzeuge – Begriffsbestimmung

Straßenfahrzeuge sind fahrbare Transportmittel für Personen und/oder Güter, die ihrer Bauart nach für die Teilnahme am öffentlichen Straßenverkehr zugelassen sind.
Einteilung: Kraftfahrzeuge, Anhängefahrzeuge und Fahrzeugkombinationen.

Systematik der Straßenfahrzeuge

- Straßenfahrzeuge
  - Kraftfahrzeuge
    - Kraftrad
      - Motorrad
      - Motorroller
      - Fahrrad mit Hilfsmotor
    - Kraftwagen
      - Personenkraftwagen (Pkw)
        - Limousine
        - Pullman-Limousine
        - Kabriolett
        - Nkw-Kombi
        - Mehrzweck-Pkw
        - Kabrio-Limousine
        - Coupe
        - Kombi
        - Spezial-Pkw
      - Nutzkraftwagen (Nkw)
        - Kraftomnibusse (KOM)
          - Kleinbus
          - Überlandlinienbus
          - Gelenkbus
          - Oberleitungsbus
          - Linienbus
          - Reisebus
          - Spezialbus
        - Lastkraftwagen (Lkw)
          - Vielzweck-Lkw
          - Spezial-Lkw
        - Zugmaschinen
          - Anhängerzugmaschine
          - Sattelzugmaschine
          - Traktor
  - Anhängerfahrzeuge
    - Gelenk-Deichselanhänger
    - Starr-Deichselanhänger
      - Zentralachsanhänger
      - Sattelanhänger
      - Lastanhänger
      - Busanhänger
      - Caravan
      - Spezialanhänger
  - Fahrzeugkombinationen
    - Personenkraftwagenzug
    - Sattelkraftfahrzeug, Sattelzug
    - Lastkraftwagenzug
    - Omnibuszug
    - Zugmaschinenzug
    - Brückenzug

F

Klasseneinteilung der Kraftfahrzeuge

Klasse L

Kraftfahrzeuge mit weniger als 4 Rädern, Krafträder.

Stufung	Bauart	Hubraum	Geschwindigkeit
L_1	zweirädrig	$\leq 50\ cm^3$	≤ 50 km/h
L_2	dreirädrig	$\leq 50\ cm^3$	≤ 50 km/h
L_3	zweirädrig	$> 50\ cm^3$	> 50 km/h

Klasse M

Kraftfahrzeuge zur Personenbeförderung mit mindestens 4 Rädern oder 3 Rädern und einem zul. Gesamtgewicht > 1 t.

Stufung	Fahrersitz + Sitzplätze	Gesamtgewicht
M_1	$1 \leq 9$	
M_2	> 9	≤ 5 t
M_3	> 9	> 5 t

Klasse N

Kraftfahrzeuge zur Güterbeförderung mit mindestens 4 Rädern oder 3 Rädern und einem zul. Gesamtgewicht > 1 t.

Stufung	Gesamtgewicht
N_1	$\leq 3{,}5$ t
N_2	$> 3{,}5\ t \leq 12$ t
N_3	> 12 t

Klasse O

Anhänger und Sattelanhänger.

Stufung	Gesamtgewicht
O_1	(einachsige Anhänger) $\leq 0{,}75$ t
O_2	$> 0{,}75\ t \leq 3{,}5$ t
O_3	$> 3{,}5\ t \leq 10$ t
O_4	> 10 t

Fahrzeugidentifizierungsnummer

Die Fahrzeugidentifizierungsnummer (Fahrgestellnummer), soll ein weltweit einheitliches System für die Identifizierung von Straßenfahrzeugen schaffen.

Beispiel: W DB 211 2 55 1 A 202 343

Weltherstellerzeichen: W Europa, 1 Nordamerika, ...

Ggf. Produktionsland: **G** BRD, **C** USA, **F** Frankreich,...

Hersteller: DB, VW, BMW, GM, ...

Modell: 211 (E-Klasse), 1HXO (Golf III), ...

Leerstellen: Hier wird vom Hersteller z.B. Karosserieausführung, Antriebsart und Lenkungsart verschlüsselt.
2 Kombi, 55 E 320 (Ottomotor, 6 Zyl.), 1 Linkslenker

Herstellerwerk: A Sindelfingen

Fortlaufende Produktionsnummer: 202 343

Begriffsbestimmung

1. **Kraftfahrzeuge** sind maschinell angetriebene Straßenfahrzeuge, die nicht an Gleise gebunden sind. Sie dienen dem Transport von Personen und Gütern. Kraftfahrzeuge können zum Mitführen von Anhängefahrzeugen geeignet sein.

Kraftrad

Krafträder sind einspurige Kraftfahrzeuge mit zwei Rädern. Sie können einen Beiwagen mitführen, wobei die Eigenschaft als Kraftrad erhalten bleibt.

Kraftwagen

- Personenkraftwagen

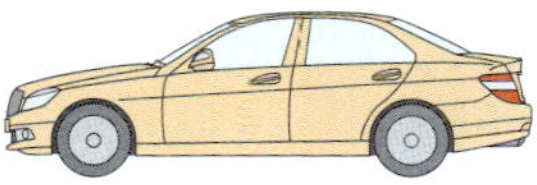

Kraftwagen sind zwei oder mehrspurige Kraftfahrzeuge. Sie werden in Personenkraftwagen (Pkw) und Nutzkraftwagen (Nkw) unterschieden.

Pkw dienen nach Bauart und Einrichtung hauptsächlich dem Transport von Personen, Gepäck und/oder Gütern. Sie haben maximal 9 Sitze einschließlich Fahrzeugführer. Ihr zulässiges Gesamtgewicht beträgt ≤ 3,5 t.

- Nutzkraftwagen

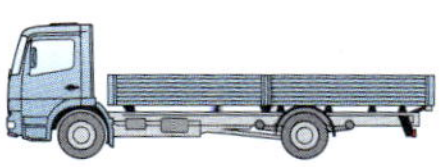

Nkw dienen nach Bauart und Einrichtung dem Transport von Personen, Gütern und/oder dem Ziehen von Anhängefahrzeugen.

Kraftomnibus (KOM). Er ist nach Bauart und Einrichtung zur Beförderung von mehr als 9 Personen und Reisegepäck bestimmt.

Lastkraftwagen (Lkw). Er ist nach Bauart und Einrichtung zum Transport von Gütern bestimmt.

Zugmaschine. Sie ist zum Mitführen von Anhängefahrzeugen bestimmt.

2. **Anhängefahrzeuge.** Sie sind keine selbstfahrenden Straßenfahrzeuge. Bauartbedingt werden sie von einem Kraftfahrzeug mitgeführt.

Gelenk-Deichselanhänger

Dabei handelt es sich um ein Anhängefahrzeug mit mindestens zwei Achsen, bei dem mindestens eine Achse lenkbar ist. Eine winkelbewegliche Verbindung zum ziehenden Fahrzeug erfolgt über eine Deichsel. Die Deichsel ist vertikal beweglich mit dem Fahrgestell des Anhängers verbunden.

Starr-Deichselanhänger

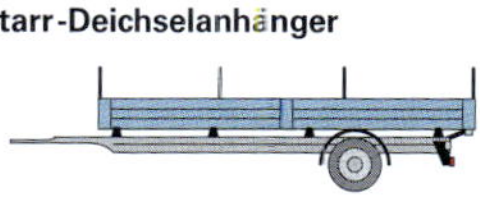

Dabei handelt es sich um ein Anhängefahrzeug mit einer Achse oder einer Achsgruppe. Eine winkelbewegliche Verbindung zum ziehenden Fahrzeug erfolgt über eine starre Deichsel. Ein Teil des Gesamtgewichts vom Starrdeichselanhänger wird vom ziehenden Fahrzeug getragen (Deichsellast, Stützlast-Anhängerkupplung).

3. **Fahrzeugkombinationen.** Sie sind Zusammenstellungen aus einem Kraftfahrzeug und einem oder mehreren Anhängefahrzeugen.

Krafträder, Bauarten

Motorrad

Kraftrad mit festen Fahrzeugteilen im Kniebereich, z.B. Motor, Kraftstoffbehälter und Fußrasten.

Kleinkraftrad und Leichtkraftrad sind Motorräder.

Motorroller

Kraftrad ohne feste Fahrzeugteile im Kniebereich.

Die Füße stehen auf einem Bodenblech.

Fahrrad mit Hilfsmotor

Kraftrad, das hinsichtlich seiner Gebrauchsfähigkeit Merkmale von Fahrrädern hat, z.B. Tretkurbeln.

Moped, Mofa, Leichtmofa sind Fahrräder mit Hilfsmotor.

Zulassungsmerkmale (§ 18 StVZO), Fahrerlaubnisverordnung (§ 4 – 6 FeV)

Mofa	Kleinkraftrad	Leichtkraftrad	Motorrad
$v_{max} \leq 25$ km/h $V_H \leq 50$ cm³	$v_{max} \leq 45$ km/h $V_H \leq 50$ cm³	$P_{eff} \leq 11$ kW 50 cm³ $< V_H \leq 125$ cm³	$v_{max} > 45$ km/h $V_H > 50$ cm³

F

Personenkraftwagen

Personenkraftwagen werden eingeteilt nach den Unterschieden in der Bauweise von **K** Karosserie, **D** Dach, **I** Insassenraum, **T** Türen, **F** Fenster. Seitliche Ausstellfenster sind ein Bestandteil der Seitenfenster.

Limousine

K	Geschlossener Aufbau mit oder ohne mittlere Säule (B-Säule) zwischen den Seitenfenstern.
D	Festes, starrverbundenes Dach. Ein Teil des Daches kann auch geöffnet werden.
I	4 oder mehr Sitze, mindestens 2 Sitzreihen. Hintersitze können klapp- oder ausbaubar sein.
T	2 oder 4 seitliche Türen. Gepäckraumklappe oder Hecktür möglich.
F	4 oder mehr Seitenfenster.
	Großraumlimousine Mindestens 6 Sitze in mindestens 3 Sitzreihen.

Pullmann-Limousine

K	Geschlossener Aufbau, Trennwand zwischen vorderen und hinteren Sitzen möglich.
D	Festes, starrverbundenes Dach. Ein Teil des Daches kann auch geöffnet werden.
I	4 oder mehr Sitze, mindestens 2 Sitzreihen. Klappsitze vor den Hintersitzen möglich.
T	4 oder 6 seitliche Türen. Gepäckraumklappe oder Hecktür möglich.
F	6 oder mehr Seitenfenster.

Kabrio-Limousine

K	Aufbau kann geöffnet werden. Seitenumrandung ist feststehend.
D	Fest oder flexibel mit mindestens 2 Positionen: 1. geschlossen, 2. geöffnet oder entfernt. Der offene Aufbau kann durch feste Dachteile und/oder ein flexibles Dach geschlossen werden.
I	4 oder mehr Sitze, mindestens 2 Sitzreihen.
T	2 oder 4 seitliche Türen.
F	4 oder mehr Seitenfenster.

Kombi (Pkw-Kombi)

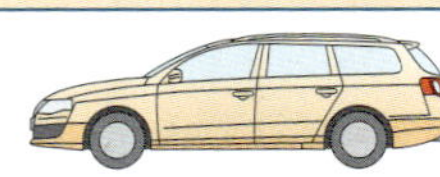

K	Geschlossener Aufbau, Innenraumvergrößerung durch Bauweise des Fahrzeughecks.
D	Festes, starrverbundenes Dach. Ein Teil des Daches kann auch geöffnet werden.
I	4 oder mehr Sitze, mindestens 2 Sitzreihen. Hintere Sitzbank/Sitzbänke muss/müssen klappbare oder herausnehmbare Rückenlehnen haben.
T	2 oder 4 seitliche Türen und Hecktür.
F	4 oder mehr Seitenfenster.

Coupé

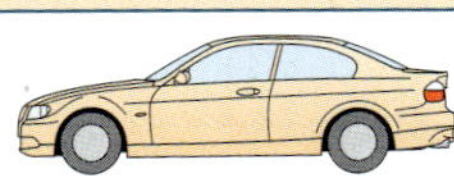

K	Geschlossener Aufbau, meist mit vermindertem hinteren Innenraum.
D	Festes, starrverbundenes Dach. Ein Teil des Daches kann auch geöffnet werden.
I	2 oder mehr Sitze, mindestens 1 Sitzreihe.
T	2 seitliche Türen. Gepäckraumklappe oder Hecktür möglich.
F	2 oder mehr Seitenfenster.

Nutzkraftwagen-Kombi (Nkw-Kombi)

K	Geschlossener Aufbau (Pkw abgeleitet vom Nkw).
D	Festes Dach. Ein Teil des Daches kann auch geöffnet werden.
I	4 oder mehr Sitze, mindestens 2 Sitzreihen. Hintersitze müssen herausnehmbar sein.
T	2, 3 oder 4 seitliche Türen. Heckklappe oder Hecktür möglich.
F	4 oder mehr Seitenfenster.

F

Kabriolett (Roadster, Spider)

K	Offener Aufbau. Überrollbügel möglich.
D	Fest oder flexibel mit mindestens 2 Positionen: 1. geschlossen, 2. geöffnet oder entfernt.
I	2 oder mehr Sitze, mindestens 1 Sitzreihe.
T	2 oder 4 seitliche Türen. Gepäckraumklappe möglich.
F	2 oder mehr Seitenfenster.

Mehrzweck-Personenkraftwagen

K	Geschlossener, offener oder zu öffnender Aufbau so ausgelegt, dass der gelegentliche Transport von Gütern erleichtert wird.
I	1 oder mehr Sitze.

Spezial-Personenkraftwagen

Pkw mit besonderen Einrichtungen, z. B. Notarzt-Einsatzfahrzeuge, Krankenkraftwagen, Wohnmobil.

Nutzkraftwagen

Kleinbus

Kraftomnibus zur Beförderung von maximal 17 ausschließlich sitzenden Personen einschließlich Fahrzeugführer.

Linienbus

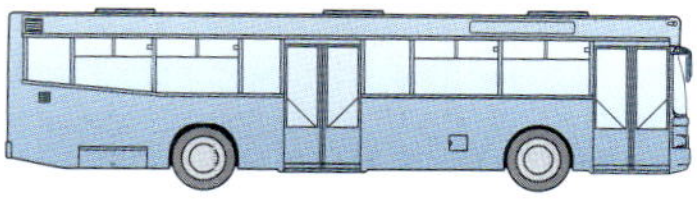

Kraftomnibus zur Beförderung von sitzenden und stehenden Personen im Stadt- und Vorort-Linienverkehr. Das Ein- und Aussteigen beim häufigen Halten erleichtern mehrere große Türen.

Überlandlinienbus

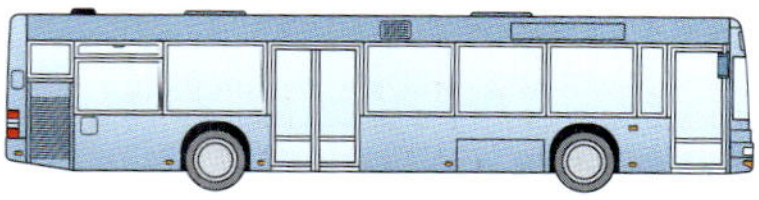

Kraftomnibus für den Einsatz im Überland-Linienverkehr ohne besondere Stehplätze. Auf kurzen Strecken können im Gang stehende Personen befördert werden.

Reisebus

Kraftomnibus nach Bauart und Einrichtung für Reisen über größere Entfernungen. Besonderer Komfort ist für sitzende Fahrgäste vorhanden.

Gelenkbus

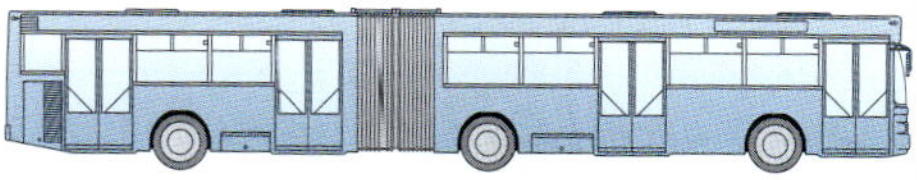

Kraftomnibus, bei dem zwei starre Teile durch einen Gelenkabschnitt bleibend winkelbeweglich miteinander verbunden sind und Fahrgästen freien Durchgang ermöglicht. Ein Gelenkbus aus drei starren Teilen wird als „Doppelgelenkbus" bezeichnet.

Oberleitungsbus (O-Bus)

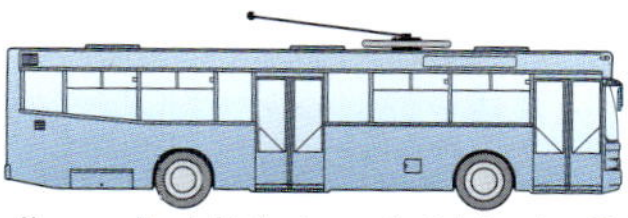

Kraftomnibus mit elektrischem Antrieb; der Fahrstrom wird aus einer Fahrleitung (Oberleitung) entnommen. Ein O-Bus mit zusätzlichem Verbrennungsmotor wird als „Duo-Bus" bezeichnet.

Spezialbus

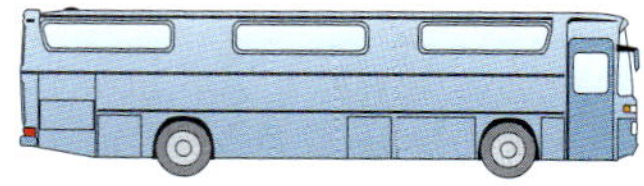

Kraftomnibus nach Bauart und Einrichtung zur Beförderung von Personen, für die besondere Vorkehrungen erforderlich sind.

Vielzwecklastkraftwagen

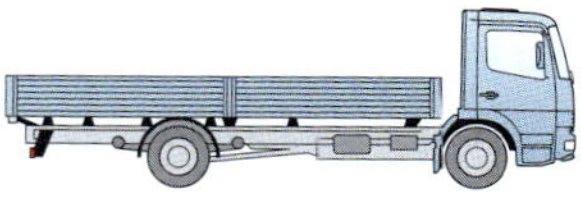

Lastkraftwagen, der Güter auf einem offenen Aufbau, z.B. Pritsche, oder in einem geschlossenen Aufbau, z.B. Kasten, transportiert.

Speziallastkraftwagen

Lastkraftwagen mit besonderem(r) Aufbau/Ausrüstung und Einrichtung zum Transport von speziellen Gütern und für besondere Einsatzzwecke, z.B. Müllkraftwagen, Wohnmobil, Abschleppwagen.

Anhänger-Zugmaschine

Zugmaschine zum Mitführen von Gelenk- oder Starr-Deichselanhängern. Die Zugmaschine kann Güter auf einer Hilfsladefläche befördern.

Sattelzugmaschine

Zugmaschine mit einer besonderen Vorrichtung zum Mitführen von Sattelanhängern. Ein wesentlicher Teil des Gewichtes des Sattelanhängers wird von der Sattelzugmaschine getragen.

Traktor

Zugmaschine, die nach Bauart und Ausrüstung auch zum Schieben, Tragen oder Antreiben von auswechselbaren Geräten (Vorbau, Unterbau, Heckanbau) bestimmt ist.

Anhängefahrzeuge	**Fahrzeugkombinationen** (vgl. DIN 70010)
Caravan	**Personenkraftwagenzug (Pkw-Zug)**
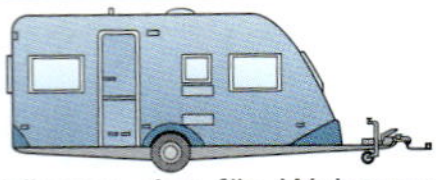	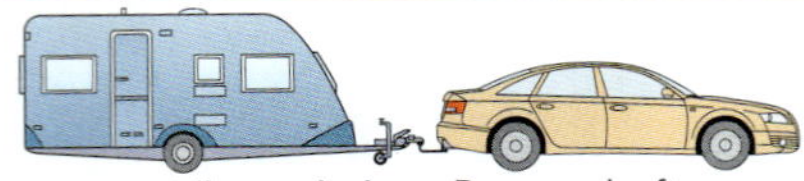
Zentralachsanhänger, der für Wohnzwecke bestimmt und eingerichtet ist.	Zusammenstellung mit einem Personenkraftwagen und einem Anhängefahrzeug.
Busanhänger	**Omnibuszug**
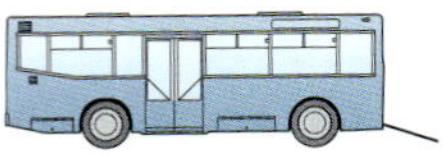	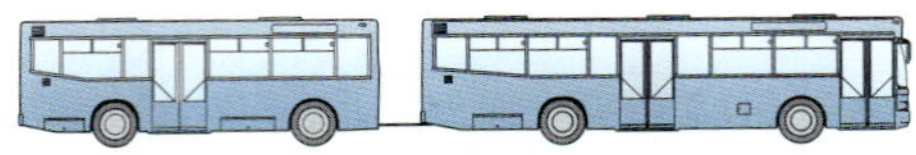
Anhängefahrzeug, das nur zur Beförderung von Personen einschließlich ihres Gepäcks bestimmt ist.	Zusammenstellung aus einem Kraftomnibus und einem Anhängefahrzeug (eine begehbare Verbindung kann vorgesehen sein).
Lastanhänger	**Lastkraftwagenzug**

Anhängefahrzeug zum Transport von Gütern (Deichselanhänger).	Zusammenstellung aus einem Lastkraftwagen und einem Gelenk- oder Starr-Deichselanhänger.
Sattelanhänger	**Sattelkraftfahrzeug**
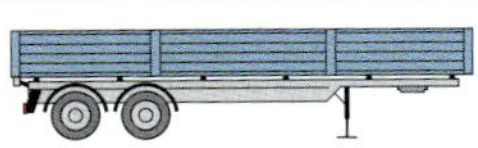	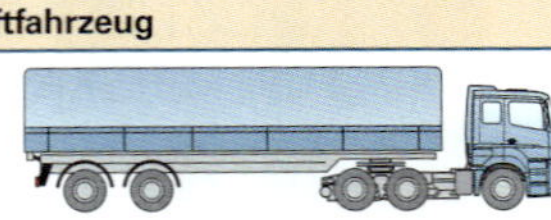
Anhängefahrzeug mit Sattelvorrichtung. Ein wesentlicher Teil des Anhänger-Gesamtgewichts wird auf die Sattelzugmaschine übertragen.	Zusammenstellung aus einer Sattelzugmaschine und einem winkelbeweglich aufgesattelten Sattelanhänger.
Spezialanhänger	**Sattelzug**

Zum Transport spezieller Güter, zur Verrichtung besonderer Arbeit oder für besondere Einsatzzwecke, z.B. Tank-, Luftkompressor-, Verkaufsanhänger.	Zusammenstellung aus einem Sattelkraftfahrzeug und einem Anhängefahrzeug (nach § 32 a, StVZO so nicht zulassungsfähig).
Starr-Deichselanhänger	**Zugmaschinenzug**
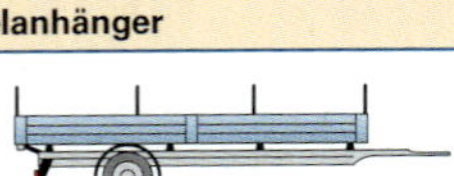	
Anhängefahrzeug mit einer Achse oder Achsgruppe. Starre Deichsel. Ein Teil des Anhänger-Gesamtgewichtes wird vom ziehenden Fahrzeug aufgenommen.	Zusammenstellung aus einer Anhänger-Zugmaschine oder einem Traktor und einem oder zwei Gelenk- oder Starr-Deichselanhängern.
Zentralachsanhänger	**Brückenzug**
	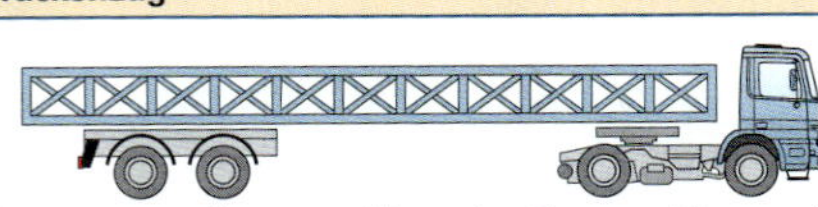
Anhängefahrzeug mit einer Achse oder Achsgruppe die nahe dem Schwerpunkt angeordnet sind. Starre Deichsel. Geringfügiger Teil (max. 100 kg) des Anhänger-Gesamtgewichts kann vom ziehenden Fahrzeug aufgenommen werden. Voraussetzung: gleichmäßige Beladung.	Zusammenstellung aus Lkw oder Zugmaschine und einem Spezialanhänger. Die in der Länge unteilbare Last liegt winkelbeweglich auf Zugfahrzeug und Spezialanhänger. Die Last und/oder ihre Unterstützung ergeben die Verbindung der beiden Fahrzeuge.

Fahrzeugaußen- und Nutzmaße

Fahrzeuglänge

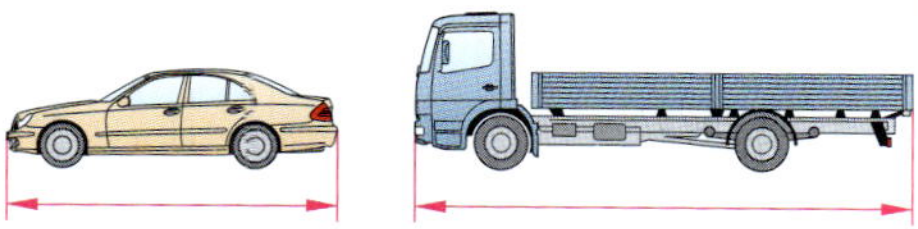

Länge des Fahrzeuges über alles, einschließlich Stoßfänger (ausgenommen Rückspiegel). Bei Anhängern wird stets zu dem Maß mit Zuggabel in Klammern dahinter das Maß ohne Zuggabel angegeben. Vorderer Messpunkt ist die Mitte der Zugöse.

Rahmenhöhe

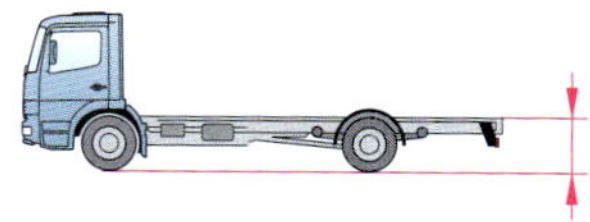

Abstand der Oberkanten des Rahmens von der Standebene des Fahrzeugs, gemessen über den Radmitten der Vorder- bzw. Hinterachse. Bei mehr als zwei Achsen wird nur an der ersten und letzten Achse gemessen, ausgenommen bei Liftachsen.

Fahrzeugbreite

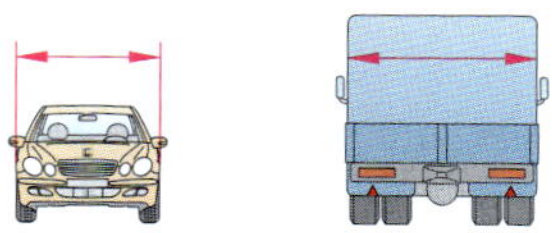

Breite des Fahrzeuges über alles. Überragen dürfen: Fahrtrichtungsanzeiger, Rückspiegel, Begrenzungsleuchten. Spurhalteleuchten, elastische Schmutzfänger, herablassbare Trittbrettstufen, Einrichtungen von Zollverschlüssen, Reifen in der Berührungszone mit der Fahrbahn und Schneeketten.

Überhanglänge

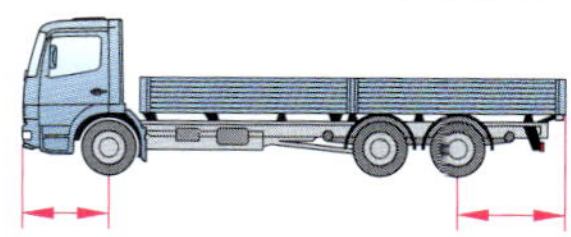

Vordere Überhanglänge: Abstand des äußersten vorderen Punktes – ausgenommen Rückspiegel – von der Radmitte der Vorderachse.

Hintere Überhanglänge: Abstand des äußersten hinteren Punktes von der Radmitte der letzten Achse.

Fahrzeughöhe

Höhe des Fahrzeuges über alles, einschließlich Verdeck, Gepäckgitter usw. Die Fahrzeughöhe wird beim unbelasteten Fahrzeug (Leergewicht) ermittelt.

Rahmenlänge hinter dem Führerhaus

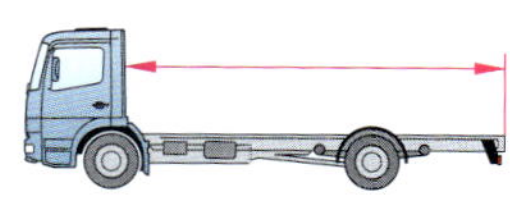

Nutzbare Länge hinter dem Führerhaus bis zum hinteren Ende das Rahmens.

Radstand

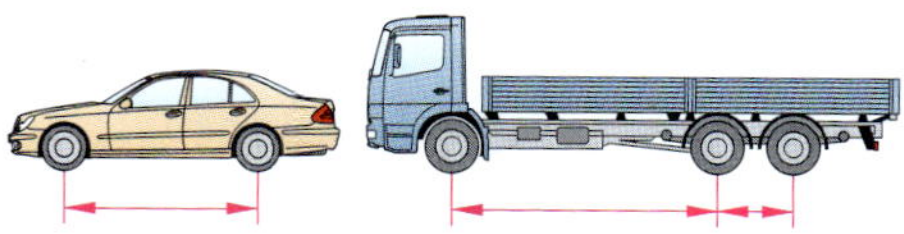

Abstand von Radmitte zu Radmitte. Bei drei- und mehrachsigen Fahrzeugen sind die einzelnen Radstände von vorn nach hinten nacheinander anzugeben.
Bei Sattelanhängern tritt an die Stelle der Radmitte Vorderräder die Achse des Zugsattelzapfens.

Größte Innenmaße des Laderaumes

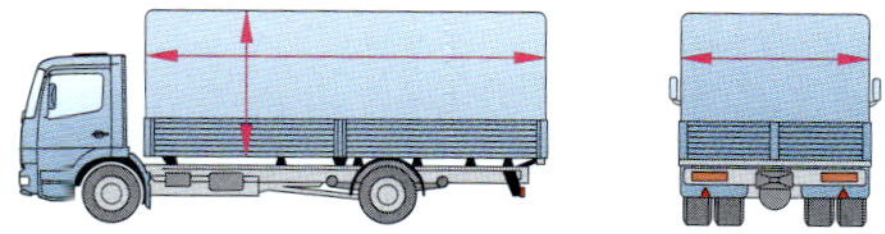

Länge, Breite und Höhe des Innenraumes ohne Berücksichtigung der etwas nach innen vorstehenden Teile. Bei gebogenen Flächen gilt das Maß im Scheitelpunkt der Krümmung.

Spurweite

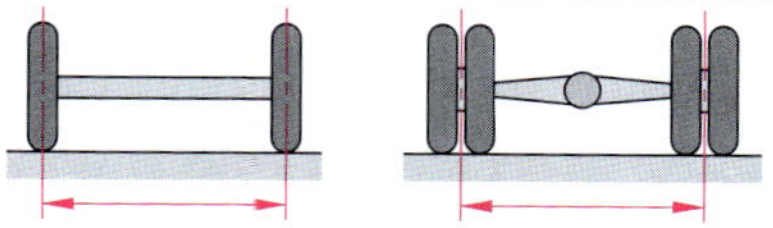

Abstand der Räder einer Achse von Reifenmitte zu Reifenmitte auf der Standebene gemessen, bei Zwillingsbereifung von Mitte Zwillingsrad zu Mitte Zwillingsrad.

Lichte Innenmaße des Laderaumes (Lademaße)

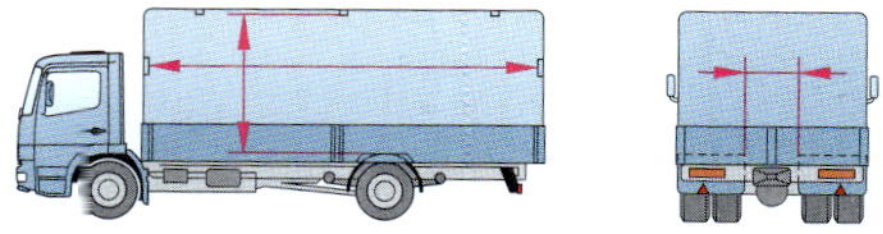

Maße zwischen den nach innen vorstehenden festen Teilen, wie z.B. Spiegel und Radkästen. Größere Einbauten sind gesondert anzugeben.

Bei der Ermittlung bestimmter Maße wird das Fahrzeug so belastet, dass die höchstzulässigen Achslasten erreicht werden. Die Reifen müssen den Reifendruck haben, der für diese höchstzulässigen Achslasten vorgeschrieben ist.

F

Fahrbetriebs- und Fahrwerkmaße

Bodenfreiheit vor, zwischen und hinter den Achsen

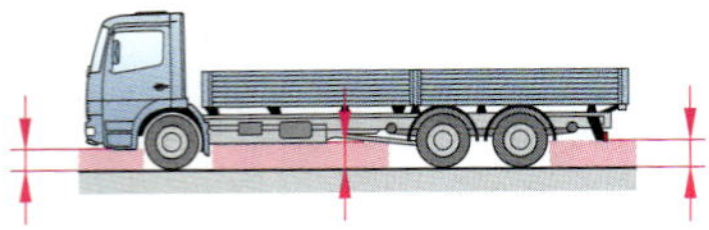

Kleinster Abstand zwischen der Standebene und dem tiefsten, festen Punkt des Fahrzeuges.
Bei Pkw ist nur das kleinste Maß anzugeben.

Rest-Federweg

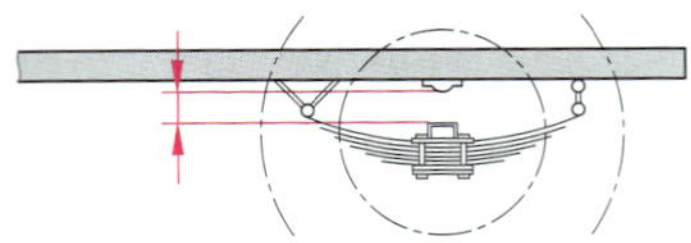

Der Betrag, um welchen das Rad einschließlich seiner Aufhängung nach oben bewegt werden kann, ausgehend von der Radstellung bei zulässiger Achslast.

Bodenfreiheit unter einer Achse

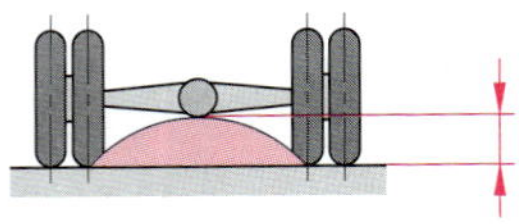

Scheitelhöhe eines Kreisbogens, der durch die Mitte der Auflagefläche der Räder einer Achse (bei Zwillingsbereifung der inneren Räder) geht und der die tiefste Stelle des Fahrzeuges zwischen den Rädern berührt.

Verschränkungsfähigkeit

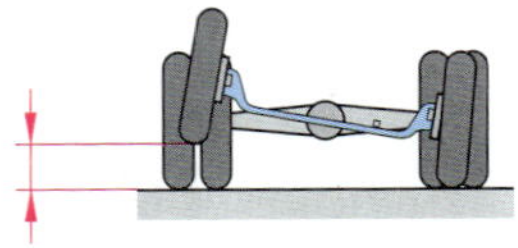

Maß, um welches ein Vorderrad angehoben werden kann, ohne dass eines der übrigen Räder von der Standebene abhebt.

Kleinster Spurkreisdurchmesser

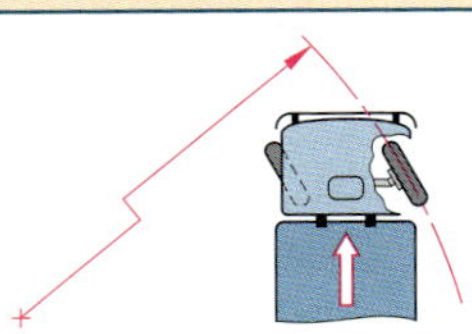

Durchmesser des Kreises, den die Reifenmitte des äußeren gelenkten Rades bei größtem Lenkeinschlag auf der Standebene beschreibt.

Kleinster Wendekreisdurchmesser

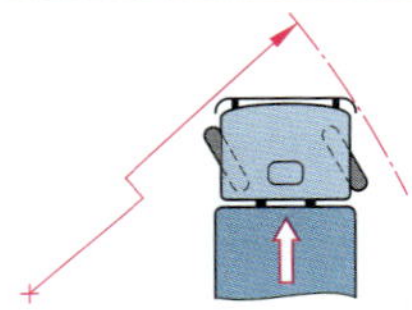

Durchmesser des kleinsten gedachten zylindrischen Hüllkörpers, in dem das Fahrzeug eine Kreisfahrt bei größtem Lenkeinschlag durchführen kann.

Rampenwinkel

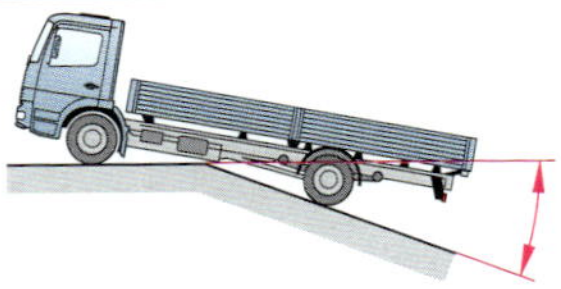

Der Winkel, gemessen zwischen Ebenen, die tangential an den statischen Rollradien der Vorder- und Hinterräder anliegen und einen Punkt an der Unterseite des Fahrzeuges berühren, bei dem sich der größte Rampenwinkel ergibt, den das Fahrzeug überfahren kann.

Voreilung bei Seitenwagengespannen

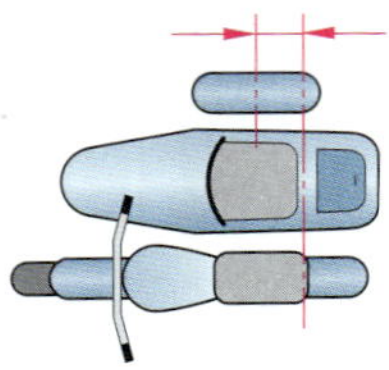

Maß, um das die Achse des Seitenwagenrades der Hinterachse des Kraftrades voreilt.

Vorderer Überhangwinkel

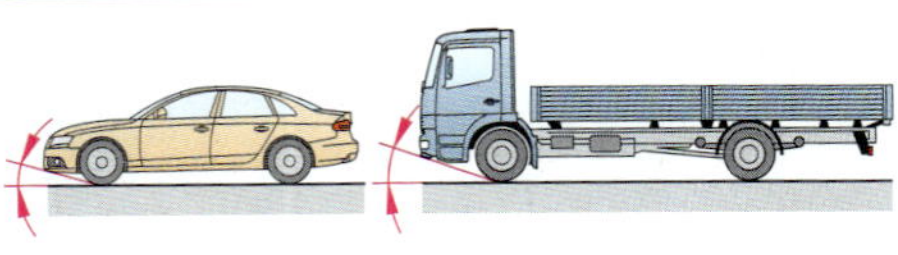

Winkel zwischen der Standebene des Fahrzeuges und einer Ebene, die den statischen Halbmesser der Reifen der ersten Achse und den äußersten tiefsten festen Punkt des Fahrzeuges vor der Achse berührt.

Hinterer Überhangwinkel

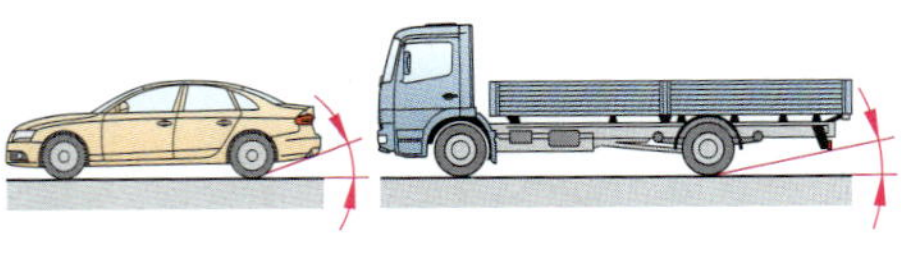

Winkel zwischen der Standebene des Fahrzeuges und einer Ebene, die den statischen Halbmesser der Reifen der letzten Achse und den äußersten tiefsten festen Punkt des Fahrzeuges hinter der Achse berührt.

Anhängerbetriebsmaße

Frontabstand der Anhängerkupplung

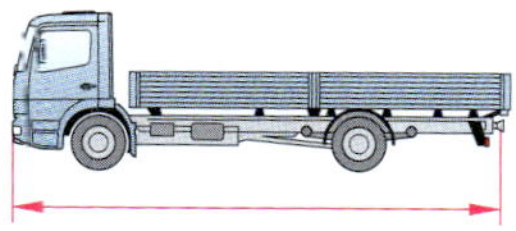

Abstand der Bolzenmitte der Anhängerkupplung von der Vorderkante des Kraftfahrzeuges (ausgenommen Rückspiegel).

Ausladung der Zuggabel (Deichsel)

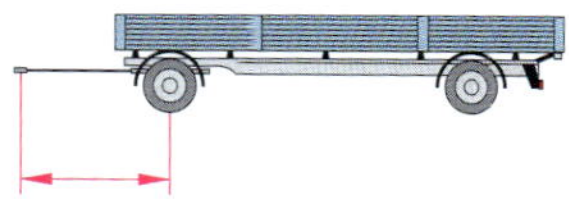

Maß von Mitte Zugöse bis Radmitte der ersten Achse.

Frontabstand der Sattelkupplung

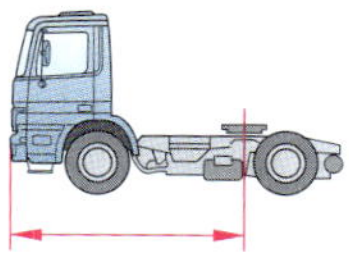

Abstand des Drehpunktes des Zugsattelzapfens in der Sattelkupplung von der Vorderkante der Sattelzugmaschine (ausgenommen Rückspiegel).

Länge der Zuggabel (Deichsel)

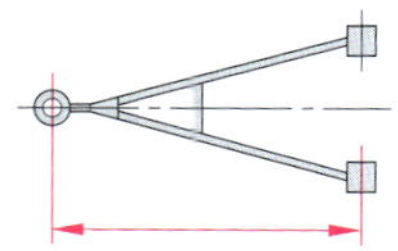

Abstand der Mitte der Zugöse von der Achse der Gabellager.

Ausladung und Heckabstand der Anhängerkupplung

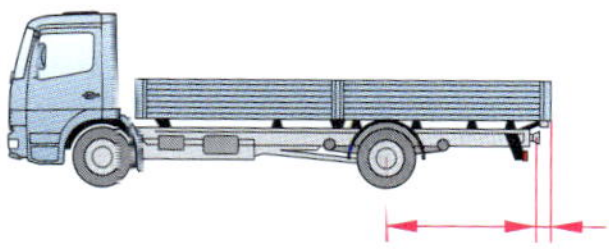

Ausladung: Abstand der Bolzenmitte (Kugelmitte) von der Radmitte der letzten Achse.

Heckabstand: Abstand der Bolzenmitte von dem Ende des Aufbaus (ohne Beschlagteile).

Schwanenhalsfreiradius

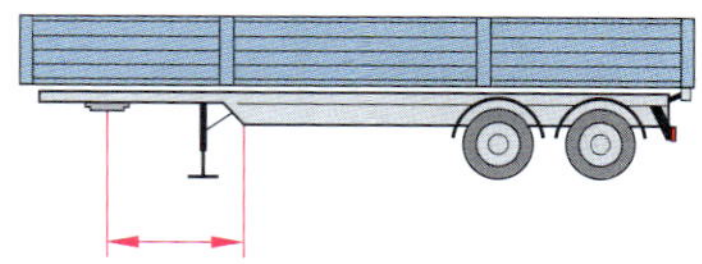

Abstand der Achse des Zugsattelzapfens vom hintersten Teil der Kontur des Schwanenhalses.

Höhe der Anhängerkupplung

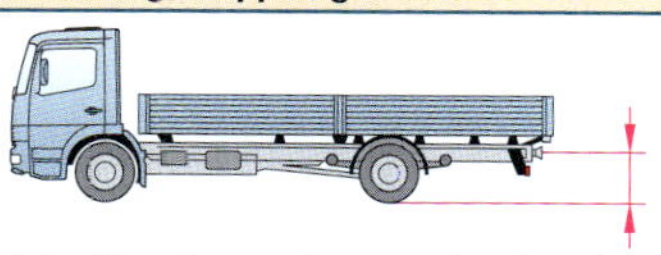

Abstand der Kupplungsmitte von der Standebene des Fahrzeuges. Die Kupplungsmitte ist bei der

Bolzenkupplung: Mitte des Kupplungsmaules

Hakenkupplung: Waagrechte Mittelebene der gekuppelten Zugöse.

Kugelkupplung: Mitte der Kupplungskugel.

Vorderer Überhangradius

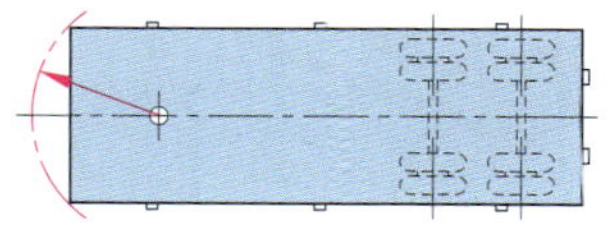

Der vordere Überhangradius bei Sattelanhängern ist der Radius des kleinsten, zylindrischen Hüllkörpers, dessen Achse mit der des Zugsattelzapfens zusammenfällt und der alle vorderen Punkte des Sattelanhängers umschließt.

Sattelvormaß, Höhe der Sattelkupplung

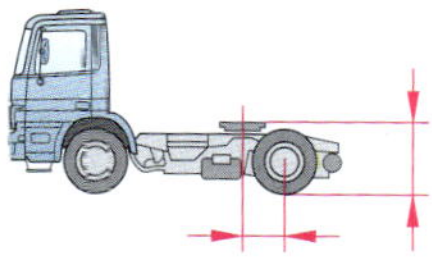

Sattelvormaß: Maß zwischen einer Senkrechten durch die Querachse der Sattelkupplung und einer Senkrechten durch die Radmitte der letzten Achse.

Höhe der Sattelkupplung: Abstand der Kupplungsplatte in waagrechter Stellung von der Standebene.

Heckradius

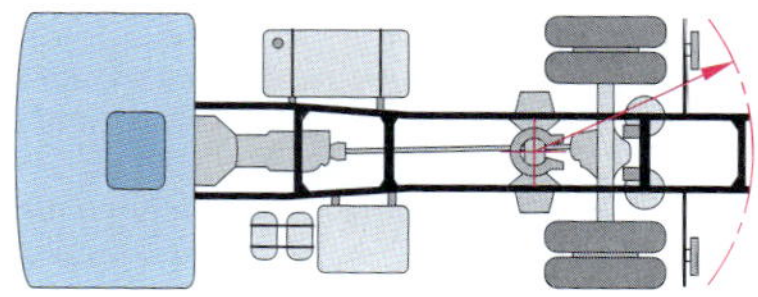

Heckradius ist der Radius des kleinsten gedachten Zylinders, dessen Achse senkrecht durch den Drehpunkt des Zugsattelzapfens in der Sattelkupplung verläuft, und dessen Mantel alle hinteren Teile der Sattelzugmaschine einschließt.

Fahrzeugbauweisen

Fahrzeugbauweisen können nach Fahrzeugaufbau (Tragsystem), verwendeten Werkstoff, Fügetechnik und Fertigungsart unterschieden werden.

Fahrzeugaufbau
- getrennte Bauweise (Rahmenbauweise)
- mittragende Bauweise
- selbsttragende Bauweise

Werkstoffauswahl
- Metallbauweise (Stahl; Leichtmetall)
- Kunststoffbauweise
- Gemischtbauweise

Fügetechnik
- Schweißen
- Durchsetzfügen
- Kleben
- Nieten
- Schrauben, ...

Fertigungsart
- Einzelfertigung
- Kleinserienfertigung
- Großserienfertigung

Fahrzeugaufbau (Tragsystem) / Karosserie

Der Fahrzeugaufbau dient dem Schutz von Insassen und Gütern vor Umwelteinflüssen und bei Unfällen. Außerdem übernimmt er die Tragfunktion für Fahrwerks- und Antriebsbaugruppen sowie für Insassen und Nutzlast.

	Merkmale	Eigenschaften	Anwendung
Getrennte Bauweise (Rahmenbauweise) 	Ein Tragrahmen, z.B. Leiterrahmen, bildet dabei das Grundgerüst für die Aufnahme der Fahrwerks- und Antriebsbaugruppen, sowie dem Aufbau, z.B. Fahrerhaus und Transportbehälter.	• Große Flexibilität, da verschiedenste Aufbauvarianten mit dem Grundrahmen kombiniert werden können. • Hohe Traglast • Große Biegesteifigkeit und hohe Verwindungselastizität.	Standardbauweise bei Lastkraftwagen, Geländewagen, Fahrzeuganhängern.
Mittragende Bauweise 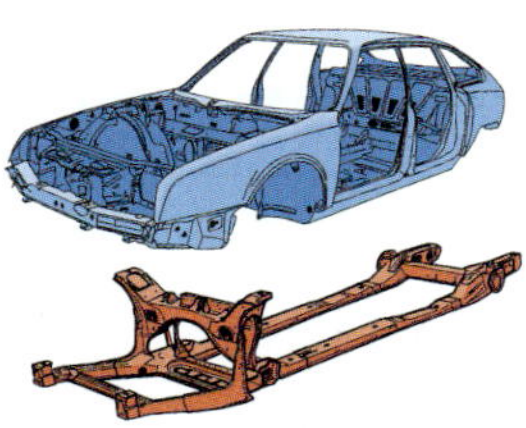	Bei der mittragenden Bauweise übernimmt zusätzlich zu einem Bodenrahmen ein selbsttragender Aufbau einen Teil der Gesamttragfunktion.	Im Vergleich zur selbsttragenden Bauweise ist eine einfachere Verwirklichung verschiedener Karosserieaufbauvarianten möglich.	Im Omnibusbau, selten im Pkw-Bau.
Selbsttragende Bauweise 	Bei der selbsttragenden Bauweise wird eine Bodengruppe mit Längs- und Querträgern, Motorträgern, Kofferraumboden und Radkästen mit anderen Blechteilen wie A-, B-, C-, D-Säulen, Dach und Kotflügeln z.B. verschweißt und verklebt oder vernietet. Erst in Verbindung mit eingeklebten Scheiben (übernehmen bis zu 30 % Tragfunktion) erhält die Karosserie ihre volle selbsttragende Eigenschaft. Zusätzlich dient sie zur Aufnahme der Antriebs- und Fahrwerksbaugruppen.	Geeignet bei großen Stückzahlen. Formen- und Werkstoffleichtbau lassen sich gut verwirklichen. Im Pkw-Sektor ist ein hoher passiver Sicherheitsstandard verwirklicht. **Reparaturen:** Herstellervorschriften sind hinsichtlich Material und Reparaturdurchführung genau einzuhalten, da sich ansonsten die Fahrzeugsicherheit bei Unfällen vermindert.	Standardbauweise im Pkw-Bau und Omnibusbau. Ausführungen: Schalenbauweise, Gerippebauweise.

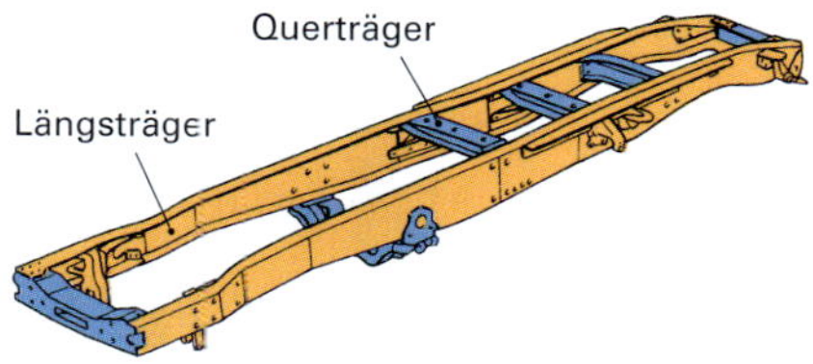

Leiterrahmen Lkw

Beim Leiterrahmen sind mehrere Querträger (Traversen) mit zwei Längsträgern vernietet, verschraubt oder verschweißt. Er besteht aus Stahlträgern mit offenem Profil , z.B. U-Profil, oder geschlossenem Profil, z.B. Rechteckprofil. Leiterrahmen besitzen große Biegesteifigkeit, große Verwindungselastizität sowie hohe Tragfähigkeit.

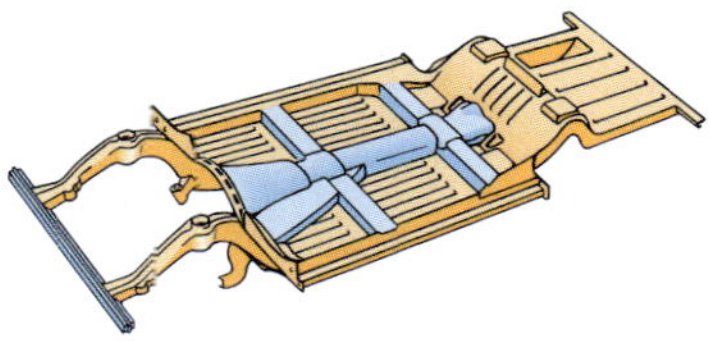

Rahmen-Bodenanlage

Ein Blechbodenrahmen mit Versteifungen bildet den Fahrzeugboden, der mit dem Fahrzeugaufbau verschweißt oder verschraubt wird. Der Fahrzeugaufbau hat nur eine teilweise tragende Funktion. Das Gewicht der Rahmenbodenanlage mit Fahrzeugaufbau ist größer als bei einer selbsttragenden Rohbaukarosserie.

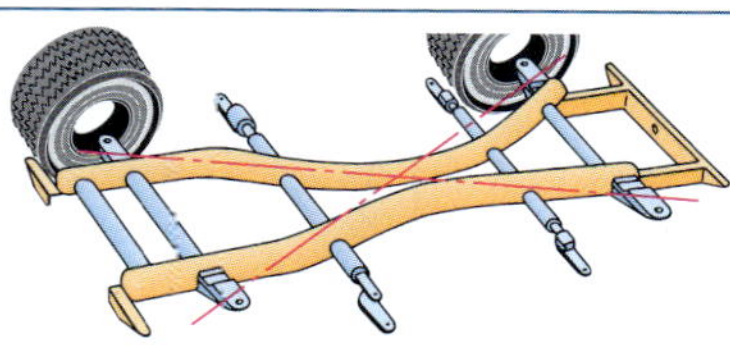

X-Rahmen

Er besteht aus Längs- und Querträgern mit geschlossenem oder offenem Profil. Sehr hohe Verwindungssteifigkeit, besonders wenn Längsträger in Richtung der Raddiagonalen liegen. Hohe Biegefestigkeit, leicht. Aggregate lassen sich gut unterbringen.

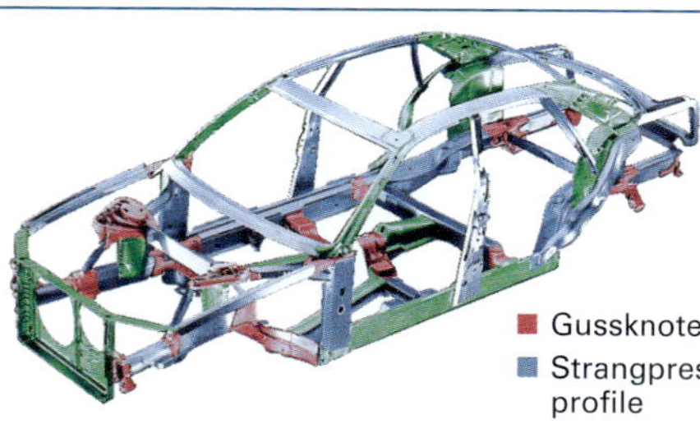

Gitterrahmen für Pkw

Er besteht aus einem fachwerkartigem Stabsystem aus Leichtmetallhohlprofilen (Al), welche die primär tragende Funktion der selbsttragenden Karosserie übernehmen. Die Profile werden durch Gussknoten an hoch beanspruchten Stellen verbunden. Hohe Verwindungssteifigkeit und Festigkeit. Im Vergleich zu einer Stahlkarosserie rd. 40 % leichter. Sehr hohe Sicherheit.

Diese Bauart wird häufig als Gerippebauweise, Space-Frame oder ASF-Karosserie (ASF = Aluminium Space Frame) bezeichnet.

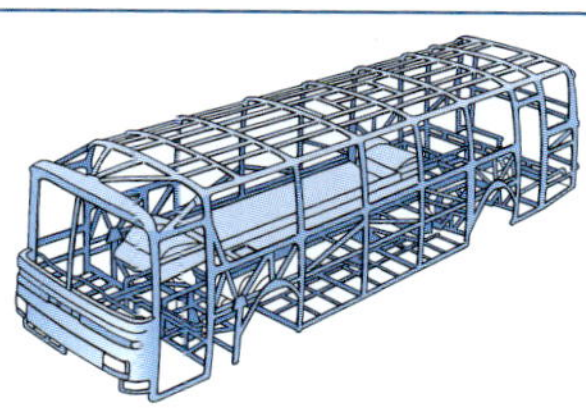

Gitterrahmen für Omnibusse

Unter- und Oberteil der Gitterrahmen ergeben eine selbsttragende Omnibuskarosserie. Sehr biege- und verwindungssteif. Sehr hohe Sicherheit durch Verwendung von Hohlprofilen aus Stahl oder Leichtmetall. Aufnahme von Antrieb und Fahrwerk im unteren Gitterrahmenbereich.

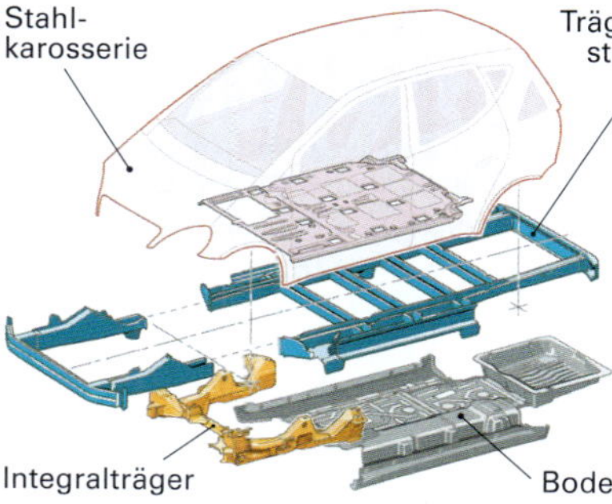

Sandwich-Konzept

Eine Trägerkonstruktion (Längs- und Querträger) aus höherfestem Stahlblech ist von unten mit dem Bodenblech und von oben mit der selbsttragenden Stahlkarosserie verschweißt.

Der Integralträger ist mit der Trägerkonstruktion verschraubt und dient zur Aufnahme von Motor und Getriebe. Er ist so angeordnet, dass er bei einem Frontalcrash schräg nach unten wegtaucht. Kompakte, sichere Bauweise, die sehr gute Raumökonomie ermöglicht. Innenraumlänge zu Außenlänge (ohne Kofferraum) > 50 %; bei herkömmlicher Bauweise und vergleichbarer Sicherheit beträgt dieses Verhältnis i.d.R. 39 % ... < 50 %.

F

Selbsttragende Karosserie in Schalenbauweise (Rohbau Tragwerk)

1 Kühlerquerträger (Schlossträger, vorn)
2 Unterer Querträger, vorn
3 Längsträger, vorn
4 Motor-Querträger
5 Stehblech, links
6 Radhaus, Radkasten
7 A-Säule
8 Querträger unter Fahrersitz
9 Bodengruppe
10 Längsträger, seitlich (Türschweller)
11 Verstärkung (Tunnel)
12 Querträger unter Fondsitz
13 B-Säule
14 Längsträger, hinten
15 Seitenwand, hinten
16 Heckmittelstück (Schlossträger hinten)
17 C-Säule
18 Dachrahmen, hinten
19 Dachrahmen, seitlich
20 Dach
21 Dachrahmen, vorn
22 Querträger unter Windschutzscheibe (Windlauf)
23 Federbeinaufnahme

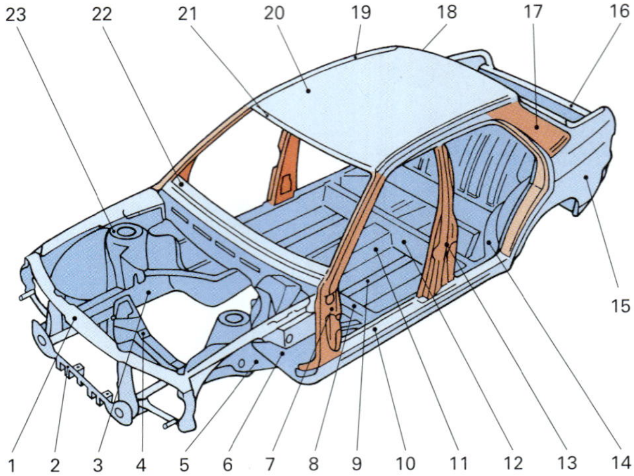

Die selbsttragende Karosserie in Schalenbauweise ist ein Verbund aus Blechteilen, Blechhohlkörpern und Blechprofilen (mit unterschiedlichen Blechqualitäten, Blechdicken, Querschnitten und Versickungen), die i.d.R. durch Schweißpunkte oder Schweißnähte miteinander verbunden sind. Die Anbauteile, z.B. vordere Kotflügel, Motorhaube, Türen, werden mit der Karosserie verschraubt.

Selbsttragende Karosserie in Gitterrahmenbauweise (Rohbau Tragwerk)

1 Längsträger, geschraubt unten
2 Längsträger, geschraubt oben
3 Längsträgerteil, verstärkt
4 Verbindungsteil (Verbindungsknoten)
5 A-Säule
6 Rahmen für Aufnahme des Mittelbodens
7 B-Säule
8 Türschweller
9 Verbindungsteil (Verbindungsknoten)
10 C-Säule
11 D-Säule
12 Querträger, Fondsitz
13 Querträger, hinten
14 Heckmittelstück (Schlossträger, hinten)
15 Längsträger, hinten
16 Dachrahmen, Fondsitz
17 Dachrahmen, seitlich
18 Dachrahmen, vorne
19 Querträger, Fahrersitz
20 Windlauf

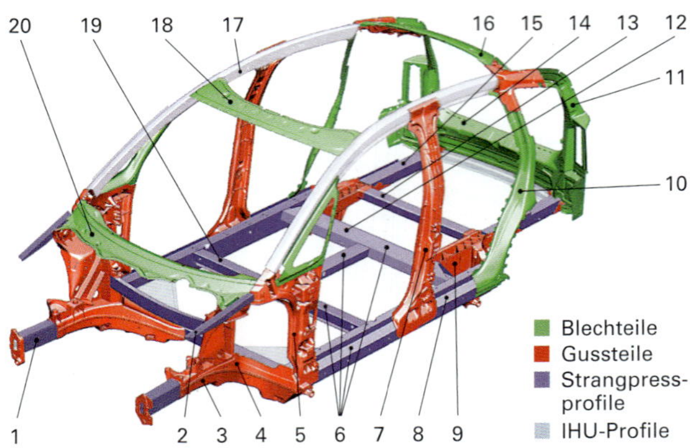

(IHU Innen-Hochdruck-Umformen; Herstellungsverfahren für Hohlprofile)

Zur Vervollständigung des Leichtmetallgitterrahmens werden zusätzliche Leichtmetallbauteile eingeschweißt, z.B. Mittelboden, Heckboden oder verklebt bzw. vernietet. Die Anbauteile, wie Türen, Motorhaube, werden mit dem Rahmen verschraubt.

Merkmale im Vergleich zur selbsttragenden Stahlkarosserie in Schalenbauweise:

- Gewichtsreduzierung um 30 %...40 %,
- hohe Korrosionsbeständigkeit,
- weniger Bauteile,
- hoher Recyclingwert.

F

Werkstoffe im Karosseriebau

In modernen Karosserien werden eine Vielzahl verschiedener Werkstoffe eingesetzt (Hybridbauweise). Die Stahlbleche werden meist galvanisch oder elektrolytisch verzinkt eingesetzt.

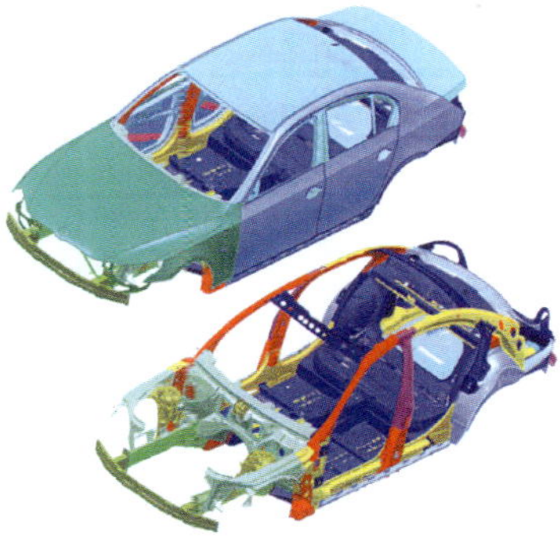

Stähle

Sonst. Stähle	220 MPa	400 MPa
DC 03/04/06	260 MPa	420 MPa
DX 54	300 MPa	500 MPa
DX 56	340 MPa	D680 C
180 MPa	380 MPa	950 MPa

Aluminium

AlMg3,5 Mn	AC-300 HF
AlMg3,5 Mn0,5	AlMgSi
AlMg4,5 Mn0,4	AlMGSi1
AlMg4,5 Mn0,4 H24	Guss
AlMg0,4 Si1,6	

Werkstoff	Eigenschaften	Reparatur	Anwendung
Weiche Karosseriestähle: Beispiel: DC 01 bis DC 06; DX 54	• Sehr gut schweißbar • Gut bis sehr gut umformbar • Gut rückformbar	• Geringe Verformungen lassen sich problemlos rückformen • Bauteile mit Knicken und scharfen Kanten sind auszuwechseln	• Kotflügel • Dachhaut • Hauben Meistverwendeter Werkstoff bei älteren Karosserien
Karosseriestähle mit hoher und höchster Streckgrenze: z.B. H 260 Y; H 420 D	• Sehr hohe Beulsteifigkeit • Große Rückfederung • Teilweise verlieren die Bleche bei Wärmeeinwirkung ihre hohe Festigkeit	• Großer Kraftaufwand beim Rückformen nötig • Gefahr der Rissbildung beim Rückformen Bei der Reparatur hoch- und höchstfester Werkstoffe unbedingt die Herstellervorschriften beachten.	• Strukturteile z.B. Längs- und Querträger • Versteifungen im Seitenwandbereich • B-Säule • Seitenaufprallschutz • Stirnwandblech
Sandwichbleche	• Hohe Steifigkeit • Geringes Gewicht • Schalldämmende Wirkung	• Karosserieteile können nicht instandgesetzt werden sondern werden ausgetauscht. • Neuteile werden geklebt	• Reserveradmulde • Stirnwandblech
Aluminium-Legierungen: z.B. AlMg3,5Mn	• Geringe Dichte • Sehr hohes Energieabsorptionsvermögen • Hohe Korrosionsneigung z.B. gegenüber Stahl	• Beplankungen können ausgebeult werden • Strukturteile, bes. Strangpressprofile, lassen sich meist nicht rückformen. Herstellervorschriften beachten! • Bei Abschnittsreparaturen werden die Teile geklebt und mit Stanznieten fixiert. Werkzeuge dürfen nicht gleichzeitig für die Stahlbearbeitung verwendet werden.	• Bleche für Beplankungen z.B. Kotflügel • Anbauteile wie Front- und Heckklappen, Türen • Stranggussteile für Strukturelemente z.B. vordere Längsträger • Gussknoten/Gussteile beim Aluminiumrahmen (Space Frame)
Kunststoffe und Kunststoffblends z.B. PP-GM 20, SMC (Sheet Moulding Compound)	• Geringe Dichte • Korrosionsbeständig Durch Füllstoffe (z.B. Glas- oder Kohlefasern) und Mischungen (Blends) lassen sich die Eigenschaften stark beeinflussen.	Die meisten Kunststoffteile können geklebt, gespachtelt und lackiert werden. Bei Kunststoffteilen Reparaturfreigabe durch den Hersteller beachten.	• Stoßfängerverkleidungen • Reserveradmulden • Verkleidungsteile z.B. Kotflügel • Unterbodenverkleidungen

F

Ausbeulen von Karosserieschäden, Dellenarten

Die Instandsetzung verunfallter Fahrzeuge durch Richten und Ausbeulen ist die schonendste und kostengünstigste Reparaturmaßnahme. Dies gilt besonders dann, wenn das beschädigte Karosserieteil nicht einfach demontiert werden kann, sondern ein Teil- oder Komplettaustausch des beschädigten Karosserieteils nötig wäre.

Dellenart	Ursache	Werkstoffbeanspruchung	Reparaturmöglichkeit
Kleine, weiche Delle 	Kleiner Stoß, z.B. Hagel oder Parkrempler, auf flache Karosserieteile, z.B. Türen, Hauben, Dach.	Nur geringe Beanspruchung des Werkstoffs in den Randbereichen der Delle; nur sehr geringe Materialstreckung.	• Delle mit Klebesystem herausziehen • Ausdrücken mit Hebelsystem • Beulenausziehgerät (Airpuller) • Verspachteln/Verschwemmen
Kleine, harte Delle 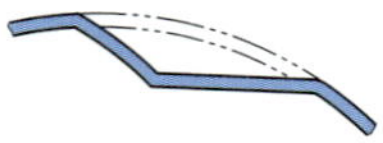	Größerer Anstoß meist an stark gewölbten Flächen, z.B. an den Ecken der Kotflügel.	Gewölbte Flächen sind sehr steif. Deshalb kann die Fläche weniger nachgeben. Der Werkstoff wird besonders in den Randbereichen stark gestreckt bzw. gestaucht.	Die Delle kann ausgebeult werden, z.B. mit: • Hammer und Gegenhalter • Richten mit der Flamme • Hammer, Gegenhalter und Flamme • Schlaghammer
Großflächige, weiche Delle 	Relativ schwacher großflächiger Stoß auf wenig gewölbte Fläche, z. B. Türen, Motorhaube, Dach.	Geringe Werkstoffbeanspruchung in den Randbereichen. Werkstoff weicht aus und beult sich um die Delle herum auf.	Bei geringer Werkstoffbeanspruchung springt das Blech bei Gegendruck wieder in die alte, stabile Lage, ohne dass sichtbare Spuren hinterbleiben. Wenn das Blech geringfügig gedehnt wurde, kann die Delle mit folgenden Maßnahmen beseitigt werden: • Hammer und Gegenhalter • Richten mit der Flamme
Großflächige, harte Delle 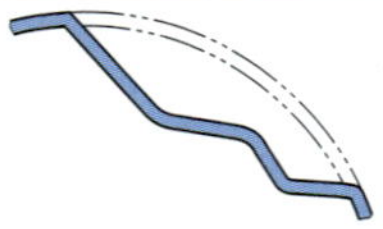	Starker Anstoß meist an gewölbten Flächen z.B. an den Ecken der Kotflügel.	Der Werkstoff wird besonders in den Randbereichen stark gestreckt bzw. gestaucht. Es kommt zu scharfen Kantungen des Blechs, evtl. sogar zur Rissbildung.	Weniger tiefe Dellen kann man evtl. ausbeulen. Bei sehr hoher Materialbeanspruchung, bei der es evtl. sogar zur Rissbildung an den Kantungen gekommen ist, wird das ganze Karosserieteil oder ein Abschnitt (Abschnittsreparatur) herausgetrennt und ersetzt.

Ausbeulen von Karosserieschäden, Dellenarten

Werkstoff	Mechanisches Ausbeulen	Thermisches Ausbeulen
Weiches Karosserieblech z.B. DC 04	Vorhandene Streck- und Stauchzonen müssen mit Hammer und Gegenhalter abgebaut werden. Man schlägt spiralförmig vom Dellenrand zur Dellenmitte hin. Hammer und Gegenhalter müssen versetzt gehalten werden, so dass das Blech nicht dünner geschlagen wird.	Kleine Materialstreckungen lassen sich durch das Setzen von Wärmepunkten (kirschrot, ca. 800 °C), z.B. mit der Flamme oder Elektrode und anschließendem Abschrecken des Werkstoffs, stauchen. Bei größeren Verformungen kann man den Werkstoff zusätzlich mit Hammer und Gegenhalter stauchen.
Hochfestes Karosserieblech z.B. H300X	Durch die höhere Beulsteifigkeit ist ein größerer Kraftaufwand nötig. Es kann dabei schneller zu Rissbildung kommen.	Erwärmung führt bei manchen hochfesten Blechen zu einer Verringerung der Festigkeit. Herstellerangaben beachten!
Aluminiumbleche z.B. AlMg4,5Mn	Bei weichem Aluminium muss der Werkstoff zuerst mit einem Holz - oder Kunststoffwerkzeug gedrückt werden, bevor mit einem weichen Hammer die Delle von der Mitte aus ausgebeult wird. Bei aushärtbaren Aluminiumblechen ist die Rissgefahr beim Ausbeulen sehr hoch.	Aluminium zeigt keine Glühfarben, so dass die Temperatur mit Thermofarben kontrolliert werden muss. Bei aushärtbaren Aluminiumblechen sind die Angaben der Hersteller zu beachten, da diese Bleche ihre Festigkeit verlieren können.

Methode	Anwendung	Durchführung
Ausbeulen ohne Nachlackieren (Smart Repair)		
Dellen ziehen 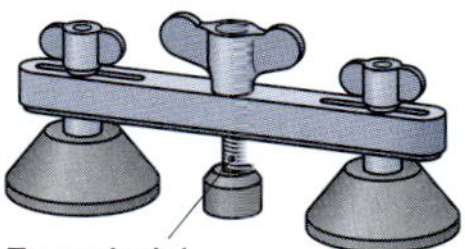	• Weiche Dellen. • Bis ca. 100 mm Durchmesser auch bei einseitiger Zugänglichkeit. • Kein Lackschaden.	• Adapter in die Mitte der Delle mit Schmelzkleber aufkleben. • Adapter mit Zugvorrichtung fassen und mit Schlaghammer oder Zugvorrichtung herausziehen. • Adapter lösen und Oberfläche reinigen.
Dellen drücken 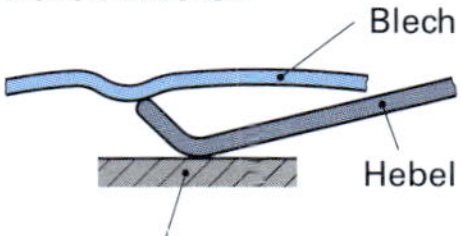	• Weiche Dellen. • Dellentiefe ca. 0,5 mm. • Dellendurchmesser bis ca. 50 mm. • Beidseitige Zugänglichkeit nötig. • Kein Lackschaden.	• Dellen markieren. • Evtl. Abstützung für den Hebel montieren. • Passenden Hebel auswählen und Delle im Licht einer Lampe herausdrücken.
Ausbeulen mit Nachlackieren		
Mechanisches Richten 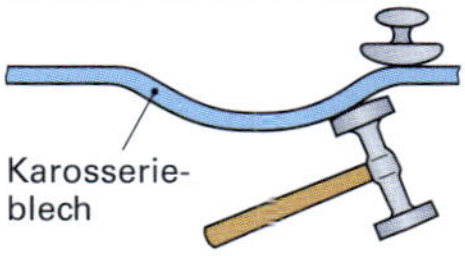	• Großflächige Dellen mit geringer Werkstoffbeanspruchung. • Beidseitige Zugänglichkeit nötig.	• Dellen mit Stahlhammer und Gegenhalter vom Rand der Delle zur Mitte hin beseitigen. • Hammer und Gegenhalter versetzt halten, damit der Werkstoff zwischen Hammer und Gegenhalter nicht zusätzlich gestreckt wird.
Thermisches Richten mit der Flamme 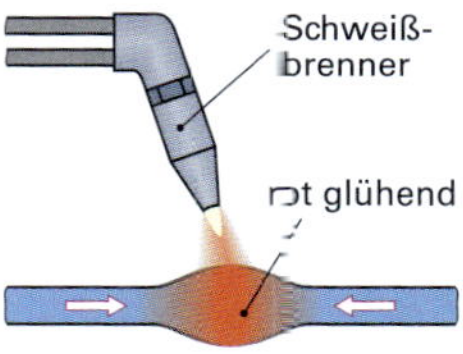	• Großflächige, weiche Dellen mit geringer Werkstoffbeanspruchung an den Rändern und nur geringer Materialstreckung z.B. Springbeulen (Frosch). • Beidseitige Zugänglichkeit nötig, da die Wiederherstellung des Korrosionsschutzes auf beiden Seiten gewährleistet sein muss.	• Blech punktweise mit der Flamme erwärmen (Wärmepunkte). • Unmittelbar nach der Erwärmung Wärmepunkte mit nassem Schwamm abschrecken. • Vorgang mehrmals wiederholen bis Delle beseitigt ist.
Thermisch-mechanisches Richten 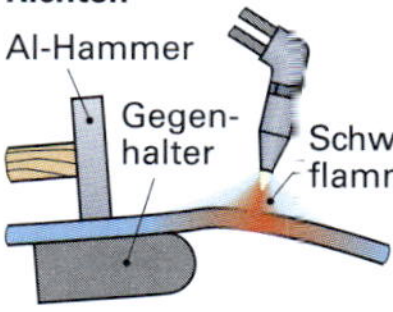 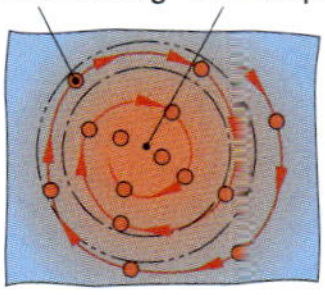	• Bei stark verformten Blechen, bei denen das mechanische oder thermische Richten nicht mehr ausreicht. • Beidseitige Zugänglichkeit nötig, da der Korrosionsschutz auf beiden Seiten gewährleistet sein muss. Beim Ausbeulen mit der Flamme können sich die Werkstoffeigenschaften des Werkstoffs ändern. Die Vorschriften des Fahrzeugherstellers sind zu beachten.	**Indirektes Stauchen:** • Großflächige Dellen in der Mitte erwärmen. • Vom Rand der Delle her Werkstoff mit dem Spann- oder Aluminiumhammer und Gegenhalter zur erwärmten Stelle treiben. • Abschließend erwärmte Stelle abschrecken. **Direktes Stauchen:** • Kleine, harte Beule oder Delle kirschrot erwärmen. • Mit einem dosierten Schlag auf die erwärmte Stelle mit Aluminium- oder Stahlhammer und einem Gegenhalter den Werkstoff stauchen.
Zug- oder Schlaghammer 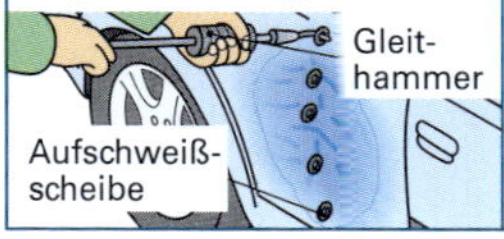	• Vor allem kleinere, harte Dellen. • Besonders bei einseitiger Zugänglichkeit geeignet.	• Aufschweißscheiben, Zugringe oder Welldraht auf die Delle schweißen. • Zugkralle oder Haken einhaken. • Mit dosierten Schlägen Delle herausziehen.

F

Ausbeulen mit Nachlackieren (Fortsetzung)

Methode	Anwendung	Durchführung
Zughebel oder Zugportal 	• Vor allem größere, harte Dellen. • Besonders geeignet bei einseitiger Zugänglichkeit.	• Reparaturstelle blankschleifen. • Zugringe oder Welldraht auf die Delle schweißen. • Zugkralle oder Haken einhaken. • Mit Hebel oder Zugportal Delle herausziehen.
Beulenausziehgerät  	• Kleine, weiche Dellen mit geringer Tiefe. • Auch bei einseitiger Zugänglichkeit.	• Reparaturstelle blankschleifen. • Gerät über die Delle stellen und Elektrode absenken. • Elektrode mit dem Blech verschweißen. • Elektrode anheben (Höheneinstellung). Dabei wird die Delle herausgezogen. • Elektrode abdrehen und Schweißstelle verschleifen.

Oberflächenfinish

Nach dem Ausbeulen bleiben meist noch kleine Unebenheiten. Statt aufwändiger Schlichtarbeiten mit dem Hammer ist es wirtschaftlicher, kleine Unebenheiten durch Schleifen, Verschwemmen oder Spachteln auszugleichen.

Methode	Anwendung	Durchführung
Schleifen 	• Als Vorbereitung für das Verschwemmen und Verspachteln oder bei kleinen Unebenheiten zum Glätten der Oberflächen nach dem Ausbeulen.	• Vor dem Schleifen Reparaturstelle mit Silikonentferner reinigen • Von der Mitte beginnend mit P 80 in rotierenden Bewegungen schleifen • Nachschliff mit P 120 bis P150 • Blech beim Schleifen nicht zu stark erwärmen.
Verschwemmen 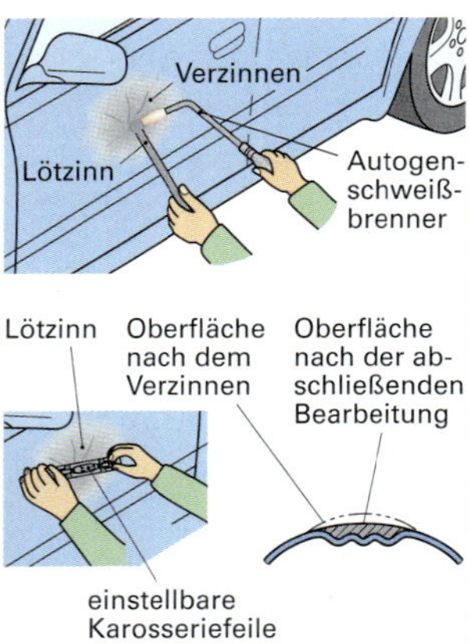 	• Beseitigen kleiner Unebenheiten, z.B. nach dem Ausbeulen oder zum Verputzen von Schweißnähten. • Schwemmlot hält auch an Kanten und vibrations- und stoßgefährdeten Stellen sehr zuverlässig. • Aluminiumbleche dürfen nicht verschwemmt werden. • Bei höherfesten Blechen ist das Verspachteln vorzuziehen, da die Wärmeeinbringung die Festigkeit des Werkstoffs verringern kann. • Herstellervorschriften beachten!	• Reinigen der Reparaturstelle mit Silikonentferner. • Lack mit Exzenterschleifer oder Draht- oder Zopfbürste entfernen. • Verzinnen der Oberfläche mit Verzinnungspaste. • Flussmittel rückstandsfrei entfernen. • Erwärmen von Lot und Reparaturstelle. • Auftagen des Schwemmlotes. • Modellieren des Lotes. • Anpassen der Fläche mit dem Karosseriehobel. Keine schnelllaufenden Schleifmaschinen verwenden. • Die Lote dürfen kein Blei enthalten, da die Bleidämpfe gesundheitsschädlich sind.
Verspachteln 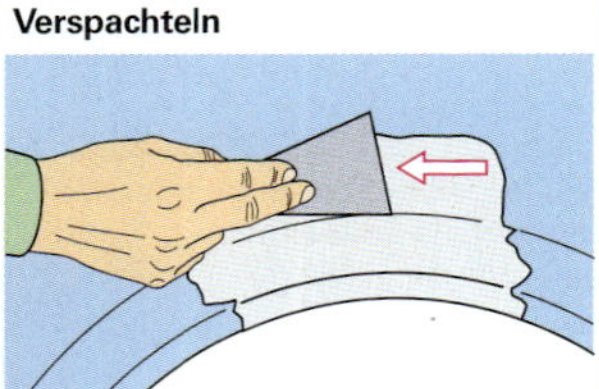	• Kleine Unebenheiten nach dem Ausbeulen. • Kleine, nicht zu tiefe Dellen, z.B. Hagelschaden. • Spachtelmasse darf nur in dünnen Schichten aufgetragen werden, da die Gefahr besteht, dass sich die Schichten bei starken Erschütterungen lösen.	• Oberfläche mit Silikonentferner reinigen und mit P 80 schleifen. • Komponenten (Spachtelmasse und Härter) nach Herstellerangaben mischen. • Spachtelmasse mit Spachteln auftragen (Topfzeit beachten). • Spachtelmasse aushärten lassen. • Schleifstelle mit P80 bis P120 trockenschleifen.

F

Zweidimensionale Messmethode

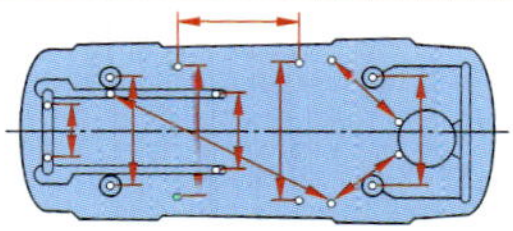

Bei der zweidimensionalen Vermessung wird die Karosserie in einer Ebene an festgelegten oder frei gewählten Bezugspunkten auf Symmetrie oder Längenänderung vermessen. Häufig lässt sich damit klären, ob das Fahrzeug auf eine Richtbank muss. Im Zweifelsfalle ist eine dreidimensionale Messmethode anzuwenden.

Stechmaß, Stechzirkel	Anwendung	Durchführung
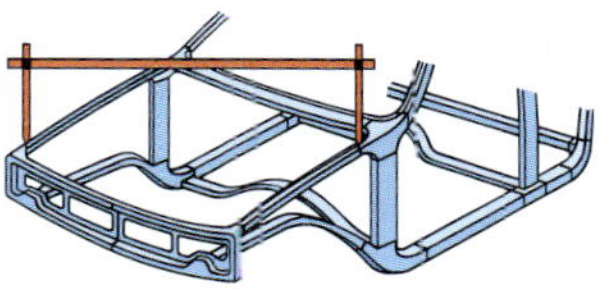	Einfache Vermessung der Karosserie/Bodengruppe an Bezugspunkten.	**Längenvermessung:** Parallel zur Fahrzeuglängsachse, z.B. Radaufhängung hinten zu Radaufhängung vorne. **Breitenvermessung.** Im Winkel von 90° zur Fahrzeuglängsachse, z.B. Radaufhängung links vorne zu rechts vorne. **Diagonalvermessung:** In einem Winkel < 90° zur Fahrzeuglängsachse, z.B. Radaufhängung links vorne zu Radaufhängung rechts hinten.

Dreidimensionale Messmethode

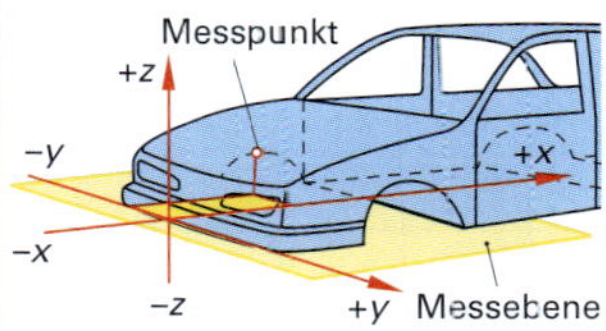

Zur genauen Vermessung der Karosserie muss der jeweilige Messpunkt dreidimensional in Länge, Breite und Höhe bestimmt werden.

Grundlage für ein möglichst genaues Vermessen sind die vom Fahrzeughersteller freigegebenen Messblätter.

Hinweise: Grundsätzlich ist darauf zu achten, ob mit oder ohne Aggregatgruppen vermessen wird, da sich durch die Elastizität der Karosserie unterschiedliche Höhenmaße ergeben.

Mechanisches Messsystem	Anwendung	Durchführung
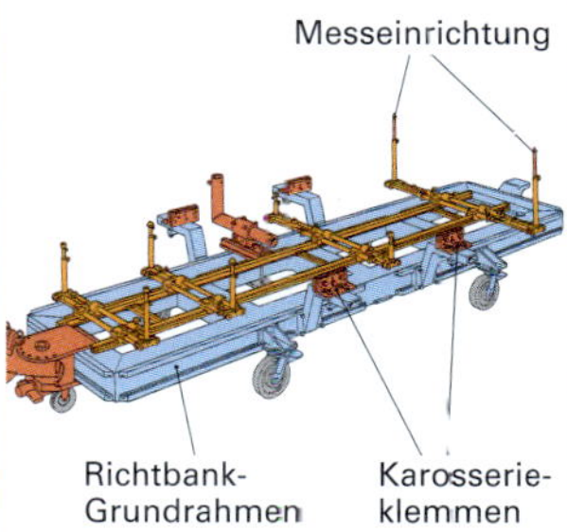	Exakte Karosserievermessung; Aggregateausbau nicht erforderlich. Für leichte Karosserieteile als Schweißlehre geeignet.	Fahrzeug mit Karosserieklemmen auf Richtbank befestigen. Messbrücke mit Messschlitten unter das Fahrzeug auf die Richtbankoberfläche legen und symmetrisch zur Fahrzeuglängsachse ausrichten. **Grundeinstellung:** Mindestens drei unbeschädigte Messpunkte an der Karosserie auswählen. Je einer links und rechts zur Fahzeuglängsachse, der dritte Punkt sollte möglichst weit von den anderen beiden Punkten entfernt liegen. Die Messspitzen an verschiedenen Messpunkten ansetzen. Istwerte feststellen und mit Sollwerten gemäß Messblatt vergleichen.
Optisches Messsystem 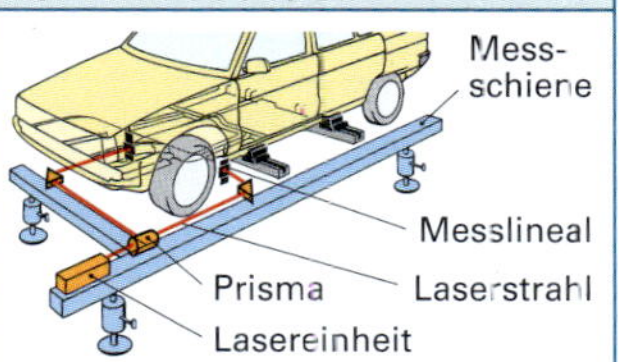	Exakte Karosserievermessung mit Hilfe von Laserstrahlen. Aggregateausbau nicht erforderlich.	Fahrzeug auf Richtbank oder Hebebühne stellen. **Grundeinstellung:** Drei unbeschädigte Karosseriepunkte auswählen, Messlineale daran befestigen. Messschienen zum Fahrzeug rechtwinklig aufstellen und über optische Umlenkeinheiten/Prismen planparallele Lage des Fahrzeugbodens zum Messsystem herstellen. Istwerte feststellen und mit Sollwerten im Messblatt vergleichen.
Elektronisches Messsystem 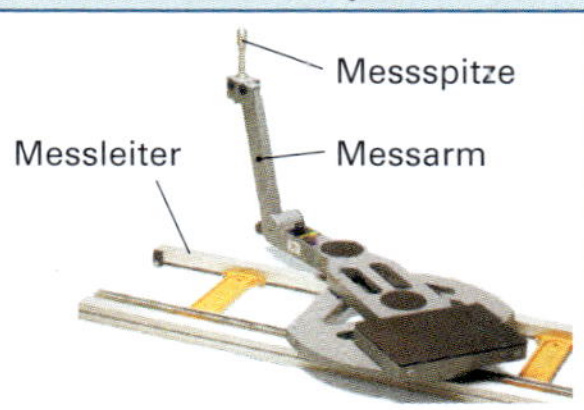	Exakte Karosserievermessung mit Hilfe eines Messarms mit elektronischem Messwertaufnehmersystem. Messdatenübertragung: Kabellos per Funk oder Infrarot auf Bildschirm.	Fahrzeug auf Richtbank oder Hebebühne stellen. **Grundeinstellung:** Drei ausgewählte unbeschädigte Karosseriepunkte mit der jeweiligen Messspitze im Messarm fixieren. Die Messspitze des Messarms an weiteren gewünschten Messpunkten ansetzen. Istwerte werden durch das angewählte Programm mit den hinterlegten Sollwerten verglichen. Bei Maßabweichung erfolgt eine Fehlermeldung.

F

Datenerfassung

Um den für die Kalkulation notwendigen Wiederbeschaffungswert zu ermitteln, sind folgende Daten zu erfassen:

Fahrzeugdaten	Hersteller, Haupttyp, Untertyp, Fahrzeug-Ident-Nummer, Ausführung, Leistung, Hubraum, zulässiges Gesamtgewicht, Farbe, Bereifung.
Daten bezüglich Fahrzeugzeitwert	Tag der 1. Zulassung, Zeitpunkt der nächsten Hauptuntersuchung und der nächsten Abgasuntersuchung, allgemeiner Zustand (technisch, Lack), Listenpreis, Vorbesitzer, Sonderausstattung, Vorschäden, Laufleistung.

Schadensaufnahme

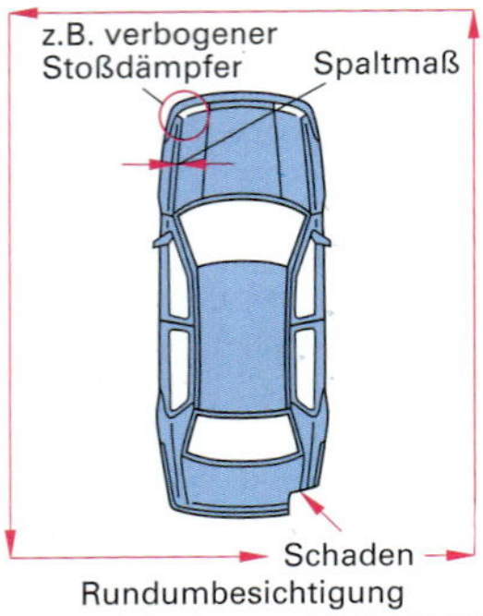

Die Schadensaufnahme erfolgt von außen nach innen.
Außenschäden: Bei einer Schadensaufnahme ist zunächst eine **Rundumbesichtigung** am Fahrzeug durchzuführen. Dabei ist das Fahrzeug in einer Drehrichtung zu umgehen und festzustellen, welche Schäden vorhanden sind.
Neben den Deformationsschäden sind auch die Spaltmaße an Türen, Kofferraumdeckel und Motorhaube zu beachten. Leichte Verzüge auf großen Flächen, z.B. Dach, sind durch unterschiedliche Lichtreflexionen feststellbar.
Innenschäden: Liegt ein Verdacht auf Innenschäden vor, so sind nach der äußeren Besichtigung eventuell gesonderte Untersuchungen durchzuführen.
Häufig müssen dazu Verkleidungen entfernt oder Teildemontagen vorgenommen werden.
Bodengruppenschäden: Deformationen in der Bodengruppe, z.B. Stauchungen, Knickstellen, Verdrehungen, können durch Sichtprüfung, mechanische oder optische Vermessung festgestellt werden.
Sekundärschäden: Zu beachten sind auch Folgeschäden, welche durch die Deformation der Karosserie entstanden sind, z.B. an Wellen, Achsen, Kühler, Motor, Getriebe, Aufhängungen.

Bestimmung des Reparaturweges

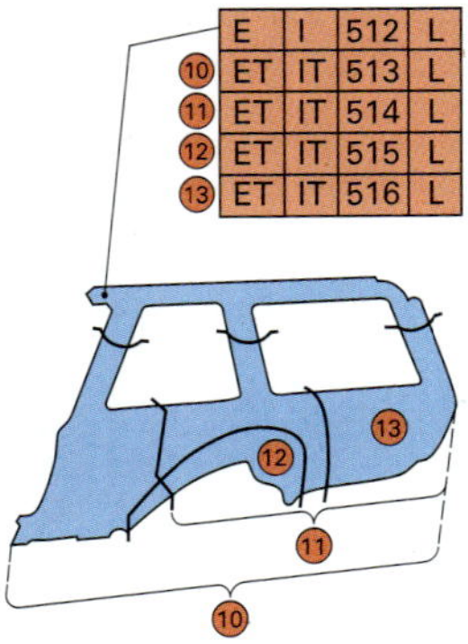

Entsprechend den Herstellervorschriften ist zu entscheiden, ob die Instandsetzung durch Erneuern, Instandsetzen, Teilersatz oder Richten zu erfolgen hat. Außerdem ist festzulegen, ob eine Richtbank erforderlich ist und welche Aggregate ein- und ausgebaut werden müssen. Je Fahrzeug gibt es dazu speziell entwickelte Datenblätter, auf denen die Karosserie in Explosionsdarstellung und die Aggregate abgebildet sind. Reparaturumfang und Reparaturausführung werden durch zugeordnete alphanumerische Codes bestimmt.
Vorgehensweise: Die beschädigten Teile und die zugehörige Reparaturart werden im Datenblatt exakt gekennzeichnet.
Z.B. bedeuten:

E 513 L = Oberflächenlack
513 = Code für Arbeitsaufwand und Ersatzteilpreis
E = Ersetzen des beschädigten Teils

ET = teilweise ersetzen	TE = Teil für ET
N = Nebenarbeiten (z.B. Aus- und Einbau)	LE = Neuteil lackieren
	LI = Reparaturlackierung
P = Prüfen	I = Instandsetzen
V = Vermessen	IT = teilweise instandsetzen

Kostenkalkulation

Erstellung des Kostenvoranschlags	Mit Hilfe von EDV-Anlagen werden die in der Reparaturwegbestimmung festgehaltenen alphanumerischen Codes ausgewertet¹⁾.
Umfang des Kostenvoranschlags	– Ersatzteilpreise und Preise für Zusatzmaterial ≙ Herstellerlistenpreis – Arbeitslohn ≙ Arbeitsaufwand in AW²⁾ × AW-Verrechnungssatz oder Stunden × Stundenverrechnungssatz – Lackierkosten ≙ Arbeitsaufwand in AW²⁾ × AW-Verrechnungssatz oder Stunden × Stundenverrechnungssatz und Lackiermaterial – Nebenkosten ≙ Kosten für Sonderarbeiten, z.B. Hohlraumversiegelung, Lackangleichung ... Gesamtreparaturkosten ≙ Summe der Einzelkosten (ohne/mit MWSt.)
Schlusskalkulation	Durch einen Vergleich von Gesamtreparaturkosten, Wertminderung und Wiederbeschaffungswert wird festgestellt, ob eine Reparatur wirtschaftlich sinnvoll ist.

[1] Soweit Datenblätter für bestimmte Positionen, z.B. Richten, keine Verschlüsselung haben, ist eine auf Werkstattzeitvorgaben beruhende freie Kalkulation zu erstellen.
[2] AW = Arbeitswerte. 1 Stunde wird i.d.R. mit 12 AW verrechnet.

F

Schadensanalyse

Einpassung von Karosserieteilen

Bei einem Unfall werden Karosserieteile gegeneinander verschoben. Bleibende Verformungen sind an den äußeren Fahrzeugteilen an folgenden Details erkennbar:

- Die Spaltmaße an Türen, Klappen und Hauben sind verändert.
- Die Türen sind schwer zu öffnen und schließen schlecht.
- Das Schiebedach klemmt beim Öffnen und Schließen.
- Die Scheiben haben eventuell Risse.

Hinweis: Das Fahrzeug sollte bei dieser Überprüfung auf den Rädern stehen, da sich vor allem bei älteren Fahrzeugen die Karosserie beim Anheben elastisch verformen kann.

Verformung von Trägern und ebenen Karosserieteilen

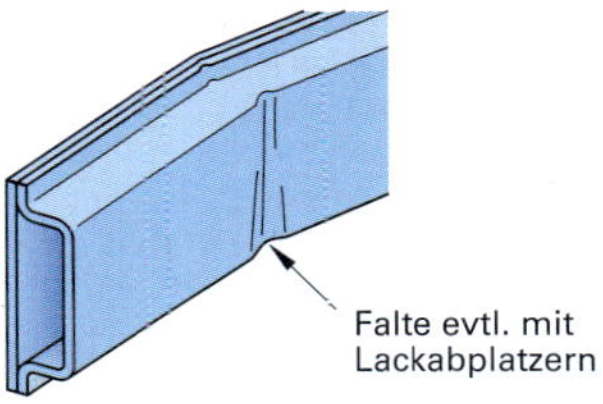

Die Suche nach Schäden muss entlang der Krafteinleitung (Lastpfade) erfolgen. Verformungen der tragenden Struktur werden an folgenden Merkmalen deutlich:

- Knicke und Falten im Blech von Karosserieteilen.
- Risse im Lack und Lackabplatzer an tragenden Teilen, am Unterbodenschutz und an den Abdichtnähten.
- Dellen im Dach. Sie deuten meist auf eine Verformung der Fahrgastzelle hin.
- Lackabplatzer am Rand von Spalten. Hier sind die Kanten der Karosserieteile aufeinandergestoßen.
- Mit einer Achsvermessung lassen sich auch kleine Verformungen der vorderen und hinteren Längsträger feststellen.

Verformungen des Unterbodens

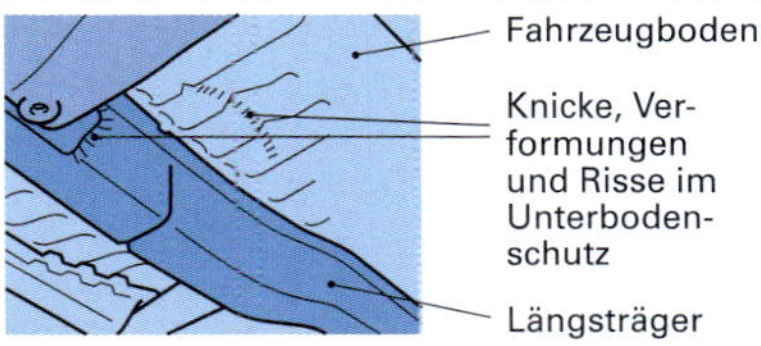

Zur Schadensbegutachtung müssen gegebenenfalls die Verkleidung des Motorraumes, aerodynamische Bodenverkleidungen, das Reserverad, aber auch die Bodenmatte des Kofferraumes oder des Innenraumes und eventuell auch die Sitze entfernt werden. Man achtet bei der Untersuchung auf folgende Merkmale:

- Aufhängepunkte von Motor und Getriebe verschoben?
- Schäden am Unterbodenschutz, z. B. Abblätterungen?
- Aufhängepunkte der Abgasanlage verbogen oder abgerissen?
- Falten oder Dellen am Unterboden?

Kontrolle der Karosseriemaße

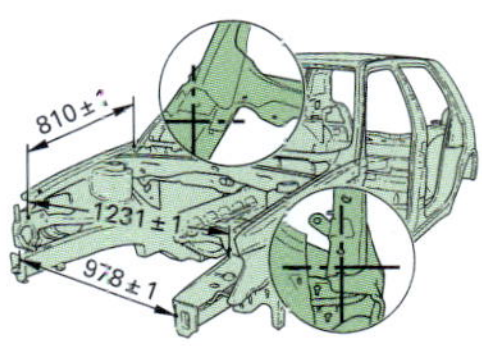

Für eine einfache Analyse von Fahrzeugschäden, z.B. ob die Karosserie verzogen ist, können auch festgelegte oder frei wählbare Bezugspunkte vermessen werden. Folgende Prüfungen können mit dem Stechmaß vorgenommen werden:

- Vergleich der Längenmaße symmetrischer Messpunkte
- Bezugspunkte vermessen und Vergleich der Messwerte mit den Daten der Fahrzeughersteller
- Diagonalvermessung zwischen jeweils zwei symmetrischen Messpunkten auf der linken und rechten Seite der Karosserie.

F

Sicht und Funktionskontrolle von Bauteilen und Aggregaten

Außer der Karosserie werden bei einem Unfall meist noch weitere Bauteile beschädigt. Diese Schäden müssen erkannt und beseitigt werden. Bei einer Schadensanalyse sind deshalb auch die folgenden Bauteile zu kontrollieren:

Lenkung und Lenkgestänge	Bauteile der Lenkung auf Verformungen und Risse untersuchen. Zusätzlich muss das Spiel und die Leichtgängigkeit über den gesamten Lenkeinschlag kontrolliert werden.
Fahrwerk	Bauteile der Radaufhängung auf Beschädigung, Verformung oder Verschiebungen prüfen. Achsvermessung durchführen.
Felgen und Reifen	• Sichtprüfung der Laufflächen und Reifenflanken auf Beschädigungen. • Prüfen auf Rundlauf und Unwucht. • Felgen und Felgenhorn auf Risse und Verformungen prüfen.
Elektrik und Elektronik	Mechanische Schäden an Steuergeräten führen oft zu elektrischen Funktionsstörungen. Mechanisch beschädigte Steuergeräte müssen deshalb ersetzt werden. Gequetschte, verschmorte oder durchtrennte Kabel und Kabelbäume sind zu reparieren bzw. auszuwechseln. Vorschriften der Fahrzeughersteller beachten.
Gurtstraffer und Airbag	Wenn Airbag und Gurtstraffer ausgelöst haben oder mechanisch beschädigt wurden, sind diese Einheiten auszuwechseln. Sicherheitsvorschriften einhalten.

Grundlagen

Korrosion

Korrosion ist die von der Oberfläche ausgehende Veränderung oder Zerstörung von Metall durch chemische oder elektrochemische Reaktion mit seiner Umgebung.

Chemische Korrosion

Erklärung

Die Atome bzw. Moleküle reagieren direkt mit den auf sie einwirkenden Stoffen. Metalle können mit Luftsauerstoff, Wasser, Säuren, Laugen und Salzen chemisch reagieren. Findet ein Oxidationsvorgang statt, wird das Metall in ein Oxid, Hydroxid oder Salz umgewandelt.

Beständigkeit der Metalle gegen aggressive Stoffe

	Salzsäure	Schwefelsäure	Natronlauge	Feuchte Luft
beständig	Ag, Au, Mo	Au, Mo, Ta	Au, Fe, Cu, Mg, Mo	Ag, Au, Al, Mo, Ni
unbeständig	Al, Cr, Fe, Mg	Al, Cr, Fe, Mg	Al	Fe

Elektrochemische Korrosion

Voraussetzung

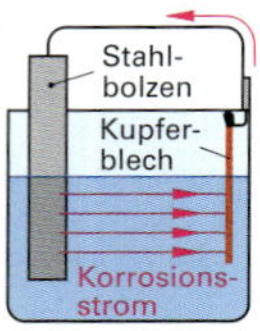

Galvanisches Element. Es besteht aus zwei verschiedenen Metallen, einem edlen und einem unedlen. Dabei bildet das edle Metall den + Pol (Elektronenmangel), das unedle Metall den – Pol (Elektronenüberschuss). Kommt ein Elektrolyt hinzu, fließt zwischen den beiden Metallen durch Ionenbildung ein elektrischer Strom. Dabei wird das unedlere Metall abgetragen.
Die Höhe der Spannung zwischen den Metallen ist maßgebend für die Abtragung; sie hängt von der Stellung der Metalle in der elektrochemischen Spannungsreihe ab.

Elektrolyte

Sie sind elektrisch leitende Flüssigkeiten, z. B. verdünnte Säuren, Laugen, gelöste oder geschmolzene Salze.

Ionenbildung

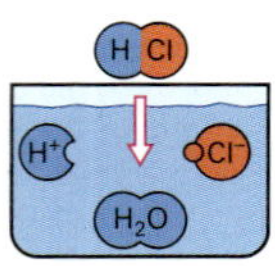

Dissoziation

Die Elektrolyte sind in ihrem Atomaufbau instabil, d.h. ein bestimmter Anteil der Elektrolytmoleküle spaltet sich in Atomgruppen auf (Dissoziation), die jetzt eine elektrische Ladung aufweisen (Ionen).

Kennzeichnung: + 1 Elektron fehlt; – 1 Elektron zu viel.

Beispiele:					
Salzsäure	HCl	→	H^+	+	Cl^-
Kalilauge	KOH	→	K^+	+	OH^-
Kupfersulfat (Salz)	$CuSO_4$	→	Cu^{++}	+	SO_4^{--}

Wasserstoff und Metalle bilden positive Ionen (Elektronenmangel); Säure- und Laugenreste bilden negative Ionen (Elektronenüberschuss).

Elektrochemische Spannungsreihe

Die verschiedenen metallischen Werkstoffe werden jeweils in einer Lösung ihrer Salze von bestimmter Konzentration gegen eine Normalelektrode (Wasserstoff) gemessen. Wasserstoff hat das Potenzial Null. Je weiter zwei Metalle in der Spannungsreihe auseinanderstehen, desto höher ist die Spannung und desto stärker wird das unedlere Metall zerstört (elektrochemische Korrosion).

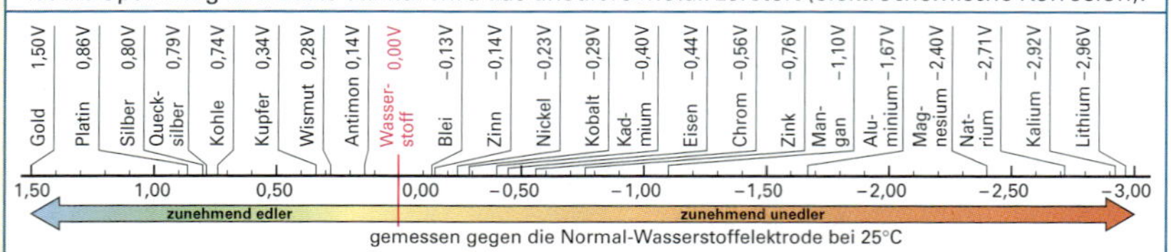

Korrosionsformen

Anlaufen	Bildung einer dünnen Schicht auf der Metalloberfläche, die Verfärbungen hervorruft oder den Glanz herabsetzt. Sie entsteht durch Reaktion von Metallen mit Gasen.
Narbe	Flache, örtliche Anfressung des Metalls; entsteht z.B. auf Werkzeugoberflächen, wenn die Anlaufschicht lange nicht entfernt wird.
Flächenkorrosion	Langsame, gleichmäßig zur Metalloberfläche verlaufende, stark auffallende Metallveränderung, z.B. Rosten der Bodenbleche von Kfz.
Lochfraß	Tiefe örtliche Anfressung des Metalls. Sehr schnelle Durchlochung des Metalls möglich, z.B. bei Öltanks, Leitungen.
Interkristalline Korrosion	Korrosion zwischen den Korngrenzen einzelner Legierungsbestandteile, z.B. bei Stahl zwischen Fe und Fe_3C.
Kontaktkorrosion	Korrosion zwischen Teilen aus verschiedenen Metallen, z.B. Zylinderblock (GJL) und Laufbüchse (GJL mit Cr legiert).

F

Arten des Korrosionsschutzes

Aktiver Korrosionsschutz	Selbständiges Entstehen von Schutzschichten auf Metalloberflächen, z.B. Aluminium oxidiert in Luft zu Al_2O_3, oder Widerstandserhöhung gegen Korrosion durch Zusatz von geeigneten Legierungsbestandteilen, z. B. nichtrostender Stahl mit hohem Cr- und Ni-Gehalt.
Passiver Korrosionsschutz	Aufbringen von Schutzüberzügen nach vorheriger Oberflächenbehandlung, z.B. Reinigen, Entrosten, Entzundern, Beizen, Sandstrahlen, Entfetten.

Metallische Beschichtung

Verfahren	Schutzstoffe	Auftragsverfahren	Eigenschaften, Anwendung
Überziehen im Schmelzfluss	Zink	Eintauchen in geschmolzenes Überzugsmetall. Feuervermetallen, z.B. Feuerverzinken.	Unbeständig gegen Kühlmittel und Kraftstoff. Gleichmäßige Schichtdicke.
	Zinn		Weißblech für Konservendosen.
Überziehen durch Flammspritzen	Zinn Zink Blei Aluminium Al-Legierungen	Überzugsmetall (Draht- oder Pulverform) wird in der Druckluftpistole geschmolzen (elektrisch oder Gasflamme) und durch Druckluft aufgespritzt.	Schutz fertiger Stahlkonstruktionen. Keine gleichmäßige Dicke, geringe Beständigkeit, grobkörniges Gefüge. Al und Al-Legierungen beständig gegen Rauchgase.
Galvanische Überzüge	Zink	Abscheidung der Überzugsmetalle aus Metallsalzlösungen unter Einwirkung des elektrischen Stromes (Elektrolyse). Werkstück als – Pol (Kathode), Überzugsmetall als + Pol (Anode). Beim Verchromen wird eine unlösliche Anode aus Platin oder Kohle verwendet. Das Überzugsmetall wird aus dem Chromsalzbad abgeschieden.	Mäßig anlaufbeständig. Schutz auch über Risse hinweg.
	Kupfer		Grundlage für Verchromen und Vernickeln.
	Chrom		Ohne Zwischenschicht nur auf geschliffenem Stahl rostschützend.
	Nickel		Verkupferung notwendig; gut anlaufbeständig.
	Cadmium		Korrosionsschutz ab 0,008 mm. Anlaufbeständig; für Schrauben.
Regel	Überzugsmetalle, die unedler sind als das Grundmetall, sind echte Schutzstoffe. Überzugsmetalle, die edler sind als das Grundmetall, sind unechte Schutzstoffe.		

Nichtmetallische Beschichtung

Phosphatieren	Schicht aus Zink-, Mangan- oder Cadmiumphosphat	Auftrag einer sauren, phosphathaltigen Lösung auf ein Werkstück aus Al, Zn, Cu, unleg. und niedrigleg. Stahl durch Tauchen, Spritzen, Fluten.	Zahnräder, Kupplungskomponenten oder Kolben, Karosserien. Guter Haftgrund für Lacke, bessere Einlaufeigenschaften, Phosphatschicht kann Öl aufnehmen, um das Gleit- und Korrosionsschutzverhalten zu verbessern,
Eloxieren	Eloxalschicht	Eloxal = **El**ektrisch **ox**idiertes **Al**uminium. Elektrolytische Umwandlung der Oberfläche in Al_2O_3. Werkstück als Anode geschaltet. Elektrolyt: Heiße Schwefelsäure.	Sehr hart; widerstandsfähig gegen chemische Einflüsse, großer elektrischer Widerstand, gut einfärbbar, guter Haftgrund für Lacke. Nur für Al und Al-Legierungen. Dichten der Poren durch Nachbehandlung.

Lack- und Kunststoffbeschichtung

Anstriche	Zink-, Öl-, Teerfarbe, Nitrolack, Kunstharzlack, Effektlack, Wasserlack usw.	Teile entrosten, entfetten, evtl. Haftgrund aufbringen. Grundieren mit Zinkfarben. Entsprechenden Lack aufstreichen, spritzen oder tauchen.	Beständig gegen Witterungseinflüsse. Stahlteile stets grundieren (aktiver Korrosionsschutz). Lack soll wasserundurchlässig, lichtecht, wärmebeständig, hart und elastisch sein.
Beschichten mit Kunststoffen	PVC	Warmaufwalzen oder Kleben von Folien; Aufspritzen.	Die Kunststoffe sind beständig gegen atmosphärische Einflüsse (z.B. Abgase), seewasserbeständig, gute Verbindung mit dem zu schützenden Werkstoff, elastisch.
	Polyethylen, Epoxidharz	Eintauchen erwärmter Teile in pulverförmigen, verwirbelten Kunststoff (Wirbelsintern).	

F

Anforderungen an Fahrzeuglackierungen

- dichten und zusammenhängenden Schutzfilm bilden
- hart und gleichzeitig elastisch
- abrieb-, stoß- und kratzfest
- farbtonbeständig
- lichtecht
- hochglänzend
- nicht umweltschädlich
- leicht zu reinigen und zu pflegen.

Lackbestandteile

Nicht flüchtige Bestandteile	
Bindemittel	Sie sind Harze, die die Farbpigmente verbinden und nach dem Beschichtungs- und Trocknungsvorgang den Lackfilm bilden.
Pigmente	Sie sind Farbteilchen (Farbpigmente), die in unlöslicher fester Form im Lack vorliegen. Sie geben der Beschichtung das farbliche Aussehen.
Zusatzstoffe	**Katalysatoren.** Sie beschleunigen den Aushärt- und Trocknungsvorgang. **Antioxidationsmittel.** Sie vermeiden Hautbildung und Gelieren. **Füllstoffe.** Sie verbessern den Glanz und die Filmbildung. **Rostschutzmittel.** Es verbessert die Schutzeigenschaft des Lackes.
Flüchtige Bestandteile	
Lösemittel	In ihm sind die festen und zähflüssigen Bestandteile des Lackes gelöst. Das Lösemittel stellt die zur Verarbeitung des Lackes erforderliche Viskosität her. Verdünnungsmittel und Reaktionsprodukte verdunsten bei der Verarbeitung und beim Trocknungsvorgang des Lackfilms.

Lacke

Lackarten	Zusammensetzung und Eigenschaften	Verwendung
Nitrolacke (CN-Lacke)	Nitrolacke erhärten schnell durch Verdunsten des Lösemittels. CN-Lacke trocknen matt und müssen aufpoliert werden. Sie sind leicht brennbar, vergilben und erfordern regelmäßige Pflege.	Ältere Fahrzeuge, Oldtimer
Kunstharzlacke (KH-Lacke)	Sie sind chemikalienfest, kratzfest und witterungsbeständig. Als Bindemittel werden Kunstharze, wie Alkyd-, Polyurethan-, Polyesterharze eingesetzt.	Decklackierung
Acrylharzlacke	**Einkomponentenlacke (1K-Lacke).** Sie härten unter Einwirkung von Luftsauerstoff durch Vernetzung der Moleküle (Polymerisation) aus. Reaktionsprodukte und Lösemittel verdunsten. Es entsteht eine hochglänzende Lackschicht, deren endgültige Härte erst nach mehreren Wochen eintritt. **Zweikomponentenlacke (2K-Lacke).** Sie bestehen aus Binder und Härter, die kurz vor der Verarbeitung im richtigen Verhältnis vermischt werden. Es setzt eine chemische Reaktion ein (Polyaddition), die den Lackfilm aushärtet.	Grundlackierung (Füllerbereich), Lackierung der sichtbaren Karosserieteile, Decklackierung
Effektlacke (Metallic-Lacke)	Sie enthalten neben den Farbpigmenten, Glimmer und Blättchen aus Aluminium im Basislack. Diese Zusätze reflektieren das einfallende Licht, sodass ein metallischer Effekt an der Oberfläche entsteht. Zum Schutz des Basislackes wird eine zweite Schicht aus Klarlack nass in nass aufgespritzt. Bei Reparaturlackierungen, z.B. bei Türen, wird die gesamte Fläche überlackiert, um eine gute Farbtonübereinstimmung zu erzielen.	Karosserie, Decklackierung
Wasserlacke (Hydrolacke)	Bei ihnen sind die organischen Lösemittel fast vollständig durch Wasser ersetzt. Als Bindemittel dienen Harze auf Kunststoffbasis. Man unterscheidet **Echte Wasserlacke.** Die Harzmoleküle sind im Wasser gelöst. **Wasserverdünnbare Lacke (Dispersionen).** Die Harzteilchen sind im Wasser fein verteilt. Aufgrund des geringen Lösemittelanteils (≤ 10 %) sind Hydrolacke umweltverträglich.	Karosserie, Grund-, Füller- (Hydrofüller) und Decklackierung
High-Solid-Lacke (HS-Lacke) Medium-Solid-Lacke (MS-Lacke)	Sie haben eine hohen Anteil (bis ca. 70 %) an nichtflüchtigen Bestandteilen und einen geringeren Lösemittelanteil (um ca. 20 % bis 30 % verringert). Vorteile: Geringe Umweltbelastung, größere Schichtdicken je Spritzgang, dadurch geringerer Arbeitsaufwand.	Reparaturlackierungen, Füllerbereich, Decklackierungen
Pulverlacke	Als Bindemittel dienen pulverförmige Kunststoffe (Korngröße von 20 μm bis 60 μm). Mit speziellen Sprühpistolen wird das Pulver auf die zu beschichtenden kalten oder erwärmten Werkstücke gespritzt. Auf kalten Werkstücken haftet das Pulver elektrostatisch, auf erwärmten durch Aufschmelzen. Zur Filmbildung werden die Pulverlacke im Ofen bei Temperaturen von 120 °C bis 130 °C eingebrannt. Dabei vernetzen die Moleküle durch Polyaddition und bilden eine Schichtdicke von 30 μm bis 120 μm . Pulverlacke sind lösemittelfrei, umweltfreundlich und im Materialverbrauch sparsam.	Nur bei der Serienlackierung einsetzbar

Lackierverfahren

Verfahren	Eigenschaften und Verwendung
Tauch-lackieren	**Konventionelles Tauchlackieren.** Bei ihm wird das Werkstück langsam in eine mit Lack gefüllte Wanne getaucht, bis die Oberfläche vollständig mit Lack benetzt ist. Damit überschüssiger Lack ablaufen kann, wird das Werkstück anschließend wieder langsam herausgezogen. Es wird vorwiegend zum Grundieren von Karosserien und Karosserieteilen verwendet.
	Elektrolytisches Tauchlackieren (ETL). Die in einem Elektrolyt schwebenden Lackteilchen werden elektrisch aufgeladen und zur entgegengesetzt geladenen Karosserie bewegt, auf der sie eine gleichmäßige Lackschicht bilden. Der Vorgang dauert so lange, bis die letzte blanke Stelle bedeckt ist. **Katodische Elektrotauchlackierung (KTL).** Die Karosserie ist negativ, das Tauchbad positiv aufgeladen. Die bei der Wasserzerlegung durch Elektrolyse erzeugten positiven Wasserstoffionen wandern zur negativ geladenen Karosserie und verhindern während des Beschichtungsvorgangs eine Oxidbildung. Stärke der Lackschicht: 12 µm bis 20 µm. 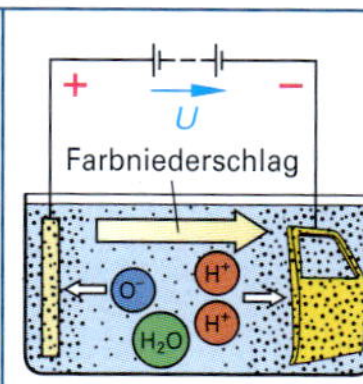 Kataphorese (KTL)
	Autophorese. Bei ihr ist zur Lackabscheidung kein elektrischer Strom erforderlich. In einem sauer eingestellten Tauchbad werden aus der Karosserie Eisen-Ionen gelöst. Diese bewirken, dass sich die im Tauchbad gelösten Bindemittel und Farbpigmente an der Karosserieoberfläche abscheiden.
Spitz-lackieren	Es erfolgt von Hand mit Spritzpistolen oder durch Automaten in der Serie. Dabei wird das Lackmaterial in der Lackdüse durch die vorbeiströmende Druckluft angesaugt und zerstäubt. Bei der Reparaturlackierung werden die Lacktröpfchen über den Luftstrahl zur Karosserie transportiert und dort aufgetragen. Der Farbverlust durch Farbnebel, die nicht an das Werkstück gelangen, ist groß. Er kann durch die Verwendung von HVLP-Spritzpistolen (**H**igh **V**olume **L**ow **P**ressure) um ca. 30 % verringert werden. In der Serienlackierung erfolgt der Lackauftrag elektrostatisch (Elektrostatisches Spritzen). **Airlesszerstäuben.** Bei ihm wird der Farbnebel dadurch erzeugt, dass der unter einem Druck von 100 bar bis 150 bar stehende Lack, durch eine Spaltdüse gepresst wird und durch die schlagartige Druckentspannung am Düsenaustritt zerstäubt. **Airlesszerstäuben mit Luftunterstützung.** Lackzerstäubung wie beim Airlesszerstäuben ohne Luftunterstützung. Durch zusätzliche, ringförmig angeordnete Luftdüsen, wird die Zerstäubung durch Luftstrahlen am Düsenaustritt verbessert und das Spritzbild beeinflusst. Airlesszerstäuben eignet sich für den Auftrag von Unterbodenschutz und bei Nfz-Lackierung.
Elektro-statisches Spritzen	Das elektrostatische Spritzverfahren (200 000 V Gleichspannung) vermindert Farbverlust um 25 % bis 30 % und fördert den Farbauftrag an schwer zugänglichen Stellen. Die negativ aufgeladenen Farbnebel werden von der positiv aufgeladenen Karosserie angezogen. Im industriellen Einsatz können feine Lacktröpfchen durch Hochrotationsglocken erzeugt und im elektrischen Feld zum Werkstück transportiert werden. 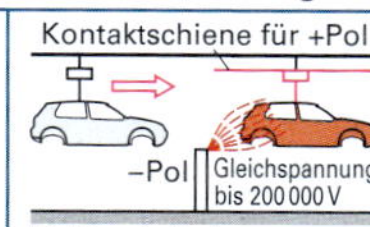 Elektrostatisches Spritzverfahren

Arbeitsgänge bei Reparaturlackierung

Hinweise	Bei der Reparaturlackierung ist es wichtig, dass die Bestandteile des Reparaturlacksystems zusammenpassen, deshalb ist es zu empfehlen, ein komplettes System eines Herstellers zu verwenden, anstatt Produkte verschiedener Hersteller. Die Anweisungen des Herstellers sind genau zu befolgen, um ein optimales Ergebnis zu erzielen. Zur Bestimmung der Lackart der alten Lackierung kann ein weißer Lappen mit Nitro-Verdünnung getränkt und damit an einer verdeckten Stelle die alte Lackierung angerieben werden. Bei Nitrolacken bzw. thermoplastischen Acryllacken löst sich der Lack an und verfärbt den Lappen. Kunstharzlacke lösen sich nicht an; es können jedoch Quellerscheinungen auftreten.
Vorbehandlung, Entfernen des Lacksystems	• Schmutz und Fett gründlich von der Reparaturstelle abwaschen • Silikonreste mit Silikonentferner sorgfältig entfernen • Roststellen ausschleifen • Oberste Lackschicht anschleifen, bis verwitterte Lackschichten entfernt sind
Spachteln	Unebenheiten mit Zweikomponenten-Polyesterspachtel beseitigen (ungenaue Mischung von Spachtel und Härter können zu Lackverfärbung und unzureichende Aushärtung führen).
Grundieren, Füllen	• Grundierfüller auf blankgeschliffene, gereinigte und entfettete Stellen auftragen • Steinschlaggrundierung auf steinschlaggefährdete Teile auftragen • Nach dem Auftragen des Füllers, an der Luft oder im Ofen (≤ 80 °C) trocknen, anschließend leicht überschleifen (360er ... 400er Schleifpapier).
Decklackierung	Decklack auf grundierte Fläche auftragen. Vorgegebenen Farbton einhalten.

F

Stahlprofile: Bezeichnung, Abmessungen, Norm

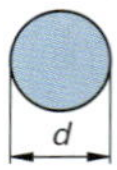 Rundstahl *D* = 8 … 200 DIN 1013-1	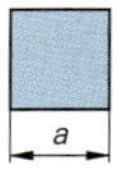 Vierkantstahl *a* = 8 … 120 DIN 1014-1	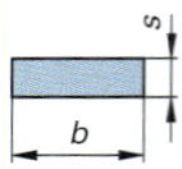 Flachstahl *b* × *s* = 10 × 5 … 150 × 60 DIN 1017-1	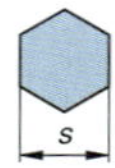 Sechskantstahl *s* = 13 … 103 DIN 1015
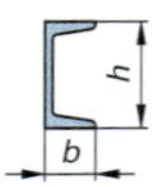 U-Stahl *h* = 30 … 400, *b* = 15 … 110 DIN 1026-1	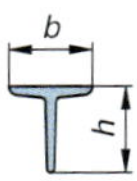 Gleichschenkliger T-Stahl *b* = *h* = 30 … 140 DIN EN 10055	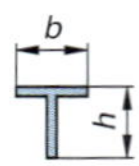 Gleichschenkliger scharfkantiger T-Stahl *b* = *h* = 20 … 40 DIN 59051	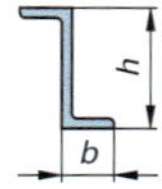 Z-Stahl *h* = 30 … 200, *b* = 15 … 110 DIN 1027
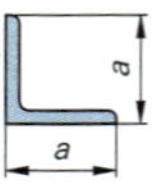 Gleichschenkliger Winkelstahl *a* = 20 … 250 DIN EN 10056-1	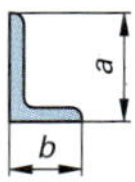 Ungleichsch. Winkelstahl *a* × *b* = 30 × 20 … 200 × 150 DIN EN 10056-1	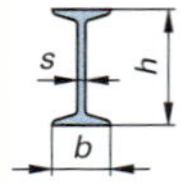 Schmale I-Tr. *h* = 80 … 600 *b* = 42 … 215 *s* = 3,9 … 20 DIN 1025	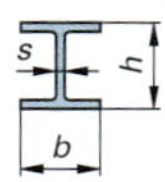 Breite I-Träger *h* = 100 … 1000 *b* = 100 … 1000 *s* = 6 … 38 DIN 1025-2
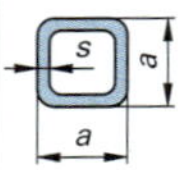 Hohlprofilquadratisch *a* = 20 … 400 *s* = 2 … 20 DIN EN 10210-2	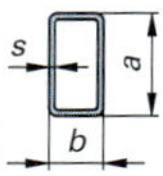 Hohlprofilrechteckig *a* × *b* = 50 × 25 … 500 × 300 *s* = 2 … 20 DIN EN 10210-2	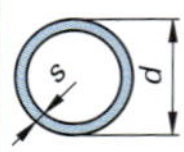 Nahtlose Stahlrohre *d* = 10,2 … 610, *s* = 1,6 … 12,5 DIN 2448	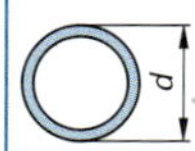 Nahtlose Präzisionsstahlrohre *d* = 4 … 260, *s* = 0,5 … 25 DIN 2391-1 u. 2

Al-Profile: Bezeichnung, Abmessungen, Norm

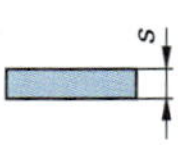 Bleche, Bänder *s* = 0,4 … 15 DIN EN 485	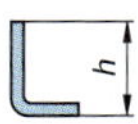 L-Profil rundkantig *h* = 10 … 80 DIN 1771	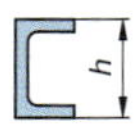 U-Profil rundkantig *h* = 20 … 140 DIN 9713	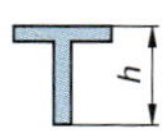 T-Profil rundkantig *h* = 15 … 80 DIN 9714
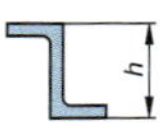 Z-Profil rundkantig *h* = 35 … 50 DIN 5517	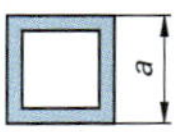 Quadratrohre *a* = 15 … 100 DIN 5517	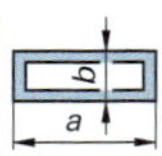 Rechteckrohre *a* × *b* = 20 × 15 … 100 × 40 DIN 5517	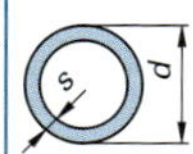 Rundrohre *d* = 3 … 273 DIN EN 754-7

Al-Sonderprofile: Bezeichnung, Abmessungen

Leichtmetallprofile werden in unterschiedlichsten Ausführungen in Baukastensystemen, z.B. für Nkw-Aufbauten angeboten.

Dachrahmenprofil	Dachprofil	Deckrahmenprofil	Untergurtprofil
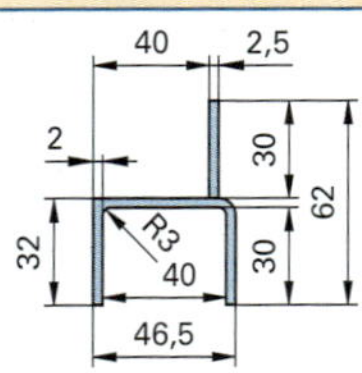	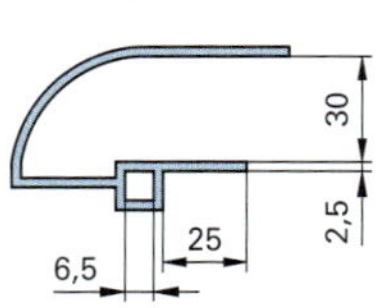	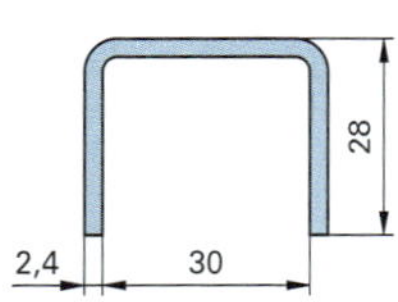	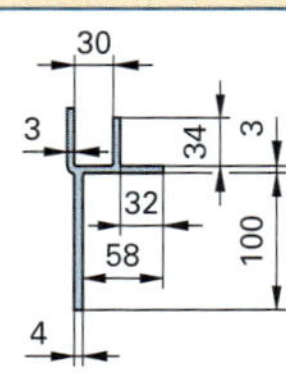

Türsäulenprofil	Regenleiste	Bodenprofil für Pritschenaufbauten
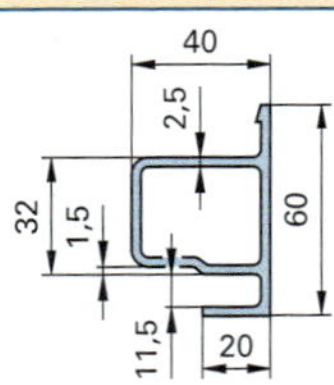	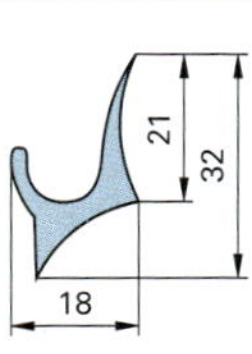	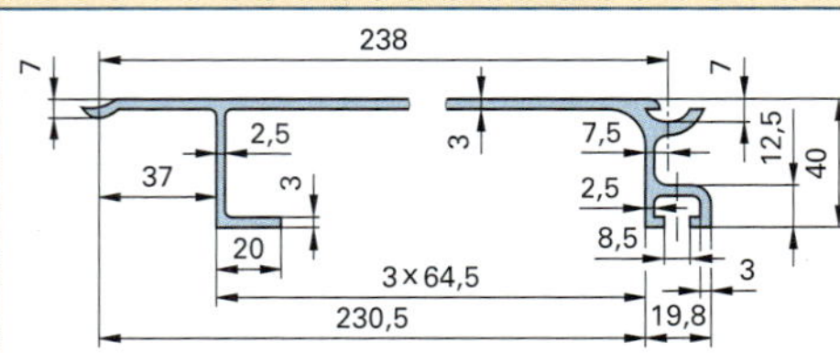

F

Karosseriesonderprofile, Stahl

Um das Eigengewicht der Karosserie möglichst klein zu halten, werden im Fahrzeugbau u.a. Leichtbauprofile verwendet. Bei schwereren Nkw werden dickwandigere Spezialprofile als Konstruktionselemente eingesetzt.

Dachspriegel, Saumwinkel, Radbügel

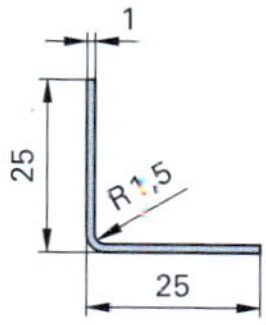

Dachspriegel, Rippen, Streben

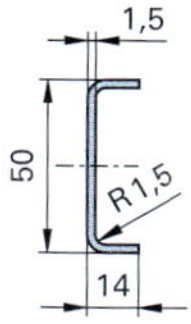

Dachrahmen, Längsträger

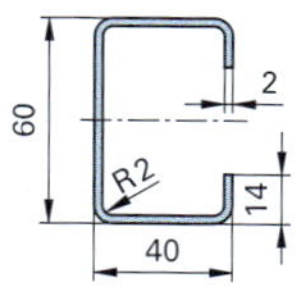

Dachspriegel, Streben, Traversen (Hutprofil)

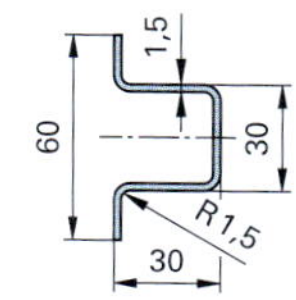

Rippen, Streben

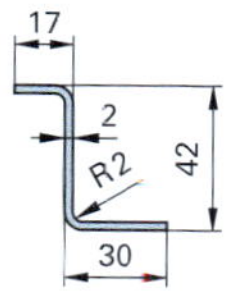

Säulen, Gurte, Streben

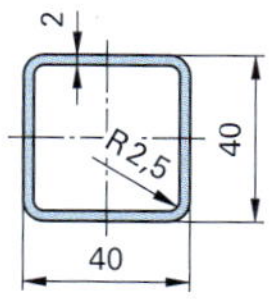

Längs-, Querträger, Säulen

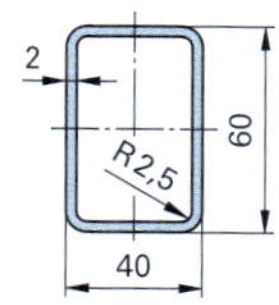

Planengerüste auf Pritschen

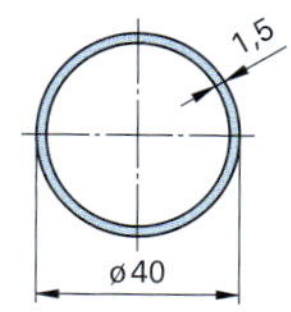

Türpfosten, Türrahmen

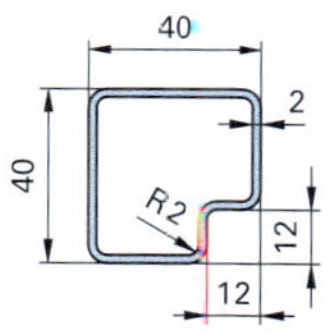

Türsäulen, Türgurte

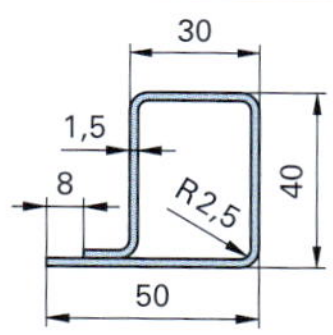

Stirnprofil

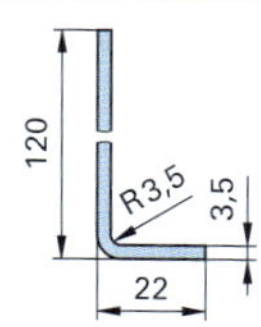

Scheuerleistenprofil

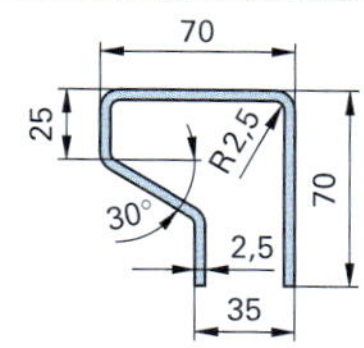

Eckrungenprofil

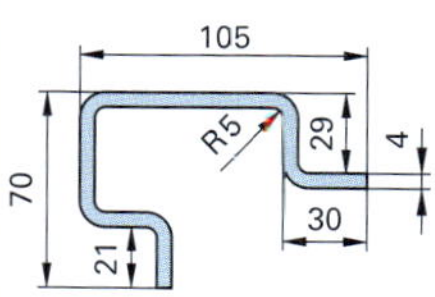

Stirnrungenprofil

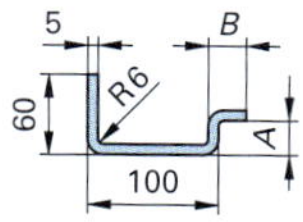

A	31	35
B	30	30

Mittenrungenprofil

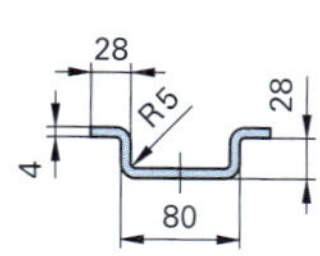

U-Profil (Bordwandeinfassung)

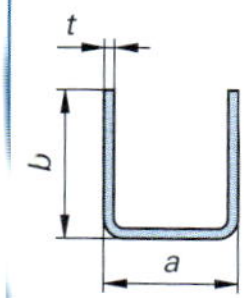

a = 18,5…31,0
b = 20,0…28,0
t = 1,5… 2,0

Kipperprofile

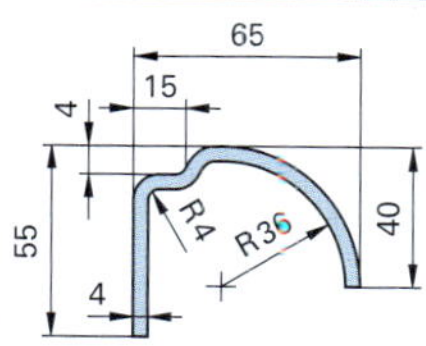

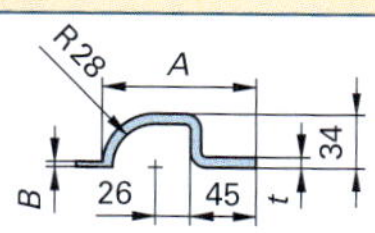

A	103	102
B	2	3
t	4	3

Heckportalprofil

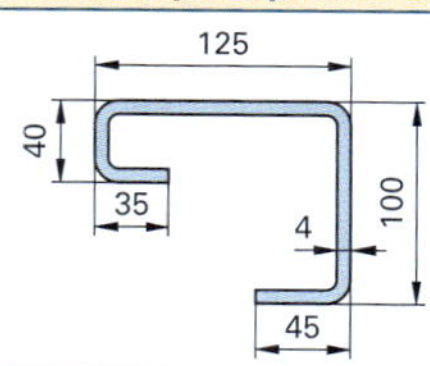

Beleuchtungsträgerprofil

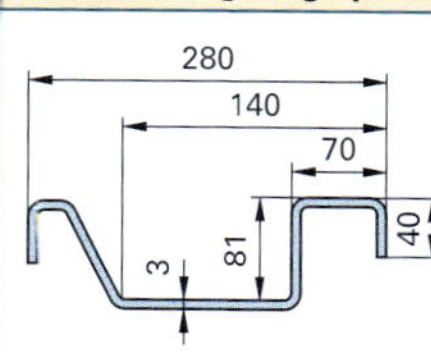

Bodenrahmenprofile

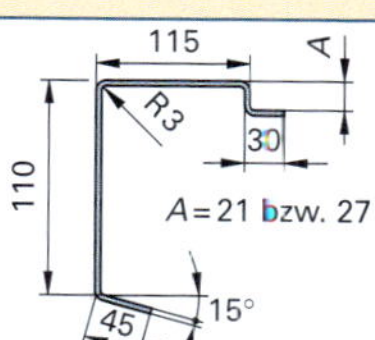

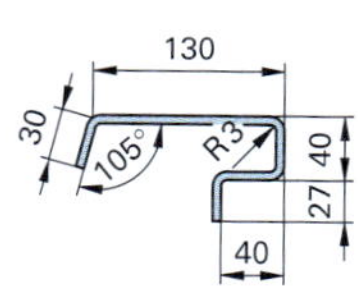

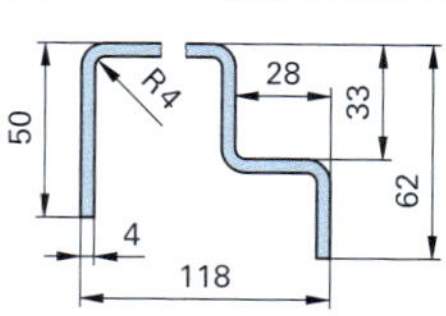

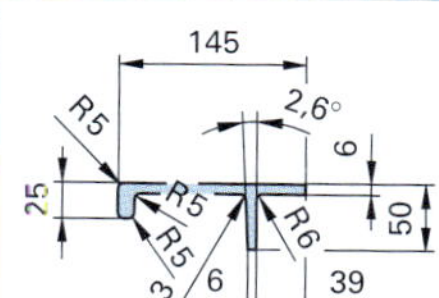

F

Profile, Flächen- und Widerstandsmomente

Stahlprofile, kalt-* und warmgefertigt

I Flächenmoment 2. Grades *W* Widerstandsmoment	Abmessungen mm	Querschnittsfläche *S* cm²	Längenbez. Masse *m* kg/m	Abstände der Achsen e_x cm	 e_y cm	Flächen-, Widerstandsmomente[1)] für Biegeachsen x – x I_x cm⁴	 W_x cm³	y – y I_y cm⁴	 W_y cm³	für Torsion I_p cm⁴	 W_p cm³
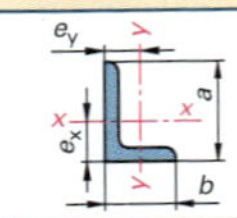	*a* × *b* × *s*										
	30 × 20 × 3	1,72	1,36	1,43	0,33	1,25	0,62	0,44	0,29	–	–
	40 × 20 × 4	2,26	1,77	1,47	0,48	3,59	1,42	0,60	0,39	–	–
	50 × 30 × 5	3,78	2,96	1,73	0,741	9,36	2,86	2,51	1,11	–	–
	60 × 40 × 5	4,79	3,76	1,96	0,972	17,2	4,25	6,11	2,02	–	–
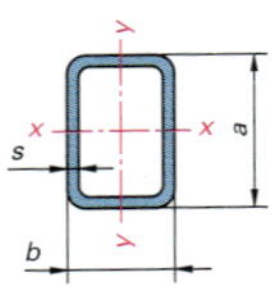	*a* × *a* × *s*										
	40 × 40 × 2*	2,14	1,68	1,38	0,79	4,05	2,02	1,34	1,34	3,45	2,36
	40 × 20 × 3*	3,01	2,36	1,32	0,75	5,21	2,60	1,68	1,68	4,57	3,00
	40 × 30 × 3*	3,91	3,07	1,46	1,31	8,29	4,15	6,72	3,84	12,70	6,05
	50 × 30 × 3	4,34	3,41	2,50	1,50	13,60	5,43	5,94	3,96	13,50	6,51
	50 × 30 × 4	5,59	4,39	2,50	1,50	16,50	6,60	7,08	4,72	16,60	7,77
	50 × 30 × 5	6,73	5,28	2,50	1,50	18,70	7,49	7,89	5,26	19,00	8,67
	60 × 20 × 3*	4,21	3,30	3,0	1,0	15,60	5,21	2,56	2,56	7,87	4,75
	60 × 40 × 3*	5,54	4,36	3,0	2,0	26,50	8,82	13,90	6,95	29,20	11,20
	80 × 40 × 4	8,79	6,90	4,0	2,0	68,2	17,10	22,20	11,10	55,20	18,90
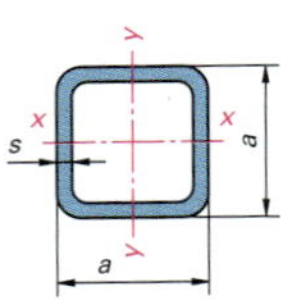	*a* × *a* × *s*										
	20 × 20 × 2*	1,34	1,05	1,0	1,0	0,69	0,69	0,69	0,69	1,21	1,06
	25 × 25 × 2*	1,74	1,36	1,25	1,25	1,48	1,19	1,48	1,19	2,53	1,80
	25 × 25 × 3*	2,41	1,89	1,25	1,25	1,84	1,47	1,84	1,47	3,33	2,27
	30 × 30 × 2	2,20	1,72	1,50	1,50	2,84	1,89	2,84	1,89	4,53	2,75
	30 × 30 × 2,5	2,68	2,11	1,50	1,50	3,33	2,22	3,33	2,22	5,40	3,22
	30 × 30 × 3	3,14	2,47	1,50	1,50	3,74	2,50	3,74	2,50	6,16	3,60
	40 × 40 × 3	4,34	3,41	2,00	2,00	9,78	4,89	9,78	4,89	15,70	7,10
	50 × 50 × 3	5,54	4,35	2,50	2,50	20,20	8,08	20,20	8,08	32,10	11,80
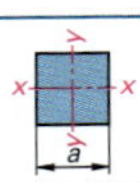	*a* × *a*										
	40 × 40	16,00	12,56	2,00	2,00	21,33	10,7	21,33	10,70	–	–
	50 × 50	25,00	19,63	2,50	2,50	52,08	20,83	52,08	20,83	–	–
	60 × 60	36,00	28,26	3,00	3,00	108,0	36,00	108,0	36,00	–	–

Fahrzeugbauprofile, kaltprofiliert

Profil	Abmessungen	*S*	*m*	e_x	e_y	I_x	W_x	I_y	W_y	I_p	W_p
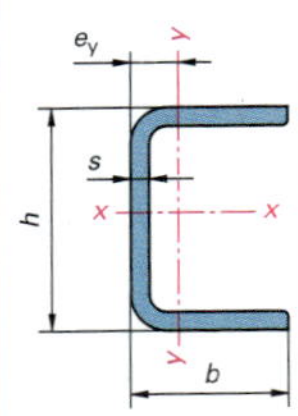	*h* × *b* × *s*										
	40 × 35 × 4	3,87	3,04	1,33	–	9,43	4,71	4,68	2,16	–	–
	50 × 40 × 4	4,67	3,67	1,44	–	18,20	7,28	7,50	2,93	–	–
	70 × 50 × 4	6,28	4,93	1,67	–	49,10	14,00	16,00	4,79	–	–
	100 × 50 × 4	7,48	5,87	1,43	–	113,0	22,60	18,10	5,07	–	–
	65 × 40 × 5	6,43	5,05	1,35	–	39,30	12,10	9,93	3,75	–	–
	80 × 50 × 5	8,18	6,42	1,63	–	79,70	19,90	20,20	5,99	–	–
	100 × 50 × 5	9,18	7,20	1,48	–	135,0	27,10	21,90	6,22	–	–
	80 × 50 × 6	9,62	7,55	1,68	–	90,90	22,70	23,30	7,01	–	–
	100 × 50 × 6	10,80	8,48	1,53	–	156,0	31,20	25,40	7,31	–	–
	120 × 60 × 6	13,20	10,40	1,78	–	281,0	46,80	45,40	10,80	–	–

Al-Profile aus Knetlegierungen

Profil	Abmessungen	*S*	*m*	e_x	e_y	I_x	W_x	I_y	W_y	I_p	W_p
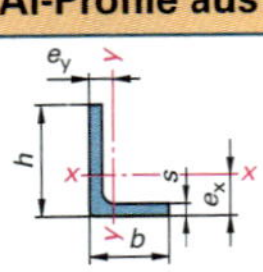	*h* × *b* × *s*										
	30 × 20 × 3	1,42	0,38	1,01	0,51	1,27	1,26	0,46	0,89	–	–
	40 × 20 × 4	2,25	0,61	1,49	0,49	3,62	2,44	0,62	1,27	–	–
	50 × 30 × 5	3,78	1,02	1,75	0,75	9,45	5,40	2,58	3,44	–	–
	60 × 30 × 4	3,45	0,95	2,15	0,65	12,90	6,00	2,25	3,44	–	–
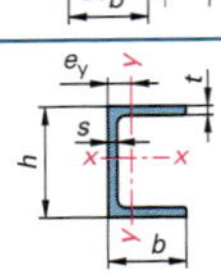	*h* × *b* × *s* × *t*										
	40 × 20 × 4 × 4	4,51	1,22	2,00	1,49	11,60	5,80	7,12	4,80	–	–
	50 × 30 × 3 × 3	3,15	0,85	2,50	0,93	12,20	4,88	2,70	2,91	–	–
	60 × 30 × 4 × 4	4,51	1,22	3,00	0,89	23,70	7,90	3,69	4,12	–	–
	60 × 40 × 5 × 5	6,57	1,77	3,00	1,33	36,00	12,00	9,94	7,47	–	–

1) Flächenmoment 2. Grades. Mit diesen Werten wird die Steifigkeit eines Profils bei gleichem Werkstoff bestimmt.
Widerstandsmoment (W): Diese Werte dienen der Festigkeitsberechnung beim Durchbiegen.
Widerstandsmoment für Torsion: Diese Werte werden für die Beanspruchung der Werkstücke auf Verdrehung benötigt.

F

Gestreckte Längen

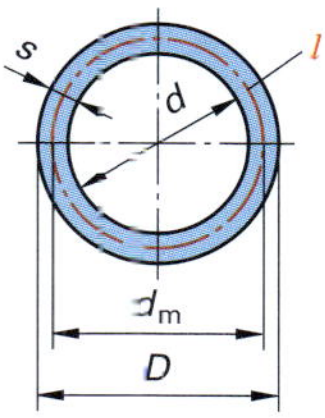

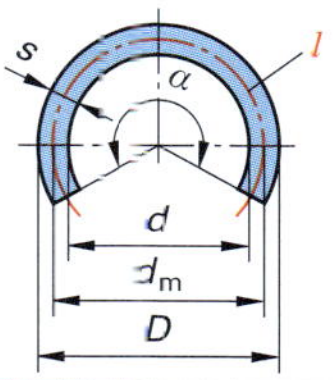

D	Außendurchmesser
d	Innendurchmesser
d_m	mittlerer Durchmesser (Durchmesser der neutralen Faser)
s	Dicke
l	gestreckte Länge (Länge der neutralen Faser)
α	Mittelpunktswinkel

Beispiel (Kreisring):
$D = 45$ mm; $s = 4$ mm; $l = ?$

$d_m = D - s = 45\text{ mm} - 4\text{ mm} = 41\text{ mm}$
$l = \pi \cdot d_m = \pi \cdot 41\text{ mm} = \mathbf{128{,}8\ mm}$

Beispiel (Kreisringausschnitt)
$D = 53$ mm; $s = 4$ mm; $d_m = ?$; $\alpha = 250°$; $l = ?$

$d_m = D - s = 53\text{ mm} - 4\text{ mm} = 49\text{ mm}$

$$l = \frac{\pi \cdot d_m \cdot \alpha}{360°} = \frac{\pi \cdot 49\text{ mm} \cdot 250°}{360°} = \mathbf{106{,}9\ mm}$$

Gestreckte Länge beim Kreisring

$$l = \pi \cdot d_m$$

Mittlerer Durchmesser

$$d_m = D - s$$
$$d_m = d + s$$

Gestreckte Länge beim Kreisringausschnitt

$$l = \frac{\pi \cdot d_m \cdot \alpha}{360°}$$

Zusammengesetzte Längen (z.B. Biegen von Flachstählen)

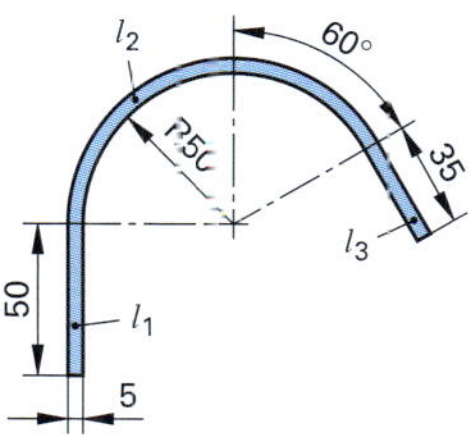

1. Einteilung in einzelne Längen
2. Berechnung der einzelnen Längen
3. Gesamtlänge ermitteln durch Addition der einzelnen Längen

r	Biegeradius (Innenradius)
d_m	mittlerer Durchmesser
s	Dicke
L	zusammengesetzte Länge (gestreckte Länge)
l_1, l_2	Teillängen
α	Mittelpunktswinkel

Beispiel (Zusammengesetzte Längen, Bild links):
$r = 50$ mm; $l_1 = 50$ mm; $l_3 = 35$ mm; $s = 5$ mm;
$\alpha = 60°$; $d_m = ?$; $L = ?$

$d_m = 2 \cdot r + s = 2 \cdot 50\text{ mm} + 5\text{ mm} = \mathbf{105\ mm}$

$$L = l_1 + l_2 + l_3 = l_1 + \frac{\pi \cdot d_m \cdot \alpha}{360°} + l_3$$

$$L = 50\text{ mm} + \frac{\pi \cdot 105\text{ mm} \cdot (90° + 60°)}{360°} + 35\text{ mm} =$$

$= \mathbf{222{,}4\ mm}$

Zusammengesetzte Längen

$$L = l_1 + l_2 + \ldots + l_n$$

Meist ist bei Biegeteilen der Biegeradius r (Innenradius) gegeben, so dass gilt

$$d_m = 2 \cdot r + s$$

Kleinster zulässiger Biegeradius für Biegeteile aus Aluminium

vgl. DIN 5520

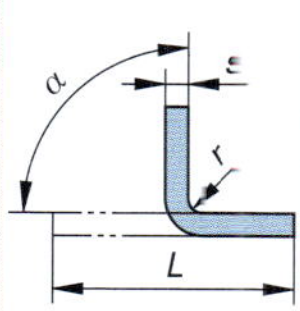

Werkstoff	Werkstoffzustand	Dicke s in mm: 0,8	1	1,5	2	3	4	5	6
		Mindest-Biegeradius r[1)] in mm							
AlMg3-01	Weich geglüht	0,6	1	2	3	4	6	8	10
AlMg3-H14	Kalt verfestigt	1,6	2,5	4	6	10	14	18	–
AlMg4,5Mn-H112	Weich geglüht, gerichtet	1	1,5	2,5	4	6	8	10	14
AlMg4,5Mn-H111	Kalt verfestigt und geglüht	1,6	2,5	4	6	10	16	20	25
AlMgSi1-T6	Lösungsgeglüht und warm ausgelagert	4	5	8	12	16	23	28	38

1) für Biegeradius $\alpha = 90°$, unabhängig von der Walzrichtung

Kleinster zulässiger Biegeradius für das Kaltbiegen von Stahl

vgl. DIN 6935

Mindestzugfestigkeit R_m in N/mm² über … bis	Kleinster Biegeradius[1)] r für Blechdicken s in mm: 1	1,5	2,5	3	4	5	6	7	8	10	12	14	16	18	20
bis 390	1	1,6	2,5	3	5	6	8	10	12	16	20	25	28	36	40
390...490	1,2	2	3	4	5	8	10	12	16	20	25	28	32	40	45
490...640	1,6	2,5	4	5	6	8	10	12	16	20	25	32	36	45	50

1) Werte gelten für Biegewinkel $\alpha < 120°$, und Biegen quer zur Walzrichtung. Beim Biegen längs zur Walzrichtung und Biegewinkeln $\alpha > 120°$ ist der Wert der nächsthöheren Blechdicke zu wählen.

F

Kanten, Bördeln von Blechen

Kanten von Blechen

vgl. DIN 6935

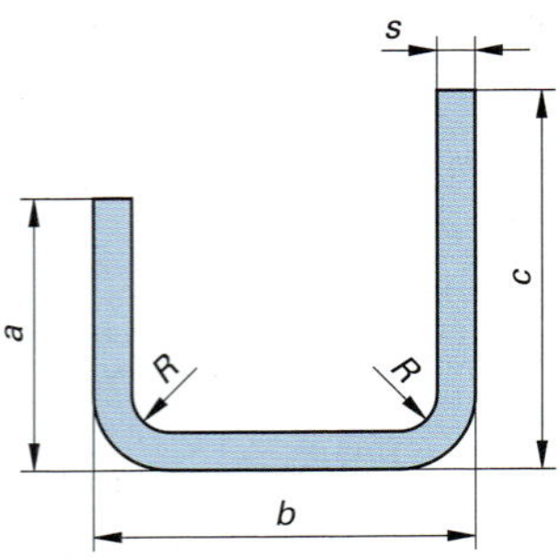

Beim scharfkantigen Biegen von Blechen (Kanten) geht man davon aus, dass sich die neutrale Faser in Richtung des Innenradius verschiebt. Man rechnet deshalb bei der Berechnung der Biegelänge mit der Verkürzung. Vereinfachend wird die Zuschnittlänge auch über die Addition der Innenmaße des Kantteils berechnet.

L	Zuschnittlänge = gestreckte Länge
a, b, c	Außenmaß der Schenkel
s	Blechdicke
n	Anzahl der Biegestellen
v	Ausgleichswert (aus Tabelle)

Zuschnittlänge
(mit Verkürzung)

$$L = a + b + c + \ldots - v \cdot n$$

Zuschnittlänge (Faustformel)
(Für Blechdicken < 2 mm)

$$L = a + b + c + \ldots - 2 \cdot s \cdot n$$

Beispiel
(Ermittlung der Zuschnittlänge mit Verkürzung):
a = 25 mm, b = 30 mm; c = 35 mm; s = 1,5 mm; n = 2;
r = 1,6 mm; v = 2,9 (aus Tabelle)

$L = a + b + c - n \cdot v$
L = (25 + 30 + 35) mm − 2 · 2,9 = 84,2 mm

Beispiel
(Ermittlung der Zuschnittlänge mit Faustformel):
a = 25 mm, b = 30 mm; c = 35 mm; s = 1,5 mm; n = 2;
r = 1,6 mm

$L = a + b + c - 2 \cdot s \cdot n$
L = (25 + 30 + 35) mm − 2 · 1,5 mm · 2 = 84 mm

Ausgleichswerte v für Biegewinkel α = 90°

vgl. Beiblatt 2 zu DIN 6935 (1983-02)

Biegeradius r in mm	Ausgleichswert v je Biegestelle in mm für Blechdicke s in mm														
	0,4	0,6	0,8	1	1,5	2	2,5	3	3,5	4	4,5	5	6	8	10
1	1,0	1,3	1,7	1,9	–	–	–	–	–	–	–	–	–	–	–
1,6	1,3	1,6	1,8	2,1	2,9	–	–	–	–	–	–	–	–	–	–
2,5	1,6	2,0	2,2	2,4	3,2	4,0	4,8	–	–	–	–	–	–	–	–
4	–	2,5	2,8	3,0	3,7	4,5	5,2	6,0	6,9	–	–	–	–	–	–
6	–	–	3,4	3,8	4,5	5,2	5,9	6,7	7,5	8,3	9,0	9,9	–	–	–
10	–	–	–	5,5	6,1	6,7	7,4	8,1	8,9	9,6	10,4	11,2	12,7	–	–
16	–	–	–	8,1	8,7	9,3	9,9	10,5	11,2	11,9	12,6	13,3	14,8	17,8	21,0
20	–	–	–	9,8	10,4	11,0	11,6	12,2	12,8	13,4	14,1	14,9	16,3	19,3	22,3
25	–	–	–	11,9	12,6	13,2	13,8	14,4	15,0	15,6	16,2	16,8	18,2	21,1	24,1
32	–	–	–	15,0	15,6	16,2	16,8	17,4	18,0	18,6	19,2	19,8	21,0	23,8	26,7
40	–	–	–	18,4	19,0	19,6	20,2	20,8	21,4	22,0	22,6	23,2	24,5	26,9	29,7
50	–	–	–	22,7	23,3	23,9	24,5	25,1	25,7	26,3	26,9	27,5	28,8	31,2	33,6

Bördeln von Blechrändern (Verformungsgrad)

F

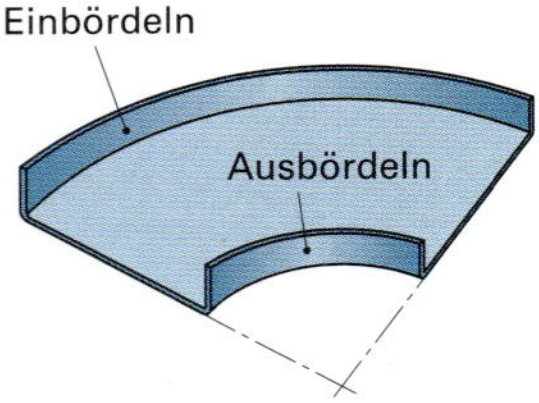

Bördeln ist das scharfkantige Biegen entlang einer Kurve. Bördelungen (Borde) haben folgende Aufgabe:
- Randversteifung
- Vorbereitung von Blechteilen für das Fügen z.B. Schweißflansche, Falzvorbereitung etc.

Man unterscheidet nach der Materialbeanspruchung
Ausbördeln: Werkstoff wird gestreckt
Einbördeln: Werkstoff wird gestaucht

Die Materialbeanspruchung (Umformgrad ε) muss kleiner als die Bruchdehnung A sein. Evtl. muss das Blech wärmebehandelt werden (Rekristallisationsglühen).

$$\varepsilon = \frac{b \cdot 100\ \%}{R}$$

$$\varepsilon < A$$

ε	Verformungsgrad
R	Krümmungsradius des Bördels in mm
b	Bördelbreite in mm
A	Bruchdehnung in %

Beispiel:
Verformungsgrad ermitteln
R = 120 mm; b = 10 mm;
aus Tabelle: A = 28% (DC01); ε = ?;

$$\varepsilon = \frac{b \cdot 100\ \%}{R} = \frac{10\ \text{mm} \cdot 100\ \%}{120\ \text{mm}} = 8{,}3\ \%$$

ε < A: Eine Umformung ist ohne Wärmebehandlung möglich.

Flacherzeugnisse aus weichen Stählen zum Kaltumformen

Hauptsymbole — **DC** **0 1** **D + ZE** — Kennzahlen — Zusatzsymbole

D Flacherzeugnisse aus weichen Stählen zum Kaltumformen
C kaltgewalzt **D** warmgewalzt
X Walzzustand unbestimmt

01 Ziehgüte
03, 04, 05, 06 Tiefziehgüten

D Schmelztauchüberzug
H Hohlprofil
+ ZE elektrolytisch verzinkt

Beispiel: DC 03 D + Z: Flacherzeugnisse zum Kaltumformen, kalt gewalzt, Kennzahl 03 (Tiefziehgüte), für Schmelztauchüberzug, feuerverzinkt.

Zusatzsymbole für Stahlerzeugnisse (Auswahl)

Für den Behandlungszustand[1]				Für die Art des Überzugs[2]	
+ A	weichgeglüht	+ HC	warm-kalt-geformt	+ CE	elektrolytisch verchromt
+ C	kaltverfestigt	+ LC	leicht kalt nachgezogen	+ IC	anorganische Beschichtung
+ CR	kaltgewalzt	+ M	thermomechanisch gewalzt	+ Z	feuerverzinkt
+ Cnnn	kaltverfestigt auf Mindestzugfestigkeit von nnn N/mm²			+ ZE	elektrolytisch verzinkt

[1] Um Verwechslungen zu vermeiden kann den Symbolen für den Behandlungszustand ein **T** vorangestellt werden.
[2] Um Verwechslungen zu vermeiden kann den Symbolen für die Art des Überzugs ein **S** vorangestellt werden.

Stahlbleche warmgewalzt, kaltgewalzt zum Kaltumformen

Kurzname	Zugfestigkeit R_m in N/mm²	Streckgrenze[1] R_e in N/mm²	Bruchdehnung A in %	Eigenschaften und Verwendung
DD 11	≤ 440	≤ 360	25	Warmgewalzte Stahlbleche zum Kaltumformen werden in den Dicken t > 1,5 ...8 mm angeboten. Zunahme der Tiefziehgüte: DD11 → DD14. Oberflächengüte: Nur A
DD 12	≤ 420	≤ 340	27	
DD 13	≤ 400	≤ 320	30	
DD 14	≤ 380	≤ 300	33	

DC 01 ... DC 06 + Kennzeichnungen für Oberflächengüten Seite 178

[1] Aufgrund von Alterung gelten für Konstruktionszwecke folgende Streckgrenzen:
DC 01 ...DC 05 140 N/mm²; DC 06: 120 N/mm²; DD 11 ... DD 14: 170 N/mm²

Flacherzeugnisse aus höherfesten Stählen zum Kaltumformen

Hauptsymbole — **H 420** **M + ZE** — Zusatzsymbole

H Flacherzeugnisse aus höherfesten Stählen zum Kaltumformen
Streckgrenze: R_e = 420 N/mm²; **nnn:** R_e in N/mm²
T nnn: Mindestzugfestigkeit R_m in N/mm²

M thermomechanisch gewalzt und kalt gewalzt
B Bake hardening **X** Dualphase (DP-Stahl)
P Phosphor legiert **Y** Interstitial free steel (IF-Stahl)

Beispiel: H 650 B + ZE: Kaltgewalztes Flacherzeugnis aus höherfestem Stahl, Streckgrenze = 650 N/mm² nach Erwärmung (bake hardening – „Härten durch Backen"), elektrolytisch verzinkt.

Stahlsorte	Zugfestigkeit R_m in N/mm²	Streckgrenze[1] R_e in N/mm²	Bruchdehnung A in %	Eigenschaften und Verwendung
Mikrolegierte Stähle	330 ... 950	220 ... 700	30 ... 10	Höhere Festigkeitswerte ermöglichen geringere Materialstärken → Fahrzeugleichtbau. Kaltgewalzte Bleche haben höhere Oberflächengüte → sichtbare Karosserieteile. Warmgewalzte Bleche → innenliegende Teile. Aus den unterschiedlichen Qualitäten werden sog. **Tailored Blanks** (maßgeschneiderte Karosserieteile) gefertigt.
Bake hardening Stähle[1]	340 ... 900	220 ... 600 270 ... 650	30 ... 8	
Phosphorlegierte Stähle	340 ... 500	220 ... 360	30 ... 26	
DP-Stähle	400 ... 900	200 ... 600	26 ... 8	
IF-Stähle	300 ... 390	140 ... 220	48 ... 37	

[1] Streckgrenzerhöhung ergibt sich erst nach Umformung und Erwärmung auf t >170 °C mindestens 20 min.

Kontinuierlich feuerverzinktes Band und Blech zum Kaltumformen (weiche Stähle)

Kurzname	R_m in N/mm²	R_e, $R_{p\,0,2}$ in N/mm²	A_{80} in %	Eignung zum Kaltumformen
DX 53 D + Z	270 ... 380	140 ... 260	30	Tiefziehgüte
DX 54 D + Z	270 ... 350	140 ... 220	34 ... 36	Sondertiefziehgüte
DX 56 D + Z	270 ... 350	120 ... 180	37 ... 39	Spezialtiefziehgüte

A_{80}: Bruchdehnung bei Anfangslänge L_0 = 80 mm

F

Aktive und passive Sicherheit

Fahrzeugsicherheit

Aktive Fahrzeugsicherheit
Konstruktive Maßnahmen am Fahrzeug, die helfen, Unfälle zu vermeiden.

Fahrsicherheit
- neutrales Fahrverhalten in Kurven
- leichtgängige, präzise Lenkung
- ABS, ASR, EDS, ESP.

Wahrnehmungssicherheit
- gute Sicht durch geeignete Karosseriegestaltung mit großen Scheiben
- heizbare Scheiben
- akustische Warneinrichtungen
- leistungsfähige Scheinwerfersysteme.

Konditionssicherheit
- Geräuschdämmung
- komfortable Federung
- Klimaanlage
- ergonomische Fahrersitzgestaltung.

Bedienungssicherheit
- übersichtliche Anordnung von Schaltern
- Kontrollleuchten und Instrumenten
- Multifunktionslenkrad
- fahrergerecht gestaltetes Pedalwerk.

Passive Fahrzeugsicherheit
Konstruktive Maßnahmen am Fahrzeug, die der Verminderung von Unfallfolgen dienen.

Äußere Sicherheit
- Schutz von Fußgängern und Zweiradfahrern, durch verformbares Material im Frontbereich (soft face)
- Schutz der Insassen anderer Kraftfahrzeuge durch abgestimmtes Deformationsverhalten der Karosserie
- Unterfahrschutz bei Nfz
- versenkte Scheibenwischer
- Schutz von anderen Verkehrsteilnehmern durch gerundete Karosserieaußenkanten.

Innere Sicherheit
- Deformationsverhalten der Karosserie: Knautschzonen, stabile Fahrgastzelle
- Rückhaltesysteme: Sicherheitsgurt, Gurtstraffer, Gurtkaftbegrenzer
- Aufprallschutzmaßnahmen: Frontairbag, Seitenairbag, Windowairbag, Fußairbag, Sicherheitslenksäule, gepolsterte Innenraumflächen
- Verbundsicherheitsglas (VSG)
- Einscheibensicherheitsglas (ESG).

Sicherheitstest

Durch gesetzlich vorgeschriebene und freiwillige Sicherheitstests der Hersteller werden die Fahrzeuge u.a. auf Struktursicherheit, Insassenbelastung, Kraftstoffanlagendichtheit, Lenkungsrückverschiebung und Reparaturkosten optimiert.

Frontalaufprall gegen feste Barriere mit 50 km/h und ≈ 50%-iger Überdeckung (Bild). Hierbei werden die Struktursicherheit der Fahrgastzelle, die Rückhaltesysteme und die Insassenbelastungen getestet.

F

Gurtstraffer, Airbag, Funktionsablauf

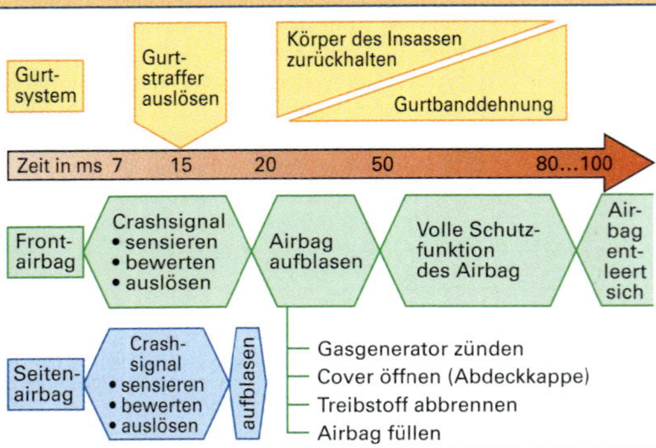

Gurtstraffer
Auslösung: nach ≈ 15 ms
Volle Wirksamkeit: nach ≈ 20 ms ... 25 ms

Frontairbag
Auslösung: nach ≈ 20 ms
Airbagbefüllung: ≈ 20 ms ... ≈ 50 ms
Volle Schutzfunktion: ≈ 50 ms ... ≈ 100 ms
Airbagentleerung: ≈ 80 ms ... ≈ 150 ms

Seitenairbag/Windowairbag
Auslösung: nach ≈ 7 ms
Airbagbefüllung: ≈ 7 ms ... ≈ 20 ms ... 25 ms
Standzeit: ≈ 5 s oder länger

Der Frontairbag ist ein Supplement Restraint System (SRS), d.h. ein ergänzendes Rückhaltesystem. Es bietet nur in Verbindung mit dem Sicherheitsgurt einen optimalen Schutz.

Gurtstraffer (pyrotechnisch), Funktion

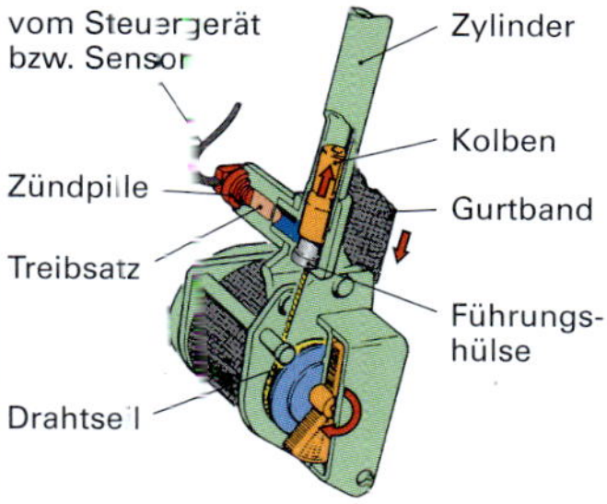

Der Gurtstraffer bewirkt durch Aufrollen des Gurtbandes das straffe Anliegen des Gurtes am Körper (Beseitigung der Gurtlose und des Filmspuleneffekts). Je nach Ausführung lässt sich das Gurtband bis zu 13 cm zurückziehen.

Funktion. Wird vom Crash-Sensor ein schwerer Frontalaufprall (i.d.R. $a \gg 2\ g$) erkannt und dies durch einen Sicherheitssensor bestätigt, bewirkt das Steuergerät die Zündung einer Zündpille. Diese aktiviert einen pyrotechnischen Treibsatz. Dadurch bewegt sich der Kolben in dem Zylinder nach oben und spannt über ein Seil das Gurtband.

Gurtkraftbegrenzer. Ab einer bestimmten Krafteinwirkung auf das Gurtband verdreht sich z.B. im Aufrollautomaten ein Torsionsstab und verringert so die Gurtkraft und damit das Verletzungsrisiko durch den Gurt.

Airbag – Systemkomponenten und Funktion

Fahrerairbag mit Systemkomponenten

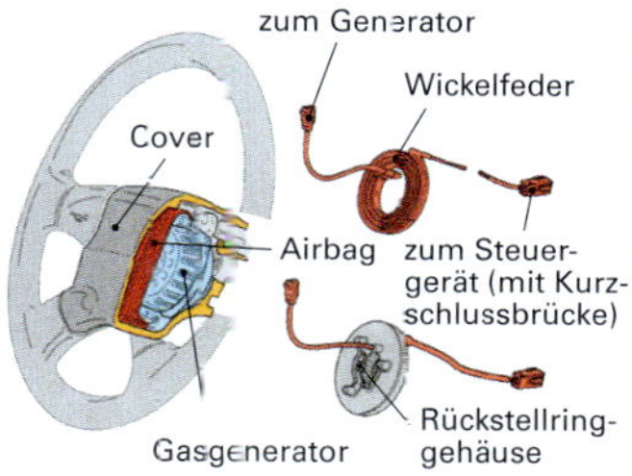

Pyrotechnischer Gasgenerator

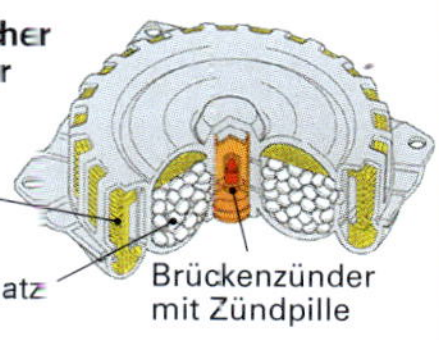

Hybrid-generator

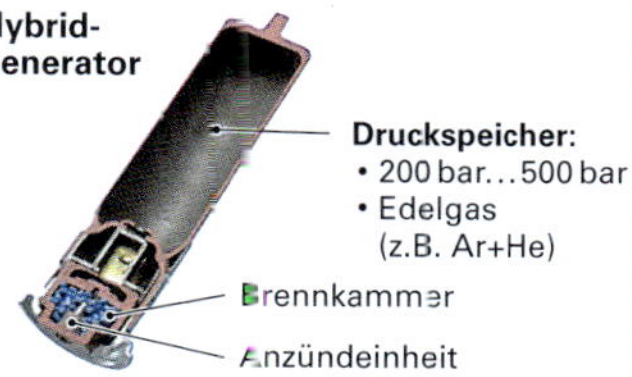

Systemkomponenten

- Sensorik
- Airbag (Luftsack)
- Container (Halteteil)
- Steuerelektronik
- Cover (Abdeckkappe)
- Ausfallwarnlampe
- Gasgenerator
- Verkabelung

Funktion

Sensorik, Steuerelektronik. Crash-Sensoren bewerten Verzögerungssignale und geben diese Signale aufbereitet an das Steuergerät weiter. Im Steuergerät werden die Eingangssignale mit einprogrammierten Kennwerten verglichen. Bei Überschreiten von fahrzeugspezifischen Verzögerungswerten erfolgt eine Airbagauslösung. Um unbeabsichtigtes Auslösen des Airbags zu vermeiden, müssen die Signale der Crash-Sensoren durch einen Saving-Sensor (Sicherheitssensor) bestätigt werden.

Gasgenerator, Airbag. Die Airbagauslösung wird durch einen Stromimpuls vom Steuergerät durch Entzünden einer Zündpille bewirkt. Diese entzündet den Festtreibstoff im Gasgenerator, wodurch es zum schnellen Befüllen des Airbags mit heißen Gasen ($t \approx 150$ °C) kommt. Das heiße Gas bleibt nur wenige Millisekunden im Airbag und strömt dann auf der den Insassen abgewandten Seite über mehrere Auslassöffnungen ins Freie. Aufgrund der kurzen Kontaktzeit nimmt das Luftkissengewebe nicht die Gastemperatur an.

Airbagvolumen. Fahrer: 30 l...75 l; Beifahrer: 60 l...180 l, Seite: 10 l...15 l.

Gasgeneratoren. Bei Frontairbag werden pyrotechnische Gasgeneratoren, bei Seitenairbag Hybridgeneratoren verwendet. Beim Hybridgenerator wird eine kleine Menge Gas pyrotechnisch erzeugt; zugleich wird beim Zünden der Verschluss eines unter Hochdruck stehenden mit Edelgas befüllten Druckgasbehälters abgesprengt, wodurch sich Seitenbag oder Windowbag innerhalb kürzester Zeit (13 ms ... 18 ms) füllen.

Treibstoff: Er kann zur eine Reizung der Schleimhäute führen. Haut- und Augenkontakt sind möglichst zu vermeiden.

Sicherheitsvorschriften

- Prüf-, Instandsetzungs- und Montagearbeiten dürfen nur von geschultem Personal durchgeführt werden.
- Bei Arbeiten an Airbag- und Gurtstraffereinheiten ist der Minuspol der Batterie abzuklemmen und zu isolieren. Evtl. ist zur Entladung eines Pufferkondensators 5 min ... 20 min zu warten.
- Bei Arbeitsunterbrechungen sind Airbag- und Gurtstraffereinheiten in die Transportbehälter abzulegen und dürfen nicht unbeaufsichtigt bleiben.
- Ausgebaute Airbageinheiten stets so lagern, dass die Austrittsfläche nach oben zeigt.
- Es darf keine Reparatur an Einzelkomponenten vorgenommen werden.
- Die Teile dürfen keinen Temperaturen über 100 °C oder Funkenflug ausgesetzt werden.
- Teile dürfen nicht mit Fett, Öl oder Reinigungsmitteln in Berührung kommen.
- Die Systeme dürfen nur im eingebauten Zustand, ohne Personen im Fahrzeuginnenraum, nach Herstellervorschrift elektrisch geprüft werden (keine Ω-Messungen oder Messungen mit Prüflampe).
- Airbageinheiten, die Beschädigungen aufweisen oder aus Höhen von ≥ 0,5 m heruntergefallen sind, dürfen nicht in Fahrzeugen montiert werden.
- Bei Verschrottung von Fahrzeugen sind die Gasgeneratoren unter Einhaltung von gesetzlichen Vorschriften, Hersteller- und Sicherheitsvorschriften zu zünden.

F

Fehlersuchplan für Fehler am Airbag

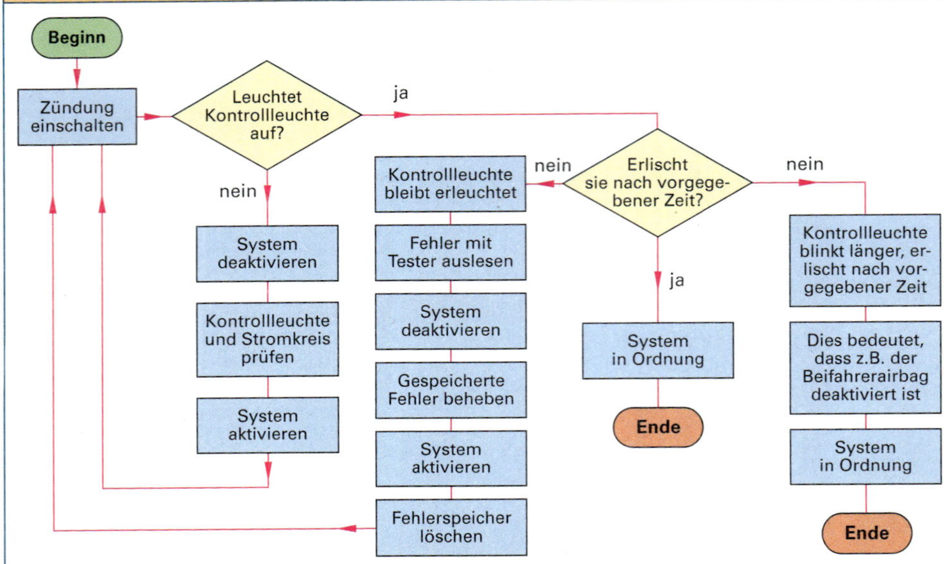

Pre-Safe-System

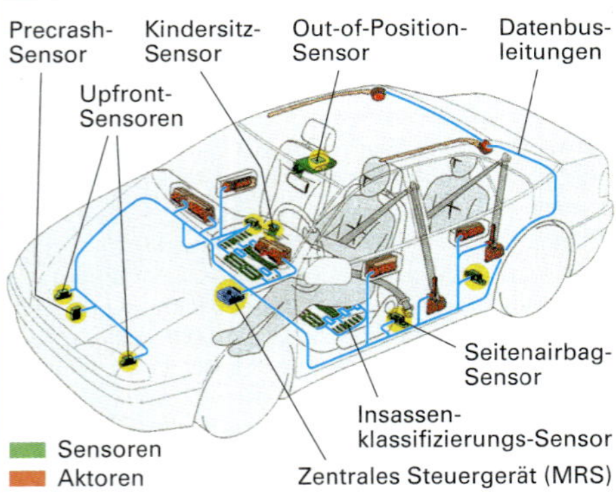

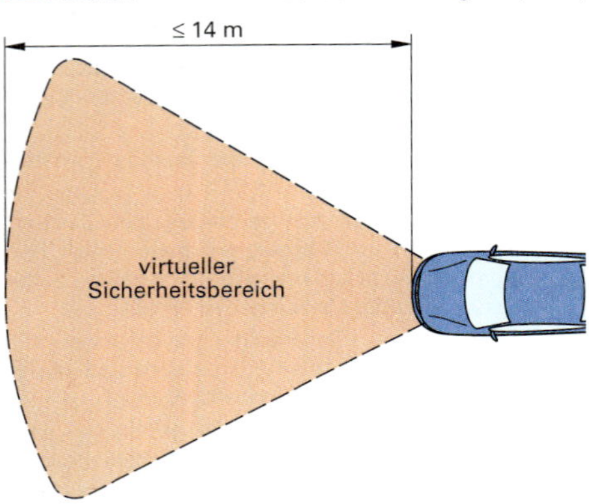

Dieses System aktiviert bereits vor einem Crash bestimmte Insassensicherheitssysteme, z.B. Gurtstraffer.

Voraussetzung. Vernetzung des zentralen Steuergerätes über CAN-Bus mit anderen Systemen, z.B. Bremskraftassistenten (BAS), elektronisches Stabilitätsprogramm (ESP).

Aufbau. Herkömmliches Insassenschutzsystem mit Seitenairbag-Sensoren, Längsbeschleunigungssensoren (z.B. Upfront-Sensoren), muss durch folgende Komponenten ergänzt werden:

- Ein Precrash –Sensor
- Ein Out of Position-Sensor
- Reversible Gurtstraffer
- Verstellmotore für Fahrzeugsitze

Wirkungsweise

Precrash-Sensor. Er erkennt z.B. mittels Radartechnik oder Laserstrahl Hindernisse im äußeren Raum (≤ 14 m) des Fahrzeugs (virtueller Sicherheitsbereich).

Out of Position-Sensor. Er überwacht z.B. durch Infrarotsensorik die Sitzposition der Fahrzeuginsassen.

Multi-Restraint-System-Steuergerät MRS (zentrales Steuergerät für die Insassenrückhaltesysteme). Es verarbeitet u. a. Signale vom Precrash-Sensor, sowie von anderen Steuergeräten wie z.B. ESP-Steuergerät. Werden gefährliche Fahrsituationen erkannt, so werden Elektromotore angesteuert, die den Gurt straffen und die Fahrzeugsitze in die richtige Position bringen. Kommt es zu keinem Crash, wird die Gurtstraffung aufgehoben und der Sitz kann in seine ursprüngliche Position zurück gestellt werden. Bei einem Crash werden abhängig von dessen Schwere Gurtstraffer und entsprechende Airbags ausgelöst.

F

Elektrische Anlage

Funkentstörung und elektromagnetische Verträglichkeit

Funkentstörung. Darunter versteht man die Beseitigung von Funkstörungen im Kraftfahrzeug, z.B. Störungen des Radioempfangs. Diese treten durch elektromagnetische Schwingungen auf und werden durch schleifende und schaltende Kontakte verursacht.

Störquellen im Kraftfahrzeug sind insbesondere:

- elektrische Zündanlage
- Generator
- Elektromotoren
- Starter
- Wackelkontakte in stromdurchflossenen Leitungen oder deren Anschlüssen
- elektrostatische Aufladungen (z.B. Reifen)
- schlechte oder wechselnde metallische Berührung zwischen größeren Metallteilen des Fahrzeugs (z.B. Motorhaube)

Elektromagnetische Verträglichkeit (EMV). Darunter versteht man die Fähigkeit einer elektrischen oder elektronischen Einrichtung, in ihrer elektromagnetischen Umgebung bestimmungsgemäß zu funktionieren **(Störfestigkeit).** Gleichzeitig darf sie dabei andere Einrichtungen nicht störend beeinflussen **(Störaussendung).**

Für das Kraftfahrzeug bedeutet dies zum einen, dass die eingebauten Systeme wie Zündanlage, Einspritzsystem, Antiblockiersystem, Mobil-Telefon, Telematik-System u.a. sich gegenseitig nicht beeinflussen dürfen. Zum anderen müssen sich diese Systeme und damit das Kraftfahrzeug als Ganzes neutral gegenüber der Umwelt verhalten. Es darf deshalb weder die Systeme anderer Fahrzeuge noch Systeme anderer Art (z.B. Fernsehen, Rundfunk, Funkdienste u.a.) stören oder sich von diesen stören lassen.

Störfestigkeit:

Gewährleistung der Funktion der elektronischen Systeme im Kraftfahrzeug

Störaussendung:

Beeinflussung von Systemen außerhalb und innerhalb des Kraftfahrzeugs

Beeinflussungswege zwischen Störquellen und Baugruppen im Fahrzeug

Störquelle = Störende Baugruppe oder äußerer Einfluss

Leitungsgebundene Störungen	Strahlungsgebundene Störungen	Störungen durch elektrostatische Entladungen
Verursacht durch das Ein- und Ausschalten von großen Verbrauchern z.B. Einschaltimpuls beim Einschalten eines Verbrauchers.	Verursacht durch starke oder hochfrequente elektromagnetische Felder z.B. Mobiltelefone, Hochspannungsleitungen, Blitzentladungen, Induktionsschleifen, Richtfunkanlagen.	Verursacht durch elektrostatische Entladungen am Fahrzeug oder Fahrzeugbaugruppen z.B. durch isolierende Bekleidung der Fahrzeuginsassen und synthetische Faserstoffe der Polsterung.

Störsenke = Gestörte Baugruppe
Steuergeräte (z.B. Motormanagement, Antiblockiersystem, Airbag), Sensoren, LED-Anzeigen u.a.

Gesetzliche Bestimmungen

Kfz-EMV-Richtlinie 2006/28/EG. Für EMV-Prüfungen an Kraftfahrzeugen und deren elektrischen bzw. elektronischen Ausrüstungen sowie Nachrüstsystemen („Electronic Sub Assembly (ESA)") kommt diese Richtlinie zur Anwendung. Sie ist am 1. Juli 2006 in Kraft getreten und ersetzt die seit dem 1. Januar 1996 gültige EMV-Richtlinie 95/54/EG. Sie legt die Mindestanforderungen an Kraftfahrzeuge bzw. den in Kraftfahrzeugen verwendeten elektrischen Systemen fest.

E-Zeichen. Mit der Anbringung eines E-Zeichens zusammen mit der Landeskennnummer jenes Landes, in dem die Genehmigung erteilt wurde (z.B. E1 für Deutschland), wird eine erfolgreiche Prüfung durch zugelassene Prüflabors bescheinigt.

Die Prüfung bezieht sich auf die Bereiche Störfestigkeit und Störaussendung.

Auch Radio, CD-Player u.a. fallen in den Geltungsbereich der Richtlinie.

Weitere Landeskennnummern sind z.B. E2 (Frankreich), E3 (Italien), E4 (Niederlande), E5 (Schweden), E6 (Belgien), E7 (Ungarn), E8 (Tschechien), E9 (Spanien).

E1
(2006/28/EG)

Kennzeichnung EMV-geprüfter Systeme

E

International einheitliche Symbole in Automobilen nach ISO 2575; 2000 (E)				
 Warnblinkanlage Hazard warning	 Funktionsstörung Bremsanlage Brake failure	 Feststellbremse Parking brake	 ABS Warnleuchte Failure of anti-lock braking system	 Warnleuchte Getriebe Transmission failure
 Warnleuchte Sicherheitsgurt Seat belt	 Warnleuchte Airbag Airbag failure	 Batterieladeanzeige Battery charging condition	 Motoröldruck Engine oil pressure	 Kühlmitteltemperatur Engine coolant temperature
 Warnleuchte Motor Engine failure	 EDC- Warnleuchte Electronic diesel control	 Vorglühen Diesel pre-heat	 Allradantrieb All wheel drive AWD bzw. 4 x 4	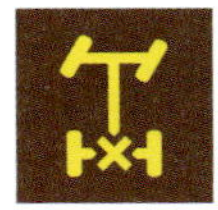 Differenzialsperre hinten; Differential lock, rear axle drive 4 x 4
 Tankanzeige Fuel	 Reifendruck Tyre pressure	 Hupe Horn	 Fahrtrichtungs- anzeiger Turn signals	 Lichthauptschalter Master lighting switch
 Parkleuchte Parking lights	 Begrenzungsleuchte Position (side) light	 Abblendlicht Low (dipped) beam	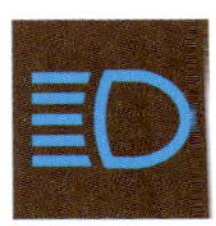 Fernlicht High (main) beam	 Scheinwerferverstel- lung; Headlight level- ling manual control
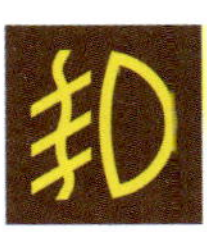 Nebelscheinwerfer Front fog light	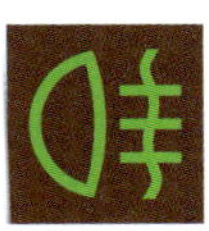 Nebelschlussleuchte Rear fog light	 Gebläse Ventilating fan	 Klimaanlage Air-conditioning system	 Sitzverstellung Seat adjustment
 Sitzheizung Heated seat	 Kotrollleuchte Türen geschlossen Door lock control	 Heckklappe Boot (rear trunk)	 Scheibenwischer/ wascher; Windscreen washer and wiper	 Heckscheibenheizung Rear window demi- sting and defrosting

Schaltzeichen

Elektrische Bauelemente

Widerstände

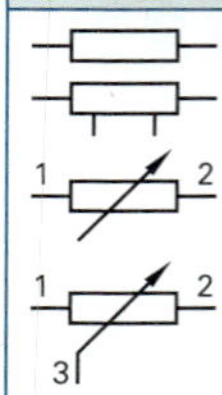

- allgemein
- mit Anzapfungen
- veränderbar, mit zwei Anzapfungen
- veränderbar, mit drei Anschlüssen Potentiometer

Induktivitäten, Spulen

- allgemein
- mit Kern

Kapazitäten, Kondensatoren

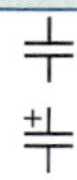

- allgemein
- Elektrolytkondensator, gepolt

Transformatoren

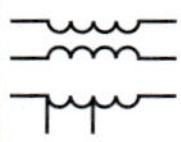

- allgemein
- Spartransformator

Schutzeinrichtungen

- Sicherung

Halbleiterbauelemente

Halbleiterwiderstände

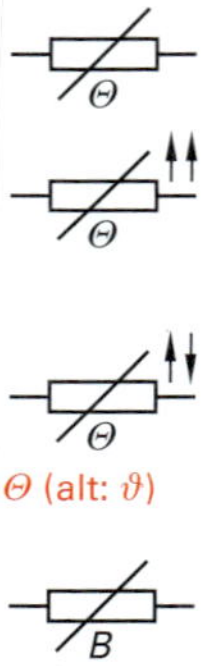

- temperaturabhängiger Widerstand, allgemein
- Kaltleiter (PTC)-Widerstand, Widerstandsänderung gleichsinnig mit Temperaturänderung
- Heißleiter (NTC)-Widerstand, Widerstandsänderung gegensinnig mit Temperaturänderung
- von der magnetischen Induktion abhängiger Widerstand, z.B. Feldplatte

Θ (alt: ϑ)

Dioden

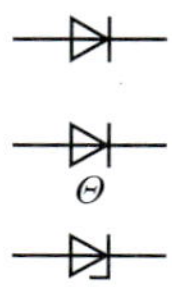

- Diode, Potentiometer, Stromdurchlass in Richtung der Dreieckspitze
- temperaturabhängige Diode
- Z-Diode, Betrieb im Durchbruchbereich

Thyristoren

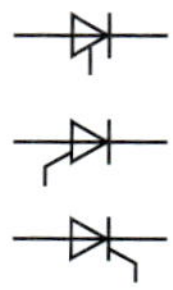

- allgemein
- rückwärtssperrend, anodenseitig gesteuert
- rückwärtssperrend, katodenseitig gesteuert

Transistoren

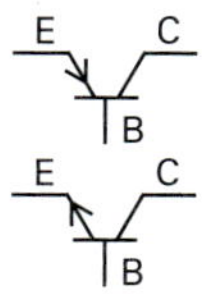

PNP-Transistor,
E = Emitter (Pfeil zeigt in Durchlassrichtung)
C = Kollektor, positiv
B = Basis

NPN-Transistor (Buchstaben gehören nicht zum Schaltzeichen)

Optoelektronische Bauelemente

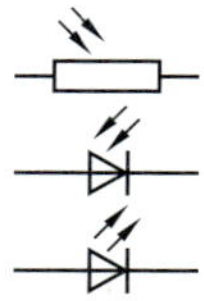

- Fotowiderstand
- Fotodiode
- Leuchtdiode (LED)

Geräte und umlaufende elektrische Maschinen

Darstellung mit Innenschaltung

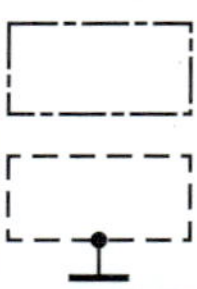

- Strich-Punkt-Linie zur Abgrenzung von Schaltungsteilen oder deren Zusammenfassung zu einem Gerät
- Geschirmtes Gerät

Darstellung ohne Innenschaltung

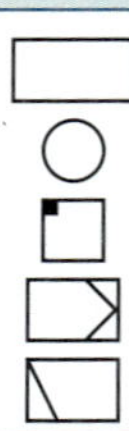

- Schaltungsglieder, allgemein
- Umlaufende Maschinen, Messwerte
- Speicher, allgemein
- Regler, allgemein
- Steuereinrichtung

Geräteschaltzeichen

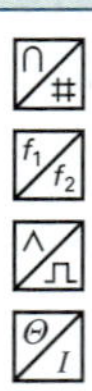

- Analog-Digital-Umsetzer
- Frequenzumsetzer
- Pulsformer
- Messumformer (Temperatur/Strom)

Gleichstrommotoren

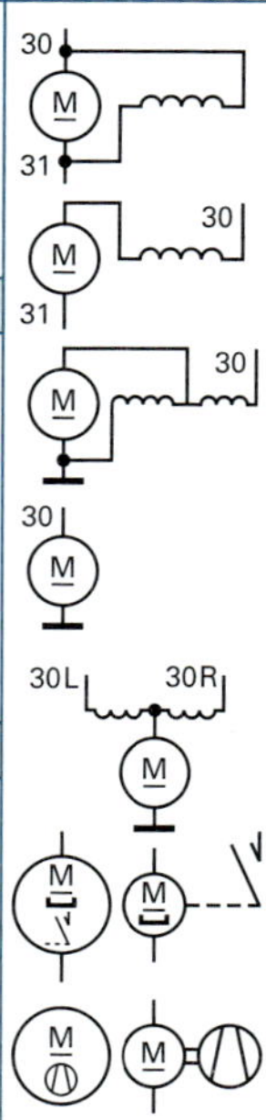

- Nebenschlussmotor
- Reihenschlussmotor
- Doppelschlussmotor mit Reihen- und Nebenschlusswicklung
- Kleinmotor mit Dauermagneterregung
- Umkehrmotor z.B. für Fensterheber
- Scheibenwischermotor mit Dauermagneterregung
- Motor mit Lüfter (Gebläse)

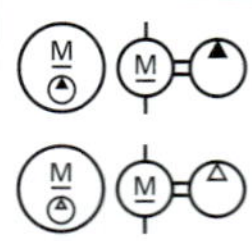

- Motor mit Kraftstoff-, Scheibenspüler- oder Hydraulikpumpe
- Motor mit Druckluftpumpe

Starter

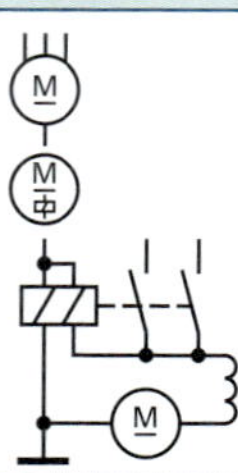

- Startermotor mit Reihenschlusswicklung und Einrückrelais
- ohne Darstellung der Innenschaltung, allgemein
- Schaltkurzzeichen mit Darstellung der Innenschaltung; Schub-Schraubtriebstarter

Drehstromgeneratoren

- Drehstromgenerator in Sternschaltung mit Gleichrichter und eingebautem Generatorregler, ohne Darstellung der Innenschaltung
- Drehstromgenerator in Sternschaltung mit Schleifringläufer und Erregerwicklung, Darstellung mit Innenschaltung

E

Schaltzeichen (Fortsetzung)

Leitungen und Verbindungen

Elektrische Leitung

allgemein

für hervorzuhebende Leitung

Leitung wahlweise oder nachträglich verlegt

bewegbare Leitung

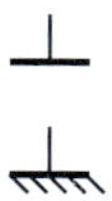

Fahrzeugmasse

Gerätemasse

Verbindungsstellen

Kreuzungspunkt Verbindungspunkt

Anschluss (z.B. Klemme)

Leitungsverbindungen

elektrisch mechanisch

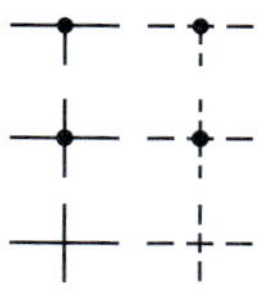

Abzweigung

Kreuzung mit Verbindung

Kreuzung ohne Verbindung

Steckverbindungen

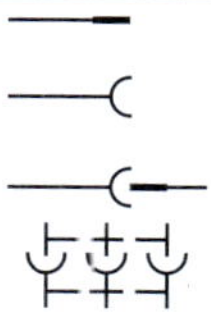

Steckerstift

Steckbuchse, Steckerhülse

Steckverbindung (einpolig)

Steckverbindung (dreipolig)

Mechanische Wirkverbindungen

allgemein

Doppellinie zur Unterscheidung zwischen zwei Arten der Verlegung

Schalter

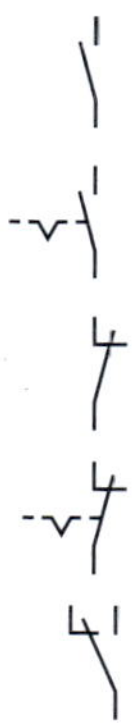

Schalter, allgemein, Schließer, Einschaltglied, mit selbsttätigem Rückgang, Tastschalter

Schließer mit nichtselbsttätigem Rückgang, Stellschalter

Öffner, Ausschaltglied, mit selbsttätigem Rückgang, Tastschalter

Öffner mit nichtselbsttätigem Rückgang, Stellschalter

Wechsler, Umschaltglied, mit Unterbrechung schaltend

Wechsler, ohne Unterbrechung schaltend, z.B. Abblendschalter

Zweiwegschließer mit Mittelstellung „Aus"

Schließer-Öffner

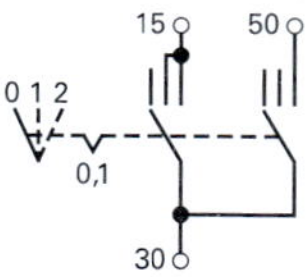

Mehrstellenschalter: Kombination Tast- und Stellschalter, z.B. Zünd-Startschalter mit Taststellung 2

Thermoschalter

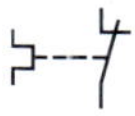

Öffner mit thermischer Betätigung, z.B. Bimetall

Thermokontakt

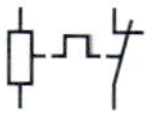

Öffner, Widerstandsbeheizt, z.B. bei Thermozeitschalter

Druckschalter

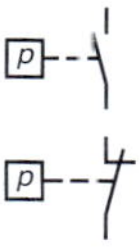

pneumatisch oder hydraulisch betätigt

Schließer

Öffner

Mechanische, elektromechanische und elektromagnetische Antriebe

Antrieb durch menschliche Kraft

allgemein

durch Drücken

durch Ziehen

durch Drehen

durch Kippen

Fußantrieb, Pedal

Rasten bei nichtselbstständigem Rückgang

allgemein

eingerastet

nicht eingerastet

Sperren

Bewegung nach einer Seite sperrend

Bewegung nach rechts, Rückgang gesperrt, Sperre von Hand lösbar

Bewegung nach beiden Seiten sperrend

Elektromechanischer Antrieb

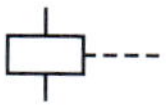

allgemein, z.B. Relais

Antrieb mit einer Wicklung

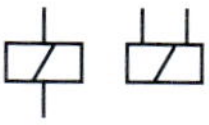

unterschiedliche Darstellung

Antrieb mit Stromspule

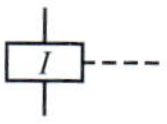

z.B. Stromrelais

Elektrothermischer Antrieb

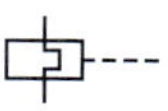

z.B. Thermorelais

Antrieb mit zwei Schaltstellungen

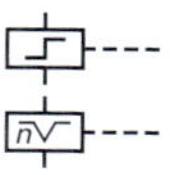

z.B. Schrittrelais, Fortschaltrelais (n = Anzahl der Schaltstellungen)

Elektromagnetischer Antrieb

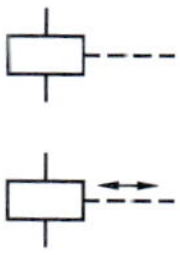

allgemein

Hubmagnet mit Angabe der Wirkrichtung

Elektromagnetisch betätigtes Ventil

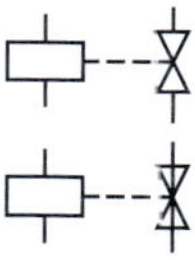

Magnetventil, z.B. Einspritzventil, geschlossen

geöffnet

Elektromagnetisch betätigte Kupplung

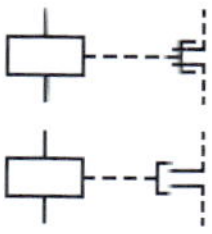

gekuppelt

entkuppelt

E

Schaltzeichen (Fortsetzung)

Anzeige- und Messgeräte, Messgrößenumformer

Anzeigegeräte

	Zeit
n	Drehzahl
Θ	Temperatur
Θ (alt: ϑ)	
v	Geschwindigkeit
*	allgemein

Messgeräte

Ω	Widerstandsmesser (Einheit Ohm)
V	Spannungsmesser (Einheit Volt)
A	Strommesser (Einheit Ampere)
	Oszilloskop
v, km	Fahrtschreiber mit Zeituhr, Geschwindigkeitsanzeige, Entfernungsanzeige, Aufzeichnungsgerät und Beleuchtung

Messgrößenumformer

λ, Θ	Lambda-Sonde
	Piezoelektrischer Baustein, z.B. Klopfsensor
	Widerstandsstellungsgeber
Θ	Widerstandsthermometer
+, −	Thermofühler (Thermoelement)

Geräte im Kraftfahrzeug

	Schalter jeder Art
	Schalter mit Anzeigelampe
p	Druckschalter
	Relais, Relaiskombinationen, auch Startsperrrelais, Startwiederholrelais
	Zeitrelais, Verzögerungsrelais
	Stromquelle (Batterie), allgemein
	Leuchte, Scheinwerfer
	Steuergerät
	Zündspule, Zündtrafo
	Zündverteiler, Hochspannungsverteiler
	Zündkerze
	Induktivgeber
	Hallgeber
	Zündunterbrecher

	Thermozeitschalter
G	Blinkgeber, Impulsgeber, Intervallrelais
	Magnetventil (Abgasrückführungsventil, Einspritzventil, Kaltstartventil, Leerlaufabschaltventil)
	Drucksteuerventil (ABS-Anlage)
	Drosselklappenschalter
	elektrisch beheizter Bimetallantrieb, z.B. Zusatzluftschieber, Warmlaufregler
M	Stellmotor, z.B. Leerlaufdrehsteller
λ	Lambda-Sonde
Q_L	Luftmengenmesser
$\dot{m}$, Θ	Luftmassenmesser
$U >$	Überspannungsschutzgerät
	Heckscheibenheizung
	Horn, Fanfare

	Lautsprecher
	Steckanschluss
	Diebstahl-Alarmanlage
	Klimaanlage
M	Startermotor mit Einrückrelais
M	Elektro-Kraftstoffpumpe, Scheibenspülerpumpe
M	Elektromotor mit Gebläse (Lüfter)
M	Wischermotor
M	Motorantrieb, Stellmotor
M	Leerlaufdrehsteller mit Motorantrieb
G	Drehstromgenerator in Sternschaltung mit Gleichrichter
G	mit eingebautem Regler

E

Sicherung für Bordnetz und Geräte in Straßenfahrzeugen

vergl. DIN 72 581

Abschmelzsicherung

Farbe	grün	weiss	rot	blau	schwarz
Nennstrom in Ampere	5	8	16	25	40

Flachsicherung

Flachsicherungen sind erhältlich in den Ausführungen Mini-Fuse, Uni-Fuse und Maxi-Fuse

Ausführung	Mini	Uni	Maxi	Ausführung	Mini	Uni	Maxi
1 A (schwarz)		x		25 A (weiss)	x	x	
2 A (grau)	x	x		30 A (grün)	x	x	x
3 A (violett)	x	x		40 A (orange)		x	x
4 A (rosa)	x	x		50 A (rot)			x
5 A (beige)	x	x		60 A (blau)			x
7,5 A (braun)	x	x		70 A (braun)			x
10 A (rot)	x	x		80 A (weiss)			x
15 A (blau)	x	x		100 A (violet)			x
20 A (gelb)	x	x	x				

Glasrohrsicherung

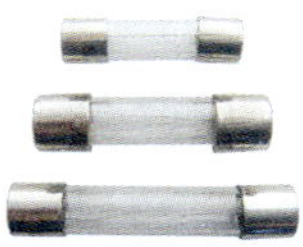

Größe	Nennstrom in Ampere
5 x 20	0,25; 0,315; 0,4; 0,5; 0,63 1; 1,25; 1,6; 2; 2,5; 3; 4; 5; 6; 8; 10; 15
6 x 27	5; 15; 20; 30; 35
6 x 32	2; 5; 10; 15; 20; 25; 30; 35; 40; 50

Sicherungsstreifen

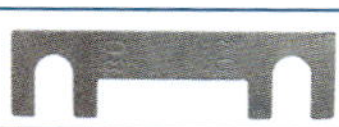

Farbe: grau
Nennstrom in Ampere: 30; 50; 80; 100

Anschlussbelegung Relais

vergl. DIN ISO 7880, DIN 72 651, DIN 77 552 Teil 2

Ausführung	Anordnung der Anschlüsse	Anordnung der Anschlüsse (Mikro-Relais)	Schaltbild und Funktionszuordnung der Anschlüsse

Öffner

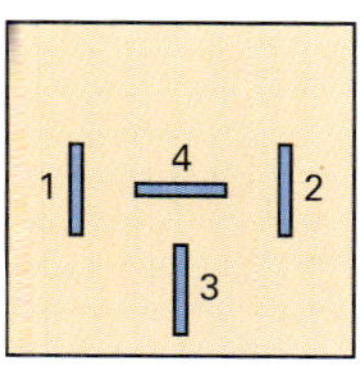

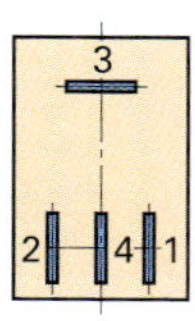

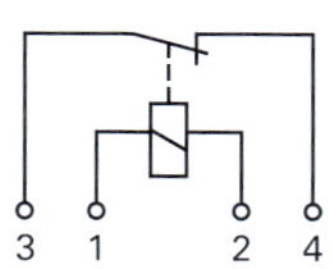

87 86 85 87a Bezeichnungen nach DIN 72552

30 86 85 87a alte Bezeichnungen

1 = Spule plus
2 = Spule minus
3 = Schaltkontakt Eingang
4 = Schaltkontakt Ausgang (Öffner)

Schließer

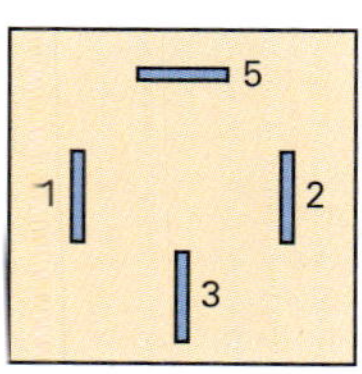

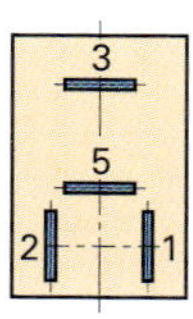

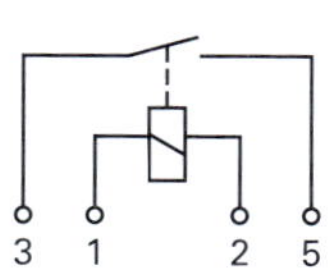

88 86 85 88a Bezeichnungen nach DIN 72552

30 86 85 87 alte Bezeichnungen

1 = Spule plus
2 = Spule minus
3 = Schaltkontakt Eingang
4 = Schaltkontakt Ausgang (Schließer)

Wechsler

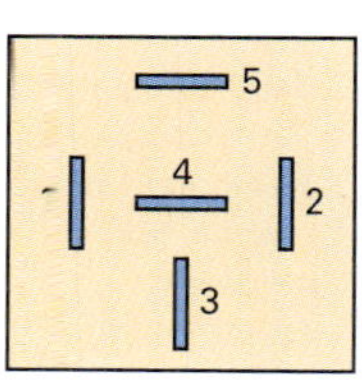

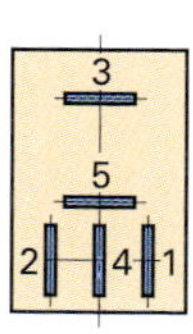

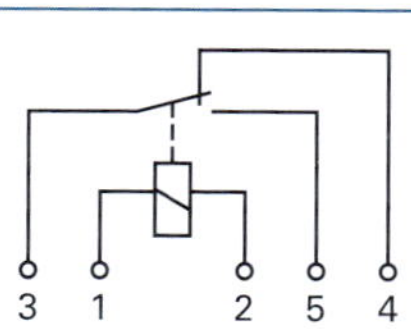

87 86 85 88a 87a Bezeichnungen nach DIN 72552

30 86 85 87 87a alte Bezeichnungen

1 = Spule plus
2 = Spule minus
3 = Schaltkontakt Eingang
4 = Schaltkontakt Ausgang (Öffner)
5 = Schaltkontakt Ausgang (Schließer)

E

Elektrische Leitungen und Verbindungselemente

Farbkennzeichnung von elektrischen Leitungen

vergl. DIN 72551 Teil 7

Farbenart	Erklärung
Grundfarbe	Farbe, die die gesamte oder den überwiegenden Teil der Oberfläche einer Leitung bedeckt.
Erste Kennfarbe	Farbe, die durch Längsstreifen dargestellt wird.
Zweite Kennfarbe	Farbe, die durch eine fortlaufende Ringmarkierung dargestellt wird.

Die Farbkennzeichnung z.B. einer dreifarbigen Leitung erfolgt in der folgenden Reihenfolge:

1. Grundfarbe
2. Erste Kennfarbe
3. Zweite Kennfarbe
4. ggf. Ergänzung um die Angabe zum Leiterquerschnitt

BKWHYE 1,5

- Grundfarbe Schwarz
- Erste Kennfarbe Weiß
- Zweite Kennfarbe Gelb
- Leiterquerschnitt in mm²

Farbkurzzeichen

vergl. DIN 72551 Teil 7 und DIN ECE 757

weiß	gelb	grau	grün	rot	violett	braun	blau	schwarz	orange
ws	ge	gr	gn	rt	vt	br	bl	sw	or

white	yellow	grey	green	red	violett	brown	blue	black	orange
WH	YE	GY	GN	RD	VT	BN	BU	BK	OG

Steckverbindungen in Kraftfahrzeugen

Gabelschuhe

Ringkabelschuhe

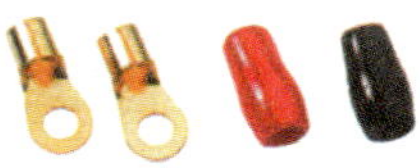

Kabelquerschnitte (Auswahl):
2,5 mm²; 4 mm²;
6 mm²; 10 mm²;
16 mm²; 25 mm²;
35 mm²; 50 mm²

Steckzungen

Flachstecker

Steckerbreiten (Auswahl):
2,8 mm
(Kabel bis 1,5 u. 2,5 mm²)
4,8 mm
(Kabel bis 1,5 u. 2,5 mm²)
6,3 mm
(Kabel bis 2,5 u. 6,0 mm²)

Rundstecker

Rundsteckhülsen

Kabelquetschverbinder

Kabelquerschnitte (Auswahl):
1,5 mm²; 2,5 mm²;
6,0 mm²

Aderendhülsen

Kabelquerschnitte (Auswahl):
2,5 mm²; 4 mm²; 6 mm²;
10 mm²; 16 mm²; 25 mm²;
35 mm²; 50 mm²

Hinweis:
Bei elektrischen Verbindungen müssen Stecker und Hülsen aus dem gleichen Werkstoff sein!

E

Richtwerte für die Leistungsaufnahme von Verbrauchern im Kraftfahrzeug

Ständig eingeschaltete Verbraucher:

Elektr. Kraftstoffpumpe	50 … 70 W
Elektrische Benzineinspritzung	100 … 150 W
Zündung	150 … 200 W

Zeitweise eingeschaltete Verbraucher:

Abblendlicht (z.B. H4)	je 55 W
Fernlicht (z.B. H4)	je 60 W
Gebläse (Heizung, Lüftung)	60 … 80 W

Kurzzeitig eingeschaltete Verbraucher:

Blinkleuchten	je 21 W
Bremsleuchten	je 18 … 21 W
Elektr. Fensterheber	150 W
Glühstiftkerzen	je 200 bis 10 W
Heckscheibenheizung	200 W
Heckscheibenwischer	30 … 60 W
Signalhörner	je 25 … 40 W
Innenbeleuchtung	je 5 bis 10 W
Nebelscheinwerfer	je 35 … 55 W
Rückfahrscheinwerer	je 21 … 55 W
Scheibenwischermotor	60 … 90 W
Starter für Pkw	800 … 3000 W
Scheinwerfer-reinigungsanlage	60 W
Zusatzscheinwerfer	je 55 W
Zusatzbremsleuchten	je 21 W

Kennzeichnung von elektrischen Geräten		
Kenn-buchstabe	Geräteart	Beispiele
A	Anlage, Baugruppe, Teilegruppe	ABS-Steuergerät, Autoradio, Autosprechfunk, Autotelefon, Diebstahlalarmanlage, Gerätebaugruppe, Schaltgerät, Steuergerät, Tempomat
B	Umsetzer von nicht-elektrischen auf elektrische Größen und umgekehrt	Bezugsmarkengeber, Druckschalter, Fanfare, Horn, Lambda-Sonde, Lautsprecher, Luftmengenmesser, Mikrofon, Öldruckschalter, Sensoren aller Art, Zündauslöser
C	Kondensator	Kondensatoren aller Art
D	Binäres Element, Speicher	Bordcomputer, Digitale Einrichtung, Integrierter Schaltkreis, Impulszähler, Magnetbandgerät
E	Verschiedene Geräte und Einrichtungen	Heizeinrichtung, Klimaanlage, Leuchte, Scheinwerfer, Zündkerze, Zündverteiler
F	Schutzeinrichtung	Auslöser (Bimetall), Polaritätsschutzgerät, Sicherung, Stromschutzschaltung
G	Stromversorgung, Generator	Batterie, Generator, Ladegerät
H	Kontrollgerät, Meldegerät, Signalgerät	Akustisches Meldegerät, Anzeigelampe, Blinkkontrolle, Blinkleuchte, Bremsbelagkontrolle, Bremsleuchte, Fernlichtanzeige, Generatorkontrolle, Kontrolllampe, Meldegerät, Öldruckkontrolle, optisches Meldegerät, Signallampe, Warnsummer
K	Relais, Schütz	Batterierelais, Blinkgeber, Blinkrelais, Einrückrelais, Startrelais, Warnblinkgeber
L	Induktivität	Drosselspule, Spule, Wicklung
M	Motor	Gebläsemotor, Lüftermotor, Pumpenmotor (z.B. ABS-/ASR-/ESP-Hydroaggregate, Scheibenspüler-/Scheibenwischermotor), Startermotor, Stellmotor
N	Regler, Verstärker	Regler (elektronisch oder elektromechanisch), Spannungskonstanthalter
P	Messgerät	Amperemeter, Diagnoseanschluss, Drehzahlmesser, Druckanzeige, Fahrtschreiber, Messpunkt, Prüfpunkt, Tachometer
R	Widerstand	Glühstiftkerze, Flammkerze, Heizwiderstand, Heißleiter, Kaltleiter, Potentiometer, Regelwiderstand, Vorwiderstand
S	Schalter	Schalter und Taster aller Art, Zündunterbrecher
T	Transformator	Zündspule, Zündtransformator
U	Modulator, Umsetzer	Gleichstromwandler
V	Halbleiter, Röhre	Darlington, Diode, Elektronenröhre, Gleichrichter, Halbleiter aller Art, Kapazitätsdiode, Transistor, Thyristor, Z-Diode
W	Übertragungsweg, Leitung, Antenne	Autoantenne, Abschirmteil, geschirmte Leitung, Leitungen aller Art, Leitungsbündel, Masse(sammel)leitung
X	Klemme, Stecker, Steckverbindung	Anschlussbolzen, elektrische Anschlüsse aller Art, Kerzenstecker, Klemme, Klemmenleiste, elektrische Leitungskupplung, Leitungsverbinder, Stecker, Steckdose, Steckerleiste, (Mehrfach-)Steckverbindung, Verteilerstecker
Y	Elektrisch betätigte mechanische Einrichtung	Dauermagnet, Einspritz-(magnet)ventil, Elektromagnetkupplung, elektromagnetische Bremse, Elektroluftschieber, Elektrokraftstoffpumpe, Elektromagnet, Elektrostartventil, Getriebesteuerung, Hubmagnet, Kick-Down-Magnetventil, Leuchtweiteregler, Niveauregelventil, Schaltventil, Startventil, Türverriegelung, Zentralschließeinrichtung, Zusatzluftschieber
Z	Elektrische Filter	Entstörglied, Entstörfilter, Siebkette, Zeituhr

Klemmenbezeichnungen

vgl. DIN 72552

Zündanlage

Klemme	Bedeutung
1	Zündspule, Zündverteiler, Niederspannung
1 a, b	Zündverteiler mit zwei getrennten Stromkreisen
2	Kurzschließklemme (Magnetzünder)
4	Zündspule, Zündverteiler, Hochspannung
4 a, b,	Zündverteiler mit zwei getrennten Stromkreisen (Hochspannung)
15	Geschaltetes Plus nach Batterie (Ausgang Fahrtschalter)
15 a	Ausgang am Vorwiderstand zu Zündspule und Starter

Glühstartschalter

Klemme	Bedeutung
15	Eingang Glühstartschalter
17	Starten
19	Vorglühen
50	Startersteuerung

Batterie

Klemme	Bedeutung
15	Batterie Plus über Schalter
30	Eingang v. Batterie + direkt
30 a	Eingang von Batterie II + am Batterieumschaltrelais 12/24 V
31	Rückleitung an Batterie Minus oder an Masse direkt
31b	Rückleitung an Batterie Minus oder an Masse über Schalter
31 a	Rückleitung an Batterie II Minus; Batterieumschaltrelais 12/24 V
31c	Rückleitung an Batterie I Minus; Batterieumschaltrelais 12/24 V

Elektromotoren

Klemme	Bedeutung
32	Rückleitung
33	Hauptanschluss
33 a	Endabstellung
33 b	Nebenschlussfeld
33 f	2. kleinere Drehzahlstufe
33 g	3. kleinere Drehzahlstufe
33 h	4. kleinere Drehzahlstufe
33 L	Drehrichtung links
33 R	Drehrichtung rechts

Fahrtrichtungsanzeige

Klemme	Bedeutung
49	Eingang Blinkgeber
49 a	Ausgang Blinkgeber
49 b	Ausgang 2. Blinkkreis
49 c	Ausgang 3. Blinkkreis
C	1. Anzeigelampe
C 2	2. Anzeigelampe
C 3	3. Anzeigelampe
L	Blinkleuchten links
R	Blinkleuchten rechts

Starter, Startersteuerung

Klemme	Bedeutung
45	Ausgang getrenntes Startrelais, Eingang Starter (Hauptstrom)
45 a	Ausgang Starter I
45 b	Ausgang Starter II am Startrelais für Einrückstrom (Starter-Parallelbetrieb)
48	Startwiederholrelais Starter
50	Startersteuerung direkt
50 a	Startersteuerung am Batterieumschaltrelais
50 b	Startersteuerung, Startdoppelrelais (Starter-Parallelbetrieb)
50 e	Startsperrrelais Eingang
50 f	Startsperrrelais Ausgang
50 g	Startwiederholrelais Eingang
50 h	Startwiederholrelais Ausgang

Wechselstromgenerator

Klemme	Bedeutung
51	Gleichspannung am Gleichrichter
51 e	wie 51 jedoch mit Drosselspule für Tagfahrt
59	Wechselspannung Ausgang Gleichrichter Eingang
59 a	Ladeanker Ausgang
59 b	Schlusslichtanker Ausgang
59 c	Bremslichtanker Ausgang

Generator, Generatorregler

Klemme	Bedeutung
61	Generatorkontrolle
B +	Batterie Plus
B –	Batterie Minus
D +	Dynamo Plus
D –	Dynamo Minus
DF	Dynamo Feld
DF 1	Dynamo Feld 1
DF 2	Dynamo Feld 2
U, V, W	Drehstromklemmen

Beleuchtung

Klemme	Bedeutung
54	Bremslicht bei Leuchtkombinationen und Anhängersteckvorrichtung
55	Nebelscheinwerfer
56	Scheinwerferlicht
56 a	Fernlicht u. Anzeigenlampe
56 b	Abblendlicht
56 d	Lichtsignal (Lichthupe)
57	Standlicht Kraftrad
57 a	Parklicht
57 L, R	Parklicht links, rechts
58	Begrenzungs-, Schluss-, Kennzeichen-, Instrumentenleuchten
58 c	Anhängersteckvorrichtung, einadrig verlegtes und im Anhänger abgesichertes Schlusslicht

Wischermotor

Klemme	Bedeutung
53	+ Kohlebürste 1. Stufe
53 a	Endabschaltung (+)
53 b	2. Stufe Nebenschlussmotor
53 c	Scheibenspülerpumpe
53 e	Bremswicklung
53 i	2. Stufe permanent erregter Motor

Akustische Warnanlage

Klemme	Bedeutung
71	Eingang Tonfolgeschaltgerät
71 a	Ausgang zu Horn 1 u. 2 tief
71 b	Ausgang zu Horn 1 u. 2 hoch
72	Alarmschalter Rundumleuchte

Schalter

Klemme	Bedeutung
81	Öffner und Wechsler, Eingang
81 a	–, 1. Ausgang
81 b	–, 2. Ausgang
82	Schließer, Eingang
82 a	–, 1. Ausgang
82 b	–, 2. Ausgang
82 z	–, 1. Eingang
82 y	–, 2. Eingang
83	Mehrstellenschalter, Eingang
83 a	–, Ausgang Stellung 1
83 b	–, Ausgang Stellung 2

Stromrelais

Klemme	Bedeutung
84	Eingang, Antrieb und Relaiskontakt (Wicklungsanfang)
84 a	Ausgang Antrieb (Wicklungsende)
84 b	Ausgang Relaiskontakt

Schaltrelais

Klemme	Bedeutung
85	Ausgang Antrieb
86	Eingang Antrieb
86 a	Eingang 1. Wicklung
86 b	Eingang 2. Wicklung

Relaiskontakte

Klemme	Bedeutung
87 (30)*	Eingang Öffner u. Wechsler
87 z, 87 y …	(bei mehreren Eingängen)
87 a	Ausgang Öffner und Wechsler (Öffnerseite)
87 b, 87 c …	(bei mehreren Ausgängen)
88 (30)*	Eingang Schließer
88 z, 88 y …	(bei mehreren Eingängen)
88 a (87)*	Ausgang Schließer und Wechsler
88 b, 88 c …	(bei mehreren Ausgängen)

* Angabe in Klammern (): alte Norm

Einteilung der Schaltpläne

Ein Schaltplan ist die zeichnerische Darstellung elektrischer Betriebsmittel durch Schaltzeichen, gegebenenfalls auch durch Abbildungen oder vereinfachte Konstruktionszeichnungen.

Er zeigt die Art, in der die verschiedenen elektrischen Betriebsmittel zueinander in Beziehung stehen und miteinander verbunden sind.

Übersichtsschaltplan

Er ist die vereinfachte Darstellung einer Schaltung, wobei nur die wesentlichen Teile berücksichtigt werden. Er zeigt die Arbeitsweise und die Gliederung einer elektrischen Anlage.

Die Geräte werden durch Quadrate oder Rechtecke dargestellt. Diese enthalten die entsprechenden Kennzeichen, Schaltzeichen oder Bezeichnungen der Geräte.

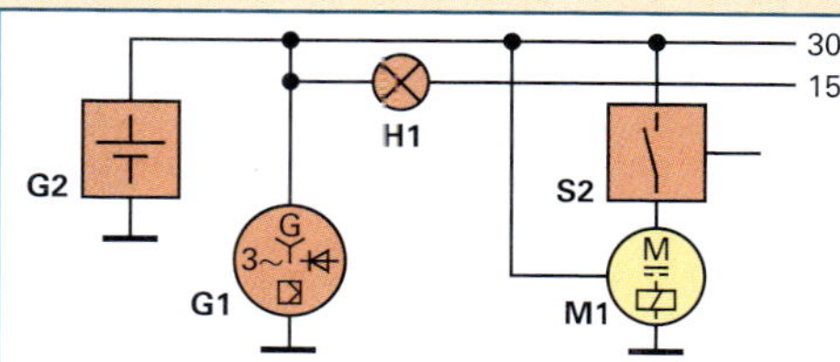

Anschlussplan in zusammenhängender Darstellung

Er zeigt die Anschlusspunkte einer elektrischen Einrichtung und die daran angeschlossenen inneren und äußeren leitenden Verbindungen. Zu diesem Zweck werden die einzelnen Bauteile mit der Leitungsführung, sämtlichen Anschlusspunkten und Klemmenbezeichnungen meist lagegerecht dargestellt.

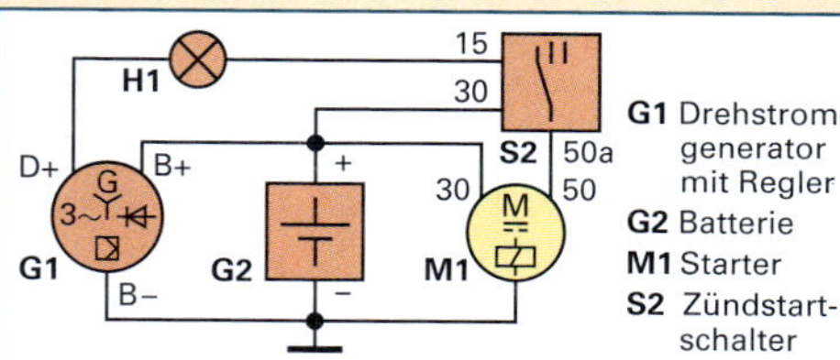

Anschlussplan in aufgelöster Darstellung

Bei dieser Darstellung entfallen die durchgehenden Verbindungslinien (Leitungen) von Gerät zu Gerät.

Zur leichteren Erkennung werden Schaltzeichen mit einer Gerätekennzeichnung versehen (z.B. G1 für den Generator).

Alle vom Gerät abgehenden Leitungen erhalten einen Zielhinweis. Dieser besteht aus

- der Klemmenbezeichnung, von der die Leitung ausgeht, z.B. am Generator B+.
- dem Leitungssymbol, z.B. o—
- dem Zielgerät, zu dem die Leitung hinführt, z.B. G2 für die Starterbatterie.
- der Klemmenbezeichnung am Zielgerät, zu der die Leitung führt, z.B. + für den Pluspol der Starterbatterie.
- der Leitungsfarbe (falls vorgeschrieben), z.B. sw für schwarz.

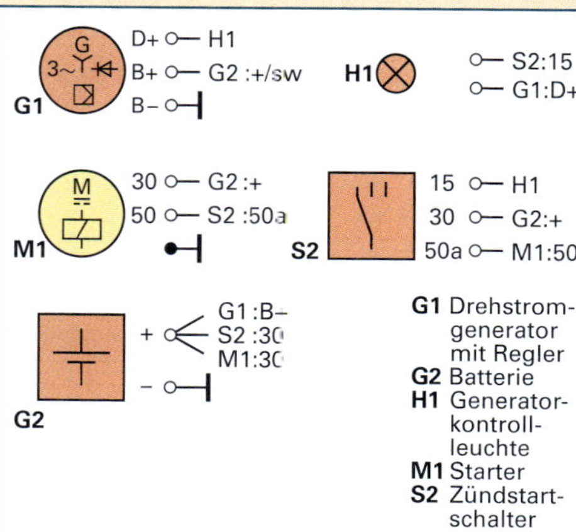

Stromlaufplan in zusammenhängender Darstellung

Alle Bauteile, die in einem Schaltplan enthalten sind, werden zusammenhängend dargestellt.

Auf die räumliche Lage der einzelnen Bauteile und ihre Anschlussstellen braucht keine Rücksicht genommen zu werden.

Mechanische Verbindungen werden durch unterbrochene Verbindungslinien gekennzeichnet.

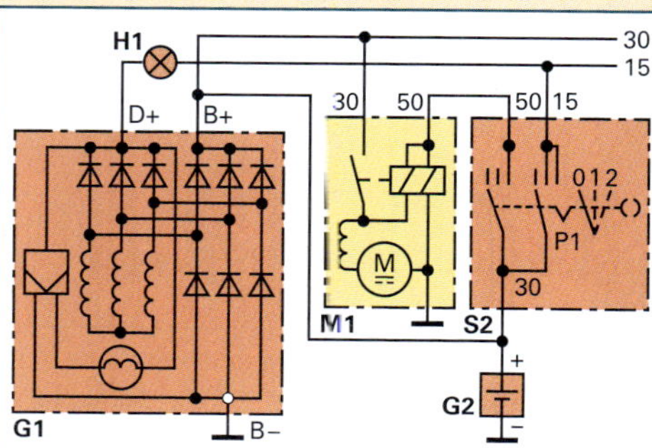

E

Einteilung der Schaltpläne (Fortsetzung)

Übersichtsschaltplan

Die Schaltzeichen der elektrischen Bauteile werden so angeordnet, dass die einzelnen Stromwege möglichst einfach zu verfolgen sind. Auf die räumliche Zusammengehörigkeit und den mechanischen Zusammenhang der einzelnen Bauteile und Baugruppen wird keine Rücksicht genommen.

Eine klare, geradlinige und kreuzungsfreie Anordnung der einzelnen Leitungen hat Vorrang. Üblicherweise werden die Plus- und Minusleitungen als horizontal liegende Parallelen gezeichnet. Die einzelnen Strompfade verlaufen dann von Plus nach Minus, d.h. von oben nach unten. Falls unvermeidlich, können Teile eines Strompfades auch waagerecht gezeichnet werden.

Zum einfacheren Auffinden von Schaltungsteilen dient die am oberen Rand des Schaltplanes angebrachte Abschnittskennzeichnung und ggf. die Pfadnummer.

Schaltpläne enthalten in der Regel eine Gerätezuordnung (Kennzeichnung und Gerätebeschreibung) oder eine Legende. Der Stromlaufplan kann in vereinfachter Form oder in ausführlicher Form mit Innenschaltung dargestellt werden.

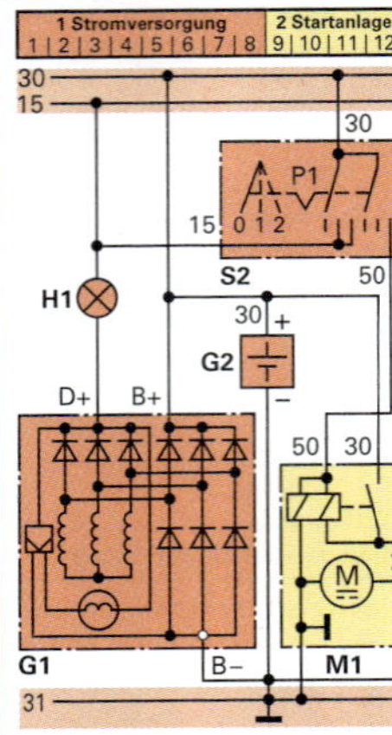

Ausführliche Darstellung mit Innenschaltung

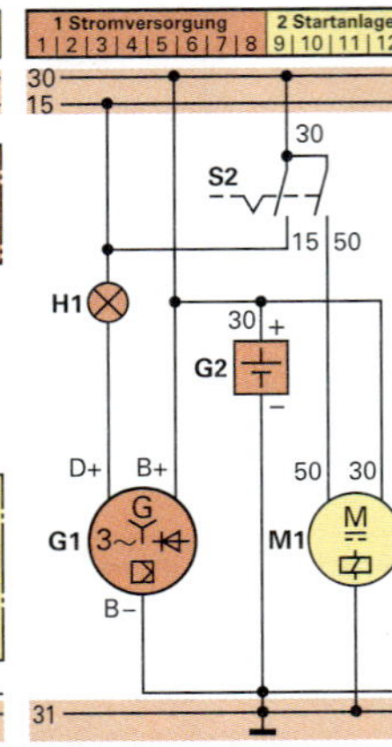

Vereinfachte Darstellung mit Symbolen

Zusatzangaben und Kennzeichnungsmöglichkeiten in Stromlaufplänen

Stromlaufpläne enthalten je nach Fahrzeughersteller Zusatzangaben, z.B.:

① Verweise auf Weiterführung von Leitungen. Die Quadrate an den Leitungsunterbrechungen enthalten Informationen über die Weiterführung von Leitungen, z.B. Angaben über Strompfade, Gerätekennzeichnungen, Klemmenbezeichnungen u.a.

② Steckerbezeichnungen an Bauteilen und Bezeichnungen von Anschlussklemmen auf dem Bauteil.

③ Ansichten und Pinbelegungen von Gerätesteckern.

④ Leitungsfarben und Leitungsquerschnitte.

⑤ Angaben zur Lage von Massepunkten im Fahrzeug, z.B. ⑩, ⑳.

⑥ Pins der Stecker im Steuergerät.

Airbag

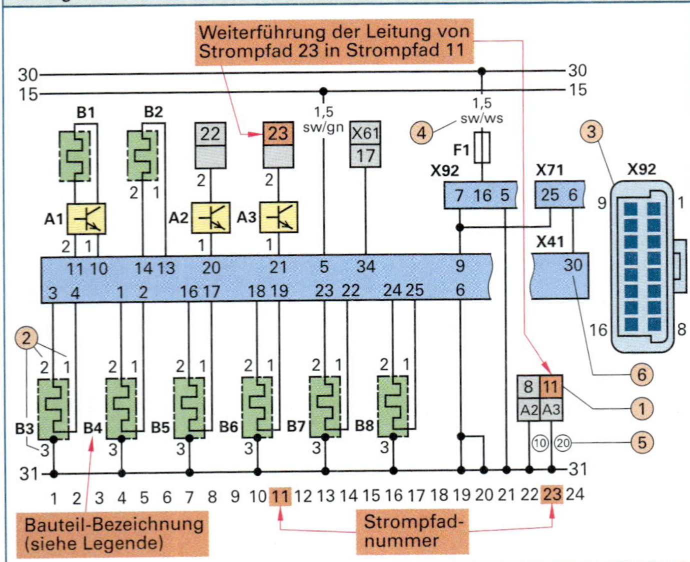

A1	Airbag-Wickelfeder
A2	Crash-Sensor Seiten-Airbag Fahrerseite
A3	Crash-Sensor Seiten-Airbag Beifahrerseite
B1 ... B2	Zündpillen für die Airbags für Fahrer und Beifahrer
B3 ... B6	Zündpillen für die Seiten-Airbags
B7 ... B8	Zündpillen für die Kopf-Airbags
F1	Sicherung S 12 (10 A)
X41	Steuergerätestecker für Airbag-Steuergerät
X61	Steuergerätestecker für Zentralsteuergerät Komfort-Elektrik
X71	Anschlussstecker Kombiinstrument
X92	Diagnoseanschluss
⑩	Massepunkt Relaisplatte (Strompfad 22)
⑳	Massepunkt Schalttafelleitungsstrang (Strompfad 23)

E

Grundschaltplan eines Pkw in aufgelöster Darstellung

Kennzeichen	Gerät
A1	Glühzeitsteuergerät
A2	Autoalarm-Steuergerät
A3	Autoradio
B1	Lautsprecher
B2	Temperaturgeber
B3	Signalhorn
B4	Starktonhorn, Fanfare
B13	Drehzahlgeber
B16	Temperaturschalter
E3	Innenleuchte mit Schalter
E4	Heckscheibenheizung
E5	Rückfahrleuchte L und R
E7	Instrumentenbeleuchtung
E9	Kennzeichenleuchte L
E10	Kennzeichenleuchte R
E11	Begrenzungsleuchte L
E12	Schlussleuchte L
E13	Begrenzungsleuchte R
E14	Schlussleuchte R
E15	Fern-Abblend-Scheinwerfer L
E16	Fern-Abblend-Scheinwerfer R
E17	Nebelscheinwerfer L
E18	Nebelscheinwerfer R
E19	Nebelschlussleuchte L
E20	Nebelschlussleuchte R
F2 … 25	Sicherungen
G1	Generator (mit Regler)
G2	Batterie
H1	Generatorkontrollleuchte
H2	Anzeigeleuchte für Heckscheibenheizung
H3	Öldruckwarnleuchte
H4	Warnlicht-Anzeigenleuchte
H5	Blinkkontroll-Anzeigenleuchte
H6	Blinkleuchte LV
H7	Blinkleuchte LH
H8	Blinkleuchte RV
H9	Blinkleuchte RH
H10	Bremsleuchte L
H11	Bremsleuchte R
H12	Fernlicht-Anzeigeleuchte
H13	Nebelschlusslicht-Anzeigeleuchte
H14	Startbereitschafts-Anzeigeleuchte
K1	Relais, Entlastung Kl. 15
K2	Wischintervallrelais
K3	Hornrelais
K4	Warnblinkgeber
K5	Nebelleuchten-Relais mit Diode

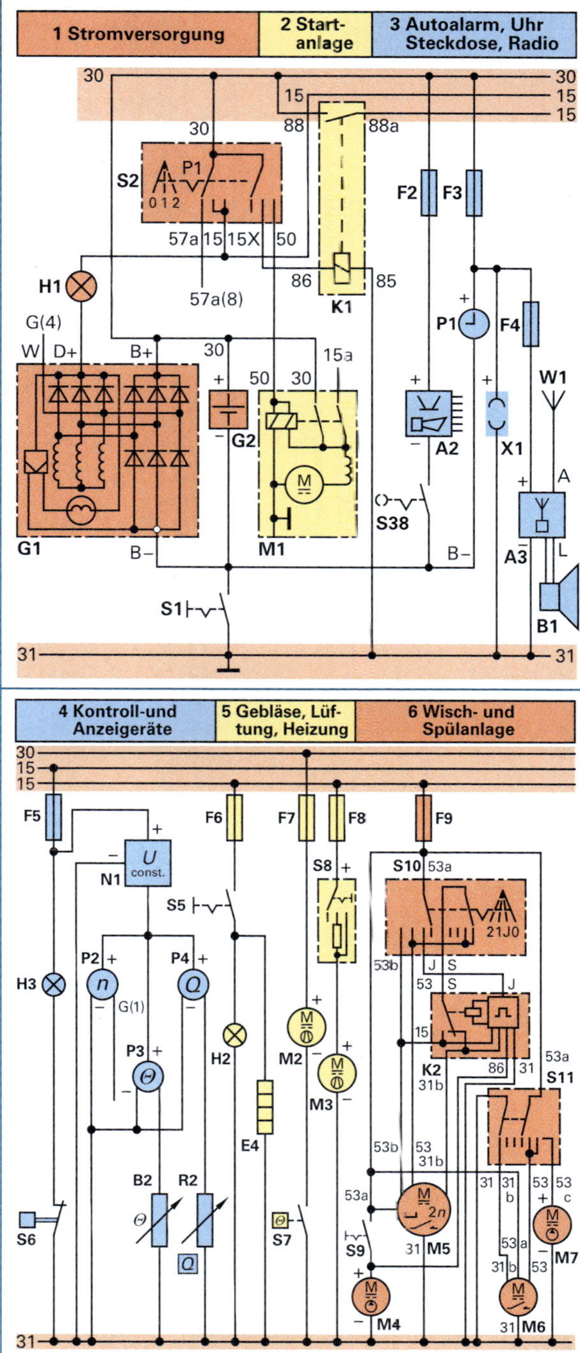

E

Grundschaltplan eines Pkw in aufgelöster Darstellung

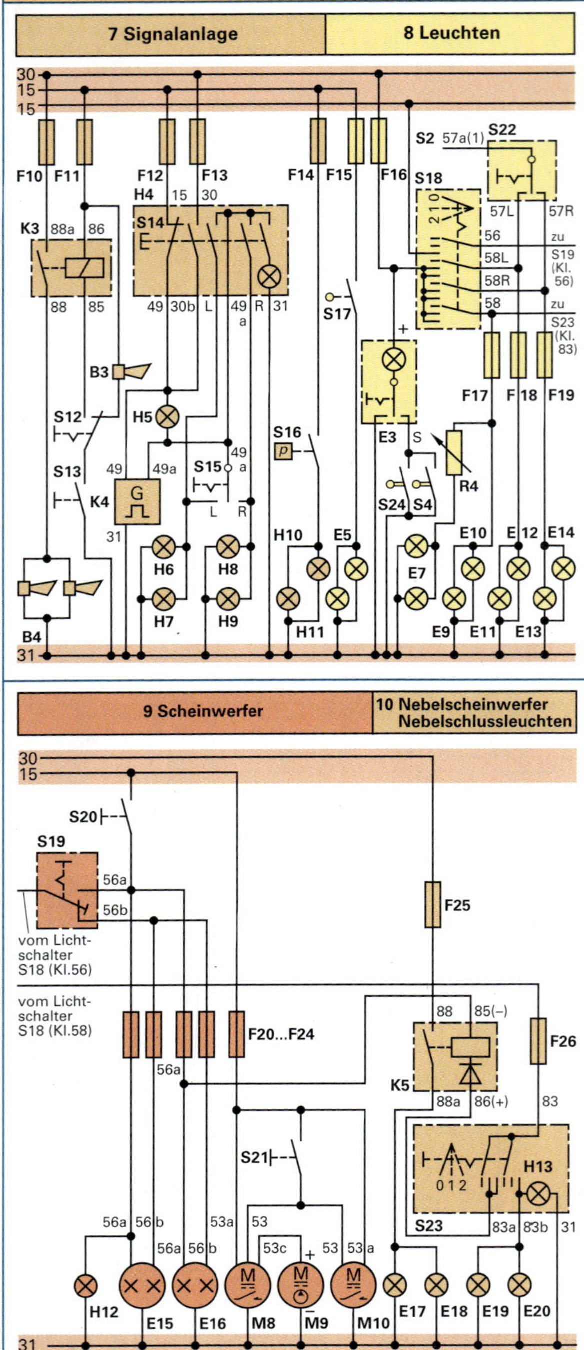

Kennzeichen	Gerät
M1	Startermotor
M2	Kühlgebläsemotor
M3	Frischluftgebläsemotor
M4	Scheibenspülermotor
M5	Wischermotor
M6	Heckwischermotor
M7	Heckscheiben-Spülermotor
M8	Lichtwischermotor mit Pumpensteuerung
M9	Spülermotor für M8 und M10
M10	Lichtwischermotor
N1	Spannungskonstanthalter
P1	Zeituhr
P2	Drehzahlmesser
P3	Kühlwassertemperaturanzeige
P4	Kraftstoffstandanzeige
R2	Kraftstoffstandgeber
R4	Regelwiderstand für E7
S1	Batterieschalter (mech.)
S2	Zündstartschalter (Fahrt-Startschalter)
S4	Türkontaktschalter für E3, R
S5	Heckscheibenheizungsschalter
S6	Öldruckwarnschalter
S7	Temperaturschalter (Kühlung)
S8	Lüfterschalter
S9	Spüler-(Wascher-)Schalter
S10	Wischerschalter
S11	Heckwischer-Spülerschalter
S12	Hornumschalter
S13	Horntaster
S14	Warnlichtschalter
S15	Blinkerschalter
S16	Bremslichtschalter
S17	Rückfahrlichtschalter
S18	Lichtschalter
S19	Abblendschalter
S20	Lichthupentaster
S21	Lichtwischertaster
S22	Parklichtschalter
S23	Nebellichtschalter
S24	Türkontaktschalter für E3, L
S38	Autoalarmschalter
W1	Autoantenne
X1	Steckdose (innen)

E

Beispiele für Stomlaufpläne

A1	Stellmotor für Zentralklappe
A2	Stellmotor für Staudruckklappe
A3	Stellmotor für Temperaturklappe
A4	Schalttafel-Temperatursensor mit Gebläse
A5	Steuergerät Frischluftgebläse
A6	Lüftermotor
B1	Kühlmittel-Temperatursensor
B2	Außen-Temperatursensor
B3	Frischluftansaugkanal-Temperatursensor
B4	Sonneneinstrahlungs-Fotosensor
B5	Fahrgeschwindigkeits-Sensor
E1	Anzeigeeinheit
F1	Sicherung Nr. 4
F2	Sicherung Nr. 21
F3	Sicherung Nr. 23
F4	Sicherung Nr. 88
H1	Innenleuchte
H2	Lampe Beleuchtung
K1	Klimaanlagen-Relais
K2	Klimakompressor-Relais
K3	Klimaanlagen-Abschalt-Relais
M1	Frischluftgebläse-Motor
M2	Kühlerlüfter-Motor
S1	Lichtschalter
S2	Verdampfer-Temperaturschalter
S3	Klimaanlagen-Temperaturschalter
S4	Kühlerlüfter-Temperaturschalter
V1	Diodenschaltung
W1	Steckverbindung 16-poliges Flachbandkabel
X11	Steuergerätestecker Motorsteuerung
X17	Steuergerätestecker Elektrokraftstoffpumpen-Nachlauf
X34	Steuergerätestecker Getriebesteuerung
X53	Steuergerätestecker Klimaanlage
X56	Steuergerätestecker Kühlerlüfternachlauf
Y1	Ventilleiste
Y2	Klimakompressor-Magnetkupplung

Klimaautomatik

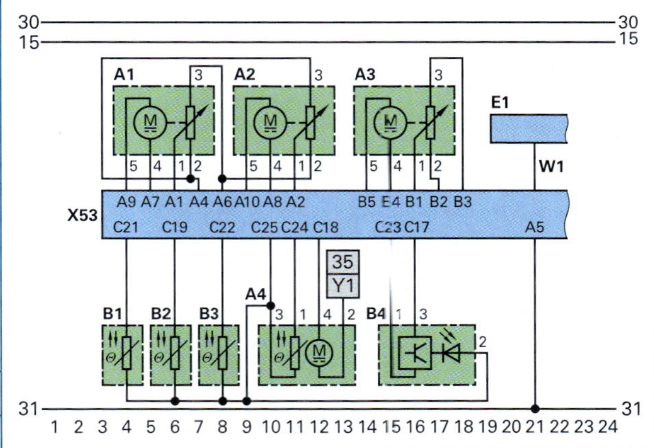

Klimaautomatik (Fortsetzung)

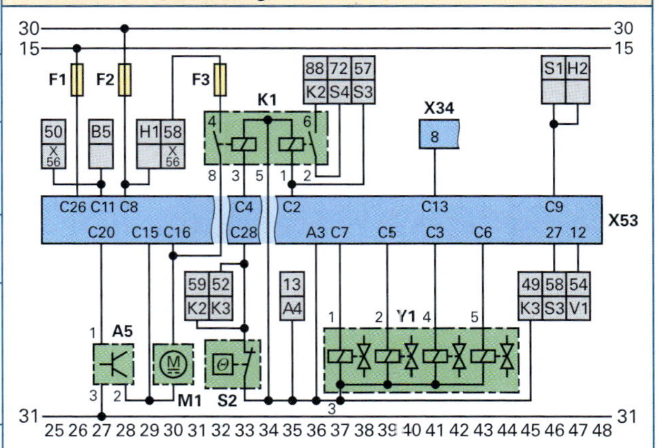

Klimaautomatik (Fortsetzung)

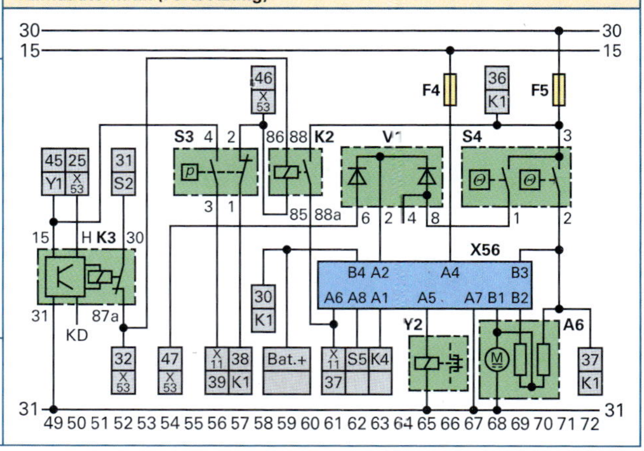

E

Beispiele für Stromlaufpläne (Fortsetzung)

Stromverläufe im Schaltplan Klimaautomatik (Beispiele)

Aufgabe	Stromverlauf
Spannungsversorgung Klima-Steuergerät X53	30 Dauerplus (Pfad 28) → Sicherung F2 → Pin C8 Steuergerät X53 (Pfad 28)
Spannungsversorgung Klima-Steuergerät X53	15 Zündungsplus (Pfad 26) → Sicherung F 1 → Pin C26 Steuergerät X53 (Pfad 26)
Masseversorgung Klima-Steuergerät X53	31 Masse (Pfad 21) → Pin A5 Steuergerät X53 (Pfad 21)
Ansteuerung Stellmotor für die Zentralklappe A1	Pin A7, A9 Steuergerät X53 (Pfad 4, 5) → Stellmotor für die Zentralklappe A1 Anschlussklemmen 4 und 5
Ansteuerung Klimaanlagenabschaltrelais K3	Pin C4 Steuergerät X53 (Pfad 33) → Klimaanlagen-Relais K1 Anschlussklemme 3 → Weiterführung der Leitung von K1 Anschlussklemme 5 (Pfad 34) zum Klimaanlagenabschaltrelais K3 Anschlussklemme 15 (Pfad 49). (Kennzeichnung der Leitungsweiterführung im Schaltplan beachten!)

Anhängersteckdose

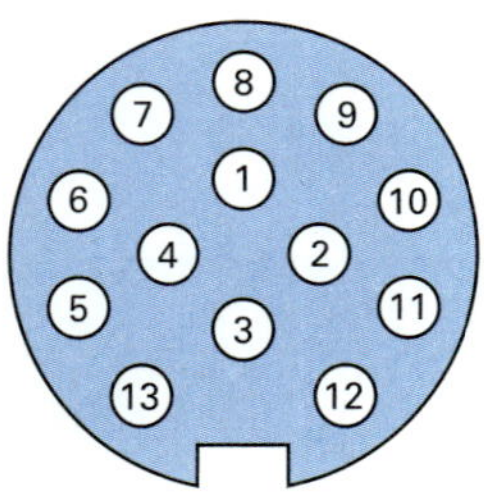

Dreizehnpolige Anhängersteckdose (Deckel geöffnet)

Dreizehnpolige Anhängersteckdose (vgl. DIN ISO 11 446; 2000-05)

Kontakt Nr.	Kontaktbelegung	Empf. Leiterquerschnitt
1	Fahrtrichtungsanzeige links	1,5 mm^2
2	Nebelschlussleuchte	1,5 mm^2
3[1)]	Masse (für Stromkreiskontakte 1 bis 8)	2,5 mm^2
4	Fahrtrichtungsanzeige rechts	1,5 mm^2
5	Rechte Schluss-, Umriss-, Begrenzungs- und Kennzeichenleuchte[2)]	1,5 mm^2
6	Bremsleuchten	1,5 mm^2
7	Linke Schluss-, Umriss-, Begrenzungs- und Kennzeichenleuchte[2)]	1,5 mm^2
8	Rückfahrleuchte	1,5 mm^2
9	Stromversorgung (Dauerplus)	2,5 mm^2
10	Stromversorgung durch den Zündschalter gesteuert	2,5 mm^2
11[1)]	Masse für Kontakt 10	2,5 mm^2
12	z. B. Anhängerstabilisierung/ESP	1,5 mm^2
13[1)]	Masse für Stromkreiskontakt 9	2,5 mm^2

1) Die 3 Masseleitungen dürfen im Anhänger nicht elektrisch leitend verbunden sein.

2) Die Kennzeichenbeleuchtung muss so angeschlossen sein, dass keine Lampe dieser Einrichtung mit beiden Kontakten 5 und 7 verbunden ist.

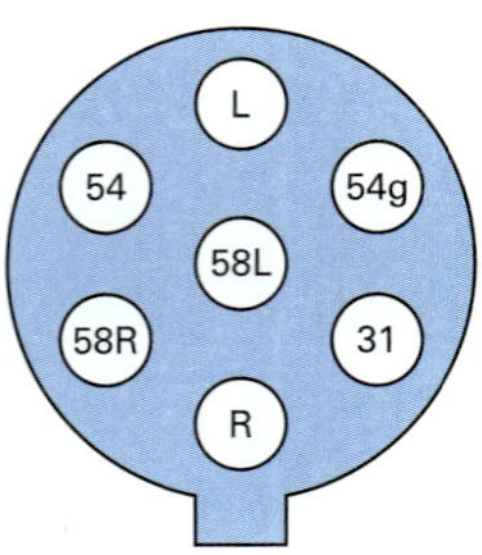

Siebenpolige Anhängersteckdose (Deckel geöffnet)

Siebenpolige Anhängersteckdose (vgl. DIN ISO 1724; 1982-11)

L	Fahrtrichtungsanzeige links	1,5 mm^2
54 g	Zusätzliche Anlagen	2,5 mm^2
31	Masse	2,5 mm^2
R	Fahrtrichtungsanzeige rechts	1,5 mm^2
58 R	Rechte Schluss-, Umriss-, Begrenzungs- und Kennzeichenleuchte	1,5 mm^2
54	Bremsleuchten	1,5 mm^2
58 L	Linke Schluss-, Umriss-, Begrenzungs- und Kennzeichenleuchte	1,5 mm^2

E

Beispiele für Stromlaufpläne (Fortsetzung)

A1	Anbausteuergerät
B1 … B4	Raddrehzahlsensoren (vorne links/vorne rechts/hinten links/hinten rechts)
F1	Sicherung für Rückförderpumpenmotor
F2	Sicherung für Steuergerät
F3	Sicherung für Bremslicht
H1	ABS-Warnlampe im Kombiinstrument
H2	Bremslampen in den Rückleuchten
H3	ASR-Leuchte im Kombiinstrument
K1	Ventilrelais
K2	Motorrelais
M1	Rückförderpumpenmotor
S1	Bremslichtschalter
S2	ASR-Taster
X2	Stecker Pumpenmotor
X23	Steuergerätestecker
X91	Diagnosedose
Y1	Hydroaggregat mit Anbausteuergerät
Y2	Magnetventile ABS/ASR
CAN-L	CAN-Datenbus low
CAN-H	CAN-Datenbus high
TIM	Berechnung der Standzeit
DFA	Drehzahlsensorausgang
HL	vom Sensor hinten links
HR	vom Sensor hinten rechts

Antiblockiersystem mit Antriebsschlupfregelung

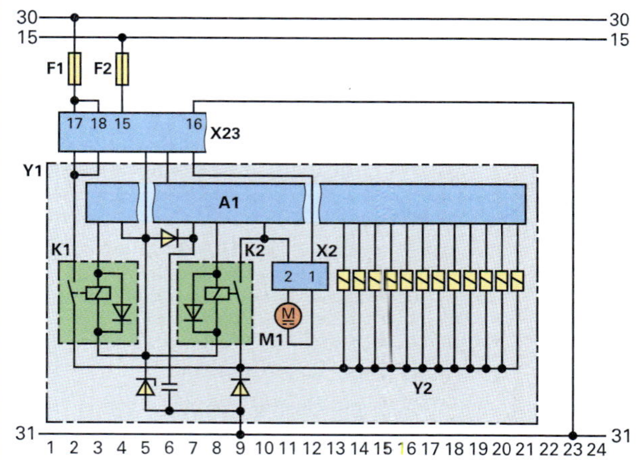

Antiblockiersystem mit Antriebsschlupfregelung (Fortsetzung)

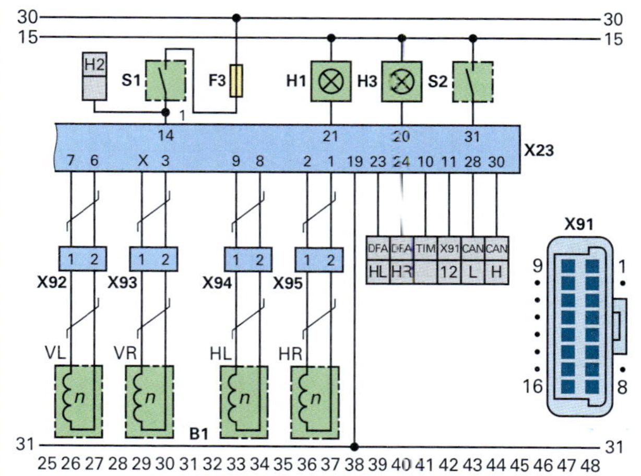

Stromverläufe im Schaltplan Antiblockiersystem mit Antriebsschlupfregelung (Beispiele)

Aufgabe	Stromverlauf
Spannungsversorgung ABS/ASR-Steuergerät X23	30 Dauerplus (Pfad 2) → Sicherung F1 → Pin 17, 18 Steuergerät X23 (Pfad 2, 3)
Spannungsversorgung ABS/ASR-Steuergerät X23	15 Zündungsplus (Pfad 4) → Sicherung F2 → Pin 15 Steuergerät X23
Masseversorgung ABS/ASR-Steuergerät X23	31 Masse (Pfad 23) → Pin 16 Steuergerät X23 (Pfad 7)
Ansteuerung Ventilrelais K1	Steuergerät X23 (Pfad 5) → Ventilrelais K1 (Pfad 3) → Anbausteuergerät A1
Spannungsversorgung Magnetventile Y2	Steuergerät X 23 (Pfad 2) → Ventilrelais K1 (Pfad 2) → Magnetventile (Pfad 13 – 20)
Signalspannung Raddrehzahlsensor hinten rechts	Raddrehzahlsensor hinten rechts B1 HR (Pfad 36, 37) → Pin 1, 2 Steuergerät X23 (Pfad 36, 37)

E

Scheinwerfer, Leuchten

Scheinwerfer dienen der Ausleuchtung der Fahrbahn bei Vorwärts- und Rückwärtsfahrt. Man unterscheidet Abblend-, Fernlicht-, Nebel-, Rückfahr- und Suchscheinwerfer.

Leuchten sollen die Konturen des Fahrzeugs bei Dunkelheit sichtbar machen und anderen Verkehrsteilnehmern die Absichten des Fahrzeugführers hinsichtich seines Fahrverhaltens anzeigen. Es gibt verschiedene Ausführungsarten von Leuchtenelementen. Die Leuchten müssen, je nach Verwendungszweck, das Licht in vorgeschriebenen Farbtönen abstrahlen, z.B. rot für Bremsleuchten und gelb für Blinkleuchten.

Scheinwerfer (Bauteile)	**Lampe.** Sie sendet als Lichtquelle Lichtstrahlen aus. Diese müssen so gebündelt und ausgerichtet werden, dass sie den Beleuchtungsanforderungen entsprechen.	Verwendete Lampen im Kraftfahrzeug: – Glühlampen – Gasentladungslampen – Leuchtdioden
	Reflektor. Er erfasst die nicht in Wirkungsrichtung austretenden Lichtstrahlen und bündelt diese so, dass sie annähernd als paralleler Lichtstrahl austreten. Dabei werden die Lichtstrahlen an der Reflektoroberfläche reflektiert. Dabei entspricht Einfallswinkel α = Ausfallswinkel β Der Reflexionsgrad gibt das Verhältnis von reflektierter zu einfallender Lichtstrahlung an.	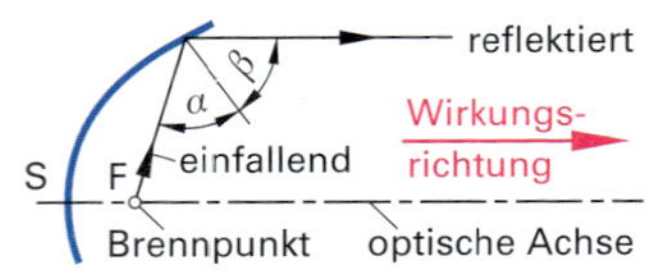 **Reflexionsgrad** Aluminium, poliert 70 … 80 % Straßenbelag Beton (hell) 20 … 30 % Straßenbelag Asphalt (dunkel) 5 … 15 %
	Streuscheibe. Sie lenkt die Lichtstrahlen entsprechend den Anforderungen so, dass die gewünschte Ausleuchtung der Fahrbahn erfolgt. Besteht die „Streuscheibe" aus klarem Glas, so dient sie nur dem Schutz der Reflektorfläche (z.B. bei Projektionssystemen und Freiflächenreflektoren).	Streuscheibe mit 15° Sektor für asymmetrische Lichtverteilung 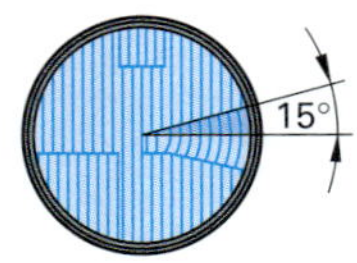
Leuchten (Arten)	**Leuchten mit Reflektor-Optik.** Das Licht der Lampe wird über einen Reflektor abgestrahlt. Die gewünschte Lichtverteilung erfolgt durch die optischen Streuelemente in der Lichtscheibe.	1 Gehäuse 2 Reflektor 3 Lichtscheibe mit zylindrischen Streulinsen 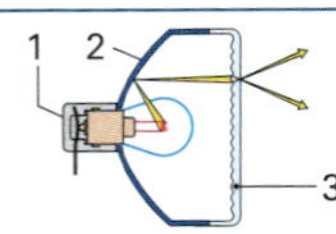
	Leuchten mit Fresnel-Optik. Das Licht der Lampe wird ohne Umlenkung über einen Reflektor und ohne Bündelung durch einen Reflektor direkt abgestrahlt. Die gewünschte Lichtverteilung erfolgt über eine Fresnel-Optik in der Lichtscheibe. Wegen des fehlenden Reflektors ist die Lichtausbeute geringer.	1 Gehäuse 2 Lichtscheibe mit Fresnel-Optik 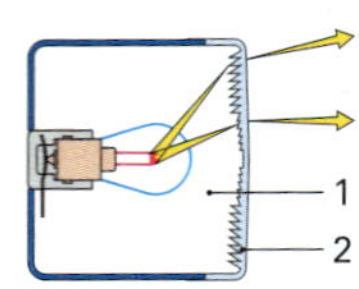
	Leuchten mit Reflektoroptik und Fresnel-Optik. Mit dem GP-Reflektor (GP = Gedrehte Parabel) wird bei gleichem Lichtstrom eine Verkleinerung des Bauvolumens, d.h. der Austrittsfläche und der Bautiefe des Reflektors, erreicht. Der Reflektor fängt den Lampenlichtstrom ein und die Fresnel-Optik lenkt ihn anschließend in die gewünschte Richtung.	1 GP-Reflektor 2 Fresnel-Linse 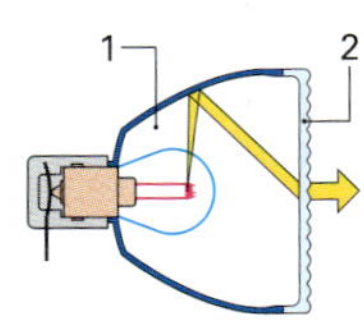
	Freiformleuchte und Fresnel-Optik. Der Reflektor ist nicht nach einer regelmäßigen geometrischen Grundform gestaltet (z.B. einer Parabel). Er ist in einzelne Flächenelemente aufgeteilt, die so geformt sind, dass sie die einzelnen Lichtstrahler in die gewünschte Richtung lenken. Eine Streuscheibe ist nicht notwendig, es genügt eine Abdeckung aus Klarglas. Dies erlaubt verschiedene stilistische Gestaltungsmöglichkeiten (z.B. eine stärkere Neigung der Abdeckscheibe).	1 Reflektor 2 klare Abdeckscheibe 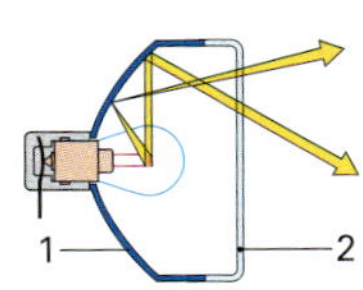

E

Scheinwerfersysteme mit Halogenlampen (Schemadarstellungen)

Paraboloid

Vorderansicht

Genutzte Reflektor-oberfläche (Abblendlicht)

Seitenansicht

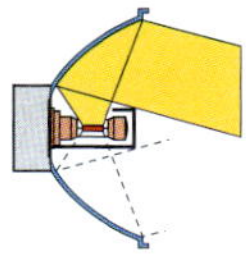

Reflexion des Lichts auf die Straße (Abblendlicht)

Draufsicht

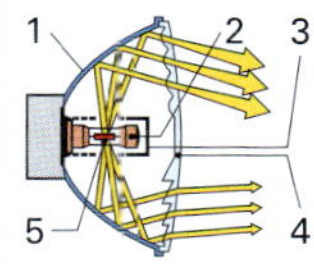

1 Reflektor
2 Lichtquelle
3 Strahlen-blende
4 Streuscheibe
5 Brennpunkt

Die Reflektorfläche ist die Oberfläche einer Parabel, die um ihre Achse rotiert (Paraboloid). Die Lichtquelle ist so angeordnet, dass das beim Abblendlicht ausschließlich nach oben abgestrahlte Licht vom Reflektor nach unten auf die Straße reflektiert wird. Optische Elemente (Streuscheiben) bewirken die Verteilung des Lichts.

Segmentierte Reflektoren aus Paraboloidteilen verschiedener Brennweiten bezeichnet man als Stufenreflektoren.

Anwendung: Fern- und Abblendlicht (Zweidrahtlampe), z.B. H4-Scheinwerfer; nutzbares Licht: ca. 27 %.

Projektionssystem (DE* bzw. PES*)

* Herstellerbezeichnungen

Vorderansicht

Genutzte Reflektor-oberfläche und Blendenform

Seitenansicht

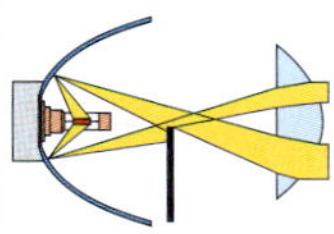

Erzeugung der Hell-Dunkel-Grenze und der Abschattung durch die Blende

Draufsicht

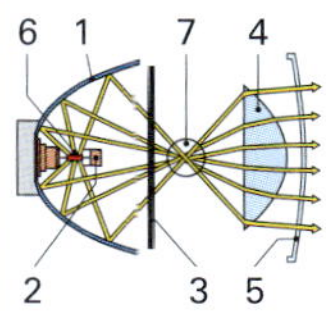

1 Reflektor
2 Lichtquelle
3 Blende
4 Linse
5 Abschluss-scheibe
6 1. Brennpunkt
7 2. Brennpunkt

Die Form der Reflektorflächen wird als **D**reiachsiger **E**llipsoid (**DE**) bzw. als **P**oly-**E**llipsoid-**S**ystem (**PES**) bezeichnet. Der Reflektor nimmt das Licht der Lampe (1. Brennpunkt) auf und konzentriert es im 2. Brennpunkt. Die Blende begrenzt die Lichtverteilung und erzeugt die Hell-Dunkel-Grenze. Eine Linse projeziert die Lichtverteilung auf die Straße. Es ist sehr gut für die Durchdringung von Nebel geeignet, weil es sehr scharfe Hell-Dunkel-Grenzen erzeugt.

Anwendung: Hauptsächlich Nebelscheinwerfer; nutzbares Licht: ca. 36 %.

Freiflächen (FF* bzw. HNS* (Homogeneous Numerically calculated Surface))

* Herstellerbezeichnungen

Vorderansicht

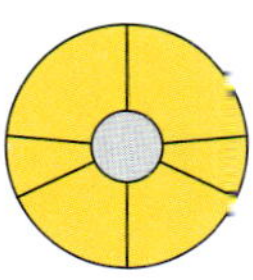

Genutzte Reflektor-oberfläche in Segmente aufgeteilt (Abblendlicht)

Seitenansicht

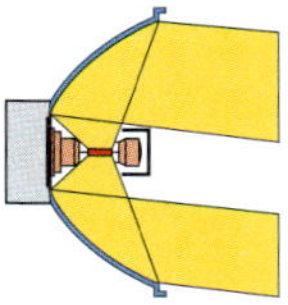

Reflexion des Lichts durch die gesamte Reflektor-oberfläche (Abblendlicht)

Draufsicht

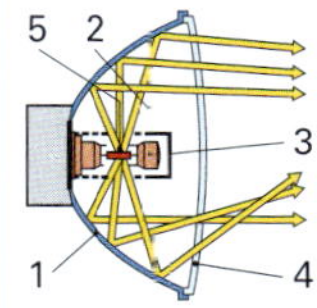

1 Reflektor
2 Lichtquelle
3 Strahlen-blende
4 Abschluss-scheibe
5 Brennpunkt

Freiflächen-Scheinwerfer haben Reflektorflächen, die frei im Raum geformt sind. Sie können nur mit Hilfe von Computern berechnet und optimiert werden. Der Reflektor wird in Segmente aufgeteilt, welche die unterschiedlichen Bereiche der Straße ausleuchten. Die Ablenkung der Lichtstrahlen und die Streuung des Lichts wird direkt durch die Reflektorflächen erzeugt. Damit kann auf eine Streuscheibe verzichtet werden. Die Hell-Dunkel-Grenze wird durch die horizontale Anordnung der Reflektorelemente (Segmente) erzeugt.

Anwendung: Reflexionsscheinwerfersysteme für Abblendlicht; Nutzbares Licht: ca. 45 %

Projektionssystem mit Freiflächen-Reflektoren (Super DE*)

* Herstellerbezeichnung

Vorderansicht

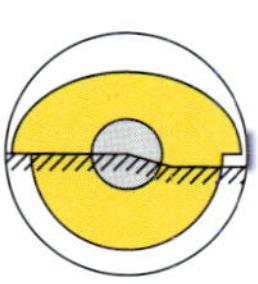

Genutzte Reflektor-oberfläche und Blendenform (Abblendlicht)

Seitenansicht

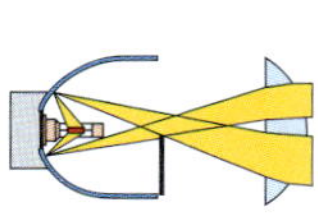

Erzeugung der Hell-Dunkel-Grenze und einer geringen Abschattung durch die Blende

Draufsicht

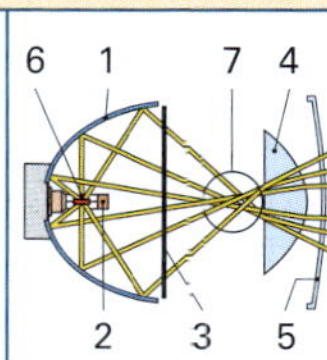

1 Reflektor
2 Lichtquelle
3 Blende
4 Linse
5 Abschluss-scheibe
6 Brennpunkt
7 Brennraum

In diesem System sind die Reflektoren als Freiflächen ausgelegt. Das vom Reflektor erfasste Licht wird so gerichtet, dass möglichst viel davon über die Blende und dann auf die Linse fällt. Die Technik ermöglicht eine größere Streubreite und eine bessere Beleuchtung der Straßenseiten, Das Licht lässt sich dicht an der Hell-Dunkel-Grenze konzentrieren, wodurch eine größere Reichweite erzielt wird.

Anwendung: Reflexionsscheinwerfersysteme für Abblendlicht; nutzbares Licht: ca. 52 %.

E

Scheinwerfersysteme mit Gasentladungslampen (Xenon*, Litronic*)

* Herstellerbezeichnungen

Der Scheinwerfer kann als Reflexions- oder als Projektions-System ausgeführt sein. Beim Projektions-System werden die Reflektoren in der Regel mit Hilfe der Freiflächen-Technik hergestellt.

Vorteile der Gasentladungslampen gegenüber Halogenlampen:

- geringer Stromverbrauch
- von der Bordspannung unabhängige Lichtleistung
- geringere Wärmeentwicklung und höhere Lebensdauer
- Erzeugung einer tageslichtähnlichen Lichtfarbe

Um eine unzulässige Blendung des Gegenverkehrs zu vermeiden, müssen Xenon-Scheinwerfer mit automatischer Leuchtweitenregulierung und Scheinwerferreinigungsanlage ausgerüstet sein.

Gasentladungslampen

In einer Xenon-Gas-Atmosphäre wird im Lampen kolben zwischen zwei Elektroden durch einen Hochspannungsimpuls ein Lichtbogen gezündet. Die Metallsalze innerhalb des Lampenkolbens verdampfen und ionisieren die Funkenstrecke. Dabei senden sie Licht aus und verhindern den Verschleiß der Elektroden.

Für das Reflexionssystem werden D2R-Lampen verwendet, die im Gegensatz zu den D2S-Lampen für Projektionssysteme über eine Abschattlackierung auf dem Lampenüberkolben zur Erzeugung der Hell-Dunkel-Grenze verfügen.

Der Bi-Xenon-Projektionsscheinwerfer erzeugt Abblend- und Fernlicht mit einer Lampe. Für die unterschiedliche Lichtverteilung und Abschattung sorgt eine verstellbare Blende.

Reflexionssystem (D2R)

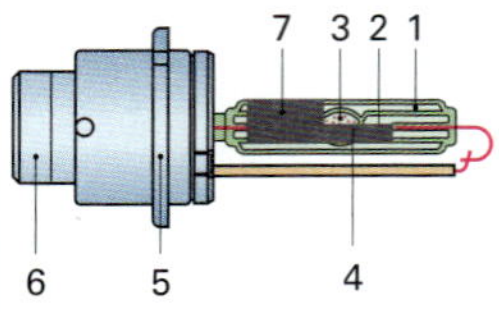

Projektionssystem (D2S)

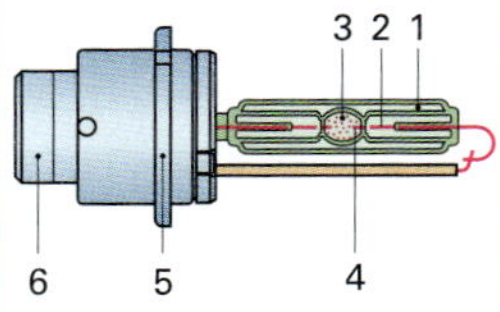

1 UV-Schutzglaskolben
2 Elektrische Durchführung
3 Entladungsraum
4 Elektroden
5 Lampensockel
6 Elektrischer Anschluss
7 Abschattlackierung

Elektronisches Vorschaltgerät

Es zündet die Gasentladungslampe mit einem Hochspannungsimpuls von bis zu ca. 24 kV. Nach dem Lampenstart wird die Lampenleistung auf konstant 35 W bei einer Brennspannung von ca. 85 V geregelt (300-Hz-Wechselspannung).

Eine Sicherheitsschaltung gewährleistet, dass bei Fehlerströmen von mehr als 20 mA das Vorschaltgerät abgeschaltet wird.

Das Licht-Steuergerät erkennt Fehler im Lichtsystem und speichert sie ab.

Hinweise für die Arbeit an Gasentladungslampen beachten (Unfallgefahr!).

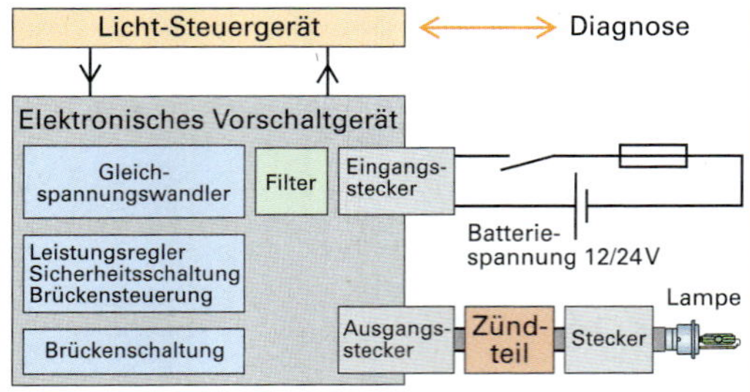

Automatische Leuchtweitenregulierung

Die automatische Leuchtweitenregulierung besteht aus Achssensoren an der Vorder- und Hinterachse, einem Steuergerät und zwei Schrittmotoren.

Über die Achssensoren wird die Einfederung des Fahrzeugaufbaus gemessen. Im Steuergerät werden die von den Sensoren erhaltenen Informationen ausgewertet. Ein Schrittmotor im Stellelement verändert die Neigung des Scheinwerfers.

Außerdem hat noch die Fahrgeschwindigkeit einen Einfluss auf die Geschwindigkeit des Regelvorgangs.

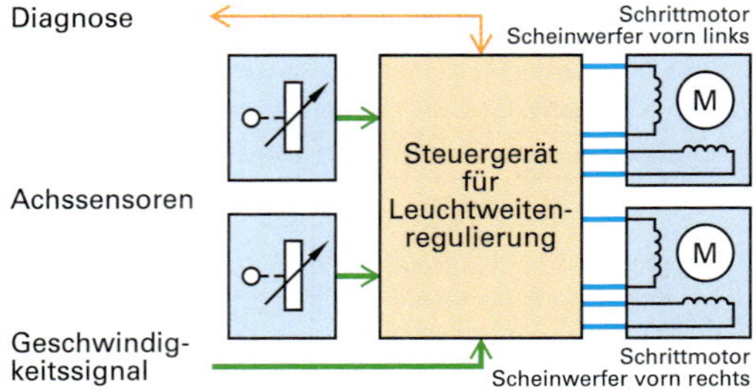

E

Scheinwerfer-Reinigungsanlage

Bei der Betätigung der Waschanlage schiebt das unter Druck stehende Wasser den über Teleskop ausfahrbaren Düsenhalter in die Reinigungs-Position. Die Abdeckscheibe des Scheinwerfers wird nach dem Strahlwasserprinzip gereinigt.

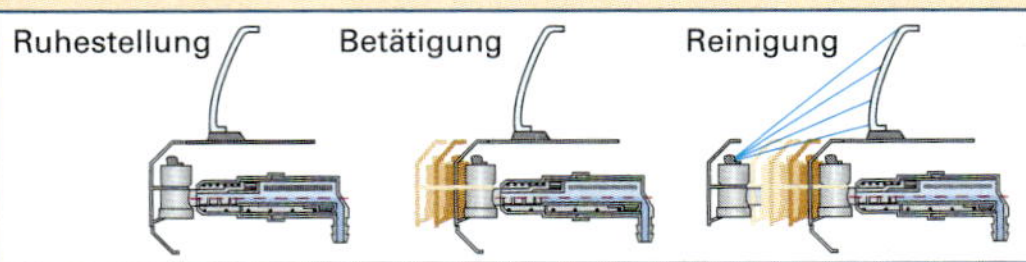

Lampen für Scheinwerfer (Auswahl)

Bezeichnung	Verwendung	Spannung Nennwerte V	Leistung Nennwerte W	Bild
H1[1)]	Nebellicht Fernlicht Abblendlicht	6 12 24	55 55 70	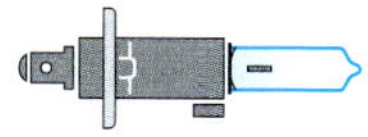
H3[1)]	Nebellicht Fernlicht	6 12 24	55 55 70	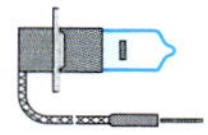
H4[1)]	Zweifadenlampe für Fernlicht / Abblendlicht	12 24	60 / 55 75 / 70	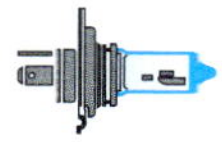
H6W[1)]	Begrenzungslicht, Tagfahrlicht	12	6	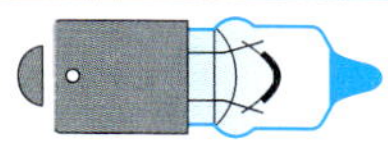
H7[1)]	Fernlicht, Abblendlicht, Nebellicht	12 24	55 70	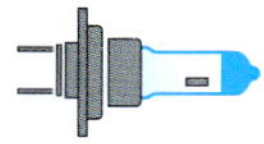
H8[1)]	Fern-, Abblend-, Nebellicht (Elektrofahrzeuge)	12	35	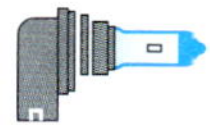
H9[1)]	Fernlicht	12	65	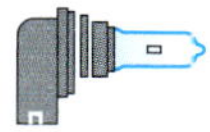
H11[1)]	Abblend-, Nebellicht	12	55	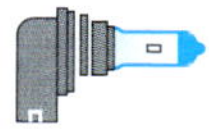
HB3[1)]	Fernlicht	12	60	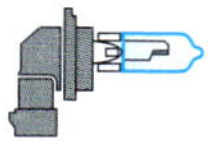
HB4[1)]	Abblendlicht	12	55	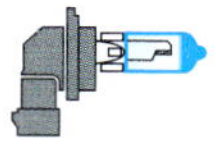
D1S[2)]	Abblendlicht, Fernlicht (Bi-Xenon/Bi-Litronic) für Projektionsscheinwerfer	85 (über Vorschaltgerät)	35 (geregelt)	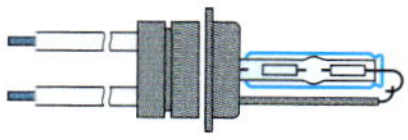
D2S[2)]	Abblendlicht, Fernlicht (Bi-Xenon/Bi-Litronic) für Projektionsscheinwerfer	85 (über Vorschaltgerät)	35 (geregelt)	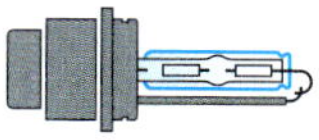
D2R[2)]	Abblendlicht, Fernlicht (Bi-Xenon/Bi-Litronic) für Reflexionsscheinwerfer	85 (über Vorschaltgerät)	35 (geregelt)	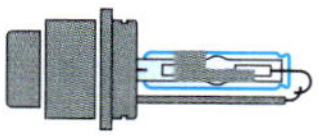
HIR1[1)]	Fernlicht	12	65	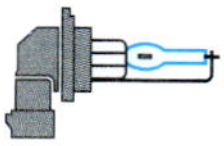
HIR2[1)]	Fernlicht, Abblendlicht, Nebellicht	12	55	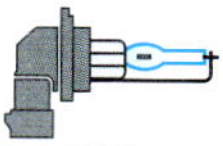

1) Halogenlampen 2) Gasentladungslampen

E

Lampen für Leuchten (Auswahl)

Bezeichnung	Verwendung	Spannung Nennwerte V	Leistung Nennwerte	Bild W
P21/5W PY21/5W (gelb)	Zweifadenlampe für Bremslicht/Schlusslicht	6 12 24	21/5 21/5 21/5	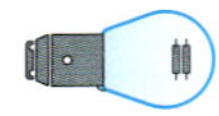
P21W PY21W (gelb)	Brems-, Blink-, Nebelschluss-, Rückfahrlicht	6 12 24	21 21 21	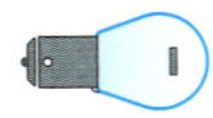
R5W bzw. R10W	Begrenzungslicht, Schlusslicht, Kennzeichenbeleuchtung	6 12 24	5 bzw. 10 5 bzw. 10 5 bzw. 10	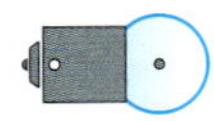
T4W	Begrenzungslicht, Kennzeichenbeleuchtung	6 12 24	4 4 4	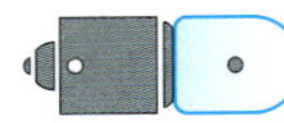
C5W bzw. C21W	Kennzeichenbeleuchtung, Schlusslicht, Rückfahrlicht (Sofittenlampe)	6 (nur C5W) 12 24 (nur C5W)	5 5 5	
W3W bzw. W5W	Begrenzungslicht, Kennzeichen- und Armaturenbrettbeleuchtung	6 12 24	3 bzw. 5 3 bzw. 5 3 bzw. 5	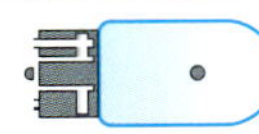

Hinweise für die praktische Arbeit mit Scheinwerferlampen

Hinweise für Halogenlampen:

- Den Glaskolben einer Glühlampe nicht mit den Händen berühren. Fingerabdrücke brennen ein und hinterlassen Trübungen auf der Glühlampe!
- Lampen ohne Bauartgenehmigung dürfen nicht verwendet werden. Dazu gehören unter anderem:
  - 100-Watt-Glühlampen (Diese sind laut StVZO verboten. Durch die erhöhte Stromaufnahme der Lampe besteht zudem die Gefahr von Kabelbränden.)
  - Glühlampen mit eingefärbten Kappen (Bei diesen Lampen ist die Lichtleistung vermindert.)

Zusätzliche Hinweise für Gasentladungslampen:

- Das elektronische Vorschaltgerät ist vor dem Lampenwechsel immer von der Versorgungsspannung zu trennen.
- Das Vorschaltgerät niemals ohne Lampe betreiben. Dies führt zu gefährlichen Überschlägen der Hochspannung an der Lampenfassung.
- Niemals in den Lampenstecker fassen.
- Defekte Gasentladungslampen sind als Sondermüll zu behandeln.

Adaptive Frontlighting System (AFS)

Unter AFS versteht man Scheinwerfersysteme, die sich verschiedenen Verkehrssituationen automatisch anpassen.

Das System für das dynamische Kurvenlicht ermöglicht diese Anpassung bei Kurvenfahrt.

Es besteht aus den Bauteilen:

- Projektionsscheinwerfer, welche in einem Schwenkrahmen mit elektrischem Stellmotor befestigt sind
- einem Sensor für die Erkennung des Kurvenradius (Gierratensensor)
- Zusatzscheinwerfer
- Steuergerät.

In Abhängigkeit vom gerade gefahrenen Kurvenradius werden die Scheinwerfer um ihre Hochachse geschwenkt. Für sehr enge Kurven, z. B. Kreuzungen, wird zusätzlich zur Hauptlichtfunktion ein Zusatzscheinwerfer eingeschaltet (statisches Kurvenlicht).

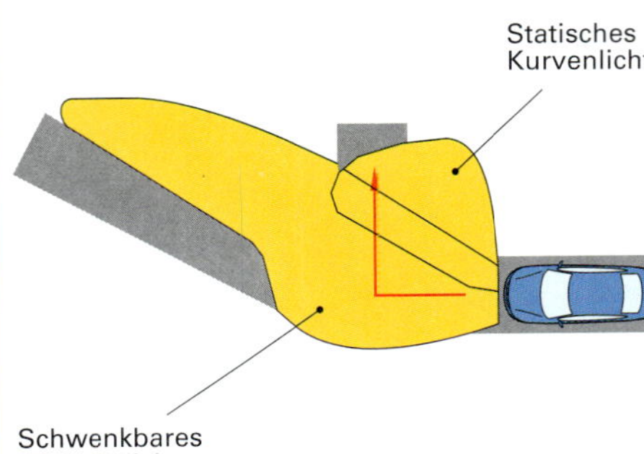

Ausleuchtung der Fahrbahn in einer Rechtskurve

E

Aufgaben

- Speicherung der elektrischen Energie des Generators.
- Bereitstellung der elektrischen Energie für die Betätigung des Starters.
- Versorgung der Verbraucher bei Motorstillstand und bei nicht ausreichender Stromerzeugung.

Aufbau

Batteriezelle	Sie besteht aus positiven und negativen Gitterplatten. Diese werden als aktive Masse bezeichnet, da sie beim Lade- und Entladevorgang chemischen Umsetzungen unterworfen sind. Die Größe der Platten bestimmt die Kapazität der Starterbatterie.
Separator	Er verhindert das Berühren der Platten verschiedener Polarität.
Polbrücke	Sie verbindet Platten gleicher Polarität zu einem Plattensatz.
Elektrolyt	Er besteht in geladenem Zustand aus verdünnter Schwefelsäure (H_2SO_4) mit einer Dichte von ca. 1,28 g/cm³.
Zellen-verbinder	Sie verbinden bei einer 6-V-Starterbatterie drei und bei einer 12-V-Starterbatterie sechs Zellen miteinander (Reihenschaltung).

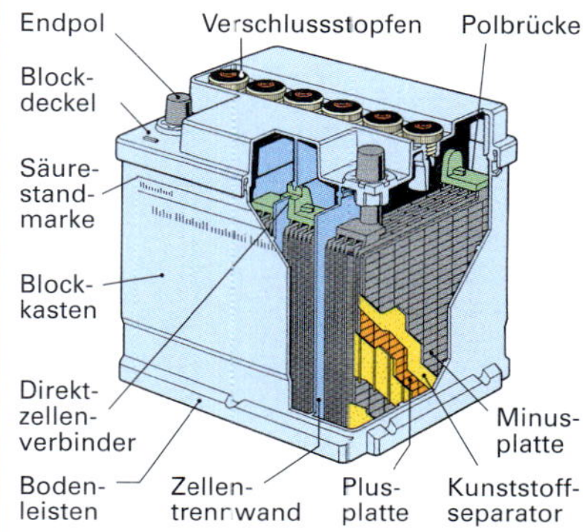

Elektrochemische Vorgänge beim Laden und Entladen der Starterbatterie

Batterie geladen	Die aktive Masse der positiven Platten besteht aus braunem Bleidioxid (PbO_2), die der negativen Platten aus grauem Blei (Pb).
Entlade-vorgang	Das braune Bleidioxid der Plusplatten und das graue Blei der Minusplatten wird in weißes Bleisulfat ($PbSO_4$) umgewandelt. Dabei wird Schwefelsäure (H_2SO_4) zu Wasser (H_2O) umgesetzt. $PbO_2 + 2\,H_2SO_4 + Pb \rightarrow PbSO_4 + 2\,H_2O + PbSO_4$
Batterie entladen	Im entladenen Zustand bestehen Plus- und Minusplatten aus weißem Bleisulfat ($PbSO_4$). Die Dichte der Schwefelsäure beträgt 1,12 g/cm³.
Ladevorgang	Das weiße Bleisulfat der Plusplatten wird in braunes Bleidioxid, das der Minusplatten in graues Blei umgewandelt. Dabei wird Wasser umgesetzt und es entsteht Schwefelsäure. Die Dichte der Säure nimmt zu. $PbSO_4 + 2\,H_2O + PbSO_4 \rightarrow PbO_2 + 2\,H_2SO_4 + Pb$

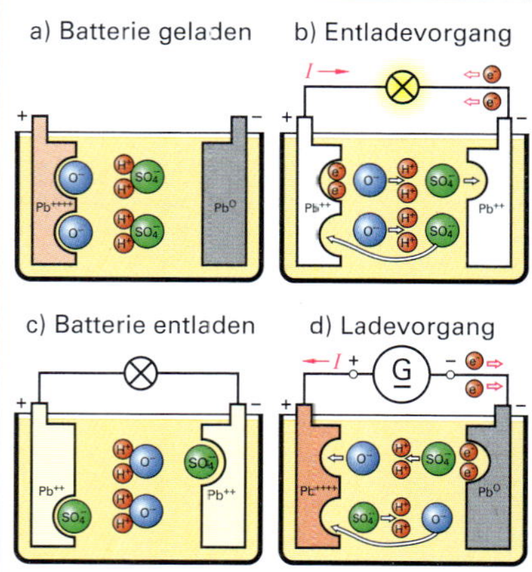

Kenngrößen (12 V-Batterien)

Nenn-spannung	Sie ist mit 2,0 V je Zelle festgelegt. Die Nennspannung einer Starterbatterie ergibt sich aus der Anzahl der in Reihe geschalteten Zellen mal der Nennspannung einer Zelle (z.B. 6 × 2 V = 12 V).
Ruhe-spannung	Sie wird an der unbelasteten Starterbatterie gemessen (Leerlaufspannung).
Lade-spannung	Hat eine Batterie beim Laden eine Spannung von etwa 14,4 V erreicht, so fängt sie bei weiterem Laden stark an zu gasen **(Gasungsspannung)**. Während des Gasens wird durch Elektrolyse ein Teil des Wassers in Wasserstoff und Sauerstoff zerlegt; es entsteht das hochexplosive Knallgas.
Ladeschluss-spannung	Sie ist die Spannung die erreicht wird, wenn vorschriftswidrig bis in den Gasungsbereich geladen wird (Zellenspannung ca. 16,5 V).
Nenn-kapazität K_{20}	Sie ist die Strommenge in Amperestunden (Ah), die eine vollgeladene Starterbatterie bei 20-stündiger Entladung abgeben kann, bis die Entladeschlussspannung von 10,5 V erreicht wird. Bedingungen: Entladestrom 1/20 der Nennkapazität und Elektrolyttemperatur + 25 °C.
Kälte-prüfstrom	Er bezeichnet die Stromstärke, die eine vollgeladene Starterbatterie bei – 18 °C abgeben muss. Die Spannung darf nach EN nach 10 s Entladezeit 7,5 V nicht unterschreiten. Bei gleicher Kapazität kann der Kälteprüfstrom von Starterbatterien unterschiedlich sein.

E

Starterbatterie

Kennzeichnung

Beispiel für eine Typenbezeichnung

Typenformel nach ETN (Europäische Typnummer)	Aufschrift nach DIN 72310	Firmeninterne Bezeichnung
536 946 033	**12 V 36 Ah 330 A**	**6 F**

- 536: Nennspannung und Nennkapazität bei 25 °C (5: Nennspannung 12 V, 36: Nennkapazität 36 Ah)
- 946: Merkmale der Batterie (Maße, Lage u. Typ der Anschlusspole u.a.) (9: Ausführung verschlossene Batterie, 46: Zählnummern)
- 033: Kälteprüfstom Wert x10 (033: 330 A)
- 12 V: Nennspannung 12 V
- 36 Ah: Nennkapazität bei 25 °C 36 Ah
- 330 A: Kälteprüfstrom 330 A
- 6 F: 6 F Suchnummer

Prüf- und Wartungsarbeiten an der Starterbatterie

Prüfungen

Säurestand

Er soll etwa 10 bis 15 mm über der Plattenoberkante liegen. Bei Wasserverlust darf nur destilliertes oder entmineralisiertes Wasser nachgefüllt werden.

Ladezustand

Batterien mit Einfüllstopfen. Bei dieser Batterie kann der Ladezustand mit einem Säureheber (Aräometer) geprüft werden. Die Säuredichte soll bei vollgeladener Batterie und einer Temperatur von + 20 °C bis + 27 °C ca. 1,28 g/cm³ betragen, bei entladener Batterie ca. 1,12 g/cm³.

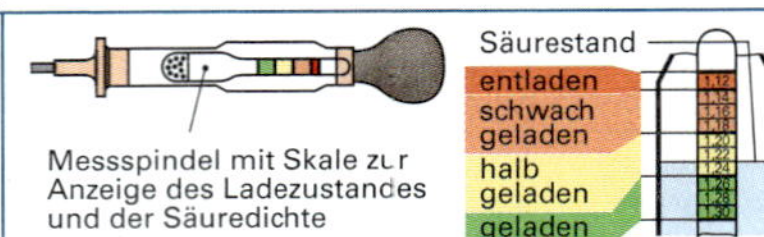

Messspindel mit Skale zur Anzeige des Ladezustandes und der Säuredichte

Absolut wartungsfreie Batterien. Der Ladezustand wird mit Hilfe einer Farbanzeige ermittelt, (Grün → Batterie geladen: Schwarz → zu geringe Ladung; Farblos/Gelb → kritischer Ladezustand erreicht).

Batteriesäure

Ladezustand	Dichte kg/dm³	Gefrierpunkt °C	Batterie-spannung V	Anteil H_2SO_4 (konzentriert) Vol.-%	Anteil H_2O (destilliert) Vol.-%	Spez. elektr. Widerstand $\frac{\Omega\ mm^2}{m}$
Tief entladen	1,06	ca. – 4	< 10,7	ca. 5	95	2,96
Normal entladen	1,12	ca. – 10	ca. 11,9	ca. 10	90	1,65
Schwach geladen	1,18	ca. – 22	ca. 12,2	ca. 16	84	1,40
Normal geladen	1,22	ca. – 35	ca. 12,4	ca. 17	83	1,37
Voll geladen	1,30	ca. – 66	> 12,8	ca. 25	75	1,30

Batteriebelastung (Hochstromprüfung)

Die Batterie wird entsprechend ihrer Kapazität für 5 s durch ein Batterieprüfgerät mit einem hohen Strom belastet. Die durchschnittliche Zellenspannung darf dabei nicht unter einen festgelegten Wert fallen. Diese Prüfung wird bei wartungsfreien Starterbatterien angewendet, da der Säure- und Ladezustand nicht überprüft werden kann.
Beispiel (12-V-Batterie, Kapazität 88 Ah): Belastungsstrom 300 A, Mindestspannung 9,6 V.

Ruhespannung

Die Ruhespannung muss nach Vollladung und mindestens 24 h Lagerung bei offenem Stromkreis im Bereich von 12,8 V liegen.

Laden

Erhaltungsladung

Bei stillgesetzten Batterien kann die Selbstentladung bis 1 % der Kapazität täglich betragen. Die Erhaltungsladestromstärke beträgt etwa 0,1 % des Zahlenwertes der Nennkapazität.

Normalladung

Der Ladestrom beträgt etwa 10 % des Zahlenwertes der Nennkapazität.

Schnellladung

Der Ladestrom beträgt max. 80 % des Zahlenwertes der Nennkapazität. Die Schnellladung darf jedoch nur bis zum Erreichen der Gasungsspannung (14,4 V) duchgeführt werden.

Ladegeräte

Ungeregelte Ladegeräte (mit sog. W-Kennlinie) arbeiten mit einer konstanten Spannung. Mit zunehmender Ladung nimmt der Ladestrom ab. Bei Erreichen der Gasungsspannung fließt noch ein geringer Strom. Aus diesem Grund ist eine Überwachung des Ladevorgangs erforderlich.
Geregelte Geräte (mit sog. IU-Kennlinie) verfügen über konstanten Ladestrom und Ladespannung. Bei Erreichen der Gasungsspannung wird der Ladestrom fast bis auf Null abgesenkt.

E

Ermittlung von Störungen

Störungsmerkmal	Fehler
Säurestand zu niedrig	Überladung bzw. Verdunstung des Wassers.
Säure tritt aus den Verschlussstopfen aus	Ladespannung zu hoch, Säurestand zu hoch.
Säuredichte zu niedrig	Batterie entladen, Generator lädt nicht ordnungsgemäß, Kurzschluss im Leitungsnetz, Säure infolge Wartungsfehlers verdünnt.
Säuredichte zu hoch	Zu viel Säure eingefüllt.
Klemmenspannung fällt bei Belastung stark ab	Batterie entladen, Ladespannung zu niedrig, Platten sulfatiert.
Abgegebene Leistung nicht ausreichend	Anschlussklemmen lose oder oxidiert, zu viele Verbraucher (Batteriekapazität zu klein), Batterie verbraucht (aktive Masse ausgefallen), Säurespiegel unter Oberkante der Platten.
Dauernde Überladung	Fehler im Ladesystem (Generator bzw. Spannungsregler defekt), Kurzschluss einer Zelle.
Dioden zerstört	Falsche Polung der Batterie.
Lebensdauer der Batterie zu gering	Batterie zu häufig und zu tief entladen, Batterie wird zu warm.

Fehlersuchplan

Batterie entlädt sich selbstständig (Verdacht auf Kriechströme)

↓

Batterie-Entladestrom messen
- Batterie-Masseband abklemmen
- Amperemeter zwischen Batterie-Minuspol und Masseband schalten
- Alle elektrischen Verbraucher im Fahrzeug ausschalten (Radio! Innenleuchte!)
- Strommessbereich soweit herunter schalten, bis eine ablesbare Anzeige erfolgt.

→ **Strom unter 25 mA** → Batterie prüfen und ggf. instandsetzen → **Funktion prüfen**

↓ **Strom über 25 mA**

Durch Herausnehmen von Sicherungen nacheinander die einzelnen Stromkreise unterbrechen.

→ **Strom unter 25 mA** → Fehlerursache im betroffenen Stromkreis suchen und beseitigen → **Funktion prüfen**

↓ **Strom über 25 mA**

Leitungen an nicht abgesicherten Aggregaten nacheinander abziehen: Generator, Starter, Zündanlage, Schalttafeleinsatz u.a.

→ **Strom unter 25 mA** → Fehlerursache im betroffenen Stromkreis suchen und beseitigen → **Funktion prüfen**

Batterieumschaltrelais

Das Batterieumschaltrelais wird eingesetzt in Startanlagen, wenn die Bordspannung 12 V und die Starterspannung 24 V beträgt. Die Anlage besitzt zwei gleich große Starterbatterien, die parallel oder in Reihe geschaltet werden.

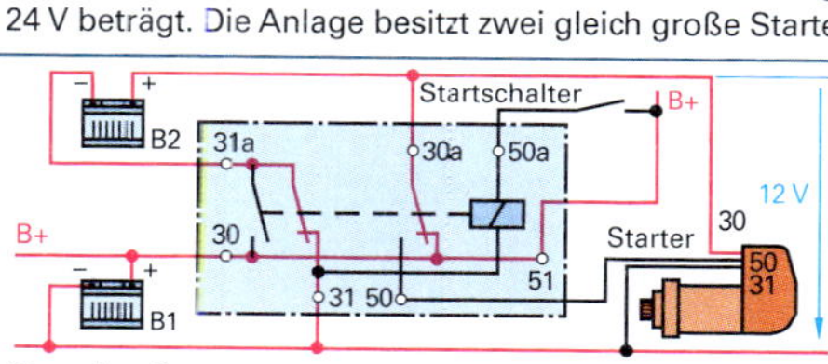

Grundstellung:
Die beiden Starterbatterien sind parallel geschaltet. Das Bordnetz und die Generatorspannung betragen 12 V.

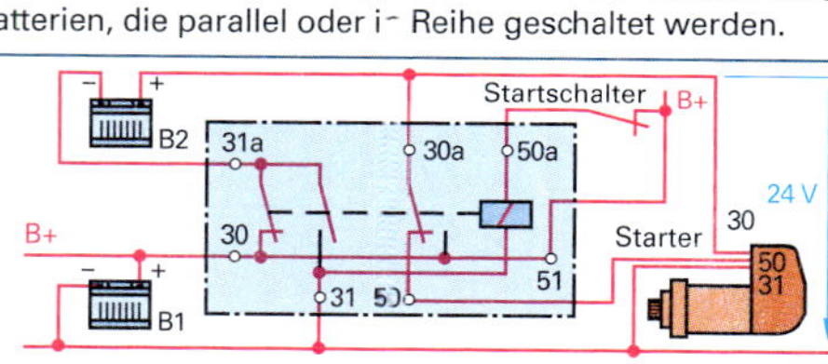

Startstellung:
Während des Startvorgangs werden die Starterbatterien in Reihe geschaltet. Der Starter liegt nun an 24 V, im Bordnetz sind weiterhin 12 V vorhanden.

E

Aufgaben und Kenndaten

Aufgaben
- Versorgung der elektrischen Verbraucher
- Laden der Starterbatterie

Kenndaten
- Bauweise (z.B. T für Ständeraußendurchmesser; 1 für Klauenpolläufer)
- Drehrichtung (z.B. ↔ für rechts und links)
- Generatornennspannung (z.B. 14 V)
- Strom bei Leerlaufdrehzahl (z.B. 70 A)
- Strom bei Nenndrehzahl (z.B. 140 A)

Generatortypenschild

Prinzip

Aufbau
Der Drehstromgenerator besteht aus drei Ständerwicklungen (U_1-U_2, V_1-V_2, W_1-W_2), die räumlich um 120° versetzt sind und einem Polrad.

Wirkungsweise
Bei der Drehung des Polrades bzw. des Läufers (Spule mit Gleichstromerregung) um 360° entstehen in den Wicklungen drei Wechselspannungen bzw. Wechselströme, die jeweils um 120° zeitlich zueinander verschoben sind (sog. Phasenverschiebung).

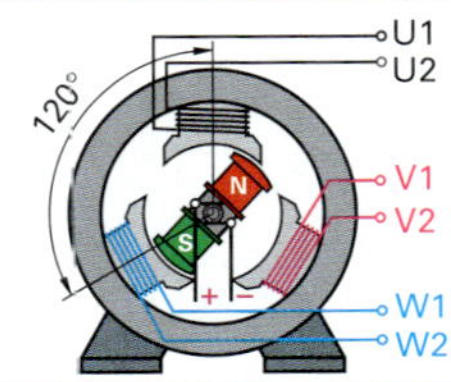

Drehstromgenerator

Linienbild
Im Zeitpunkt 1 (Polradstellung 90°) hat der Strom I_1 (Spule U_1-U_2) seinen Höchstwert. Der Strom I_2 (Spule V_1-V_2) und der Strom I_3 (Spule W_1-W_2) sind jeweils halb so groß wie I_1 und diesem Strom entgegengerichtet. Die Summe der Ströme I_1, I_2 und I_3 ist in jedem Augenblick Null.

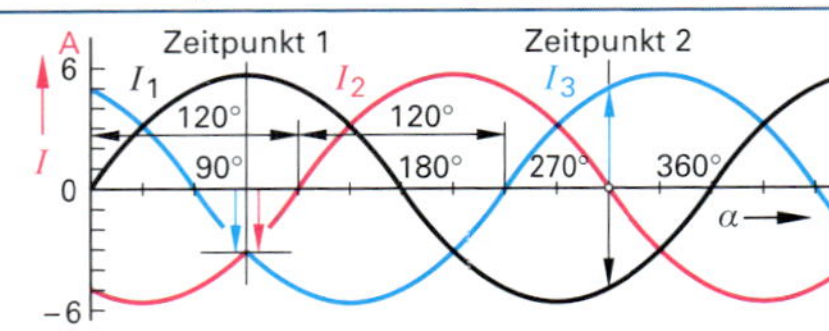

Linienbild des Drehstromes

Gleichrichtung der Wechselspannung

Wechselspannung
Die vom Drehstromgenerator erzeugten 3 Wechselspannungen sind weder für die Batterie noch für die Versorgung der elektronischen Steuergeräte und Bauteile geeignet.

Gleichrichtung
Die drei Wicklungen des Drehstromgenerators sind in einer sog. Sternanordnung geschaltet. Die von ihnen erzeugten Wechselspannungen werden mit sechs Leistungsdioden in einer Drehstrom-Brückenschaltung gleichgerichtet. In jede Phase sind jeweils eine Diode auf der Plusseite (Plusdiode) und eine Diode auf der Minusseite (Minusdiode) geschaltet. Die positiven Halbwellen werden von den Dioden an der Plusseite durchgelassen, die negativen Halbwellen von den Dioden an der Minusseite und gleichgerichtet.

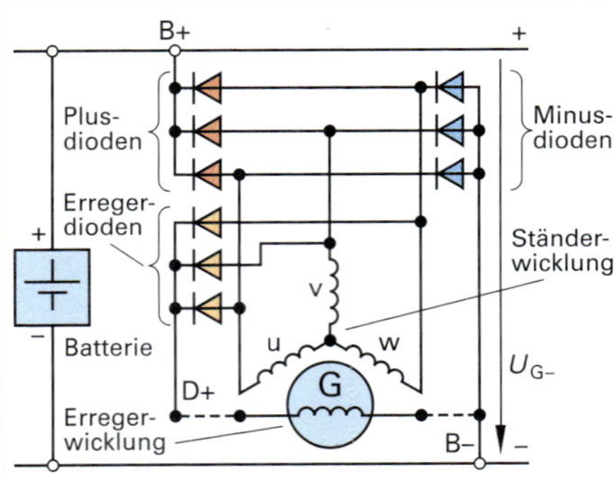

Drehstrom-Brückenschaltung

Brückenschaltung
Sie bewirkt die Addition der positiven und negativen Hüllkurven der Halbwellen zu einer gleichgerichteten, leicht gewellten Spannung (sog. Überwelligkeit).

Erregerstrom
Er wird von der Ständerwicklung abgezweigt und magnetisiert die Pole des Erregerfeldes. Dabei bilden drei zusätzliche Erregerdioden und die minusseitigen Leistungsdioden die Brückenschaltung für den Erregerstrom. Die neuen Ausführungen von Generatoren verfügen über feststehende Erregerwicklungen. Der Erregerstrom wird als Gleichstrom über den Spannungsregler erzeugt. Diese Generatoren benötigen daher keine Erregerdioden.

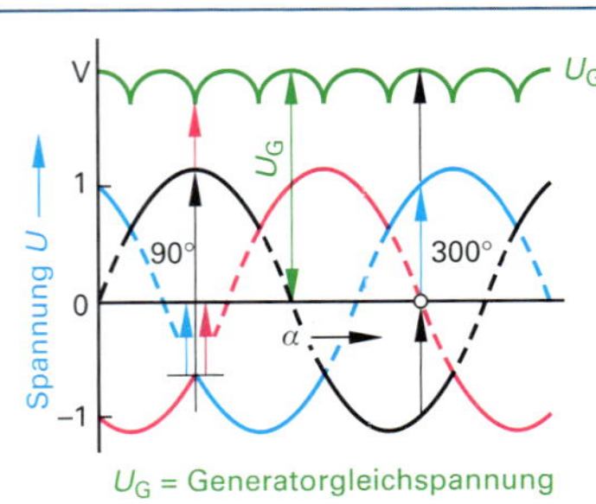

Gleichrichtung der Generatorspannung

E

Aufbau und Stromkreise

Aufbau

Der Drehstromgenerator besteht aus:

- Einem geblechten Ständer mit dreiphasiger Ständerwicklung.
- Leistungsdioden (drei Plus-Dioden und drei Minus-Dioden) mit feststehenden Anschlüssen des Ladestromkreises.
- Drei Erregerdioden.
- Läufer mit Schleifringen und Kohlebürsten. Der Läufer besteht aus einer ringförmigen Erregerwicklung und zwei klauenartig ausgebildeten Polhälften (Klauenpolläufer). Die Wicklung und die Pole sitzen auf der Läuferwelle. Die Enden der Erregerwicklung sind auf zwei von der Läuferwelle isolierte Schleifringe geführt.

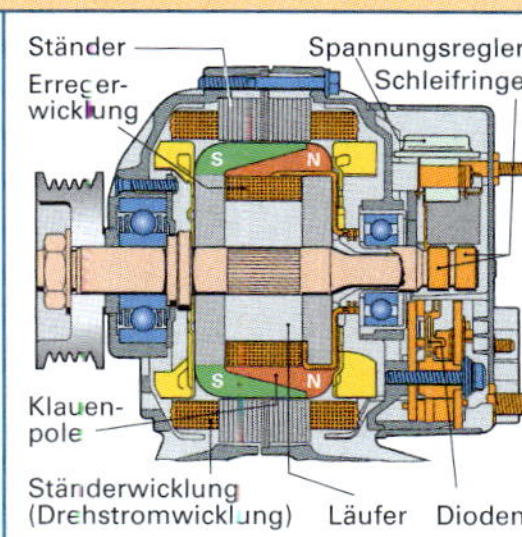

Stromkreise

Vorerregerstromkreis	Erregerstromkreis	Ladestromkreis
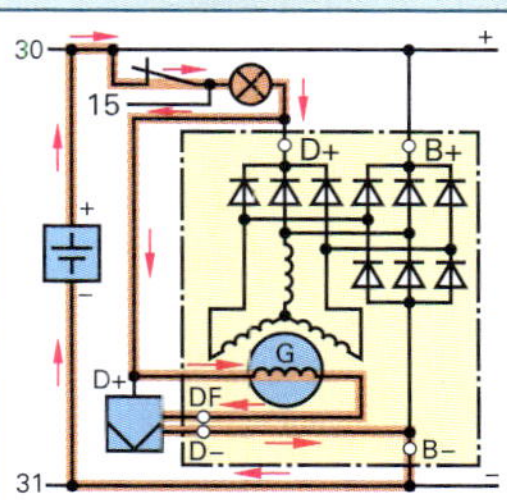	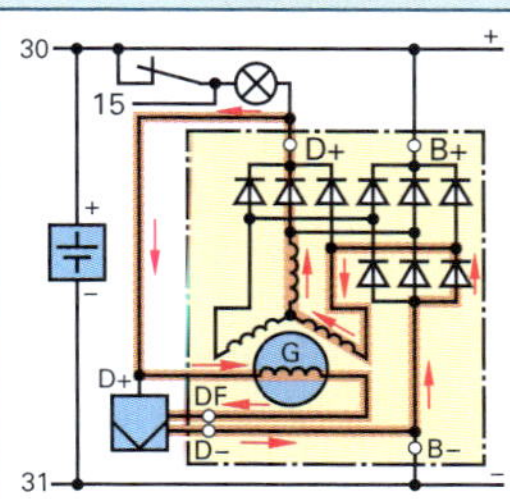	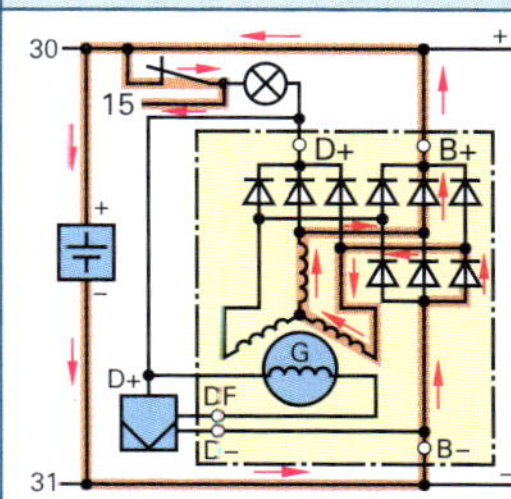
Starterbatterie +/30 > Fahrtschalter/Kontrolllampe D+ > Erregerwicklung > Regler DF > Masse D-/B- > Starterbatterie –/31	Ständerwicklung > Erregerdioden > Klemme D+ > Erregerwicklung > Regler DF > Masse D-/B- > Minusdioden > Ständerwicklung	Ständerwicklung > Plusdioden > Klemme B+ > Batterie/Verbraucher > Masse B- > Minusdioden > Ständerwicklung

Spannungsregelung

Prinzip

Regler. Er muss die Generatorspannungen bei allen Drehzahlen und Belastungsfällen nahezu konstant auf der erforderlichen Höhe halten.

Generatorspannung. Sie wird durch periodisches Ein- und Ausschalten des Erregerstromes reguliert. Der Ist-Wert der Generatorspannung wird vom Regler an der Klemme D+ abgegriffen. Beim Überschreiten des Soll-Wertes wird der Erregerstrom (DF) durch den Transistor der Endstufe kurzzeitig unterbrochen.

Überspannungsschutz. Eine zur Läuferwicklung parallel geschaltete Freilaufdiode schützt elektronische Bauelemente vor Induktions-Überspannungen.

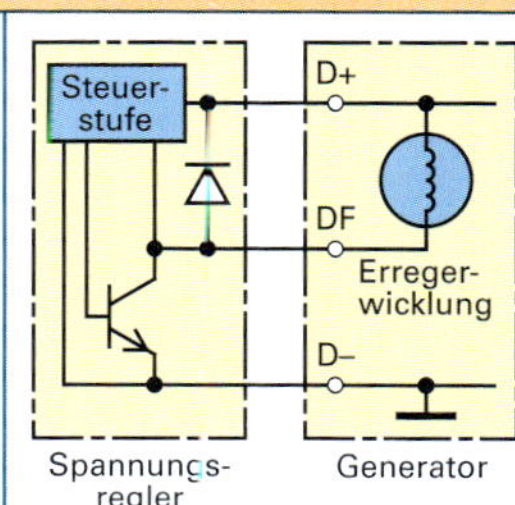

Multifunktions-Spannungsregler

Neue Ausführungen von Generatoren (sog. Kompaktgeneratoren) verfügen über Multifunktions-Spannungsregler (MFR). Diese haben unter anderem die zusätzlichen Funktionen:

- Verringerung des Widerstands beim Starten durch zeitlich verzögerte Aufschaltung des Erregerstroms bei Motorstart (Load-Response-Start).
- Bei Änderung der Generatorbelastung wird der Erregerstrom nicht schlagartig, sondern langsam verändert (weiche Lastaufschaltung). Dadurch schwankt die Motordrehzahl nur geringfügig (Load-Response-Drive).
- Eine von der Ladekontrollleuchte unabhängige Vorerregung. Diese erfolgt vom Regler über DF. Die Ladekontrollleuchte wird als Fehleranzeige von dem Regler über Kl. 61E geschaltet.

Die Ständerwicklungen von Kompaktgeneratoren können als Dreieckschaltung ausgeführt sein. Anstelle von Leistungsdioden werden Z-Dioden eingesetzt, die als Überspannungsschutz dienen.

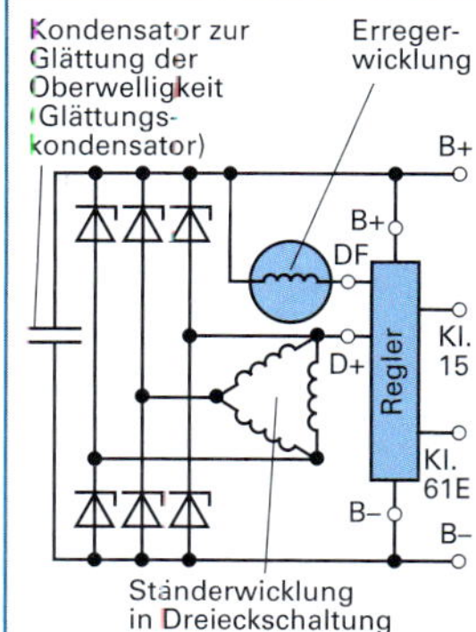

Kompakt-Generator mit MFR

E

Fehlersuche und Oszillogrammdarstellungen

Grundoszillogramm

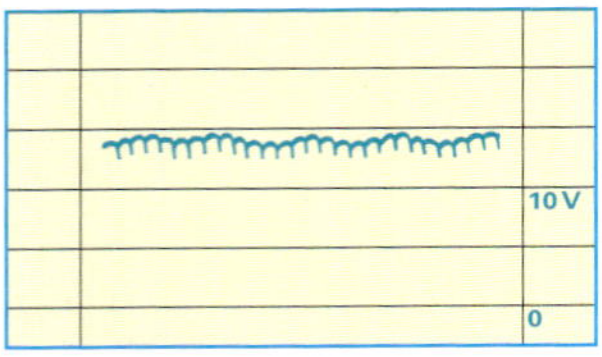

Zur Ermittlung der Fehlerquellen ist es erforderlich, das Oszillogramm eines einwandfrei arbeitenden Generators (Grundoszillogramm) zu kennen. Zur Beurteilung des Generatorzustandes wird die an D+/61 auftretende Spannung auf dem Oszilloskop dargestellt. Während der Prüfung muss der Generator belastet werden (ca. 15 A). Die Motordrehzahl wird dabei auf ca. 2500 1/min einreguliert.

Die Gleichspannung ist von einem geringen Oberwellenanteil überlagert.

Fehleroszillogramme

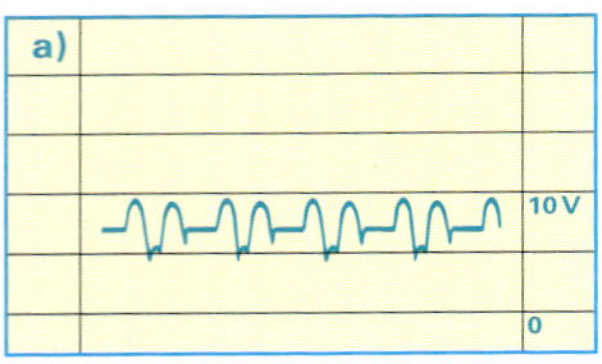

Kurzschluss einer Plusdiode

Es treten nur noch die Halbwellen der einwandfrei arbeitenden Plusdioden auf.

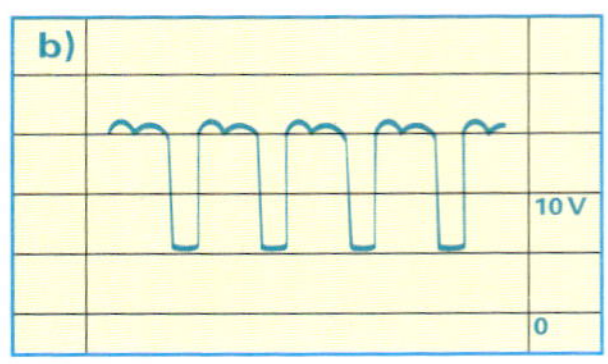

Kurzschluss einer Minusdiode

Es ähnelt stark dem Fehlerbild f), jedoch sind 2 von 3 Phasen eindeutig sichtbar.

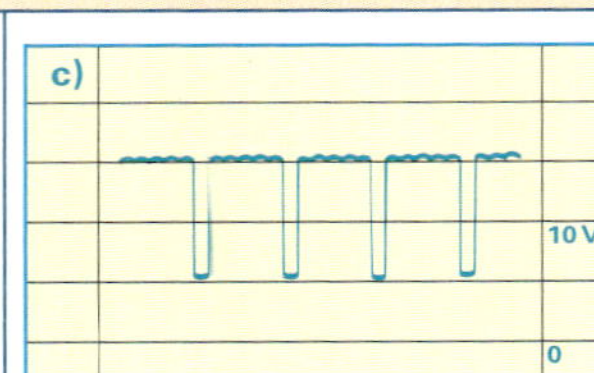

Unterbrechung einer Erregerdiode

Es fehlt eine Oberwelle; an deren Stelle erfolgt ein starker Spannungseinbruch.

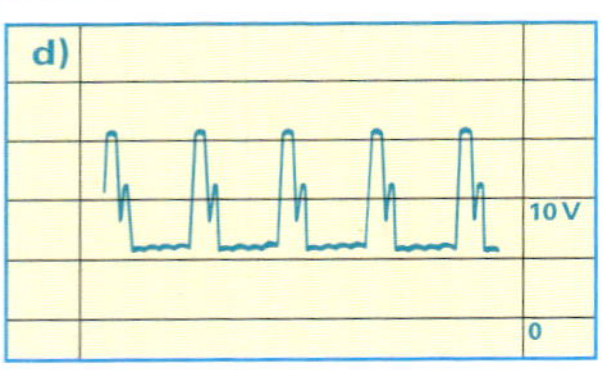

Unterbrechung einer Plusdiode

Während der Durchlasszeit der unterbrochenen Diode gibt der Generator keinen Strom ab, d.h. er ist während dieser Zeit teilweise entlastet. Auf Grund der dabei auftretenden Stromänderung treten durch Induktion Spannungsspitzen auf, die über der Gleichspannung liegen.

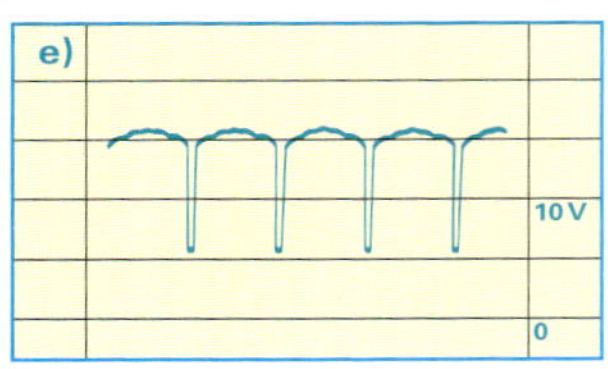

Unterbrechung einer Minusdiode

Die Minusdioden sind sowohl durch den geringen Erregerstrom als auch durch den großen Ladestrom belastet. Da die Dämpferwirkung der Starterbatterie sehr groß ist, wird der Spannungseinbruch wesentlich schmäler als bei Unterbrechung einer Erregerdiode.

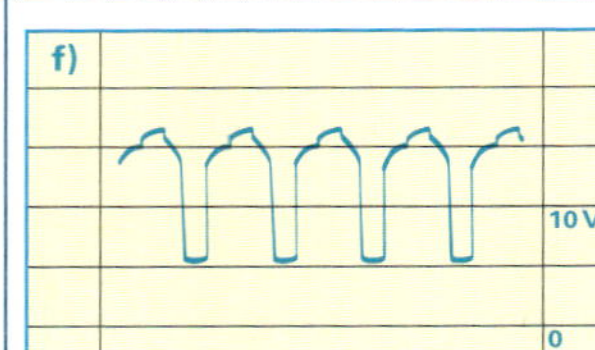

Kurzschluss einer Erregerdiode

Während einer ganzen Halbwelle gibt der Generator keine Spannung ab. Die Spannung, die über die einwandfrei arbeitenden Dioden entsteht, ist stark verzerrt und durch Oberwellen überlagert. Die kurzgeschlossene Erregerdiode bewirkt einen breiten Spannungseinbruch.

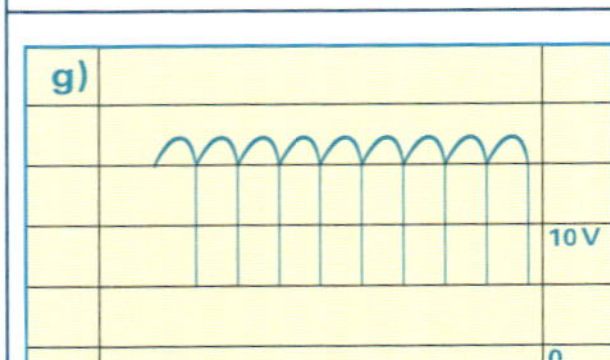

Phasenfehler

Ist die Wicklung einer Phase unterbrochen oder haben die Wicklungen zweier Phasen einen Schluss, so tritt nach jeder Oberwelle ein kurzzeitiger Spannungseinbruch auf.

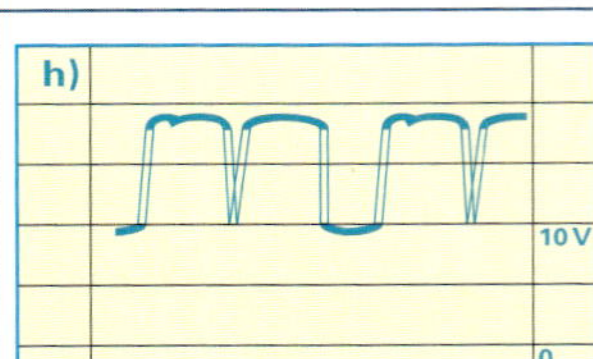

Mehrere Fehler gleichzeitig

Am Generator können gleichzeitig zwei oder mehrere Fehler aufreten. Das Bild zeigt einen Phasenfehler mit gleichzeitig kurzgeschlossener Minusdiode.

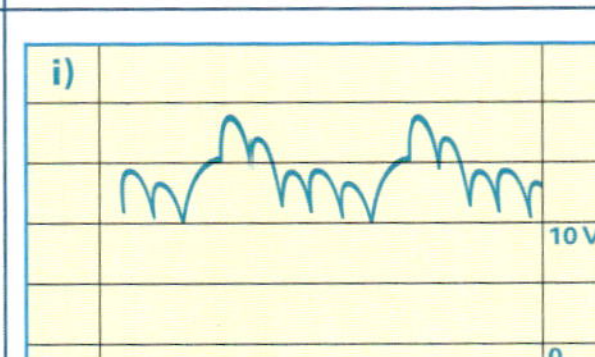

Fehlerhaft, jedoch noch nicht ausgefallene Doide

Die Dioden haben eine veränderte Kennlinie; dadurch erfolgt ein Ansteigen oder Absinken der Oberwelligkeit.

Aufgaben

Startermotor	Er muss beim Startvorgang die Massenträgheitskräfte, die Reibungs- und Verdichtungswiderstände des Verbrennungsmotors überwinden, bis er die Startdrehzahl erreicht hat.
Startdrehzahl	Sie ist die Drehzahl des Verbrennungsmotors, die seinen Selbstanlauf sicherstellt. Die Drehzahl des Starters ist wesentlich höher als die Startdrehzahl.

Erforderliche Startdrehzahl bei – 20 °C	**Drehzahl in 1/min**
Otto-Hubkolbenmotor	60 ... 100
Dieselmotor	60 ... 200

Aufbau

Startermotor	Ein Gleichstrommotor wandelt elektrische Energie in Bewegungsenergie um.
Einrückrelais	Die Kombination aus Ritzel und Einrückmagnet schiebt das Ritzel zum Einspuren in den Zahnkranz und schaltet den Starterstrom.
Einspurgetriebe	Ein Ritzel überträgt die Drehbewegung des Startermotors auf den Zahnkranz der Schwungscheibe. Ein Freilauf dient als Überholkupplung nach dem Starten.

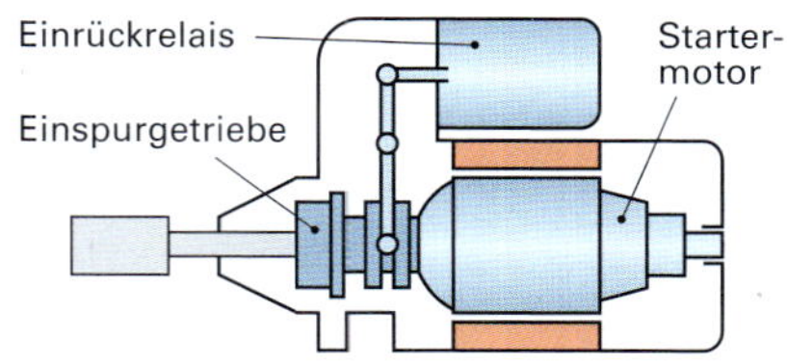

Baugruppen des Starters

Starterbauarten (Übersicht)

	Einspurgetriebe, Funktion	**Aufbau (M Motor, E Einspurgetriebe, R Relais)**	**Startermotoren**		**Verwendung (Leistung)**
Schub-Schraubtrieb	Schraubenförmiger Ritzelvorschub gegen den Zahnkranz und Einspuren durch Einrückrelais. Einspurerleichterung durch Steilgewinde. Am Ende des Relaisweges erfolgt das Einschalten des vollen Starterstromes	mit und ohne Vorgelege: 	Reihenschlussmotor 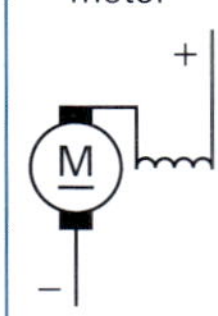	Permanent erregter Motor 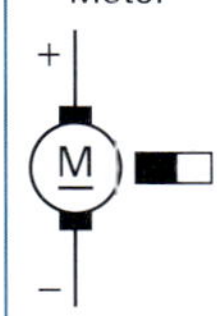	Personenkraftwagen und leichte Nutzfahrzeuge (Reihenschlussmotor bis 4 kW; Permanent erregter Motor mit / ohne Vorgelege bis 1,7 / 1,0 kW)
Schubtrieb mit mechanischer Ritzelverdrehung	Geradliniger Ritzelvorschub gegen den Zahnkranz und Einspuren durch Einrückrelais. Einspurerleichterung durch mechanisch zweistufigen Einspurbetrieb. Nach vollständigem Einspuren erfolgt das Einschalten des vollen Starterstromes	ohne Vorgelege 	Reihenschlussmotor: 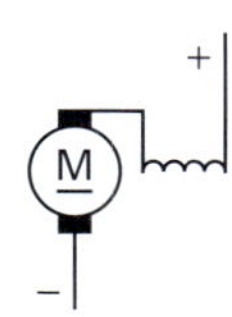		Schwere Nutzfahrzeuge mit großen Dieselmotoren (bis 7,5 kW)
Schubtrieb mit elektromotorischer Ritzelverdrehung	Geradliniger Ritzelvorschub gegen den Zahnkranz und Einspuren durch Einrückmagnet. Gleichzeitig langsamer Motoranlauf zur Einspurerleichterung (elektrische Vorstufe). Unmittelbar vor Ende des Schubweges erfolgt das Einschalten des vollen Starterstromes (Hauptstufe).	ohne Vorgelege:  mit Vorgelege: 	Doppelschlussmotor: 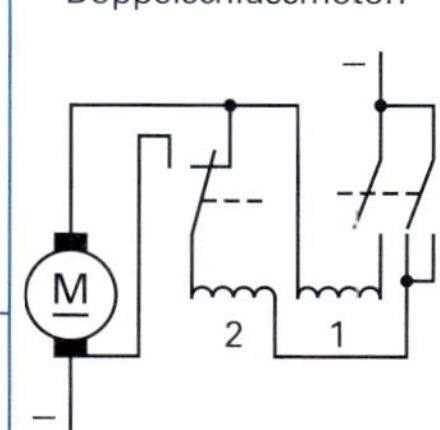 1 Reihenschlusswicklung 2 Nebenschlusswicklung		Schwere Nutzfahrzeuge und Schwerfahrzeuge (bis 21 kW)

E

Fehlersuchplan

Starter dreht sich zu langsam

Starterbatterie in Ordnung?
- NEIN → Batterie prüfen und ggf. ersetzen → **Funktion prüfen**
- JA ↓

Anschlüsse am Starter prüfen ggf. reinigen
- Batterie-Masseband an der Starterbatterie abklemmen.
- Anschlüsse am Starter und Masseband zwischen Getriebe und Aufbau reinigen und festziehen.
- Batterie-Masseband anklemmen.

Starter dreht sich zu langsam → Startermotor instandsetzen (Fehlerursachen:
- ungenügender Kontakt zwischen Kohlebürsten und Kollektor
- Magnetschalter)

→ **Funktion prüfen**

Starter dreht sich nicht

Starterbatterie in Ordnung?
- NEIN → Batterie prüfen und ggf. ersetzen
- JA ↓

Spannung an Klemme 50 (Starter) mind. 12 Volt (Messung 1)
- NEIN → **Spannung an Klemme 50 (Zündschloss) mind. 12 Volt (Messung 2)**
  - JA → Leitungsunterbrechung beseitigen
  - NEIN → Zündschloss instandsetzen
- JA ↓

Spannung an Klemme 30 mind. 12 Volt (Messung 3)
- NEIN → Leitungsunterbrechung beseitigen
- JA ↓

Spannung zwischen Startergehäuse und Batterie Minus ca. 0 Volt (Messung 4)
- NEIN → Übergangswiderstände beseitigen
- JA ↓

Spannung an der Feldklemme mind. 9 Volt (Messung 5)
- NEIN → Startrelais ersetzen
- JA → Startermotor instandsetzen

→ **Funktion prüfen**

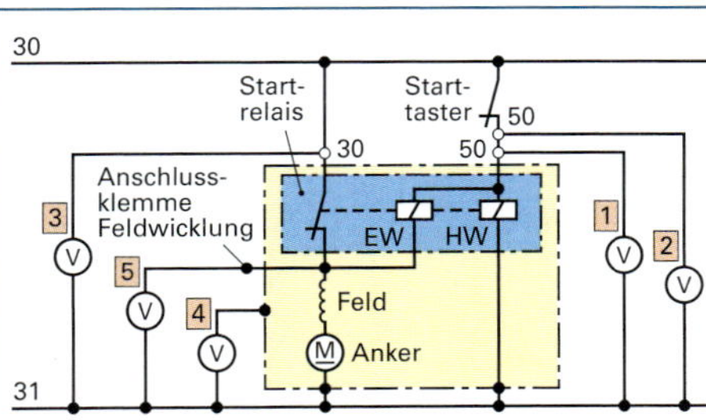

Messungen am Starter

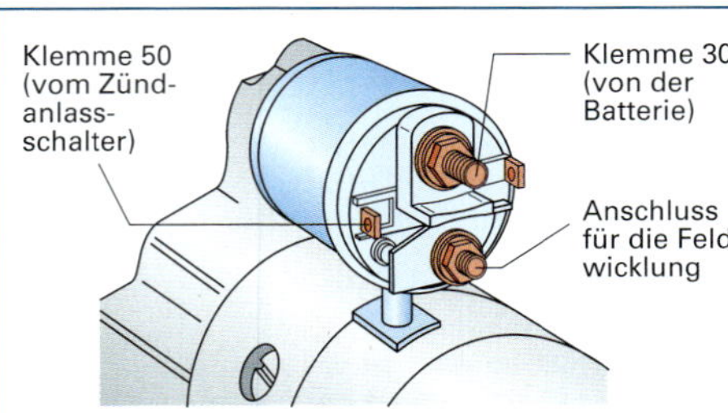

Anschlüsse am Starter

E

Aufgaben

Die Zündanlage hat die Aufgabe, das Kraftstoff-Luft-Gemisch unter allen Betriebsbedingungen zu zünden und damit die Verbrennung einzuleiten. Dazu ist es erforderlich, dass

- die Batteriespannung (z.B. 12 V) auf die Zündspannung (bis ca. 30 000 V) transformiert wird
- die Zündspannung im richtigen Zeitpunkt (Zündzeitpunkt) der Zündkerze zugeführt wird
- genügend Energie zur Verfügung steht, um in jedem Verdichtungstakt einen Zündfunken mit möglichst langer Brenndauer zu erhalten.

Aufbau von Spulenzündanlagen

Starterbatterie. Sie liefert die Energie für den Aufbau des Magnetfeldes in der Primärwicklung.

Zündimpulsgeber. Er steuert das Zündsteuergerät so an, damit dieses den Primärstrom bei Erreichen des Zündzeitpunkts ausschaltet und damit in der Zündspule einen Hochspannungsimpuls erzeugt.

Zündsteuergerät. Es hat die Aufgabe, den Primärstrom zu schalten.

Zünd- bzw. Fahrtschalter. Er versorgt das Zündsteuergerät mit Spannung.

Zündspule. Sie speichert die für den Funkenüberschlag notwendige Zündenergie und erzeugt die Zündspannung.

Hochspannungsverteilung. Sie verteilt die Zündspannung auf die Zündkerzen. Bei konventionellen Zündanlagen erfolgt die Verteilung mit Hilfe eines rotierenden mechanischen Zündverteilers (Rotierende Hochspannungsverteilung, ROV).

In vollelektronischen Zündanlagen (VZ) übernimmt das Zündsteuergerät diese Aufgabe, indem es die Zündspulen direkt ansteuert (Ruhende Hochspannungsverteilung, RUV).

Zündkerze. Zwischen den Elektroden der Zündkerze entsteht durch die Zündspannung ein Zündfunke. Dieser entzündet das Kraftstoff-Luft-Gemisch.

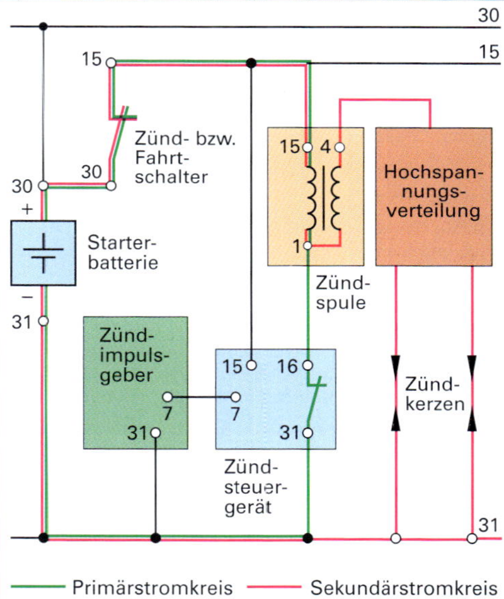

Arten von Zündanlagen

Spulenzündanlagen können unterschieden werden nach der Art

- des Zu- und Abschaltens des Primärstroms in der Zündspule

- des Festlegens des Zündzeitpunkts und der damit verbundenen Zündwinkelverstellung

- der Hochspannungsverteilung an die einzelnen Zylinder.

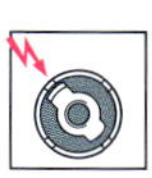

Man unterscheidet folgende Zündsysteme:

- **Kontaktgesteuerte Spulenzündanlagen (SZ)**
- **Transistorzündanlagen (TSZ bzw. TZ)**
- **Elektronische Zündanlagen (EZ)**
- **Vollelektronische Zündanlagen (VZ)**

Die kontaktgesteuerten Spulenzündanlagen werden nicht mehr verbaut.

Zündsysteme (Übersicht)	Auslösen und Schalten	Zündwinkelverstellung	Hochspannungsverteilung
mechanisch elektronisch	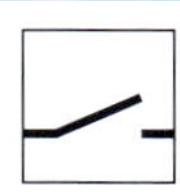		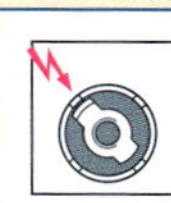
Spulen-Zündung (SZ)	Mechanischer Schalter (Unterbrecherkontakt)	Durch Fliehkraft und Unterdruck	Rotierender Zündverteiler (ROV)
Transistor-Zündung (TSZ bzw. TZ)	Induktiv- oder Hall-Geber	Durch Fliehkraft und Unterdruck	Rotierender Zündverteiler (ROV)
Elektronische Zündung (EZ)	Induktiv- oder Hall-Geber	Durch ein im Steuergerät gespeichertes Zündkennfeld	Rotierender Zündverteiler (ROV)
Vollelektronische Zündung (VZ)	Geber für Last, Drehzahl, Bezugsmarke und OT 1. Zylinder	Durch ein im Steuergerät gespeichertes Zündkennfeld	Ruhende Hochspannungsverteilung (RUV)

E

Transistorzündanlagen

Transistorzündanlage mit Hallgeber-System (TSZ-h, TZ-h)

Aufbau

Sie verfügt über einen Hallgeber als Impulsgeber. Er besteht aus der Magnetschranke (Dauermagnet mit weichmagnetischen Leitstücken) sowie dem Hall-IC (integrierte Halbleiterschaltung mit Hallgenerator). Der Verteilerläufer ist als Blendenrotor ausgebildet, dessen Anzahl an Blenden der Zylinderzahl des Motors entspricht. Die Blendenbreite *b* entspricht dem Schließwinkel. Der Blendenrotor bewegt sich im Luftspalt der Magnetschranke.

Die Stromversorgung des Hallgebers erfolgt über die Klemmen 8h und 31d vom Steuergerät. Die Geberspannung U_G als Signal für die Zündauslösung wird von der Klemme 0 auf die Klemme 7 des Steuergerätes geführt.

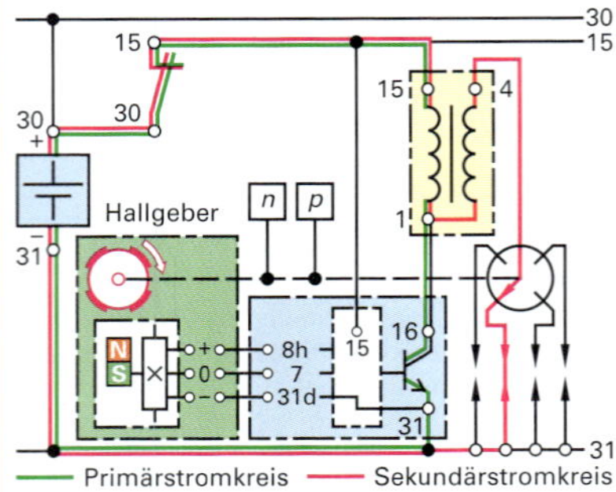

Schaltplan einer Transistorzündanlage mit Hallgeber

Wirkungsweise

Schiebt sich eine Blende des Blendenrotors in den Luftspalt der Magnetschranke, so wird das Magnetfeld vom Hallgenerator abgelenkt. Die Hallspannung U_H wird Null.

Tritt die Blende aus dem Luftspalt heraus, so steigt in diesem Augenblick die Hallspannung U_H. Sie wird in der integrierten Halbleiterschaltung verstärkt und in die Geberspannung U_G umgewandelt. In diesem Moment beträgt die Geberspannung U_G Null. Das Steuergerät unterbricht den Primärstrom.

Dadurch wird in der Primärwicklung der Zündspule das Magnetfeld abgebaut. In der Sekundärwicklung entsteht die Zündspannung.

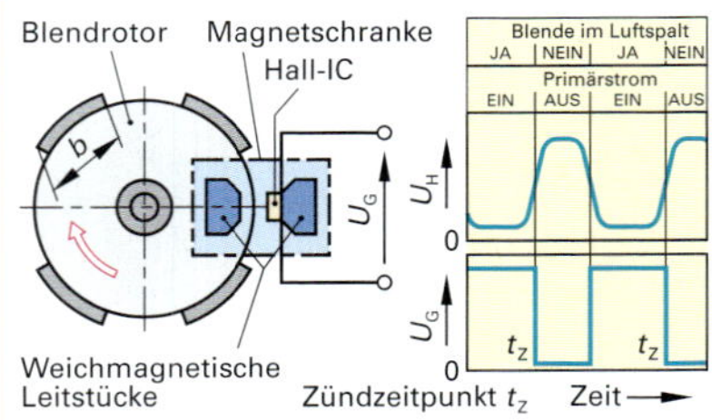

Zündauslösung durch Hallgeber

Transistorzündanlage mit Induktivgeber-System (TSZ-i, TZ-i)

Aufbau

Sie verfügt über einen Induktivgeber als Impulsgeber. Der Stator wird von einem Eisenkern mit Induktionswicklung und einem Dauermagneten gebildet. Auf der Verteilerwelle sitzt der Rotor (Impulsgeberrad). Kern und Rotor bestehen aus weichmagnetischem, d.h. leicht magnetisierbarem Stahl. Rotor und Stator haben Zacken. Die Anzahl der Statorzacken entspricht der Zylinderzahl.

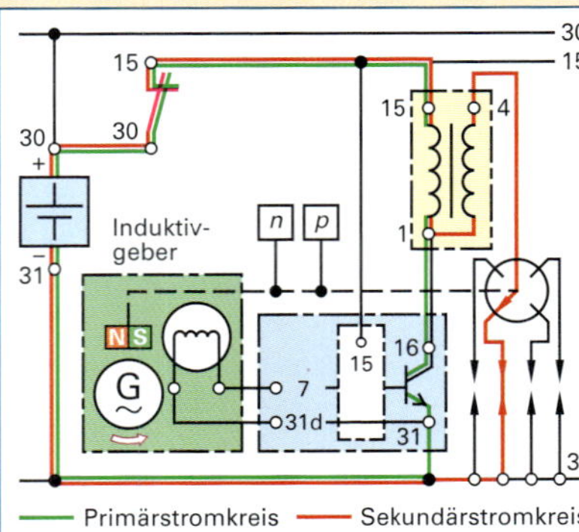

Schaltplan einer Transistorzündanlage mit Induktivgeber

Wirkungsweise

Der Induktionsgeber ist ein Generator. Die Zacke am Eisenkern des Stators bildet mit den Rotorzacken einen Luftspalt. Wird der Rotor gedreht, verändert sich der Luftspalt zwischen Rotor- und Statorzacken. Die dadurch verursachte Magnetflussänderung bewirkt eine entsprechend hohe Induktionsspannung in der Wicklung. Nähern sich die Rotorzacken den Statorzacken, entsteht ein Spannungsimpuls. Entfernen sie sich voneinander, bewirkt die Abnahme der Magnetfeldstärke einen entgegengesetzt gepolten Spannungsimpuls. In diesem Bereich wird die Zündung ausgelöst, indem der Primärstrom unterbrochen wird. In diesem Augenblick erfolgt die Polungsumkehr der Geberspannung U_G. Dies bewirkt die Unterbrechung des Primärstroms.

Dadurch wird in der Primärwicklung der Zündspule das Magnetfeld abgebaut. In der Sekundärwicklung entsteht die Zündspannung.

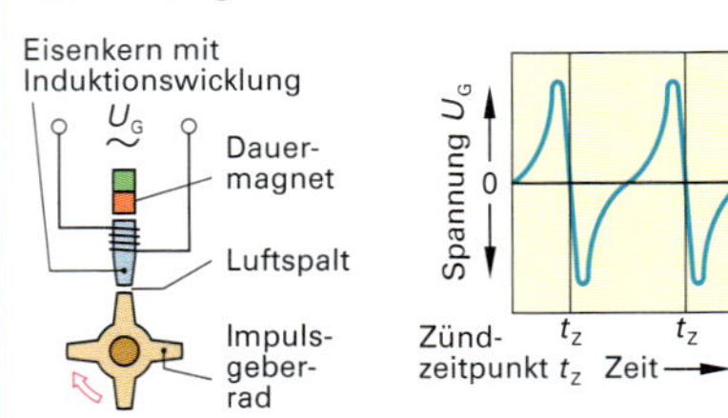

Zündauslösung durch den Induktivgeber

E

Steuergeräte für Transistorzündanlagen (TZ-h, TZ-i)

Aufgaben

- Verarbeitung der für die Zündauslösung erforderlichen Informationen und Bestimmung des Zündzeitpunkts
- Steuerung und Regelung des Primärstroms
- Minimierung der thermischen Belastung von Zündspule und Leistungsendstufe im Steuergerät

Funktionen

Schließwinkelsteuerung. Sie verändert den Schließwinkel im Verhältnis zur Drehzahl so, dass die Schließzeit (Zeit in der der Primärstrom fließt) annähernd konstant bleibt.

Schließwinkelregelung. Sie erfasst den Istwert des Primärstroms. Sie regelt den Schließwinkel so, dass trotz unterschiedlicher Batteriespannung, Motordrehzahl und Temperatur immer der gleiche Primärstrom erreicht wird.

Primärstrombegrenzung. Sie setzt bei Erreichen des Primärstromsollwertes ein. Die Primärwicklung ist so ausgelegt, dass sich ohne Strombegrenzung ein Ruhestrom von ca. 30 A einstellen würde. Dadurch wird ein schneller Anstieg des Primärstroms und ein schneller Aufbau des Magnetfeldes bewirkt. Da dieser Strom sowohl die Zündspule als auch den Leistungstransistor der Endstufe zerstören würde, wird der Primärstrom bei Erreichen des Sollwertes (ca. 10 A bis 15 A) begrenzt.

Ruhestromabschaltung. Sie schaltet den Primärstrom bei stillgelegtem Motor und eingeschalteter Zündung ab, damit die Zündspule durch zu hohe Erwärmung nicht überlastet wird.

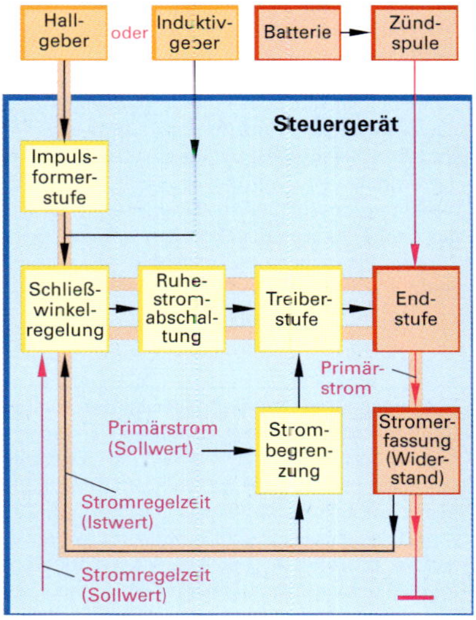

Blockschaltbild eines Steuergerätes mit Schließwinkelregelung und Strombegrenzung

Elektronische Zündanlagen

Aufbau

Elektronische Zündanlagen (EZ) verfügen über eine Transistorzündung in Verbindung mit der elektronischen Zündzeitpunktverstellung. Die Verstellung des Zündzeitpunkts erfolgt anhand eines im Steuergerät elektronisch gespeicherten Zündkennfeldes (Kennfeldzündung). Der Verteiler dient nur noch der Verteilung der Zündspannung. Äußeres Zeichen zur Unterscheidung gegenüber der Transistorzündung ist die fehlende Unterdruckdose am Verteilergehäuse.
Der Zündimpulsgeber (Drehzahl- und Bezugsmarkengeber als Induktivgeber) sitzt dann meist an der Kurbelwelle. Verfügt der Verteiler über einen Hallgeber mit Blendenrotor, so dient dieser statt des Drehzahl- und Bezugsmarkengebers als Zündimpulsgeber.

Wirkungsweise

Zündkennfeld. Es wird auf einem Motorenprüfstand ermittelt und ist im Zündsteuergerät gespeichert. Die Hauptinformationen zur Bestimmung des Zündwinkels sind Motorlast und Motordrehzahl.

Schließwinkelkennfeld. Es ist im Zündsteuergerät gespeichert und wird zur Bestimmung des Schließwinkels eingesetzt. Es hat die Aufgabe, das Zündspannungsangebot unabhängig von der Motordrehzahl und der Batteriespannung konstant zu halten.

Klopfregelung. Sie hat die Aufgabe häufige klopfende Verbrennungen im Motor zu verhindern. Der am Motorblock befestigte Klopfsensor erzeugt bei einer auftretenden klopfenden Verbrennung ein Spannungssignal. Das Steuergerät verstellt den Zündzeitpunkt soweit nach „spät", bis keine klopfende Verbrennung mehr auftritt. Danach wird der Zündzeitpunkt schrittweise wieder in Richtung „früh" verlegt. Bei häufig auftretendem Klopfen schaltet das Steuergerät auf ein anderes Kennfeld um.

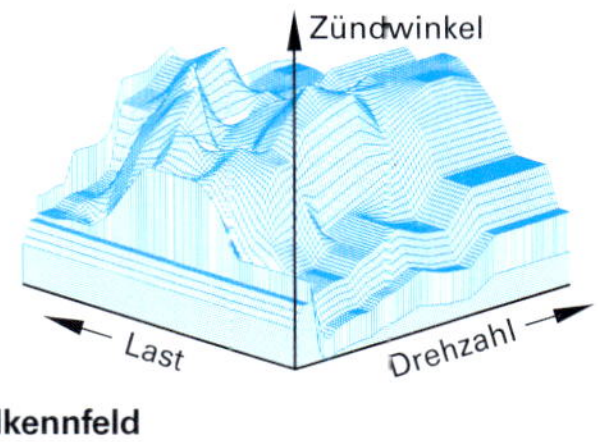

Zündkennfeld

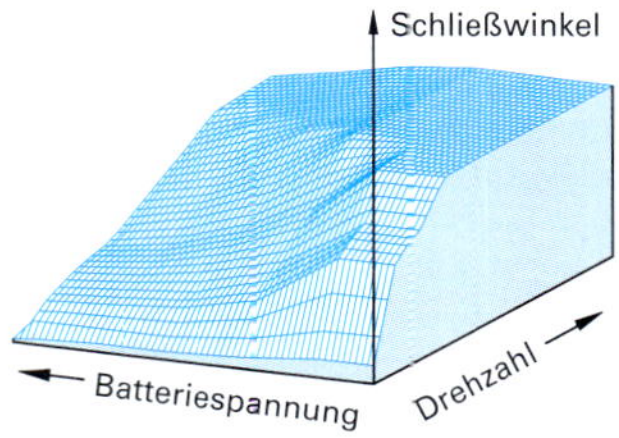

Schließwinkelkennfeld

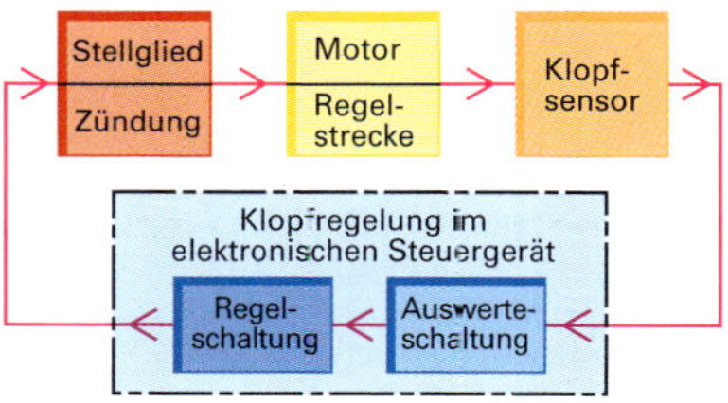

Regelkreis der Klopfregelung

E

Vollelektronische Zündanlagen

Vollelektronische Zündanlagen unterscheiden sich von Elektronischen Zündanlagen dadurch, dass der mechanisch arbeitende (rotierende) Zündspannungsverteiler (ROV) durch eine ruhende (statische) Zündspannungsverteilung (RUV) ersetzt wird. Ein Drehzahl- und Bezugsmarkengeber wird als Zündimpulsgeber verwendet.

Zündanlagen mit Einzelfunkenzündspulen. Es werden soviel Zündspulen und Endstufen benötigt, wie Zylinder vorhanden sind. Diese sind direkt auf die Zündkerze aufgesetzt. Aufgrund der Signale vom Drehzahl- und Bezugsmarkengeber (Kurbelwelle) und des OT-Gebers (Nockenwelle) schaltet die Endstufe des Steuergerätes den Primärstrom zu und ab. Die in den Zündspulen eingebaute Diodenkaskade verhindert einen Funkenüberschlag beim Aufbau des Magnetfeldes.

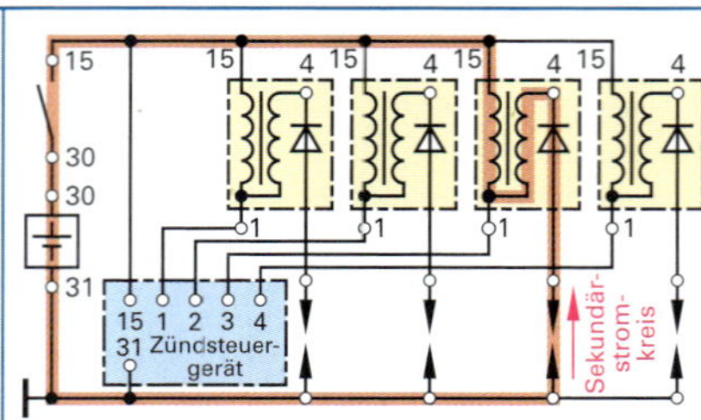

Zündanlagen mit Doppelfunkenzündspulen. Sie hat eine Sekundärwicklung mit zwei Ausgängen, an die je eine Zündkerze angeschlossen ist. Die Primär- und Sekundärwicklung sind elektrisch voneinander getrennt. Im Zündzeitpunkt entstehen zwei Zündfunken. Der eine Zündfunke zündet am Ende des Verdichtungstaktes (Hauptfunke) und der andere in den Auspufftakt (Stützfunke). Bei einem 4-Zylinder-Motor (Zündfolge 1-3-4-2) ist eine Zündspule mit dem 1. und 4. Zylinder verbunden, die andere mit dem 2. und 3. Zylinder. Diese Zündanlage kann nur bei Motoren mit gerader Zylinderzahl verwendet werden.

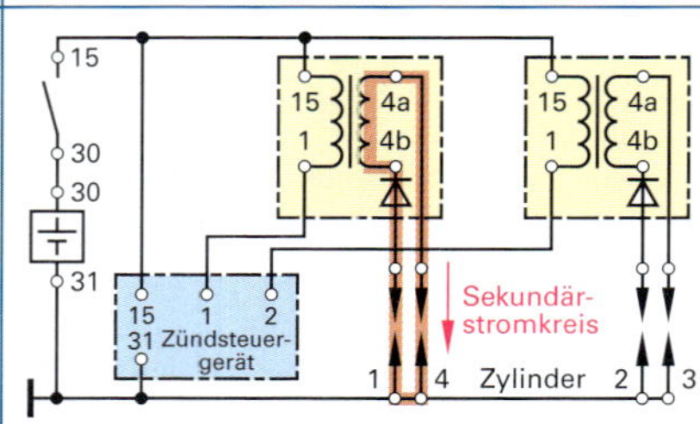

Zündanlagen mit Vierfunkenzündspulen. Die Zündspule besteht aus zwei Primärwicklungen (W1, W2), die jeweils abwechselnd von einer eigenen Endstufe (V1, V2) angesteuert werden. Sekundärseitg ist nur eine Wicklung vorhanden. Deren zwei Ausgänge weisen jeweils zwei Dioden auf, die entgegengesetzt gepolt sind. Pro Zündimpuls wird an zwei Zündkerzen jeweils ein Zündfunke erzeugt. Um die Versorgung aller Zündkerzen mit Hochspannung sicherzustellen, muss die Polarität gewechselt werden. Dieser Wechsel wird durch die Magnetfelder der beiden Primärwicklungen hervorgerufen, deren Wicklungsrichtung entgegengesetzt ist.

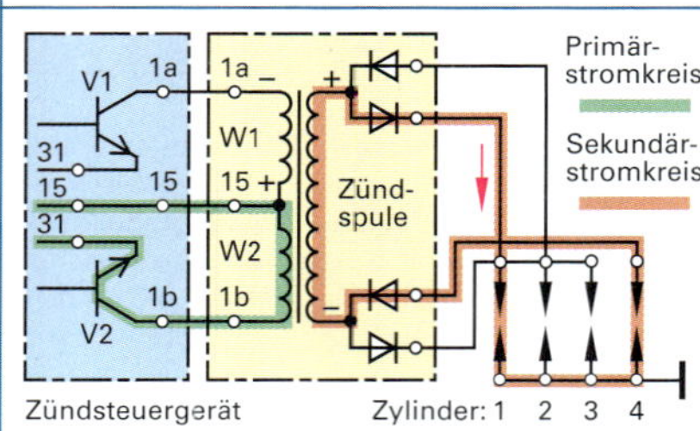

Zündanlagen mit Doppelzündung. Jeder Zylinder hat zwei Zündkerzen, die gleichzeitig oder zeitlich versetzt zünden. Damit wird die Verbrennung hinsichtlich Motorleistung, Schadstoffemissionen und Kraftstoffverbrauch optimiert. Jede Doppelfunkenzündspule versorgt immer nur eine Zündkerze pro Zylinder. Die zweite Hochspannungsleitung führt zu dem Zylinder, der sich gerade im Auslasstakt befindet. Es werden immer zwei Zündspulen gleichzeitig oder versetzt angesteuert. Der räumliche und zeitliche Versatz von Zündung und Zündkerze bewirkt eine weichere Verbrennung.

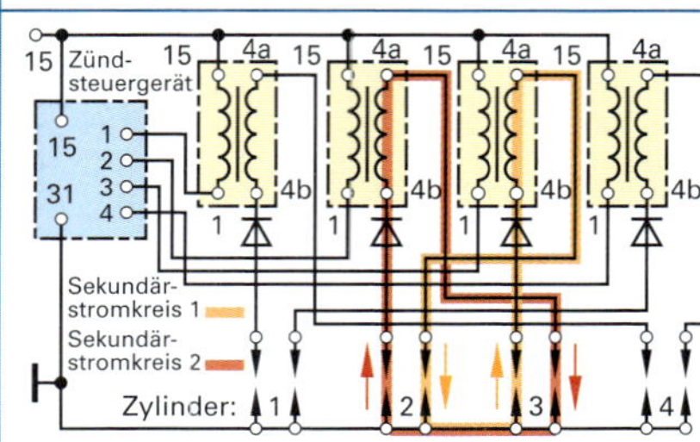

Zündanlagen mit Einzelfunkenzündspule und Zündaussetzungserkennung. Die Erkennung von Zündaussetzern ist im Rahmen der On-Board-Diagnose (OBD) vorgeschrieben. Sie hat die Aufgabe, bei festgestellten Zündaussetzern das Einspritzventil für den betroffenen Zylinder abzuschalten und dem Fahrer dies mitzuteilen. Eine Möglichkeit der Fehlererkennung ist die Messung der Sekundärstromstärke der Zündspule. Dazu wird im Sekundärstromkreis mit einem Messwiderstand (R_M) die Messspannung U_M gemessen.
Misst das Steuergerät an einem Zylinder keine ausreichende Spannung, wird das zugehörige Einspritzventil abgeschaltet.

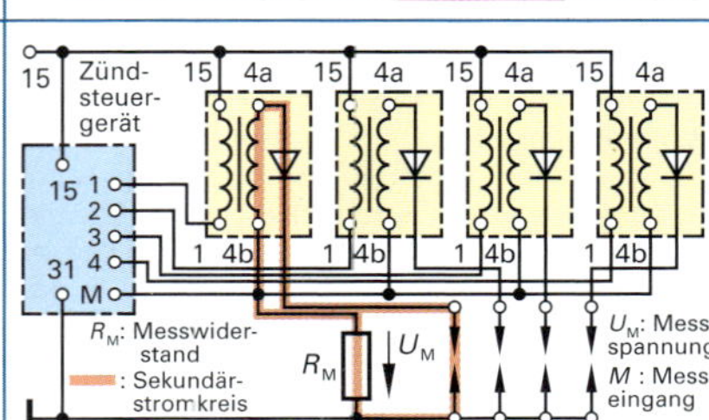

E

Normaloszillogramme

Transistorzündanlagen

Die Oszillogramme des Primär- und des Sekundärkreises können in den Öffnungsabschnitt (1) und den Schließabschnitt (2) eingeteilt werden.

Sekundärbild

Wenn der Transistor sperrt (3), entsteht durch das sich abbauende Magnetfeld in der Sekundärwicklung eine Hochspannung, die Zündspannung (4). Der steile Spannungsanstieg wird als Zündnadel (5) bezeichnet. Nach dem Funkenüberschlag sinkt die Spannung auf die Höhe der Brennspannung (6). Die Länge der Brennspannungslinie (7) ist ein Maß für die Zeit, während der der Zündfunke vorhanden ist. Reißt die Brennspannung ab, so erfolgt bei gesperrten Transistor der Ausschwingvorgang (8). Nach Beendigung der Öffnungszeit (1) schaltet der Transistor durch (9). Die entstehende Selbstinduktionsspannung ist durch kleine Schwingungen überlagert (10).

Primärbild

Im Augenblick des Sperrens des Transistors (3) entsteht in der Primärwicklung eine Selbstinduktionsspannung, die in ihrer Höhe durch eine Zenerdiode begrenzt wird. Die Höhe der Spannung wird auch als Zenerspannung (11) bezeichnet.

Schließwinkelregelung

Der Schließwinkel bzw. der Schließabschnitt (2) werden mit zunehmender Drehzahl sowohl im Primär- als auch im Sekundärbild größer, d.h. der Zeitpunkt, in dem der Transistor durchschaltet (9), wandert in Richtung Ausschwingvorgang. Der Öffnungsabschnitt (1) verkleinert sich entsprechend.

Strombegrenzung

Primär- und Sekundärbild unterscheiden sich bei hohen Drehzahlen häufig nicht von dem einer Anlage, die nur eine Schließwinkelregelung aufweist. Vor allem bei niedrigen Drehzahlen, d.h. bei kleinem Schließwinkel, ist der Einsatz der Stromregelung (12) deutlich als Höcker sichtbar. Dieser Höcker wird mit steigender Drehzahl immer kleiner, bis er fast nicht mehr sichtbar ist.

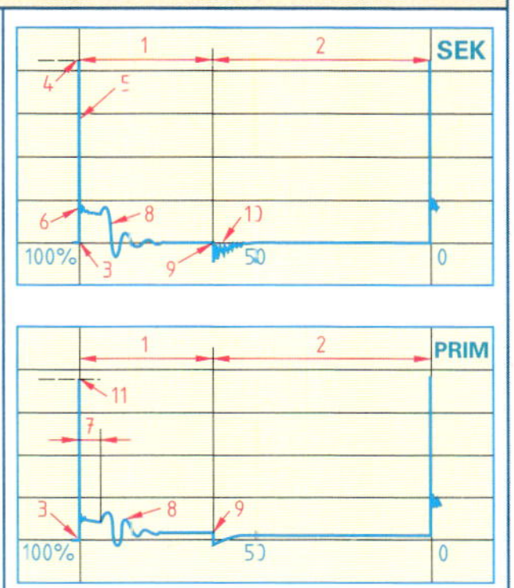

Transistorzündanlage (TSZ)

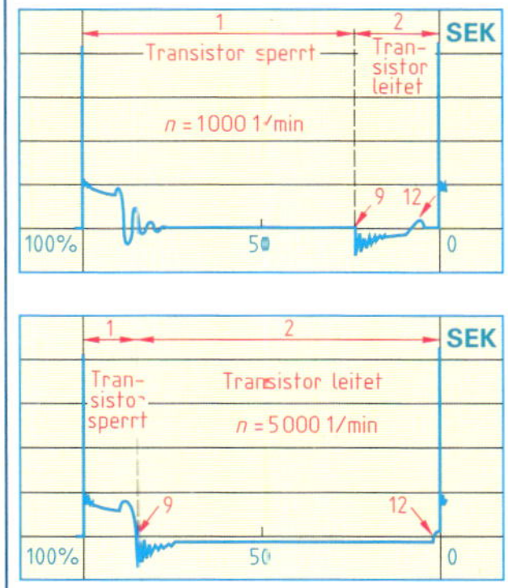

Transistorzündanlage mit Schließwinkelregelung und Strombegrenzung

Vollelektronische Zündanlagen

Die Oszillogramme von Zündanlagen mit Einzelfunkenzündspulen entsprechen grundsätzlich denen einer konventionellen Zündanlage.

Herstellerbedingt können jedoch Abweichungen von den dargestellten Normaloszillogrammen auftreten.

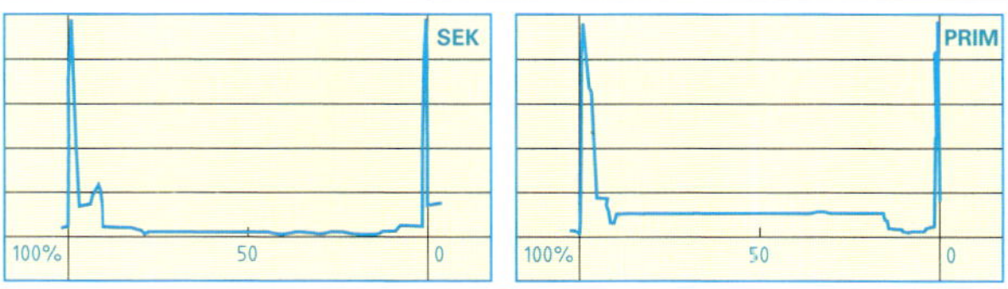

Zündanlage mit Einzelfunkenzündspule (EFS)

Bei Zündanlagen mit Doppelfunkenzündspulen entstehen im Sekundärkreis im Verdichtungstakt der Hauptfunke und im Auspufftakt der Stützfunke. Dabei erreicht der Hauptfunke höhere Spannungswerte als der Stützfunke. Die Addition aus beiden Funken ergibt ein Summensignal. Dieses wird zur Beurteilung des Zündablaufs verwendet.

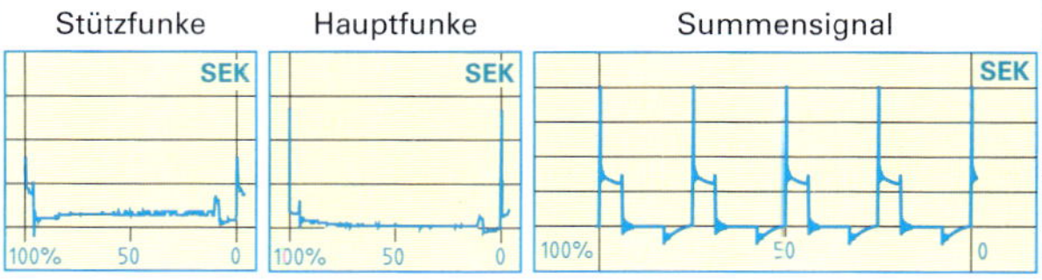

Zündanlage mit Doppelfunkenzündspule (DFS)

E

Aufgaben und Aufbau

Aufgaben	Die Zündkerze muss das Kraftstoff-Luft-Gemisch im Verbrennungsraum durch einen Hochspannungsimpuls entzünden. Nach Erreichen der Zündspannung findet zwischen der Masse- und Mittelelektrode ein Funkenüberschlag statt.
Aufbau	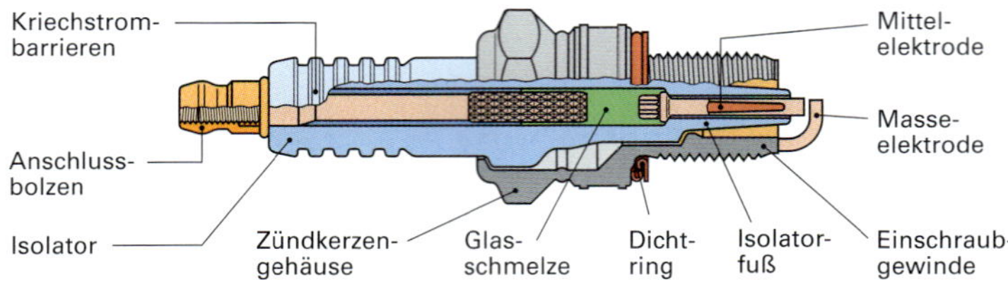

Elektrodenformen (Auswahl)

Stirnelektrode	Seitenelektrode	Ring-Seitenelektrode	Dreimasse-elektrode	Viermasse-elektrode
			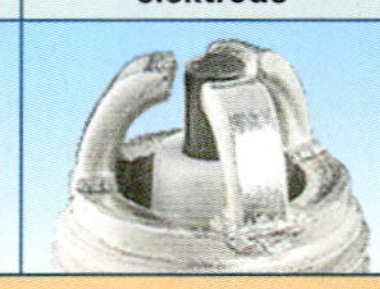	

Kenngrößen

Wärmewert[1)]	Er bezeichnet die thermische Belastungsfähigkeit einer Zündkerze und gibt an, in welchem Umfang die von der Zündkerze aufgenommene Wärmeenergie an den Zylinderkopf abgegeben werden kann.
Wärmewert-Kennzahl[1)]	Sie gibt Auskunft über die thermische Eigenschaft der Zündkerze: • Hohe Wärmewert-Kennzahl (äußeres Erkennungsmerkmal: langer Isolatorfuß): hohe Wärmeaufnahme, geringe Wärmeableitung („heiße Kerze") • Niedrige Wärmewert-Kennzahl (äußeres Erkennungsmerkmal: kurzer Isolatorfuß): geringe Wärmeaufnahme, gute Wärmeleitung („kalte Kerze") Beispiel für die Wärmewert-Kennzeichnung eines Herstellers[1)]: **2 3 4 5 6 7 8 9 10 11 12 13** **kälter ⟵ Zündkerze ⟶ wärmer** Ist die Wärmewert-Kennziffer zu hoch, kann die Zündkerze die entstandene Wärme nicht schnell genug abführen. Auswirkungen: Glühzündungen, d.h. Gemisch entzündet sich an einer zu heißen Kerze. Ist die Wärmewert-Kennziffer zu niedrig, wird die zur Selbstreinigung nötige Freibrenntemperatur nicht erreicht. Auswirkungen: Zündaussetzer, erhöhter Verbrauch und steigende HC-Emissionen.

Zündkerzen-Gesichter (Auswahl)

Normal	Verrußt	Verölt	Mittelelektrode angeschmolzen	Starker Verschleiß der Masseelektrode
		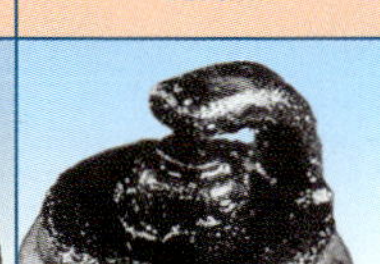		
Isolatorfuß in grau-weißer-grau-gelber Farbe	**Ursachen:** Gemisch zu fett, überwiegender Einsatz im Kurzstreckenverkehr	**Ursachen:** Ölstand zu hoch, stark verschlissene Kolbenringe, Ventilführungen	**Ursachen:** Thermische Überlastungen durch Glühzündungen	**Ursache:** z.B. Motorklopfen

1) Hinweis: Wärmewert und Wärmewert-Kennzahl sind nicht genormt!
Ein Vergleich von Zündkerzen verschiedener Hersteller ist nur über Vergleichstabellen möglich.

E

Einteilung der Sensoren

Aufgabe

Sie sollen in elektronisch gesteuerten Systemen die Betriebszustände erfassen und sie in elektrische Signalgrößen umwandeln. Sensoren werden nach folgenden Kriterien unterschieden:

- Aufgabe, z.B. Ermittlung von Drehzahlen, Temperaturen, Drücken
- Art des Ausgangssignals, z.B. analog, binär, digital
- Kennlinienart, z.B. stetig linear, stetig nicht linear, nicht stetig
- Physikalische Wirkungsweise, z.B. induktiv, kapazitiv, optisch, thermisch
- Anzahl der Integrationsstufen.

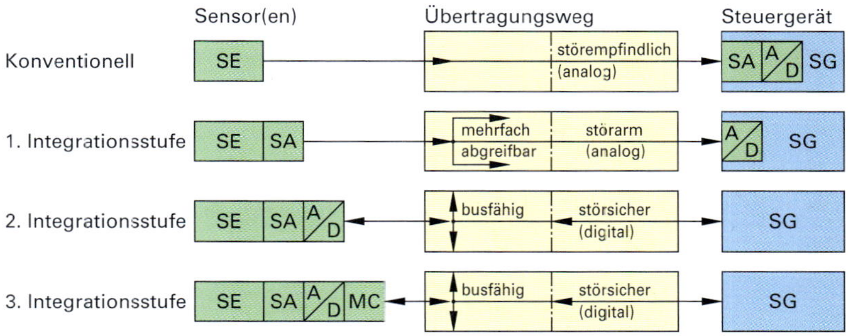

SE Sensoren, SA Signalaufbereitung, A/D Analog-Digital-Wandler, SG Steuergerät, MC Microcomputer

Anmerkung

Signale von Sensoren der 2. und 3. Integrationsstufe können mit herkömmlichen Werkstattmitteln nicht überprüft werden.

Sensoren

Schaltzeichen	Funktion, Anwendung, Diagnose	Darstellung, Signal
Schalter 	**Funktion:** Schalter können dem Steuergerät zwei Zustände mitteilen (geschlossen oder offen, bzw. ein oder aus). Schalter werden mechanisch, pneumatisch, hydraulisch, thermisch oder elektrisch (Relais) betätigt. **Beispiele für Anwendung:** Drosselklappenschalter, Kick-down-Schalter, Bremslichtschalter, Thermozeitschalter, Bedienschalter, Relais. **Diagnose durch Spannungs- und Widerstandsmessung:** Widerstandsmessung: (bei geschlossenem Schalter ca. 0 Ω, bei geöffnetem Schalter Wert gegen ∞) Spannungsmessung: (Schalter geöffnet, 0 V am Ausgang, Schalter geschlossen, U_1 am Ausgang).	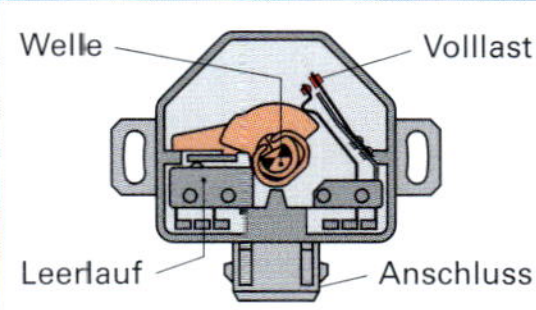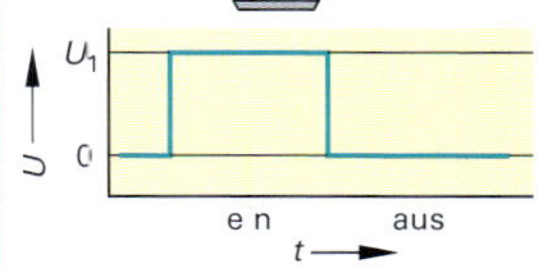
Potentiometer 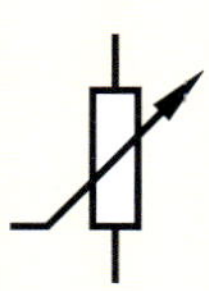	**Funktion:** Mechanische Schleifer bewegen sich auf Widerstandsbahnen. Je nach Stellung der Schleifer verändert sich der Widerstand und bewirkt zusammen mit einem in Reihe geschalteten Festwiderstand einen Spannungsabfall, der vom Steuergerät ausgewertet wird. **Beispiele für Anwendung:** Drosselklappenpotentiometer, Fahrpedalgeber, Tankfüllstandssensor. **Diagnose durch Spannungs- und Widerstandsmessung:** Widerstandsmessung: **stetige** Widerstandsänderung vom Minimalwert zum Maximalwert überprüfen. Spannungsmessung: **stetige** Spannungsänderung vom Minimalwert zum Maximalwert überprüfen. Werte für Drosselklappenpotentiometer: Z.B. D.K. geschlossen, ca. 0,5 Ω; D.K. geöffnet, ca. 2 Ω; D.K. geschlossen, ca. 0,9 V; D.K. geöffnet, ca. 4,8 V.	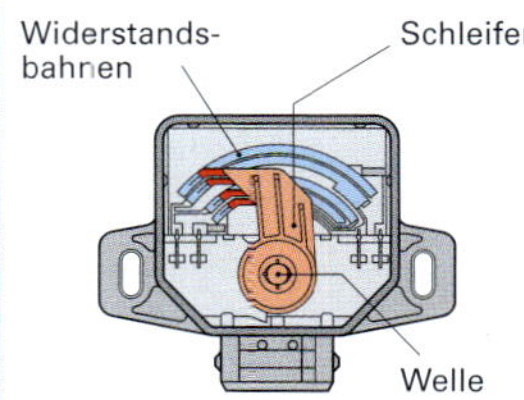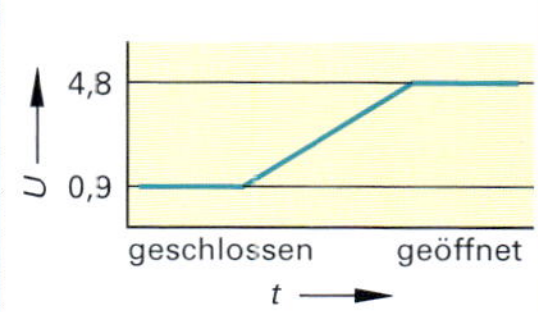

Sensoren

Schaltzeichen	Funktion, Anwendung, Diagnose	Darstellung, Signal
Induktiver Drehzahl-geber 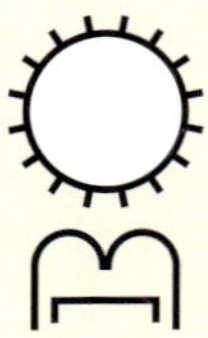	**Funktion:** Durch Drehung des Geberrades ändert sich der Luftspalt zwischen den Zähnen des Geberrades und den Wicklungen des Gebers. Dies führt zu einer magnetischen Flussänderung in der Spule, wodurch eine Wechselspannung induziert wird. Aus den Spannungswechseln pro Zeiteinheit ermittelt das Steuergerät die Drehzahl. Die Lücke im Geberrad (Bezugsmarke) dient der Positionsbestimmung des Kolbens im ersten Zylinder. **Beispiele für Anwendung:** Motordrehzahl- und Bezugsmarkengeber, Raddrehzahlsensor, Fahrgeschwindigkeitssensor. **Diagnose durch Spannungs- und Widerstandsmessung:** Spulenwiderstand: ca. 0,6 – 1,8 kΩ; Isolationswiderstand: gegen ∞; Spannung > 30 mV bei drehendem Rad. **Achtung! Die Geberspannung ist stark drehzahlabhängig!**	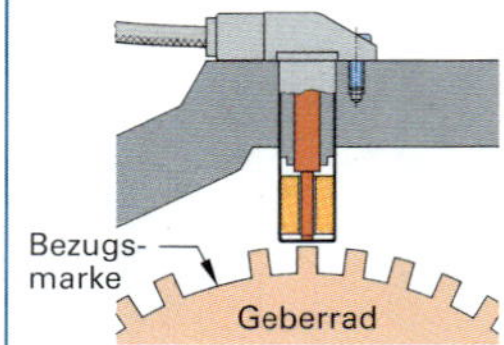 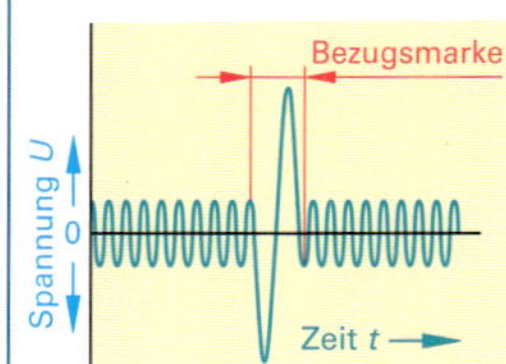
Nadel-bewegungs-sensor 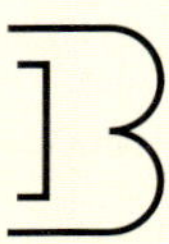	**Funktion:** Ein verlängerter Druckbolzen in der Einspritzdüse taucht in eine Spule ein. Beim Öffnen der Düse ändert sich die Eintauchtiefe des Bolzens in die Spule. Damit verändert sich der magnetische Fluss in der Spule, wodurch eine Spannungsänderung induziert wird. **Beispiele für Anwendung:** Nadelbewegungssensor bei Diesel-Einspritzanlagen mit Reihen- oder Verteilereinspritzpumpen. **Diagnose durch Spannungs- und Widerstandsmessung:** Spulenwiderstand: ca. 100 Ω; Isolationswiderstand: gegen ∞; Signalspannung oszilloskopieren.	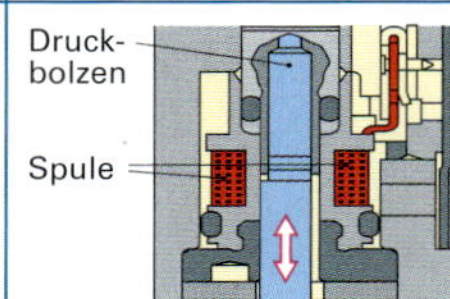 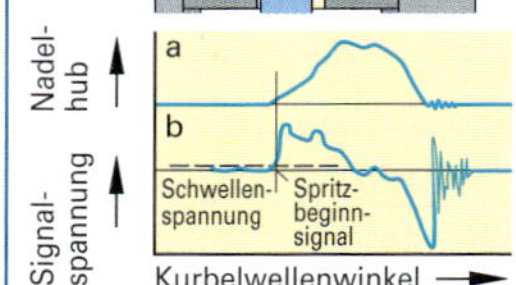
Hallgeber 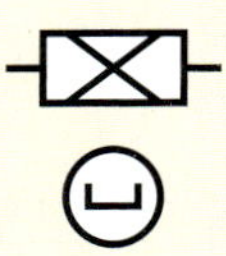	**Funktion:** In einem stromdurchflossenen Hall-IC erzeugt ein auf den IC wirkendes Magnetfeld eine Spannung. Sitzt der Magnet auf einer Welle, kann das Steuergerät aus der Anzahl der Spannungswechsel (EIN – AUS) die Drehzahl berechnen. Durch einen Hallgeber an der Nockenwelle kann zusammen mit dem Drehzahl- und Bezugsmarkengeber an der Kurbelwelle die Zünd-OT-Position des ersten Zylinders bestimmt werden. **Beispiele für Anwendung:** Drehzahlgeber für Mono-Motronic, OT-Geber, Pedalwertgeber, E-Gas. **Diagnose durch Spannungsmessung:** Versorgung des Hallgebers mit Plus, Masse überprüfen. Signalspannung (5 V bzw. 10 V) oszilloskopieren. **Achtung! Keine Widerstandsmessungen durchführen!**	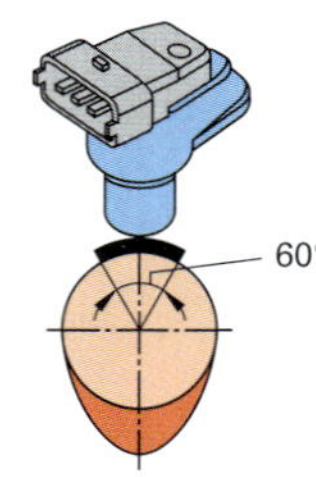 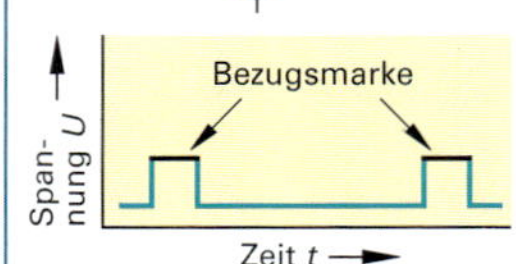
Klopfsensor 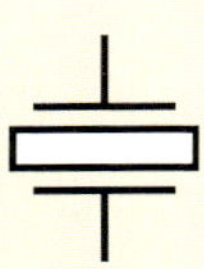	**Funktion:** Die Piezokeramik des Sensors setzt die durch den Verbrennungsdruck entstehenden Schwingungen des Zylinders in ein Spannungssignal um. Das Steuergerät kann aus dem aufbereiteten Signal eine normale von einer klopfenden Verbrennung unterscheiden. **Beispiele für Anwendung:** Klopfsensor bei EZ oder VZ-Zündanlagen zur Spätverstellung bei klopfender Verbrennung. **Diagnose durch Spannungs- und Widerstandsmessung:** Innenwiderstand: gegen ∞; Signalspannung oszilloskopieren.	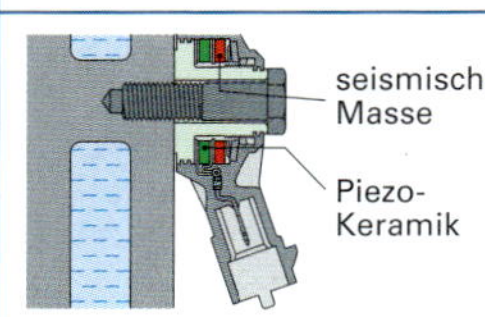 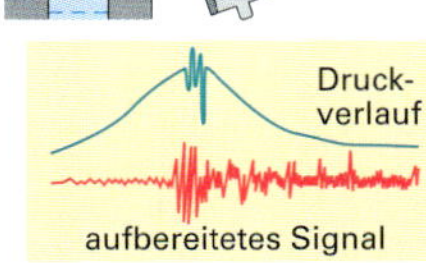

Sensoren

Schaltzeichen	Funktion, Anwendung, Diagnose	Darstellung, Kennlinen, Signale
Temperaturfühler 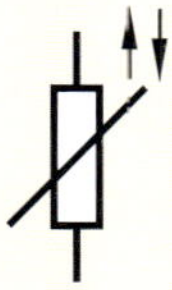	**Funktion:** Das Gehäuse enthält einen temperaturabhängigen Messwiderstand aus Halbleitermaterial. Dieser hat üblicherweise einen negativen Temperaturkoeffizienten. Sein Widerstand verringert sich mit steigender Temperatur. Der Messwiderstand ist Teil einer Spannungsteilerschaltung, die mit 5 V versorgt wird. Die am Messwiderstand abfallende Spannung wird mit der im Steuergerät gespeicherten Kennlinie verglichen und somit die Temperatur bestimmt. **Beispiele für Anwendung:** Motor-, Luft-, Öl-, Kraftstofftemperaturmessung. **Diagnose durch Spannungs- und Widerstandsmessung:** Widerstandsmessung bei verschiedenen Temperaturen (Widerstand muss mit steigender Temperatur abnehmen), Vergleich der Kennlinie mit Herstellervorgaben.	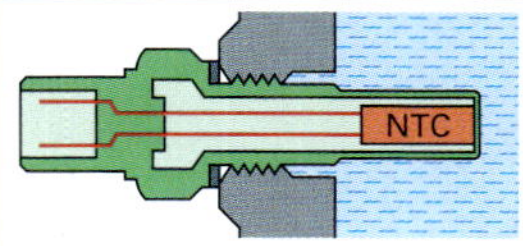 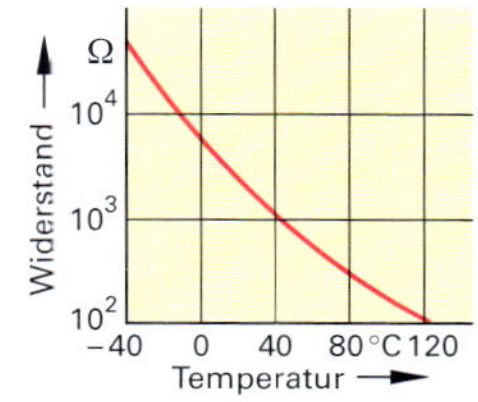
Lambdasonde 	**Funktion und Anwendung: siehe auch S. 249.** **Diagnose der Spannungssprungsonde:** Bei intakter Einspritzanlage muss die Sondenspannung mit einer Frequenz von 0,5 ... 1,2 Hz zwischen ca. 0,1 V und 0,9 V pendeln. **Sondenheizung prüfen:** Plus- (11,5 V ... 13,5 V) und Masseversorgung überprüfen, Stromaufnahme ca. 5 A, Widerstandsmessung ca. 2,5 Ω. **Störgrößenaufschaltung:** **Voraussetzung:** Motor betriebswarm, λ konstant (z.B. 0,997). **Prüfung:** Aufschalten der Störgröße (z.B. Falschluft) ⇒ λ > 1,03 ⇒ innerhalb 60 s λ = 0,997 ⇒ Rücknahme der Störgröße ⇒ λ < 0,94 ⇒ innerhalb 60 s λ = 0,997.	0,2 V/Div. = 1 s/Div. 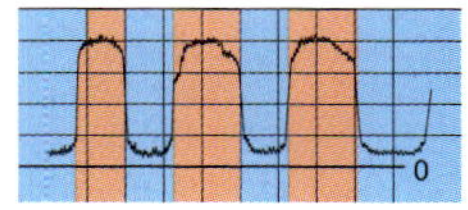 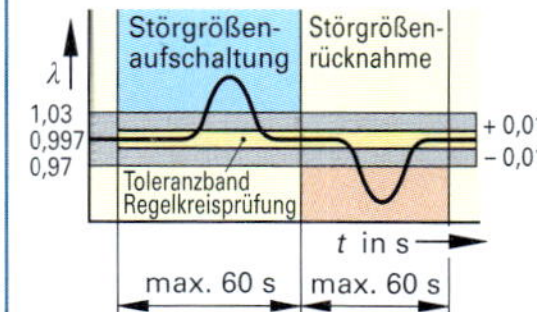
Luftmassenmesser 	**Funktion:** In Heißfilm-Luftmassenmessern wird ein elektrisch beheizter Widerstand auf einer konstanten Temperatur gehalten. Vorbeiströmende Luft kühlt den Widerstand ab, sodass die Regelelektronik den Heizstrom erhöhen muss, um die Temperatur konstant zu halten. Aus der dazu nötigen Spannungserhöhung wird die angesaugte Luftmasse berechnet. Weiterentwickelte Modelle können aus der Temperaturverteilung am Heizwiderstand Luft-Rückströmungen und Luft-Pulsationen erkennen. **Beispiele für Anwendung:** Luftmassenmesser für elektronische Benzin- und Dieseleinspritzung. **Diagnose durch Spannungsmessung:** Plus- (11,5 V ... 13,5 V) und Masseversorgung überprüfen, Signalspannung im Leerlauf ca. 1 V ... 1,5 V.	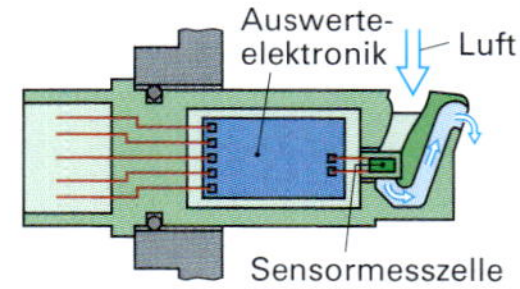 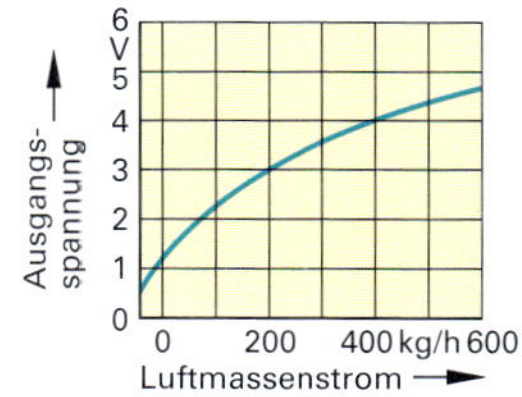
Drucksensor 	**Funktion:** Je nach Höhe des Messdrucks wird die Membran der Sensorzelle verschieden stark durchgebogen. Dadurch werden die Piezo-Messwiderstände in einem bestimmten Maß gedehnt bzw. gestaucht. Die integrierte Auswertungs- und Verstärkungsschaltung erzeugt daraus ein Spannungssignal, aus dem das Steuergerät durch Vergleich mit einer gespeicherten Kennlinie den Druck ermitteln kann. **Beispiele für Anwendung:** Saugrohr-, Lade-, Umgebungs-, Öl- u. Kraftstoffdruck-Sensor. **Diagnose durch Spannungsmessung:** Plus- (5 V) und Masseversorgung überprüfen, Signalspannung im Leerlauf ca. 1,8 V, bei Volllast ca. 4,5 V.	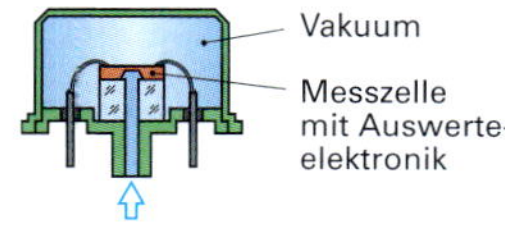 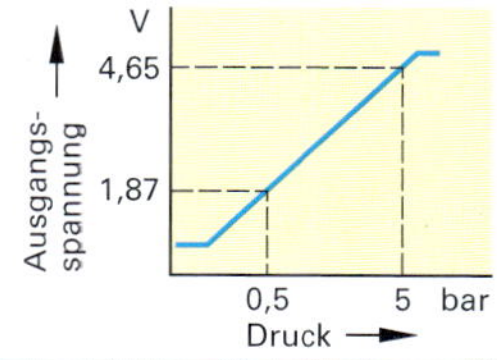

E

Sensoren der 2. oder 3. Integrationsstufe

Winkel-sensoren	Sie werden eingesetzt, um den Verdrehwinkel von Wellen zu bestimmen. Winkelsensoren arbeiten meist nach dem Hall-Prinzip. Ein oder mehrere Hall-ICs sind so angebracht, dass sie bei der Drehung der Welle von entsprechenden Magnetfeldern durchdrungen werden. Aus den erzeugten Spannungen berechnet der im Sensor integrierte Mikroprozessor den Drehwinkel und bereitet das Signal für den CAN-Bus auf. **Beispiele für Anwendung:** Fahrpedalgeber für Motronic, Lenkradwinkelsensor für ESP, Achssensoren für dyn. Leuchtweitenregelung.	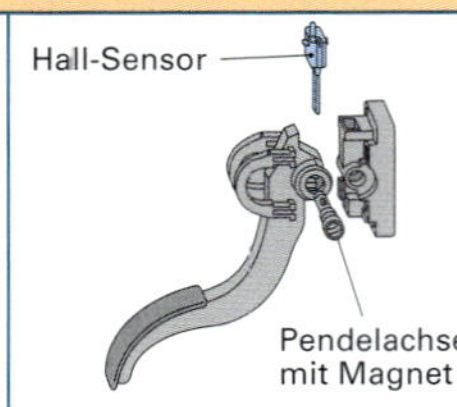
Ultraschall-sensoren	Mit ihrer Hife sollen Abstände zu Hindernissen und Räume überwacht werden. Ein Sensor besteht aus einer Auswerteelektronik und einer Sende-Empfangs-Einheit, die Ultraschallwellen aussendet und wieder empfängt. Durch Verwendung von z.B. 4 ... 6 Sensoren im Stoßfänger eines Pkws kann der Raum vor bzw. hinter dem Fahrzeug im Abstand von ca. 0,25 m ... 1,5 m überwacht werden. **Beispiele für Anwendung:** Sensoren für Einparkhilfe, Innenraumüberwachung.	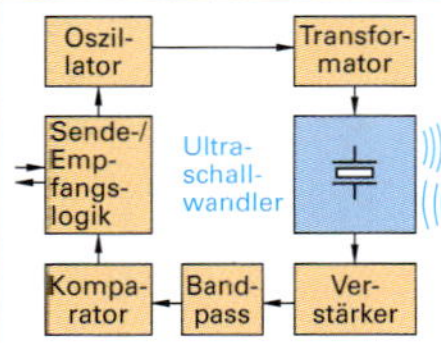
Drehraten-sensoren	Sie arbeiten entweder piezo-elektrisch oder kapazitiv und dienen dazu, die Drehbewegung eines Fahrzeugs um seine Hochachse zu bestimmen. Die Sensoren sind in der Lage, die bei Kurvenfahrt oder beim Schleudern auftretenden Giermomente zu erfassen. **Beispiele für Anwendung:** Giersensoren für ESP, Navigationssysteme.	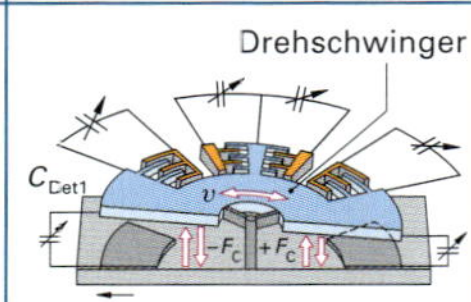
Beschleu-nigungs-sensoren	Sie sollen die Beschleunigungen bei Aufprall eines Fahrzeugs erfassen und über das Steuergerät die Insassen-Rückhaltesysteme auslösen. Dazu wird eine seismische (frei schwingende) Masse beim Aufprall verschoben, was eine kapazitive Änderung bewirkt. Diese wird von der Auswerteelektronik verstärkt, gefiltert und für die Verarbeitung im Steuergerät digitalisiert. Andere Bauarten nutzen einen einseitig eingespannten piezo-elektrischen seismischen Körper. **Beispiele für Anwendung:** Auslösung von Airbag(s), Gurtstraffer, Überrollbügel.	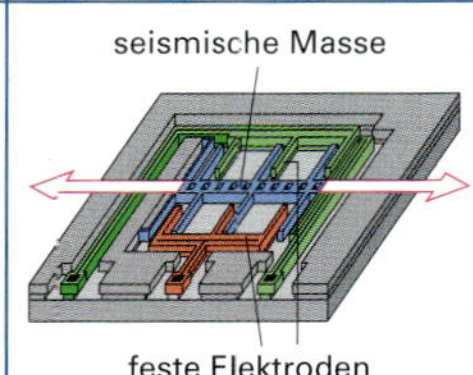
Gas-sensoren	Mit ihrer Hilfe sollen NO_x-, CO-Konzentrationen und die Luftfeuchte überwacht werden. Sie bestehen aus Dickschichtwiderständen, die Zinnoxid enthalten. Lagern sich die zu messenden Stoffe reversibel an, ändern sich die Widerstände. **Beispiele für Anwendung:** Luftgütesensoren für Fahrzeugbelüftung, Feuchtigkeitssensor für Klimaanlagen, NO_x-Sensoren für Direkteinspritzung.	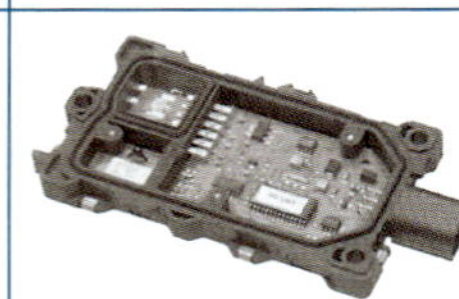
Optische Sensoren	Sie bestehen aus Leuchtdioden, die Licht aussenden und Fotodioden, die Licht empfangen. Auf Grund veränderter Reflexion erkennt das Steuergerät durch verringerten Lichtempfang der Fotodioden eine Verschmutzung der Scheinwerfer, Glasbruch oder Regentropfen an der Windschutzscheibe. **Beispiele für Anwendung:** Regensensor, Schmutzsensor.	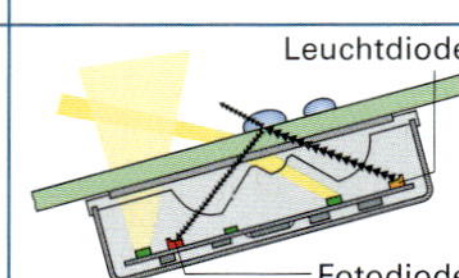
Kraft-sensoren	Druckabhängige Widerstandselemente werden zu einer Sensormatte verbunden. Aus der Druckverteilung auf die Matte kann das Steuergerät z.B. Gewicht, Position und Bewegung des Insassen berechnen und die Rückhaltesysteme im Fahrzeug im Crashfall gezielt auslösen. Eine automatische Kindersitzerkennung ist integriert. **Beispiele für Anwendung:** Intelligente Insassenklassifizierung, Kindersitzerkennung.	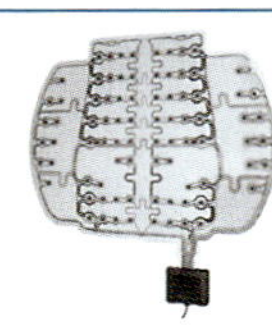
Öl-Sensor	Der Sensor ist in der Lage sowohl Qualität (Alterung) und Temperatur als auch die Menge des vorhandenen Motoröles zu erfassen. Neben der üblichen Temperaturmessung durch NTCs werden dazu die elektrischen Eigenschaften des Motoröles ausgewertet. **Beispiele für Anwendung:** Fahrzeugüberwachungssysteme, Einsatz flexibler Inspektions-Intervalle.	

E

Aktoren

Schaltzeichen	Funktion, Anwendung, Diagnose	Darstellung
Elektromotor 	**Prinzip:** Eine stromdurchflossene Spule (Anker) ist in einem Magnetfeld (Polfeld) drehbar gelagert. Fließt Strom durch die Wicklungen der Spule, entsteht senkrecht zu den stromdurchflossenen Leiterschleifen ein Magnetfeld. Die aufeinander wirkenden Kräfte der beiden Magnetfelder bewirken eine Drehbewegung solange Spulen- und Polfeld nicht die gleiche Richtung haben. Um eine fortlaufende Drehbewegung zu erzeugen, muss die Stromrichtung in den Leiterschleifen nach jeder halben Umdrehung durch den Kommutator gewendet werden. **Beispiele für Anwendung:** Starter, el. Kraftstoffförderpumpe, Scheibenwischer, Lüftermotor. **Diagnose:** Spannungsversorgung (Plus, Masse) überprüfen. **Achtung:** Bei Ansteuerung durch **P**uls-**W**eiten-**M**odulierte Signale zeigt das Multimeter nicht die maximale Sollspannung. Taktverhältnis oszilloskopieren! Stellglieddiagnose mit Systemtester.	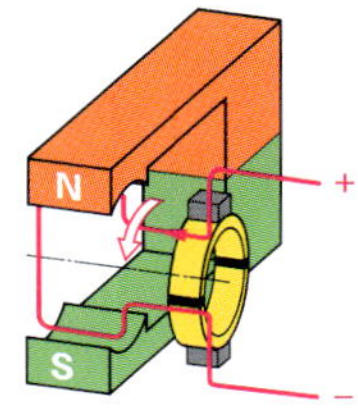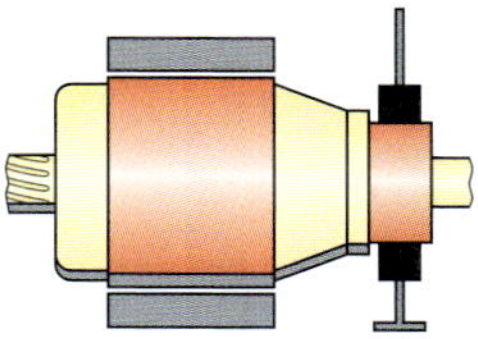
Schrittmotor 	**Funktion:** Schrittmotore sind Elektromotore, deren Antriebswelle um einen bestimmten Winkel gedreht wird. Sie sind entsprechend der Abbildung aufgebaut. Bei Bestromung einer Erregerwicklung (W1 oder W2) dreht sich der Läufer so weit, bis sich jeweils ein Nord- und Südpolpaar gegenüberstehen. Bestromt das Steuergerät daraufhin die andere Erregerwicklung, dreht sich die Antriebswelle einen Schritt weiter. **Beispiele für Anwendung:** Drosselklappensteller, Sitzverstellung mit Memory, Außenspiegelverstellung, Lüfterklappenverstellung bei Klimaanlagen. **Diagnose:** Spannungsversorgung (Plus, Masse) überprüfen. Stellglieddiagnose mit Systemtester.	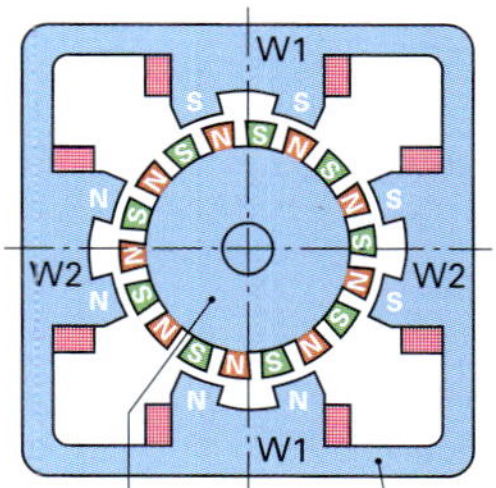
Magnetventil 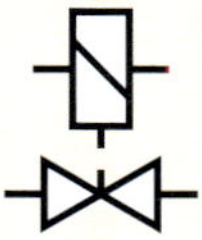	**Beispiel: Funktion eines Einspritzventils:** Fließt Strom durch die Magnetwicklung, entsteht ein Magnetfeld. Dieses bewirkt, dass der Magnetanker entgegen der Kraft der Ventilfeder angezogen wird. Dadurch kann der Kraftstoffdruck die Düsennadel anheben. Kraftstoff wird eingespritzt. Wird der Strom abgeschaltet, drückt die Federkraft die Düsennadel wieder auf ihren Sitz. Der Einspritzvorgang ist beendet. **Beispiele für Anwendung:** Einspritzventile Motronic, Schaltventile Automatik-Getriebe. **Diagnose:** Spannungsversorgung (Plus, Masse) überprüfen. Stellglieddiagnose mit Systemtester.	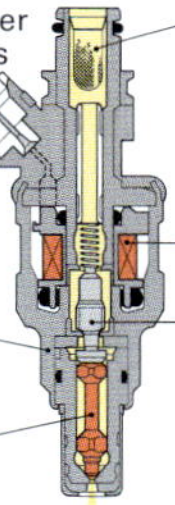
Piezo-Injektor 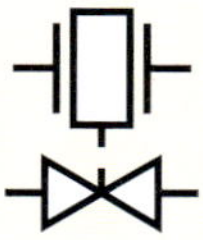	**Funktion:** Im Piezo-Injektor werden mehr als 100 Piezo-Kristallschichten zu einem 30 mm hohen Aktor gestapelt. Wird Spannung an den Aktor gelegt, verformen sich die Piezo-Kristalle (Verformung des Stapels ca. 0,04 mm) innerhalb weniger Millisekunden. Die Düse öffnet. Die Verformung wird rückgängig gemacht, wenn das Steuergerät die Spannung abschaltet und sich das Kristallgitter entladen kann. **Beispiele für Anwendung:** Common Rail-Injektoren, Injektoren für Benzin-Direkteinspritzung. **Diagnose:** Steuerspannung (Plus, Masse) überprüfen. Stellglieddiagnose mit Systemtester.	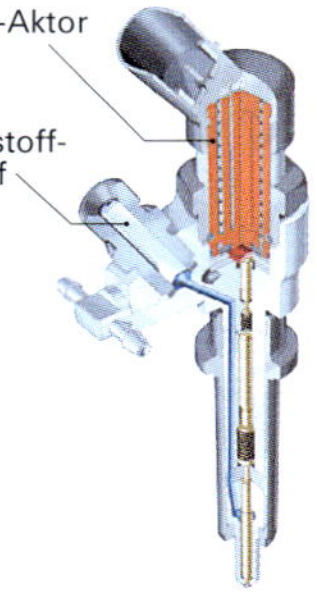

Übersicht elektrischer Netzwerksysteme

Bustyp	**Multiplex/Local Interconnect Network (LIN)**	**Controller Area Network (CAN) Bus B/Bus C**	**FlexRay**
Anwendungsbereiche	Steuerung mit geringer Datenübertragung	Antriebsbus/Display- und Komfortbus/ Fahrerassistenzsysteme	Antriebs-, Fahrdynamik-, Fahrerassistenz- und Sicherheitssysteme
Beispiele	Einfache elektronische Komponenten, wie die Steuerung der Beleuchtung; 3 Leitungen: Plus, Minus, Datenleitung	Class B: Keyless-Go, Zentralverriegelung, Sitzmemory Class C: Motronic, Getriebesteuerung, ESP, Distronic	Distronic, ABS/ASR/ESP, Presafe, Aktives Fahrwerk, Antriebskraftverteilung, Elektrische Bremse
Übertragungsprinzip	Master – Slave – Prinzip, zeitgesteuert	Multimaster – Prinzip, ereignisgesteuert	Time – Shared – Prinzip (Time triggert), zeitgesteuert
Signalleitungen	eine	zwei	zwei
Übertragungsmedium	Kupferleitung mit Isolierung	**Twisted-pair.** Zwei miteinander verdrillte Kupferleitungen	Twisted-pair Kupferleitung mit Isolierung und Kunststoffummantelung
Netzwerkstruktur	Multiplex: Punkt zu Punkt  Busstruktur 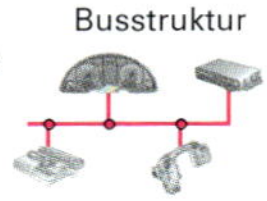 LIN: Daisy Chain  Busstruktur 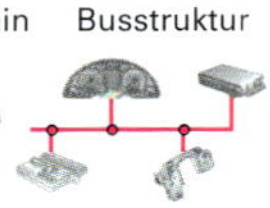	Busstruktur 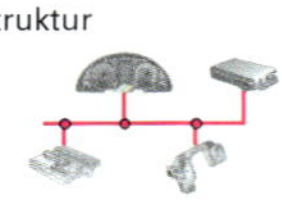 Passive Sternstruktur 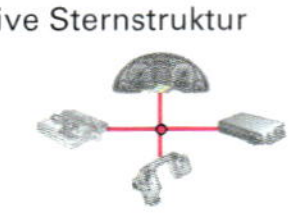	Punkt zu Punkt,  Daisy Chain 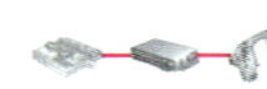 Aktive Sternstruktur 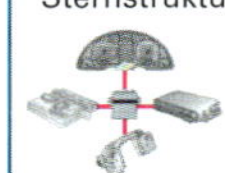 Mischstruktur 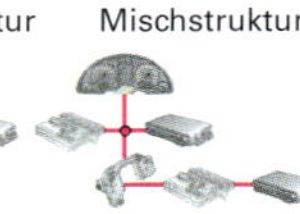
Eindrahtkeit	–	Class B: Ja Class C: Nein	Nein
Übertragung		Spannungssignal	
Datenübertragungsrate	Multiplex: bis 125 kBd LIN: bis 19,2 kBd	Class B: bis 125 kBd (low) Class C: bis 1 MBd (high)	bis 10 MBd
Teilnehmerzahl	Multiplex: bis zu 6 LIN: bis zu 16	Class B: bis zu 24 Class C: bis zu 10	bis zu 62

Übersicht optischer Netzwerksysteme

Bustyp	**Digital Data Bus (D2B)**	**Media Oriented Systems Transport (MOST)**	**ByteFlight**
Anwendungsbereiche	Multimediabus Sicherheitssysteme	Multimediabus	Sicherheitssysteme
Beispiele	CD-Wechsler, Mobiltelefon, Radio, Navigation, Sprachbedienung, DVD-Player, MP3-Player		
Übertragungsprinzip	Synchrone und asynchrone Datenübertragung, zeitgesteuert		
Signalleitungen	eine	eine	eine
Übertragungsmedium	Plastic Optical Fibre (POF, Kunststofflichtwellenleiter)		Plastic Optical Fibre (POF), Funksignale
Netzwerkstruktur	Ringstruktur 		Ringstruktur,  aktive Sternstruktur 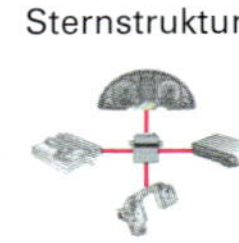
Übertragung	Lichtimpulse		Lichtimpulse, Funkwellen
Datenübertragungsrate	bis 5,65 MBd	bis 22 MBd	bis 10 MBd
Teilnehmerzahl	bis zu 6	bis zu 30	bis zu 45

E

Begriffe	
Arbitrierung	Während der Übertragung des Indentifiers prüft der Sender bei jedem Bit, ob er noch sendeberechtigt ist oder ob ein anderes Steuergerät mit höherer Priorität sendet.
bluetooth®	Drahtloses Netzwerksystem. Ermöglicht die Datenübertragung mit Hilfe von Funkwellen. Wird überwiegend in der Kommunikationselektronik eingesetzt.
Bit Stuffing	Kontrollmechanismus zur Datenübertragungssicherheit: In jedem Datenprotokoll dürfen maximal fünf gleiche Bits aufeinander folgen. Wird diese Regel verletzt, erkennen die Steuergeräte den Fehler.
Baud	Bit pro Sekunde, Datenübertragungsgeschwindigkeit, Einheit kBaud oder MBaud.
Bus	Datenleitung zur Informationsübertragung.
CAN	**C**ontroller **A**rea **N**etwork: asynchrones, ereignisgesteuertes, flexibles, serielles Bussystem, bis 1 MHz Taktfrequenz, Zweidrahtbus.
CAN Class B (low-speed)	Langsamer Bus für Komfortelektronik, viele unterschiedliche Daten und große Zahl an Knoten, niedrige Frequenz. Eindrahtfähig.
CAN Class C (hig-speed	Schneller Bus für Antriebs-, Fahrwerks- und Sicherheitssysteme. Nicht eindrahtfähig.
CRC	**C**yclic **R**edundancy **C**heck; Kontrollmechanismus zur Datenübertragungssicherheit: Jeder Empfänger vergleicht die empfangene CRC-Sequenz mit der berechneten.
Data frame	Entspricht einem Datenprotokoll, in dem Informationen gesendet werden.
DDB, D^{2}B	Digital Data Bus: Multimedia-System, optischer Ring, Vorläufer von MOST.
Eindraht-fähigkeit	Sie ist die Fähigkeit eines Bussystems mit zwei Signalleitungen die Kommunikation bei Ausfall einer Leitung aufrecht zu erhalten. Die Störsicherheit ist im Eindrahtbetrieb verringert.
Fehlerflag	Kontrollmechanismus zur Datenübertragungssicherheit: Ein Fehlerflag besteht aus sechs dominanten Bits; seine Wirkung beruht auf der gezielten Bit-Stuffing-Regel.
FlexRay	Schneller Datenbus für Antriebs-, Fahrwerks- und Sicherheitssysteme. Für Drive-by-Wire Systeme geeignet. Zeitgesteuert und ereignisgesteuert kombiniert. Hohe Übertragungssicherheit durch umfangreiche Kontrollmechanismen
Gateway	In einem Kfz können unterschiedliche Netzwerksysteme (z. B. CAN-lowspeed, CAN-highspeed, MOST) gleichzeitig eingebaut sein. Das Gateway verknüpft die einzelnen Netzwerksysteme zu einem Gesamtnetzwerk. Zusätzlich überwacht das Gateway die Datenübertragung und stellt beim Anschluss eines Diagnosegerätes die Verbindung zu den Knoten her.
Indentifier	Name einer Botschaft, der im Statusfeld übertragen wird. Während der Übertragung des Identifiers prüft der Sender bei jedem Bit, ob er noch sendeberechtigt ist oder ob eine andere Information mit höherer Priorität gesendet werden soll (Arbitrierung).
LIN	Local Interconnected Network. Einfacher, langsamer 12-Volt-Eindraht-Bus
Master-Slave-System	In einem Netzwerk mit verschiedenen Steuergeräten bestimmt ein Gerät, ob und in welcher Reihenfolge andere Steuergeräte Informationen senden dürfen.
Monitoring	Zur Datensicherheit vergleicht jeder Sender gesendetes und abgetastetes Bit.
MOST	Media Oriented Systems Transport. Bussystem zur Übertragung von Steuer-, Ton- und Videodaten mehrerer Datenquellen. Die Datenübertragung erfolgt mittels Lichwellenimpulsen.
Multimaster-System	Jeder Knoten im Bussystem kann eine Botschaft senden wenn der Bus frei ist. Versuchen mehrere Knoten gleichzeitig eine Botschaft zu senden, wird die Arbitrierung durchgeführt.
Plastic Optical Fibre (POF)	Kunststofflichtwellenleiter zur Übertragung der Lichtimpulse in optischen Bussystemen. Besondere Sorgfalt bei Montagearbeiten notwendig.
Sleep-Modus	Betriebszustand zur Verringerung des Energieverbrauchs wenn sich das Fahrzeug nicht in Betrieb befindet. In diesem Zustand erfolgt keine Kommunikation auf der Busleitung.
Time-Shared-System	Auch als Time-Triggered-System bezeichnet. Zeitgesteuertes Netzwerksystem in dem den Knoten festgelegte Zeitabschnitte (Timeslots) zur Datenübertragung zugewiesen sind.
Transceiver	Er sendet (engl. to transmit) und empfängt (engl. to receive) die Daten auf der Busleitung.
Twisted-pair Leitungen	Zum Schutz vor elektromagnetischen Störimpulsen werden zwei verdrillte (engl. twisted pair) Leitungen verwendet. Bei Reparaturen ist auf die Einhaltung der Verdrillungslänge zu achten.
Wakeup-Modus	Betriebszustand der Bussysteme zum Start der Kommunikation aus dem Sleep-Modus. Er wird durch ein Wakeup-Ereignis (z.B. Funkfernbedienung – Fahrzeug entriegeln) gestartet.

Aufbau

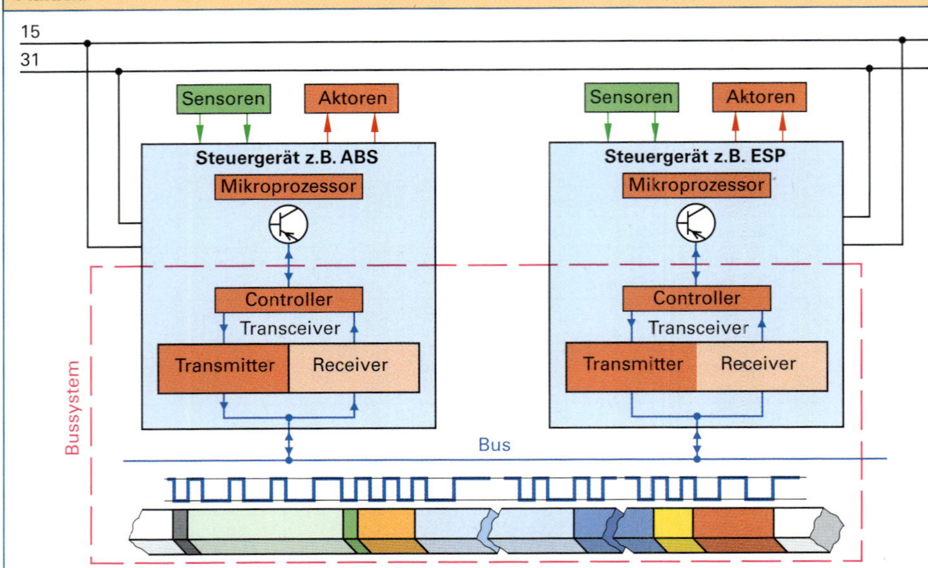

Ein Bussystem besteht aus Datenleitungen und Steuergeräten (mit Mikroprozessoren, Transceivern und Controllern). Dabei werden die Informationen in Form von digitalen Bitkombinationen über Datenleitungen zwischen einzelnen Steuergeräten übertragen. Die Steuergeräte filtern die für sie geeigneten Informationen heraus und verarbeiten sie.

Datenprotokoll, Data frame am Beispiel CAN-Datenbus

Aufgabe	Mit Hilfe des Datenprotokolls können Daten übertragen werden. Dieses Protokoll kann nur Bit für Bit abgearbeitet werden, d.h. es befindet sich immer nur ein Bit auf der Datenleitung. Eine Botschaft kann aus 128 Bit bestehen. Bei einem CAN – Bus Class C mit einer Taktfrequenz von 5 kHz dauert die Übertragung einer Botschaft mit 128 Bit ca. 0,25 ms.
Aufbau	**Datenprotokoll = Dataframe** 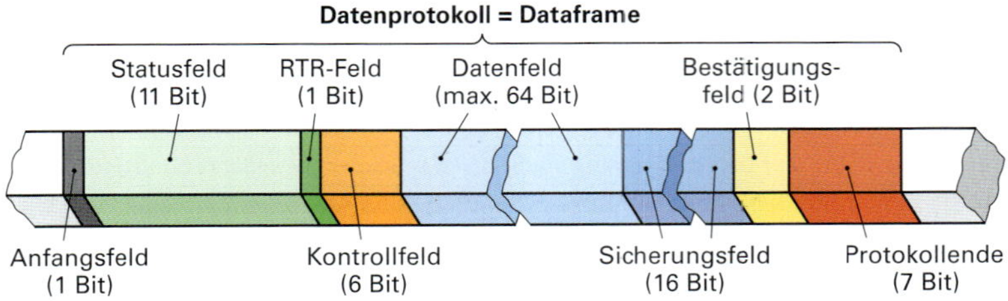
Anfangsfeld	Es kennzeichnet den Beginn einer Botschaft und informiert alle Steuergeräte, dass ein Protokoll gesendet werden soll; die Steuergeräte werden synchronisiert.
Statusfeld	Es besteht aus dem Indentifier der Botschaft und gibt an, welche Informationen gesendet werden sollen, z.B. Motordrehzahl. Weiterhin wird geklärt, welcher Sender vorrangig senden darf (Arbitration Field).
Remote bit	Dieses Bit entscheidet, ob die Information gesendet oder angefordert wird.
Datenfeld	Im Datenfeld wird die eigentliche Information übertragen.
Betätigungs-, Kontroll- und Sicherungsfeld	Diese Felder sichern, dass eine fehlerfreie Datenübertragung erfolgt ist und alle Empfänger die Daten richtig verstanden haben.
Protokollende	Es markiert das Ende der Botschaft und gibt den Bus für die nächste Information frei.

E

Ablauf der Datenübertragung

Bei der Datenübertragung werden die zeitgesteuerte und die ereignisgesteuerte Datenübertragung unterschieden. Die ereignisgesteuerte Datenübertragung wird beim CAN-Bus verwendet, die zeitgesteuerte Übertragung in Systemen wie z. B. MOST, LIN und FlexRay.

Zeitgesteuerte (= synchrone) Datenübertragung

A, B und C sind Datenprotokolle, die in einer festgelegten Reihenfolge gesendet werden. In bestimmten zeitlichen Abständen wird jeweils eine Nachricht übermittelt, z.B. Öltemperatur, Motordrehzahl. Da die Motordrehzahl häufigeren zeitlichen Schwankungen unterworfen ist als die Öltemperatur, wird sie in kürzeren Zeitabständen auf dem Datenbus übertragen.

Ereignisgesteuerte (= asynchrone) Datenübertragung

Tritt ein Ereignis ein, so wird die Nachricht auf den Datenbus gelegt, wenn dieser frei ist. Wollen mehrere Steuergeräte gleichzeitig senden, wird die wichtigste Nachricht zuerst gesendet. Die Bedeutung einer Nachricht ist im Identifier festgelegt. Durch die Arbitrierung erkennt jedes Steuergerät, ob die eigene Nachricht eine größere Bedeutung hat als die Nachricht eines anderen Steuergeräts.

Beispiel: Nachricht B und C sind wichtiger als A. Somit muss das Steuergerät mit der Nachricht A warten, bis die Informationen B und C gesendet wurden. Erst wenn A die momentan wichtigste Nachricht ist, kann A gesendet werden.

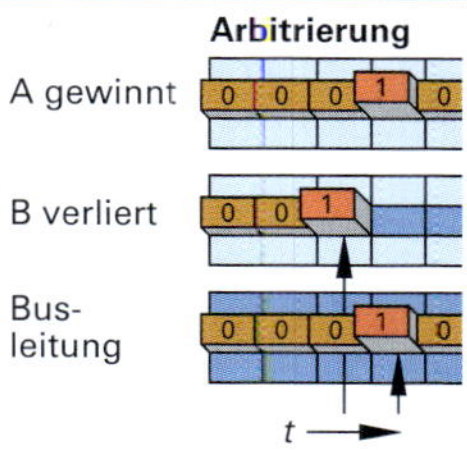

Mit Hilfe eines festgelegten Identifiers wird die Wichtigkeit einer Botschaft bestimmt. Die Botschaft mit der größten Bedeutung wird zuerst gesendet.

Der Identifier besteht aus rezessiven Bits („1") und dominanten Bits („0"). Je mehr Bits mit dem Status „0" am Anfang des Identifiers stehen, desto wichtiger ist die Nachricht.

Beispiel: Die Teilnehmer A und B mit Nachrichten unterschiedlicher Bedeutung wollen senden. Die ID wird taktweise abgearbeitet. Da mehr dominante Bits „0" voran gestellt sind gewinnt A und fährt mit dem Senden seiner Botschaft fort. B schaltet auf „Empfang".

Absicherung der Datenübertragung im Kfz beim CAN-Bus

Interne Absicherung	Bei ihr werden verschiedene Kontrollmechanismen innerhalb des Datenprotokolls unterschieden. Sie dienen dazu festzustellen, ob die empfangene Information mit der gesendeten Information identisch ist oder ob ein Übertragungsfehler vorliegt. Diese sind CRC, Monitoring, Fehlerflag, Rahmensicherung und Sicherungsfeld.
Externe Absicherung	Bei ihr erfolgt die Absicherung über den Vergleich der Informationen von den beiden Datenleitungen. Auf der einen Leitung (CAN-High) wird die Nachricht gesendet, auf der anderen (CAN-low) wird diese gespiegelt. Die Spiegelung der Nachricht erfolgt durch das gegensätzliche Verändern der Spannungspegel auf den Leitungen. Beim Senden einer logischen „0" wird an der CAN high Leitung die Spannung erhöht, an der CAN low Leitung wird die Spannung im gleichen Maße verringert. Dadurch gleichen sich die an den Leitungen entstehenden Magnetfelder aus. Die Leitungen sind nach aussen neutral. Die Störsicherheit ist gegeben

E

CAN-Bussystem

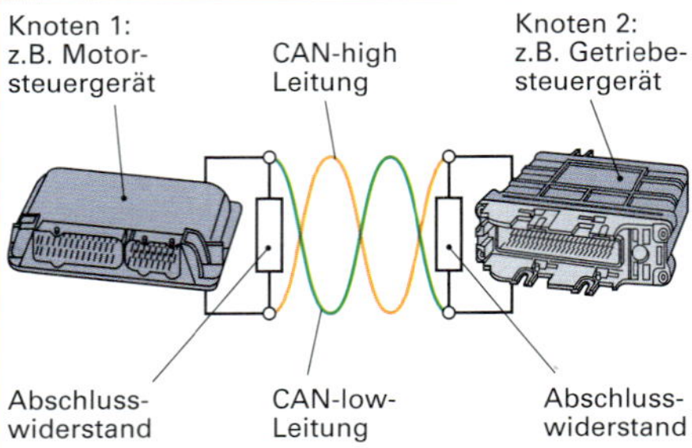

Knoten	Sie sind die Teilnehmer des Bussystems, z.B. Steuergeräte.
CAN-high Leitung	**Dominanter Pegel:** Dabei steigt die Spannung beim Senden einer logischen „0".
CAN-low Leitung	**Dominanter Pegel:** Dabei sinkt die Spannung beim Senden einer logischen „0".
Abschluss-widerstände	Sie verhindern die Entstehung von Reflektionen in den CAN Leitungen. In CAN Class C Systemen können die Abschlusswiderstände mit Hilfe eines Widerstandsmessgerätes an den Kontakten der CAN Leitungen geprüft werden.

Fehlersuchplan für Fehler an CAN Class C Bussystemen

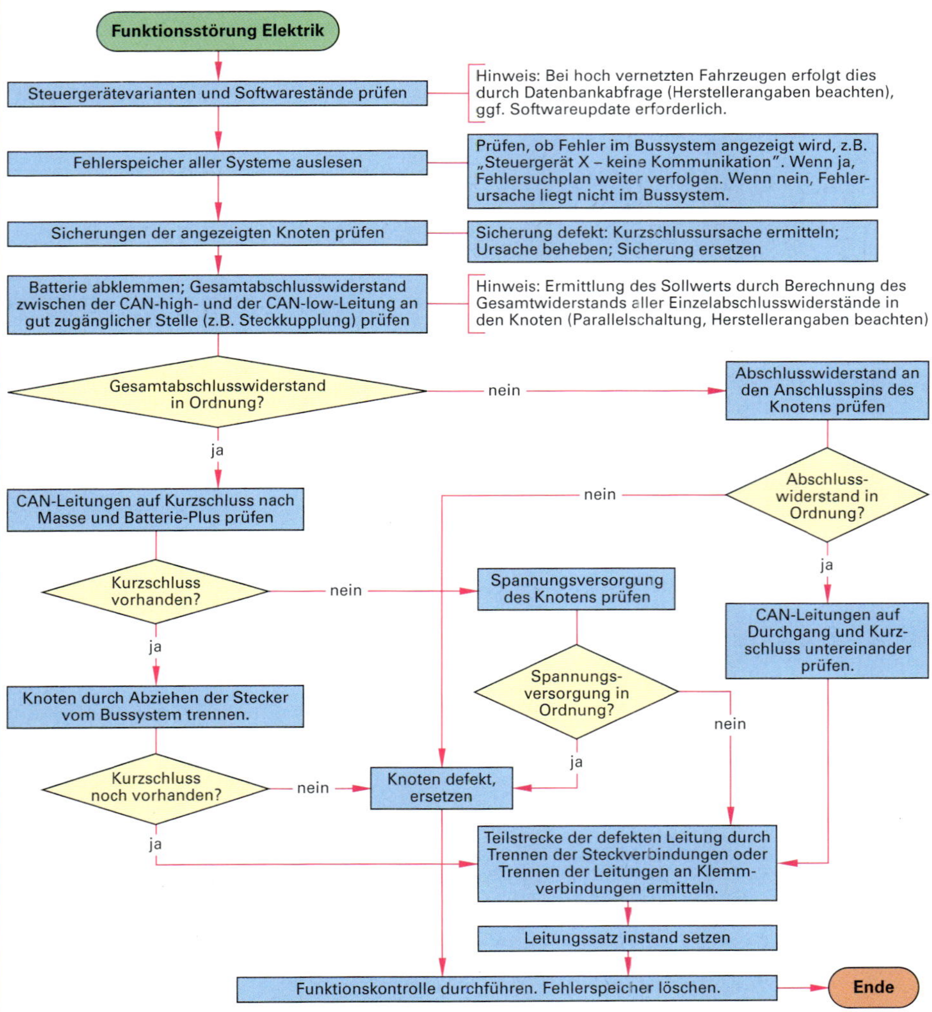

E

Messungen am CAN-Bus Class B

Die Messung der Spannungsverläufe an CAN-Datenbussystemen ist mit Hilfe eines Speicheroszilloskops möglich. Gemessen wird der Spannungsverlauf gegen Masse oder zwischen den beiden Datenleitungen. Je nach Auflösung des Oszilloskops werden Dataframes (gesamtes Datenprotokoll) oder die einzelnen Daten des Datenprotokolls in Bit-Darstellung erkannt.

Fehlermöglichkeiten

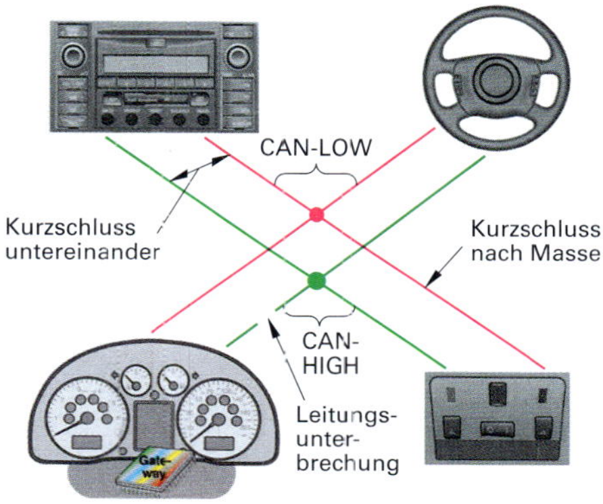

Fehlerfreie Darstellung bei Messung gegen Masse

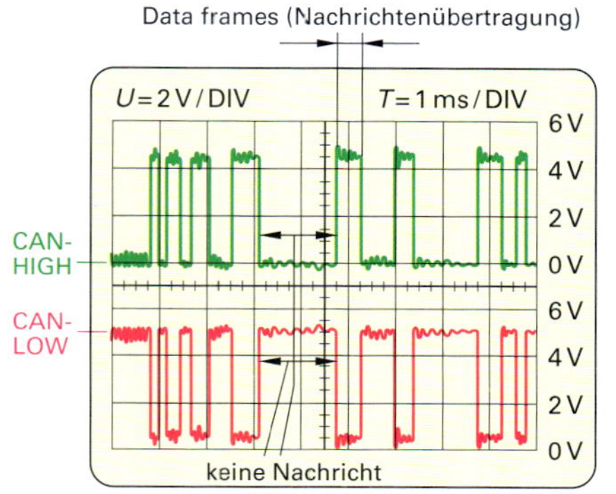

Bei fehlerfreier Botschaft sind die Signale synchron.

Fehlersuche mit Fehlerbilder am CAN-Bus Class B

Die Beurteilung der angezeigten Fehlerbilder ermöglicht eine erste Eingrenzung der möglichen Fehlerursachen ohne aufwändige Montagearbeiten. Die folgenden Fehlerbilder sind für den Fehlerzustand „CAN-Datenbus im Eindrahtbetrieb" gültig. Die Messung der Abschlusswiderstände ist im CAN Class B nicht anwendbar.

Kurzschluss zwischen CAN-High-Leitung und CAN-Low-Leitung

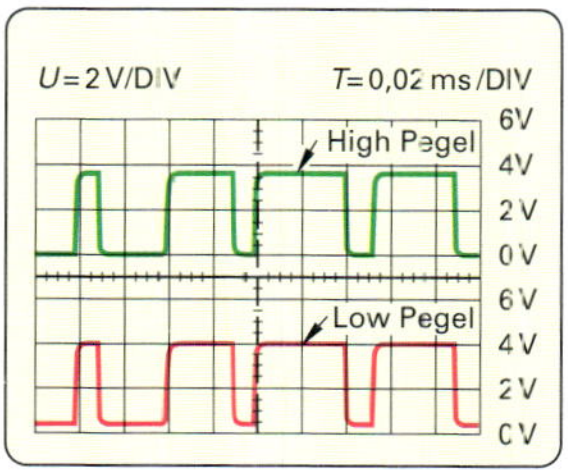

Fehlermerkmal:
Low-Leitung = High-Leitung

CAN-Low-Leitung Kurzschluss nach Batterie Plus

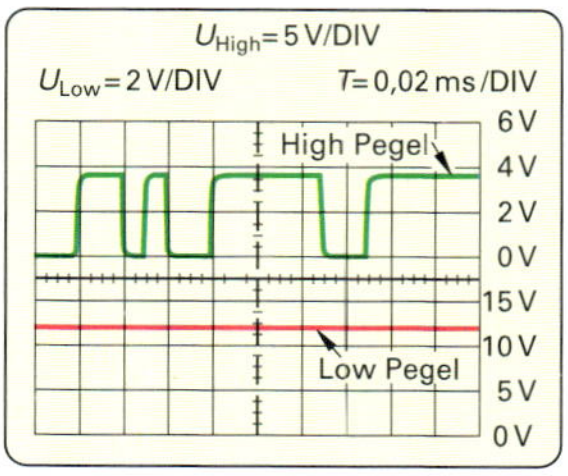

Fehlermerkmal:
Low-Leitung = ca. 12 V

CAN-High-Leitung Kurzschluss nach Batterie Plus

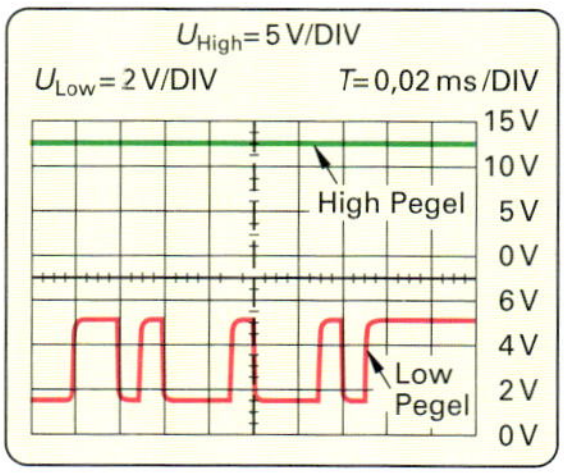

Fehlermerkmal:
High-Leitung = ca. 12 V

CAN-Low-Leitung Kurzschluss nach Masse

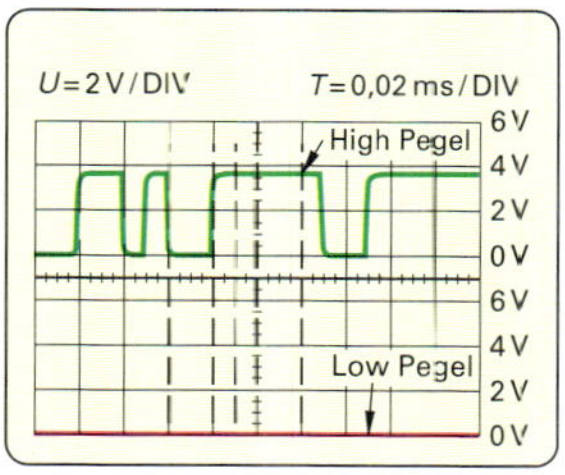

Fehlermerkmal:
Low-Leitung = 0 V

CAN-High-Leitung Kurzschluss nach Masse

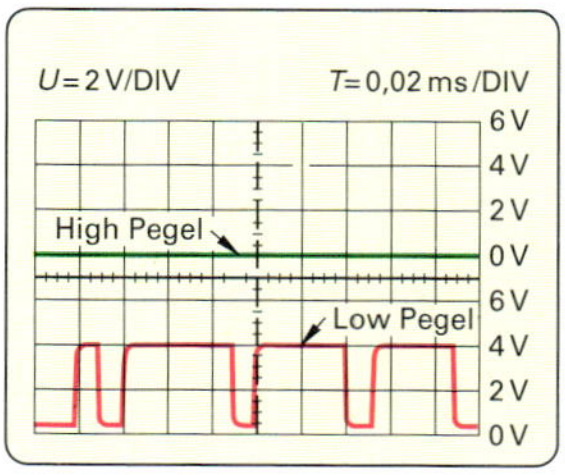

Fehlermerkmal:
High-Leitung = 0 V

CAN-High-Leitung Unterbrechung zu einem oder mehreren Knoten

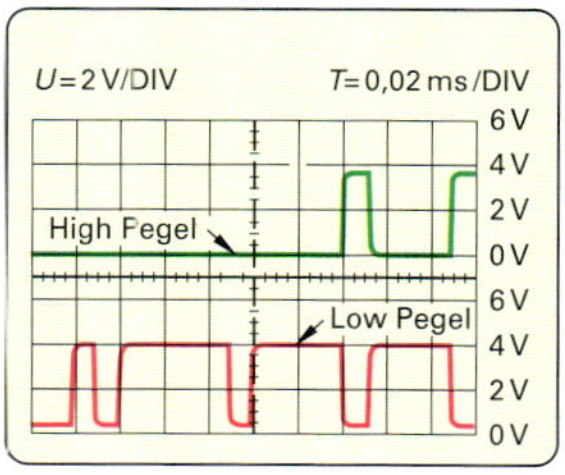

Fehlermerkmal: Spannung auf der High-Leitung beträgt nur zeitweise 0 V

LIN-Bussystem

Aufbau des LIN-Bussystems

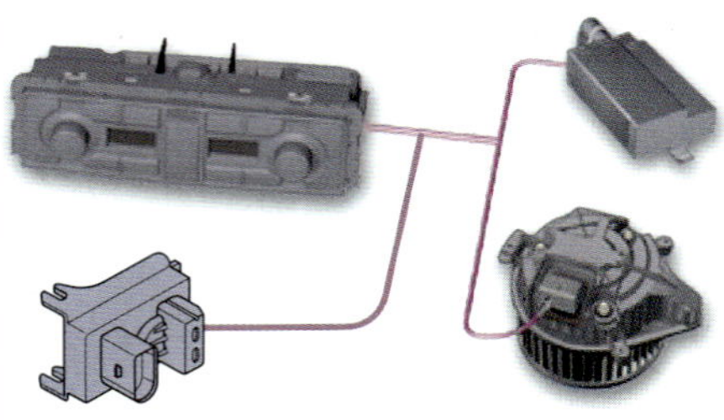

LIN – Master	Er sendet den Header (Botschaftskopf) auf die Datenbusleitung und ist die Schnittstelle zu anderen Datenbussystemen. Der Master synchronisiert über die Bitzeit die restlichen Busteilnehmer (Slaves) und ist die Diagnoseschnittstelle zwischen dem Diagnosetester und den Slave-Steuergeräten.
LIN – Slaves (max. 16)	Das Master-Steuergerät sendet entweder eine Anfrage oder einen Funktionsbefehl. Bei einer Anfrage des Masters sendet der entsprechende Slave eine Response (Antwort) mit den angefordeten Daten zurück. Bei einem Funktionsbefehl führen sie diesen ohne eine Response zu senden aus.

Zeitgesteuerte Datenübertragung im LIN-Bussystem

Der Master beginnt in fest vorgegebenen Zeitabständen mit dem Senden des Headers jeder Botschaft. Die Slaves reagieren auf Anweisungen des Masters und senden eine Response oder führen Funktionsbefehle des Masters aus.

Fehlerfreies Oszillogramm der Spannung auf der LIN-Busleitung

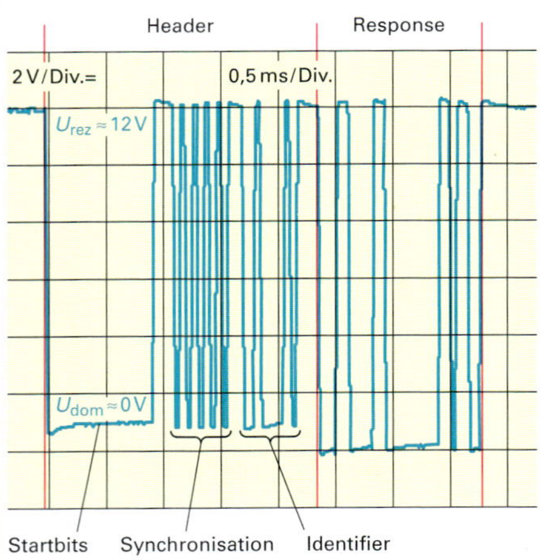

Datenprotokoll im LIN-Bussystem

Header	Er wird immer vom Master-Knoten gesendet. Der Header enthält die Startbits, die Synchronisation und den Identifier.
Startbits	Sie signalisieren allen Slave-Steuergeräten den Beginn einer neuen Botschaft.
Synchronisation	Sie ist eine Bitfolge zur Einstellung der Bitzeit in allen Knoten damit die Botschaft fehlerfrei gelesen werden kann.
Identifier (Botschaftskennzeichnung)	Er ist eine Zahl zur eindeutigen Erkennung der Botschaft. Auf Grund des Identifiers erkennt der entsprechende Slave, ob diese Botschaft für ihn bestimmt ist. Zusätzlich erhält er eine Information welchen Inhalt diese Botschaft enthält.
Response	Sie enthält die Nutzdaten und eine Checksumme zur Kontrolle der Übertragungsqualität. Die Response wird bei einer Anfrage nach Istwerten oder Diagnosedaten von dem angesprochenen Slave gesendet. Bei einer Anweisung zur Durchführung von Funktionen sendet das Master-Steuergerät die Response. (z. B Lüfter, Klimaanlage)

Spannungspegel im LIN-Bussystem

Rezessiver Pegel (U_{rez})	Der logische Wert dieses Zustandes (Bitwert) beträgt 1. An der Busleitung liegt Batteriespannung an. Der rezessive Pegel liegt auf den Datenbusleitungen an wenn kein Bit gesendet wird.
Fehlertoleranz	Beträgt der Spannungswert des rezessiven Pegels gemessen am Sender weniger als 80 % oder am Empfänger weniger als 60 % der Batteriespannung fällt das LIN-Bussystem aus.
Dominater Pegel (U_{dom})	Er liegt an wenn ein Knoten die Busleitung über einen Transistor mit Masse verbindet. Die Spannung auf der Busleitung beträgt ca. 0 V. Der logische Wert (Bitwert) beträgt 0.
Fehlertoleranz	Beträgt der Spannungswert des dominanten Pegels gemessen am Sender mehr als 20 % oder am Empfänger mehr als 40 % der Batteriespannung fällt das LIN-Bussystem aus.
Mögliche Ursachen von Toleranzabweichungen	• Mangelnde Plusversorgung der Steuergeräte (Übergangswiderstände) • Fehlerhafte Masseverbindung der Steuergeräte (Übergangswiderstände) • Übergangswiderstand bzw. Unterbrechung an der LIN – Busleitung (Spannungsabfall) • Kurzschluss der LIN-Busleitung nach Plus oder Masse • Defekter Busknoten (LIN-Master oder LIN-Slave)

E

Fehlersuchplan für Fehler am LIN-Bussystem

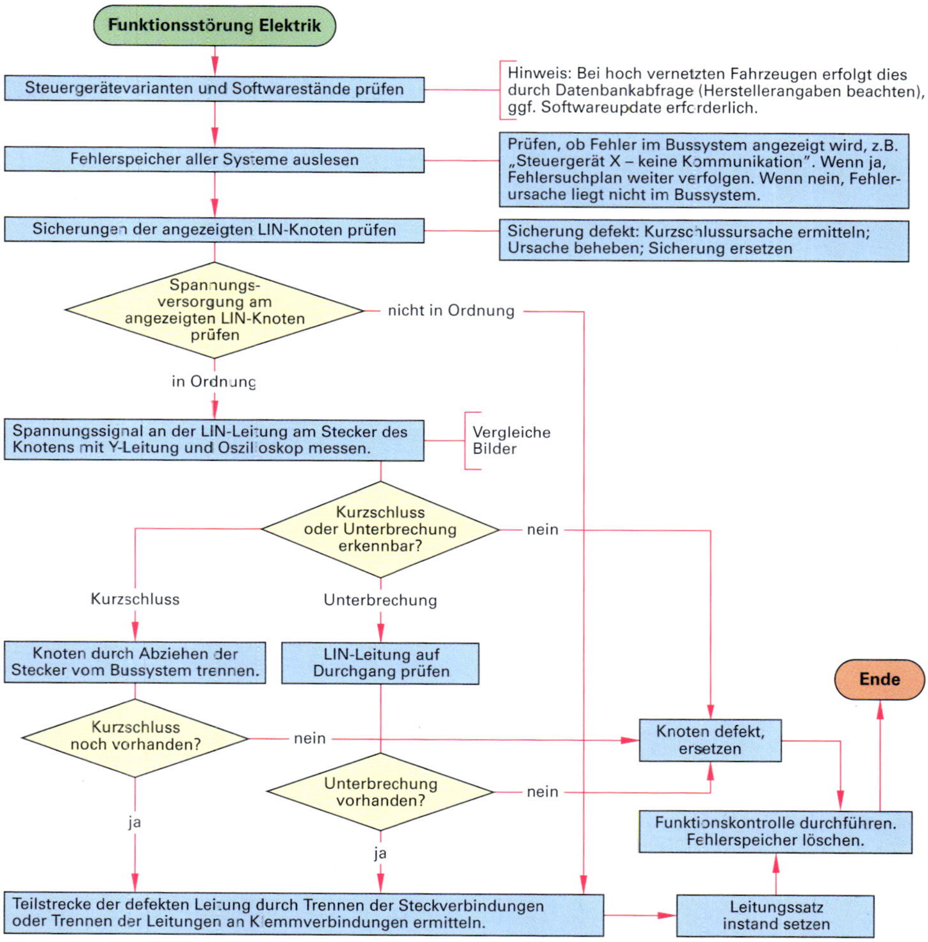

Kurzschluss zwischen LIN-Leitung und Masse

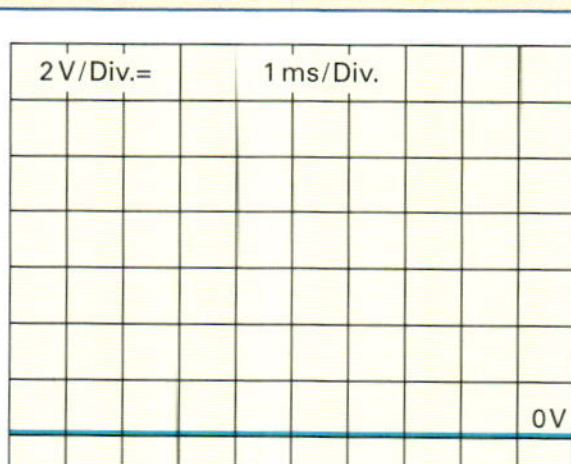

Fehlermerkmal:
LIN Signal = ca. 0 V

Kurzschluss zwischen LIN-Leitung und Batterie Plus oder Unterbrechung zum Master

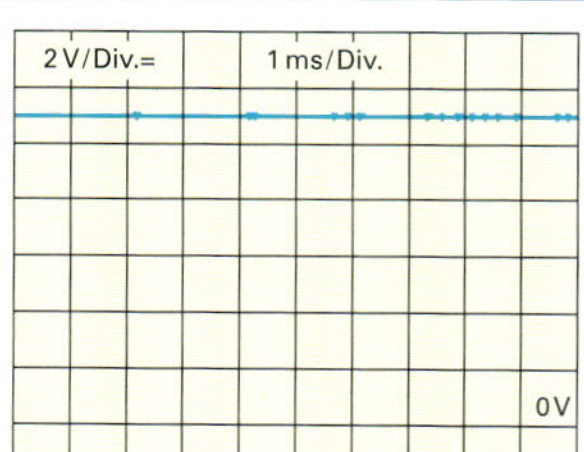

Fehlermerkmal:
LIN - Leitung = ca. 12 V

Unterbrechung zu einem oder mehreren LIN-Slaves

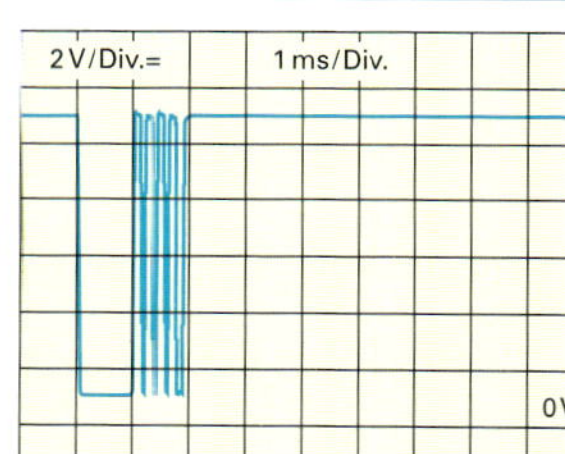

Fehlermerkmal:
Botschaften ohne Response sichtbar

E

Media Oriented Systems Transport (MOST)

Aufbau des MOST-Systems

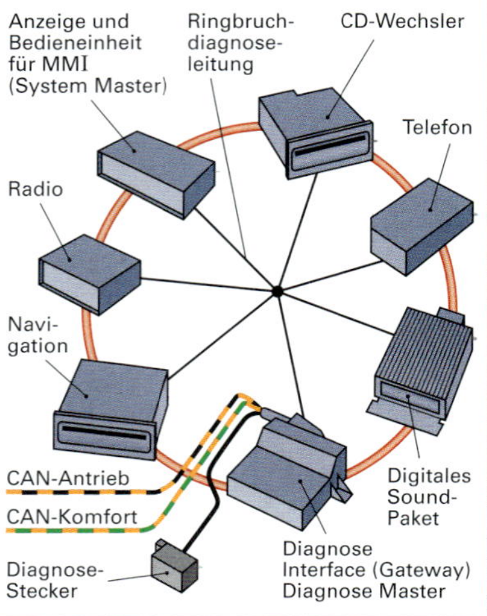

Anwendungen	Informations-, Kommunikations- und Unterhaltungssysteme.
System Master	Er hat die Aufgabe die Rahmen (engl. Frames) für die Übertragung der Daten aufzubauen und zu senden. Ohne System-Master erfolgt keine Kommunikation im MOST-System.
Diagnose Master	Er hat die Aufgabe die Kommunikation zwischen den MOST Steuergeräten und dem Diagnosegerät herzustellen. Der Diagnose Master führt zusätzlich die Ringbruchdiagnose durch.
Ringbruchdiagnoseleitung	Sie stellt zur Durchführung der Ringbruchdiagnose eine elektrische Verbindung aller Knoten im MOST-System mit dem Diagnose Master her.
Ringstruktur	**Vorteil:** Erhöhte Störsicherheit durch die Aufbereitung der Lichtwellen in jedem Steuergerät. **Nachteil:** Ausfall der Kommunikation bei fehlerhaftem Lichtwellenleiter oder Steuergerät.
Lichtwellenleiter	Er hat die Aufgabe die Lichtwellen zu übertragen. Er besteht aus Kunststoff. Im Lichtwellenleiter wird das physikalische Prinzip der Totalreflexion angewendet.

Aufbau des Lichtwellenleiters

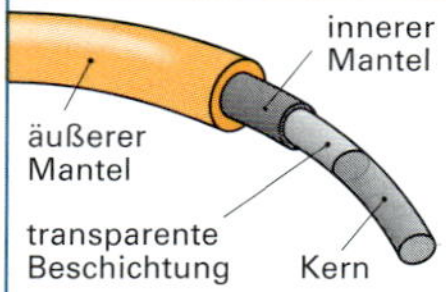

Der Lichtwellenleiter besteht aus einem Kern aus transparentem Polymethylacrylat (PMMA). Der Kern ist mit transparentem Material von geringerer optischer Dichte beschichtet. Dieser Aufbau ermöglicht die Übertragung der Lichtwellen durch das Prinzip der Totalreflektion. Der beschichtete Kern ist von einem inneren, schwarzen Mantel umhüllt, um das Eindringen von Licht aus der Umgebung zu verhindern. Zum Schutz vor mechanischen Beschädigungen und zur farblichen Kennzeichung wird der Lichtwellenleiter zusätzlich von einem, äußeren, farbigen Mantel umhüllt.

Ursachen erhöhter Dämpfung am Lichtwellenleiter

Ursache		Auswirkung	Instandsetzungsmaßnahme
Lichtwellenleiter geknickt		Der mindestzulässige Biegeradius von 25 mm ist unterschritten. Es findet keine Totalreflektion mehr statt. Die Lichtwellen treten aus dem Kern aus und werden vom inneren Mantel absorbiert (Leistungsverluste).	Leitungsverlegung korrigieren, ggf. Knickschutz einbauen. War Biegeradius geringer als 5 mm ist der beschädigte Lichtwellenleiter ganz oder teilweise zu ersetzen (Herstellerangaben).
Mantel beschädigt	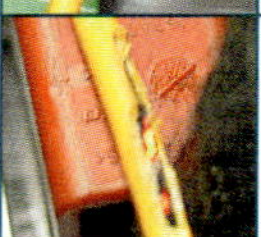	Die Lichtwellen treten aus dem Kern aus und gehen dadurch für die Übertragung verloren. Zusätzlich können Lichtwellen von außen eindringen und die Übertragung stören.	Leitungsverlegung auf scharfkantige Gegenstände (Bleche, Kanten) prüfen. Bei der Montage auf scharfkantige Durchbrüche, Bleche achten. Lichtwellenleiter ganz oder teilweise ersetzen (Herstellerangaben beachten).
Zerkratzte Stirnfläche		Die Lichtwellen brechen sich an den Kratzern in der Stirnfläche. Es kommt zu Leistungsverlusten.	Alten Crimp abschneiden und neuen Crimp anbringen. Bei zu geringer Leitungslänge Lichtwellenleiter ganz oder teilweise ersetzen (Herstellerangaben beachten). Berührung der Stirnfläche vermeiden.
Verschmutzung der Stirnfläche		Die Lichtwellen werden durch die Verschmutzung gedämpft bzw. gebrochen. Es kommt zu Leistungsverlusten.	Keinen Reinigungsversuch unternehmen. Alten Crimp abschneiden und neuen Crimp anbringen. Bei zu geringer Leitungslänge Lichtwellenleiter ganz oder teilweise ersetzen (Herstellerangaben beachten).
Luftspalt zwischen Lichtwellenleiter und Anschluss	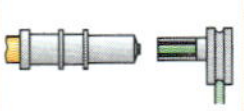	Im Luftspalt ist die Totalreflektion nicht wirksam. Es kommt zu Leistungsverlusten.	Stecker-Verrastung prüfen. Steckergehäuse auf Beschädigungen prüfen. Ggf. Steckergehäuse ersetzen. Bei zu geringer Leitungslänge Lichtwellenleiter ganz oder teilweise ersetzen (Herstellerangaben beachten).

E

Optisches Ersatzsteuergerät für MOST

Aufbau	Das Ersatzsteuergerät enthält alle Komponenten, die zur Datenübertragung auf dem MOST System notwendig sind. Zur Spannungsversorgung wird das Ersatzsteuergerät mit einer 12 V Steckdose bzw. dem Zigarettenanzünder verbunden. Am Gehäuse befinden sich Leuchtdioden, die den Betriebszustand des Ersatzsteuergeräts anzeigen.
Funktionsweise	Gelangen Lichtwellensignale an den Signaleingang des Ersatzsteuergerätes schaltet es sich selbstständig ein und sendet die Signale an seinem Ausgang weiter. Dies wird durch Aufleuchten der Leuchtdioden angezeigt. Durch das Anschließen des Ersatzsteuergerätes an Stelle des möglicherweise defekten MOST Knotens kann dieses als Fehlerursache ausgeschlossen werden. Erfolgt nach dem Austausch eine fehlerfreie Datenübertragung, ist der ausgetauschte Knoten die Fehlerursache und ist zu ersetzen. **Hinweis.** Die Ringbruchdiagnoseleitung muss bei angeschlossenem Ersatzsteuergerät am ersetzten MOST Knoten angeschlossen bleiben, da sonst das Ringbruchdiagnoseergebnis „elektrischer Fehler" anzeigt.

Fehlersuchplan für Fehler am MOST-System

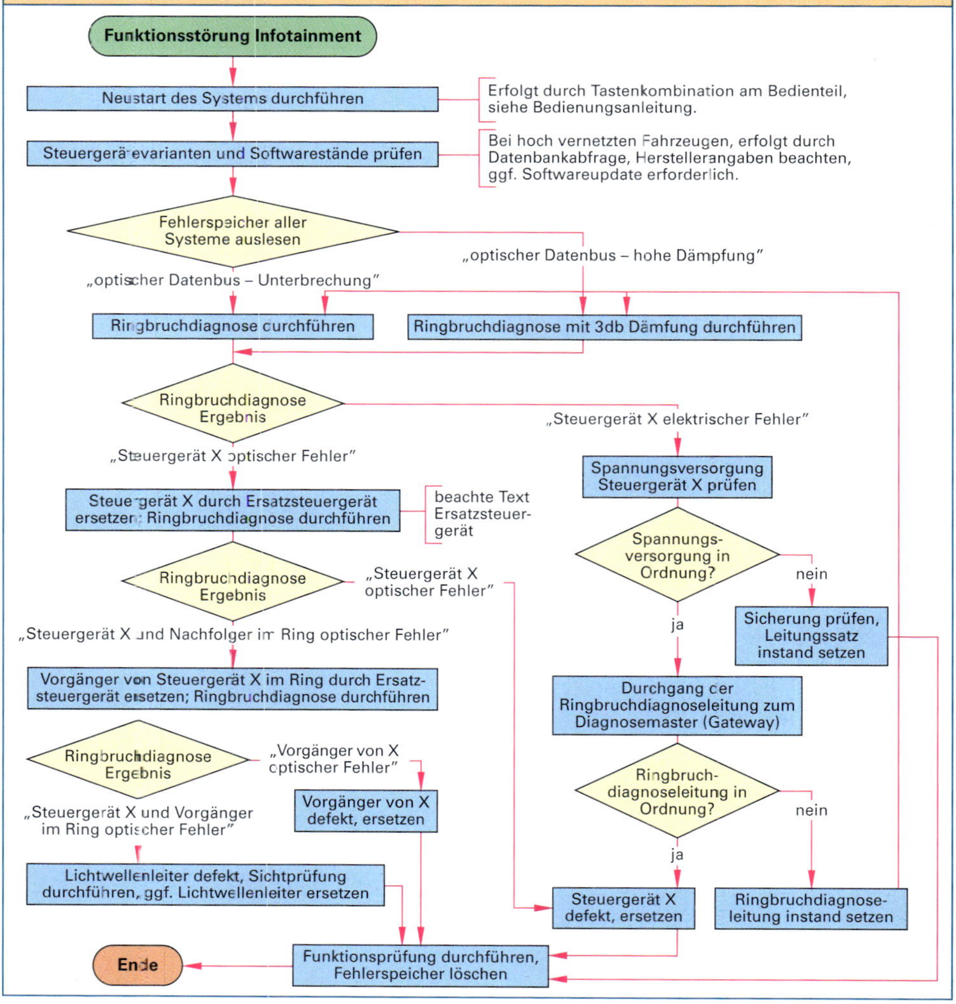

E

Überblick

Arten	Aufgaben, Merkmale
Sitzverstellung mit Memory	Bei von mehreren Fahrern benützten Fahrzeugen wird, nach der Programmierung, jedem Fahrer seine individuelle Sitzposition automatisch eingestellt. Folgende Komponenten werden auf der Fahrerseite verstellt: Sitz, Außen- und Innenspiegel, Lenksäulenstellung, Kopfstütze. Zusätzlich können über das Memory z.B. die vorgewählte Innenraumtemperatur eingestellt oder das auf den Fahrer adaptierte Getriebeschaltprogramm aufgerufen werden.
Navigation, Radio, Telefon, SMS, MP3, CD, Internet	Das Navigationssystem führt den Autofahrer mit Hilfe einer elektronischen Landkarte und einem Satellitenortungssystem an den gewünschten Ort entsprechend seiner Zielvorgabe. Die Zielführung des Fahrers erfolgt entweder visuell über Richtungspfeile im Display oder audiovisuell über Display und Sprachausgabe. Die elektronischen Landkarten befinden sich in einem CD-Wechsler an Bord des Fahrzeugs. Über Autotelefon können Gespräche geführt, Faxe, SMS und E-Mails versendet und empfangen werden. Das Radio mit CD-Player liefert neben der Unterhaltung nicht nur Informationen über die Verkehrssituation an den Fahrer, sondern auch an das Navigationssystem. Diese Informationen werden dann bei der Routenberechnung berücksichtigt, um Staus zu umfahren. Das Display kann dafür verwendet werden, um im Internet Informationen zu beschaffen.

Adaptive Fahrzeuggeschwindigkeitsregelung ACC

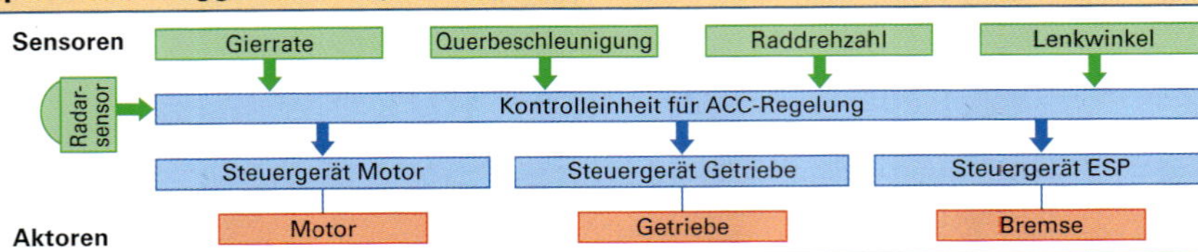

Aufgabe	Es regelt die Fahrgeschwindigkeit des Fahrzeugs abhängig vom vorgegebenen Abstand zum vorausfahrenden Fahrzeug (automatische Geschwindigkeits- und Abstandsregelung).
Komponenten	• Radar-, Gierraten-, Querbeschleunigungs-, Raddrehzahl- und Lenkwinkelsensor. • Kontrolleinheit zur Erkennung der eigenen Fahrzeugbewegung, Objekterkennung und Auswahl, Abstandsregelung. • Steuergeräte für Motor, Getriebe und ESP mit Aktoren.
Wirkungsweise	Mit Hilfe des Radarsensors wird die Geschwindigkeit des vorausfahrenden Fahrzeugs bis $\leq$ 100 m erfasst. Für Kurvenfahrt und besondere Fahrsituationen, z.B. Schleudern, werden die anderen Sensoren benötigt. Über Eingriffe in das Motor-, Getriebemanagement und Bremssysteme passt ACC die Geschwindigkeit an das vorausfahrende Fahrzeug an. Ist die Fahrbahn frei, beschleunigt das Fahrzeug auf die vorgewählte Geschwindigkeit.

Spurassistent (FAS)

Aufgabe	Warnung bei nicht beabsichtigtem Spurwechsel auf Schnellstraßen und Autobahnen.
Systemaufbau	• Infrarotsensoren 30 MHz oder Kameras • Aktivierungsschalter mit Kontrollleuchten • Steuergerät • Vibratoren im Fahrersitz oder Lenkrad
Wirkungsweise	Das System warnt den Fahrer bei einem unbeabsichtigten Überfahren der seitlichen Streifen auf der Fahrbahn. Wird eine durchgezogene oder unterbrochene weiße Linie überfahren erkennen dies die Infrarotsender/Empfänger oder Kameras und senden ein Signal an das Steuergerät. Wurde vorher kein Fahrtrichtungsanzeiger betätigt wird der Fahrer durch die im Fahrersitz oder im Lenkrad angeordneten Vibratoren gewarnt. Je nach Systemauslegung erfolgt der Eingriff in die Lenkung des Fahrzeuges durch den Fahrer allein oder durch das ESP, indem einzelne Räder gezielt abgebremst werden um, das Fahrzeug wieder in die Spur zu lenken.

E

Passive und aktive Einparkhilfe (FAS)

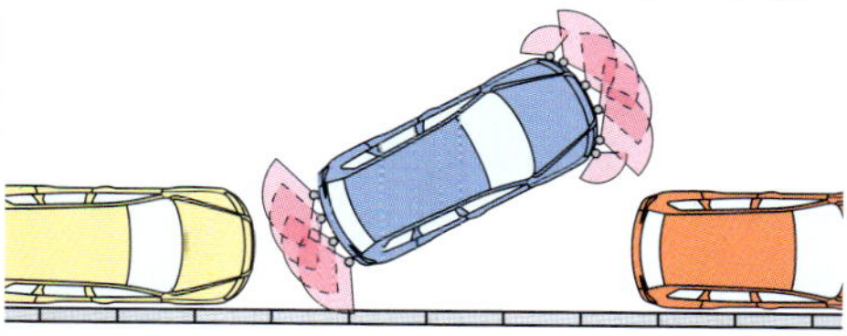

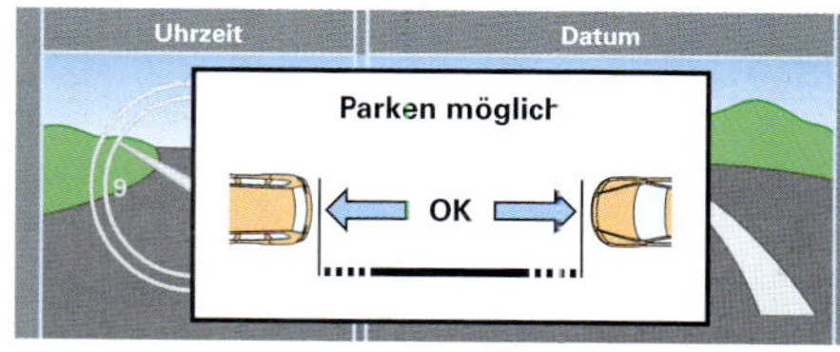

Aufgabe	Sie zeigen dem Fahrer beim Einparken oder Rückwärtsfahren den Abstand zu einem Hindernis an und warnen mit optischen und akustischen Signalen. Sie messen die Länge der Parklücke und zeigen ob Parken möglich ist. Die Systeme können den Parkvorgang unterstützen. Bei aktiven Einparkhilfen lenkt das System selbständig.
Systemaufbau	• Steuergerät • Ultraschallsender/ Empfänger 30 kHz • Anzeigenleuchten, Warnsummer und Display
Wirkungsweise	Ultraschallsignale im 30 kHz Bereich werden ausgesendet und von den Hindernissen reflektiert. Die Echosignale werden vom Empfangsteil des Sensors aufgenommen und aus den Laufzeiten werden Abstand und Lage des Hindernisses berechnet. Zur Vermessung der Parklücke muss diese möglichst parallel im Abstand von 30 cm bis 1,5 m angefahren werden. Auf dem Display wird der Weg den der Fahrer einschlagen und fahren soll angezeigt. Bei aktiven Systemen übernimmt der Einparkassistent die Drehung des Lenkrades durch Ansteuern des Elektromotor an der elektrohydraulischen Lenkanlage. Der Fahrer wird per Anzeige zum Schalten, Gasgeben und Bremsen aufgefordert.

Toter-Winkel-Überwachung (FAS)

Aufgabe	Warnung vor Fahrzeugen im Toten-Winkel bei beabsichtigtem Spurwechsel.
Systemaufbau	• Ultraschalsensoren • Optische und akustische Warnsignale • Steuergerät
Wirkungsweise	Das System meldet dem Fahrer Fahrzeuge , die sich schräg hinter ihm befinden. Radarsensoren überwachen den Bereich, der vom Fahrer im Rückspiegel nicht zu sehen ist. Registrieren die Sensoren in diesem Bereich ein anderes Fahrzeug, leuchtet z.B. im Rückspiegel eine Kontrollleuchte. Wird der Blinker trotzdem betätigt, beginnt sie zu Blinken und ein Warnton ertönt. Ein Eingriff in die Lenkung des Fahrzeuges erfolgt nicht. **Hinweis:** Werden am Fahrzeug Reparaturen oder Einstellungen vorgenommen, muss gegebenenfalls nach Herstellerangabe das System neu eingestellt werden.

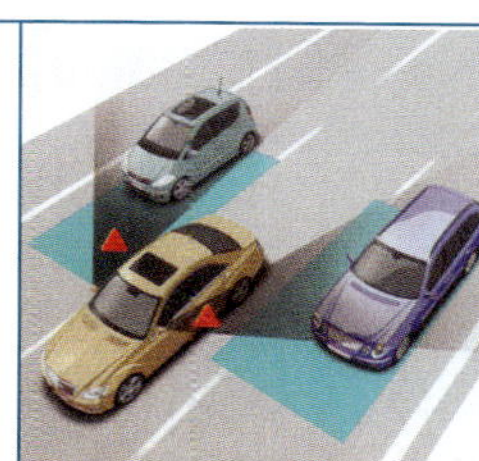

Elektrische Zentralverriegelung

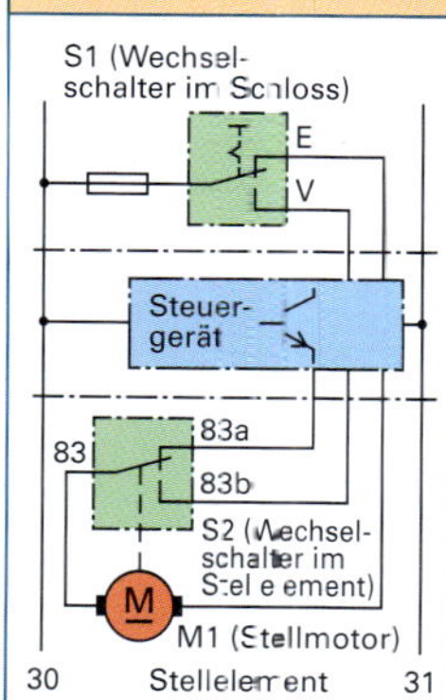

Mit ihr werden die grundsätzlichen Funktionen wie Entriegeln und Verriegeln, z.B. der Fahrzeugtüren, durch das Ansteuern von Stellmotoren in elektrisch betätigten Stellelementen durchgeführt.

Wirkungsweise bei manueller Betätigung des Schließpunktes

Verriegeln. Durch eine Schlüsseldrehung werden im Wechsler S1 die Klemme (Kl. 30 und Kl. V) verbunden. Dieser Steuerimpuls veranlasst das Steuergerät, Kl. 83a mit Spannung zu versorgen. Der Stellmotor M1 läuft. Im Wechsler S2 bleiben die Klemmen 83a und 83 solange verbunden, bis die Verriegelung ihre Endlage erreicht hat und die Verbindung 83a und 83 durch den Stellmotor M1 unterbrochen wird. Der Stellmotor bleibt stehen.

Entriegeln. Durch eine entgegengesetzte Schlüsseldrehung werden im Wechsler S1 die Kl. 30 und die Kl. E verbunden. Dieser Steuerimpuls veranlasst das Steuergerät, Kl. 83b mit Spannung zu versorgen. Der Stellmotor M1 läuft jetzt in entgegengesetzter Richtung. Im Wechsler S2 bleiben die Klemmen 83b und 83 solange verbunden, bis die Entriegelung ihre Endlage erreicht hat und die Verbindung 83b und 83 durch den Stellmotor M1 unterbrochen wird. Der Stellmotor bleibt stehen.

E

Diebstahlschutzsystem

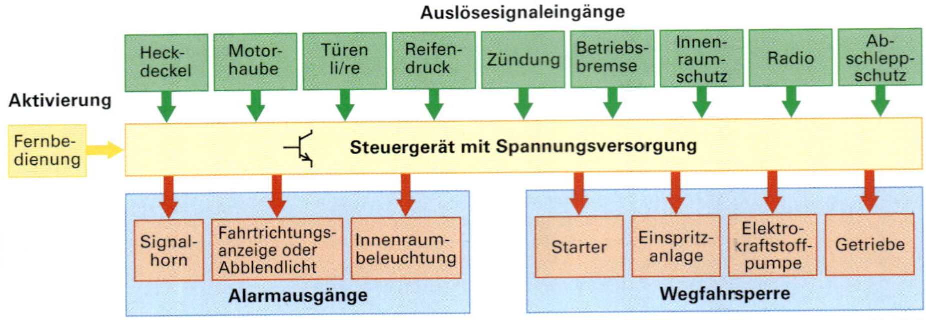

Komponenten	**Alarmanlage** informiert optisch und akustisch. **Wegfahrsperre** greift in das Motormanagement ein und verhindert den Motorstart. **Innenraumschutz** überwacht den Innenraum mit Infrarot oder Ultraschall. **Rad- und Abschleppschutz** löst Alarm aus beim Versuch das Fahrzeug abzuschleppen.
Aktivierung	Sie erfolgt nur bei ausgeschalteter Zündung durch die Fernbedienung.
Alarmauslösung	Mit dem Aktivieren des Diebstahlschutzsystems, beginnt gleichzeitig eine zyklische Abfrage aller Alarmeingänge über eine Zeit von ca. 10 s bis 20 s. So wird sichergestellt, dass alle Türen und Fenster geschlossen sind. Nach dieser Zeit sind alle Eingänge alarmbereit. Tritt an den Eingängen eine Veränderung ein, wird über ein Massesignal der Alarm ausgelöst und ein Starten des Motors verhindert.
Deaktivierung	Sie erfolgt durch das Betätigen der Entriegelungstaste der Fernbedienung.

Elektrische Fensterheber

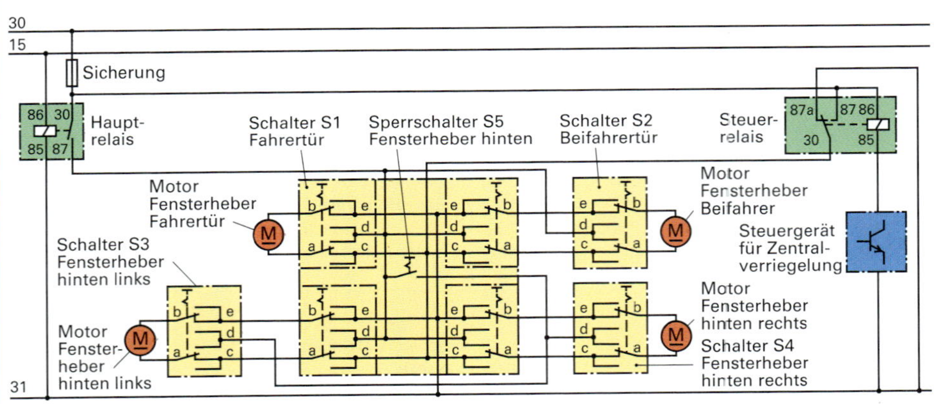

Fensterantriebe	• Seilzugantrieb (üblich) • Gelenkgetriebe
Betätigung der Fenster	• Wippschalter (manuell) • Steuerelektronik kombiniert mit Wippschalter • Steuerelektronik kombiniert mit Zentralverriegelung
Wirkungsweise bei Betätigung mit Wipp-schalter	Bei eingeschaltetem Fahrschalter wird über Kl. 15 das Hauptrelais angesteuert. Es zieht an, verbindet Kl. 30 mit Kl. 87 und legt Spannung an Kl. d von Schalter S1 und S2. Mit Schalter S5, der in Schalter S1 der Fahrertür integriert ist, können die Schalter S3 und S4 für die hinteren Türen mit Spannung versorgt bzw. die Spannung abgeschaltet werden.
Schließen der Fenster bei Zentral-verriegelung	Das Steuergerät für die Zentralverriegelung legt die Steuerspule des Steuerrelais Kl. 85 an Masse. Dadurch werden im Relais die Kl. 87 und die Kl. 30 verbunden. Die Schalterklemme a wird über die Kl. c an Plus gelegt. Über Kl. b und Kl. e wird die Verbindung zur Masse hergestellt. Die Fenster werden geschlossen.

E

Heizungssysteme

Heizungssysteme sind von der Art der Motorkühlung abhängig.

<table>
<tr><th rowspan="2">Luftgekühlte Motoren</th><th colspan="2">Flüssigkeitsgekühlte Motoren</th></tr>
<tr><td colspan="2">Wärme der Kühlflüssigkeit wird zur Heizung des Innenraums verwendet.</td></tr>
<tr><td rowspan="2">Ein Teil der Gebläseluft wird abgezweigt, über Wärmetauscher in den Auspuffleitungen erwärmt und in den Innenraum geleitet.
Heiztemperaturänderung. Sie erfolgt über die Änderung der Warmluftmenge, die in den Innenraum geleitet wird.</td><th>Kühlwassermengensteuerung (wasserseitig)</th><th>Frischluftmengensteuerung (luftseitig)</th></tr>
<tr><td>Heiztemperaturänderung. Die Kühlwassermenge, die den Wärmetauscher durchfließt, wird über ein Ventil gesteuert.</td><td>Heiztemperaturänderung. Die Frischluftmenge, die den Wärmetauscher umströmt, wird durch eine Klappe verändert.</td></tr>
</table>

Zusatzheizsysteme

Aufgaben	• Schnelles Erreichen der Betriebstemperatur gewährleisten, z.B. bei direkteinspritzenden Dieselmotoren • Fahrzeuginnenraum ausreichend erwärmen
Bauarten	**Merkmale**
Brennstoff-Zuheizer	In ihm wird der Kühlflüssigkeit zusätzlich Wärme dadurch zugeführt, dass Benzin, Diesel oder Gas in einer von Kühlflüssigkeit umströmten Brennkammer verbrannt wird.
Elektrischer Zuheizer	Glühstiftähnliche Heizkörper, die elektrisch beheizt werden, sind in den Kühlmittelkreislauf eingebaut und führen der Kühlflüssigkeit zusätzlich Wärme zu.
Abgas-Wärmetauscher	In ihm wird die Wärme der Abgase an die Kühlflüssigkeit übertragen. Diese zusätzliche Wärme kann zur Beheizung des Innenraums verwendet werden.
PTC-Zuheizer	Keramische Halbleiterwiderstände (PTC-Steine) sind dem Wärmetauscher nachgeschaltet und erwärmen zusätzlich die in den Innenraum strömende Luft.

Klimatisierung von Kraftfahrzeugen

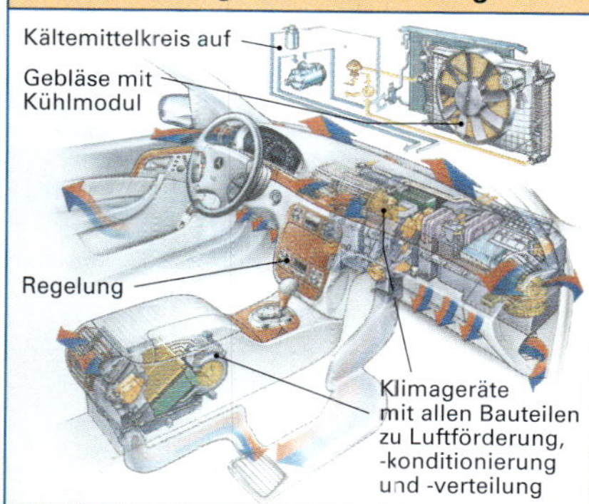

Anforderungen an Klimatisierungseinrichtungen im Kfz:

- Fahrgastzelle schnell auf eine angenehme Temperatur erwärmen oder abkühlen. Angenehme Temperatur bei jeder äußeren Witterung aufrechterhalten
- Für jeden Insassen eine angenehme Luftströmung und Lufttemperatur erzeugen
- Luftqualität verbessern
- Einfache Bedienung
- Keine Belästigung durch ausströmende Luft
- Entfeuchtung der Fahrzeuginnenraumluft.

Komponenten einer Klimaanlage

- Luftführung im Kraftfahrzeug und Heizmöglichkeit, evtl. Zusatzheizsysteme
- Kältemittelkreislauf
- Temperaturregelung.

Luftführung

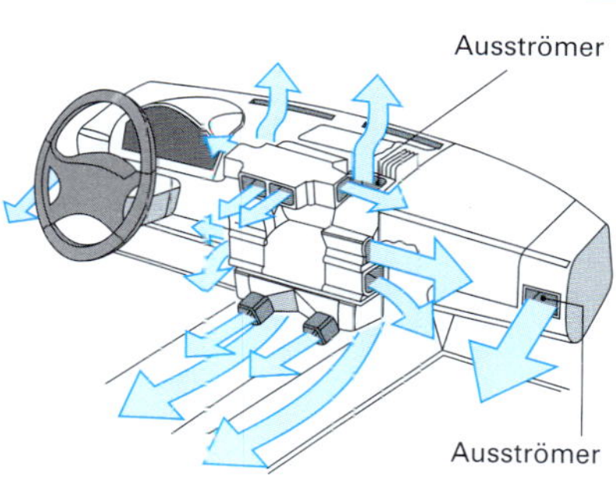

Frischluftbetrieb

- Gebläse saugt Außenluft über die Frischluftklappe an.
- Staubfilter reinigt Luft von Staub, Pollen, Verunreinigungen.
- Verdampfer kühlt die angesaugte Luft, Feuchtigkeit kondensiert
- Wärmetauscher erwärmt die getrocknete Luft auf die gewählte Temperatur
- Ausströmer verteilen die Luft ins Wageninnere.

Umluftbetrieb

- Gebläse saugt Luft aus dem Wageninneren an
- Staubfilter reinigt die Luft
- Verdampfer kühlt und trocknet die Luft
- Wärmetauscher erwärmt die getrocknete Luft auf die gewählte Temperatur
- Düsen leiten die Luft ins Wageninnere.

E

Kältemittelkreislauf mit Expansionsventil für R134a

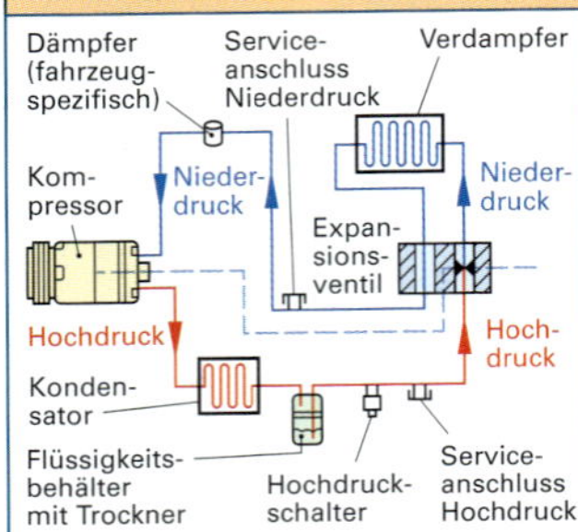

Komponenten und Funktion

Kompressor. Er saugt gasförmiges Kältemittel vom Verdampfer an und verdichtet es.

Kondensator. Er kühlt gasförmiges Kältemittel ab. Es wird flüssig.

Flüssigkeitsbehälter mit Trockner. Er ist im Hochdruckteil des Kältemittelkreislaufs eingebaut und dient als Ausgleich- und Vorratsbehälter für das Kältemittel. Im Trockner wird Feuchtigkeit gebunden.

Expansionsventil. Es ist die Trennstelle zwischen Hochdruck- und Niederdruckseite im Kältemittelkreislauf. Das Expansionsventil reguliert die Menge an flüssigem Kältemittel, die in den Verdampfer strömt.

Verdampfer. Er verdampft das flüssige Kältemittel. Es wird gasförmig. Dabei entzieht es der durchströmenden Luft Wärme.

Bereich	Kompressor – Kondensator	Kondensator – Expansionsventil	Expansionsventil – Verdampfer	Verdampfer – Kompressor
Aggregatzustand	gasförmig	flüssig	flüssig/gasförmig	gasförmig
Druck	16 bar	16 bar	1,2 bar	1,2 bar
Temperatur	ca. 65 °C	ca. 55 °C	ca. – 7 °C	ca. – 3 °C

Kältemittelkreislauf mit Drossel für R134a

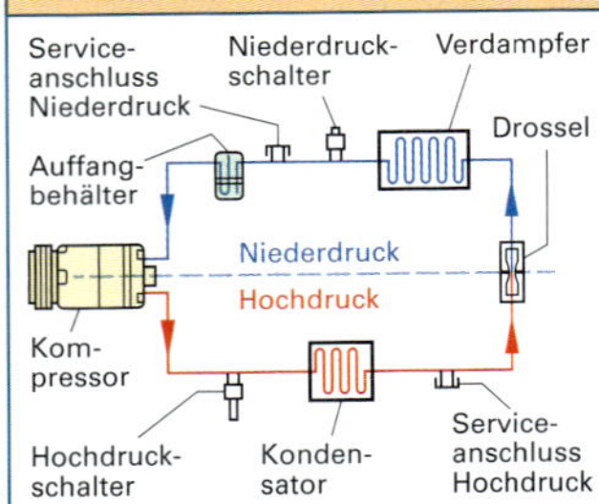

Komponenten und Funktion

Kompressor. Er saugt gasförmiges Kältemittel aus dem oberen Teil des Auffangbehälters an und verdichtet es.

Kondensator. Er kühlt gasförmiges Kältemittel ab. Es wird flüssig.

Drossel. Sie sprüht das flüssige Kältemittel in den Verdampfer. Die kalibrierte Bohrung der Drossel bestimmt die Durchflussmenge des Kältemittels.

Verdampfer. Er verdampft das flüssige Kältemittel. Es wird gasförmig. Dabei entzieht es der umgebenden Luft Wärme.

Auffangbehälter mit Trockner. Er ist im Niederdruckteil des Kältemittelkreislaufs eingebaut und dient als Ausgleichsgefäß und Vorratsbehälter für Kältemittel und Kältemittelöl.

Bereich	Kompressor – Kondensator	Kondensator – Drossel	Drossel – Verdampfer	Verdampfer – Kompressor
Aggregatzustand	gasförmig	flüssig	flüssig/gasförmig	gasförmig
Druck	20 bar	20 bar	1,5 bar	1,5 bar
Temperatur	ca. 70 °C	ca. 60 °C	> – 4 °C	> – 1 °C

Kältemittelkreislauf für CO_2 (R744)

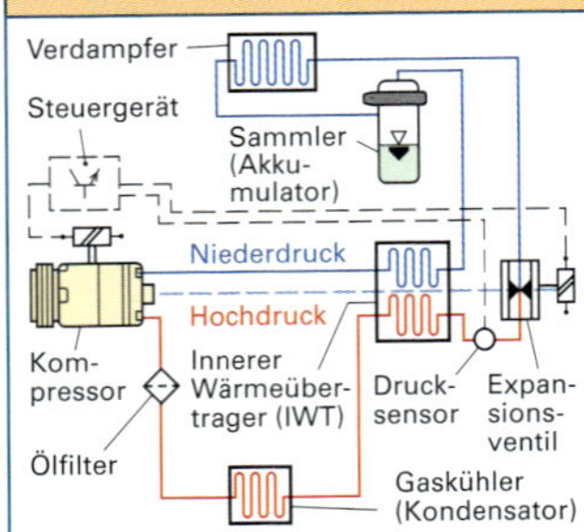

Komponenten und Funktion

Kompressor. Er saugt gasförmiges Kältemittel aus dem oberen Teil des Auffangbehälters an und verdichtet es.

Kondensator (Gaskühler). Er kühlt gasförmiges Kältemittel ab. Es wird flüssig.

Innerer Wärmeübertrager (IWT). Er beseitigt im Kältemittel die flüssigen Anteile, sodass nur gasförmiges Kältemittel in den Kompressor gelangt.

Expansionsventil. Das elektronisch gesteuerte Expansionsventil reguliert die Menge an flüssigem Kältemittel, die in den Verdampfer strömt.

Verdampfer. Er verdampft das flüssige Kältemittel. Es wird gasförmig. Dabei entzieht es der umgebenden Luft Wärme.

Sammler. Er ist im Niederdruckteil des Kältemittelkreislaufs eingebaut und dient als Ausgleichsgefäß und Vorratsbehälter für das Kältemittel.

Bereich	Kompressor – Gaskühler	Gaskühler – IWT	IWT – Expansionsventil	Expansionsventil – Verdampfer	IWT – Kompressor
Aggregatzustand	gasförmig	flüssig	flüssig	flüssig	gasförmig
Druck[1]	ca. 135 bar	ca. 135 bar	ca. 135 bar	ca. 45 bar	ca. 45 bar
Temperatur	ca. 120 °C	ca. 45 °C	ca. 35 °C	ca. 0 °C	ca. 15 °C

[1] Druck und Temperatur sind stark von der Belastung im CO_2-Kältemittelkreislauf abhängig.

E

Mess- und Testgeräte

Fahrzeugsystemtester

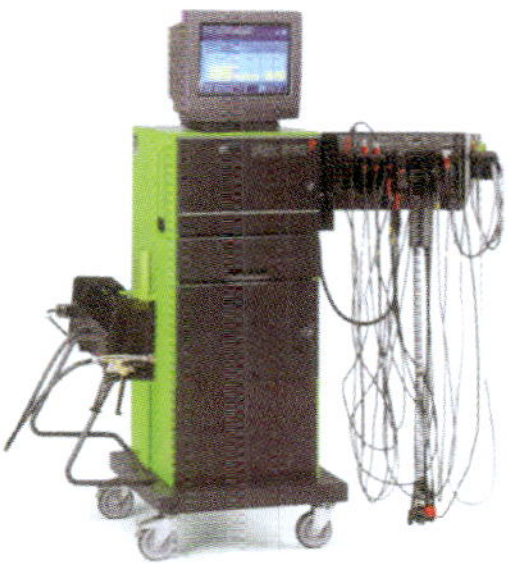

Komponenten und Funktion

Er besteht aus
- Diagnosecomputer und Drucker
- Abgasmessgerät
- Tester
- Adapter.

Der Fahrzeugsystemtester ist ein Computer mit Bildschirm, CD-ROM-Laufwerk, Diskettenlaufwerk, eventuell Infrarotschnittstelle zur Datenübertragung an Peripheriegeräte, wie Drucker ohne Verbindungskabel. Er enthält die gesamte Messtechnik, wie Multimeter, digitales Speicher-Oszilloskop, Abgasmessgerät und kann in Verbindung mit geeigneter Software folgende Arbeiten durchführen.
- Auswerten der Eigendiagnose
- Fehlerspeicher auslesen (Fehlercodeauslese) und löschen
- geführte Fehlersuche (Abarbeiten des Fehlerspeichers)
- Inspektionsintervalle rücksetzen
- Stellglieddiagnose
- Soll-/Istwertvergleich
- On-Board-Diagnose
- Messwertblöcke auslesen.
- Zugriff auf Kundendaten
- Codieren von Steuergeräten, z.B. Chip-Tuning, Wegfahrsperren
- Fahrzeugidentifizierung

Er liefert Informationen über Bauteile, technische Daten und Einstellwerte, elektrische Schaltpläne, Servicepläne und Systembeschreibungen.

Arbeiten mit dem Tester

Eigendiagnose

Bei ihr werden Steuergeräteversion abgefragt, Fehlerspeicher ausgelesen, eine Stellglieddiagnose und ein Soll-/Istwertvergleich durchgeführt, sowie Grundeinstellungen überprüft.

Fehlerspeicher auslesen

Das Auslesen des Fehlerspeichers liefert Informationen über Fehler, die im betreffenden System wie Motor, Karosserie, Fahrwerk, Komfort aufgetreten sind. Der im Fehlerspeicher abgelegte Fehler, z.B. für OBD II, kann in Form eines Codes oder im Klartext ausgegeben.

	Fehlercode	Klartext
Beispiele für EOBD	P0119	Motortemperatur schwankt, sporadischer Fehler
	P0420	Katalysatorsystem Wirkungsgrad unterhalb Grenzwert

geführte Fehlersuche

Sie ermöglicht das Auffinden eines Fehlers in vom Tester vorgegebenen Arbeitsschritten. Diese werden am Bildschirm angezeigt. Führt der Anwender die einzelnen Arbeitsgänge nacheinander aus, so wird der Fehler durch das systematische Vorgehen schnell gefunden.

Inspektionsintervallanzeige rücksetzen

Der Kunde wird durch eine Information im Display seines Fahrzeugs informiert, dass die nächste Inspektion nach einer vom Hersteller vorgegebenen Kilometerleistung durchzuführen ist. Wird das Fahrzeug zur Inspektion gebracht, setzt die Werkstatt die Inspektionsintervallanzeige im Display zurück.

Stellglieddiagnose

Durch definiertes Ansteuern der Stellglieder kann deren Funktion geprüft werden. Z.B. Einspritzventile, Leerlaufsteller, Tankentlüftungsventil, Türschlösser, Stellmotoren in Sitzen.

Soll-/Istwertvergleich

Mit ihm werden die Istwerte im Bereich der Motorsteuerung gemessen und mit den vorgegebenen Werten verglichen. Beispiele sind Spannungsversorgung, Luftmengen-/Luftmassensignal, Motordrehzahl, Lambdasondenspannung. Weicht der Istwert vom vorgegebenen Sollwert ab, liegt ein Fehler vor.

On-Board-Diagnose

Mit ihr können alle Informationen ausgelesen werden, die das Abgas des Motors betreffen, wie z.B. Lambdasondensignale, Katalysatorwirkungsgrad.

Auslesen von Messwertblöcken

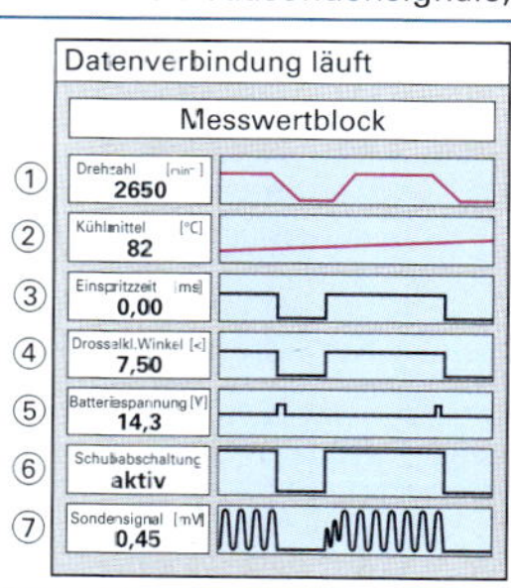

In Verbindung mit diagnosefähigen Steuergeräten werden aktuelle Motordaten in den Tester übertragen. Dabei können die Signale von über 30 Komponenten gleichzeitig überwacht und aufgezeichnet werden.

Beispiel: Überprüfung der Schubabschaltung im Fahrbetrieb
- DK-Winkel geht auf kleinsten Wert ④
- Drehzahl fällt ab ①
- Einspritzzeit muss auf Null gehen ③
- Sondenspannung < 100 mV ⑦
- Schubabschaltung „Aktiv" ⑥.

E

Fehler im Kraftfahrzeug

Im Kraftfahrzeug können folgende Fehlertypen unterschieden werden.

Dauerhafte Fehler	Sie sind Fehler, die solange vorhanden sind, bis sie behoben werden.
Sporadische Fehler	Sie sind Fehler, die nur unter bestimmten Betriebsbedingungen auftreten, im Tester nicht oder falsch angezeigt werden oder sich nicht über ein eindeutiges Symptom identifizieren lassen. Ursachen sporadischer Fehler sind meist Haarrisse in den Platinen elektronischer Bauteile, die sich bei Temperaturänderungen aufweiten und kurzzeitig einen Fehler verursachen.
Elektrische Fehler	Sie treten in den elektrischen und elektronischen Systemen des Kraftfahrzeugs wie Beleuchtungsanlage, Komfortsysteme, Motormanagement, Getriebemanagement auf. Elektrische Fehler entstehen u.a. durch Kabelbrüche, Ausfall von elektrischen Bauteilen, Korrosion.
Nicht elektrische Fehler	Sie sind Fehler, die in den mechanischen Systemen des Kraftfahrzeugs, wie Motor, Getriebe, Fahrwerk, Karosserie auftreten können, z.B. Risse, Bruch, Verbiegung. Nicht elektrische Fehler entstehen u.a. durch Verschleiß, zu hohe mechanische Belastung, Materialermüdung, Fehler im Werkstoff, falsche Werkstoffauswahl, Überhitzung.

Systematische Fehlersuche

Grundsatz	Vom Einfachen zum Komplizierten
Informationen beschaffen	• Kundenangaben aufnehmen (Fehlerbeschreibung durch den Kunden). • Probefahrt mit dem Kunden (solange bis der Fehler auftritt). • Fehlerspeicher auslesen bei Systemen mit Eigendiagnose. Ist der Fehlerbericht unplausibel, wie „Steuergerät defekt", „xy-Signal unbekannt", „Regelgrenze erreicht", „Motorsteuergerät gesperrt", ist es erforderlich, den Fehlerspeicher zu löschen, die Standardwerte des Systems einzustellen und eine längere Probefahrt durchzuführen. Erkennt das eigendiagnosefähige System den Fehler nicht oder ist das System nicht eigendiagnosefähig, muss der Fehler auf die herkömmliche Art und Weise gesucht werden. Dazu sind Übersichtsplan zur Lagebestimmung der Bauteile, ein Schaltplan und geeignete Mess- und Prüfgeräte erforderlich.
Ursachen feststellen	1. **Sichtprüfung** von Kabel, Kabelbäumen, Steckverbindungen, Unterdruckverschlauchung, Ansaug-, Abgaseinrichtungen, optischer Eindruck fehlerrelevanter Bauteile. 2. **Fehlerspeicher abarbeiten** 3. **Stellglieddiagnose** 4. **Soll-/Istwertvergleich** 5. **geführte Fehlersuche mit Diagnosetester** 6. **Messwertblöcke auswerten**

Fehlerfeststellung durch Eigendiagnose

Beispiel: Minusgesteuertes Magnetventil, z.B. Einspritzventil

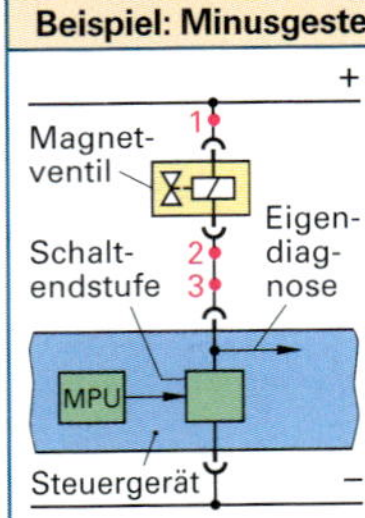

Fehler	Auswirkung	Anzeige der Eigendiagnose
Kein Fehler	System intakt	Eigendiagnose misst je nach Ansteuerung Plus oder Minus – System intakt
Verbindung zwischen 1 und 2	Kurzschluss nach Plus	Eigendiagnose misst immer Plus – Kurzschluss nach Plus
Unterbrechung zwischen 2 und 3	Leitungsunterbrechung	Eigendiagnose misst immer Minus – Fehler nicht eindeutig
Verbindung zwischen 2 und Masse	Kurzschluss nach Masse	Eigendiagnose misst immer Minus – Fehler nicht eindeutig

Beispiel: Überwachter Sensor, z.B. Temperaturgeber

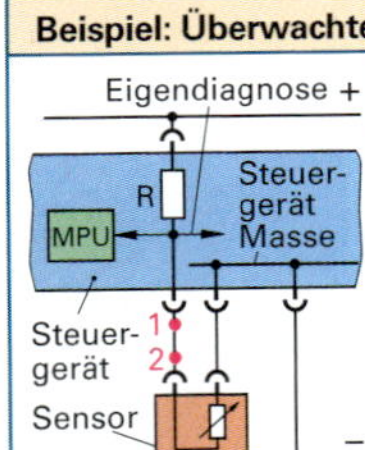

Fehler	Auswirkung	Anzeige der Eigendiagnose
Kein Fehler	System intakt	Eigendiagnose misst Signalspannung zwischen 0,1 und 5 Volt – System intakt
Verbindung zwischen 1 und Masse	Kurzschluss nach Masse	Eigendiagnose misst immer Minus – Kurzschluss nach Masse
Unterbrechung zwischen 1 und 2	Leitungsunterbrechung	Eigendiagnose misst immer 5 Volt – Fehler nicht eindeutig
Verbindung zwischen 1 und Plus	Kurzschluss nach Plus	Eigendiagnose misst immer 5 Volt – Fehler nicht eindeutig

E

Vorschriften

Kreislaufwirtschafts- und Abfallgesetz – KrW-/AbfG

Im Rahmen des Kreislaufwirtschafts- und Abfallgesetzes regeln die nachgeschalteten Verordnungen im Detail die Ausführungen des Gesetzes.

Begriffe	Erklärung	Hinweise/Beispiele
Zweck (§1 KrW-/AbfG)	Es soll die Kreislaufwirtschaft zur Schonung der natürlichen Ressourcen fördern und die umweltverträgliche Beseitigung von Abfällen sichern.	Kreislaufwirtschaft. Bei ihr werden Rohstoffe in unterschiedlichen Produkten immer wieder verwendet.
Grundsätze der Kreislaufwirtschaft (§ 4 KrW-/AbfG, §10 KrW-/AbfG)	1. **Vermeiden.** Abfälle sind zu vermeiden, insbesondere durch die Verringerung ihrer Menge und Schädlichkeit. 2. **Verwerten.** Sind Abfälle nicht zu vermeiden, sind sie stofflich oder energetisch zu verwerten. 3. **Beseitigen.** Sind Abfälle nicht zu verwerten, sind sie gemeinwohlverträglich zu beseitigen.	Zu 1. Mehrwegflaschen, wiederbefüllbare Behälter verwenden. Zu 2. Papier recyceln, Metalle wieder einschmelzen. Zu 3. Chloriertes Altöl bei hohen Temperaturen umweltverträglich verbrennen.
Abfälle (§ 3 Abs. 1 KrW-/AbfG)	Der Gesetzgeber hat Abfälle als bewegliche Sachen definiert, deren sich ihr Besitzer entledigt, entledigen will oder entledigen muss. Sie werden im Anhang I des Gesetzes in Gruppen aufgeführt, z.B. wird ein Altauto zum Abfall, wenn sich sein Besitzer dessen entledigen will.	Auszug aus Anhang I Abfallgruppen: Q6: Nichtverwendbare Elemente, z.B. verbrauchte Batterien, Katalysatoren Q9: Rückstände von Verfahren zur Bekämpfung von Verunreinigungen, z.B. verbrauchte Filter, Schlammfanginhalte.
Abfallentsorgung (§ 3 Abs. 7 KrW-/AbfG)	Sie umfasst die Verwertung und Beseitigung von Abfällen.	Verwertung und Beseitigung müssen ordnungsgemäß und umweltverträglich erfolgen.
Gefährliche Abfälle (§ 3 Abs. 8 KrW-/AbfG) (früher: besonders überwachungsbedürftige Abfälle)	Gefährliche Abfälle • sind gesundheits-, luft- oder wassergefährdend oder • sind explosiv oder brennbar oder • können Erreger übertragbarer Krankheiten enthalten oder hervorbringen.	• Altöl unbekannter Herkunft (chloriert) • Verunreinigte Kraftstoffe, Heizöle, Ölfilter • Altlacke, Altfarben (nicht ausgehärtet) • Schlammfangrückstände
Nicht gefährliche Abfälle (§ 3 Abs. 8 KrW-/AbfG) (früher: überwachungsbedürftige Abfälle)	Sie sind alle anderen Abfälle, die nicht gefährlich sind. Erfüllen sie bestimmte Anforderungen, wie Wiederverwertbarkeit, Sortenreinheit, hoher Energieanteil, können sie ordnungsgemäß und umweltverträglich verwertet werden. Treffen diese Anforderungen nicht zu, müssen sie gemeinwohlverträglich beseitigt werden.	• Altreifen und andere Gummiabfälle • Lackierereiabfälle (ausgehärtet) • Sperrmüll • Haus- bzw. hausmüllähnlicher Abfall • Inhalte von Fettabscheidern • Gießformen und -sande
Abfälle zur Verwertung	Sie sind Abfälle, die verwertet werden. Dadurch werden sie in den Wirtschaftskreislauf zurückgeführt.	Z.B. Metallschrott einschmelzen, Altreifen runderneuern, Kunststoffteile zu Kunststoffgranulat verarbeiten.
Verwertungsverfahren (Anhang IIB des KrW-/AbfG)	**Thermische Verfahren.** Verbrennen mit energetischer Nutzung (Gewinnung von Wärme), Rückgewinnung von Metallen, Ölraffination, **Chemische Verfahren.** Regenerierung von Säuren und Basen. **Mechanische Verfahren.** Filtern, Absetzen lassen.	Sie sind Verfahren, die in der Praxis angewendet werden um Abfälle zu verwerten. Dabei darf die menschliche Gesundheit nicht gefährdet oder geschädigt werden (gemeinwohlverträglich).
Abfälle zur Beseitigung	Sie sind Abfälle, die nicht verwertet werden können. Sie werden gemeinwohlverträglich beseitigt.	Z.B. Öl- und Benzinabscheiderinhalte, Schlammfanginhalte, Altöl unbekannter Herkunft (chloriert).
Beseitigungsverfahren (Anh. IIA des KrW-/AbfG)	Sie sind Verfahren, die in der Praxis angewendet werden, um Abfälle zu beseitigen. Dabei darf die menschliche Gesundheit nicht gefährdet oder geschädigt werden (gemeinwohlverträglich).	Z.B. Lagerung auf Deponien und Sondermülldeponien, biologischer Abbau im Boden, Verbrennen ohne Nutzung der Wärme, Dauerlagerung im Bergwerk.
Abfallwirtschaftskonzept (§ 19 KrW-/AbfG)	Ein Abfallkonzept ist vom Abfallerzeuger zu erstellen, wenn bei ihm jährlich mehr als 2000 kg besonders überwachungsbedürftiger Abfälle und/oder mehr als 2000 t überwachungsbedürftiger Abfälle anfallen. Das Konzept gibt an, wie die anfallenden Abfälle vermieden, verwertet oder beseitigt werden sollen.	Das Abfallkonzept hat Angaben zu machen über Art, Menge und Verbleib der besonders überwachungsbedürftigen Abfälle, der überwachungsbedürftigen Abfälle zur Verwertung und der Abfälle zur Beseitigung. Es ist für fünf Jahre zu erstellen und danach für weitere fünf Jahre fortzuschreiben.

Kreislaufwirtschafts- und Abfallgesetz – KrW-/AbfG

Begriffe	Erklärung	Hinweise/Beispiele
Abfallbilanz (§ 19 KrW-/AbfG)	Abfallerzeuger, die verpflichtet sind ein Abfallwirtschaftskonzept zu erstellen haben jährlich für das vorhergehende Jahr eine Bilanz zu erstellen, in der Art, Menge und Verbleib der verwerteten oder beseitigten gefährlichen und nicht gefährlichen Abfälle erfasst sind.	Die Abfallbilanz ist die Grundlage für das Abfallwirtschaftskonzept. Sie erfasst nicht nur die stofflichen Mengen der Abfälle sondern auch die Kosten für die Verwertung oder Beseitigung der Abfälle.
Betriebsbeauftragter für Abfall (§ 54 f KrW-AbfG)	Der Betriebsbeauftragte (Umweltschutzbeauftragte) • soll die ordnungsgemäße Lagerung der Abfälle im Betrieb kontrollieren • soll die ihre Verwertung/Beseitigung überwachen, • soll Betriebsangehörige unterweisen, informieren.	Ein Betrieb muss einen Betriebsbeauftragten für Abfall bestellen, wenn regelmäßig gefährliche Abfälle anfallen.

Europäische Abfallverzeichnis-Verordnung – AVV

Begriffe	Erklärung	Hinweise/Beispiele
Zweck	Sie ordnet allen Sachen, die im Sinne des Kreislaufwirtschafts- und Abfallgesetzes Abfälle sind eine sechsstellige Abfallschlüsselnummer zu. Die Schlüsselnummern sind Europaweit gültig.	Beispiele für Schlüsselnummern 13 03 03 – Kühlflüssigkeit 13 02 02 – Altöl bekannter Herkunft 13 01 08 – Bremsflüssigkeit

Nachweisverordnung – NachwV

Begriffe	Erklärung	Hinweise/Beispiele
Zweck	Sie regelt die Nachweisverfahren über die Zulässigkeit und Durchführung der Verwertung und Beseitigung von gefährlichen und nicht gefährlichen Abfällen.	Die Verordnung gilt für • Erzeuger und Besitzer von Abfällen • Einsammler oder Beförderer von Abfällen • Verwerter oder Beseitiger von Abfällen.
Nachweis- und Anzeigepflicht (§ 3 und § 11 NachwV)	Alle Abfallerzeuger, bei denen jährlich mehr als 2000 kg **gefährlicher** Abfälle anfallen sind verpflichtet, einen Entsorgungsnachweis zu führen. Alle Abfalleinsammler oder -beförderer, Abfallverwerter oder -beseitiger sind verpflichtet, den Verbleib des beförderten und verwerteten Abfalls bzw. die ordnungsgemäße Beseitigung nachzuweisen.	Arten von Entsorgungsnachweisen • Sammelentsorgungsnachweis • Begleitschein • Übernahmeschein • Verantwortliche Erklärung.
Entsorgungsnachweis (EN, § 3 NachwV)	Mit dem Entsorgungsnachweis bringt der Abfallerzeuger den Nachweis, dass die gefährlichen Abfälle vorschriftsmäßig entsorgt wurden (Verwertung oder Beseitigung). Er besteht aus der verantwortlichen Erklärung des Abfallerzeugers, der Annahmeerklärung des Entsorgers und der Entsorgungsbestätigung der zuständigen Behörde. Für die in der nebenstehenden Tabelle aufgeführten Abfälle, ist ab einer jährlichen Menge von mehr als 20 t der Entsorgungsnachweis nur durch den Abfallerzeuger möglich.	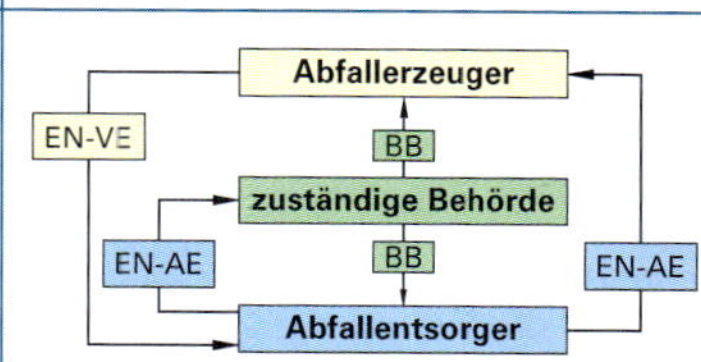 EN-VE :Verantwortliche Erklärung des Abfallerzeugers EN-AE :Annahmeerklärung des Abfallentsorgers BB :Entsorgungsbestätigung der Behörde
Sammelentsorgungsnachweis (SN, § 8 NachwV)	Fallen bei verschiedenen Abfallerzeugern gleichartige Abfälle an (gleiche Abfallschlüsselnummer, Entsorgungswege), kann der Nachweis für eine ordnungsgemäße Entsorgung durch den Sammelentsorgungsnachweis geführt werden. Der Sammelentsorgungsnachweis besteht aus der verantwortlichen Erklärung des Abfalleinsammlers, der Annahmeerklärung des Entsorgers und der Entsorgungsbestätigung der zuständigen Behörde. Ist die jährliche Menge von gefährlichen Abfällen größer als 15 t, so kann der Entsorgungsnachweis nur durch den Abfallerzeuger geführt werden. Ein Sammelentsorgungsnachweis ist nicht möglich.	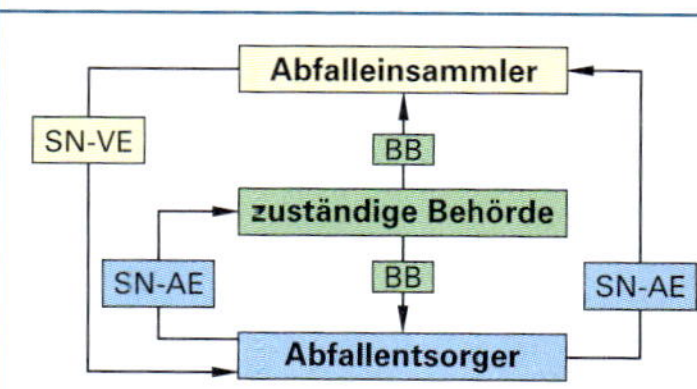 SN-VE :Verantwortlichkeitserklärung des Abfallsammlers SN-AE :Annahmeerklärung des Abfallentsorgers BB :Entsorgungsbestätigung der Behörde
Nachweisbuch (§ 27 NachwV)	In ihm sammelt das Unternehmen, das zur Nachweisführung über den Verbleib seiner Abfälle (Entsorgung) verpflichtet ist, die erforderlichen Dokumente, z.B. Entsorgungsnachweise, Sammelentsorgungsnachweise, Übernahmescheine, Begleitscheine. Die Aufbewahrungsfrist beträgt 3 Jahre.	Kennbuchstaben der Formblätter EN – Entsorgungsnachweis SN – Sammelentsorgungsnachweis AN – Anzeige VN – vereinfachter Nachweis Bi – Bilanzen

V

Nachweisverordnung – NachwV

Begriffe		
Begleitschein, Begleitschein-verfahren (§ 15 NachwV)	Der Begleitschein dient als Nachweis über die durchgeführte Entsorgung von **gefährlichen** Abfällen. In ihm werden angegeben: • Art und Menge des Abfalls • Abfallerzeuger • Abfallschlüsselnummer • Entsorger, Beförderer Der Begleitschein besteht aus 6 Ausfertigungen • Ausfertigung 1 (weiß) und 5 (altgold) als Beleg für das Nachweisbuch des Abfallerzeugers • Ausfertigung 2 (rosa) und 3 (blau) zur Vorlage für die zuständige Behörde • Ausfertigung 4 (gelb) als Beleg für das Nachweisbuch des Abfallbeförderers • Ausfertigung 6 (grün) als Beleg für das Nachweisbuch des Abfallentsorgers.	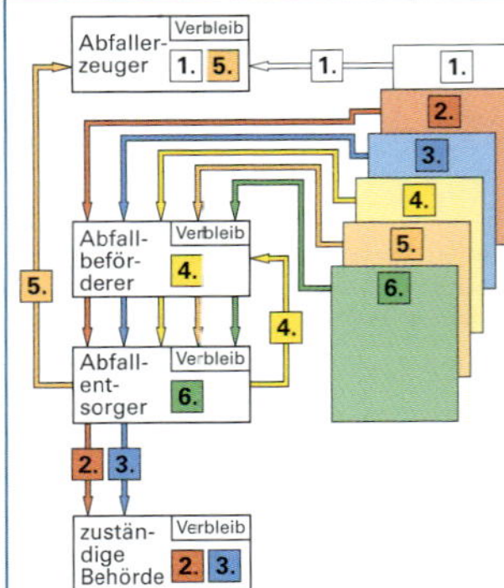
Übernahme-schein (§ 18 NachwV)	Er dient als Nachweis für den Abfallerzeuger, wenn er den Abfall im Rahmen einer Sammelentsorgung beseitigt. Der Übernahmeschein wird auch für die Entsorgung von Kleinmengen (weniger als 2000 kg) gefährlicher Abfälle benötigt.	Er besteht aus 2 Ausfertigungen. 1. Ausfertigung (weiß) für das Nachweisbuch des Abfallerzeugers. 2. Ausfertigung (gelb) für Nachweisbuch des Einsammlers.

Altölverordnung – AltölV

Altöle	Sie sind gebrauchte halbflüssige oder flüssige Stoffe, die ganz oder teilweise aus Mineralöl oder synthetischen Ölen bestehen. Dazu gehören ölhaltige Rückstände aus Behältern, Emulsionen und Wasser-Öl-Gemische.	Man unterscheidet 3 Kategorien: • Altöl zur Aufarbeitung • Altöl zur thermischen Nutzung • Altöl nicht verwertbar
Altöl zur Aufarbeitung (§ 2 AltölV)	Folgende Altöle können aufgearbeitet werden. • Öle aus Verbrennungsmotoren und Getriebe • mineralische Maschinen- , Turbinen- und Hydrauliköle. Andere Altöle dürfen nur aufgearbeitet werden, wenn sie die vorgegebenen Grenzwerte von Schadstoffen nicht erreichen.	Grenzwerte je kg Altöl: • 20 mg PCB (Polychlorierte Biphenyle) oder • 2 g Gesamthalogene
Getrennte Entsorgung und Vermischungs-verbote (§ 4 AltölV)	Altöle, die zur Aufarbeitung gesammelt werden, dürfen nicht mit Fremdstoffen, wie z.B. anderen Altölen, Bremsflüssigkeit, Reinigungsmittel, Batteriesäure, Frostschutzmittel, Kaltreiniger gemischt werden. Altöl bekannter Herkunft, darf nicht mit Altöl unbekannter Herkunft gemischt werden.	**Altöl bekannter Herkunft** Es ist Altöl, das im Kfz-Betrieb dem Fahrzeug entnommen wurde. **Altöl unbekannter Herkunft** Es ist Altöl, das ein Selbstwechsler seinem Fahrzeug entnommen hat und im Kfz-Betrieb abgibt.
Pflicht zur Nach-weisführung (§ 6 AltölV)	Wer Altöl an einen Abholer oder Entsorger abgibt, muss den Nachweis führen und erklären, dass dem Altöl keine Fremdstoffe, z.B. PCB-haltige synthetische Öle, sowie für die Aufbereitung ungeeignete Altöle oder Abfälle beigemischt wurden.	Die Aufbewahrungsfrist für diese Erklärung (Begleit- oder Übernahmeschein) beträgt 3 Jahre.
Entnahme, Untersuchung und Aufbewah-rung von Proben (§ 5 AltölV)	Der Altölabholer hat bei der Übernahme von Altöl eine Probe (Rückstellprobe) zu entnehmen. Der Altölabgeber und der Altölabholer müssen je eine Teilmenge der Rückstellprobe aufbewahren.	Die Aufbewahrungsfrist der Altölproben beim Verwerter beträgt 3 Jahre.

Altfahrzeugverordnung – AltfahrzeugV

Überlassungs-pflicht (§ 4 AltfahrzeugV)	Wer sich eines Altautos entledigt ist verpflichtet, dieses einem anerkannten Verwertungsbetrieb oder einer anerkannten Annahmestelle zu überlassen. Der Betreiber eines anerkannten Verwertungsbetriebs ist verpflichtet, die Überlassung durch einen Verwertungsnachweis zu bescheinigen.	In Verwertungsbetrieben werden Altautos trockengelegt und die anfallenden Betriebsflüssigkeiten ordnungsgemäß entsorgt. Bauteile werden demontiert und einer Verwertung zugeführt.
Entsorgungs-pflicht (§ 5 AltfahrzeugV)	Legt der Letzthalter sein Fahrzeug vorübergehend still, ohne es zu verwerten, wird es spätestens nach 18 Monaten von **Amts wegen abgemeldet**. Der endgültige Verbleib, z.B. Sammlerstück, Verkauf, Verwertung, muss dem Umweltamt mitgeteilt werden.	**Vorübergehende Abmeldung:** Bei Zulassungsstelle. **Endgültige Abmeldung:** Bei Zulassungsstelle durch Vorlage von formloser Erklärung, Verwertungnachweis.

Wasserhaushaltsgesetz – WHG

Begriffe	Erklärung	Hinweise/Beispiele
Grundsatz (§1a, 1, 2 WHG)	Jedermann ist verpflichtet, bei Maßnahmen, mit denen Einwirkungen auf ein Gewässer verbunden sein können, die nach den Umständen erforderliche Sorgfalt anzuwenden, • um eine Verunreinigung des Wassers oder eine sonstige nachteilige Veränderung seiner Eigenschaften zu verhüten • um eine mit Rücksicht auf den Wasserhaushalt gebotene sparsame Verwendung des Wassers zu erzielen • um die Leistungsfähigkeit des Wasserhaushaltes zu erhalten • um eine Vergrößerung und Beschleunigung des Wasserabflusses zu vermeiden.	Gewässer sind als Bestandteil des Naturhaushalts und als Lebensraum für Tiere und Pflanzen zu sichern. Es gelten für Indirekteinleiter dieselben Vorgaben für die Abwasservorbehandlung wie für Direkteinleiter, da kommunale Kläranlagen z.B. Schwermetalle wie Blei, Kupfer, Cadmium nicht abbauen können und diese im Klärschlamm bleiben würden.
Direkteinleiter	Sie leiten ihre Abwässer direkt in ein offenes Gewässer ein.	Kläranlagen, Kraftwerke
Indirekteinleiter	Sie leiten ihre Abwässer in einen Kanal mit nachgeschalteter Kläranlage ein.	Gewerbebetriebe wie Autohäuser, Werkstätten
Wassergefährdende Stoffe (§ 19g, 5 WHG)	Wassergefährdende Stoffe sind feste, flüssige und gasförmige Stoffe, die die physikalische, chemische oder biologische Beschaffenheit des Wassers nachteilig verändern.	Rohöle, Benzine, Dieselkraftstoffe, Heizöle, Säuren, Laugen, Mineral- und Teeröle sowie deren Produkte, Gifte, Halogene, Bleisalze, metallorganische Verbindungen.
Wassergefährdungsklassen (WGK) (Verwaltungsvorschrift wassergefährdender Stoffe, VwVwS)	Wassergefährdende Stoffe werden in drei Wassergefährdungsklassen eingeteilt: **WGK 1:** Schwach wassergefährdende Stoffe, z.B. unlegierte Mineralöle, Glycerin, Formaldehyd, Natriumchlorid, Schwefeldioxid, Schwefelsäure. **WGK 2:** Wassergefährdende Stoffe, z.B. legierte Motorenöle, Getriebeöle, Dieselkraftstoff, Xylol, Bremsflüssigkeit (ggf. WGK 1). **WGK 3:** Stark wassergefährdende Stoffe, z.B. Altöl, Öl-Wassergemische, Benzol, Ottokraftstoffe.	

Abwasser im Kfz-Betrieb

Fallen in einem Kfz-Betrieb wassergefährdende Stoffe an, so sind Abwasserbehandlungsmaßnahmen erforderlich, z.B.:

Anfallstelle	Mögliche Belastung	Mögliche Abwasserbehandlung
Hof-, Dachfläche	Regenwasser ohne Schadstoffe	Nicht erforderlich
Allgemeine Werkstatt	Mineralöle, Fette, Kraftstoffe	Schlammfang, Benzinabscheider
Lackiererei	Lackstäube, Farbstoffe (Schwermetalle, z.B. Cadmium, Chrom, Blei)	Schlammfang
Leistungs-, Bremsenprüfstände	Otto- und Dieselkraftstoffe	Schlammfang, Benzinabscheider
Stellfläche für Unfallfahrzeuge	Auslaufende Kraftstoffe, Öle	Schlammfang, Benzinabscheider
Waschplatz, -halle	Mineralöle, Kraftstoffe	Schlammfang, Benzinabscheider
Teilereinigung	Öle, Fette, Emulsionen aus Reiniger und Öler	Koaleszenzabscheider, Emulsionsspaltanlage
Tankstellenbereich	Otto- und Dieselkraftstoffe, Öle	Schlammfang, Benzinabscheider
Sammelfläche für Abfälle	Mineralöle, Fette, Kraftstoffe	Schlammfang, Benzinabscheider
Entkonservierung	Wachs, Lösemittel, Kaltreiniger	Emulsionsspaltanlage

Abwasserbehandlungsanlagen

Schlammfang	In ihm setzen sich die im Abwasser enthaltenen schweren Feststoffe wie z.B. Schmutz, Staub, Festkörper usw. ab. Damit die Feststoffe die Funktion der nachgeschalteten Behandlungsanlagen nicht beeinträchtigt, muss der Schlammfang jeweils vorgeschaltet werden.
Benzin- und Ölabscheider	In ihm trennen sich die aufschwimmenden Leichtstoffe wie z.B. Benzin, Diesel, Mineralöle aufgrund ihrer geringeren Dichte vom Wasser.
Koaleszenzabscheider	In ihm fließen im Wasser fein verteilte Öltröpfchen, die aufgrund ihres geringen Auftriebs nicht aufsteigen könnten, in einem Filtermaterial zusammen, bilden einen größeren Öltropfen, der an die Oberfläche aufsteigen kann.
Emulsionsspaltanlage	Sie besteht aus aktiven Reinigungsstufen, in denen Öl-Wasser-Emulsionen durch Zugabe von Chemikalien aufgespalten werden.

Die Anlagen sind monatlich zu prüfen und mindestens zweimal jährlich zu leeren und zu reinigen. Anfallende Rückstände sind gefährliche Abfälle.

Abfallschlüssel

Abfall-schlüssel	Abfallart	gf[1]	ngf[2]	Entsorgungs-nachweis z.B.	Hinweise zur Sammlung, Lagerung, Verwertung und Beseitigung
Feste Stoffe					
16 01 03	Altreifen, Altreifenschnitzel		x	nein	Energetische Verwertung im Zementwerk, Reifenindustrie, z.B. runderneuern.
16 04 03	Nicht gezündete Airbags, Gurtstraffer (Munition)	x		Sammelentsorgungsnachweis	Rücknahme durch den Hersteller, zertifizierte Verwerter.
16 08 01	Katalysatoren		x	nein	Rücknahmesysteme der Automobilhersteller bzw. private Rückgabesysteme nützen.
16 01 07	Ölfilter, Filtermaterialien mit schädlichen Verunreinigungen	x		Begleit- oder Übernahmeschein	Einsatz von Ölfiltertrenngeräten, Ölfilter können vom Verwerter wieder aufbereitet werden.
16 07 08	Ölgetränkte Betriebsmittel, Lappen	x		Sammelentsorgungsnachweis	Rücknahmesystem
12 01 12	Fettabfälle (Fettreste, Fettpatronen)	x		Sammelentsorgungsnachweis	Mit Entsorger abstimmen, z.B. Sammlung im Spannringfass.
17 02 02	Autoglas, Glasabfälle		x	nein	Wiederverwertung, Rücknahmesystem, z.B. Windschutzscheiben ohne Dichtung.
12 01 02	Eisenschrott		x	nein	Grundsätzlich sollen Altmetalle bei größeren Mengen getrennt nach Sorten gesammelt und an den Schrotthändler abgegeben werden.
12 01 04	Buntmetallschrott		x	nein	
Flüssige Stoffe					
13 02 05	Altöl bekannter Herkunft	x		Begleit- oder Übernahmeschein	Stoffliche/energetische Verwertung, Sammlung im gekennzeichneten Tank, PCB-Gehalt max. 50 ppm (nicht chloriert).
13 02 04	Altöl unbekannter Herkunft	x		Begleit- oder Übernahmeschein	Sammlung im Spezialbehälter, Transport und Beseitigung nur über behördlich zugelassene Unternehmen.
08 01 13	Lackierereiabfälle, nicht ausgehärtet (z.B. Dosen, Tuben, gebrauchte Pinsel)	x		Begleit- oder Übernahmeschein	Nicht in die Gewerbemülltonne geben. Größere Farbreste sammeln und als Vorstreichfarbe verwenden. Gebinde entleeren und aushärten lassen.
16 01 13	Bremsflüssigkeit (Glykolether)	x		Begleit- oder Übernahmeschein	Sammlung in geschlossenem Fass (Wasseraufnahme), Bremsflüssigkeit kann von Spezialverwertern aufgearbeitet werden.
16 01 14	Kühl- und Frostschutzmittel (Ethylenglykole)	x		Begleit- o. Übernahmeschein	Sammlung im Fass, grundsätzlich recyclebar.
13 05 02	Öl- und Benzinabscheiderinhalte	x		Begleit- o. Übernahmeschein	Sie werden von Spezialfirmen abgeholt und umweltverträglich beseitigt.
14 06 03	Lösemittelgemisch aus Lackiererei, Kaltreiniger, Waschbenzin	x		Begleit- oder Übernahmeschein	Sammlung in Teilereinigungsgeräten, umweltverträgliche Beseitigung durch Spezialfirmen.
14 06 02	Lösemittel, halogeniert	x		Begleit- oder Übernahmeschein	Chlorhaltige Lösemittel sind getrennt zu sammeln, umweltverträgliche Beseitigung durch Spezialfirmen.
13 07 02	Diesel, verunreinigt Benzin, verunreinigt	x		Begleit- o. Übernahmeschein	Sammlung im Fass, umweltverträgliche Beseitigung durch Spezialfirmen.

[1] gf = gefährliche Abfälle [2] ngf = nicht gefährliche Abfälle

Sicherheitsfarben

vgl. DIN 4844-2

Farbe	rot	gelb	blau	grün
Bedeutung	Halt, Verbot	Vorsicht! Mögliche Gefahr	Gebotszeichen, Hinweise	Gefahrlosigkeit, Erste Hilfe
Kontrastfarbe	weiß	schwarz	weiß	weiß
Farbe des Bildzeichens	schwarz	schwarz	weiß	weiß
Anwendungsbeispiele (vgl. auch Sicherheitskennzeichnung)	Haltezeichen, Not – Aus, Verbotszeichen, Material zur Feuerbekämpfung	Hinweis auf Gefahren (z. B. Feuer, Explosion, Strahlen); Hinweis auf Hindernisse (z. B. Schwellen, Gruben)	Verpflichtung zum Tragen einer persönlichen Schutzausrüstung. Standort eines Telefons	Kennzeichnung von Rettungswegen und Notausgängen; Erste-Hilfe- und Rettungsstationen

Verbotszeichen

vgl. DIN EN ISO 7010 (2012-10) und ASR[1] A1.3 (2013-02)

 allgemeines Verbotszeichen, nur in Verbindung mit Zusatzzeichen verwenden	 Rauchen verboten	 keine offene Flamme; Feuer, offene Zündquelle und Rauchen verboten	 für Fußgänger verboten	 kein Trinkwasser	 für Flurförderfahrzeuge verboten
 Zutritt für Unbefugte verboten	 kein Zutritt für Personen mit Herzschrittmachern oder implantierten Defibrillatoren[2]	 Berühren verboten	 mit Wasser löschen verboten	 keine schwere Last	 eingeschaltete Mobiltelefone verboten
 Essen und Trinken verboten	 Abstellen oder Lagern verboten	 Betreten der Fläche verboten	 Personenbeförderung verboten	 Schalten verboten	 nicht zulässig für Freihand- und handgeführtes Schleifen

Brandschutzzeichen

vgl.DIN EN ISO 7010 (2012-10) und ASR[1] A1.3 (2013-02)

 Feuerlöscher	 Löschschlauch	 Feuerleiter	 Mittel und Geräte zur Brandbekämpfung	 Brandmelder	 Brandmeldetelefon

[1] Technische Regeln für Arbeitsstätten (ASR) [2] Gerät zur Beseitigung von Herzrhythmusstörungen

V

Warnzeichen

vgl.DIN EN ISO 7010 (2012-10) und ASR[1] A1.3 (2013-02)

 allgemeines Warnzeichen, nur in Verbindung mit Zusatzzeichen verwenden	 Warnung vor explosionsgefährlichen Stoffen	 Warnung vor radioaktiven Stoffen oder ionisierender Strahlung	 Warnung vor Laserstrahl	 Warnung vor elektrischer Spannung	 Warnung vor Flurförderzeugen
 Warnung vor schwebender Last	 Warnung vor giftigen Stoffen	 Warnung vor feuergefährlichen Stoffen	 Warnung vor ätzenden Stoffen	 Warnung vor Gefahren durch das Aufladen von Batterien	 Warnung vor brandfördernden Stoffen

Gebotszeichen

vgl.DIN EN ISO 7010 (2012-10) und ASR[1] A1.3 (2013-02)

 allgemeines Gebotszeichen	 Anleitung beachten	 Gehörschutz benutzen	 Augenschutz benutzen	 Fußschutz benutzen	 Handschutz benutzen
 Schutzkleidung benutzen	 Gesichtsschutz benutzen	 Kopfschutz benutzen	 Atemschutz benutzen	 vor Wartung oder Reparatur freischalten	 Fußgängerweg benutzen

Rettungszeichen für Rettungswege und Notausgänge

vgl.DIN EN ISO 7010 (2012-10) und ASR[1] A1.3 (2013-02)

  Richtungsangabe für Erste-Hilfe-Einrichtungen, Rettungswege und Notausgänge		 Erste Hilfe	 Notruftelefon	 Sammelstelle	 Arzt
 Augenspüleinrichtung	 Notdusche	 Krankentrage	 Kombinationszeichen für Fluchtwege oder Notausgänge mit den entsprechenden Richtungsangaben durch Pfeile		

[1] Berufsgenossenschaftliche Vorschrift BGV A8 (Ersatz für VGB 125)

Global Harmonisiertes System (GHS)

vgl. Gefahrstoffverordnung (1997-04)

Verordnung und Zielsetzung

In Deutschland ist 2009 ein international vereinheitlichtes System für die Kennzeichnung von Gefahrstoffen in Kraft getreten. Alle Reinigungs,- Pflege-Pflanzenschutzmittel und Chemikalien, von denen eine gesundheitsbeeinträchtigende Gefahr ausgeht, werden international mit einem Warnsymbol (Gefahrenpiktogramm) versehen.

Ab dem 1.6.2015 sind laut EG-Verordnung Nr. 172/2008 auch für chemische Gemische eine Gefahrkennzeichnung vorgeschrieben.

Die Zuordnung gefährlicher Eigenschaften von Stoffen erfolgt in 3 Gefahrkategorien:

- Physikalisch-chemische Gefahren
- Gefahren für die menschliche Gesundheit
- Gefahren für die Umwelt

Kennzeichen des Systems

- Die Gefahren-Piktogramme sind rot umrandete Rauten mit schwarzem Symbol auf weißem Grund.
- Die Symbole im Piktogramm stellen bildlich die Gefahr dar.
- Das Signalwort Gefahr in roter Schrift warnt vor schwerwiegenden Gefährdungen.
- Das Signalwort Achtung in roter Schrift weist auf geringere Risiken hin.
- Gefahrenhinweise, sogenannte H-Sätze (siehe Seite 457) geben genauere Hinweise zur Gefahr z.B. kann Atemwege reizen.
- Sicherheitshinweise, sogenannte P-Sätze (siehe Seite 457) informieren über die Risiken und geben an, wie man z.B. bei Verbrennungen oder Hautreizungen sich verhalten soll.

Gefahren-Piktogramme mit Sicherheitshinweisen

Physikalisch-chemische Gefahren

Gefahr
explosionsgefährlich

Gefahr
leicht-/hochentzündlich

Gefahr
brandfördernd

Physikalisch-chemische Gefahren

Achtung
komprimierte Gase

Gesundheitsgefahren

Gefahr
ätzend (Zerstörung der Haut)

Gefahr
giftig/sehr giftig (u.U. tödlich)

Gesundheitsgefahren

Achtung
gesundheitsgefährdend (Reizung, Allergie)

Gefahr
gesundheitsschädlich (u. U. krebsauslösend)

Umweltgefahren

Achtung
umweltgefährdend

Gefahrgutaufkleber für Straßenfahrzeuge und Versandgüter

Ätzend

Feuergefährlich (entzündbare feste Stoffe)

Explosionsgefährlich

Verschiedene gefährliche Stoffe

V

Gefahrgutaufkleber

vgl. DIN EN ISO 7225 (2013-01)

Die einzige verbindliche Kennzeichnung des Gasinhalts einer Gasflasche erfolgt auf dem Gefahrgutaufkleber. Dieser ist auf der Schulter der Gasflasche angebracht. Bis zu 3 Gefahrzettel können auf hauptsächliche Gefahren hinweisen.

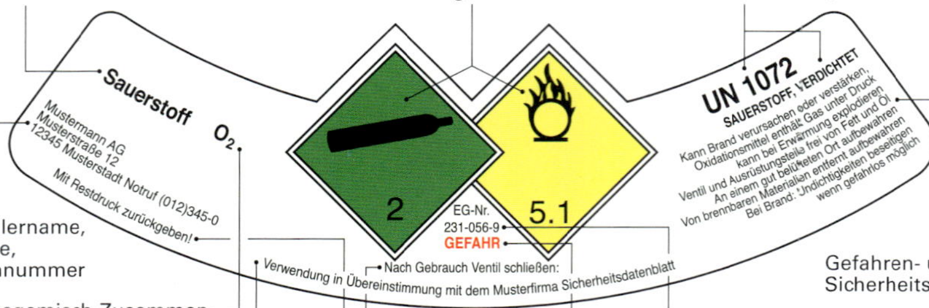

Gefahrzeichen

Giftig	Entzündbar	Ätzend	Entzündend	Nicht entzündbar, nicht giftig

Farbcodierung

vgl. DIN EN 1089-3 (2011-10)

Sie ist von weitem erkennbar, auch wenn der Gefahrgutaufkleber noch nicht lesbar ist.
Sie gilt nicht für Flüssiggase und für Gase als Kältmittel.

Farbcodierung allgemein

abnehmendes Gefahrenpotential

Giftig und/oder korrosiv z.B. Ammoniak, Chlor	Entzündbar z.B. Wasserstoff	Oxidierend z.B. Sauerstoff > 23,5 %	Inert[1] z.B. Schutzgasgemische

[1]ungiftig, nicht korrosiv, nicht brennbar, nicht oxidierend

Farbcodierung für besondere Gase

techn. Sauerstoff	Acetylen	Argon	Stickstoff	Kohlendioxid	Schutzgasgemische

H-Sätze[1]	(Hinweise auf besondere Gefahren)
Physikalisch-chemische Gefahren (H 200 ff)	
H 200 … H 280	Explosionsgefährliche, extrem entzündbare, leicht entzündbare Stoffe, können in Brand geraten, Brand verursachen, Brand verstärken, z. B. ***Acetylen:*** **H 220** extrem entzündbares Gas. ***Benzin (Ottokraftstoff):*** **H 224** Flüssigkeit und Dampf extrem entzündbar. ***Magnesium:*** **H 228** Endzündbarer Feststoff, **H 251** Selbsterhitzungsfähig; kann in Brand geraten. **H261** In Berührung mit Wasser entstehen entzündbare Gase. ***Sauerstoff:*** **H 270** Kann Brand verursachen oder verstärken, Oxidationsmittel. ***Propan:*** **H 220, H 280** Gas steht unter Druck, kann bei Erwärmung explodieren
H 281	Enthält tiefgekühltes Gas; kann Kälteverbrennungen oder Kälteverletzungen verursachen.
H 290	Kann gegenüber Metallen korrosiv sein, z. B. Schwefelsäure.
Gesundheitsgefahren (H 300 ff)	
H 300 … H 312	Lebensgefahr, giftig, gesundheitsschädlich bei Verschlucken und/oder Hautkontakt. Z. B. ***Benzin:*** **H 304** Kann bei Verschlucken und Eindringen in die Atemwege tödlich sein.
H 314 … H 319	Verursacht schwere Verätzungen der Haut, schwere Augenschäden, schwere Augenreizungen, Hautreizungen, allergische Hautreaktionen. Z. B. ***Benzin:*** **H 315** Verursacht Hautreizungen.
H 330 … H 335	Giftig, gesundheitsschädlich bei Einatmen, kann Allergie, asthmaartige Symptome, Atembeschwerden, Reizung der Atemwege verursachen.
H 336	Kann Schläfrigkeit und Benommenheit verursachen.
H 340 … H 373	Kann genetische Defekte, Krebs, verursachen, Fruchtbarkeit beeinträchtigen, kann Säuglinge über Muttermilch schädigen, schädigt Organe, kann Organe schädigen.
Umweltgefahren (H 400 ff)	
H 400	Sehr giftig für Wasserorganismen.
H 410 … H 413	Sehr giftig, giftig, schädlich für Wasserorganismen, mit langfristiger Wirkung. Z. B. ***Benzin:*** **H 411** Giftig für Wasserorganismen, mit langfristiger Wirkung.
Ergänzende Gefahren (EUH 001 ff [2])	
EUH 001	In trockenem Zustand explosiv.
EUH 059	Die Ozonschicht schädigend.

P-Sätze[1]	(Sicherheitshinweise)
Hinweise allgemeiner Art (P 100 ff)	
P 101	Wenn ärztlicher Rat erforderlich ist, Verpackung oder Kennzeichnungsetikett bereithalten.
P 102	Darf nicht in die Hände von Kindern gelangen.
P 103	Vor Gebrauch Kennzeichenetikett lesen.
Prävention (P200 ff) - Beispiele	
P 201… P 285	***Benzin (Ottokraftstoff):*** **P 201** Vor Gebrauch besondere Anweisung einholen. **P 210** Von Hitze, heißen Oberflächen, Funken, offenen Flammen sowie anderen Zündquellenarten fernhalten. Nicht Rauchen. **P 260** Staub/ Rauch/Gas/ Nebel/Dampf/ Aerosol nicht einatmen. **P 262** Nicht in die Augen auf die Haut oder auf die Kleidung gelangen lassen. **P 280** Schutzhandschuhe/Schutzkleidung/ Augenschutz/Gesichtsschutz tragen. ***Diesel:*** **P 210, P 280, P 261** Staub/Rauch/ Gas/Nebel/Dampf/Aerosol nicht einantmen ***Kohlenmonoxid:*** **P 260, P 210, P 202** Vor Gebrauch alle Sicherheitshinweise lesen und verstehen.
Reaktion (P 300 ff) – Beispiele	
P 301 … P 391	***Benzin:*** **P 301 + P 310** Bei Verschlucken sofort Giftinformationszentrum, Arzt, Notruf, ... anrufen. **P 303 + P 361 + P 353** Bei Berührung mit der Haut alle kontaminierten Kleidungsstücke sofort ausziehen. Haut mit Wasser abwaschen/duschen. ***Kohlenmonoxid:*** **P 304 + P 340 + P 315** Bei Einatmen: Die betroffene Person an die frische Luft bringen. Sofort ärztlichen Rat einholen. **P 308 + P 313** Bei Exposition oder falls betroffen: Ärztlichen Rat einholen.
Aufbewahrung (P 400 ff) – Beispiele	
P 401 … P 422	***Benzin:*** **P 405** Unter Verschluss aufbewahren. ***Argon:*** **P 403** An einem gut belüfteten Ort aufbewahren. ***Propan:*** **P 403, P 410** Vor Sonnenbestrahlung schützen. ***Schwefelsäure:*** **P 406** In korrosionsbeständigem Behälter aufbewahren.
Entsorgung (P500)	
P501	Inhalt Behälter zuführen.
P502	Informationen zur Wiederverwendung/ Wiederverwertung beim Hersteller/ Lieferanten erfragen.

[1] Die H- und P Sätze ersetzen die R- und S-Sätze zur Einstufung und Kennzeichnung von Chemikalien. H-Sätze engl. Hazard = Gefahr; P engl. Precautionary = Vorsicht. Ab 01. 06. 2015 verbindlich.

[2] EUH-Sätze zusätzlich durch die EU verwendete weitere H-Sätze

Hinweis: In der Gefahrstoffdatenbank „GESTIS“ der **D**eutschen **G**esetzlichen **U**nfallversicherung (www.gduv.de) sind die Einstufungen aller bekannten Gefahrstoffe zu finden.

Hilfeleistung bei Unfällen, „Erste Hilfe“

Hinweispflicht in Betriebsstätten, Unterweisungspflicht

Die Mitarbeiter müssen durch berufsgenossenschaftliche Aushänge oder in anderer geeigneter, schriftlicher Form auf die wesentlichen Hilfsmaßnahmen hingewiesen werden. Die Anleitung zur Ersten Hilfe muss stets aktuell sein. Sie muss an geeigneter Stelle ausgehängt sein und folgende Hinweise enthalten:

- Rettungsleitstelle (Notrufnummer)
- Erste Hilfe Material bei
- Berufsgenossenschaftliche Durchgangsärzte
- Ersthelfer
- Sanitätsraum
- Berufsgenossenschaftlich zugelassene Krankenhäuser
- Betriebssanitäter
- Ärzte für Erste Hilfe

Der Unternehmer hat dafür zu sorgen, dass die Mitarbeiter vor Aufnahme ihrer Beschäftigung und danach mindestens einmal jährlich über das Verhalten bei Unfällen im Betrieb unterwiesen werden. Die Unterweisung ist zu dokumentieren.

Verpflichtung zum Helfen

Jeder ist zur Hilfeleistung verpflichtet. Es sei denn, er bringt sich dadurch selbst oder Andere in Gefahr.

Notruf

1. Wo geschah es?
2. Was geschah?
3. Wie viele Verletzte?
4. Welche Art von Verletzungen liegen vor?
5. Warten auf Rückfragen!

Vorgehen beim Auffinden des Verletzten

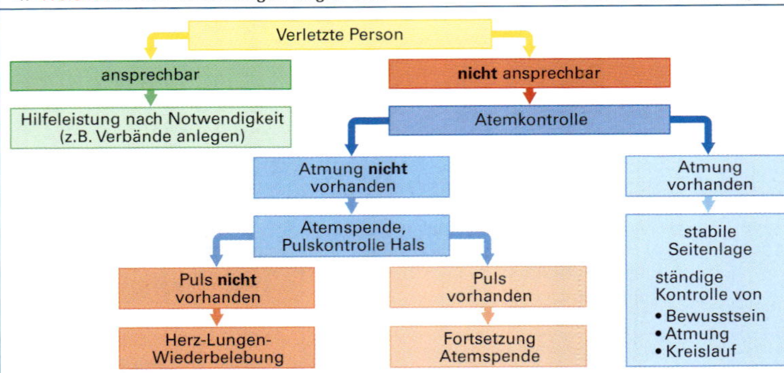

Retten

Verletzten bzw. Verletzte aus dem Gefahrenbereich bringen; dabei fachgerechte Rettungsgriffe anwenden.

Maßnahmen zur Ersten Hilfe (Auswahl)

Zustand	Erkennen	Gefahren	Maßnahmen
Atem-stillstand	• Keine Atemgeräusche • Keine Atembewegungen • Keine Ausatemluft	Tod durch Sauerstoff-mangel	Mund-zu-Nase-Beatmung; falls nicht durchführbar, dann Mund-zu-Mund-Beatmung; falls erforderlich, Fremdkörper aus Mund und Rachen entfernen.
Herz-Kreislauf-Stillstand	• Bewusstlosigkeit • Atemstillstand • Kein Puls	Tod durch Sauerstoff-mangel	Herz-Lungen-Wiederbelebung, Pulskontrolle am Hals und am Handgelenk; Druckpunkt aufsuchen; Herzdruckmassage und Atemspende im Wechsel.
Schock	Schneller und schwächer werdender, schließlich kaum tastbarer Puls; fahle Blässe; kalte Haut; frieren; Schweiß auf der Stirn; Teilnahmslosigkeit	Diese Anzeichen treten nicht immer alle und nicht immer gleichzeitig auf.	Schocklage herstellen; ggf. Blutung stillen; vor Wärmeverlust schützen; für Ruhe sorgen; tröstenden Zuspruch; ständige Kontrolle von Bewusstsein, Atmung und Kreislauf.
Blutende Wunden	Sie können durch Kleidungsstücke oder durch die Lage des Verletzten verdeckt werden.	Schock und Verbluten	Wunden keimfrei bedecken; Gliedmaßen ggf. hochlagern; ggf. Druckverband anlegen.
Verbren-nungen	• Hautrötung • Blasenbildung • tiefergehende Gewebeschädigung	• Schock • Störung der Atmung • Infektion	Brennende Person ablöschen; mit heißen Stoffen behaftete Kleidung sofort entfernen; auf der Haut festhaftende Stoffe nicht entfernen; lokale Kaltwasseranwendung; Brandwunden keimfrei bedecken; vor Wärmeverlust schützen; ständige Kontrolle von Bewusstsein, Atmung und Kreislauf.
Knochen-brüche	• Verstellte Gliedmaßen • Gliedmaße nicht belastbar	Verschlimmern durch Fehlein-schätzung	Ruhigstellung des verletzten Körperteils in vorgefundener Lage; bei Verdacht auf Wirbelsäulenverletzung Lage des Verletzten nicht ändern.

V

Begriffe	Vorschriften	Ergänzungen, Beispiele
Zuständigkeiten		
Berufsgenossenschaften	• Sie sind Träger der gesetzlichen Unfallversicherung. • Jeder Unternehmer ist gesetzlich verpflichtet, mit Gründung des Unternehmens, Mitglied in der für seinen Betrieb zuständigen Berufsgenossenschaft zu werden.	• Für Kfz-Betriebe sind die Berufsgenossenschaften Metall zuständig.
Gewerbeaufsichtsämter	• Sie sind bezüglich der Arbeitssicherheit Überwachungsbehörden für die Berufsgenossenschaften und den ihnen zugeordneten Betrieben. • Sie überprüfen, ob zweckentsprechende Unfallverhütungsvorschriften bestehen und können über die Unfallverhütungsvorschriften hinausgehende Vorschriften erlassen.	• Sie untersuchen z.B. nach schweren Arbeitsunfällen, ob entsprechende Unfallverhütungsvorschriften bestanden haben und ob durch entsprechende Maßnahmen der Unfall vermeidbar gewesen wäre.
Unterweisung	• Der Arbeitgeber hat die Beschäftigten über die bei ihren Tätigkeiten auftretenden Gefahren, sowie Maßnahmen zu ihrer Abwendung vor Aufnahme ihrer Tätigkeit zu unterweisen. Dabei ist insbesondere auf Betriebsanweisungen einzugehen. • Die Unterweisungen sind je nach Bedarf regelmäßig, mindestens einmal jährlich, durchzuführen, sowie bei Änderungen und Neuerstellung von Betriebsanweisungen. • Zeitpunkt und Umfang der Unterweisung ist vom Beschäftigten durch Unterschrift zu bestätigen.	• Der Arbeitgeber kann zuverlässige fachkundige Personen, z.B. Betriebsleiter, mit dieser Aufgabe schriftlich beauftragen. • Unterweisungen/Betriebsanweisungen müssen der Tätigkeit angepasst sein und sind in verständlicher Sprache abzufassen.
Bauliche Vorschriften, Ausrüstung, Kennzeichnungen in Arbeitsräumen		
Ausgänge, Türen, Tore und Durchfahrten	• Ausgänge von Arbeitsräumen müssen durch Bauart, Anzahl und Lage ein schnelles Verlassen der Räume bei Gefahr gewährleisten. • Große, hand- oder kraftbetätigte Tore, die sich im Gefahrenfall nicht schnell genug öffnen lassen, müssen Schlupftüren oder in unmittelbarer Nähe zusätzliche Türen haben. • Fluchtwege und Notausgänge müssen eindeutig gekennzeichnet sein und stets freigehalten werden. • Notausgänge müssen sich von innen, in Fluchtrichtung, ohne fremde Hilfe jederzeit öffnen lassen. Sie sollen auf möglichst kurzem Weg ins Freie oder in einen sicheren Bereich führen. • Tore und Durchfahrten müssen so beschaffen sein, dass für Personen keine Quetschgefahr besteht.	• Kraftbetriebene Tore sind, z.B. durch Kontaktleisten oder Lichtschranken zu sichern. Sie sind jährlich von einem Sachkundigen zu prüfen, z.B. vom Kundendienst des Herstellers. Die Prüfung muss durch Aufkleber an der Toranlage bestätigt sein.  **Rettungsweg links**  **Notausgang** • Mindestabstand zwischen Fahrzeugen und festen Türen > 0,5 m.
Arbeitsgruben und Unterfluranlagen	• Arbeitsgruben und Unterfluranlagen müssen so gebaut sein, dass sie jederzeit gefahrlos betreten und bei Gefahr verlassen werden können. • Sie müssen mit zwei Treppen ausgerüstet sein. • Arbeitsgruben sollen die Treppen jeweils an den Enden der Gruben haben. • Beim Abstellen von Fahrzeugen über der Grube ist darauf zu achten, dass möglichst alle Ausstiege frei bleiben. **Ein Ausstieg muss frei bleiben!** • Arbeitsöffnungen müssen deutlich erkennbar gekennzeichnet sein. • Zum Überqueren von Arbeitsgruben müssen transportable Übergangsstege vorhanden sein. • Nicht besetzte Arbeitsgruben müssen abgedeckt, mit Geländern umwehrt oder durch Ketten oder Seile gesichert werden. • Zugänge zu Arbeitsräumen, hinter denen sich unmittelbar Gruben oder Unterfluranlagen befinden, müssen durch das Warnzeichen „Warnung vor einer Gefahrenstelle“ und das Zusatzzeichen „**Vorsicht Grube**“ gekennzeichnet sein.	• Arbeitsgruben bis zu 5 m Länge und Unterfluranlagen mit einer oder zwei Arbeitsöffnungen benötigen anstelle der zweiten Treppe lediglich einen anderen trittsicheren Ausstieg, z.B. eine fest angebracht Stufenleiter mit Haltemöglichkeit an der Ausstiegsstelle. • Gefahrenkennzeichnung durch gelb/schwarze Ränder oder durch eine zusätzliche Innen- bzw. Außenbeleuchtung.   **Vorsicht Grube**

Begriffe	Vorschriften	Ergänzungen, Beispiele
Rollen-Leistungs-prüf-stände	• Rollen-Leistungsprüfstände dürfen nur innerhalb ihrer Leistungsgrenzen betrieben werden. • Bei laufendem und betriebsbereitem Rollenprüfstand darf sich niemand im Gefahrenbereich der sich drehenden Fahrzeugräder und der Prüfstandsrollen aufhalten. • Unbenutzte Rollen-Leistungsprüfstände sind gegen unbefugtes Benutzen zu sichern, z.B. Abschließen des Hauptschalters.	• Die Leistungsgrenze ist am Prüfstand gut sichtbar anzuzeigen. • Betriebsbereit heißt, dass ein Fahrzeug im Rollensatz steht und ggf. die Kontaktschwellen gedrückt sind. • Benutzer müssen eingewiesen sein.
Rollen-Bremsen-prüf-stände	• Rollen-Bremsenprüfstände in Verbindung mit Arbeitsgruben müssen so gesichert sein, dass sich bei laufendem Prüfstand keine Personen in Gefahrenbereichen der sich drehenden Prüfstandsrollen, der Fahrzeugräder oder der Fahrzeuggelenkwellen befinden können. • Unbeabsichtigtes Anlaufen der Rollen muss verhindert sein. • Einbauöffnungen für Rollensätze sowie Abdeckbleche, die über die Fahrbahnebenen hinausragen, müssen mit einer Sicherheitskennzeichnung versehen sein.	• Bodenöffnungen zwischen den Rollen müssen gegen Hineintreten gesichert sein, solange sich kein Fahrzeug auf dem Prüfstand befindet. • Dies wird z.B. durch das Vorhandensein von zwei Kontaktschwellen erreicht, die für das Anlaufen innerhalb von weniger als 5 Sekunden niedergedrückt werden.
Elektrische Anlagen und Betriebs-mittel	• Sie müssen den VDE-Vorschriften und den Bestimmungen der örtlichen Energieversorgungsunternehmen entsprechen. • Handleuchten müssen mit Schutzglas und Schutzkorb oder einer anderen bruchsicheren Schutzeinrichtung versehen sein (VDE 711-208). • Feuchtrauminstallation nach VDE 0100 Teil 737 ist in Räumen erforderlich, in denen durch Wasser bzw. durch sehr hohe Luftfeuchtigkeit Stromschlag- bzw. Kurzschlussgefahr besteht. • In Räumen, in denen Explosions- bzw. Verpuffungsgefahr besteht, sind explosionsgeschützte Anlagen vorgeschrieben. • Gefährliche Spannungen: U [=] > 60 V; U [~] > 42 V	• Die Energieversorgungsunternehmen können zusätzliche Vorschriften erlassen. • Handlampen mit Leuchtstoffröhren haben z.B. ein stoß- und schlagfestes Schutzrohr aus Acrylglas. • Feuchtrauminstallation ist z.B. in Arbeitsgruben, Unterfluranlagen und Waschanlagen vorgeschrieben. • Dies gilt z.B. für Räume in denen mit Flüssigkeiten der Gefahrklasse **AI** gearbeitet wird und in Batterieladeräumen.
Lackier-räume	• Sie müssen von anliegenden Gebäuden und Räumen feuerbeständig getrennt sein. • Es müssen zwei, möglichst gegenüberliegende Ausgänge vorhanden sein. • Fluchtwege müssen deutlich gekennzeichnet sein und stets freigehalten werden. • In einem Umkreis von 10 m von Lackierstellen dürfen außer den im Arbeitsgang befindlichen Arbeitsstücken keine leicht brennbaren Stoffe vorhanden sein. • Elektrische Anlagen müssen den Vorschriften für explosionsgefährdete Räume genügen.	• Werden Lacke und Lösungsmittel mit einem Flammpunkt < 21 °C verarbeitet, so sind die Lackierräume explosionsgefährdet. • Rauchen ist zu verbieten. • Im Umkreis von 5 m gilt: Feuerstellen, funkenreißende Maschinen dürfen nicht vorhanden sein. • Eine ausreichende Anzahl an Handfeuerlöschern und Löschdecken ist bereit zu halten.
Feuerge-fährdete Betriebs-stätten (Rauch-verbot, Umgang mit Feuer und offe-nem Licht)	• Für feuergefährdete Bertriebsstätten/Arbeitsbereiche, in denen mit brennbaren Flüssigkeiten der Gefahrklasse **AI**, z.B. Benzin, oder **AII** z.B. Waschbenzin, Kaltreiniger, Petroleum gearbeitet wird oder in denen mit brennbaren Gasen oder Dämpfen zu rechnen ist, besteht Rauchverbot. Ebenso ist der Umgang mit Feuer oder offenem Licht verboten. • Diese Arbeitsbereiche müssen mit den entsprechenden Verbotszeichen deutlich erkennbar und dauerhaft gekennzeichnet sein.	 **Rauchen verboten**  **Feuer, offenes Licht, Rauchen verboten**
Gefähr-liche Gase und Dämpfe	• Brennbare, giftige und gesundheitsgefährdende Gase und Dämpfe müssen aus den Arbeitsräumen abgeführt bzw. abgesaugt werden, z.B. Abgase von Verbrennungsmotoren, Schweißgase, Lösungsmitteldämpfe.	• Abgase von Verbrennungsmotoren sind z.B. durch Schläuche, die auf das Auspuffendrohr gesteckt werden oder durch besondere Absaugeinrichtungen ins Freie abzuleiten.

Begriffe	Vorschriften	Ergänzungen, Beispiele
Hebebühnen	• An ihnen muss ein Fabrikschild leicht erkennbar angebracht sein. • Tragfähigkeit und Lastverteilung müssen gut sichtbar angegeben sein. • Mit der selbstständigen Bedienung dürfen nur Personen betraut werden, die das 18. Lebensjahr vollendet haben, die in der Bedienung der Hebebühne unterwiesen sind und ihre Befähigung hierzu gegenüber dem Unternehmer nachgewiesen haben. • Fahrzeuge auf Hebebühnen müssen gegen Abgleiten, Kippen oder Abrollen gesichert sein. • Hebebühnen müssen mindestens einmal jährlich von einer befähigten Person (Sachkundiger) geprüft werden.	• Inhalt Fabrikschild: Hersteller, Lieferant, Baujahr und Fabrikationsnummer. • Hebebühnen müssen nach Außerbetriebnahme gegen unbefugtes Benutzen gesichert werden, z.B. durch Schalterschloss. • Personen die Hebebühnen bedienen, müssen einmalig gegen Unterschrift vom Unternehmer die Berechtigung dazu erhalten. • Das Prüfergebnis ist in einem Prüfbuch zu vermerken.
Brandschutz		
Amtliche Brandklasseneinteilung	• A Brände fester Stoffe, hauptsächlich organischer Natur, die normalerweise unter Glutbildung verbrennen, z.B. Holz, Papier, Kohle, Textilien. • B Brände flüssiger oder flüssig werdender Stoffe, z.B. Benzin, Öle, Fette, Lacke, Harze, Wachse, Alkohole, Kunststoffe, Teer. • C Brände von Gasen, z.B. Methan, Propan, Wasserstoff, Acetylen. • D Brände von Metallen, z.B. Magnesium, Lithium, Natrium, Kalium, Aluminium und deren Legierungen.	
Brennbare Flüssigkeiten, Gefahrgruppen, Gefahrklassen	• **Gefahrgruppe A.** Dies sind alle brennbaren Flüssigkeiten, die sich nicht mit Wasser mischen lassen und deren Flammpunkt < 100 °C ist. **Sie sind nicht mit Wasser löschbar.** • **Gefahrgruppe B.** Dies sind brennbare Flüssigkeiten, mit einem Flammpunkt < 21 °C, die sich bei 15 °C in jedem beliebigen Verhältnis in Wasser lösen, z.B. Alkohol, Spiritus, Aceton. **Sie sind mit Wasser löschbar.** Es erfolgt keine Einteilung in Gefahrenklassen.	• **Gefahrklasse AI:** Flammpunkt < 21 °C, z.B. Ottokraftstoff, Löse- und Verdünnungsmittel, Altöl unbekannter Herkunft. • **Gefahrklasse AII:** Flammpunkt 21 °C ... 55 °C, z.B. Waschbenzin, Petroleum, Kaltreiniger, Kerosin. • **Gefahrklasse AIII:** Flammpunkt 55 °C ... 100 °C, z.B. Dieselkraftstoff, leichte Heizöle, Altöle bekannter Herkunft.
Auslaufen und Verschütten brennbarer Flüssigkeiten	• Besteht die Gefahr, dass bei Arbeiten brennbare Flüssigkeiten der Gefahrklasse AI oder AII ausfließen können, so müssen vor Beginn dieser Arbeiten alle Zündquellen, welche die Dämpfe dieser Flüssigkeiten entzünden können, beseitigt werden. • Ausgelaufene oder verschüttete brennbare Flüssigkeiten der Gefahrklasse AI oder AII sind unverzüglich aufzunehmen und aus den Arbeitsräumen zu entfernen.	• Materialien mit denen brennbare Flüssigkeiten der Gefahrklasse AI oder AII aufgesaugt wurden, z.B. Sägemehl, Putzlappen, sind bis zur endgültigen Entsorgung in geeigneter Weise zu sammeln, z.B. in verschließbaren Metallbehältern.
Arbeitssicherheitsmaßnahmen bei der Instandhaltung von Fahrzeugen		
Arbeiten an Kraftstoffsystemen von Ottomotoren	Bei Instandhaltungsarbeiten, bei denen nicht auszuschließen ist, dass Kraftstoff austritt, sind • die austretenden Kraftstoffe an der Austrittsstelle in geeignete Behälter aufzufangen • die Kraftstoffleitungen im flexiblen Bereich umgehend abzuklemmen bzw. dicht zu verschließen • geeignete Löscheinrichtungen in unmittelbarer Nähe der Arbeitsstelle bereitzustellen • spezielle Werkzeuge zum weitgehend trockenen Kraftstofffilterausbau zu verwenden • bei beengten Raumverhältnissen die Kraftstoffdämpfe abzusaugen. • Die Durchführung der Arbeiten über Gruben und Unterfluranlagen ist in der Regel verboten.	• Es müssen persönliche Schutzausrüstungen, z.B. kraftstofffeste Schürzen getragen werden. • Hautreinigungs- und Hautpflegemittel sind zu verwenden. • Kraftstoffgetränkte Kleidung muss umgehend gewechselt werden. • Geeignete Löscheinrichtungen sind z.B. Löschdecken, Löschbrausen, CO_2-Feuerlöscher. • Z.B. Ausbau Tankgeber vom Kofferraum aus. • Ausnahmen sind zulässig, z.B. es ist keine Hebebühne vorhanden.

V

Begriffe	Vorschriften	Ergänzungen, Beispiele
Instandhaltungsarbeiten an Behälterfahrzeugen für den Transport brennbarer Flüssigkeiten	Behälterfahrzeuge für brennbare Flüssigkeiten (Kennzeichnung siehe Bild) der Gefahrklasse AI oder AII oder für brennbare Gase dürfen • nur entgast mit gültiger Entgasungsbescheinigung in Werkstätten gebracht werden • nicht entgast in Werkstätten gebracht werden, wenn sie mit Gaswarngeräten überwacht werden • nicht entgast nur in explosionsgeschützten Werkstätten eingebracht werden.	33 – Gefahrnummer 1203 – Stoffnummer **33:** leicht entzündliche Flüssigkeit, Flammpunkt < 21 °C **1203:** Benzin
Airbags und pyrotechnisch arbeitende Gurtstraffersysteme	• Sie unterliegen hinsichtlich Umgang, Lagerung und Transport dem Gesetz über explosionsgefährdete Stoffe. Der Unternehmer darf Arbeiten nur durchführen lassen, wenn er dies vorher der zuständigen Behörde angezeigt und eine zuständige Person genannt hat. • Lagerung und Transport ist nur in zugelassenen Transportbehältern durchzuführen. • Airbagmodule/Gurtstraffer dürfen nur unter Beachtung bestimmter Auflagen, z.B. Lagerung in Stahlschrank, in gewerblich genutzten Gebäuden in begrenzter Menge aufbewahrt werden. Allgemeiner Lagerraum: 20 kg brutto (Bauteilmasse) Verschlussraum (separater Lagerraum): 200 kg brutto.	• Nach Entnahme aus dem Transportbehälter sind Airbags unmittelbar einzubauen. • Durchschnittliche Bruttomassen je Bauteil: Fahrer-Airbag 0,6 kg, Beifahrer-Airbag 1,2 kg, Sidebag 0,7 kg, Windowbag 1,0 kg, Gurtstraffer 0,2 kg. • Airbagsysteme/Gurtstraffer sind zur Sicherstellung der Funktionsfähigkeit entsprechend Herstellervorschrift auszuwechseln (i.d.R. 10 ... 15 Jahre). • Weitere Sicherheitshinweise: S. 387.
Arbeiten an Klimaanlagen	• Hautkontakt mit Kältemitteln ist zu vermeiden, da sie schwere Erfrierungsschäden bewirken können. • Vor dem Schweißen und Löten an Klimaanlagen ist das Kältemittel abzusaugen. Reste sind durch Ausblasen mit Stickstoff zu entfernen. • Arbeitsplätze sind gut zu lüften, da sich austretende Kältemittel mit Luft vermischen und den zum Atmen notwendigen Luftsauerstoff verdrängen. • R 12. Ein Nachfüllen oder Wiederauffüllen einer Klimaanlage mit R 12 ist seit 1. Juli 1998 verboten.	• Handschuhe, Schutzbrille, eng anliegende Kleidung tragen. • Bei Hitzeeinwirkung entstehen hochgiftige Zersetzungsprodukte, die nicht eingeatmet werden dürfen. Deshalb besteht Rauchverbot bei Arbeiten an Klimaanlagen.
Unterbodenschutz, Hohlraumkonservierungsstoffe	• Werden Unterbodenschutz- und Hohlraumkonservierungsstoffe verarbeitet, die brennbare Lösemittel der Gefahrklasse AI oder AII oder gesundheitsschädliche Lösemittel enthalten, so sind entsprechende Schutzmaßnahmen zu treffen. • Beim Verarbeiten dieser Stoffe sind Absaugung, Schutzkleidung, Schutzbrille und Atemschutzgeräte bereitzustellen.	• Der Umkreis von 5 m gilt beim Verarbeiten dieser Stoffe als feuergefährdet. • Bei kurzzeitigen Ausbesserungsarbeiten kann von geringen Konzentrationen ausgegangen werden und es genügen Atemschutzgeräte mit Kombinationsfiltern.
Reibbeläge, Abriebstäube	• Feinpartikelstäube als Abrieb von Reibbelägen sind gesundheitsgefährdend. • Abriebstäube dürfen nicht mit Druckluft ausgeblasen werden. • Demontierte Reibbeläge und Abriebstäube sind staubdicht zu verpacken und emissionsfrei zu entsorgen.	• Bei Demontagearbeiten an Bremsen müssen z.B. geeignete Absaugeinrichtungen oder Nassreinigungsverfahren für die Aufnahme der Abriebstäube angewandt werden.
Umgang mit Akkumulatoren, Starterbatterien	• Reihenfolge beim Ausbau: 1. Verbraucher ausschalten; 2. Minuspol abklemmen; 3. Pluspol abklemmen. • Beim Einbau in umgekehrter Reihenfolge vorgehen: Erst Plus-, dann Minusklemme anklemmen. • Batterieladeeinrichtungen, Starthilfegeräte und elektrische Messgeräte zum Messen des Ladezustandes, müssen so beschaffen sein, dass beim An- und Abklemmen der Anschlussleitungen kein Lichtbogen in der Nähe der Gasaustrittsöffnungen der Akkumulatoren entstehen kann. • Batterieladeräume sind stets ausreichend zu be- und entlüften.	• Dadurch, dass der Minuspol zuerst abklemmt wird, besteht keine Kurzschlussgefahr. • Dies wird durch stromloses An- und Abklemmen möglich, z.B. mit Hilfe mechanischer Schalter oder elektronischer Schaltungen. Durch Lichtbögen könnte evtl. gebildetes Knallgas gezündet werden. • Ladestationen sind vom übrigen Arbeitsbereich abzuschirmen.

Begriffe	Vorschriften	Ergänzungen, Beispiele
Umgang mit Säuren und Laugen	• Aufbewahrung ist nur in bruchsicheren oder vor Bruch geschützten Gefäßen zulässig. • Gefäße müssen entsprechend gekennzeichnet sein. • Es ist eine geeignete Schutzkleidung und Schutzbrille zu tragen. • Hygroskopisch wirksame Säuren dürfen nur durch langsames Eingießen von Säure in Wasser verdünnt werden.	• Verwendung von Getränkeflaschen ist verboten. • Angabe des Inhalts. • Kennzeichnung durch Warnzeichen • Es darf z.B. kein Wasser in konzentrierte Schwefelsäure gegossen werden.
Unterstellböcke, Wagenheber, Winden	• Die Tragfähigkeit muss deutlich erkennbar und dauerhaft angegeben sein.	• Wagenheber und Winden unterliegen wiederkehrenden Prüffristen.
Sicherheitsregeln beim Umgang mit Luftreifen	• Vor dem Füllen von Luftreifen sind Räder, Felgen und Reifen auf sichtbare Schäden zu prüfen und ggf. auszutauschen. • Beim Füllen von Reifen mit geteilten Felgen besteht die Gefahr dass Teile weggeschleudert werden. • Beim Transport von Rädern oder Reifen mit $m > 200$ kg oder $d > 1{,}5$ m, müssen Einrichtungen vorhanden sein, die sicherstellen, dass das Rad oder der Reifen nicht umfallen kann.	• Der höchstzulässige Fülldruck darf nicht überschritten werden. • Das Rad ist beim Befüllen, z.B. in Schutzgestelle, hineinzustellen. • Montage, Demontage und Transport von Reifen mit $m > 200$ kg oder $d > 1{,}5$ m muss mindestens von 2 Personen durchgeführt werden.
Radauswuchtmaschinen	• Motorisch angetriebene, ortsfeste Radauswuchtmaschinen dürfen i.d.R. nur mit einer Schutzhaube betrieben werden. Ausnahme: $n \leq 100$ 1/min.	• Bei geöffneter Schutzhaube darf das Ingangsetzen der Maschine nicht möglich sein.
Schraubenfedern	• Zum Aus- und Einbau von Schraubenfedern z.B. bei Federbeinen müssen Spannvorrichtungen benützt werden.	• Damit soll ein Herausspringen der gespannten Schraubenfeder verhindert werden.
Kraftstoffeinspritzdüsen prüfen	• Es müssen Vorkehrungen gegen Verletzung durch den Hochdruckflüssigkeitsstrahl getroffen werden. Spritzprüfung in geschlossene Auffangbehälter.	• Der Hochdruckflüssigkeitsstrahl durchdringt die Haut und verursacht so Gesundheitsschäden.
Schutzmaßnahmen beim Schweißen	• Schweißarbeiten, bei denen Gefahren für die Erbgutveränderung bestehen, dürfen von Frauen nicht ausgeführt werden. Personen unter 18 Jahre dürfen nur unter Aufsicht schweißen. • Räume, in denen ständig Schweißarbeiten ausgeführt werden, müssen gut belüftet sein bzw. die Gase und Dämpfe müssen abgesaugt werden. • Beim Schweißen und Schneiden von Nichteisenmetallen, verzinkten oder verbleiten Werkstücken, sind die Gase und Dämpfe abzusaugen.	• Augenschutz und Schutzkleidung sind vom Unternehmer zu stellen und instand zu halten. • Gasflaschen dürfen nicht in der Nähe von Wärmequellen aufgestellt oder gelagert werden. Sie sind gegen Umfallen zu sichern. • Teile, die mit Sauerstoff in Berührung kommen, müssen frei von Öl und Fett gehalten werden.
Lichtbogenschweißen	• Alle spannungsführenden Teile der Schweißanlage sind gegen zufälliges Berühren zu schützen. • Beim Lichtbogenschweißen unter erhöhter elektrischer Gefährdung darf die Leerlaufspannung bei Wechselstromgeräten 48 V nicht überschreiten. • Der Augenschutz muss durch Verwendung geeigneter Schweißschutzfilter gewährleistet sein. Außerdem ist die Haut des Schweißers vor UV-Strahlen zu schützen.	• **Leerlaufspannung.** Spannung des unbelasteten Transformators zwischen den Anschlussstellen der Schweißleitungen. • Erhöhte elektrische Gefährdung liegt vor, wenn z.B. der freie Bewegungsraum zwischen gegenüberliegenden leitfähigen Teilen weniger als 2 m beträgt (Behälter).
Sichern der Fahrzeuge gegen Bewegung	• Bei Arbeiten am Fahrzeug sind diese vor Arbeitsbeginn gegen unbeabsichtigte Bewegung zu sichern. • Beim Arbeiten an Druckluftanlagen von luftgefederten Fahrzeugen sind Vorkehrungen gegen ein unbeabsichtigtes Absenken des Aufbaus infolge Entweichens der Luft aus dem Federsystem zu treffen. • Kraftbetätigte Fahrzeugteile und Anbaugeräte sind gegen unbeabsichtigte Bewegung zu sichern.	• Z.B. durch Betätigen der Feststellbremse. • Bei Arbeiten am Bremssystem oder bei unwirksamer Feststellbremse müssen Unterlegkeile verwendet werden. • Z.B. hydraulisch betätigte Laderschaufel.
Arbeiten auf öffentlichen Straßen	• Die Arbeitsstelle ist ordnungsgemäß zu sichern. • Es ist Warnkleidung nach DIN EN 471 in der Farbe eines fluoreszierenden Orange-Rot zu tragen.	• Z.B. Absperrung des Arbeitsplatzes • Einsatz eines Sicherungspostens.

Fahrerlaubnis (Führerschein, § 1, StVG, Straßenverkehrsgesetz; § 4 … § 48 FeV, Fahrerlaubnisverordnung)

Wer auf öffentlichen Straßen ein Kraftfahrzeug mit einer bauartbedingten Höchstgeschwindigkeit von mehr als 6 km/h führen will, benötigt eine Fahrerlaubnis der Verwaltungsbehörde. Die Fahrerlaubnis ist durch eine amtliche Bescheinigung, den Führerschein, nachzuweisen. Er ist beim Führen eines fahrerlaubnispflichtigen Kfz mitzuführen.

Fahrerlaubnisfreie Kraftfahrzeuge mit v_{max} > 6 km/h als Ausnahmen von der Fahrerlaubnispflicht (§ 4 FeV)

Mofas Mofas sind einspurige, einsitzige Fahrräder mit Hilfsmotor – auch ohne Tretkurbeln – deren bauartbedingte Höchstgeschwindigkeit auf ebener Fahrbahn 25 km/h nicht übersteigt. Besondere Sitze für die Mitnahme von Kindern unter 7 Jahren dürfen jedoch angebracht sein.

Krankenfahrstühle Sie sind nach der Bauart zum Gebrauch durch körperlich gebrechliche oder behinderte Personen bestimmte Kfz mit einem Sitz, $m_{leer} \leq 300$ kg und $v_{max} < 25$ km/h.

Einachsige Zug- u. Arbeitsmaschinen Diese Zug- und Arbeitsmaschinen müssen so gebaut sein, dass sie von Fußgängern nur an Holmen geführt werden können.

Mindestalter **15. Lebensjahr.** Ausnahme: Krankenfahrstühle mit max. $v_{max} < 10$ km/h auch von Personen unter 15 Jahren.

Werden Mofas und Krankenfahrstühle gefahren, deren bauartbedingte Höchstgeschwindigkeit 10 km/h übersteigt, so muss mindestens eine Prüfbescheinigung mitgeführt werden. Die Prüfbescheinigung kann durch einen Führerschein ersetzt werden.

Einteilung der Fahrerlaubnis, Mindestalter (§ 6, § 10 FeV)

Klasse	Fahrzeuge	Mindestalter	Bemerkungen	Einschlüsse
A	Krafträder (Zweiräder, auch mit Beiwagen) mit mehr als 50 cm^3 Hubraum oder mit einer bauartbedingten Höchstgeschwindigkeit über 45 km/h. In den ersten zwei Jahren mit Leistungsbeschränkung bis 25 kW und nicht mehr als 0,16 kW/kg.	18	Ab 25 Jahre Direkteinstieg ohne Leistungsbeschränkung	A1 und M
A1	Leichtkrafträder bis 125 cm^3 Hubraum und einer Nennleistung von nicht mehr als 11 kW.	16	Für 16- und 17-jährige: $v_{max} < 80$ km/h	M
B	Kraftwagen bis m_{zul} = 3,5 t und mit nicht mehr als 8 Fahrgastplätzen, sowie mit Anhängern bis m_{zul} = 750 kg oder mit Anhänger mit m_{zul} > 750 kg, sofern die zulässige Gesamtmasse des Anhängers die Leermasse des Zugfahrzeugs nicht übersteigt und die Gesamtmasse des Zuges 3,5 t nicht übersteigt.	18	Ab 17 Jahren auf Antrag „Begleitetes Fahren" nach bestandener Prüfung möglich.	M, S und L
C	Kraftwagen mit m_{zul} > 3,5 t; mit Anhänger bis m_{zul} = 750 kg. Mindestalter im Güterverkehr 21 Jahre.	18 bzw. 21	Vorbesitz Klasse B	C1, B, M und L, S
C1	Kraftwagen mit m_{zul} > 3,5 t bis m_{zul} = 7,5 t; mit Anhänger bis m_{zul} = 750 kg.	18	Vorbesitz Klasse B	B, M und L, S
D	Kraftwagen zur Personenbeförderung mit mehr als 8 Fahrgastplätzen; mit Anhänger bis m_{zul} = 750 kg.	21	Vorbesitz Klasse B	D1, B, M und L, S
D1	Kraftwagen zur Personenbeförderung mit mehr als 8 Fahrgastplätzen und nicht mehr als 16 Fahrgastplätzen, mit Anhänger bis m_{zul} = 7 50 kg.	21	Vorbesitz Klasse B	B, M und L
BE CE, C1E DE, D1E	Zugfahrzeuge der Klassen B, C, C1, D oder D1, die einen Anhänger mit m_{zul} > 750 kg ziehen; bei den Klassen C1E und D1E darf die Gesamtzugmasse 12 t und m_{zul} des Anhängers die Leermasse des Zugfahrzeugs nicht übersteigen. Mit CE dürfen z.B. Sattelkraftfahrzeuge bis m_{zul} = 44 t gefahren werden. Bei D1E darf der Anhänger nicht zur Personenbeförderung verwendet werden.	18 bzw. 21	Vorbesitz Klasse B bzw. C, C1, D oder D1	siehe Grundklassen B, C, C1, D, D1
M	Kleinkrafträder und Fahrräder mit Hilfsmotor mit einem Hubraum bis 50 cm^3 oder einem Elektromotor, sowie einer bauartbedingten Höchstgeschwindigkeit über 25 km/h bis zu 45 km/h.	16		keine
L	Land- und forstwirtschaftliche Zug- und Arbeitsmaschinen bis v_{max} = 32 km/h, mit Anhänger bis v_{max} = 25 km/h; selbstfahrende Arbeitsmaschinen, Flurförderfahrzeuge bis v_{max} = 25 km/h.	16		keine
S	Dreirädrige Krafträder (Trikes) und vierrädrige Leichtfahrzeuge (Quads) bis 50 cm^3.	16		keine
T	Land- und forstwirtschaftliche Zugmaschinen bis bauartbedingt v_{max} = 60 km/h und selbstfahrende Arbeitsmaschinen bis bauartbedingt v_{max} = 40 km/h; jeweils auch mit Anhänger.	16	Unter 18-jährige $v_{max} \leq 40$ km/h	M und L, S

Fahrerlaubnis zur Fahrgastbeförderung

Wer ein Taxi, einen Mietwagen, einen Krankenkraftwagen oder einen Personenkraftwagen zur gewerblichen Personenbeförderung führt, in dem sich Fahrgäste befinden, benötigt zusätzlich eine Fahrerlaubnis zur Fahrgastbeförderung. Sie wird für eine Dauer von nicht mehr als 5 Jahren ausgestellt und kann auf Antrag jeweils bis zu 5 Jahre verlängert werden.

Abschleppen

Definition

Abschleppen ist das Ziehen eines unterwegs betriebsunfähig gewordenen Kraftwagens. Z.B. ein Pkw wird nach Motorschaden von der Autobahn zur nächsten Werkstatt gezogen.

„Notfallgedanke"

Zulässige Abschleppfahrten

Es sind Fahrten vom Ort des Liegenbleibens bis
- zur nächsten geeigneten Reparaturwerkstatt, z.B. Vertragswerkstatt des Fahrzeugherstellers
- zum nächsten geeigneten Verwahrungsort, z.B. Abstellplatz eines Abschleppunternehmers.

Sonderregelungen erlauben außerdem folgende Abschleppfahrten:
- Von der Garage bzw. vom Abstellplatz, wenn der Schaden dort eingetreten ist, zur nächsten geeigneten Reparaturwerkstatt.
- Vom Abstellplatz zum nächsten geeigneten Autoverwertungsbetrieb (Schrottplatz).

Abschleppvorschriften

- Alle Fahrzeuge des Abschleppzuges müssen Warnblinklicht eingeschaltet haben.
- Auf Autobahnen darf nur vom Ort des Liegenbleibens bis zur nächsten Ausfahrt abgeschleppt werden; dann weiter auf anderen Straßen bis zum Zielort.
- Die Abschleppeinrichtung muss gut gekennzeichnet sein, z.B. Warnflagge oder Warnlackierung.
- Beim Abschleppen muss nach hinten eine funktionsfähige Beleuchtungsausrüstung betrieben werden, z.B. Leuchtenträger als Ersatz für fahrzeugeigene Beleuchtungseinrichtung.
- Am Zugende muss ein amtliches Kennzeichen ablesbar sein, das die eindeutige Feststellung des Zugfahrzeuges ermöglicht, z. B. Papptafel mit dem Kennzeichen des Zugfahrzeuges.

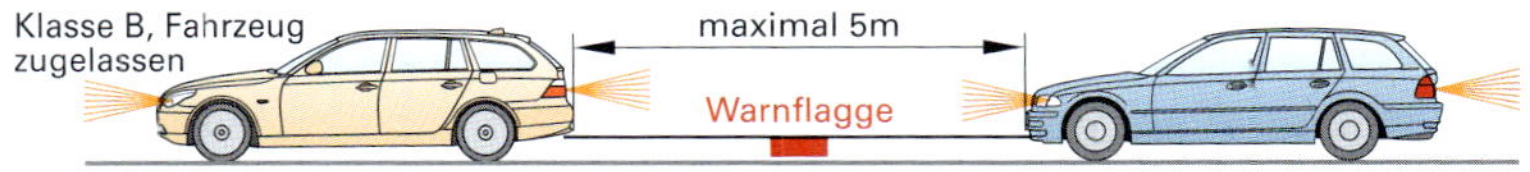

Zugfahrzeug
- Fahrer muss vorgeschriebene Fahrerlaubnis, z.B. Pkw → Klasse B oder 3 (alt) haben.
- Fahrzeug muss zugelassen und haftpflichtversichert sein.
- Kraftfahrzeughaftpflichtversicherung trägt das Gesamtrisiko für den Abschleppzug.
- Zulässige Anhängelasten sind zu beachten.
- Krafträder dürfen nicht abschleppen.

Abgeschlepptes Fahrzeug
- Der Lenker benötigt keine Fahrerlaubnis. Sicheres Lenken und Bedienen muss jedoch gewährleistet sein.
- Fahrzeug muss nicht zugelassen und haftpflichtversichert sein.
- Krafträder dürfen nicht abgeschleppt werden.
- Auch Züge, z.B. Pkw mit Wohnwagen, dürfen abgeschleppt werden.

Schleppen

Definition

Beim Schleppen wird ein Kraftfahrzeug als Anhänger betrieben, ohne dass ein Notfall vorliegt. Kraftfahrzeuge dürfen nur mit Schleppgenehmigung als Anhänger betrieben werden. Für alle anderen Fälle gilt Schleppverbot. Z.B. ein Pkw wird vom Karosserieinstandsetzungsbetrieb zu einem Lackierbetrieb gezogen.

„Transportgedanke" Kein Notfall!

Schleppgenehmigung

- Ausnahmegenehmigungen zum Schleppen erteilen z.B. Zulassungsstellen.
- Die Schleppgenehmigung muss bei der Schleppfahrt mitgeführt werden.
- Sie ist an das Zugfahrzeug gebunden, nicht übertragbar und erlischt beim Verkauf.

Schleppvorschriften

- Es darf jeweils nur ein Fahrzeug geschleppt werden.
- Nach hinten muss eine funktionsfähige Beleuchtungsausrüstung betrieben werden.
- Am Zugende muss das amtliche Kennzeichen des Zugfahrzeuges ablesbar sein.
- Schleppzüge dürfen länger als 18 m sein.
- In der Schleppgenehmigung vermerkte Auflagen sind einzuhalten, z.B. Fahrstecke, Termine.

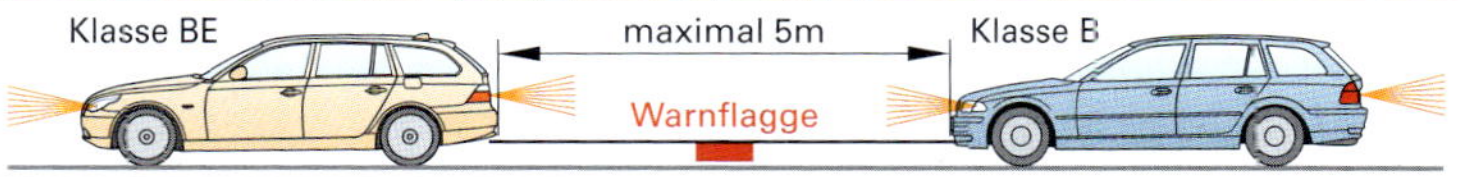

Zugfahrzeug
- Je nach Art des Schleppzuges ist die Fahrerlaubnis der Klasse BE, C1E, CE, DE, D1E bzw. 2 (alt) erforderlich.
- Zugfahrzeug muss zugelassen und haftpflichtversichert sein.
- Die zulässigen Anhängelasten sind zu berücksichtigen.

Abgeschlepptes Fahrzeug
- Die für dieses Fahrzeug vorgeschriebene Fahrerlaubnis, z.B. Pkw → Klasse B oder 3 (alt), ist erforderlich.
- Fahrzeug muss nicht zugelassen und haftpflichtversichert sein.
- Fahrzeuge mit m_{zul} > 4 t müssen mit einer Abschleppstange geschleppt werden.

V

EWG-Betriebserlaubnis, ABG, Fahrzeugkennzeichen

Begriffe	Erklärung	Hinweise
EWG-Betriebs-erlaubnis	Sie ist der europäische Nachfolger der deutschen Teile-ABE und wird in der Landessprache verfasst, in welcher die Betriebserlaubnis erteilt wurde.	Es ist keine Vorführung beim TÜV notwendig. Voraussetzung ist das Mitführen der EWG-Betriebserlaubnis beim Betrieb des Kraftfahrzeugs. Werden **Umbauten am Fahrzeug verlangt,** muss eine Vorführung erfolgen, z.B. Montage einer Anhängerkupplung mit der Auflage der Karosserieveränderung.
EWG-Bauart-genehmigung **Allgemeine Bauart-genehmigung ABG**	Bestimmte für die Sicherheit besonders bedeutsame Teile wie z.B. Leuchten haben keine Betriebserlaubnis, sondern eine allgemeine Bauartgenehmigung (ABG). Diese wird durch ein Prüfzeichen auf dem Fahrzeugteil nachgewiesen. 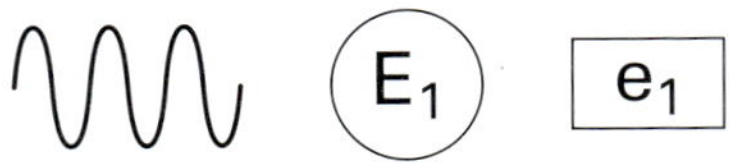 	• Für EWG/ECE-genehmigte Teile besteht keine Mitführpflicht für die schriftliche Bauartgenehmigung. • Bauartgenehmigte Fahrzeugteile sind z.B. – Windschutzscheiben – Scheibenfolien – Airbags – Sicherheitsgurte – Begrenzungsleuchten – Kindersitze – Reifen – Warndreiecke – Scheinwerfer für Fern- und Abblendlicht – alle Glühlampen für bauartgenehmigungspflichtige Scheinwerfer und Leuchten.
ABG Länder-prüfzeichen	**E1** Deutschland, **E2** Frankreich, **E3** Italien, **E4** Niederlande, **E5** Schweden, **E6** Belgien, **E7** Ungarn, **E8** Tschechien, **E9** Spanien, **E11** Spanien, **E10** ehemaliges Jugoslawien, **E11** Großbritannien, **E12** Österreich, **E13** Luxemburg, **E14** Schweiz, **E15** DDR, **E16** Norwegen, **E17** Finnland, **E18** Dänemark, **E19** Rumänien, **E20** Polen, **E21** Portugal, **E22** Russische Föderation, **E23** Griechenland, **E24** Irland, **E25** Kroatien, **E26** Slowenien, **E27** Slowakei, **E28** Weißrussland, **E29** Estland, **E31** Bosnien und Herzegowina, **E32** Lettland, **E37** Türkei, **E40** Mazedonien, **E42** Europäische Union, **E43** Japan	
Gegenseitige Beeinflussung bei Kombinationen von Änderungen	Werden am Fahrzeug Teile mit einer Teile-ABE bzw. einer Allgemeinen Bauartgenehmigung ABG oder einer EWG-Betriebserlaubnis ein- oder angebaut, ist grundsätzlich keine Vorführung bei einer Prüfstelle nötig. Diese Freigaben beziehen sich auf den Ein- bzw. Anbau an das angegebene Originalfahrzeug. Werden mehrere Anbaumaßnahmen durchgeführt, können sich diese untereinander beeinflussen. In diesem Fall ist das Fahrzeug bei einer Prüfstelle vorzuführen.	

Das wird geändert ... / ... und kann Auswirkungen haben auf:	Räder/Reifen	Fahrwerkseinstellungen (Spur/Sturz oder Distanzscheiben)	Federn/Dämpfer Tieferlegung	Beleuchtungseinrichtung	Spoiler/Karosserieteile/Aerodynam. Anbauteile	Lenkrad und Lenkverhalten	Leistungssteigerung/Motoren-Tuning	Auspuffanlage	Anhängekupplung, Anhängevorrichtung	Geräusch- oder Abgasverhalten
Räder/ Reifen		!	!	ok	!	!	!	ok	ok	!
Fahrwerkseinstellungen (Spur/ Sturz oder Distanzscheiben)	!		!	ok	!	!	ok	ok	ok	ok
Federn/ Dämpfer Tieferlegung	!	!		!	!	!	!	!	!	ok
Beleuchtungseinrichtung	ok	ok	!		!	ok	ok	ok	!	ok
Spoiler/ Karosserieteile/ Aerodynamische Anbauteile	!	!	!	!		!	!	!	!	ok
Lenkrad	!	!	!	ok	!		ok	ok	ok	ok
Leistungssteigerung/ Motoren-Tuning	!	ok	!	ok	!	ok		!	!	!
Auspuffanlage	ok	ok	!	ok	!	ok	!		!	!
Anhängekupplung, Anhängevorrichtung	ok	ok	!	!	!	ok	!	!		ok

ok keine gegenseitige Beeinflussung zu erwarten

! gegenseitige Beeinflussung möglich

Fahrzeugkennzeichen

Begriffe	Erklärung	Hinweise
Versicherungs-kennzeichen  	Diese Kennzeichen werden für zulassungsfreie, versicherungspflichtige Kraftfahrzeuge, z.B. Mofa, Moped, verwendet. 1 Registriernummer 2 Kennung der ausgebenden Versicherungsgesellschaft	• **Gültigkeit.** Es ist maximal 1 Jahr gültig; jeweils von Anfang März bis Ende Februar (Versicherungsjahr). • **Schriftfarbe.** Sie wechselt jährlich (Grün, Schwarz und Blau wiederholend).

V

Kennzeichenart

Erklärung | **Hinweise**

Eurokennzeichen

Standard-Kennzeichen für ordnungsgemäß zugelassene Fahrzeuge.

- Schwarze, geprägte Beschriftung auf weißem, reflektierenden Untergrund und schwarze Umrandung.
- In den EU-Staaten und der Schweiz kann das vorgeschriebene D-Schild entfallen.

Grünes Kennzeichen

Kennzeichen für kraftfahrzeugsteuerfreie Fahrzeuge.

- Typische Fahrzeuge sind z.B. Traktoren und Anhänger für die Verwendung in der Land- und Forstwirtschaft sowie Pannenhilfsfahrzeuge.

Kurzzeitkennzeichen

Kennzeichen für kurzfristig vorübergehend, außerordentlich zugelassene Fahrzeuge, z.B. für Probe-, Prüfungs- und/oder Überführungsfahrten.

- Dieses Kennzeichen kann jeder bei einer Zulassungsstelle auf Antrag bekommen.
- Verwendungsdauer maximal 5 Tage.
- Keine Rückgabe der Kennzeichen nach Ablauf der Verwendung an die Zulassungsstelle erforderlich.
- Die Fahrzeuge benötigen keine gültigen Fahrzeuguntersuchungen (z.B. HU, AU), sie müssen jedoch verkehrssicher sein.

Rotes Kennzeichen des Kfz-Gewerbes

Kennzeichen für kurzfristig vorübergehende, außerordentliche Zulassung eines Fahrzeuges. Kennzeichen können wechselnd an verschiedenen Fahrzeugen verwendet werden, um Probe-, Prüfungs- und/oder Überführungsfahrten beliebig wiederkehrend durchführen zu können.

Erteilung nur für gewerbliche Zwecke an zuverlässige Fahrzeughersteller, Fahrzeughändler und Fahrzeugservicebetriebe.R

- Zum Kennzeichen Ausstellung eines roten Fahrzeugscheinheftes.
- Vor Antritt der ersten Fahrt muss für das Fahrzeug ein Fahrzeugschein ausgefüllt und vom Kennzeicheninhaber unterschrieben werden.
- Der Fahrzeugschein gilt ein Jahr.
- Führung eines Fahrtenbuches erforderlich.

Rotes Oldtimerkennzeichen

Kennzeichen werden für Oldtimer ausgegeben, um an Oldtimer-Veranstaltungen teilzunehmen. Sie können mit Genehmigung an verschiedenen Fahrzeugen verwendet werden.

- Fahrzeugalter mindestens 20 Jahre.
- Anerkennung als Oldtimer.
- Ausnahmen. Fahrzeuge mit diesen Kennzeichen dürfen auch Probe-, Prüfungs- und/oder Überführungsfahrten durchführen.
- Die Fahrzeuge benötigen keine gültigen Fahrzeuguntersuchungen (z.B. HU, AU), sie müssen jedoch verkehrssicher sein.

Oldtimerkennzeichen (H-Kennzeichen)

Kennzeichen für historische (H) Fahrzeuge

- Fahrzeugalter mindestens 30 Jahre.
- Anerkennung als Oldtimer durch Gutachten eines amtlich anerkannten Sachverständigen für das Kraftfahrzeugwesen.
- Fahrzeuguntersuchungen, z.B. AU, HU und ggf. SP, sind notwendig.

Saisonkennzeichen

Kennzeichen für Fahrzeuge, die nur für einen Teil des Jahres verwendet werden.

- Verwendungszeitraum ist rechts auf dem Kennzeichenschild angezeigt.
- Außerhalb des Verwendungszeitraums dürfen sich diese Fahrzeuge nicht im öffentlichen Verkehrsraum befinden.
- Das Fahrzeug bleibt stets zugelassen.

Ausfuhrkennzeichen

Kennzeichen für Kraftfahrzeuge, die in Deutschland für den Export beschafft wurden und gefahren werden sollen.

- Verwendungsdauer maximal 1 Jahr; ist sie länger als 3 Monate, so wird Kraftfahrzeugsteuer für das ganze Jahr fällig.
- Kraftfahrzeug muss verkehrssicher und haftpflichtversichert sein.
- Fahrzeuge dürfen in Deutschland und im Ausland gefahren werden.

V

Abmessungen von Fahrzeugen

(vgl. StVZO § 32, EG-Vorschriften 96/53/EG)

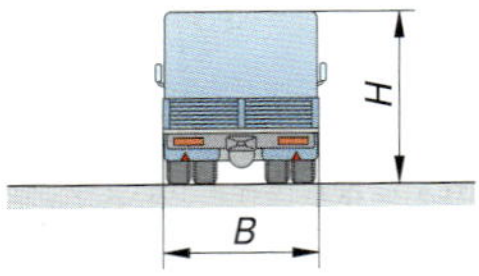

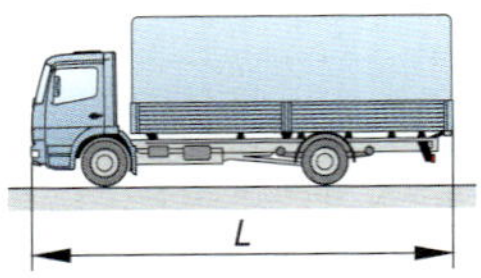

Bei Kraftfahrzeugen beträgt die höchstzulässige

- **Breite über alles (*B*)**
  ausgenommen, z.B. lichttechnische Einrichtungen, Spiegel
  a) allgemein (Ausnahme: Schneeräumgeräte) 2,55 m
  b) bei land- und forstwirtschaftlichen Arbeitsgeräten 3,00 m
  c) bei Anhängern hinter Krafträdern 1,00 m
  d) bei Kühlfahrzeugaufbauten 2,60 m
  e) bei Personenkraftwagen 2,50 m
- **Höhe über alles (*H*)** 4,00 m
- **Länge über alles (*L*)**
  a) bei Einzelfahrzeugen (ausgenommen Sattelanhänger) 12,00 m
  b) bei Sattelkraftfahrzeugen (Sattelzugmaschine u. Sattelanhänger) 16,50 m
  c) Kraftomnibusse die als Gelenkfahrzeuge ausgebildet sind 18,00 m
  d) bei Zügen unter Beachtung der Vorschriften für Einzelfahrzeuge 18,75 m

Achslasten

(vgl. StVZO § 34)

Achslast. Sie ist die Gesamtlast, die von den Rädern einer Achse oder Achsgruppe auf die Fahrbahn übertragen wird. **Zulässige Achslast.** Dies ist die Achslast, die unter Berücksichtigung der gesetzlichen Vorschriften (Bereifung, Bremsen) und der Werkstoffbeanspruchung nicht überschritten werden darf.

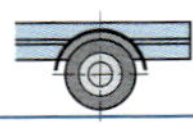

Einzelachsen

a) nicht angetriebene Achsen 10,0 t
b) angetriebene Achsen 11,5 t

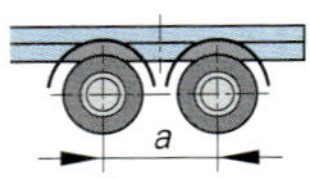

Doppelachsen

Einzelachslastwerte dürfen an keiner der zwei Achsen überschritten werden.

Achsabstand *a*	Kfz	Anhänger
$a < 1{,}0$ m	11,5 t	11,0 t
$1{,}0 \text{ m} \leq a < 1{,}3$ m	16,0 t	16,0 t
$1{,}3 \text{ m} \leq a < 1{,}8$ m	18,0 t	18,0 t
$a \geq 1{,}8$ m	–	20,0 t

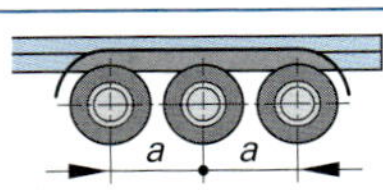

Dreifachachsen

Achsabstand *a*	Belastung
$a \leq 1{,}3$ m	21,0 t
$1{,}3 \text{ m} < a \leq 1{,}4$ m	24,0 t

Doppelachslastwerte dürfen an keiner der Achsen überschritten werden.

Gesamtgewicht, Nutzlast

(vgl. StVZO § 34)

Zulässige Gesamtgewicht. Es ist das Gewicht, das unter Berücksichtigung der Werkstoffbeanspruchung, der gesetzlichen Bestimmungen, z.B. bzgl. Bremse, nicht überschritten werden darf.
Nutzlast. Sie ergibt sich, wenn man vom zulässigen Gesamtgewicht das Leergewicht abzieht.

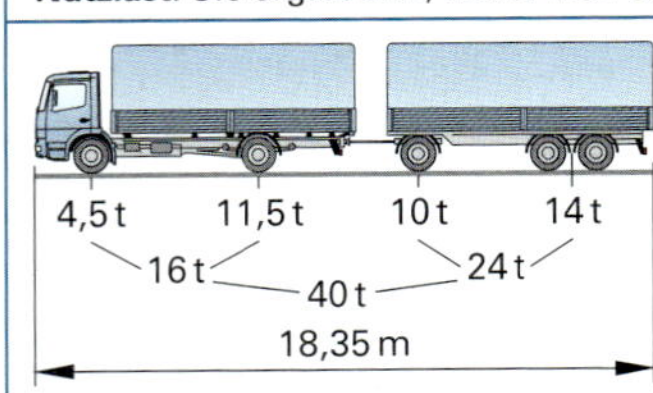

Zul. Gewichtsverhältnis Motorwagen: Anhänger = 1 : 1,5. Voraussetzung: Durchgehende Bremsanlage.

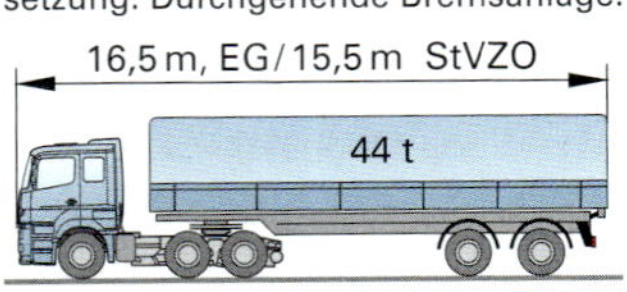

Fahrzeuge **Zul. Ges.-gew.**

- mit nicht mehr als 2 Achsen 18,0 t
- mit mehr als 2 Achsen
  a) Kraftfahrzeuge allgemein 25,0 t
  b) Kraftfahrzeuge mit Doppelbereifung und Luftfederung 26,0 t
  c) Anhänger 24,0 t
  d) Kraftomnibusse als Gelenkfahrzeug 28,0 t
- mit 2 Doppelachsen deren Mittenabstand $a \geq 4$ m ist 32,0 t

Fahrzeugkombinationen (Züge und Sattelkraftfahrzeuge)

- mit weniger als 4 Achsen 28,0 t
- Züge mit 4 Achsen (Kfz und Anhänger jeweils 2 Achsen) 36,0 t
- 2-achsige Sattelzugmaschine mit doppelachsigem Sattelanh.
  a) Achsabstand des Sattelanhängers $a \geq 1{,}3$ m 36,0 t
  b) Achsabstand des Sattelanhängers $a > 1{,}8$ m
  mit Doppelbereifung und Luftfederung 38,0 t
- mit mehr als 4 Achsen 40,0 t
- Sattelzugmaschine 3-achsig und Sattelanh. 2- oder 3-achsig 44,0 t

Leergewicht, Anhängelast

(vgl. StVZO § 42 und StVZO § 42.1)

Leergewicht. Gewicht des betriebsfertigen Fahrzeugs. Bei Lastkraftwagen und Zugmaschinen ist ein Fahrergewicht von 75 kg im Leergewicht enthalten. **Anhängelast.** Die von Krafträdern, Lkw und Pkw gezogene Anhängelast, darf das zul. Gesamtgewicht des ziehenden Fahrzeugs nicht übersteigen. Ausnahme: Lkw in Zügen.

Bestimmungen der StVZO (Straßenverkehrs-Zulassungs-Ordnung)

Betriebsbremse (vgl. § 41)	Kfz müssen 2 unabhängige Bremsanlagen oder eine Bremsanlage mit 2 voneinander unabhängigen Bedienungseinrichtungen haben, von denen jede auch dann wirken kann, wenn die andere versagt. Die Bedienungseinrichtungen müssen durch getrennte Übertragungsmittel auf verschiedene Bremsflächen wirken, die jedoch in derselben Bremstrommel liegen können. Können mehr als 2 Räder gebremst werden, so dürfen gemeinsame Bremsflächen und (ganz oder teilweise) gemeinsame mechanische Übertragungseinrichtungen benutzt werden; diese müssen jedoch so gebaut sein, dass beim Bruch eines Teils noch mindestens 2 Räder, die nicht auf derselben Seite liegen, gebremst werden können. Die Bremsen müssen leicht nachstellbar sein oder eine selbsttätige Nachstelleinrichtung haben. Bei Kraftfahrzeugen – ausgenommen Krafträder – muss mit der einen Betriebsbremse eine mittlere Verzögerung ≥ 5,0 m/s^2 erreicht werden; bei Kraftfahrzeugen mit einer durch die Bauart bestimmten Höchstgeschwindigkeit ≤ 25 km/h genügt eine mittlere Verzögerung von 3,5 m/s^2.
Feststellbremse (vgl. § 41)	Die festgestellte Bremse muss ausschließlich durch mechanische Mittel ohne Zuhilfenahme der Bremswirkung des Motors das Fahrzeug auf der größten von ihm befahrbaren Steigung am Abrollen verhindern können. Die Feststellbremse muss eine mittlere Verzögerung > 1,5 m/s^2 erreichen.
Automatischer Blockierverhinderer ABS (vgl. § 41b)	Folgende Fahrzeuge mit einer durch die Bauart bestimmten Höchstgeschwindigkeit von mehr als 60 km/h müssen mit einem automatischen Blockierverhinderer ausgerüstet sein: • Lastkraftwagen und Sattelzugmaschinen mit einem zulässigen Gesamtgewicht > 3,5 t. • Anhänger mit einem zulässigen Gesamtgewicht > 3,5 t; für Sattelanhänger nur dann, wenn das um die Aufliegelast verringerte zulässige Gesamtgewicht 3,5 t übersteigt. • Kraftomnibusse • Zugmaschinen mit einem zulässigen Gesamtgewicht von mehr als 3,5 t.
Anhänger (vgl. § 41)	Mehrachsige Anhänger mit einem Achsabstand von ≥ 1,0 m müssen eine leicht nachstellbare oder sich selbsttätig nachstellende Bremsanlage haben. Die Bremse muss feststellbar sein. Die festgestellte Bremse muss durch mechanische Mittel den vollbelasteten Anhänger bei einer Steigung von 18 % und in einem Gefälle von 20 % auf trockener Straße am Abrollen hindern.
Ungebremste Anhänger (vgl. § 42)	An einachsigen Anhängern und zweiachsigen Anhängern mit einem Achsabstand von weniger als 1,0 m ist eine eigene Bremse nicht erforderlich, wenn der Zug die für das ziehende Fahrzeug vorgeschriebene Bremsverzögerung erreicht und die Achslast des Anhängers den folgenden Betrag ([Leergewicht des Pkw + 75 kg]/2), maximal jedoch 0,75 t nicht übersteigt.
Gebremste Anhänger (vgl. § 41)	Auflaufbremsen sind nur bei Anhängern zulässig mit einem zulässigen Gesamtgewicht von maximal 8 t.
Dauerbremse (vgl. § 41)	Kraftomnibusse mit einem zulässigen Gesamtgewicht von mehr als 5,5 t sowie andere Kraftfahrzeuge mit einem zulässigen Gesamtgewicht von mehr als 9 t müssen außer mit den Bremsen nach den vorstehenden Vorschriften mit einer Dauerbremse ausgerüstet sein. Als Dauerbremse gelten Motorbremsen oder in der Bremswirkung gleichartige Einrichtungen (Retarder, z.B. Wirbelstrombremsen). Die Dauerbremse muss so beschaffen sein, dass sie das voll beladene Fahrzeug beim Befahren eines Gefälles (7 %, 6 km Länge) auf 30 km/h abbremst.

Von den vorstehenden Vorschriften über Bremsen sind folgende Fahrzeuge befreit (vgl. § 41):
- Zugmaschinen in land- oder forstwirtschaftlichen Betrieben, wenn m_{zul} ≤ 4 t und v_{zul} ≤ 8 km/h beträgt.
- Selbstfahrende Arbeitsmaschinen mit einer Höchstgeschwindigkeit ≤ 8 km/h.

Mindestabbremsung, zulässige Betätigungskräfte

(vgl. EG 71/320, SP Richtlinie)

Fahrzeugklasse (Werte für Fahrzeuge, deren Betriebserlaubnis ab 1991 erteilt wurde)				Betriebsbremsanlage			Feststellbremsanlage		
				$z \geq$ (%)	$F_H \leq$ (N)	$F_F \leq$ (N)	$z \geq$ (%)	$F_H \leq$ (N)	$F_F \leq$ (N)
L	Kraftrad	**L3**	($V_H > 50\ cm^3$, $v_{max} > 50$ km/h)	50	200	300	–	–	–
M	Kfz zur Personenbeförderung (Pkw)	**M1** **M2/3**	(bis 9 Pers.) (über 9 Pers.)	50 50	–	700	16	400	500
N	Kfz zur Güterbeförderung (Nkw)	**N1** **N2** **N3**	< 3,5 t 3,5 t < N2 < 12 t > 12 t	50 45 45	–	700	16	600	700
O	Anhänger und Sattelanhänger über 25 km/h			43	(p ≤ 6,5 bar)		16	600	–

Verwendete Abkürzungen: z = Abbremsung in %, F_F = zulässige Fußkraft in N, F_H = zul. Handkraft in N, p = Druck

Maximale prozentuale Abweichung *p* der Bremskräfte an einer Achse

Fahrzeugklasse	BBA: p_{max} (%)	FBA: p_{max} (%)	Fahrzeugklasse	BBA: p_{max} (%)	FBA: p_{max} (%)
M	25	50 (95)[1]	N	25	50 (N1), 30 (N2/3)

[1] Elektromechanische Parkbremsen die bei Fahrt betätigt werden können p_{max} 50 %. Nur im Stand betätigt p_{max} 95 %.

Hauptuntersuchung (HU), Sicherheitsprüfung (SP) (vgl.§ 29 StVZO)

Prüfplakette HU

Prüfplakette SP

Farbkennzeichnungen von HU, SP und AU sind gleich.
2010: braun
2011: rosa
2012: grün
2013: orange
2014: blau
2015: gelb
2016: braun
2017: rosa
2018: grün

Hauptuntersuchung. Kraftfahrzeuge, die ein eigenes amtliches Kennzeichen haben, müssen in regelmäßigen Zeitabständen überprüft werden, ob sie der StVZO entsprechen.

Jahr und Monat in dem das Fahrzeug vorzuführen ist, ist durch eine Prüfplakette nachzuweisen. Durch die Erteilung der Prüfplakette wird bescheinigt, dass das Fahrzeug zum Zeitpunkt der HU bis auf etwaige geringfügige Mängel für vorschriftsmäßig befunden wurde.

Fahrer und Halter sind für die umgehende Beseitigung der Mängel verantwortlich.

Die Prüfplakette muss am hinteren Kennzeichen angebracht werden. Die Gültigkeit der neuen Plakette bezieht sich auf den Ablaufmonat der alten Plakette.

Sicherheitsprüfung. Sie ist eine Sicht-, Wirkungs- und Funktionsprüfung bei Nutzkraftwagen (Nkw). Folgende Fahrzeugbaugruppen werden dabei einer Prüfung unterzogen:

- Fahrgestell, Fahrwerk, Verbindungseinrichtungen
- Lenkung
- Reifen, Räder
- Auspuffanlage
- Bremsanlage.

Werden bei den Prüfungen der Fahrzeuge darüber hinaus Mängel festgestellt, sind diese ins Prüfprotokoll aufzunehmen. Der Fahrzeughalter bzw. sein Beauftragter ist für die Behebung der Mängel verantwortlich. Die SP erfolgt nur zwischen der jeweils fälligen HU.

Zuteilung der Prüfplakette

Ist das Fahrzeug ohne Mängel, so wird eine Prüfplakette zugeteilt. Die Prüfplakette wird hinten links am Fahrzeugheck angebracht. Der Pfeil zeigt auf den Monat, auf den das Fahrzeug wieder zur SP vorgeführt werden muss. Auf der Prüfplakette sind die letzten sieben Ziffern/Zeichen der Fahrzeug-Ident.-Nummer vermerkt.

Mängelbeseitigung

Wurde die Prüfplakette aufgrund von Mängeln dem Fahrzeug nicht zugeteilt, so sind die Mängel innerhalb eines Monats zu beheben, ansonsten ist eine neue SP fällig.

Fristüberschreitung bei Fälligkeit der SP

Grundsätzlich ist die SP in dem Monat durchzuführen, der auf der Plakette angegeben ist. Eine Fristverlängerung um 4 Wochen ist möglich, wenn das Fahrzeug rechtzeitig zur SP angemeldet wurde. Ansonsten muss zusätzlich zur SP eine HU durchgeführt werden.

Fristen zur Durchführung von HU und SP	**Monate**	
Fahrzeugarten	**HU**	**SP**
Kraftrad	24	
Kraftwagen mit nicht mehr als 8 Fahrgastplätzen		
Personenkraftwagen		
• nach Erstzulassung	36	
– bei weiteren Untersuchungen	24	
• zur Personenbeförderung nach dem Personenbeförderungsgesetz; Fahrzeuge zur gewerblichen Vermietung	12	
• Kraftomnibusse und andere Kraftfahrzeuge, z.B. Krankenkraftwagen	12	
Nutzfahrzeuge (Lkw, selbstfahrende Arbeitsmaschinen, Zugmaschinen)		
• mit bauartbedingter Höchstgeschwindigkeit v_{max} = 40 km/h oder $m_{zul} \leq 3{,}5$ t	24	
• mit einer zulässigen Gesamtmasse $m_{zul} > 3{,}5$ t $\leq 7{,}5$ t	12	
• mit einer zulässigen Gesamtmasse $m_{zul} > 7{,}5$ t ≤ 12 t, nach Erstzulassung	12	42
– bei weiteren Untersuchungen	12	12
• mit einer zulässigen Gesamtmasse $m_{zul} > 12$ t, nach Erstzulassung	12	30
• bei weiteren Untersuchungen	12	12
Kraftomnibusse und andere Fahrzeuge mit mehr als 8 Fahrgastplätzen		
• nach Erstzulassung	12	18
– bei weiteren Untersuchungen	12	12, 9, 3
Anhänger, angehängte Arbeitsmaschinen, Wohnanhänger		
• mit einer zulässigen Gesamtmasse $m_{zul} \leq 0{,}75$ t, nach Erstzulassung, ungebremst	36	
– bei weiteren Untersuchungen	24	
• mit einer zulässigen Gesamtmasse $m_{zul} > 0{,}75$ t $\leq 3{,}5$ t oder mit einer bauartbedingten Höchstgeschwindigkeit ≤ 40 km/h	24	
• mit einer zulässigen Gesamtmasse $m_{zul} > 3{,}5$ t ≤ 10 t	12	
• mit einer zulässigen Gesamtmasse $m_{zul} > 10$ t, nach Erstzulassung	12	30
– bei weiteren Untersuchungen	12	12

V

AU – Gesetzliche Rahmenbedingungen (vgl. §§ 29 und 47a in Verbindung mit Anlage VIII StVZO)

Allgemeine Vorschriften	Halter von Kraftfahrzeugen mit Verbrennungsmotoren haben in regelmäßigen Zeitabständen eine Abgasuntersuchung (Umweltverträglichkeitsprüfung) von amtlich anerkannten Werkstätten, Überwachungsorganisationen oder Sachverständigen durchführen zu lassen.
Ausnahmen von der AU	Ausgenommen von der AU sind folgende Kraftfahrzeuge: • Mit Fremdzündungsmotor (z.B. Otto-, Flüssiggasmotor), die weniger als 4 Räder haben, oder $m < 400$ kg oder $v < 50$ km/h oder die Erstzulassung vor dem 01.07.1969 erfolgte. • Mit Kompressionszündungsmotoren (z.B. Dieselmotor, Vielstoffmotor), wenn sie weniger als 4 Räder haben oder $v < 25$ km/h oder die Erstzulassung vor dem 01.01.1977 erfolgte. • Mit rotem Kennzeichen, Kurzzeitkennzeichen, land- und forstwirtschaftliche Zugmaschinen.
Fristen der AU	• Seit dem 01. Januar 2010 sind die Fristen für alle von der Abgasuntersuchung betroffenen Fahrzeuge den Fristen der Hauptuntersuchung (HU) angepasst. • Die Abgasprüfung darf frühestens einen Monat vor dem auf der HU-Plakette angegebenen Prüfungstermin erfolgen. Ansonsten ist die Abgasuntersuchung nochmals durchzuführen.
Wichtige Hinweise 	• Die Durchführung der Untersuchung des Abgasverhaltens an Kraftfahrzeugen kann als eigenständiger Teil der HU weiterhin unter anderem von dafür anerkannten Kraftfahrzeugwerkstätten durchgeführt und bestätigt werden. • Die Sichtprüfung der abgasrelvanten Bauteile wird zukünftig im Rahmen der HU vorgenommen und entfällt somit bei der Abgasprüfung in anerkannten Betrieben. • Die durchgeführte Untersuchung der Abgase wird anhand eines Nachweis-Siegels mit Zangenprägung auf der Prüfbescheinigung dokumentiert.

Umfang der Abgasuntersuchung

Allgemein **Fahrzeug konditionierung**	**Sichtprüfung**. Sie wird im Rahmen der HU durchgeführt. Dabei werden schadstoffrelevante Bauteile auf Vollständigkeit und Beschädigung geprüft. **Funktionsprüfung**. Sie umfasst die Kontrolle der schadstoffrelevanten Einstelldaten und bei Fahrzeugen mit OBD die Prüfung der Motorkontrollleuchte auf Funktion. **Fahrzeugkonditionierung.** Für die Funktionsprüfung ist der Motor auf Betriebstemperatur zu bringen. Sind keine Herstellerwerte vorhanden, muss die Öltemperatur ≥ 60 °C sein.
Kfz mit Ottomotor ohne /mit ungeregeltem Katalysator	**Funktions-/Abgasprüfung:** Schließwinkel bei kontaktgesteuerten Zündanlagen, Zündzeitpunkt soweit darstellbar, Leerlaufdrehzahl (min./max.), CO-Gehalt im Abgas bei Leerlaufdrehzahl nach Herstellervorgabe (ansonsten ≤ 3,5 Vol.-%). Bei Fahrzeugen mit ungeregeltem Katalysator ist der CO-Gehalt bei erhöhter Leerlaufdrehzahl nach Herstellerangaben zu prüfen.
Kraftfahrzeuge mit Ottomotor; Katalysator und geregeltem Gemisch-bildungssystem	**Funktions-/Abgasprüfung:** Zündzeitpunkt soweit darstellbar; Leerlaufdrehzahl (min./max.). Bei Fahrzeugen mit Erstzulassungsdatum nach dem 30.06.2002 gilt: CO im Leerlauf max. 0,3 Vol.%; CO bei erhöhter Leerlaufdrehzahl (mind. 2500 min^{-1}) max. 0,2 Vol.% Regelkreisprüfung mittels vom Hersteller definierter Verfahren. Bei Prüfdrehzahl darf Lambda 1 ± 3 % betragen. Durch Störgrößenaufschaltung muss sich $\lambda \geq \pm 3$ % bzw. ± 2 % ändern. Die Ausregelung erfolgt auf den gemessenen Eingangslambdawert (Regelgrenze ± 1 %). Damit gilt die Regelkreisprüfung als bestanden.
Kraftfahrzeuge mit Dieselmotor (Pkw)	**Funktions-/Abgasprüfung:** Leerlaufdrehzahl (min./max.); Abregeldrehzahl (min./max.) Messung der Rauchgastrübung bei freier Beschleunigung (ohne Last). Dazu ist bei betriebswarmem Motor das Fahrpedal schnell und stoßfrei durchzutreten. Diese Stellung ist nach Erreichen der Abregeldrehzahl ausreichend lange (etwa 2 s) beizubehalten. Der Vorgang ist 4-mal zu wiederholen. Die Trübungsspitzenwerte sind nach dem zweiten Vorgang zu erfassen. Die Rauchgastrübungswerte müssen in einer Bandbreite von 0,5 m^{-1} liegen. Der Mittelwert vom 2. … 4. Rauchstoß gilt als Messwert. Liegt kein Herstellerwert vor, darf der Trübungsmesswert 2,5 m^{-1}/1,5 m^{-1} nicht überschreiten (Fahrzeugzulassung: vor dem 01.10.2006/nach dem 01.10.2006). **Grenzwert seit 01.07.2012:** Der auf dem Typenschild angegebene Trübungswert (k-Wert bzw. Plakettenwert). **Seit 01.06.2015 gilt:** Wird der auf dem Typenschild angegebene Trübungswert um 30 % bei der ersten freien Beschleunigung (erster Gasstoß) unterschritten, so ist kein weiterer Gasstoß notwendig.
Kraftfahrzeuge mit Otto- oder Dieselmotor und OBD	**Funktionsprüfung:** MI-Lampe prüfen. Prüfbereitschaftstest (Readiness-Code)/Fehlercodes auslesen und bewerten. Es darf kein abgasrelevanter Fehler vorhanden sein. Für Fahrzeuge mit Erstzulassung vor dem 01.01.2006 ist immer eine Funktions- und Abgasprüfung durchzuführen. **Prüfbereitschaftstests:** Alle im Fahrzeug verbauten abgasrelevanten Systeme bzw. Bauteile werden durch das Motorsteuergerät im Rahmen definierter Fahrzeugzyklen geprüft. Dies wird durch den Readinesscode (Betriebsbereitschaftscode) bestätigt. Für Fahrzeuge mit Zulassungsdatum nach dem 01.01.2006 gilt: Ist der Readiness-Code vollständig auf 0 gesetzt, entfällt die Regelsonden- und die Abgasprüfung.

V

Hauptuntersuchung (HU) und Abgasuntersuchung (AUK) für Krafträder (vgl. § 29 und §47a)

Prüffristen HU/AUK: Erstmals nach 24 Monaten, dann alle 24 Monate.

AUK

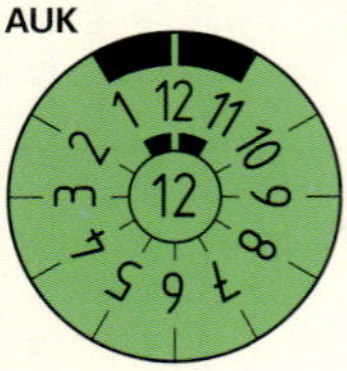

Abgasuntersuchung an Motorrädern (Kraftrad) seit dem 1. 4. 2006. Sie ist vorgeschrieben für Motorräder ab Baujahr 1.1.1989.
Die Prüfung erfolgt zeitgleich mit der HU oder im Vormonat.
Sie gilt für:

- 2-Takt- und 4-Takt-Motorräder mit mehr als 50 ccm und mehr als 45 km/h Höchstgeschwindigkeit.
- Dreirädrige Kraftfahrzeuge („Trikes") und vierrädrige Kraftfahrzeuge („Quads"), mit einer Leermasse von bis zu 400 kg und einer maximalen Nutzleistung von bis zu 15 kW.

AUK-Nachweis

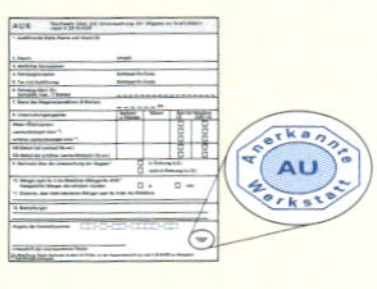

Der Nachweis einer durchgeführten HU erfolgt über die HU-Prüfplakette am Nummernschild. Zusätzlich ist eine AUK-Nachweisbescheinigung mitzuführen.
Diese muss mit einem Klebesiegel und eingeprägter Nummer (AU-Betriebs-Nr.) der amtlich anerkannten Werkstatt versehen sein.

Prüfsiegelprägezange

AUK-Schlüsselnummern untersuchungspflichtiger Krafträder nach 92/61/EWG oder 2002/24/EG

Liegen „alte" Fahrzeugdokumente vor und ist das Erstzulassungsdatum nach dem 01.01.1989, so können die betroffenen Fahrzeuge anhand folgender Tabelle identifiziert werden:

„alte" Fahrzeugdokumente (Fahrzeugschein/-brief)	Schlüsselnummer zu 1 (1. bis 4. Stelle)	2502, 2512, 2522, 2603, 2604, 2614, 0901, 0902, 0960, 0980, 1901, 1902, 3901, 3902, 3960, 3980, 4901, 4902

Liegen „neue" vor dem 01.10.2005 ausgegebene Fahrzeugdokumente vor (Zulassungsbescheinigung Teil 1), so ist die Verschlüsselung in den Dokumenten davon abhängig, ob es sich um ein Fahrzeug handelt, dessen Typgenehmigung vor oder nach dem 01.10.2005 erfolgte.

	Feld J	Feld 4		Feld J
„neue" Fahrzeugdokumente (Zul.-Besch. Teil 1) EG-Typgenehmigung bis 30.09.2005	25	0200	„neue" Fahrzeugdokumente (Zul.-Besch. Teil 1) EG-Typgenehmigung ab 01.10.2005	L3e
	25	1200		L4e
	25	2200		L5e
	26	0300		L7e
	26	0400		
	26	1400		

CO-Grenzwerte AUK

Im Rahmen der AUK wird nur eine Kohlenmonoxid-Messung (CO) durchgeführt. Hierfür gibt es in Abhängigkeit von der technischen Ausrüstung des Kraftrades folgende Vorgaben:

- CO < 4,5% für Fahrzeuge ohne oder mit ungeregeltem Katalysator. Im Leerlauf gemessen.
- CO < 0,3% für Fahrzeuge mit geregeltem Katalysator. Die Messung erfolgt im erhöhten Leerlauf nach Herstellervorgabe, ansonsten wird bei 2000 1/min gemessen.

CO-Prüfbedingung AUK

- Fahrzeug-Solldaten für CO-Austoß ermitteln. Gibt der Hersteller diese nicht vor, gilt jeweils der entsprechende Grenzwert (max. 0,3% bzw. 4,5 Vol.-%).
- Motortemperatur in °C nach Herstellervorgaben ermitteln, ansonsten mindestens 60 °C.
- Erhöhte Leerlaufdrehzahl in 1/min nach Herstellerangabe, ansonsten 2000 1/min.
- Abgassonde mindestens 300 mm in das Auspuffendrohr einführen. Bei starker Pulsation der Auspuffgase ist eventuell der Einsatz einer zusätzlichen Beruhigungsstrecke erforderlich. Bei mehreren Auspuffendrohre muss in jedem Auspuffsystem eine Messung durchgeführt werden. Als Messergebnis ist dann der arithmetische Mittelwert zu nehmen. Es sind jedoch auch Entnahmesysteme zulässig, welche die Abgasströme zusammenführen.
- CO-Wert und Drehzahl erfassen und in das Formblatt eintragen.

V

EOBD – Gesetzliche Rahmenbedingungen (vgl. Richtline 98/69/EG)

Durch verschärfte Wartungs- und Kontrollvorschriften sollen die in der Typzulassung festgelegten Abgaskonzentrationen innerhalb vorgegebener Toleranzen über die Betriebsdauer und das Lebensalter eines Fahrzeugs garantiert werden; mindestens 30 000 km (ab 01. 2005 mindestens 100 000 km), höchstens jedoch 5 Jahre.

Zeitplan für die Einführung der EOBD bei Fahrzeugen

01. 01. 2000 Typprüfung	01. 01. 2001 alle Neuzulassungen	01. 01. 2003 Typprüfung	01. 01. 2004 alle Neuzulassungen	01. 01. 2006 Typprüfung	01. 01. 2007 alle Neuzulassungen
Pkw mit Ottomotor, max. 6 Sitze, Gesamtgewicht ≤ 2,5 t	Pkw mit Ottomotor, max. 6 Sitze, Gesamtgewicht ≤ 2,5 t	Pkw mit Dieselmotor, max. 6 Sitze, Gesamtgewicht ≤ 2,5 t	Pkw mit Dieselmotor, max. 6 Sitze, Gesamtgewicht ≤ 2,5 t	Nutzfahrzeuge	Nutzfahrzeuge

Ziele der EOBD

- Ständige Überwachung der abgasrelevanten Komponenten in Fahrzeugen.
- Sofortiges Erkennen und Anzeigen von Fehlern die zu wesentlichen Emissionserhöhungen führen.
- Schützen von gefährdeten Komponenten, z.B. Katalysator.
- Speichern und bereitstellen der Informationen über aufgetretene Fehler.

Funktionsüberwachung

Die europäische OBD schreibt eine Überwachung folgender Einrichtungen oder Funktionen vor:

Fremdzündungsmotor (Ottomotor)

- Lambdasonden
- Verbrennungsaussetzer
- Tankdeckel überwacht oder unverlierbar
- Katalysator
- Kraftstoffbehälterentlüftung
- Schaltkreisstörungen von emissionsrelevanten Bauteilen, die an das Steuergerät angeschlossen sind
- Sonstigen Teilsystemen oder Bauteilen, die auf die Emissionsminderung Einfluss haben, z.B. Abgasrückführungssystem, Sekundärluftsystem, Luftmassenmesser, Fahrpedalwertgeber.

Selbstzündungsmotor (Dieselmotor)

- Partikelfilter, Katalysator, soweit vorhanden
- Tankdeckel überwacht oder unverlierbar
- Kraftstoffmengen- und Einspritzzeitregelung hinsichtlich Schaltkreisstörungen bzw. Totalausfall
- Sonstigen Bauteilen oder Teilsystemen, die auf die Emissionsminderung Einfluss haben.

Fehlfunktionsanzeige (malfunction indicator, MI)

Warnlampe

Sie darf nicht rot leuchtend ausgeführt sein.

Statt einer Warnlampe ist auch eine akustische Anzeige zugelassen.

Die Lampe, die Fehlfunktionen anzeigt (malfunction indicator lamp, MIL), leuchtet unter folgenden Bedingungen auf:

Lampe leuchtet dauernd:

- Zündung ein, Motor steht (Funktionsbereitschaft)
- bei abgasrelevanten Fehlern
- wenn die Motor-/Getriebesteuerung einen Fehler beim Steuergeräte Selbsttest erkennt.

Lampe blinkt (solange Fehler vorhanden ist):

- bei einem Fehler der, z.B. aufgrund von Verbrennungsaussetzern, zur Zylinderabschaltung führt (Katalysatorschutz).

Abgasrelevante Fehler oder Fehler die zur Schädigung des Katalysators führen können, sind umgehend zu beheben. Die Fahrtstrecke nach dem Aufleuchten der Warnlampe wird deshalb im On-Board-Diagnose-System gespeichert.

Die Fehlerlampe darf nach drei fehlerfreien Fahrzyklen wieder abgeschaltet werden. Der Fehlerspeicher darf selbsttätig nach vierzig fehlerfreien Warmlaufzyklen gelöscht werden. **Warmlaufzyklus:** Anlassen, Fahren bis sich die Motortemperatur um mehr als 22 °C erhöht, mindestens jedoch 70 °C erreicht, abstellen.

EOBD-Diagnose

OBD-Diagnoseschnittstelle

Zum Auslesen der abgasrelevanten Fehler sind Schnittstelle, Diagnosestecker, Diagnoseprotokoll und Diagnoseaussagen einheitlich genormt.

Anschlussbelegung:

PIN 7+15	Datenübertragung nach DIN ISO 9141-2;	PIN 5	Signalmasse;
PIN 2+10	Datenübertragung nach SAE J 1850;	PIN 16	Batterieplus (Klemme 30 oder 15).
PIN 4	Fahrzeugmasse;		

Die anderen PIN können vom Hersteller frei belegt werden.

V

Zulassungsbescheinigung Teil I

Gültigkeit Seit dem 1. Oktober 2005 erhalten Fahrzeughalter bei Um- oder Neuanmeldung ihrer Fahrzeuge neue Fahrzeugpapiere (Zulassungsbescheinigung Teil I und Teil II)

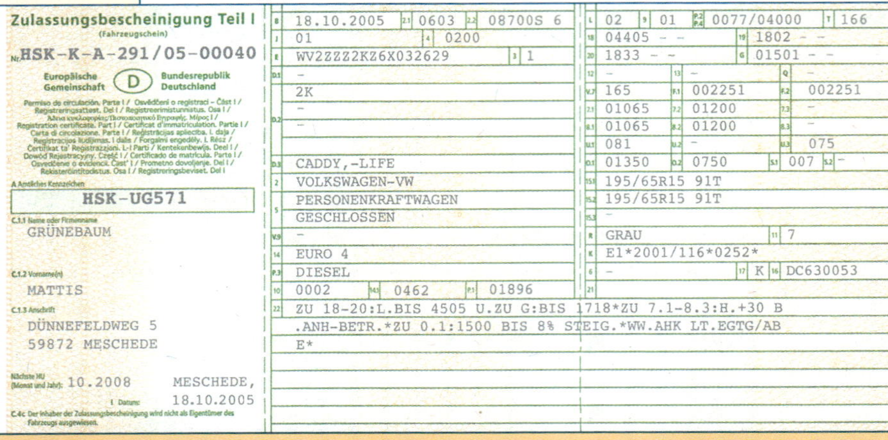
Zulassungsbescheinigung Teil I
(Fahrzeugschein)
Nr. HSK-K-A-291/05-00040
Europäische Gemeinschaft (D) Bundesrepublik Deutschland
Permiso de circulación. Parte I / Osvědčení o registraci – Část I / Registreringsattest. Del I / Registreerimistunnistus. Osa I / Άδεια κυκλοφορίας/Πιστοποιητικό Έγγραφής. Μέρος I / Registration certificate. Part I / Certificat d'immatriculation. Partie I / Carta di circolazione. Parte I / Reģistrācijas apliecība. I. daļa / Registracijos liudijimas. I dalis / Forgalmi engedély. I. Rész / Certifikat ta' Reġistrazzjoni. L-I Parti / Kentekenbewijs. Deel I / Dowód Rejestracyjny. Część I / Certificado de matrícula. Parte I / Osvedčenie o evidencii. Časť I / Prometno dovoljenje. Del I / Rekisteröintitodistus. Osa I / Registreringsbeviset. Del I
A Amtliches Kennzeichen: HSK-UG571
C.1.1 Name oder Firmenname: GRÜNEBAUM
C.1.2 Vorname(n): MATTIS
C.1.3 Anschrift: DÜNNEFELDWEG 5, 59872 MESCHEDE
Nächste HU (Monat und Jahr): 10.2008
I Datum: MESCHEDE, 18.10.2005
C.4c Der Inhaber der Zulassungsbescheinigung wird nicht als Eigentümer des Fahrzeugs ausgewiesen.

B	18.10.2005	2.1	0603	2.2	08700S 6		
J	01	4	0200				
E	WV2ZZZ2KZ6X032629	3	1				
D.1	-						
D.2	2K / - / -						
D.3	CADDY,-LIFE						
2	VOLKSWAGEN-VW						
5	PERSONENKRAFTWAGEN GESCHLOSSEN						
V.9	-						
14	EURO 4						
P.3	DIESEL						
10	0002	14.1	0462	P.1	01896		
L	02	9	01	P.2 P.4	0077/04000	T	166
18	04405 - -	19	1802 - -				
20	1833 - -	G	01501 - -				
12	-	13	-	Q	-		
V.7	165	F.1	002251	F.2	002251		
7.1	01065	7.2	01200	7.3	-		
8.1	01065	8.2	01200	8.3	-		
U.1	081	U.2	-	U.3	075		
O.1	01350	O.2	0750	S.1	007	S.2	-
15.1	195/65R15 91T						
15.2	195/65R15 91T						
15.3	-						
R	GRAU	11	7				
K	E1*2001/116*0252*						
6	-	17	K	16	DC630053		
21							
22	ZU 18-20:L.BIS 4505 U.ZU G:BIS 1718*ZU 7.1-8.3:H.+30 B .ANH-BETR.*ZU 0.1:1500 BIS 8% STEIG.*WW.AHK LT.EGTG/AB E*						

Felddefinitionen der Zulassungsbescheinigung Teil I

A	Amtliches Kennzeichen
B	Datum der Erstzulassung des Fahrzeugs
C1.1	Name oder Firmenname des Halters/der Halterin
C1.2	Vorname des Halters / der Halterin
C1.3	Anschrift des Halters / der Halterin
C4	Bemerkungen zum Halter / zu Halterin
D.1	Marke
D.2	Typ/Variante/Version
D.3	Handelsbezeichnung(en)
E	Fahrzeug-Identifizierungsnummer
F.1	Technisch zulässiges Gesamtgewicht in kg
F.2	Im Zulassungsmitgliedstaat zul. Gesamtmasse in kg
G	Masse des in Betrieb befindlichen Kfz in kg (Leermasse)
H	Gültigkeitsdauer
I	Datum dieser Zulassung
J	Fahrzeugklasse
K	Nummer der EG-Typgenehmigung oder ABE
L	Anzahl der Achsen
O.1	Technisch zulässige Anhängelast gebremst in kg
O.2	Technisch zulässige Anhängelast ungebremst in kg
P.1	Hubraum in cm^3
P2/P4	Nennleistung in kW/Nenndrehzahl bei min^{-1}
P.3	Kraftstoffart oder Energiequelle
Q	Leistungsgewicht in kW/kg (nur bei Krafträdern)
R	Farbe des Fahrzeugs
S.1	Sitzplätze einschließlich Fahrersitz
S.2	Stehplätze
T	Höchstgeschwindigkeit in km/h
U.1	Standgeräusch in dB(A)
U.2	Drehzahl in min^{-1} zu U.1
U.3	Fahrgeräusch in dB(A)
V.7	CO_2 (in g/km) kombinierter Wert
V.9	Für die EG-Typgenehmigung maßgebliche Schadstoffklasse
(2)	Hersteller-Kurzbezeichnung
(2.1)	Code zu (2)
(2.2)	Code zu D.2 mit Prüfziffer
(3)	Prüfziffer zur Fahrzeug-Identifizierungsnummer
(4)	Art des Aufbaus
(5)	Bezeichnung der Fahrzeugklasse u. d. Aufbaus
(6)	Datum zu K
(7)	Technisch zulässige maximale Achslast/-masse je Achsgruppe in kg (7.1) Achse 1 bis (7.3) Achse 3
(8)	Zulässige maximale Achslast im Zulassungsmitgliedstaat in kg (8.1) Achse 1 bis (8.3) Achse 3
(9)	Anzahl der Antriebsachsen
(10)	Code zu P.3
(11)	Code zu R
(12)	Rauminhalt des Tanks bei Tankfahrzeugen in m^3
(13)	Stützlast in kg
(14)	Bezeichnung der nationalen Emissionsklasse
(14.1)	Code zu V.9 oder (14)
(15)	Bereifung (15.1) auf Achse 1 bis (15.3) auf Achse 3
(16)	Nummer der Zulassungsbescheinigung Teil II
(17)	Merkmal zur Betriebserlaubnis
(18)	Länge in mm
(19)	Breite in mm
(20)	Höhe in mm
(21)	Sonstige Vermerke
(22)	Bemerkungen und Ausnahmen

Feinstaubplaketten

BImSchG § 40 Abs. 1

Rechtliche Grundlagen. Für die Verringerung der Schadstoffbelastungen (Feinstaub/Partikel) können aufgrund § 40 Abs. 1 des Bundes-Immissionsschutzgesetzes (BImSchG) verkehrsbeschränkende Maßnahmen erforderlich werden. Von diesen Maßnahmen werden entsprechend gekennzeichnete Kraftfahrzeuge befreit.

Umweltzonen. Sie sind mit Schildern gekennzeichnet. Ein Zusatzschild zeigt die benötigte Plakettenfarbe an. Dabei schließt Gelb auch Rot und Grün, Gelb und Rot ein.

Kennzeichnungspflicht. Sie erfolgt ab 1. März 2008 durch Plaketten, die deutlich sichtbar auf der Innenseite der Windschutzscheibe rechts unten anzubringen sind.

V

Feinstaubplakette, Schadstoff-Schlüsselnummer

Schadstoffgruppe / Plakette		Zugeordnete Emissionsschlüsselnummern für Pkw		
		Benziner	**Diesel**	**Diesel mit Partikelfilter**
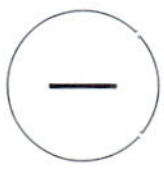	**Schadstoffgruppe 1 – Keine Plakette:** Pkw mit Ottomotor ohne geregelten Katalysator bzw. Katalysator der ersten Generation Diesel-Pkw mit Partikelemissionen nach Euro 1 oder schlechter	0 bis 13, 15, 17, 77, 88, 98	0 bis 24 34, 40, 77, 88, 98	—
	**Schadstoffgruppe 2 – Rote Plakette:** Diesel-Pkw mit Partikelemissionen nach Euro 2	—	25 bis 29, 35, 41, 71	—
	**Schadstoffgruppe 3 – Gelbe Plakette:** Diesel-Pkw mit Partikelemissionen nach Euro 3 und mit Nachrüstung entsprechend PM 1 (bis 2 500 kg zul. Gesamtgewicht)	—	30, 31, 36, 37, 42, 44 bis 52, 72	PM 1: 14, 16, 18, 21, 22, 25 bis 29, 34, 35, 40, 41, 71, 77
	**Schadstoffgruppe 4 – Grüne Plakette:** Diesel-Pkw mit Partikelemissionen nach Euro 4 Diesel-Pkw mit Nachrüstung entsprechend PM 1, PM 2, PM 3 und PM 4 Pkw mit Ottomotor und geregeltem Katalysator (ab Abgasrichtlinie 91/441/EWG) Kfz ohne Verbrennungsmotor (z.B. Elektromotor)	14, 16, 18 bis 70, 71 bis 75	32, 33, 38, 39, 43, 53 bis 70, 73 bis 75	PM 1: 49 bis 52 PM 2: 30, 31, 36, 37, 42, 44 bis 48, 67 bis 70 PM 3: 32, 33, 38, 39, 43, 53 bis 66 PM 4

Fahrverbot	In gekennzeichneten Umweltzonen dürfen, je nach angezeigter Plakettenfarbe, nur noch Kraftfahrzeuge der Schadstoffgruppe 2 – 4 fahren. Fahrzeuge ohne Plakette dürfen nicht in die Umweltzone einfahren.
Plakettengültigkeit	Die Plakette ist an das Kennzeichen gebunden und muss nur bei einem Kennzeichenwechsel erneuert werden.
Fahrzeugnachrüstung	Wird bei einem Diesel-Pkw ohne Plakette (Schlüsselnummer 40) ein Partikelfilter nachgerüstet, verbessert sich die Partikelminderungsstufe z.B. auf PM 1:21. Das Fahrzeug muss umgeschlüsselt werden und erhält somit eine Plakette.

Kraftfahrzeugsteuer (Stand 2008)

Schadstoff-Gruppe	Schlüssel-Nummer	Antriebsart	
Euro-3, Euro-4, Drei-Liter-Auto	30-33, 36-48, 53-70, 72-75	Ottomotor	6,75
		Dieselmotor	15,44
Euro-2	25-27, 35, 49-52, 71	Ottomotor	7,36
		Dieselmotor	16,05
Euro-1 und vergleichbare	01, 02, 03, 04, 09, 11-14, 16, 18-21, 22, 28-29, 34, 77	Ottomotor	15,13
		Dieselmotor	27,35
Andere PKW, die bei Ozonalarm fahren dürfen	10, 15, 17, 19, 20, 23, 24	Ottomotor	21,07
		Dieselmotor	33,29
PKW, die trotz früherer Schadstoffarm-Anerkennung bei Ozonalarm nicht fahren dürfen	03, 04, 05, 09	Ottomotor	25,36
		Dieselmotor	37,58
übrige PKW	00, 05-08, 10, 15, 18	Ottomotor	25,36
		Dieselmotor	37,58

Motorisierte Zweiräder. Die Kfz-Steuer für zulassungspflichtig Zweiräder beträgt jährlich 1,84 € je angefangene 25 cm³ Hubraum (gilt seit 1955 unverändert). Nach § 18 StVZO sind Leichtkrafträder mit nicht mehr als 11 kW und einem Hubraum von 50 cm³ bis 125 cm³ zulassungsfrei und entsprechend § 3 des Kraftfahrzeugsteuergesetzes von der Besteuerung befreit.

Trikes (dreirädrige Kfz) und Quads (vierräderige Kfz) werden von den Finanzbehörden als „Pkw" eingestuft.

Oldtimer mit H-Kennzeichen pauschal 191,73 € (Pkw) bzw. 46,00 € (Motorrad); Voraussetzung ist ein Mindestalter von 30 Jahren und eine Eingangsuntersuchung. Identischer Steuersatz für das rote Oldtimerkennzeichen („07-xxxx"): Mindestalter 20 Jahre.

Drehkolbenmotoren. Besteuerung nach dem zulässiger Gesamtgewicht des Fahrzeuges; je angefangene 200 kg: 11,25 €; über 2 000 kg bis 3 000 kg: 12,02 €. Beispiel: Der Mazda RX-8 mit einem zulässigen Gesamt-Gewicht von 1 815 kg kostet pro Jahr 112,50 € Steuern.

Elektromotoren. Besteuerung ebenfalls nach zulässigem Gesamt-Gewicht, aber nur mit den halben Steuersätzen gegenüber oben genannten Werten. Grundsätzliche Steuerbefreiung fünf Jahre ab Erstzulassung.

Alternative Kraftstoffe (z.B. Erdgas, Rapsöl) und Hybridfahrzeuge. Besteuerung analog Fahrzeugen mit Verbrennungsmotor (Otto und Diesel). Keine zusätzlichen Vergünstigungen.

V

Fahrzeugzulassung, ABE, COC

Begriff	Erklärung	Hinweis
Fahrzeug-zulassung	Kraftfahrzeuge und Anhänger mit einer bauartbedingten Höchstgeschwindigkeit von mehr als 6 km/h müssen für den Einsatz im öffentlichen Straßenverkehr zugelassen sein. • Sie haben ein amtliches Kennzeichen mit dem Stempel der Verwaltungsbehörde (Zulassungsstelle). • Die Zulassung wird durch die Zulassungsbescheinigung Teil I und II dokumentiert.	• Für die Zulassung in einem EU-Land ist die **COC (Certificate of Conformity)** bzw. eine Betriebserlaubnis **(ABE)** notwendig. • Ausnahmen für die Zulassungspflicht für Fahrzeuge mit v_{max} > 6 km/h sind z.B. Kleinkrafträder (Mofa, Moped; Mokick), vierrädrige Leichtkraftfahrzeuge (m_{zul} < 350 kg). • Zur Zulassung muss der Fahrzeughalter eine ausreichende Kraftfahrzeugversicherung nachweisen.
COC EG-Überein-stimmumgs-erklärung	**Certificate of Conformity auch EG-Übereinstimmungserklärung genannt:** • Sie enthält alle für die Zulassung erforderlichen Daten eines Fahrzeugs, die nach EG-Betriebserlaubnis produziert wurden. • Sie bescheinigt, dass das Fahrzeug mit der EG-Betriebserlaubnis übereinstimmt und ohne weitere technische Prüfung in jedem EU-Land zugelassen werden kann.	• Die Übereinstimmungserklärung erhält der Fahrzeughalter ab dem 1. 10. 2005 beim Kauf eines Fahrzeugs vom Hersteller. • In ihr sind z.B. alle freigegebenen Reifendimensionen enthalten. In der nationalen Zulassungsbescheinigung Teil 1 ist unter Ziffer 15 lediglich Platz für eine Reifengröße.
Allgemeine Betriebs-erlaubnis (ABE) für Typen	Sie ist der Nachweis, dass das Fahrzeug den gesetzlichen Vorschriften in Deutschland bzw. in der EU entspricht. Sie kann für in Serie hergestellte Fahrzeuge dem Hersteller oder einem Importeur mit Alleinvertriebsrecht in einem Land der EU erteilt werden.	• In Deutschland wird eine ABE für Typen vom Kraftfahrzeugbundesamt (KBA) in Flensburg erteilt. • Nachweis durch Eintrag in der Zulassungsbescheinigung Teil II oder durch ein eigenständiges Dokument.
Erlöschen der ABE	Die **allgemeine Betriebserlaubnis (ABE)** eines Kfz nach StVZO §19 erlischt, wenn: • Die Fahrzeugart geändert wird • das Abgas- bzw. Geräuschverhalten verschlechtert wird • eine Gefährdung von Verkehrsteilnehmer zu erwarten ist. Sie **erlischt nicht** bei Ein- oder Anbau von Teilen: • Für die eine Betriebserlaubnis oder eine Bauartgenehmigung vorliegt • für die eine **EWG-Betriebserlaubnis** oder eine **EWG-Bauartgenehmigung** vorliegt • liegt eine **EG-Typengenehmigung** bzw. ein **Teilegutachten** vor, so ist deren ordnungsgemäßer Einbau durch einen amtl. anerkannten Prüfer zu bestätigen. Sofern andere Teilsysteme des Fahrzeugs durch den Ein- oder Anbau nicht beeinflusst wurden.	
Betriebs-erlaubnis für Einzelfahrzeuge (EBE)	Gehört ein Fahrzeug nicht zu einem genehmigten Typ, so hat der Hersteller oder ein anderer Verfügungsberechtigter die Betriebserlaubnis bei der Zulassungsstelle zu beantragen.	Die Gutachten für die Erteilung einer **EBE** erstellt ein amtlich anerkannter Sachverständiger für das Kraftfahrzeugwesen einer Typenprüfstelle z.B. des TÜV oder des DEKRA.
Allgemeine Betriebs-erlaubnis für Fahrzeugteile (Teile-ABE)	Sie wird durch das Kraftfahrt-Bundesamt (KBA) in deutscher Sprache ausgestellt und liegt den Teilen bei (Fünfstellige KBA-Nr.: z.B. KBA-4xxxx).	Es ist keine Vorführung beim TÜV notwendig. Voraussetzung ist das Mitführen der ABE beim Betrieb des Kraftfahrzeugs. Verlangt die ABE Umbauten am Fahrzeug, muss eine Vorführung erfolgen z.B. bei Montage von anderen Rädern mit der Auflage der Tachoanpassung.
Teilegutachten (TGA)	Es wird durch Prüfdienste (z.B. TÜV, DEKRA, KÜS) erstellt und liegt den Teilen bei.	Nach Montage der Teile muss das Fahrzeug bei einer Prüfstelle vorgeführt werden.

Bestimmungen nach ECE*

Typgenehmigung (vergl. ECE-R 67/1 und ECE-R 110)	Bauteile von Gasanlagen in neuen Fahrzeugtypen müssen im Rahmen der Typgenehmigung nach ECE-R 67/1 für Anlagen mit Flüssiggas (LPG) bzw. ECE-R 110 für Anlagen mit komprimiertem Erdgas (CNG) genehmigt sein.
Teilegenehmigung für Nachrüstsysteme (vergl. ECE-R 115)	Nachgerüstete Systeme für Flüssiggas (LPG) bzw. komprimiertes Erdgas (CNG) erhalten auf der Grundlage der ECE-R 115 eine Genehmigung (Teilegenehmigung) für das gesamte Nachrüstsystem.

Arten der Gasanlagenprüfung und Prüfumfänge (vergl. StVZO § 41 a)

Die **GSP (Gassystemeinbauprüfung)** ist nach dem Einbau einer Gasanlage und der Anpassung an das Gemischbildunssystem des Fahrzeugs durchzuführen. Die Prüfung kann von anerkannten Werkstätten und Prüfinstitutionen durchgeführt werden. Werkstätten dürfen die GSP nur durchführen, wenn sie das System selbst eingebaut haben. Die GSP kann nur von verantwortlichen Personen (z. B. Meister) durchgeführt werden. Diese müssen eine entsprechende Schulung nachweisen.

Die **GAP (Sonstige wiederkehrende Gasanlagenprüfung)** ist nach besonderen Ereignissen, welche die Sicherheit der Gasanlage beeinträchtigen können (z. B. Unfall, Feuereinwirkung, Reparatur an der Gasanlage), sowie wiederkehrend im Zusammenhang mit der Hauptuntersuchung nach § 29 StVZO durchzuführen.

Prüfumfang der GSP**

Prüfumfang der GAP

- Vorbereitende Tätigkeiten, z.B. Prüfung des Fahrzeugscheins auf Zugehörigkeit zum vorgestellten Fahrzeug, Sicherstellung der Befüllung des Tanks mit mind. 50 % Gas
- Identifizierung der Bauteile, z.B. Genehmigung nach ECE-R 67/1 bzw. ECE-R 110 (ohne Genehmigungszeichen muss z. B. bei Gastanks eine Druckprüfung durch einen Druckbehältersachverständigen durchgeführt werden).
- Sichtprüfung der Bauteile, z. B. auf Beschädigung, Korrosion
- Funktionsprüfung, z.B. Hauptabsperrventil
- Dichtheitsprüfung, z.B. mit Lecksuchgerät bzw. Lecksuchspray

+

- Übereinstimmung der Einzelkomponenten mit der Genehmigung nach ECE-R 67/1 bzw. ECE-R 110 und des Anwendungsbereichs mit dem Fahrzeugtyp.
- Vorschriftsmäßiger Einbau der Bauteile.
- Kennzeichnung aller Bauteile der Gasanlage mit dem entsprechenden Genehmigungszeichen.
- Vollständigkeit der Unterlagen, z. B. Benutzerhandbuch.

Hinweis: Im Rahmen des Anerkennungsverfahrens für Werkstätten kann die Anerkennung auf die Durchführung der GAP beschränkt werden.

Durchführung der Gasanlagenprüfungen

Typgenehmigtes Kraftfahrzeug

serienmäßgig **mit** Gassystem genehmigt nach ECE-R 67/1 (LPG) bzw. ECE-R 110 (CNG)

serienmäßgig **ohne** Gassystem

Nachträglicher Einbau einer Gasanlage durch eine anerkannte GSP-Werkstatt. Alle Einzelbauteile sind genehmigt nach ECE-R 67/1 (für LPG) oder ECE-R 110 (für CNG)

Nachrüstsystem **mit** Teilegenehmigung nach ECE-R 115

Nachrüstsystem **ohne** Teilegenehmigung nach ECE-R 115

Durchführung der GSP, z. B. durch die Werkstatt → **GSP-Nachweis**

Erstellung eines Einzelgutachtens nach § 21 StVZO durch einen amtlich anerkannten Sachverständigen

Änderung der Fahrzeugdokumente durch die Zulassungsstelle

Durchführung der wiederkehrenden und sonstigen GAP, z. B. durch eine Werkstatt → **GAP-Nachweis**

* ECE: Economic Commission for Europe

** Alle Prüfpunkte der GAP sind Bestandteil der GSP.

Gesetzliche Bestimmungen, technische Vorschriften	
Reifen-kennzeichnung	Luftreifen an Fahrzeugen mit v > 40 km/h müssen folgende Kennzeichnungen aufweisen: Fabrik- oder Handelsmarke, Reifengröße, Reifenbauart, Tragfähigkeit, Geschwindigkeitskategorie, Herstellungs- bzw. Runderneuerungsdatum, ECE-Kennzeichnung (seit 1.10.98).
Profiltiefe	Das Hauptprofil muss 1,6 mm Profiltiefe am ganzen Umfang haben. Als Hauptprofil gelten dabei die breiten Profilrillen im mittleren Bereich der Lauffläche, welche etwa $^3/_4$ der Laufflächenbreite einnehmen (Prüfstelle: TWI). Für Leichtkrafträder, Kleinkrafträder und Fahrräder mit Hilfsmotor genügt eine Profiltiefe von 1 mm.
Bereifung Pkw	Für Pkw gilt, dass alle an einem Fahrzeug montierten Reifen, außer Notreifen die gleiche Bauart aufweisen müssen (§ 36 (2a) StVZO). Die Reifen an einer Achse müssen vom gleichen Reifentyp sein (Richtlinie 92/93 EWG). Als Reifen vom gleichen Reifentyp gelten: Reifen mit gleichem Hersteller- oder Handelsnamen; gleicher Größenbezeichnung; gleicher Verwendungsart, z.B. M+S Reifen, normale Straßenreifen; Reinforced-Reifen bzw. Extra load Reifen, C- Reifen.
Umrüstung (Pkw)	Die Umrüstung anderer als im Fahrzeugschein eingetragener Reifen ist unter folgenden Bedingungen zulässig. • Die Reifen entsprechen der bauartbedingten Höchstgeschwindigkeit des Fahrzeugs ($v_{max} = v_{Fahrzeugschein} + 0{,}01 \cdot v_{Fahrzeugschein} + 6{,}5$ km/h) • Sie entsprechen der im Fahrzeugschein angegebenen Achslast. • Es werden notwenige Tragfähigkeitsabschläge bei der Montage von V-Reifen (bei Geschwindigkeiten über 210 km/h), bei W- und ZR-Reifen (bei Geschwindigkeiten über 240 km/h und bei Y-Reifen (bei Geschwidigkeiten über 270 km/h) berücksichtigt. • Es werden die sich ändernden Tabellenluftdrücke eingehalten, z.B. ist der Reifendruck bei Reinforced- bzw. Extra load (XL)-Reifen bei gleicher Achslast und bei gleichem Tragfähigkeitsindex um 0,4 bar zu erhöhen. • Der Abrollumfang des Reifens ändert sich max. um + 1 % bzw. – 4 % gegenüber den im Fahrzeugschein eingetragenen Reifen. Ansonsten ist eine Tachoangleichung erforderlich. • Die Freigängigkeit gegenüber den Fahrzeugteilen werden eingehalten (Karosserieteile ≥ 10 mm; Fahrwerksteile ≥ 5 mm; Lenkungs- und Bremsteile ≥ 3 mm). • Es werden am Fahrzeug Reifen gleicher Bauart montiert. Als gleiche Bauart gelten z.B. Standardreifen und Reinforced- bzw. Extra load (XL)-Reifen. Diese dürfen jeweils nur achsweise montiert werden. • C-Reifen mit XL-Reifen (achsweise): Dabei sind insbesondere die Zulässigkeit der Felgenmaulweiten und das fahrphysikalische Verhalten des Fahrzeugs zu prüfen.
Fabrikatsbindung Pkw/Krafträder	**Pkw:** Die in manchen Fahrzeugscheinen vorzufindende Fabrikatbindung ist aufgehoben. **Krafträder:** Die in manchen Fahrzeugscheinen vorzufindende Fabrikatbindung ist weiterhin zwingend vorgeschrieben.
Mischbereifung Motorräder	Bei Krafträdern ist grundsätzlich eine Mischbereifung (Radial/Diagonal) zulässig. **Ausnahme:** Leichtkrafträder, Kleinkrafträder und Fahrräder mit Hilfsmotor. Mit **B** (Bias-Belted) gekennzeichnete Reifen sind Diagonalreifen mit Gürtel.
Nachschneiden	Das Profil von Nutzfahrzeugreifen darf nachgeschnitten werden, sofern die Reifen die Zusatzkennzeichnung „Regroovable" oder ein entsprechendes Symbol aufweisen. Das Nachschneiden darf nur von fachlich qualifiziertem Personal entsprechend Herstellervorschrift durchgeführt werden. Nachschneiden ist nur bis 2 mm oberhalb des Zwischenbaus bzw. des Gürtels zulässig.
Reifenreparatur Laufflächen-bereich 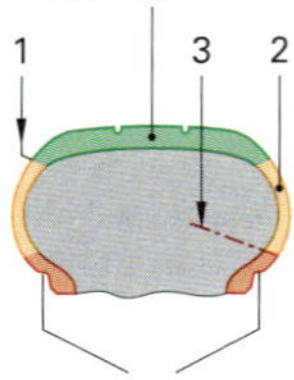 Wulstzone 1 Dekorstreifen 2 Seitenwand 3 Zentrierlinie	**Grundsätzlich.** Jeder Reifen ist vor der Reparatur zur Analyse des Schadens und zur Reparaturdurchführung von der Felge zu montieren. Schäden die mit Pannenhilfsmitteln behandelt wurden, können nicht repariert werden. **Das Einlegen eines Schlauches ohne Behebung des Schadens ist nicht zulässig!** Generell ist der Schadenskanal mit Rohgummi zu füllen und mittels Warm- oder Heißvulkanisation zu vulkanisieren. Auf der Reifeninnenseite ist an der Schadensstelle ein Reparaturpflaster einzusetzen. **Stichverletzungen im Laufflächenbereich.** Hier kann ein vorvulkanisierter Gummikörper mit einem Reparaturpflaster Verwendung finden (Kombireparaturmittel). **Kraftradreifen.** Es dürfen nur Stichverletzungen im Laufflächenbereich bis 6 mm Schadensausdehnung mittels Kombireparaturmittel repariert werden. **Pkw-Reifen, C-Reifen, Nutzfahrzeugreifen (Tragfähigkeitskennzahl ≤ 122 / Tragfähigkeitskennzahl ≥ 122) und Reifen an ihren Anhängern.** Es dürfen Stichverletzungen im Laufflächenbereich bis 6 mm Schadensausdehnung (Tragfähigkeitskennzahl ≤ 122) bzw. 10 mm Schadensausdehnung (Tragfähigkeitskennzahl ≥ 122) mittels Kombireparaturmittel repariert werden. Reparaturen außerhalb des Laufflächenbereichs sind mittels Warm- oder Heißvulkanisation zulässig. Im Bereich der Wulstzone sind nur Gummireparaturen zulässig.

Lichttechnische Einrichtungen

Rechtliche Grundlagen

An Kraftfahrzeugen und Anhängern müssen die vorgeschriebenen und dürfen zusätzliche, für zulässig erklärte lichttechnische Einrichtungen angebracht sein. In der Bundesrepublik Deutschland sind die Vorschriften in der **StVZO §§ 49 a – 54 und § 60** festgehalten. Neben den nationalen Vorschriften gelten auch die harmonisierten Vorschriften der **EU** (Europäische Wirtschaftsgemeinschaft) bzw. **ECE** (Economic Commission for Europe / Wirtschaftskommission für Europa der Vereinten Nationen). Für den Anbau von Beleuchtungs- und Lichtsignaleinrichtungen an Kraftfahrzeugen und Anhängern gelten die Vorschriften **76/756/EWG** bzw. **ECE-R48**. Weitere ECE-Vorschriften beschreiben die technischen Merkmale der Einrichtungen im Detail.

Rechtliche Grundlagen

- Lichttechnische Einrichtungen müssen so angebracht sein, dass eine unbeabsichtigte Verstellung und gegenseitige Beeinflussung ausgeschlossen ist.
- Die Leuchten eines Leuchtenpaares müssen symmetrisch angebracht sein sowie die gleichen Eigenschaften, z.B. bezüglich Helligkeit und Farbe, aufweisen.
- Leuchten können zusammengebaut, kombiniert oder ineinandergebaut sein, sofern alle Vorschriften für die jeweilige Leuchte eingehalten sind.
- Mit Ausnahme der Fahrtrichtungsanzeige bzw. Warnblinklichts darf keine Leuchte Blinklicht ausstrahlen.
- Von den angebrachten Leuchten darf keine rotes Licht nach vorn und keine weißes Licht nach hinten – mit Ausnahme des Rückfahrscheinwerfers – ausstrahlen

Vorgeschriebene lichttechnische Einrichtungen

Pos.	Bezeichnung	StVZO	ECE
1	Scheinwerfer für Fernlicht	§ 50	ECE-R98/99
2	Scheinwerfer für Abblendlicht		ECE-R112 ECE-R123
3	Begrenzungsleuchten	§ 51	ECE-R7
4	Umrissleuchten (Fahrzeugbreite 2,1 m)	§ 51 b	ECE-R7
5	Fahrtrichtungsanzeiger (Blinkleuchten)	§ 54	ECE-R6
6	Schlussleuchten	§ 53	ECE-R7
7	Bremsleuchten	§ 53	ECE-R7
8	Rückfahrscheinwerfer	§ 52 a	ECE-R23
9	Nebelschlussleuchten	§ 53 d	ECE-R38
10	Kennzeichenleuchten	§ 60	ECE-R4
11	Rückstrahler	§ 53	ECE-R3
–	Parkleuchte, Kombination aus Pos. 3 + 6	§ 51 c	ECE-R7 ECE-R77
–	Warnblinkanlage aus Pos. 5 aus Pos. 5	§ 53 a	ECE-R6
–	Fernlichtkontrollleuchte	§50	ECE-R48
–	Nebelschlusskontrollleuchte	§ 53 a	ECE-R38

Zulässige lichttechnische Einrichtungen

Pos.	Bezeichnung	StVZO	EWG/ECE
12	Nebelscheinwerfer	§ 52	ECE-R19
13	Zusatzscheinwerfer für Fernlicht	§ 50	ECE-R48
14	Suchscheinwerfer	§ 52	–
15	Zusätzliche Schlussleuchten	§ 53	ECE-R7
16	Zusätzliche Bremsleuchten	§ 53	ECE-R7
–	Tagfahrleuchten	§ 49 a	ECE-R87
–	Abbiegelicht	–	ECE-119

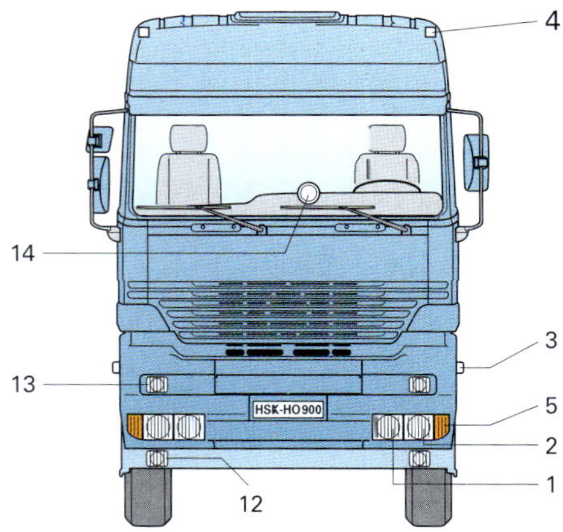

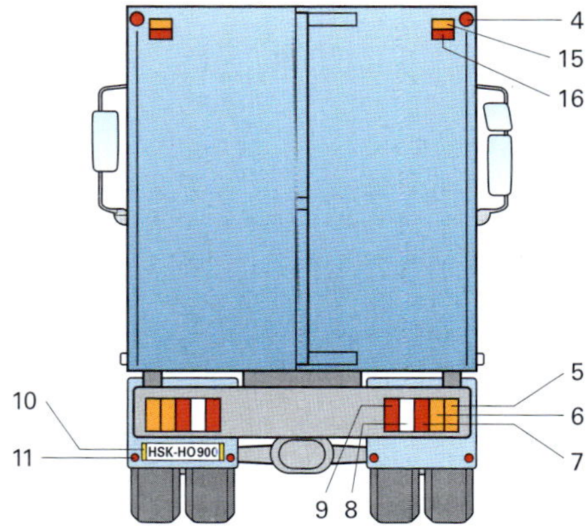

Seitliche Rückstrahler und Seitenmarkierungsleuchten sind vorgeschrieben für Kfz mit einer Länge von mehr als 6 m (ECE-R91 76/756/EWG StVZO § 51a).

Retroreflektierende gelbe Streifen sind zulässig. Die Streifen können unterbrochen sein und dürfen nicht die Form von Schriftzugen oder Emblemen haben. Sie müssen eine Breite von 50 mm + 10/–0 mm und eineAnbauhöhe von mind. 250 mm und max. 1500 mm über den Boden haben (ECE-R104; StVZO § 51a).

V

Lichttechnische Einrichtungen an der Vorderseite von Kraftfahrzeugen

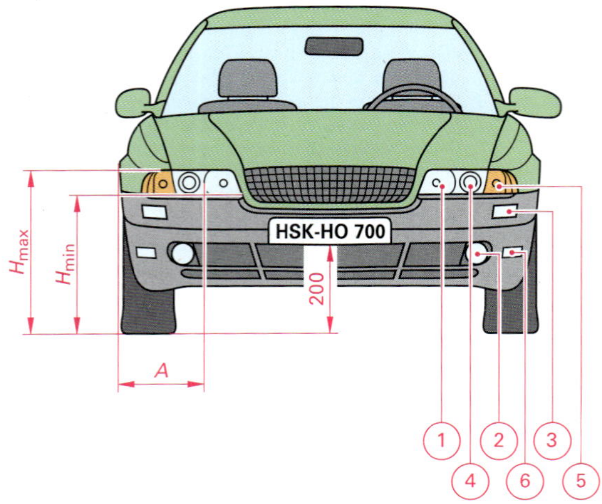

① Fernlicht
② Nebelscheinwerfer
③ Parkleuchte
④ Abblendlicht
⑤ Blinkleuchte
⑥ Tagfahrlicht

A Abstand vom äußersten Punkt des Fahrzeugumrisses zum äußersten Rand der leuchtenden Fläche

H_{min} Niedrigster Punkt der leuchtenden Fläche

H_{max} Höchster Punkt der leuchtenden Fläche

Anbauvorschriften für Scheinwerfer und Leuchten (abweichende Regelungen nach ECE/EWG)

Bezeichnung	*A* in mm	H_{min} in mm	H_{max} in mm	Bemerkungen
Scheinwerfer für Abblendlicht	≤ 400	≥ 500	≤ 1200	• Bei getrennter Anordnung der Abblend- und Fernscheinwerfer dürfen die Abblendscheinwerfer bei Fernlicht mitleuchten. • Scheinwerfersysteme mit Gasentladungslampen müssen über automatische Leuchtweitenregelung und eine Scheinwerferreinigungsanlage verfügen. Das Abblendlicht muss bei Fernlicht eingeschaltet bleiben.
Scheinwerfer für Fernlicht	≤ 400 Keine Vorgabe	≥ 500 Keine Vorgabe	≤ 1200 Keine Vorgabe	• Funktionsanzeige durch blaue Kontrollleuchte ist vorgeschrieben. • Es sind zwei bzw. vier Scheinwerfer zulässig (bei Fahrzeugen der Klasse N auch sechs, wenn vier davon versenkbar sind). • Die Lichtstärke aller gleichzeitig eingeschalteten Fernscheinwerfer darf 225 000 cd nicht überschreiten.
Begrenzungsleuchten	≤ 400	≥ 350	≤ 1500	• Ist bei Abblendscheinwerfern A ≤ 400 mm kann die Begrenzungsleuchte im Scheinwerfer eingebaut sein. • Sie dürfen auch als Beleuchtung für abgestellte Fahrzeuge genutzt werden (Standlicht). • Sie müssen bei Fern- und Abblendlicht ständig leuchten. • Es sind zwei bzw. max. vier (dann zwei davon im Scheinwerfer) zulässig.
Nebelscheinwerfer	≤ 400	Siehe Bemerkung (≥ 250)	≤ 1200 Keine Vorgabe	• H_{max} jedoch geringer als die Anbauhöhe der Scheinwerfer für Abblendlicht. • Bei Fahrzeugen der Klasse M,/N, beträgt H_{max} ≥ 800 mm • Statt des Abblendlichts dürfen Nebelscheinwerfer zusammen mit den Begrenzungsleuchten benutzt werden. • Wenn A_{max} größer als 400 mm ist, dürfen Nebelscheinwerfer nur zusammen mit den Scheinwerfern für Abblendlicht leuchten. • Es ist weißes oder hellgelbes Licht zulässig.
Fahrtrichtungsanzeiger/ vorne/hinten bzw. Warnblinkanlage	Keine Vorgabe ≤ 400	Keine Vorgabe ≥ 350	Keine Vorgabe ≤ 1500	• Es sind nur Blinkleuchten für gelbes Licht zulässig. • Die Blinkfrequenz muss 90 +/– 30 1/min. • Einschaltkontrolle vorgeschrieben. • Für Fahrzeuge der Klassen M_1/N_1 beträgt H_{min} ≥ 350 mm • Als Warnblinkanlage müssen alle Blinkleuchten gleichzeitig blinken.

V

Lichttechnische Einrichtungen an der Rückseite von Kraftfahrzeugen

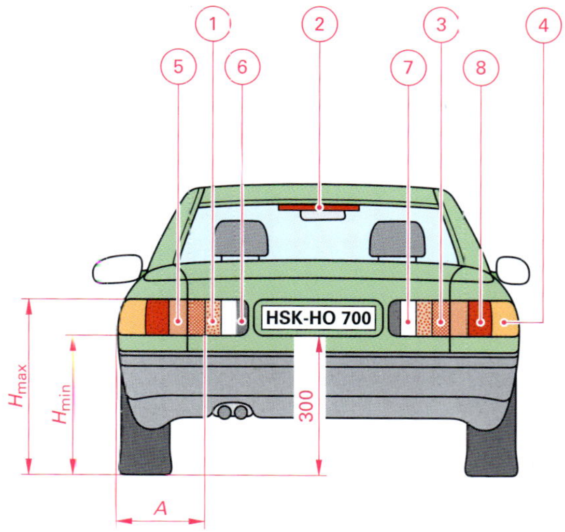

① Nebelschlussleuchte
② Zusatzbremsleuchten
③ Rückstrahler
④ Blinkleuchte
⑤ Schlussleuchte
⑥ Kennzeichenleuchte
⑦ Rückfahrscheinwerfer
⑧ Bremsleuchte

A Abstand vom äußersten Punkt des Fahrzeugumrisses zum äußersten Rand der leuchtenden Fläche

H_{min} Niedrigster Punkt der leuchtenden Fläche

H_{max} Höchster Punkt der leuchtenden Fläche

Anbauvorschriften für Leuchten und Rückstrahler (abweichende Regelungen nach ECE/EWG)

Bezeichnung	*A* in mm	H_{min} in mm	H_{max} in mm	Bemerkungen
Schluss-leuchten	≤ 400	≥ 350	≤ 1500	• Vorgeschrieben sind zwei Schlussleuchten für rotes Licht, die nicht an einer gemeinsamen Sicherung angeschlossen sind. • Es dürfen zwei zusätzliche Schlussleuchten angebracht werden, deren Anbauhöhe nicht festgelegt ist. • Es können vier Schlussleuchten verbaut werden, wenn keine Umrissleuchte angebaut ist.
Bremsleuchten	Keine Vorgabe ≥ 400	≥ 350	≤ 1500	• Vorgeschrieben sind zwei Bremsleuchten für rotes Licht. Sie müssen heller leuchten als die Schlussleuchten. • Es muss eine zusätzliche dritte Bremsleuchte angebracht sein, die mittig oberhalb der vorgeschriebenen Bremsleuchten angebaut ist. • Die Bremsleuchten dürfen in Abhängigkeit von der Bremskraft in mehreren Stufen eingeschaltet werden.
Nebel-schlussleuchten	Keine Vorgabe	≥ 250	≤ 1000	• Es müssen ein oder zwei Leuchten angebracht sein. Bei einer Leuchte muss diese in Fahrtrichtung auf der linken Fahrzeugseite angebracht sein. • Der Abstand der leuchtenden Flächen zwischen Nebelschluss- und Bremsleuchte muss ≥ 100 mm sein. • Sie müssen so geschaltet sein, dass sie nur mit Fern- oder Abblendlicht zusammen leuchten, jedoch unabhängig von den Nebelscheinwerfern. • Die Funktionsanzeige muss durch eine gelbe Kontrollleuchte erfolgen.
Rückstrahler	≤ 400	Keine Vorgabe	≤ 900	• Kraftfahrzeuge müssen mit zwei roten, nicht dreieckigen Rückstrahlern ausgerüstet sein. • Anhänger müssen mit zwei dreieckigen roten Rückstrahlern, deren Spitzen nach oben zeigen, ausgerüstet sein. • Können wegen der Bauart des Fahrzeugs die Rückstrahler nicht innerhalb der vorgegebenen Maße angebaut werden, so sind zwei zusätzliche Rückstrahler erforderlich.

V

Voraussetzungen

Fahrzeug

Das Fahrzeug muss
- den vorgeschriebenen Reifendruck aufweisen (Herstellerangaben beachten).
- entsprechend beladen werden a) Pkw, einspurige Fahrzeuge und einachsige Zugmaschinen: eine Person oder 75 kg auf dem Fahrersitz
  b) Lkw: unbelastet.
- einige Meter rollen, damit sich die Federung nach dem Beladen ausgleicht.
- auf eine ebene Fläche gestellt werden.

Scheinwerfer-einstellgerät

Das Scheinwerfereinstellgerät muss
- mit Hilfe des Ausrichtspiegels parallel zur Scheinwerfermitte ausgerichtet sein
- mit dem Drehknopf auf das vorgeschriebene Einstellmaß „*e*" eingestellt sein (siehe Tabelle Einstellmaß „*e*").

Hinweis: Die Leuchtstärke der Scheinwerfer ist mit dem eingebauten Luxmeter zu überprüfen. Es lässt sich feststellen, ob der höchstzulässige Blendwert des Abblendlichts (max. 1 Lux in 25 m Entfernung in Scheinwerferhöhe) bzw. die Mindestbeleuchtungsstärke des Fernlichts (1 Lux in 100 m Entfernung) erreicht wird.

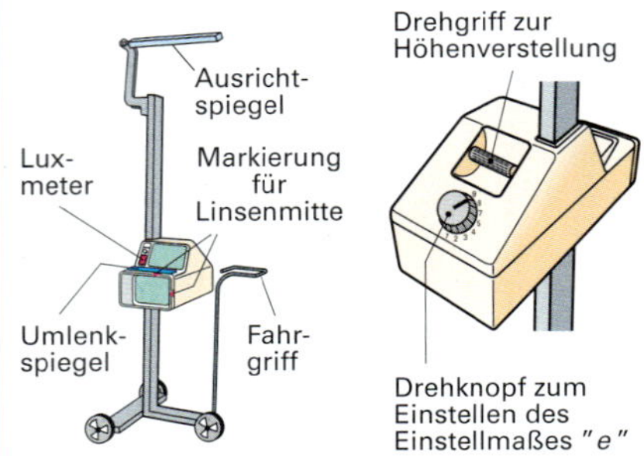

Maße und Einstellwerte

Prüffläche

Wird die Einstellung der Scheinwerfer ohne Einstellgerät vorgenommen, so ist eine Prüffläche in 10 m Abstand aufzustellen. Der Mittelpunkt der Prüffläche (Zentralmarke) muss in Fahrtrichtung genau vor dem einzustellenden Scheinwerfer angeordnet sein.
Das Maß „*e*" ist das Einstellmaß in cm bezogen auf 10 m Entfernung.
Das Maß „*H*" ist die Höhe der Scheinwerfermitte über der Standfläche.

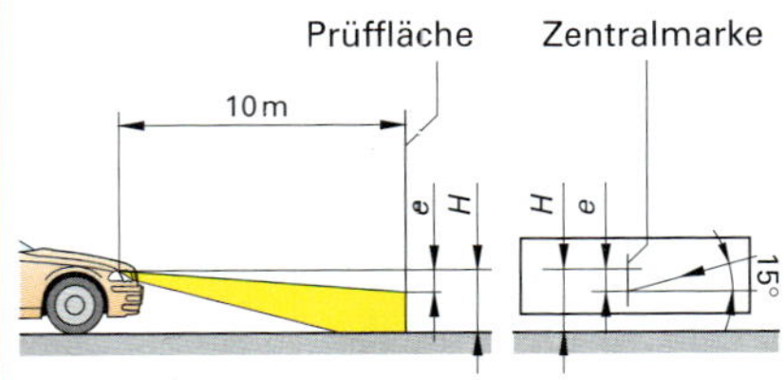

Prüfbilder

Im Scheinwerfereinstellgerät ist die Prüffläche nachgebildet. Nachdem das Maß „*e*" eingestellt wurde, müssen bei vorschriftsmäßiger Einstellung der Scheinwerfer die Lichtflächen bzw. Hell-Dunkel-Grenzen wie abgebildet im Einstellgerät sichtbar sein.

Abblendlicht

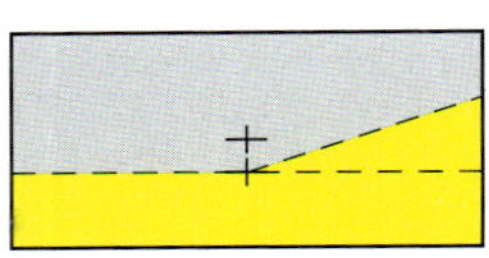

Fernlicht

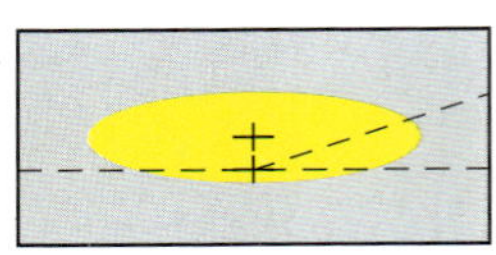

Nebellicht

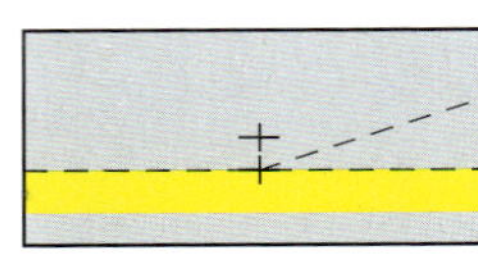

Einstellwerte

Fahrzeugart		Einstellmaß „*e*" für die Scheinwerfereinstellung (Neigung der Hell-Dunkel-Grenze)	
		Hauptscheinwerfer	Nebelscheinwerfer
Höchster Punkt der leuchtenden Fläche unter 140 cm über Standfläche	a) Pkw (auch Kombi)	12 cm (1,2 %)	20 cm (2 %)
	b) Kfz mit Niveau- oder Leuchtweitenregulierung c) Mehrachsige Zug- bzw. Arbeitsmaschinen d) Einspurige Kfz e) Nkw mit Ladefläche vorn	10 cm (1 %)	20 cm (2 %)
	f) Nkw mit Ladefläche hinten g) Sattelzugmaschinen h) Kraftomnibusse	30 cm (3 %)	40 cm (4 %)
Höchster Punkt der leuchtenden Fläche höher als 140 cm über Standfläche		H/3	H/3 + 7 cm

V

A

ABC Active Body Control
ABS Anti-Blockier-System
ABV Anti-Blockier-Verhinderer
AC Alternating Current Wechselstrom
ACEA Association des Constructeurs Européens d'Automobiles (Verband europäischer Kraftfahrzeugentwickler)
ADS Adaptives Dämpfer-system
AFS Adaptive Frontlighting System
AGR Abgasrückführung
AKS Automatisches Kupplungssystem
ALB Automatisch last-abhängiger Brems-kraftregler
AM Amplitudenmoduliert
API American Petroleum Institute
ASG Automatisiertes Schaltgetriebe
ASR/ ASC Antriebsschlupf-Regelung
ATF Automatic Transmission Fluid
AU Abgasuntersuchung

B

BAS Bremsassistent
BBA Betriebsbremsanlage

C

CAN Control Area Network
CDI Common Rail Diesel Injection
CNG Compressed Natural Gas
CVT Continuous Variable Transmission

D

DBA Dauerbremsanlage
DC Direct Current Gleichstrom
DDE Digitale Diesel-Elektronik
DOT Department of Transportation
DSC Digital Stability Control

E

EBS Elektronisches Brems-system
ECE Economic Commission for Europe
EDC/ EDR Electronic Diesel Control
EDS/ ESD Elektronische Differenzialsperre
EGS Elektronische Getriebesteuerung
EHB Electro-Hydraulic Braking System
EKS Elektronisches Kupplungssystem
EML Elektronische Motor-Leistungsregelung
EMV Elektromagnetische Verträglichkeit
EOBD On-Board Diagnose System für Europa
EPB Elektro-Pneumatische Bremse
EPHS Electrically Powered Hydraulic Steering
ESP Electronic Stability Program
ETS Elektronisches Traktions-System
EWS Elektronische Wegfahrsperre

F

FDI Fuel Direct Injection
FDR Fahrdynamikregelung
FM Frequenzmoduliert
FWD Four Wheel Drive Vierradantrieb

G

GDI Gasoline Direct Injection
GPS Global Positioning System

H

HA Hinterachse
HBA Hilfskraftbremsanlage
HU Hauptuntersuchung

I

ICM Ignition Control Mode
ISO International Organization for Standardization

J

JIS Japanese Industrial Standard

K

KAT Katalysator
KD Kickdown
KS Klopfsensor

L

LED Light Emitting Diode
LIN Local Interconnect Network, Lokales Netz-werk für mechatronische Komponenten
LLR Leerlaufregelung
LNG Liquified Natural Gas (Flüssiges Erdgas)
LPG Liquified Petroleum Gas (Flüssiges Autogas)
RUV Ruhende Hoch-spannungsverteilung
LWR Leuchtweitenregelung

M

MID Multi-Informations-Display
MOST Media Oriented Systems Transport, Netzwerk mit medien-orientiertem Datentransport
MPU Medizinisch-Psycholo-gische Untersuchung

N

NEFZ Neuer Europäischer Fahrzyklus
NF Niederfrequenz
Nfz Nutzfahrzeug
NTC Negativer Temperatur-Koeffizient

O

OBD On-Board Diagnose

P

PD Pumpe Düse
PDC Park Distance Control
PLD Pumpe Leitung Düse
PTC Positiver Temperatur-Koeffizient

R

RKS Reifendruck-Kontroll System
RME Rapsöl-Methyl-Ester

S

SAE Society of Automotive Engineers
SBC Sensotronic Brake Control
SP Sicherheitsprüfung
SRS Supplemental Restraint System (Zusätzliches Rück-haltesystem, Airbag)
StVO Straßenverkehrs-Ordnung
StVZO Straßenverkehrs-Zulassungs-Ordnung
SULEV Super Ultra Low Emmision Vehicle

T

TCS Traction Control System
THZ Tandem-Hauptzylinder
TWI Treadwear Indicator

V

VA Vorderachse

W

WÜK WK Wandler-Über-brückungskupplung

Z

ZKE Zentrale Karosserie-Elektronik
ZV Zentralverriegelung

A

Abblendscheinwerfer / low-beam headlamp
Abgasnachbehandlung / exhaust-gas treatment
Abgasturbolader / exhaust-gas turbochager
ABS / anti-lock-braking system
Abschleppen / towing
Achskräfte / axle forces
Achsvermessung / axle alignement
Aktoren / actuators
Allradantrieb / all-wheel drive
Altautoverordnung / decree concerning car wreck disposal
Amtliche Kennzeichen / license numbers
Anhänger / trailer
Ansaugrohr / induction pipe
Antriebsarten / types of drive
Antriebswelle / drive shaft
Aufladesysteme / supercharging systems
Auflagerkräfte / bearing forces
Ausgleichsgetriebe / diffential gear
Äußere Gemischbildung / exterior mixture preparation
Automatikgetriebe / automatic gearbox
Automatische Blockierverhinderer / automatic anti-lock system

B

Begrenzungsleuchten / clearence lights
Beleuchtungseinrichtungen / lighting equipment
Beschleunigung / acceleration
Beschleunigungssystem / acceleration system
Betriebsbremsanlage / service brake system
Betriebserlaubnis / type approval
Blattfeder / leaf spring
Blechschraube / sheet-metal screw
Blindniet / blind rivet
Blockschaltplan / block diagramme
Brandschutz / fire protection
Bremse / brake
Bremsenprüfung / brake test
Bremskraft / brake power
Bremskraftverstärker / brake power assist unit
Bremsleuchte / stop lamp
Bremsscheibe / brake disc
Bremsschlauch / brake hose
Bremstrommel / brake drum
Bremsweg / braking distance
Brennstoffzelle / fuel cell

C / D

Cetanzahl / cetane number
Chemische Korrosion / chemical corrosion
Dauerbremsanlage / continuous service brake system
Diagonalreifen / crossply tyres
Diebstahlschutzsystem / anti-theft systen
Dieselmotor / diesel engine
Direkte Einspritzung / direct injection
Drehmoment / torque
Drehsteller / rotatary actuator
Drehstrom / three- phase current
Drehstromgenerator / alternator
Drehzahl / rotational speed
Drehzahlgeber / speed sensor
Drosselklappenpotentiometer / throttle-value potentiometer
Druck / pressure
Druckbeanspruchung / compression stress
Druckluftbremsanlage / air brake system
Drucksensor / pressure sensor
Düsenhalter / nozzle holder
Düsennadel / nozzle pin
Dynamische Aufladung / dynamic supercharging

E

Eigendiagnose / self-diagnosis
Eingabegeräte / input devices
Einspritzanlage / injection system
Einspritzdüsen / injection valves
Einspritzmenge / injection quantity
Einspritzventil / injection valve
Elektrochemische Korrosion / electrochemical corrosion
Elektronisches Bauelement / electronic component
Elektronisches Fahrpedal / electronic throttle control
Erdgasantrieb / natural gas drive
Erste Hilfe / first aid

F

Fahrerlaubnis / driving permit
Fahrtrichtungsanzeiger / direction indicator
Fahrzeugbetriebserlaubnis / vehicle type approval
Fahrzeugsicherheit / vehicle safety
Fahrzeugüberwachung / vehicle monitoring
Fahrzeugzulassung / vehicle registration
Faustsattel / floating brake
Federkennlinien / spring characteristics
Federrate / spring rate
Federung / suspension
Fehlercode / error-code
Fehlerspeicher auslesen / fault-storage readout
Fehlertypen / failure mode
Felgen / rim
Fensterheber, elektrisch / window regulator, electrical
Fernlichtscheinwerfer / main-beam headlamp
Fliehkraft / centrifugal force
Flüssigkeitskühlung / liquid agent cooling
Fremdaufladung / external charger equipment
Fremdzündung / externally supplied ignition
Frontmotor / front engine
Führerschein / driving licence

G

Gaswechselsteuerung / gas exchange control
Gefrierschutzmittel / anti-freeze
Gelenke / joints
Gelenkwellen / propeller shafts
Gemischbildung / mixture formation
Geschwindigkeit / speed
Getriebeöle / gearbox oil
Gewinde / thread
Gitterrahmen / space frame
Glas / glass
Gleichlaufgelenk / homokinetic joint
Gleitlager / friction bearing
Gleitreibung / sliding friction
Glühen / annealing
Gurt / belt
Gurtstraffer / belt tensioning system

H

Haftreibung / static friction
Hallgeber / hall generator
Hauptbrennraum / main combustion chamber
Hauptzylinder / master cylinder
Hebel / levers
Heckmotor / rear engine
Heißfilm-Luftmassenmesser / hot-film air-mass meter
Heißleiter / NTC resistor
Heizungssysteme / heater system
Hinterradantrieb / rear-wheel drive
Hochdruckpumpe / high-pressure pump
Hubkolbenmotor / reciprocating engine
Hubraum / displacement

I

Impulsgeberrad / trigger wheel
Indirekte Einspritzung / indirect injection
Induktiver Drehzahlsensor / inductive speed sensor
Induktivgeber / induction-type pulse-generator
Innere Gemischbildung / interior mixture formation

K

Kältemittel / refrigerant
Karosserie / body
Karosseriebleche / body sheet
Karosserievermessung / body measuring
Katalysatoren / catalysts
Kette / chain
Kleinkraftrad / light motorcycle
Klimaautomatik / automatic climate control

Klimatisierung / air conditioning
Klopfsensor / knock sensor
Kolben / piston
Kolbenbolzen / piston pin
Kolbengeschwindigkeit / piston speed
Kolbenringe / piston rings
Korrosionsschutz / corrosion prevention
Kraftrad - Motorrad / motorcycle
Kraftstoffbehälter / fuel tank
Kraftstoffdruckregler / fuel pressure regulator
Kraftstofffilter / fuel filter
Kraftstoffförderpumpe / fuel-supply pump
Kraftstoffverbrauch / fuel consumption
Kreis / circle
Kreuzgelenk / cardan joint
Kugelgelenk / ball joint
Kundenzufriedenheit / customer satisfaction
Kupplung / clutch
Kurbelwelle / crankshaft

L

Lacke / paints, lacquers, enamels
Lackierverfahren / painting technique
Ladedruckregelung / boost-pressure control
Lambda-Regelung / lambda control
Lambdasonde / lambda sensor
Leerlaufeinrichtung / idle control
Leistung / power
Luftkühlung / air cooling
Luftverhältnis / air-fuel ratio

M

Magnetventil / solenoid valve
Masse / mass
Maßstäbe / scales
Mengenstellwerk / fuel quantity actuator
Mischungsverhältnis / mixture ratio
Motoröl / engine oil
Motorschmierung / engine lubrication
Mutter / nut

N

Nadelbewegungssensor / needle-motion sensor
Nebelscheinwerfer / fog lamp
Nebelschlussleuchte / fog warning lamp
Niveauregulierung / level control system
Nockenwelle / camshaft
Nockenwellenverstellung / camshaft control
Nutzkraftwagen / commercial vehicle
Nutzleistung / effective power

O / P

Öffnungswinkel / opening angle
Ottomotor / spark-ignition engine
Partikelfilter / particulate filter
Personenkraftwagen / passenger car
Planetengetriebe / planetary gear
Pleuelstange / connecting rod
Pneumatik / pneumatic
Potentiometer / potentiometer

Q / R

Rad / wheel
Radialreifen / radial ply tyre
Radialwellendichtring / radial shaft seal
Rahmen / frame
Reibungszahlen / friction coefficients
Reifen / tyre
Riementrieb / belt drive
Rollreibung / rolling friction
Rückstrahler / reflex reflector

S

Sauerstoff / oxygen
Saugrohrsensor / intake-manifold sensor
Saugrohrsysteme / intake-manifold systems
Schalter / switch
Scheinwerfer / head lamp
Scherbeanspruchung / shearing stress
Schließwinkel / dwell angle
Schlussleuchte / tail lamp
Schmierfett / lubrication grease
Schmieröl / lubricating oil
Schnellarbeitsstahl / high-speed-steel
Schräglaufwinkel / slip angle
Schraube / screw
Schraubendreher / screw driver
Schraubenfeder / coil spring
Schraubensicherung / screw locking device
Schutzgasschweißen / inert gas shielded arc welding
Schweißen / welding
Schweißnähte / weld seams
Schwimmwinkel / attitude angle
Schwingsaugrohraufladung / ram-effect supercharging
Sechskantschraube / hexagon screw
Sekundärluftsystem / secondary-air system
Selbstzündung / auto-ignition
Sensoren / sensors
Servolenkung / power steering
Sicherheitsglas / safety glass
Sicherheitsvorschriften / safety regulations
Signalarten / type of signal
Sitzverstellung / seat adjustment
Spannungssprungsonde / voltage-jump probe / voltage-jump sensor
Splint / split pin
Spreizung / spreading
Spritzversteller / timing device
Spur / trace
Starter / starter
Starterbatterie / starter battery
Steuerdiagramm / timing diagramme
Streuscheibe / lens
Stromlaufplan / schematic diagramme
Sturz / wheel camber

T / U

Transistor / transistor
Überholen / overtake
Übersetzung / transmission ratio
Übersteuern / oversteering
Untersteuern / understeering

V

Variable Ventilöffnungszeiten / variable valve opening time
Ventile / valves
Verbrennungsverfahren / combustion principle
Vergaser / carburetter
Verteilereinspritzpumpe / distributor injection pump
Verteilergetriebe / transfer box
Verzögerung / deceleration
Viertaktverfahren / four-stroke principle
Vorderradantrieb / front-wheel drive
Vorkammer / precombustion chamber
Vorschriften / regulations
Vorspur / toe-in
Vulkanisieren / vulcanise

W

Wälzlager / antifriction bearing
Wärme / heat
Warnblinkanlage / hazard warning system
Wasserstoff / hydrogen
Wechselstrom / alternating current
Widerstandsmoment / section modulus
Widerstandssprungsonde / resistance-jump probe
Wirbelkammer / turbulence chamber
Wirkungsgrad / efficiency

Z

Zahnräder, Darstellung, Sinnbilder / gear-wheels, representation
Zahnradtrieb / gear drive
Zapfendüse / pintle nozzle
Zentralverriegelung / central locking system
Zündanlagen / ignition systems
Zündkennfeld / ignition map
Zündkerze / spark plug
Zündspule / ignition coil
Zündvorgang / ignition process
Zweitaktverfahren / two-stroke principle
Zylinder / cylinder

A

E

F

G

H

I

K

L

M

N

O

P

Q

R

S